화재감식평가기사/산업기사 자격시험

내용의 이해를 돕는

생생한 현장사진

이 책을 공부함에 있어 **생생한 현장사진**과 함께보면 내용을 이해하는 데 더욱 더 효과적입니다.

BM (주)도서출판 성안당

제1장 화재상황

| 출동 중 연기의 발생량 및 색깔과 분출방향 판단 사진내용 본 책 p.2 관련 |

| 개구부를 통한 수직방향으로의 연소확대 사진내용 본 책 p.13 관련 |

| 화재진화작업 시 연소상황 사진내용 본 책 p.21 관련 |

제2장 예비조사

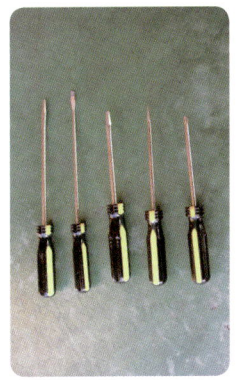   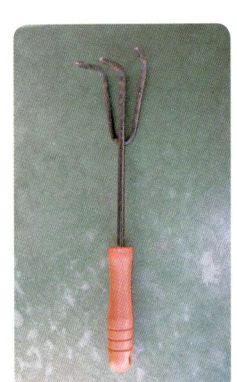

| 발굴용구 종류 사진내용 본 책 p.34 관련 |

| 발화원을 특정하기 어려운 계단에 방화 사진내용 본 책 p.42 관련 |

| 책상 아래 가연물을 모아 놓고 방화 사진내용 본 책 p.42 관련 |

제3장 발화지역 판정

| 전기배선의 1차 단락흔 사진내용 본 책 p.98 관련 |

| 전기배선의 2차 단락흔 사진내용 본 책 p.99 관련 |

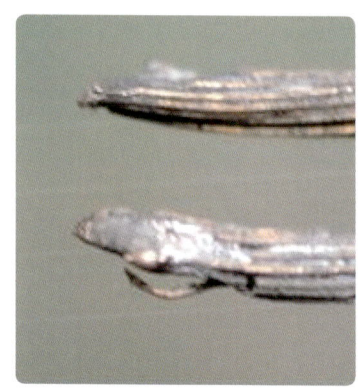  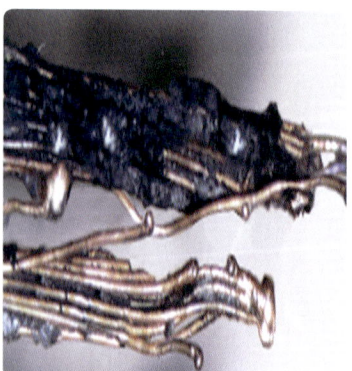

| 전기배선의 열흔 사진내용 본 책 p.99 관련 |

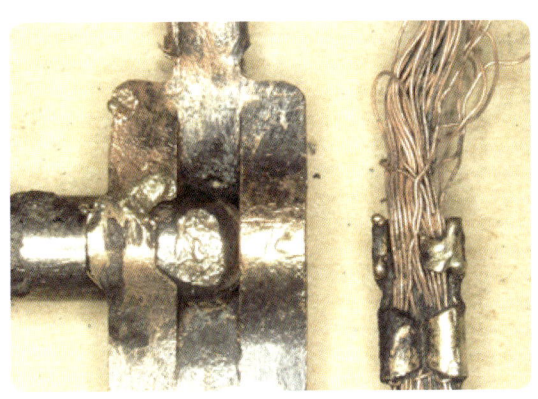

| 플러그와 콘센트 금속편의 용융형태 사진내용 본 책 p.104 관련 |

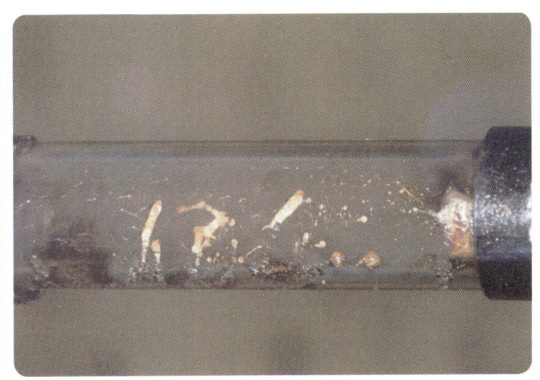

(a) 과전류에 의한 퓨즈 용융　　　　　　　(b) 단락에 의한 퓨즈 용융

| 퓨즈의 용단 사진내용 본 책 p.104 관련 |

(a) 배선용 차단기　　　　　　　　　　　(b) 콘센트

| 트래킹 출화 사진내용 본 책 p.105 관련 |

| 서모스탯의 소손형태 사진내용 본 책 p.106 관련 |

| 회전축 샤프트에 형성된 터닝 패턴 사진내용 본 책 p.106 관련 | | 모터의 층간단락 사진내용 본 책 p.106 관련 |

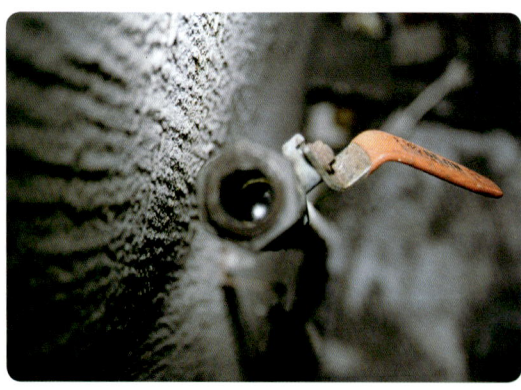
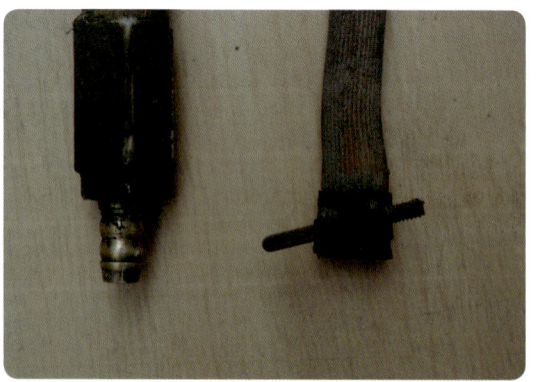

| 배관 말단부 밸브의 개방 사진내용 본 책 p.107 관련 | | 연결부 이탈 사진내용 본 책 p.107 관련 |

| LPG용기의 결로현상 사진내용 본 책 p.108 관련 |

| 폭발로 인해 비산된 파편 잔해 사진내용 본 책 p.113 관련 |

제4장 발화개소 판정

(a) 건물 정면

(b) 건물 후면

(c) 건물 좌측

(d) 건물 우측

| 현장 전반에 대한 사진촬영 사진내용 본 책 p.135 관련 |

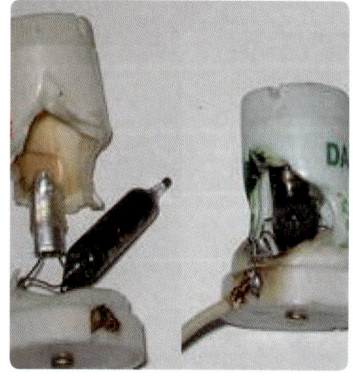

| 점등관 및 안정기의 소실형태 사진내용 본 책 p.168 관련 |

| 냉장고의 연소형태 사진내용 본 책 p.171 관련 |

| 압축기의 소손형태 사진내용 본 책 p.171 관련 |

| 세탁기의 연소형태 사진내용 본 책 p.172 관련 | | 세탁기 인쇄회로기판의 소손형태 사진내용 본 책 p.172 관련 |

| 회전모터의 소손형태 사진내용 본 책 p.174 관련 |

| 기동용 콘덴서 사진내용 본 책 p.174 관련 |

| 모터 회전자 및 권선 사진내용 본 책 p.174 관련 |

(a) 외부

(b) 내부

(c) 다이어프램 손상

| 압력조정기 사진내용 본 책 p.176 관련 |

 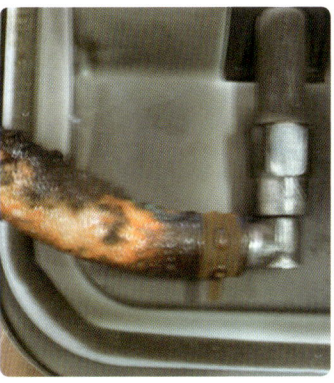 

| 외부화염에 의한 염화비닐호스의 용융 사진내용 본 책 p.176 관련 | 호스의 개방상태 사진내용 본 책 p.176 관련 |

| 중간밸브 및 퓨즈콕 사진내용 본 책 p.177 관련 |

(a) 작동 전　　　　　　　　　　　(b) 작동 후

| 갈고리의 위치 사진내용 본 책 p.178 관련 |

(a) 개방상태　　　　　　　　　　　　(b) 폐쇄상태

| 안전밸브 사진내용 본 책 p.178 관련 |

| 담뱃불 사진내용 본 책 p.195 관련 |

 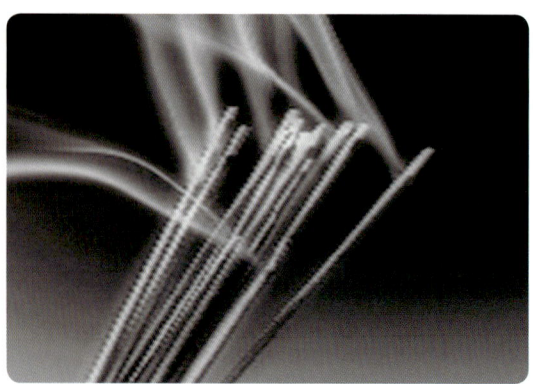

| 용접불티 사진내용 본 책 p.195 관련 |　　　　| 선향 사진내용 본 책 p.195 관련 |

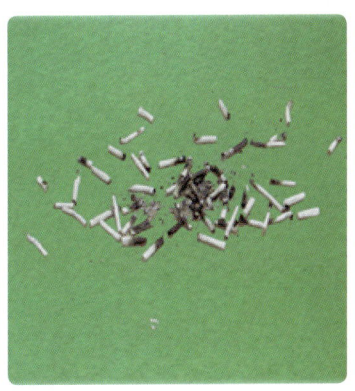

| 담뱃불 축열의 위험성 사진내용 본 책 p.196 관련 |

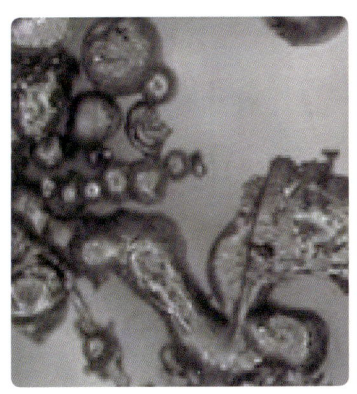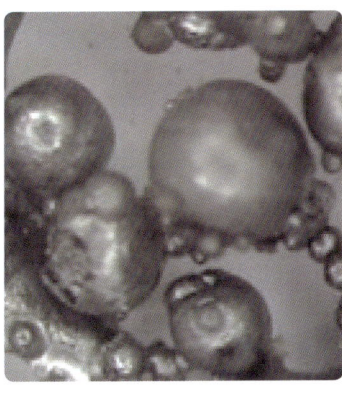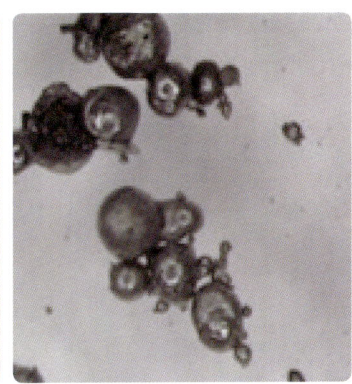

| 용접 불티의 잔해 사진내용 본 책 p.198 관련 |

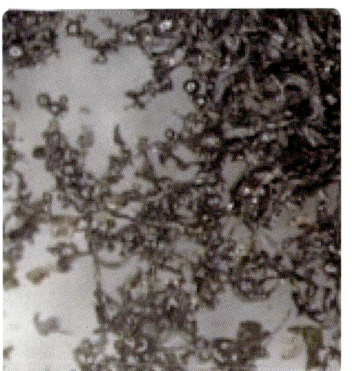

| 그라인더 불티의 발생 및 비산된 절삭분 잔해 사진내용 본 책 p.199 관련 |

| 식물성 유지류의 산화열 축적으로 발화한 연소형태 사진내용 본 책 p.207 관련 |

| 생석회 보관형태 사진내용 본 책 p.212 관련 |

| 생석회가 물과 반응하여 발화 사진내용 본 책 p.212 관련 |

| 유류용기 발견 및 음주흔적 사진내용 본 책 p.222 관련 |

| 유리창에 살포된 유류성분 증거수집 사진내용 본 책 p.244 관련 |

| 차량문 개방상태로 완전전소시킨 형태 사진내용 본 책 p.245 관련 |

| 보닛에 형성된 수열흔과 변색흔 사진내용 본 책 p.246 관련 |

| 타이어의 연소흔적 사진내용 본 책 p.247 관련 |

| 브레이크 디스크 드럼의 과열 사진내용 본 책 p.251 관련 |

| 차량 내부방화 흔적 사진내용 본 책 p.258 관련 |

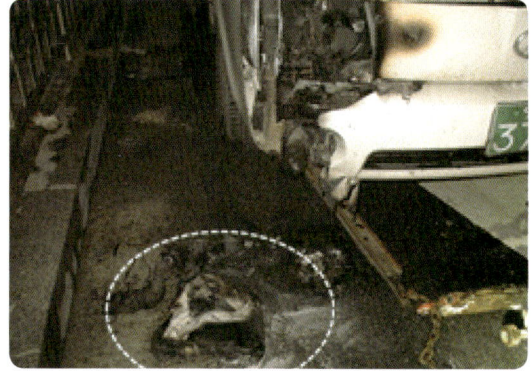

| 가연물을 모아 놓고 차량 외부에서 방화를 시도한 흔적 사진내용 본 책 p.259 관련 |

| 화재의 전면과 후면 사진내용 본 책 p.261 관련 |

| 퇴적된 낙엽류가 연소한 지표면 사진내용 본 책 p.263 관련 |

| 발화점을 중심으로 원형으로 연소확대 사진내용 본 책 p.263 관련 |

| 나무의 줄기가 연소하는 수간화 사진내용 본 책 p.263 관련 |

| 발화지점에서 식별되는 V패턴 사진내용 본 책 p.264 관련 |

| 아웃보드 엔진 사진내용 본 책 p.270 관련 |

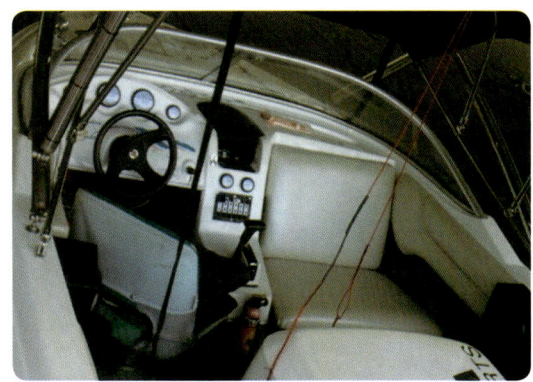
| 인보드 엔진 사진내용 본 책 p.270 관련 |

| 항공기의 주요 외부 명칭 사진내용 본 책 p.274 관련 |

| 항공기 동체의 연소형태 사진내용 본 책 p.275 관련 |

| 액화가스탱크의 연소형태 사진내용 본 책 p.282 관련 |

(a) 복사열에 의한 경우　　　　　　　　(b) 환기에 의한 경우

| 비화 사진내용 본 책 p.291 관련 |

| 전원차단기의 트립(trip) 사진내용 본 책 p.292 관련 |

| 출입문이 폐쇄 및 개방된 경우 상단부를 통한 출화형태 사진내용 본 책 p.294 관련 |

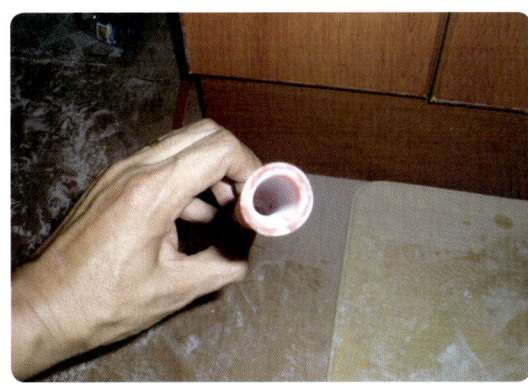

| 염화비닐호스의 절단흔적 사진내용 본 책 p.294 관련 | 연소기구와 호스의 체결부 이탈 사진내용 본 책 p.294 관련 |

제5장 증거물 관리 및 검사

| 종이상자 사진내용 본 책 p.327 관련 |

| 금속캔 사진내용 본 책 p.327 관련 |

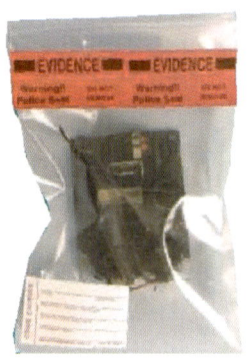

| 비닐봉지 사진내용 본 책 p.327 관련 |

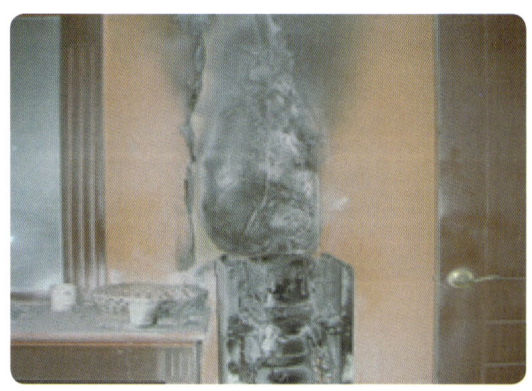

| 냉·온수기의 자체연소형태 사진내용 본 책 p.344 관련 |

| 외부화염에 의한 연소형태 사진내용 본 책 p.344 관련 | 모터의 자체연소형태 사진내용 본 책 p.344 관련 |

| 외부화염에 의한 기계류의 산화형태 사진내용 본 책 p.345 관련 |

| 플라스틱의 용융 및 탄화 사진내용 본 책 p.345 관련 |

가스레인지 주변의 연소상황 사진내용 본 책 p.346 관련

레인지 후드의 소손형태 사진내용 본 책 p.346 관련

시스히터 잔해 사진내용 본 책 p.347 관련

합성수지로 된 수조에 착화 사진내용 본 책 p.347 관련

선풍기의 연소 잔해 사진내용 본 책 p.347 관련

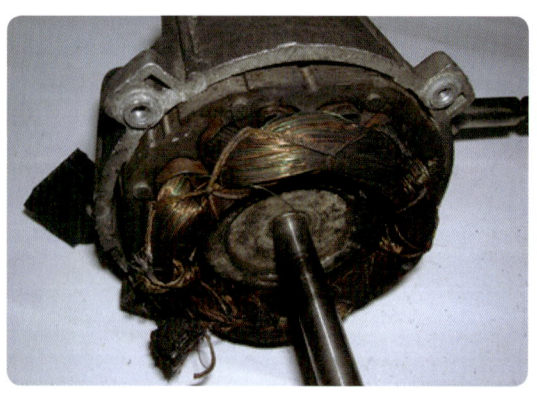
모터권선의 변색흔 사진내용 본 책 p.347 관련

| 전선의 반단선 출화흔적 사진내용 본 책 p.348 관련 |

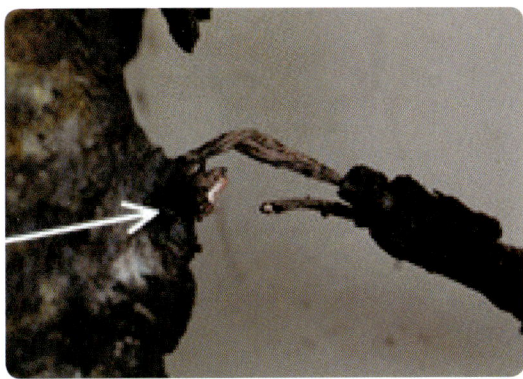

| 차단기 인입부의 절연파괴 사진내용 본 책 p.350 관련 |

| 전원 인입부의 단락 사진내용 본 책 p.350 관련 |

| 바이메탈 서모스탯 사진내용 본 책 p.351 관련 |

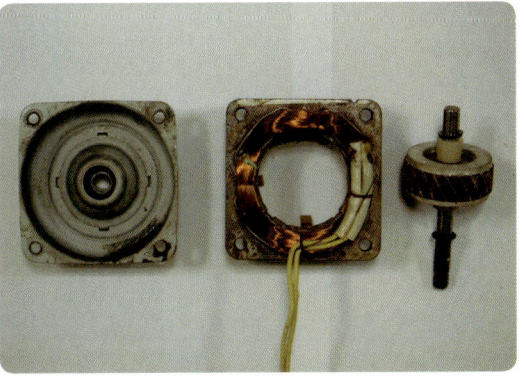
| 모터의 분해 사진내용 본 책 p.351 관련 |

| 권선의 소손형태 사진내용 본 책 p.352 관련 |

| 모터의 층간단락 사진내용 본 책 p.352 관련 |

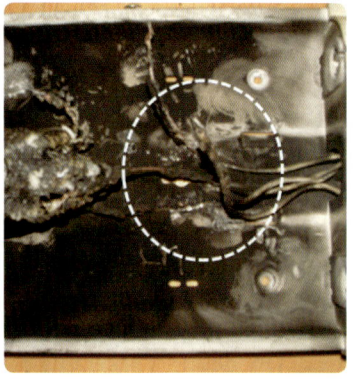

| 형광등의 연소형태 사진내용 본 책 p.354 관련 |

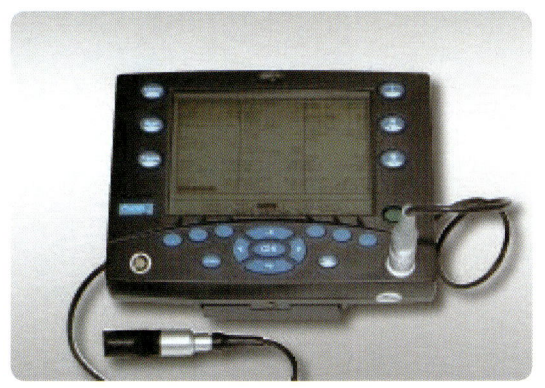
| 와전류탐상기 사진내용 본 책 p.358 관련 |

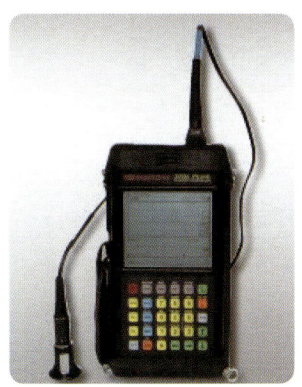
| 초음파두께측정기 사진내용 본 책 p.358 관련 |

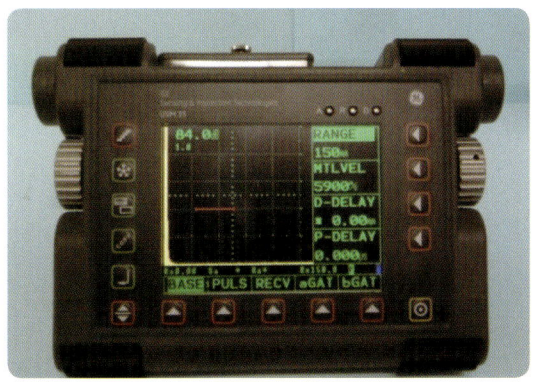
| 초음파탐상기 사진내용 본 책 p.358 관련 |

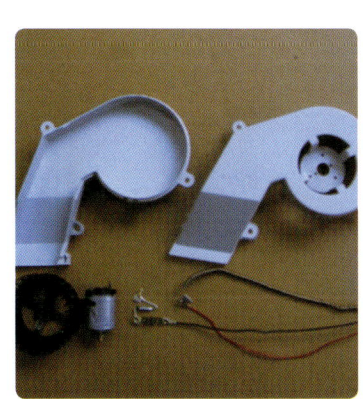
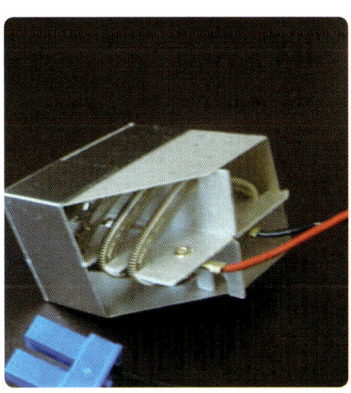
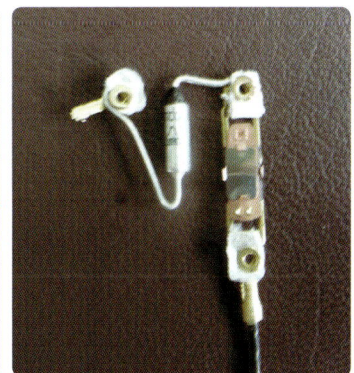
| 히터의 분해형태 사진내용 본 책 p.360 관련 |

 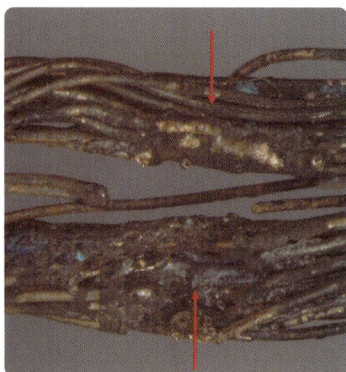 

| 전기배선 용융흔 사진내용 본 책 p.360 관련 |

| LP저장용기 손잡이의 소실 사진내용 본 책 p.361 관련 |

| 압축기 금속관의 파열 사진내용 본 책 p.361 관련 | | 라이터 잔해 사진내용 본 책 p.362 관련 |

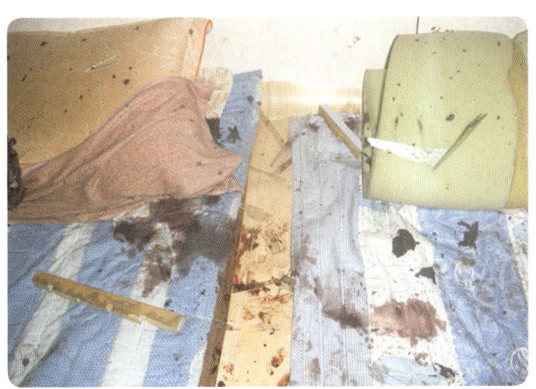

| 거실과 유리창에 남겨진 혈흔 사진내용 본 책 p.362 관련 |

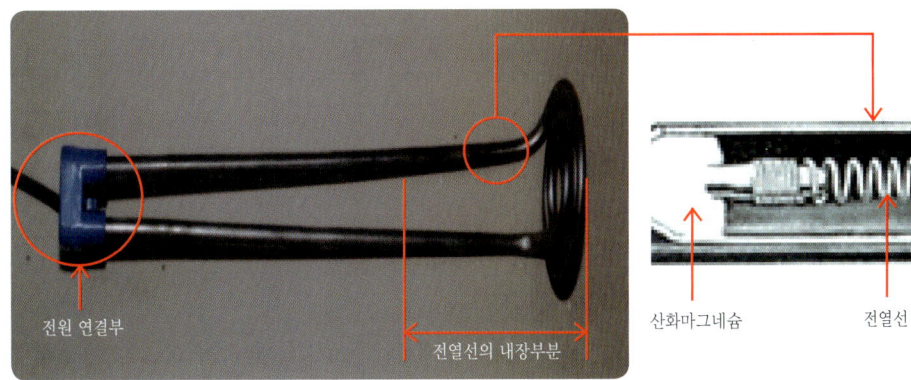

| 시스히터의 외관 및 내부 구조 사진내용 본 책 p.363 관련 |

| 페놀수지로 된 서모스탯의 탄화형태 사진내용 본 책 p.363 관련 |

| 방범창의 파손 사진내용 본 책 p.364 관련 |

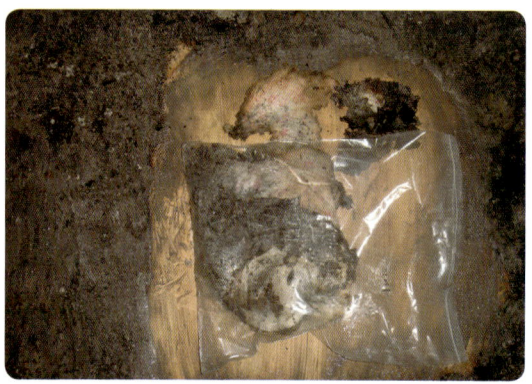

| 인화성 액체의 수집 사진내용 본 책 p.364 관련 |

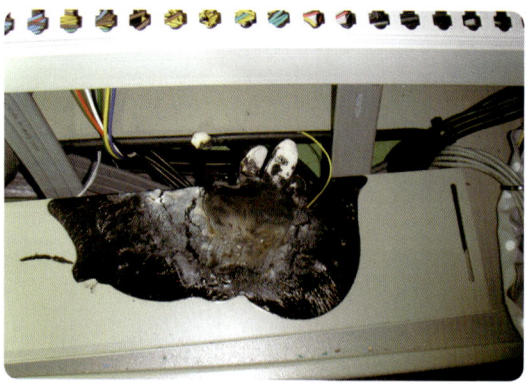

| 전기화재 위장 발화장치 사진내용 본 책 p.364 관련 |

제6장 발화원인 판정 및 피해평가

| 재떨이가 있었던 지점의 흔적 사진내용 본 책 p.376 관련 |

| 담뱃불에 의한 용융 사진내용 본 책 p.376 관련 |

| 자물쇠 강제개방 사진내용 본 책 p.377 관련 |

| 촛불 지연착화 사진내용 본 책 p.377 관련 |

| 현장에서 발견된 라이터 사진내용 본 책 p.377 관련 |

출제내용을 한눈에 볼 수 있는 최적 구성!

화재감식평가 기사 산업기사

필답형 실기

화재감식평가수험연구회 지음

■ **도서 A/S 안내**

성안당에서 발행하는 모든 도서는 저자와 출판사, 그리고 독자가 함께 만들어 나갑니다.

좋은 책을 펴내기 위해 많은 노력을 기울이고 있습니다. 혹시라도 내용상의 오류나 오탈자 등이 발견되면 "좋은 책은 나라의 보배"로서 우리 모두가 함께 만들어 간다는 마음으로 연락주시기 바랍니다. 수정 보완하여 더 나은 책이 되도록 최선을 다하겠습니다.

성안당은 늘 독자 여러분들의 소중한 의견을 기다리고 있습니다. 좋은 의견을 보내주시는 분께는 성안당 쇼핑몰의 포인트(3,000포인트)를 적립해 드립니다.

잘못 만들어진 책이나 부록 등이 파손된 경우에는 교환해 드립니다.

본서 기획자 e-mail : coh@cyber.co.kr(최옥현)

홈페이지 : http://www.cyber.co.kr

전화 : 031) 950-6300

　화재는 언제, 어디서, 어떤 형태로 발생할지 누구도 예측하기 어렵다는 점에서 볼 때 화재의 돌발성은 한순간에 막대한 재산을 잿더미로 만들 뿐 아니라 자칫 인명피해까지 발생할 수 있어 동서고금을 막론하고 인류가 풀어나가야 할 커다란 숙제로 존재하고 있습니다. 그동안 화재의 발생은 개인의 재산적 손실과 사회적 비용의 증가를 불러왔으며 법적 책임소재에 따른 분쟁으로까지 이어지면서 화재원인조사에 대한 중요성은 날로 커지게 되었습니다. 합리적 근거와 과학적 데이터를 요구하는 화재조사는 시대의 요청에 맞춰 안전관리분야의 큰 학문으로 성장할 것이며 특히 화재감식평가기사·산업기사는 미래의 유망 직업으로 화재발생의 근본을 밝혀 화재를 예방하고 공적으로 신뢰받을 수 있는 전문직업군으로서 사회에 기여할 것입니다.

　본 교재는 한국산업인력공단의 개정된 실기시험 출제기준을 면밀하게 분석하여 출제 가능한 내용과 문제들로 엄선하여 심도 있게 구성하였습니다. 본문 내용 중 핵심어(keyword)와 중요 내용은 밑줄로 표시하여 요약정리가 가능하도록 하였으며 생생한 현장사진을 관련 내용에 수록하여 수험생들의 이해를 도모하였습니다. 또한 단원마다 '바로바로 확인문제'를 실어 학습평가를 바로 측정할 수 있도록 함으로써 학습증진효과를 높일 수 있도록 하였습니다. 무엇보다 출제예상문제와 모의고사를 통해 최종 정리를 할 수 있도록 하여 어려움 없이 시험에 대비할 수 있도록 하였습니다.

　본 교재를 통해 수많은 화재감식전문가가 배출되길 기대하며 집필과정에서 부족하거나 미흡한 부분은 향후 지속적으로 보완해 나아가도록 하겠습니다. 앞으로도 화재조사에 관한 대한민국 최고의 자격 수험서로서 책임을 다할 것임을 약속드리며 수험생 여러분들에게 합격의 영광과 축복이 함께하길 기원합니다.

이 시험의 가이드

01 화재감식평가기사 · 산업기사

화재감식평가기사 · 산업기사는 화재현장에서 화재원인조사, 피해조사, 화재분석 및 평가를 통해 과학적인 방법으로 원인 및 발생 메커니즘을 규명하는 기술자격이다.

02 수행직무

화재원인의 판정을 위하여 전문적인 지식, 기술 및 경험을 활용하여 주로 시각에 의한 종합적인 판단으로 구체적인 사실관계를 명확하게 규명하는 것이다.

03 진로 및 전망

- 화재보험협회, 대기업 화재조사팀, 경찰공무원, 소방공무원, 화재감식관련 연구소 등으로 진출할 수 있다.
- 산업구조의 대형화 및 다양화로 건축 · 시설물이 고층 · 심층화되고, 고압가스나 위험물을 이용한 에너지 소비량의 증가 등으로 화재발생 위험요소가 많아지면서 화재감식과 관련한 인력수요가 늘고 있다. 화재원인분석과 그로 인한 재산피해액 보상을 위한 분쟁도 증가하여 화재감식전문가에 대한 수요는 더욱 증가할 것으로 전망된다.

04 시험주관

한국산업인력공단

05 시험일정

큐넷(www.q-net.or.kr) 참조

06 시험내용

구 분		시험과목	검정방법
화재감식 평가기사	필기시험	1. 화재조사론 2. 화재감식론 3. 증거물관리 및 법과학 4. 화재조사보고 및 피해평가 5. 화재조사관계법규	객관식 4지 택일형 (100문항, 2시간 30분)

구분		시험과목	검정방법
화재감식 평가기사	실기시험	화재감식 실무	주관식 필답형 (2시간 30분)
	합격기준	• 필기시험 : 각 과목당 40점 이상 전과목 평균 60점 이상 • 실기시험 : 100점 만점 기준 60점 이상	
화재감식 평가 산업기사	필기시험	1. 화재조사론 2. 화재감식론 3. 증거물관리 및 법과학 4. 화재조사관계법규 및 피해평가	객관식 4지 택일형 (80문항, 2시간)
	실기시험	화재감식 실무	주관식 필답형 (2시간 30분)
	합격기준	• 필기시험 : 각 과목당 40점 이상 전과목 평균 60점 이상 • 실기시험 : 100점 만점 기준 60점 이상	

07 출제기준

실기과목명	주요항목	세부항목	세세항목
화재감식 실무	1. 화재상황	(1) 화재현장 출동 중 연소상황 파악하기	① 출동 도중에 화재의 진행·발전 상황을 관찰할 수 있다. ② 연소상황 파악을 위한 사진촬영, 녹화 등을 할 수 있다. ③ 가연물질의 종류 및 특징을 이해할 수 있다. ④ 폭발, 이상한 냄새 등의 이상 낌새와 현상 등을 설명할 수 있다. ⑤ 출동 시의 유의사항에 대해서 인지할 수 있다.
		(2) 화재현장 도착 시 연소상황 파악하기	① 화재 시 연소상황을 관찰할 수 있다. ② 연기와 화염의 상황 및 특이사항에 대하여 파악할 수 있다. ③ 연소의 범위, 진행방향, 확대속도 등의 특이사항에 대하여 설명할 수 있다.
		(3) 피해상황 파악하기	① 피해상황 파악 관계자를 구성할 수 있다. ② 관계자에 대한 질문요령 및 질문사항에 따라 탐문할 수 있다(화재상황, 인명피해). ③ 인명피해상황을 파악할 수 있다.
		(4) 화재진화 작업 시 연소상황 파악하기	① 연소의 범위, 진행방향, 확대속도 등의 특이사항에 대하여 설명할 수 있다. ② 화재진압상황(진화과정, 활동상황, 소방시설 등)에 대하여 설명할 수 있다. ③ 인명 및 재산피해상황 등의 정보를 수집할 수 있다.
		(5) 진화작업상황 기록하기	① 신고 및 초기조치에 대한 상황을 파악할 수 있다. ② 화재진압활동에 대한 상황을 파악할 수 있다. ③ 인명구조활동에 대한 상황을 파악할 수 있다. ④ 화재발생종합보고서를 작성할 수 있다.

이 시험의 가이드

실기과목명	주요항목	세부항목	세세항목
화재감식 실무	1. 화재상황	(6) 현장 보존하기	① 진화작업 시 현장을 보존할 수 있다. ② 출입금지구역을 설정할 수 있다. ③ 현장 보존을 위하여 관련기관과의 협조절차를 파악할 수 있다.
	2. 예비조사	(1) 화재조사 전 준비하기	① 조사인원구성 및 구성원 각각의 임무에 대하여 설명할 수 있다. ② 조사복장과 기자재를 준비할 수 있다. ③ 적절한 감식기자재의 종류 및 사용용도에 대하여 설명할 수 있다.
		(2) 현장조사 개시 전의 확인(연소상황조사)하기	① 정보수집(화재상황, 진압상황, 관계자 진술 등) 내용에 대하여 분석할 수 있다. ② 방화의 개연성에 대하여 설명할 수 있다.
		(3) 현장 보존범위의 판정 및 조치하기	① 현장 보존범위를 판정하는 방법에 대하여 설명할 수 있다. ② 화재현장조사 전에 현장보존상태를 확인할 수 있다.
		(4) 소방대상물현황 조사하기	① 소방대상물의 조사내용(용도·구조·규모·층수·건축 경과기간 등)에 대하여 설명할 수 있다. ② 소방용 설비 등의 설치·유지·관리상황에 대하여 파악할 수 있다. ③ 소방시설, 피난시설 및 방화구획의 상황에 대하여 설명할 수 있다. ④ 위험물 관계시설 등의 상황에 대하여 설명할 수 있다. ⑤ 소방안전관리의 상황에 대하여 파악할 수 있다. ⑥ 조사·관찰 경과기간과 그때의 상황에 대하여 파악할 수 있다.
		(5) 조사계획 수립하기 ☑ 기사 제외	① 화재현장의 특성에 따른 조사과정 및 유의사항에 대하여 설명할 수 있다. ② 조사의 범위, 방법, 책임자의 선정 및 임무분담에 대하여 설명할 수 있다. ③ 조사에 필요한 협조사항(경찰, 전기, 가스, 제조회사 등)에 대하여 파악할 수 있다. ④ 특정 상황에 맞는 전문요원과 기술자문관에 대하여 파악할 수 있다.
	3. 발화지역 판정	(1) 수집한 정보의 분석 및 보증하기	① 수집된 화재상황에 대한 정보를 분석 및 보증할 수 있다. ② 수집된 진압상황에 대한 정보를 분석 및 보증할 수 있다. ③ 관계자 진술의 내용에 대하여 분석할 수 있다. ④ 방화의 개연성 조사에 대하여 분석할 수 있다.
		(2) 발굴 전 초기관찰의 기록하기	① 화재조사 진행상황에 맞는 상황기록을 할 수 있다. ② 초기관찰의 기록을 위한 도면작성방법에 대하여 설명할 수 있다. ③ 발굴 전 초기상황기록을 위한 사진촬영방법에 대하여 설명할 수 있다.

실기과목명	주요항목	세부항목	세세항목
화재감식 실무	3. 발화지역 판정	(3) 발화형태, 구체적인 연소의 확대형태 식별 및 해석하기	① 화재패턴 분석방법에 대하여 설명할 수 있다. ② 열 및 화염벡터 분석방법에 대하여 설명할 수 있다. ③ 탄화심도 분석방법에 대하여 설명할 수 있다. ④ 하소심도 측정방법에 대하여 설명할 수 있다. ⑤ 아크 조사 또는 아크 매핑방법에 대하여 설명할 수 있다. ⑥ 위험물질에 대하여 설명할 수 있다. ⑦ 건물·구조물·기계·기구의 배치도 및 연소 정도의 등치선도를 작성하는 방법에 대하여 설명할 수 있다. ⑧ 연소의 확대형태(방향)를 그릴 수 있다.
		(4) 전기·가스·기타 설비 등의 특이점 및 기타 특이사항의 식별 및 해석하기	① 전기·가스·기타 설비에 대하여 설명할 수 있다. ② 전기 배선, 배선기구의 전기적 특이점에 대하여 설명할 수 있다. ③ 전기 기계·기구의 연소특성에 대하여 설명할 수 있다. ④ 가스설비 부분의 특이점에 대하여 설명할 수 있다. ⑤ 전기·가스설비의 연소상황 설명을 위한 계통도를 그릴 수 있다.
		(5) 발화지역의 판정하기	① 진압팀·화재관계자 등으로부터 수집한 정보의 분석을 통하여 발화지역을 판정할 수 있다. ② 발화요인, 발화관련기기 등 현장의 탄화잔류물을 통해 발화지역을 확인할 수 있다. ③ 전기적인 특이점 및 기타 특이사항의 식별 및 해석을 통하여 발화지역을 판정할 수 있다. ④ 기타 부분을 발화지점으로부터 배제하는 방법에 대하여 설명할 수 있다. ⑤ 수사 필요성의 유무를 판정할 수 있다.
	4. 발화개소 판정	(1) 현장발굴 및 복원 조사하기	① 발굴 및 복원조사 전체 과정의 단계별 사진촬영 방법에 대하여 설명할 수 있다. ② 발굴 및 복원조사의 절차 및 요령에 대하여 설명할 수 있다. ③ 발굴과정에서 식별되는 모든 개체에 대하여 연소형태 및 연소의 순서 등의 상황을 설명할 수 있다. ④ 발굴과정에서 특이점이나 특이사항에 대하여 설명할 수 있다. ⑤ 발굴완료 시, 연소상황의 설명이 필요한 부분의 복원방법에 대하여 설명할 수 있다. ⑥ 발굴 시 조사관의 의식 및 유의사항에 대하여 설명할 수 있다.
		(2) 발화관련 개체의 조사하기	① 전기설비 및 개체에 대한 조사방법을 설명할 수 있다. ② 가스설비에 대한 조사방법을 설명할 수 있다. ③ 미소화원, 고온물체 등에 대한 조사방법을 설명할 수 있다.

실기과목명	주요항목	세부항목	세세항목
화재감식 실무	4. 발화개소 판정	(2) 발화관련 개체의 조사하기	④ 화학물질 및 설비에 대한 화재·폭발조사방법을 설명할 수 있다. ⑤ 방화화재에 대한 조사방법을 설명할 수 있다. ⑥ 차량화재에 대한 조사방법을 설명할 수 있다. ⑦ 임야화재에 대한 조사방법을 설명할 수 있다. ⑧ 선박·항공기 화재에 대한 조사방법을 설명할 수 있다. ⑨ 발화열원, 발화요인, 최초 착화물에 대한 조사방법에 대하여 설명할 수 있다. ⑩ 폭발에 대한 조사방법을 설명할 수 있다.
		(3) 발화개소의 판정 하기 ☑ 기사 제외	① 발굴 및 복원을 통하여 수집한 정보의 정밀분석방법에 대하여 설명할 수 있다. ② 기타 부분을 발화개소로부터 배제하는 방법을 설명할 수 있다. ③ 발화개소 부분에서 발화와 관련된 개체 및 특이점의 존재 여부 등을 설명할 수 있다.
	5. 증거물 관리 및 검사	(1) 증거물 수집·운송· 저장 및 보관하기	① 화재현장에서 수집한 증거물에 대하여 설명할 수 있다. ② 증거물 수집방법에 대하여 설명할 수 있다. ③ 증거물의 사진촬영방법에 대하여 설명할 수 있다. ④ 증거물 수집용기의 종류 및 용도에 대하여 설명할 수 있다. ⑤ 증거물의 운송, 저장 및 보관방법에 대하여 설명할 수 있다.
		(2) 증거물 법적 증거 능력 확보 및 유지 하기	① 증거물의 수집, 보존, 이동의 전체 과정에 대하여 문서화하는 방법에 대하여 설명할 수 있다. ② 증거물의 정밀검사방법에 대하여 설명할 수 있다.
		(3) 증거물 외관검사 하기	① 증거물의 전체적, 구체적인 연소형태를 설명할 수 있다. ② 증거물 자체의 연소 또는 외측으로부터의 연소형태를 설명할 수 있다. ③ 증거물 연소의 중심부, 연소의 확대형태를 설명할 수 있다. ④ 증거물의 구조, 원리 특성을 설명할 수 있다. ⑤ 증거물의 불법개조 또는 오용 여부를 판정하는 방법에 대하여 설명할 수 있다. ⑥ 증거물의 고장, 수리, 교체 등 유무의 검사 및 이에 대한 해석방법을 설명할 수 있다.
		(4) 증거물 정밀(내측) 검사하기	① 증거물의 비파괴검사(X선 촬영기)방법에 대하여 설명할 수 있다. ② 증거물의 분해검사방법에 대하여 설명할 수 있다. ③ 증거물의 전기·가스·기타 설비 등의 특이점 및 기타 부분에 대한 정밀검사방법에 대하여 설명할 수 있다. ④ 증거물의 특이점이 식별되는지 여부의 검사 및 해석방법을 설명할 수 있다.

실기과목명	주요항목	세부항목	세세항목
화재감식 실무	5. 증거물 관리 및 검사	(5) 화재 재현실험 및 규격시험하기	① 재현실험의 가능 여부를 파악하는 방법에 대하여 설명할 수 있다. ② 시험의뢰를 실시하는 경우에 대하여 설명할 수 있다.
	6. 발화원인 판정 및 피해 평가	(1) 발화원인 판정하기	① 화재현장조사 및 증거물검사과정 등의 분석자료를 설명할 수 있다. ② 기타 발화원인을 배제하는 방법에 대하여 설명할 수 있다. ③ 증거능력의 정도에 따라 발화원인 판정방법에 대하여 설명할 수 있다. ④ 발화원인 판정검토 시 유의사항에 대하여 설명할 수 있다. ⑤ 연소 확대상황을 통한 기타 원인을 판정하고 설명할 수 있다. ⑥ 피난상황(피난경로, 피난인원, 피난방법)을 통한 기타 원인을 판정하고 설명할 수 있다. ⑦ 소방용 설비 등의 사용과 작동상황을 통한 기타 원인을 판정하고 설명할 수 있다.
		(2) 화재조사관계법령 이해하기	① 소방기본법 및 시행령, 시행규칙에 대하여 설명할 수 있다. ② 화재조사 및 보고규정, 증거물 수집관리에 관한 규칙에 대하여 설명할 수 있다. ③ 기타 법률(형법, 민법, 실화책임에 관한 법률, 제조물책임법 등)에 대하여 설명할 수 있다.
		(3) 화재피해 평가하기 ☑ 산업기사 제외	① 화재피해액 산정규정에 대하여 설명할 수 있다. ② 대상별 피해액 산정기준에 대하여 설명할 수 있다. ③ 화재피해액 산정 매뉴얼에 대하여 설명할 수 있다.
		(4) 증언 및 브리핑 자료 작성하기 ☑ 산업기사 제외	① 화재조사서류의 구성 및 양식에 대하여 설명할 수 있다. ② 화재조사서류 작성 시 유의사항에 대하여 설명할 수 있다. ③ 화재발생종합보고서를 작성할 수 있다. ④ 화재현장조사서를 작성하는 방법에 대하여 설명할 수 있다. ⑤ 기타 서류(화재현장출동보고서, 질문기록서, 재산피해신고서 등)를 작성하는 방법에 대하여 설명할 수 있다.
	7. 사고대응조치	(1) 위험 발생 대응하기	① 감전, 전원차단 등 전기사고 예방을 위한 안전조치를 할 수 있다. ② 가스누출, 밸브차단 등 가스사고 예방을 위한 안전조치를 할 수 있다. ③ 화학물질 누출, 확산 방지를 위한 안전조치를 할 수 있다.

이 책의 구성

이론편

중요 단락 「암기」 표시
시험에 있어 중요한 단락을 암기로 표시하여 이 부분에 집중하여 공부할 수 있도록 하였습니다.

중요내용 「밑줄」 표시
본문 내용 중 중요한 부분은 진하게 처리하고 밑줄을 그어 확실하게 암기할 수 있도록 표시하였습니다.

참고내용 「꼼.꼼.check!」 표시
본문 내용을 상세하게 이해하는 데 도움을 주고자 참고적인 내용을 실었습니다.

기출문제 「출제」 표시
기사·산업기사 시험에 출제된 내용을 해당 이론 부분에 각각 표시하여 실제시험에 출제되는 중요 내용을 알 수 있도록 하였습니다.

단락문제 「바로바로 확인문제」 표시
이론 단락이 끝나는 부분에 관련 단락문제를 삽입하여 바로바로 그 단락의 내용을 완벽하게 이해하였는지 확인할 수 있게 하였습니다.

효율적인 표 정리
내용을 쉽게 이해하고 공부할 수 있도록 내용을 표로 정리하여 구성하였습니다.

Chapter 01 화재상황

01 화재현장 출동 중 연소상황 파악

1 출동 중 화재의 진행·발전 상황 관찰

① 출동 중 화염과 연기를 확인하고, 풍향과 풍속을 기록하며, 연소확대방향과 화염의 상황, 연기, 이상한 소리, 냄새, 폭발현상 등 연소와 관계된 현상을 파악한다.
② 출동로상의 교통흐름 및 장애발생여부 등을 기록한다.

> **꼼.꼼.check! → 화재출동 중 조사목적**
> 풍향, 풍속 및 연소확대의 방향성 등에 기초하여 화재규모를 판단하고, 발화원인 판정 등 화재조사를 행하기 위한 기초자료를 수집하기 위함이다.

(4) 이론공기량

$$이론산소량 = 이론공기량 \times 21/100$$
$$이론공기량 = 이론산소량 \div 0.21$$

확인문제

화재현장에서 관계자를 우선 파악하고자 한다. 외관상 관계자임을 나타내는 특징을 3가지 이상 기술하시오.

답안
① 현장 부근에서 잠옷차림이거나 맨발인 사람
② 신체에 화상을 입었거나 의복이 불에 탄 흔적이 있는 사람
③ 의복이 물에 젖어 있거나 훼손된 사람
④ 이성을 잃고 있거나 웅크리고 앉아서 울고 있는 사람
⑤ 물품을 안고 있거나 반출하고 있는 사람

■ 화염의 색상 ■

온도 ℃	색상	온도 ℃	색상
750~800	암적색	1,100	황적색
850	적색	1,200~1,300	백적색
925~950	휘적색	1,500	휘백색

FIRE INVESTIGATION & EVALUATION ENGINEER · INDUSTRIAL ENGINEER

문제편

Chapter 01 출제예상문제

★ 표시 : 중요도를 나타냄

01 화재상황

화재현장 출동 중 연소상황 파악

01 목재의 연소 특성에 대한 설명이다. 괄호 안을 바르게 채우시오. [★★ / 배점 : 5]

- 수분이 (①)% 이상이면 고온에 장시간 접촉해도 착화하기 어렵다.
- 목재의 저온착화가 가능한 온도는 (②)℃ 전후이다.
- 목재가 불꽃 없이 연소하는 (③)연소는 국부적으로 깊게 타 들어간 형태로 심도가 깊게 나타날 수 있다.

답안 ① 15 ② 120 ③ 무염(작열)

중요 문제 「별표(★)」 표시
출제기준에 따라 문제에 별표(★)를 표시하여 각 문제의 중요도를 알 수 있게 하였습니다.
(여기서, 별표의 개수가 많을수록 중요한 문제이므로 반드시 숙지하여 함)

02 연소 후 나타나는 열경화성 플라스틱과 열가소성 플라스틱의 차이점을 기술하고, 종류를 2가지씩 쓰시오. [★★★ / 배점 : 8]

답안
① 차이점
  ㉠ 열경화성 플라스틱 : 연소 후 재차 열을 가하더라도 원형이 변형되지 않으며, 재사용이 불가능하다.
  ㉡ 열가소성 플라스틱 : 가열하면 액상으로 변해 원형이 변형되고 다시 굳어지는 성질이 있어, 재사용이 가능하다.
② 종류
  ㉠ 열경화성 플라스틱 : 페놀수지, 에폭시수지
  ㉡ 열가소성 플라스틱 : 폴리에틸렌, 폴리염화비닐

문제 「배점」 표시
문제마다 출제기준에 따라 부여될 수 있는 예상배점을 표시하여 실전시험처럼 문제를 풀 수 있도록 하였습니다.

03 5대 범용플라스틱을 쓰시오. [★★★ / 배점 : 5]

답안
① 저밀도 폴리에틸렌(LDPE)   ② 고밀도 폴리에틸렌(HDPE)
③ 폴리프로필렌(PP)   ④ 폴리스티렌(PS)
⑤ 폴리염화비닐(PVC)

상세한 답안 정리
각 문제마다 상세한 답안을 정리하여 실전시험에서도 모범답안을 제시할 수 있도록 하였습니다.

출제예상문제 · 3

: 이 책의 차례

Chapter 01 화재상황

- ❶ 화재현장 출동 중 연소상황 파악 ·· 2
- ❷ 화재현장 도착 시 연소상황 파악 ·· 11
- ❸ 피해상황 파악 ·· 19
- ❹ 화재진화작업 시 연소상황 파악 ·· 20
- ❺ 진화작업상황 기록 ·· 22
- ❻ 현장보존 ··· 24
- ● 출제예상문제 ··· 26

Chapter 02 예비조사

- ❶ 화재조사 전 준비 ··· 32
- ❷ 현장조사 개시 전의 연소상황 조사 ···································· 40
- ❸ 현장보존 범위의 판정 및 조치 ·· 42
- ❹ 소방대상물현황 조사 ··· 43
- ❺ 조사계획 수립(☑ 기사 제외) ·· 50
- ● 출제예상문제 ··· 55

Chapter 03 발화지역 판정

- ❶ 수집한 정보의 분석 및 보증 ·· 60
- ❷ 발굴 전 초기관찰의 기록 ·· 64
- ❸ 발화형태, 구체적인 연소확대형태의 식별 및 해석 ················ 68
- ❹ 전기·가스·기타 설비 등의 특이점 및 기타 특이사항의 식별 및 해석 ··· 94
- ❺ 발화지역의 판정 ··· 110
- ● 출제예상문제 ··· 121

Chapter 04 발화개소 판정

- ❶ 현장 발굴 및 복원 조사 …………………………………………………… 134
- ❷ 발화관련 개체의 조사 ……………………………………………………… 147
- ❸ 발화개소의 판정(☑기사 제외) …………………………………………… 289
- ● 출제예상문제 ………………………………………………………………… 296

Chapter 05 증거물 관리 및 검사

- ❶ 증거물의 수집·운송·저장 및 보관 …………………………………… 322
- ❷ 증거물의 법적 증거능력 확보 및 유지 ………………………………… 331
- ❸ 증거물 외관검사 …………………………………………………………… 342
- ❹ 증거물 정밀(내측)검사 …………………………………………………… 355
- ❺ 화재 재현실험 및 규격시험 ……………………………………………… 365
- ● 출제예상문제 ………………………………………………………………… 367

Chapter 06 발화원인 판정 및 피해평가

- ❶ 발화원인 판정 ……………………………………………………………… 374
- ❷ 화재조사 관계법령 ………………………………………………………… 387
- ❸ 화재피해 평가(☑산업기사 제외) ………………………………………… 437
- ❹ 증언 및 브리핑 자료의 작성(☑산업기사 제외) ……………………… 466
- ● 출제예상문제 ………………………………………………………………… 494

Chapter 07 사고대응조치 · 위험발생대응

- ❶ 감전 등 전기사고 예방을 위한 안전조치 ·················· 508
- ❷ 가스누출 등 가스사고 예방을 위한 안전조치 ·················· 510
- ❸ 화학물질 누출 · 확산방지를 위한 안전조치 ·················· 511
- ● 출제예상문제 ·················· 513

부록(Ⅰ) 실전모의고사

- ● 제1회 모의고사
- ● 제2회 모의고사
- ● 제3회 모의고사

부록(Ⅱ) 과년도 출제문제

- ● 2013년 11월 9일 화재감식평가기사
- ● 2013년 11월 9일 화재감식평가산업기사
- ● 2014년 11월 1일 화재감식평가기사
- ● 2014년 11월 1일 화재감식평가산업기사
- ● 2015년 11월 7일 화재감식평가기사
- ● 2015년 11월 7일 화재감식평가산업기사
- ● 2016년 11월 12일 화재감식평가기사
- ● 2016년 11월 12일 화재감식평가산업기사
- ● 2017년 6월 25일 화재감식평가기사
- ● 2017년 6월 25일 화재감식평가산업기사
- ● 2017년 11월 11일 화재감식평가기사

- 2017년 11월 11일 화재감식평가산업기사
- 2018년 6월 30일 화재감식평가기사
- 2018년 6월 30일 화재감식평가산업기사
- 2018년 11월 17일 화재감식평가기사
- 2018년 11월 17일 화재감식평가산업기사
- 2019년 6월 29일 화재감식평가기사
- 2019년 6월 29일 화재감식평가산업기사
- 2019년 11월 11일 화재감식평가기사
- 2019년 11월 11일 화재감식평가산업기사
- 2020년 7월 25일 화재감식평가기사
- 2020년 11월 14일 화재감식평가기사
- 2020년 11월 14일 화재감식평가산업기사
- 2021년 4월 24일 화재감식평가기사
- 2021년 7월 10일 화재감식평가기사
- 2021년 7월 10일 화재감식평가산업기사
- 2021년 11월 13일 화재감식평가기사
- 2022년 5월 7일 화재감식평가기사
- 2022년 5월 7일 화재감식평가산업기사
- 2022년 7월 24일 화재감식평가기사
- 2022년 7월 24일 화재감식평가산업기사
- 2022년 11월 19일 화재감식평가기사
- 2022년 11월 19일 화재감식평가산업기사
- 2023년 4월 22일 화재감식평가기사
- 2023년 4월 22일 화재감식평가산업기사
- 2023년 7월 22일 화재감식평가기사
- 2023년 7월 22일 화재감식평가산업기사
- 2024년 4월 27일 화재감식평가기사
- 2024년 4월 27일 화재감식평가산업기사
- 2024년 7월 28일 화재감식평가기사
- 2024년 7월 28일 화재감식평가산업기사
- 2024년 10월 19일 화재감식평가기사
- 2024년 10월 19일 화재감식평가산업기사

최근 기출문제 분석에 따른 단원별 출제비중

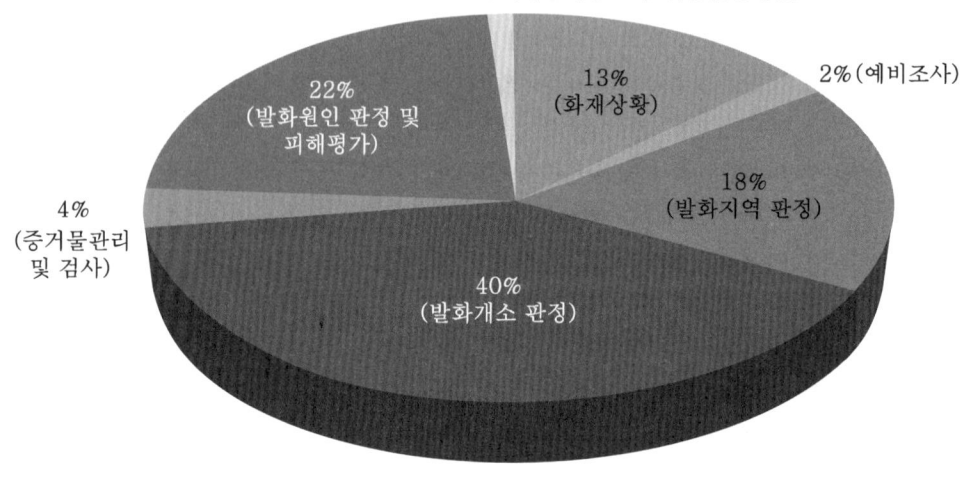

- Chapter 01 화재상황 13%
- Chapter 02 예비조사 2%
- Chapter 03 발화지역 판정 18%
- Chapter 04 발화개소 판정 40%
- Chapter 05 증거물관리 및 검사 4%
- Chapter 06 발화원인 판정 및 피해평가 22%
- Chapter 07 사고대응조치 · 위험발생대응 1%

Chapter 01

화재상황

- **01** 화재현장 출동 중 연소상황 파악
- **02** 화재현장 도착 시 연소상황 파악
- **03** 피해상황 파악
- **04** 화재진화작업 시 연소상황 파악
- **05** 진화작업상황 기록
- **06** 현장보존
- 출제예상문제

Chapter 01 화재상황

01 화재현장 출동 중 연소상황 파악

1 출동 중 화재의 진행·발전 상황 관찰

① 출동 중 화염과 연기를 확인하고, <u>풍향과 풍속을 기록</u>하며, <u>연소확대방향</u>과 <u>화염의 상황, 연기, 이상한 소리, 냄새, 폭발현상 등</u> 연소와 관계된 현상을 파악한다.
② 출동로상의 <u>교통흐름 및 장애발생여부</u> 등을 기록한다.
③ 연기와 화염의 분출방향 등은 시점에 따라 다르게 관찰될 수 있으므로 <u>입체적 현상을 기록</u>하는 데 중점을 둔다.

> **꼼꼼.check!** ─ 화재출동 중 조사목적 ─
>
> 풍향, 풍속 및 연소확대의 방향성 등에 기초하여 화재규모를 판단하고, 발화원인 판정 등 화재조사를 행하기 위한 기초자료를 수집하기 위함이다.

| 출동 중 연기의 발생량 및 색깔과 분출방향 판단 현장사진(화보) p.2 참조 |

2 연소상황 파악을 위한 사진촬영 및 녹화

① 연소 중인 화재상황은 시시각각 변하기 때문에 화재원인 판정에 이르기까지 <u>객관적인 상황 판단과 근거 확보를 위해</u> 사진촬영을 한다.
② 출동 중 연기와 화염이 발견된 시점부터 현장에 도착하기 직전까지 연기의 발생량 및 색깔의 변화 등 <u>연소상황과 연소확대과정을 알 수 있도록</u> 촬영을 한다.

③ 입체적인 연소상황은 사진촬영으로 한계가 있으므로 <u>비디오촬영을 병행</u>하여 풍향, 풍속 등 가변적인 요소와 화염의 이동 또는 성장형태가 나타날 수 있도록 영상녹화촬영을 실시한다.

3 가연물질의 종류 및 특징

1 화재의 분류

분류	국내(NFTC, NFPC)*	미국방화협회(NFPA 10)	국제표준화기구(ISO 7165)
A급	목재, 종이, 섬유 등 일반가연물	목재, 종이, 섬유 등 일반가연물	불꽃을 내는 유기물질, 고체물질의 화재
B급	유류화재	유류 및 가스화재	액체 또는 액화하는 고체로 인한 화재
C급	전기화재	전기화재	가스화재
D급	–	금속화재	금속화재
K급	주방화재	튀김기름을 포함한 조리로 인한 화재	–
F급	–	–	튀김기름을 포함한 조리로 인한 화재

※ NFTC : 화재안전기술기준, NFPC : 화재안전성능기준

2 연소의 조건

(1) 연소의 4요소

① 가연물
② 점화원
③ 산소공급원
④ 연쇄반응

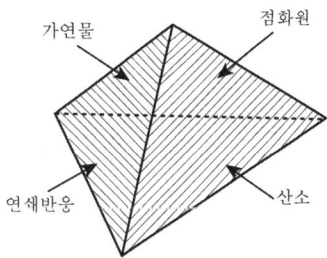

∥ 화재 사면체(fire tetrahedron) ∥

(2) 가연물의 조건

① 산소와 친화력이 좋고 표면적이 클 것
② 산화되기 쉽고 발열량이 클 것
③ 열전도율이 작을 것
④ 연쇄반응이 일어나는 물질일 것
⑤ 활성화 에너지가 작을 것

(3) 점화원의 종류

① 기계적 점화원 : 나화, 고온표면, 단열압축, 충격, 마찰 등
② 전기적 점화원 : 저항열, 유도열, 유전열, 아크열, 정전기 등
③ <u>화학적 점화원</u> : 연소열, 분해열, 용해열, 자연발화 등

(4) 산소공급원
① 공기(산소 체적비 21%, 중량비 23%)
② 지연성 가스 : 산소, 염소, 아산화질소 등
③ 산화제 : 제1류 위험물, 제6류 위험물, 오존 등
④ 자기반응성 물질 : 니트로글리세린, 니트로셀룰로오스, TNT 등

(5) 연쇄반응(chain reaction)
연소하고 있는 물질에 열과 산소가 꾸준히 공급되면 연소의 지속성은 매우 활발해지고 불꽃연소의 상승성이 확대되는데 이러한 작용을 연쇄반응이라고 한다. 연쇄반응은 연소의 3요소에 의해 일어난 반응들이 결합된 것으로 연소의 4요소로 불린다.

(6) 열전달
① 전도(conduction) : 물질의 이동 없이 열이 고온부에서 저온부로 이동하는 현상이다. 열전도도가 낮을수록 인화가 용이하고 진공상태에서는 열이 전달되지 않는다.

> **꼼.꼼. check!** ─ 푸리에의 열전도 법칙 ─
>
> $$\overset{\circ}{q}' = \frac{k(T_2 - T_1)}{l}$$
>
> 여기서, $\overset{\circ}{q}'$: 단위면적당 열유속(W/m²), k : 열전도율(W/m·K)
> T_2, T_1 : 각 벽면의 온도(℃ 또는 K), l : 벽두께(m)

② 대류(convection) : 유체입자의 흐름에 의해 열에너지가 전달되는 현상이다. 유체의 특정 부분에 온도가 높을 경우 이 부분의 유체는 열에 의해 팽창되어 밀도가 낮아지므로 가벼워져서 상승하게 되고 주위의 낮은 온도의 유체가 그 구역으로 흘러 들어오는 순환과정이 연속된다.

③ 복사(radiation) : 중간 매질 없이 떨어져 있는 물체 사이에 전자파의 형태로 열이 전달되는 현상이다.

※ 슈테판-볼츠만(Stefan-Boltzmann) 법칙 : 복사로 전달되는 에너지의 양은 고온체와 저온체 온도차의 4승에 비례한다. 복사체의 절대온도가 두 배 높아지면 해당 물질의 복사는 16배 증가한다.

확인문제

두께 3cm인 벽면의 양쪽이 각각 400℃, 200℃일 때 열유속을 구하시오. (단, 열전도율 $k = 0.083$ W/m·K)

답안 열유속 : $\overset{\circ}{q}' = \dfrac{k(T_2-T_1)}{l} = \dfrac{0.083\text{W/m}\cdot\text{K}\times(400-200)\text{K}}{0.03\text{m}} = 553.33\text{W/m}^2$

여기서, $\overset{\circ}{q}'$: 단위면적당 열유속(W/m²)
k : 열전도율(W/m·K)
T_2, T_1 : 각 벽면의 온도(℃ 또는 K)
l : 벽두께(m)

3 목재류

(1) 목재의 일반적 특징
① 가볍다.
② 비교적 강도가 크다.
③ 열전도율이 작다.
④ 가공이 쉽다.

(2) 목재의 연소 특징
① 수분이 15% 이상이면 고온에 장시간 접촉해도 착화가 곤란하다.
② 각재와 판재, 환형상태 등 모양에 따라 착화도가 다르며, 각재와 판재가 원형모양보다 빨리 착화한다.
③ 200~250℃ 이상에서 숯으로 생성되며, 300℃ 이상이면 파괴되고 균열이 발생한다.
④ 120℃의 낮은 온도에서도 오래 가열하면 저온착화가 가능하다.
⑤ 420~470℃ 정도에서 화원없이 발화하고, 선이 깊고 폭이 넓을수록 강하게 연소한 것이며, 무염연소한 경우 깊게 타 들어간 심도가 깊다.
⑥ 발화부와 가까울수록 균열이 크고 균열 사이의 골이 깊다.
⑦ 목재 표면이 숯처럼 변해 떨어지는 박리와 화염에 의해 허물어지는 도괴현상이 동반될 수 있다.
⑧ 화염에 장시간 노출되면 가늘어지며(세연화) 원형을 잃고 소실된다.

(3) 목재의 박리 특징

연소로 인해 박리된 경우	• 박리부위가 많고 박리부분이 넓고 깊다. • 개개의 면적이 비교적 작고 박리면이 거칠게 뾰족하거나 혹은 산재적이다.
주수압력에 의해 박리된 경우	• 박리부위가 넓고 평탄하며 광택이 있다.

바로바로 확인문제

다음에서 설명하는 현상을 쓰시오.

- (①) : 목재가 화염에 의해 표면이 벗겨지고 껍질이 숯처럼 변하면서 들고 일어나거나 떨어져 나가는 현상
- (②) : 건축물 또는 물체가 화염에 의해 허물어지거나 붕괴되는 현상
- (③) : 목재가 화염에 의해 또는 열을 받아 원형을 잃고 가늘어지는 현상

답안 ① 박리, ② 도괴, ③ 세연화

4 플라스틱류

(1) 플라스틱의 장·단점

장점	단점
• 가볍고 강한 제품을 만들 수 있다. • 녹슬거나 부패하지 않는다. • 투명성이 있고, 착색이 자유롭다. • 내약품성이 우수하다. • 가공 및 성형이 용이하다.	• 쉽게 변형된다. • 300~500℃에서 착화하는 것이 대부분으로 연소성이 있다. • 연소 시 발연량이 많다. • 발염 시 다량의 유독가스가 발생한다.

(2) 열가소성 플라스틱
① 분자가 선상(線上)으로 배열되어 있는 구조로 가열하여 한번 굳어졌어도 재차 열을 가하면 부드럽게 액상으로 변해 다시 녹는 성질이 있다(재사용 가능).
② 폴리에틸렌, 폴리염화비닐, 폴리스티렌, 폴리프로필렌, ABS수지 등이 있다.

(3) 열경화성 플라스틱
① 분자가 망상(網狀)으로 배열되어 있으며 한번 가열하여 경화된 후에 다시 가열하더라도 다시 연화되지 않는 플라스틱이다(재사용 불가능).
② 페놀수지, 에폭시수지, 멜라민수지, 요소수지, 폴리에스테르 등이 있다.

5 가연성 가스 및 증기

가연성 가스는 쉽게 발화가 가능한 물질로 화재 및 폭발을 일으킬 위험성이 있는 물질이다.

(1) 가연성 가스의 연소범위

구 분	연소범위(vol%)	구 분	연소범위(vol%)
수소	4~75	에틸렌	3~33.5
일산화탄소	12.5~74	시안화수소	6~41
프로판	2.1~9.5	암모니아	15~28
아세틸렌	2.5~81	메틸알코올	7~37
에테르	1.7~48	에틸알코올	3.5~20
메탄	5~15	아세톤	2~13
에탄	3~12.5	가솔린	1.4~7.6

(2) 주요 가연성 가스의 특징
① 수소(H_2)
   ㉠ 상온에서 무색, 무미, 무취의 기체로 가연성이지만 독성은 없다.
   ㉡ 밀도가 가장 작고 가벼운 기체이다.
   ㉢ 산소와 수소의 혼합가스를 연소시키면 2,000℃ 이상의 고온을 얻을 수 있다.
   ㉣ 염소, 불소와 반응을 하면 폭발이 일어난다(폭발범위 4~75%).
   ㉤ 미세한 정전기나 스파크로도 폭발이 가능하다.
② 일산화탄소(CO)
   ㉠ 물에 녹기 어렵고 알코올에 녹는다(비중 0.97).
   ㉡ 무미, 무취, 무색으로 독성이 강하고, 연소 시 청색 화염을 발생시킨다.
   ㉢ 일산화탄소가 인체 흡입되면 적혈구 안의 헤모글로빈과 결합력이 산소보다 200배 이상 강해 일산화헤모글로빈(COHb)이 되어 산소운반능력을 방해하여 중추신경을 마비시킨다.
③ 프로판(C_3H_8)
   ㉠ 프로판은 가스상태일 때 공기보다 약 1.55배 정도 무겁고, 액체일 경우에는 물보다 약 0.51배 가볍다. 따라서 공기 중으로 가스가 누출될 경우 낮은 부분에 체류하여 점화원에 의해 화재 및 폭발의 위험이 있다.

ⓒ 프로판과 부탄을 액화하면 체적이 약 1/250 정도로 부피가 작아진다.
　ⓒ 연소 시 완전연소에 필요한 이론공기량은 프로판의 경우 약 24배로 다량의 공기가 필요하다.
④ 아세틸렌(C_2H_2)
　㉠ 압력을 받으면 극히 불안정하고, 1kg/cm² 이상에서는 불꽃, 가열, 마찰 등에 의해 폭발적으로 자기분해를 일으키며 수소와 탄소로 분해된다.
　ⓒ 산소와 함께 연소시키면 3,000℃가 넘는 불꽃을 얻을 수 있다.
⑤ 암모니아(NH_3)
　㉠ 물에 잘 용해되며, 누출 시 염산 수용액과 반응하면 흰연기가 발생한다.
　ⓒ 독성 가스로 8시간 노출 시 최대허용농도는 25ppm이다.

(3) 위험도

① 어떤 가연성 가스가 화재 또는 폭발을 일으키는 위험성을 나타내는 척도이다.
② 연소하한이 낮을수록 위험도가 크다.
③ 연소상한과 연소하한의 차이가 클수록 위험도가 크다.
④ 연소상한이 높을수록 위험도가 크다.

$$H = \frac{U - L}{L}$$

여기서, H : 위험도, U : 연소상한계, L : 연소하한계

(4) 이론공기량

이론산소량 = 이론공기량 × 21/100
이론공기량 = 이론산소량 ÷ 0.21

① 프로판의 완전연소식 : $C_3H_8 + 5O_2 \rightarrow 3CO_2 + 4H_2O$
　→ 필요한 이론공기량 : 5 ÷ 0.21 = 24mol
② 부탄의 완전연소식 : $C_4H_{10} + 6.5O_2 \rightarrow 4CO_2 + 5H_2O$
　→ 필요한 이론공기량 : 6.5 ÷ 0.21 = 31mol

확인문제

1. 공기 중 산소량이 21%라고 할 때 프로판이 완전연소할 경우 화학반응식을 쓰고, 필요한 이론공기량을 구하시오.
답안 ① 프로판의 완전연소식 : $C_3H_8 + 5O_2 \rightarrow 3CO_2 + 4H_2O$
② 프로판 1mol이 연소할 경우 필요한 이론산소량은 5몰이다.
따라서 필요한 이론공기량 계산식 = 이론산소량 ÷ 0.21이므로 5 ÷ 0.21 = 23.8mol ≒ 24mol

2. 부탄가스 가스비중과 완전연소 반응식을 쓰시오. (단, 공기비중은 29로 한다.)
답안 ① 비중 : 58/29 = 2
② 완전연소 반응식 : $C_4H_{10} + 6.5O_2 \rightarrow 4CO_2 + 5H_2O$ 또는 $2C_4H_{10} + 13O_2 \rightarrow 8CO_2 + 10H_2O$

6 가연성 액체류

(1) 특 징
① 위험물 중 가연성 액체는 유동성이 좋아 <u>유출되면 광범위하게 확산</u>되고 낮은 곳으로 흘러들어 위험이 증대된다.
② 증기압이 높은 가연성 액체는 표면에서 지속적으로 가연성 증기를 발산하기 때문에 <u>인화 또는 폭발의 위험</u>이 크다.
③ 위험물은 발화원이 없더라도 물과 접촉하여 <u>발열하는 물질</u>과 연소를 촉진시키는 산화성 물질 등 매우 다양하고 광범위하므로 판별에 주의를 요한다.

가연성 액체의 인화점

구 분	인화점(℃)	구 분	인화점(℃)
디에틸에테르	-45	크레오소트유	74
이황화탄소	-30	니트로벤젠	87.8
아세트알데히드	-37.7	글리세린	160
아세톤	-20	시안화수소	-18
가솔린	-20~-43	메틸알코올	11
톨루엔	4.5	에틸알코올	13
등유	30~60	중유	60~150

(2) 유류화재의 특수현상
① 오일오버(oil over) : 저장탱크의 유류 저장량이 내용적의 50% 이하로 충전되었을 때 화재로 탱크가 폭발하는 현상이다.
② 보일오버(boil over) : 유류탱크에서 탱크 바닥에 물과 기름이 에멀션상태로 섞여 있을 때 탱크 저부에 있는 물이 비등하면서 연소유를 탱크 밖으로 비산시키며 연소하는 현상이다.
③ 슬롭오버(slop over) : 점성이 큰 중질유화재 시 유류의 액표면온도가 물의 비점 이상으로 상승하고 물이 연소유의 액표면으로 유입되면 부피 팽창을 일으켜 탱크 외부로 불이 붙은 채 분출되는 현상이다.

(3) 수분과 반응하여 가연성 가스를 발생하는 물질
① 칼륨 : $2K+2H_2O \rightarrow 2KOH+H_2$
② 나트륨 : $2Na+2H_2O \rightarrow 2NaOH+H_2$
③ 알루미늄분 : $2Al+6H_2O \rightarrow 2Al(OH)_3+3H_2$
④ 인화칼슘(인화석회) : $Ca_3P_2+6H_2O \rightarrow 3Ca(OH)_2+2PH_3$
⑤ 탄화알루미늄 : $Al_4C_3+12H_2O \rightarrow 4Al(OH)_3+3CH_4$

(4) 수분과 반응하여 발열하는 물질
① 생석회 : $CaO+H_2O \rightarrow Ca(OH)_2$
② 과산화나트륨 : $2Na_2O_2+2H_2O \rightarrow 4NaOH+O_2$
③ 수산화나트륨 : $NaOH+H_2O \rightarrow Na^++OH^-$

④ 클로로술폰산 : $HClSO_3 + H_2O \rightarrow HCl + H_2SO_4$

7 가연성 고체류

(1) 종 류
종이, 헝겊, 면(綿), 섬유제품, 나무, 석탄, 아스팔트, 파라핀, 생고무, 가구, 목조건물 등

(2) 연소 특징
① 상온에서 고체인 물질이라도 연소로 인해 용융하는 것은 액체의 유동성을 형성하므로 위험성이 증가한다.
② 섬유류는 다공성 물질로 공기와 접촉면적이 커서 착화하기 쉽고 일단 착화하면 소화하기 곤란하다.
③ 나무, 석탄, 생고무 등은 다량의 유독가스를 발생하며 공기 중 산소가 충분하면 가연물이 <u>완전연소하여 이산화탄소가 발생</u>하고 반대로 공기 중 산소가 부족하면 <u>불완전연소하여 일산화탄소가 발생</u>한다.

8 금속류

(1) 만 곡
화재로 열을 받은 금속은 용융하기 전에 <u>자중(自重) 등으로 인해 좌굴(挫屈)하는데 이를 만곡이라고 한다.</u> 금속은 자체 무게에 의해 가로나 세로 등 열을 받은 축(軸)방향으로 어떤 한계를 초과하면 휘어지는 현상을 의미한다. 일반적으로 금속의 만곡정도는 열을 많이 받을수록 영향을 크게 받아 휘거나 붕괴된다.

(2) 용 융
금속은 재질에 따라 용융온도가 다르므로 금속의 재질을 파악하면 화재 당시 개략적인 온도를 알 수 있다. 동일한 재질이라면 용융이 많은 쪽이 보다 많은 열을 받은 것으로 연소방향성을 판단할 수 있다.

금속의 용융온도

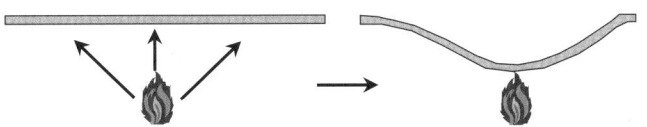

구 분	비 중	용융온도(℃)	구 분	비 중	용융온도(℃)
아연	7.1	419.5	텅스텐	19.3	3,400
알루미늄	2.7	660	티탄	4.8	1,800
금	19.7	1,063	철	7.86	1,530
은	10.5	961	동	8.92	1,083
황동	8.83	900~1,053	납	11.4	327.4
스테인리스	7.6	1,520	니켈	8.9	1,455
수은	13.6	39	마그네슘	1.7	650
주석	7.3	232	몰리브덴	10.2	2,620

9 도료류

① **페인트(paint)** : 아마인유, 대두유, 오동유 등의 건성유를 90~100℃에서 5~10시간 공기를 불어 넣으면서 가열하여 색과 점도를 준 것으로 요오드가가 145 이상인 보일유에 안료와 전색제 등을 혼합한 착색도료이다.
② **에나멜(enamel)** : 일명 바니시페인트로 수지바니시, 유성바니시 등과 각종 안료류를 혼합하여 붓도장, 스프레이도장 등에 적용하도록 제조된 도료이다.
③ **바니시(varnish)** : 천연 또는 합성수지를 건성유와 함께 가열·융합시키고 건조제 등을 첨가한 것으로 용제로 희석시킨 유성니스의 총칭을 말한다.
④ **래커(lacquer)** : 니트로셀룰로오스를 주성분으로 하는 도료(질화면도료)로 니트로셀룰로오스, 수지, 가소제를 배합하여 용제에 녹인 것을 투명래커라고 하며, 이것을 안료에 혼합하여 유색불투명하게 한 것이 래커에나멜이다.
⑤ **프라이머(primer)** : 도장하려는 금속면 등에 최초로 바르는 도막으로 접착성을 좋게 하고 금속재료에 부식방지효과를 좋게 하는 도료로 초벌도료라고도 한다.
⑥ **시너(thinner)** : 도료를 묽게 하여 점도를 낮추는 데 이용하는 혼합용제로 협의로는 래커시너를 말한다(초산에스테르류, 알코올류, 에테르, 아세톤 등).

4 폭발, 이상한 냄새 등의 현상 파악

① 출동 도중 현장 주변에서 폭발음 발생 및 냄새가 감지되었다면 <u>가스 또는 위험물질의 누설과 유출</u>을 염두에 두고 연소유무를 판단한다.
② 가스가 누출된 경우 양파 썩는 냄새나 마늘냄새가 나도록 부취제가 첨가되어 있어 감지되는 경우가 있다.
③ 연기, 소리, 냄새 등의 식별은 화재관계자 등의 진술의 신빙성 여부와 연소의 확대용이성 등 화재특징을 판단하는 자료로 활용한다.

5 출동 시 유의사항

화재조사관은 화재접수에서 출동에 이르기까지 다음 사항을 확인하여 어긋남이 없도록 하여야 한다.
① 화재 각지 방법 : 119, 112, 직접신고 등
② 화재 발생장소 : 주소 또는 건물의 층수 등
③ 화재조사관 상호간 임무분담
④ 화재현장 부근의 건물상황
⑤ 출동로상의 교통장애유무

바로바로 확인문제

금속의 용융점이 높은 온도에서 낮은 온도 순으로 쓰시오. [2024년 기사]

• 스테인리스 • 금 • 은 • 텅스텐 • 마그네슘

답안 텅스텐(3,400℃) → 스테인리스(1,520℃) → 금(1,063℃) → 은(961℃) → 마그네슘(650℃)

02 화재현장 도착 시 연소상황 파악

1 화재 시 연소상황 관찰

① 발화건물과 주위건물의 화재상황, 개구부의 화염 및 연기의 분출상황, 화세의 강약과 진전상황을 파악한다.
② 발화건물의 구조와 연소방향 및 연소경로를 관찰한다.
③ 관계자 등의 부상유무, 복장, 행동 및 질의답변 내용을 확인한다.
④ 소리, 냄새, 폭발 등 특이한 현상의 발생유무와 확인 시 위치를 기록한다.
⑤ 건물 출입구 및 유리창과 셔터 등의 개폐상황을 확인한다.

2 연기와 화염의 상황

1 농연의 확대상황

석유화학제품이 연소할 경우 탄화수소물질의 영향으로 화염보다는 짙은 흑연을 동반한 농연이 왕성하게 발생한다. 연기의 발생량과 색깔을 파악하고, 농연의 분출이 가장 활발하게 이루어진 곳과 화염의 성장상황을 기록해 둔다.

2 화염의 출화여부

화세가 극단적으로 성장하면 창문과 출입구 등 개구부를 통해 화염의 옥외 출화가 빠르게 진행된다. 구획화재에서 화재가 초기일 경우 보통 연기의 색깔은 흰색을 띠며 완만한 연소형태를 보이므로 현장도착 즉시 화염의 출화여부와 크기를 판단한다.

화염의 색상			
온도(℃)	색상	온도(℃)	색상
750~800	암적색	1,100	황적색
850	적색	1,200~1,300	백적색
925~950	휘적색	1,500	휘백색

3 기타 발화장소 주변의 특이사항

① 화재발생 전에 창문이나 출입문 등 개구부가 미리 개방되었거나 자물쇠 등 잠금장치가 인위적으로 파손된 지점은 없는지 확인한다.
② 화재가 발생한 각지 시간에 비해 급격하게 연소하였거나 연소물에 비해 화세가 왕성했는지 연소확대된 과정을 확인한다.

③ 화인(火因)을 제공할 만한 시설이 없거나, 화재발생 전에 다툼과 싸움, 음주 소란 등 행위의 개입이 있었는지 주변 정황을 확인한다.

3 연소의 범위, 진행방향, 확대속도

1 연소범위 조사

① 발화건물 및 주변으로 화염이 확산되는 상황과 개구부에서의 연기분출 형태, 지붕과 벽체가 무너지거나 불에 타서 화염이 인접 건물로 확산되는 양상 등을 기록한다.
② 발화건물과 주변의 건물상황을 고려해 가면서 발화건물의 구조, 연소방향 및 연소확대된 흔적 등에 대해 파악해 둔다.
③ 화재현장을 전·후·좌·우에서 방위별로 연소과정을 파악한다.
④ 화염에 갇힌 건물의 출입구나 창문, 셔터 등의 개폐여부와 발화 당시 잠금상태를 구별해 둔다.

2 연소의 진행방향 (2017년 기사)

① 실내화재에서는 산소농도지수 이하가 되면 불이 꺼지는 반면 개구부를 통해 공기 공급이 지속되면 연소가 촉진된다. 콘크리트와 같이 불연구조의 건물화재는 환기지배형이 많아 바람의 영향을 받아 연소확산된다.
② 실내 가연물인 가구, 내장재, 커튼 등 입상재에 착화하면 본격화재로 발전하며 불이 붙지 않은 다른 구역으로 확산된다. 따라서 소손된 기둥, 가구 등으로부터 연소의 방향성을 관찰하여 발화지점을 한정한다.
③ 기둥이나 가구재 등 수직재가 연소하면 화염을 받은 방향으로 먼저 연소하거나 소실되므로 소손된 상황을 보고 연소의 강약과 방향성을 판단한다.

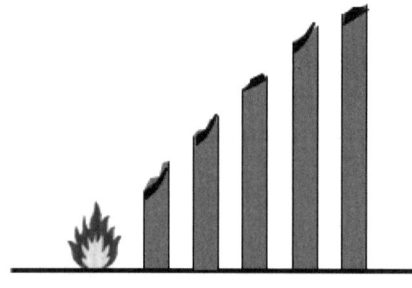

| 기둥 좌측에서 화재가 발생한 경우 |

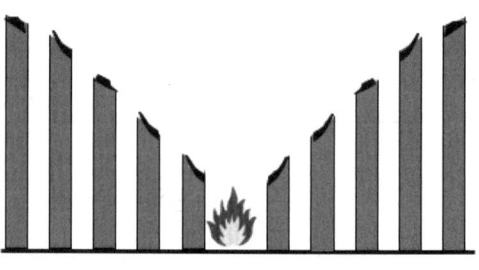

| 기둥 중앙에서 화재가 발생한 경우 |

| 환기지배형 화재와 연료지배형 화재 |

구 분	환기지배형 화재	연료지배형 화재
지배조건	• 환기량에 의해 지배 • 환기량이 적고 가연물이 많다.	• 연료량에 의해 지배 • 환기량은 많고 가연물이 제한적이다.
발생장소	• 지하층, 무창층, 일반주택 등 • 내화구조, 소규모 밀폐된 건물	• 개방된 공간 • 차량, 임야화재
연소속도	• 연소속도가 느리다.	• 연소속도가 빠르다.
화재양상	• 화재 후 산소(공기)부족으로 훈소 상태 유지	• 개방된 공간의 화재양상 유지
위험성	• 실내공기 유입 시 백드래프트 발생	• 개구부를 통해서 상층연소 확대
온도	• 다량의 가연성 가스가 존재 • 실외의 열방출이 없기 때문에 실내온도가 높다.	• 쉽게 외부에서 찬 공기 유입 • 실내온도가 낮다.

3 연소의 확대속도

(1) 수직방향 연소확대

개구부에서 화염의 출화로 창문 등이 파손되면 분출된 화염이 지붕과 처마 또는 상층에 있는 창문 등으로 착화되어 화재양상은 수직방향으로 더욱 확대된다. 개구부가 클수록 산소의 유입이 원활하며 증대된 복사열 및 불티의 비화로 화염은 수직상승하는 연소형태를 보인다. 수직방향 연소확대 위험은 천장과 환기를 위한 덕트(duct) 또는 엘리베이터(elevator), 케이블 트레이(cable tray)가 설치된 피트공간 등으로 열이 확산되어 발화지점보다는 상층의 피해가 크게 증대된다는 점에 있다. 화재로 화염이 외부로 누출되면 벽면을 따라 상층으로 확대된다. 유출된 화염은 초기에는 벽에 부착되지 않고 떨어져서 상승하지만 시간이 지나면서 벽과 외기의 압력차에 의해 화염은 벽쪽으로 기울어지면서 재부착이 일어나는데 이 현상을 코안다효과라고 한다.

| 개구부를 통한 수직방향으로의 연소확대 현장사진(화보) p.2 참조 |

(2) 수평방향 연소확대

① 칸막이나 경계벽, 장롱이나 침대, 가구 등은 수평방향으로 연소확대 여부를 결정짓는 요인으로 작용을 한다. 수평적 구조로 된 복도나 통로 등이 열과 연기의 제어 또는 이동에 영향을 주는 물리적 요소라면, 간이 경계벽, 칸막이 또는 가재도구류 등은 화염과 유독가스 등을 직접적으로 발생시켜 피해를 야기시키는 화학적 요소로 작용을 한다. 벽과 벽 사이 또는 벽과 천장의 이음부 등 기밀성이 취약할수록 평면적으로 넓게 확산되며, 기류의 흐름에 따라 가변적인 형태로 발전하기도 한다. 수평적 연소는 **천장이 낮을수록 횡방향으로 빠르게 연소**하며 전개되는 것이 일반적인 형태이다.

② 구획화재에서 건물 내부 좌측 벽면에 발화한 경우 성장한 열기류가 천장을 통해 **수평으로 이동**하며 벽면에 의해 제한을 받았을 때 가장 먼저 **우측 벽면을 따라 점진적으로** 하강하게 된다.

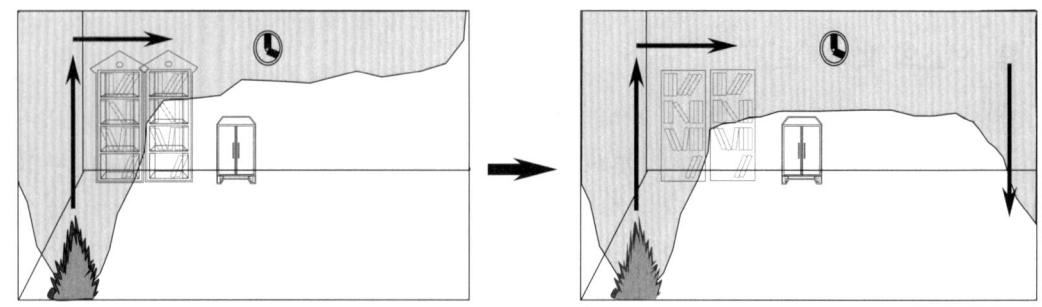

∥ 수평방향 연소확산과정 ∥

(3) 화염의 길이

화염이 구획된 실내의 중앙과 벽, 구석진 곳에 위치할 경우 화염의 길이는 옆의 그림에서 <u>1(구석)이 가장 길고 그 다음으로 2(벽과 접한 곳)가 길며</u> 3(중앙) 순으로 나타난다. 이와 같이 화염이 중앙이 가장 짧고 벽과 접한 면이 많을수록 화염이 길어지는 것은 **공기의 유입량이 벽에 의해 제한을 받기 때문**에 다르게 나타난다.

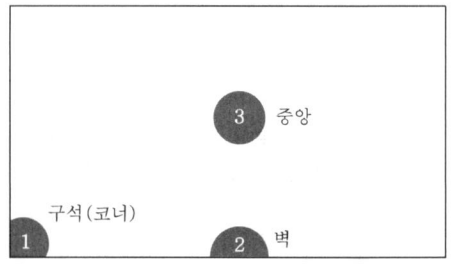

4 구획실 화재현상

(1) 화재 초기단계

① 출입문이 개방된 상태에서 어느 특정 부위에서 발화가 개시되면 파이어플룸이 형성되고 천장면에 닿게 되면 비교적 얇은 층의 <u>고온 유동가스가 수평면을 따라 이동하는 천장분출(ceiling jet)이 일어난다.</u>

② 천장분출 가스는 구획실의 벽에 닿을 때까지 모든 방향으로 흐르며 이 흐름이 벽에 막혀 수평적으로 더 이상 확산될 수 없게 되면 가스는 아래로 향하며 <u>천장 아래에 고온가스층을 형성</u>하기 시작한다.

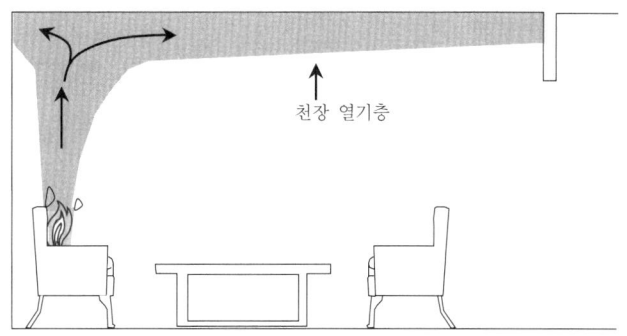

‖ 개방된 구획실에서 화재발생 초기단계 ‖

(2) 구획실 화재의 상층부 발달단계

① 천장 상층부에 대한 지속적인 고온가스의 공급은 <u>상층부가 두터워지도록 하며</u> 고온가스 상층부의 깊이는 고온의 상부 가스층이 불에 닿거나 상층부가 환기구의 윗부분에 찰 때까지 유지된다.

② 시간이 경과하면서 <u>고온연기층이</u> 출입문의 최상부에 닿으면 <u>구획실 밖으로 흘러나가기 시작</u>하는데 개구부를 통해 유출되는 고온가스의 양과 천장으로 집적되는 가스의 속도가 같아질 때 고온가스층의 하강은 멈추게 된다.

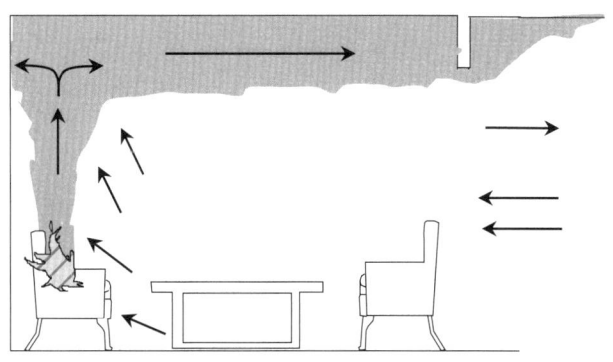

‖ 개방된 구획실에서 상층부 발달단계 ‖

(3) 구획실 화재의 플래시오버 이전단계

① 화재가 성장하면서 천장의 아래쪽으로 고온가스층은 하강하며 연기와 고온가스의 온도는 상승한다.

② 천장 열기층에서 발산되는 <u>복사열은 발화하지 않은 가연물을 가열하기 시작</u>하는데 화재 초기에는 물질을 연소시키는 데 충분한 공기가 있어 <u>연료지배형 화재양상을 보인다.</u>

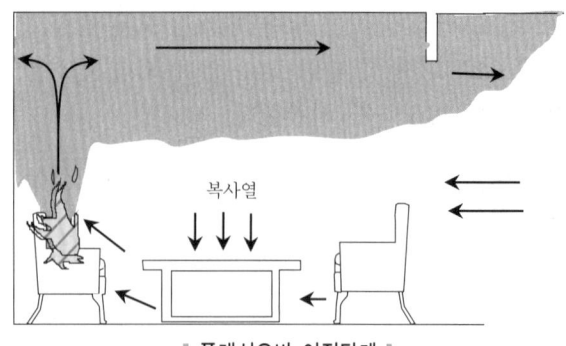

∥ 플래시오버 이전단계 ∥

(4) 플래시오버 단계

① 화재가 더욱 성장하면 천장 열기층의 가스온도와 구획실에 있는 가연성 물질의 복사농도는 상승한다. 대류 및 복사열이 증가하고 <u>복사열이 전체 열전달을 담당</u>하게 된다.

② 플레임오버 및 롤오버라는 용어는 화염이 천장층에서만 확산되고 대상 가연물의 표면에는 포함되지 않는 경우를 나타내는 데 사용된다. 플레임오버 또는 롤오버는 일반적으로 플래시오버보다 먼저 발생하지만 항상 플래시오버를 일으키지 않는다.

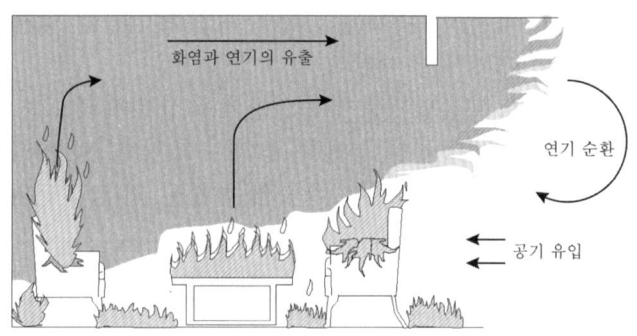

∥ 플래시오버 단계 ∥

롤오버(Rollover) 현상의 정의를 쓰시오.

답안 화재 초기단계에 가연성 가스와 산소가 혼합된 상태로 천장부분에 쌓였을 때 연소한계에 도달하여 점화되면 화염이 천장면을 따라 굴러가듯이 연소하는 현상

(5) 플래시오버 이후 최성기단계

① 구획실 화재에서 공기의 흐름이 충분하지 않을 경우 <u>가연물지배형에서 환기지배형으로 바뀌게 된다</u>. 환기지배형 화재에서 고온가스층은 타지 않은 열분해 물질과 일산화탄소가 많이 포함되어 있다.

② 플래시오버 이후에는 구획실 안의 모든 가연물이 연소하지만 조건에 따라 연소형태는 달라질 수 있다. 바닥이나 바닥 마감재가 타기도 하지만 항상 발생하는 것은 아니며 <u>플래시오버 이후에는 환기지배형 화재 양상</u>을 보인다.

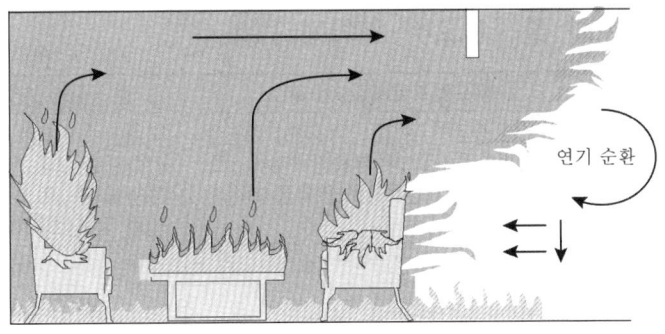

| 플래시오버 이후 최성기단계 |

(6) 감쇠기
연소할 수 있는 물질이 모두 타 버려 화염이 작아지는 단계를 말한다. 산소농도가 16% 이하로 떨어지면 연소는 급격히 감소하며 5% 이하의 산소농도에서는 연소가 완전히 중단될 수 있다.

5 중성대(neutral plane)

① 구획실 화재에서 고온가스는 온도가 높아지면 밀도가 작아져 부력이 발생하여 실의 천장 쪽으로 상승하는 흐름을 따라 밖으로 밀려 나가고 아래쪽으로는 가스가 밀려 나간 자리를 새로운 공기가 유입되어 채우게 되는데 흐름의 방향이 바뀌는 높이 즉, 천장과 바닥 어딘가에 실내정압과 실외정압이 같아지는 면을 중성대라고 한다.
② 실온이 높아지면 높아질수록 중성대의 위치는 낮아지며 중성대가 낮아지면 외부로부터의 공기유입이 적어지고 따라서 연소가 활발하지 못해 열 발생 속도가 완만해진다.

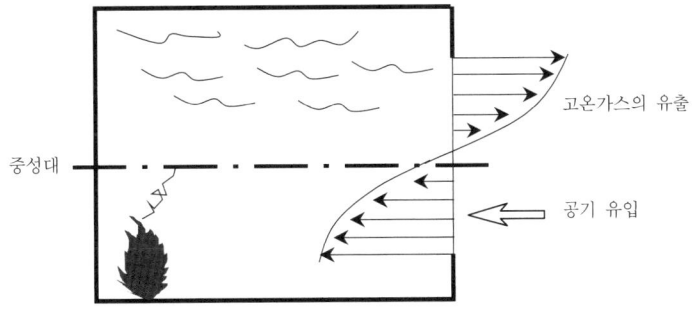

| 중성대 위치 |

6 백드래프트와 플래시오버 차이점

구 분	백드래프트(Backdraft)	플래시오버(Flashover)
정의	실내가 충분히 가열된 상태에서 가연성 가스가 축적되고 산소부족상태에서 산소가 유입되면 순간적으로 역류성 폭발이 발생하는 현상	옥내에서 화재가 서서히 진행되다가 순간적으로 실내 전체로 화염이 확산되어 가연성 재료의 전 표면적이 순간적으로 발화 및 연소확대되는 현상
연소현상	훈소상태(불완전연소)	자유연소상태
산소량	산소부족	상대적으로 산소공급 원활
폭발성 유무	연기폭발이라고도 함	폭발현상 아님
연소확대 매개체	산소(외부공기 유입)	열(축적된 복사열)
발생시점	성장기, 감쇠기	성장기의 마지막이자 최성기의 시작점

7 화재하중(fuel load)

(1) 정 의

화재하중이란 화재실의 예상 최대가연물질의 양으로서 <u>단위바닥면적(m^2)에 대한 등가 가연물의 중량(kg)</u>을 말한다. 실내 가연물은 연소 시 각기 발열량이 다르기 때문에 실제로 존재하는 가연물을 그에 상응하는 발열량의 <u>목재로 환산</u>하여 등가목재중량으로 나타낸다. 화재하중을 결정하는 주요소는 <u>화재실 내에 존재하는 가연물의 양 한 가지가 좌우</u>하며 가연물의 양이 많을수록 연소지속시간이 길고, 최고온도 지속시간도 길어진다.

$$\text{화재하중 } Q[\text{kg/m}^2] = \frac{\Sigma\, GH_1}{HA} = \frac{\Sigma\, Q_1}{4,500 A}$$

여기서, Q : 화재하중(kg/m^2)
  A : 바닥면적(m^2)
  H : 목재의 단위발열량(4,500 kcal/kg)
  G : 모든 가연물의 양(kg)
  H_1 : 가연물의 단위발열량(kcal/kg)
  Q_1 : 모든 가연물의 발열량(kcal)

(2) 가연물별 발열량

종 류	발열량(kcal/kg)	종 류	발열량(kcal/kg)
목재	4,500	부탄	10,900
종이	4,000	메탄	11,900
연질보드	4,000	폴리염화비닐	4,100
경질보드	4,500	페놀수지	6,700
울·직물	5,000	나일론	8,000
고무	9,000	폴리스티렌	9,500
프로판	11,000	폴리에틸렌	10,400

03 피해상황 파악

1 피해상황 파악 및 관계자 구성

화재피해상황은 인적 피해와 물적 피해로 구분하여 조사를 한다. 피해조사는 현장에 있는 관계자를 대상으로 정보를 수집하여 확인하는 방법이 가장 효과적이다. 따라서 현장 도착 즉시 연소상황을 지켜보면서 <u>관계자로 판단되는 사람을 조기에 포착하여 진술을 확보</u>할 필요가 있다. 여기서 관계자란 화재발생 대상물의 소유자 및 점유자, 관리자뿐만 아니라 주변에서 화재를 최초로 발견한 목격자와 신고자, 소화행위를 행한 사람 등이 포함될 수 있다.

2 관계자에 대한 질문요령 및 질문사항

1 화재현장 관계자의 특징

① 현장 부근에서 잠옷차림이거나 맨발인 사람
② 신체에 화상을 입었거나, 의복이 불에 탄 흔적이 있는 사람
③ 의복이 물에 젖어 있거나 훼손된 사람
④ 이성을 잃고 있거나, 웅크리고 앉아서 울고 있는 사람
⑤ 물품을 안고 있거나 반출하고 있는 사람

2 관계자 질문요령

① 화재관계자의 심리는 책임감, 절망감, 불안감 등 이상심리상태임을 고려하여 <u>감성을 유발하거나 공포심이 들지 않도록</u> 안정시키도록 한다.
② <u>질문형식은 일문일답식</u>으로 명확하게 하고 화재와 관련된 내용을 순서에 맞게 질문을 한다.
③ <u>질문장소는 많은 사람이 있는 곳을 피하고</u>, 관계자가 진술을 하지 않는 경우에는 집착하지 말고 차후에 다시 말할 수 있도록 배려하며 또 다른 관계자로부터 정보를 확보할 수 있도록 한다.
④ 질문 및 진술내용은 <u>현장에서 즉시 기록</u>하도록 하며, 진술내용에 의문이 나는 경우 재차 확인한다.

3 관계자에 대한 질문사항 탐문

(1) 발견자, 신고자, 초기소화자, 피난자에 대한 질문
① 성명, 연령, 직업, 주소 및 전화번호

② 어디서, 어떻게 화재발생 사실을 알게 되었는가
③ 어느 위치에서 보았으며, 어떻게 타고 있었는가
④ 화재를 알고 나서 어떤 조치를 했는가
⑤ 신고 또는 소화는 어떤 방법으로 했으며, 당시에 다른 사람은 주변에 있었는가
⑥ 피난방법(어디에서 어떤 식으로) 및 초기소화는 어떻게 이루어졌는가

(2) 화재건물 관계자에 대한 질문
① 관계자의 성명, 생년월일, 주소, 가족 구성원(또는 종업원 수)의 상황
② 화재건물의 용도, 구조, 층수 등과 건축상태
③ 화재건물의 구획실(방) 수, 수용된 물건의 배치상황

4 관계자 진술조사 시 유의사항

① 개인의 인권과 사생활이 <u>침해받지 않도록</u> 할 것
② 어느 한 쪽으로 편중된 의사표현을 삼가고 <u>중립적 입장</u>을 취할 것
③ 질문은 간결하게 하고, 많은 이야기를 할 수 있도록 <u>상대방을 배려</u>할 것
④ 상대방의 감정과 기분을 증폭시키는 질문을 삼갈 것
⑤ 어린이나 노약자 등에 대한 질문 시 보호자 또는 후견인의 입회가 가능하도록 하여 <u>신뢰감을 확보</u>할 것

3 인명피해상황 파악

① 사상자의 사상 정도(사망, 중상, 경상)를 확인한다.
② 사상자의 발생위치와 사상 당할 당시 행동이나 행위를 조사한다.
③ 사상원인(유독가스 흡입, 화상, 건물 내 고립, 넘어지거나 미끄러짐 등)을 조사한다.
④ 사상을 당한 신체부위(머리, 가슴, 배 등)를 파악한다.

04 화재진화작업 시 연소상황 파악

1 연소의 범위, 진행방향, 확대속도 등의 특이사항

① 관계자나 목격자 등이 화재를 발견한 지점은 서로 다르거나 보는 입장이 일정하지 않기 때문에 진술에 의한 연소범위는 서로 다를 수 있다. 또한 진압활동을 하는 소

방대원도 부서한 위치에 따라 화염의 크기를 달리 볼 수 있다. 연소범위는 가연물의 배치상태와 풍향 등의 조건에 의해 크게 좌우되므로 입체적인 관찰을 요한다.
② 연소의 진행방향은 바람이 부는 방향으로 흐른다는 점에 착안하여 화재 당시 풍향과 풍속을 확인한다. 화염은 바람을 타고 확산될 경우 위험성이 증대된다. 그러나 밀폐된 공간일 경우 공기의 유입과 유출은 개구부를 향해 이루어지므로 발화지점보다는 개구부가 더욱 크게 손상된 형태로 발견될 수 있다.
③ 발화와 동시에 급속하게 화염이 확산되었다면 가연성 증기나 인화성 액체 등의 촉진제가 쓰인 경우가 많다. 일반적으로 고체 가연물은 기체나 액체 가연물보다 연소속도가 느리다는 점을 착안하면 연소형태를 보아 가연물의 성격을 어느 정도 가늠할 수 있다.

2 화재진압상황

① 소화활동을 행하기 위해 진입이 시도된 출입구는 어느 방면이었으며, 내부 연소상황은 어떻게 진행 중이었는지 확인을 한다.
② 진압 당시 내부 수납물이 있었던 위치와 상태를 확인하고 파괴와 이동이 행해진 경우 그 이유를 조사한다.
③ 출입구 및 개구부의 개폐상황은 외부인 등의 소행을 추적할 수 있는 단서가 될 수 있으므로 진입 당시 문의 개폐상황을 조사하고 진압대원에 의해 강제개방이 이루어진 경우 관계자에게 확인을 시킨다.
④ 안전확보를 위해 진압대원에 의해 전기차단기의 스위치 조작과 가스밸브의 차단 및 배기조치를 위해 창문 등 개구부를 개방할 수 있으므로 진화과정에서 접촉이 이루어진 물체가 있었는지 면담을 통해 확인한다.
⑤ 소화기 및 옥내소화전 등 수동식 소방시설은 관계자뿐만 아니라 진압대원에 의해 사용될 수도 있다. 건물 내에 설치된 소방시설의 사용 주체는 누구였으며 어느 부위에 소화행위가 시도되었는지 확인을 한다.

| 화재진화작업 시 연소상황 현장사진(화보) p.2 참조 |

3 인명 및 재산 피해상황 등의 정보수집

1 관계자 등을 통한 정보수집

① 화재 발견자, 신고자 등 관계자의 성명, 나이, 직업, 연락처 등을 기록한다.
② 화재 당시 관계자가 있었던 위치 및 화재발견 동기 등을 청취한다.
③ 연소상황과 인명피해 발생경위 등을 현장에서 확보한다.
④ 물적 피해가 많을 경우 피해내역을 입증할 수 있는 물품관리대장 등을 확보하여 누락과 부풀림 등이 없도록 한다.
⑤ <u>질문은 최대한 빠른 시간에 실시</u>하며, 관계자의 진술내용을 메모해 가며 <u>사실확인에 주력하여야</u> 한다.

2 소방관을 통한 정보수집

① 화염에 휩싸인 구역을 중심으로 진화활동이 전개되므로 연소가 중점적으로 전개된 개소의 상황과 도착 당시 관계인의 행동 등은 어떠했는지 확인한다.
② 사상자가 발생한 위치와 사상자의 생체징후(화상, 질식, 부상 등)를 직접 인명구조활동에 참여한 소방관으로부터 정보를 확인한다.
③ 자동화재탐지설비 또는 스프링클러설비 등 소방시설의 작동상황은 초기 인명대피 및 발화지점을 판단할 수 있는 지표가 될 수 있다. 경보설비는 수신반의 화재표시등 작동상태 등으로 확인을 하고, 스프링클러설비는 수신반 및 스프링클러헤드의 작동상황 등으로 정보를 수집한다.

05 진화작업상황 기록

1 신고 및 초기조치에 대한 상황 파악

화재조사관이 초기현장에서 관계자로부터 획득한 정보는 신뢰성이 높아 발화지점을 비롯하여 연소확대된 상황을 추론하여 과학적인 원인조사를 실시하는 데 큰 영향을 미칠 수 있다. 화재조사관은 초기정보의 중요성을 감안하여 관계자에게 다음과 같은 질문을 실시하여 화재발생 및 신고에서부터 초기조치에 대한 상황 등을 파악하는 데 주력할 수 있어야 한다.
① 관계자의 성명, 나이, 직업, 주소, 연락처
② 화재발생 사실을 어디에서 어떻게 알게 되었는가

③ 어떤 물건이 타고 있었으며, 주변에 다른 사람은 없었는가
④ 화재발생 사실을 알고 소화행위로 어떤 조치를 취했으며 효과는 어떠했는가
⑤ 주변에 화재발생 사실을 어떻게 알렸으며 상황은 어떻게 진행되었는가

2 화재진압활동상황 파악

화재진압활동에 기초한 상황 파악은 현장에 출동한 소방관들이 실제로 관찰하거나 확인된 사실을 기록하는 화재현장출동보고서를 참고하면 효과적이다.
① 발화건물의 불꽃과 연기의 상황, 화세의 강약과 개구부로부터의 화염의 출화상황을 확인한다.
② 진압활동 중 특이한 냄새, 이상한 소리, 폭발과 같은 급격한 연소현상의 발생과 확인된 위치를 파악한다.
③ 관계자의 부상, 복장상태, 태도 및 화재현장에서 행한 대화내용을 확인한다.
④ 건물 출입구, 창문, 셔터 등의 개폐상태 또는 강제개방흔적 등 손상상태를 확인한다.

3 인명구조활동상황 파악

① 사상자의 발생위치, 인원, 사상 정도를 확인한다.
② 사상원인 및 사상을 당한 신체부위 등을 직접 인명구조를 행한 자로부터 확인한다.
③ 피난통로의 방향과 크기, 출입문의 개폐여부 등을 확인한다.
④ 소화설비 및 경보설비의 작동유무, 피난사다리를 이용한 대피, 자력탈출 등 대피·유도한 인원을 확인하고 당시 상황을 청취해가며 확인한다.

4 화재발생종합보고서 작성

① 모든 화재발생 시 공통적으로 화재현황조사서를 작성하여야 한다. 여기에는 화재가 발생한 대상, 주소, 관계자의 인적 사항 등이 기록되어야 하며, 발화지점, 발화원인 등 원인조사에 대한 내용이 담겨 있어야 한다.
② 화재는 유형에 따라 유형별 조사서(건축·구조물화재, 자동차·철도차량화재, 위험물·가스제조소 등 화재, 선박·항공기화재, 임야화재)를 작성하여야 한다.
③ 피해조사는 인명피해와 재산피해로 구분하여 조사를 하고, 인명피해 발생경위에 대해서는 구체적이고 타당성이 있도록 작성하여야 한다.
④ 화재현장출동보고서는 직접 현장에 출동한 소방대가 작성하는 것으로 도착 당시 화세의 상황과 부서한 위치, 소화활동 내역 등이 기록되어 있어 화재원인 판정 등의 자료로 활용한다.

> ！ 꼼.꼼. check!

화재조사 서류의 구성	작성방법
• 화재현황조사서 • 화재현장조사서 • 화재현장출동보고서(119 안전센터 등의 선임자가 작성)	모든 화재에 공통으로 작성
• 화재유형별 조사서(건축·구조물 화재, 자동차·철도차량, 위험물·가스제조소 등 화재, 선박·항공기 화재, 임야화재) • 화재피해조사서(인명피해, 재산피해) • 방화·방화의심조사서 • 소방시설 등 활용조사서	해당하는 유형을 작성
• 질문기록서	목격자 등 관계자가 있는 경우 작성

바로바로 확인문제

아파트 3층에서 화재가 발생하여 100m²가 소실되었으나 인명피해는 없었다. 관계자에 의하면 난로에 연료를 주입하다가 실수로 불이 났다는 진술과 옥내소화전설비로 초기 화재를 진압했다는 정보를 확인하였다. 이 상황에서 화재조사자가 작성하여야 하는 화재조사서류 5가지를 쓰시오. (단, 화재현장조사서 제외)

답안 ① 화재현황조사서
② 화재유형별 조사서(건축·구조물 화재)
③ 화재피해조사서(재산)
④ 소방시설 등 활용조사서
⑤ 질문기록서

06 현장보존

1 진화작업 시 현장보존

① 현장보존을 위해 발화범위 부근의 <u>과잉주수, 파괴, 짓밟음 등이 발생하지 않도록</u> 화재현장 지휘자 및 소방관들에게 연락을 취하고 필요하다면 화재조사관을 현장에 배치하도록 한다.
② 불가피하게 물건을 <u>파손하거나 이동시킬 필요가</u> 있을 경우에는 파손 및 이동시키기 전에 위치를 기록하고 사진촬영을 실시하여 <u>원래 위치를 분명하게</u> 하도록 한다.
③ 현장에서 행방불명자의 검색을 위한 물건의 이동과 파헤침, 재연소 방지를 위한 잔화정리 등은 <u>필요최소한도로</u> 한다.

2 출입금지구역 설정

① 로프나 표식 등으로 출입금지구역 경계표시를 한다.
② 출입금지구역 설정 후 조사관계자 이외에 출입을 금지함과 동시에 반드시 관계인에게 통보를 한다.
③ 발화원인에 대한 단서를 전혀 얻을 수 없는 경우 현장보존구역을 넓게 잡을 수 있으나 원칙적으로 피해자의 생활, 영업활동 등을 고려하여 필요최소한의 범위로 한다.

※ 현장통제 주된 이유 : 증거 보존 및 안전사고 방지

> **꼼꼼.check! ▶ 소방활동구역의 설정**
>
> ① 소방활동구역 설정(소방기본법 제23조)
>   소방대장은 화재, 재난·재해 그 밖의 위급한 상황이 발생한 현장에 소방활동구역을 정하여 소방활동에 필요한 사람으로서 대통령령이 정하는 사람 외에는 그 구역에 출입하는 것을 제한할 수 있다.
> ② 소방활동구역의 출입자(소방기본법 시행령 제8조)
>   • 소방활동구역 안에 있는 소방대상물의 소유자·관리자 또는 점유자
>   • 전기·가스·수도·통신·교통의 업무에 종사하는 사람으로서 원활한 소방활동을 위하여 필요한 사람
>   • 의사·간호사 그 밖의 구조·구급업무에 종사하는 사람
>   • 취재인력 등 보도업무에 종사하는 사람
>   • 수사업무에 종사하는 사람
>   • 그 밖에 소방대장이 소방활동을 위하여 출입을 허가한 사람

3 발화장소가 불명확할 때 출입금지구역을 확대하는 경우

① 발화지점 부근의 목격상황에 대한 진술이 제각기 달라 발화지점이 불명확할 때
② 초기화재를 발견한 사람의 진술과 건물 등의 소손상황으로부터 판단한 발화위치가 상당한 차이가 있어 상호연관성이 불명확할 때
③ 건물 전체가 같은 정도로 소손된 상황으로 특이한 연소방향의 정도가 확인되지 않을 때
④ 건물의 지붕을 지지하는 구조물 등이 광범위하게 대량으로 소손되어 바닥에 연소 낙하물이나 퇴적물이 많이 쌓여 있을 때
⑤ 진화 후에도 행방불명자가 확인되지 않을 때

4 현장보존을 위한 관련기관과의 협조절차

① 소방의 화재조사는 소방행정상 필요에 의해 실시하는 것으로 경찰의 수사와는 다르다고 할 수 있으나, 현장을 발굴하고 화재원인을 규명하는 절차는 동일하므로 상호이해관계를 유지할 필요가 있다.
② 화재조사 일시 및 화재조사 가능인원, 기상조건 등 모든 요인을 고려하여 현장조사 실시일시를 경찰 등 합동으로 조사하는 기관과 협의하여 결정하도록 한다.
③ 연구소, 가스, 전기관련 기관 등이 참여할 경우 사전협의를 통해 합동감식을 고려한다.

Chapter 01 출제예상문제

★ 표시 : 중요도를 나타냄

화재현장 출동 중 연소상황 파악

01 | ★★ / 배점 : 5 |

목재의 연소 특성에 대한 설명이다. 괄호 안을 바르게 채우시오.

- 수분이 (①)% 이상이면 고온에 장시간 접촉해도 착화하기 어렵다.
- 목재의 저온착화가 가능한 온도는 (②)℃ 전후이다.
- 목재가 불꽃 없이 연소하는 (③)연소는 국부적으로 깊게 타 들어간 형태로 심도가 깊게 나타날 수 있다.

답안 ① 15 ② 120 ③ 무염(작열)

02 | ★★★ / 배점 : 8 |

연소 후 나타나는 열경화성 플라스틱과 열가소성 플라스틱의 차이점을 기술하고, 종류를 2가지씩 쓰시오.

답안
① 차이점
 ㉠ 열경화성 플라스틱 : 연소 후 재차 열을 가하더라도 원형이 변형되지 않으며, 재사용이 불가능하다.
 ㉡ 열가소성 플라스틱 : 가열하면 액상으로 변해 원형이 변형되고 다시 굳어지는 성질이 있어, 재사용이 가능하다.
② 종류
 ㉠ 열경화성 플라스틱 : 페놀수지, 에폭시수지
 ㉡ 열가소성 플라스틱 : 폴리에틸렌, 폴리염화비닐

03 | ★★★ / 배점 : 6 |

다음 그림은 구획된 실에서 화염의 위치를 나타낸 것이다. 화염의 길이가 긴 순서대로 쓰고 그 이유를 서술하시오.

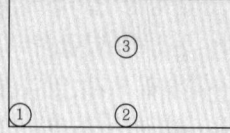

답안
① 화염의 길이가 긴 순서대로 나타내면 ① → ② → ③ 순이다.
② 공기의 유입량이 벽에 의해 제한을 받기 때문이다.

04
보기에 나타난 가연성 가스 중 연소위험성이 큰 순서대로 쓰시오.

• 프로판   • 수소   • 암모니아

답안 수소 → 암모니아 → 프로판
※ 가연성 가스의 연소범위
① 프로판(2.1~9.5) ② 수소(4~75) ③ 암모니아(15~28)

05
화재로 열에 노출된 콘크리트 벽면 내부의 수증기가 외부로 빠져 나가지 못해 표면이 국부적으로 부서지거나 갈라져서 단면 결손이 발생하는 현상을 무엇이라고 하는지 쓰시오.

답안 폭열

06
일산화탄소의 위험도를 계산하시오. (단, 위험도 공식을 쓰고 연소범위는 12.5~75%로 함)

답안 위험도(H) = [U(연소상한계) − L(연소하한계)]/L(연소하한계) = (75 − 12.5)/12.5 = 5

07
다음 그림과 같이 구획실 벽면에서 발화한 경우 질문에 답하시오.

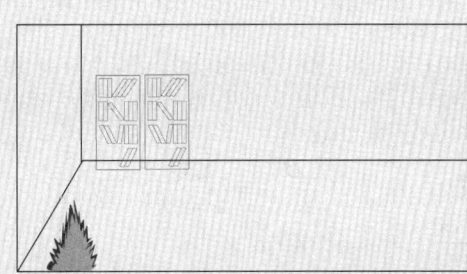

(1) 화재가 완전 성장한 경우 화염과 연기의 확산 및 유동형태를 화살표로 나타내시오.
(2) 구획실에서 플래시오버는 천장 전체에 화염이 확산되고 실내 전체 가연물로 열이 전달되었을 때 발생한다. 이때 지배적인 열전달 형태를 쓰시오.

답안 (1)
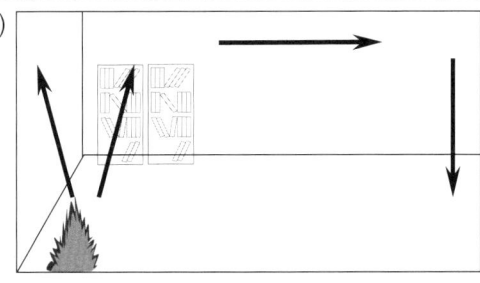

(2) 복사열

08 일반주택(60㎡)에서 화재가 발생하여 보기와 같이 가연물이 소실되었다. 주어진 조건을 보고 물음에 답하시오. (단, 가연물 연소 시 발열량은 개구부 등 외부요인에 의한 열손실은 없으며 모든 가연물은 완전히 소진될 때까지 연소한 것으로 하고 기타 조건은 무시함)

〈보기〉

종류	재질	수량	중량(kg)	단위발열량(kcal/kg)
TV	폴리스티렌	1대	20	9,500
컴퓨터	폴리에틸렌	1대	7	10,400
책상	목재	1개	20	4,500
소파	목재	1개	20	4,500
	울·직물		10	5,000

(1) 화재하중의 정의를 쓰시오.
(2) 가연물의 총발열량(kcal/kg)을 계산하여 쓰시오.
(3) ㎡당 가연물의 중량(kg/㎡)을 쓰시오. (산출과정을 쓰고 소수 둘째자리까지 구함)
(4) 화재하중을 산정하시오. (공식 및 산출과정을 쓰고 소수 셋째자리에서 반올림함)

답안 (1) 정의 : 화재실의 예상 최대가연물질의 양으로서 단위바닥면적(㎡)에 대한 등가가연물의 중량(kg)
(2) ① TV : $20kg \times 9,500 = 190,000 kcal/kg$
② 컴퓨터 : $7kg \times 10,400 = 72,800 kcal/kg$
③ 책상 : $20kg \times 4,500 = 90,000 kcal/kg$
④ 소파(목재) : $20kg \times 4,500 = 90,000 kcal/kg$
⑤ 소파(울·직물) : $10kg \times 5,000 = 50,000 kcal/kg$
∴ $190,000 + 72,800 + 90,000 + 90,000 + 50,000 = 492,800 kcal/kg$
(3) ㎡당 가연물의 중량(kg/㎡) = 총가연물의 양(kg) ÷ 바닥면적(㎡)
$77kg \div 60m^2 = 1.28 kg/m^2$
(4) 화재하중 $Q[kg/m^2] = \dfrac{\sum GH_1}{HA} = \dfrac{\sum Q_1}{4,500A}$
$\dfrac{492,800 kcal/kg}{4,500 \times 60m^2} = 1.83 kg/m^2$

화재현장도착 시 연소상황 파악

09 중성대에 대한 물음에 답하시오.
(1) 정의를 쓰시오.
(2) 중성대가 건물 내부에 높이 있다면 화재의 성장기와 최성기 중 어느 단계에 해당하는가?

답안 (1) 구획실 화재 시 온도가 높아지면 부력이 발생하여 천장쪽 고온가스는 밖으로 밀려나고 바닥쪽으로 새로운 공기가 유입되어 천장과 바닥 사이의 어딘가에 실내정압과 실외정압이 같아지는 면을 중성대라고 한다.
(2) 성장기

10 그림에서 화재가 내부 중앙에 있는 쓰레기통에서 발생하여 진행하고 있다. 좌측벽면이 연소되는 순서를 알파벳 순으로 쓰시오. (단, 복사열은 무시한다.)

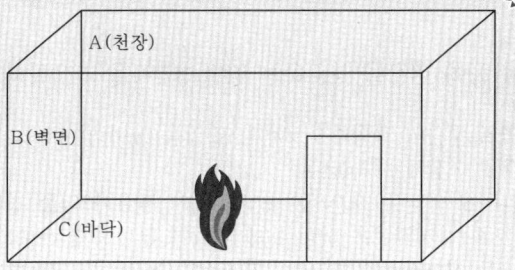

답안 A → B → C

11 화재로 화염이 외부로 누출되면 벽면을 따라 상층으로 확대된다. 유출된 화염은 초기에는 벽에 부착되지 않고 떨어져서 상승하지만 시간이 지나면서 벽과 외기의 압력차에 의해 화염은 벽쪽으로 기울어지면서 재부착이 일어나는데 이 현상을 무엇이라고 하는가?

답안 코안다 효과

12 다음 설명에 해당하는 열전달 방법을 쓰시오.
(1) 물체 내의 온도차로 인해 온도차가 높은 분자와 인접한 온도가 낮은 분자 간에 직접적인 충돌로 열에너지가 전달되는 것
(2) 유체(fluid)입자의 움직임에 의해 열에너지가 전달되는 것
(3) 전자파의 형태로 열이 옮겨지는 것

답안 (1) 전도
  (2) 대류
  (3) 복사

13 다음은 화재상황을 나타낸 것이다. 연소단계를 쓰시오.

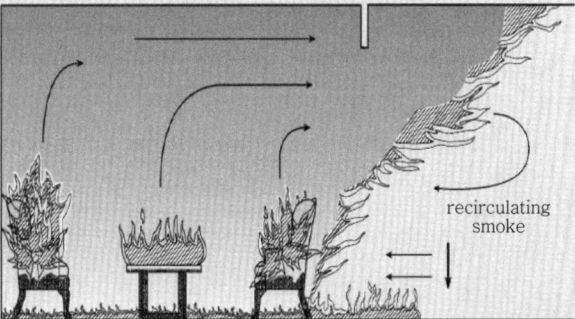

답안 최성기

진화작업상황 기록

14 화재진압활동 중에 현장을 보존하는 방법 3가지를 기술하시오. | ★★★ / 배점 : 6 |

답안
① 발화범위 부근의 과잉주수, 파괴, 짓밟음 등이 발생하지 않도록 하고, 필요하다면 화재조사관을 현장에 배치한다.
② 불가피하게 물건을 파손하거나 이동시킬 필요가 있을 경우에는 미리 상태와 위치를 알 수 있도록 사진촬영을 하여 원래 위치를 분명하게 하도록 한다.
③ 현장에서 재연소 방지를 위한 잔화정리 등은 필요최소한도로 한다.

15 화재현장에서 현장통제를 하는 주된 이유를 쓰시오. | ★★ / 배점 : 4 |

답안 증거 보존 및 안전사고 방지

16 화재현장에서 화염의 색으로 연소확대 위험성을 파악하고자 한다. 온도에 알맞은 색상을 번호순으로 쓰시오. | ★★ / 배점 : 3 |

온도(℃)	색 상	온도(℃)	색 상
750~800	암적색	1,100	②
850	적색	1,200~1,300	백적색
925~950	①	1,500	③

답안 ① 휘적색 ② 황적색 ③ 휘백색

17 화재로 열을 받은 금속이 용융하기 전에 자중(自重) 등으로 인해 좌굴(挫屈)하는 현상을 무엇이라고 하는가? | ★★ / 배점 : 3 |

답안 만곡

Chapter 02

예비조사

- **01** 화재조사 전 준비
- **02** 현장조사 개시 전의 연소상황 조사
- **03** 현장보존 범위의 판정 및 조치
- **04** 소방대상물현황 조사
- **05** 조사계획 수립
- 출제예상문제

Chapter 02 예비조사

01 화재조사 전 준비

1 조사인원의 구성 및 임무

1 조사인원의 구성

① 조사인원은 화재규모와 연소범위, 소손된 물건의 퇴적상황, 발굴을 요하는 범위 등을 살펴 화재조사 책임자가 결정한다.
② 사진촬영, 도면작성, 발굴인원 등을 한쪽으로 편중되지 않도록 편성하고, 발굴범위가 광범위할 경우에는 경계구역을 지정하여 분담할 수 있도록 조치한다.
③ 발화범위가 작거나 화재현장으로 출입할 수 있는 인원이 한정되어 있을 경우에는 원활한 조사진행을 위해 유관기관과 협의하여 실시하도록 한다.

2 임무 분담

(1) 개 요
① 사진촬영, 관계자로부터 정보수집, 발굴 등 분야별로 담당자를 지정하여 운영하도록 임무를 분담한다.
② 분담된 임무에 따라 중복된 탐문조사를 피하고 조사관 간에 긴밀한 연락을 유지할 수 있도록 한다.
③ 대형화재 또는 사상자가 다수 발생한 경우 소수인원으로 조사를 진행하기에는 어려움이 따르므로 분야별로 전문요원 또는 자문위원을 두는 특별조사체제를 편성하여 운영한다.

(2) 지휘자
① 화재상황 및 진압활동 등 주변정황에 밝고 전문적 식견과 경험이 풍부한 자로 선정한다.
② 팀원들을 적재적소에 배치하고 현장조사의 개시와 종결을 관장하며 그 결과에 대한 종합적인 책임을 담당한다.

(3) 원인 및 피해 조사관
① 연소이론에 대한 이해가 풍부하며 화재원인 규명을 위한 증거 및 감정물에 대한 구별과 지식이 가능한 자로 편성한다.
② 대형화재 또는 중요화재 등 화재대상물의 연소 정도나 피해 정도에 따라 인원을 가감하여 편성하도록 한다.

(4) 사진촬영자
카메라 조작기술과 피사체의 유형, 초점거리 등에 경험과 지식을 갖춘 자를 선정하도록 한다.

(5) 도면작성자
① 현장 전반에 대한 연소방향과 목격자의 위치, 건물과 도로방향 등 도면의 작성에 능숙한 자를 지정한다.
② 지휘자와 발굴자, 사진촬영자와의 의사소통이 원활하여야 하며 경우에 따라서는 사진촬영자가 겸하는 것도 가능할 수 있다.

(6) 전문기술자문관
① 화재조사는 범위가 매우 광범위하여 화재조사관이 모든 분야를 통달하기 어렵기 때문에 전기, 가스, 화학 등 해당분야의 전문가들로부터 발화요인 또는 물질의 성질과 성분 등을 자문 받거나 도움을 받을 수 있는 대비를 강구한다.
② 전문인력이 참여한 경우 조언을 참고하여 조사를 진행하도록 하며 이해관계의 충돌이 발생하지 않도록 피해야 한다.
③ 관련분야의 전문가들이 화재조사 및 분석에 경험이 없을 경우 화재원인과 발화지역에 대한 의견 제시는 충분하지 않으므로 화재조사 훈련을 받았거나 경험이 많은 전문인력을 확보하도록 한다.

2 조사복장과 기자재

1 조사복장

(1) 의 복
① 화재현장에는 많은 관계자가 있으므로 한눈으로 보아 화재조사관임을 알 수 있는 표식이 있는 차림으로 한다.
② 활동이 편한 복장으로서 낙하물, 돌출물, 찔릴 수 있는 물체 등으로부터 사고방지를 고려한 복장을 선택하여 착용한다.
③ 야외 우천 시에는 우의를 준비하고 무릎보호대, 장갑, 마스크 등을 의복과 함께 착용하도록 한다.

(2) 신 발
① 신발은 미끄럼방지 기능이 있고 충격에 대한 흡수력이 좋고 가벼우며 방수성과 내구성이 있는 것으로 대비한다.
② 물이 고여 있는 곳은 젖은 신발을 착용하지 않도록 장화를 준비한다.

(3) 장 갑
① 발굴용 장갑 및 시료채취를 위한 일회용 장갑을 각각 별도로 준비한다.
② 인화물질이나 오염되기 쉬운 물질의 채취 시에는 시료를 채취할 때마다 장갑을 교환하여 사용할 수 있도록 충분한 양을 준비한다.

2 전담부서에 갖추어야 할 장비와 시설(소방의 화재조사에 관한 법률 시행규칙 [별표])

(1) 발굴용구(8종)
공구세트, 전동드릴, 전동그라인더(절삭·연마기), 전동드라이버, 이동용 진공청소기, 휴대용 열풍기, 에어컴프레서(공기압축기), 전동절단기

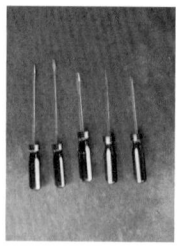 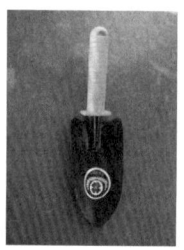 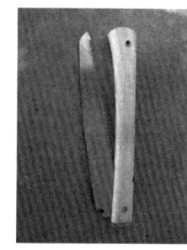 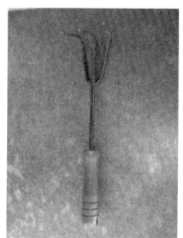

∥ 발굴용구 종류 현장사진(화보) p.3 참조 ∥

(2) 기록용 기기(13종)
디지털카메라(DSLR) 세트, 비디오카메라 세트, TV, 적외선거리측정기, 디지털온도·습도측정시스템, 디지털풍향·풍속기록계, 정밀저울, 버니어캘리퍼스(아들자가 달려 두께나 지름을 재는 기구), 웨어러블캠, 3D스캐너, 3D카메라(AR), 3D캐드시스템, 드론

(3) 감식기기(16종)
절연저항계, 멀티테스터기, 클램프미터, 정전기측정장치, 누설전류계, 검전기, 복합가스측정기, 가스(유증)검지기, 확대경, 산업용 실체현미경, 적외선열상카메라, 접지저항계, 휴대용 디지털현미경, 디지털탄화심도계, 슈미트해머(콘크리트 반발 경도 측정기구), 내시경현미경

(4) 감정용 기기(21종)
가스크로마토그래피, 고속카메라 세트, 화재시뮬레이션시스템, X선 촬영기, 금속현미경, 시편(試片)절단기, 시편성형기, 시편연마기, 접점저항계, 직류전압전류계, 교류전압전류계, 오실로스코프(변화가 심한 전기 현상의 파형을 눈으로 관찰하는 장치), 주사전자현미경,

인화점측정기, 발화점측정기, 미량융점측정기, 온도기록계, 폭발압력측정기 세트, 전압조정기(직류, 교류), 적외선 분광광도계, 전기단락흔실험장치[1차 용융흔(鎔融痕), 2차 용융흔(鎔融痕), 3차 용융흔(鎔融痕) 측정 가능]

(5) 조명기기(5종)
이동용 발전기, 이동용 조명기, 휴대용 랜턴, 헤드랜턴, 전원공급장치(500A 이상)

(6) 안전장비(8종) [2017년 산업기사]
보호용 작업복, 보호용 장갑, 안전화, 안전모(무전송수신기 내장), 마스크(방진마스크, 방독마스크), 보안경, 안전고리, 화재조사 조끼

(7) 증거수집장비(6종) [2014년 산업기사] [2018년 기사]
증거물 수집기구 세트(핀셋류, 가위류 등), 증거물 보관 세트(상자, 봉투, 밀폐용기, 증거수집용 캔 등), 증거물 표지 세트(번호, 스티커, 삼각형 표지 등), 증거물 태그 세트(대, 중, 소), 증거물보관장치, 디지털증거물 저장장치

(8) 화재조사차량(2종)
화재조사 전용차량, 화재조사 첨단 분석차량(비파괴 검사기, 산업용 실체현미경 등 탑재)

(9) 보조장비(6종)
노트북컴퓨터, 전선 릴, 이동용 에어컴프레서, 접이식 사다리, 화재조사 전용 의복(활동복, 방한복), 화재조사용 가방

(10) 화재조사 분석실
화재조사 분석실의 구성장비를 유효하게 보존·사용할 수 있고, 환기 시설 및 수도·배관시설이 있는 $30m^2$ 이상의 실(室)

(11) 화재조사 분석실 구성장비(10종)
증거물보관함, 시료보관함, 실험작업대, 바이스(가공물 고정을 위한 기구), 개수대, 초음파세척기, 실험용 기구류(비커, 피펫, 유리병 등), 건조기, 항온항습기, 오토 데시케이터(물질 건조, 흡습성 시료 보존을 위한 유리 보존기)

> **꼼.꼼. check!**
> - 화재조사차량은 탑승공간과 장비 적재공간이 구분되어 주요 장비의 적재·활용이 가능하고, 차량 내부에 기초 조사사무용 테이블을 설치할 수 있는 차량을 말한다.
> - 화재조사 전용 의복은 화재진압대원, 구조대원 및 구급대원의 의복과 구별이 가능하고, 화재조사 활동에 적합한 기능을 가진 것을 말한다.
> - 화재조사용 가방은 일상적인 외부 충격으로부터 가방 내부의 장비 및 물품이 손상되지 않을 정도의 강도를 갖춘 재질로 제작되고, 휴대가 간편한 가방을 말한다.
> - 화재조사 분석실의 면적은 청사 공간의 효율적 활용을 위하여 불가피한 경우 최소 기준 면적의 절반 이상에 해당하는 면적으로 조정할 수 있다.

> **바로바로 확인문제**
>
> 전담부서에서 갖추어야 할 증거수집장비 6종을 쓰시오.
> **답안** ① 증거물 수집기구 세트 ② 증거물 보관 세트 ③ 증거물 표지 세트 ④ 증거물 태그 세트
>   ⑤ 증거물보관장치 ⑥ 디지털증거물 저장장치

3 감식 기자재의 종류 및 사용 용도

1 절연저항계

(1) 용도

옥내배선의 <u>교류전압</u> 또는 전기기기의 절연저항을 측정할 때 사용한다. 절연저항계의 단자 사이에는 높은 전압을 나타내므로 측정할 때 감전에 주의하여야 한다.

(2) 저압전로의 절연저항 측정

전로의 사용전압 구분		절연저항값
400V 미만	대지전압이 150V 이하인 경우	0.1MΩ
	대지전압이 150V를 넘고 300V 이하인 경우	0.2MΩ
	사용전압이 300V를 넘고 400V 미만인 경우	0.3MΩ
400V 이상		0.4MΩ

※ 저압전로의 절연저항 측정이 곤란한 경우에는 누설전류를 1mA 이하로 유지한다.

(3) 고압전로의 절연저항 측정

고압전로의 절연저항값 규정은 없고 절연내력시험에 의하도록 하고 있다. 고압전로에 있어서 측정전압이 1,000V나 2,000V 정도의 절연저항계에 의한 값은 측정전압이 낮기 때문에 절연의 적합여부 판정을 하는데 어려운 경우가 많다. 확실한 판정은 절연내력시험에 의한다.

(4) 사용방법

① 전자제품이나 전기부품의 절연저항 및 교류전압 측정 시 사용한다.
② 제품 손상 또는 사용자의 부상 우려 등으로 <u>활선상태에서는 측정하지 않는다</u>.
③ 측정 중 또는 측정이 끝난 직후에 피측정물에 손을 대지 않도록 유의하여야 한다(1,000V 이상 전압으로 측정한 회로는 반드시 방전시킬 것).
④ 측정이 끝난 후에는 모든 회로를 정위치 시킨다(특히 접지선과 중성선).

2 접지저항계(클램프식)

(1) 특징

클램프식 접지저항계는 도전(導電) 루프를 갖는 전기시스템의 저항을 측정하는 장비로 특히 송전탑이나 통신탑 등 보호선에 의하여 연장된 접지 등과 같이 도통도체와 다른 접지극들이 직렬로 루프를 형성할 경우 접지저항을 측정할 수 있는 계측기이다.

(2) 접지저항의 측정 목적

전기제품에 이상이 있어 누전되는 제품에 인체가 접촉하면 전류는

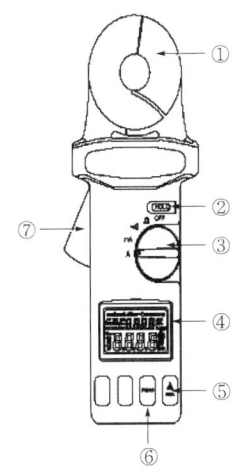

① : 조(클램프)
② : Hold 버튼
③ : Rotary Switch
　- 전원 On/Off 또는 다른 기능 선택 시 사용
④ : LCD 화면
⑤ : REC▲ 버튼
　- 측정값 메모리
⑥ : 알람값 설정 기능
⑦ : Jaw Trigger
　- 조(클램프) 개폐 시 사용

‖ 접지저항계 구조 및 주요 명칭 ‖

그 사람의 몸속을 통해 대지로 흘러나가게 되는데 이러한 현상을 두고 감전이라고 한다. 이때 전류의 세기가 약하면 쇼크로 끝나지만 큰 전류일 경우에는 치명적인 신체손상 또는 사망에까지 이르게 될 수도 있다. 이러한 위험한 조건을 차단하기 위하여 사전에 접지조치를 하여 누전으로부터 안전할 수 있도록 하고 있다. 바로 이 접지상태를 판단할 수 있도록 설계된 것이 접지저항계로서 누설전류 측정을 용이하게 할 수 있다. 주요 용도는 전선로의 접지저항 측정과 교류전류 및 직류전류를 측정할 수 있다.

3 버니어캘리퍼스

(1) 특징

원형으로 된 것의 지름 또는 원통의 안지름 등을 측정하는 데 주로 사용된다. 주척(어미자)과 주척의 위를 이동하는 부척(아들자)으로 되어 있으며 주척의 선단과 부척 사이에 측정할 물체를 끼우고 주척 위의 눈금을 부척을 이용해 읽는다. 일반적으로 주척의 한 눈금이 1mm이고 부척의 눈금은 주척의 19눈금을 20등분한 것이다.

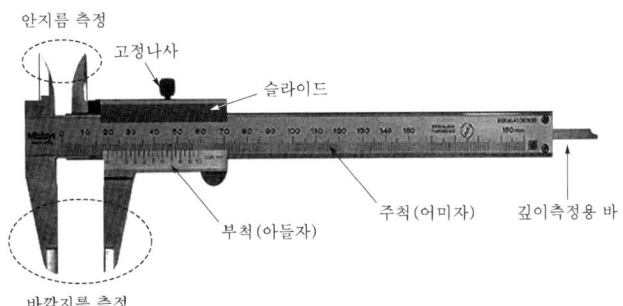

‖ 버니어캘리퍼스의 주요 명칭 ‖

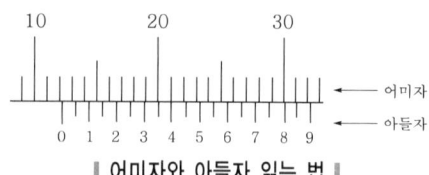

┃ 어미자와 아들자 읽는 법 ┃

(2) 버니어캘리퍼스의 읽는 법

어미자와 아들자의 위치를 먼저 알아야 한다. 일반적으로 어미자(주척)는 위쪽에, 아들자(부척)는 아래쪽에 위치한다. 아들자의 0(영점) 위치가 어미자의 어디에 있는지 파악한다. 위의 그림에서 아들자의 0점 위치가 12보다 크고 13보다 작으므로 12로 읽는다. 두 번째 숫자, 즉 소수점 이하의 숫자는 어미자와 아들자의 숫자가 일치하는 곳을 찾는다. 위의 그림에서는 4가 일치하는 눈금이다. 따라서 첫 번째 숫자인 12에 소수점을 붙이고 바로 뒤에 아들자 숫자를 붙여 읽으면 12.4mm가 된다.

4 검전기

(1) 특징

검전기는 전선의 통전 또는 단락 등을 확인하는 점검기구에 해당한다. 즉, 전압의 활선 여부를 비접촉으로 안전하게 측정할 수 있는 장비를 말한다. 검전기는 저압용과 고압용으로 구분하는데 저압용은 정격전압 1,000V 이하인 것을 사용하고 고압용은 정격전압 7,000V 이하 범위의 전압을 측정한다.

(2) 검전기의 구조 및 사용법

검전기는 검지부, 발광부, 발음부, 테스트버튼 등으로 구성되어 있다. 사용 시 주의할 점은 반드시 테스트버튼을 먼저 눌러 음향과 발광여부를 먼저 확인함으로써 안전을 도모한 후 통전여부를 조사하도록 한다.

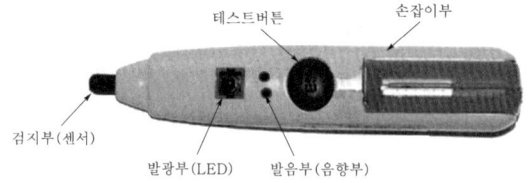

┃ 검전기의 구조 및 주요 명칭 ┃

(3) 검전기의 종류 및 사용범위

구 분	정격전압(V)	사용전압범위(V)
저압용(1,000V 이하)	300V, 1,000V	80~300V, 1,000V
고압용(1,000V 초과 7,000V 이하)	7,000V	80~7,000V
특고압용(7,000V 초과)	80,500V	20,000~80,500V

5 회로계(멀티미터)

직류 및 교류전압과 전류의 측정, 저항, 도통시험, 다이오드, 트랜지스터 등 전기회로와 부품에 대한 성능측정까지 가능한 기기로 멀티 테스터기라고도 부른다.

(1) 구조 및 기능

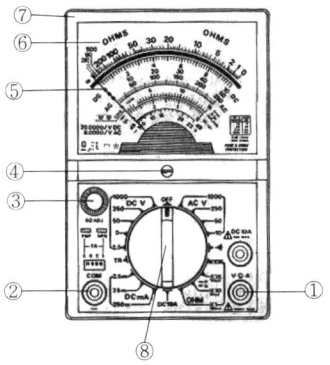

① + 측정단자 : 리드선 소켓
② - 측정단자 : 리드선 소켓
③ 0Ω 조정기 : 저항값을 측정하고자 할 때 시험막대를 단락시킨 상태에서 지침이 정확하게 0Ω을 나타내도록 조정하는 데 사용된다.
④ 0점 조정기 : 회로계의 측정 단자에 아무것도 연결하지 않고 수평으로 놓았을 때 지침이 전압 및 전류눈금의 0을 나타내도록 조정하는 데 사용된다.
⑤ 지침 : 전압 및 전류값 등을 나타내는 침
⑥ 눈금판 : 전압 및 전류와 저항, 교류전압 눈금 등 여러 가지 측정값이 표기된 계기판
⑦ 케이스 : 몸체를 보호하기 위한 외함
⑧ 전환스위치 : 저항(Ohm), 직류전압(DCV), 직류전류(DCmA), 교류전압(ACV) 등 측정 범위에 맞춰 선택할 수 있는 스위치

(2) 사용방법

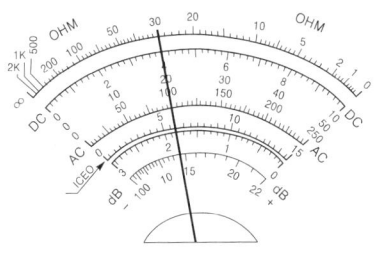

① 저항눈금을 100R에 놓았을 때 저항값 읽는 방법
  ㉠ 저항(맨 위) 눈금을 읽는다.
  ㉡ 지침이 30을 가리키고 레인지를 100R에 놓았으므로 30×100=3,000Ω

② 직류전압(DC)을 500에 놓았을 때 전압범위 읽는 방법
  ㉠ DC 눈금을 읽는다.
  ㉡ 레인지를 500에 놓았지만 500의 눈금이 없으므로 50의 눈금을 읽고 10배를 해주면 된다.
  ㉢ 지침이 20을 가리키고 10배를 해주었으므로 20×10배=200V
③ 교류전압(AC)을 1,000에 놓았을 때의 전압범위 읽는 방법
  ㉠ AC(=DC) 눈금을 읽는다.
  ㉡ 레인지를 1,000에 놓았지만 1,000의 눈금이 없으므로 10의 눈금을 읽고 100배를 해주면 된다. 지침이 4를 가리키고 있어 4×100배=400V

02 현장조사 개시 전의 연소상황 조사

1 정보수집내용 분석

1 화재발생시간

화재발생시간은 보통 목격자나 신고자에 의해 <u>화재가 발견된 시간이 대부분</u>으로 정확한 발화시간과 차이가 있을 수 있어 그 시간 전후의 주변 상황과 화염 및 연기의 변화, 사람의 거동 등과 관련지어 정보를 구체화할 수 있도록 한다.

2 발견상황

① 화재사실은 단독으로 목격하여 신고되는 경우도 있으나 대개 목격자나 신고자 등 2인 이상인 경우가 많으므로 초기시점을 놓치지 말고 다수의 <u>객관적인 상황 정보를 입수</u>한다.
② 관계자들의 <u>초기진술은 신뢰성이 높은 편</u>이므로 목격 당시 주변의 상황에 대해 구체적인 진술을 얻는 데 주력한다.

3 기상관계

① 화재의 확대와 연소방향 등은 풍향 및 풍속과 관계가 있고 실효습도, 건조상태 등에 따라 가연물의 연소성이 달라지므로 발화 당시 날씨상황을 참고한다. <u>습도가 낮고 건조할수록 화재위험성은 커진다.</u>
② 돌풍, 낙뢰 등과 같이 특수한 기상여건은 또 다른 변수로 작용하는 경우가 있다. 돌풍에 의해 전선이 끊어지는 순간 단락이 되거나 낙뢰로 인해 직접 발화하는 경우 등이 있어 기상여건을 종합적으로 고려한다.

4 화재진압상황

① 연소확대과정 및 진압에 이르기까지 화재현장을 가장 가까이에서 확인한 진압활동 내용은 가장 신뢰할 수 있는 정보이다. 건물이 불가피하게 전소했더라도 화재 당시 화세가 강했던 부분과 연소되지 않은 부분의 구별이 가능할 수 있고 거실, 창고, 안방 등 구획된 공간을 재현하는 데 도움을 받을 수 있다.
② 연소의 방향성은 남겨진 구조체의 벽과 바닥 또는 천장 등에서 인식되는 경우도 있지만 진압활동 당시 직접 현장을 목격한 진압대원에 의해 유력한 발화지점에 대한 정보를 제공받을 수 있다. 소방활동에 대한 자료 확인 없이 행해진 현장조사는 신뢰가 떨어질 수밖에 없다.

2 방화개연성 조사

1 방화의 상황증거

방화관련 조사는 관계자 등 주변인의 진술정보와 현장에서 발견되는 연소흔적 등 상황증거에 입각하여 방화의 개연성을 판단할 수 있다.

(1) 진술정보
① 불이나기 전 누군가 서성이며 배회하는 것을 목격한 경우
② 화재발생 전 건물 안에서 심하게 싸우는 소리를 들은 경우
③ 평소 채무관계 및 사생활이 복잡하며 생활이 불안정했다는 이웃의 증언 등이 있는 경우

(2) 연소흔적
① 발화지점이 독립적으로 2개소 이상인 경우
② 가연성 유류촉진세가 검출되고 유류용기가 발견된 경우
③ 발화원으로 작용할 만한 요소가 없는 장소이거나 트레일러 연소흔적 등 비정상적인 연소흔적이 있는 경우

확인문제

다음의 조건을 참고하여 각 물음에 답하시오.

구획실 벽면 가운데 건조기가 있고, 우측에 종이박스, 좌측에 수납함(목재)이 있다. 좌측 목재 수납함은 반소되었고, 우측은 종이박스 상단에 쌓인 종이류의 표면만 부분연소하였다.(단, 환기와 대류 등 기타 조건은 완전 무시한다.)

(1) 조건의 소훼된 형상을 참고하여 화재원인을 쓰시오.
(2) 화재원인에 대한 이유를 쓰시오.

답안 ① 방화
② 발화지점이 2개소로 각각 독립적으로 연소하였고 환기와 대류작용이 없으므로 자연소화되었다.

2 방화의 상황판단 증거

① 휘발유, 시너 등 가연성 유류를 사용한 흔적이 발견된 경우
② 2개소 이상 독립된 발화지점이 발견된 경우
③ 인위적인 발화 또는 점화장치가 발견된 경우
④ 외부인의 침입흔적이 있는 경우
⑤ 유류용기가 화재현장 또는 그 주변에서 발견된 경우
⑥ 발화지점에서 발화원을 특정하기 어렵고 발견되지 않는 경우
⑦ 연쇄적으로 화재가 발생한 경우
⑧ 가연물을 모아놓거나 트레일러 흔적 등 인위적인 조작이 발견된 경우
⑨ 다른 범죄의 증거가 발견된 경우
⑩ 연소시간에 비해 넓게 연소되었고, 관계자의 진술이 번복되거나 횡설수설하는 경우

 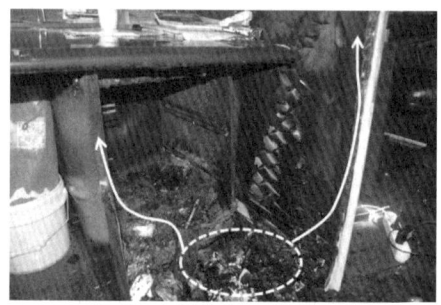

| 발화원을 특정하기 어려운 계단에 방화 | 책상 아래 가연물을 모아 놓고 방화 |

확인문제

방화로 판단할 수 있는 연소흔적을 3가지 이상 쓰시오.

답안
① 발화지점이 독립적으로 2개소 이상 발견된 경우
② 가연성 유류촉진제가 검출되고 유류용기가 발견된 경우
③ 가연물을 연결시켜 놓은 트레일러 연소흔적 등 비정상적인 연소흔적이 발견된 경우

03 현장보존 범위의 판정 및 조치

1 현장보존 범위를 판정하는 방법

① 현장보존구역은 <u>화재가 발생한 구역 전체를 설정하는 것이 원칙이다.</u> 다만, 관계자의 사생활이 침해되지 않아야 하며, 화재조사와 관련하여 발화지역에서 배제된 곳으로 조사가 굳이 필요하지 않은 부분은 제외할 수 있다.
② 현장보존은 소화활동 중으로부터 행하는 것으로 <u>재발화 방지에 유의</u>하고 잔화정리단계에서 과도한 소화행위가 행해지지 않도록 한다.

③ 현장보존구역을 설정할 때에는 화재로 소손된 상황을 고려하여 <u>범위를 한정</u>하고 현장보존구역임을 표시하여 <u>관계자에게 통지</u>한다.
④ 발화원인에 대한 단서를 얻을 수 없는 경우 현장보존구역을 넓게 잡을 수 있지만 관계자의 사생활 및 영업활동 등을 고려하여 <u>필요최소한의 범위</u>로 한다.

2 화재현장 조사 전 현장보존상태 확인

① 화재진압이 완료되더라도 건물 안에는 연기와 열기가 잠재된 상태여서 본격조사를 즉시 실시하기에는 어려움이 많다. 현장보존구역을 설정하였으면 관련기관 간에 <u>가급적 빠른 시일 안에 조사가 이루어지도록</u> 협의를 진행하도록 한다.
② 본격 현장조사가 개시되기까지 <u>현장이 원형 그대로 보존될 수 있도록 조치하고 확인</u>하여야 한다.
③ 보존되어 있던 현장이 일부 훼손된 것으로 확인된 경우에는 어떤 원인에 의해 변형 또는 훼손된 것인지 파악하여야 하며, 훼손된 지점은 본격조사에 앞서 사진촬영을 실시하고 <u>변형과 훼손이 가중된 사실을 기록</u>해 두어야 한다. 훼손된 현장은 정확한 원인조사가 불가능할 수 있다.

04 소방대상물현황 조사

1 소방대상물의 조사내용

① 화재가 발생한 건물의 구조와 용도, 건축연월일, 소유자 또는 임차관계, 수용인원 및 거주인원, 층별 현황 등을 파악한다. 관계자가 다수인 복합건물인 경우 현황 파악은 어려울 수 있다.
② 발화구역의 용도, 위치, 면적, 수납물의 배열상태 등을 평면도 및 배치도를 활용하여 자세히 파악한다. 연소구역이 2층 이상인 경우에는 층별로 표기하고 연소가 심한 구역을 알아보기 쉽게 도면상에 나타내도록 한다.

2 소방용 설비 등의 설치 · 유지 · 관리 상황

① 소방시설이 설치된 대상물은 경비실·통제실에 설치된 자동화재탐지설비 수신반의 화재표시등, 지구경종, 주경종, 수동 및 자동 기능 설정 등을 조사하여 <u>화점층을 반드시 확인</u>한다.
② 비상경보설비, 자동화재탐지설비 등 경보설비의 작동상태와 층별 감지기 설치상황을 비롯하여 작동불능인 경우 그 이유를 확인한다.
③ 옥내소화전설비는 펌프설비의 정상작동여부 및 소방호스와 관창의 사용여부 등을 확인하고 스프링클러설비의 경우 펌프설비, 기동용 수압개폐장치 등의 작동상태와 불이 난 경계구역이 살수범위 안에 있었는지 등을 확인한다.

④ 비상구의 개폐상태 및 용이하게 피난구를 인식할 수 있도록 적정한 표지의 설치로 대피과정에 어려움과 장애물은 없었는지 조사한다.
⑤ 층별 또는 용도별 방화구획의 적정성과 임의 용도변경, 방화시설의 임의 제거 및 훼손여부 등을 확인한다.

3 소방시설, 피난시설 및 방화구획의 상황

1 소방시설의 종류(소방시설 설치 및 안전관리에 관한 법률 시행령 [별표 1])

(1) 소화설비
물 또는 그 밖의 소화약제를 사용하여 소화하는 기계·기구 또는 설비로서 다음의 것
① 소화기구
  ㉠ 소화기
  ㉡ 간이소화용구 : 에어로졸식 소화용구, 투척용 소화용구, 소공간용 소화용구 및 소화약제 외의 것을 이용한 간이소화용구
  ㉢ 자동확산소화기
② 자동소화장치
  ㉠ 주거용 주방자동소화장치
  ㉡ 상업용 주방자동소화장치
  ㉢ 캐비닛형 자동소화장치
  ㉣ 가스자동소화장치
  ㉤ 분말자동소화장치
  ㉥ 고체에어로졸자동소화장치
③ 옥내소화전설비(호스릴옥내소화전설비를 포함)
④ 스프링클러설비 등
  ㉠ 스프링클러설비
  ㉡ 간이스프링클러설비(캐비닛형 간이스프링클러설비를 포함)
  ㉢ 화재조기진압용 스프링클러설비
⑤ 물분무등소화설비
  ㉠ 물분무소화설비
  ㉡ 미분무소화설비
  ㉢ 포소화설비
  ㉣ 이산화탄소소화설비
  ㉤ 할론소화설비
  ㉥ 할로겐화합물 및 불활성 기체(다른 원소와 화학반응을 일으키기 어려운 기체) 소화설비

ⓐ 분말소화설비
　　ⓑ 강화액소화설비
　　ⓒ 고체에어로졸소화설비
　⑥ 옥외소화전설비

(2) 경보설비
화재발생 사실을 통보하는 기계·기구 또는 설비로서 다음의 것
　① 단독경보형 감지기
　② 비상경보설비
　　㉠ 비상벨설비
　　㉡ 자동식 사이렌설비
　③ 자동화재탐지설비
　④ 시각경보기
　⑤ 화재알림설비
　⑥ 비상방송설비
　⑦ 자동화재속보설비
　⑧ 통합감시시설
　⑨ 누전경보기
　⑩ 가스누설경보기

(3) 피난구조설비
화재가 발생할 경우 피난하기 위하여 사용하는 기구 또는 설비로서 다음의 것
　① 피난기구
　　㉠ 피난사다리
　　㉡ 구조대
　　㉢ 완강기
　　㉣ 간이완강기
　　㉤ 그 밖에 화재안전기준으로 정하는 것
　② 인명구조기구
　　㉠ 방열복, 방화복(안전모, 보호장갑, 안전화 포함)
　　㉡ 공기호흡기
　　㉢ 인공소생기
　③ 유도등
　　㉠ 피난유도선
　　㉡ 피난구유도등
　　㉢ 통로유도등

㉔ 객석유도등
　　㉕ 유도표지
　④ 비상조명등 및 휴대용 비상조명등

(4) 소화용수설비
화재를 진압하는 데 필요한 물을 공급하거나 저장하는 설비로서 다음의 것
　① 상수도소화용수설비
　② 소화수조·저수조, 그 밖의 소화용수설비

(5) 소화활동설비 [2024년 기사]
화재를 진압하거나 인명구조활동을 위하여 사용하는 설비로서 다음의 것
　① 제연설비　　　　　　　　　　② 연결송수관설비
　③ 연결살수설비　　　　　　　　④ 비상콘센트설비
　⑤ 무선통신보조설비　　　　　　⑥ 연소방지설비

2 피난시설

① 계단, 복도 등 피난시설에 장애물의 방치 또는 쌓아둠으로써 피난상 장애가 발생했는지 확인한다.
② 건물 안에 다수의 계단(피난계단, 직통계단, 특별피난계단 등)은 적정하게 상시 사용 가능상태로 유지되었는지 확인한다.
③ 법적 피난구조설비인 피난기구는 적정하게 비치되어 있고 사용 가능한 상태로 유지되고 있는지 확인한다.

> **꼼꼼. check!** ▶ 피난안전구역의 설치기준(건축물의 피난·방화구조 등의 기준에 관한 규칙 제8조의 2) ◀
>
> ① 영 제34조 제3항 및 제4항에 따라 설치하는 피난안전구역(이하 "피난안전구역"이라 함)은 해당 건축물의 1개층을 대피공간으로 하며, 대피에 장애가 되지 아니하는 범위에서 기계실, 보일러실, 전기실 등 건축설비를 설치하기 위한 공간과 같은 층에 설치할 수 있다. 이 경우 피난안전구역은 건축설비가 설치되는 공간과 내화구조로 구획하여야 한다.
> ② 피난안전구역에 연결되는 특별피난계단은 피난안전구역을 거쳐서 상·하층으로 갈 수 있는 구조로 설치하여야 한다.
> ③ 피난안전구역의 구조 및 설비는 다음의 기준에 적합하여야 한다.
> ・피난안전구역의 바로 아래층 및 위층은 녹색건축물 조성지원법 제15조 제1항에 따라 국토교통부장관이 정하여 고시한 기준에 적합한 단열재를 설치할 것. 이 경우 아래층은 최상층에 있는 거실의 반자 또는 지붕 기준을 준용하고, 위층은 최하층에 있는 거실의 바닥기준을 준용할 것
> ・피난안전구역의 내부마감재료는 불연재료로 설치할 것
> ・건축물의 내부에서 피난안전구역으로 통하는 계단은 특별피난계단의 구조로 설치할 것
> ・비상용 승강기는 피난안전구역에서 승하차 할 수 있는 구조로 설치할 것
> ・피난안전구역에는 식수공급을 위한 급수전을 1개소 이상 설치하고 예비전원에 의한 조명설비를 설치할 것
> ・관리사무소 또는 방재센터 등과 긴급연락이 가능한 경보 및 통신시설을 설치할 것
> ・[별표 1의 2]에서 정하는 기준에 따라 산정한 면적 이상일 것
> 　☞ 피난안전구역의 면적산식 : (피난안전구역 위층의 재실자 수×0.5)×0.28m^2
> ・피난안전구역의 높이는 2.1m 이상일 것
> ・건축물의 설비기준 등에 관한 규칙 제14조에 따른 배연설비를 설치할 것
> ・그 밖에 소방청장이 정하는 소방 등 재난관리를 위한 설비를 갖출 것

3 방화구획의 상황

① 화재발생건물이 방화구획 대상 건축물인 경우 면적별, 층별, 용도별 구획여부가 적정한 것인지 확인한다.
② 방화구획으로 사용하는 60분+방화문 또는 60분 방화문은 언제나 닫힌 상태를 유지하거나 화재로 인한 연기 또는 불꽃을 감지하여 자동적으로 닫히는 구조로 되어 있는지 확인한다.
③ 환기·난방 또는 냉방시설의 풍도가 방화구획을 관통하는 경우에는 그 관통부분 또는 이에 근접한 부분에 연기 또는 불꽃을 감지하여 자동적으로 닫히는 구조로 되어 있는지 확인한다.

> **꼼.꼼. check!** ▶ 방화·방화문·방화벽의 구조 ◀ 〔2016년 산업기사〕
>
> ① 방화구조(건축물의 피난·방화구조 등의 기준에 관한 규칙 제4조)
>   - 철망모르타르로서 그 바름 두께가 2cm 이상인 것
>   - 석고판 위에 시멘트모르타르 또는 회반죽을 바른 것으로서 그 두께의 합계가 2.5cm 이상인 것
>   - 시멘트모르타르 위에 타일을 붙인 것으로서 그 두께의 합계가 2.5cm 이상인 것
>   - 심벽에 흙으로 맞벽치기한 것
>   - 산업표준화법에 따른 한국산업표준이 정하는 바에 따라 시험한 결과 방화 2급 이상에 해당하는 것
> ② 방화문의 구분(건축법 시행령 제64조)
>   - 60분+방화문 : 연기 및 불꽃을 차단할 수 있는 시간이 60분 이상이고, 열을 차단할 수 있는 시간이 30분 이상인 방화문
>   - 60분 방화문 : 연기 및 불꽃을 차단할 수 있는 시간이 60분 이상인 방화문
>   - 30분 방화문 : 연기 및 불꽃을 차단할 수 있는 시간이 30분 이상 60분 미만인 방화문
> ③ 방화벽의 구조(건축물의 피난·방화구조 등의 기준에 관한 규칙 제21조)
>   - 내화구조로서 홀로 설 수 있는 구조일 것
>   - 방화벽의 양쪽 끝과 위쪽 끝을 건축물의 외벽면 및 지붕면으로부터 0.5m 이상 튀어나오게 할 것
>   - 방화벽에 설치하는 출입문의 너비 및 높이는 각각 2.5m 이하로 하고, 해당 출입문에는 60분+방화문 또는 60분 방화문을 설치할 것

4 위험물 관계시설 등의 상황

① 위험물제조소 등의 위치, 구조, 설비가 기술기준에 적합하게 관리·운영되었는지 조사한다.
② 위험물안전관리법에 의한 지정수량 이상의 위험물을 허가 없이 보관 또는 사용하거나 취급한 사실이 있는지 확인한다.
③ 위험물을 취급하는 작업을 할 때 위험물안전관리자가 사고예방을 위해 필요한 안전관리와 감독을 수행하며 필요한 지시를 하는 등 업무수행 과정에 문제는 없었는지에 대해 조사한다.

> **꼼.꼼.check!** ▶ 제조소 등에서의 위험물의 저장 및 취급에 관한 기준(위험물안전관리법 시행규칙 [별표 18])
>
> ① 저장·취급의 공통기준
> - 제조소 등에서 법 제6조 제1항의 규정에 의한 허가 및 법 제6조 제2항의 규정에 의한 신고와 관련되는 품명 외의 위험물 또는 이러한 허가 및 신고와 관련되는 수량 또는 <u>지정수량의 배수를 초과하는 위험물</u>을 저장 또는 취급하지 아니하여야 한다(중요기준). 암기
> - 위험물을 저장 또는 취급하는 건축물 그 밖의 공작물 또는 설비는 당해 위험물의 성질에 따라 <u>차광 또는 환기</u>를 실시하여야 한다.
> - 위험물은 온도계, 습도계, 압력계, 그 밖의 계기를 감시하여 당해 위험물의 성질에 맞는 <u>적정한 온도, 습도 또는 압력</u>을 유지하도록 저장 또는 취급하여야 한다.
> - 위험물을 저장 또는 취급하는 경우에는 위험물의 변질, 이물의 혼입 등에 의하여 당해 위험물의 <u>위험성</u>이 증대되지 아니하도록 필요한 조치를 강구하여야 한다.
> - 위험물이 남아 있거나 남아 있을 우려가 있는 설비, 기계·기구, 용기 등을 수리하는 경우에는 <u>안전한 장소에서</u> 위험물을 완전하게 제거한 후에 실시하여야 한다.
> - 위험물을 용기에 수납하여 저장 또는 취급할 때에는 그 용기는 당해 위험물의 성질에 적응하고 <u>파손·부식·균열</u> 등이 없는 것으로 하여야 한다.
> - 가연성의 액체·증기 또는 가스가 새거나 체류할 우려가 있는 장소 또는 가연성의 미분이 현저하게 부유할 우려가 있는 장소에서는 전선과 전기기구를 완전히 접속하고 <u>불꽃을 발하는 기계·기구·공구·신발</u> 등을 사용하지 아니하여야 한다.
> - 위험물을 보호액 중에 보존하는 경우에는 당해 위험물이 <u>보호액으로부터 노출되지 아니하도록</u> 하여야 한다.
>
> ② 위험물의 유별 저장·취급의 공통기준(중요기준) 암기
>
> | 구 분 | 공통기준 |
> |---|---|
> | 제1류 위험물 | 가연물과의 접촉·혼합이나 분해를 촉진하는 물품과의 접근 또는 과열·충격·마찰 등을 피하는 한편, 알칼리금속의 과산화물 및 이를 함유한 것에 있어서는 물과의 접촉을 피하여야 한다. |
> | 제2류 위험물 | 산화제와의 접촉·혼합이나 불티·불꽃·고온체와의 접근 또는 과열을 피하는 한편, 철분·금속분·마그네슘 및 이를 함유한 것에 있어서는 물이나 산과의 접촉을 피하고 인화성 고체에 있어서는 함부로 증기를 발생시키지 아니하여야 한다. |
> | 제3류 위험물 | 자연발화성 물질에 있어서는 불티·불꽃 또는 고온체와의 접근·과열 또는 공기와의 접촉을 피하고, 금수성 물질에 있어서는 물과의 접촉을 피하여야 한다. |
> | 제4류 위험물 | 불티·불꽃·고온체와의 접근 또는 과열을 피하고, 함부로 증기를 발생시키지 아니하여야 한다. |
> | 제5류 위험물 | 불티·불꽃·고온체와의 접근이나 과열·충격 또는 마찰을 피하여야 한다. |
> | 제6류 위험물 | 가연물과의 접촉·혼합이나 분해를 촉진하는 물품과의 접근 또는 과열을 피하여야 한다. |

5 소방안전관리의 상황

① 소방안전관리자의 선임 및 소방계획서 등의 작성과 관리상태를 조사한다.
② 소화설비, 경보설비 등 방화관리대상물에 설치된 소방시설이 정상적으로 사용할 수 있도록 기능상 문제가 없었는지 관리상황에 대한 확인을 한다.

③ 불장난, 흡연, 화기취급 시설 등 화재예방상 위험하다고 인정되는 행위에 대해 화기취급 감독을 게을리하지 않았는지 조사를 한다.

> **꼼.꼼. check!** ─ 소방안전관리자 및 소방안전관리보조자를 두어야 하는 **특정소방대상물**(화재의 예방 및 안전관리에 관한 법률 시행령 제25조)
>
> 1. 법 제24조 제1항 전단에 따라 특정소방대상물 중 전문적인 안전관리가 요구되는 특정소방대상물(이하 "소방안전관리대상물"이라 함)의 범위는 다음과 같다.
>   (1) 특급 소방안전관리대상물
>   「소방시설 설치 및 관리에 관한 법률 시행령」[별표 2]의 특정소방대상물 중 다음의 어느 하나에 해당하는 것
>   ① 50층 이상(지하층은 제외)이거나 지상으로부터 높이가 200m 이상인 아파트
>   ② 30층 이상(지하층을 포함)이거나 지상으로부터 높이가 120m 이상인 특정소방대상물(아파트는 제외)
>   ③ 위 '②'에 해당하지 않는 특정소방대상물로서 연면적이 10만m^2 이상인 특정소방대상물(아파트는 제외)
>   (2) 1급 소방안전관리대상물
>   「소방시설 설치 및 관리에 관한 법률 시행령」[별표 2]의 특정소방대상물 중 다음의 어느 하나에 해당하는 것(특급 소방안전관리대상물은 제외)
>   ① 30층 이상(지하층은 제외)이거나 지상으로부터 높이가 120m 이상인 아파트
>   ② 연면적 1만 5천m^2 이상인 특정소방대상물(아파트 및 연립주택은 제외)
>   ③ 위 '②'에 해당하지 않는 특정소방대상물로서 지상층의 층수가 11층 이상인 특정소방대상물(아파트는 제외)
>   ④ 가연성 가스를 1천 톤 이상 저장·취급하는 시설
>   (3) 2급 소방안전관리대상물
>   「소방시설 설치 및 관리에 관한 법률 시행령」[별표 2]의 특정소방대상물 중 다음의 어느 하나에 해당하는 것(특급 소방안전관리대상물 및 1급 소방안전관리대상물은 제외)
>   ① 옥내소화전설비를 설치해야 하는 특정소방대상물, 스프링클러설비를 설치해야 하는 특정소방대상물 또는 물분무등소화설비[화재안전기준에 따라 호스릴(hose reel) 방식의 물분무등소화설비만을 설치할 수 있는 특정소방대상물은 제외]를 설치해야 하는 특정소방대상물
>   ② 가스제조설비를 갖추고 도시가스사업의 허가를 받아야 하는 시설 또는 가연성 가스를 100톤 이상 1천 톤 미만 저장·취급하는 시설
>   ③ 지하구
>   ④ 「공동주택관리법」 제2조 제1항 제2호의 어느 하나에 해당하는 공동주택(「옥내소화전설비 또는 스프링클러설비가 설치된 공동주택으로 한정)
>   ⑤ 「문화재보호법」 제23조에 따라 보물 또는 국보로 지정된 목조건축물
>   (4) 3급 소방안전관리대상물
>   「소방시설 설치 및 관리에 관한 법률 시행령」[별표 2]의 특정소방대상물 중 다음의 어느 하나에 해당하는 것(특급 소방안전관리대상물, 1급 소방안전관리대상물 및 2급 소방안전관리대상물은 제외)
>   ① 간이스프링클러설비(주택전용 간이스프링클러설비는 제외)를 설치해야 하는 특정소방대상물
>   ② 자동화재탐지설비를 설치해야 하는 특정소방대상물
>   ※ 동·식물원, 철강 등 불연성 물품을 저장·취급하는 창고, 위험물 저장 및 처리 시설 중 제조소 등과 지하구는 특급 소방안전관리대상물 및 1급 소방안전관리대상물에서 제외한다.
> 2. 위 1에도 불구하고 건축물대장의 건축물현황도에 표시된 대지경계선 안의 지역 또는 인접한 2개 이상의 대지에 소방안전관리자를 두어야 하는 특정소방대상물이 둘 이상 있고, 그 관리에 관한 권원(權原)을 가진 자가 동일인인 경우에는 이를 하나의 특정소방대상물로 본다. 이 경우 해당 특정소방대상물이 [별표 4]에 따른 등급 중 둘 이상에 해당하면 그중에서 등급이 높은 특정소방대상물로 본다.

6 조사·관찰 경과기간에 대한 상황

① 화재가 종료된 후 현장보존기간이 길어진다면 화재현장에 남아 있는 소손된 물건과 증거물들의 산화 및 소실은 가중될 수밖에 없다. 현장보존구역을 설정하였다면 즉시 사진촬영과 메모기록을 실시하고 연소의 강약과 연소확대된 현장상황을 스케치하여 본격조사에 앞서 <u>변형과 훼손을 최소화하도록</u> 한다.
② 관계자 등으로부터 입수한 진술정보 등은 관계자가 직접 경험한 사실뿐만 아니라 다른 사람으로부터 전해 들은 내용이나 이해관계에 얽혀 <u>사실과 다르게 진술이 번복되는 경우</u>가 있다. 불확실한 정보나 확인되지 않은 내용은 진술내용과 연소된 사실을 비교해 가며 세심하게 검토하려는 자세가 요구된다.

05 조사계획 수립(✔ 기사 제외)

1 화재현장의 특성에 따른 조사과정 및 유의사항

1 일반화재

① 연소의 중심부는 <u>외부(연소가 약한 곳)에서 내부(연소가 강한 방향)</u>로 이동하며 관찰을 한다.
② 건물 구조재와 목재 등 재질에 의한 연소의 차이, 일찍 소화된 부분과 소화곤란으로 최후까지 연소된 부분, 연소확대가 저지된 구획의 경계선 등을 파악한다.
③ 연소가 극단적으로 강한 영역은 전체 연소확대된 경로와의 상관관계를 파악하고 그 이유를 확인한다.
④ 낙하, 전도된 물체는 연소 또는 주수에 의한 것과 기타 물리적 영향에 의한 것인지를 구분하여 관찰한다.

2 유류화재

① 유류기구(난로, 히터 등)가 화재현장에 존재하는지 확인하고 연료의 누설이 있는 경우 유류기구 주변으로 냄새가 감지되거나 연소기구나 바닥으로 유류성분이 남아 있을 수 있으므로 <u>유류검지기 등을 통해 증거를 수집하도록</u> 한다.
② 유류취급 부주의로 인한 경우 관계자의 옷에 유류가 묻어 있을 수 있고 눈썹과 머리 등이 그을렸거나 손과 얼굴 등에 화상 흔적이 남는 경우가 있다.
③ 유류를 방화의 연소촉매제로 사용한 경우 목재나 섬유 등에 잔해가 남아 있을 수 있고 바닥면에는 유류 특유의 연소패턴이 남게 된다. 그러나 방화현장에서 유류를 사용했더라도 유류흔적이 항상 인식되는 것이 아니라는 것을 유념하여야 한다.

3 가스화재

① 폭발이 일어난 중심부는 극단적으로 피해가 막심하여 폭발압력이 강한 부분으로 지붕과 벽체가 붕괴되거나 바닥면이 함몰되기도 하며 화재를 동반하기도 한다.
② 가스연소기의 사용여부를 비롯하여 용기 안에서 가스가 급속하게 기화할 경우 용기 표면으로 결로현상이 발생하므로 이를 확인한다.
③ 연소기와 연결된 중간밸브의 개폐상태, 호스의 열화 및 고의 절단흔적 등을 조사하고 압력조정기의 손상 정도를 확인한다. 압력조정기를 제거하고 가스를 방출시킬 경우 생가스가 높은 압력으로 그대로 방출되어 사고가 대형화되기 쉽다.

4 전기화재

① 전기화재의 판정유무는 통전여부에서 비롯된다. 어떤 전기기기라도 전원의 공급 없이는 동작할 수 없기 때문이다. 통전상태가 확인되면 부하측의 과부하, 누전, 접촉불량 등이 발생했는지 조사를 진행한다.
② 전기의 단락흔은 반드시 발화지점을 의미하지 않는다. 아크매핑 조사를 통해 최초 단락이 발생한 지점을 확인하고 단락흔 잔해는 금속조직 분석을 실시한다.
③ 전기적 요인은 전기배선을 비롯하여 스위치, 차단기 등 전기기구와 전기제품 등의 내부 발화요인도 있으므로 이를 확인하고 주변 소손상황과 결합시켜 설명이 가능하도록 조사를 하여야 한다.

5 화학화재

① 제품 단독으로 인한 발화와 혼합발화, 자연발화 등 대부분 발화원의 잔해가 남지 않는 특징이 있어 화학물질의 취급과 수변성황 등을 대입시켜 관찰한다.
② 화학물질은 부식성이 강하고 인체 유해한 것이 많기 때문에 직접 접촉을 금하고 잔해에 대한 성분은 기기분석에 의하도록 한다.
③ 취급부주의에 의한 경우 제조과정과 취급품목에 대한 자료를 확보하여 화학적 물질 조성을 확인하고 발화과정을 입증해 나가도록 한다.

2 조사의 범위, 방법, 책임자의 선정 및 임무 분담

1 조사범위

(1) 목격자 등 발견상황에 의한 판단
① 화재발생과 연소확대된 소손상황으로부터 발견자의 진술내용이 시간적으로 일치하는지 판단한다.

② 목격자가 화재를 발견한 위치와 연소상황에 착오가 없는지 확인한다.
③ 다수의 목격자가 있는 경우 연소상황에 대한 견해가 비슷한지 각각의 진술내용을 비교하여 분석한다.

(2) 연소상황에 의한 판단
① 연소가 정지된 부분 또는 구획된 공간으로부터 순차적으로 연소의 강약을 조사하고 <u>연소경계선을 확인</u>한다.
② 발화지역 부근의 소손된 강약을 보고 <u>연소방향성을 확인</u>한다.
③ 발화건물의 내·외벽 소손상태와 출화가 이루어진 개구부의 상황, 연소된 잔해물의 상태 등을 종합적으로 고려하여 판단한다.

2 조사방법

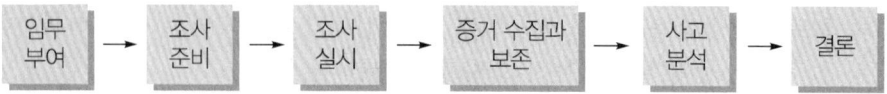

① **임무 부여** : 현장조사에 앞서 각 개인에게 임무 분담을 실시한다.
② **조사 준비** : 필요한 인원과 장비를 예측하여 원활한 조사진행을 돕도록 한다.
③ **조사 실시** : 현장검증과 분석을 위해 필요한 데이터를 수집하고 할당된 임무와 절차에 따라 조사를 실시한다.
④ **증거 수집과 보존** : 물리적 증거를 수집하여 문서화하고 향후 검증 및 평가는 물론 법정 증거자료로 사용될 수 있도록 보존한다.
⑤ **사고 분석** : 수집된 모든 데이터는 <u>과학적 방법에 의해 분석</u>되어야 한다. 발화지점 및 발화순서, 화재원인이나 인명피해 발생원인 등 사고책임을 설명할 수 있는 가설을 개발하고 검증하여야 한다.
⑥ **결론** : 설정된 가설들을 검증함으로써 최종적인 결론을 확정짓는다.

3 책임자 선정

책임자는 사전에 지정될 수 있으며, 기관별 합동감식을 실시할 경우 협의를 통해 결정할 수 있다.

4 임무 분담

① 사진촬영, 정보수집, 발굴 등 분야별로 담당자를 지정하여 운영하도록 임무를 분담한다.
② 분담된 임무에 따라 <u>중복된 탐문조사를 피하고</u> 조사관 간에 긴밀한 연락을 유지할 수 있도록 한다.

③ 대형화재 또는 사상자가 다수 발생한 경우 소수인원으로 조사를 진행하기에는 어려움이 따르므로 분야별로 전문요원 또는 자문위원을 두는 특별조사체제를 편성하여 운영한다.

3 조사에 필요한 협조사항

1 경찰

소방기관의 화재조사는 경찰의 수사상 화재조사와 성격을 달리 하고 있으나 화재현장에서 공통적으로 현장감식을 행하므로 자료와 정보의 교환 등 원만하게 조사가 진행되도록 서로 협조하여야 한다.

2 전기, 가스, 제조회사 등

전기, 가스 분야 및 화재와 관련된 제조회사 등에게 화재조사와 관계된 사항에 대해 협조를 요청할 수 있다. 전기와 가스 설비의 구조적 사항과 사용상 결함유무 등은 관련기관이 기술적으로 우수하므로 화재성격에 따라 기술적 자문과 도움을 받을 수 있도록 한다.

4 특정 상황에 맞는 전문요원과 기술자문관

발화원인과 발화물질에 대한 종류와 특성은 매우 다양하여 화재조사관이 모든 화재를 처리하는 데 한계가 있으므로 기계, 전기, 화학 등 해당분야에서 <u>지식과 경험이 많은 전문가를 조사에 참여시키는 데 주저함이 없어야</u> 하며, 화재조사과정에서 이해관계가 충돌하지 않도록 분야별 전문요원과 기술자문관에게 지원을 받아 화재조사를 실시하도록 한다.

1 재료공학자 또는 과학자

물질이 열과 접촉하여 일어나는 반응현상으로 용융, 부식, 파손에 대한 과정과 지식을 제공받을 수 있다.

2 기계공학자

화재가 발생한 건물의 난방설비, 환기설비, 공기조화설비 등 복잡한 기계시스템의 원리 및 연기의 이동에 이들 설비가 어떤 영향을 미쳤는지 분석을 지원받을 수 있다.

3 전기공학자

건물에 있는 화재경보설비를 비롯하여 전기설비시스템의 동작상태, 사고전류의 발생유무 등에 대해 정보를 얻을 수 있다.

4 화학공학자/화학자

화학물질의 처리 및 특성에 대해 조언을 받을 수 있고, 화학물질과 관련된 유체역학 및 열전달에 대한 정보를 도움받아 발화물질과 발화원에 대한 오류를 최소화할 수 있다.

5 방화공학자

방화공학자로부터 화재는 물론 폭발과 화재역학 전반에 대해 도움을 받을 수 있다. 화재의 개시에 있어 작용한 물질과 화재감지시스템(감지기 및 스프링클러설비 등)의 성능과 동작여부 등에 대한 정보를 제공받을 수 있고 필요하다면 재현실험과 화재의 컴퓨터 시뮬레이션 등에 대한 자문을 받을 수 있다.

6 산업전문가

특정산업장비 또는 기계처리시스템 등이 화재와 관련된 경우 해당 산업전문가로부터 도움을 받는다.

7 변호사

화재현장에 대한 접근허용 및 법원의 명령을 얻어내 필요한 법률적 지원을 받을 수 있다. 증거에 대한 보존과 수색, 압류 등의 행위도 도움을 받을 수 있다.

Chapter 02 출제예상문제

★ 표시 : 중요도를 나타냄

화재조사 전 준비

01 제시된 화재조사 기자재의 용도에 대하여 간략하게 서술하시오. | ★★★ / 배점 : 6 |

① 클램프미터
② 가스 크로마토그래피

답안
① 클램프미터 : 선로에 흐르는 교류 전압과 전류, 직류 전압 및 저항을 측정한다.
② 가스 크로마토그래피 : 휘발성인 무기화합물과 유기화합물을 분리해 내어 성분을 정성·정량적으로 분석하는 데 이용한다.

02 회로계의 지침을 보고 물음에 답하시오. | ★★★ / 배점 : 6 |

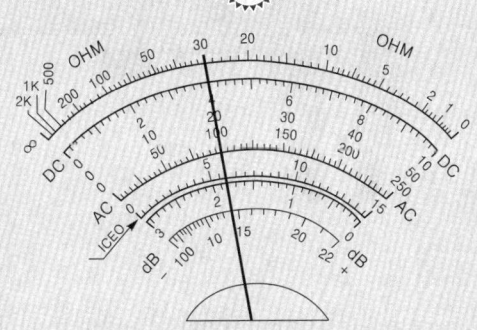

(1) 직류전압(DC)을 500V에 놓았을 때 전압은 몇 볼트(V)인지 쓰시오.
(2) 교류전압(AC)을 1,000V에 놓았을 때 전압은 몇 볼트(V)인지 쓰시오.

답안
(1) ① 레인지를 500에 놓았지만 500의 눈금이 없으므로 50의 눈금을 읽고 10배를 해주면 된다.
② 지침이 20을 가리키고 10배를 해주었으므로 20×10배=200V
(2) 레인지를 1,000에 놓았지만 1,000의 눈금이 없으므로 10의 눈금을 읽고 100배를 해주면 된다. 지침이 4를 가리키고 있어 4×100배=400V

03 다음 그림은 검전기의 외관구조이다. 각 명칭을 쓰시오.

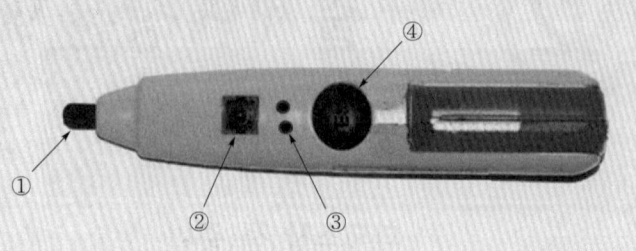

답안
① 검지부
② 발광부
③ 음향부
④ 테스트버튼

04 다음 그림을 보고 물음에 답하시오.
(1) 아래 도구의 명칭은 무엇인지 쓰시오.
(2) 다음 그림을 보고 어미자와 아들자 값을 합산한 측정치가 몇 mm인지 쓰시오.

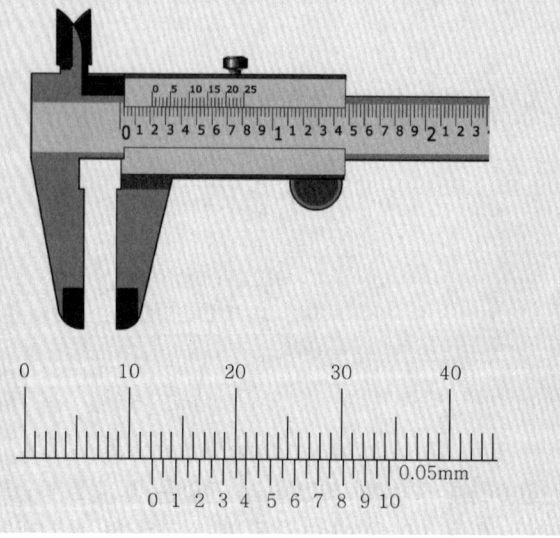

답안
(1) 버니어캘리퍼스
(2) $12 + 0.4 = 12.4 \text{mm}$

현장조사 개시 전의 연소상황 조사

05 방화로 의심할 수 있는 상황판단 증거를 5가지 이상 쓰시오.

답안
① 휘발유, 시너 등 가연성 유류를 사용한 흔적이 있는 경우
② 2개소 이상 독립된 발화지점이 발견된 경우
③ 인위적인 발화 또는 점화장치가 발견된 경우
④ 외부인의 침입흔적이 있는 경우
⑤ 유류용기가 화재현장 또는 그 주변에서 발견된 경우
⑥ 발화지점에서 발화원을 특정하기 어렵고 발견되지 않는 경우
⑦ 연쇄적으로 화재가 발생한 경우
⑧ 가연물을 모아놓거나 트레일러 흔적 등 인위적인 조작이 발견된 경우
⑨ 다른 범죄의 증거가 발견된 경우
⑩ 시간에 비해 넓게 연소되었고, 관계자의 진술이 번복되거나 횡설수설하는 경우

06 소방시설의 종류 중 소방시설 설치 및 관리에 관한 법률에서 정하고 있는 인명구조기구 3가지를 쓰시오.

답안 ① 방열복 ② 공기호흡기 ③ 인공소생기

07 건축물의 피난·방화구조 등의 기준에 관한 규칙에서 정하고 있는 방화벽의 구조 3가지를 기술하시오.

답안
① 내화구조로서 홀로 설 수 있는 구조일 것
② 방화벽의 양쪽 끝과 위쪽 끝을 건축물의 외벽면 및 지붕면으로부터 0.5m 이상 튀어나오게 할 것
③ 방화벽에 설치하는 출입문의 너비 및 높이는 각각 2.5m 이하로 하고, 해당 출입문에는 60분+방화문 또는 60분 방화문을 설치할 것

08 소방시설 설치 및 관리에 관한 법률에 규정된 소방시설의 종류 5가지를 쓰시오.

답안
① 소화설비
② 경보설비
③ 피난구조설비
④ 소화용수설비
⑤ 소화활동설비

09. 다음은 위험물의 유별 저장·취급 시 공통기준을 나타내었다. 빈칸을 알맞게 쓰시오.

구 분	공통기준
제1류 위험물	가연물과의 접촉·혼합이나 분해를 촉진하는 물품과의 접근 또는 과열·충격·마찰 등을 피하는 한편, (①) 및 이를 함유한 것에 있어서는 물과의 접촉을 피하여야 한다.
제2류 위험물	산화제와의 접촉·혼합이나 불티·불꽃·고온체와의 접근 또는 과열을 피하는 한편, 철분·금속분·마그네슘 및 이를 함유한 것에 있어서는 (②)이나 (③)과의 접촉을 피하고 인화성 고체에 있어서는 함부로 증기를 발생시키지 아니하여야 한다.
제3류 위험물	자연발화성 물질에 있어서는 불티·불꽃 또는 고온체와의 접근·과열 또는 공기와의 접촉을 피하고, (④)에 있어서는 물과의 접촉을 피하여야 한다.
제4류 위험물	불티·불꽃·고온체와의 접근 또는 과열을 피하고, 함부로 (⑤)를 발생시키지 아니하여야 한다.

답안
① 알칼리금속의 과산화물
② 물
③ 산
④ 금수성 물질
⑤ 증기

10. 화재조사 및 보고규정에 의한 조명기기 4종을 모두 쓰시오.

답안
① 발전기
② 이동용 조명기
③ 휴대용 랜턴
④ 헤드랜턴

Chapter 03 발화지역 판정

01 수집한 정보의 분석 및 보증

02 발굴 전 초기관찰의 기록

03 발화형태, 구체적인 연소확대형태의 식별 및 해석

04 전기·가스·기타 설비 등의 특이점 및 기타 특이사항의 식별 및 해석

05 발화지역의 판정

출제예상문제

Chapter 03 발화지역 판정

01 수집한 정보의 분석 및 보증

1 화재상황에 대한 수집정보 분석

(1) 정보 분석

① 화재조사관이 현장에서 직접 확인한 상황으로부터 화재를 목격한 다수의 관계자 또는 화재진압에 참여한 소방관들의 <u>정보에서 공통점이 있는지 확인</u>한다. 화염이 최초 출화한 지점, 연기의 색깔, 개구부의 개방상태 등 단편적인 정보일지라도 공통사항을 대입시켜 보면 일치하는 정보에 신뢰를 부여할 수 있다.

② 화염이 강하게 형성된 지점이 있을 경우 어느 지점에서 어느 방향으로 어떻게 상황이 진행되었는지 확인한다. 화세의 강약 구분은 연소확대된 방향성을 가늠할 수 있으며 주수효과와 더불어 피난상황 등을 확인하는 데 유용하게 작용할 수 있기 때문이다. 발화 당시 습도가 낮고 바람이 있었다면 화재의 성장에 기상 여건이 변수로 작용했음을 입증할 수 있다.

③ 화재 각지 시간과 현장도착 시간의 차이가 크지 않음에도 불구하고 급격한 연소 확대나 화염의 상승성이 나타난 경우 가연성 증기 또는 석유류 등에 의해 착화된 것임을 의심할 수 있다. 더욱이 발화지점에 가연물을 모아 둔 상태로 발견되었다면 어렵지 않게 방화의심 단서를 채집할 수 있다.

(2) 수집된 정보 분석 시 유의사항

① 편견이나 선입견이 없을 것
② 수집된 모든 정보는 누락 없이 확인할 수 있을 것
③ 사실 확인으로 입증이 가능할 것

(3) 과학적 방법

① 필요성 인식 : 우선 <u>문제가 무엇인지 결정</u>하여야 한다. 이 경우 화재나 폭발이 발생하였으며 향후 유사한 사고를 방지할 수 있도록 그 원인이 파악되어야 한다.

② 문제 정의 : 문제가 존재하는 것을 확인하였으면 화재조사관은 <u>어떤 방법으로 문제를 해결할 것인지 결정</u>하여야 한다. 이때 발화지점과 화재원인에 대한 조사는

화재현장조사와 함께 과거에 발생했던 사고조사에 대한 검토와 목격자 증언, 과학적 검사 결과 등 수집된 자료를 종합하여 수행하여야 한다.

③ **자료 수집** : 화재에 대한 <u>사실적 자료</u>를 수집한다. 이것은 관찰이나 실험 등 다른 직접적 자료 수집방법에 의한다. 수집된 자료는 관찰이나 경험에 바탕을 두고 검증될 수 있기에 이러한 것을 경험적 데이터라고 한다.

④ **자료 분석** : 수집된 모든 자료는 <u>과학적 방법으로 분석되어야 한다.</u> 이것은 최종 가설을 만들기 전에 수행되어야 하는 필수단계이다. 자료 분석은 화재조사관의 지식, 전문교육 이수, 현장경험 등 전문성이 있는 자가 수행한 분석을 토대로 한다. 만약 조사관이 자료의 의미를 이해할 수 있는 전문지식이 부족할 경우에는 관련 분야의 전문가의 도움을 받을 수 있다.

⑤ **가설 수립(귀납적 추론)** : 화재조사관은 분석된 자료를 바탕으로 화재패턴의 특성, 연소확산, 발화지점, 발화순서, 화재원인 등을 포함하여 화재나 폭발사고의 책임과 손상원인 등을 가설로 만들어 내야 한다. 이러한 과정을 귀납적 추론이라고 하며 화재조사관은 오로지 관찰을 통해 수집된 <u>경험적 데이터만을 토대로 수립하여야</u> 한다. 이렇게 수립된 가설은 화재조사관의 지식, 교육, 경험 및 전문성을 토대로 사건에 대한 설명을 뒷받침할 수 있어야 한다.

⑥ **가설 검증(연역적 추론)** : 가설 검증은 <u>연역적 추론에 따라</u> 수행되어야 하며 화재현상과 관련된 과학적 지식뿐만 아니라 알려진 모든 사실과 비교해 보아야 한다. 가설은 실험을 통한 물리적인 방법과 과학적 원리를 적용한 분석적 방법으로도 검증할 수 있다. 다른 사람의 실험이나 연구결과를 근거로 할 때는 환경과 조건이 비슷했는지 확인하여야 하고, 화재조사관이 이전에 수행된 연구결과를 근거로 할 때는 해당 연구결과에 대한 출처를 명기하여야 한다. 가설이 증명될 수 없을 경우에는 해당 가설을 버리고 다른 가설을 세워 검증하여야 한다. 검증단계에서는 가능한 모든 가설을 검증하여 하나의 가설만이 사실과 과학적 원리에 합당하여야 한다. 검증단계를 통과한 가설이 없을 경우에는 화재원인은 불명으로 하여야 한다.

⑦ **최종 가설 선택** : 자료 수집이 이루어질 때까지 어떤 가설도 수립되거나 검증될 수 없다. 따라서 제시된 과학적 방법을 사용하여 증명이 가능한 가설이 도출될 때까지 섣부른 추정을 하지 않아야 한다. 또한 과학적 방법의 사용으로 기대오차가 발생하지 않도록 주의하여야 한다. 기대오차는 조사관이 모든 자료에 대한 확인 없이 성급하게 결론을 이끌어낼 때 발생하는 현상이다. 이러한 현상은 조사관이 자신의 결론에 자료를 짜맞추려 하여 오류가 생기고 자신의 의도에 부합하지 않으면 자료를 폐기하려는 결과를 가져오기도 한다. 모든 자료는 <u>논리적이고 편견 없는 태도로 수집</u>하여 최종 가설을 이끌어내야 한다.

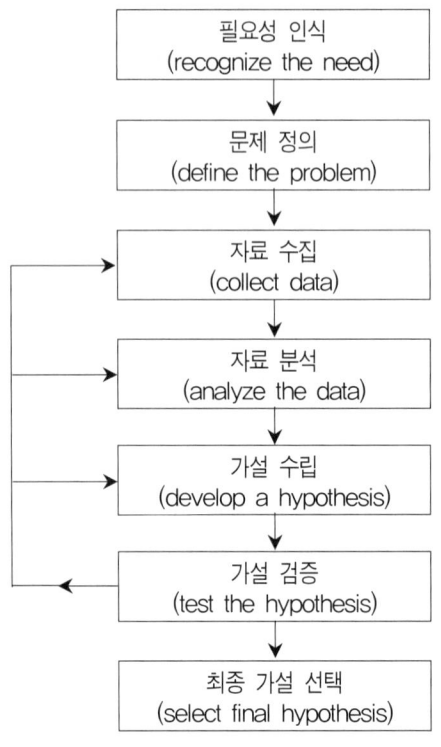

‖ 과학적 방법의 절차 ‖

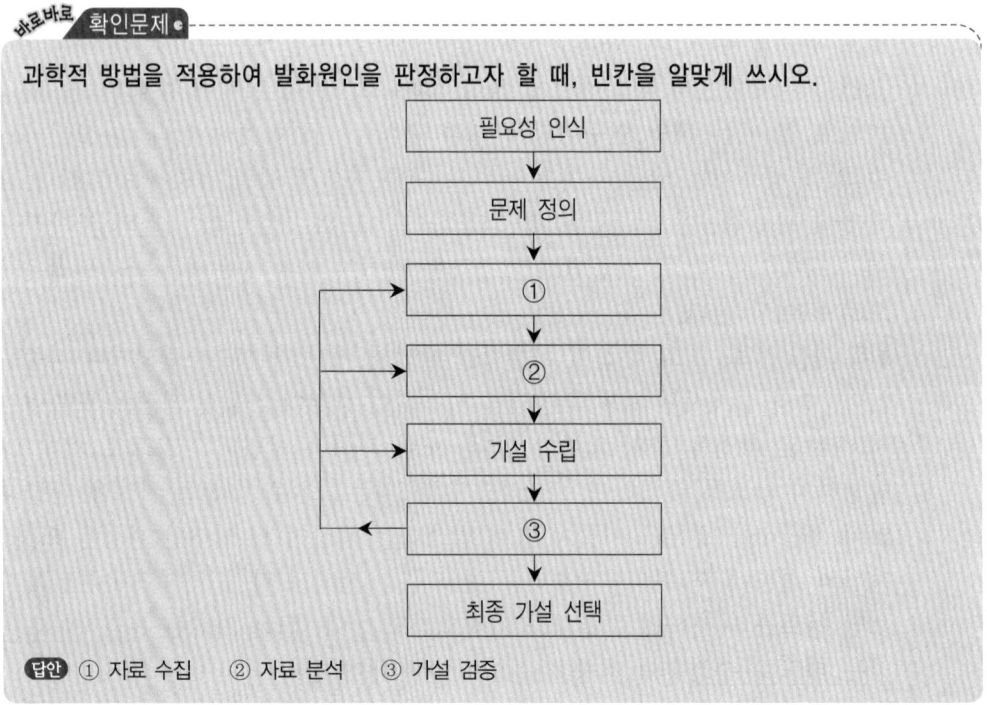

2 진압상황에 대한 수집정보 분석

① 현장에 출동한 소방관의 정보는 가장 객관적이며 신뢰할 수 있는 정보로서 화염의 진행방향과 세기, 인명구조활동, 출입문의 개폐여부, 진입구 확보 등 화재 초기상황에 대한 정보를 신속하게 확보할 수 있다.
② 연소 중 이상한 소리와 냄새, 화염의 이상연소현상 등이 있었다면 우발적인 사고가 아니라 계획된 사고였음을 알려 주는 경우가 있다. 가연물을 도화선처럼 연결시킨 가운데 일부분만 연소하고 있음에 반해 가연성 액체의 냄새가 감지된 경우라면 사전에 방화를 모의한 것으로 판단할 수 있다. 주변 관계자들의 행동과 태도 등에 대해 탐문조사를 실시하면 화재 전·후 상황을 빠르게 알 수 있다.
③ 발화지점에 있는 출입문이 느슨하게 열려져 있었고 내부에는 유리창 등 개구부가 모두 활짝 열려진 상태로 가연물을 구석에 모아 놓고 연소시킨 흔적이 확인된다면 공기의 순환이 원활하게끔 조작한 것으로 판단할 수 있다. 더구나 발화지점에서 발화원이 존재하지 않은 것으로 확인된 경우 고의적인 사고유발을 더욱 의심할 수 있다.

3 관계자 진술내용에 대한 분석

① 관계자가 다수일 경우 저마다 진술이 제각각일 수 있어 수집된 정보는 가변적일 수 있다. 가능하면 화재 당시 주변상황에 대하여 구체적인 진술을 확보하여 신빙성을 높일 수 있어야 한다.
② 관계자는 보통 신고자, 최초 목격자 또는 최초 소화행위를 행한 자, 화재가 발생한 건물의 소유자나 입주자 등으로 구분할 수 있는데, 소유자나 입주자의 경우 직접적인 이해당사자로서 이해득실을 계산하여 진술을 번복하거나 일관성이 결여되어 허위진술을 할 수도 있다. 그러나 진술정보로서 가치가 없는 것은 아님을 유념하여야 한다.

4 방화의 개연성 조사에 대한 분석

(1) 주변사람들로부터 획득할 수 있는 진술정보
① 평소 주변인에게 신세한탄을 하며 살기 싫다는 말을 자주 한 경우
② 화재발생 전 심하게 다투거나 싸우는 소리가 들렸다는 목격자가 있는 경우
③ 이웃들과 자주 다투었으며 좋지 않은 감정이 있었다는 진술이 있는 경우
④ 사생활이 문란하고 일정한 직업이 없는 경우
⑤ 채무가 많고 신용불량자로 주거가 불안정한 경우

(2) 화재현장에서 획득할 수 있는 증거정보
① 유류냄새 및 유류용기가 발견된 경우
② 소주병 등 음주를 행한 흔적이 있는 경우
③ 일회용 라이터와 가연물을 모아 놓은 흔적이 발견된 경우
④ 도난물품이 없고 급격한 연소확대로 방향성이 없는 경우
⑤ 가스레인지 밸브 절단 및 가스용기를 개방한 흔적 등이 발견된 경우

> **바로바로 확인문제**
>
> 현장에서 수집된 모든 정보를 분석하고자 한다. 유의사항 3가지를 기술하시오.
>
> **답안** ① 편견이나 선입견이 없을 것
> ② 수집된 모든 정보는 누락 없이 확인할 수 있을 것
> ③ 사실 확인으로 입증이 가능할 것

02 발굴 전 초기관찰의 기록

1 화재조사 진행상황 기록

① 화재현장 전체의 연소상황을 관찰하여 어디서부터 연소가 개시되었으며 연소확대는 어느 방향으로 진행되었는지 관찰하여 기록한다.
② 연소현상은 <u>선입관에 사로잡히지 말고</u> 현장 전체의 상황과 물품의 존재나 상태, 연소의 방향 등을 <u>객관적으로 파악하도록</u> 한다.
③ 초기조사 판단 결과는 그 후에 실시하는 조사방침을 결정하는 요인이 되고 정보 수집이나 발굴과정에 큰 영향을 미치므로 한 부분만 조사하지 말고 <u>광범위하게 현장 전체에 대한 판단으로 오류를 방지</u>한다.

2 초기관찰의 기록을 위한 도면작성 방법

(1) 초기판단에 의한 도면작성 방법
① 화재현장 부근도(건물끼리의 인접거리, 도로 간격 및 거리, 주요 건물 표시 등)를 작성하여 <u>발화건물을 알기 쉽게 표시</u>한다.
② 소손상황을 표시한 대상물의 <u>배치도를 작성</u>하여 각 건물의 구조, 층수, 용도, 출입구, 이웃 동과의 거리 등을 기입한다.
③ 각 건물의 도면에는 소손 정도, 연소범위, 건물명칭 등을 기입한다.
④ 발화건물 평면도에는 연소범위 내의 물건배치상황을 기입한다.

⑤ 발화지점 부근의 상세도는 수용되어 있는 물건과 계측결과를 자세하게 기재한다.

(2) 도면작성 시 유의사항
① 평면도는 원칙적으로 북쪽이 도면의 위쪽으로 오도록 하고 용지의 가로, 세로 형상을 고려하여 작성한다.
② 평면도 및 단면도는 실측을 기준해서 축척을 표기하며, 기억에 의한 작도는 금지한다(단, 모양이나 형태를 나타낸 형상도, 약식도 등은 상황판단을 하기 위한 것으로 축척의 사용이 필요하지 않다).
③ 치수, 간격 등은 아라비아 숫자를 사용하며, 제도기호를 기입한다.
④ 도면의 각 그림마다 방위, 축척, 범례를 표기한다.
⑤ 연소상황 또는 개개인의 피난경로를 도면에 표시할 때에는 색을 달리하여 알기 쉽게 표시한다.
⑥ 우천이나 상층에서 떨어지는 물방울에 의해 물이 새는 경우에는 우천 용지를 사용하거나 도판에 비닐을 씌워 작도한다.

3 발굴 전 초기상황 기록을 위한 사진촬영 방법

(1) 사진촬영 절차
① 현장전반에 대한 관찰 : 높은 곳에서 현장 전체를 조망
② 발화부 주변현장 촬영 : 출화개소, 발화지점의 연소상황
③ 발굴상황 기록 : 발굴과정에 대한 실시간 기록 유지
④ 발화지역 증거물 촬영 : 발화원의 잔해 및 증거물 등

(2) 사진촬영 시 유의사항(화재증거물수집관리규칙 제9조)
① 최초 도착하였을 때의 원상태를 그대로 촬영하고, 화재조사의 진행순서에 따라 촬영한다.
② 증거물을 촬영할 때는 그 소재와 상태가 명백히 나타나도록 하며, 필요에 따라 구분이 용이하게 번호표 등을 넣어 촬영한다.
③ 화재현장의 특정한 증거물 등을 촬영함에 있어서는 그 길이, 폭 등을 명백히 하기 위하여 측정용 자 또는 대조도구를 사용하여 촬영한다.
④ 화재상황을 추정할 수 있는 다음의 대상물의 형상은 면밀히 관찰 후 자세히 촬영한다.
  ㉠ 사람, 물건, 장소에 부착되어 있는 연소흔적 및 혈흔
  ㉡ 화재와 연관성이 크다고 판단되는 증거물, 피해물품, 유류

⑤ 현장사진 및 비디오 촬영과 현장기록물 확보 시에는 연소확대 경로 및 증거물 기록에 대한 번호표와 화살표 등을 활용하여 작성한다.

(3) 소손된 건물의 사진촬영 요령
① 화재진화 후 가능한 한 훼손이 가중되지 않았을 때 **빠른 시간 내 촬영**한다.
② 인근의 높은 건물을 이용하여 높은 곳에서 지붕의 낙하, 도괴, 소실상황 등을 촬영한다. 건물 전체를 한 장으로 촬영할 수 없을 경우에는 2~3장 연속사진으로 하여 피사체 전체를 촬영한다.
③ 인접건물의 타다 만 상황 및 소손상황을 촬영한다.
④ 소손된 건물의 연소경로가 드러날 수 있도록 촬영한다.
⑤ 발화건물 및 인접건물의 옥외를 각 방향에서 촬영한다.

(4) 독립된 각 건물의 사진촬영 요령
① 소손된 건물과 구획된 건물 내부의 연소상황을 비교하면서 **연소의 방향성이 나타나도록** 촬영한다.
② 연소가 개시된 지점, 연소가 멈춘 곳, 타서 용융되거나 변색이 일어난 지점 등의 연소상황을 여러 각도에서 촬영한다.
③ 건물 외부의 출구 및 개구부 상태와 개폐여부를 고려하여 촬영한다.

(5) 기자재를 이용한 보기 쉬운 사진촬영 방법
① **광각렌즈** : 좁은 실내에서 **한 장의 사진으로 많은 물건을 넓게 촬영**할 때 사용
② **마이크로렌즈** : 작은 피사체를 **가까이에서 촬영할 때** 사용
③ **망원렌즈** : **멀리 있는 피사체를 크게 촬영할 때** 사용
④ **스트로보** : 어두운 곳과 태양에 의한 그림자가 촬영되지 않도록 할 때 사용
⑤ **표식** : 작은 물체를 촬영할 때 동전이나 눈금자, 라이터 등 표식을 이용
⑥ **삼각대** : 카메라를 고정시킴으로써 떨림 방지

(6) 사진촬영 구도와 기법
① **외부에서 시작하여 구조물 안쪽으로** 또는 타지 않은 부분에서 가장 심하게 연소된 부분을 향해 일련의 사진을 촬영한다.
② 외부사진은 인접한 건물과 도로와의 관계, 외부로 연소확산된 방향 등이 나타날 수 있도록 **높은 건물에서 발화된 건물을 아래에 놓고 촬영**을 한다.
③ **내부사진**은 가급적 내부구조를 **쉽게 판별할 수 있도록 촬영**을 해야 하며, 발화지역으로부터 주변으로 연소확산된 특징을 이해하기 쉽도록 촬영한다.

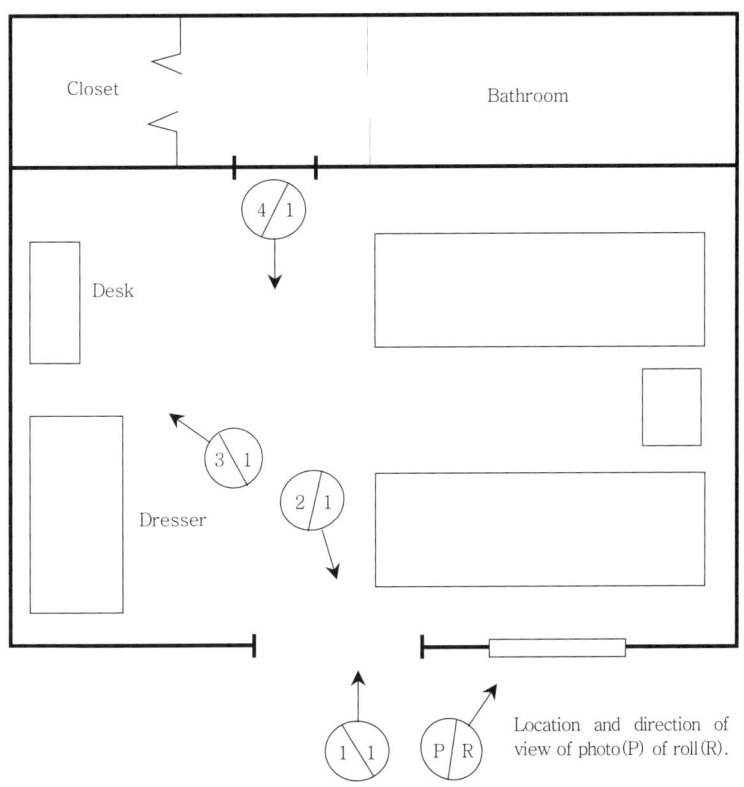

|| 사진의 위치를 나타내는 도표 ||

(7) 건물 외부촬영 방법
① 한 장의 사진에 건물 <u>전체의 윤곽이 드러날 수 있도록</u> 촬영한다.
② 건물의 모든 방향에서 <u>연소경로가 나타날 수 있도록</u> 촬영한다.
③ 붕괴되거나 도괴된 지점과 출입구, 창문 등 <u>개구부의 개폐여부가 나타나도록</u> 촬영한다.

(8) 건물 내부촬영 방법
① 건물 내부는 외부와 달리 어둡거나 탄화된 물체가 많기 때문에 바운스플래시를 이용하여 빛을 조절하거나 광각렌즈 카메라를 사용하여 <u>내부 구조가 잘 드러나도록</u> 촬영을 한다.
② 발화지점과 인접한 지역은 <u>연소하지 않은 부분도 촬영</u>을 하여 연소된 곳과 비교·판단하여 발화지점 배제 근거로 활용한다.
③ 벽면과 천장 또는 벽과 바닥 등이 모두 나타날 수 있도록 촬영하여 <u>연소패턴 및 화염확산경로가 식별될 수 있도록</u> 한다.

④ 발화지점 부근에 있는 모든 발열체는 화재원인과의 관련성 및 배제 사유를 명확하게 나타내기 위해 모두 사진으로 촬영을 한다.
⑤ 본격 발굴에 앞서 연소되었거나 소손된 상태 그대로 촬영을 먼저하고 발굴조사를 통해 변경되거나 확인된 사항들을 시간 순으로 기록한다.

※ 광각렌즈(wide angle lens) : 넓은 시야각으로 주위배경을 촬영할 수 있어 실내촬영 시 많이 쓰인다.

> **바로바로 확인문제**
>
> (1) 멀리 있는 피사체를 크게 촬영할 때 사용하는 렌즈는 무엇인가?
> (2) 작은 피사체 등을 가까이에서 촬영할 때 사용하는 렌즈는 무엇인가?
> (3) 방 안을 촬영할 때 전체적으로 넓게 촬영하고자 할 때 사용하는 렌즈는 무엇인가?
>
> **답안** (1) 망원렌즈
> (2) 마이크로렌즈
> (3) 광각렌즈

03 발화형태, 구체적인 연소확대형태의 식별 및 해석

1 화재패턴 분석방법

1 화재패턴의 의의

(1) 화재패턴의 정의
① 열과 연기의 영향으로 생긴 물리적인 흔적
② 시각적으로 확인할 수 있거나 측정할 수 있는 물리적인 변화
③ 가연물하중, 발화요인, 공기의 흐름, 환기 등 화재효과에 의해 형성된 식별가능한 모양

(2) 불꽃의 생성
① 가연물이 연소할 때 생성되는 불 위에서 올라오는 뜨거운 가스나 화염, 열기둥을 플룸(plume)이라 하며 불꽃의 생성은 타고 있는 가연물의 밑바닥 부근에서 차가운 공기를 유입시키고 차가운 공기는 또 다시 고온 공기에 휩싸여 바닥 위의 불꽃으로 모아진다.
② 고온의 열기류는 구획된 공간의 천장과 벽에 의해 제한을 받기 전까지 수직적으로 계속 상승을 한다. 열기류가 계속 상승하여 천장과 부딪치게 되면 연기층과 가스층은 두텁게 형성되며 이 열기류는 주변 공기의 밀도보다 온도가 높기 때문에 가스의 상승기류는 지속된다.

③ 불꽃이 생성되어 주변으로 확산되는 연소가스의 부양성은 열에너지가 형성된 수직면 위에 집중되어 발화지점보다는 출화부에서 열의 활동영역이 매우 빠르고 왕성해짐을 나타낸다. 수직방향으로 분해가스가 확산되면서 빠르게 상승하고 옆면과 밑면으로는 완만하게 진행되는데 이것은 <u>대류의 영향</u>이며 비율적으로 <u>수평방향 1, 상방향 20, 하방향 0.3</u>으로 나타난다.

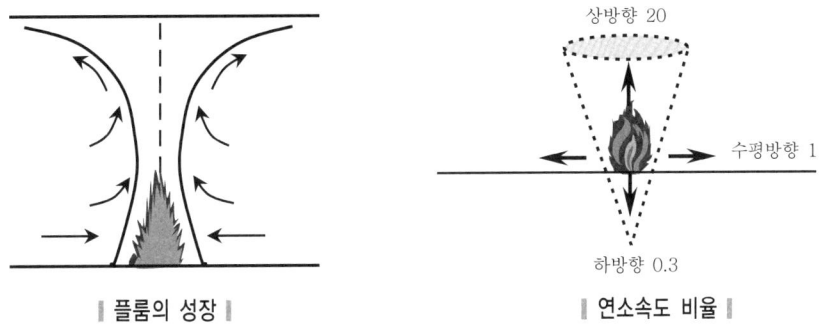

| 플룸의 성장 | | 연소속도 비율 |

(3) 플룸(plume)에 의해 생성된 패턴
  ① V 패턴
  ② 역원뿔형 패턴
  ③ 모래시계 패턴
  ④ U 패턴
  ⑤ 바늘 및 화살표 패턴
  ⑥ 원형 패턴

2 화재패턴의 발생원리

  ① 열원으로부터 가까울수록 강해지고 멀어질수록 약해지는 복사열의 차등원리
  ② 고온가스는 열원으로부터 멀어질수록 온도가 낮아지는 원리
  ③ 화염 및 고온가스의 상승원리
  ④ 연기나 화염이 물체에 의해 차단되는 원리

3 화재패턴의 종류

(1) 화살표 패턴(arrow pattern)
  ① 목재나 알루미늄 등이 타거나 녹았을 때 물체의 단면이 열원방향으로 짧거나 소실된 경우 <u>화살표처럼 뾰족하게 남겨진 연소형태</u>이다.
  ② <u>화살표 모양이 짧고 뾰족거나 격렬하게 탄화된 곳일수록 발화지점과 가깝다는 의미</u>이며, 연소 후 남겨진 물체의 잔해를 통해 식별되는 연소패턴이다.

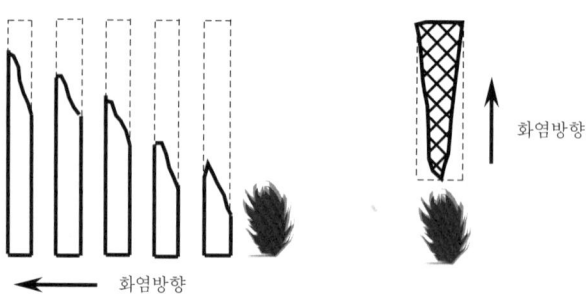

| 화살표 패턴 |

(2) 역삼각형 패턴('V' pattern)

① 밑면의 뾰족한 부분의 단면은 작지만 발화지점을 의미하고, 위로 갈수록 단면이 수평면으로 넓어지며 나타나는 연소형태를 말한다.
② 벽과 출입문, 장롱 등과 같이 세워져 있는 수직재를 통해 인식이 가능하며, 천장과 바닥면에서는 발생하지 않는다.
③ 기하학적 형태는 연소되는 물질의 열방출률과 환기조건에 따라 조금씩 차이가 있으며 화염에 대한 제한성이 없을 경우 약 30도 정도의 각을 이룬다.

> **꼼꼼. check!** ▶ 'V' 패턴 형성에 영향을 주는 변수
> - 열방출률
> - 가연물의 형상
> - 환기효과
> - 재료의 가연성
> - 천장, 선반, 테이블 상판 등 수평표면의 존재

(3) 역원뿔형 패턴(inverted pattern)

① 역삼각형 패턴의 상대적 개념으로 정삼각형 형태로 식별되는 연소형태이며, 화재 초기단계에 국부적으로 생성된다.
② 열방출률이 낮거나 화재가 단기간에 종료된 경우 불완전연소 결과로 나타난다.
③ 화염이 맹렬하게 성장하여 옥외로 출화할 경우 창문이나 유리창, 출입문 등의 바깥쪽 상단부분에서도 발생한다.
④ 역원뿔형 패턴은 주로 화재초기에 형성되지만 가연물과 공기공급이 원활할 경우 화염이 다시 성장하면 'V' 패턴으로 발전하고 소멸될 수 있다. 따라서 'V' 패턴이 형성되었다 하여 역원뿔형 패턴이 처음부터 생성되지 않은 것으로 판단할 수 있다.

(4) 'U' 패턴('U' pattern)

① 'V' 패턴과 유사하지만 'U' 패턴은 <u>밑면이 완만한 곡선을 유지하는</u> 형태이다.
② 'V' 패턴의 밑면 꼭지점이 열원과 근접한 바닥면에 가깝다면 'U' 패턴은 'V' 패턴의 아랫면 꼭지점보다 높은 위치에 있다.
③ 그림과 같이 책상 하단부에서 발화한 경우 열원과 가까운 책상 하단부 <u>A지점으로 'V' 패턴</u>이 형성되고 화염이 천장방면으로 원추형으로 성장할 때 벽면에는 <u>복사열의 영향</u>을 받아 <u>B지점으로 'U' 패턴</u>이 형성된다.

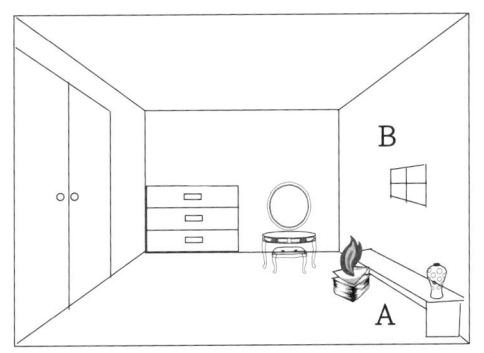
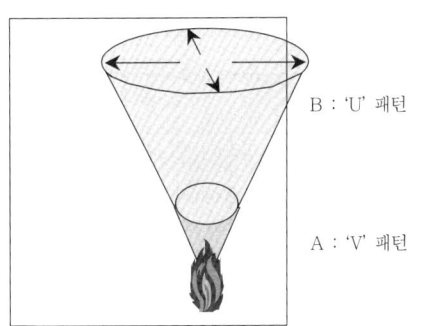

B : 'U' 패턴
A : 'V' 패턴

> **꼼꼼.check!** ── 'U' 패턴의 하단부가 'V' 패턴의 하단부보다 높은 이유 ──
>
> 복사열의 영향 때문이다. 'V' 패턴은 발화부 근처인 바닥면에서 형성되는 반면, 'U' 패턴은 연소확대 과정에서 형성되기 때문에 복사열의 영향을 크게 받아 비교적 'V' 패턴 꼭지점보다 높은 지점에서 형성된다.

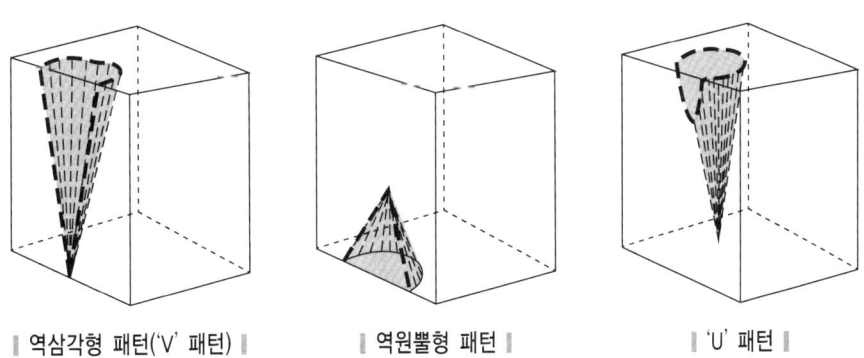

| 역삼각형 패턴('V' 패턴) | 역원뿔형 패턴 | 'U' 패턴 |

(5) 끝이 잘린 원추 패턴(truncated cone pattern)

① 수직면과 수평면에 의해 화염의 끝이 잘릴 때 나타나는 <u>3차원 화재패턴</u>이다.
② 원뿔모양이나 모래시계모양의 플룸이 수직평면이나 수평평면에 의해 분할되거나 잘린 것으로 'V' 패턴, 'U' 패턴, 원형 패턴, 화살표 패턴 등은 화재에 의해 생성된 3차원적인 원뿔과 관계가 깊다.

③ 끝이 잘린 원추 패턴은 수직표면에 있는 V자형 패턴과 수평표면에 있는 원형 패턴과 같이 2차원 패턴들이 합쳐진 결과로 3차원 모양이 만들어진다.

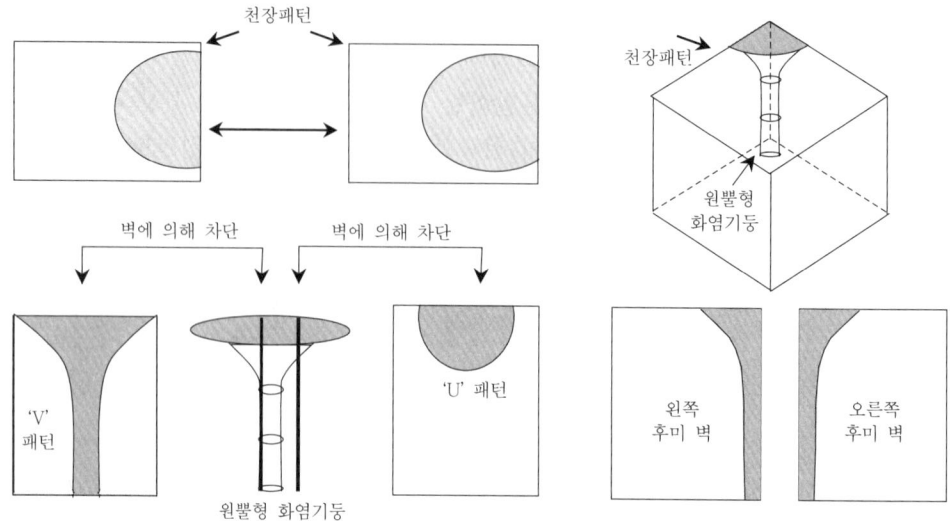

‖ 화염접촉으로 벽과 천장에 형성된 끝이 잘린 원추패턴 ‖

(6) 원형 패턴(circular pattern)
① 천장, 테이블 상판, 선반과 같이 <u>수평면의 아래쪽으로 형성되는 패턴</u>으로 벽으로부터 열원이 멀수록 둥근 원형 패턴이 나타난다.
② 원형 패턴은 화염이 <u>천장 등 수평면으로부터 제한을 받을 때</u> 나타나며, 중심부는 깊이 탄화되어 심한 열분해가 일어난다.
③ 원형 패턴의 중심부 하단에는 강한 열원이 존재했음을 나타내는 중요한 단서가 될 수 있다.

(7) 열 그림자 패턴(heat shadowing pattern)
① 장애물에 의해서 열원으로부터 그 장애물 뒤에 가려진 가연물까지 열 이동이 차단될 때 발생하는 그림자 형태이다.
② 열 그림자는 <u>보호구역을 형성</u>한다. 열 그림자와 보호구역은 화재패턴과 경계선에 영향을 미칠 수 있는데 만약에 보호물이 없는 경우라면 화재패턴과 경계선이 장애물에 가려진 가연물 위에 형성될 수 있다.
③ 보호구역에 남아 있는 그림자 형상을 통해 물건의 크기 또는 어떤 물건이 있었는지 증명할 수 있는 가능성을 높일 수 있다.

(8) 모래시계 패턴(hourglass cone pattern)
① 화염의 <u>하단부는 거꾸로 된 'V' 형태</u>를 나타내고, 고온가스영역이 수직표면의 중간에 위치할 때 전형적인 'V' 형태가 상단부에 만들어진다.

② 화염이 수직표면과 가깝거나 맞닿으면 이로 인해 화염구역에서는 거꾸로 된 'V' 형태가 나타나고, 고온가스 구역에는 전형적인 'V' 형태가 나타나는데 이 전체적인 것을 모래시계 패턴이라고 한다.

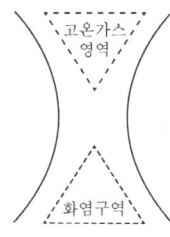

‖ 모래시계 패턴 ‖

(9) 포어 패턴(퍼붓기 패턴, pour pattern)

① 인화성 액체 가연물이 바닥에 뿌려졌을 때 <u>쏟아진 부분과 쏟아지지 않은 부분의 탄화경계흔적</u>을 말한다.
② 포어 패턴은 액체가 자연스럽게 낮은 곳으로 흐르며 부드러운 곡선을 나타내기도 하고 쏟아진 모양 그대로 불규칙한 형태를 나타내기도 하지만 <u>연소된 부분과 연소되지 않은 부분에서 뚜렷한 경계선</u>을 나타낸다.
③ 방화와 같이 의도적으로 살포된 현장에서 많이 나타나지만 액체 가연물이 있던 지역은 다른 곳보다 연소가 강하기 때문에 탄화 정도의 강약으로 구분하기도 한다.

(10) 스플래시 패턴(splash pattern)

① 액체 가연물이 연소하면서 발생한 열에 의해 스스로 가열되어 액면에서 끓으면서 주변으로 튄 액체가 <u>국부적으로 점처럼 연소된 흔적</u>이다.
② <u>가연성 액체</u>방울은 약한 풍향에도 영향을 받지만 바람이 부는 방향으로는 잘 생기지 않고 반대방향으로 비교적 멀리까지 생긴다.
③ 포어 패턴이 가연성 액체를 바닥에 쏟거나 흘려서 생성된 것이라면, 스플래시 패턴은 쏟아진 액체가 연소하면서 2차적으로 주변으로 튀면서 생성된 흔적이다.

(11) 고스트마크(ghost mark)

① 콘크리트 시멘트 바닥에 타일 등이 접착제로 부착되어 있을 때 그 위로 인화성 액체가 쏟아져 화재가 발생하면 액체 가연물이 타일 사이로 스며들어 타일 틈새가 변색되고 박리되는 경우도 있는데 <u>바닥면과 타일 사이 연소로 인해 형성되는 흔적</u>을 고스트마크라고 한다.
② 고스트마크는 실내 전체가 일시에 착화되어 급격하게 화염에 휩싸이는 플래시오버 직전 강력한 화재 열기 속에서 발생한다.

(12) 도넛 패턴(doughnut pattern)

① 거친 고리모양으로 연소된 부분이 덜 연소된 부분을 둘러싸고 있는 '도넛모양' 형태는 **가연성 액체가 웅덩이처럼 고여 있을 경우 발생**하는 흔적이다.

② 고리처럼 보이는 주변부나 얕은 곳에서는 화염이 바닥이나 바닥재를 탄화시키는 반면에, 비교적 깊은 <u>중심부는</u> 액체가 증발하면서 증발잠열에 의해 웅덩이 중심부를 냉각시키는 현상 때문에 <u>미연소구역으로 남는다.</u>

③ 도넛과 같이 원형모양을 가지고 있지 않더라도 대부분의 패턴은 유류가 쏟아진 곳의 가장자리 부분이 내측에 비하여 강한 연소흔적을 보이는 것이 일반적이다.

> **꼼꼼.check!** ▶ **도넛 패턴의 중심부가 연소되지 않는 이유**
>
> 가연성 액체가 증발할 때 증발잠열의 냉각효과에 의해 보호되기 때문이다.

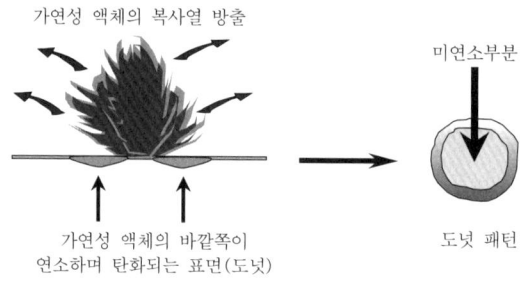

‖ 도넛 패턴 ‖

(13) 트레일러 패턴(trailer pattern)

① 의도적으로 불을 지르기 위해 <u>수평면에 길고 직선적인 형태</u>로 나타나는 <u>좁은 연소패턴</u>이다.

② 연소를 확대시키기 위해 두루마리화장지, 신문지, 섬유류, 짚단 등을 길게 연결한 후 인화성 액체를 그 위에 뿌려 놓는 형태로 <u>한 지점에서 다른 지점으로 연소 확대시키기 위한 수단</u>으로 쓰인다. 이 패턴은 인화성 액체를 주로 이용한 것으로 포어 패턴의 일종이다.

(14) 틈새 연소패턴(seam burn pattern)

① <u>벽과 바닥의 틈새</u> 또는 목재마루 바닥면 사이의 틈새 등에 <u>가연성 액체</u>가 뿌려진 경우 틈새를 따라 액체가 고임으로써 다른 곳보다 강하게 오래 연소하여 나타나는 연소패턴이다.

② 주로 화재초기에 나타나며 플래시 오버와 같이 강렬한 화염 속에서는 쉽게 사라질 수도 있다.

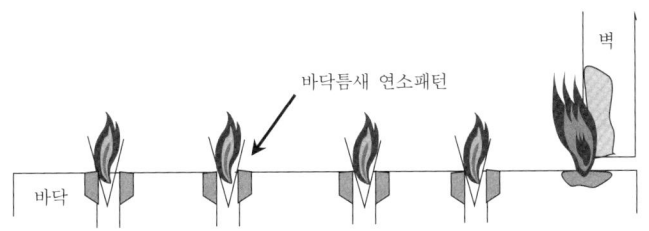

| 틈새 연소패턴 |

(15) 낮은 연소패턴(low burn pattern)
① 낮은 연소패턴은 촉진제를 사용하였거나 그러한 수단을 사용하였을 가능성이 높은 것으로 추정될 때 식별되는 연소패턴이다.
② 보통 화염은 연소가스의 부양성으로 밀도가 작아지면 수직으로 상승한다. 이로 인해 발화지점 상단의 손상이 크게 나타나는데 낮은 지점으로 소실이 심하고 위쪽으로 상승성이 미약할 경우 인화성 촉진제 등을 사용한 의도된 화재로 추정할 수 있다.

(16) 독립 연소패턴(separate burn pattern)
① 발화점이 2개소 이상으로 식별되는 연소패턴이다.
② 고체 가연물인 촛불을 별도로 2개소 이상에 배치하여 지연착화를 노린 경우와 인화성 액체를 국부적으로 거실과 방 등에 따로 살포한 후 일거에 급속한 연소확산 등을 노린 행위 등 방화자의 의도에 따라 천차만별의 수단을 이용한다.

(17) 수평면의 화재확산패턴
① 테이블과 같은 수평면에 구멍이 발생한 경우 경사진 면의 탄화형태를 통해 연소방향성을 파악할 수 있다. 테이블의 소실된 구멍이 위에서부터 아래로 경사진 형태를 띠고 있다면 화염은 위에서 아래쪽으로 확산된 것을 의미한다.

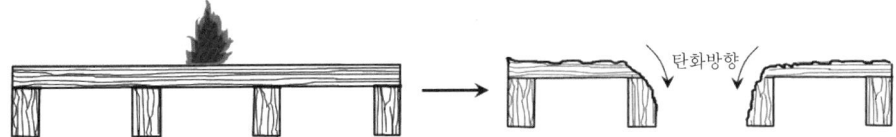

② 테이블 다리 받침대의 소실이 크고 구멍의 중심을 향하여 위로 경사진 형태로 남아 있다면 화염은 아래쪽에서 위쪽으로 확산된 것을 의미한다.

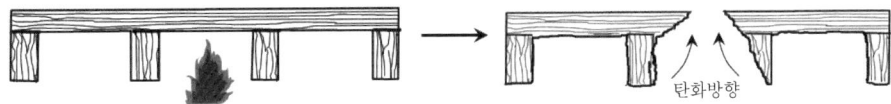

(18) 환기에 의해 생성된 패턴
① 구획실의 문이 닫힌 상태에서 화재가 발생하면 초기 출화형태는 뜨거운 고온가스가 문틈 위쪽 틈새를 통해 가장 먼저 유출되면서 탄화되고 문틈 아래쪽으로는 신선한 공기가 유입된다. 따라서 출입문 안쪽의 상단부분으로 탄화가 집중된다.

② <u>출입문 바깥쪽은</u> 유출된 고온가스에 의해 <u>상단부분이 탄화</u>되거나 그을음 등 연기에 오염되어 외부로 출화한 형태를 보임으로써 화염이 구획실 내부에서 외부로 확산된 것임을 알 수 있다.

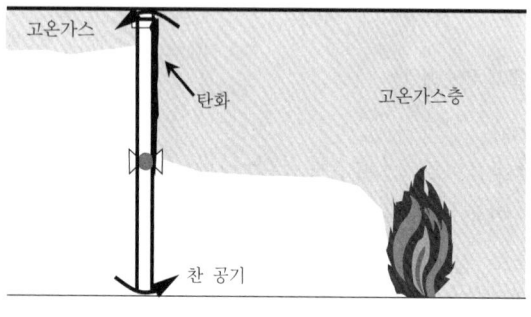
┃ 출입문 안쪽의 공기흐름 ┃

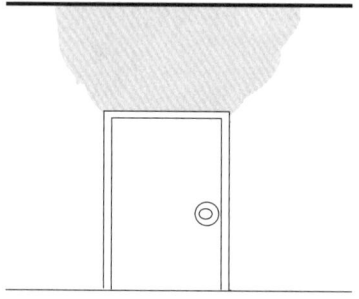
┃ 출입문 바깥쪽 고온가스 유출형태 ┃

③ 화염이 더욱 성장하면 고온가스가 바닥까지 퍼지게 되고 이 상태에서는 문의 위쪽과 아래쪽 모두 고온가스가 밖으로 유출된다. 따라서 출입문 안쪽의 상단과 하단부분 모두 전면적으로 탄화가 집중된다.

④ 천장 마감재 또는 벽에 걸린 액자나 달력 등이 착화된 후 출입문 근처로 떨어지면 고온가스층이 하단부에 이르기 전에 또 다른 연소를 일으켜 출입문 상단부와 하단부가 각각 국부적으로 탄화가 집중된다.

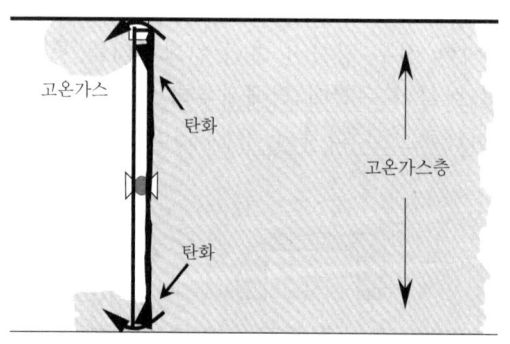
┃ 출입문 상단과 하단을 통한 고온가스 유출 ┃

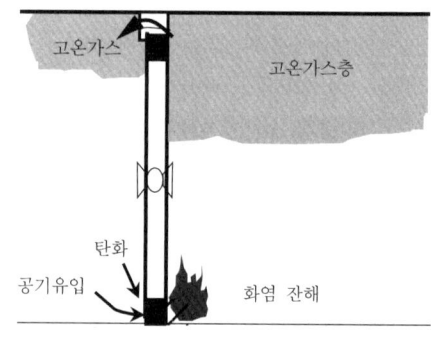
┃ 출입문 상단과 하단의 국부적 연소 ┃

(19) 고온가스층에 의해 생성된 패턴

플래시오버 상황 바로 직전에 복사열에 의해 가연물의 표면이 손상되었을 때 나타나는 패턴이다. 실내가 완전히 화재로 뒤덮이면 바닥도 복사열로 인해 손상되지만 소파, 책상 등 물체에 가려진 하단부는 보호구역으로 남는다. 이 패턴은 가스층의 높이와 이동방향을 나타내며 복사열의 영향을 받지 않는 지역을 제외하면 손상정도는 일반적으로 균일하게 나타난다.

4 연소패턴의 구분

구 분	종 류
인화성 액체 연소에 의한 화재패턴	포어 패턴, 스플래시 패턴, 틈새 연소패턴, 도넛 패턴, 트레일러 패턴, 고스트마크 등
발화지점 부근의 화재패턴	'V' 패턴, 'U' 패턴, 역원뿔형 패턴 등
3차원 화재패턴	끝이 잘린 원추 패턴
방화관련 화재패턴	트레일러 패턴, 낮은 연소패턴, 독립 연소패턴

5 화재패턴의 위치

구 분	특 징
벽	• 종과 횡방향성을 남기지만 반드시 일치하지 않으므로 각종 재료의 방향성을 종합하여 판단한다. • 벽 표면에 경계선이 생기거나 더 깊게 연소된 자국이 나타날 수 있다. • 'V' 패턴, 'U' 패턴, 모래시계 패턴, 역원뿔형 패턴, 기둥형(fire plume) 패턴
천장	• 천장 마감재는 얇고 가는 것이 사용되어 소실되기 쉽고 잔해가 남기 어렵다. • 천장, 테이블이나 선반 등 수평으로 된 평면의 아래쪽은 열원과 가까워 대부분 원형 패턴이 형성된다.
바닥	• 구획실 전체 화재에서 복사열, 고온가스, 환기로 인해 문지방 등 바닥면이 연소할 수 있다. • 바닥에 생긴 구멍은 불꽃연소, 복사, 인화성 액체 등으로 발생할 수 있다. • 포어 패턴, 스플래시 패턴, 고스트마크, 도넛 패턴, 트레일러 패턴 등

2 열 및 화염벡터 분석방법

(1) 의 미

화재패턴 또는 열원의 위치, 화염의 확산방향 등을 화살표를 사용하여 나타낸 것으로 한 장의 도표에 열과 화염의 크기와 방향을 일관성 있게 파악할 수 있도록 한 분석도구이다. 화살표의 크기는 그려진 각 화재패턴의 실제 측정 크기를 반영하며, 벡터의 방향이 일관성을 유지할 경우 화재의 이동방향을 나타낼 수 있고 반대로 열원으로 되돌아가는 방향도 나타낼 수 있다.

(2) 벡터로 표시할 수 있는 것
① 열과 화염의 방향
② 화재패턴
③ 발화원의 위치

(3) 도표에 표시해야 하는 것
① 출입구, 창문 등 개구부의 크기 또는 위치

② 복도, 계단, 문 등 내부 구조 및 면적
③ 침대, 식탁, 의자 등 수납물의 위치

(4) 열 및 화염벡터의 진행방향

① 구획실 화재에서 벡터의 방향이 일관성을 유지하고 있다면 발화지점 또는 화염의 진행방향을 표현하는 데 유용하게 쓰일 수 있다.

② 그림과 같이 소파를 중심으로 화염의 이동방향은 서쪽 벽면 및 북쪽방향 침대와 책상을 가로질러 벽면을 거쳐 동쪽 출입구로 출화된 형태를 나타내므로 A지점을 중심으로 연소확산된 것임을 명료하게 나타낼 수 있다.

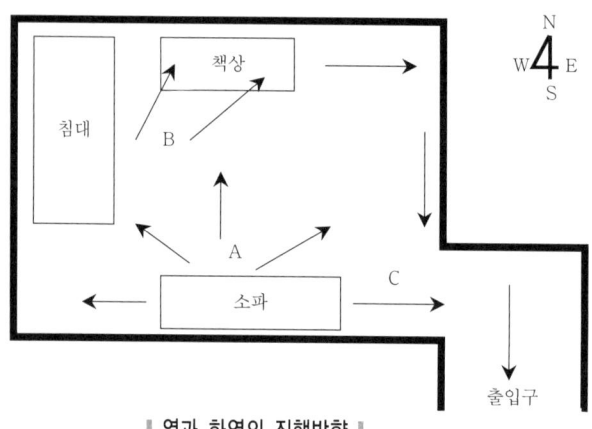

∥ 열과 화염의 진행방향 ∥

3 탄화심도 분석방법

탄화심도 분석은 연소된 물질의 열의 강도나 타는 시간을 측정하는 것보다는 <u>화재확산을 평가</u>하는 데 적합하게 쓰인다. 목재의 경우 탄화된 깊이와 정도를 측정함으로써 열원에 노출된 열의 강도와 연소방향성 판단 등을 유추해 볼 수 있다. 일반적으로 열원으로부터 멀어질수록 탄화심도는 낮아지기 때문에 화재가 확산된 방향의 추론이 가능해진다.

(1) 탄화심도 패턴분석에 영향을 주는 주요 변수

① 탄화패턴을 만든 열원이나 연료원이 하나인지 아니면 하나 이상인지를 확인하는 데 도움이 될 수 있다. 예를 들어, 목재의 한쪽 방향으로만 탄화가 진행되었다면 하나의 열원에 의해 연소가 진행되었다는 점과 연소방향성을 알 수 있다.

② 탄화 측정값은 <u>동일한 물질에 대해서만 비교 측정하여야</u> 한다. 예를 들어, 금속재와 목재의 측정값 비교는 의미가 없다.

③ 연소속도에 영향을 주는 <u>환기요소가 고려되어야</u> 한다. 목재가 환기구 주변에 있을 경우 더욱 많이 탈 수 있음을 염두에 두어야 한다.

④ 탄화심도 측정은 일관성 있는 방식으로 측정하여야 한다. 즉, 동일한 도구를 사용하여 동일한 압력으로 측정하여야 한다.

(2) 탄화심도에 영향을 주는 요인
① 화재열의 진행속도와 진행경로
② 공기조절 효과나 대류여건
③ 목재의 표면적이나 부피
④ 나무 종류와 함습상태
⑤ 표면처리 형태

(3) 탄화심도 측정방법
① 탄화심도는 동일한 측정점에서 동일한 압력으로 수회 측정하여 그 평균치를 산출한다.
② 탄화심도측정기의 계침을 기둥 중심선에서 직각으로 삽입한다.
③ 소실된 나무의 탄화심도를 측정하고자 할 때 소실된 나무의 깊이를 전체 깊이 측정에 합산하여야 한다.
④ 탄화 및 균열이 발생한 철부(凸部)를 측정한다.
⑤ 가늘어져 측정이 곤란할 때는 연소되지 않은 부분의 지름을 측정하여 소잔부분의 지름과 대비차를 산출한다.
⑥ 중심부까지 탄화된 것은 원형이 남아 있어도 완전연소된 것으로 본다.

> **꼼꼼. check!** ▶ **탄화심도 측정도구**
>
> 포켓용 칼, 송곳과 같이 끝이 뾰족한 기구는 탄화하지 않은 목재의 아랫부분까지 깊숙이 들어갈 수 있어 정확한 측정을 위해 적합하지 않으며, 끝이 뭉툭한 탐촉자 또는 다이얼 캘리퍼스기 탄화심도를 측정하는 데 유용하다.

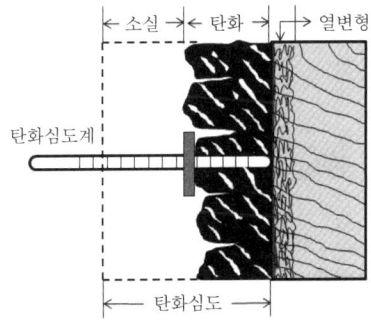

∥ 탄화심도 측정방법 ∥

(4) 탄화심도 도표작성

① 연소경계선이 분명하게 나타나지 않는 경우 목재의 탄화심도 등을 측정하여 <u>등심선(等深線)으로 표현하여 연소의 강약을 구분</u>한다.

② 등심선은 연소가 강한 곳과 약한 곳으로 나누어 <u>연소 정도가 유사한 것끼리 곡선으로 연결</u>하면 발화범위를 축소시키는 데 유용할 뿐더러 연소된 물체 등을 나타내는 데도 적합하게 쓰인다.

③ 도표작성은 입체적인 표현도 가능하지만 보통 평면상에 펼쳐진 <u>평면도를 가장 많이 작성</u>하며, 연소된 면적과 물건의 배치상태 등을 함께 표시하여 연소된 범위와 오염된 구역을 표시한다.

확인문제

다음 목재의 탄화심도를 측정하고자 한다. 질문에 답하시오.

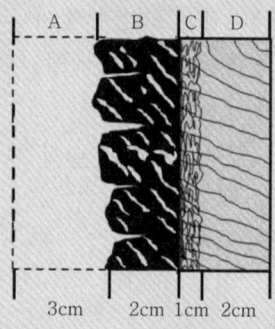

(1) A, B, C 부분 각각의 연소상태를 쓰시오.
(2) 탄화심도를 측정하기 위한 탐침의 올바른 삽입방향을 쓰시오.
(3) 탐침은 어느 부분을 측정하여야 하는지 쓰시오.
(4) 위 그림에서 측정된 탄화심도의 길이를 쓰시오.

답안 (1) A : 소실, B : 탄화, C : 열분해(열변형)
(2) 목재의 중심선에서 직각으로 삽입한다.
(3) 탄화 및 균열이 발생한 철(凸) 부분을 측정한다.
(4) 3 + 2 = 5cm

---

4 하소심도 측정방법

(1) 정 의

하소(calcination)란 <u>석고벽면 등이 열에 의해 탈수됨으로써 수축 및 균열이 발생하고 부서지기 쉬운 상태에 이르러 회화(灰化)되는 현상</u>이다. 하소심도가 깊을수록 열에 오랜 시간 노출되었거나 다른 부분보다 높은 열이 가해졌음을 나타낸다.

(2) 하소의 특징
① 하소된 부분은 조밀성이 떨어지며 <u>물질의 결정성을 잃는다.</u>
② 석고 내부에 있는 탈경화제의 열분해로 <u>열이 강할수록 백색으로</u> 변한다.
③ 밀도가 감소하며 하소된 부분으로 경계선이 생성된다.

(3) 하소의 발생과정

석고표면 연소 → 탈경화제 열분해 → 변 색 → 탈수 및 균열

① 석고보드가 화염에 노출되면 우선 표면에 있는 종이가 연소하며 종이의 뒷면까지 까맣게 연소하면 유기접착제 또는 석고표면의 탈경화제가 열분해하기 시작한다.
② 계속 가열하면 석고보드가 흰색으로 변색된다.
③ 탈수 및 균열을 일으키고 부서지기 시작한다.

(4) 하소심도 측정
① 하소심도 측정은 <u>직접단면관찰 방법</u>과 <u>탐촉자조사 방법</u>이 있다.
② <u>직접단면관찰 방법</u>은 벽이나 천장에서 최소 직경 50mm 정도의 시료를 직접 수거하여 <u>하소된 층의 두께와 비교하여 측정</u>·관찰한다.
③ <u>탐촉자조사 방법</u>은 단면의 끝이 작은 탐사장비를 주입하여 하소심도 및 하소된 석고의 <u>상대적인 저항력이 달라지는 깊이를 측정</u>한다.
④ 탐촉자조사 방법을 사용할 때는 벽 또는 천장 등 해당 석고보드 표면을 따라 측면 및 수직 격자의 일정한 간격으로 측정을 해야 하고, 측정할 때마다 <u>일관성 있게 동일한 압력이 이루어지도록</u> 한다.

> **꼼.꼼.check!** ▶ 하소심도 측정장비
> • 다이얼 캘리퍼스 • 탐촉자

(5) 하소심도 분석에 영향을 주는 요인
① 열원이 하나 또는 그 이상이었는지에 따라 측정될 하소패턴이 나타나므로 이를 고려하여야 한다. 하소패턴의 깊이는 <u>발화원을 측정하는 데 유용</u>할 수 있다.
② 하소심도 측정값 비교는 <u>동일한 물질로만 실시</u>되어야 한다. 석고벽은 두께가 다양하고 여러 가지 건축자재가 혼합되어 만들어지며 시간이 경과하면서 변화한다는 사실도 염두에 두어야 한다.
③ 하소심도를 측정할 때 석고보드 표면의 마감재(페인트, 벽지, 벽토)를 고려하여야 한다. 일부 마감재가 가연성으로 발화되었을 때 화재패턴에 영향을 미치기 때문이다.

④ 자료수집의 오류를 줄이기 위해 측정은 <u>동일한 압력으로 일관성 있는 방식으로</u> 실시하여야 한다.
⑤ 석고보드 재료는 화재진압 및 잔화정리를 하면서 물을 분사하면 손상될 수 있고 물에 젖어 정확한 측정을 할 수 없을 만큼 석고가 부드러워질 수 있다는 점을 고려하여 측정하여야 한다.

(6) 하소심도 도표작성

탄화심도 도표와 마찬가지로 눈으로 보이지 않는 경계선은 하소심도를 측정하여 연소의 강약을 비슷한 것끼리 곡선으로 연결하고 이를 격자 도표에 나타내면 뚜렷하게 경계선으로 표시할 수 있다. 탄화심도가 목재를 대상으로 연소의 강약을 측정한다면, 하소심도는 석고를 대상으로 연소의 강약을 측정한 것이다.

5 아크조사 또는 아크매핑(arc mapping) 방법

(1) 목 적
① 전기적 <u>아크로 손상된 부분을 추적하여 발화부 판단</u>
② 사건의 순서를 결정하기 위한 데이터 분석과 가설 검증

(2) 아크조사의 유용성 및 적용한계
① 발화부 판정을 위해 목격자의 진술, 화재진압활동상황, 연소가 개시되어 소손된 상황 등 <u>다른 데이터와 결합하여 사용</u>될 수 있다.
② 아크가 발생한 지점마다 확인을 통해 순차적으로 화재가 진행된 과정을 알 수 있다.
③ 전기의 분기회로에 이용된 배선이 완전소실되었거나 아크손상을 식별하기 곤란하면 적용하기 어렵다.
④ 아크조사는 전기가 건물내부로 공급되고 통전상태에서 전기관련 기기들을 사용 중에 있어야 하는 조건이 전제된다. 전기가 건물 안으로 공급되지 않거나 전기적 시설물이 없을 경우 적용할 수 없다.

(3) 아크매핑을 수행하기 위한 제안 절차
① 조사할 지역을 확인한다.
② 해당지역을 정확하게 <u>스케치하고 도표를 작성</u>한다.
③ 천장, 바닥, 벽 등 조사영역을 구분한다.
④ 해당지역의 <u>전기회로와 모든 배선</u>을 확인하고, 회로의 부하, 전력흐름 방향, 스위치의 위치, 각 전선의 크기, 과전류보호장치의 크기, 종류, 상태 등을 기록한다.

⑤ 한 구역을 선택하여 조사를 하고 해당구역의 모든 도체에 대해 체계적인 검사를 한다.
⑥ 각 배선상에서 용융흔이 식별되면 손상유무를 검사하고 배선을 수거할 때는 손상되지 않도록 한다.
⑦ 아크 또는 주변의 열 영향 등으로 인해 표면에 이상이 있는지 확인한다.
⑧ 스케치한 도면에 아크위치를 표시하고 물리적 특성을 기록한다.
⑨ 아크지점에 적당한 표지로 표시를 하고 위치를 기록한다.
⑩ 필요한 경우 해당항목들을 증거로 보존한다.

(4) 아크매핑 도표작성 방법
① 아크위치가 발견된 지점, 배선용 차단기의 동작상태, 주변 가연물의 소손 정도 등 도면작성은 최대한 상세하게 작성한다(오류 방지).
② 각 구역의 경계선을 설정할 때 일부 또는 모든 배선이 다른 분기회로와 연결된 경우가 많으므로 전원측과 부하측을 구분하여 표기하고 방향표시를 한다.

(5) 아크손상의 확인 및 기록
① 아크로 인해 전기배선에 손상이 발생하면 녹은 부분과 녹지 않은 부분의 경계가 뚜렷하게 식별되며 국부적으로 용융된 부위는 반짝거리는 형태를 나타내는 경우가 많다.
② 화재열로 인해 전선이 용융되면 비교적 넓게 퍼진 형태로 나타날 수 있고, 탄화된 불순물이 부착된 경우가 많다.
③ 아크가 발생한 지점마다 표지나 식별번호를 붙이고 사진촬영을 실시하여 배선경로와 공간적 구조를 알 수 있도록 기록한다.

6 위험물과 특이가연물

1 위험물 및 지정수량(위험물안전관리법 시행령 [별표 1])

(1) 제1류 위험물
① 모두 산소를 가지고 있는 산화성 고체이다.
② 자신은 불연성 물질이지만 강산화제 작용을 한다.
③ 열, 충격, 마찰 및 다른 약품과의 접촉 등에 의해 산소를 방출한다.
④ 비중은 1보다 크고 수용성이 많다.

‖ 제1류 위험물 품명 및 지정수량 ‖

유 별	성 질	품 명	지정수량
제1류	산화성 고체	1. 아염소산염류	50kg
		2. 염소산염류	50kg
		3. 과염소산염류	50kg
		4. 무기과산화물	50kg
		5. 브롬산염류	300kg
		6. 질산염류	300kg
		7. 요오드산염류	300kg
		8. 과망간산염류	1,000kg
		9. 중크롬산염류	1,000kg
		10. 그 밖에 행정안전부령으로 정하는 것 11. 위 '1' 내지 '10'의 1에 해당하는 어느 하나 이상을 함유한 것	50kg, 300kg 또는 1,000kg

[비고] "산화성 고체"라 함은 고체[액체(1기압 및 20℃에서 액상인 것 또는 20℃ 초과 40℃ 이하에서 액상인 것을 말함) 또는 기체(1기압 및 20℃에서 기상인 것을 말함) 외의 것을 말함]로서 산화력의 잠재적인 위험성 또는 충격에 대한 민감성을 판단하기 위하여 소방청장이 정하여 고시하는 시험에서 고시로 정하는 성질과 상태를 나타내는 것을 말한다. 이 경우 "액상"이라 함은 수직으로 된 시험관(안지름 30mm, 높이 120mm의 원통형 유리관을 말함)에 시료를 55mm까지 채운 다음 당해 시험관을 수평으로 하였을 때 시료액면의 선단이 30mm를 이동하는 데 걸리는 시간이 90초 이내에 있는 것을 말한다.

(2) 제2류 위험물

① **가연성 고체**로서 비교적 낮은 온도에서 착화하기 쉬운 이연성 물질이다.
② 강력한 **환원성 물질**이고 대부분 무기화합물이다.
③ 물에는 불용이며 산화되기 쉬운 물질이다.
④ 비중은 1보다 크고 물에 녹지 않는다.

‖ 제2류 위험물 품명 및 지정수량 ‖

유 별	성 질	품 명	지정수량
제2류	가연성 고체	1. 황화린	100kg
		2. 적린	100kg
		3. 유황	100kg
		4. 철분	500kg
		5. 금속분	500kg
		6. 마그네슘	500kg
		7. 그 밖에 행정안전부령으로 정하는 것 8. 위 '1' 내지 '7'의 1에 해당하는 어느 하나 이상을 함유한 것	100kg 또는 500kg
		9. 인화성 고체	1,000kg

[비고] 1. "가연성 고체"라 함은 고체로서 화염에 의한 발화의 위험성 또는 인화의 위험성을 판단하기 위하여 고시로 정하는 시험에서 고시로 정하는 성질과 상태를 나타내는 것을 말한다.
2. 유황은 순도가 60vol% 이상인 것을 말한다. 이 경우 순도측정에 있어서 불순물은 활석 등 불연성 물질과 수분에 한한다.
3. "철분"이라 함은 철의 분말로서 53㎛의 표준체를 통과하는 것이 50vol% 미만인 것은 제외한다.
4. "금속분"이라 함은 알칼리금속·알칼리토류금속·철 및 마그네슘 외의 금속의 분말을 말하고, 구리분·니켈분 및 150㎛의 체를 통과하는 것이 50vol% 미만인 것은 제외한다.
5. 마그네슘 및 제2류 앞 표 '8'의 물품 중 마그네슘을 함유한 것에 있어서는 다음의 1에 해당하는 것은 제외한다.
   ① 2mm의 체를 통과하지 아니하는 덩어리 상태의 것
   ② 직경 2mm 이상의 막대모양의 것
6. "인화성 고체"라 함은 고형 알코올 그 밖에 1기압에서 인화점이 40℃ 미만인 고체를 말한다.

(3) 제3류 위험물

① 금수성 물질(황린 제외)로서 물과 접촉하면 발열 또는 발화한다.
② 자연발화성 물질로서 공기와 접촉으로 자연발화한다.
③ 물과 반응 시 대부분 수소나 가연성 탄화수소류 가스를 발생한다.
④ K, Na, 알킬알루미늄, 알킬리튬은 물보다 가볍다.

제3류 위험물 품명 및 지정수량			
유별	성질	품명	지정수량
제3류	자연발화성 물질 및 금수성 물질	1. 칼륨	10kg
		2. 나트륨	10kg
		3. 알킬알루미늄	10kg
		4. 알킬리튬	10kg
		5. 황린	20kg
		6. 알칼리금속(칼륨 및 나트륨을 제외) 및 알칼리토금속	50kg
		7. 유기금속화합물(알킬알루미늄 및 알킬리튬을 제외)	50kg
		8. 금속의 수소화물	300kg
		9. 금속의 인화물	300kg
		10. 칼슘 또는 알루미늄의 탄화물	300kg
		11. 그 밖에 행정안전부령으로 정하는 것 12. 위 '1' 내지 '11'의 1에 해당하는 어느 하나 이상을 함유한 것	10kg, 20kg, 50kg 또는 300kg

[비고] "자연발화성 물질 및 금수성 물질"이라 함은 고체 또는 액체로서 공기 중에서 발화의 위험성이 있거나 물과 접촉하여 발화하거나 가연성 가스를 발생하는 위험성이 있는 것을 말한다.

(4) 제4류 위험물

① 대부분 물보다 가볍고(CS_2 제외) 물에 잘 녹지 않는다.
② 증기는 공기보다 무겁다(HCN 제외).
③ 착화온도가 낮은 것은 위험하다.
④ 연소하한이 낮고 증기와 공기가 약간만 혼합되어 있어도 연소한다.

제4류 위험물 품명 및 지정수량

유 별	성 질	품 명		지정수량
제4류	인화성 액체	1. 특수인화물		50L
		2. 제1석유류	비수용성 액체	200L
			수용성 액체	400L
		3. 알코올류		400L
		4. 제2석유류	비수용성 액체	1,000L
			수용성 액체	2,000L
		5. 제3석유류	비수용성 액체	2,000L
			수용성 액체	4,000L
		6. 제4석유류		6,000L
		7. 동식물유류		10,000L

[비고] 1. "인화성 액체"라 함은 액체(제3석유류, 제4석유류 및 동식물유류의 경우 1기압과 섭씨 20도에서 액체인 것만 해당한다)로서 인화의 위험성이 있는 것을 말한다. 다만, 다음의 어느 하나에 해당하는 것을 법 제20조 제1항의 중요기준과 세부기준에 따른 운반용기를 사용하여 운반하거나 저장(진열 및 판매를 포함한다)하는 경우는 제외한다.
  ① 「화장품법」 제2조 제1호에 따른 화장품 중 인화성 액체를 포함하고 있는 것
  ② 「약사법」 제2조 제4호에 따른 의약품 중 인화성 액체를 포함하고 있는 것
  ③ 「약사법」 제2조 제7호에 따른 의약외품(알코올류에 해당하는 것은 제외한다) 중 수용성인 인화성 액체를 50부피퍼센트 이하로 포함하고 있는 것
  ④ 「의료기기법」에 따른 체외진단용 의료기기 중 인화성 액체를 포함하고 있는 것
  ⑤ 「생활화학제품 및 살생물제의 안전관리에 관한 법률」 제3조 제4호에 따른 안전확인대상생활화학제품(알코올류에 해당하는 것은 제외한다) 중 수용성인 인화성 액체를 50부피퍼센트 이하로 포함하고 있는 것
2. "특수인화물"이라 함은 이황화탄소, 디에틸에테르 그 밖에 1기압에서 발화점이 100℃ 이하인 것 또는 인화점이 영하 20℃ 이하이고 비점이 40℃ 이하인 것을 말한다.
3. "제1석유류"라 함은 아세톤, 휘발유 그 밖에 1기압에서 인화점이 21℃ 미만인 것을 말한다.
4. "알코올류"라 함은 1분자를 구성하는 탄소원자의 수가 1개부터 3개까지인 포화1가 알코올(변성알코올을 포함)을 말한다. 다만, 다음의 1에 해당하는 것은 제외한다.
  ① 1분자를 구성하는 탄소원자의 수가 1개 내지 3개의 포화1가 알코올의 함유량이 60vol% 미만인 수용액
  ② 가연성 액체량이 60vol% 미만이고 인화점 및 연소점(태그개방식 인화점측정기에 의한 연소점을 말함)이 에틸알코올 60vol% 수용액의 인화점 및 연소점을 초과하는 것
5. "제2석유류"라 함은 등유, 경유 그 밖에 1기압에서 인화점이 21℃ 이상 70℃ 미만인 것을 말한다. 다만, 도료류 그 밖의 물품에 있어서 가연성 액체량이 40vol% 이하이면서 인화점이 40℃ 이상인 동시에 연소점이 60℃ 이상인 것은 제외한다.
6. "제3석유류"라 함은 중유, 크레오소트유 그 밖에 1기압에서 인화점이 70℃ 이상 200℃ 미만인 것을 말한다. 다만, 도료류 그 밖의 물품은 가연성 액체량이 40vol% 이하인 것은 제외한다.
7. "제4석유류"라 함은 기어유, 실린더유 그 밖에 1기압에서 인화점이 200℃ 이상 250℃ 미만의 것을 말한다. 다만, 도료류 그 밖의 물품은 가연성 액체량이 40vol% 이하인 것은 제외한다.
8. "동식물유류"라 함은 동물의 지육 등 또는 식물의 종자나 과육으로부터 추출한 것으로 1기압에서 인화점이 250℃ 미만인 것을 말한다. 다만, 법 제20조 제1항의 규정에 의하여 행정안전부령으로 정하는 용기기준과 수납·저장기준에 따라 수납되어 저장·보관되고 용기의 외부에 물품의 통칭명, 수량 및 화기엄금(화기엄금과 동일한 의미를 갖는 표시를 포함)의 표시가 있는 경우를 제외한다.

(5) 제5류 위험물
① 자기반응성 물질로서 물질 자체가 산소를 함유하고 있어 자기연소를 일으킨다.
② 가열, 충격, 마찰 등에 의해 폭발 위험이 있다.
③ 대부분 물에 잘 녹지 않으며 물과 반응하는 물질은 없다.

∥ 제5류 위험물 품명 및 지정수량 ∥

유별	성질	품명	지정수량
제5류	자기반응성 물질	1. 유기과산화물	10kg
		2. 질산에스테르류	10kg
		3. 니트로화합물	200kg
		4. 니트로소화합물	200kg
		5. 아조화합물	200kg
		6. 디아조화합물	200kg
		7. 히드라진 유도체	200kg
		8. 히드록실아민	100kg
		9. 히드록실아민염류	100kg
		10. 그 밖에 행정안전부령으로 정하는 것 11. 위 '1' 내지 '10'의 1에 해당하는 어느 하나 이상을 함유한 것	10kg, 100kg 또는 200kg

[비고] 1. "자기반응성 물질"이라 함은 고체 또는 액체로서 폭발의 위험성 또는 가열분해의 격렬함을 판단하기 위하여 고시로 정하는 시험에서 고시로 정하는 성질과 상태를 나타내는 것을 말한다.
2. 제5류 위 '11'의 물품에 있어서는 유기과산화물을 함유한 것 중에서 불활성 고체를 함유하는 것으로서 다음의 1에 해당하는 것은 제외한다.
   ① 과산화벤조일의 함유량이 35.5vol% 미만인 것으로서 전분가루, 황산칼슘2수화물 또는 인산1수소칼슘2수화물과의 혼합물
   ② 비스(4클로로벤조일)퍼옥사이드의 함유량이 30vol% 미만인 것으로서 불활성 고체와의 혼합물
   ③ 과산화지크밀의 함유량이 40vol% 미만인 것으로서 불활성 고체와의 혼합물
   ④ 1·4비스(2-터셔리부틸퍼옥시이소프로필)벤젠의 함유량이 40vol% 미만인 것으로서 불활성 고체와의 혼합물
   ⑤ 시크로헥사놀퍼옥사이드의 함유량이 30vol% 미만인 것으로서 불활성 고체와의 혼합물

(6) 제6류 위험물
① 대표적 성질은 산화성 액체로 불연성 물질이다.
② 모두 산소를 함유하고 있으며 물보다 무겁다.
③ 증기는 유독하며 피부와 접촉 시 점막을 부식시킨다.
④ 과산화수소를 제외하고 분해 시 유독성 가스를 발생한다.

∥ 제6류 위험물 품명 및 지정수량 ∥

유별	성질	품명	지정수량
제6류	산화성 액체	1. 과염소산	300kg
		2. 과산화수소	300kg
		3. 질산	300kg
		4. 그 밖에 행정안전부령으로 정하는 것	300kg
		5. 위 '1' 내지 '4'의 1에 해당하는 어느 하나 이상을 함유한 것	300kg

[비고] 1. "산화성 액체"라 함은 액체로서 산화력의 잠재적인 위험성을 판단하기 위하여 고시로 정하는 시험에서 고시로 정하는 성질과 상태를 나타내는 것을 말한다.
2. 과산화수소는 그 농도가 36vol% 이상인 것에 한한다.
3. 질산은 그 비중이 1.49 이상인 것에 한한다.
4. 위험물의 유별 성질란에 규정된 성상을 2가지 이상 포함하는 물품(이하 "복수성상물품"이라 함)이 속하는 품명은 다음의 1에 의한다.
   ① 복수성상물품이 산화성 고체의 성상 및 가연성 고체의 성상을 가지는 경우 : 제2류 '8'의 규정에 의한 품명
   ② 복수성상물품이 산화성 고체의 성상 및 자기반응성 물질의 성상을 가지는 경우 : 제5류 '11'의 규정에 의한 품명
   ③ 복수성상물품이 가연성 고체의 성상과 자연발화성 물질의 성상 및 금수성 물질의 성상을 가지는 경우 : 제3류 '12'의 규정에 의한 품명
   ④ 복수의 성상물품이 자연발화성 물질의 성상, 금수성 물질의 성상 및 인화성 액체의 성상을 가지는 경우 : 제3류 '12'의 규정에 의한 품명
   ⑤ 복수성상물품이 인화성 액체의 성상 및 자기반응성 물질의 성상을 가지는 경우 : 제5류 '11'의 규정에 의한 품명
5. 위험물의 유별 지정수량란에 정하는 수량이 복수로 있는 품명에 있어서는 당해 품명이 속하는 유(類)의 품명 가운데 위험성의 정도가 가장 유사한 품명의 지정수량란에 정하는 수량과 같은 수량을 당해 품명의 지정수량으로 한다. 이 경우 위험물의 위험성을 실험·비교하기 위한 기준은 고시로 정할 수 있다.
6. 위험물을 판정하고 지정수량을 결정하기 위하여 필요한 실험은 「국가표준기본법」 제23조에 따라 인정을 받은 시험·검사기관, 「소방산업의 진흥에 관한 법률」 제14조에 따른 한국소방산업기술원, 중앙소방학교 또는 소방청장이 지정하는 기관에서 실시할 수 있다. 이 경우 실험 결과에는 실험한 위험물에 해당하는 품명과 지정수량이 포함되어야 한다.

(7) **특수가연물**(소방기본법 시행령 [별표 2])

품 명		수 량
면화류		200kg 이상
나무껍질 및 대팻밥		400kg 이상
넝마 및 종이 부스러기		1,000kg 이상
사류(絲類)		1,000kg 이상
볏짚류		1,000kg 이상
가연성 고체류		3,000kg 이상
석탄·목탄류		10,000kg 이상
가연성 액체류		2m³ 이상
목재가공품 및 나무 부스러기		10m³ 이상
합성수지류	발포시킨 것	20m³ 이상
	그 밖의 것	3,000kg 이상

[비고] 1. "면화류"라 함은 불연성 또는 난연성이 아닌 면상 또는 팽이모양의 섬유와 마사(麻絲) 원료를 말한다.
2. 넝마 및 종이 부스러기는 불연성 또는 난연성이 아닌 것(동식물유가 깊이 스며들어 있는 옷감·종이 및 이들의 제품을 포함한다)에 한한다.
3. "사류"라 함은 불연성 또는 난연성이 아닌 실(실 부스러기와 솜털을 포함한다)과 누에고치를 말한다.
4. "볏짚류"라 함은 마른 볏짚·마른 북더기와 이들의 제품 및 건초를 말한다.
5. "가연성 고체류"라 함은 고체로서 다음의 것을 말한다.
   ① 인화점이 섭씨 40° 이상 100° 미만인 것
   ② 인화점이 섭씨 100° 이상 200° 미만이고, 연소열량이 1g당 8kcal 이상인 것
   ③ 인화점이 섭씨 200° 이상이고 연소열량이 1g당 8kcal 이상인 것으로서 융점이 100° 미만인 것

④ 1기압과 섭씨 20° 초과 40° 이하에서 액상인 것으로서 인화점이 섭씨 70° 이상 섭씨 200° 미만이거나 나목 또는 다목에 해당하는 것
6. 석탄·목탄류에는 코크스, 석탄가루를 물에 갠 것, 조개탄, 연탄, 석유 코크스, 활성탄 및 이와 유사한 것을 포함한다.
7. "가연성 액체류"라 함은 다음의 것을 말한다.
   ① 1기압과 섭씨 20° 이하에서 액상인 것으로서 가연성 액체량이 40중량퍼센트 이하이면서 인화점이 섭씨 40° 이상 섭씨 70° 미만이고 연소점이 섭씨 60° 이상인 물품
   ② 1기압과 섭씨 20°에서 액상인 것으로서 가연성 액체량이 40중량퍼센트 이하이고 인화점이 섭씨 70° 이상 섭씨 250° 미만인 물품
   ③ 동물의 기름기와 살코기 또는 식물의 씨나 과일의 살로부터 추출한 것으로서 다음의 1에 해당하는 것
      ㉠ 1기압과 섭씨 20°에서 액상이고 인화점이 250° 미만인 것으로서 「위험물안전관리법」 제20조 제1항의 규정에 의한 용기기준과 수납·저장기준에 적합하고 용기 외부에 물품명·수량 및 "화기엄금" 등의 표시를 한 것
      ㉡ 1기압과 섭씨 20°에서 액상이고 인화점이 섭씨 250° 이상인 것
8. "합성수지류"라 함은 불연성 또는 난연성이 아닌 고체의 합성수지제품, 합성수지반제품, 원료합성수지 및 합성수지 부스러기(불연성 또는 난연성이 아닌 이들의 고무제품, 고무반제품, 원료고무 및 고무 부스러기를 포함한다)를 말한다. 다만, 합성수지의 섬유·옷감·종이 및 실과 넝마와 부스러기를 제외한다.

2 위험물의 위험성

① 온도와 압력이 높을수록 위험하다.
② 인화점과 착화점이 낮을수록 위험하다.
③ 연소범위가 넓을수록, 폭발하한이 낮을수록 위험하다.
④ 연소속도(반응속도)가 빠를수록 위험하다.
⑤ 증발열과 표면장력이 작을수록 위험하다.

3 물질 자신이 발화하는 물질

(1) 금속나트륨(Na)
① 소량의 수분과 접촉하여 금속 자체가 발화하며, 수소를 발생한다.
② 물과 반응 : $2Na + 2H_2O \rightarrow 2NaOH + H_2$
③ 알코올과 반응 : $2Na + 2C_2H_5OH \rightarrow 2C_2H_5ONa + H_2$

(2) 금속칼륨(K)
① 금속나트륨보다 활성이 강하며, 물과 접촉하여 급격히 발열하고 발화한다.
② 물과 반응 : $2K + 2H_2O \rightarrow 2KOH + H_2$

4 물질 자신이 발열하고 접촉된 가연물을 발화시키는 물질

(1) 생석회(CaO) 2024년 기사
① 물과 반응하여 수산화칼슘이 되며 이때 발열하고 접촉한 가연물에서 발화한다.
② 물과 반응 : $CaO + H_2O \rightarrow Ca(OH)_2$

(2) 과산화나트륨(Na_2O_2)

① 과산화나트륨은 물과 접촉하면 격렬한 반응을 일으켜 열과 산소를 발생시킨다.
② 물과 반응 : $2Na_2O_2 + 2H_2O \rightarrow 4NaOH + O_2$

5 자연발화

자연발화는 외부로부터 점화원 없이 물질 스스로 발열반응을 일으켜 연소하는 현상으로 점화에너지에 의한 일반적인 연소와 구별된다.

(1) 자연발화 조건
① 주변온도가 높을 것
② 열의 축적이 양호할 것
③ 표면적이 클 것
④ 산소의 공급이 적당할 것
⑤ 반응물질과 수분이 적당할 것

(2) 자연발화 형태
① 산화열 : 건성유, 반건성유, 원면, 석탄, 기름찌꺼기, 기름걸레 등
② 분해열 : 셀룰로이드, 니트로셀룰로오스, 유기과산화물 등
③ 흡착열 : 목탄, 활성탄, 탄소분말 등
④ 발효열 : 퇴비, 먼지 등
⑤ 중합열 : 초산비닐, 아크릴로니트릴, 스티렌 등

7 건물, 구조물, 기계, 기구의 배치도 및 연소 정도에 의한 등치선도 작성방법

1 건물, 구조물, 기계, 기구의 배치도

(1) 현장 스케치 방법
① 현장 스케치는 불필요한 부분을 제외하고 발화지점, 연소의 정도, 피해상황 등 핵심적인 부분만 가장 빠르고 간단하게 작성하여 사진으로 설명하기 곤란한 부분을 보완할 수 있도록 한다.
② 현장의 구조와 형태, 연소확산된 방향과 물품의 배열상태 등 상호연관된 것끼리 내용을 간추려 기록한다.
③ 화재현장의 전체 윤곽을 표현하거나 사진촬영으로 나타내기 힘든 부분 등의 이해를 돕기 위하여 실측 또는 축척을 사용하여 작성한다.

> **바로바로 확인문제**
>
> 현장 스케치를 하는 목적을 간단히 쓰시오.
>
> **답안** 발화지점, 연소의 정도, 피해상황 등 핵심적인 부분만 가장 빠르고 간단하게 작성하기 위함이다.

(2) 건물 외부 기계, 기구의 배치도

① 건물 외부 또는 옥상에 설치된 전기배선의 경로, 가스관, 수도관, 배수관 등을 건물 전체 상황과 연결시켜 방향성을 쉽게 식별할 수 있도록 작성한다.

② 가스설비 등 발화와 직접적으로 관계된 지점은 가스용기의 설치 개수 및 설비의 크기와 형태, 재질 등이 나타날 수 있도록 상세하게 작성한다.

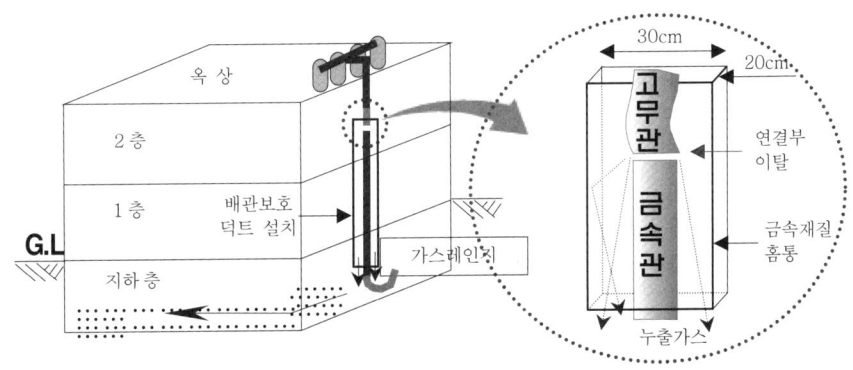

∥ 건물 외부 형태 및 설비의 상황 스케치 ∥

③ 피해구역이 광범위할 경우 발화지점을 중심으로 연소확산된 방향성과 피해규모를 파악할 수 있도록 작성한다.

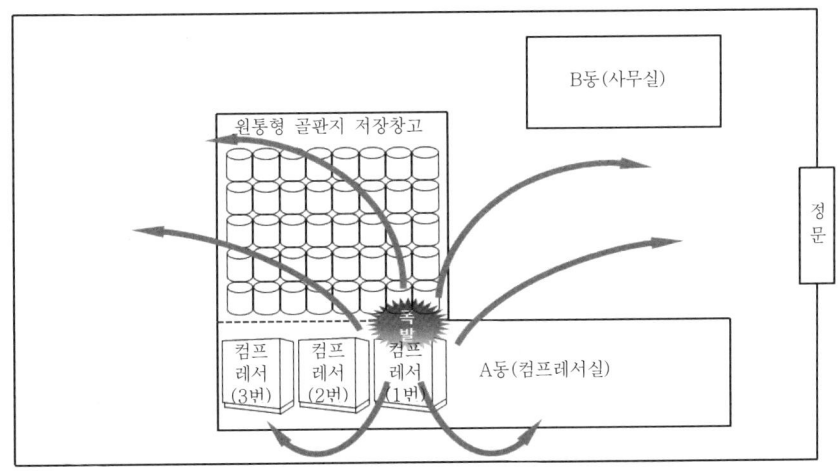

∥ 폭발의 방향성 스케치 ∥

(3) 건물 내부 배치도

① 건물 내부는 구조물의 형태와 연소 정도에 따라 빠른 이해를 돕기 위해 **평면도 및 전개도, 입면도 등을 병행하여 작성**할 수 있다.
② 물체가 소실된 경우 소실 전 형태를 관계자로부터 진술을 확보하여 기록하고, 소손된 상황을 사진촬영과 스케치로 남겨 전후관계를 분명하게 한다.
③ 안방, 작은방, 주방, 화장실 등 구획된 공간은 개략적인 평면도로 나타내고, **발화지점으로 확인된 공간은 세분화한 평면도로 표현하면 효과적**이다. 세부 평면도는 연소의 강약과 연소확대된 방향성을 알기 쉽고 개구부의 크기와 높이, 'V' 패턴 등 화재패턴의 크기와 방향을 표시하는 데 유용하다.

(4) 3차원 도면

① 입체도면은 건물 내부 구조가 복잡하거나 복층 이상으로 구획된 경우 표현하는 데 적합하게 쓰일 수 있으나 현장에서 작업이 곤란하다는 단점이 있다.
② 한눈으로 보아 <u>입체감을 느낄 수 있으며</u>, 현장을 가보지 않은 사람도 <u>쉽게 현장 상황을 이해</u>할 수 있는 장점이 있다.

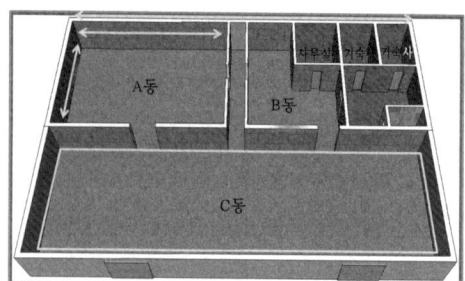 

| 건물 내부 3차원 도면 |

2 등치선도 작성방법

① <u>연소 정도가 비슷하게 나타난 지점끼리 곡선으로 연결</u>시켜 연소형태를 파악하는 기법이다. 연소가 진행된 모양과 패턴, 연소의 강약 등을 기록한다.
② 연소의 확대성은 <u>수직 및 수평 방향의 방향성을 입체적으로 보고 판단</u>한다. 수평면으로 확산된 연소구역은 화염과 연기의 이동을 판단하는 데 도움을 주지만 경우에 따라 연소경계구역의 표시는 명확하게 나타나지 않을 수 있음을 염두에 두어야 한다.
③ 발화지점을 중심으로 탄화가 가장 깊게 진행된 구역과 점차적으로 탄화 정도가 약하거나 연기 등으로 오염된 구역으로 구분하여 나타낸다. 일반적으로 <u>탄화심도가 깊은 발화지점은 등치선도상에 가장 안쪽에 위치</u>한다.

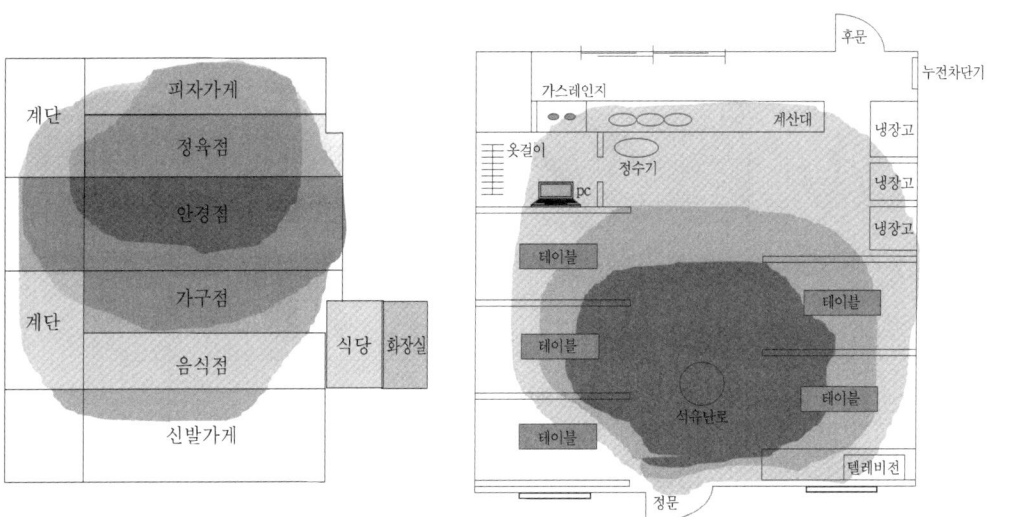

| 구획된 실의 등치선도 작성 |

8 연소 확대방향 작도방법

① 연소의 강약은 물체의 재질, 형상, 상태 등에 기초하여 <u>전부 비교에 의해 판정</u>하고, <u>연소방향성 표기는 화살표</u>로 나타내도록 한다.
② 연소의 정도는 한 방향이 아닌 다방면에서 실시하여 <u>연소의 방향을 순차적으로 파악</u>한다.
③ 창문, 출입구 등 개구부와 접한 곳과 유류가 있는 곳, 소방대의 진압이 늦어진 개소 등은 연소가 강하게 나타나므로 발화지점 판단 시 고려해야 한다.
④ 종방향은 횡방향보다 연소의 상승성이 빠르지만 직상방향으로 연소를 하다가 저항이 생기면 횡방향으로 확대되거나 직각방향으로 타 들어가는 점을 고려한다.
⑤ 횡방향의 연소속도는 비교적 늦고 연소에너지가 적기 때문에 연소의 강약 차이가 남기 쉽고 방향을 식별하기 용이하지만 개구부인 창문, 유리창 등이 있으면 연소가 활발해지거나 바람에 의해 연소방향이 바뀔 수 있음을 염두에 두고 작성한다.

> **꼼.꼼.check!** ▶ 연소의 강약에 영향을 주는 요소
>
> - 연소시간
> - 온도
> - 열에너지
> - 가연물의 양

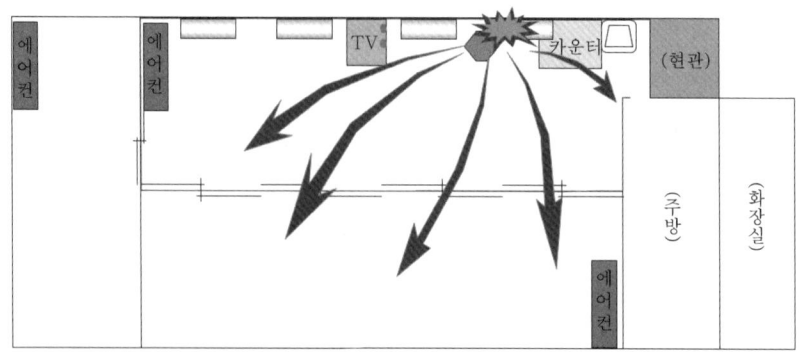

‖ 연소확대된 방향성 작도 ‖

확인문제

화재패턴의 정의를 서술하시오.

답안 열과 연기의 영향으로 생긴 물리적인 흔적으로 시각적으로 식별 가능한 기하학적 모양을 말한다.

04 전기·가스·기타 설비 등의 특이점 및 기타 특이사항의 식별 및 해석

1 전기·가스·기타 설비

1 전기설비

전기설비란 옥외 전신주에 설치된 변압기에서 건물 내 분전반 2차측으로 공급된 설비로서 주택, 상점, 소규모 공장 등에서 사용하는 설비로 600V 이하의 전압과 75kW 미만의 전력을 수전하여 사용하는 설비를 말한다. 일반적으로 옥내 배선에는 600V 비닐절연전선(IV), 비닐코드, 600V 비닐절연평형케이블(VVF cable) 등이 사용되며, 전선 및 케이블의 종류에 따라 전기적 발화현상인 용융흔 관계 등이 다르게 나타나는 경우가 많다. 사고전류가 발생하면 2차 회로 보호를 위해 배선용 차단기(MCCB), 누전차단기(ELB) 등이 작동하고 부하전류의 상태에 따라 용단되는 특성이 다르기 때문에 이와 같은 특성을 확인해 두어야 한다.

다음 그림에서 전주와 전력량계는 전원측에 해당하며 옥내 벽면에 있는 콘센트와 분기된 멀티탭 콘센트, 선풍기는 부하측에 해당한다. 만약 선풍기와 멀티탭 콘센트에서 단락 등 사고전류가 인가된 경우 최종적으로 <u>전력량계의 차단기가 작동하므로 최종 전원측은 전력량계</u>가 된다.

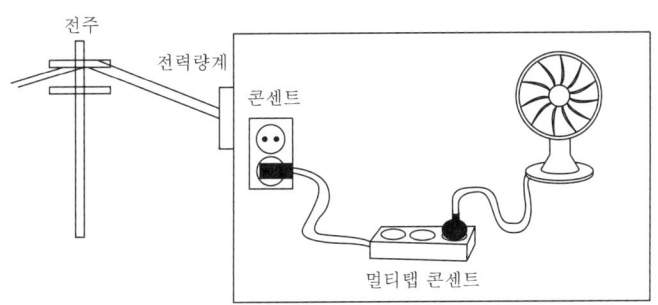

| 전원과 부하의 흐름도 |

(1) 전기의 3가지 특징
  ① 발열작용 : 백열등, 다리미, 전기장판, 전기난로 등
  ② 자기작용 : 발전기, 전동기, 변압기, 선풍기, 세탁기 등
  ③ 화학작용 : 물의 전기분해, 충전지 등

(2) 통전입증

전기화재로 발화했는가를 결정하는 선결조건은 전기설비나 전기제품, 전기배선 등이 화재 당시 통전상태에 있었는지 통전입증이 전제된다. 화재 당시 전로(電路)나 전기제품이 출화 당시에 사용 중이었거나 통전되었던 것을 증명하기 위한 방법은 다음과 같다.
  ① 분전반 차단기가 전원공급상태로 투입되어 있을 것
  ② 플러그 및 콘센트가 접속되어 있으며 전원스위치는 켜짐상태일 것
  ③ 통전입증은 부하측에서 전원측으로 순차적으로 실시할 것

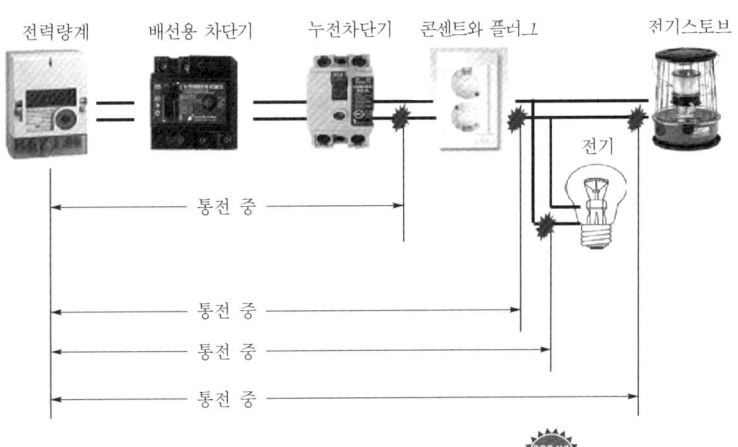

| 옥내 배선 통전입증 계통도 |

2 가스설비

(1) 고압가스의 분류

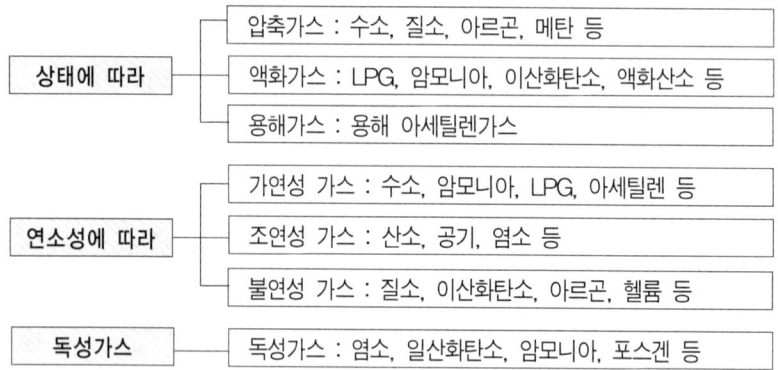

(2) 가스공급시설

① 정압기 : 가스 사용량과 관계없이 2차 사용압력을 일정하게 유지시켜 주는 장치
② 밸브박스 : 도시가스의 인입관의 분기점에서 건물의 동 지관에 설치하는 가스차단장치인 밸브를 보호하기 위해 설치하는 장치
③ 가스계량기 : 단위시간당 흐르는 가스 사용량을 측정하는 장치

(3) 가스사용시설

① 용기 : 고압가스를 충전하여 사용하기 위한 것으로 소형 용기와 대형 용기로 구분한다.
② 용기의 종류
  ㉠ 이음매 없는 용기 : 산소, 수소, 질소, 아르곤 등 압력이 높은 압축가스를 저장하거나 상온에서 높은 증기압을 갖는 이산화탄소 등의 액화가스를 충전하는 경우에 사용한다.
  ㉡ 용접용기 : LP가스, 프레온, 암모니아 등 상온에서 비교적 낮은 증기압을 갖는 액화가스를 충전하거나 용해아세틸렌가스를 충전하는 데 사용한다.
  ㉢ 초저온용기 : 액화질소, 액화산소, 액화아르곤, 액화천연가스 등 용기 내의 온도가 상용온도를 초과하지 않도록 영하 50℃ 이하인 액화가스를 충전하는 데 쓰인다.
  ㉣ 납붙임 또는 접합용기 : 주로 살충제, 화장품, 의약품, 도료의 분사제, 이동식 부탄가스용기 등으로 쓰인다. 이들 용기는 재충전할 수 없으며 1회에 한해 사용이 가능하고, 35℃에서 $8kg/cm^2$ 이하의 압력으로 충전한다. 분사제로서 독성가스의 사용이 불가능하고, 내용적 1,000mL 미만으로 제조하도록 되어 있다.
③ 용기밸브 : 핸들을 시계반대방향으로 돌리면 가스유로가 열리고, 시계방향으로 돌리면 유로가 닫힌다.

> **꼼꼼.check!** ▶ 가스용기의 각인사항
>
> - 용기제조업장의 명칭 또는 그 약호
> - 충전하는 가스 명칭
> - 용기 번호
> - 용기의 질량(기호 : W, 단위 : kg)
> - 내용적(기호 : V, 단위 : L)
> - 검사에 합격한 연월

④ 압력조정기 : 가스가 완전연소하는 데 필요한 압력으로 감압시켜 안정적으로 가스가 연소할 수 있도록 하는 데 쓰인다.

⑤ 퓨즈 콕 : 가스 사용 도중에 호스가 빠지거나 절단되었을 때 또는 규정량 이상의 가스가 흐르면 콕에 내장된 볼이 떠올라 가스유로를 자동으로 차단하는 장치이다.

3 기타 설비

(1) 소방설비

① 화재발생 당시 경보설비를 비롯하여 소화설비 등의 정상작동여부를 확인한다. 경보설비의 수신부, 화재표시등, 펌프설비의 기동상태 등을 조사하여 기록한다.

② 급·배기 덕트 등 환기설비의 동작상태를 확인하여 연소확대된 상황과 비교하여 조사한다.

③ 화재 당시 경보설비의 발신음을 들었거나 소방시설을 직접적으로 사용한 자 등 주변에 있는 다수의 목격자들로부터 정보를 입수하여 확인한다.

(2) 피난구조설비

① 피난구의 방향을 확인하고 사용가능한 상태였는지 조사한다. 피난구가 폐쇄된 경우 자물쇠가 걸린 채 잠겨 있거나 손잡이가 잠겨 있어 조작이 불가능한 상태로 발견되는 경우가 있다.

② 피난이 지체되어 사상자가 발생한 경우 피난이 지연된 사유(화재인지 늦음, 피난통로 막힘, 피난 장애물 발생 등)를 확인하여 기록한다.

③ 방화대상물에 설치된 피난기구(완강기, 미끄럼대, 피난밧줄 등)는 적정하게 설치되었으며 피난 시 사용여부 등을 확인한다.

2 전기배선, 배선기구의 전기적 특이점

1 용융흔 구분

통전상태로 전기배선상에서 화재가 발생하면 단락이 발생하는데 단락 이후 단선된 부분을 살펴보면 비교적 둥근 망울모양의 용융흔적이 남는다. 단락에 의한 망울형상은 단락 시 순간적으로 높은 온도이기 때문에 남겨진 둥근 망울은 매우 반짝거리는 형태를 지니고 있다.

전기적 단락이 아닌 상태로 화재열에 의해서도 용융흔은 생기는데 이를 보통 열흔이라고 하고 있으며, 상대적으로 광택이 없고 거친 단면을 남긴다.

(1) 1차 단락흔(primary arc mark)
① 개념 : 1차 단락흔이란 화재가 발생하게 된 원인을 제공한 전기적 용융흔이다. 물리적인 하중에 눌려 절연이 손상된 상태로 출화가 촉진된 것과 전선열화에 의해 선간접촉을 일으켜 불꽃방전에 의해 화재로 발전된 경우가 여기에 속한다. 선간접촉은 순간적으로 높은 열에너지를 방출하지만 무제한적으로 큰 전류가 흐르는 것은 아니기 때문에 단락이 발생하더라도 그것이 발화로 이어지는 경우는 확률적으로 오히려 낮다고 할 수 있다. 그러나 가연성 기체와 중량대비 공기와의 접촉면적이 상대적으로 넓은 먼지, 분진류, 꽃가루덩어리 등에는 충분히 착화할 수 있다. 형상이 둥근 망울형태를 지니고 있으며 반짝거리는 광택이 있어 외형상 2차 단락흔과 구별이 가능하고 판별이 되는 경우가 있다. 또한 일반적으로 탄소가 검출되지 않는 경향이 많다.

② 1차 단락흔의 특징
  ㉠ 화재원인이 된 단락
  ㉡ 대기의 산소농도가 양호한 상온에서 발생
  ㉢ 내부적인 열 영향으로 발생, 절연피복에 의해 산소가 차폐된 상태에서 용융
  ㉣ 형상이 둥글고 광택이 있음
  ㉤ 일반적으로 탄소는 검출되지 않음

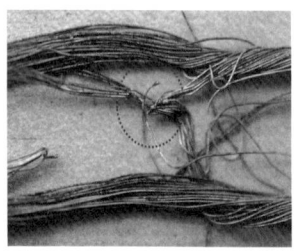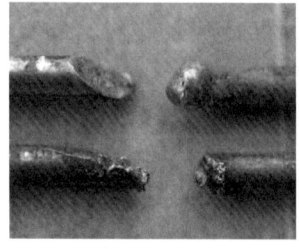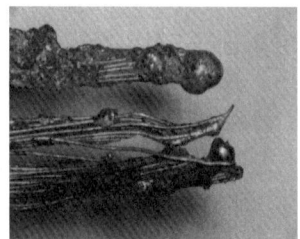

∥ 전기배선의 1차 단락흔 현장사진(화보) p.4 참조 ∥

(2) 2차 단락흔(secondary arc mark)
① 개념 : 2차 단락흔은 통전상태에 있던 전선이 화재열에 의해 서로 접촉이 이루어져 단락흔을 발생시키는 경우를 말한다. 통전상태에서 발생하기 때문에 자칫 1차 단락흔으로 오인할 수도 있어 주의를 요하는데, 둥근 망울형태를 띠기도 하지만 용융흔에 광택이 없고 물방울이 떨어져 흘러내리듯이 용적(溶滴)상태를 보이기도 한다. 1차흔과 달리 탄소가 검출되는 경우가 많다.

② 2차 단락흔의 특징
  ㉠ 통전상태에서 화재의 열로 인해 절연피복이 소실되어 생기는 단락

ⓒ 주변 산소농도가 어느 정도 떨어진 고온의 연소가스 분위기에서 발생
　　ⓒ 광택이 없고 용적상태를 보이는 경우가 많음
　　ⓔ 탄소가 검출되는 경우가 많음

 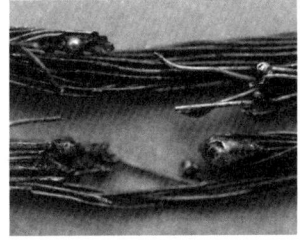 

| 전기배선의 2차 단락흔 현장사진(화보) p.4 참조 |

(3) 열 흔

① 개념 : 전기에너지와 관계없이 외부 화재열에 의해 전선상에 나타나는 흔적을 열흔이라고 구분하고 있다. 통전상태에 있지 않은 전선이 열의 영향으로 용융되며 끊어지는 현상으로 엄밀하게 말하자면 단락이나 단선과도 구별된다.

② 열흔의 특징
　　㉠ 비통전상태에서 화재열로 용융된 흔적
　　㉡ 용융된 범위가 넓음
　　㉢ 가늘고 거친 단면을 보임
　　㉣ 아래로 처지거나 끊어진 형태

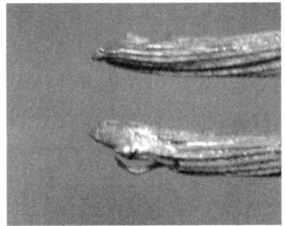 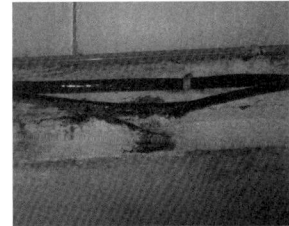 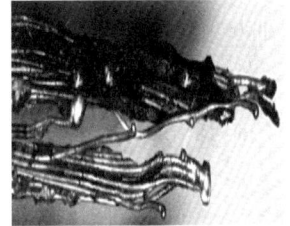

| 전기배선의 열흔 현장사진(화보) p.4 참조 |

꼼꼼.check! ▶ 단락흔

단락(短絡, short circuit)이란 전위차가 있는 두 극을 가까이 접근시켰을 때 어느 시점에서 스파크가 발생하는데 이때 발생하는 열로 인해 두 극 표면에 용융흔을 남기는 것을 말한다. 전기회로에서 스파크는 곧 발열을 의미하는데, 스위치를 개폐하거나 단자 간의 트래킹현상에 의해 형성되며, 단락 순간에 흐르는 전류의 양과 크기에 따라 다양한 형태를 보인다. 단락의 경우라도 무제한적으로 큰 전류가 흐르는 것은 아니며, 옴의 법칙에 따라 전압과 저항의 상관관계에서 결정된다. 전위차가 정해져 있는 상태에서 저항값이 적더라도 발열이 일어나면 저항이 커지게 되므로 주어진 저항치를 초과하지 않도록 하여야 한다. 대부분 단락흔은 부하측의 용융흔이 큰 반면, 전원측은 상대적으로 작게 형성되는 경우가 많은데 이러한 현상은 전원측의 용융물이 고열에 비산되는 경우가 많기 때문이다.

2 전기적 용융흔과 발화개소의 관계

① 옥내배선상에서 사고전류가 발생하면 그 회로와 연결되어 있는 배·분전반의 배선용 차단기가 작동하여 전로를 차단하거나 커버나이프스위치의 퓨즈가 용단되어 차단되므로 용단된 후에는 부하측 다른 개소에서 배선끼리 접촉되어도 통전될 수 없어 전기적 용융흔은 발생하지 않는다. 이러한 이유로 전기 용융흔이 나타난 개소는 사고전류가 발생한 발화개소이거나 그 부근으로 판단할 수 있어 전기배선의 **용융흔은 발화개소 판정상의 근거로 작용**한다.

② 단락이 발생해도 배선용 차단기가 작동하여 차단(trip)되거나 퓨즈가 끊어지지 않아 1회로 계통에 2개소 이상에서 전기 용융흔이 발생하는 경우가 있다. 이때 발화개소는 부하측이 우선하므로 **부하측의 크기와 소손상태를 확인**하여 조사한다.

③ 커버나이프스위치는 투입편에 있는 칼의 그을음 부착상태와 칼받이의 열려진 형태로부터 개폐여부를 판정한다. OFF의 상태로 열을 받으면 칼받이 전체에 균등하게 그을음이 부착되어 있지만, <u>ON의 상태로 열을 받은 칼받이는 복원력을 잃어 열린 상태</u>로 남는다.

④ 전기적인 발열에 의한 용융흔이 식별되는 경우 전선의 배선상태(설계도)로부터 부하 및 전원 연결상태 등을 확인하고 용융흔을 중심으로 발열원인을 추적하여 화재로 발전될 수 있는 상황이 충분했는지 검토한다.

3 배선기구

(1) 배선용 차단기(NFB, No Fuse Breaker)

① 배선용 차단기의 사용 목적
  ㉠ 과부하 차단
  ㉡ 과전류 차단
  ㉢ 단락 차단

② 손잡이 위치에 따른 통전여부 판단 : 배선용 차단기는 과전류에 의한 전로를 차단시키는 안전장치로 방식에 따라 전자식, 열동식이 있으며, 사고전류를 감지하면 차단기 동작 스위치가 트립(trip)상태로 중간에 위치하기 때문에 사고전류가 발생했다는 것을 확인할 수 있다.

③ 스위치 금속핀의 위치에 따른 통전여부 식별 : 배선용 차단기의 절연물은 열경화성 수지로 멜라민수지류, 에폭시수지류, 요소수지류 등을 사용하고 있는데, 열경화성 플라스틱은 내열성이 우수하고 화재로 인한 부피의 수축현상이 없어 일정 시간 견디지만 500℃를 전후하여 탄화되기 시작한다. 화재의 최성기를 보통 1,200~1,500℃로 볼 때 차단기 내부의 금속핀은 강철합금으로 되어 있고 1,700℃를

전후하여 용융되기 때문에 절연물이 손상되더라도 <u>금속편의 위치를 관찰하면 사용여부를 쉽게 확인</u>할 수 있다.

④ 접속부 접촉저항 증가원인
  ㉠ 접속면적이 충분하지 않거나 접속압력이 불충분하면 접촉저항이 증가되어 허용전류 이하에서도 발열 위험
  ㉡ 개폐기, 차단기 등 접속부위의 조임 압력 이완
  ㉢ 접속면의 부식, 요철 발생, 오염 발생
  ㉣ 개폐부분이나 플러그의 변형

⑤ 접속부 과열에 의한 발화요인
  ㉠ 접점표면에 먼지 등 <u>이물질 부착</u>(접촉불량요인)
  ㉡ 접점재료의 증발, 난산(難散), <u>접점의 마모</u>
  ㉢ 줄열 또는 아크열에 의한 접점표면의 <u>일부 용융</u>(용착요인)
  ㉣ 접점재료의 용융에 의한 타극 접점에의 전이(轉移), 소모 및 균열에 의해 거칠어진 접촉면의 요철이 기계적으로 서로 갉는 <u>스티킹현상</u> 발생(용착요인)
  ㉤ 미세한 개폐동작을 반복하는 <u>채터링(chattering) 현상</u>(용착요인)
  ㉥ 허용량 이상의 전압, 전류의 사용(접촉불량, 용착요인)

⑥ 접촉저항 감소조치
  ㉠ 접촉압력을 증가시킨다.
  ㉡ 접촉면적을 크게 한다.
  ㉢ 접촉재료의 경도를 감소시킨다.
  ㉣ 고유저항이 낮은 재료를 사용한다.
  ㉤ 접촉면을 청결하게 유지한다.

⑦ 절연열화에 의한 발화
  ㉠ 절연체에 먼지 또는 습기 부착
  ㉡ 취급불량에 의한 피복손상 및 절연재 파손
  ㉢ 이상전압에 의한 절연파괴
  ㉣ 허용전류를 넘는 과전류에 의한 열적열화
  ㉤ 결로에 의한 지락, 단락사고 유발, 절연열화로 인한 발화형태는 트래킹과 흑연화 현상을 들 수 있다.

⑧ 배선용 차단기 감식방법
  ㉠ 차단기가 탄화되어 부하 측과 전원 측을 구별할 수 없을 때에는 회로계로 저항을 측정하여 켜짐(저항 0Ω)과 꺼짐(저항 ∞) 상태를 확인한다.
  ㉡ 엑스레이(X-ray) 시험기로 차단기를 분해하지 않은 상태로 촬영하여 on/off상태를 확인한다.

ⓒ 차단기의 동작편이 중립(trip)에 있으면 2차 측은 통전상태였으므로 부하 측의 용융흔을 확인한다.

(2) 누전차단기(ELB, Earth Leakage circuit Breaker)

누전차단기는 교류 1,000V 이하의 저압선로에 감전, 화재 및 기계·기구의 손상 등을 방지하기 위해 설치하는 차단기이다.

① 누전차단기의 사용 목적
  ㉠ 감전보호
  ㉡ 누전화재보호
  ㉢ 전기설비 및 전기기기의 보호
  ㉣ 기타 다른 계통으로의 사고방지

② 누전차단기의 성능
  ㉠ 부하에 적합한 정격전류를 가질 것
  ㉡ 전로에 적합한 차단용량을 가질 것
  ㉢ 당해 전로의 공칭전압의 90~110% 이내의 정격전압일 것
  ㉣ <u>정격감도전류가 30mA 이하</u>, <u>동작시간은 0.03초 이내</u>일 것(다만, 정격 전부하전류가 50A 이상인 전동기계·기구에 설치된 것은 누전차단기의 오동작방지를 위해 정격감도전류가 200mA 이하, 동작시간 0.1초 이내로 할 수 있다.)
  ㉤ 정격부동작전류가 정격감도전류의 50% 이상이어야 하고 이들의 전류치가 가능한 한 적을 것
  ㉥ 절연저항이 5MΩ 이상일 것

③ 누전차단기의 동작점
  ㉠ 켜짐(on) : 차단기 스위치를 위로 올린 상태로 정상적인 동작상태
  ㉡ 꺼짐(off) : 스위치를 아래로 내린 상태로 전기를 차단한 상태
  ㉢ 트립(trip) : 누전, 과전류, 합선 등으로 사고전류가 발생할 경우 전기를 자동으로 차단하는 상태로 스위치의 켜짐과 꺼짐의 중간에 위치한다. 트립 원인을 제거하고 다시 전원을 투입할 때에는 꺼짐 위치로 완전히 내린 다음 올려야 한다.

④ 누전차단기 동작원리 : 누전차단기는 부하 측 누전에 의하여 지락전류가 발생할 때 이를 검출하여 회로를 차단하는 방식의 전류동작형 누전차단기가 널리 쓰이고 있으며, 누설전류의 검출은 영상변류기(ZCT, Zero phase Current Transformer)가 담당하고 있다. 누전이 없는 상태에서는 영상변류기를 통과하는 부하전류가 평형을 유지하지만 누전이 발생한 상태에서는 영상변류기를 통해 흐르는 전류에

차이가 발생하여 이 전류차에 의해서 영상변류기에 자속이 생겨 영상변류기 2차 권선의 누전검출부에 신호를 보내게 된다. 이 신호에 따라서 누전검출부가 누전 트립기구를 동작시키고 회로를 차단한다.

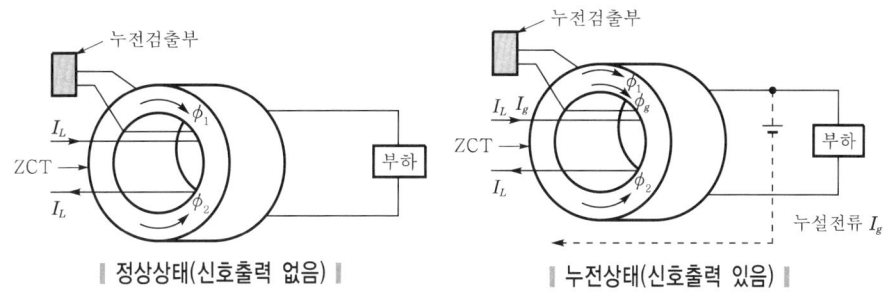

| 정상상태(신호출력 없음) | 누전상태(신호출력 있음) |

⑤ 누전 원인
  ㉠ 가전제품에 의한 누전(세탁기, 냉장고, 정수기, 수족관 등)
  ㉡ 습기 침투에 의한 누전(결빙, 전기 기구에 습기 유입 등)
  ㉢ 콘센트에 의한 누전(기구부착 불량, 이물질의 생성 등)
  ㉣ 선로 이상에 의한 누전(전선의 노후, 절연파괴로 인한 누전점 발생 등)

(3) 플러그의 변색 및 용융
  ① 불완전 접촉, 트래킹, 과열 등으로 자체 출화할 경우 용융되어 패여 나가거나 특유의 짙은 푸른빛이 착색되는 경우가 많다.
  ② 절단되거나 떨어져 나가기도 하며 몸체인 합성수지가 함께 용융되어 함몰되는 경우가 있다.
  ③ 콘센트 금속받이와 함께 용융된 형태로 남는 경우가 많다.

(4) 콘센트의 전기적 특이점
  ① 플러그가 콘센트와 접속된 상태로 화염과 접촉할 경우 탄력과 복원력을 상실하여 열림상태로 남는다.
  ② 플러그가 빠져 나가더라도 콘센트의 열림상태는 유지되며, 국부적으로 용융된 흔적이 남는 경우가 많다.
  ③ 플러그가 삽입된 곳은 연기 등 오염원이 적은 반면 <u>플러그가 삽입되지 않은 곳은 연기 등 오염물질의 부착</u>이 많다.

(5) 플러그와 콘센트 접속상태로 발화 시 특징
  ① 플러그핀이 용융되어 패여 나가거나 잘려나간 흔적이 남는다.
  ② 불꽃방전현상에 따라 플러그핀에 푸른색의 변색흔이 착상되는 경우가 많고 닦아 내더라도 지워지지 않는다.

③ 플러그핀 및 콘센트 금속받이가 괴상형태로 용융되거나 플라스틱 외함이 함몰된 형태로 남는다.
④ 콘센트의 금속받이가 열린 상태로 남아 있고 복구되지 않으며, 부분적으로 용융되는 경우가 많다.

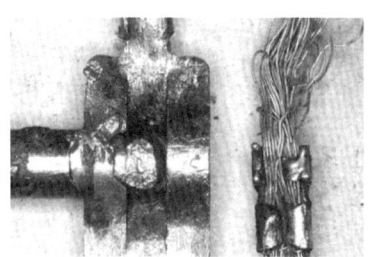 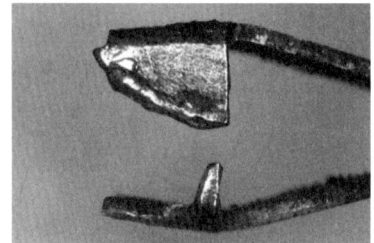

∥ 플러그와 콘센트 금속편의 용융형태 현장사진(화보) p.5 참조 ∥

> **확인문제**
>
> 통전 중인 콘센트와 플러그가 접속된 상태로 출화하였다. 연소특징을 쓰시오.
>
> **답안** ① 콘센트 : 콘센트의 칼받이가 열린 상태로 남아있고 복구되지 않으며 부분적으로 용융될 수 있다.
> ② 플러그 : 플러그 핀이 용융되어 패여 나가거나 잘려나가기도 하며 외부에서 유입된 연기 등의 오염원이 적다.

(6) 퓨즈의 용단형태

각종 전기제품에 내장된 전류퓨즈의 용단형태를 통해 통전유무를 판정하는 방법이 있다.

전기적 요인	용단형태
과전류	중앙 부근에 국부적으로 녹은 형태
단락	전체적으로 흩어진 형태로 녹아서 엉겨 있는 형태

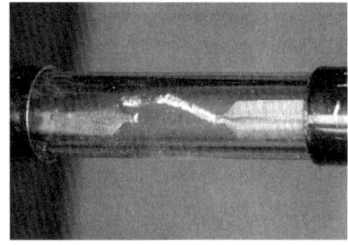 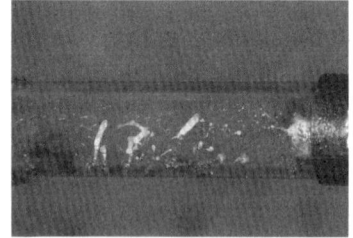

(a) 과전류에 의한 퓨즈 용융   (b) 단락에 의한 퓨즈 용융
∥ 퓨즈의 용단 현장사진(화보) p.5 참조 ∥

4 배선기구의 전기적 특이점

① 배선기구의 접속단자 나사를 고정하는 부분이 풀리거나 스위치의 접촉부분이 국부적으로 변질되면 접촉저항이 커져 발열이 일어나고 결국에는 기구가 열변형을 동반하여 단락 등으로 자체 발화하거나 인접가연물을 착화시켜 발화한다. 이때 플라스틱 외함은 용융하며 <u>금속의 접점부에는 용융흔이 발생</u>할 수 있다.

② 배선기구는 유기절연물을 재료로 사용하기 때문에 수분이나 약품 등에 오염될 경우 절연물 표면으로 도전로가 형성되어 기구자신이 발열 발화할 수 있다. 스위치류도 수분이 많은 장소에서는 개폐 시 접점부에서 발생하는 스파크에 의하여 절연물의 표면으로 탄화가 진행되어 <u>트래킹현상이나 흑연화현상</u>을 일으켜 발화할 수 있다.

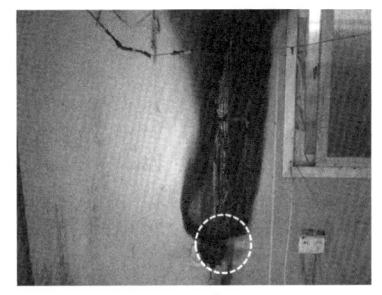

(a) 배선용 차단기   (b) 콘센트

| 트래킹 출화 현장사진(화보) p.5 참조 |

3 전기 기계·기구의 연소 특성

1 전열·난방기구

(1) 기 능

전기적 에너지를 저항체를 통해 열에너지로 변화시켜 취사 또는 난방 목적 등에 사용하는 것으로 전원코드, 스위치, 발열체(시스히터, 니크롬선 등), 타이머스위치 및 온도조절기 등이 내장되었거나 이를 전자적으로 컨트롤한다.

(2) 종 류

전기다리미, 헤어드라이기, 전기곤로, 전기난로, 커피포트, 식기건조기, 전기인두, 전기밥솥, 전기프라이팬, 전기담요, 전기방석 등이 있다.

(3) 전열기기의 발화원인
① 발열체 부분에 직접 가연물이 접촉되어 발화
② 자체고장으로 과열되어 발화
③ 오용 등의 원인으로 발화

(4) 전열기기에서 발화 시 연소 특징
① 자동온도조절장치인 서모스탯(다리미, 커피포트, 전기밥솥, 전기난로 등), 온도퓨즈 및 무접점스위치인 TRIAC 등 제어장치의 접점이 녹거나 절연파괴가 동반될 수 있다.
② 전열기기의 오용(과전압, 가연물 접촉, 방열상태 악화)으로 발열체가 과열되면 사용전압과 가연물 접촉흔적 등이 남을 수 있으므로 확인한다.
③ 안전장치의 고장으로 히터선이 과열되거나 방열이 불량하면 니크롬선은 수 개의

용단흔이 나타나는 경우가 있으므로 가연물로 덮여 있던 흔적이 남아 있을 수 있으므로 반드시 선행원인을 규명한다.

┃ 서모스탯의 소손형태 현장사진(화보) p.6 참조 ┃

2 전동기(motor)

(1) 전동기에서 발화할 수 있는 경우
① 권선에 정격전류 이상의 전류가 흘러 과부하 발생
② 회전축 샤프트에 이물질이 감겨 회전장해의 발생
③ 배선의 노후단락
④ 콘덴서 단락 또는 3상 유도전동기에서 권선의 일부 단락
⑤ 단순하게 회전축 샤프트에서 마찰열 발생 등

(2) 전동기에서 발화할 경우 연소 특이점
① 모터의 과열원인이 회전축 샤프트에 있을 경우 축수부분에 <u>마찰열 발생에 따른 터닝 패턴(turning pattern)</u>이 생성될 수 있다.
② 모터 권선의 절연내력의 저하로 <u>층간단락</u>이 발생할 수 있다.
③ 날개에 손상이 있어 밸런스가 맞지 않을 경우 회전축에 진동이 발생하며 이로 인해 회전축이 편향되어 마모 및 발열이 일어나고 종국에는 <u>베어링이 융착</u>되어 과부하로 발화할 수 있게 된다. 따라서 모터에서의 출화여부의 확인은 먼저 전원의 통전여부와 과열의 발생배경을 확인하도록 한다.

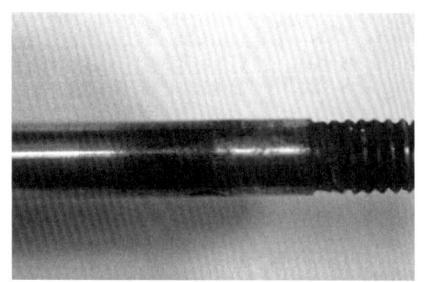 

┃ 회전축 샤프트에 형성된 터닝 패턴 현장사진(화보) p.6 참조 ┃   ┃ 모터의 층간단락 현장사진(화보) p.6 참조 ┃

3 조명기구에서 발화

① 안정기에 장기간 쌓인 분진이 열 축적으로 발화
② 안정기 코일의 경년열화 결함에 의해 발화
③ 콘덴서 내부 접촉불량으로 과열된 리드선의 비닐피복에 착화
④ 인입선 또는 내부 배선의 절연파괴로 선간단락 출화
⑤ 점등관 전극의 고온발열, 과전류에 의한 플라스틱 외함에 착화
⑥ 전자회로가 설치된 전자식 기판의 트래킹, 접촉불량, 과전압 등에 의한 출화
⑦ 네온등의 고압누전이나 트래킹 발생
⑧ 백열전구에 가연물 직접 접촉

4 가스설비부분의 특이점

(1) 가스를 고의적으로 누출시킨 흔적

① 가스용기 밸브를 틀어 놓고 방치한 경우
② 염화비닐호스의 일부분이 절단된 상태로 발견된 경우
③ 배관 말단부에 마감 조치된 캡이 없거나, 배관 끝단의 밸브를 개방시킨 경우
④ 용기와 배관 또는 가스레인지 등 연소기와 배관상의 체결부가 해체된 경우

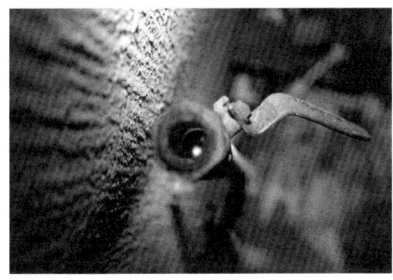

| 배관 말단부 밸브의 개방 현장사진(화보) p.6 참조 |

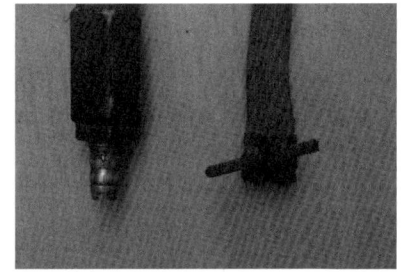

| 연결부 이탈 현장사진(화보) p.6 참조 |

(2) 가스용기의 결로현상

LPG용기에서 가스가 빠른 속도로 기화하면 용기표면에 이슬이 맺히게 된다. 이것은 가스가 증발하면서 주위의 열을 빼앗아 액체상태에서 기체상태로 상변화하는 데 필요한 열을 용기에서 빼앗기 때문이다. 이렇게 액체에서 기체로 변화하는 데 필요한 열을 기화열 또는 증발잠열이라고 한다. 이때 분출되는 가스의 분출속도가 급격하기 때문에 용기의 온도가 떨어져 용기표면으로 하얗게 성에가 끼는 결로현상이 발생한다. 결로현상은 어떤 원인에 의해서든 간에 <u>급격한 가스누출을 의미</u>하므로 1차적으로 가스공급시설인 용기의 확인은 필수적인 사항임을 알아야 한다.

▮ LPG용기의 결로현상 현장사진(화보) p.7 참조 ▮

(3) 설비결함에 의한 가스누설유무 판단

가스사고는 고의에 의해 발생하기도 하지만 설비결함 또는 관리부실 등에 의해 야기되는 경우도 있다. 일상생활 속에서 발생할 수 있는 가스누설은 가스에 함유된 부취제를 통해 사람이 냄새를 감지할 수 있어 누설유무를 쉽게 판단할 수 있는데, 일반적인 사고유형은 다음과 같다.

① 압력조정기를 장기간 사용할 경우 내부에 있는 <u>고무가 열화</u>되어 찢어지거나 균열로 인한 틈새가 발생하여 외부로 가스가 유출된다.
② 가스용기를 교체할 때 <u>압력조정기와 용기밸브의 체결부가 느슨하게 접속</u>되면 가스가 누설된다.
③ 중간밸브와 연결된 염화비닐호스의 <u>체결부가 풀리거나</u> 호스의 내구연한이 경과된 경우 <u>호스에 균열</u>이 일어나 가스가 누설된다.

> **꼼.꼼. check!** → 부취제의 조건
>
> • 독성이 없을 것
> • 주변에서 느낄 수 있는 냄새와 확연하게 식별될 것
> • 아주 적은 농도에서도 냄새를 느낄 수 있을 것
> • 다른 물질과 반응하여 냄새가 없어지지 않을 것
>
> | 부취제의 종류(성분) | 냄새 특성 |
> |---|---|
> | TBM(Tritiary Butyl Mercaptan) | 양파 썩는 냄새 |
> | THT(Tetra Hydro Thiophene) | 석탄가스 냄새 |
> | DMS(Di Methyl Sulfide) | 마늘 냄새 |
> | EM(Ethyl Mercaptan) | 마늘 냄새 |

5 전기, 가스설비의 연소상황 설명을 위한 계통도 작도

전기나 가스설비의 연소특성은 현장에 나타난 연소현상을 <u>플로차트로 적용</u>하면 발화과정을 역으로 추적할 수 있는 계통을 단순화시켜 쉽게 이해할 수 있다.

플로차트의 적용은 수집된 정보를 바탕으로 <u>귀납적 방법으로 전개해 나가야</u> 한다. 전기의 통전상태와 부하의 크기, 발화에 이르게 된 발열현상 등 화재로 인한 특수한 사실이나 현상에 초점을 맞춰 화재원인을 규명하도록 한다.

주의할 점은 사실에 부합하지 않는 내용이나 증거를 억지로 끼워 맞추지 않도록 하여야 한다.

1 전기화재 계통도

전기배선 또는 전기기기와 누전화재, 정전기로 인한 화재에 대해 화재원인 조사와 관련된 계통도는 다음과 같이 작성할 수 있다.

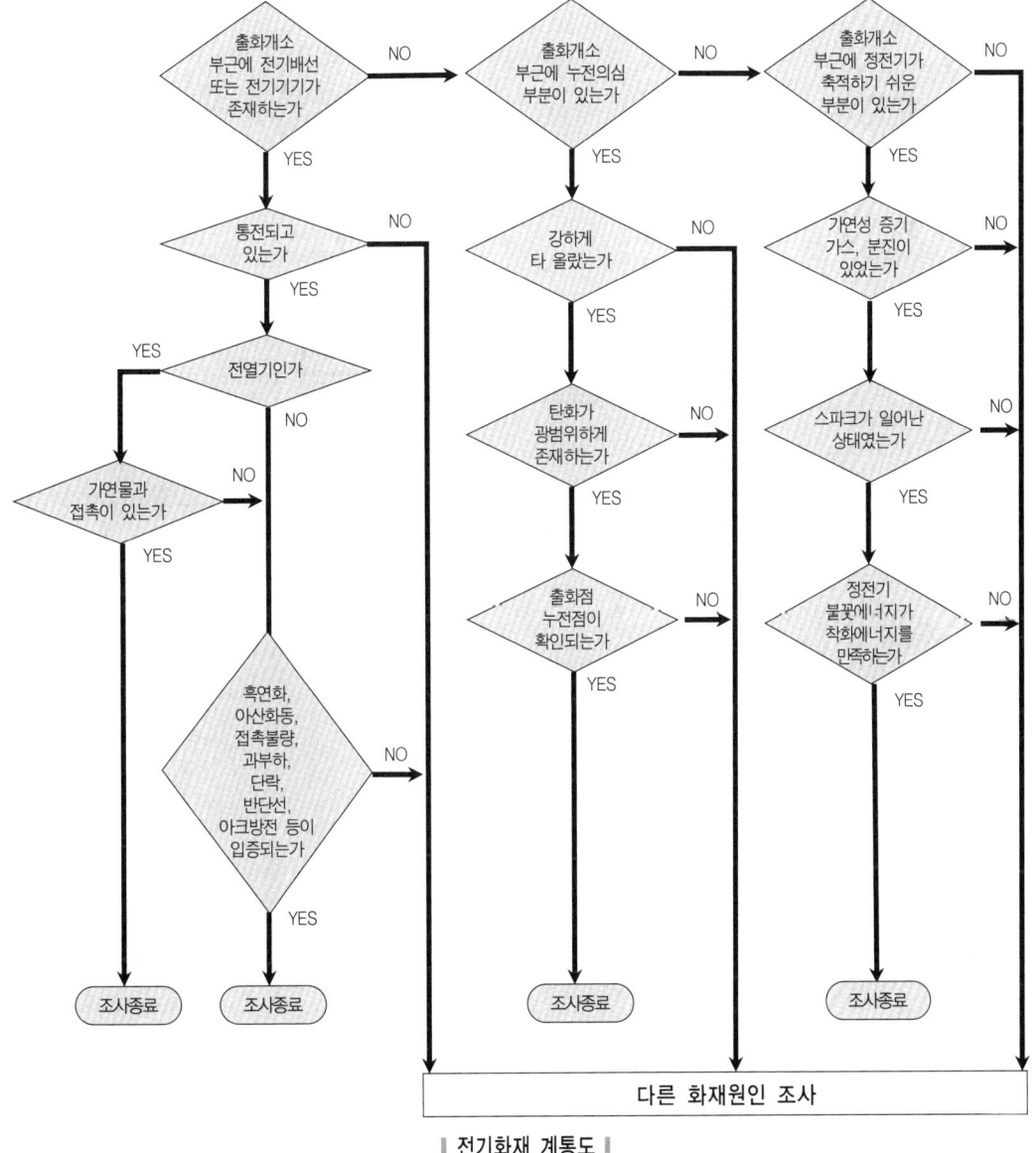

| 전기화재 계통도 |

2 가스설비 계통도

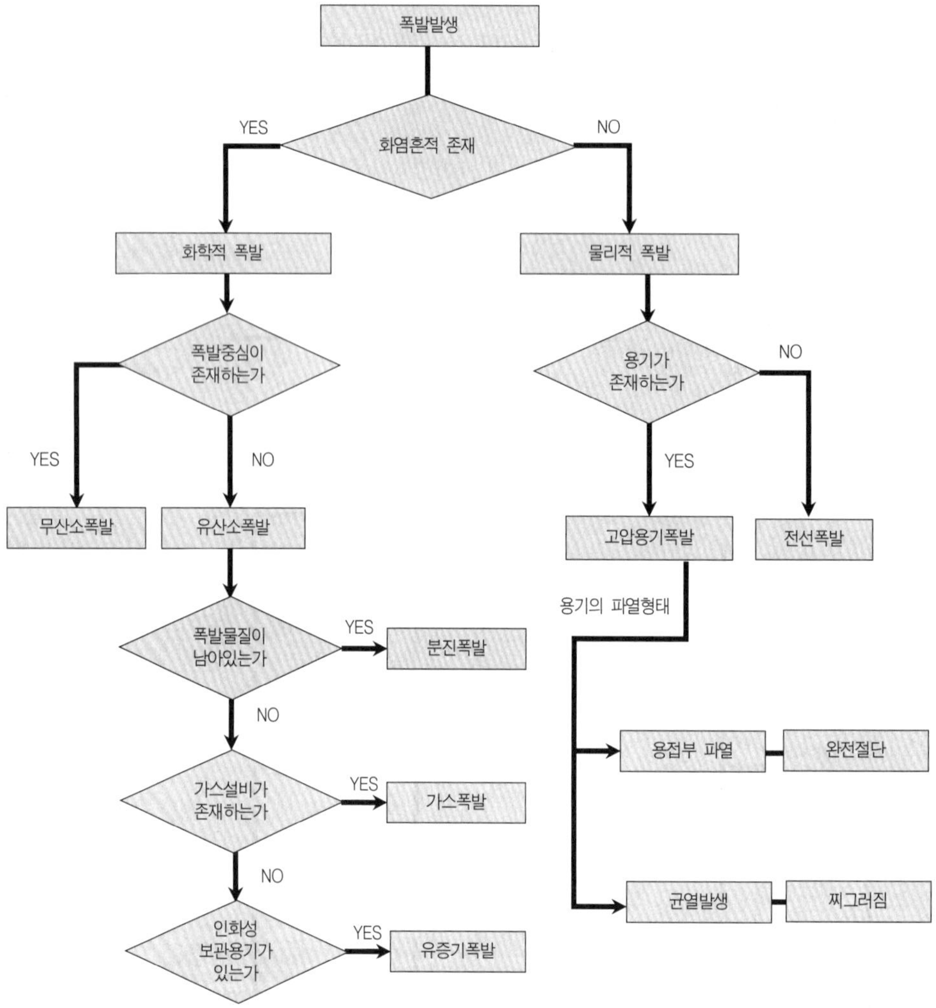

| 가스설비 계통도 |

05 발화지역의 판정

1 진압팀·관계자로부터 수집한 정보의 분석

화재현장에서 목격자, 신고자 및 소방대원 등으로부터 수집한 정보는 발화지역을 판단하기 위한 자료로서 가치 있게 분석되어야 한다. 어느 지점으로부터 화염이 분출했으며 연소확대되었는가를 판단하는 문제는 곧 모든 정보 분석의 시발점이며 이를 통해 발굴범위의 윤곽을 정할 수 있기 때문이다. 화재 당시 현장 주변에 있는 관계자들은 대개 초기단계에 진실을 말하는 경향이 있고 최초로 현장에 도착한 소방대원의 정보는 귀중한 판단자료로서 가치가 매우 높아 발화부 판단을 위한 첩경은 정보의 분석으로부터 이루어진다는 것을 명심하여야 한다.

(1) 화재발생 건물의 관계자 및 신고자

① 화재의 직접적인 관계자는 대다수 초기진압을 적극적으로 시도하려는 경향이 있어 연기와 그을음 등에 신체가 오염될 수 있으며, 머리와 눈썹 등 체모 일부가 불에 타기도 하며, 손과 팔 등에 화상을 당한 흔적을 보이기도 한다. 관계자가 초기소화활동 중에 사상을 당한 경우라면 발화지점에 대한 유력한 정보 소유자로 판단하여 조기에 정보를 확보한다.

② 다수의 목격자는 화재를 발견하거나 목격한 위치에 따라 각기 진술이 상이할 수 있다. 따라서 관계자마다 주관적으로 가지고 있는 정보를 공통점과 차이점은 무엇인지 객관화시켜 발화지점을 판단할 수 있도록 한다.

③ 관계자의 진술은 항상 진실을 보장하지 않으며 가변적이라는 사실을 염두에 두고 수집된 정보는 소손된 현장상황을 비교해 가며 발화지역을 판단하도록 한다. 화재진압을 행한 소방관의 증언과 대입하여 검토하는 방안도 효과적일 수 있다.

(2) 화재진압에 참여한 소방관

① 가장 신뢰할 수 있는 정보로서 도착 시 연소범위, 화세의 정도, 출입문의 개폐상태, 진압방법 등을 대원들로부터 확보하여 발화부 판단에 참고하도록 한다. 관계자가 없는 상황에서 출입구가 개방되었다면 외부인의 침입을 암시하는 경우가 있고, 있어서는 안 될 부적절한 장소에서 유류용기의 발견은 범죄와 관계된 상황정보일 수 있음을 놓치지 않아야 한다.

② 전기개폐기나 가스밸브의 조작, 가연물과 가스용기의 이동조치 등은 화재진압 중에 불가피한 사항일 수 있다. 발화지역으로부터 이동되거나 위치가 변경된 물건, 파괴주수가 강하게 실시된 구역 등은 나중에 혼선이 발생하지 않도록 확실하게 파악해 두도록 한다.

③ 소방대원은 화재진압 중에도 관계자 및 주변인의 행동과 발언내용을 보거나 들을 수 있으므로 이에 대한 정보를 대원들로부터 확인한다. 관계자 및 소방대원을 통해 소방시설(경보설비, 스프링클러설비 등)의 작동유무 확인은 발화층을 한정할 수 있어 발화지역을 판정하는 데 결정적인 도움이 될 수 있다.

(3) 정보 분석 종합적 판단

① 최초 목격자를 비롯하여 제2, 제3의 목격자 등 다수의 진술을 확보하여 공통점과 차이점 등을 비교하여 일치하는 공통점을 확인한다.
② 화재진압 당시 화세의 강약과 출화형태에 대한 연소상황을 진압대원으로부터 청취하고 사진촬영 또는 비디오촬영 기록과 비교하여 분석한다.
③ 화재관계자 및 소방대의 진술내용이 현장의 소손상황과 일치하는지 확인하고 어긋남이 있을 경우 그 이유를 현장상황과 대입시켜 판단한다.

2 발화요인, 발화관련 기기 등 현장의 잔류물 판단

화재가 발생하면 일단 가연물의 연소로 형체가 소실되는 것이 전제되지만 대부분 완전연소가 이루어지지 않고 일부 잔해가 남기 마련이다. 특히 유체물로서 발화요인으로 작용한 발화원 및 발화관련 기기 등은 발화지역 주변에서 확인될 수 있는 경우가 있다. 발화지역과 화재원인을 최종적으로 결론짓기 위하여 현장에 남겨진 잔류물의 수거와 이에 대한 입증은 사실적 바탕 위에 과학적이고 합리적으로 진행되어야 한다.

1 인화성 액체의 잔류물이 남아 있을 가능성이 있는 지점

① 마룻바닥 및 문틀 틈새
② 침대, 장롱 등이 바닥부분과 접한 가구의 밑부분
③ 벽과 바닥의 구석진 모서리부분

2 폭발요인과 잔류물 형태

가스폭발은 일순간에 작은 점화원에 의해서도 매우 큰 파괴현상을 일으킨다. 폭발 시 발생하는 압력상승은 충격파를 만들며 이로 인해 근거리에 있는 건물은 물론 원거리에 있는 물체까지도 손상을 끼치게 된다. 폭발이 발생한 폭심부는 형체를 알아보기 힘들 정도로 붕괴되지만 물체의 파열면과 비산방향을 통해 폭발의 중심부를 판단해 볼 수 있다. 폭발 중심부에 남겨진 잔류물은 대부분은 파괴된 형태로 나타나며 폭발압력의 크기에 따라 비산거리도 달리 나타난다. 가스폭발은 고체 또는 액체의 연소형태와 달리 기체 스스로 열분해되거나 증발과정이 필요하지 않기 때문에 매우 작은 점화원이라도 즉시 반응을 하는 특징이 있다. 폭발요인으로는 정전마찰, 전기적 아크, 라이터 또는 성냥불 등의 점화 등이 있다. 폭발현장 중심부가 건물인 경우 내부는 천장이 아래로 주저앉거나 바닥이 붕괴된 형태가 많고 비산된 먼지와 잔해 속에 발화장치가 발견되기도 한다.

| 폭발로 인해 비산된 파편 잔해 현장사진(화보) p.7 참조 |

3 전기적 발화요인과 발화관련 기기

(1) 전기적 발화요인의 종류
① 단락(전기합선)
② 트래킹
③ 누전
④ 접촉불량(불완전접촉)
⑤ 반단선
⑥ 과전류
⑦ 지락
⑧ 낙뢰
⑨ 스파크(스위치의 개폐 등)
⑩ 열의 축적(전구에 이불을 덮어 놓아 발화시킨 경우)

(2) 발화관련 기기
① 전기히터, 전기버너, 전기난로 등은 외형이나 조작부가 금속재로 되어 있는 것이 많기 때문에 화재 후 일부 변형되거나 손상이 있더라도 <u>사용여부의 판별이 가능</u>하므로 조심스럽게 수거하고 확인하도록 한다.
② 발화가 개시된 기기는 착화과정에서 주변 가연물과의 접촉으로 연소물과 혼합되어 융착되거나 오염이 가중되어 <u>물체의 형상과 재질이 이질적으로 변동</u>될 수 있다. 이러한 경우 무리하게 이물질을 제거하려 하지 말고 더 이상 손상이 가중되지 않도록 보존에 주력한다.
③ 기기의 파손이 심해 주요 부품이 떨어져 나가거나 망실된 경우 인접한 배선의 합선흔적이나 주변의 연소형태 등을 통해 발화경로를 다각도로 입증할 수 있도록 보충자료를 확보하여야 한다. 발화관련 기기의 단면에만 의존하여 전체 연소형상과 연결시킬 수 없다면 물증이 있더라도 발화원인은 불투명할 수밖에 없기 때문이다.

3 전기적 특이점 등을 통한 발화지역 판정

1 발화지역 판단 시 유의사항

① 발화지역 판단은 명확한 상황증거로부터 발화장소와 발화원, 연소경과, 착화물 등 <u>연소현상과 증거 구성에 무리가 없어야</u> 한다.
② 소손상황으로부터 나타난 객관적 사실, 관계자의 진술, 조사에 참여한 조사관의 의견 등 전체 요소를 분석하여 <u>과학적 타당성에 의거한 사실에 부합하여야</u> 한다.
③ 연소경로의 판정이 공기의 유동이나 가연물의 분포, 연소지속시간 등에 <u>합리성이 있어야</u> 한다.

2 전기적 요인에 의한 발화지역 판단방법

(1) 개 요

① 전기의 통전여부를 확인한 후 전원측과 부하측을 구분하고 <u>아크매핑을 분석도구로 활용</u>한다.
② 부하측 <u>최말단의 단락흔을 확인</u>한다. 만약 동일 전선의 여러 개소에서 단락이 있을 경우 최종 부하측이 발화부와 가깝거나 가장 먼저 단락이 발생한 것으로 판단한다.
③ 정격전압 및 정격전류, 부하의 총 전류, 전선의 상태, <u>주변환경 등을 복합적으로 고려</u>한다.

(2) 단일회로에서의 발화지역 판정

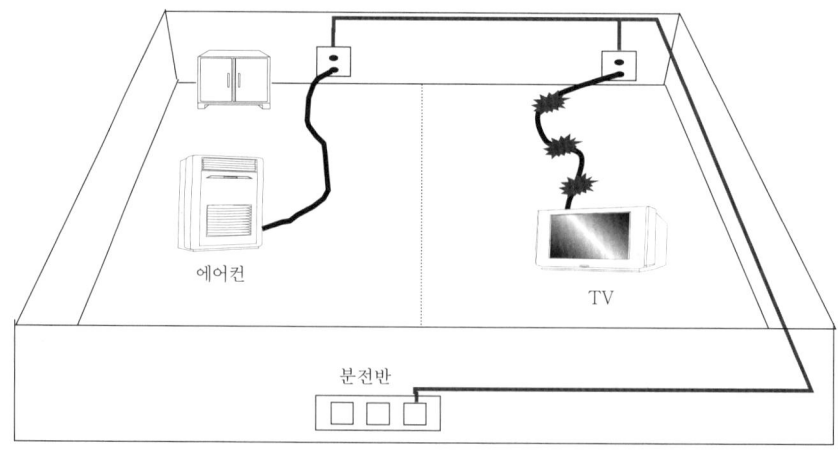

‖ 단일회로 발화지역 ‖

하나의 전원을 사용하는 단일회로상에서 아크조사를 실시하여 단락흔이 발견된 경우 <u>최종 부하측과 가장 가까운 지점에서 사고전류가 발생한 것으로 판단할 수 있다</u>. 일단 최종 부하측에서 사고전류가 발생하면 그 이후로는 전류가 통전할 수 없으므로 발화지역을 축소할 수 있는 지표로 쓰일 수 있다. 마찬가지로 하나의 전기기기에서 여러 개의 단락흔이 나타난 경우에도 부하측 최종 말단부에 있는 단락흔이 가장 먼저 사고전류가 발생한 곳임을 알 수 있다. 그림과 같이 TV가 설치된 구역에서 여러 개의 단락흔이 있는 경우 TV와 가장 근접한 단락개소를 발화지역으로 판단할 수 있다.

(3) 병렬회로에서의 발화지역 판정

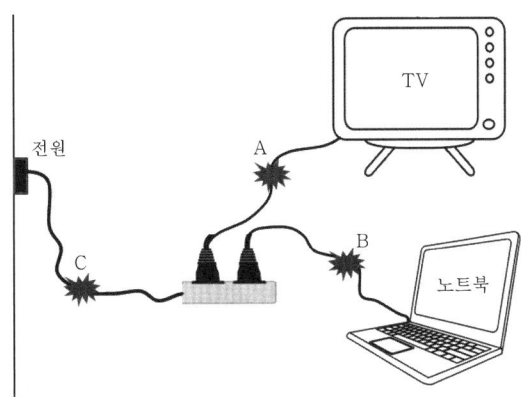

| 병렬회로 발화지역 |

일반적으로 옥내배선의 전기는 전력량계를 통해 건물로 공급되는데 주차단기를 거쳐 전등용 배선과 콘센트용 배선, 에어컨배선 등을 병렬로 연결하여 사용하는 구조로 되어 있다. 따라서 이들 설비는 각기 차단기가 별도로 분기되어 있어 발화지역 판정에 세심한 관찰이 요구된다. 그림과 같이 벽면콘센트를 통해 분기된 멀티콘센트에 TV와 노트북을 연결해 사용하고 있었다면 C의 합선흔적은 TV와 노트북 배선에 합선이 일어난 후 만들어졌다고 볼 수 있다.

그러나 A와 B의 합선흔적은 서로 병렬로 연결되었으므로 TV와 노트북 중 어느 것이 먼저 단락이 일어난 것인지 논하기 어렵다. 결국 발화가 일어난 지역을 판단하는 데 있어 화재로 소손된 상황과 연소의 방향성, 목격자의 진술 등 제반 정보를 종합하여 판단하여야 한다. <u>병렬회로상에서 각기 독립적으로 나타난 단락흔적만 가지고 최초 발화지역을 판단하는 것은 불가능하다.</u>

> ⚠ **꼼꼼. check!** ── 사고전류의 발생과 차단기의 동작상태 ── *2017년 산업기사*
>
> 그림과 같이 메인차단기가 30A이고 전등과 전열로 분기된 각각의 차단기의 용량이 20A일 때, 사고전류가 전등용 차단기에서 발생하더라도 메인차단기의 용량을 초과하지 않는다면 당해 차단기만 동작하고 메인차단기는 동작하지 않게 된다. 따라서 전체 사고전류의 총합이 30A를 초과하기 전에 다른 차단기는 통전 중이므로 2차 단락이 발생할 수 있다.
>
> [메인차단기(30A) — 전등(20A), 전열(20A), 전열(20A), A/C(20A)]

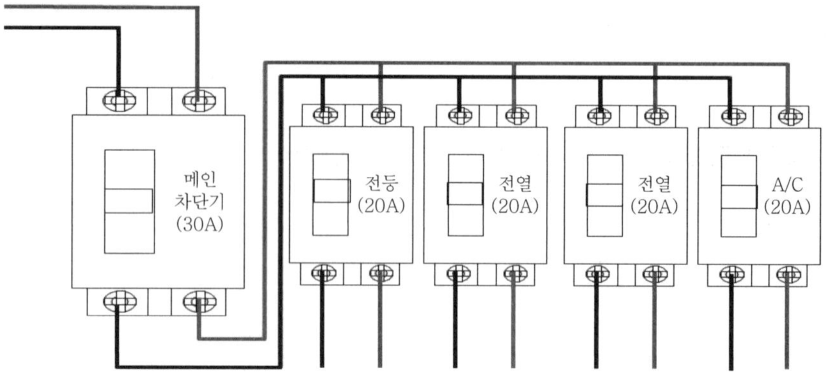

(4) 전기제품 내·외부 발화개소 판단

① 전기제품이 내부에서 발화한 경우 <u>제품 내부 회로소자의 용융, 비산된 흔적</u>이 남고 내부에 연기 그을음에 기인한 오염도가 상대적으로 외부보다 크게 남기 때문에 연소형태를 살펴 내부에서 출화한 형태를 파악한다.

② 전기제품 외부에 노출된 배선이 용단되거나 소실된 경우에는 주변 연소상황과 연결시켜 제품 자체에서 발화한 것인지 외부 화염에 의한 것인지 구분할 필요성이 있다. 외부 화염에 의해서도 제품 내부에서 발화한 것처럼 전선이 소손되거나 제품에 내장된 퓨즈 등이 용단될 수 있으므로 <u>전기배선 자체의 단락흔만 가지고 원인을 속단하지 않아야</u> 한다.

3 기타 화재패턴에 의한 발화지역 판단방법 *2015년 산업기사*

(1) 연소의 상승성('V' pattern)

화재가 발생하면 열과 연기는 구조물의 벽과 천장에 의해 제한을 받지만 열원이 주변 가연물을 지속적으로 태우며 발화부를 중심으로 확대된다. 열에너지는 발화부로부터 멀어질수록 온도가 낮아지고 더 멀리 확산되지만 <u>열원의 하단부에는 역삼각형(▽) 연소형태를 남기는 경우가 많다</u>. 'V' 패턴이 형성된 지점을 통해 발화원 및 연소확대된 방향성을 판단하는 데 도움을 받을 수 있다.

(2) 도괴방향성 판단

화염이 성장하면 <u>발화부쪽으로 벽체나 기둥 등이 먼저 연소하기 때문에</u> 무너지거나 함몰되는 현상이 발생한다. 도괴되는 구조물로는 지붕이나 벽체, 기둥 등이 있으며 선반이나 책상, 수납장 등도 발화부와 접한 경우 연소과정에서 쓰러질 수 있다. 주의할 점은 소화활동으로 인해 약화된 부재가 도괴되는 경우가 있고 다른 외력에 의한 도괴현상도 발생할 수 있으므로 구분을 요한다.

(3) 목재의 탄화 정도와 균열흔

목재의 경우 발화부와 가까울수록 요철이 많거나 탄화된 선의 폭이 넓고 깊으며 강하게 연소한 흔적을 남긴다. 화염에 오랜 시간 노출되면 가늘어지며(細然化) 원형을 잃고 소실된다. 다만 균열흔은 목재에 국한된 것이 아니므로 벽체나 지붕과 같은 불연재료도 주변에 남아 있는 구조물과 비교하여 평가할 수 있다.

(4) 금속류의 변색 및 만곡

샌드위치패널은 발화지점과 가까울수록 도금된 표면의 균열이 작고 발화부와 멀수록 크게 갈라진다. 또한 장시간 열과 접촉할수록 산화피막이 생겨 광택이 없거나 균열흔 자체가 소실될 수도 있다. 수직상태의 금속류는 발화부나 수열을 받은 반대방향으로 휘기도 한다. 일반적으로 연소가 강할수록 백색으로 변색된다.

┃금속류의 수열흔┃

수열온도(℃)	변 색	수열온도(℃)	변 색
230	황색	760	심홍색
290	홍갈색	870	분홍색
320	청색	980	연황색
480	연홍색	1,200	백색
590	진홍색	1,500	휘백색

(5) 백화현상

콘크리트로 된 발화지점 부근은 비교적 밝은 색을 유지하는 백화현상이 나타나는 경우가 많다. 그러나 발화지점이 아니더라도 장시간 열에 노출될 경우 백화현상이 나타날 수 있다. 백화현상은 콘크리트 및 석고보드로 된 벽과 천장 등에 주로 형성되며 백화현상이 형성된 후 열이 지속되면 폭열로 발전하기도 한다. 그러나 소화수와 접촉된 부분의 그을음이 씻겨 나가면 흰색 표면이 드러나 백화현상으로 오인할 수 있어 백화현상이 식별되더라도 반드시 발화지점을 의미하는 것이 아님을 주의하여야 한다.

(6) 박리흔

블록, 벽돌, 콘크리트, 모르타르(mortar) 등과 같은 시멘트를 재료로 한 건물의 불연성 건재류는 화재 시 높거나 낮은 온도에 오랜 시간 동안 수열됨으로써 재질에 따른 특이한 박리현상이나 변색상태를 나타나게 된다. 즉, 강열한 화열을 받을 경우 재질 내의 수분이 단시간 내에 탈수됨으로써 본래 재질의 특성을 상실하고 푸석푸석해져서 <u>연소확대가 진행되어간 진행방향의 추적이 가능</u>한 경우가 있다. 시멘트 또는 콘크리트 위에 덧댄 타일(tile)은 열과 장시간 접촉하면 콘크리트 사이의 수분이 증발하면서 박리된 잔해로 남는다.

> **! 꼼꼼.check!** ▶ 발화지점에서 나타날 수 있는 연소 특징 ◀
> - 주변에 비해 상대적으로 심하게 연소
> - 'V' 패턴 연소흔적
> - 벽면의 박리
> - 발화지점을 향한 목재의 부분소실
> - 전기배선 단락(합선)흔적

4 기타 발화지점 배제방법

(1) 연소 정도가 미약하거나 연소확대된 구역으로 확인된 경우

화염의 확산은 발화지점을 기준으로 연소의 강약이 뚜렷하게 나타나는 경우가 많다. 발화지점과 가까울수록 연소가 심하고 멀어질수록 연소는 약하게 나타나며, 연기의 이동경로를 살펴 연소확대된 구역을 판단할 수 있다. 따라서 연소의 강약에 기초하여 <u>연소 정도가 미약하거나 연소확대된 구역으로 확인된 경우라면 발화지점 판단에 있어 배제가 가능</u>하다.

(2) 발화원이 존재하지 않거나 발화원으로 작용한 매개체가 없는 경우

발화지점에는 발화원의 잔해가 일반적으로 확인되기 마련이다. <u>발화원 자체가 없거나 발화원으로 작용할만한 매개체가 없다면 배제가 가능</u>할 수 있다. 전기시설이 없는 경우를 비롯하여 난로 및 전열기 등의 사용과 가스레인지 등 화기의 사용, 화학물질의 혼합, 자연발화가 가능한 물질의 존재 등 발화원과 발화관련 매개체가 작용할 수 있는 환경적 여건이 구비되지 않은 것으로 확인되면 배제할 수 있다. 단, 방화의 경우에는 발화원 자체가 존재하지 않는 경우가 많아 별개로 판단하여야 한다.

(3) 열원이 2차 생성물로 작용한 것이 입증된 경우

전기적 요인에 의해 1차 발화가 이루어진 후에도 연속하여 단락이 발생할 수 있다. 따라서 1차 단락으로 발화가 개시된 이후에도 전기통전상태로 <u>2차 열원으로 작용하여 단락흔이 생성된 것으로 확인된다면 배제할 수 있다</u>. 전기적 단락은 국부적인 지점에서 발생하지만 배선경로를 따라 다양한 형태로 전선이 분포되므로 여러 지점에서 단락흔이 만들어질 수 있다. 2차 생성물로 작용한 것으로 판단되는 전선은 금속현미경으로 조직분석 등을 실시하여 과학적 방법으로 배제가 가능할 수 있다.

(4) 화재 관계자 및 화재진압에 참여한 소방관의 증언이 확인된 경우

물리적인 현장증거 외에 화재와 밀접하게 연관된 관계자 및 화재진압에 참여한 소방관의 증언을 종합하여 화재 당시 발견상황과 연소상황이 일치하며 소손상황에 무리가 없는 것으로 판단되면 발화지점에서 배제할 수 있다.

5 수사의 필요성 유무 판정

1 방화 및 실화의 수사 착안점

(1) 방화수사 착안사항
 ① 발화개소가 평소에 화기가 없는 장소로 발화원을 특정할 수 없는 경우
 ② 발화부 근처에서 유류가 발견되거나 물건의 이동 또는 외부로부터 연소관련 물질이 반입된 경우
 ③ 출입구 또는 창문 등이 개방된 상태로 외부인의 침입흔적이 발견되고 연소상황이 매우 부자연스러운 경우
 ④ 화재발생장소가 과다하게 화재보험에 가입되어 있고 채무관계가 복잡하여 주위로부터 금전적인 압박이 있는 사실이 있는 경우
 ⑤ 화재가 발생한 장소의 관계자가 주위로부터 원성이 높고 평소 이웃관계가 원만하지 않았다는 정황이 나타난 경우
 ⑥ 발화지점이 2개소 이상이며, 인위적으로 조작한 발화장치가 발견된 경우
 ⑦ 화재직전 심하게 싸우거나 고성이 오가는 등 불안한 상황이 있었다는 주변 진술이 있는 경우

(2) 실화수사 착안사항
 ① 평소에 화기를 취급하는 장소에서 화재가 발생한 경우
 ② 연소현상이 자연스럽고 관계자의 적극적인 소화행위가 있는 경우
 ③ 귀중품 등 도난흔적과 외부인의 침입이 없는 경우
 ④ 관계자로부터 자신의 실수로 화재가 발생했다는 명확한 진술이 있는 경우

2 수사 단서의 분석

(1) 방화 의심의 경우

거주자가 사전에 귀중품이나 중요 서류 등을 빼돌리거나 절도범이 도난현장을 위장하기 위해 자행하는 경우가 있다. 화재가 옥내에서 시작된 경우 외부인이 자유롭게 출입할 수 있는 상황이었는지 여부, 발화지역에 어떤 수단을 이용하여 화재를 유발시켰는지 등을 확인해야 하는데 이때 출입구의 잠금장치상태, 유리창의 파괴흔적 등을 관찰한다. 옥

외에서 발화한 경우에는 족적흔이 남아 있을 수 있고 뒷문의 개방여부, 어떤 매개물을 가지고 들어온 흔적과 유류, 기타 연소물의 냄새와 이상연소반응 등이 남아 있을 수 있다.

(2) 실화 의심의 경우

시간적·장소적으로 실화의 가능성을 검토하고 관계자를 통해 화재발생 전 수납물의 위치와 화기사용여부 등 진술을 확보하여 화재로 소손된 상황과 일치여부를 확인한다. 실화를 위장한 방화의 경우 사전에 치밀하게 계획하여 실행에 옮기므로 발화원의 잔해 판별에 주의를 요한다.

(3) 자연발화 의심의 경우

자연발화는 발화지역 부근에 자연발화물질이 있었는지 확인이 전제된다. 또한 출화 당시 상황에 있어서 발화 가능성을 충분히 관찰하여야 한다. 자연발화 가능성이 있는 사례는 다음과 같다.

① 염산칼륨에 목탄가루를 혼합하면 발화한다.
② 무수크롬산에 시너를 혼합하면 발화한다.
③ 식물성 기름 찌꺼기를 비닐봉지에 넣고 장시간 보존하면 발화한다.
④ 생석회가 습기와 접촉하면 발화한다.
⑤ 가솔린, 시너, 벤젠 등이 취급 도중 정전기를 일으키면 발화한다.

바로바로 확인문제

전기제품을 정상적으로 사용하는 도중 화재가 발생하였다. 통전입증 방법 2가지를 기술하시오.

답안 ① 분전반 차단기의 전원공급이 투입상태로 확인되어야 한다.
② 전기제품에는 플러그 및 콘센트가 접속되어 있고 전원스위치는 켜짐상태로 확인되어야 한다.

Chapter 03 출제예상문제

★ 표시 : 중요도를 나타냄

발굴 전 초기관찰의 기록

01 화재조사의 과학적인 방법을 나타낸 것이다. ( ) 안에 알맞은 단계를 쓰시오.

| ★★★ / 배점 : 6 |

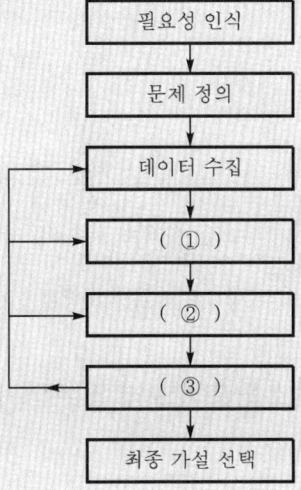

답안 ① 데이터 분석 ② 가설 수립 ③ 가설 검증

02 화재증거물수집관리규칙에 의한 화재현장 촬영 시 유의사항이다. ( ) 안을 쓰시오.

| ★★★ / 배점 : 6 |

(1) 최초 도착하였을 때의 (①)를 그대로 촬영하고, 화재조사의 진행순서에 따라 촬영한다.
(2) 증거물을 촬영할 때는 그 소재와 상태가 명백히 나타나도록 하며, 필요에 따라 구분이 용이하게 (②) 등을 넣어 촬영한다.
(3) 화재현장의 특정한 증거물 등을 촬영함에 있어서는 그 길이, 폭 등을 명백히 하기 위하여 (③) 또는 (④)를 사용하여 촬영한다.

답안
(1) ① 원상태
(2) ② 번호표
(3) ③ 측정용 자, ④ 대조도구

03 사진촬영 시 렌즈에 대한 설명이다. (   ) 안에 올바른 명칭을 쓰시오.
(1) (   ) : 좁은 실내에서 한 장의 사진으로 많은 물건을 넓게 촬영할 때 사용
(2) (   ) : 작은 피사체를 가까이에서 촬영할 때 사용
(3) (   ) : 멀리 있는 피사체를 크게 촬영할 때 사용

답안 (1) 광각렌즈 (2) 마이크로렌즈 (3) 망원렌즈

발화형태, 구체적인 연소확대형태의 식별 및 해석

04 그림을 보고 화염이 제한 없이 성장할 경우 각 방향에 대한 연소속도 비율을 쓰시오.

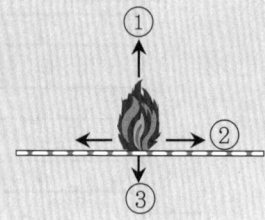

답안 ① 상방향 : 20 ② 수평방향 : 1 ③ 하방향 : 0.3

05 물질의 열변형, 소실, 연소생성물의 퇴적 등으로 만들어지는 화재패턴의 발생원리 4가지를 쓰시오.

답안
① 열원으로부터 가까울수록 강해지고 멀어질수록 약해지는 복사열의 차등원리
② 고온가스는 열원으로부터 멀어질수록 온도가 낮아지는 원리
③ 화염 및 고온가스의 상승원리
④ 연기나 화염이 물체에 의해 차단되는 원리

06 'V' 패턴 형성에 영향을 주는 변수를 3가지 이상 쓰시오.

답안 ① 열방출률   ② 가연물의 형상   ③ 환기 효과
④ 재료의 가연성   ⑤ 천장, 선반, 테이블 상판 등 수평표면의 존재

07 'U' 패턴의 하단부가 'V' 패턴의 하단부보다 높은 이유를 간단히 설명하시오.

답안 복사열의 영향 때문이다. 'V' 패턴은 발화부 근처인 바닥면에서 형성되는 반면, 'U' 패턴은 연소확대과정에서 형성되기 때문에 복사열의 영향을 크게 받아 비교적 'V' 패턴 꼭지점보다 높은 지점에서 형성된다.

08. 모래시계 패턴을 그림으로 표현하여 설명하시오.

답안 화염이 수직표면과 가깝거나 맞닿으면 이로 인해 화염구역과 고온가스영역으로 구분되어 나타나는 패턴이다. 화염구역에서는 거꾸로 된 V 형태가 나타나고, 고온가스구역에는 전형적인 V 형태가 나타나는데 이 전체적인 것을 모래시계 패턴이라고 한다.

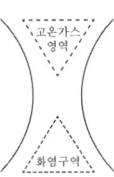

09. 다음 그림에서 벽과 천장에 나타날 수 있는 화재패턴 2가지를 쓰시오.

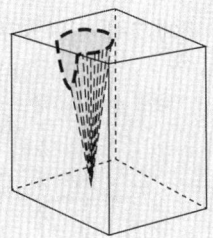

답안 ① 벽면 : 'U' 패턴 ② 천장 : 원형 패턴

10. 다음 괄호 안에 알맞은 화재패턴을 쓰시오.

(1) (　　) : 천장, 테이블 상판, 선반과 같이 수평면으로부터 제한을 받을 때 아래쪽에 형성되는 연소형태
(2) (　　) : 수직면과 수평면에 의해 화염의 끝이 잘릴 때 나타나는 3차원 연소형태
(3) (　　) : 가연성 액체가 웅덩이처럼 고여 있을 때 발생하며 중심부는 미연소구역으로 남아 있는 연소형태

답안 (1) 원형 패턴 (2) 끝이 잘린 원추패턴 (3) 도넛 패턴

11. 그림과 같이 구획실의 문이 닫힌 상태에서 발화한 경우 공기의 유입구역과 고온가스의 유출구역을 각각 쓰시오.

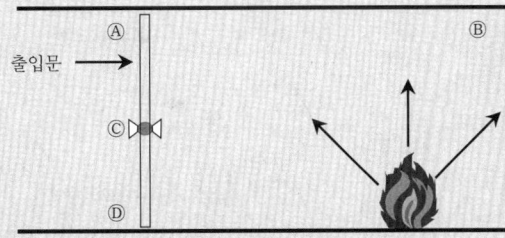

답안 (1) 공기의 유입구역 : Ⓓ (2) 고온가스의 유출구역 : Ⓐ

12
그림 1과 그림 2를 보고 연소가 진행된 방향성을 나타내시오.

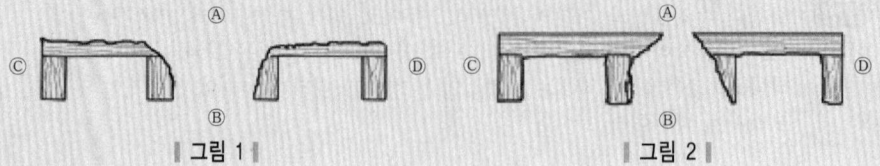

| 그림 1 | | 그림 2 |

답안 (1) 그림 1 : Ⓐ → Ⓑ (2) 그림 2 : Ⓑ → Ⓐ

13
그림과 같이 원뿔형 화염기둥이 벽에 의해 차단되었을 때 좌측 벽과 우측 벽에 형성되는 화재패턴을 쓰시오.

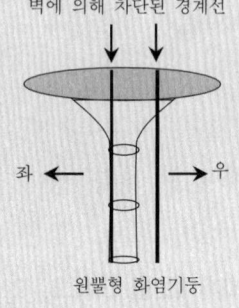

답안 (1) 좌측 벽 : 'V' 패턴   (2) 우측 벽 : 'U' 패턴

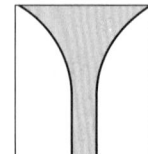 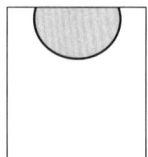

14
그림을 보고 질문에 답하시오.
(1) 화염이 불완전연소할 경우 화염영역에서 발생하는 화재패턴을 쓰시오.
(2) 화염이 지속적으로 성장한 경우 천장면에 나타나는 화재패턴을 쓰시오.
(3) 화염영역에서 성장한 불길이 고온가스영역에서 좁아지다가 확대되는 화재패턴을 쓰시오.

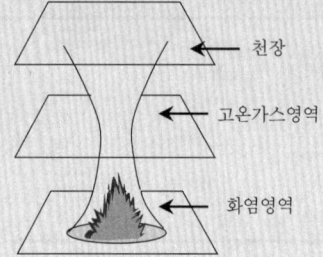

답안 (1) 역원뿔형 패턴   (2) 원형 패턴   (3) 모래시계 패턴

15. 인화성 액체만 사용했을 때 나타나는 연소패턴을 3가지 이상 쓰시오.

답안: ① 포어 패턴 ② 스플래시 패턴 ③ 도넛 패턴

16. 스플래시 패턴에 대해 간단히 서술하시오.

답안: 액체 가연물이 연소하면서 발생한 열에 의해 스스로 가열되어 액면에서 끓으면서 주변으로 튄 액체가 국부적으로 점처럼 연소된 흔적이다.

17. 발화지점 부근에 생성되는 연소패턴 중 주로 불완전연소의 결과로 생성되는 화재패턴은 무엇인지 쓰시오.

답안: 역원뿔형 패턴

18. 발화지점에 나타난 특징을 벡터로 도면에 표기하고자 한다. 화살표로 나타낼 수 있는 것 3가지를 쓰시오.

답안:
① 열과 화염의 방향
② 화재패턴
③ 발화원의 위치

19. 목재기둥의 연소 정도를 측정하기 위해 탄화심도를 측정하고자 한다. 측정방법을 3가지 기술하시오.

답안:
① 동일한 측정점에서 동일한 압력으로 수회 측정하여 평균치를 산출한다.
② 탄화심도측정기의 계침을 기둥 중심선에서 직각으로 삽입한다.
③ 탄화 및 균열이 발생한 철부(凸部)를 측정한다.

20. 하소심도 측정에 사용할 수 있는 장비 2가지를 쓰시오.

답안: ① 다이얼 캘리퍼스 ② 탐촉자

21. 탄화심도 및 하소심도 측정 시 유사점을 3가지 쓰시오.

답안:
① 오류를 줄이기 위해 측정은 동일한 압력으로 일관성 있게 실시하도록 한다.
② 측정값 비교는 동일한 물질로만 실시하도록 한다.
③ 측정기의 계침은 기둥 중심선에서 직각으로 삽입한다.

22. 다음 중 콘크리트 벽과 기둥에서 볼 수 있는 화재패턴을 모두 고르시오.

> V 패턴, U 패턴, 기둥형 패턴, 포인트 또는 화살촉 패턴, 모래시계 패턴, 원형 패턴, 역삼각형 패턴

답안 V 패턴, U 패턴, 기둥형 패턴, 모래시계 패턴, 역삼각형 패턴

23. 위험물의 유별 성질을 구분하여 괄호 안을 쓰시오.

구 분	성 질
제1류 위험물	(①)
제2류 위험물	가연성 고체
제3류 위험물	(②)
제4류 위험물	(③)
제5류 위험물	(④)
제6류 위험물	산화성 액체

답안
① 산화성 고체
② 자연발화성 물질 및 금수성 물질
③ 인화성 액체
④ 자기반응성 물질

24. 위험물안전관리법 시행령에 규정된 품명이다. 괄호 안을 올바르게 쓰시오.

(1) 유황은 순도가 (①)wt% 이상인 것을 말한다.
(2) 알코올류라 함은 1분자를 구성하는 탄소원자의 수가 (②)개부터 (③)개까지인 (④)알코올(변성알코올을 포함)을 말한다.
(3) 과산화수소는 그 농도가 (⑤)wt% 이상인 것에 한한다.

답안 ① 60 ② 1 ③ 3 ④ 포화1가 ⑤ 36

25. 과산화나트륨이 물과 접촉했을 때 반응식을 쓰시오.

답안 $2Na_2O_2 + 2H_2O \rightarrow 4NaOH + O_2$

26. 다음 물질이 물과 접촉했을 때의 화학반응식을 각각 쓰시오.

> ① 금속나트륨 ② 탄화칼슘 ③ 마그네슘

답안 ① 금속나트륨 : $2Na + 2H_2O \rightarrow 2NaOH + H_2$

② 탄화칼슘 : $CaC_2 + 2H_2O \rightarrow Ca(OH)_2 + C_2H_2$
③ 마그네슘 : $Mg + 2H_2O \rightarrow Mg(OH)_2 + H_2$

27. 다음 그림을 보고 물음에 답하시오.

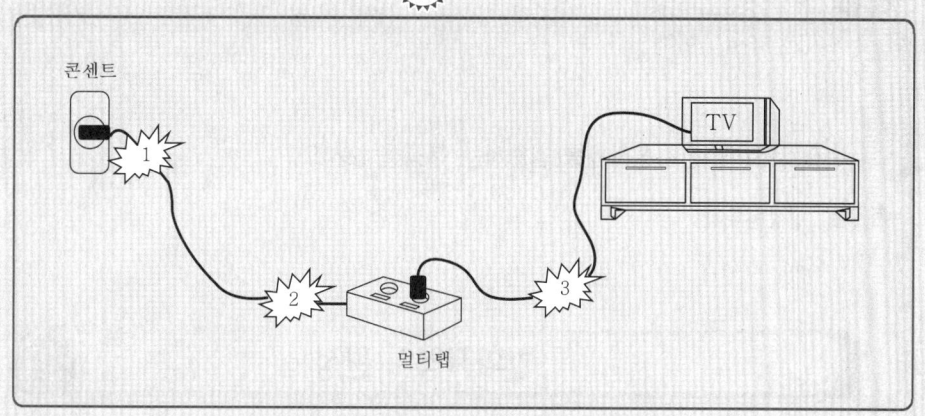

(1) 단락이 일어난 순서를 차례대로 쓰시오.
(2) 화재로 건물이 전소된 경우 전기배선 용융흔을 찾는 목적을 쓰시오.

답안
(1) ③ → ② → ①
(2) 최초 발화지점 또는 가장 먼저 연소가 일어난 지역을 한정할 수 있는 과학적인 증거로 활용할 수 있기 때문이다.

28. 자연발화의 정의를 간단히 기술하시오.

답안 물질이 공기 중에서 발화온도보다 낮은 온도에서 서서히 발열하고 그 열이 장시간 축적됨으로써 발화점에 도달하여 연소에 이르는 현상이다.

29. 화재패턴에 대한 종류별 특징을 설명하였다. 빈칸에 알맞은 것을 쓰시오.

화재패턴 종류	특 징
①	인화성 액체가 바닥에 뿌려졌을 때 쏟아진 부분과 쏟아지지 않은 부분의 탄화 경계흔적
②	화염의 하단부는 거꾸로 된 V 형태를 나타내고 고온가스영역이 수직표면의 중간에 위치할 때 V 형태가 상단부에 만들어지는 연소형태
③	섬유류, 짚단 등을 길게 연결한 후 인화성 액체를 그 위에 뿌려 수평면에 길고 직선적인 형태로 나타나는 좁은 연소흔적

답안
① 포어 패턴
② 모래시계 패턴
③ 트레일러 패턴

30. 인체보호용 누전차단기의 성능에 대해 답하시오.
(1) 동작시간
(2) 정격감도전류

답안
(1) 0.03초 이하
(2) 30mA 이하

31. 누전차단기에서 누설전류를 검출하는 부품을 쓰시오.

답안 영상변류기

발화지역의 판정

32. 가스사용시설에 대한 설명이다. 기능에 알맞은 명칭을 쓰시오.
(1) 1차측 압력을 적당한 압력으로 감압시켜 2차측으로 안정적으로 공급해주는 기능을 하는 장치
(2) 가스 사용 도중에 호스가 빠지거나 절단되었을 때 또는 규정량 이상의 가스가 흐르면 자동으로 가스유로를 차단하는 장치

답안
(1) 압력조정기
(2) 퓨즈콕

33. 1차 단락흔과 2차 단락흔의 특징을 각각 3가지 이상 기술하시오.

답안
(1) 1차 단락흔의 특징
 ① 화재원인이 된 단락
 ② 형상이 둥글고 광택이 있음
 ③ 일반적으로 탄소는 검출되지 않음
(2) 2차 단락흔의 특징
 ① 통전상태에서 화재의 열로 인해 절연피복이 소실되어 생긴 단락
 ② 광택이 없고 용적상태를 보이는 경우가 많음
 ③ 탄소가 검출되는 경우가 많음

34. 구리 동선의 용융흔 끝단이 물방울처럼 맺힌 형태로 응고되었으며 녹청색을 띠고 있다. 녹청색이 발생한 이유와 구리가 어떤 물질로 변화하였는지 기술하시오.

답안
① 발생 이유 : 구리 동선이 공기 중 수증기, 이산화탄소, 습기 등과 접촉하여 산화됨으로써 녹청색으로 변색된 것이다.
② 변화한 물질 : 염기성 탄산구리($CuCO_3$)

35. 다음 금속의 용융온도(℃)를 쓰시오.

① 알루미늄   ② 철   ③ 구리

답안 ① 660℃ ② 1,530℃ ③ 1,083℃

36. 누전차단기의 사용목적 3가지를 쓰시오.

답안 ① 감전보호 ② 누전화재보호 ③ 전기설비 및 전기기기의 보호

37. 220V/15A 용량의 멀티탭에 각 소비전력 1,500W, 950W, 1,200W, 750W의 기기가 연결되어 있다. 다음 물음에 답하시오.
(1) 총 소비전류를 구하시오.
(2) 화재가 발생하였을 경우 그 원인을 쓰시오.

답안
(1) $I = \dfrac{P}{V}$ 이므로 여기서, I : 전류(A), P : 전력(W), V : 전압(V)

∴ $\dfrac{4,400}{220} = 20\text{A}$

(2) 과부하(15A인 멀티탭에 20A가 인가되어 5A를 초과함으로써 과부하 발생)

38. 다음 괄호 안에 알맞은 가스용기의 명칭을 쓰시오.

구 분	용 도
(①)	LPG, 프레온, 암모니아 등 상온에서 비교적 낮은 증기압을 갖는 액화가스를 충전하는 데 사용한다.
(②)	액화질소, 액화산소, 액화아르곤 등 용기 내의 온도가 상용온도를 초과하지 않도록 영하 50℃ 이하인 액화가스를 충전하는 데 쓰인다.
(③)	산소, 수소, 질소 등 압력이 높은 압축가스를 저장하거나 상온에서 높은 증기압을 갖는 이산화탄소 등의 액화가스를 충전하는 경우에 사용한다.

답안 ① 용접 용기 ② 초저온 용기 ③ 이음매 없는 용기

39 가스공급시설 중 가스 사용량과 관계없이 2차 사용압력을 일정하게 유지시켜 주는 장치를 쓰시오. [★★ / 배점 : 3]

답안 정압기

40 LPG용기에서 급속하게 가스가 기화하고 있을 때 용기표면으로 결로현상이 발생하는 이유에 대하여 기술하시오. [★★ / 배점 : 4]

답안 LPG용기에서 가스가 급속하게 기화할 때 주위의 열을 빼앗아 액체상태에서 기체상태로 상변화하는 데 필요한 열을 용기로부터 빼앗기 때문이다.

41 전기적 특이점을 통한 발화부 추적방법을 다음과 같이 설명하였다. 괄호 안을 알맞게 쓰시오. (2024년 기사) [★★★ / 배점 : 4]

(1) 통전입증은 (①) 측에서 (②) 측으로 순차적으로 실시한다.
(2) 전기적 아크로 손상된 부분을 추적하는 것은 (③) 조사방법이다.
(3) 비통전상태에서 화재열로 용융된 흔적은 (④)흔으로 발화원조사에서 배제된다.

답안 ① 부하 ② 전원 ③ 아크매핑 ④ 열

42 화재현장에 남겨진 화재패턴에 의해 발화지역을 판단할 수 있는 방법 5가지를 기술하시오. [★★★ / 배점 : 10]

답안 ① 연소의 상승성('V' pattern) : 발화지점은 연소의 상승성으로 인해 'V' 패턴이 형성되고 이를 통해 발화원 및 연소확대된 방향성을 판단하는 데 도움을 받을 수 있다.
② 도괴 방향성 : 발화부쪽으로 벽체나 기둥 등이 무너지거나 함몰되는 현상이 있어 발화지역을 축소할 수 있다.
③ 목재의 균열흔 : 발화부와 가까울수록 요철이 많거나 탄화된 선의 폭이 넓고 깊으며 강하게 연소한 흔적을 남긴다.
④ 금속류의 변색 및 만곡 : 금속이 장시간 열과 접촉할수록 산화피막이 생겨 광택이 없어지고 균열흔 자체가 소실될 수도 있다. 수직상태의 금속류는 발화부나 수열을 받은 반대방향으로 휘기도 한다.
⑤ 백화현상 : 콘크리트로 된 발화지점 부근은 비교적 밝은 색을 유지하는 백화현상이 나타나는 경우가 많다.

43 화재원인 판정을 위해 과학적 방법에 의한 가설을 수립하고자 한다. 주의사항 3가지를 기술하시오. [★★★ / 배점 : 6]

답안 ① 편견이나 선입관 등 주관적 판단을 배제할 것
② 수집된 정보는 서로 중복되거나 누락되지 않도록 할 것
③ 현장만큼 확실한 증거는 없으므로 현장에서 획득한 정보를 바탕으로 할 것

44. 방화로 판단할 수 있는 현장 소손특징 3가지를 기술하시오.

답안
① 발화개소가 평소에 화기가 없는 장소로 발화원을 특정할 수 없는 경우
② 발화부 근처에서 유류가 발견되거나 물건의 이동 또는 외부로부터 연소관련 물질이 반입된 경우
③ 출입구 또는 창문 등이 개방된 상태로 외부인의 침입흔적이 발견되고 연소상황이 매우 부자연스러운 경우

45. 금속의 변색여부로 수열정도를 판단하고자 한다. 다음을 보고 가장 낮은 온도에서 높은 온도 순으로 쓰시오.

① 연황색　② 분홍색　③ 백색　④ 청색

답안 ④ 청색(320℃) → ② 분홍색(870℃) → ① 연황색(980℃) → ③ 백색(1,200℃)

46. 화재로 인한 전기적 특이점을 설명하였다. 괄호 안을 알맞게 쓰시오.

- 플러그가 콘센트로부터 이탈된 경우 콘센트의 금속받이는 (①)상태를 유지하므로 이를 통해 플러그가 접속 상태였음을 판단할 수 있다.
- 유리관 퓨즈 안의 금속 실선이 전체적으로 비산된 형태로 용융된 경우 원인은 (②)에 기인한다.
- 배선용 차단기의 이극 절연체 표면으로 수분이 개입하여 도전로가 형성되어 소규모 방전에 따라 출화하는 것은 (③)현상이다.

답안 ① 열림　② 단락　③ 트래킹

47. 전기배선의 연결부 또는 차단기 등 금속단자 접촉부분의 저항이 증가하면 발화의 위험성이 증대된다. 접촉저항 감소를 위한 조치사항 중 괄호 안을 알맞게 쓰시오.

- 접촉압력과 접촉면적을 (①)시킨다.
- 접촉면을 (②)하게 유지한다.
- 고유저항이 (③) 재료를 사용한다.

답안 ① 증가　② 청결　③ 낮은

48. 고압가스를 연소성에 따라 분류하고자 한다. 종류 3가지를 쓰시오.

답안 ① 가연성 가스　② 조연성 가스　③ 불연성 가스

49. 플룸(plume)에 의해 생성될 수 있는 화재패턴 6가지를 쓰시오.

답안
① V 패턴
② 역원뿔형 패턴
③ 모래시계 패턴
④ U 패턴
⑤ 바늘 및 화살표 패턴
⑥ 원형 패턴

Chapter 04 발화개소 판정

- **01** 현장 발굴 및 복원 조사
- **02** 발화관련 개체의 조사
- **03** 발화개소의 판정
- 출제예상문제

Chapter 04 발화개소 판정

01 현장 발굴 및 복원 조사

1 발화개소 판정절차

① 발화개소 판정은 화재로 <u>소손된 상황에 기초</u>하여 연소의 강약과 <u>연소의 방향성을 우선 판단</u>한다.
② 연소의 강약은 <u>모두 비교에 기초하여 결정</u>한다. 비교하는 대상은 재질, 형상, 상태 등이 거의 같은 조건이어야 한다.
③ 연소의 방향성은 한 방향에 집착하지 말고 전체적으로 불에 타 번져나간 방향을 판단한다.

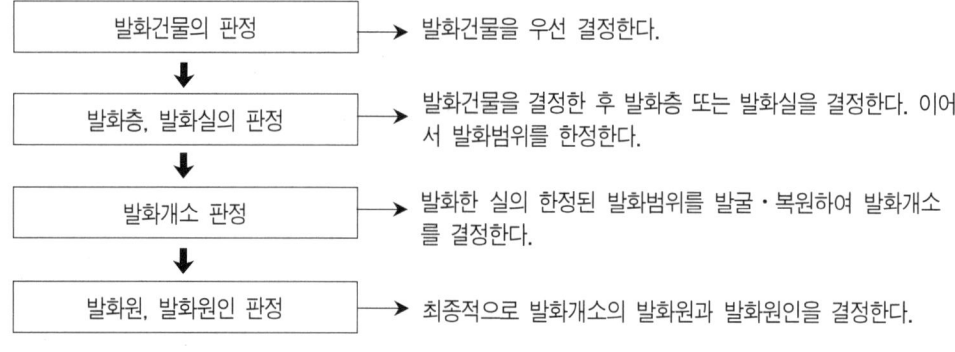

∥ 화재원인 판정절차 ∥

2 발굴 및 복원 조사 전체 과정의 단계별 사진촬영 방법

(1) 발굴 전 사진촬영

① 현장 전반에 대해 사진촬영을 먼저 행한 후 발굴지역으로 선정된 지점에 대해 표면적으로 <u>소손된 상황을 알기 쉽게</u> 사진촬영을 한다.
② 발굴범위는 <u>다방면에서 촬영</u>을 하여 <u>방향성 식별이 가능하여야</u> 하며, 사각지대가 발생하지 않도록 한다.
③ 개구부의 위치와 크기, 연소 정도 등이 나타나도록 하고, <u>퇴적물의 두께와 주변 상황 등을 인식할 수 있도록</u> 촬영을 한다.

(a) 건물 정면

(b) 건물 후면

(c) 건물 좌측

(d) 건물 우측

┃ 현장 전반에 대한 사진촬영 현장사진(화보) p.8 참조 ┃

(2) 발굴과정 사진촬영

① 본격 발굴에 임하기 전에 <u>현장상황을 먼저 촬영</u>하고, 탄화물에 파묻힌 경우 표층 부분부터 제거하는 과정을 비롯하여 <u>주요 증거물이 발견될 때마다 촬영</u>을 한다.

② 발화원과 밀접한 관계가 있는 물체가 형태를 알 수 없을 정도로 탄화되었다면 물체 표면에 붙어 있는 퇴적물을 제거하기 전에 사진촬영을 하고 제거한 후에도 사진촬영을 하여 <u>전후 상황을 판단할 수 있도록 조치</u>한다.

③ 발굴지역에서 확인된 물체는 발견된 경우 함부로 이동하지 않으며, 불가피하게 이동할 경우가 발생하면 <u>이동 전후에 반드시 사진촬영을 병행</u>한다.

(3) 출화지역 부근의 사진촬영

① 발굴작업 시 중요한 장면이나 <u>물체가 발굴된 시점의 상황을 촬영</u>한다. 출화지역은 소손된 상황이 타 지역보다 심해 물체가 훼손되기 쉬우므로 발굴시점상황을 놓치지 않도록 한다.

② 발굴이 종료된 구역은 불필요한 탄화물을 제거한 후 <u>바닥면에 잔존하는 물건의 상태를 전체적으로 촬영</u>을 한다.

③ 벽과 기둥을 비롯하여 가구류, 장식장 등의 타지 않은 곳, 타서 가늘어진 곳 등이 나타날 수 있도록 <u>출화와 관계된 연소상황을 촬영</u>한다.

④ 창문과 출입구 등 개구부의 <u>연소상태와 개폐여부를 촬영</u>한다.

(4) 발화원 및 상황증거의 사진촬영

① <u>발화원의 잔해가 식별된 경우</u> 발견 장소와 위치를 분명히 하고, 발화원을 포함

하여 주변의 물체까지 나타날 수 있도록 각 물건마다 <u>번호 또는 화살표 등의 표식을 붙여서</u> <u>촬영</u>한다.
② 발화원 및 착화물과의 관계를 입증하는 데 있어 상호거리가 떨어져 있는 경우에는 서로 상관관계를 알 수 있도록 개개의 물건을 따로 촬영하고 상황증거를 통해 입증하도록 한다.
③ 발화원의 잔해와 주변에 남아 있는 착화물, 연소확대에 기여한 연소매개체인 또 다른 가연물 등의 상황을 촬영함과 동시에 <u>발화원으로 작용한 물질</u>은 필요에 따라 확대하여 촬영한다.
④ 원형이 변형되거나 소실된 발화원은 화재발생 전 형태를 확보하기 위해 소손되지 않은 같은 종류의 물체와 비교하여 대조 촬영한다.

(5) 복원상황 사진촬영
① <u>화재발생 직전의 상태로 물건을 배치</u>하고 물건의 소실이 강하게 이루어진 부분과 타다 남은 부분 등 <u>연소의 방향성을 파악할 수 있도록 촬영</u>을 한다.
② 가구나 기계설비 등 <u>수납물의 방향과 상황을 설명할 수 있도록 촬영</u>한다.
③ 타지 않은 곳, 발화원과 착화물의 위치관계, 발화원인을 입증하는 데 필요한 <u>주변상황 등을 촬영</u>한다.

3 발굴 및 복원 조사의 절차 및 요령

1 발굴의 의의

연소되었거나 낙하된 퇴적물의 <u>표면에서부터 바닥에 이르기까지 시간의 흐름을 역으로 추적</u>하여 발화원 및 연소경로를 밝혀내는 데 있다.

※ 발굴은 화재규모에 관계없이 반드시 실시하는 것이 화재원인조사의 기본이다.

2 발굴범위 검토사항

① 발굴범위는 연소된 상황과 화재출동 당시 식별상황 및 관계자 등의 상황설명을 토대로 결정한다.
② 발굴범위는 <u>너무 좁게 한정시키지 말고</u> 연소상황의 확인, 출화 당시 관계자의 진술과 신빙성을 확인하는 것 외에도 발화지점의 주변 여건 등도 고려하여 결정한다.
③ 조사에 참여하는 인원은 전원 발굴범위의 협의에 참여하고 발화원에 대한 정보와 발굴에 따른 주의사항 등을 지휘관으로부터 듣는다.

3 위해방지 조치

① 발굴현장은 건물의 구조부가 열에 노출되어 현저하게 강도가 저하된 상태이며 도괴, 낙하, 바닥면에 구멍이 발생하는 등 예기치 않은 위험이 도사리고 있어 발굴 전에 안전에 대한 평가가 먼저 이루어져야 한다.
② 낙하하기 쉬운 물건, 찔릴 수 있는 부분 등 위해방지를 위해 벨트, 장갑, 안전화 등을 반드시 착용한다.
③ 현장에 입회하는 관계자의 안전을 도모하여 위험사항에 대한 주의조치를 한다.

4 현장 발굴절차

발굴작업을 하기 전에 현장 전반에 대한 사진촬영을 먼저 행한다. 발굴범위는 각 방향으로부터 입체적으로 촬영을 하고 건물 전체의 윤곽이 나타날 수 있도록 한다. 소손된 물건 중 도괴되어 퇴적층 표면에 있는 철재나 기둥, 대들보 등 복원이 불가능한 것을 제거하고 화재가 발생한 건물의 평면적인 연소형태를 발굴한다.

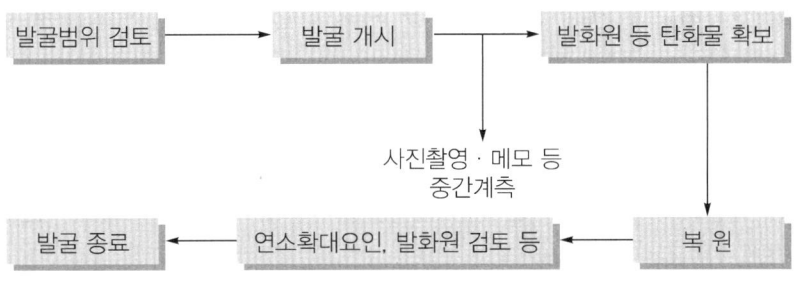

‖ 발굴절차 ‖

(1) 낙하물의 제거요령

① 기와, 콘크리트, 철재, 석재 등 여러 층이 겹겹이 있는 경우 표층부분의 물건부터 제거한다.
② 출화부위가 상층인 경우 관계자에게 낙하물을 확인시키고 필요하다고 생각되는 물건은 그 위치를 사진촬영하거나 기록을 하여 다른 낙하물과 구별이 가능하도록 조치한다.
③ 높은 위치에 있는 물건이 떨어져 바닥에 접해 있는 경우 그 부근의 연소된 상황을 나타내고 있으므로 그 일부를 남겨 놓는다.

(2) 발화지점 발굴요령

① 발굴지역의 경계구역을 설정한다.

② 불필요한 낙하물 등을 우선 제거하여 **안전을 확보**한다.
③ 무너지거나 붕괴된 벽체, 기둥, 금속재 등 상층부 위에 있는 **큰 물체 등을 먼저 제거**한다.
④ 삽과 같은 큰 장비는 훼손의 우려가 크므로 가급적 사용을 자제한다.
⑤ 상층부에서 하층부로 발굴을 하며, **수작업을 원칙**으로 한다.
⑥ 장롱이나 소파, 침대 등 단면적이 크고 잘 옮기지 않는 물건은 가능한 한 이동시키지 않는다.
⑦ 발굴된 물건은 위치가 **어긋나지 않도록 주의**하며 가급적 옮기지 않는다.
⑧ 복원할 필요가 있는 것은 **번호 또는 용도별 표식을 붙여서** 정리해 둔다.
⑨ 기름찌꺼기나 분진덩어리가 있는 부분은 붓이나 빗자루로 가볍게 쓸어내는 방법으로 불순물을 제거한다.
⑩ 붓이나 빗자루 등으로 제거가 곤란한 불순물은 걸레나 헝겊에 물을 묻혀 살짝 닦아내는 물 세척 방법을 이용한다.

(3) 중간계측과 사진촬영
① 낙하물의 제거가 끝난 시점 및 발굴 도중과 발굴이 완전히 끝난 후까지 **사진촬영과 계측을 꾸준히** 실시한다.
② 발굴로 훼손된 구역은 다시 원점으로 돌이킬 수 없다는 점을 염두에 두고 실시한다.
③ 중간계측과 사진촬영은 메모기록을 병행하여 실시함으로써 발굴 전후관계를 분명하게 한다.

> **! 꼼.꼼.check!** ● 중간계측 실시 이유 ●
> 발굴로 훼손된 구역은 다시 원점으로 돌이킬 수 없으므로 실시간 진행된 조사과정과 증거의 수집, 연소상황 등을 객관적으로 기록하기 위함이다.

(4) 연소된 잔해의 불순물 제거요령
① 손상이 더 이상 가중되지 않도록 주의하고, 불순물 제거는 **빗자루, 붓 등으로 가볍게 쓸어 제거**한다.
② 고여 있는 **물이나 습기**는 무리하게 닦아내지 말고 **헝겊으로 가볍게 눌러 제거**한다.
③ 발화원의 잔해는 오염되지 않은 장갑을 사용하여 수거하며 불순물이 다량 부착된 경우 무리하게 제거하지 않는다.

(5) 화재현장에서 소사체를 발견한 경우의 조사

① 피난행동을 시도한 흔적이 있는지 소사체의 위치와 주위 연소상황을 대입시켜 관찰한다.
② 외상유무, 착용하고 있는 옷의 연소 정도와 옷에 유류성분의 냄새 등을 확인한다.
③ 코와 입 주변의 그을음 부착상태, 권투선수자세 등 <u>생활반응의 유무를 확인</u>한다.

> **꼼꼼.check!** ─ 소사체의 생활반응 판단 ─
> - 신체 출혈흔적이 있는 경우 살아있을 때 출혈은 씻거나 닦아내도 제거되지 않는 반면, 죽었을 때 출혈은 혈압이 없기 때문에 응고되는 능력이 없어 닦으면 쉽게 제거된다.
> - 코나 입 등 호흡기 안에 있는 기도에서 연기나 그을음 등이 부착되어 있으면 화재 당시 호흡운동이 이루어져 살아있었다고 판단할 수 있다.
> - 이마의 주름 안에 그을음이 부착되지 않았다면 화재 당시 생존해 있을 확률이 높다. 만약 사망한 이후라면 근육이 이완되어 얼굴 주름 사이에도 그을음이 부착된다.

5 복원 요령

발굴의 마무리단계는 화재발생 전 상황으로 복원을 하는 데 있다. 복원이란 발굴을 통해 확보한 가연물을 화재발생 전 상황으로 가정하여 재현(再現)하는 것이며 이를 통해 착화물에 대한 성질과 연소확대물의 종류를 살펴 발화원과의 관계를 이끌어내는 것이 관건이 된다. 퇴적물이 쌓였다는 의미는 표면으로부터 바닥에 이르기까지 시간의 흐름을 역으로 추적하여 확인하는 과정이므로 중도 포기할 수 없는 중요한 의미를 갖는다.

① 발굴된 물건의 <u>위치를 명확하게</u> 한다.
② 형체가 소실되어 배치가 불가능한 것은 끈이나 로프 또는 대용품을 사용하되 <u>대용품이라는 것이 인식되도록</u> 한다.
③ 복원은 현장식별이 가능한 <u>확실한 것만 복원</u>한다.
④ 예측에 의존하거나 <u>불명확한 것은 복원하지 않는다.</u>
⑤ 수직, 수평 관통부의 부재인 목재나 알루미늄 등은 타거나 녹아서 남은 것, 가늘어진 것 등을 관찰하여 일치하는 곳을 맞춘다.
⑥ 잔존물이 파손되지 않도록 잦은 위치이동은 하지 않는다.
⑦ 관계인을 입회시켜 <u>복원상황을 확인</u>시킨다.

6 복원 시 유의사항

① 구조재는 <u>확실한 것만 복원</u>한다.
② 타서 남아 있는 잔존물은 파손되지 않도록 취급에 주의한다.

③ <u>대용재료를 사용하는 경우</u> 타고 남은 잔존물과 유사한 것을 사용하지 말고 <u>구별되는 것</u>을 사용한다.
④ 불명확한 것은 복원하지 않는다.
⑤ 복원상황을 <u>관계자에게 확인</u>시킨다.

4 발굴과정에서 식별되는 모든 개체의 연소형태 및 연소순서 상황

1 물질의 연소형태

(1) 금속류의 만곡 및 변색

금속재 기둥이 수직방향으로 세워져 있는 경우 열과 접촉한 면으로 팽창이 일어나면 **발화부 또는 수열을 받은 반대방향으로 휘거나 도괴되는 경향**이 있다. 금속은 열과 접촉한 방향으로 **팽창률이 증가하기 때문**에 나타나는 현상으로 이미 한쪽 방향으로 열팽창이 일어나 도괴되면 재차 강한 열을 가하더라도 소성변형이 일어나지 않고 고착상태를 유지하게 된다. 그러나 수직 금속재는 건물 등 구조물을 받들고 있어 어느 정도 하중을 유지하고 있는 상태이므로 단순히 금속의 만곡현상만 가지고 화염의 진행방향을 판단하지 않도록 주의하여야 한다.

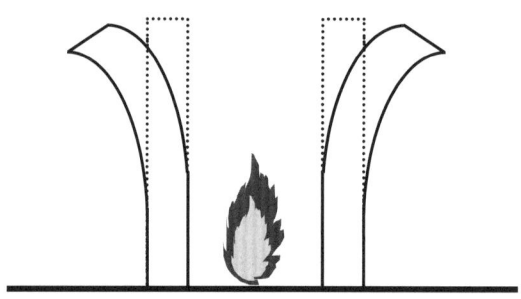

‖ 열팽창률에 의한 금속의 만곡현상 ‖

철골조 등 금속기둥이 열을 받으면 금속의 팽창률보다는 하중에 의해 영향을 받는다. 열과 접한 방향으로 먼저 연화될 것이며 균형을 잃고 붕괴에 이르게 되므로 다른 방향에서 열을 받더라도 다시 반대방향으로 만곡되는 현상은 발생하지 않아 화염이 집중된 방향을 판단할 수 있다.

‖ 화염이 철골조구조물의 내부 중앙에서 발화한 경우 ‖

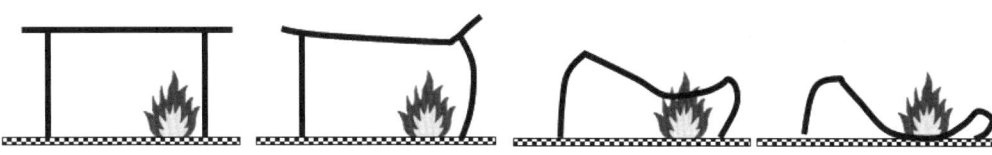

| 화염이 철골조구조물 내부에서 한쪽 기둥과 접한 경우 |

| 화염이 철골조구조물 외부에서 한쪽 기둥과 접한 경우 |

유리창틀, 식기류, 조명기구 등에 사용되고 있는 알루미늄은 용융점이 660℃로 쉽게 연화·용융되며 공기 중에 방치하면 산회피막이 생겨 알루미늄이 지니고 있는 광택이 없어지고 무르기 쉬워 떨어져 나가거나 조각난 상태로 발견되기도 한다. 금속류의 만곡과 변색은 연소과정에서 나타나거나 나타나지 않을 수도 있으며 불연재료의 특성상 발화지점을 특징짓는 지표로서 비중이 높지 않다.

(2) 플라스틱류

녹아서 흘러내리는 성질이 있고, 용융상태가 되면 분해가스를 발생하며, 일반적으로 착화한 후 소실되는 특징을 보인다. 열가소성 플라스틱은 가열하면 부드럽게 액상으로 변하며, 약 100℃ 전후로 연화 또는 용융하고, 400~500℃에서 발화한다. 반면 열경화성 플라스틱은 화재로 인해 한번 가열하여 굳어지면 다시 열을 가해도 변형되지 않는 것으로 연소된 잔해는 숯처럼 되고, 약 400℃에서 연화 또는 용융하며, 450~700℃에서 발화한다.

열가소성 플라스틱	열경화성 플라스틱
폴리에틸렌, 폴리염화비닐, 폴리스티렌, 폴리프로필렌, ABS수지 등	페놀수지, 에폭시수지, 멜라민수지, 요소수지, 폴리에스테르 등

열가소성 플라스틱은 용융성이 좋아 쉽게 형체가 소실되며, 연소 후 퇴적과정에서 다른 물체와 접촉하면 쉽게 혼합되어 금속류, 목재류 등 다른 물질에 흡착하는 경향이 있다.

(3) 유리류

일반유리는 약 250℃에서 자체 응력의 불균형으로 균열이 발생하고, 약 650~750℃에서 연화되며, 850℃를 전후하여 용해되어 흘러내린다. 유리의 파손형태는 인위적인 충격이나 외력에 의한 파손, 열에 의한 파손, 폭발압력에 의한 파손으로 구분할 수 있다.

① 인위적인 충격에 의한 파손 특징
  ㉠ 충격을 받은 방향의 반대쪽부터 먼저 파손이 진행된다.
  ㉡ 유리 표면이 거미줄처럼 방사상모양으로 파괴되며, 충격지점으로부터 거리가 가까울수록 파편이 작고 멀어질수록 크게 부서진 형태로 남는다.
  ㉢ 파괴된 지점을 기점으로 측면에 방향성 있는 월러라인(wallner line)이 형성된다.

> **!꼼.꼼.check!** ● 월러라인(wallner line) ●
> 유리 측면에 형성되는 접선면으로 육안 관찰이 가능한 줄무늬 방사조직이다. 리플마크는 유리표면에 나타나는 모양을 말한다.

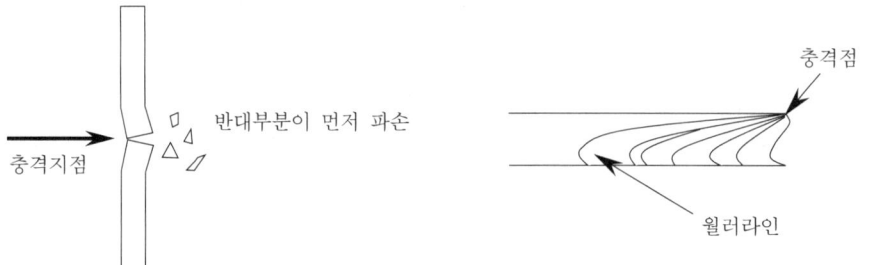

∥ 인위적 충격에 의한 유리파손 형태 ∥

② 열에 의한 파손 특징
  ㉠ 길고 **불규칙한 형태**로 금이 가면서 파손된다.
  ㉡ 유리의 단면에는 외력에 의한 형태로 남는 **월러라인이 형성되지 않는다.**
  ㉢ 화재로 생성된 열과 압력으로는 유리창을 파괴하기 어렵다.

③ 폭발에 의한 파손 특징
  ㉠ 폭발로 인한 파괴기점은 국부적이 아니라 유리의 표면적 전체가 전면적으로 압력을 받아 파괴된다.
  ㉡ 파손형태는 **평행선에 가까운 형태**로 깨지며 충격에 의해 생성되는 **동심원형태의 파단은 발생하지 않는다.**
  ㉢ 화재가 발생한 이후 폭발이 일어난 경우 비산된 파편에 그을음이 부착되어 있을 가능성이 높으며, 폭발 이후에 화재가 발생했다면 그을음이 파편에 부착될 수 없어 화재전후 상황판별이 가능한 경우가 있다.

> **바로바로 확인문제**
>
> (1) 유리에 충격을 가하면 측면에 나타나는 물결모양으로 리플마크라고도 한다. 무엇이라고 하는가?
> (2) 유리의 파단면이다. 충격방향을 쓰시오.
>
>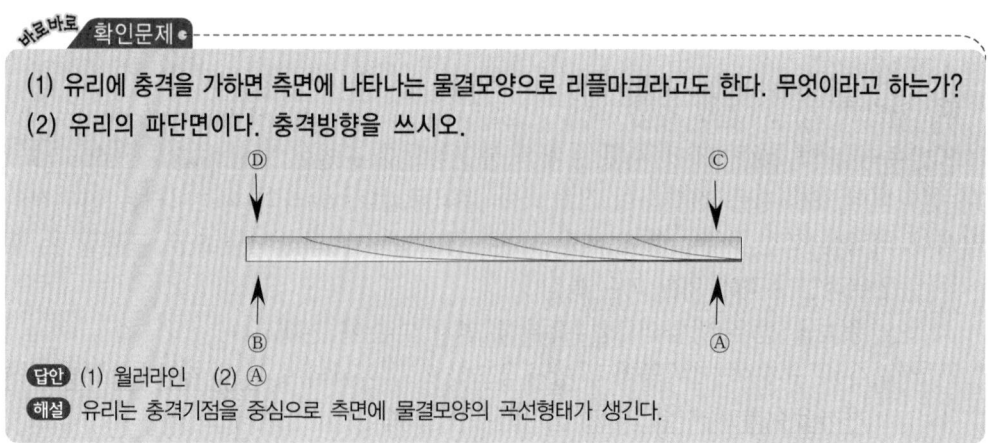
>
> **답안** (1) 월러라인 (2) Ⓐ
> **해설** 유리는 충격기점을 중심으로 측면에 물결모양의 곡선형태가 생긴다.

(4) 목재의 탄화형태

① **훈소흔** : 목재는 갈라진 틈, 연결 또는 접합된 틈 사이로 쌓여 있는 먼지 등에 착화 후 공기의 유동이 적기 때문에 외부로 발산되는 열량이 적어 결과적으로 열에너지가 높아지고 가스의 발생이 일시에 증대되는 시기에 발염 연소하는 관계로 훈소흔이 남는다. 이때 발화된 부분은 <u>패인 것처럼 소실되는</u> 특징이 있다. 훈소는 목재나 종이류에서 나타나는 특징으로 플라스틱, 금속류, 유리 등에는 발생할 수 없다.

② **균열흔** : 균열흔은 목재가 열을 받은 강도를 나타내는 지표로 쓰일 수 있다. 열을 강하게 받은 것일수록 균열이 크게 일어나고 소실된다. 주의할 점은 바닥면에 퇴적된 나무의 단면은 부분소실된 후 떨어진 잔해가 많기 때문에 남겨진 잔해만 가지고 판단하지 말고 원래 위치하였던 지점을 관찰하여 소실면적과 열의 강도 등을 측정하여야 한다.

③ **목재의 균열흔 종류**

  ㉠ 완소흔(700~800℃) : <u>거북등모양</u>으로 탄화되며, 홈이 얕고 부푼 형태는 삼각 또는 사각 형태
  ㉡ 강소흔(900℃) : 홈이 깊고 <u>만두모양</u>의 요철형태
  ㉢ 열소흔(1,100℃) : <u>홈이 가장 깊고</u> 반월형모양

(5) 전기배선 및 기구류

① 벽면에 매입된 콘센트는 플라스틱 외함이 열에 녹아 탄화되더라도 플러그와 연결된 금속단자는 벽체에 부착된 경우가 많아 부하기기의 사용여부 판단이 가능하며 접촉불량, 트래킹, 반단선 출하 증명 등이 가능한 경우가 있다.

② 이동이 가능한 멀티탭 콘센트는 바닥면에 퇴적물과 혼합된 경우 화재진압과정에서 금속단자가 떨어져 나가거나 분실될 수 있고 플러그가 빠지거나 위치가 이동된 경우 전원측 및 부하기기와의 연결상태를 확인하고 금속단자의 소손상황을 살펴 발화가능성을 판단한다.

③ 화재 시 바닥면은 다른 부분보다 온도가 낮기 때문에 잔류물이 온전하게 보전된 경우가 많다. 만약 전기배선이 열에 용융되어 바닥면에 용착되었다면 함부로 떼어내지 말고 배선경로를 확인하도록 한다. 1차 용융흔이 생성된 부근은 퇴적물과 혼합되더라도 반짝거리는 구형을 유지하고 있고 외부화염에 의한 경우에는 절연피복이 동선에 용착된 형태로 확인되는 경우가 있다.

2 퇴적물을 통한 연소의 진행순서

발굴은 화재가 진행되는 동안 시간적 흐름을 고고학의 발굴원리에 입각하여 검증할 수 있는 과학적인 조사방법이다. 화재가 발생할 당시 물체가 온전하게 보존되었다는 전제하에 하위에 있는 지층이 먼저 쌓인 것이고 상위에 있는 지층은 나중에 쌓인 것이라는 지층누중의 법칙은 화재원인을 규명하기 위해 시간적으로 사건이 전개된 사실을 입증하는 데 효과적으로 적용할 수 있다.

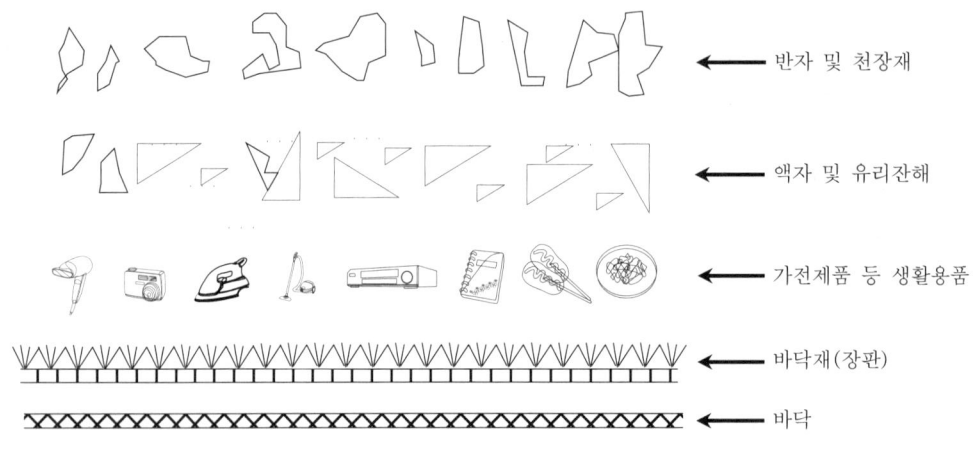

┃ 시간적 경과에 따른 연소 잔해물의 퇴적순서 ┃

3 연소의 진행순서 조사 시 유의사항

① 퇴적물이 쌓인 시간적 순서는 하층부에서 상층부 순이며, 상층부에 쌓인 퇴적물일수록 부피가 크다는 점을 염두에 둔다.
② 다리미나 전기장판 등 발열체의 하단부에 있는 가연물이 연소되었다면 발화지역일 가능성이 있다. 만약 전기장판을 사용하지 않았다면 발열체의 하단부에 있는 가연물은 연소할 수 없고 원형상태로 발견되므로 퇴적물을 통해 발화여부를 검토하여야 한다.
③ 연소된 퇴적물은 원형상태로 보존되기 어렵다는 점을 고려하여야 한다. 화재진압과정에서 퇴적물은 걷어 내거나 파헤쳐질 수 있고 의도하지 않았지만 변형되거나 훼손될 수 있음을 참고하여야 한다.
④ 상층부에서 하층부로 순차적으로 걷어낸 연소잔해는 다시 제자리로 복구할 수 없음을 유의한다. 연소된 퇴적물들은 이미 순수물질이 아니고 불규칙한 형태로 남아 있거나 소실될 우려가 높은 상태임을 감안하고, 퇴적된 전체 층위를 판단하기 위해 국부적으로 깊이 파내려가지 않아야 하며 복원과정에서 필요하지 않은 물건은 제거한다.

⑤ 퇴적물의 형태가 소실 또는 변형되어 어떤 물체인지 판단이 곤란한 경우 입회인에게 확인시킨다.

5 발굴과정에서 식별되는 특이사항

(1) 발화원으로 추정되는 물체가 있는 경우
① 전기적인 기기는 스위치의 상황, 플러그의 사용상태, 배선에 생긴 단락흔 등이 발견될 수 있다. 스위치나 플러그의 금속편이 국부적으로 용융되거나 소실된 형태가 많고, 발화지점을 중심으로 'V' 패턴이 형성되는 경우가 있다.
② 기계장치 등 제품 속에 내장되어 있는 서모스탯, 퓨즈, 트랜스 등은 제품이 소실되면 독단적으로 발견되는 경우가 있다. 기판의 소손상태에 비추어 회로소자의 이상발열, 용단, 용융흔적 등으로 발화여부를 조사한다.
③ 불을 사용하는 설비인 가스레인지, 석유난로, 보일러 등은 전도되거나 붕괴 등으로 인해 파손된 형태로 발견되는 경우가 많다. 손잡이는 소실되고 금속재 표면은 산화된 형태로 존재할 경우 관계자로부터 사용여부를 확인하고 재질적 결함과 파손상황 등으로부터 출화가능성을 판단하여 분해검사를 통해 입증한다.

(2) 발화원의 잔해가 존재하지 않는 경우
① 담뱃불, 성냥, 촛불 등 발화원의 잔해가 없는 경우에는 쉽게 착화할 수 있는 가연물의 존재여부가 관건이 되므로 심부적으로 타 들어간 소손흔적이 발견되는 경우가 있고 착화가능한 연소물질이 잔해로 확인되는 경우가 있다.
② 인화성 액체를 사용한 경우 바닥면에 불규칙한 포어 패턴이 관찰되는 경우가 있다. 인화성 액체가 주변 물질에 흡착된 경우 냄새로 감지되기도 하지만 완전연소하면 냄새가 식별되지 않는 경우도 있다. 그러나 바닥면에 뚜렷이 나타난 연소패턴으로 인해 인화성 액체가 사용되었음을 판단할 수 있다.
③ 양초는 파라핀이 심지를 타고 기화하는 것으로 완전연소하지 않았다면 잔해가 확인될 수 있으나 성냥불 또는 라이터불을 사용한 것처럼 발화 특징점을 남기지 않는다. 관계자의 진술과 사용상황 등 정황조사에 비중을 두고 조사를 할 수밖에 없는 한계가 있다.

6 발굴완료 후 연소상황의 설명이 필요한 부분의 복원방법

① 건물의 구조물에 따라 배치된 내부 연소물의 위치를 분명히 하고 발굴 시 확보된 소손물을 기록에 근거하여 조립한다.
② 화재로 소실되어 복원이 불가능한 물건이나 구조물의 칸막이, 선반 등의 상황을 표시할 때는 로프나 끈 등으로 구획하거나 형상을 표시한다.

③ 출입구의 상황은 문의 개폐상태 등을 알 수 있도록 남아 있는 경첩의 오염 정도로 개방된 상태임을 입증하고 타다 남은 부분을 고찰하여 열과 연기의 확산경로를 설명한다.
④ 발화층이 2층으로 구조재가 소실 또는 도괴되어 복원이 불가능한 경우에는 지면 위에 로프 등으로 출화부위의 칸막이를 표시하고, 소손된 잔존물건에 대해 입회인의 설명을 요청하여 화재발생 전의 상태로 배치를 한다.

7 발굴 시 조사관의 의식 및 유의사항

(1) 발굴 시 조사관의 마음자세
① 입수된 정보를 바탕으로 발화지역을 정확히 판단하고, 퇴적물의 하단에 발화원인과 관계된 물체의 존재확인에 주력한다.
② 퇴적된 물건의 종류와 용도, 위치관계를 고려하고, 물건 상호간의 퇴적상황의 의미를 관찰하며, 성급한 결론을 내리지 않도록 한다.
③ 발굴된 물건마다 소홀히 취급하지 않으며, 객관적 사실규명에 최선을 다한다.

(2) 발굴 시 유의사항
① 발굴에 임하기 전에 표면에 덮여 있는 기와, 함석 등과 낙하위험이 있는 물건은 우선 제거한다.
② 목조건물 등의 2층은 바닥면이 퇴적물로 덮여 있는 경우 연소된 구역과 연소하지 않은 구역의 경계가 불분명할 수 있으므로 안전평가를 한 후 발굴에 임하도록 한다.
③ 발굴작업은 바닥 평면에 대한 조사가 중심이므로 바닥면이 약화되거나 주변 물건 등이 도괴우려가 없는지 확인한 후 실시하도록 한다.
④ 현장상황에 적합한 발굴용구를 사용하고, 장갑, 마스크, 보안경 등 개인안전장구를 반드시 착용하도록 한다.
⑤ 발굴은 상층부에서 하층부로 순차적으로 실시하며, 발굴과정에서 확보한 물건은 혼선이 발생하지 않도록 번호나 표식을 부착하고 손상되지 않도록 관리하여야 한다.

확인문제

목재의 균열흔 종류를 설명하였다. 알맞은 용어를 쓰시오.
(1) 거북등 모양으로 탄화되며 홈이 얕고 부푼 형태는 삼각 또는 사각형태를 보인다.
(2) 900℃ 정도로 탄화되었을 때 나타나며 홈이 깊고 만두모양의 요철형태를 보인다.
(3) 가장 오랜 열에 탄화되었을 때 나타나며 홈이 가장 깊고 반월형 모양을 보인다.

답안 (1) 완소흔 (2) 강소흔 (3) 열소흔

02 발화관련 개체의 조사

1 전기설비 및 개체에 대한 조사방법

1 전기계산

전력, 전류, 전압, 저항의 관계식은 다음과 같이 성립한다.

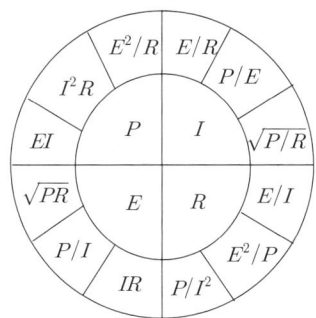

여기서, P : 전력(W), I : 전류(A), E : 전압(V), R : 저항(Ω)

(1) 전류

<u>전하가 연속적으로 이동하는 현상</u>으로 1초 동안에 1C의 전기량이 이동하였다면 전류의 세기는 1A가 된다(단위 : A, 암페어).

$$Q = It, \ I = \frac{Q}{t}$$

여기서, Q : 전기량(C), I : 전류(A), t : 시간(s)

> **확인문제**
>
> 어떤 도체의 단면을 2분 동안 32C의 전하가 이동했을 때 흐르는 전류의 크기 I는 몇 A인가?
>
> **답안** $I = \frac{Q}{t}$ 이므로 $\frac{32}{2} \times 60 = 0.27\text{A}$

(2) 전압

도체 내 두 점 사이의 <u>전기적인 위치에너지의 차</u>를 말한다(단위 : V, 볼트). 1쿨롬(C)의 전하가 전위차가 있는 두 점 사이에서 이동하였을 때 하는 일이 1줄(J)일 때 그 두 점 사이의 전위값은 1V이다.

$$V = \frac{W}{Q}, \ W = QV$$

여기서, V : 전압(V), W : 일(J), Q : 전기량(C)

(3) 전력

① 전력은 단위시간 동안의 전기에너지를 나타내는 것으로 1sec 동안에 1J의 일을 할 때 1W의 전력이 된다. 1W는 1J/sec와 같은 단위이다.

② V(V)의 전압을 가하여 1A의 전류가 t(sec) 동안 흘러서 Q(C)의 전하가 이동되었을 때의 전력 P는 다음과 같다.

$$P = \frac{VQ}{t} = VI, \quad V = RI, \quad I = \frac{V}{R} \quad \therefore P = VI = I^2R = \frac{V^2}{R}$$

여기서, P : 전력(W), V : 전압(V), Q : 전기량(C), t : 시간(s), I : 전류(A), R : 저항(Ω)

확인문제

단상 220V에서 4,840W를 소비하는 전열기구의 회로에 흐르는 전류는 몇 A인가?

답안 $R = E/I = E^2/P$이므로 $220^2/4,840 = 10Ω$
$I = E/R = 220/10 = 22A$

(4) 전력량

① 일정 시간 동안 사용한 전력의 양을 말하며 전력과 사용시간의 곱으로 표시한다. 1kWh란 1kW의 소비전력을 가진 전기제품을 1시간 사용했을 때의 전력량을 말한다.

② V(V)의 전압에서 I(A)의 전류를 t(sec) 동안 흘릴 때의 전력량은 다음과 같다.

$$W = VIt = Pt$$

여기서, W : 전력량(J), P : 전력(W), V : 전압(V), I : 전류(A), t : 시간(sec)

(5) 줄(Joule)의 법칙

도체에 전류를 흘렸을 때 발생하는 열량은 전류의 2승과 저항의 곱에 비례한다. 저항 R(Ω)의 도체에 I(A)의 전류가 t(sec)간 흐르면 도체 중에 발생하는 열량 H는 다음과 같다.

$$H = I^2Rt(J), \quad H = 0.24I^2Rt$$

여기서, H : 열량(cal), I : 전류(A), R : 저항(Ω), t : 시간(sec)

확인문제

100Ω의 저항에 5A의 전류를 2분간 흐르게 하면 발열량은 몇 kcal인가?

답안 $H = 0.24I^2Rt = 0.24 \times 5^2 \times 100 \times 2 \times 60 = 72,000 \text{cal} = 72 \text{kcal}$

(6) 소선의 용단특성

$$\text{용단전류} \quad I_s = ad^{\frac{3}{2}}$$

여기서, I_s : 용단전류(A), a : 재료에 의한 정수, d : 선의 직경(mm)

> **확인문제**
>
> 지름(d) 0.32mm인 구리선의 용단전류(I)를 W.H Preece의 계산식을 이용하여 구하시오.
> (단, 구리의 재료 정수(a)는 80으로 하고 소수 둘째자리에서 반올림할 것) [2024년 기사]
>
> **답안** $I_s = ad^{\frac{3}{2}}$ [A]
>
> 여기서, I_s : 용단전류, a : 재료에 의한 정수(구리 80), d : 선의 직경(mm)
>
> ∴ $I_s = 80 \times 0.32^{\frac{3}{2}} ≒ 14.5$

(7) 공진주파수

회로에 포함되는 L과 C에 의해 정해지는 고유주파수와 전원의 주파수가 일치하면 공진현상을 일으켜 전류 또는 전압이 최대가 된다. 이 주파수를 공진주파수라고 한다.

$$f_0 = \frac{1}{2\pi\sqrt{LC}}$$

여기서, f_0 : 공진주파수(Hz), L : 인덕턴스(H), C : 정전용량(F)

2 전기가열

전기에너지를 열에너지로 변환시켰을 때 발생하는 열을 전열이라고 하며, 이때 발생한 열을 이용하여 물체를 가열하는 것을 전기가열이라고 한다. 전기화재는 이 원리를 이용한 범주 안에서 발생하는 것이 대부분이다.

(1) 전기가열의 종류

① 저항가열 : 전기저항을 통해 전류의 발열작용을 이용한 것으로 <u>전기다리미, 백열전구, 모발건조기, 선기장판 등</u>이 있다.

② 아크가열 : 도전체의 양단에서 발생한 아크열을 이용하는 방식으로 <u>전기용접, 아크용접 등</u>이 있다.

③ 유도가열 : 전자유도현상을 이용한 것으로 <u>전자조리기가 대표적</u>이다. 전자조리기는 조리기구 자체가 발열하는 것이 아니라 용기의 바닥면이 발열되어 음식을 조리하는 것으로 전자조리기 내부에서 코일이 발생시킨 자력선이 조리용 냄비의 바닥면을 통과할 때 전자유도작용에 의해 와전류가 발생하여 냄비의 바닥면이 가열되는 원리이다.

④ 유전가열 : (+)극과 (-)극의 분자끼리 서로 충돌시켜 마찰열을 일으켜 이용한 것으로 <u>가정용 전자레인지는 유전가열을 이용한 것</u>이다.

⑤ 전자빔가열 : 방향성이 좋은 전자의 흐름을 전자빔이라고 하는데, 이 전자빔을 이용한 가열방식으로 금속이나 세라믹의 가열, 용해, 용접 및 가공 등에 이용된다.

⑥ 적외선가열 : 주로 적외선 전구로부터 방사된 적외선을 피열물의 표면에 가열하는 방식으로 섬유 및 도장 등의 건조에 많이 사용된다.
⑦ 초음파가열 : 피열물에 초음파 진동을 인가하여 물체에 마찰열이 발생하는 것을 이용한 것으로 산업용의 초음파 플라스틱 용접기가 대표적이다.

(2) 전기가열의 특징
① 열효율이 우수하다.
② 높은 온도를 얻을 수 있다.
③ 내부 가열이 가능하다.
④ 온도제어 및 조작이 간단하다.

3 단락(short circuit)

전기기기나 전선 등에 사용된 절연물이 전기적, 화학적 또는 물리적인 원인 등에 의해 탄화, 열화되거나 사용자의 취급부주의로 인해 절연이 파괴되면 전기회로의 양극 사이 또는 양쪽 전선 사이의 절연저항이 극도로 나빠지며 전기에 대한 저항성분이 거의 없는 도전통로가 형성되어 그곳으로 대전류가 흘러 접촉부분에 빠삭빠삭하는 소리와 동시에 전기불꽃이 발생하여 용융흔이 생기고 동시에 전선의 접촉개소가 용단되는 현상을 말한다. 단락순간에는 순식간에 큰 전류가 흐르며 줄열이 상승하므로 착화가능한 물질만 주변에 있다면 충분히 착화할 수 있다.

(1) 전선피복 손상에 의한 단락출화 요인
① 무거운 물건을 배선 위에 올려 놓아 하중에 의한 짓눌림
② 배선상에 스테이플이나 못을 이용하여 고정
③ 배선 자체의 열화촉진으로 선간 접촉
④ 꺾여지거나 굽이진 굴곡부에 배선 설치
⑤ 자동차의 진동이나 헐겁게 조여진 배선 방치
⑥ 금속관의 가장자리나 금속케이스 등에 도체 접촉
⑦ 쥐나 고양이 등 설치류에 의한 배선의 접촉 등

(2) 단락발화 특징
① 단락불꽃은 순간적으로 고온이지만 단락이 발생하여도 주위 가연물을 발화온도까지 높이는 경우는 거의 없어 곧바로 발화로 이어지는 경우는 적다.
② 연속적으로 단락불꽃이 발생하는 경우와 접촉불량 등에 의해 이미 온도가 상승되어 있는 경우 발화의 위험이 있으며 먼지, 분진류, 가연성 기체 등은 충분히 착화시킬 수 있다.

③ 보통 착화물과 접촉 시 화염의 타오름이 늦어서 담뱃불 등 <u>미소화원에 의한 발화와 유사한 형태</u>를 보인다.

(3) 화재현장에서 전선의 단락흔이 의미하는 것
화재가 발생한 현장에서 전선의 <u>단락흔이 발견된 지점은 발화가 개시된 지역이거나 그 부근일 가능성이 크다.</u> 전선의 일부가 화염과 접촉하면 전선 간에 단락이 일어나고 이로 인해 분전반의 차단기가 동작하거나 인위적으로 차단기를 조작하여 정지시킴으로써 더 이상 사고전류가 확대되지 않도록 하는데 전원이 차단된 상태에서는 절연피복이 소실되더라도 단락이 발생할 수 없다. 따라서 화재현장에서 <u>전기적 단락흔의 발견은 최소한 화재 당시 통전상태</u>로 단락이 일어나지 않은 부분보다 <u>먼저 연소된 구역임을 확인하는 지표</u>로 활용할 수 있다.

(4) 용융흔의 육안판단 방법
① 1차 용융흔
 ㉠ 코드가 여러 가닥의 소선인 경우 단락부위가 덩어리로 뭉쳐 있고 <u>반구형으로 둥글고 광택</u>이 있다.
 ㉡ 전선이 굵은 경우 단락 각도에 따라 바늘처럼 <u>가늘고 뾰족한 경우</u>도 있다.
 ㉢ 전선이 굵은 경우 일부가 비산 또는 용융·침식되어 무딘 송곳처럼 둥그스름하거나 대각선으로 잘려나간 경우도 있고 작은 용융흔이 <u>단락부 부근에 용착</u>된 경우가 있다.
 ㉣ 대부분 용융흔의 <u>끝부분은 둥글고</u> 매끄러우며 <u>광택이 있다.</u>
 ㉤ 과전류에 의한 용융흔은 코드의 경우 일직선 형태로 용단되고 끝부분만 뭉쳐 있으며, 굵은 동선의 경우에는 타원형 망울과 아래로 흘러내린 형태로 광택이 있다.
 ㉥ 화재발생 이전에 생긴 용융흔이 또다시 화재열로 녹은 경우 망울 끝부분에 작은 구멍이 생기는 경우가 많다.
 ㉦ 전선이 용단되기 전에 목재와 같은 가연물에 접촉한 경우에는 접촉한 부분으로 빨리 용융되어 촛농 같은 망울이 발생한다.

② 2차 용융흔
 ㉠ 망울형태가 타원형으로 작은 구멍이 있으며, <u>검은 회색을 띤 적갈색</u>이다.
 ㉡ 여러 가닥의 연선인 경우 끝부분이 달걀모양의 용융흔이 형성되고 약간의 광택이 있다.
 ㉢ 시간이 경과하면 용융 망울이 산화되어 검푸른 빛으로 변색된다.
 ㉣ 용융 망울은 둥근 형태로 소선 사이로 탄화된 <u>불순물이 붙어 있다.</u>
 ㉤ 전선 중간부분에서 합선된 경우 용융 망울은 고드름 형상을 띠고 부분적으로 피복이 탄화하여 시커멓게 눌어붙어 있다.

ⓑ 소형 전동기 코드가 단락된 경우 단락부위가 덩어리로 뭉쳐 있으며 망울 표면이 울퉁불퉁 불규칙한 모양의 둥근 형태를 가지고 있다.

③ <u>3차 용융흔(열 용흔)</u>
ㄱ) 금속의 융해 범위가 넓고 표면에 요철(凹凸)이 있어 거칠고 광택이 없다.
ㄴ) 전선 중간에 녹아서 흘러내린 형태의 결정체가 있고 전선 말단은 물방울이 떨어지기 직전의 모양이다.
ㄷ) 전선 일부가 외부화염에 녹으면 장력을 받은 쪽으로 길게 늘어나며 끝부분의 가늘고 절단된 표면은 거칠게 나타난다.

(5) 단락출화 시 화재의 감식요점
① 단락 및 소손상황으로부터 출화의 위험성이 있더라도 <u>단락 자체만 가지고 결정적인 증거는 될 수 없으므로</u> 전선의 배선경로, 취급상황, 착화물의 연소성 등을 종합적으로 판단한다.
② 다른 발화요인을 부정할 수 있는 <u>상황증거를 제시</u>하여야 한다.

(6) 단락과 외부화염에 의한 용융흔의 구분
화재현장에서 발견되는 용융흔은 외형적으로 판별이 가능한 경우도 있다. <u>단락으로 인한 용융흔은 형태가 구형이고 광택</u>이 있는 반면, 화재열에 의한 용융흔은 단락에 의한 것이 아니므로 광택이 없는 것은 물론 용단개소의 용융범위가 넓고 아래로 처진 형태로 존재하는 것이 많다.

| 단락과 외부화염에 의한 용융흔의 차이점 |

구 분		단락에 의한 용융흔	외부화염에 의한 용융흔
표면형태		구형(球形)이며, 광택이 있음	구형이 아닌 경우가 많고, 광택이 없는 경우가 많음
탄화물(XMA 분석)		탄소가 검출되지 않음	탄소가 검출되는 경우가 많음
금속 현미경 관찰	금속 조직	용융흔 전체가 구리와 산화제1구리의 공유 결합조직으로 구리의 초기결정 성장은 없음	구리의 초기결정 성장이 있으나 구리의 초기결정 이외의 금속결정으로 변형됨
	Void 분포	큰 보이드가 용융흔의 중앙에 생기는 경우가 많음	일반적으로 <u>미세한 보이드</u>가 많이 생성

4 트래킹(tracking) [2014년 산업기사] [2020년 산업기사] [2024년 기사]

트래킹화재는 <u>유기절연물에 이물질이 개입되어 발생</u>하는 것이 특징이다. 즉, 대기 중의 습기가 고이거나 물방울 등이 낙하하여 콘센트나 차단기 등에 자리를 잡을 경우 이러한 현상이 발생할 가능성은 매우 높아지게 된다. 차단기와 같이 서로 격리된 이극 도체 간에 소금물이나 분진류 등을 통해 전류가 흐르게 되면 <u>소규모 방전</u>이 일어나 이것이 반복되면 차단기의 절연물 표면에 <u>도전통로(track)가 형성되어 출화</u>에 이르게 되는데 이 현상이 트래킹(tracking)이다.

(1) 트래킹현상이 발생하기 쉬운 환경적 조건
   ① 습기가 많거나 수증기 발생 등으로 결로(結露)가 발생할 우려가 있는 음식물 가공공장, 세탁소 및 옥외 노출된 배전반 함 등
   ② 솜 가공, 쓰레기 처리시설 등 분진류가 있는 공장내부 콘센트 접속부분
   ③ 장롱 또는 진열장 등 가구류의 뒤쪽 벽면으로 먼지가 퇴적하기 쉬운 곳
   ④ 열대어 등을 기르는 수족관 주변 전원플러그 접속부분
   ⑤ 온도변화가 심한 냉동창고 주변 컨트롤박스 및 플러그 접속부분

(2) 트래킹현상의 진행과정
   ① 1단계 : 유기절연재료 표면에 먼지·습기 등에 의한 오염으로 도전로가 형성될 것
   ② 2단계 : 미소한 불꽃방전이 발생할 것
   ③ 3단계 : 방전에 의해 표면의 탄화가 진행될 것

(3) 트래킹발화의 특징
유기절연재에 스파크가 발생하더라도 절연파괴에 이르기까지 불꽃방전이 반복적으로 일어나야 한다. 이때 발생한 전류는 크지 않기 때문에 전기기기의 퓨즈나 차단기 등은 작동하지 않으며 탄화도전로를 통해 발열면적이 커지면서 발염에 이른다.

(4) 건식 트래킹
습기나 먼지 등의 축적 없이 접점에서 발생하는 아크에 의해 인접한 절연체가 탄화되거나 접점의 개폐 시 발생하는 스파크에 의해 금속증기, 탄화물 등의 부착으로 인해 절연체 표면에서 방전이 개시되어 탄화도전로가 만들어지는 것으로 일반적인 트래킹과 구분된다. 건식 트래킹은 냉·온수기의 온도탱크에 부착하는 페놀수지로 몰딩된 자동온도 조절장치에서 발화하는 것으로 알려져 있다.

(5) 트래킹발화화재의 감식요점
   ① 트래킹현상이 발생하더라도 순식간에 많은 전류가 흐르는 것이 아니므로 도전로가 형성된 유기절연체 표면으로 국부적으로 탄화되거나 균열이 발견될 수 있고 플러그 및 차단기 전극 상호간에 금속의 용융형태가 있는지 관찰한다.
   ② 습기나 먼지 등이 쉽게 체류할 수 있는 곳인지 주변환경을 살펴보고 회로계로 절연체의 저항을 측정하여 통전사실을 입증한다. 일반적으로 통전이 이루어진 경우 절연체의 저항은 100Ω 이하로 측정된다.
   ③ 발화지역과 관계없이 화재진압과정에서 소화수 등 물과의 접촉으로 인해 트래킹이 발생하는 경우도 있으므로 연소확산된 소손형태와 전기계통을 확인하여 발화과정을 성립시키도록 한다.

!꼼꼼. check! ▶ 보이드(void)에 의한 절연파괴 ◀ 2024년 기사

고전압이 인가된 이극 도체 간에 유기성 절연물이 있을 때 그 절연물 내부에 보이드(공극)가 있으면 그 보이드 양극측에서 방전이 발생하고 시간이 경과하면서 전극을 향해 방전로가 연장됨에 따라 절연파괴가 일어나 절연물이 연소하기 시작한다. 보이드에 의한 절연파괴는 고전압이 인가된 절연물 내부에서 발화하는 것이 특징이다. 트래킹은 유기절연물의 표면에서 발화하는 반면, 보이드에 의한 절연파괴는 절연물의 내부에서 발화하는 차이가 있다.

5 반단선(통전로 단면적의 감소) [2013년 기사] [2014년 산업기사] [2017년 기사]

전선이 절연피복 내에서 단선되어 그 부분에서 <u>단선과 이어짐이 반복되는 상태</u>를 말한다. 반단선 상태로 통전이 지속적으로 이루어지면 반단선부분의 저항치가 증가하고 국부적으로 발열량이 커지며 스파크에 의해 전선피복 또는 주위 먼지 등에 착화하게 된다. 반단선은 통전하는 단면적의 감소를 뜻하며 이는 곧 과부하상태를 의미한다. 단선율이 <u>10%를 넘으면 급격하게 단선율이 증가하며 무부하상태에서도 출화</u>할 수 있다.

(1) 반단선화재의 특징 [2014년 산업기사] [2016년 기사]
① 코드나 플러그의 접속부분으로 <u>굽힘력이 작용하는 부분</u>에서 발생한다.
② 콘센트와 플러그의 <u>접속과 해제</u>가 반복되는 전기기구류의 배선에서 발생한다.
③ 반단선으로 발열을 하면 코드의 소선 한 가닥이 <u>이어짐과 끊어짐이 반복함</u>으로써 스파크가 일어나고 결국 다른 한 쪽의 소선 피복까지 소손되면 두 선간에 단락이 발생한다.

(2) 반단선이 생기는 개소 및 특징 [2018년 산업기사]
① 코드나 플러그의 접속부분으로 <u>굽힘력이 작용</u>하는 부분
② 콘센트와 플러그의 <u>접속과 해제가 반복</u>되는 전기기구류의 배선
③ 용융흔은 큰 덩어리형태 또는 <u>수 개의 작은 용융흔</u>이 생성

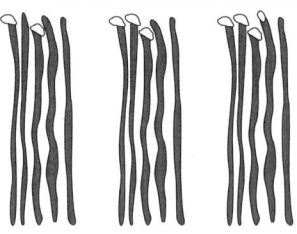

‖ 반단선의 형태 ‖

(3) 반단선화재의 감식요점
① <u>무부하상태에서도 발화할 수 있으므로 부하상황을 확인</u>한다. 부하전류가 흐르고 있지 않은 상황에서 코드의 단선개소에서 발화한 소손상태가 확인되면 반단선을 의심할 수 있다.

② 소선이 접촉과 단선을 반복함에 따라 조그만 용융흔이 발생하지만 소선의 일부가 단선되지 않고 연결되어 있는 경우 용융흔이 발생하지 않을 수 있다.

> **확인문제**
> 반단선에 대한 설명이다. ○, ×로 표시하시오.
> (1) 단선측 소선의 일부에는 붙고 떨어지는 사이에 생긴 조그만 용융흔이 발생한다.
> (2) 단선된 전원측 단선에는 반드시 단락흔이 발생한다.
> (3) 단선이 10%를 넘으면 급격하게 단선율이 증가한다.
> (4) 반단선은 외력 등 기계적 원인으로 발생한다.
> (5) 반단선에 의한 용융흔은 전체적으로 단락이 발생하지 않는다.
> **답안** (1) ○ (2) × (3) ○ (4) ○ (5) ×

6 접촉불량(불완전접촉)

전기설비는 종류를 불문하고 전선을 분기하거나 연장하여 사용하기 때문에 불가피하게 접속부가 발생할 수밖에 없다. 물리적으로 단단히 접속한다 하더라도 사용과정에서 접촉면적이 감소하거나 공극이 발생하기 마련이어서 그 곳으로 공기가 들어가 도체면과 접촉하면 산화되어 전기저항이 올라간다. 통전이 계속 지속되면 접속부의 성능저하에 의해 줄열이 상승하고 마침내 화재로 발전하게 된다.

(1) 접촉저항이 증가할 수 있는 주요 접속부
① 전선과 전선 간의 접속지점
② 전선과 전기기구(스위치, 릴레이, 플러그와 콘센트 등) 간의 접속지점
③ 배전반과 분전반 사이의 배선 접속지점
④ 설비기기 내부의 배선 접속지점

(2) 접촉저항 증가의 주요 원인
① 접속부 나사조임 불량
② 전선의 압착 불량
③ 배선을 손으로 비틀어 연결시켜 이음부의 헐거움 발생

(3) 접촉부화재의 감식요점
① 연소된 부분에 <u>접속부가 포함되어 있는지 확인</u>하고 그 부분을 기점으로 연소확대된 상황을 살펴본다.
② 부하회로는 ON상태로 통전되고 있었음을 확인한다.
③ 부하회로는 대전류가 흐르는 큰 부하를 갖고 있는 기기 등에 연결되어 있는 경우가 많아 부하의 크기를 확인한다.

④ 접속부의 <u>용융면은 한쪽이 강하고</u> 다른 쪽은 명백히 약한 경우가 많다. 또한 용융된 면은 충전부측이며 1차측인 경우가 많으므로 관찰 시 양방향의 소손상태를 확인한다.

> **! 꼼꼼. check!** ▶ 직렬아크와 병렬아크 ◀ 〔2017년 기사〕〔2018년 산업기사〕〔2019년 기사〕
>
> 직렬아크는 부하와 직렬로 연결된 하나의 도선에서 발생하고 압착, 진동, 구부러진 접속부의 헐거워짐 등으로 인하여 접촉 및 분리가 반복되어 발생한다. 직렬아크에 의한 전류는 부하 임피던스에 의해 제한을 받기 때문에 차단기 용량보다 작은 경우 차단기가 동작을 하지 않아 화재로 진행될 위험성이 있다. 직렬아크에는 반단선, 접촉불량 등이 해당한다. 병렬아크는 열로 인해 내부 절연체가 열화되거나 손상이 발생하면 서로 다른 두 개의 극성을 갖는 전선이 접촉하게 되어 아크가 발생한다. 병렬아크는 순간적으로 대전류가 발생하여 국부적으로 많은 열을 발생하며 상대적으로 직렬아크에 비해 위험성이 높지만 병렬아크 발생 시 누전차단기나 배선용 차단기가 작동하여 회로를 보호할 수 있다. 병렬아크의 원인은 단락, 지락 시 발생한다.

(4) 아산화동 증식발열 〔2017년 산업기사〕〔2024년 기사〕

접촉불량 지점에서 스파크가 발생하면 스파크의 고온에 노출된 <u>도체의 일부가 산화</u>되어 아산화동(Cu_2O)이 생기는 경우가 있다. 이 현상은 고온을 받은 구리의 일부가 대기 중의 산소와 결합할 때 <u>온도상승에 따른 저항이 감소하는 부(-)의 특성</u>이 있어 아산화동 증식이라고 한다.

아산화동은 반도체적 성질을 갖고 있어 정류작용을 함과 동시에 고체 저항이 크기 때문에 <u>국부적으로 발열</u>한다.

(5) 아산화동의 특징

① 외형은 매우 무르고 <u>쉽게 부서지며</u>, 분쇄물의 표면은 <u>은회색의 금속광택</u>이 있다.
② 분쇄물을 현미경으로 관찰하면 아산화동 특유의 <u>루비와 같은 적색결정</u>이 있다.
③ 아산화동의 <u>용융점은 1,232℃</u>이며, 건조한 공기 중에 안정하지만 <u>습한 공기 중에서 서서히 산화</u>되어 산화동으로 변한다.

(6) 아산화동증식화재의 감식요점

① 부하전류가 흐르고 있는 것이 전제조건이므로 <u>부하의 크기를 확인</u>한다. 만약 부하가 없을 경우에는 배제가 가능하다.
② 아산화동 표면에 산화동 피막이 형성되면 매우 무르고 쉽게 부서지므로 도체의 잔존부분과 주변의 결손부분을 함께 회수한다.
③ 분쇄물의 표면은 은회색의 금속광택이 있으므로 <u>현미경으로 관찰</u>하여 루비(ruby)와 닮은 <u>글라스형의 적색결정</u>이 있는지 확인한다.
④ 현미경이 없는 경우 산화물덩어리의 <u>저항을 측정하여 영 또는 무한대가 아니면</u> 건조기(dryer) 등으로 가열하여 온도상승에 따라 저항이 내려가는지 확인한다. <u>저항값이 내려가면 아산화동이 함유되었다고 판단할 수 있다.</u>

7 과부하

(1) 모터의 과부하 운전
모터에 기계적 부하가 크게 작용하여 회전이 방해되면 보다 큰 회전력을 내기 위해 큰 전류가 흐르게 된다. 이로 인해 모터코일이 발열을 동반하여 층간단락을 일으키거나 회로 전체에 과전류가 흘러 저항기가 발열되어 발화한다.

(2) 모터의 과부하 요인
① 회전부 베어링의 마찰 변형
② 모터풀리(pulley)부분에 이물질 개입
③ 정화조의 회전날개, 수족관용 펌프모터에 이물질 휘감김

(3) 코일의 층간단락
변압기, 모터, 형광등 안정기 등의 코일에는 일반적으로 동선에 절연피복을 한 폴리에스테르 구리선이 사용되고 있는데, 동선의 절연피복을 완벽하게 처리하는 것은 어려운 기술이다. 이로 인해 코일에 사용된 동선에 미소한 상처(핀홀)나 절연내력이 떨어지면 선간접촉에 의해 코일의 일부분이 전체에서 분리되어 링회로를 형성한다. 그러나 링회로에는 부하가 거의 없으므로 나머지 대부분의 코일에 비해 다량의 전류가 흘러 국부적으로 발열을 일으켜 에나멜선이 열화되고 단락하여 발화한다. 이처럼 코일 간의 단락을 층간단락이라고 한다.

> **꼼꼼.check!** ▶ 링회로
>
> 코일 등의 권선이 절연파괴되었으나 단선이 발생하지 않고 특정부분에서 단락이 일어나 독립적으로 분기되어 독자적인 회로를 구성하는 것으로 링회로 안에는 자력선이 통하고 있어 패러데이 법칙에 의해 회로에 기전력이 발생하며 전류가 흐른다.

(4) 코일의 층간단락 발생 메커니즘

핀홀 또는 경년열화 → 선간 접촉 → 링회로 → 국부 발열 → 층간단락

(5) 층간단락 발생요인
① 코일 자체의 결함(제조상 제품 불량)
② 회로에 과전류가 흘러 2차적으로 발생하는 경우

(6) 코일의 층간단락 및 모터의 과부하운전으로 인한 화재의 감식요점
① 층간단락을 일으킨 코일은 일부가 강하게 소손되거나 도포된 절연도료나 절연지가 탄화되었고 권선 표면에 에나멜이 소손된 경우가 많다.
② 회로계로 권선의 저항을 측정하여 정상적인 기준값과 비교하여 현저하게 다른 값이면 권선을 풀어서 조사한다.

③ 코일의 층간단락 발생요인은 코일 스스로 발생하는 경우와 그 회로에 과전류가 흘러 2차적으로 발생하는 경우가 있으므로 회로와 연결된 다른 부품에서 소손상태가 보이고 과전류가 흘렀을 가능성이 있는 경우에는 콘덴서의 절연 열화, 다이오드 및 트랜지스터 등의 전기적 파괴에 의한 과전류 발생요인도 조사한다.

(7) 코드류의 과부하 〈2024년 기사〉

모든 전선에는 정해진 정격전압과 정격전류가 있다. 전선마다 정해진 규정값을 초과하여 부하를 연결할 경우 정격전류 이상의 과도한 전류가 흘러서 전선피복에서 발열하고 발화하게 된다.

과부하로 화재가 발생하면 전선이나 코드는 과전류가 흐른 범위 전역에 걸쳐서 발열하고 피복이 소손된다.

(8) 전선의 과부하 원인
① 이부자리, 장롱 아래 및 바닥면 단열재 사이에 전선이 깔려 있는 경우
② 전류감소계수를 무시한 금속관 배선 및 경질비닐관 배선을 사용한 경우
③ 코드를 감거나 말은 상태에서 코드의 허용전류에 가까운 전류를 보낸 경우
④ 꼬아 만든 전선의 소선 일부가 단선되어 있는 경우

(9) 전기부품 및 기기의 과부하 원인
① 저항, 다이오드, 반도체, 코일 등 전기부품이 전기적으로 파괴(임피던스 감소)되어 전류가 증가하면 그 영향으로 다른 부품의 정격을 초과하는 경우
② 전동기 회전 방해, 코일권선에 정격을 넘는 전류가 공급된 경우

(10) 과부하화재의 감식요점
① 전선의 허용전류와 부하의 크기, 배선의 연결상태, 코드류의 사용상태 등을 확인한다.
② 방열조건(다발로 묶어서 사용, 문어발식 분기 사용 등)을 살펴보고 전체적으로 배선이 녹아내리거나 용융흔의 발생여부를 확인한다.

8 누 전

누전이란 절연이 불완전하여 전기의 일부가 전선 밖으로 누설되어 주변의 도체에 접촉하여 흐르는 현상을 말한다.

오래된 노후전선의 절연성능이 불량하거나 어떤 원인에 의해 피복이 손상되어 습기의 침입 등이 이루어진다면 누전으로 발화할 수 있다.

(1) 누전의 3요소
① 누전점
② 접지점
③ 출화점

(2) 누전경로

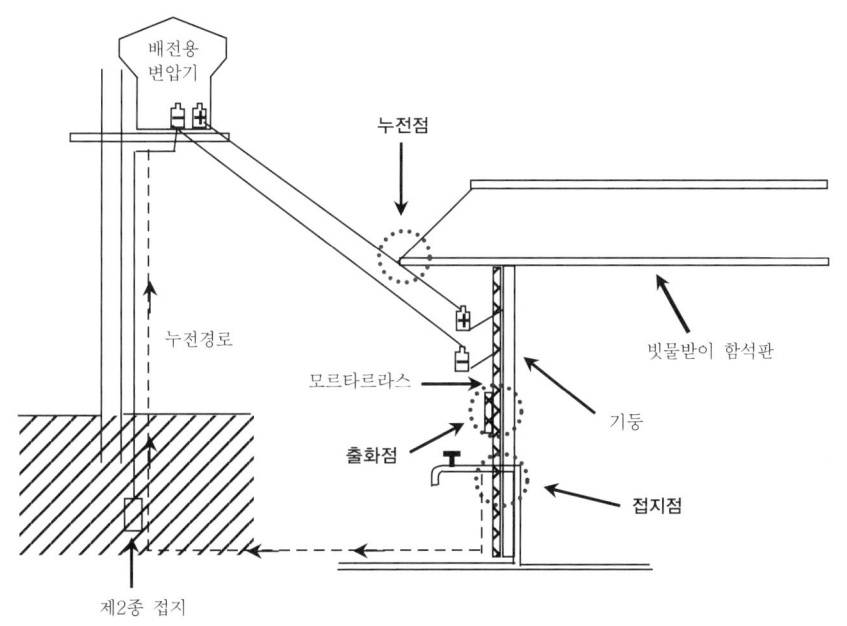

∥ 누전경로 ∥

! 꼼.꼼. check! ▶ 누전경로

배전용 변압기 2차측 ⇒ 인입선 ⇒ 누전점(빗물받이) ⇒ 출화점(모르타르라스 이음매) ⇒ 접지점(수도관) ⇒ 대지 ⇒ 접지선

① **누전점** : 비접지측 전선로의 절연이 파괴되고 접지된 금속 조영재 등과 접촉하는 것이 누전화재의 전제조건이다. 그러나 접지된 금속 조영재 외에도 전기기기의 금속 케이스, 금속관, 안테나, 지선 등의 금속부재 또는 유기재의 흑연화부분을 경유하여 누전되는 것도 있다.
② **접지점** : 가스관 및 수도관 또는 소화전의 배관과 건물의 구조철골 등 건물로부터 연속하여 땅속에 매설된 금속체가 접지물로 되는 것이 일반적이다.
③ **출화점** : 출화되기 쉬운 부분은 누설전류가 비교적 집중하는 곳으로 모르타르의 이음매부분, 금속관 모르타르의 접촉개소, 못으로 고정한 함석판과 맞닿은 부분 등이 있다.

(3) 누전화재의 감식요점
① 누전점은 전선의 비접지측과 접지된 금속 조영재 또는 이것에 접속한 금속체와의 접촉점 등에 착안하여 인입선부분과 옥내배선 및 전기기기로 나누어 확인한다.
② 접지점은 처음부터 접지물에 접하고 있는 경우가 많으므로 접지물과 발열체 또는 이것과 전기적으로 연결되어 있는 금속부재와의 접촉개소를 육안으로 확인하고 테스터 및 접지저항계에 의해 도통 확인 및 접지저항을 측정한다.
③ <u>출화점</u>은 출화개소 근처에 금속부재의 접촉점 등 <u>전류가 집중하는 개소로서 전기적인 용흔이 있을 수 있고 강하게 탄화된 흔적</u>이 발견된다. 그러나 출화개소의 위치적 특징 및 연소상태, 흑연화 발생상태, 누설전류의 경로 및 금속재의 접속상태 등을 종합하여 판단한다.

9 지 락

지락(地絡)이란 <u>상용전원의 충전부에서 대지로 흐르는 전류</u>를 말한다. 지락은 고압의 전기설비나 케이블 등에서 발생하기 쉬운데 이는 임피던스 값에 비해 전압치가 크기 때문에 충전부에 도체가 접촉하였을 때 대규모 스파크가 발생하며 그때 흐른 대전류나 발생한 열에 의해 접지선이 녹아내리거나 터지기도 한다. 지락이 발생하면 충전부의 접촉점에서 지락에 의한 용융흔이 발생하는데 지락흔은 1차적으로 비접지측 충전부에 발생한다.

(1) 지락의 발생원인
① 가공 송·배전선의 외물 접촉
② 금속관 내부 케이블의 손상
③ 전기설비 충전부의 빗물, 공구, 인체 등의 접촉

(2) 지락화재의 감식요점
① 지락이 발생한 곳이 국부적일 경우 지락흔이 1~2개소 정도에 국한되지만 광범위한 경우 선로 전체를 관찰한다.
② 지락은 물체 접촉에 기인한 경우가 대부분으로 설비의 구조와 상황을 살펴 접촉한 물체와 개소를 확인한다.

10 정전기

일반적으로 서로 다른 두 물체를 마찰시키면 두 물체의 표면에 정전기가 발생하기 때문에 마찰전기(triboelectricity)라고도 하며, 근본적인 원리는 서로 다른 <u>이종(異種)의 물질이 접촉된 후 서로 분리되면서 정전기가 발생</u>한다.
① <u>전하</u> : 어떤 물질이 갖고 있는 정전기의 양
② <u>대전</u> : 마찰이나 충격에 의해서 전자들이 다른 물체를 움직여 전기적 성질을 갖는 것
③ <u>대전체</u> : 전자의 이동으로 전기적으로 (+)나 (−)전기를 띤 물체

(1) 정전기 발생에 영향을 주는 요인
① 물체의 특성 : 대전 서열 중 가까운 위치에 있으면 작고 떨어져 있으면 크다.
② 물체의 표면상태 : 표면이 거칠면 정전기 발생이 쉽다.
③ 물체의 이력 : 처음에 접촉과 분리가 일어날 때 크고 접촉과 분리가 반복되면서 작아진다.
④ 접촉면적 및 접촉압력 : 접촉면적과 접촉압력이 클수록 정전기 발생도 크다.
⑤ 분리속도 : 분리속도가 클수록 정전기 발생도 크다.

(2) 정전기 대전의 종류

구 분	내 용
마찰대전	접촉과 분리의 과정에서 일어나며 고체, 액체류 또는 분체류에서 발생한다.
박리대전	서로 밀착되어 있는 물체가 떨어질 때 발생하며 일반적으로 마찰대전보다 크다.
유동대전	액체류가 파이프 등 내부에서 유동할 때 액체와 관벽 사이에서 발생하는 것으로 액체의 유동속도가 크게 좌우한다.
분출대전	분체류, 액체류, 기체류 등이 단면적이 작은 분출구를 통해 공기 중으로 분출될 때 분출하는 물질과 분출구와의 마찰로 발생한다.
침강대전	액체 중에 분산된 기포 등 용해성 물질(분산물질)의 유동이 정지함에 따라 탱크 내에서 침강 또는 부상(浮上)할 때 일어나는 대전현상이다.
유도대전	대전물에 가까이 대전될 물체가 있을 때 이것이 정전유도를 받아 전하의 분포가 불균일하게 되어 대전된 것이 등가로 되는 현상이다.

(3) 정전기 방전의 종류
① 코로나방전(corona discharge) : 대기 중에 발생하기 쉬운 방전으로 방전물체 혹은 대전물체 부근의 돌기상태 끝부분에서 미약한 발광이 일어나거나 보이는 방전현상이다.
② 브러시방전(brush discharge) : 대전량이 큰 대전물체(일반적으로 부도체)와 비교적 평활한 형상을 가진 접지도체 사이에서 나타나는 방전으로 강한 파괴음과 발광을 동반하는 방전이다.
③ 불꽃방전(spark discharge) : 대전물체와 접지도체의 형태가 비교적 평활하고 그 간격이 적은 경우 그 공간에서 갑자기 발생하는 강한 발광이나 파괴를 동반하는 방전이다.
④ 전파브러시방전(propagation brush discharge) : 연면방전이라고도 하며 대전되어 있는 부도체에 접지체가 접근할 때 대전물체와 접지체 사이에서 발생하는 방전과 동시에 부도체 표면을 따라 발생하는 방전이다.

(4) 정전기 방지대책
① 접지를 한다.
② 공기 중의 상대습도를 70% 이상 유지한다.

③ 대전물체에 차폐조치를 한다.
④ 배관에 흐르는 유체의 유속을 제한한다.
⑤ 비전도성 물질에 대전방지제를 첨가한다.

(5) 전기불꽃 에너지

정전기 방전에 필요한 에너지가 충분하며 두 물체 사이의 간극이 작은 경우에는 저장된 에너지가 방출되는데 이때 최소 착화에 필요한 전기불꽃 에너지는 다음 공식에 의한다.

$$E = \frac{1}{2}CV^2 \text{ 또는 } \frac{1}{2}QV$$

여기서, E : 전기불꽃 에너지, C : 전기용량, V : 전압, Q : 전기량

(6) 정전기화재의 감식요점

① 취급물건의 성형, 출화 시의 작업내용, 작업자의 행동, 접지 등 대전방지조치의 상황, 경과시간, 기상상황 등으로부터 그 가능성 유무를 판단한다.
② 착화물의 조사는 취급물건, 취급상태, 환경조건 등으로부터 <u>폭발분위기를 형성</u>하고 있었는지 판단한다.
③ 가연성 기체 및 먼지가 위험한 분위기를 형성하고 있는 장소에서는 정전기불꽃만이 아닌 릴레이 접점, 전동기의 브러시, 온도조절기 스위치류의 개폐 시 등에 발생하는 전기불꽃에 의해서도 쉽게 발화하므로 <u>환경적 요인을 포함</u>하여 종합적으로 판단한다.

> **꼼.꼼.check!** ▶ 정전기화재의 발생요건
> - 정전기 대전이 발생할 것
> - 가연성 물질이 연소농도 범위 안에 있을 것
> - 최소점화에너지를 갖는 불꽃방전이 발생할 것

11 낙 뢰

(1) 낙뢰의 성질

① 낙뢰는 고층건물이나 공중 안테나 등 <u>높은 지점으로</u> 떨어지기 쉽다.
② 낙뢰는 <u>물체의 표면</u>으로 흐르기 쉽다.
③ 낙뢰는 금속체에 흘러도 전기저항이 높은 곳을 피해 <u>대기 중으로 재방전할</u> 수 있다.
④ 낙뢰는 물체의 저항이 낮아도 <u>대전류로 인해 발열</u>하며, <u>지속시간은 매우 짧다</u> (최장 0.5~1.0초).

(2) 낙뢰의 종류
① 직격뢰 : 직접 건조물 등에 떨어지는 방전으로 낙뢰라고도 한다.
② 측격뢰 : 낙뢰의 주방전에서 분기된 방전이 건조물 등에 방전하는 경우와 수목 등이 직격뢰에 의해 전위가 높아져 인근 건조물 등으로 방전하는 경우이다.
③ 유도뢰 : 낙뢰에 의해 주위 물건이 유기된 고압에 의한 경우와 운간방전에 의해 주위 물건이 유기된 고압에 의한 경우를 말한다.
④ 침입뢰 : 송배전선에 낙뢰가 일어나 뇌전류가 건물 또는 발전소나 변전소 등의 기기를 통해 방전하는 현상이다.

12 전기제품 감식 착안 공통사항

(1) 연소형태 관찰
제품 외관의 연소형태를 보고 내부 또는 외부로부터의 출화형태를 먼저 확인한다.

(2) 전원코드의 단락흔유무
전원코드에서 단락흔유무로 통전상태의 입증자료를 확보한다.

(3) 퓨즈상태 확인
제품 내부에 퓨즈가 내장된 경우 퓨즈의 용단여부를 확인한다.

> **꼼꼼.check!** ▶ 퓨즈상태
> 퓨즈의 설치목적은 과전류에 의한 부하설비 보호에 있다. 따라서 트래킹, 반단선, 불완전접촉의 경우 등은 과전류가 흐른 것이 아니기 때문에 퓨즈로 차단될 수 없다. 현장감식을 할 때 퓨즈가 정상상태로 확인되더라도 부하측에 전기적 발화가능성이 없는 것으로 판단하지 않아야 한다. 그러나 가전제품 등의 퓨즈를 X-ray 검사를 통해 관찰했을 때 끊어졌다면 과전류(과전압)에 의한 용단을 의심할 수 있다.

(4) 내부 회로소자 및 출화된 연소흔적 확인
퓨즈의 용단과 관계없이 내부 회로소자의 이상발열, 부품 열화 등에 출화한 흔적이 있는 경우 자체에서 발화된 것이며 내부로부터 출화한 경우 그을음의 흡착 및 오염 정도를 통해 확인한다.

13 전열기구
전열기구란 전기에너지를 열에너지로 변환시켜 사용하는 기구를 통틀어 말한다.

(1) 전열기구의 종류
전기히터, 헤어드라이기, 전기다리미, 전기장판, 전기밥솥, 식기건조기 등이 대표적이며, 기본적으로 발열체는 저항(니크롬선) 하나만으로 구성되어 있는 경우가 많다.

(2) 전열기구 조사방법

① 코일히터(전기풍로, 온풍기, 헤어드라이기 등)를 비롯하여 운모히터(토스터기, 다리미 등), 석영관히터(전기스토브, 전기난로 등) 등 발열방식이 히터를 채용한 기기는 주변 **가연물과의 접촉으로 발화하는 경우**가 가장 많다. 히터와 반사판 주변으로 가연물의 잔해가 남아 있는지 확인한다.

② 히터가 배치된 위치와 주변 가연물과의 거리를 비교하여 **복사열에 의한 발화가능성**을 판단하고 가연물의 착화성을 밝혀 둔다.

③ 자립식 히터의 대부분은 쓰러지거나 전도되기 전까지 밑부분에 있는 **안전스위치**가 작동할 수 없는 구조로 되어 있다. 그러나 안전스위치에 테이프나 접착제를 붙인 경우에는 전도되더라도 가연물에 착화할 수 있으므로 **인위적인 조작 또는 기능상 이상여부**를 확인한다.

④ 전기히터, 헤어드라이기 등 전열기구에 과열방지 온도퓨즈가 내장된 경우에는 과열이 발생하더라도 자동으로 전원을 차단하므로 과열로 인한 발화가 발생하지 않는다. **온도퓨즈의 설치유무와 작동상황을 확인**한다.

> **꼼꼼.check!** ▶ 가연물이 전열기구의 발열체(니크롬선)를 덮은 경우 나타나는 특징
>
> 외부로 열의 방산이 곤란하기 때문에 취약부분에서 용단되면 그 부분에서 아크방전이 일어나 지속적으로 전기가 흐르게 되고 또다시 용단된 부분이 형성되므로 소화 후 니크롬선의 용단개소는 수 개소로 나타난다.

(3) 전기장판

① **구조와 기능** : 전기장판은 내장된 전열선이 가열되는 방식으로 장판 본체에 적당히 설정된 온도에 따라 작동하도록 길이가 긴 코드히터가 내부에 장착되어 있다. 온도제어방식은 감열선을 배치하여 컨트롤러로 전자제어하는 것이 주류를 이루고 있다. 전자제어방식은 발열선과 감열선이 일체로 된 단선방식과 발열선과 감열선이 분리된 2선방식이 있다.

㉠ 단선방식 코드히터의 구조 : 내열코드에 전열선을 감고 외측은 플라스틱 서미스터(NTC서미스터)로 나온 감열층과 신호선으로 이루어져 있다. 신호선은 감열층의 저항변화를 신호전류로 대체하여 제어기 속의 사이리스터에 게이트전류로 전달한다. 사이리스터는 게이트전류가 있을 때만 순방향으로 주전류를 흘리는 반도체소자이다. 따라서 신호전류 유로에 의해 전류선에 흐르는 전류를 ON/OFF 하는 스위칭기능을 한다. 예를 들면, 설정된 온도보다 높아지면 서미스터의 저항이 내려가 사이리스터에 걸리는 전압이 감소하여 게이트전류가 없어지고 주전류가 끊어져 발열이 멈춘다.

ⓒ 2선방식 : 발열선(히터선)과 감열선(검지선)이 각각 따로 되어 있고 발열선의 감지신호로 인해 온도제어를 한다. 구조는 다음 그림과 같다.

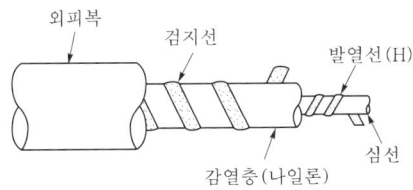

∥ 2선방식 히터선의 구조 ∥

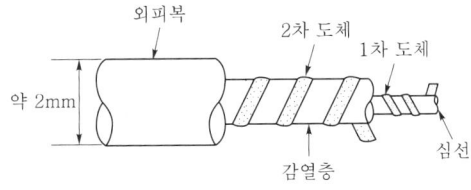

∥ 2선방식 센서선의 구조 ∥

ⓒ 감열선의 감열층은 부의 저항온도 특성을 가지며 이 저항변화를 신호로 컨트롤러의 온도제어회로에 전하여 히터전류를 제어한다. 과열보호를 위하여 발열선의 나일론계 감열층은 일정 온도가 되면 용융하도록 되어 있고 이로 인해 검지선과 전열선을 단락시켜 온도퓨즈를 용단하여 히터전류를 차단한다.

② 전기장판의 조사방법
㉠ 전원코드의 반단선에 따른 발열 및 스파크 발생여부를 조사한다.
㉡ 컨트롤러의 고장(제어불능)에 의한 히터선의 과열여부 등을 조사한다.

(4) 전자레인지
① 구조와 기능
㉠ 전자레인지는 외함, 가열실 및 문 등으로 이루어져 있다. 외함은 강판, 가열실은 스테인리스강판 또는 알루미늄판으로 만들어져 있다. 가열실 천장은 플라스틱커버로 되어 있고 이 위에 마그네트론(magnetron) 및 도파관 등이 설치되어 있다.
㉡ 전자레인지의 기능은 발진부, 전원부, 제어부, 가열실로 구분되어 있다.
• 발진부 : 전파를 발생하는 마그네트론, 전파를 가열실에 인도하는 도파관 및 마그네트론을 냉각하는 냉각팬으로 되어 있다.
• 전원부 : 마그네트론을 동작시키는 3,300V를 발생시키는 고압회로와 오븐기능이 있는 것에는 고압변압기, 고압콘덴서, 제어부에 공급하는 저압회로 등으로 구성되어 있다.

- 제어부 : 가열시간을 제어하는 타임스위치, 제어회로로 되어 있다.
- 가열실 : 전파적으로 밀폐된 식품의 가열상자로 피가열물이 균일하게 가열되도록 턴테이블과 가열실 내부에 조명실이 설치되어 있다.

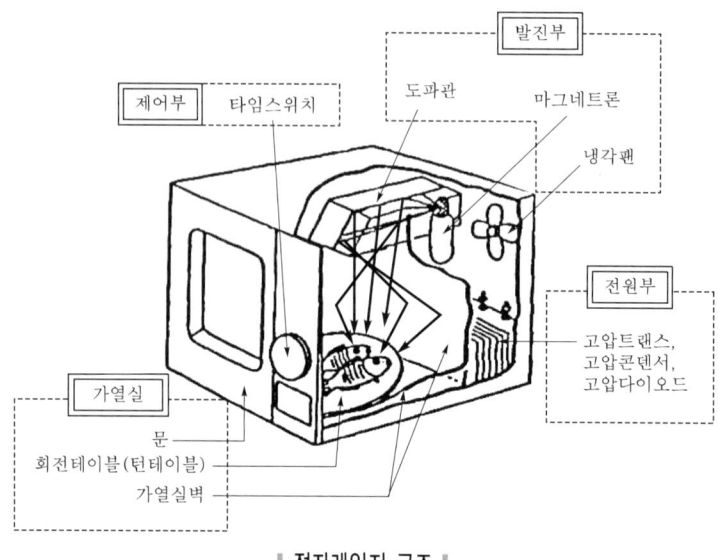

∥ 전자레인지 구조 ∥

② 전자레인지의 조사방법
  ㉠ 오븐 내부의 상황 : 식품 및 그 포장지가 장시간 가열되면 탄화하여 발화하는 경우가 있으며 탄화물은 마이크로파와 식품 중의 철분에 의해 스파크를 내는 것이 있다. 한편 탈산소제를 넣은 채로 가열하여 발화하는 경우와 전파가 침투하는 정도가 적은 용기(폴리에틸렌, 멜라민, 페놀)를 사용하면 그것 자체가 발열하여 스파크가 발생하기도 한다. 오븐 내의 덮개가 식품의 찌꺼기 등으로 더러워진 경우 조리할 때 식품의 찌꺼기에 전파가 집중하여 탄화·발화하는 경우도 있다.
  ㉡ 기판의 상황 : 전원기판에 기름, 먼지 또는 바퀴벌레 등이 부착하면 이극단자 간에 트래킹이 발생하여 발화하는 경우가 있다. 이 경우에 외관적으로 조작패널측의 캐비닛이 소손하여 오븐 내에는 탄흔이 보이지 않지만 기판의 일부에 국부적 연소가 관찰되거나 바퀴벌레 사체가 보이고 마그네트론 접속단자 부근의 방열판에 방전흔이 보이기도 한다.
  ㉢ 제어부의 접촉불량 : 래치스위치는 문을 열 때 전원을 차단하여 외부에 전파를 방사시키지 않기 위한 리미터스위치이다. 사용 중에 빈번히 문을 열면 접점부분이 마모되어 접촉불량으로 합성수지제인 래치(latch)가 용융 또는 파손되고 발화하는 경우가 있다.

14 조명기구

(1) 백열전구

① 구조 및 원리 : 백열전구는 유리구 안에 금속선(필라멘트)을 넣어 진공상태를 만든 후 전기를 보내면 열과 함께 빛을 발산하는 원리이다. 백열등은 전력 사용량 중 5%만 빛을 내고 95%는 열에너지로 발산되기 때문에 에너지 효율이 매우 낮아 그 쓰임이 감소하는 추세에 있다.

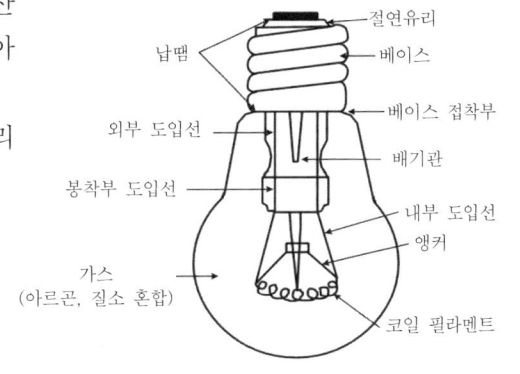

∥ 백열전구의 구조 ∥

㉠ 유리구 : 소다석회유리, 붕규산유리
㉡ 베이스 : 황동 또는 알루미늄
㉢ 앵커 : 몰리브덴선 또는 텅스텐
㉣ 봉착부 도입선 : Dumet wire
㉤ 내부 도입선 : 니켈 사용
㉥ 외부 도입선 : 동선 사용
㉦ 코일 필라멘트 : 텅스텐
㉧ 봉입가스 : 질소와 아르곤 혼합

※ 아르곤가스 봉입 이유 : 텅스텐 필라멘트의 증발과 비산을 제어하고 수명을 길게 하기 위함이다.

② 백열전구의 발화 유형
㉠ 점등 중인 백열전구에 **가연물이 접촉**하여 발화
㉡ 백열전구 배선 접속부가 진동에 의한 접촉불량으로 출화
㉢ 전기배선의 경년열화로 선간단락으로 발화

③ 백열전구의 파손 시 조사방법

점등상태 파손 시 특징	소등상태 파손 시 특징
• 필라멘트의 전부 또는 일부가 소실되고, 리드선과 접촉부분이 앵커에 용착한다. • 용융흔이 형성된다. • 열을 받은 방향으로 부풀어 오르고 구멍이 발생한다(필라멘트 산화로 백색물질이 유리구 내부에 형성).	• 필라멘트가 잔존하는 경우가 많고, 리드선과 접촉부분은 앵커에 용착하지 않는다. • 용융흔이 없다. • 열을 받은 방향으로 부풀어 오르고 구멍이 발생한다(필라멘트 및 내부 도입선 등에 변화 없음).

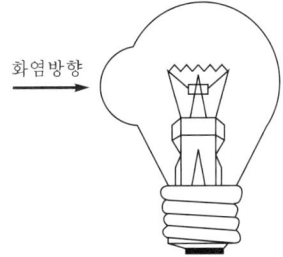

∥ 전구는 열을 받은 방향으로 부풀어 오르고 구멍이 발생 ∥

(2) 형광등

① **원리** : 진공유리관 안쪽에 형광물질을 칠하여 수은의 방전으로 생긴 자외선을 눈으로 볼 수 있는 광선으로 바꾼 조명장치라 할 수 있다. 수은증기 속에서 방전에 의해 방사되는 빛은 90% 정도가 눈에 보이지 않는 자외선이다. 눈에 보이는 이른바 가시광선은 10% 정도에 불과해 빛을 발하기 곤란한 관계로 유리관 안에 형광물질을 칠해 자외선이 이 형광물질에 닿아 가시광선을 방사하도록 되어 있다.

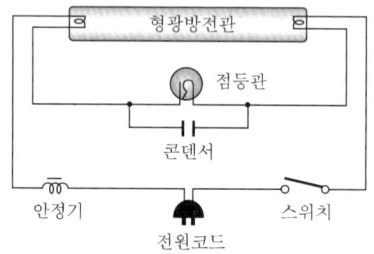

∥ 형광등 회로도 ∥

② **구성**
　㉠ 형광방전관 : 약간의 수은증기와 아르곤가스가 들어 있으며, 관의 양쪽 끝에 전극용 필라멘트가 설치되어 있다.
　㉡ 점등관 : 고정전극과 가동전극(바이메탈)이 설치되어 있는 구조로, 평상시 고정전극에서 떨어져 있다가 전원이 인가되면 열에 의해 휘어지면서 고정전극 쪽으로 접점이 붙는다.
　㉢ 안정기 : 얇은 구조의 강판을 층층이 쌓은 것에 코일을 감아 제조한 것으로 점등 전에는 형광방전관의 점등에 도움을 주고 점등 후에는 저항의 역할을 하여 지나친 전류의 흐름을 방지한다.
　㉣ 콘덴서 : 잡음이 발생하는 것을 방지하기 위해 고주파 전류를 흡수하는 역할을 한다.

③ **형광등의 발화 유형**
　㉠ 안정기에 장기간 쌓인 분진이 열축적으로 발화
　㉡ 안정기 코일의 열적 결함에 의해 발화
　㉢ 콘덴서 내부 접촉불량으로 과열된 리드선의 비닐피복에 착화

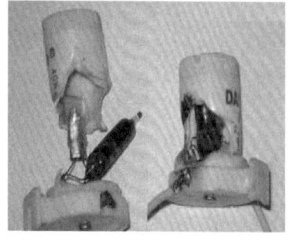 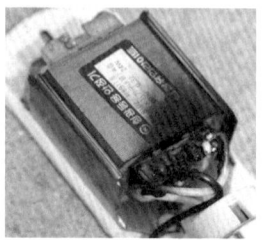 

∥ 점등관 및 안정기의 소실형태　현장사진(화보) p.8 참조 ∥

④ 형광등의 발화원인 조사방법
  ㉠ 안정기의 권선코일에 작은 상처(핀홀)가 발생하거나 절연열화가 촉진되면 선간에서 접촉하여 다량의 전류가 흐르게 되어 국부적으로 발열하므로 에나멜선의 열화·단락흔을 확인한다.
  ㉡ 글로스타터 등 점등관의 바이메탈 접점불량으로 글로방전이 지속되면 이때 발생된 고온이 글로스타터 캡을 용융시켜 발화하는 경우가 있다. 점등관의 파손상태를 통해 발화가능성을 판단한다.
  ㉢ 콘덴서의 절연파괴로 스스로 발화하거나 콘덴서와 안정기가 하나의 볼트로 고정되어 있어 안정기의 열에 의해 손상 받는 경우가 있으므로 콘덴서 및 주변 배선의 상황을 관찰한다.
  ㉣ 형광등기구의 리드선은 비닐절연전선이 대부분으로 피복이 쉽게 손상 받을 수 있으므로 케이스 내의 리드선 또는 전원코드의 전기적 단락흔을 확인한다.

15 전동기기

(1) 냉장고 (2024년 기사)

① 원리 : 냉매가스(기체, 프레온)를 압축기로 압축하면 프레온의 온도가 올라가 응축기로 보내지고 여기서 프레온가스의 열이 밖으로 방출되어 다시 온도가 내려가면 프레온가스는 기체에서 액체로 된다. 액체 프레온가스는 증발기를 통해 나오면서 기체로 변환되며 컴프레서를 통해 순환을 반복한다.

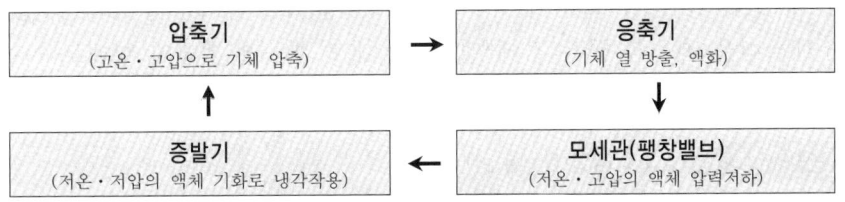

∥ 냉장고의 순환과정 ∥

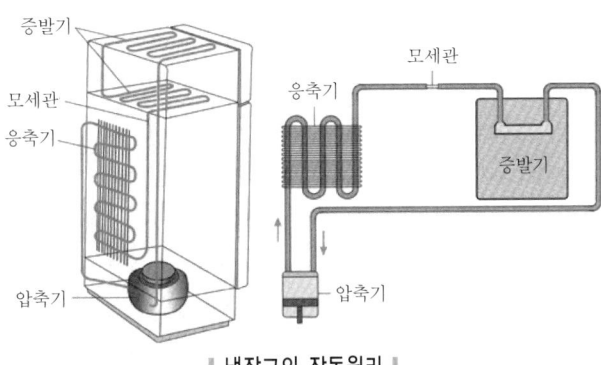

∥ 냉장고의 작동원리 ∥

② 구조 [2017년 산업기사] [2018년 기사] [2018년 산업기사] [2019년 기사]

㉠ 컴프레서(압축기) : 일반적으로 흡입관과 토출관을 설치한 밀폐케이스 상부에는 컴프레서가 있고 하부에는 모터를 장착한 형태가 가장 많다. 피스톤의 왕복운동은 모터의 축에 직결된 크랭크에 의해 구동하며 <u>모터의 회전을 왕복운동으로 변환</u>하는 것으로 섭동부(攝動部)에 윤활유 공급은 컴프레서 케이스 밑면으로부터 모터축을 경감시키고 있다.

㉡ 응축기(콘덴서) : 응축기는 냉각기에서 빼앗은 열과 컴프레서에 의해 부여된 열을 방출시키는 곳으로 고온·고압의 <u>냉매를 고압의 액체로 변환</u>시킨다.

㉢ 증발기(evaporator) : 증발기는 저온·저압의 액체 냉매가 기화하면서 열을 빼앗아 냉장고의 온도를 낮춰 <u>냉각하는 장치</u>이다. 응축기로 액화된 냉매는 모세관에서 3~4기압으로 감압되며 증발기에서 기화한다. 이때 주위로부터 열을 빼앗아 냉각을 한다.

㉣ 기동기(starter) : 컴프레서 모터는 콘덴서 기동 유도 모터로서 주권선과 보조권선으로 구성되어 있으며 단순히 주권선에 전압을 가하면 회전하지 않는다. 그러나 시동을 걸어 회전시키면 주권선만으로도 회전을 계속할 수 있다. 이러한 전환방법에는 전압형, 전류형, 무접점형(PTC 사용)이 있다.

㉤ 과부하계전기(overload relay) : <u>컴프레서에 과전류가 흐르거나 높은 온도가 되었을 때 자동으로 작동하여 컴프레서를 보호하는 장치</u>이다. 종류는 바이메탈이 컴프레서 온도를 감지하여 작동하는 것과 과전류를 감지하여 작동하는 것이 있다. 두 종류 모두 접점을 열어 모터를 보호하도록 설계되어 있는데 바이메탈식은 전원을 끊은 후에 일정시간이 경과하면 본래의 형태로 복귀되어 접점이 닫히는 구조이다.

> **꼼.꼼.check!** ▶ 바이메탈(bimetal) 원리
> 팽창계수가 다른 두 종류의 얇은 금속편(金屬片)을 맞붙인 것으로 온도에 따른 열팽창의 차이로 한쪽으로 구부러지게 되지만 열이 식으면 다시 복원되는 특징이 있다. 구부러지는 힘과 변위를 이용하여 스위치를 개폐하여 회로를 단속하는 제어기능을 발휘한다.

③ 냉장고 히터의 종류 [2018년 기사]

㉠ 서모스탯 히터 : 서모스탯 히터 본체 주위의 온도가 내려가더라도 항상 감온부 온도에서 정상 작동하도록 <u>온도를 보정</u>해 준다.

㉡ 서리제거 히터(제상히터) : 증발기의 이면 또는 내부에 설치하여 냉동실 결빙을 방지하며 배수를 원활하게 하기 위한 기능을 한다.

㉢ 드레인 히터 : 증발기 아래에 설치되어 있으며 서리제거 서모스탯의 작동에 의해 통전이 이루어지고 <u>서리의 용융, 물의 재동결 방지</u> 역할도 한다.

ⓔ 냉장실 칸 히터 : 중간 칸의 서리부착을 방지한다.
ⓜ 외부박스 히터 : 냉장고 주변으로 주위온도가 높을 경우 냉장고 외부박스 전면의 온도가 노점온도 이하로 내려가면 이슬이 맺히게 되므로 이슬맺음 방지 기능을 한다.

> **꼼꼼.check! ▸ 노점온도**
>
> 일정한 압력에서 공기의 온도를 낮추게 되면 공기 중의 수증기가 포화하여 이슬이 맺힐 때의 온도를 말한다.

④ 냉장고의 발화원인 조사방법
  ㉠ 각 스위치 접점에서의 불완전접촉, 코드의 과열상태 등을 조사한다.
  ㉡ 팬 모터의 과열, 압축기부분의 과부하 보호장치의 트래킹, 흑연화현상, 시동용 콘덴서의 단락여부 등을 확인한다.
  ㉢ 전원코드와 내부 배선의 절연손상으로 인한 단락, 용융흔 등을 확인한다.
  ※ 냉장고의 출화원인은 컴프레서에 설치된 스타터와 오버로드 릴레이 부분으로 대부분 트래킹에 기인한다.

| 냉장고의 연소형태 현장사진(화보) p.9 참조 |

| 압축기의 소손형태 현장사진(화보) p.9 참조 |

(2) 세탁기

① 구성요소
  ㉠ 동력장치 : 전동기
  ㉡ 기계장치 : 빨래에 에너지를 전달
  ㉢ 제어부 : 세탁시간, 탈수, 건조 등 세탁과정을 조정
  ㉣ 급·배수장치 : 물의 공급과 배수

② 세탁방식의 종류
  ㉠ 드럼식 : 여러 개의 돌출부가 있는 드럼 안쪽으로 물과 세제, 빨래를 넣고 수평축으로 저속회전시켜 빨래가 돌출부에 의해 올려 졌다가 떨어지는 충격에 의해 세탁을 하는 방식이다. 세척력이 약해 전기히터를 사용하여야 하고 물을 데워 줘야 하므로 전기소모가 많고 소음이 큰 단점이 있다.
  ㉡ 교반식 : 세탁조의 중앙에 치솟아 있는 날개모양의 교반기를 좌우로 회전시켜 세탁하는 방식이다. 소음과 진동이 크다.

ⓒ 와권식 : 원판모양의 펄세이터를 회전시켜서 생긴 <u>물살로 세탁</u>하는 방식이다. 세탁조와 탈수조가 분리된 2조식과 세탁과 헹굼, 탈수가 한 곳에서 진행되는 1조식으로 구분하고 있다.

③ 세탁기의 발화 유형 〔2015년 기사〕 〔2021년 기사〕
  ㉠ 배수밸브의 배수 마그넷 전환스위치 접점이 채터링을 일으켜 출화
  ㉡ 잡음방지 콘덴서의 절연열화로 인한 출화
  ㉢ 모터 구동용 콘덴서가 단자판 접속불량에 의해 절연열화

> **꼼꼼.check!** ─ 채터링(chattering) ─
> 스위치나 릴레이의 접점이 닫힐 때 한번에 닫히지 않고 여러 번 끊어짐과 이어짐이 반복하는 것으로 회로의 오동작을 일으키고 접점부의 마모를 가속시키는 원인이 된다. 세탁기는 진동이 원인으로 작용하는 경우가 많다.

④ 세탁기의 발화원인 조사방법
  ㉠ 전동기 코일의 경년열화, 층간단락 발생여부를 확인한다.
  ㉡ 배수밸브, 전자밸브 등 가동편의 기계적 마모 및 인쇄회로 기판에서 부품소자의 이상여부를 조사한다.
  ㉢ 콘덴서의 절연열화 및 퓨즈, 전기배선의 단락형태 등을 확인한다.

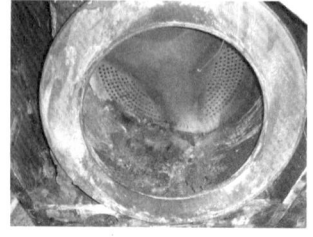 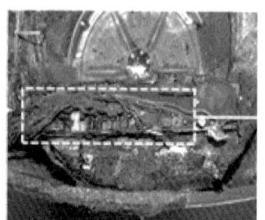 

| 세탁기의 연소형태 현장사진(화보) p.9 참조 | 세탁기 인쇄회로기판의 소손형태 현장사진(화보) p.9 참조 |

(3) 에어컨

① 원리 : 에어컨은 냉매가 압축기를 통과할 때 압력이 올라가고 주변으로 열을 발생하면서 액체로 된다. 액체상태의 냉매는 드라이어를 통해 수분을 빼앗기고 팽창하면서 증발기에서 다시 기체화되면서 주변의 열을 빼앗아 찬 공기를 배출하는 원리이다. 소비전력이 크기 때문에 일반 주택에서도 전용회로 및 차단기를 별도로 분기시켜 사용하고 있다.

② 냉동사이클의 주요 부품
  ㉠ 컴프레서(압축기) : 냉매를 압축하여 고온·고압상태로 내보낼 때 증발기의 냉매를 흡입하여 액화 냉매가 낮은 온도에서 증발할 수 있도록 <u>압축상태를 유지하기 위한 것</u>으로 냉매순환작용을 겸하고 있다.

ⓒ 콘덴서(응축기) : 압축기에서 토출된 고온·고압의 냉매가스를 냉각하여 <u>액화시키는 장치</u>이다.
ⓒ 증발기 : 증발기는 핀, 헤어핀, U벨트 등으로 구성되어 있다. 냉방운전 시 실내코일은 실내공기와 냉매의 열교환으로 실내공기를 냉방시키는 증발기로서 작동한다.
㉣ 모세관(캐필러리 튜브) : 모세관은 내경이 0.7~0.8mm로 길이가 2~3m의 가늘고 긴 동관을 말한다. 콘덴서를 나온 고온·고압의 액상냉매는 모세관을 통과할 때 그 관벽의 저항으로 저온·저압이 된다.
㉤ 사방밸브 : 사방밸브는 냉난방 겸용형의 에어컨에 사용되며 전자코일의 통전에 의해 냉방사이클에서 난방사이클로 전환하기 위한 밸브이다.

③ 에어컨의 발화 유형
㉠ 에어컴프레서용 모터의 층간단락
ⓒ 배수모터의 층간단락
ⓒ 전원선의 단락 및 배선의 오접속
㉣ 전원선이 진동에 의해 본체 프레임부분과 접촉 단락
㉤ 전원코드를 비틀어 꼬아 접속하여 접촉부 과열

④ 에어컨의 발화원인 조사방법
㉠ 모터와 결선된 배선의 사용상황과 모터권선의 층간단락이 발생했는지 확인한다.
ⓒ 전원배선의 단락 및 제어회로의 소손상태를 조사한다.
ⓒ 내장된 퓨즈의 상태를 확인하고 전원 플러그의 접촉불량, 트래킹 발생유무를 확인한다.

(4) 선풍기
① 기능
㉠ 좌우회전 기능
ⓒ 타이머 기능
ⓒ 회전속도 전환 기능

② 팬의 회전수를 바꾸는 원리 : 보조권선에 직렬로 연결된 콘덴서에 의해 진행전류가 흐르고 이에 의해 발생한 자계와 주권선에 흐르는 전류에 의해 발생한 자계로 회전자계를 발생하여 회전자가 돌아가는 방식으로 궁극적으로 <u>팬의 회전수는 전압에 의해 좌우</u>된다. 모터에 직렬로 조속코일이라고 불리는 철심코일을 넣는 방법에 따라 스위치가 '강'인 경우에는 주권선에 200V가 가해져서 모터속도가 빨라지고, 스위치가 '약'인 경우에는 주권선에 200V보다 낮은 전압이 가해지므로 모터는 저속상태로 되어 미풍이 발생한다.

③ 좌우 회전기구의 원리 : 모터의 회전운동을 기어로 감속시켜 <u>크랭크 기구에 의해 좌우회전운동으로 변환</u>시킨 것이다. 좌우회전운동은 일반적으로 클러치버튼을 사용하고 있다. 모터의 회전축은 웜기어로 되어 있고 웜휠에 의해 가로방향의 회전으로 바뀐다.

④ 선풍기의 발화 유형
  ㉠ 기구 내 배선의 반단선 또는 절연열화
  ㉡ 기동용 콘덴서의 절연열화
  ㉢ 모터의 열화로 층간단락
  ㉣ 이물질 개입으로 회전날개의 구속

| 회전모터의 소손형태 현장사진(화보) p.10 참조 |

| 기동용 콘덴서 현장사진(화보) p.10 참조 |

| 모터 회전자 및 권선 현장사진(화보) p.10 참조 |

바로바로 확인문제

전기의 3가지 작용을 기술하시오.

답안 ① 발열작용 ② 자기작용 ③ 화학작용

(5) 냉·온수기

① **구조** : 냉기를 만드는 컴프레서와 밴드히터로 온도를 높이는 온수통, 압축기 등으로 구성되어 있다. 냉·온수기는 컴프레서 작동 시 항상 진동이 발생하며, 이에 따라 전원배선이나 제어배선 등이 진동에 의해 손상되는 경우가 발생하기 쉽다. 냉·온수기는 자체 정격용량이 클 뿐만 아니라 온도제어에 의해 상시 서모스탯의 접점이 접촉과 분리를 반복하기 때문에 경우에 따라서 릴레이접점의 전극이 아크에 의해 용융 변형되거나 도전성 및 접촉성이 약화될 경우, 전기적인 발열을 유발시킬 수 있고, 아크에 의해 비산된 금속분이 절연물에 도포되면서 절연파괴를 일으켜 화재를 유발할 수 있다.

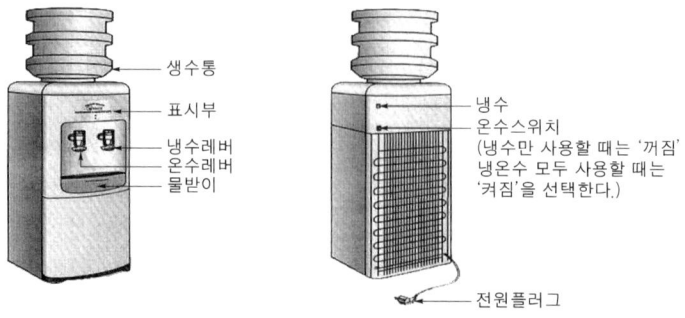

| 냉·온수기의 구조 |

② 냉·온수기의 가열 원리 : 냉·온수기의 통에 물이 전혀 없어도 실제로 냉·온수기 내부에 있는 파이프에는 물이 약간 남아 있다. 온수가 존재하는 공간은 온수통, 온수통과 물 꼭지 사이의 온수파이프, 통상 뒤쪽에 있는 퇴수구로 연결된 파이프 등에 온수가 잔존하는데, 보통 1L 이상이 남아 있다. 남아 있는 물은 매우 뜨거운 상태로 새로 찬물을 넣으면 거기 남아 있던 물이 나오거나 그 물과 섞여 나오기 때문에 온수상태가 유지된다.

③ 감식 및 감정
  ㉠ 냉·온수기 압축기로부터 출화한 경우
   • 뒤에 있는 압축기의 코일부분에서 층간 단락여부를 확인한다.
   • 내장된 콘센트 배선 피복 손상의 단락여부를 확인한다.
   • 전자접촉기 표면의 접속단자(ABS 수지) 간의 먼지 또는 습기에 의한 트래킹현상으로 발열하여 출화한 것인지 확인한다.
  ㉡ 서모스탯 등 부품에서 출화한 경우
   • 서모스탯 노출단자 간 절연체의 오염 등에 의한 트래킹여부를 확인한다.
   • 서모스탯의 격리된 단자지지용 절연체의 그래파이트화현상 발생여부를 확인한다.

> **바로바로 확인문제**
>
> 냉·온수기에 대한 설명이다. 물음에 답하시오. [2024년 기사]
> (1) 자동온도조절장치의 명칭을 쓰시오.
> (2) 자동온도조절장치에서 화재가 발생한 경우 감식요령을 쓰시오.
>
> **답안** (1) 서모스탯
> (2) 서모스탯 노출단자 간 절연체의 오염 등에 의한 트래킹 및 절연파괴 여부를 확인한다.

2 가스설비에 대한 조사방법

1 LP가스 사고 유형

① 배관 또는 연소기 말단부 마감조치 불량
② 연결부 이탈
③ 연소기 취급 부주의

2 LP가스 사고 시 조사 착안사항

(1) LPG 저장용기
  ① 용기밸브의 시트(seat)에 이물질 존재여부를 확인한다. 용기의 내부압력 상승

방지를 위해 설치된 안전밸브에 이물질이 있을 경우 압력전달에 방해를 받아 점화원에 의해 용기 폭발의 우려가 있기 때문이다.
② 사고발생 전 용기의 <u>교체나 취급상황</u>이 있었는지 확인한다. 작업자의 용기 취급 부주의로 사고가 발생할 수 있다.
③ 용기 외부 <u>결로현상 발생여부</u>를 확인한다. 용기 표면에 결로현상(이슬맺힘)은 급속한 가스의 누설을 의미한다.
④ 외부 <u>충격이나 손상</u>의 발생여부를 확인한다.

(2) 압력조정기

① 압력조정기의 <u>체결상태를 확인</u>한다. 압력조정기가 고장이 나면 즉시 다량의 가스가 유출되어 가스 용기에 결빙이 발생할 수 있다.
② <u>다이어프램(diaphragm)의 손상여부</u>를 확인한다. 손상된 경우 상부의 캡으로 가스가 누출되며 화재가 발생할 경우 화염으로 소실된다.
③ 가스가 공급되는 고압측 입구의 밸브시트의 정상여부를 확인한다.

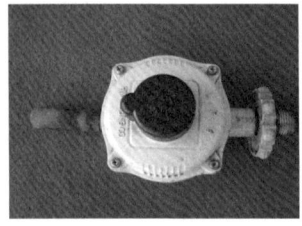  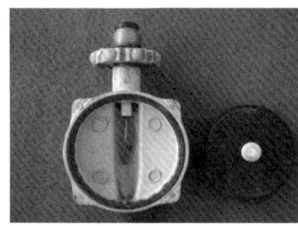

(a) 외부   (b) 내부   (c) 다이어프램 손상

∥ 압력조정기 현장사진(화보) p.10 참조 ∥

(3) 배관(염화비닐호스)

① 연소기 또는 LP가스 <u>용기와의 연결상태</u>를 확인한다. 고무호스의 꺾임 부위가 있다면 경화를 일으켜 균열이 발생하고 철망이 부식되어 누설될 수 있다.
② 호스를 2개소 이상 분기한 경우 사용하지 않는 <u>배관 끝단의 막음조치</u> 및 누설여부를 확인한다.
③ 인위적으로 <u>절단되었거나 파손</u>유무, 화염에 의한 손상 정도를 확인한다.

∥ 외부화염에 의한 염화비닐호스의 용융 현장사진(화보) p.11 참조 ∥   ∥ 호스의 개방상태 현장사진(화보) p.11 참조 ∥

(4) 중간밸브 및 퓨즈콕

① 조사사항
  ㉠ 밸브 시트링의 손상에 의해 손잡이를 통한 <u>누설여부</u>를 확인한다.
  ㉡ 중간밸브가 퓨즈콕일 경우 규정 <u>사용압력</u> 및 <u>공급유량 초과여부</u>를 확인한다.
  ㉢ 밸브의 설치방향이 <u>가스의 흐름방향</u>과 일치하며 열 손상으로 내부가 녹았는지 확인한다.

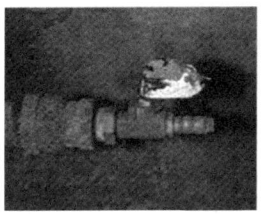  

| 중간밸브 및 퓨즈콕 현장사진(화보) p.11 참조 |

② 중간밸브의 개방여부 판단방법
  ㉠ 손잡이가 연소된 경우 : 손잡이 잔해가 세로방향으로 남아 있으면 개방상태이고 가로방향이면 폐쇄상태이다. 밸브를 분리하여 내부에 있는 볼의 위치도 확인한다.
  ㉡ 연소되지 않았으나 누군가의 조작으로 개폐여부 확인이 곤란한 경우 : 손잡이와 밸브 몸체가 접촉된 부분의 그을음 부착상태로 판단한다. 화재 이전에 사용여부를 관계자에게 확인하고 소방관들이 진압과정에서 안전을 위해 차단조치를 한 것인지 확인한다.

3 연소기(가스레인지) 사용여부 조사

가스레인지는 음식물 조리 중 방치로 인해 화재로 발전하는 경우가 많기 때문에 기본 전제는 가스레인지가 화재발생 전 <u>사용 중이었는지를 판단</u>하여야 한다. 작동이 이루어진 것이 확인되면 용기의 과열이나 주변 가연물과의 착화성, 레인지 후드 전기배선의 합선흔 등을 증거로 할 수 있다. 가스레인지는 버너를 한 개 또는 그 이상 설치한 구조로 사용방식에 따라 압전식 또는 건전지에 의한 연속 스파크 점화방식으로 구분된다. 구조는 버너, 물받이, 받침대 등으로 되어 있으며, 화력 조절의 강약을 눈으로 확인할 수 있으며 조작이 간편한 장점이 있다.

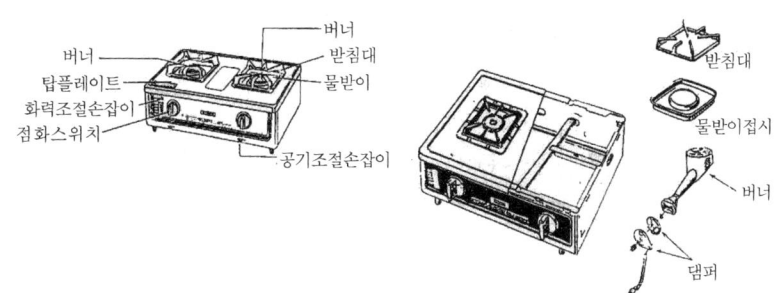

| 가정용 가스레인지의 구조 및 명칭 |

(1) 가스레인지 점화스위치의 작동상태 확인

① **로터리식(압전 점화방식)** : 점화손잡이를 돌리면 갈고리가 스프링에 연결되어 있는 해머를 아래로 끌어내리면서 전기에너지가 발생하며 이때 발생한 스파크가 가스와 접촉하여 비로소 불꽃연소하는 원리이다. <u>한번 돌아간 갈고리는 점화손잡이를 다시 원위치로 복귀할 때까지 사용상태를 유지하기 때문에</u> 플라스틱으로 된 점화손잡이가 화재로 소실되더라도 분해검사를 통해 손잡이의 사용여부를 판단할 수 있다.

(a) 작동 전   (b) 작동 후

┃ 갈고리의 위치 현장사진(화보) p.11 참조 ┃

② **누름버튼식** : 조작부 손잡이가 불에 용융되지 않았다면 <u>누름상태를 보고 판단할 수 있다</u>. 어느 정도 안쪽으로 밀려들어간 상태로 식별되면 사용 중이었다고 판단해도 무방하다. 그러나 플라스틱 손잡이가 완전히 소실되면 조작부 손잡이를 통한 감식은 불가능하기에 분해조사를 하여야 한다. 누름버튼식 조작부를 눌러 작동시키면 열전대가 가열되어 <u>안전밸브가 개방</u>되고 전자석은 안전밸브를 붙잡고 있어 가스가 이동할 수 있는 통로를 열어 주게 되는 원리로 되어 있다. 안전밸브의 앞에는 스프링과 고무패킹이 있는데, 전자석이 작동하지 않을 때 스프링의 반발력으로 인해 안전밸브는 닫히는 구조이며 안전밸브가 닫혔을 때 가스가 새는 것을 방지하기 위해 고무패킹이 안전밸브와 스프링을 감싸고 있다. 누름버튼식 가스레인지는 <u>스프링의 탄성 정도를 비교</u>하여 <u>안전밸브의 개방과 폐쇄여부를 판단</u>할 수 있다.

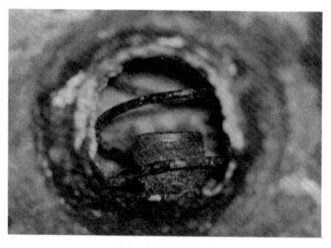 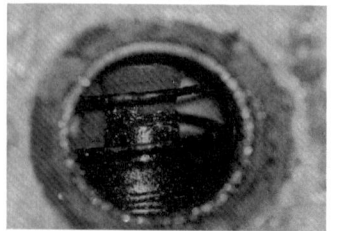

(a) 개방상태   (b) 폐쇄상태

┃ 안전밸브 현장사진(화보) p.12 참조 ┃

(2) 발화위험성

① 음식물을 조리하다가 깜박 잊고 그대로 방치한 경우
② LNG용 가스레인지를 LPG에 연결하여 사용한 경우(상용압력이 다르기 때문에 리프팅(연소속도<분출속도)현상이 발생하여 후드와 천장 등에 착화 우려)
③ 인접가연물에 복사열이 착화한 경우
④ 점화불량에 의해 누설 적체된 가스에 순간적으로 점화되는 경우
⑤ 사용 중 국물 넘침 등으로 소화되었으나 불꽃감지장치의 고장으로 가스가 계속 누설된 경우

※ 가스레인지 자체가 과열되어 화재로 발전하는 경우는 없다.

(3) 가스레인지의 감식요점

① 퓨즈콕의 <u>개폐상태</u> 확인 및 가스레인지의 <u>사용여부</u> 등을 조사한다.
② 음식물 과열의 경우 버너 주변으로 음식물의 잔해와 용기 등이 남는 경우가 많으므로 탄화된 음식물 찌꺼기와 용기의 재질, 크기 및 내용물을 확인한다.
③ 연소기 배관의 가스누설 및 연소기 노후로 인한 불완전연소 등 작동상태를 조사한다.

4 이동식 부탄 연소기

(1) 구 조

이동식 부탄 연소기는 부탄용기를 장착부에 삽입한 후 압전식 점화장치로 버너에 착화시키는 구조로서 대부분 과압감지안전장치는 설치되어 있으나 불꽃감지에 의한 소화안전장치는 없는 경우가 많다.

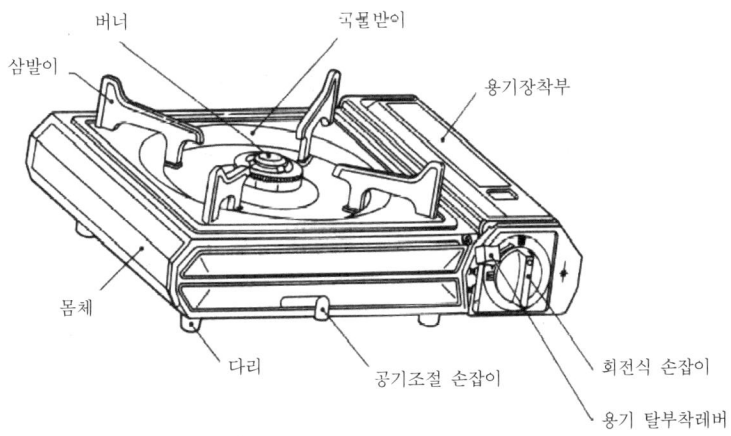

| 이동식 부탄 연소기의 구조 및 명칭 |

(2) 화재위험성

① 접합용기 접속부에서 가스가 누출된 경우

② 연소기보다 과대한 조리기구를 올려 놓고 사용한 경우
③ 연소기 주변 가연물을 방치한 경우

(3) 가스용기의 탈착여부 구분

이동식 연소기가 폭발로 파열된 잔해가 확인되면 사고 당시 연소기의 탈착여부 확인은 가스용기와 용기 장착부의 파손형태로 구분한다.

① 가스용기 : 사고발생 시 '착'의 위치에 있으면 상부경판의 가이드홈과 하부경판이 탈착레버의 영향으로 **찌그러진 흔적**이 남는다. 연소기의 사용 중에는 착탈레버와 기구콕의 고정바가 용기의 위와 아래를 고정하고 있다가 폭발압력에 의해 파열될 때 이탈되면서 용기가 손상받기 때문이다.

② 가스용기 장착부 : '착'의 위치에서 폭발하면 용기 장착부 커버가 완전히 전개된 상태로 파열된다.

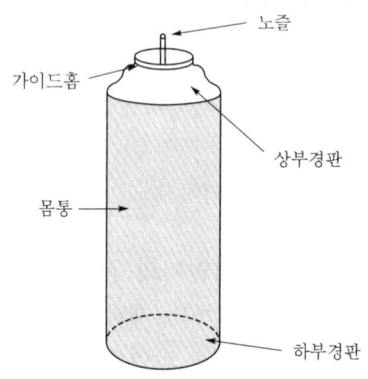

‖ 이동식 부탄캔의 구조 및 명칭 ‖

(4) 이동식 연소기의 안전장치 종류

구 분	작동방법
용기이탈식	가스용기가 가열되어 내부압력이 5~7kg/cm²가 되면 용기 탈착레버를 작동시켜 용기를 분리함으로써 가스공급을 차단하는 방식
유로차단식	용기를 이탈시키지 않고 가버너 내부에서 가스유로를 차단시키는 방식

※ 부탄캔은 약 11kg/cm²의 내압을 받으면 상부경판이 이탈되도록 설계되어 있으며, 이러한 액체용기의 파열은 증기폭발로 분류된다.

(5) 이동식 연소기의 감식요점

① 조리기구나 불판의 바닥면이 연소기보다 크거나 2대의 연소기 위에 1개의 불판을 얹어서 사용하는 등 <u>과대 조리기구 사용여부</u>를 확인한다.
② 용기 결합부 및 접속부 개스킷의 <u>결합불량여부</u>를 조사한다.
③ 가스용기의 탈착여부는 탈착레버의 이동위치를 그을음 등의 오염 정도 등으로 확인한다.
④ 용기의 밑면과 용기 가이드홈 밑면의 접촉상태와 손상 정도를 확인하여 화재 당시 탈착여부를 판단한다.
⑤ 안전장치의 경우 용기이탈식이 대부분으로 기계적 구조와 성능을 확인한다.

5 주물레인지

(1) 기본개요

주물레인지는 소형과 대형으로 구분하고 있다. 소형은 주로 음식점의 홀에서 사용하는 것을 말하며, 대형은 주방에서 음식을 조리할 때 사용하는 것을 말한다. 소형 주물레

인지의 구성은 콕개폐부, 버너부, 받침대로 구성되어 있다. 개폐콕은 타물건 등에 의해 쉽게 개방되지 않도록 눌러 회전시키는 안전장치를 설치하였으며, 소화안전장치가 설치되지 않고 점화장치가 부착되어 있지 않은 것이 특징이다. 대형 주물레인지는 소형 주물버너 또는 대형 주물버너를 여러 개 설치하여 하나의 레인지로 제조한 것을 말하며, 각각의 버너마다 개폐콕이 설치되며, 소화안전장치 및 점화장치가 부착되어 있지 않다. 대부분의 주물버너는 노즐, 혼합관, 받침대 및 염공 등으로 구성되어 있다. 노즐은 가스를 분사시키고 연소에 필요한 1차 공기를 가스와 함께 버너에 보내는 역할을 한다. 혼합관은 노즐에서 분사되는 가스와 공기조절기에서 흡입된 1차 공기를 혼합하는 역할을 한다. 버너헤드는 혼합관에서 형성된 가스와 공기의 혼합기체를 각 염공(불꽃구멍)에 균일하게 공급하고 완전연소를 하도록 한다.

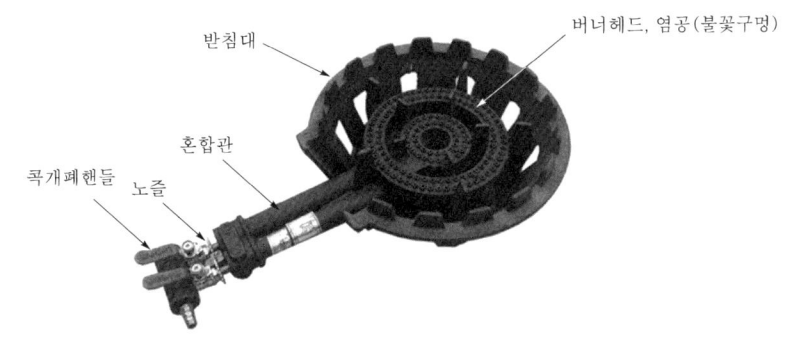

| 소형 주물레인지 구조 및 명칭 |

(2) 화재위험성

주물레인지의 경우 소화안전장치가 없으므로 콕이 취급부주의 등으로 개방될 경우 가스가 누출되어 폭발하는 경우와 압력조정기의 출구압력이 주물레인지의 사용압력보다 높을 경우 화염의 크기와 세기가 크게 되어 주위 가연물에 착화되어 화재의 가능성이 높다. 버너에 점화 후 점화봉의 콕을 닫지 않아 가스가 누출되어 이후 폭발하는 경우도 있다.

(3) 주물레인지의 감식요점

주물레인지의 경우 소화안전장치가 없으므로 개폐콕이 개방된 것을 모르고 있던 중 누출된 가스가 인화되어 폭발한 사례가 있어 다음과 같은 사항을 확인할 필요가 있다.
① 개폐콕의 개폐여부를 확인한다.
② 가스폭발에 의한 것인지, 화재에 의한 것인지 선행요인을 확인한다.
③ 점화지연 및 점화도구 불량여부 등을 확인한다.
④ 압력조정기 출구압력 및 주물레인지 사용압력 적정여부를 조사한다.
⑤ 사용 중이었는지 또는 장시간 사용하지 않았던 상황이었는지 등을 조사한다.

6 가스보일러

(1) 구 조

가스보일러는 불꽃감지장치, 배기안전장치, 과열보호장치와 물의 순환을 위한 순환모터와 전자밸브, 송풍모터 등이 내장된 기구로 화재의 위험과 함께 폐가스 유입에 의한 중독과 질식사고의 위험이 있다.

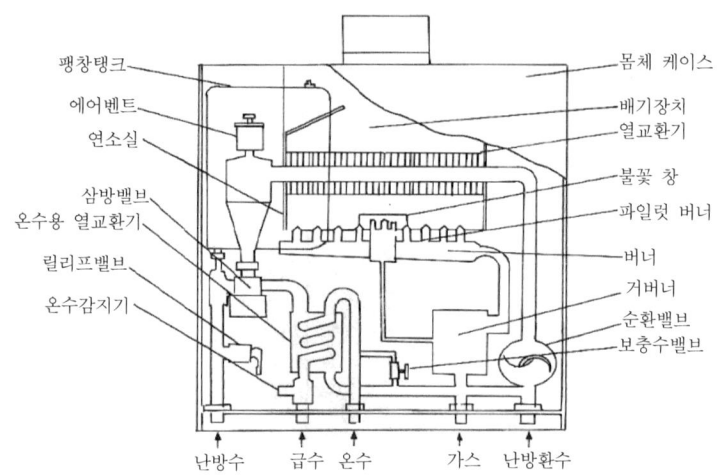

∥ 가스보일러의 주요 구조 및 명칭 ∥

(2) 종 류

밀폐식	개방식
배기관과 급기관이 2중으로 되어 있으며, 외부에서 연소에 필요한 공기를 흡입하고 배출시키는 강제배기 방식이 많다.	실내에서 연소에 필요한 공기를 흡입하고 외부로 배출시키는 구조로 역풍방지기가 설치되어 있다.

(3) 화재위험성

① **불꽃이 정상적으로 연소되지 않을 때** : 연소기의 노즐직경은 역화 또는 리프팅이 발생하지 않도록 설계되어 있으나 소염직경보다 노즐직경이 크면 노즐을 통해 화염이 혼합기실로 들어가 폭발(역화)을 일으킨다. 역화를 방지하려면 소염직경보다 노즐이 작아야 한다.

② **연료를 오용한 경우** : 프로판용에 메탄을 사용하면 적정한 발열량을 추구할 수 없고, 메탄용에 프로판을 사용하면 점화불량으로 불완전연소가 발생하여 과열되게 된다.

③ **유로에서 가스가 누출된 경우** : 유로 체결부위의 부식, 고의 손상 등 일시에 다량의 가스가 누출되면 화재나 폭발로 발전한다.

> **꼼.꼼. check!** ▶ 소염직경
>
> 보일러와 같이 원형노즐의 직경이 점점 작아지면 어느 직경 이하에서는 화염이 더 이상 전파되지 않게 된다. 이와 같이 화염이 전파되지 않는 한계직경을 소염직경이라고 한다.

(4) 가스보일러의 감식요점

① 보일러 버너 내부의 불꽃넘침, 이상연소, 모터와 밸브의 기능 등을 확인한다.
② 배기가스가 역류되어 화염이 다른 곳을 가열할 경우 내부에 그을음의 착상이 심하게 나타난다.
③ 보일러 몸체가 <u>내부로 찌그러진 경우 외부 화염 및 충격</u>에 의해 손상된 것으로 주변환경을 관찰한다.
④ <u>보일러 내부에서 폭발 시 보일러 거푸집이 외부로 비산된 형태</u>를 나타내는 경우가 많다.
⑤ 각종 안전장치의 상태, 배관과 배기가스의 공기흐름 등을 확인한다.

7 용기내장형 이동식 부탄가스난로

(1) 구 조

용기내장형 가스난로는 일반적으로 사무실에서 많이 사용하고 있으며 용기에 부탄가스를 충전한 것으로 <u>소화안전장치</u>, <u>전도방지안전장치</u>가 설치되어 있다. 조작이 간편한 장점이 있으나 이동이 자유로워 주변 가연물과 접촉할 경우 손쉽게 발화할 위험이 있다.

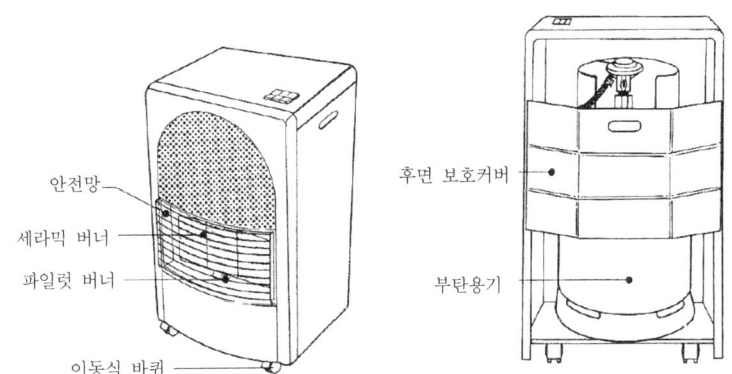

| 이동식 부탄가스난로의 구조 및 명칭 |

(2) 용기내장형 부탄가스난로의 감식요점

① 가연물 접촉 또는 사용 중 복사열에 의한 착화 등 주변상황을 확인한다.
② 가스누출 또는 연소 중인 불꽃에 착화된 것인지 조사한다.
③ 연소기 점화콕의 커짐상태 및 호스연결부와 호스밴드를 조사한다.

8 가스 연소기구의 이상연소현상

(1) 불완전연소

① 정상적인 산화반응은 충분한 산소와 일정온도 이상이 유지되어야 한다. 이 조건을 만족하지 않으면 반응 도중 일산화탄소 등의 발생으로 불완전연소를 일으키고 <u>중독사고의 원인</u>이 된다.

② 불완전연소의 원인
   ㉠ 공기와의 접촉, 혼합이 불충분할 때
   ㉡ 과대하게 가스량이 많거나 연소에 필요한 충분한 공기가 없을 때
   ㉢ 불꽃이 저온물체에 접촉되어 온도가 내려갈 때

(2) 역화(back fire)

① 가스의 <u>연소속도가</u> 염공에서 <u>가스의 분출속도보다 빠르게 되었을 때</u> 또는 연소속도는 일정해도 가스의 유출속도가 느리게 되었을 때 불꽃이 버너 내부로 들어가 노즐 선단에서 연소하는 현상이다.
② 역화의 원인
   ㉠ 부식으로 인해 염공이 커진 경우
   ㉡ 노즐구경이 너무 작은 경우
   ㉢ 노즐구경이나 연소콕의 구멍에 먼지가 낀 경우
   ㉣ 콕이 충분히 열리지 않거나 가스압력이 낮은 경우
   ㉤ 가스레인지 위에 큰 냄비 등을 올려 놓고 장시간 사용하는 경우

(3) 황염(yellow-tip)

버너에서 <u>공기량의 부족으로</u> 황적색의 불꽃이 발생하는 현상이다. 황적색의 불꽃이 발생하는 것은 공기량의 부족 때문으로 황염이 발생하면 불꽃이 길어지고 저온의 물체에 접촉하면 불완전연소하게 된다. 황적색의 불꽃은 미연소 적열상태인 탄소입자가 발광하는 것으로 저온의 열교환기 부분에 접촉할 경우 그을음이 생성되어 불완전연소의 원인이 되기도 한다.

(4) 리프팅(lifting)

① 역화의 반대현상으로 혼합가스의 <u>분출속도가 연소속도보다 빠를 때</u> 화염이 노즐에서 떨어져 버너 상부에 떠서 일정한 거리를 유지하며 공간에서 연소하는 현상으로 완전한 연소가 이루어지지 않는 현상이다.
② 리프팅의 원인
   ㉠ 버너의 염공에 먼지 등이 부착하여 염공이 작아졌을 경우
   ㉡ 가스의 공급압력이 지나치게 높을 경우
   ㉢ 노즐구경이 지나치게 클 경우
   ㉣ 가스의 공급량이 버너에 비해 과대할 경우
   ㉤ 연소 폐가스의 배출이 불충분하거나 환기가 불충분하여 2차 공기 중의 산소가 부족할 경우
   ㉥ 공기 조절기를 지나치게 열었을 경우

(5) 블로오프(blow off)

리프팅상태에서 혼합가스의 분출속도가 증가하거나 주위 공기의 유동이 심하여 화염이 노즐에 정착하지 못하고 떨어져 <u>화염이 꺼지는 현상</u>이다.

분출속도 = 연소속도	분출속도 > 연소속도	분출속도 < 연소속도
‖ 정상연소 ‖	‖ 리프팅 ‖	‖ 역화 ‖

9 가스별 특성

가스사고의 대부분은 산소와 같은 조연성 가스와 가연성 가스가 적당한 혼합범위 내에 있을 때 연소위험성이 크게 증가한다. 이 범위는 공기와 가연성 가스의 혼합물 중 가연성 가스의 부피(%)로 표시하며, 연소할 수 있는 가장 높은 범위를 연소상한이라 하고 가장 낮은 범위를 연소하한이라 한다. 가스의 위험성은 눈으로 누설된 양을 가늠할 수 없고 연소범위 안에 해당되는 누설지역을 알 수 없어 자칫 대형사고로 확대될 가능성이 많다.

(1) 가연성 가스의 연소범위

물질명	연소범위(%)		물질명	연소범위(%)	
	하한	상한		하한	상한
프로판	2.1	9.5	메탄	5	15
부탄	1.8	8.4	일산화탄소	12.5	74
수소	4	75	황화수소	4.3	45
아세틸렌	2.5	81	시안화수소	6	41
암모니아	15	28	산화에틸렌	3	80

(2) 2종 이상의 가연성 가스가 혼합된 경우 연소한계 계산

2종 이상의 가연성 가스나 증기가 혼합된 경우 이들의 연소한계를 구하는 것은 르 샤틀리에(Le Chatelier) 법칙이 이용된다.

$$L = 100 \bigg/ \left(\frac{V_1}{L_1} + \frac{V_2}{L_2} + \frac{V_3}{L_3} + \frac{V_4}{L_4} + \cdots \right)$$

여기서, $L_1, L_2, \cdots$: 각 가연성 가스의 폭발한계(%)
$V_1, V_2, \cdots$: 각 가연성 가스의 용량(%)

> **바로바로 확인문제**
>
> 프로판 90%와 수소 10%가 혼합되어 있는 경우 폭발하한계와 폭발상한계를 각각 구하시오. (단, 프로판의 연소범위는 2.1~9.5%, 수소의 연소범위는 4.1~75%임)
>
> **답안** ① 폭발하한계 : $100 \Big/ \left(\dfrac{90}{2.1} + \dfrac{10}{4.1}\right) = 2.2\%$
>
> ② 폭발상한계 : $100 \Big/ \left(\dfrac{90}{9.5} + \dfrac{10}{75}\right) = 10.4\%$

일반적으로 가연성 가스의 농도가 일정하게 있는 경우 압력이 상승하면 연소범위는 넓어진다. 왜냐하면 온도가 상승하면 반응속도와 열의 발생이 크게 되기 때문이다. 일단 가스가 누설된 것으로 판명되면 신속하게 환기조치를 실시하여 가스의 농도를 낮추거나 희석시킬 필요가 있다. 이산화탄소나 질소 등의 불활성 가스를 가연성 가스에 혼합시키면 연소범위는 좁게 되고 연소는 일어나지 않을 확률이 높게 된다.

(3) 액화천연가스(LNG, Liquefied Natural Gas)

① 성질
  ㉠ 무색, 무취의 가스이다.
  ㉡ 상온에서 기체이지만 가압하면 <u>쉽게 액화</u>한다(비점 -162℃).
  ㉢ 천연가스를 액화하면 <u>1/600로 부피가 줄어든다.</u>
  ㉣ 메탄이 전체 90% 정도를 차지하며, 약간의 에탄, 프로판, 부탄 등이 함유되어 있다.
  ㉤ 발열량이 크고 그을음이 적어 공해가 없는 청정연료로 쓰인다.
  ㉥ <u>주성분인 메탄</u>은 공기보다 가볍고 자체 독성은 없으나 질식성이 있다.
  ㉦ 분자량 16, 비중 0.55, 비점 -162℃, 폭발범위 5~15%

② 폭발성 및 인화성
  ㉠ 기화된 가스가 공기 또는 산소와 혼합할 경우 <u>폭발위험이 증대</u>된다.
  ㉡ 액화천연가스의 <u>주성분인 메탄</u>은 다른 지방족 탄화수소에 비해 연소속도가 느리고 최소발화에너지, 발화점 및 폭발하한계 농도가 높다. 그러나 누출될 경우 <u>인화폭발의 위험</u>이 있다.
  ㉢ 액화천연가스가 <u>공기 중으로 누출될 경우</u> 일반적으로 온도가 낮은 상태이기 때문에 공기 중의 수분과 접촉하면 수분의 온도가 낮아져 응축현상으로 인해 안개가 발생하므로 <u>가스 및 액의 누출을 눈으로 쉽게 확인</u>할 수 있다.

> **바로바로 확인문제**
>
> 메탄가스가 누설되어 폭발사고가 발생하였다. 각 물음에 답하시오.
> (1) 완전연소 반응식을 쓰시오.
> (2) 반응 전과 반응 후 생성물의 몰(mol)수를 쓰시오.
>
> **답안** (1) $CH_4 + 2O_2 \rightarrow CO_2 + 2H_2O$
> (2) 반응 전 : 3몰, 반응 후 : 3몰

(4) 액화석유가스(LPG, Liquefied Petroleum Gas)

① 성질
  ㉠ 무색, 무취이며, 기화 및 액화가 쉽다.
  ㉡ 공기보다 무겁고 물보다 가볍다.
  ㉢ 액화하면 부피가 약 1/250 정도로 작아진다.
  ㉣ 연소 시 다량의 공기가 필요하다.
  ㉤ 발열량 및 청정성이 우수하다.
  ㉥ 고무, 페인트, 테이프 등을 녹이는 용해성이 있다.

② 폭발성 : 프로판의 폭발범위가 공기 중에서 2.1~9.5vol%, 부탄은 1.8~8.4vol%로 폭발하한이 낮고 상온·상압하에서는 기체상태로 인화점이 낮아 소량 누출할 경우에도 즉시 착화하여 화재 및 폭발의 위험이 있다.

③ 인화성 : 액화석유가스는 전기절연성이 높고 유동, 여과, 분무 시에 정전기를 발생하는 성질이 있으며, 정전기가 축적될 경우 방전 스파크에 의해 인화되어 폭발의 위험이 있다.

④ 액화석유가스 누출 시 조치사항
  ㉠ 가스가 누출되면 공기보다 무거워 낮은 곳에 체류하므로 주의할 것
  ㉡ 가스가 누출된 지역은 용기밸브 및 중간밸브를 모두 잠그고 창문 등을 열어 신속하게 환기조치를 취할 것
  ㉢ 화염이 있는 상태에서 용기의 안전밸브에서 가스가 누출될 때에는 용기 표면에 물을 뿌려서 냉각시킬 것
  ㉣ 용기밸브가 진동이나 충격에 의해 누설될 경우에는 부근의 화기를 멀리하고 즉시 밸브를 폐쇄할 것
  ㉤ 용기밸브가 파손된 경우 부근에 있는 화기를 제기하고 즉시 감시자를 배치하여 안전조치를 할 것

> **꼼꼼. check!** ▶ 증기비중 구하는 법
> - 프로판의 증기비중을 구하시오(단, 공기의 분자량은 29이고 탄소의 원자량은 12, 수소의 원자량은 1이다).
>   (풀이) 프로판의 분자식이 C_3H_8이므로 44/29=1.52
> - 이산화탄소의 증기비중을 구하시오(공기의 분자량은 29).
>   (풀이) 이산화탄소의 분자량이 44이므로 44/29=1.52

10 가스 사용시설 조사

(1) 가스 용기의 종류
  ① 이음매 없는 용기 : 산소, 수소, 질소, 아르곤, 천연가스 등 압력이 높은 압축가스를 저장하거나 상온에서 높은 증기압을 갖는 이산화탄소 등의 액화가스를 충전하는 경우에 사용하는 용기이다.

② 용접용기 : LPG, 프레온, 암모니아 등 상온에서 비교적 <u>낮은 증기압을 갖는 액화 가스를 충전</u>하거나 용해아세틸렌가스를 충전하는 데 사용하는 용기이다.

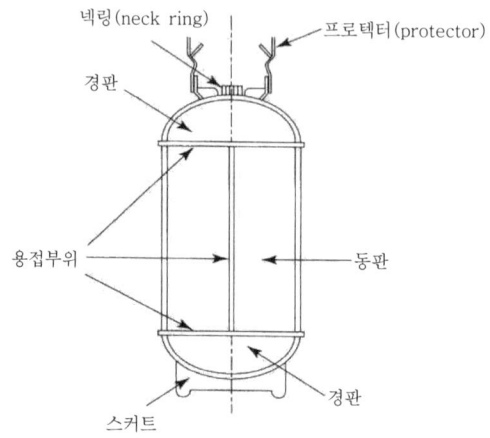

┃ 용접용기의 형태 ┃

> **꼼꼼.check! ▶ LP용기에 가스를 85%만 충전하는 이유**
>
> LP용기에 가스를 85% 이상 충전할 경우 온도가 상승하여 내압이 증가하면 용기 파열의 위험성이 크기 때문이다.
> ※ 액화석유가스의 안전관리 및 사업법 시행규칙 [별표 3]
>   저장탱크에 가스를 충전하려면 가스의 용량이 사용온도에서 저장탱크 내용적의 90%(소형 저장탱크의 경우 85%)를 넘지 아니하도록 충전할 것

③ 초저온용기 : <u>-50℃ 이하 액화가스를 충전</u>하기 위한 용기로 단열재로 피복하여 용기 내의 가스온도가 상용온도를 초과하지 않도록 조치한 용기로 액화질소, 액화산소, 액화아르곤, 액화천연가스 등을 충전하는 데 이용한다.

④ 납붙임 또는 접합 용기 : 주로 살충제, 화장품, 의약품, 도료의 분사제 및 이동식 부탄가스용기 등에 사용한다. <u>1회용으로 사용</u> 가능하며(재충전 사용 불가), 35℃에서 8kg/cm² 이하의 압력으로 충전해야 하며, 분사제로서 독성 가스의 사용이 불가능하고, <u>내용적은 1,000mL 미만</u>으로 제조하도록 되어 있다.

(2) 가스용기의 각인사항

① 용기 제조업자 명칭 또는 용기 고유번호
② 내압시험압력
③ 충전가스 명칭
④ 용기 질량

⑤ 용기 제조연월
⑥ 용기 내용적

(3) 용기의 도색

가스 종류	색 상	가스 종류	색 상
LPG	회색	액화암모니아(NH_3)	백색
수소(H_2)	주황색	액화염소(Cl_2)	갈색
아세틸렌(C_2H_2)	황색	그 밖의 가스	회색

(4) 액화가스용기의 저장량

액화가스용기의 최대저장능력(충전량) 계산은 용기의 내용적을 가스 종류별로 정해 놓은 충전상수로 나누어 산정한다. 용기 안의 가스온도가 48℃ 이상 되었을 경우 용기 내부가 액체가스로 가득차지 않도록 안전공간(15%)을 고려한 것으로 계산식에서 산정된 양 이상의 가스가 충전되지 않도록 하여야 한다.

$$W = \frac{V_2}{C}$$

여기서, W : 저장능력(kg)
V_2 : 용기 내용적(L)
C : 가스 충전정수(프로판 2.35, 부탄 2.05, 암모니아 1.86)

(5) 용기의 재료

① 이음매 없는 용기 : 크롬-몰리브덴강
② 용접용기 : 저탄소강 또는 알루미늄 합금
③ 초저온용기 : 내조에는 스테인리스강, 외조에는 저탄소강 또는 스테인리스강
④ 납붙임 및 접합 용기 : 저탄소강 또는 알루미늄합금

(6) 가스용기의 감식요점

① 넥링부 조사
  ㉠ 가스누출검지기로 누출부위를 측정한다.
  ㉡ 넥링부의 외부충격에 의한 손상흔적을 확인한다.
  ㉢ 용기밸브의 설치 또는 교체일자를 확인한다.
  ㉣ 제조기관 및 제조일자를 확인한다.
  ㉤ 충전 및 재검사 기간을 확인한다.

② 용기파열 조사
  ㉠ 용기 외부의 균열, 누설 개소를 확인한다.
  ㉡ 충전압력 및 충전방법의 적정여부를 확인한다.
  ㉢ 용기 내부폭발 또는 화염에 의한 외부폭발 등 폭발요인을 조사한다.
③ 관계자 질문 요지
  ㉠ 사고 당시 상태로 존재하고 있었는가
  ㉡ 작업자가 용기를 교체하거나 취급한 적이 있는가
  ㉢ 용기에 대한 검사 또는 재검사를 받았는가
  ㉣ 용기 외부에 결로현상이 나타났는가
  ㉤ 가스누설로 인한 냄새, 이상한 소리를 감지하였는가

(7) 용기밸브
① 용기밸브는 용기 내의 가스의 흐름을 열고 닫는 역할을 담당하며, 밸브몸통, 안전장치, 핸들, 스템, 오링, 밸브시트 등으로 구성된다. 용기밸브의 충전구 나사는 왼나사이며, 충전 후에는 압력조정기를 이곳에 연결하여 사용한다.
② 밸브핸들을 시계반대방향으로 돌리면 가스유로가 개방되고 시계방향으로 돌리면 가스유로가 폐쇄된다.
③ 안전밸브는 용기밸브와 일체로 만들어지는데 밸브의 개폐와 상관없이 항상 용기 내의 가스와 접하도록 되어 있으며 가스의 압력이 올라가면 자동으로 작동되어 용기 내의 압력을 외부로 방출시키는 역할을 한다.

∥ 안전밸브의 종류 ∥

구 분	종 류
LPG용기	스프링식
염소, 아세틸렌, 산화에틸렌의 용기	가용전(가용합금식)
산소, 수소, 질소, 아르곤 등의 압축가스용기	파열판식
초저온용기	스프링식과 파열판식의 2중 안전밸브

! 꼼.꼼.check! ▶ 용기밸브에 설치된 안전밸브의 기능

- 용기 내 압력이 비정상적으로 상승할 경우 안전밸브가 가스용기 내압 이하에서 가스를 방출함(스프링식)으로써 용기의 파열을 방지한다.
- LPG용기가 압력에 견딜 수 있는 한계는 $31kg/cm^2$로 그 이상의 압력을 받게 되면 물리적으로 파열에 이르게 된다. 그러나 압력이 상승하더라도 내압의 80%의 압력에서 안전밸브가 개방되어 더 이상 압력이 상승하지 않도록 방지하고 있는데 이때 작동압력은 $24.8kg/cm^2$이다.

④ 용기밸브의 감식요점
  ㉠ 핸들쪽으로 가스가 새는 경우는 밸브의 O링이 파열되어 기밀유지가 불량한 경우가 많으므로 O링의 손상 정도를 확인한다.
  ㉡ 충전구쪽에서 누출된 경우 핸들이 완전히 잠기지 않거나 밸브시트가 경화 또는 파열된 경우이므로 핸들의 잠김상태와 밸브시트를 조사한다.
  ㉢ 프로텍터부분에 가스누출에 의한 화염접촉 흔적이 안전밸브 방향일 경우 내압이 상승하면서 안전밸브가 작동하여 가스를 분출하면서 착화된 것이고 출구 주변의 경우는 화염에 밸브시트가 녹아 가스가 분출하면서 착화된 것이므로 판별이 요구된다.

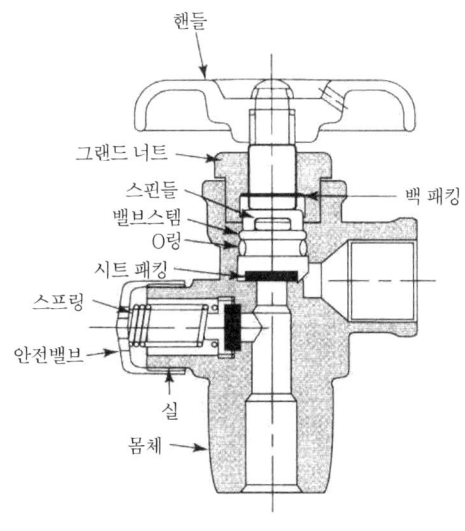

∥ 용기밸브의 단면도 ∥

(8) 압력조정기
  ① 기능 : 압력조정기는 가스 연소기구의 사용에 알맞도록 공급되는 가스의 압력을 조정하는 기구이다. LPG 압력조정기의 경우는 용기의 압력($0.7 \sim 15.6 kgf/cm^2$)을 연소기에 알맞은 압력(가정용 : $230 \sim 330 mmH_2O$)으로 낮추어 주기 위해 용기 충전구에 연결하며, 가정용 LPG용기에 사용되는 압력조정기는 시간당 $4kgf/cm^2$로 배출시킨다.
  ② 원리 : 압력조정기 입구로 고압의 가스가 들어오면 감압실을 덮고 있는 다이어프램이 압력조정용 스프링을 밀어 올리면서 밸브와 연결된 레버를 당겨 고압입구를 막음(밸브시트)으로써 가스량을 조절하여 압력을 낮춘다.

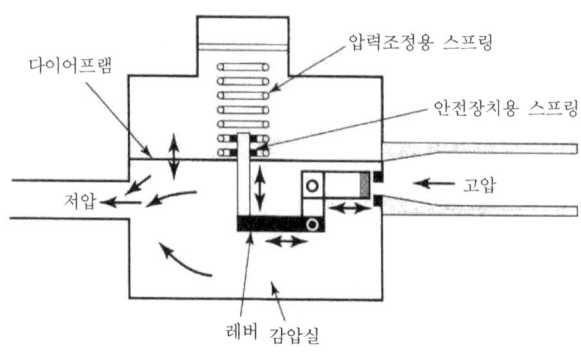

┃ 압력조정기의 구조 ┃

③ 압력조정기의 감식요점
  ㉠ 분해를 실시할 경우 반드시 출구압을 측정하여 기능점검 후에 분해하도록 한다.
  ㉡ 다이어프램의 손상(찢어짐, 기밀불량) 정도를 확인한다. 다이어프램이 손상되면 용기 내의 압력이 그대로 통과하여 고압측 밸브를 막지 못한다.
  ㉢ 고압측 입구를 막고 있는 밸브시트를 확인한다. 고무시트가 오래되면 기밀유지가 불가능해진다.
  ㉣ 적정압력 확인 및 화재로 인한 조정기의 손상여부를 확인한다.

(9) 퓨즈콕
  ① 기능 : 퓨즈콕은 중간밸브 내부에 <u>과류차단 안전기구를 삽입</u>하여 가스배관에 설정량 이상의 가스가 배출(유속 증가)될 경우 가스통로를 막아 호스가 콕이나 기구에서 빠지거나 호스가 절단되어 가스가 새는 것을 방지하여 화재나 폭발에 이를 수 있는 위험상황을 예방하는 기능을 한다.
  ② 퓨즈콕의 종류
    ㉠ 호스엔드형
    ㉡ 콘센트형
    ㉢ 박스형(마루용, 벽용, 벽뽑기형)
  ③ 콕의 사용 및 유지관리상 주의사항
    ㉠ 콕은 <u>전개, 전폐의 상태로 사용</u>하고 화력조절 콕의 열림 정도로 조절하지 않도록 할 것
    ㉡ 고무관은 LP가스용을 사용하고 호스앤드의 <u>적색표시선까지 완전히 밀어 넣고</u> 호스밴드로 조일 것
    ㉢ 2구용 콕을 개폐할 때는 오조작을 하지 않도록 할 것
    ㉣ 사용하지 않는 콕의 출구측은 <u>폐지마개 또는 고무캡으로 마감할 것</u>
    ㉤ 콕에 물체가 떨어지지 않도록 할 것

ⓑ 연소기를 사용한 후 취침 또는 외출할 때는 말단 콕을 잠그도록 할 것
ⓢ 중간 콕의 개폐 및 관련 안전관리자 등 LP가스설비를 숙지한 자만이 하도록 하고 일반인은 여닫지 않도록 할 것
ⓞ 콕의 외면이 더러워지면 부드러운 헝겊 등으로 닦아내고 물기를 제거할 것
ⓩ 필요한 개소에 적절한 수의 콕을 설치하고 T자형으로 사용하지 말 것
ⓧ 분해 또는 개조하지 말 것

④ 콕의 보관상 주의방법
  ㉠ 콕은 퓨즈를 내장한 것이기 때문에 보관 및 취급에 각별히 주의할 것
  ㉡ 콕을 떨어뜨리거나 충격을 가하지 말 것
  ㉢ 고온다습한 곳에 보관하지 말 것
  ㉣ 콕을 노출시켜 보관하면 수분이나 먼지가 들어가 나사부가 손상되기 쉬우므로 상자나 봉투 속에 넣어 보관할 것

⑤ 퓨즈콕의 감식요점
  ㉠ 밸브에 표시된 **가스의 흐름방향과 유로의 방향이 일치**하는지 확인한다. 방향이 맞지 않을 경우 퓨즈콕은 작동을 하지 않는다.
  ㉡ 퓨즈콕의 **변형, 손상여부**를 확인한다.
  ㉢ 호스밴드의 연결부 적합여부와 정상작동여부, 화재가 콕의 주변에서 발생한 것인지 확인한다.

(10) 호 스

① 호스의 종류
  ㉠ 고압호스
  ㉡ 저압호스
  ㉢ 금속플렉시블호스
  ㉣ 염화비닐호스

② 호스의 표시사항
  ㉠ 품명
  ㉡ 종류(1종, 2종, 3종)
  ㉢ 제조자명
  ㉣ 용도
  ㉤ 제조번호 또는 로트번호
  ㉥ 제조연월
  ㉦ 합격표시
  ㉧ 최고사용압력
  ㉨ 품질보증기간

③ 호스의 취급 시 주의사항
　㉠ 고무호스는 열화가 심하므로 직사광선을 피하고 비틀림, 굽힘 등이 없도록 설치할 것
　㉡ 설치 또는 교환 시에는 호스에 수분, 먼지 등 이물질이 없도록 확인하고 접속부에 청소를 한 후 설치할 것
　㉢ 금속플렉시블호스는 느슨한 굽힘을 갖도록 부착하며 비틀림, 수축 등의 상태로 설치하는 것을 피하고 굽힘반경은 관외경의 2배 이상으로 할 것
　㉣ 설치완료 후에는 비눗물, 가스누출검지기 등으로 누출검사를 실시할 것

④ 염화비닐호스의 감식요점
　㉠ 호스의 설치상황 및 제조상 결함은 없었는지 확인한다.
　㉡ 호스와 호스 및 호스와 연소기 연결부의 가스누설여부를 조사한다.
　㉢ 인위적으로 잘려 나갔거나 설치류(고양이, 쥐 등)에 의한 손상흔적 발생여부를 확인한다.
　㉣ 호스의 마감처리, 호스밴드의 결합상태, 노후 정도 등을 확인한다.

3 미소화원, 고온물체 등에 대한 조사방법

1 미소화원

(1) 정 의

미소화원이란 불씨나 에너지량이 외관상 극히 작은 발화원을 지칭하는 것으로 불씨잔해가 남지 않기 때문에 물적 증거로 입증이 어려운 경우가 많다. 따라서 정확한 발화개소 선정과 정황 판단이 중요하게 작용한다.

(2) 무염화원과 유염화원의 구분

구 분	종 류	연 소 형 태
무염화원	담뱃불, 용접불티, 모기향, 선향 등	초기에는 훈소형태로 연소하다가 점차 발염에 이른다.
유염화원	라이터불, 촛불, 성냥불	가연물과 접촉 즉시 발염한다.

(3) 무염화원의 연소 특징
① 장시간 화염과 접촉하고 있었으므로 발화부를 향해 깊게 타 들어가는 연소현상이 나타난다.
② 발화원이 장시간에 걸쳐 훈소하기 때문에 유염연소하기 전까지 연기가 피어나며 타는 냄새가 확산된다.
③ 이불이나 옷감류 등은 심부적(深部的)으로 탄화하여 타 들어가고 마루나 침대 등 바닥면을 태운 흔적이 있다.

④ 기둥, 벽 등의 일부가 타서 떨어지거나 가늘어지기도 하며 두꺼운 나무판자에 구멍이 발생할 수도 있다.
⑤ 대부분의 무염물질은 유기물이며 무염 시 가연성 기체가 생기며 또한 강한 다공탄 구조가 생긴다.
⑥ 화학반응 또는 산화반응은 고체의 표면에서 생성된다(산화열 축적).
⑦ 비교적 산소체적이 낮은 환경에서 전파되기 때문에 불완전연소 형태를 나타내는 경우도 있다.

  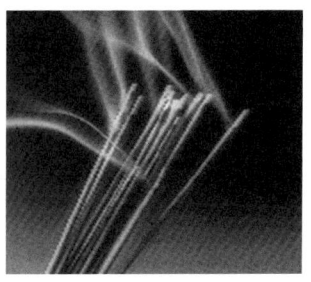

| 담뱃불 현장사진(화보) p.12 참조 | 용접불티 현장사진(화보) p.12 참조 | 선향 현장사진(화보) p.12 참조 |

2 미소화원에 의한 출화 증명

(1) 정확한 출화개소의 판단

미소화원은 장시간에 걸쳐 화염과 접촉한 가연물이 훈소상태로 진행되다가 발염연소로 확대되는 과정에서 미소화원 자체는 재가 되어 없어지므로 물적 증거가 남지 않기 때문에 정확한 출화개소 판단과 증명이 요구된다.

(2) 가연물의 종류 확인

미소화원과 접촉한 가연물의 종류 및 소손상태를 확인하여 착화가능성과 연소확대 요인을 충분히 검토한다.

(3) 훈소의 지속과 발염

훈소의 지속은 열의 축적상태와 공기의 유동, 습도 등에 의해 좌우된다. 열의 축적이 용이하고 공기의 순환이 적절할 때 드래프트 작용에 의해 용이하게 발염한다.

(4) 유염화원과의 구분

라이터불, 성냥불, 촛불 등 유염화원은 가연물과 접촉할 경우 짧은 시간에 급속하게 화재로 성장하지만, 담배불씨, 용접불씨 등 무염화원은 장시간 훈소단계를 거쳐 착염에 이른다.

(5) 기타 발화원의 가능성 배제

전기, 가스, 자연발화 등과 관계된 물건이나 발화원이 부정되어야 하며 오로지 무염연소에 의한 발화가능성을 충분하게 검토하여 입증하여야 한다.

3 담뱃불

(1) 담뱃불의 연소성

담배는 한번 착화하면 표면 연소부 및 미연소부로 산소공급을 지속적으로 받아 연소를 계속한다. 가장 많은 산소를 공급받는 부분은 선단부분이며 타지 않은 연초부분으로 열이 전파해가며 성장한다. 산소농도가 16% 이하일 경우 연소는 중단되며 직접 산화반응을 이용하지는 않는다. 담배를 점화시키면 불꽃 없이 연소가 이루어지며 가스상의 분해생성물을 발생시킨다. 이것을 연소되지 않은 부분에서 흡인하는데 이 작용에 의해 무염연소는 담배가 완전히 소실될 때까지 지속하게 된다.

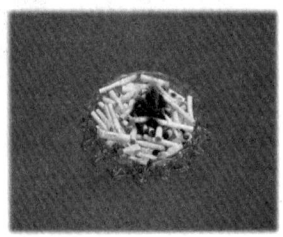 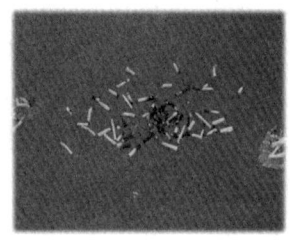 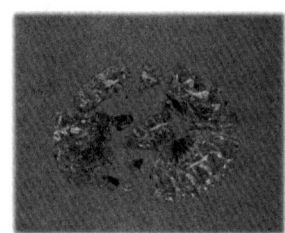

| 담뱃불 축열의 위험성 현장사진(화보) p.13 참조 |

(2) 담뱃불의 연소과정 [2019년 산업기사]

가연물 접촉 → 훈소 → 착화 → 발화

(3) 담뱃불의 발화가능성

① 최적 조건 : 풍속 1.5m/sec
② 소화 조건 : 풍속 3m/sec 이상, 산소농도 16% 이하일 때 연소 중단
③ 연소시간 : 레귤러사이즈(84mm) 1개비 기준으로 수평일 때 13~14분, 수직일 때 11~12분 소요
④ 담뱃불의 중심온도 700~800℃, 흡연 시 온도 840~850℃, 표면온도 200~300℃, 연소선단 550~600℃

(4) 담뱃불 점화원의 특징

① 대표적인 무염화원이다.
② 이동이 가능한 점화원이다.
③ 필터(합성섬유, 펄프)와 몸체(종이, 연초)로 구성되어 있는 가연물이다.
④ 흡연자는 화인을 제공할 수 있는 개연성이 존재(인적 행위)한다.
⑤ 자기 자신은 유염발화하지 않는다.

(5) 담뱃불의 착화가능성

① 가솔린(착화 불가) : 가솔린의 착화점은 280~300℃이므로 이론상 착화가 가능하지만 담뱃불의 표면은 탄화된 재와 공기 또는 탄산가스가 많은 공기로 둘러 싸여서 열을 흡수하고 불이 붙어 있는 부분이 시시각각으로 이동하며 발생한 열량 대부분은 타지 않은 부분을 연소시키기 위해 소비하므로 가솔린 증기가 접해 있는 부분을 착화점 이상으로 가열시키지 못한다.

② 도시가스(착화 불가) : 도시가스는 탄화수소의 혼합물로서 주성분인 메탄의 착화점이 537℃이며 수소 585℃로 표면온도가 300℃ 전후인 담뱃불로는 도시가스를 착화점 이상으로 가열하기 곤란하여 착화되지 않는다.

③ 면제품(방석, 이불, 의류 등) : 방석, 이불, 의류 등에 담배불씨가 접촉하면 일정시간 무염연소를 하다가 축열조건이 충분하게 갖춰지면 발화한다.

④ 종이류 : 접거나 펼쳐진 신문지 위에서는 접촉부분만 탄화하지만 휴지통 속이나 축열조건이 갖춰진 부분에서 다른 가연물과 섞여 있는 경우에는 무염착화 후 일정시간이 경과하면 착화한다.

⑤ 부스러기류(톱밥, 고무) : 톱밥류는 무염연소를 하다가 착화할 수 있다. 톱밥은 풍속 0.5m/sec 전후하여 발화가 용이하지만 무풍상태에서는 발염이 잘 일어나지 않는다. 담뱃불을 고무부스러기에 넣었을 때 무염연소나 발염도 없이 꺼진다.

⑥ 카펫 및 스티로폼 : 나일론계 카펫 및 스티로폼은 접촉된 부분만 국부적으로 탄화되거나 용융되고 착화하지 않는다. 우레탄 폼 및 아크릴계 섬유류도 접촉부분만 탄화하며 착화하지 않는다.

(6) 담뱃불의 감식요점

① 담뱃불에 의해 착화될 수 있는 가연물을 밝혀 둔다.
② 흡연행위가 있었다는 사실을 증명한다. 그러나 흡연행위를 한 사람이 누구인가를 반드시 밝혀낼 필요는 없고 행위자가 흡연을 했다는 사실을 반드시 증명할 필요까지도 없다. 화재원인이 반드시 특정인의 흡연행위에만 국한되는 것이 아니기 때문이다.
③ 행위자의 흡연행위와 착화발염에 이르기까지 경과시간이 착화물과의 관계(착화물의 가연성, 위치, 상태 등)에 있어서 타당한 연소범위 안에 있었는지 판단한다.

4 모기향불

(1) 모기향의 발화가능성

모기향의 중심부 온도는 약 700℃ 이상으로 연소시간은 모기향을 받침대에 세웠을 경우 무풍상태에서 7시간 30분 전후이며 풍속 0.8~0.9m/sec에서는 4시간 30분 전후로 알려져 있다. 모기향은 가연물과 접촉할 경우 단면적과 발열량이 작아 자체소화가 된다.

(2) 모기향의 감식요점

모기향의 발화입증은 설치상태, 가연물과의 접촉상태, <u>기타 발화원 부정</u> 등을 통해 입증하여야 한다.

5 용접 불티

(1) 용적의 발화위험성
① 전기용접 시 발생하는 용적은 고온의 용접불꽃이 낙하할 때 표면장력에 의해 <u>구형(球形)</u>을 유지한다.
② 용접·절단 시 낙하된 불똥은 <u>면 먼지, 종이, 나무부스러기</u> 등에 <u>접촉하면 출화위험</u>이 증대된다.
③ 용융입자가 수평면에 구르고 있을 때 보다는 <u>정지 직전 또는 정지한 직후 발화위험성</u>이 크다.
④ 휘발유, 벤젠과 같이 비교적 인화점이 낮은 물질에 용이하게 착화하며 <u>도시가스나 LP가스에도 용이하게 착화</u>한다.

(2) 용적입자 수거 시 주의사항
① 금속입자는 용이하게 형상이 파괴되기 쉽고 녹의 발생이 빠르게 진행되므로 <u>조기에 채취</u>한다.
② 채취할 때 잔류물의 <u>여과나 자석을 이용</u>하며 채취위치의 측정이나 사진촬영을 한 후 불똥입자를 선별한다.
③ 불똥입자는 아주 작은 구슬모양으로 <u>굴러가기 쉽고</u> 비좁은 틈새로 들어가므로 생각하지 못한 곳에서 채취되는 경우가 있다.

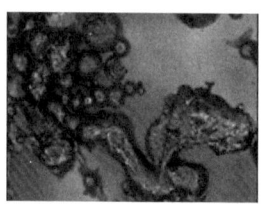 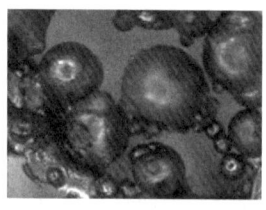 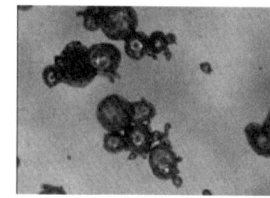

∥ 용접 불티의 잔해 현장사진(화보) p.13 참조 ∥

(3) 전기용접의 감식요점
① 용접작업을 하던 위치와 출화장소의 위치관계를 파악하고 <u>출화장소로 불꽃의 비산가능성을 조사</u>한다.
② 용적입자는 매우 작기 때문에 자석을 이용하여 <u>입자를 수집</u>하고 <u>주변의 비산상황을 확인</u>한다.
③ 출화장소 부근에서 용적입자가 발견되더라도 출화원인으로 다른 요인이 생각되는 경우에는 <u>다른 요인에 의한 출화가능성</u>을 확실하게 검토한다.

④ 아세틸렌가스 용단작업 시 고무호스에서 출화한 경우 버너부의 공기조정 불량에 의한 역화가 발생하여 고무호스가 소손되는 경우도 있으므로 고무호스가 바깥쪽에서 소손된 것인지 아닌지를 면밀하게 관찰한다. 또한 역화의 경우에는 호스의 압력조정기와 접속부분에서 소손된 경우가 많고 호스 내부에 그을음이 남아 있게 된다.

⑤ 타고 남은 고무호스의 탄화형태를 판단하여 호스의 균열에 의해 가스가 새어나와 출화한 것인지 아니면 용단불꽃이 호스에 착화하여 가스가 누설된 것인지를 판단한다.

6 그라인더 불꽃

(1) 그라인더 불꽃의 발화가능성

그라인더의 출화위험은 연마하거나 절단할 때 숫돌면의 마찰에 의해 가열된 절삭분이 용적이 되어 비산하는 것에 기인하는데, 비산된 절삭분은 공기 중에 비산하는 사이에 산화되어 용해온도까지 달하여 표면장력에 의해 구형(球形)이 된다. 용적입자 직경은 0.1~0.2mm 정도의 것이 가장 많으며, 온도는 약 1,200~1,700℃에 이른다. 이 정도 온도이면 가연물을 착화시키는 데 충분한 온도지만 전열량이 작기 때문에 발화가 곤란한 경우가 많은데 가연성 가스, 셀룰로이드 부스러기, 분진류 등에 충분한 축열조건만 형성된다면 착화하기도 한다.

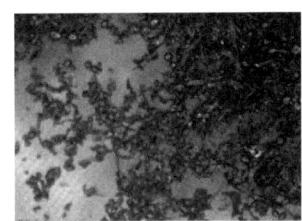

| 그라인더 불티의 발생 및 비산된 절삭분 잔해 현장사진(화보) p.13 참조 |

(2) 그라인더 불꽃의 감식요점

① 작업 중에 출화하는 경우가 많으므로 작업 중 불꽃의 발생이 있었던 사실을 확인한다.
② 불꽃의 비산범위 내에서 출화한 것인지 확인한다.
③ 그라인더의 사용상황 및 착화물의 상태로 보아 출화시간과의 사이에 상관관계를 확인한다. 보통 전열량이 작기 때문에 충분한 축열조건이 형성되지 않으면 착화하기 어렵다.
④ 출화개소에 불꽃에 의해 착화가능한 가연물의 존재여부를 확인한다.

7 제면기

(1) 제면기의 발화위험성

제면기로 면을 짜는 경우 면 속에 쇳조각, 못 등이 혼입되면 출화의 위험이 증대된다. 쇳조각이나 못 등이 회전 중인 스파크 드럼(바늘모양의 금속이 드럼처럼 되어 있음)의 이(齒)의 원통의 직경, 회전수, 형상 등과는 큰 관계가 없지만 면이나 부스러기 속에 있는 쇳조각, 못 등의 혼입여부에 따라 큰 차이가 있다.

(2) 제면기의 감식요점

① 기계 내부 쇳조각이나 돌 등의 이물질 혼입여부를 확인한다.
② 충격 등에 의한 기계부품의 상처유무를 확인한다.
③ 기계적인 고장 또는 구조결함에 의한 금속부의 접촉개소를 확인한다.
④ 출화부근에 불꽃에 의해 착화가능성이 있는 물질의 존재여부를 확인한다.

8 라이터 불꽃

(1) 라이터의 연소성

구 분		연소온도
기름라이터	가스라이터	
벤젠 사용	부탄 사용	기름라이터의 연료인 벤젠의 최고온도는 1,249℃이며, 가스라이터의 경우는 1,347℃이다.

(2) 라이터의 발화위험성

① **잔염에 의한 발화위험** : 간이 가스라이터 사용 중에는 쉽게 발견이 가능하여 피해를 줄일 수 있으나 사용 후 사고에 대하여는 육안식별이 쉽지 않아 불이 꺼진 것을 확인하지 않은 채 방치하면 화재로 발전하는 위험성이 높다.

> ⚠ 꼼꼼.check! ▶ 잔염상태가 될 수 있는 조건
> • 노즐레버 아래에 먼지, 모래 등 이물질이 들어가 노즐을 들어 올린 상태가 된 경우
> • 노즐 내부에 있는 스프링이 절손 또는 탄성이 열화한 경우
> • 노즐 내부에 있는 고무밸브가 열화, 균열, 마모가 발생한 경우
> • 노즐 내부에 있는 고무밸브 밑으로 이물질이 들어간 경우

② **연료가스 돌출에 의한 발화위험** : 간이 라이터의 구조가 불완전한 경우 점화 시 또는 사용 중에 갑자기 불이 커질 수가 있다. 원인으로는 라이터 내부의 부품불량, 파손, 마모 등이 있다.

③ **연료용 가스누출에 의한 화재위험** : 라이터의 온도상승에 따라 연료통의 내압이 상승하고 결국 압력을 견디지 못하게 된 시점에서 연료통에 균열이 발생하여 연료

용 가스의 누설로 화재가 발생할 수 있다. 여름철 차량 안에 방치한 라이터가 내압상승으로 터지면서 발화할 수 있는 경우가 해당된다.

(3) 라이터의 감식요점
① 라이터의 발견위치, 이물질의 혼입유무 등 <u>외관조사</u>를 한다.
② 발화개소 부근의 <u>가연물의 상황과 위치, 종류, 재질, 형상</u> 등을 확인한다.
③ 라이터를 분해하여 라이터의 <u>소손상태 및 실수로 스위치가 켜졌을 가능성</u>을 함께 검토한다.
④ 전자식 라이터의 경우 내부에 압전소자가 발견됨과 동시에 스위치부분이 화염에 의해 점화상태 그대로 용착되었는지 확인한다.

9 성냥불

(1) 성냥불의 연소성
성냥개비의 두약부분과 용기의 측약부분을 서로 마찰시키면 <u>측약부분의 적린이 먼저 발화</u>하고 그 발화에너지에 의해 두약부분이 폭발적으로 연소하는 구조이다. 두약의 연소에 의하여 나무개비에 침투시킨 파라핀이 용융 기화하며 연소함과 동시에 나무개비부분의 연소가 계속 이루어진다.

연소온도	발화온도	연소시간
• 발화시점 : 500℃ • 정상연소 : 1,500~1,800℃	• 202~316℃	• 수직 상방향 : 43초 • 수평방향 : 30초 • 역방향 : 12초

(2) 성냥의 발화위험성
① **타다 남은 성냥개비에 의한 발화위험** : 성냥개비를 발화연소 시킨 후 직접 가연물에 던질 경우 잔염률 및 잔화율이 높아 발화위험성이 있다.
② **마찰에 의한 발화위험** : 성냥개비의 두약부분과 용기의 측약부분이 주머니 같은 공간 안에 있을 때 외부로부터 강한 힘을 받게 되면 충분히 발화할 가능성이 있다. 또한 두약부분을 흑판이나 불투명한 유리와 같이 표면에 문질렀을 경우에도 마찰열에 의해 발화할 수 있다.
③ **가열에 의한 발화위험** : 성냥개비의 두약부분은 산화제인 <u>염소산칼륨을 주성분</u>으로 하여 유황이나 아교, 송진 등의 가연물이 첨가되어 있어 외부가열에 의해 쉽게 발화할 위험성이 있다.

(3) 성냥의 감식요점
① 발견 동기, 불길, 연기, 소리, 냄새 등 관계자에 대한 질문조사를 한다.

② 성냥의 보관장소, 사용장소, 처리상황 등을 확인한다.
③ 발화 시 건물 내부 체류자의 동향을 조사한다.
④ 발화장소 부근의 가연물 상황, 위치, 종류, 재질 등을 확인한다.

10 양초

(1) 양초의 성분
① 파라핀
② 경화납
③ 스테아린산
④ 등심

양초의 발광구조	양초의 불꽃 구분
• 불꽃의 색깔은 아래쪽은 청색으로 어둡지만, 그 바깥쪽은 주황색으로 밝게 빛나고 있고, 더욱 바깥쪽은 그다지 밝지 않으나 옅은 보라색을 띄고 있다. 이 불꽃들의 각 부분은 염심, 내염, 외염으로 구분한다. • 외염부의 불꽃이 금색으로 보이는 부분은 최고 1,400℃, 주황색의 밝은 부분은 1,200~1,400℃, 중심부의 빛이 약한 부분은 600℃ 정도이다.	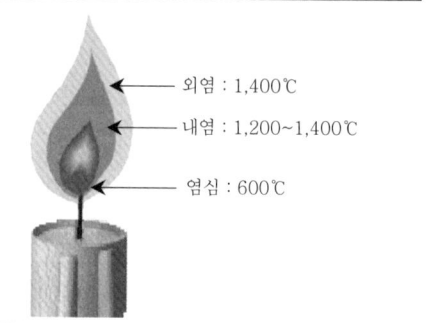 외염 : 1,400℃ 내염 : 1,200~1,400℃ 염심 : 600℃

(2) 촛불화재의 감식요점
① 촛불은 전도, 낙하, 방치에 의한 <u>가연물 접촉이 대부분</u>으로 국부적으로 소손된 부위가 없는지 관찰한다.
② 양초 방치에 의한 경우 양초가 다 탈 때까지 연소시간을 고려하며 <u>파라핀의 용융물 일부가 남거나 주변 가연물에 부착</u>되었는지 관찰한다.
③ 양초가 있었던 자리 또는 양초의 발견위치, 상태와 <u>주변 가연물의 상황</u> 등을 조사한다.
④ 플라스틱 촛대를 사용한 경우 시간이 경과하면서 길이가 짧아지면 촛대에 착화하는 경우가 있으므로 합성수지제의 용착여부를 확인한다.

※ 양초에 의한 발화로 전소된 경우 발화원의 잔해가 남지 않으므로 양초의 사용목적, 사용상황, 사용시간 등을 확인한다.

11 고온물체

(1) 종류 및 특징
고온물체란 가연물과 접촉하면 발화할 수 있는 것으로 적열상태의 용접 불티를 포함하여 스팀 파이프, 과열된 차량브레이크 드럼, 차량 소음기, 보일러 연통 등으로 일반적으로 저온상태에서는 훈소로 진행되다가 발염에 이르고 고온상태에서는 가연물과 접촉 즉시 유염발화한다. 고온물체는 온도가 보통 180℃ 이상인 물체로 저온발화할 수 있는 것을 말한다.

(2) 저온발화할 수 있는 조건
① 고온 스팀파이프의 이음부 등에 천연섬유류 등의 먼지가 누적되어 쌓일 경우 시간이 경과하면서 서서히 착화할 수 있다.
② 사우나, 목욕탕 등의 고온 스팀파이프에 목재가 접촉한 상태로 장시간 경과하면 훈소할 수 있으며 유염발화할 수 있다.
③ 차량의 배기구에 가연물이 접촉할 경우 발화점 이상이 되면 저온발화할 수 있다.
④ 보일러의 연통이 수평으로 설치된 상태에서 상단에 먼지가 쌓인다면 시간이 경과하면서 저온발화할 수 있다.

(3) 고온물체의 감식요점
① 보일러 연통은 발화가 개시된 수평부분에 국부적으로 심한 수열흔적이 남는 경우가 있고 이상발연으로 연통 내부에 그을음이 가득 찬 형태로 남는 경우가 많다. 연통의 변색과 내부에 연소된 그을음으로 입증하고 인접한 가연물을 밝혀 둔다.
② 공장의 스팀배관, 사우나시설, 대형 난방기기의 배관 등은 고온이며 단열재로 마감처리한 경우가 많다. 단열재 틈새의 먼지에서 발화한 경우 국부적으로 심한 수열흔적이 남으며 가연물은 재로 회화되므로 배관시설 검토를 통해 고온의 형성과 가연물의 접촉가능성을 조사한다.
③ 차량이나 오토바이 등은 배기관의 흙받이나 뒤쪽 타이어로부터 연소된 것을 입증하고 기타 발화원인을 배제할 수 있는 정황으로 판단한다. 차량이나 오토바이는 가연물과 직접 접촉하지 않는 한 착화가 용이하지 않지만 엔진 회전수를 높일 경우 착화하게 되므로 이에 대한 정황입증이 필요하다.

확인문제

다음에서 설명하는 현상을 쓰시오.
(1) 사우나, 목욕탕 등에 설치된 고온 스팀파이프가 100~200℃ 정도의 온도로 목재와 장시간 접촉하면 발화되는 현상은 무엇인가?
(2) 난로 등 고온의 물체에 어떤 가연물이라도 닿으면 연소되는 현상은 무엇인가?
(3) 구획실에서 화재가 발생하였을 때 화염의 접촉 없이도 실내온도가 높아져 연소되는 현상은 무엇인가?

답안 (1) 저온착화
 (2) 고온표면
 (3) 축열에 의한 발화

4 화학물질 및 설비에 대한 화재·폭발 조사방법

1 화학물질의 위험성

① 화재위험 : 자연발화, 인화, 발화
② 연소확대위험 : 이연성, 속연성
③ 소화곤란위험 : 금수성, 유독성, 폭발성
④ 손상위험 : 부식, 중독, 질식, 화상

2 화학물질의 위험성 증대 요인

① 온도와 압력이 높을수록 위험하다.
② 인화점과 착화점이 낮을수록 위험하다.
③ 융점과 비점이 낮을수록 위험하다.
④ 폭발하한이 낮을수록 위험하다.
⑤ 반응속도가 빠를수록 위험하다.
⑥ 연소 시 생성열이 많을수록 위험하다.
⑦ 증발열 및 표면장력이 작을수록 위험하다.

3 화학물질화재의 조사절차

(1) 자료 수집
① 현장에 남겨진 화학물질의 종류, 수량, 보관상태 및 사용상태 등을 확인한다.
② 자연발화성 물질인지 또는 혼촉발화였는지 물질의 성상을 확인한다.
③ 연소범위 또는 폭발범위와 파손된 경계구역의 범위를 파악한다.
④ 화학물질의 폭발가능성 및 착화난이도를 조사한다.
⑤ 목격자나 작업자의 취급상황과 발화요인을 조사한다.

(2) 타당성 조사
① 화학물질의 발화가능성 및 연소확대의 용이성을 판단한다.
② 물질의 물리적·화학적 성질(인화점, 점도, 최소착화에너지 등)의 타당성을 검토한다.
③ 화재발생 전 물질의 취급상황과 안전관리실태를 조사한다.
④ 물질과 열에너지와의 상관관계를 분석한다.

(3) 발화부 확인
① 가연성 액체 또는 가연성 증기의 체류가능성을 검토한다.

② 발화지점의 손상 정도와 탄화된 물질과의 상관관계를 확인한다.
③ 발화부 주변에서 <u>착화원의 발생가능성</u>(정전기, 스파크 등)을 조사한다.

(4) 원인 판정
① 수집된 기초자료를 바탕으로 타당성 조사를 거쳐 <u>논리적 완성도</u>를 갖추었는지 확인한다.
② 발화부 주변에서 최초 착화된 물질의 잔해 확인 및 열에너지의 종류와 <u>착화가능성</u>을 제시한다.
③ 작업 당시의 상황과 관계자의 사실 인정 등 <u>증거자료를 확보</u>하여 입증한다.

(5) 원인판정 시 유의사항
① 출화개소 부근에 있는 잔류물을 채취한 후 정성분석을 실시하여 <u>물질의 실체</u>를 밝혀 둔다.
② 혼촉발화 또는 자연발화 등 발화원 없이 연소된 경우 현장상황과 기상조건, 주변 가연물과의 관계 등에 대한 <u>설명이 합리적으로 뒷받침되도록</u> 한다.
③ 물질의 완전연소로 발화과정을 입증하기 곤란한 경우 필요시 동일한 조건을 부여한 <u>재현실험</u>을 통해 입증한다.

> **꼼꼼 check!** ▶ 정성분석과 정량분석
>
> - 정성분석(qualitative analysis) : 시료가 어떤 성분으로 구성되어 있는지 규명하기 위한 분석법
> - 정량분석(quantitative analysis) : 시료가 지니고 있는 양이나 비율을 결정하는 분석법
> ※ 화학물질 시료분석은 정성분석을 통해 물질의 성분을 1차적으로 규명하는 것이 중요하다.

4 자연발화

물질이 공기 중에서 <u>발화온도보다 낮은 온도에서 서서히 발열</u>하고 그 열이 <u>장시간 축적됨으로써 발화점에 도달</u>하여 연소에 이르는 현상

※ 자연발화현상은 외부의 불씨나 가열 등 고온과 직접 접촉하지 않은 상태에서 물질 스스로 발열반응하는 것으로 점화에너지에 의한 일반적인 연소와 구별하여야 한다.

(1) 자연발화 조건

자연발화가 일어나기 위해서는 산화, 분해, 흡착, 발효 등에 의해 생긴 작은 열이 축적되어 반응계 안에서 자신의 <u>내부온도가 상승하는 것이 필요</u>하고 이 발열이 증가하여 결국 발화온도에 이르러 연소를 개시한다. 일반적으로 열이 물질의 내부에 축적되지 않으면 내부온도가 상승하지 않으므로 자연발화는 발생하지 않는다. 따라서 <u>열의 축적</u>은 자연발화가 일어나기 위한 조건이다.
① 반응계 안에서 내부온도 또는 주변온도가 높을 것
② 열의 축적이 용이할 것
③ 표면적이 클 것

(2) 자연발화에 영향을 주는 요인

① **열의 축적** : 물질이 자연발화하기 위하여 <u>반응열이 상당히 크고 그 열이 축적되기 쉬운 상태</u>에 있어야 한다. 물질 내부에 열이 축적되지 않으면 발열온도에 이르지 못함으로써 자연발화는 발생하지 않는다.

∥ 열의 축적에 영향을 주는 요인 ∥

열전도율	퇴적상태	공기의 유동
열전도율이 작을수록 보온효과로 인해 열 축적이 용이하다.	얇은 판상으로 여러 겹 겹쳐지면 중심부에 보온성이 좋아져 자연발화가 용이해진다.	공기의 흐름 변화가 적어야 한다. 통풍이 좋은 곳일수록 열의 축적이 어렵기 때문이다.

② **열의 발생속도** : 열의 발생속도는 발열량과 반응속도와의 곱으로서, 발열량이 크더라도 반응속도가 느리면 열의 발생속도는 작다.

> **꼼꼼. check!** ▶ 열의 발생속도에 영향을 주는 요소
> - 온도 : 온도가 높을수록 반응속도가 빠르므로 열의 발생이 증가한다.
> - 발열량 : 발열량이 클수록 열의 발생속도가 빠르다.
> - 수분 : 적당한 수분의 존재는 반응속도가 가속되는 촉매작용을 한다.
> - 표면적 : 물질의 표면적이 클수록 반응속도가 증가한다.

5 자연발화 형태 〈2014년 산업기사〉 〈2024년 기사〉

구 분	발화물질
산화열	불포화탄화수소 화합물, 건성유, 석탄, 고무류 등
분해열	셀룰로이드, 니트로셀룰로오스, 유기과산화물 등
흡착열	목탄분말, 활성탄, 탄산칼슘, 환원니켈 등
발효열	건초더미류, 퇴비, 볏단 등
중합열	초산비닐, 아크릴로니트릴, 액화시안화수소, 스티렌 등

(1) 산화열

불포화유가 포함된 천·휴지, 탈지면찌꺼기, 여과지 등의 기름 침전물, 석탄, 황화광석, 황화소다, 고무류 등은 산화열 축적으로 발화할 수 있다.

① 산화열의 연소 특성

구 분	연소 특성
동식물유지류	불포화도 및 요오드가가 큰 유지일수록 산화되기 쉽고 위험성이 크며 연소 시 특유의 냄새가 있다.
도료류	연료침전물이 퇴적한 층에서 발연하며 연료침전물 자체가 불꽃을 내면서 타는 경우는 적고 주변 가연물과의 접촉으로 착화된다.
튀김찌꺼기	초기에는 흰연기가 발생하지만 점차 회색연기로 변하면서 발연량이 증가하며 중심부에 통기공이 생겨 연소가 심하게 된다.
골분·어분	골분과 어분을 장기간 보관할 경우 기름유에 잠열이 형성되어 연소하며 특유의 악취가 있다.
기름천	기름이 스며든 천 내부로부터 서서히 발열하며 초기에는 흰연기를 내고 점진적으로 연기량이 증가한다.

> **꼼꼼.check!** ━ 요오드가 ━
>
> 유지 100g에 부가되는 요오드의 그램(g)수를 말한다. 요오드가가 130 이상이면 건성유, 100~130인 것은 반건성유, 100 이하인 것은 불건성유로 분류한다.

② 산화열의 감식요점

ⓐ 유지류의 종류, 성질, 함유율 등을 관찰하고 <u>축열에 필요한 시간</u>, 수납 및 <u>퇴적장소의 분위기, 온도</u>, 습도, 통풍상황, <u>잠열의 유무</u> 등을 조사한다.

ⓑ 튀김찌꺼기의 경우 탄화된 잔류물의 중심부가 다공성의 덩어리로 되어 있거나 비늘상으로 탄화가 진행되고 주위의 <u>유지는 경화된 경우</u>가 많다.

ⓒ 골분과 어분의 경우 장기간 보존할 경우에 많이 발생하므로 과거의 <u>보관이력과 청소상황</u>을 확인하고 찌꺼기류의 부착, 퇴적된 양 등을 조사한다.

ⓓ 자연발화한 퇴적유 걸레는 중심부로부터 탄 것이 보이므로 내부로부터 연소여부를 확인하고 기름걸레의 축열조건인 <u>수납장소의 환경</u>과 <u>통풍상태</u> 등을 조사한다.

ⓔ 유지류는 단독으로 발화하지 않는다. 반드시 흡착되어 착화하는 가연물이 있어야 하므로 <u>착화가능한 가연물을 조사</u>한다.

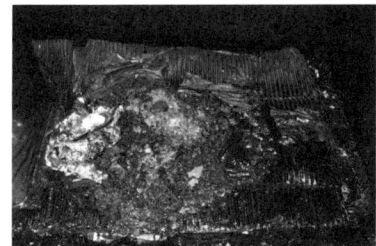 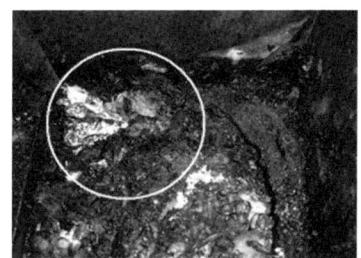

∥ 식물성 유지류의 산화열 축적으로 발화한 연소형태 현장사진(화보) p.14 참조 ∥

(2) 분해열

셀룰로이드, 니트로셀룰로오스, 니트로글리세린, 유기과산화물, 메틸에틸케톤퍼옥사이드 등이 있다.

① 주요 물질별 성상

ⓐ 니트로셀룰로오스

- 화약, 셀룰로이드, 래커, 콜로디온 등의 원료로 사용된다.
- 충격, 마찰에 민감하며 점화하면 폭발적으로 연소한다.
- 자연발화를 방지하기 위해 <u>물 또는 에틸알코올에 습면으로 보관</u>한다.

ⓑ 셀룰로이드

- 셀룰로이드는 니트로셀룰로오스가 주성분으로 백색의 결정체와 알코올을 첨가하여 제조한다.
- 창고에 장기간 저장상태로 외부기온이 <u>20℃ 이상이면 자연발화</u>하고, 30℃를 넘을 경우 위험성은 급격하게 커진다.

ⓒ 메틸에틸케톤퍼옥사이드(MEKPO)
- 제5류 위험물에 해당하며 상온에서 안정적이지만 자연분해하여 가스가 생성되며 40℃를 넘으면 맹렬하게 백연을 발생한다.
- 알칼리성 물질은 표면활성 물질과 접촉하면 분해가 촉진된다. 특히 철, 동, 납 등의 금속과 그 화합물 등은 분해가 현저하게 빨라서 발화 또는 폭발한다.
- 자외선에 분해되어 강한 충격에 폭발을 일으키거나 규조토 등과 상온부근에서 장시간 접촉할 경우 분해·발화하는 것도 있다.

② 분해열의 감식요점
ⓐ 셀룰로이드가 자연발화한 경우 표면이 그물망처럼 탄화되고 중심부를 절단해 보면 장뇌냄새가 나는 타르상의 노랑, 보라, 백색 등의 심지모양이 발견된다.
ⓑ 물질의 성분분석 방법으로 화학분석에 의한 질산이온의 검출, 내열시험, 분광분석, 현미경에 의한 관찰 등을 종합하여 판단한다.

(3) 흡착열

목탄, 활성탄, 알루미늄, 철, 티타늄, 규소, 실리카겔, 규조토, 탄산칼슘, 환원니켈 등이 있다.

① **활성탄의 연소 특성** : 활성탄이란 그 성분의 대부분이 탄소이고 특별히 큰 흡착활성을 갖는 탄을 말하며, 분말상 활성탄과 조립상 활성탄으로 구별되고, 흑색의 미세분말 또는 입상(직경 2~6mm)으로 활성탄의 내부는 다공질이다. 연소 시에는 흡착열의 축적에 의해 초기에 약간의 발연과 내부온도의 상승이 보이며 심하게 타지 않다가 내부에서 퇴적된 연기가 불완전연소에 의하여 일산화탄소가 발생한다.

② 활성탄의 감식요점
ⓐ 활성탄이 흡착열을 축적하는 데 충분한 양이 존재하고 있는지를 조사한다.
ⓑ 발화한 활성탄에서 다시 흡착활성이 되살아났는지 확인한다.

③ **환원니켈의 연소 특성** : 니켈은 은백색의 빛을 발하는 금속으로 습기와 공기 중에서 안정하다. 그러나 니켈카르보닐[$Ni(CO)_4$] 등의 미립자는 고온에서 수소 등의 환원분위기 중에서 환원되면 환원니켈이 되어 공기 중에 노출된 것만으로 산소를 흡착하여 발열·발화한다. 연소 시 특징으로 흑색의 미세분말이 빨갛게 타면서 표면연소한다. 막대기로 저으면 순간적으로 발화하고 반짝이면서 빨갛게 되며, 물을 뿌리면 튈 수가 있다.

④ 환원니켈의 감식요점
ⓐ 진공 또는 질소가스 등으로 충진한 저장용기 내에서 공기의 침입이 있었는지 조사한다.
ⓑ 화재 후 흑색 또는 연쥐색의 산화니켈의 분말이 남는다.

ⓒ 강하게 발열한 부분은 분말이 다소 녹으므로 괴상으로 되는 수가 있다.
ⓔ 불꽃이 나지 않고 **표면연소하므로** 용기로부터 누출되는 목재 등에 접촉한 경우 그 부분에서 깊이 타 들어갈 수 있다.
ⓜ 잔류물이 니켈가루인지의 판정은 기기분석에 의해 결정한다.

(4) 발효열

건초더미류, 볏단저장창고, 퇴비제조공장 등에서 쌓아둔 가연물이 발효되어 발열할 수 있다.

① **발효열의 연소특성** : 발효열에 의한 자연발화는 <u>건조된 짚과 풀 등에서 발생</u>한다. 건초에 대한 자연발화 원리에 대하여 아직 정설은 없지만 일단 다음의 2단계를 거치는 것으로 알려지고 있다. 제1단계는 미생물과 효소의 작용에 의한 발효 등으로 발열하여 80~90℃ 정도에 달하여 불안정한 분해생성물이 생기고, 제2단계에서는 제1단계에서 생긴 반응성이 큰 분해생성물의 산화반응이 일어나고 온도상승을 계속하여 자연발화한다는 것이다. 즉 초기에 미생물과 효소의 작용에 의해 생긴 반응성이 큰 불포화결합을 갖는 분해생성물이 작용하는 것에 의해 미생물과 효소가 활성을 잃은 후에도 계속 온도가 상승하면서 자연발화한다는 것이다. 연소는 심하지 않고 <u>발연이 심하며</u> 화재 전에 발효열이 축적되고 <u>수증기를 발생</u>하므로 저장장소 내에 습기가 많아진다.

② **발효열의 감식요점**
ⓐ 건조상태에 따른 <u>수분의 포함여부를 확인</u>한다.
ⓑ 화재 전에 발효되어 수증기가 발생한 것인지 또는 <u>습기가 가득한 분위기</u>였는지를 조사한다.
ⓒ 내부에서 화재가 발생한 것인지 혹은 표면에서 타고 들어간 것인지 판정한다.

(5) 중합열

① **중합발열 물질** : 중합은 동일분자를 2개 이상 결합하였을 때 분자량이 큰 화합물이 생성되는 반응이다. 중합체의 원료가 되는 물질을 모노머라고 하며, 중합에 의해 생성된 화합물을 중합체 또는 폴리머라고 한다. 초산비닐[$CH_2=CH(OCOCH_3)$], 아크릴로니트릴[$CH_2=CH-CN$], 액화시안화수소[$H-CN$], 스티렌[$C_6H_5-CH=CH_2$] 등의 모노머는 중합되기 쉽고 중합열에 의해 중합반응이 가속되면 발화한다.

② **중합열의 감식요점**
ⓐ 중합체의 원료인 액상의 모노머에 산·알칼리 등의 불순물이 개입하면 반응하므로 <u>저장상태, 작업상황 등을 조사</u>한다.
ⓑ 중합반응이 개시되면 보관용기의 온도가 상승하여 용기가 파열되거나 점화원에 폭발할 수 있으므로 <u>가연물의 양과 폭발범위</u>를 판단한다.

6 물질 자신이 발화하는 물질

(1) 금속나트륨

성 질	• 은백색의 부드러운 고체로 녹는점 97.7℃, 끓는점 883℃이다. • 물과 접촉 시 수소를 발생하고, 산소와 접촉하면 폭발적 연소를 한다. • 보관할 경우 등유나 석유 등 액체 탄화수소에 보관한다.
연소 특징	• 연소 시 강한 자극성 물질인 과산화나트륨과 수산화나트륨의 흰연기를 발생시키면 피부, 코, 인후를 강하게 자극한다. 물과 접촉 시 반응식 : $2Na + 2H_2O \rightarrow 2NaOH + H_2\uparrow$ • 물과 반응 시 황색불꽃을 내며 주위로 튀고 격렬하게 연소한다.
감식요점	• 탄화 잔해는 표면이 끈끈한 백색의 수산화나트륨이 부착되어 있다. • 발화지점에 남겨진 물을 리트머스시험지, pH미터 등을 사용하여 조사하면 강알칼리성을 나타낸다. • 외관상 식별이 곤란할 경우 현장의 수분 등을 샘플링해서 기기분석에 의해 판정한다. 연소 시의 불꽃색은 나트륨이 황색을 나타내므로 화재 초기의 목격상황도 참고한다.

(2) 금속칼륨

성 질	은백색의 빛을 내는 부드러운 고체로 녹는점 63.7℃, 끓는점 760℃이며, 액체 탄화수소에 보관한다.
연소 특징	나트륨과 비슷하며 연소 시 적자색을 띤다. 물과 접촉 시 반응식 : $2K + 2H_2O \rightarrow 2KOH + H_2$
감식요점	금속나트륨에 준해 조사를 하고 최종적으로는 기기분석에 의해 조사한다.

(3) 금속분

성 질	마그네슘, 알루미늄, 아연, 철분 등은 덩어리상태에서는 안정하지만 분진가루상태가 되면 표면적이 증가하여 공기 중의 습기, 물, 산, 알칼리 등과 반응하여 화재위험성이 증대된다.
연소 특징	• 마그네슘분은 일단 착화하면 급격히 연소하고 수분과 혼합된 경우 불꽃을 발하며 연소한다. – 물과 접촉 시 반응식 : $Mg + 2H_2O \rightarrow Mg(OH)_2 + H_2$ – 산과 접촉 시 반응식 : $Mg + 2HCl \rightarrow MgCl_2 + H_2$ • 알루미늄분은 산·알칼리, 끓는 물과 반응하여 발화한다. – 물과 접촉 시 반응식 : $2Al + 6H_2O \rightarrow 2Al(OH)_3 + 3H_2$ • 철분은 산에 녹아 수소를 발생시키며 산화제와 혼합된 경우 가열 및 충격으로 발화한다. – 산과 접촉 시 반응식 : $2Fe + 6HCl \rightarrow 2FeCl_3 + H_2$
감식요점	• 금속분의 퇴적가능성 및 작업상황을 조사한다. • 금속가루의 반응속도는 일반적으로 늦기 때문에 발열도 서서히 진행되는 점을 고려하여 연소상황을 관찰한다. • 금속분의 성분은 기기분석에 의해 판정한다.

(4) 황 린

성 질	• 발화점(공기 중 50℃)이 낮아 공기 중 노출되면 자연발화한다. $P_4 + 5O_2 \rightarrow 2P_2O_5$ • 백색 또는 황색의 왁스상 고체로 마늘냄새가 나며, 어두운 곳에서 관찰하면 청백인광을 볼 수 있다. • 공기 차단을 위해 물 속 또는 불활성 가스 중에 보관한다. • 고농도알칼리와 반응해서 수소화인을 발생한다.
연소 특징	• 황색의 불꽃을 내면서 타고, 코, 인후, 눈 등의 점막을 자극한다. • 녹는점이 낮아서 연소 시에 유동적으로 확산된다.
감식요점	• 산화가 쉽고 발화점이 낮으므로 보관상태 및 사용여부를 확인한다. • 용기가 깨져 누설·발화한 경우 공기 중 산화로 인한 발화 사실을 깨진 용기 및 연소형태로 확인한다.

(5) 물질별 불꽃 색상

물질 자신이 발화하는 물질들은 연소 시 고유의 색상을 나타내기 때문에 목격자 등에게 초기 연소상황에 대한 질문조사를 통해 입증자료를 구축해 나갈 수 있다.

원 소	연소 시 불꽃 색상
나트륨(Na)	황색
칼륨(K)	적자색
세슘(Cs)	담자색
리튬(Li)	적색
루비듐(Rb)	담자색

7 물질 자신이 발열하고 접촉된 가연물을 발화시키는 물질

(1) 생석회

산화칼슘(CaO)이라고도 하며, 백색무정형 물질로 비중이 3.2~3.4이고 융점이 2,572℃, 석회석을 원료로 제조한다. 용도는 철강, 카바이드, 종이 및 펄프, 표백분, 비료 등의 원료로 사용된다.

① 생석회의 연소 특징
  ㉠ 물과 반응하여 <u>수산화칼슘이 되고 발열을 동반</u>하며 가연물과 접촉하면 발화한다.

$$CaO + H_2O \rightarrow Ca(OH)_2 + 15.2 kcal/mol$$

  ㉡ 생석회의 발열로 화재가 성장하려면 <u>다량의 생석회를 필요로 한다</u>. 소량이면 발열을 하여도 주변으로 열 발산이 크고 가연물을 발화점까지 승온시키기 어렵다.
② 생석회의 감식요점 : 생석회가 물과 반응하여 생성된 <u>수산화칼슘(소석회)의 잔해</u>를 확인한다. 소석회는 백색분말로 물과의 접촉으로 고체상태가 된다. 또한 소석회는 강알칼리성이므로 리트머스시험지로 <u>pH 측정 시 푸른색</u>을 띤다.

▎생석회 보관형태 현장사진(화보) p.14 참조 ▎

▎생석회가 물과 반응하여 발화 현장사진(화보) p.14 참조 ▎

(2) 표백분

① 표백분의 성질
  ㉠ 표백분($Ca(ClO)_2 \cdot CaCl_2 \cdot H_2O$)은 백색분말로 공기 중 이산화탄소에 의해 차아염소산(HClO)이 유리되기 때문에 강한 연소냄새가 있고 물에 용해되면 유리석회를 남긴다.
  ㉡ 펄프, 면사의 표백 및 수영장, 목욕탕 등의 살균 용도로 쓰인다.

② 표백분의 연소 특징
  ㉠ 수분·습기를 흡수하면 발열되면서 산소를 방출한다.
  ㉡ 차아염소산 HClO 분해과정
    • 빛과 열에 의해 진행하고 산소를 방출한다(HClO → HCl+O).
    • 차아염소산이 고농도인 경우 자동으로 자기 산화를 하면서 염소산이 된다 ($3HClO \rightarrow 2HCl + HClO_3$).
    • 차아염소산은 산이 존재하면 염소를 발생한다. 차아염소산은 염소의 산화물로서 일반적으로 불안정하여 분해되기 쉽고 산소를 방출하기 때문에 산화제로 작용을 한다.

③ 표백분의 감식요점
  ㉠ 물과 반응하면 용해되어 유리석회를 남기고 수용액은 리트머스시험지를 청색으로 변색시켜 서서히 탈색되므로 이러한 특징을 발견한다.
  ㉡ 저장장소가 빗물이나 직사광선의 영향을 받는 곳인지 조사를 하고 혼합발화물질에 대하여도 조사한다.

(3) 클로로술폰산

① 클로로술폰산의 성질
  ㉠ 무색 또는 염황색 액체로 강한 자극성 냄새가 있다.
  ㉡ 대부분 금속을 부식시키고 수소를 발생한다.
  ㉢ 염료의 중간체, 사카린 중간체, 의약품, 합성세제, 농약 등의 제조에 이용된다.

② 클로로술폰산의 연소 특징
  ㉠ 물 또는 습기에 의해 황산과 염화수소로 분해되며 <u>다량의 흰색연기를 발생</u>시킨다($HClSO_3 + H_2O \rightarrow HCl + H_2SO_4$).
  ㉡ 클로로술폰산 자체도 가연물이지만 <u>다른 가연물과 접촉하면 발화</u>한다.
  ㉢ 클로로술폰산의 분해로 발생한 황산과 염산은 양쪽 모두 금속과 반응하여 수소를 발생시켜 폭발할 수 있다.

③ 클로로술폰산의 감식요점
  ㉠ 가연물과 접촉한 경우 <u>가연물의 종류와 축열상황</u> 등을 조사한다.
  ㉡ 클로로술폰산의 누설 및 <u>물 또는 습기의 접촉 사실</u> 등을 확인하여 출화에 이른 과정을 조사한다.

(4) 과산화칼륨

① 과산화칼륨의 연소 특징
  ㉠ 가열하면 열분해를 일으켜 산화칼륨과 산소를 발생한다($2K_2O_2 \rightarrow 2K_2O + O_2$).
  ㉡ 물과 접촉하면 흡습성이 있어 수산화칼륨과 산소를 발생한다($2K_2O_2 + 2H_2O \rightarrow 4KOH + O_2$).
  ㉢ 공기 중에 탄산가스를 흡수하여 탄산염이 생성된다($2K_2O_2 + 2CO_2 \rightarrow 2K_2CO_3 + O_2$).

② 과산화칼륨의 위험성
  ㉠ 물과 접촉하면 발열을 하며 폭발위험성이 있다.
  ㉡ 피부 접촉 시 부식시킬 위험성이 있다.
  ㉢ 가열하면 위험하며 가연물과 혼합할 경우 충격이 가해지면 발화위험이 있다.

8 반응의 결과 가연성 가스가 발생하여 발화하는 물질

(1) 인화석회(인화칼슘)

성 질	적자색의 결정분말로 마늘냄새가 있다.
연소 특징	물과 접촉하면 가수분해를 일으켜 수소화인(포스핀)을 발생한다. $Ca_3P_2 + 6H_2O \rightarrow 3Ca(OH)_2 + 2PH_3$

(2) 카바이드(탄화칼슘)

성 질	백색의 고체로 불순물을 포함하면 회색이 된다.
연소 특징	• 물과 반응하여 발열하고 아세틸렌가스(C_2H_2)를 발생한다. $CaC_2 + 2H_2O \rightarrow Ca(OH)_2 + C_2H_2$ • 물과 반응하여 아세틸렌가스를 발생하고 반응열에 의해 가스가 폭발하는 경우가 있다. • 탄화칼슘이 물과 반응하면 최고 644℃까지 온도가 상승할 수 있게 되고 발생한 아세틸렌가스는 온도가 320℃ 이상이면 발화할 수 있다.

9 혼합발화

혼합발화란 2종 또는 그 이상의 물질이 서로 혼합 또는 접촉하여 발열·발화하는 현상이다.

(1) 유별을 달리하는 위험물의 혼재기준(위험물안전관리법 시행규칙 [별표 19])

구 분	제1류	제2류	제3류	제4류	제5류	제6류
제1류		×	×	×	×	○
제2류	×		×	○	○	×
제3류	×	×		○	×	×
제4류	×	○	○		○	×
제5류	×	○	×	○		×
제6류	○	×	×	×	×	

[비고] 1. '×' 표시는 혼재할 수 없고, '○' 표시는 혼재할 수 있음.
       2. 지정수량 1/10 이하의 위험물에는 적용되지 않음.

(2) 혼합발화의 조사요점

① 혼합발화에 의한 화재는 혼합물질 자체가 발화원으로 작용하여 연소하기 때문에 잔해를 남기지 않게 되는 경우가 많다. 따라서 관계자의 진술을 바탕으로 얻어진 정보를 객관적으로 판단하고 다른 화원이 없었다는 **상황증거를 명확하게** 한다.
② 화재가 발생한 곳에서 존재하는 물질에 대한 성분·성질·형상·무게 등을 파악하고 관계자의 진술과 **문헌자료 등 기초자료를 보강** 조사한다.
③ 혼합발화하는 물질은 과학적으로 불안정한 물질이 많으므로 단독으로 발화했는지 또는 혼합에 의해 발화했는지 **재현실험** 등을 통하여 규명한다.
④ 물질의 용도, 저장취급의 상황, 화재가 발생한 장소의 **환경조건**에 대하여 조사한다.
⑤ 화재 초기의 목격자로부터 화염과 연기의 색, 냄새, 강도, **화재진행상황을 청취**한다.

10 인 화

프로판, 아세틸렌, 수소 등의 가연성 가스는 공기와 적절히 혼합된 상태에서 점화원이 있으면 쉽게 인화하여 연소한다. 가연성 액체로 상온 이하의 인화점을 갖고 있는 가솔린, 메틸알코올 등은 항상 가연성의 증기를 발산하고 있다. 상온 이상의 인화점을 갖고 있는 등유 등도 인화점 이상으로 가열되면 항상 인화의 위험성이 있다. 나프탈렌과 같은 고체물질도 가연성 증기를 발생하여 인화의 위험성을 갖고 있는 물질이 있다.

(1) 인화에 영향을 주는 인자

① 인화점 : 가연성 증기를 발생하는 액체 또는 고체 표면으로 작은 화염이 닿았을 때에 인화하기에 충분한 농도의 <u>증기가 발생하는 최저온도</u>를 인화점(인화온도)이라고 한다.

② 연소점 : 가연성 액체 또는 고체를 공기 중에서 가열하였을 때 계속적으로 연소하려는 최저온도를 말한다. 인화점은 한번 불이 붙으면 그 이후에는 불이 꺼져도 무방하지만, 연소점은 지속적으로 연소되어야 한다는 점에서 차이가 있다. 연소점은 보통 <u>인화점보다 10℃ 정도 높으며, 5초 이상 연소를 지속할 수 있는 온도</u>이다.

③ 폭발한계 : 폭발한계는 연소한계 또는 폭발범위라고도 한다. 일정용기 내에서 가연성 가스, 인화성 액체, 휘발성 고체의 증기를 공기와 함께 혼합했을 때 이 혼합기체가 연소하기 위해서는 혼합비율의 한계가 있다. 이 혼합비율을 용적(%)으로 나타낸 것을 폭발범위(연소범위)라고 하는데, 이 농도가 낮은 쪽의 한계를 폭발하한계(연소하한계)라고 하며, 높은 쪽의 한계를 폭발상한계(연소상한계)라고 한다.

④ 폭굉 : 일반적인 연소와 다른 격렬한 연소현상으로 <u>화염의 전파속도가 음속보다 빠른 경우</u>를 폭굉이라고 한다.

⑤ 최소착화에너지 : 가연성 증기와 공기와의 혼합기체가 폭발범위 내에 있어도 이것을 착화시키기 위해서는 에너지가 있어야 하는데 착화에 필요한 최소에너지를 최소착화(발화)에너지라고 한다.

⑥ 돌비 : <u>액체를 가열할 때</u> 비점 이상이 되어 급격하게 <u>폭발적인 비등</u>을 일으키는 현상이다.

(2) 인화성 물질

인화성 물질은 가연성 가스, 가연성 액체뿐만이 아니라 분진도 종류에 따라서는 인화성 물질이 될 수 있다. 분진의 폭발농도는 g/m^3로 나타낸다.

(3) 착화원

착화원은 성냥, 라이터 등의 나화, 히터 등의 고온물체 및 전기불꽃(정전기 방전 스파크 포함) 등이 있다.

(4) 인화화재의 감식요점

① 착화물의 존재 : 착화물이 없으면 인화화재는 발생하지 않으므로 <u>착화물의 존재를 확인</u>하고 주변 온도가 인화점 이상이었는가, 폭발범위 내에 가연성 증기의 체류 가능성 등을 조사한다.

② 착화원의 존재 : 착화원은 직접 화염접촉에 의해 발생하는 경우도 있으나 마찰이나 주위 온도상승에 따른 이상발열 등 직접적인 점화원 없이 발생하기도 한다. 따라서 가연성 가스·가연성 증기 등의 체류가능성, 작업환경, 접지상태 등 <u>환경적 요인을 고려</u>하여 조사한다.

5 방화화재에 대한 조사방법

1 방화의 심리

(1) 범죄학적 측면
① 방화행위를 <u>정신병의 일종으로 간주</u>하고 방화가 정신병과 상당 인과관계가 있는 것으로 본다.
② 방화범들은 일반적으로 방화행위 후 엄청난 방화결과에 대한 판단능력이 결여되어 있고 순간적인 착상에 대해 <u>억제력이 없다</u>.
③ 방화 동기는 어린아이와 같이 순진성에 기초한 경우가 많다.
④ 감정 변화(원한, 분노, 복수심 등)가 생길 때 자연스럽게 범행으로 이어지는 경우가 많다.
⑤ 연소자는 심리적 압박이 강하고 자기본능과 다혈성 기질이 강해 방화로 인한 쾌감지수가 높은 편이다.

| 정신병자가 방화하는 직접적인 동기에 대한 잠재의식 분류 |

- 의식이 혼탁한 상태에서 히스테리적 방화
- 정신적 충격을 받고 발작적으로 하는 방화
- 이상성격 소유자, 신경쇠약자가 병적인 강박관념에 대항의식으로 하는 방화
- 망각현상(환시, 환청, 환촉)에 빠져 행하는 방화로 신의 계시에 의한 방화

(2) 정신의학적 측면
① 방화는 다른 범죄보다 실행이 용이하여 정신박약자나 지능이 낮은 사람도 제지를 받지 않고 자신의 분노를 표출하거나 희열감을 느낄 수 있다.
② 전체 인구의 약 2~3%를 차지하고 있으며, 일반범죄의 10% 정도를 차지하는 정신박약자가 방화범죄에는 30% 정도를 차지하고 있다.

(3) 성심리학적 발달단계에 따른 방화범의 분류
① 구강기 방화범 : 생후 첫 18개월 동안 모성애를 받지 못한 경험이 있어 <u>모성이 주는 따뜻함과 안전감을 갈구</u>하므로 모성과 관계된 장소나 물건에 방화를 한다. 구강기 특징은 손톱을 물어뜯거나 음식을 토할 때까지 먹기도 하며 스트레스를 받으면 오줌을 싸거나 토하는 행동을 한다. 또한 불을 지르고 싶다는 견딜 수 없는 충동을 느끼기도 한다. 성생활은 대개 미숙하고 구강성교를 동반한다.
② 항문기 방화범 : 행동이 충동적이고 격정적이다. 방화동기는 분노, 복수, 미움, 질투심이고 공격적인 성향을 보이기도 한다. 방화범이 되는 이유는 <u>생후 18개월부터 3살까지 시기에 부모의 애정결핍 때문</u>이며 불을 지르고 싶다는 참을 수 없는 충동을 느끼지는 않는다. 성생활은 대개 미숙하고 항문성교에 집착을 보인다.

③ 남근기 방화범 : 불을 보면 발기를 하고 성적 충동을 느껴 자위행위를 하기도 한다. 소방관들이 불을 끄는 모습을 보고 충만감을 느끼기도 하고 불에 오줌을 갈기거나 불에 물을 부어 연기가 나는 것을 보고 기분이 상승하는 것을 느끼기도 한다. 여자와 직접적인 성경험이 없고 불을 붙일 때 참을 수 없는 충동을 느낀다.
④ 잠복기 방화범 : 후회할 줄 모르고 경험이나 처벌로부터 배우지 못한다는 특징이 있다. 쾌감이나 호기심으로 불을 지르지만 직접적인 동기는 불분명하고 자신도 모르는 때가 있다. 자신이 불을 지른 상황을 돌이켜 볼 때도 별다른 감정을 내보이지 않는다. 항문기 방화범들처럼 불을 지르고 싶다는 참을 수 없는 충동을 느끼지는 않는다.
⑤ 외음부기 방화범 : 가장 발달된 성격의 소유자들이다. 이들은 불을 붙인 다음 다시 꺼보겠다는 도전의식으로 방화를 하기도 하고 소방관을 돕는다는 흥분감을 느끼기 위해 방화하기도 한다. 이들은 소방관이 되고 싶지만 지적능력 부족이나 신체적 결함 때문에 꿈을 이룰 수 없는 경우가 많다.

2 방화의 특수성

① 사전에 계획된 범행으로 증거수집이 어려운 경우가 많다.
② 주로 단독범행이 많아 자백확보가 쉽지 않다.
③ 야간에 은밀히 자행되는 경우가 많아 발각이 어렵고 모방성과 연쇄성이 강하다.
④ 인화성 물질 등 방화 매개체를 이용한 경우가 많아 급격한 연소확산을 초래한다.
⑤ 실행의 용이성 때문에 보험금 편취, 살인 등 범죄은폐 수단이나 정신이상자 등에 의한 행위가 많다.

3 방화의 형태

(1) 단일방화와 연속방화

구 분	단일방화	연속방화
정의	단발적으로 불을 지르는 형태	동일인 또는 동일집단이 2건 이상 불을 지르는 형태
동기	부부간 또는 친자간 다툼, 방화자살 등 인간관계에 기인	사회 불만, 화재로 인한 소란을 즐김
장소	옥내가 많고 행위자와 특정 관계가 있는 자의 물건이 대상	쓰레기통, 창고, 빈집 등 비현주건물이 많고 주로 행위자와 관계없는 물건이 대상
착화물	사전에 유류 등을 준비	방화장소에서 무차별적으로 선정

※ 연속방화인 경우 체포될 때까지 계속 범행을 저지르는 경향이 많으며 공범이 거의 없고 단독범행이 많다(정치적 목적에 의한 방화 제외).

(2) 계획적 방화와 우발적 방화
  ① 계획적 방화의 특징
    ㉠ 자신의 목적달성을 위해 사전에 용의주도하고 면밀하게 계획한다.
    ㉡ 발화장치를 이용하여 자신의 알리바이 공작 및 증거인멸을 도모하려 한다.
    ㉢ 보험금 편취, 살인 등 범죄은폐, 노동분쟁 투쟁수단, 종교집단의 원한 및 보복 목적 등의 유형이 있다.
  ② 우발적 방화의 유형
    ㉠ 정신이상 등에 의한 경우 : 정신이상, 노이로제, 알코올중독이나 약물에 의한 환각증상 등에 기인한다. 정신착란이 주원인이므로 사전에 예고 없이 주로 자기소유의 건물 및 물건을 대상으로 한다. 방화 자살도 포함된다.
    ㉡ 불만발산에 의한 경우 : 사회나 직장 또는 가정 등에 불만을 품고 있는 자가 불을 지르며 불길이 치솟는 것을 보고 상쾌한 기분이 들거나 소방차의 사이렌의 소리를 듣고 싶어 화재소동을 유발하는 경우가 있다.
    ㉢ 원한에 의한 경우 : 인간관계의 갈등을 해소하지 못하고 극단적으로 상대에 대한 원한을 품고 자행하는 경우이다. 상대방을 불에 태워 죽이려고 생각하거나 상대방의 가옥을 전소시키는 등의 강렬한 의지를 가지고 행동하는 경향이 있다.

4 방화동기 유형

(1) 경제적 이익 및 보험사기를 위한 방화
  ① 건물, 차량, 상품 등에 거액의 보험을 중복으로 가입하는 경우가 많다.
  ② 채권, 채무, 납세 유예, 변제 등의 경제적 목적을 추구한다.
  ③ 사업부진, 채무변제, 노후기계교체 필요성 등으로 계획적으로 실행하며 실화를 위장한 방화도 있다.

(2) 보복 방화
평소 마음속에 품고 있던 악한 감정이나 권리침해를 당한 것 등에 대한 보복으로 불을 지르는 행위이다. 대부분 사전에 계획을 세워 실행에 옮기며 일반적으로 단 한 번 방화하는 특징이 있다.

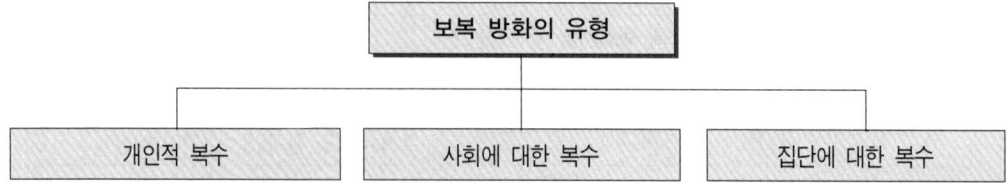

  ① 개인적 복수 : 개인적 감정에 의한 언쟁, 싸움, 권리다툼 또는 복수심을 자극하는 극도의 감정적 상처 등을 들 수 있다. 방화 표적으로 상대방의 차량이나 집, 또는 개인적인 소유물을 대상으로 한다.

② **사회에 대한 복수** : 사회생활 부적응, 외로움, 고립감, 사회로부터 학대받았다는 느낌으로 괴로워하며 사회에 대한 반항행위로 공공건물이나 지하철, 다중운집장소 등에 무차별적으로 불을 지른다.
③ **집단에 대한 복수** : 특정 사회단체나 종교단체, 노동조합 등을 대상으로 <u>집단 자체를 부정</u>하거나 <u>자신의 불만을 관철</u>시키기 위해 자행된다. 집단의 모임장소 또는 집단의 상징인 조형물에 방화를 하기도 하며, 연쇄방화범이 될 가능성도 있다.

(3) 범죄은폐목적 방화

살인이나 강도, 강간, 사체 유기 후 증거인멸행위, 장부나 서류 등에 대한 폐기목적으로 자행되는 수단이다. 엄밀한 의미에서는 1차 범죄를 저지른 상태에서 남겨진 증거를 없애버릴 목적으로 <u>제2의 범행을 또 다시 획책하는 유형</u>이다.

1차 범행장소로부터 멀리 떨어진 곳에서 방화를 하기도 하며 제3자를 끌어 들여 자신의 알리바이를 성립시키기 위해 위장하기도 한다.

(4) 선전(宣傳), 선동을 위한 방화

각종 시위, 모략, 정치문제 분쟁, 파업 등을 목적으로 하는 것으로 <u>특정한 목적을 가진 집단이 그들의 목적을 비합법적으로 달성</u>하기 위하여 폭력시위나 테러형태로 방화하는 유형이다.

(5) 스릴(thrill) 또는 장난을 위한 방화

어린이나 실업자, 사회에 대한 불만을 가지고 있는 자가 홧김에 또는 장난으로 빈집이나 야산, 방치된 물건, 공사장 등에 불을 붙여 일어나는 화재로 손쉽게 방화할 수 있는 물건이나 장소가 그 주요 대상이고 방화사건이 일어날 경우 모방범죄 형태로 발생하기도 하며 붙잡히지 않을 경우 반복되는 경향이 있다.

(6) 악희목적 방화(vandalism)

악희목적 방화는 불을 지르고 싶은 충동을 견딜 수 없는 부류로 전형적인 <u>방화광(放火狂, vandalism)에 해당</u>한다. 불과 관련되어 일종의 심리적 기쁨과 만족을 느끼는 것으로 연쇄방화로 이어져 자행하는 경우가 많다.

(7) 자살 방화

방화를 자살하기 위한 수단으로 삼는 행위를 말한다. 대부분 실직이나 생활고 등에 의한 비관자살과 사회적 저항에 맞서기 위한 방법으로 선택하기도 한다.

5 방화현장 조사

(1) 방화조사 업무수행 시 유의사항
① <u>법규와 절차를 준수할 것</u>

② 소송과 분규의 가능성을 유념할 것
③ 모든 정보 및 자료와 증거의 기록 및 보존에 힘쓸 것
④ 조사가 완결될 때까지 누구도 신뢰하지 말 것
⑤ 조사과정에서 획득한 정보나 비밀을 누설하지 않을 것

(2) 방화현장에서 화재조사관의 태도와 자세
① 단정한 복장으로 빈틈없고 엄정한 이미지를 유지할 것
② 진실하고 성의 있는 태도를 유지할 것
③ 냉철하고 흔들림 없는 침착한 태도를 갖출 것
④ 진술 번복이 없도록 애매한 진술은 진의를 확인하고 중점을 두고 있는 부분이 무엇인지 감지할 수 없도록 진위(眞僞)를 노출하지 말 것
⑤ 피조사자에게 유리한 부분도 충분히 청취하고 피조사자가 스스로 진술을 할 때에는 말을 막지 말 것

(3) 방화조사 착안점
① 현장자료 수집 및 피해상황 파악 : 객관적 화재상황의 기록 및 사진촬영, 스케치, 도면작성, 증인 확보 등 모든 자료는 현장을 중심으로 수집하여야 한다.
② 연소상황의 모순점 확인 : 발화시간 대비 급격한 연소로 연소현상이 일반적이지 않거나 연쇄적으로 발화지점이 2개소 이상 나타난 경우, 뚜렷한 발화원을 발견할 수 없어 실화적 요인의 배제가 가능한 상황 등 자연스럽지 않은 모순점을 확보한다.

(4) 방화자의 특성
① 방화 후 현장으로 다시 돌아와서 확인하거나 불이 난 상황을 주변에서 지켜보는 경우가 있다.
② 현장에서 목격자 또는 소방관과 맞부딪친 경우 소화행위를 돕는 척 하지만 소극적으로 행동한다.
③ 진술 시 입술이 한쪽으로 치우쳐 떨리거나 눈길이 마주치는 것을 피한다.
④ 재산 편취를 노린 위장방화로 자신의 물건에 방화를 한 경우 당황해 하거나 안타까워하지 않으며 오히려 법적인 절차를 밟아 보험금 등을 수령하려는 태도를 보인다.
⑤ 자살 방화는 평소 죽어 버리겠다는 말을 주변에 이야기하며 음주 후 자행된다.
⑥ 인화성 액체를 사용한 경우 방화자의 손이나 옷 등에 기름이 묻어 있을 수 있으며 머리카락이나 눈썹 등이 그을린 형태로 남아 있다.

(5) 방화의 일반적 특징
① 단독범행이 많고 검거가 어렵다.
② 주로 인적이 드문 야간이나 심야에 많이 발생하며 조기발견이 어렵다.

③ 착화가 용이한 인화성 물질(휘발유, 석유류, 시너 등)을 <u>방화수단 촉진제로 사용</u>한다.
④ 피해범위가 넓고 인명을 대상으로 한 범죄가 많다.
⑤ <u>계절이나 주기와 상관없이</u> 발생한다.
⑥ 음주를 하거나 약물복용을 한 후 <u>비이성적 상태</u>에서 실행에 옮기는 경향이 많다.
⑦ 현장에서 발견된 용의자들은 극도의 흥분과 자제력을 상실한 상태로 <u>폭력성</u>을 보인다.
⑧ 계획적이기보다는 <u>우발적으로</u> 발생하는 경우가 높다.
⑨ 여성에 비해 남성이 실행하는 빈도가 상대적으로 높다.
⑩ 옥내·외 구분 없이 발생하고 있으나 <u>주택 및 차량에서</u> 발생하는 비율이 가장 높고 개방된 건물계단과 방치된 쓰레기더미, 주택가 골목 등 남의 시선이 닿지 않는 곳에서 발생한다.

6 연쇄방화 조사

(1) 연쇄방화의 개념
① 방화범이 <u>3번 이상</u> 불을 지르고 각 방화시기 사이에 <u>특이한 냉각기를</u> 가지면서 저지르는 방화를 연쇄방화라고 한다.
② **연쇄방화와 연속방화의 차이점** : 연쇄방화란 범행횟수와 범행장소가 각기 다르게 3회 이상으로 방화를 저지르는 것으로 한번 방화를 한 후 냉각기를 갖고 있다가 또 다시 범행을 시도하는 유형이다. 반면 연속방화란 범행횟수가 단 한 번이지만 3곳 이상 다발성으로 불을 놓는 것으로 냉각기는 없다.

(2) 연쇄방화의 특징
① **주로 새벽시간대에 발생** : 인적이 드물고 남의 시선을 피하기 쉬운 <u>새벽시간대에 많이 발생</u>하며, 대부분 화재현장 인근 거주자의 소행이 많다.
② **묻지마식 방화** : 불만해소 또는 뚜렷한 동기와 의식이 없이 주택, 차량, 도로가 등에 무차별적으로 자행한다.

(3) 연쇄방화현장 조사
① **연고감 조사** : 피해자 주변의 친척, 전고용인, 임대차 관계자, 배달원 등을 상대로 탐문조사를 실시한다.
② **지리감 조사** : 행위자의 이동경로, 이동수단, 현장 부근에 친척이나 아는 사람이 있어 자주 내왕이 있었는지 등을 조사한다.
③ **행적 조사** : 방화 후 행적을 추적하는 것은 쉽지 않으므로 현장 주변에서 목격자를 확보하고 행동 수상자 등을 집중 조사한다.
④ **방화행위자 조사** : 방화자는 현장 주변에서 관계자에 의해 지목될 수 있어 고도의 면접기술을 발휘하여 조사를 한다.

⑤ 알리바이(현장부재증명) : 방화가 실행된 시간은 행위자의 행적조사에 기준이 되므로 정확하여야 하며 행위자가 방화실행 전후 현장까지 이동하는 데 소요되는 시간을 측정해 본다. 측정은 도보나 차량 등 다각적으로 판단한다. 계획적으로 함정을 만들어 자기 존재를 상징적으로 외부에 노출시키고 단시간에 범행을 실행할 수 있으므로 알리바이를 성급하게 인정하지 않아야 한다.

7 방화유형별 감식 특징

(1) 자살 방화의 특징
① 유류(휘발유, 시너 등)와 사용한 용기가 존재한다.
② 1회용 라이터, 성냥 등이 주변에 존재한다.
③ 흐트러진 옷가지 및 이불 등이 존재한다.
④ 소주병 등 음주한 흔적이 존재한다.
⑤ 급격한 연소확대로 방향성 식별이 곤란하다.
⑥ 연소면적이 넓고 탄화심도가 깊지 않다.
⑦ 사상자가 발견되고 피난흔적이 없는 편이며 유서가 발견된다.
⑧ 방화실행 전에 자신의 신세를 한탄하는 등 주변인과 전화통화한 사례가 많다.
⑨ 자살에 실패한 경우 실행동기 및 방법에 대하여 구체적으로 진술하는 편이다.
⑩ 우발적이기보다는 계획적으로 실행한다.

 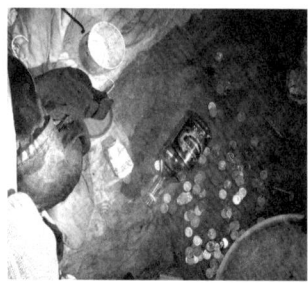 

┃ 유류용기 발견 및 음주흔적 현장사진(화보) p.15 참조 ┃

(2) 부부싸움에 의한 방화의 특징
① 침구류, 가전제품, 창문 등 파손흔적이 여러 곳에서 발견된다.
② 용의자 및 상대방의 신체에 방화 전 부상흔적이 발견된다.
③ 유서가 발견되지 않는다.
④ 탈출을 시도한 흔적이 있다.
⑤ 안면부 및 팔과 다리부위에서 화상흔적이 발견된다.
⑥ 조사 시 극도로 흥분하거나 정신적으로 불안정하여 진술을 완강하게 거부한다.
⑦ 도난 물품이 확인되지 않는 경우가 많다.
⑧ 소주병 등 음주한 흔적이 존재하는 경우가 많다.

(3) 차량 방화의 특징

① 바닥에 유류가 흘렀거나 유류를 사용했던 용기가 발견되는 경우가 있다.
② 타이어 또는 범퍼 등 차량 주변에 가연물을 모아 놓은 흔적이 있는 경우가 있다.
③ 유리창을 차체 외부에서 강제로 파손시킨 흔적이 있다.
④ 차량이 처음 주차된 위치에서 이동된 경우가 있다.
⑤ 차량 내부 오디오 등 도난흔적이 있다.
⑥ 트렁크, 차량 문, 엔진룸 등이 개방된 채로 화재가 발생한 경우가 있다.

8 유류촉진제를 이용한 방화 감식

(1) 유류촉진제

연소성이 강한 발화성 액체를 의미하며 빠른 시간에 가연물 전체를 연소시킬 수 있는 효과를 발휘한다. 가솔린, 등유, 시너 등은 강력한 촉진제에 해당한다.

(2) 유류의 특수성

① 구입이 용이하며 인화점이 낮기 때문에 소량으로도 순식간에 발화가 가능하여 위험이 증대된다.
② 기화 및 연소성이 우수하여 증거수집이 어렵다.
③ 탄소수가 많을수록 검댕과 그을음을 많이 발생하므로 벽과 천장에 남겨진 연소 패턴을 관찰하고 연기응축물의 입자 등에 대한 성분분석이 필요하다.

(3) 유류촉진제의 수거방법

① 유류가 흘러간 미연소구역이나 가급적 오염이 적은 지점을 선택하여 수집한다.
② 다수의 오염물질과 혼합된 경우 오염물질 전체를 대상으로 수집하여 성분분석을 의뢰하여야 한다.
③ 오염방지를 위해 장갑을 착용하여야 하며 기화방지를 위해 유리병이나 금속캔 등 견고한 마개를 가진 수집용기를 이용한다.

가스채취기(gas aspirating pump) 시료식별 방법 
휘발유	모든 시료가 갈색과 초록빛 갈색으로 변하고 노란색 염료가 검지관 튜브의 입구에 생성된다.
등유	모든 시료가 분홍색과 흐린 갈색으로 변하고 갈색/검정계열 갈색염료가 검지관 튜브의 입구에 생성된다.

※ 경유와 등유는 비슷한 변색을 나타낼 수 있다. 톨루엔과 크실렌은 짙은 갈색, 에틸벤젠은 초록빛 갈색 염료층을 나타낸다.

(4) 가스채취기의 구성

① 가스채취기는 채취기와 유리검지관으로 구성된다. 유리검지관에 일정량의 시료를 주입시켜 변색유무로 판별한다.

② 유리검지관 내부에는 가스검지제와 흡착제가 봉입되어 주입된 시료가 가스와 화학반응에 의해 색깔 정도의 변화를 통해 가솔린 등 유기화합물의 포함여부를 판단할 수 있다.

③ 시료를 채취하는 시간은 약 1분~1분 30초 정도이며 검지관의 종류에 따라 다양하다.

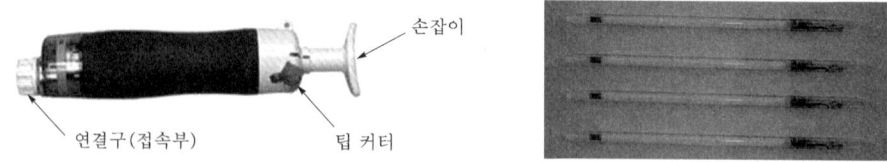

| 가스채취기 및 유리검지관 |

9 방화의 실행방법

(1) 직접착화

① 직접착화 방법
   ㉠ 신문이나 의류, 이불 등을 모아 놓고 <u>직접 라이터 등을 이용</u>하여 불을 붙인다.
   ㉡ 인화성 물질인 석유류 등을 바닥에 뿌리거나 가연물에 첨가하여 직접 불을 붙이는 경우가 많다.
   ㉢ 행위 시 주변에 노출될 우려가 있어 전문적인 방화범은 사용하지 않는 경우가 많지만 가장 고전적이고 손쉬운 방법으로 이용되고 있다.

② 직접착화의 특이점
   ㉠ 방화 행위자의 <u>의류에 유류가 부착</u>될 수 있고 의류, 머리카락, 손과 발 등 <u>신체 일부가 그을리거나 화상이 남아</u> 있을 수 있다.
   ㉡ 유류용기는 대개 멀리 감추는 것이 아니라 불 속에 집어 던지는 경우가 많아 용기가 바닥에 녹거나 잔존부분의 형체가 남는 경우가 있다.
   ㉢ 원활한 연소촉진을 위해 창문을 열어두거나 깨뜨린 경우가 많아 깨진 유리잔해가 창문이나 출입구에서 발견된다.
   ㉣ 여러 곳에 착화시키는 경우 화염이 성장하기 전에 국부적인 연소흔만 남기는 경우가 있어 각기 <u>독립적인 발화부가 2개소 이상</u>으로 확인되는 경우가 있다.

> **꼼꼼.check!** ▶ 고의에 의한 다수 발화지점으로 오인할 수 있는 요인
>
> • 전도, 대류, 복사에 의한 연소확산
> • 개구부를 통한 화재확산
> • 불티에 의한 확산
> • 직접적인 화염충돌에 의한 확산
> • 드롭다운 등 가연물의 낙하에 의한 확산

③ 직접착화의 감식요점
  ㉠ 출입문 개폐상태 확인 : 사람의 출입여부 및 내부 또는 외부의 소행인지를 구분한다.
  ㉡ 첨가 가연물 확인 : 종이류, 이불, 의류 등 첨가된 가연물의 잔해를 확인한다.
  ㉢ 인화성 물질 검사 : 흙이나 모래 등은 인화물질을 함유하면 직접 연소되지 않으므로 잔류물을 수거하여 검사한다.
  ㉣ 행위자의 신체 소손흔 확인 : 행위자의 의류나 신발에 인화물질의 냄새 또는 손과 팔의 체모 등에 그을린 소손흔을 확인한다.
  ㉤ 독립된 발화지점 확인 : 인위적 조작에 의해 독립된 발화지점이 여러 곳일 경우가 있다.
  ㉥ 바닥 검사 : 방화의 대다수는 바닥면에 인화성 물질을 살포한 후 직접착화를 시도하기 때문에 바닥면에 집중적으로 연소된 흔적이 남는다.
  ㉦ 유리파편 검사 : 유리창의 깨진 단면이 외부 충격에 의한 것이면 방사형 파단면이 관찰된다.

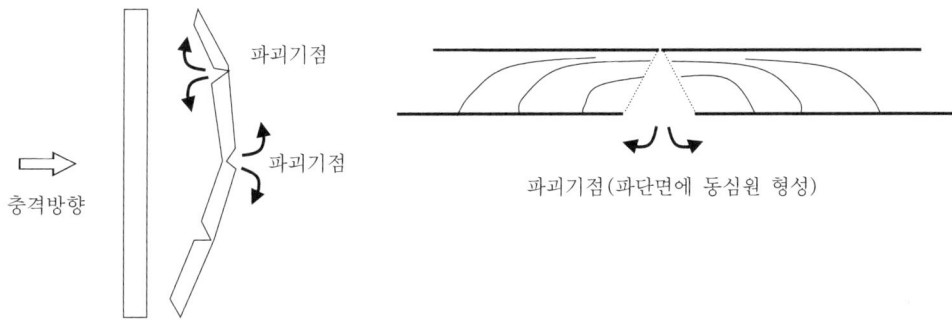

∥ 외부 충격에 의한 유리파단면 ∥

(2) 지연착화
  ① 지연착화 방법
    ㉠ 일정시간 촛불을 켜 놓음으로써 **주변 가연물에 접촉하도록** 조작한 경우가 많다.
    ㉡ **전기발열체에 가연물을 올려 놓고** 도피시간을 충분히 확보하거나 **전기실화로 위장**하는 방법이 있다.
    ㉢ **시계나 타이머를 조작**하여 일정시간이 되면 발화하게끔 조작하는 경우가 있다.
  ② 지연착화의 특이점
    ㉠ 지연착화 수단은 행위자의 **도주시간 확보** 또는 **알리바이를 성립**시키기 위한 방편으로 행해진다.
    ㉡ 건물주 자신이 지연착화를 시도하는 경우 출입구나 창문 등을 잠가 놓고 행하는 경우가 있다. 따라서 **잠금장치가 잠겨 있다는 사실만으로** 사람의 출입이

없었다고 단정하여 <u>배제하지 않도록</u> 주의하여야 한다.
ⓒ 행위자가 지연착화 조작을 한 후 현장을 떠나기 때문에 신체에 위험부담이 없으나 기구나 가구의 이동 또는 변형 등과 가연물을 모아 놓는 경우가 많아 <u>물건의 배치가 부자연스러운 특징</u>이 있다.

③ 지연착화의 감식요점
㉠ 연소가 이루어진 중심부에 양초 또는 파라핀의 <u>잔해가 식별되는지</u> 확인한다.
㉡ 전기발열체의 통전여부 확인과 발열체 위로 종이나 의류 등 가연물이 덮여 있었는지 잔해를 확인하여 증명한다.
㉢ 시계나 타이머를 사용한 경우 배터리와 배선 등이 남아 있을 수 있으며 주변에 인화가 용이한 <u>가연성 액체</u> 또는 <u>다량의 가연물</u>이 탄화된 형태로 발견될 수 있다.

10 무인스위치 조작을 이용한 기구 착화

(1) 조작방법
① 자동스위치를 이용한 <u>원격 점화스위치를 설치</u>하여 조작한다.
② <u>폭약 도화선이 이용</u>되기도 하며, 주위 온도변화에 따라 작동되는 열감지센서가 이용되는 경우도 있다.
③ <u>레이저광선을 이용</u>한 방식은 광선에 사람이나 물체가 개입하면 빛을 차단시켜 스위치가 작동되는 방식이다.

(2) 화재의 특이점
① 스위치만 작동되는 회로를 구성하여 코일이나 열선 등에 가연물이 접촉하면 발화하게끔 조작한 것으로 눈에 띄지 않도록 <u>소형으로 제작</u>된 것이 많다.
② 무인스위치는 반드시 발화점 근처에 있는 것이 아니며 동작 후 연소하지 않고 파괴된 형태로 남는 경우도 있다.

(3) 착화방법
① 빈집에 들어가 가스호스의 기밀을 일부 파괴시켜 피해자가 <u>조리기구를 작동</u>하는 순간 화재에 이르게 하는 경우가 있다.
② 전기기구나 발열체 등에 <u>미리 전선을 합선</u>시켜 놓고 스위치가 작동하면 전기화재가 발생하게 조작하는 경우가 있다.
③ 유류용기나 가방, 차량 등에 <u>인화물질과 점화장치를 결속</u>시켜 스위치 조작으로 발화를 촉발하는 방법이 있다.

(4) 감식요점
① 무인스위치의 구성은 전선으로 된 회로망과 배터리, 스위치 접점부 등으로 되어 있어 <u>구성품의 설치지점을 규명</u>한다.

② 스위치 및 전열기구와 전선의 설치경로를 찾아 <u>**발화관계를 규명**</u>한다.
③ 행위자가 직접 피해자인 경우에는 행위자가 문을 연다거나 전등 스위치를 켜는 등 일상적인 행동에서 출화를 유발시키기 때문에 점화시스템을 비롯하여 구체적 <u>행위에 초점을 두고 현장을 파악</u>한다.

11 실화를 위장한 방화

(1) 위장실화의 착화방법
① 가전제품 내부회로를 인위적으로 조작하여 발화가 일어나게끔 변경하는 경우가 있다.
② 완전연소를 노리고 발열기구에 인화성 물질을 살포한 후 자신의 과실임을 머뭇 거림 없이 인정하는 경우가 있다.
③ 촛불 등을 이용한 지연착화를 시도하는 한편 자신은 화재 당시 다른 곳에 있었 다는 알리바이를 증명하려는 유형이 있다.

(2) 위장실화의 유형
① 발열기구를 이용하여 자기 실수임을 인정하려는 자기실수인정형
② 가전제품의 내부결함을 인위적으로 만들어 방화하는 완전면피형
③ 완전연소나 붕괴 등을 조장하여 증거를 못 찾게 하는 증거인멸형
④ 촛불 등을 이용한 지연착화 시도로 알리바이를 성립시키려는 알리바이주장형

(3) 위장실화의 감식요점
① 관계자가 쉽게 실화를 인정하거나 그 가능성을 필요 이상으로 설명하려는 경우 위장실화를 배제할 수 없다.
② 연소시간에 비해 심하게 연소되어 증거를 찾기 어렵거나 생업이나 안전을 핑계로 조사 이전에 현장을 치워버리거나 훼손하는 경우에도 위장실화를 배제하기 어렵다.
③ 위장실화의 대부분은 보험금을 노리고 자행된다는 점에 착안하여 화재보험의 가 입상황과 관계자 주변의 채권·채무관계 등을 보강조사한다.

12 방화의 수단

(1) 방화의 수단과 방법

구 분	수단(도구)	방 법
점화원에 따라	라이터, 성냥	가연물에 직접착화
	촛불, 발화장치	가연물에 지연착화
	가스레인지, 전기발열체 등	위장실화 조작
가연물에 따라	가솔린, 시너 등	직접착화 및 지연착화
	가스호스 절단, 연소기 개방	

(2) 방화수법을 결정하는 요인

방화수법에는 여러 종류가 있고 행위자 또한 성격이나 습관, 생활환경 등에 따라 여러 유형의 사람으로 나눌 수 있다. 그러나 개개인의 성향을 들여다 보면 자신에게 주어진 여건에 맞춰 방화를 자행하기 때문에 방화수법을 결정하는 특징적 요인을 조사관이 분별할 수 있게 된다. 이러한 요인에는 사물인식, 신체적 조건, 지식이나 경험, 직업적 능력 등에 따라 자신이 지니고 있는 기술과 능력을 발휘하기 때문에 드러나는 특징이라고 요약할 수 있다.

① **사물 인식** : 사물을 보고 판단하는 능력은 <u>사람마다 차이</u>가 있다. 방화를 시도하는 시간이 새벽이 가장 안전하다고 판단하는 사람이 있는가 하면 초저녁에 시도하는 것이 도주에 있어 가장 효과적이라고 판단할 수도 있다. 이러한 사물 인식의 차이점은 방화현장 접근방식과 도주로의 선택 등에서 특징을 찾을 수 있다.

② **신체적 조건** : 사람의 신체적 조건 차이는 그 <u>행동능력</u>에서도 나타난다. 힘 있는 청년과 노약자와의 차이, 남성과 여성의 운동신경의 차이, 신장, 체중 등 생리적 여건에 따라서 행동양식이 달라져 범죄수법을 형성하는 요인으로 되므로 연속방화의 경우 행동거리나 반경 등을 예측할 수 있는 판단자료가 된다.

③ **지식이나 경험** : 지식이나 경험 또한 수법형성의 한 요인이 된다. 발화장치 조작과 발화시간을 예측하여 방화를 모의한 수법이 지식에 의존하는 것이라면 과거 불을 질러 본 경험과 사례, 화재보험금 수령절차에 능한 것 등은 경험에서 비롯된 학습효과로 볼 수 있다.

④ **직업적 능력** : 직업적 능력은 범행 실행에 큰 영향을 준다. 위장실화를 가장하기 위해 개조한 전기제품이나 화재현장에서 혼합발화 물질의 촉진제가 발견된 경우 등은 그 분야의 <u>전문적인 직업적 특성을 발휘</u>한 것으로 용의자의 행동양식과 직업적 성향을 추정할 수 있다.

13 방화가능성 판단요소

(1) 건 물

① 실화라는 증거의 부재
② 가연성 액체의 발견 또는 연소를 유도한 물질이 확인된 경우
③ 화재가 발생하기 전에 유리창 파손 등 건물 구조에 손상이 있는 경우
④ 화재발생 이전에 주요 물품의 이동 또는 제거되거나 그 흔적이 발견된 경우
⑤ 연소현상이 부자연스럽게 확대된 경우
⑥ 화재발생과 사람이 빠져 나간 사이의 시간 차이가 짧은 경우
⑦ 연소가 용이한 발염재료를 사용한 경우
⑧ 개인 물품이나 주요 물품이 현저하게 없는 경우

⑨ 최초 발화지점에서 연료가 발견된 경우
⑩ 거주자나 목격자의 진술이 있는 경우
⑪ 연소된 물질이 당해 장소에서 보기 힘든 경우
⑫ 소화설비, 경보설비 등 소방시설이 작동하지 않도록 고의로 전원을 차단하거나 배선을 끊어놓은 흔적이 발견된 경우
⑬ 화재가 건물의 구조 및 가연물에 비해 급격하게 확산된 경우
⑭ 구석진 곳이나 틈이 균일하게 연소한 경우
⑮ 범죄흔적이 발견된 경우

(2) 차량
① 바닥에 유류가 흘렀거나 주변에서 유류를 사용한 용기가 발견된 경우
② 타이어 또는 범퍼 등 차량 주변에 가연물을 모아 놓은 흔적이 있는 경우
③ 유리창을 외부에서 강제로 파손시킨 흔적이 발견된 경우
④ 차량이 처음 주차된 위치에서 이동된 경우
⑤ 오디오, 현금 등 주요 물품을 도난당한 흔적이 있는 경우
⑥ 트렁크, 엔진룸, 차량문 등이 열린 채 화재가 발생한 경우

> **바로바로 확인문제**
>
> 다음 설명을 보고 답하시오.
> (1) 가연성 액체 등 탄화수소 계열의 복합성분으로 된 물질을 검지관을 통해 시료를 흡입시켜 변색유무로 가스의 농도 등 유기물질의 성분을 밝혀내는 기기는 무엇인가?
> (2) 위의 기기에 휘발유가 통과되었을 때 나타나는 색은 무엇인가?
>
> **답안** (1) 가스채취기(가스측정기, 가스검지기)   (2) 노란색

14 방화판정 10대 요건

(1) 여러 곳에서 발화(multiple fires)
<u>발화점이 2개소 이상인 경우</u>는 통상 방화로 추정할 수 있다. 그 이유는 사고에 의한 화재는 동시 또는 2개소 이상에서 발화될 가능성이 거의 없기 때문이다. 다만 제2의 발화(second fire)가 최초의 발화(first fire)의 정상적인 확대나 전파로 인한 것이 아니어야 한다. 즉 최초의 발화에서 유래한 발화점은 1개소이지 결코 2개소 이상이 될 수 없다.

(2) 연소촉진물질의 존재(presence of flammable accelerant)
화재의 확산을 가속화시키기 위해 가연액체(휘발유, 석유 등) 연소촉진물질이 존재하거나 <u>연소촉진물질을 사용한 흔적</u>이 존재한 경우이다. 이러한 연소촉진물질은 거주자가 비치한 것이라도 화재에 이용될 수 있는 장소로 이동되었으면 방화로 추정되고 또한 화재가 발생한 전체 지역에서 발견되거나 여러 곳에 산재해 있으면 역시 방화로 추정한다.

(3) 화재현장에 타 범죄 발생증거(evidence of other crimes)
화재장소 또는 그 주위에서 <u>다른 범죄가 발생한 사실</u>이 있으면 타 범죄를 은폐 또는 용이하게 하기 위한 방화로 추정할 수 있다.

(4) 화재발생 위치(location of the fire)
화재발생 위치가 사고화재가 발생할 소지가 없는 장소(발화원이 없거나 발화기구 및 발화조건이 성립할 수 없는 경우)일 때에는 방화로 추정할 수 있다.

(5) 화재원인 부존재(absence of all accidental fire causes)
상술한 사고화재(실화, 자연화재 포함) 원인을 발견할 수 없으면 방화로 추정할 수 있다.

(6) 귀중품 반출 등(contents out of place or contents not assemble)
평상시 일정장소에 있는 <u>귀중품이 화재 이전에 외부로 반출</u>되었으면 방화로 추정할 수 있다. 또한 화재 이전에 주요비품이 이동되거나 하급품으로 대체된 사실 혹은 일상생활용품을 빈약하게 비치하고 있으며 기타 중요문서를 사전에 빼돌린 것처럼 비치되어 있지 않다면 방화로 추정할 수 있다.

(7) 수선 중 화재(fires during renovations)
건물의 수선 중에는 가연성 페인트나 착색제 등 인화물질이 주위에 산재하여 실화가 빈번하게 발생하기 때문에 실화를 위장한 경쟁업자(건물의 수선완료 후 경영예정업종과의 경쟁업자)등의 방화가능성이 있으므로 수선 중의 화재는 방화로 추정할 수 있다. 현장에서 <u>트레일러 연소패턴의 발견</u>은 전형적인 방화흔적이다. 예를 들어, 양쪽 문 사이를 가연물질로 연결시킨 후 어느 한쪽 문에서 발화시켜 다른 한쪽 문으로 트레일러 형태로 연소되었다면 방화로 추정할 수 있다.

(8) 화재 이전에 건물의 손상(structural damage prior to fire)
화재 이전에 건물의 담, 마루, 지붕 등의 일부분에서 또 다른 부위로 불이 확산되도록 개방되거나 구멍이 뚫려 있으면 방화로 추정할 수 있다.

(9) 동일 건물에서의 재차화재(second fire in structure)
동일 건물 또는 동일한 장소에서 <u>2회 이상 연속</u>해서 화재가 발생된 경우에는 방화로 추정할 수 있다. 단, 최초 화재의 재발화가 아니어야 한다. 화재발생과 사람이 빠져나간 사이의 시간 차이가 짧은 경우 방화로 추정할 수 있다.

(10) 휴일 또는 주말화재(fire occuring on holidays or Weekend)
휴일 또는 주말에는 사람들이 야외로 외출을 많이 하기 때문에 빈집이 많고 사람이 적어 화재의 발견이 지체되기 때문에 휴일이나 주말을 택하여 방화하는 사례가 있으므로 휴일 또는 주말의 화재는 방화로 추정할 수 있다. 이 밖에도 화재가 연소시간에 비해 과대하게 소실되었거나 소방대의 진입을 방해하는 사례가 발생하면 방화를 의심할 수 있다.

15 방화 감식요점

(1) 발화원이 존재할 수 없는 곳에서 발화
① 특징 : 일반적으로 방화는 발화원이 존재하기 곤란한 곳에서 발생한다. 신문지 등 가연물을 쌓아 놓은 곳, 옥외 야적장, 차량 외부 등은 발화원이 존재할 수 없는 곳이다. 발화원을 특정할 수 없다면 방화 가능성이 높다.
② 감식요점
　㉠ 착화하기 쉬운 종이나 가연물 등이 있는지 확인한다.
　㉡ 발화지점 부근에서 전기기기 등의 기타 발화요인이 없음을 확인한다.
　㉢ 주로 옥외에서 발생하고 표면적인 소손형태를 띤다.

(2) 시한발화장치에 의한 발화
① 특징 : 치밀한 계획 아래 실행하며 보험금 수령을 위한 경제적 목적과 보복을 위해 자행하기도 한다.
② 감식요점
　㉠ 리드선, 배터리 등 소손된 발화장치 잔해가 확인된다.
　㉡ 휘발유, 등유 등 발화 조연재의 반응이 관찰된다.
　㉢ 발화장치 부속품이 리드선과 연결된 상태로 남거나 유류용기 등에 용착된 형태로 남는 경우가 많다.

(3) 휘발유 등 인화성 액체를 직접 살포한 빙화
① 특징 : 대다수의 방화는 휘발유, 등유, 시너 등 인화성 액체를 직접 살포한 후 점화하는 형태가 많아 급속한 연소확산과 피해범위가 넓은 특징이 있다.
② 감식요점
　㉠ 휘발유 등 인화성 액체의 냄새가 검지된다.
　㉡ 가스검지기 등에 반응이 나타나며, 유류사용 연소패턴(스플래시 패턴, 포어 패턴)이 확인된다.
　㉢ 일반화재에 비해 검댕과 그을음이 많이 남아 있고 방화자의 체모에 그을음이 확인된다.

(4) 옥외 물품에 방화
① 특징 : 주차장, 쓰레기통, 야적장, 구석진 곳 등에 주로 라이터 등 나화를 이용한 착화를 시도한다. 옥외는 담뱃불 등을 무심코 버려 발화하는 경우도 있으므로 구별이 필요하다.

② 감식요점
　㉠ 라이터 등에 최초 착화가능한 물질을 확인한다.
　㉡ 주변 목격자 등의 진술과 환경적 요인(사람의 왕래, 물건의 배열상태 등)을 조사한다.
　㉢ 다른 발화원의 존재가 없음을 확인하여 배제한다.

(5) 출입이 자유로운 건물 방화
① 특징 : 개방된 사무실, 복도, 엘리베이터 등과 빈집 등에 침입하여 불을 지르는 경우가 있다.
② 감식요점
　㉠ 일반적으로 착화물은 건물 내부의 물건을 활용하는 경우가 많으므로 최초 착화물을 밝혀 발화수단을 추정 조사한다.
　㉡ 폐쇄회로카메라(CCTV)가 있을 경우 영상녹화자료를 확인한다.

(6) 출입구 파괴 후 침입 방화
① 특징 : 절도를 목적으로 침입한 후 증거를 없애기 위해 방화를 하는 경우가 있다.
② 감식요점
　㉠ 출입구 및 유리창 등의 파괴흔적을 확인한다.
　㉡ 서랍이나 장롱 등이 열려져 있고 귀금속 및 현금의 도난사실을 조사한다.
　㉢ 침입경로 및 발자국 흔적, 출입구 및 유리창 등을 파괴하는 데 사용한 도구 등을 탐문 조사한다.

> **확인문제**
> 연쇄방화의 개념을 쓰시오.
> **답안** 방화범이 3번 이상 불을 지르고 각 방화시기 사이에 특이한 냉각기를 갖고 불을 저지르는 방화를 말한다.

6 차량화재 조사방법

1 일반사항

① 차량화재조사의 첫 단계는 발화지역을 판별하는 것으로 크게 엔진룸, 승차공간, 적재공간으로 구분하여 정보를 기록한다.
② 승차공간 앞부분에서 발화할 경우 앞면 유리창이 깨지고 차체 지붕과 엔진룸 쪽으로 확대되는 화재패턴이 나타날 수 있다.
③ 엔진룸에서 발화한 경우는 운전석과 조수석 실내로 확대되고 전면 유리의 아랫부분이 손상을 받으며 보닛 표면에 방사상의 화재패턴이 남아 있을 수 있다.

2 차량 엔진의 구분

구분	내용
가솔린엔진	• 공기와 연료를 혼합하여 점화플러그로 점화시켜 연소시킬 때 높은 압력과 연소가스로 인해 피스톤을 움직여 크랭크축에 의한 회전운동으로 원동력을 얻는 기관 • 차량 및 비행기, 선박, 오토바이 등에 쓰이며 대단위 출력 가능 • 디젤보다 열효율이 낮고 경제성도 낮다.
디젤엔진	• 주로 경유를 연료로 쓰며 실린더 내에 공기를 흡입, 압축하여 고온·고압으로 한 후 여기에 연료를 분사하여 자연발화시킨 다음 피스톤을 작동함으로써 동력을 얻는 기관 • 가솔린에 비해 연료비가 적게 드는 반면 마력당 중량이 무겁고 대기오염물질을 방출시키며 진동이나 소음이 크다.
LPG엔진	• 기본적으로 가솔린엔진과 구조가 같지만 가솔린엔진의 기화기 부분을 베이퍼라이저로 대신하여 연료를 감압·기화시켜 동력을 얻는다. • 연료비가 저렴하고 연소실과 윤활유의 오염도가 낮으며 일산화탄소 등 유해가스 발생량이 적어 엔진의 수명이 길다.
CNG엔진	압축천연가스와 공기의 혼합가스를 전기적인 불꽃으로 연소시켜 동력을 발생시킨다. 고압의 기체상태로 실린더에 공급하기 때문에 열효율이 LPG보다 높다. 사용되는 연료는 CNG(압축천연가스)로 인체에 무해하며 모든 엔진에 적합하다.
전기자동차	전기를 전동기에 공급하여 구동시킨다. 중량이 가볍고 에너지 밀도가 크며 제어가 쉽고 차량에서 요구되는 토크를 쉽게 얻을 수 있다.
로터리엔진	타원형의 실린더에 로터를 회전시켜 전기불꽃으로 점화한다. RC엔진 또는 방켈엔진이라고도 한다. 압축비에 제한을 받지 않으며 저옥탄가 연료의 사용이 가능하다. 최고 회전속도가 높고 냉각이 원활하며 단위중량당 출력비가 크다.

3 가솔린차량의 주요 구성

(1) 연료장치

연료탱크에 있는 가솔린을 연료펌프에 의해 기화기로 공급하면 기화기에서 혼합가스를 만든 후 실린더에서 흡입할 수 있도록 하는 장치이다. 엔진이 작동하기 위한 연료의 공급순서는 대체적으로 <u>연료탱크 → 연료필터 → 연료펌프 → 기화기</u> 순으로 이루어진다. 연료장치의 주요 구성은 연료탱크 및 연료펌프, 기화기, 흡기 매니폴드 등으로 연결되어 있는데 각 장치마다 금속 또는 플렉시블 연결관 등으로 이어져 있다.

(2) 윤활장치

윤활장치는 엔진에 공급되는 오일을 저장하는 오일팬을 비롯하여 오일펌프, 오일필터 등으로 구성되어 있다.

(3) 냉각장치

냉각수의 가장 적정한 온도는 80℃로서 온도를 자동으로 조절하는 <u>서모스탯</u>(thermostat)<u>에 의해 제어</u>되고 있다. 냉각수가 80℃ 이상이면 라디에이터 안으로 순환시켜 적정온도를 만들어 주는 반면 80℃ 이하인 경우라면 냉각수의 온도를 더 이상 낮게 유지할 필요가 없기 때문에 라디에이터를 순환시키지 않게 된다.

(4) 배기장치

엔진처럼 고온을 유지하고 있는 부분으로 <u>발화요인이 많다</u>. 배기가스재순환장치, 배기매니폴드, 삼원촉매컨버터 등으로 구성되어 있다.

① **배기가스재순환장치(exhaust gas recirculation)** : 배기가스재순환장치는 엔진 아랫부분의 배기다기관에 연결되어 있는데 배기매니폴드를 거쳐 나온 배기가스는 주로 일산화탄소(CO), 탄화수소(HC), 질소산화물(NO_x)이다. 이 가운데 연소상태가 좋아지면 연소온도도 따라서 높아지기 때문에 질소산화물(NO_x)의 양이 증가하는 특성이 있는데 배출되는 가스 일부를 흡기계통으로 되돌려 재연소시키는 것이 배기가스재순환장치이다. 배기가스재순환장치는(EGR)는 질소산화물을 저감시키는 장치로 가장 많이 이용되고 있으며 EGR 계통에 이상이 있을 경우에는 엔진의 시동이 제대로 안 걸리거나 불규칙한 공회전의 발생, 가속성능의 저하, 연비의 저하 현상 등이 나타날 수 있다.

② **배기매니폴드** : 엔진은 연료를 폭발시켜 동력을 얻고 있지만 연소가 종료된 가스는 신속하게 대기로 배출시켜야 한다. 만약 연소가 종료된 가스가 실린더 안에 남아 있게 되면 새롭게 들어오는 공기(혼합기)의 양이 줄어들게 되고 필요로 하는 동력을 얻을 수 없기 때문에 <u>연소가 끝난 가스의 배기를 도와주는 것이 배기장치</u>이다. 엔진블록에 장착된 배기매니폴드는 일명 배기다기관이라고도 하며 배기가스를 방출하도록 하기 위해 설치한 것으로 배기가스의 성분이나 습도 등을 검출하기 위해 각종 센서가 부착된 것이 많다. 엔진은 모든 실린더에서 한 번에 폭발하는 것이 아니다. 4기통 엔진이라면 4개의 실린더가 차례로 폭발을 하며 6기통 엔진이라면 6개의 실린더가 차례대로 폭발하는 것으로 어느 한쪽 실린더에서 배기가 끝났을 때 또 다른 실린더에서는 배기가 시작되는 현상이 반복적으로 일어나는 것이다. 이렇게 볼 때 배기매니폴드가 아주 짧거나 1개의 파이프로 되어 있으면 배기장치 안의 배압(排壓)이 높아진 상태에서 다른 실린더가 배기를 시작해야 하기 때문에 배기가스의 흐름이 불량해지고 배기간섭이 발생하게 된다. 이러한 단점을 보완하기 위해서 가능한 한 배기매니폴드는 길게 할 필요가 있다. 배기 매니폴드에는 연소가 이루어진 후 가스의 잔류산소량을 검출하기 위해 산소센서가 부착되어 있으며 각 실린더 헤드의 밸브마다 1개씩 통로가 있는데 6기통 엔진의 경우 배기매니폴드의 가스배출구는 6개지만 하나의 메인 파이프(배기통로)를 통해 배기가스를 방출한다.

③ **삼원촉매컨버터(catalyst converter)** : 배기가스 중에는 질소와 수증기만 있는 것이 아니라 환경을 오염시키는 대표적 물질로 <u>CO, HC, NO_x 등이 포함</u>되어 있는데

이를 삼원이라고 하며, 대기 중에 배출될 경우 인체에 매우 유해하기 때문에 제거를 하여야 한다. 따라서 <u>CO나 HC는 산화시켜 인체 무해한 이산화탄소나 물로 바꾸고 NO_x를 질소나 산소로 동시에 환원</u>시키는 데 이것을 삼원촉매라고 하며, 가솔린 차량에 거의 설치가 되어 있다. 촉매에는 격자모양의 알루미늄에 백금(Pt)이나 팔라듐(Pd), 로듐(Rh) 등 고가의 소재가 주로 사용되며 격자 중앙으로 배기가스가 통과할 때 유독물질을 제거하는 것이다. 형상은 접촉면적을 크게 하고 배기저항을 감소시키기 위하여 펠릿(pellet, 알갱이), 모놀리스(monolith, 판), 허니콤(honeycomb, 벌집 같은 모양) 등이 있다. <u>촉매의 작동온도는 약 350℃</u> 이상에서 기능을 발휘하기 때문에 가능한 한 엔진주변에 배치를 한다. 배출되는 3대 유해가스가 촉매장치를 거치게 되면 물과 이산화탄소로 바뀌게 되는데 주행하는 차량의 메인머플러를 통해 물이 나오는 현상은 이러한 촉매장치의 기능 때문이다.

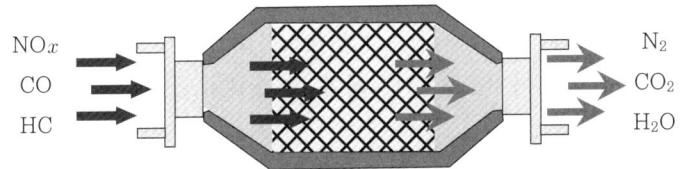

| 삼원촉매컨버터의 구조 및 원리 |

※ 촉매 : 자신은 변화하지 않으면서 반응물질을 적당한 조건하에서 산화 또는 환원시키는 것을 돕는 성질이 있는 물질

> **꼼.꼼.check!** ─ 촉매의 배기온도 센서 / 미스파이어(misfire)
>
> ① 촉매의 배기온도 센서
> - 작동온도가 800~900℃로 촉매온도가 일정온도보다 높게 올라간 경우 운전석 계기판에 경고램프가 점등되는 차량이 많으므로 운전자 진술을 통해 확인한다.
> - 촉매가 이상고온이 되면 촉매부근의 전기배선, 차량 안의 깔판(매트)에 착화할 수 있으며 차량 아래쪽으로 종이류, 마른풀, 쓰레기 등이 있을 경우 착화위험이 있다.
> ② 미스파이어(misfire)
> - 점화플러그 불량으로 유효한 불꽃을 발생시키지 못해 실린더에서 연소되지 않은 생가스가 발생하여 고온의 촉매장치에 모여서 연소하는 현상이다. 생가스는 배기가스의 온도에 의해 발화될 수 있으며 이때 촉매장치는 고온의 적열상태로 주위의 방청용 언더코팅제나 차량 내부 카펫에 착화할 수 있게 된다.
> - 미스파이어의 감식요점
>   - 운전자로부터 운전석 계기판 경고램프표시등의 점등여부를 확인한다.
>   - 차량 내부 카펫이나 촉매장치 주위의 언더코팅제의 소손상황을 확인한다.
>   - 점화플러그를 분리하여 단자 근처의 스파크흔 및 엔진오일과 그을음의 부착여부를 조사한다.
>   - 차체 하부의 소손 및 O링, 배기온도센서의 배선피복의 소손상태를 조사한다.

④ 머플러(muffler) : 엔진을 통해 생성된 배기가스를 그대로 방출할 경우에는 엄청난 소음과 함께 배기의 흐름에 대한 저항이 증대하여 실린더 헤드 밸브의 파손 및 노킹(knocking) 등의 발생원인이 된다. 따라서 배기의 소음을 저감시키기 위하여 머플러(소음기)가 장착된다. 배기가스의 팽창을 완만하게 이루어지도록 하기 위하여 <u>머플러의 용적은 배기량의 10배 내지 20배를 필요</u>로 한다. 머플러는 금속제의 원통형 또는 직사각형 형태로 단순해 보이지만 내부 구조는 복잡하며 일반적으로 <u>팽창, 공명, 흡음의 기능</u>을 갖고 있다. 팽창(膨脹)은 좁은 공간에서 넓은 공간으로 배기가스를 내보내는 것으로 음량이 저감되는데 용적이 커지면 기체의 압력이 낮아지는 것을 이용한 것이다. 공명(共鳴)은 음파의 성질을 이용한 것으로 음파가 머플러 벽에 부딪칠 때 튀어 올라오는 반대 위상의 음파로 소리를 상쇄시킨다는 원리이다. 그러나 음파는 소리의 파장이므로 소음을 제거하는 데 한계가 있다. 흡음(吸音)이란 섬유 등 표면적이 큰 섬유형태의 물질에 소리가 부딪치는 것으로 열에너지로 변환하여 흡수하는 것을 말한다. 머플러를 통해 배출되는 가스는 고온(600~800℃)과 고압(3~5kg)인데 머플러는 팽창과 공명 그리고 흡음작용이 원활하게 이루어지도록 적절하게 조합시켜 소리를 경감시키는 것이다.

(5) 점화장치

점화장치의 목적은 엔진의 연소실에 있는 공기와 연료의 혼합기체를 점화시키는 것이다. 연소가 일어나도록 하기 위해서는 적정한 시기에 점화가 이루어져야 한다. 연소가 시작하기 위해서는 연소실의 말단에 있는 점화플러그에 스파크가 발생해야 하며, 이 아크(arc)에 의해 발생한 열이 공기와 연료의 혼합압축기체를 점화시킨다. 혼합기체가 타면서 실린더를 아래로 밀어내는 압력이 발생하고 그 힘으로 엔진이 작동한다. 점화장치는 접점점화장치와 전자점화장치로 나뉜다. 이 중 접점점화장치는 충전기, 점화스위치, 점화코일, 배전기, 2차측 점화케이블, 점화플러그로 이루어져 있다. <u>점화 시의 전류 흐름 순서는 점화스위치-배터리-시동모터-점화코일-배전기-고압케이블-스파크플러그</u>의 순으로 작동한다.

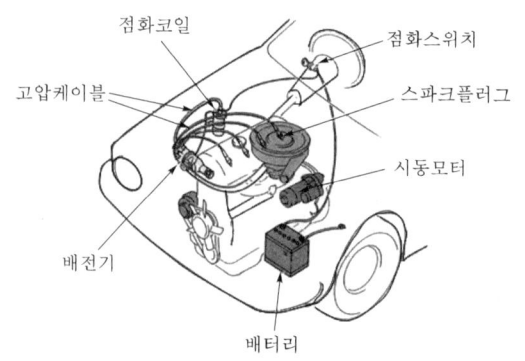

▮ 가솔린차량 점화 주요 장치 ▮

① 배터리와 스타터모터
   ㉠ 차량용 배터리는 MF배터리(Maintenance Free battery)를 사용하는 것이 일반적인 현상으로 무보수배터리 또는 무정비배터리라고도 부른다. 정비나 보수가 필요 없다는 뜻에서 운전자들 사이에서 선호도가 높다. 자동차 배터리는 보통 일반 배터리로 부르는 납축전지와 MF배터리, 알칼리축전지로 구분된다.

충전 시 전기에너지를 화학에너지로 변환

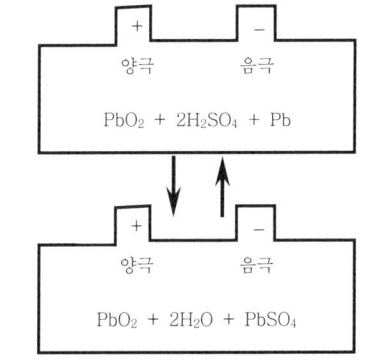

방전 시 화학에너지를 전기에너지로 변환

‖ 납축전지의 원리 ‖

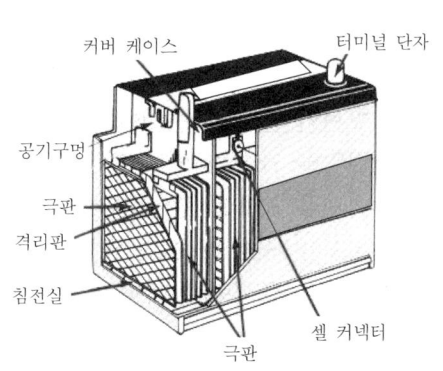

‖ MF축전지의 구조 ‖

   ㉡ 납축전지에는 묽은 황산으로 된 배터리액이 들어 있어 충전을 하거나 자연적으로 방전될 때 증발하는 경향이 있다. 이 때문에 주기적으로 증류수를 보충해 주어야 하고 기온이 급격히 떨어질 경우에는 외부 온도의 영향을 받아 배터리액의 비중이 낮아져 시동이 잘 걸리지 않는다는 단점이 있다. 그러나 <u>MF배터리</u>는 묽은 황산 대신 젤상태의 물질을 사용하고 내부 전극의 합금성분에 칼슘성분을 첨가해 배터리액이 증발하지 않도록 하였다. 따라서 <u>증류수를 보충해 줄 필요가 없으며</u> 납축전지보다 수명도 훨씬 길다. 일반적으로 승용차에는 6개의 셀(cell)을 직렬로 연결한 12V 배터리가 사용되고 있는데 1개의 셀은 보통 2V의 전압을 지니고 있다. <u>알칼리축전지</u>는 수산화나트륨을 전해액으로 사용하며 <u>주로 선박용</u>으로 사용되는 <u>고가의 축전지로 수명이 길다.</u>
   ㉢ 스타터모터(starter motor)는 키스위치나 버튼스위치를 이용하여 엔진시동을 거는 데 쓰인다. 운전석에서 키를 ON시켜 스타터 모터에 전기가 흐르면 모터쪽의 피니언기어와 플라이휠의 링기어가 서로 맞물려 모터의 회전에 의해서 플라이휠과 연결되어 있는 크랭크축이 회전하게 된다. 이때 비로소 흡입·압축·폭발팽창이 강제적으로 일어나며 시동이 걸리게 된다.

> **바로바로 확인문제**
>
> 다음 내용에 알맞은 차량용 축전지의 명칭을 쓰시오. [2024년 기사]
> (1) 양극에는 과산화납(PbO_2)을, 음극에는 납(Pb)을 사용하고 황산(H_2SO_4)을 넣은 축전지
> (2) 전해액은 수산화나트륨을 사용하고 주로 선박용으로 사용되는 축전지로 수명이 긴 축전지
> (3) 극판이 납, 칼슘으로 되어 있고, 가스발생이 적고, 전해액이 불필요하며 자기방전이 적은 축전지
>
> **답안** (1) 납축전지
> (2) 알칼리축전지
> (3) MF축전지

② 점화플러그(spark plug) : 가솔린엔진의 압축된 혼합기에 불꽃을 일으켜 폭발에너지를 얻고자 할 때 불꽃을 발생시키는 것이 점화플러그이다. 점화플러그는 <u>각 실린더마다 1개씩 배치</u>되며 끝부분의 전극이 연소실에 노출되어 있다. 이 전극에 전압을 가하면 접지전극과의 간격(gap)에 공중방전을 할 때 불꽃이 발생하여 가솔린을 포함한 혼합기에 점화를 하는 것이다. 전극끼리의 간격은 매우 좁은데 0.8~1.1mm 정도로서 <u>간격이 너무 좁으면 불꽃이 약하고</u> 간격이 너무 넓게 되면 불꽃을 일으키기 어렵게 된다. 점화플러그의 중심 전극은 플러스(+)이고 접지전극이 마이너스(-)로서 고가의 백금이나 이리듐합금이 플러그 소재로 쓰이고 있다. 점화플러그는 엔진블록에서 순환되는 냉각수에 의해 냉각되며 종류로는 냉형 플러그와 열형 플러그가 있다. <u>디젤엔진에서는 점화플러그가 존재하지 않는다.</u>

③ 점화코일 : 점화플러그가 불꽃방전을 일으키는 작용을 한다면 점화코일은 그 불꽃방전을 일으키는데 충분한 에너지를 발생시키는 장치라고 볼 수 있다. 시동을 걸 때 배터리로부터 보내진 낮은 전압상태로는 플러그에서 불꽃방전을 일으킬 수 없다. 따라서 점화코일을 이용하여 전압을 높여 주는 것이다. 점화코일은 구멍 뚫린 사각의 철심 둘레에 1차 코일과 2차 코일이 감겨져 있는 구조로서 코일이 감겨 있는 수의 차이에 따라 전류의 상호유도작용을 이용하여 전압을 높인다.

④ 알터네이터(교류발전기, alternator) : 엔진동력을 이용하여 로터(rotor, 회전자)를 회전시켜 전자유도에 의해 교류전류를 발생시키며 <u>교류전류를 직류전류로 정류하여 배터리에 충전</u>하는 것이 알터네이터의 중요한 기능이다. 차량에는 점화를 위해 사용하는 전기 외에도 여러 가지 전기시스템이 사용되고 있다. 엔진을 냉각하기 위한 팬을 비롯하여 에어컨, 오디오, 내비게이션, 전동시트, 보온열선 등 매우 다양한데 이러한 전기장치에 필요한 전기에너지를 생산해 주는 것이 알터네이터이다. 알터네이터는 크랭크축의 회전력을 이용하여 전기를 발생하고 있으며 여기서 생산된 전기는 배터리에 저장할 수 있다.

4 디젤차량의 주요 구성

(1) 기본 원리

디젤기관도 열에너지를 기계적 에너지로 바꿔 주는 기관 본체와 냉각장치, 윤활장치 등은 본질적으로 가솔린기관과 차이점이 없다. 다만, 연소과정에서 공기만을 흡입하고 높은 압축비(15~20 : 1)로 압축하여 그 온도를 500~600℃ 이상이 되게 한 후 연료를 분사펌프로 압력을 가해 분사노즐에서 실린더 내에 분사시켜 자기착화시킨다는 점에 차이가 있다.

(2) 디젤엔진의 장단점

장 점	단 점
• 열효율이 높고, 연료소비율이 적다. • 대형기관 제작이 가능하다. • 저속에서도 큰 회전력이 발생한다. • 점화장치가 없어 이에 따른 고장이 적다. • 인화점이 높은 경유를 사용하기 때문에 취급이나 저장에 위험이 적다.	• 폭발압력이 높아 기관 각 부분을 튼튼하게 제작하여야 한다. • 출력당 무게와 형체가 크다. • 운전 중 진동과 소음이 크다. • 연료분사장치가 매우 정밀하고 복잡하며, 제작비가 비싸다. • 압축비가 높아 큰 출력의 기동 전동기가 필요하다.

(3) 경유의 착화성

착화성은 연소실 안에 분사된 경유가 착화될 때까지의 시간으로 표시한 것으로 이 시간이 짧을수록 착화성이 좋다. 이 착화성을 정량적으로 표시한 것으로 <u>세탄가, 디젤지수, 임계 압축비</u> 등이 있다. 또한 연료가 분사되어 착화될 때까지의 시간을 착화지연기간이라고 한다. 착화지연은 연소실 안에 분사된 미립상의 연료가 주위 높은 온도의 공기로부터 열이 전달되어 자연발화온도에 도달하여 착화될 때까지의 경과시간을 의미하며 점도와 비중, 비등점, 휘발성 등 연료 고유의 성질에 의해 지배된다. 디젤기관의 노크는 이 착화지연에 기인한 것으로 연료의 착화성은 디젤기관의 노크방지에 매우 중요한 것이다.

① 세탄가(cetane number) : 세탄가는 디젤기관 <u>연료의 착화성을 표시하는 수치</u>를 말한다. 세탄가는 착화성이 우수한 세탄과 착화성이 불량한 α-메틸 나프탈렌의 혼합액이며 세탄의 함량비율(%)로 표시된다. 예를 들어, 세탄가 60의 경유라는 것은 세탄이 60%이며 α-메틸 나프탈렌이 40%로 이루어진 혼합액과 같은 착화성을 지닌다는 의미이다. 고속디젤기관에서 요구하는 세탄가는 45~70이며, 시중에서 판매되고 있는 경유의 세탄가는 일반적으로 60 정도이다.

② 디젤지수(diesel index) : 디젤지수는 경유 중에 포함된 파라핀 계열의 탄화수소의 양으로 착화성을 표시한 것이다.

(4) 디젤기관의 연료공급 과정

디젤기관의 연료공급은 공급펌프에서 연료탱크 안의 연료를 흡입·가압하여 연료여과기에서 여과시킨 후 분사펌프로 공급한다. 분사펌프는 크랭크축에 의해 작동하며 연료를 고압으로 만들어 분사파이프를 거쳐 알맞은 시기에 실린더 헤드에 설치된 분사노즐에서 소정의 압력으로 분사를 한다.

> **꼼.꼼.check!** ─ 디젤기관의 연료공급 순서 ─
> 연료탱크 → 연료여과기 → 공급펌프 → 연료여과기 → 분사펌프 → 분사노즐 → 연소실

5 LP차량의 주요 구성

(1) 기본 원리

LPG(Liquid Petroleum Gas)는 유전에서 분출하는 천연가스나 석유를 정제하여 석유제품을 만들 때 부산물로 생기는 가스를 액화한 것으로 <u>주성분은 프로판(C_3H_8)과 부탄(C_4H_{10})</u>이다. 순수한 LPG는 무색, 무미, 무취, 무독성인데 누설 시 사람이 후각으로 감지하도록 하기 위해 부취제를 첨가하여 사용하고 있다. LPG차량의 기본원리는 가솔린차량과 비슷하여 LP가스가 연료필터를 거쳐 솔레노이드밸브 및 연료파이프를 통해 베이퍼라이저로 들어가 기화된 다음 공기와 혼합되어 연소실에서 흡입 → 압축 → 폭발 → 배기 순으로 작동을 한다.

(2) 장점과 단점

장 점	단 점
• 가솔린에 비해 연료가 저렴하고 옥탄가가 높아 노킹이 일어나는 일이 적다. • 사에틸납에 의한 점화플러그의 오손, 배기관의 막힘이나 부식 등 연소생성물에 의한 피해가 없다. • 연료펌프가 필요 없으며, 베이퍼록의 염려가 없다. • 연료의 완전연소로 카본 발생이 적다.	• 고압가스로 연료탱크가 무겁다. • 연료의 취급 및 충전이 가솔린에 비해 불편하다. • 저온에서 시동성이 가솔린보다 나쁘다. • 가스상태로 연소실로 흡입되기 때문에 용적효율이 저하되고, 가솔린보다 출력이 약간 낮다.

(3) LPG용기

LPG용기(bombe)는 강철제의 고압가스용기로서 수직형과 수평형이 있으며, 충전밸브, 송출밸브 및 액면표시장치 등이 부착되어 있는 형태로 보통 차체 뒷부분인 트렁크에 고정된다.

① 충전밸브 : 액상의 LPG를 충전할 때 사용하는 밸브를 말한다. 충전밸브에 부착된 안전밸브는 용기의 주위온도가 화재 등의 원인으로 급격하게 상승할 경우 용기의 내압력이 24kg/cm^2 이상이 되면 안전밸브가 작동하여 용기 내의 가스압력을 일정하게 유지시켜 폭발 등 <u>위험을 방지하는 역할</u>을 한다.

② 송출밸브 : 용기에 충전된 가스를 <u>연소실로 공급하는</u> 밸브로서 아래쪽에는 과류방지밸브가 설치되어 있으며 차량에 이상발생 시 가스의 유출로 인한 사고를 방지한다.

③ 액면표시장치 : LPG의 과충전을 방지하기 위하여 용기 안에 충전된 가스의 양을 확인하기 위한 장치로서 뜨개식이 주로 사용되고 있다.

| LPG충전용기 및 밸브 색상 |

LPG용기	충전밸브	송출밸브	
		기체밸브	액체밸브
회색	녹색	황색	적색

6 차량화재의 특징 암기

(1) 차량기구의 복잡성
통, 배기계통 등 복잡한 시스템이 유기적으로 연결되어 차량을 움직이는 구조로 되어 있다. 따라서 어느 한 계통에 문제가 발생하면 부분적으로 기능이 떨어지거나 차량 전체가 운행이 불가할 수 있어 전반적인 지식을 두루 파악해 둘 필요가 있다.

(2) 연료지배형 화재
차량은 주택이나 공장과 같이 환기에 의해 좌우되는 구획화재와 달리 들판이나 주차장 등 노상에서 화재가 발생하기 때문에 연료지배형 화재의 특성을 보인다. 특히 연료나 운전석 시트 등은 초기에 쉽게 연소되는 물질로 구성되어 있어 화재하중이 높은 편에 해당되며 짧은 시간에 전소되는 경향이 많아 구조물이 심하게 소실되거나 변형된다.

(3) 발화위험성 잠재
차량은 운행 중에 상시 진동이 발생하고 있고 시동모터 및 예열선 등 대전력기기의 사용이 빈번하게 이루어지고 있어 발화위험성이 상시 잠재되어 있다. 시동을 끈 상태더라도 기본적인 예비전력은 전선에 흐르고 있기 때문에 발화원으로 작용할 우려가 있다. 차량 내부에 설치된 블랙박스에는 항상 전류가 공급되고 있고, 도어를 열고 닫을 때 점등되는 실내등은 전류의 흐름이 꾸준히 이루어지고 있다는 사실을 염두에 두어야 한다. 또한 차량의 허용전류를 감안하지 않은 무분별한 튜닝(tuning)은 더욱 위험해질 수밖에 없다.

(4) 범죄 표적으로 이용
차량은 개방된 공간에 존치한다는 특수성으로 인해 방화범죄의 표적이 되기 쉽고, 차량 내부에 있는 고가의 장식품이나 귀금속, 화폐 등을 절취하기 위한 절도의 대상이 되기도 하며, 살인행위 후 범죄은폐를 위한 방법으로 차량화재로 둔갑시키기 위한 도구로 쓰일 수도 있다.

7 차량화재의 조사요령 암기

(1) 차량 확인
① 제작사, 모델, 생산연도 등 차량에 대해 확인하고 정보를 기록한다.
② 차량고유번호(Vehicle Identification Number, VIN)에는 제작사, 생산국가, 보디형태, 엔진형태, 생산연도, 조립공장, 제작 일련번호가 있어 확인이 가능하며 보통 운전석 대시 쪽에 리벳으로 부착되어 있다.
③ VIN 플레이트는 화재가 발생하더라도 잔존해 있어 금속 브러시로 닦아내면 식별이 가능하다.

(2) 화재현장 조사
① 화재발생장소의 도로여건 및 지형 : 차량화재의 대부분은 도로나 주차장에서 발생하고 있다. 도로에서 발생한 화재라면 주행 중 발생한 것이고 주차장에서 발생

한 경우에는 주·정차 중이었다는 것을 직감할 수 있다. 도로 여건 및 지형에 따라 발생하고 있는 차량화재는 커브길에서 제동장치나 조향장치 조작미숙에 의해 전복되거나 옆으로 굴러 화재가 발생하는 경우가 있으며 비나 눈이 많이 내리는 어두컴컴한 새벽이나 저녁에 갑자기 도로의 방향이 바뀌거나 움푹 파여진 도로 바닥을 미처 발견하지 못해 시야가 방해를 받아서 일어나기도 한다. 직선구간에서 갑자기 양방향으로 갈라지는 지점과 곡선구간에서 차량이 가드레일이나 방호벽을 들이받고 화재가 발생했다면 운전자의 주의가 산만했거나 또 다른 요인이 복합적으로 작용했을 가능성이 있다. 이처럼 도로 지형이 특수하거나 날씨가 불안정했다면 주변환경을 화재와 동일선상에 놓고 함께 검토해 볼 필요가 있다. 도로 여건 및 지형을 조사할 경우 다음과 같은 사항을 고려하여야 한다.

㉠ 화재가 발생한 장소가 직선구간이었는지 또는 커브의 회전각이 너무 크거나 작지 않았는지 여부와 경사면의 고저, 주행에 방해가 될 만한 물건 등이 있었는지 등 **전반적인 도로상황을 관찰**하고 기록해 둔다.

㉡ 바닥면에 연료나 오일 등이 **누설된 흔적여부를 확인**하고 차체에서 떨어져 나온 물건이나 부품 등이 있다면 위치와 형태 등을 확인한다.

㉢ 차량이 역방향으로 있거나 도로를 이탈한 경우에는 도로 여건에 비추어 브레이크를 사용한 스키드마크(skid mark)나 충돌물체 등을 살펴 기록해 둔다.

② 관계자 및 목격자진술 조사 : 차량화재의 실마리는 운전자 또는 최초 목격자의 진술이 전제되는 경우가 많다. 특히 운전자는 차량화재 발생 전 엔진음의 이상 등 전조증상을 느낄 수 있으며 발화순간 어느 지점에서 출화가 개시되었는지 알고 있고 목격자들 또한 차량에서 나는 굉음 또는 화염이 치솟는 순간에 직접 현장에 있었기 때문에 유효한 정보를 얻을 수 있다. 진술은 간단명료하게 얻어낼 수 있어야 하며 **객관적으로 발생한 사실확인**에 주력하여야 한다.

㉠ 주행시간, 주행거리, 휴식시간 및 주행 중 엔진에서 이상한 소리나 타이어의 진동현상 등 직접 운전자로부터 화재발생 전후 상황을 파악한다.

㉡ 라디오 조작이나 DMB 시청 등 주행 당시 차량기구를 사용하거나 조작했는지 파악한다.

㉢ 흡연행위, 졸음, 음주여부 등을 확인한다.

㉣ 차량의 연식, 성능과 화재발생 전 부품의 교환, 분해, 점검 등 수리여부에 대해 확인한다.

㉤ 화재발생 당시 운전자 및 목격자의 조치사항(갓길정차, 소화행위 등)을 조사한다.

㉥ 화재관련 최초 증상 또는 화염과 연기의 발생여부와 발생위치를 운전자 및 목격자를 통해 확보한다.

㉦ 차량화재보험 가입여부, 운전자를 포함한 동승자 등의 부상 정도를 확인한다.

(3) 연소흔적 조사
① 차량 전체 소손된 연소패턴 조사
  ㉠ 차량 문이 모두 닫혀 있는 상태라면 외부에서 착화된 경우가 내부에서 착화된 경우보다 연소가 빠르게 나타난다. 연료지배형 화재의 특성을 지닌 차량화재는 차량 틈새를 통해 열기류가 유입되기도 하지만 차체가 고온에 노출될 경우 차량 안쪽 이면에 있는 섬유류나 합성수지류를 착화시키기에 충분한 에너지를 갖는다. 이런 상황이 되면 열기류가 차량 전체를 휘감고 돌아 전소되는 국면을 맞는데 이때 소방관들이 물을 뿌리더라도 600~700℃ 이상 고온이 되어 차체는 화열로 인해 적열상태이므로 물이 차체와 접촉하는 순간 흡수되지 못하고 주변으로 강렬하게 비산된다.
  ㉡ 소화 후 연소형태의 파악은 각 방향에서 살펴 <u>소훼가 가장 심한 곳으로부터 점차 화염이 퍼져 나간 곳으로 구분하여 접근</u>한다. 방향성 없이 연소되었다면 전면부를 중심으로 전·후·좌·우의 형태로 구분하여 확인한 후 전체를 연결시켜 화염의 흐름을 파악한다. 화염이 집중되었거나 비교적 오랜 시간 연소할 수 있는 물질로 된 부분은 차체 표면이 밝게 나타나고 측면과 천장으로 화염이 확산된 흔적을 발견할 수 있다. 발화지점으로 확인된 방면은 차량의 안과 바깥쪽을 비교하여 어느 쪽에서 발화된 것인지 판별하여야 한다. 유리창의 개폐 여부는 목격자나 소방활동에 직접 참여한 소방관으로부터 정보를 입수하여 진위를 가리는데 창문의 안쪽과 바깥쪽 모두에 연소과정에서 떨어진 잔류물이 바닥면에 남는다. 각 방면별 연소흔적의 조사는 다음 사항에 유의하여 조사한다.
  • 차량이 진소된 경우 차체 강판의 소손상태를 관찰하여 변색의 강약을 구분하여 <u>연소방향성을 판단</u>한다. 높은 온도와 가까운 부분일수록 금속 도장면이 박리되고 도금이 벗겨져 녹이 발생하는 등 산화가 진행된 형태가 보인다.
  • 타이어 부근에서 출화한 경우 가장 소손이 심한 부분에서 연소되었을 가능성이 크므로 타이어 4개를 비교하여 조사한다.
  • 차량 전체가 연소했더라도 차량 아랫부분 전면이 소손된 경우는 적으므로 차량을 들어 올려서 소손상태를 확인하여 차량 아랫부분에서 윗부분으로 상승 연소한 부분을 구분한다. 보통은 차량 아랫부분에서 윗부분으로 연결된 연소 확대 지점이 발화개소일 가능성이 높다.
② **연소잔해물 및 증거물관리** : 차량화재 시 연소잔해물로는 유리창이 열에 녹거나 충격에 떨어져 나가 바닥면에 남는 경우가 많고 그 밖에 타이어가 펑크를 일으켜 찢어진 고무조각이 열에 녹아 남기도 하며 앞 범퍼, 백미러, 안개등, 전조등, 와이퍼 등 외부에 설치된 전장품은 모두 화염과 충격 등으로부터 손상을 받아 이탈되거나 크게 파손된 상태로 작은 접촉으로도 떨어져 나갈 우려가 크다. 특히 대규모 교통사고를 동반한 화재인 경우 문짝이 떨어져 나가기도 하며 충돌로 인

해 차량 지붕이 한쪽으로 날아가는 경우도 있다. 연소잔해물은 화재로 떨어지는 경우와 충격으로 인해 이탈되는 2가지 경우를 염두에 두고 조사를 하여야 한다. 화재로 인한 이탈은 화염의 세기와 방향을 가늠하는 데 응용할 수 있고 충격으로 이탈되는 경우는 교통사고나 가로수, 방호벽 충돌 등에 의한 것으로 파괴된 형태를 살펴 충돌 당시 차량의 속도 정도를 살펴볼 수 있다. <u>차체에서 떨어진 작은 부품도 수거</u>하여 차량이동 시 함께 조사가 이루어지도록 증거물이 관리되어야 한다.

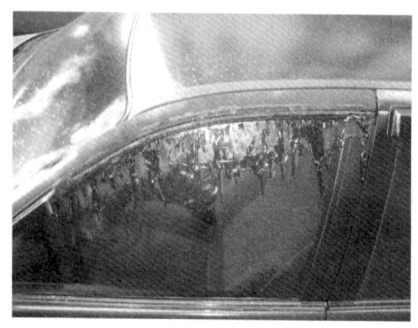 

유리창에 살포된 유류성분 증거수집 현장사진(화보) p.15 참조

8 차량화재 감식

(1) 차 체
① 엔진룸과 트렁크, 실내 및 앞·뒤 범퍼 등 <u>각 개체의 연소방향을 판단</u>한다.
② 연소경계선 끝단이 비교적 뚜렷한 곳은 발화지점과 가깝고 연소경계선이 흐린 곳은 화염이 번져나가 형성된 것으로 상대적으로 발화지점과 먼 곳일 가능성이 크다.
③ 차체 도장면이 완전연소하면 빠르게 부식되므로 적갈색을 띠거나 녹이 발생한 지점이 연소가 가장 심한 부분이다.

(2) 유리창
① 유리조각이 실내쪽으로 집중된 경우 화재 전에 밖에서 안으로 도구를 이용하여 파괴했다는 증거로 판단할 수 있다.
② 유리의 파단면에 리플마크가 없고 불규칙한 형태로 금이 가거나 깨졌을 경우에는 화재열에 기인했다는 증거로 판단할 수 있다.

(3) 차량 주변조사
① 방화일 경우 차량으로부터 반경 수십 미터 안에 유류용기나 망치, 장갑 등 범행에 쓰인 <u>도구가 발견</u>될 수 있다.
② 범행과 관련하여 차량 주변으로 족적(足跡, 신발흔적)과 윤적(輪跡, 차량 바퀴흔적)이 식별되는 경우가 있으며 충격이나 화재열로 인해 떨어져 나간 잔해가 남아 있는 경우가 대부분으로 바닥면에 대한 세심한 조사를 실시한다.

(4) 차량 바닥면 연소물 조사

① 유류촉진제 및 신문지, 섬유류 등을 범퍼나 타이어 주변에 모아 놓고 방화를 한 경우 유류에 의한 급격한 소손형태와 잔해가 남아 있는 경우가 있고 오일유 등이 누설된 경우 누설흔적을 따라 연소흔이 형성되기도 한다.

② 엔진룸 부근과 배기구 주변에 부착된 기름찌꺼기 등은 소화수 접촉에 의해 기름층을 형성하므로 유류에 의한 촉진제로 오인하지 않도록 주의한다.

(5) 창문과 문짝의 개폐여부

① 차량 문짝이 개방된 상태의 연소는 산소의 원활한 유입으로 짧은 시간에 전소가 가능하기 때문에 <u>사람의 행위가 개입</u>된 경우가 많음을 유념한다.

② 창문이 모두 폐쇄된 상태로 내부에서 폭발이 일어나면 폭발압력이 균등하게 작용하여 문짝 전체가 밖으로 밀려나게 되지만 어느 한쪽으로 창문이 개방된 상태라면 내부의 압력이 개방된 공간으로 집중하면서 일부 개방되어 있는 유리를 파괴하면서 압력이 해방된다.

| 차량문 개방상태로 완전전소시킨 형태 현장사진(화보) p.15 참조 |

(6) 엔진룸

① 엔진룸에서 발화한 경우 초기증상은 흰연기가 발생하며 산소유입이 원활하지 못함으로써 불완전연소에 가까운 그을음이 생성되기도 한다.

② 엔진룸에서 발화한 경우 표면의 <u>보닛에 수열흔과 변색흔이 나타나고</u> 화염이 전파해간 경로가 남는 경우가 있다. <u>발화지점과 가까울수록 도색의 균열이 많이 발생</u>하며 탈색되는 경향이 있다.

③ 자동차 전기배선은 차체를 마이너스(-)로 접지시키고 플러스(+) 배선을 연결시킨 구조로 사용된다. 따라서 단락발화보다는 이음부와 접속부 등에서 한 선이 국부적으로 발열하여 용융된 현상이 많다. 퓨즈 및 이음부 등에 대한 접촉과 분리, 전기적 소손흔 등을 조사한다.

| 보닛에 형성된 수열흔과 변색흔 현장사진(화보) p.16 참조 |

(7) 차량 실내

① 창문과 문짝이 모두 폐쇄된 상태에서 발화하면 산소의 공급이 차단되어 발염은 오래 지속하지 못하며 무염연소의 형태를 보이는 경우가 많다. 그러나 화재열로 유리창에 금이 가고 깨질 경우 화재양상은 크게 확산될 수 있다.

② 차량용 오디오, DMB 등이 손상된 경우 절취를 위해 전원선이 끊어진 형태로 발견되며 범행을 위해 외부에서 강제로 창문과 문짝을 파손시킨 경우도 있으므로 판별에 주의한다.

③ 교통사고 후의 화재 또는 주차 중 사람이 승차한 상태에서 사망한 경우에는 시동키의 위치 또한 중요한 단서로 작용한다. 시동키 뭉치는 연소되더라도 삽입되어 있는 위치를 통해 구별이 가능해진다.

(8) 트렁크

① 트렁크는 적재공간으로 <u>발화위험은 많지 않지만</u> 방화와 관련하여 범행에 쓰인 도구와 물품 등이 있을 수 있고 사체를 트렁크에 넣고 방화를 하여 증거를 없애려는 경우도 있어 <u>확인이 필요한 구역</u>이다.

② 차량 트렁크 뒷부분 범퍼나 타이어쪽에서 외부방화를 한 경우 연소 정도에 따라 트렁크가 크게 소손될 수 있으며 이때 트렁크 내부에 있는 연소물을 규명하여 발화배제 이유 등을 분명하게 한다.

(9) 타이어

① 타이어에 직접 착화는 매우 어렵지만 일단 착화하게 되면 연소 중 파열되면서 폭음을 발생시킨다.

② 타이어 주변에 인화성 액체 등을 뿌려 발화시킨 경우 타이어 가장 아랫부분은 지면과 밀착된 상태로 연소되지 않기 때문에 인화물질이 흡수되어 증거수집이 가능할 수 있다.

③ 타이어의 하단부에서 연소할 경우 화염면이 문짝과 차체쪽으로 확산된 경로가 쉽게 나타나는 반면 실내에서 출화한 경우에는 타이어가 가장 늦게 연소하므로 타이어의 소손상태로 내·외부 연소형태를 구분할 수 있다.

┃ 타이어의 연소흔적 현장사진(화보) p.16 참조 ┃

(10) 배기관 주변
① 차량 하단부의 손상 정도는 <u>차체를 들어 올려</u> 확인할 필요가 있다. 현장에서 하단부의 확인이 곤란한 경우가 대부분으로 화재 관련자들의 동의를 받아 정비업소 등으로 이동하여 조사를 실시한다.
② 배기관의 파열 및 변색, 삼원촉매장치의 소손상태, 기름의 누설흔적 등을 확인한다.

9 차량화재 발생요인별 분류

발생요인	발화원인
기계적 요인	엔진과열, 축베어링 및 팬벨트 마모, 브레이크 과열, 정비불량
전기적 요인	과부하, 배선 손상, 불완전접촉
연료 및 배기계통	연료 및 윤활유 누설, 역화(back fire), 후화(after fire), 과레이싱
방화	내부방화, 외부방화

(1) 기계적 요인
① 엔진과열
㉠ 엔진의 작동원리 : 자동차 엔진은 피스톤이 분당 1,000~3,000번 정도를 왕복운동하기 때문에 2,000~2,500℃ 정도의 상당한 열을 발생시킨다. 엔진이 하는 가장 큰 역할은 <u>열에너지를 기계적 에너지로</u> 바꾸어 주는 것이다. 엔진의 연소실로 가솔린과 공기를 적당한 비율로 혼합시켜 주입시키면 연소실 내부로 혼합기가 들어가 압축을 한다. 압축에 의해 스파크 플러그에 불꽃이 발생하여 점화를 시켜 폭발이 일어나는데 이때 당연히 열(열에너지)이 생기게 된다. 이 열에너지가 피스톤을 밀고 피스톤과 연결되어 있는 커넥팅로드가 크랭크샤프트를 돌리면 회전력이 생기면서 차량이 움직이게 되는 것이다. 그러나 이러한 엔진의 원활한 운전은 독자적으로 이루어지는 것이 아니라 냉각팬, 워터펌프, 서모스탯 등 상호 의존관계에 있는 부품들이 제 기능을 발휘할 때 엔진의 정상적인 운전이 가능한 것이다.
엔진의 작동방식은 일반적으로 피스톤을 이용한 4행정 사이클 엔진방식이

대부분이다. 피스톤의 4행정은 흡입-압축-폭발팽창-배기로 이루어져 있으며, 1사이클에 크랭크축이 2회전하는 것을 말한다.

∥ 엔진 작동원리 ∥

구 분	작동 원리	밸브상태
흡입	피스톤이 하강하면서 연료와 공기의 혼합기를 기화기를 통하여 흡입한다.	흡입밸브 개방, 배기밸브 폐쇄
압축	피스톤이 올라가면서 흡입된 혼합기를 압축한다.	흡입밸브·배기밸브 모두 폐쇄
폭발	압축된 혼합기에 전기불꽃으로 점화·폭발시켜 그 가스의 압력으로 피스톤이 내려가면서 동력을 발생시킨다.	흡입밸브·배기밸브 모두 폐쇄
배기	피스톤이 올라감으로써 연소가스가 배출된다.	흡입밸브 폐쇄, 배기밸브 개방

ⓛ 엔진과열 증상
- 엔진룸 안에서 흰연기 분출
- 운전석 내부 온도게이지 상승(적색)
- 쇠를 깎아 내는 소리 및 노킹 발생
- 엔진출력 저하

! 꼼꼼. check! ▶ 엔진노킹(engine knocking) ◀

차량의 엔진노킹(엔진노크)은 이상연소에 의해 실린더 내에서 스프링이 튀는 것처럼 노크소리가 들리는 것으로 노킹이 발생하면 엔진의 출력이 저하되고 실린더의 온도가 급격하게 상승하며 심할 경우에는 실린더 및 배기밸브, 피스톤 등이 과열되어 소손되거나 엔진이 파괴되는 원인도 된다.
① 노킹이 발생하는 원인
  - 저옥탄가의 가솔린 사용
  - 엔진과열
  - 점화시기가 빠른 경우
  - 연소실 내부 카본 퇴적
  - 기화기 조정 불량
  - 압축압력이 너무 높거나 불균일한 경우
② 노킹발생 시 일어나는 장애
  - 피스톤 헤드면의 과열
  - 출력저하 및 충격음 발생
  - 피스톤링의 마모 증가

ⓒ 엔진과열 원인
- 냉각수 부족
- 라디에이터 코어 막힘
- 수온조절기(서모스탯) 고장
- 냉각장치 내부 물때(이물질) 퇴적
- 팬벨트 헐거움
- 엔진오일 부족
- 워터펌프 고장

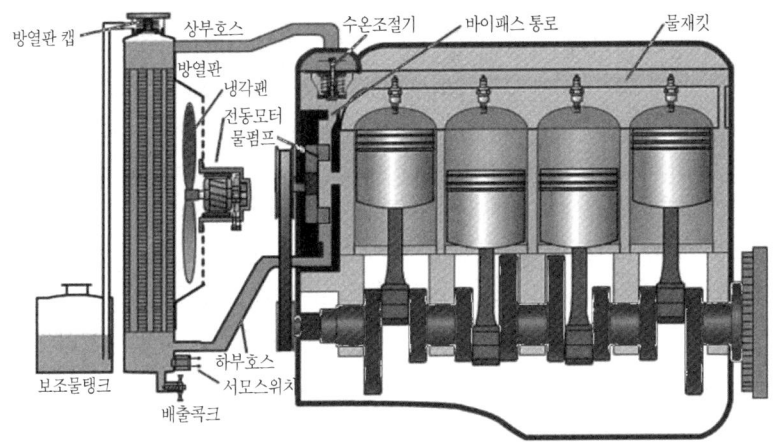

┃ 냉각팬 및 엔진주변 계통도 ┃

ⓓ 엔진과열 시 손상되는 부분
- 피스톤의 깎임, 손상
- 실린더의 긁힘, 변형
- 실린더 헤드의 변형 및 균열
- 헤드 개스킷 파손
- 점화플러그 전극 손상
- 흡·배기밸브의 변형
- 밸브가이드 고착
- 커넥팅로드의 휨, 크랭크베어링 고착

ⓜ 라디에이터 이상으로 엔진이 과열되는 원인
- 라디에이터 코어 막힘(20% 이상)
- 라디에이터 냉각핀 변형 및 이물질 부착
- 라디에이터 압력캡 손상
- 라디에이터 파손으로 냉각수 누출
- 오버플로 호스 막힘

> **꼼꼼.check!** ● 수온조절기 원리 ●
>
> 차량의 엔진은 너무 차갑게 냉각시켜도 안되는데 그 이유는 연소효율이 나빠지기 때문이며, 이를 일반적으로 오버쿨(over cool)이라고 한다. 따라서 엔진을 효율적으로 작동시키려면 적정한 온도를 유지시켜 줘야 한다. 이처럼 자동차 냉각수의 온도를 적정하게 유지시켜 주는 부품이 수온조절기(thermostat)이다. 현재 펠릿형이 주류를 이루고 있는데 냉각수 흐름관 중간에 수문장처럼 온도감응식 밸브로 문을 열었다 닫았다 개폐하는 기능을 한다. 냉각수의 적정한 온도는 80~83℃ 전후인데 온도가 80℃ 이하이면 냉각수의 흐름을 차단시켜 라디에이터를 순환시키지 않지만 80℃ 이상이 되면 냉각수가 라디에이터를 순환할 수 있도록 개방시켜 준다.

ⓑ 엔진과열의 감식요점 : 엔진과열에 의한 발화는 이상연소에 의해서도 발생할 수 있으나 <u>냉각장치에 이상이 없으면 화재가 발생하기 곤란</u>하므로 냉각장치의 고장(서모스탯의 작동불량, 라디에이터의 막힘, 엔진 냉각수 통로의 막힘 등)과 냉각수의 부족(장시간 미보충, 개스킷의 파손으로 인한 누수, 바이패스관 호스의 파손이나 이완 등)으로 엔진의 온도가 높아지고 엔진 주변에 있던 가연물이나 기름찌꺼기 등에 착화하여 발화하는 경우가 있다.
- 라디에이터의 캡을 열어 냉각수의 유무를 확인한다.
- 고무호스와 라디에이터에서 누수 또는 파열이나 파손된 흔적여부를 조사한다.
- 엔진에 있는 실린더 헤드와 보디 사이의 개스킷이 파손되거나 균열이 있는지 확인한다.

② 축베어링 및 팬벨트 마모
㉠ 축베어링의 기능 : 자동차의 바퀴는 허브에 연결되고 허브는 너클과 연결되며 너클은 서스펜션 대부분과 연결이 된다. 차량 바퀴에 있는 베어링을 보통 허브베어링 또는 휠베어링이라고 하며, <u>차량의 하중을 견뎌내며 바퀴가 회전할 수 있도록</u> 한다. 만약 허브베어링이 고장나면 바퀴축과 베어링 그리고 너클이 엉켜 붙어 바퀴가 돌지 못하게 잠겨버리고 그 자리에서 전복이 되거나 바퀴가 이탈되어 차량이 주저앉게 될 우려가 생긴다. 특히 엔진을 움직이는 크랭크축의 스러스트베어링 및 메인베어링이 마멸될 경우 마찰저항이 커지고 폭발압력에 견딜 수 있는 하중부담을 이기지 못해 기동이 정지하거나 부품손상이 일어나기 쉽다.
㉡ 팬벨트 기능 : 팬벨트는 워터펌프 및 냉각팬, 파워핸들 및 발전기 등과 연결되어 엔진 주변기기들의 유기적인 운동을 연결한다.
㉢ 축베어링 및 팬벨트의 감식요점
- 화재가 발생하기 전 타이어에서 이상한 소리가 계속 발생했다면 휠베어링이나 축베어링 계통에 부하가 걸려 과열로 인한 화재를 의심해 볼 수 있다.
- 팬벨트가 <u>끊어질 경우</u> 워터펌프 및 냉각팬이 작동을 할 수 없어 수온계의 온도가 급격하게 상승하여 엔진이 <u>과열될 우려</u>가 매우 높다.
- 팬벨트의 <u>축이 부러진 경우</u>에는 서서히 방전되면서 핸들이 무거워지고 브레이크까지 작동이 곤란해 질 수 있다. 팬벨트의 축은 발전기와 연결되어 있어 방전의 우려가 있고 브레이크 마스터 실린더하고도 연결되어 있어 브레이크의 기능을 발휘할 수 없기 때문이다. 엔진룸을 통해 팬벨트가 끊어진 형태로 발견되거나 팬벨트의 축이 끊어진 상태라면 <u>팬벨트의 구속에 따른 과열발생</u>을 의심해 보아야 한다.

③ 브레이크 과열
㉠ 차량 성능의 우수함은 빠른 주행과 정지능력에 따라 좌우된다. 제동력이 떨어지면 타이어가 바닥면으로 미끄러지는 길이가 길어지게 되고 자칫 화재보다 큰 사고로 이어질 수 있다. 브레이크가 과열되면 흰연기가 발생하며 제동력이 저하되어 핸들 조작마저 힘들어지는 경우가 있다.

ⓒ 화재현장에서 운전자를 통해 가장 많이 확인되고 있는 부류는 브레이크 페달을 밟았을 때 반발력 없이 마치 스펀지를 밟는 것처럼 페달이 깊숙이 들어가는 현상은 브레이크오일 라인에 공기가 들어갔거나 디스크나 드럼이 과열된 대표적인 케이스에 해당한다. 이 현상은 브레이크오일이 누설되는 경우에도 발생하는데 유압피스톤이나 호스 연결부 등을 살펴보면 누설된 오일이 비산된 형태로 남아 있어 현장에서 식별이 가능한 경우가 있다. 브레이크의 디스크로터는 <u>디스크캘리퍼 안에 있는 패드가 잡아주는데 패드의 마멸로 인해 디스크로터에 손상을 주어 화재로 발전</u>하는 경우도 있다. 브레이크 자체가 제동이 안 되는 경우도 있는데 브레이크오일이 없거나 또는 브레이크 내부에서 기포가 발생하면 흔히 발생하는 것으로 오일의 누설여부와 오일의 잔량을 확인해 보면 발화원인 추적이 가능할 수 있다.

> **! 꼼꼼.check!** ▶ 브레이크 과열을 의심해 볼 수 있는 증상 ◀
> - 브레이크를 밟을 때 차체가 한쪽 방향으로 몰리는 현상이 있었다.
> - 브레이크를 사용했을 때 소음이 있었다.
> - 브레이크 페달 또는 차체가 주행 중에 떨렸다.
> - 주행 중에 타이어가 타는 듯한 냄새가 있었다.
> - 주차 브레이크를 해제시키지 않고 주행을 하였다.
> - 브레이크가 밀리는 듯한 느낌이 있었다(브레이크에 공기 형성).

│ 브레이크 디스크 드럼의 과열 현장사진(화보) p.16 참조 │

(2) 전기적 요인

① 과부하 : 전기는 사람의 신경계와 비슷하여 기온이나 진동 등 외부환경의 영향을 많이 받기도 하지만 주어진 정격용량을 초과한 부품을 설치하거나 동시다발적으로 과도한 전기의 사용은 과부하를 초래하여 화재로 이어진다. 차량 내부에 깔려 있는 전기배선은 출고 당시 정격허용전류에 맞게끔 설치되어 있고 더 이상의 여유 용량을 허용하지 않고 있기 때문에 과도한 전기 전장품의 설치는 과부하화재의 위험에 노출되는 것이다. 과부하화재의 원인으로는 정격용량보다 큰 헤드라이트를 설치하거나 내비게이션, 차량용 TV, 차량용 DIVX플레이어, 휴대폰충전

기 등을 임의로 설치하여 문제를 낳고 있다. 예를 들면, 차량안개등을 설치할 때 릴레이나 퓨즈를 이용해 배선을 연결시키지 않고 직접 헤드라이트 배선에 연결한 경우에는 과부하가 발생한다. 과부하가 걸리면 퓨즈가 용단되어 더 이상의 위험요인이 확대되지 않도록 동작을 하지만 여러 개의 전장품을 동시에 가동시킬 경우에는 퓨즈가 용단되기 전에 배선은 이미 연화된 상태에 놓여 손쉽게 발화하기도 한다. 퓨즈 없이 배터리와 직결시킨 경우에는 더욱 위험하여 접촉저항이 증대하면 줄열로 인해 주변의 기름찌꺼기나 이물질 등을 착화시키기도 한다.

> **꼼.꼼.check!** ▶ 과부하 원인
>
> - 차량출고 후에 임의적으로 전기 전장품을 설치한 적이 있는 경우
> - 운행 중 전기배선이 타는 듯한 냄새가 있는 경우
> - 시동을 끈 상태에서도 작동하는 도난경보기, 블랙박스 등을 설치한 경우
> - 퓨즈박스에 있는 퓨즈가 자주 끊어지는 현상이 있는 경우
> - 임의로 전기배선을 증설하거나 부품을 교환한 적이 있는 경우

② **배선 손상** : 차량에 설치된 전기배선은 커넥터와 터미널 등으로 연결되어 있는데 엔진에서 발생하는 열과 차체의 진동 등이 끊임없이 이루어지고 있어 <u>연결부가 느슨해지거나 헐거워지면 배선이 손상</u>을 받아 출화에 이르는 경우가 있다. 차체의 필라 사이에 배선을 삽입하는 경우 틈새 철판에 끼여 국부적인 누설이 발생할 수 있으며 배선끼리 연결된 부분으로 빗물이 침투할 경우 배선끼리 연결된 회로 전체에 영향을 미칠 수 있다. 배선의 손상은 열화에 의해 갈라지거나 쪼개져 배선 자체를 교환해야 하는 경우도 있지만 접촉점에서 접속이 불완전하거나 용량에 맞지 않는 퓨즈 사용으로 인해 배선까지 손상을 받는 경우도 많다. 예를 들어, 정격 퓨즈용량이 30A인 헤드라이트 전구배선에 40A 퓨즈를 채용하고 운행할 경우 헤드라이트가 열화되더라도 퓨즈가 제어를 하지 못해 배선의 손상을 유발시킬 수밖에 없게 된다. 또한 차량 배선용 클립에 전선이 너무 꽉 끼여 열화가 촉진되는 경우도 발생한다.

> **꼼.꼼.check!** ▶ 배선이 손상되는 원인
>
> - 정격용량보다 큰 퓨즈의 사용
> - 엔진룸 내부 열에 의한 경년열화
> - 접속부의 헐거움, 접촉불량에 따른 발열

③ **불완전접촉**
  ㉠ 배터리의 음극(-)은 출고 당시부터 차체에 미리 연결되어 있다. 즉 자동차에서 전기장치를 가동할 때 전기를 필요로 하는 전장품이 배터리와 멀리 떨어져 있어도 양극(+) 연결선 하나만 배터리와 연결하고 음극(-)은 차체에 접촉시키면 전기장치는 작동하도록 제작된다. 이런 방식을 <u>단선식 배선</u>이라고 하는데 대부분 차량이 이에 해당되며 편리한 대신에 자동차 전기장치 취급 시 특별히

유의할 필요가 있다. 만일 자동차에 설치된 배선이 늘어지면 차체와 흔들리며 장기간 접촉되어 피복이 벗겨지고 결국 전선이 차체와 간섭을 일으키며 순간적 불꽃이 일어나 화재의 위험에 직면하게 된다. 불완전접촉은 움직이는 차량을 대상으로 불가피하게 발생할 수밖에 없는 현상으로 <u>배터리 터미널 단자부분, 배선과 배선 사이, 배선과 연결된 부품 사이 등</u>에서 자주 발생하고 있다. 배선끼리 체결할 때 테이핑 처리부분에 납땜을 하여 전기저항을 줄여야 하는데 테이프로 대충 마무리할 경우 테이프의 접착력이 저하되어 전선이 노출되면 절연능력 저하와 함께 주변으로 불꽃이 출화할 우려가 높아지게 된다. 불완전접촉의 위험성은 전선의 압착성이 현격하게 불안정하다는 데 있는데, 외부 충격과 진동이 반복되면 소선일 경우 끊어짐과 이어짐이 반복적으로 되풀이 되는 반단선 상태에서 착화하기도 한다.

　ⓒ 불완전접촉의 원인
- 배선과 연결된 단자 또는 터미널 설치 시 규정토크 부족(체결 불량)
- 배선 연결부의 납땜 처리 미실시 또는 불충분
- 전선 테이프의 절연능력 및 접착력 저하
- 차량의 진동 및 충격으로 인한 이완

④ **전기장치의 감식요점** : 전기장치에 의한 <u>발화특징은 차량 내부에서 외부로 출화</u>한다는 점을 들 수 있다. 모든 전기배선은 엔진룸을 제외하고 비노출로 매립되어 있기 때문에 연기나 불꽃 등이 발생하기 전에는 초기에 발견하기란 매우 어려움이 있다. 발화에 이른 경우 엔진룸 또는 운전석 등에서 연소확산된 경로를 확인하여 발화지역을 한정시키고 감식에 임한다.

　㉠ 배터리의 경우 플러스 터미널 단자가 보닛 금속부와 접촉된 경우 스파크에 따른 용융흔이 터미널 단자와 본체에 형성될 수 있으므로 배터리부분과 보닛 금속부를 확인한다.

　㉡ 전기배선은 다발모양의 와이어 하네스로 배선되어 좁은 공간을 관통한 경우가 많으므로 좁은 틈새에 있는 배선의 보호커버 또는 소손된 피복상태를 조사하여 발화지점을 규명한다.

　㉢ 퓨즈에 연결시키지 않고 직접 배터리와 연결시킨 기기나 제품은 단락되어도 퓨즈가 없으므로 출화하므로 임의로 설치한 기기와 배선의 경로를 확인한다.

> **꼼꼼.check!** ─ 와이어 하네스(wire harness)
> - 자동차가 작동하기 위해서는 자동제어반과 제어서보모터, 각종 센서류와 유압 혹은 공압설비 간의 전기적 연결을 필요로 한다.
> - 각각의 전기적 연결을 용도별 또는 특성별로 분류하여 배선들을 커넥터화하여 한 번에 연결시켜 작업성, 안정성 등을 향상시킨 배선뭉치를 하네스라고 부른다. 예컨대, 컴퓨터에도 여러 배선들이 뭉쳐져 있고 양쪽에 잭이 있는 배선을 볼 수 있다. 자동차 한 대의 와이어 하네스 길이를 모두 합쳐 전개할 경우 보통 약 3km에 이르며 무게 또한 약 40kg에 이른다.

(3) 연료 및 배기계통 2018년 기사

① **연료 및 윤활유 누설** : 연료 또는 오일 누설에 의한 화재는 연료공급라인의 체결이 불량하거나 <u>고무호스 등이 경화되어</u> 발생하는 비중이 높다. 금속관이나 고무배관을 체결하는 접속밴드를 너무 세게 조임으로써 균열이 발생하거나 엔진오일 필터의 규정토크를 지키지 못해 결합이 풀리면서 오일압력에 의해 배기관으로 비산된 오일이 착화되는 경우가 있다. 주행 중에 발화가 일어나면 배기관이나 엔진룸쪽에서 작은 불꽃이 생성되더라도 일단 정차를 하게 되면 이미 누설된 오일에 의해 급격하게 차량 전체로 확산되는 특징도 있다. 각종 오일류가 조금씩 누설되면 전기배선이나 부품류 등에 고착되는데 먼지 등과 뒤섞여 건조될 때 가연성 착화물로 작용을 하게 된다. 이 밖에도 오일 누설에 의한 원인으로는 엔진 및 미션의 개스킷이나 고무패킹 등이 낡거나 훼손되는 경우 누설위험성이 커지는데 이러한 현상은 일정한 시간을 두고 진행되기 때문에 노후된 차량에서 대부분 발생하고 있다. 오일은 점성이 비교적 높기 때문에 전기적 원인에 의한 착화는 성립하기 힘들지만 <u>엔진주변이나 배기관같이 고온부에 접촉할 경우</u>에는 흰연기를 한참동안 뿜어내다가 <u>서서히 화염을 발생</u>시킨다. 오일의 누설이 아닌 오일 부족에 따른 화재현상은 다른 차원에서 살펴볼 필요가 있다. 엔진오일이 누설된 사실을 모르고 무리하게 계속 운전을 하면 크랭크축과 커넥팅로드를 연결하는 대단부(big end)의 금속이 회전을 못하고 고착되면서 커넥팅로드가 파괴되거나 실린더블록의 내벽에 충돌을 일으켜 벽체를 파괴시킬 수 있으며 내부에 남아 있던 소량의 오일이 외부로 분출할 때 고온의 배기관인 배기매니폴드 위로 떨어지면 손쉽게 발화가 일어날 수 있기 때문이다.

㉠ 연료 누설 원인 : 일반적으로 연료호스가 연소하면 타서 떨어져 나가거나 소실되는 경우가 많아 그 원인을 특정하기 어렵지만 피해가 경미할 경우 누설개소가 식별되는 경우가 있다. 누설은 <u>연료펌프와 인젝터 파이프 사이에서 발생하는 경우가 가장 많고</u>, 그 밖에 배관의 접속부에서의 누설이 대부분이다. 연료의 누설 원인은 다음과 같다.
- 기화기와 연료여과기 등의 나사조임이 헐거운 경우
- 연료파이프 접속부의 조임이 헐거운 경우
- 파이프의 노후 또는 균열이 발생한 경우

㉡ 교통사고 또는 충격 등에 의한 누설발화 요인 : 연료계통이 정상적인 상태에서 교통사고나 외부충격에 의해 예기치 않게 발화하는 경우가 있다.
- 연료 파이프가 파손됨과 동시에 충격 또는 마찰열에 의해 발화한 경우
- 누설된 연료 주변으로 전기배선의 스파크로 인해 발화하는 경우

② **연료 및 윤활유 누설이 의심되는 현장의 감식요점**
㉠ 차량이 정차한 곳을 기준으로 오일유가 바닥에 길게 뿌려져 있다.

㉡ 엔진 몸체 주변으로 연소가 가장 심하게 나타나고 오일필터가 소실되었다.
  ㉢ 오일이 공급되는 배관에서 균열흔 및 밴드 조임이 헐거운 상태로 확인되었다.
  ㉣ 실린더 헤드커버 사이로 탄화된 오일흔적이 있다(커버 패킹손상 의심).
  ㉤ 배기매니폴드 및 배기관 주변으로 비산된 연료 흔적이 남아 있다.

③ 역화(back fire) 〔2017년 기사〕 〔2020년 기사〕 〔2024년 기사〕

  ㉠ 역화란 <u>혼합가스가 폭발하여 생긴 화염이 다시 기화기쪽으로 전파되는 현상을</u> 말한다. 점화시기에 이상이 발생하여 연소실 내부에서 연소되어야 할 연료 중에 미연소된 가스가 흡기관쪽으로 역류하여 흡기관 내부에서 연소할 때 굉음이 발생하고 출력을 저하시키며 심할 경우에는 에어클리너 등 중요 부품들을 손상시키기도 한다.

  ㉡ 역화의 원인
  • 엔진과열(over heat) : 엔진 과열이 심해 흡기밸브가 적열상태가 되면 연속적으로 역화가 발생한다.
  • 엔진오버쿨링(over cooling) : 엔진의 온도가 정상온도보다 너무 낮게 되면 혼합가스의 연소가 지연되어 역화가 발생한다.
  • 혼합가스 희박 : 혼합가스(연료+공기)가 너무 희박하면 연소시간이 길게 되어 역화가 발생한다. 보통 혼합비가 0.7 이하이거나 1.3 이상일 때 발생한다.
  • 흡입밸브 밀착불량 : 흡입밸브의 밀착불량은 압축가스나 연소가스가 흡기다기관으로 누설되어 기화기에서 역화가 발생한다.
  • 실린더 사이 개스킷 파손 : 서로 인접해 있는 개스킷이 파손되면 양방향의 실린더 연소가스가 서로 통하게 되어 흡기다기관이나 기화기에서 역화가 발생한다.
  • 연료에 수분 혼입 : 연료 중에 수분이 포함되어 있으면 연소시간이 길게 되거나 점화가 곤란하여 다음의 흡입행정에서 역화가 발생한다.
  • 흡기다기관과 배기다기관 사이의 균열 : 흡기다기관의 일부에 균열이 있으면 배기다기관의 배기가스가 흡기다기관 안으로 들어와 혼합가스에 점화되어 기화기에서 역화가 발생한다.

④ 후화(after fire) 〔2017년 기사〕 〔2020년 기사〕 〔2024년 기사〕

  ㉠ 실린더 안에서 <u>불완전연소된 혼합가스가 배기파이프나 소음기 내에 들어가서 고온의 배기가스와 혼합·착화</u>를 일으키는 것으로 배기파이프 폭발이라고도 한다. 엔진이나 배기장치 과열에 의한 화재는 냉각수나 오일 부족 등으로 엔진이 과열되거나 연료공급에 이상이 생겨 연소실 안의 혼합기가 제대로 연소하지 못하고 배기장치 특히 촉매장치 부근에서 2차 연소가 발생하여 촉매장치 및 소음기 등이 과열됨에 따라 부식방지를 위해 도포해 놓은 언더코팅제나 차량 안 바닥재 등에 착화하는 경우가 있다.

ⓒ 후화의 원인
- 배기밸브 밀착불량 : 배기밸브의 밀착이 불량하거나 열리는 시기가 너무 빠른 경우에는 미연소가스가 배기파이프 안에서 배출되어 후화가 발생한다.
- 점화플러그 불량 : 점화계통 고장으로 실린더에서 미연소된 가스가 배기파이프 안으로 배출되어 후화가 발생한다.
- 점화시기가 늦음 : 어느 실린더의 점화시기가 늦으면 배기밸브가 열리기 시작한 다음 혼합가스가 연소되며 그것이 배출되어 후화가 발생한다.
- 혼합가스 농후 : 혼합가스가 너무 농후할 때는 미연소가스가 배기파이프 안으로 배출되어 소음기 등에 고이게 되어 폭발적으로 후화가 발생한다.

⑤ 고속공회전(過레이싱) : 고속공회전이란 차량이 <u>정지된 상태로 가속페달을 계속 밟아 회전력을 높이는 것</u>으로 과레이싱이라고도 한다. 고속공회전을 실시하면 엔진의 회전수가 높아지고 엔진오일이나 라디에이터의 온도가 급격히 상승하여 과열상태에 이르게 되며 고온이 된 엔진오일이 오일팬과 실린더블록의 접속 틈새에서 분출하면 고온의 배기관 위로 떨어져 착화위험성이 커지게 된다. 또한 과레이싱으로 배기관 자체가 적열상태에 이르게 되면 촉매장치를 고정시켜 주는 고무링(O링) 등에 착화하여 연소확산될 수 있다. 고속공회전에 의한 화재는 <u>음주 후 차량 안에서 잠을 자거나</u> 휴식을 취하기 위해 누워 있다가 <u>무의식적으로 가속페달을 밟아서</u> 화재로 이어지는 경우가 많다.

㉠ 고속공회전 현상의 특징
- 시동을 켜고 장시간 사람이 <u>가속페달을 밟은 경우</u> 발생한다.
- 높은 엔진소리와 <u>굉음이 발생</u>하고, 연소과정에서 <u>폭발소리를 동반</u>하는 경우가 많다.
- 소음기를 차체에 고정시키는 행거와 언더코팅제 등에 1차 착화한다.
- 차량의 촉매장치 및 소음기 등 배기라인과 <u>후방으로 집중연소</u>된 형태를 나타낸다.

㉡ 고속공회전의 감식요점
- 고속공회전이 발생하면 엔진소리가 높아지므로 주변에서 차량의 높은 엔진소리를 들은 목격자 등을 탐문한다.
- 운전자로부터 차량 정지상태로 시동을 켠 상태였음을 확인한다.
- 차량을 리프트-업하여 엔진룸 차체 하부에 가장 심하게 소손된 위치를 확인한다. 실린더 헤드커버에서 엔진오일이 샌 경우 배기관으로부터 상부에 있는 실린더 헤드커버로 소손된 경로가 확인된다.
- 오일팬에서 오일이 샌 경우에는 배기관이 소손되고 오일팬의 틈새에서 누설흔적이 나타난다.
- 과레이싱에 의해 엔진오일이 뜨거워지면 대량으로 발생한 블로바이가스(blow-by gas)에 의해서 발화하기도 하지만, 개스킷쪽에서 엔진오일의 누설로 발화하는 경향이 더 많으므로 엔진 개스킷부분의 누설여부를 확인한다.

> **꼼.꼼.check!** ▶ 블로바이가스
>
> 모든 내연기관은 압축행정을 할 때 실린더 벽과 피스톤 사이 틈새로 미량의 혼합가스가 새어 나오는데 이 가스를 블로바이가스라고 한다. 실린더 벽과 피스톤 사이의 틈새는 근본적으로 없앨 수 없기 때문에 블로바이가스는 모든 차량에서 발생한다. 이 가스는 엔진의 부하가 크고 흡기관에서 공기의 유입이 적을 때 대량으로 발생하며 반대로 엔진부하가 적고 흡기량이 많으면 가스발생량이 적다. 따라서 엔진부하에 따라 가스의 유량을 조절하는 벤틸레이션밸브(PVC밸브)를 설치하고 있다.

10 차량방화

차량이 방화의 수단으로 선택되고 있는 가장 큰 이유는 <u>접근성과 실행이 쉽고 도주와 증거인멸의 방법이 다른 수단보다 우월</u>하다고 판단하기 때문이다. 실제로 차량방화는 옥외 노출되거나 방치되어 있는 차종들을 수단 삼아서 개인적 불만이나 화풀이, 범죄은폐 등을 목적으로 자행되고 있다. 차량은 착화수단과 연소부위 등에 따라 연소형태가 매우 다양하게 나타나고 있어 정확한 원인규명을 위해서는 주차상태 및 차량문의 개폐여부, 유리창의 개폐상태, 도난흔적 등과 내·외부의 연소양상을 종합적으로 판단하여야 한다.

(1) 내부방화

① 내부방화의 감식요점 : 차량 내부의 방화형태는 <u>외부에서 유리창을 파괴 후 착화시키는 행위</u>와 <u>내부에서 착화를 시도한 후 문을 닫아버리거나 열려 있는 상태로 방치하는 행위</u>로 구분된다. 외부에서 유리창을 파괴하는 경우는 비교적 큰 돌덩이나 망치, 야구방망이 등 파괴력 있는 도구를 사용하는데 주로 차량 안에 있는 금품이나 물건을 훔쳐내기 위한 범죄와 개인적 원한, 보복, 화풀이 등의 표적으로 희생된다. 방화자는 빠른 시간 안에 목적달성이 가능하기 때문에 신속하게 현장을 떠나는 경우가 많지만 차량 안에 남겨진 돌덩이 잔해나 망치 등이 차량 주변에 남겨질 수 있으며 인화성 촉진제를 사용한 경우라면 유류용기 등이 차량 안 또는 주변에서 발견되는 경우가 있다. 외부에서 유리창을 물리적으로 파괴한 경우 타격을 받는 방향으로 유리잔해가 많이 떨어지기 때문에 차량 내부에 비산된 유리조각의 양을 확인하여 외부인의 소행에 의한 것인지를 판단할 수 있다. 주의할 점은 차량의 유리는 물리적 충격을 받아 깨진 것과 화열을 받아 깨진 조각의 구별이 쉽지 않아 차량의 위치와 연소형태 등을 복합적으로 살펴 판단하여야 한다. 차량의 유리가 개방되어 외기에 노출되면 불과 3분 안에 최성기에 이르러 전소될 수 있으나 바닥 검사를 통해 유류용기 및 부탄가스통, 라이터 잔해 등이 발견될 수 있고 열쇠(ignition key)가 삽입되어 있다면 다른 곳으로부터 이동된 것인지 검토가 이루어져야 한다. 내부방화인 경우 트렁크 안쪽에 착화를 시도하는 경우는 매우 희박하지만 트렁크 조사까지 병행 실시하여 사각지대가 없도록 하여야 한다.

② 차량 내부방화의 특징
  ㉠ 외부에서 유리창을 파괴한 경우 차량 내부에 유리잔해가 다수 남는다.
  ㉡ 유리창을 파괴하는 데 쓰인 큰 돌덩이나 망치 등이 차량 내부나 주변에서 발견되는 경우가 있고 촉진제로 쓰인 유류용기나 가스통 등이 발견되는 경우가 있다.
  ㉢ 오디오 등 차량에 있던 물품이 도난당한 흔적이 있다.
  ㉣ 자살방화일 경우 사상자 및 소주병 등과 라이터 등 유류품이 발견된다.
  ㉤ 절도 및 증거인멸, 사체유기 등 범죄행위 은폐를 위한 수단으로 많이 사용되며, 인적이 드문 곳과 야간에 주로 발생한다.

‖ 차량 내부방화 흔적 현장사진(화보) p.17 참조 ‖

(2) 외부방화

① 외부방화의 감식요점 : 차량 외부방화는 타이어 또는 범퍼 부근에 종이류나 옷감류 또는 주변의 낙엽 등을 모아서 착화시키는 예가 가장 일반적이다. 라이터와 같은 나화상태의 불꽃을 이용하기 때문에 발화원의 잔해는 찾아보기 힘들지만 현장에 남겨진 <u>착화물을 통해 발화수단의 추론이 가능</u>해진다. 타이어나 범퍼에 착화하면 불꽃이 확산되면서 풍향에 따라 차체와 유리창으로 열기류가 확산된다. 화재 초기에는 다량의 흰연기가 발생하며 본격적으로 타이어에 착화가 이루어지면 펑크소리와 함께 화염면이 전면적인 양상으로 확대된다. 국부적으로 차체 앞부분과 뒷부분으로만 연소하였다면 전형적인 외부방화를 시도한 것으로 판단해도 무방할 것이다. 외부방화는 남의 시선을 피해 시도하기 때문에 주로 야간이나 새벽 심야시간에 벌어지는 비율이 높고, 때로는 인화성 액체를 사용하여 급격한 연소확대를 노린 수법을 사용하기도 한다. 유류를 사용한 경우에는 타이어와 바닥면으로 일부 스며들어 유류성분이 남아 있을 수 있어 차체를 들어 내고 채취하는 방법이 쓰이기도 한다.

② 차량 외부방화의 특징
  ㉠ 종이류 등 일반가연물을 이용하는 경향이 많아 착화에 일정시간이 소요되거나 국부적으로 연소되는 측면이 있다.

ⓒ 차량의 앞 범퍼 또는 후면 배기구나 범퍼에 가연물을 모아 놓고 실행하는 경우가 많다.
ⓓ 차량이 전소한 경우 연소방향성 판단이 곤란한 경우가 많다.

 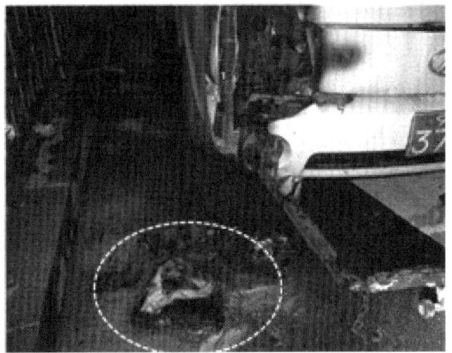

| 가연물을 모아 놓고 차량 외부에서 방화를 시도한 흔적 현장사진(화보) p.17 참조 |

확인문제

가솔린 차량에서 노킹이 발생하는 원인 3가지를 기술하시오.

답안 ① 엔진과열
② 점화시기가 빠른 경우
③ 연소실 내부 카본 퇴적

7 임야화재 조사방법

1 가연물의 종류

(1) 지상 가연물

① **낙엽더미** : 낙엽더미는 보통 쌓여 있는 상태로 축축하거나 바닥면에 밀착된 경우 표면의 극히 일부만 노출되어 <u>연소속도가 느리고</u> 화재확산에 지대한 영향을 주기 어렵다.

② **뿌리** : 뿌리는 땅속에 있고 공기 유입이 극히 제한적이므로 빨리 연소할 수 없으므로 화재확산을 불러일으키기 어렵다. 그러나 일단 뿌리를 통해 착화되면 화재진압에 어려움을 겪기도 한다.

③ **죽은 나뭇잎과 침엽수더미** : 죽은 나뭇가지에 붙어 있는 침엽수들은 땅에 있는 축축한 물질과 접촉하지 않고 공기에 노출되어 있어 <u>가연성이 좋다.</u>

④ **풀** : 풀은 건조상태에 따라 화재확산에 큰 영향을 좌우한다. 수분이 많은 녹색 풀은 화재초기 방화벽 역할을 하지만 화재가 길어질수록 수분이 증발하고 줄기와 잎이 말라 죽기 때문에 가연성이 높아진다.

⑤ **가는 고목** : 가는 고목에는 잔가지, 작은 가지, 나무껍질과 부패된 썩은 물질이 부착된 것이 많다. 가는 고목이 많은 지역은 엄청난 열을 발생시키고 다른 지역으로 불길이 확산되는 주요 통로구실을 많이 하며 큰 나무 등으로 화염이 옮겨가는 연소확대물로 작용을 한다.

⑥ **통나무 및 그루터기와 큰 가지** : 하중이 비교적 큰 통나무와 그루터기, 큰 가지들이 연소하려면 고온건조한 날씨가 계속되어야 한다. 표면은 거칠고 갈라진 틈이 많은 것이 표면이 매끄러운 것보다 연소가 활발하게 진행된다.

⑦ **키 작은 잡목** : 키가 작은 잡목은 지상 가연물로 분류하지만 화재가 지속되어 수관(樹冠)부분으로 화염이 형성되면 키 큰 나무의 수관으로 확산된다.

(2) 공중 가연물

① **나뭇가지 및 수관** : 나무 상단에 있는 가지는 대부분 지상 가연물보다 바람과 햇빛에 더 많이 노출되어 있고 침엽의 휘발성 기름 및 수지(樹脂)때문에 중요한 공중 가연물이 된다. 습도가 높을 때에는 발화가 쉽지 않지만 **건조해질수록 발화위험성이 커지며** 곤충이나 병해로 죽은 입목에 있는 죽은 가지들은 지상 가연물에서 수관으로 연소확산되는 통로구실을 하기도 한다.

② **꺾인 가지** : 나무껍질이 거칠고 틈이 많은 부러진 가지는 쉽게 발화하는데, 가장 큰 위험은 착화된 불씨에 의해 주변으로 비산된다는 점이다. 꺾인 가지가 많은 지역에서는 강한 복사열로 인해 다른 나무로 연소가 확산되기 쉽다.

③ **나무 이끼** : 나무 이끼는 모든 공중 가연물 중에서 **가장 가볍고 발화하기 쉽다.** 이끼는 지상 가연물에서 공중 가연물로 또는 공중 가연물끼리 연소가 확산되는 수단으로 작용을 한다. 건조한 날씨에 이끼가 두껍게 쌓여 있는 입목에서는 수관화재로 쉽게 커질 수 있다.

④ **키 큰 관목** : 지상 가연물의 열량이 크지 않을 경우 수관화재로 발달하지 않지만 줄기가 매우 건조하거나 죽은 줄기가 형성되어 있는 경우에는 수관화재로 성장한다. 키 큰 관목이 연소하는 데 있어 주요 평가요소는 지상 가연물의 부피 및 배열상태와 공중 가연물 중 죽은 가지나 가는 가지의 존재여부가 지배한다.

(3) 연소확산에 영향을 주는 요인

① 바람의 영향과 가연물(식물)의 크기
② 가연물의 수분함유량과 밀도
③ 화재가 발생한 장소의 지형
④ 대기온도 등 기상상황

2 화재거동에 영향을 주는 바람의 종류

(1) 기상풍
지역적 날씨 패턴을 형성하는 상층부 공기덩어리에서 대기의 압력차에 의해 발생한다. 지구의 자전과 지형적 특성이 바람과 기압벨트를 형성하는 주요한 공기이동 경로이다.

(2) 일주풍
태양의 열기와 야간의 냉각에 의해 형성된다. 낮에는 공기가 따뜻해 상승바람을 만들고, 일몰 후에는 공기가 냉각되어 밀도가 짙어지고 무거워져 하강바람을 만든다.

(3) 화재풍
화재자체에 의해 만들어지는 바람으로 화염이 공기를 동반하면서 발생하며 화재확산에 영향을 미친다.

3 화재의 전면과 후면

(1) 화재 전면
화재 전면은 바람이 불어가는 방향으로서 화염이 확대되는 진행경로를 결정한다. 경사면이나 지형적 영향을 받아 이동하고 강이나 배수로 또는 두 개의 양갈래길로 구분된 곳에서 화염이 흩어지면 추가적으로 화염선단이 만들어지기도 한다. 일반적으로 가장 심하게 연소된 부분이며 화재의 최대밀도지역이다.

(2) 화재 후면
화재 후면은 화재 전면의 반대방향으로서 연소가 덜하고 제어하기도 쉬운 지역이다. 일반적으로 화재 후면은 바람의 반대방향이고 내리막길로 천천히 연소하면서 후행한다.

‖ 화재의 전면과 후면 현장사진(화보) p.17 참조 ‖

> **꼼꼼. check!** ▶ 임야화재의 전면과 후면의 차이점 ◀
> - 전면은 화염의 에너지가 크고, 후면은 에너지가 작다.
> - 전면은 바람이 불어가는 방향이고, 후면은 바람의 반대방향이다.
> - 전면은 화염의 확산방향과 가깝고, 후면은 발화지점과 관계가 깊다.

4 임야화재에 영향을 주는 요소

(1) 가연물의 연소성

① 가연물의 <u>표면적이 작을수록</u> 발화가 쉽고 빨리 연소한다.
② <u>수분 함유량이 적고 건조된 것일수록</u> 빨리 연소한다.
③ 중량이 있는 통나무, 대형나무, 잡목 등은 느리게 연소하지만 장시간 길게 연소할 수 있다.

> **꼼꼼. check!** ▶ 가연물의 종류 ◀
> - 지상 가연물 : 지표면과 토양 사이에 있는 가연물로 분해물질, 토탄, 낙엽더미, 뿌리 등을 말한다.
> - 지표 가연물 : 높이 2m 이하에 있는 가연물로 목초, 나뭇잎, 잔가지, 벌판의 곡물, 쓰러진 나무토막 등이 해당된다.
> - 수관 가연물 : 높이 2m 이상에 있는 가연물로 나무에 붙어 있는 이끼, 큰 가지, 나뭇잎, 침엽나무 수관 등이 있다.

(2) 지 형

① 가연물이 평지에 있을 때보다 <u>경사면에 있을 때 연소가 빠르다</u>.
② 바람의 흐름은 낮 시간에 경사면 위쪽으로 움직이기 때문에 화염은 사면으로 퍼져 나가 위험이 커지며 불붙은 통나무 등이 경사면 아래로 굴러가면 또 다른 화재를 일으키거나 설정된 연소저지선 밖에서도 화재가 발생하게 된다.
③ 태양을 등지고 있는 경사면보다 태양 빛을 안고 있는 경사면이 더 건조하므로 발화와 연소확산이 용이하다.

(3) 날씨 및 기상조건

① 태양의 복사에너지가 양호할수록 그늘진 곳보다는 발화가능성이 높다.
② <u>상대습도가 높을수록 발화가 어렵고</u>, 연소확산이 용이하지 않다.
③ 건조한 기상이 장기간 계속될 경우 작은 불씨에도 빠른 착화가 용이하고 급격한 연소확대가 가능하다.

> **꼼꼼. check!** ▶ 고도가 높은 곳에서 산불이 발생하기 어려운 이유 ◀
> 고도가 높으면 기압이 낮고 공기가 차갑기 때문이다. 따뜻한 공기는 대기와 식물 등으로부터 수분을 흡수하여 연소가능성을 높이지만, 상대적으로 차가운 공기는 습기가 많아 발화가 어렵고 일단 발화하더라도 연소속도가 매우 느리거나 자연소화된다.

5 산불의 종류

(1) 지표화(surface fire)
퇴적된 낙엽, 초본류, 건조한 지피물 등이 연소하는 산불의 초기단계로 발화점을 중심으로 원형으로 퍼지며, 바람이 불 때에는 바람이 부는 방향으로 타원형으로 퍼진다.

퇴적된 낙엽류가 연소한 지표면 현장사진(화보) p.18 참조

발화점을 중심으로 원형으로 연소확대 현장사진(화보) p.18 참조

(2) 수간화(stem fire)
나무의 줄기가 연소하는 것으로 지표화의 영향으로 연소하는 경우가 많고 수간에 공동이 있으면 굴뚝작용을 하며 강한 불길로 확대된다.

나무의 줄기가 연소하는 수간화 현장사진(화보) p.18 참조

(3) 수관화(crown fire)
임목의 상층부가 연소하는 현상으로 화세가 강하고 진행속도도 빨라진다.

(4) 지중화(ground fire)
지중의 이탄층에 퇴적된 건조한 지피물이 연소하거나 땅속에 퇴적된 유기물과 낙엽층이 연소하는 현상으로 지표에 연료가 쌓여 있어 산소공급량이 적고 바람의 영향이 거의 없어 지속적이고 느리게 연소되는 특징이 있다.

(5) 비산화
불덩어리가 상승기류를 타고 멀리 날아가 다른 지역으로 확대되는 현상으로 입목을 태우며 화염이 위로 솟아오르거나 낙엽이나 잔가지 등을 태울 때 발생한다.

6 임야화재 감식 착안사항

(1) 'V' 패턴

위에서 내려다 보았을 때 V자 패턴이 수평적으로 식별되는 연소패턴이다. 이 패턴은 바람의 방향이나 가연물이 있는 경사면으로부터 영향을 받아 생긴다. 이 패턴은 화재가 바람의 방향 또는 경사면 위쪽으로 확산될 때 V자 패턴이 생성되며, 발화지역에서 멀어질 수록 크게 형성된다. 수평면에 나타난 'V' 패턴은 발화지점 또는 그 부근을 암시하는 경우가 많다.

∥ 발화지점에서 식별되는 'V' 패턴   현장사진(화보) p.18 참조 ∥

(2) 컵모양

일반적으로 나무의 그루터기, 관목, 또는 풀 등이 연소할 때 바람이 불어오는 쪽부터 연소하므로 컵모양처럼 움푹 패여 들어간 탄화된 형상이 만들어진다. 연소된 그루터기는 바람의 방향을 따라 화염과 가장 먼저 접촉한 곳으로 끝이 뭉툭하거나 컵모양을 나타내며 연소하지 않은 반대편은 원형상태를 유지하고 있어 화재의 이동방향을 알 수 있다.

∥ 나무그루터기의 컵모양 ∥

(3) 경사면 바람에 의한 나무줄기의 소손 패턴

① 오르막 경사방향으로 바람이 불 때 <u>오르막 경사에 불이 나면 줄기의 탄화각은 언덕의 경사각보다 크게</u> 나타난다.
② 오르막 경사방향으로 바람이 불 때 <u>내리막 경사에 불이 나면 나무에 생긴 탄화선은 언덕의 경사와 거의 평행하게</u> 나타난다.
③ 내리막 경사방향으로 바람이 불 때 <u>내리막 경사에 불이 나면</u> 줄기에 나타난 탄화각은 나무 뒷면에 나타나는 와류효과인 래핑(wrapping)때문에 <u>내리막쪽에서 더 크게</u> 되거나 나무줄기는 가벼운 오르막 경사 손상만 남고 탄화각은 <u>언덕의 경사면과 동일하게</u> 된다.

구분		
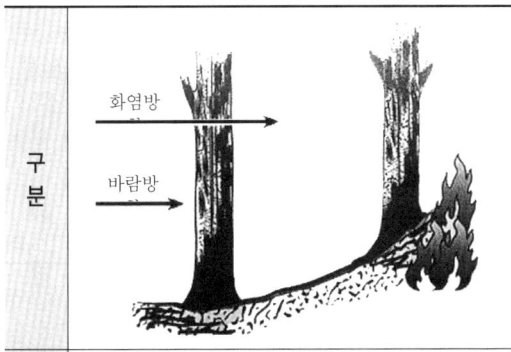		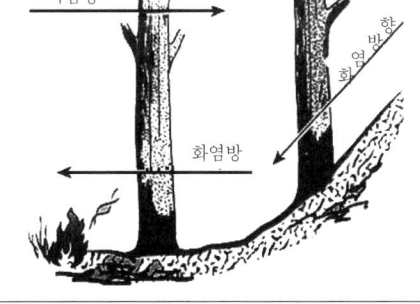
내용	오르막 경사쪽으로 화염과 바람의 방향이 일치할 때 줄기의 탄화각은 언덕의 경사각보다 크다.	오르막 경사쪽으로 바람이 불고 내리막 경사에 화재가 발생하면 줄기의 탄화각은 언덕의 경사와 동일하거나 평행하게 나타난다.

(4) 가연물을 통한 연소방향성 판단

구분	내용
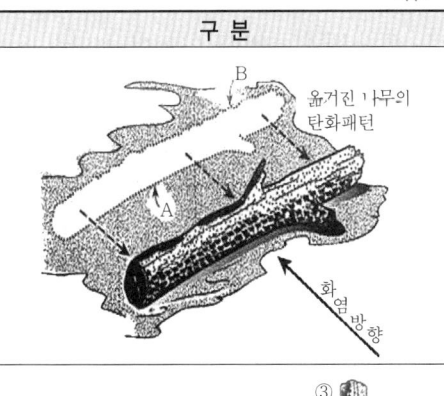	A지점은 완전연소되었고 B지점으로는 울퉁불퉁한 형태로 덜 연소된 윤곽선이 식별될 경우 화재는 A지점에서 B지점으로 연소확산된 것임을 알 수 있다.
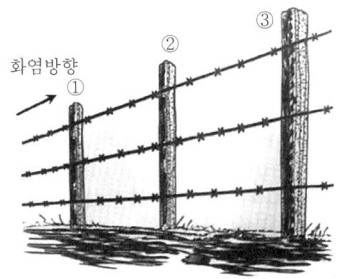	목재 울타리의 탄화된 요철이 ① 기둥에 집중된 형태로 ② 기둥과 ③ 기둥으로 전파된 형태로 식별된다면 화염이 왼쪽에서 오른쪽으로 이동한 것임을 알 수 있다.

구 분	내 용
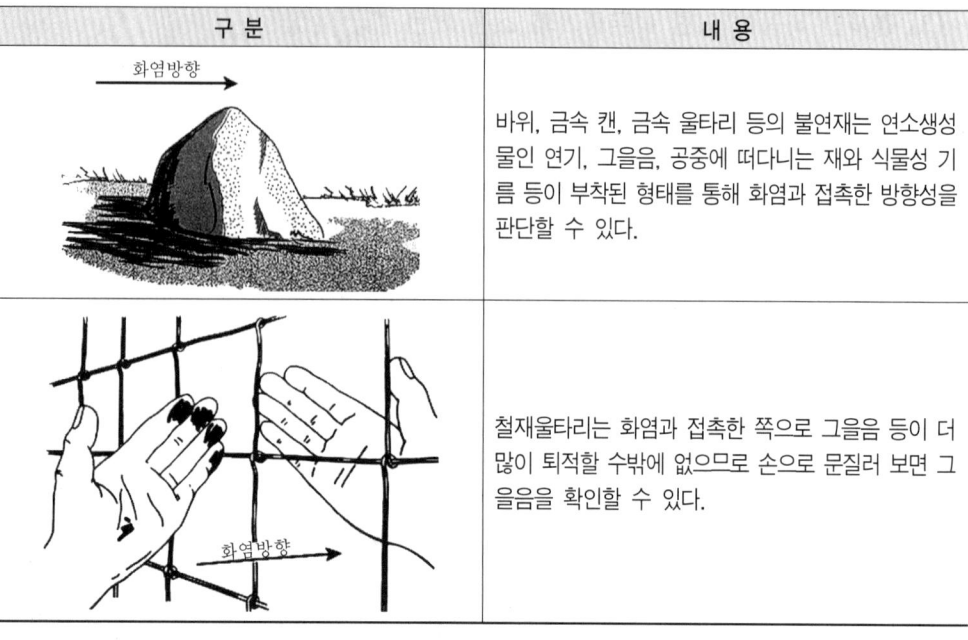	바위, 금속 캔, 금속 울타리 등의 불연재는 연소생성물인 연기, 그을음, 공중에 떠다니는 재와 식물성 기름 등이 부착된 형태를 통해 화염과 접촉한 방향성을 판단할 수 있다.
	철재울타리는 화염과 접촉한 쪽으로 그을음 등이 더 많이 퇴적할 수밖에 없으므로 손으로 문질러 보면 그을음을 확인할 수 있다.

7 발화지점 조사

(1) 목격자 및 소방대원의 정보 분석

① 발화가 개시된 지점, 화세의 크기, 연기의 상태 등을 주변 목격자를 대상으로 조사한다. 특히 목격지점에 따라 화세가 달리 보일 수 있으므로 <u>목격 당시 위치를 정확하게 확인</u>한다.

② 소방대 도착 당시의 화염과 연소방향을 확인하고 주변에 있었던 사람들과 현장을 벗어나려는 차량의 움직임 등 발화지역 주변에 있던 <u>모든 요소에 대한 정보를 수집</u>한다.

③ 임야화재는 연소구역이 광범위한 경우가 많아 항공기가 출동한 경우 항공인력을 통해 연소구역과 화염의 이동방향, 가연물의 분포 정도에 대한 자료를 제공받을 수 있다. 이러한 정보는 정확하게 즉시 전달될 수 있도록 하여야 한다.

(2) 화재현장 통제

① 발화지역이라고 판단되는 곳은 차량의 <u>출입을 제한시키고</u> 다수의 사람들이 왕래하지 않도록 조치를 하여 <u>증거의 훼손방지에 주력</u>한다.

② 통제구역은 대외적으로 깃발을 꽂아서 알리거나 <u>통제선을 설치</u>하고 경계인원을 배치하는 방안 등을 충분히 고려하여야 한다.

③ 현장통제는 이미 화재로 소손된 현장을 더 이상 훼손시키지 않으려는 조치이므로 현장책임자의 허락이 없다면 관계자라도 엄격하게 통제되어야 한다.

8 발화지역 조사방법

(1) 루프기법(loop technique)
루프기법을 나선법(螺旋法)이라고도 한다. 발화지역을 <u>원형으로 조사하는 방법</u>으로서 <u>조사구역이 작은 영역에서 효과적</u>이지만, 원이 확대되면 증거를 놓치기 쉽고 조사관이 발화지역으로 움직이면서 손상되는 경우도 있다.

(2) 격자기법(grid technique)
조사인원이 다수일 때 <u>넓은 지역을 조사하기 적합한 방법</u>이다. 조사인원들이 서로 수직 또는 수평상태로 이동할 수 있기 때문에 동일한 구역을 두 번 이상 조사할 수 있다는 장점이 있다. 많은 조사인원이 참여하기 때문에 넓은 지역을 가장 효과적으로 조사할 수 있는 기법이다.

(3) 좁은길기법(lane technique)
좁은길기법을 스트립(strip)기법이라고도 한다. 이 방법은 조사하여야 할 <u>구역이 넓고 개방된 공간일 때 효과적</u>으로 사용할 수 있다. 좁은 통로길을 직선적으로 따라가면서 비교적 빠르게 조사를 할 수 있다는 특징이 있다.

(4) 화재활동을 나타내는 깃발의 색상
① <u>적색</u> : 전진 화재확산
② <u>황색</u> : 측면 화재확산
③ <u>청색</u> : 후진 화재확산
④ 녹색, <u>흰색 또는 기타 색상</u> : <u>물리적 증거</u>

9 임야화재 원인조사

(1) 자연적 요인
① **벼락** : 벼락은 나무나 전선, 바위 등에 떨어져 발화원인이 되는 경우가 있다. 특히 뇌전으로 생기는 <u>유리덩어리형태의 암석은 섬전암(fulgurite)</u>이라 하는데, 나무에 벼락이 떨어졌을 때 뿌리부분에 있는 <u>모래가 녹으면서 형성</u>된다. 일반적으로 벼락이 대지로 방전을 일으키면 즉시 발화하는 경우와 훈소형태로 지속하다가 발염하는 경우가 있다.
② **자연발화** : 건초, 곡물, 비료, 톱밥, 나뭇조각더미, 쌓여 있는 유기농 물질 등은 따뜻하고 습도가 높은 날씨에 분해작용으로 자연발화하기 쉽다. 발화원은 발견할 수 없으나 분해열로 인한 물질의 썩는 냄새와 다공탄 구조의 탄화흔적 등을 확인할 수 있다.

③ 태양광에 의한 수렴발화 : 페트병이나 유리병, 물이 고인 비닐 웅덩이 등에 태양광의 입사각이 집중되면 주변에 있는 물체를 가열시켜 발화할 수 있다. 연소된 물질과 수렴이 가능했던 물체를 통해 원인규명이 가능해진다.

(2) 인적 요인
① 야영자, 관광객, 논·밭두렁 소각자에 의해 꺼지지 않고 남겨진 불과 캠프장에서 캠프파이어로 불티가 비산하여 발화
② 담배나 성냥을 포함한 사용자의 부주의
③ 자동차, 원동기 등의 스파크
④ 방화범의 고의적인 행위(발화지점 2개소 이상)
⑤ 조명탄 사용, 사격장의 화약 불티

확인문제

산불화재 중 수관화현상과 수간화현상을 구분하여 설명하시오.

답안 ① 수관화(crown fire) : 높이 2m 이상에 있는 큰 가지, 나뭇잎, 침엽나무 수관, 나무에 붙어 있는 이끼 등 임목의 상층부가 연소하는 현상
② 수간화(stem fire) : 퇴적된 낙엽, 초본류, 건조한 지피물 등 지표화의 영향으로 연소하는 경우가 많고 나무의 줄기가 연소하는 현상

---

8 선박·항공기화재 조사방법

1 선박화재 조사

(1) 기본적인 안전사항
선박화재 감식은 지상에서 행하는 경우도 있지만 물 위에 뜬 상태로 실시하는 경우도 많아 감식활동에 임하기 전에 <u>안전에 대한 평가를 먼저 실시</u>하여야 한다. 안전에 대한 기본적인 사항은 다음에 의한다.
① 육지에 있는 보트는 <u>승선하기 전에</u> 고정되어 있는지 먼저 조사하고 고정되어 있지 않을 경우 우선 <u>고정조치를 하도록</u> 한다.
② 보트 버팀목 전원 연결부와 배터리 전원을 차단하고 안전모 및 안전장화, 장갑 등 적절한 <u>보호장비를 착용</u>하도록 한다.
③ <u>부유 중인 보트는</u> 가라앉거나 전복될 수 있는 가능성에 대비하여 선체 안에 있는 <u>물을 배수</u>시키고 육지에 고정시켜 조사할 수 있는 방법을 취하며 물 위에서 작업을 할 때는 개인 부유장치를 착용하도록 한다.

(2) 특별 안전사항
① 선박은 제한된 공간이므로 조사관이 진입 전에 폭발물이나 독성 가스의 유무, 산소부족 등 해당 공간의 <u>위험성을 먼저 평가하도록</u> 한다.

② 엔진룸이나 기계실에 자동식 소화설비가 설치된 경우 예기치 않게 동작하면 산소가 부족하거나 유해가스가 발생할 수 있으므로 진입 전에 소화설비의 전원이 동작하지 않도록 조치한다.
③ 배 위에 있는 전기적 에너지원은 <u>모두 전원을 끄도록</u> 하여 관련된 기기가 작동하지 않도록 한다. 특히 배터리 전원 및 직류를 교류로 전환시키는 인버터와 해안전력의 전원은 차단되도록 조치한다.
④ 엔진연료 및 난방연료와 LP가스시스템 등이 누출되지 않도록 조치한다.
⑤ <u>침몰된 배</u>는 수중으로 들어가 관찰해야 하므로 전문 다이버 인원을 통해 수색을 실시한다. 이때 배가 분열되거나 <u>부속물들이 망실되지 않도록</u> 필요한 조치를 강구한다.
⑥ 선실로 들어가는 <u>개구부 등은 진입을 할 때 주의</u>를 요한다. 갑판 아래 공간으로 들어가거나 저장소로 들어가는 여러 개의 개구부는 화재 이후 물로 덮여져 개구부가 가려지거나 손상이 가중되고 구조적으로 취약해진 상태일 수 있다.

2 선박 시스템 구분 및 기능

(1) 엔진연료시스템

구 분	특 징
탄소 화합 진공/저압	탄소로 화합된 인보드 및 인보드/아웃보드 엔진시스템은 물에 잠겼을 때 벤투리관으로부터 연료가 빠져 나가지 않도록 하는 기화기가 있는 자동엔진과 다르다. 이는 해상에서 사용될 때 기화기용 개스킷 세트 내에서 교환에 의해 일부 이루어진다. 기화기에는 역화 화염방지기가 장착되어 있다.
고압/해상 연료 주입	인보드 및 인보드/아웃보드 엔진의 연료분사시스템은 스로틀 기기, 플리넘과 연료레일 조립품, 충격감지 센서, 엔진제어 모듈 등이 포함된다. 이러한 시스템은 엔진 제조사마다 다양하므로 조사관은 엔진의 일련번호를 기록하고 제조사로부터 시스템 정보를 확인해야 한다.
디젤	디젤엔진은 제조사마다 다른 연료분사시스템을 사용하며, 일부 엔진의 배는 12V 시스템으로 작동하지만 엔진은 24V 점화시스템이 필요한 경우가 있다. 연소 시에는 엔진룸에 공기가 적절하게 순환될 수 있도록 하여야 한다.

※ 조리 및 난방을 위한 연료는 액화석유가스(LPG), 압축천연가스(CNG), 알코올, 고체연료 등이 있다.

(2) 배기시스템

건식과 습식으로 구분하고 있다. 건식 시스템은 일반적으로 단열덮개로 덮여 있는 파이프를 통해 수직으로 연소된 가스를 배출한다. 습식 배기시스템은 해수를 엔진의 배기 엘보에 주입하여 배를 빠져 나갈 때까지 배기와 함께 흐르게 한다.

(3) 전기시스템

배의 교류(AC)는 해안전력, 발전기 또는 변전기에 의해 공급되며, 온보드 선박의 직류(DC)는 일반적으로 배터리에 의해 공급된다.

(4) 엔진냉각시스템

인보드 및 인보드/아웃보드(I/O) 선박의 냉각방식은 해수로 냉각하는 방식과 폐쇄냉각시키는 방식으로 구분하고 있다. 해수로 냉각하는 방식은 펌프로 해수를 끌어 올려 엔진을 통해 순환시킨 뒤 환기로 배출시킨다. 반면 폐쇄냉각방식은 열교환기 주변으로 해수를 순환시키고 배출시스템으로 내보낸다. 열교환기 냉각수는 일반적으로 프로필렌글리콜과 물을 50대 50으로 혼합하여 사용된다.

(5) 변속기

기계적인 기어변속기는 일반적으로 인보드 엔진에는 없고, 아웃보드 및 인보드/아웃보드 추진엔진에는 있다. 유압으로 작동하는 변속기는 인보드 엔진과 일부 인보드/아웃보드 엔진(고성능 보트)에서 사용된다.

> **꼼.꼼. check!** ▶ 용어의 정의
> - 인보드(Inboard) : 배의 내부, 보트 내부에 장착된 엔진
> - 인보드 / 아웃보드(Inboard/Outboard(I/O)) : 선내외기를 통해 배 내부에 장착된 엔진으로 구성된 추진시스템
> - 아웃보드(Outboard) : 보트의 측면쪽 또는 그 너머를 향함, 배의 선미에 장착된 착탈식 엔진
> - 오버보드(Overboard) : 보트의 측면 너머 또는 배 바깥

| 아웃보드 엔진 현장사진(화보) p.19 참조 |

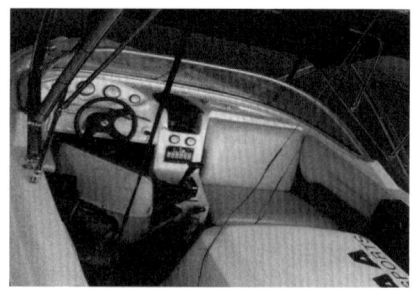

| 인보드 엔진 현장사진(화보) p.19 참조 |

(6) 기타 부속품

① 에어컴프레서 : 해수를 활용한 통합형 열교환장치이다.
② 동력조타장치 : 벨트로 구동되는 펌프에 의해 작동하며 추진엔진에 장착되어 있다.
③ 냉장컴프레서 : 냉장고용으로 사용된다.
④ 유압시스템 : 트림 탭은 일반적으로 점화 보호장치가 있으며 고물보 부근에 장착된 작은 유압탱크에 가까이 있는 펌프모터에 의해 구동된다.

> **꼼.꼼. check!** ▶ 트림 탭(trim tab)
> 모터보트의 프로펠러 뒤편에 있는 작은 조종면으로, 회전하는 프로펠러의 회전력을 증가시켜 준다.

3 선박의 구조

(1) 선박의 외관
① 선체의 재질 : 나무, 강철, 알루미늄, 페로시멘트, 유리섬유강화플라스틱(FRP)
② 선루의 재질 : 일반적으로 선체의 재질과 유사한 것을 사용한다.
③ 갑판(deck) : 선체의 재질과 동일하지만 갑판에는 나무를 깔기 때문에 가연물 하중이 증가하는 요인이 된다.

> **꼼꼼.check!** ▶ 페로시멘트(ferro cement) ◀
> 2층 이상의 쇠그물과 지름이 작은 보강철근을 매입한 시멘트모르타르의 얇은 판을 말한다. 일반 철근 콘크리트에서 얻을 수 없는 강도와 충격, 균열에 대한 저항력이 우수하여 선박 건조에 이용되고 있다.

(2) 선박 내부
① 건조자재 : 일반적으로 FRP, 원목, 외장용 합판 및 베니어판 등이 쓰인다. 강철과 알루미늄 등 불연성 물질은 칸막이벽에 사용된다.
② 마감재 : 바닥마감재는 카펫이 사용되고 벽과 천장은 니스, 페인트 등으로 마감된다. 조리대 표면은 합성플라스틱 또는 목재 베니어판일 수 있다.
③ 엔진룸/기계실 : 엔진을 비롯하여 배터리, 보조발전기 세트, 변압기, 연료나 물 저장탱크, 직류와 교류 전기설비 등이 있다.
④ 화염 및 폭발성 증기감지기 : 휘발성 및 발화성 증기가 누설된 경우 감지하는 기기로 엔진룸 또는 거주공간에 설치되어 있다.
⑤ 화물창 : 갑판 또는 주거공간 침대 밑에 설치된 경우가 많다. 여러 가지 물건과 가연성 물질이 있을 수 있고, 오일 찌꺼기 등이 방치된 경우 자연발화가 일어날 수 있는 가능성이 있다.
⑥ 연료탱크 : 강철, 알루미늄, 십자형으로 연결된 폴리에틸렌 또는 유리섬유 등으로 제작된다. 탱크는 진동이나 기계적 손상, 물로 인한 부식 등으로 누설될 수 있음을 주의한다.

4 발화원 종류

(1) 나 화
기화기 역화로 발화하는 경우와 갤리(galley)에서 버너 및 오븐기 부주의, 라이터불로 인한 경우 등이 있다.

(2) 전기적 요인
선박은 차량과 마찬가지로 엔진이 정지하고 있더라도 기본적인 대기전력이 흐르고 있다. 선박의 바닥에 설치된 펌프는 항상 통전상태를 유지하게끔 설치되며 각종 점화스위치와 인버터, 직류전원 등이 통전상태를 유지하는 경우가 많다. 엔진이 운전 중이었다면 교류발전기를 비롯한 모든 전기회로가 가동되기 때문에 화재조사를 하기 전에 선박의 엔진이 운전상태에 있었는지를 먼저 확인한다.

① **과부하** : 선박의 전기배선은 케이블트레이를 이용한 묶음으로 처리된 경우가 많아 방열불량으로 배선이 용융되어 출화하는 경우가 있다. 그 밖에 라디오, GPS 시스템, 레이더와 같은 장치가 추가로 장착되면 배선의 정격을 초과하여 발화하게 된다.

② **아크(Arc)** : 선박의 배터리 음극은 일반적으로 엔진블록에 연결되고, 양극에는 퓨즈, 회로차단장치, 직류전기장치 등과 연결되어 있다. 양극 도선의 절연피복이 갈라지거나 쪼개져 접지도선이나 금속재 등에 닿게 되면 아크를 유발할 수 있다.

③ **낙뢰** : 천둥, 번개에 의해 선박이 영향을 받을 경우 직접적으로 물체나 전기설비 등에 화재가 유발될 수 있으며 방전되는 전압과 전류가 워낙 커서 배 안에 사람이 있을 경우 크게 사상을 당할 수 있다.

④ **정전기** : 갑판 아래 엔진룸이나 선실 등은 증기가 체류하기 좋은 공간으로 연료탱크 등에서 연료누설에 따른 가연성 증기가 모이게 되면 사람이 움직일 때 의복의 마찰 또는 신발과 바닥면의 마찰 등으로 발화할 수 있다.

(3) 고온 표면

① 배기다기관
  ㉠ 차량과 마찬가지로 배기다기관은 연료의 분사로 뜨거워진 상태에서 엔진오일 또는 미션오일 등과 접촉할 경우 발화할 수 있다. 배기시스템은 물로 냉각하는 수냉방식으로 엔진이 정지하면 냉각수의 흐름도 멈추기 때문에 배기관이 고온상태라면 연료 증기에 충분히 착화할 수 있다.
  ㉡ 배기관에서 발화 유형
   • 냉각수가 부족하거나 없는 경우
   • 엔진과열이 일어난 경우
   • 엔진오일 등의 누설로 배기관에 접촉한 경우

② 가스레인지, 오븐기 : 갤리에 설치된 가스레인지, 오븐기 등은 직접 화염을 사용하는 기기로 위험성이 크지만 조리를 하는 동안 복사열 등에 의해 착화가 용이한 가연물에 고온이 전달되어 발화할 수 있다.

(4) 기계적 요인

엔진 베어링 모터풀리 부분에 가연성 물질이 개입되어 있으면 발화할 수 있으며, 엔진 구동벨트가 고장난 상태로 구속운전을 할 경우 벨트부분에서 발화가 일어날 수 있다.

5 선박화재 감식

(1) 선박에 대한 정보수집

① 화재발생 전 선박의 이력조사 : 화재발생 전 운전자나 소유자로부터 선박에 대한 정보를 수집하여 사실여부를 확인하는 조치가 있어야 한다.
  ㉠ 선박을 마지막으로 운전한 시간 및 총 운전시간
  ㉡ 엔진 총 사용시간
  ㉢ 선박의 화재발생 전 작동상태 확인(전기적 오작동, 엔진 멈춤, 조타장치의 기능 등)
  ㉣ 선박의 마지막 정비시기(오일 교환 또는 수리)
  ㉤ 선박이 마지막으로 정박된 장소 및 시간

② 화재발생 시 조치사항 조사 : 화재발생 시 선박에 사람이 타고 있거나 작동 중이었다면 관계자를 통해 정보를 직접 수집하여야 한다.
  ㉠ 선박의 작동시간 및 작동속도
  ㉡ 항해경로
  ㉢ 기상상태 및 물의 상태
  ㉣ 냄새, 연기 또는 화염이 처음으로 발견된 장소 및 시간
  ㉤ 화재발생 시 운전자의 조치

(2) 선박 주변에 대한 조사

① 선박에 대한 조사는 가급적 화재가 발생한 장소에서 행해져야 한다. 만약 선박이 땅 위에 있을 경우 손상된 부위가 현재의 위치에서 발생한 것인지 아니면 화재 이후에 위치가 변경된 것인지 확인을 한다.

② 선박이 물가에 있는 경우 정박 중이었는지 닻을 내렸는지 항해 중이었는지를 확인하고 주변의 선착장과 방파제 등에 대한 조사도 기록하여 외부원인에 의한 발화가능성도 검토한다.

③ 침몰된 선박에 대한 수중조사는 다이버 자격이 있는 전문인력의 도움을 받도록 한다. 수중조사를 하는 목적은 인양하기 전에 선박의 위치와 상태를 파악하고 기록하기 위함이다. 또한 인양을 할 때 증거물이 이동되거나 손실이 발생할 가능성을 완전히 배제하기 어렵기 때문이다.

(3) 선박화재의 감식요점

① 숙박, 조리, 휴식을 하기 위한 객실은 합판 또는 알루미늄의 격벽으로 구획된 경우가 많으므로 타서 소실되거나 용융된 수직벽의 이음부 등을 맞춰 연소방향성을 판단한다.

② 엔진룸 및 연료실은 가연성 증기의 체류 또는 환기상태를 확인하고 탱크의 누설과 연료라인의 소손상태 등을 조사한다.

③ 화재 당시 해안전력이 선박에 공급되고 있었는지를 확인하고 배터리스위치, 발전기, 인버터 등의 작동상황을 조사한다.
④ 배기관 주변의 소손상황과 연료필터, 연료펌프 주변의 연소가 크게 나타난 경우 엔진과열 또는 기화기 역화의 가능성을 조사한다.

6 항공기화재 조사

(1) 항공기의 기본 구조

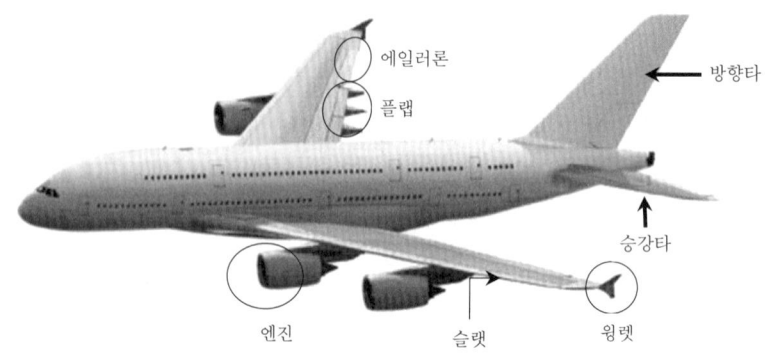

┃ 항공기의 주요 외부 명칭 현장사진(화보) p.19 참조 ┃

① 엔진(engine) : 항공기의 추진력을 발생시키는 장치로서, 이착륙, 상승, 순항 및 기내의 여압, 냉난방을 위한 공기를 제공하는 추력장치이다.
② 플랩(flaps) : 날개의 면적과 받음각을 증가시켜서 추가적으로 양력을 얻는 장치이다. 항공기의 이착륙 단계에서 주로 한다.
③ 슬랫(slats) : 날개의 곡면을 증가시켜서 양력을 증가시키는 장치이다.
④ 에일러론(aileron) : 주날개의 좌측과 우측에 있으며 서로 반대방향으로 움직여 발생하는 좌우측 날개의 양력 차이로 인해 비행기 자세를 좌우로 경사지게 하는 기능이 있다.
⑤ 윙렛(wing let) : 기체에서 발생하는 항력을 감소시켜 연료효율을 높여 주는 기능이 있다.
⑥ 방향타(rudder) : 수직 꼬리날개에 달려 있는 장치로 방향타에 의해 발생한 움직임으로 비행기가 좌우로 움직일 수 있도록 하며 항공기의 균형을 조절한다.
⑦ 승강타(elevator) : 수평 꼬리날개에 달려 있으며 승강타에 의해 발생한 움직임은 항공기를 상승 또는 하강 자세로 변화시키는 역할을 한다.

(2) 항공기화재의 발생유형
① 폭발물 설치 및 격추 등 테러
② 엔진이상 등 기계적 결함
③ 기상악화

④ 조종사 및 승무원, 관제사 등의 실수

(3) 항공기화재의 특징
① 육지나 바다 등 화재발생 장소가 특정되지 않는 경우가 많다.
② 승무원이나 승객 등 다수의 사상자가 발생할 우려가 높다.
③ 동체 자체가 크게 파손되고 연소하는 경우 수많은 증거가 소실되고 사고 원인을 규명하기가 어렵다.

∥ 항공기 동체의 연소형태   현장사진(화보) p.19 참조 ∥

(4) 항공기화재의 감식요점
① 항공기 기체의 재질은 대부분 아연과 알루미늄 등의 두랄루민(duralumin)합금으로 가볍다는 장점이 있는 반면 활주로 등과 접촉할 경우 큰 충격으로 파손되는 경우가 많이 나타나므로 외부의 파손된 부위를 확인한다.
② 날개의 하단부에 있는 연료통 및 엔진의 소손상황과 날개의 파손형태 등을 확인하고 엔진부위에 실시된 소화장치의 작동성태 등을 힘께 조사한다.
③ 내부에서 화재가 발생한 경우 연소의 강약에 기초하여 연소확대된 방향성과 소손상태를 확인한다.
④ 일반적으로 항공기의 전기설비는 교류(115V)를 사용하고 있고 조종석 및 구획된 공간마다 본딩 와이어 처리되어 있으므로 설비의 구조적 특성을 확인하기 어렵다면 항공 정비사 등의 도움을 받아 조사를 한다.

바로바로 확인문제

선박이 해상에서 운행 중 배기관에서 발화하였다. 발화할 수 있는 유형 3가지를 쓰시오.

답안 ① 냉각수가 부족하거나 없는 경우
② 엔진과열이 일어난 경우
③ 엔진오일 등의 누설로 배기관에 접촉한 경우

9 발화열원, 발화요인, 최초착화물에 대한 조사방법

1 발화열원 조사

① 발화열원은 정확하게 발화가 개시된 지점을 선정한 후 발화원으로 작용할 수 있는 잔해가 있는지 먼저 확인하고 잔해가 발견되면 발화여부를 입증하는 방식을 취한다.
② 석유난로, 가스보일러, 가스레인지 등 연소기구는 가동 중이거나 사용 중이었음을 조작부 손잡이나 연료의 누설흔적 등으로 입증한다.
③ 가전제품, 기계류, 전기배선 및 전기배선기구 등은 전기의 통전여부가 확인되고 주변의 소손상황이 이들 제품이나 기구로부터 착화된 것임을 입증한다.
④ 발화원의 잔해가 배제된 담뱃불, 촛불, 라이터불 등은 발화장소 주변에 남아 있는 연소 잔해물을 통해 착화가능여부와 연소된 상황으로부터 유염화원과 무염화원을 구분짓고 상황증거로 입증한다.

> **꼼꼼 check!** ▶ 심지식 석유난로의 사용여부 판단방법 ◀
>
> 심지가 몸통 위로 올라가 있으면 사용상태였음을 알 수 있다. 그러나 심지부분이 소실되어 외관상태로 감식을 할 수 없을 경우 심지조절용 기어(레버)로 판단할 수 있다. 기어의 위치가 심지대 아래 있으면 사용상태로 보고, 기어의 위치가 심지대 위에 있으면 소화상태로 판단한다. 그러나 어떤 외력에 의해 기어 위치가 이동된 경우에는 금속부분의 수열흔으로 판단한다.

2 발화요인 조사

(1) 전기적 요인

전기적 요인은 전기기구와 배선의 설치상황에 따라 다양한 형태로 발화할 수 있다. 배선의 소손상태와 단락흔의 형성유무 등을 통해 전기적 요인을 확인하고 출화에 이르게 된 과정을 추론하여 무리 없이 구성하여야 한다. 일반적으로 전기적 요인에 의한 발화요인은 다음과 같이 구분한다.

① 누전 또는 지락
② 접촉불량 및 절연불량에 의한 단락
③ 과부하·과전류
④ 압착손상에 의한 단락
⑤ 층간 단락
⑥ 트래킹에 의한 단락
⑦ 반단선
⑧ 미확인 단락

(2) 기계적 요인

피로누적에 의한 동작불량, 오일 부족 등은 기계 자체의 결함을 불러 일으켜 발화할 수 있다. 기계설비는 어느 한 부분만 기능을 상실해도 전 시스템에 영향을 미치므로 기계설비에 대한 충분한 이해를 습득한 후 원인을 판단하여야 한다.

① 과열·과부하
② 오일 또는 연료의 누설
③ 기계의 자동 또는 수동 제어 실패
④ 정비불량
⑤ 노후
⑥ 역화

(3) 화학적 요인

화학물질은 점화원이 없더라도 자체 폭발을 일으키는 물질이 많으며 자연발화와 같이 특이한 연소현상과 다른 물질과의 혼촉으로 발화하는 등 복잡한 연소과정이 많다. 화학적 요인은 현장에 남겨진 증거와 취급상황 등 정보를 바탕으로 연소과정을 과학적으로 입증하여야 한다.

① 화학적 폭발
② 금수성 물질의 물과의 접촉
③ 화학적 발화(유증기 확산)
④ 자연발화
⑤ 혼촉발화

(4) 부주의

사람의 행동이 자칫 주의력이 떨어진 상태에서 발화하는 경우가 해당된다. 무심코 버린 담배불씨와 음식물을 가스레인지 위에 올려 놓고 조리를 하다가 깜박 잊어버려 화재로 성장하는 등 조그만 부주의는 엄청난 결과를 불러올 수 있다. 관계자로부터 화기의 취급상황을 청취하고 현장의 소손상태와 연소기구의 사용여부를 확인하여 판단한다.

① 담배꽁초
② 음식물 조리 중
③ 불장난
④ 용접, 절단, 연마
⑤ 불씨, 불꽃, 화원 방치
⑥ 쓰레기 소각
⑦ 빨래 삶기
⑧ 가연물 근접 방치

⑨ 논, 임야 태우기
⑩ 유류취급 및 폭죽놀이 등

(5) 자연적 요인

태풍이나 홍수 등 자연적 재해에 기인하여 화재가 발생하는 경우가 있고 투명한 용기나 페트병, 유리병 등이 렌즈역할을 하여 태양광선이 이들 물체를 통과하여 가연물에 열의 초점이 맞춰질 경우 발화하는 경우가 있다. 돋보기효과라고도 하며 실생활에서는 발생하기 매우 어렵다고 볼 수 있으나 열을 수렴할 수 있는 물체가 발견되고 주변에 착화 가능한 물질이 잔해로 발견되면 충분히 수렴화재를 의심할 수 있다.

3 최초착화물 조사

발화열원에 의해 최초로 불이 붙고 이물질을 통해 제어하기 힘든 화세로 발전한 가연물을 말한다. 수많은 종류의 열원은 모든 가연물마다 착화시키는 것이 아니라는 점을 명심하여야 한다. 전기합선으로 단락이 발생하면 순간적인 온도는 매우 높지만 짧은 시간에 종료되기 때문에 주변에 목재나 플라스틱 등을 착화시키지 못하며 담뱃불은 휘발유나 도시가스를 착화시키지 못한다. 따라서 발화지점에서 열원이 발견되더라도 최초착화물을 규명하지 못한다면 다른 각도에서 검토하여야 한다. 최초착화물은 완전연소되는 경우도 있지만 일반적으로 잔해가 남기 마련이어서 이를 통해 발화원의 추적조사가 가능하다.

① 최초착화물은 수집된 발화원으로부터 착화가 개시된 것임을 뒷받침할 수 있어야 한다.
② 담뱃불과 같은 미소화원은 발화원 자체가 남지 않으므로 심부적, 국부적으로 타 들어간 개소와 착화가능한 물질로 입증할 수 있어야 한다.
③ 금속나트륨, 금속칼륨과 같이 물과 반응하여 폭발할 수 있는 물질들은 최초착화물 및 발화원으로 동시에 작용한 것으로 가연물의 존재를 분명하게 할 수 있어야 한다.

10 폭발조사 방법

1 폭발 원리 및 특성

(1) 폭발한계

폭발한계란 공기와 혼합된 경우 연소를 일으킬 수 있는 공기 중 가스농도의 한계를 말한다. 폭발하한이 낮을수록 위험하며 상한과 하한의 폭이 클수록 위험한 가스로 분류된다.

(2) 폭발위험성
① 가연성 가스나 증기는 폭발하한계(LEL) 및 폭발상한계(UEL)의 연소범위 내에 적당한 비율로 혼합되어 있을 때 위험성이 커진다.
② 연소하한은 공기의 양이 많고 가연성 가스의 양이 적은 반면, 연소상한은 가연성 가스의 양은 많지만 공기의 양이 적어 적절히 혼합되어 있어야 한다.
③ 연소상한계쪽이 하한계 조성에 비해 큰 에너지가 필요하며 온도상승에 따른 확대가 크게 나타난다.

> **확인문제**
> 연소 및 폭발현상에 대한 설명이다. 괄호 안에 알맞은 용어를 쓰시오.
> (1) 온도가 상승하면 반응속도가 빨라져 (①)계는 낮아지고, (②)계는 높아지므로 폭발범위는 (③)진다.
> (2) 압력이 높아지면 반응속도가 빨라져 (④)계는 약간 낮아지고, (⑤)계는 크게 높아진다.
>
> **답안** (1) ① 폭발하한, ② 폭발상한, ③ 넓어
> (2) ④ 폭발하한, ⑤ 폭발상한

(3) 물질별 폭발한계

구 분	하한계(%)	상한계(%)	구 분	하한계(%)	상한계(%)
수소	4	75	에탄	3	12.5
메탄	5	15	펜탄	1.5	7.8
프로판	2.1	9.5	아세틸렌	2.5	81
부탄	1.8	8.4	암모니아	15	28
에틸렌	3	33.5	일산화탄소	12.5	74

(4) 폭발과 화재의 차이점
화재와 폭발은 산화과정이라는 점에서 같지만 가장 큰 차이점은 에너지 방출속도 즉, 연소속도의 차이에서 비롯된다. 또한 화재는 연소범위가 확대되면 지속시간이 길게 이어지는 반면, 폭발은 연소확대범위가 극단적으로 크기도 하지만 지속시간이 매우 짧다는 특징이 있다.

(5) 폭발 성립조건
① 가연성 가스 또는 증기가 산소와 혼합되어 폭발범위 내에 있을 것
② 최소점화에너지가 있을 것
③ 압력상승이 일어날 수 있는 밀폐공간 또는 용기 안에 존재할 것

(6) 폭연과 폭굉

구 분	폭연(deflagration)	폭굉(detonation)
전파속도	음속 미만(0.1~10m/s)	음속 이상(1,000~3,500m/s)
전파에 필요한 에너지	전도, 대류, 복사	충격에너지
폭발압력	초기 압력의 10배 이하	초기 압력의 10배 이상
화재파급효과	크다.	작다.
충격파 발생여부	미발생	발생
전파 메커니즘	반응면이 열의 분자확산 이동과 반응물 및 연소생성물의 난류혼합에 의해 전파	반응면이 혼합물을 자연발화온도 이상으로 압축시키는 강한 충격파에 의해 전파

(7) 폭발에 영향을 주는 인자

구 분	내 용
주위온도	주위온도가 높을수록 폭발위험이 크다.
압력	고압일수록 위험하며, 압력이 상승하면 발화온도는 낮아진다.
물질 조성	가연성 가스와 공기와의 혼합비율(폭발범위)
주위환경	개방 또는 밀폐 정도에 좌우한다.
가연물	가연물의 많고 적음에 따라 피해 양상이 다양하다.

(8) 폭굉유도거리가 짧아질 수 있는 조건

① 정상적인 연소속도가 빠른 혼합가스일수록 짧아진다.
② 관 속에 방해물이 있거나 관경이 작을수록 짧아진다.
③ 압력이 높을수록 짧아진다.
④ 점화원의 에너지가 강할수록 짧아진다.

2 폭발의 종류

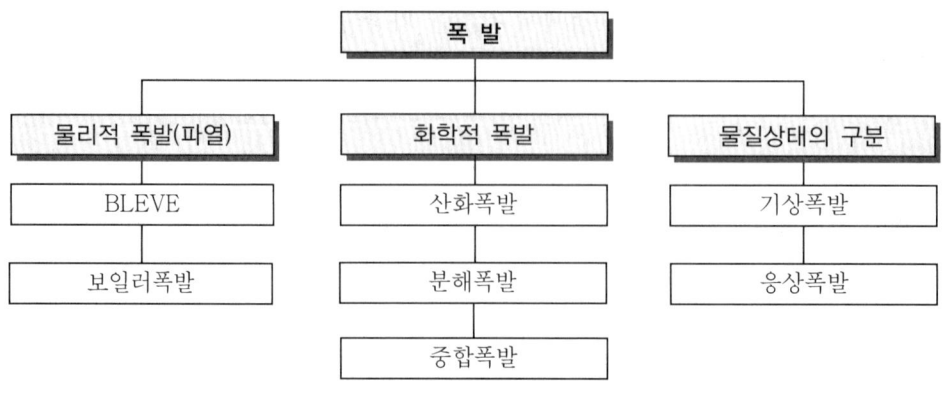

| 폭발의 종류 |

(1) 물리적 폭발의 형태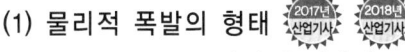

① 물리적 폭발 : <u>화학적 반응을 수반하지 않는</u> 팽창된 기체의 방출로서 저장용기 안의 온도가 상승하여 <u>과압으로 파열에 이르는 현상</u>이다.
  ㉠ 부피팽창에 의한 폭발 : 보일러의 물이 수증기로 일제히 변하면서 폭발
  ㉡ 내부압력 증가에 의한 폭발 : 액화프로판탱크의 폭발, 컴프레서 압축공기탱크의 폭발
  ㉢ 원심력에 의한 폭발 : 고속회전체의 균열, 비산
  ㉣ 물리적 폭발 감식요점 : 화학적 폭발은 열효과로 인해 화재가 발생하여 플라스틱, 종이 등이 타거나 그을린 흔적이 남는다. 그러나 지하보일러실 열교환기를 비롯하여 압력밥솥, 에어컴프레서 등은 폭발을 하더라도 물리적 폭발에 기인한 것으로 열에 의한 소손흔적이 없다. 열에 의한 소손흔적이 없으면 물리적 폭발이 선행된 것이므로 화학적 폭발과 물리적 폭발을 구분할 수 있다.

② 블래비(BLEVE)
  ㉠ BLEVE란 인화점이나 비점이 낮은 인화성 액체가 가득 차 있지 않는 저장탱크 주위에 화재가 발생하여 저장탱크 벽면이 장시간 화염에 노출되면 윗부분의 온도가 상승하여 재질의 인장력이 저하되고 내부의 비등현상으로 인해 압력상승으로 저장탱크 벽면이 파열되는 것인데 <u>물리적 폭발이 순간적으로 화학적 폭발로 이어지는 현상</u>이다.
  ㉡ 액화가스탱크의 외부에서 화재가 발생하면 탱크가 가열되어 내부 액체에 높은 증기압이 형성되고 그 증기압이 탱크의 내압을 초과하면 결국 탱크는 파열에 이르게 된다. 이때 <u>파열이 발생한 지점은 탱크의 기상부와 면하는 부분</u>인데 그것은 액상부와 면하는 지점은 외부 화염에 의해 열을 받는다 하여도 그 열을 내부의 액상으로 효과적으로 전달시키지만 기상부와 면하는 지점은 액체보다 낮은 기체의 열전도율로 인해 열을 효과적으로 전달하지 못하고 축적하여 결국 높아진 내압을 견디지 못하면 국부적인 가열에 의한 강도저하로 파열이 일어나기 때문이다. 파열이 일어나면 탱크 내부의 액화상태인 가스가 빠르게 기화하면서 파열된 지점을 빠져나와 외부로 확산된다. 확산된 가스는 주변의 공기와 혼합되어 폭발성 혼합기를 형성하고 존재하는 화염을 착화에너지로 하여 다시 폭발하게 된다.

|| 액화가스탱크의 연소형태 현장사진(화보) p.20 참조 ||

③ BLEVE 발생단계

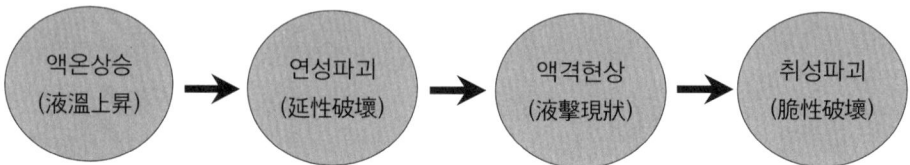

- ㉠ 액온상승 : 탱크가 화염에 의하여 가열되면 <u>액화가스의 온도가 상승</u>하고 탱크 내부의 압력도 상승하게 된다. 그 결과 안전밸브가 작동하게 되어 증기가 방출하게 되므로 탱크 내의 액면은 낮아지게 된다. 또 탱크 내의 공간부가 커지게 되고 화염에 의하여 계속 가열되면 상황은 악화된다.
- ㉡ 연성파괴 : 화염에 휩싸인 탱크의 기상(氣狀)부분은 액상(液狀)부분에 비하여 급속하게 가열되어 내압이 높아지게 된다. 또 <u>탱크벽은 접염가열에 의하여 강도가 떨어지고</u> 내부의 압력상승에 의하여 균열을 일으키게 된다. 그 결과 탱크 내의 증기가 방출되고 내부압력은 급격하게 내려가게 된다.
- ㉢ 액격현상 : 급격한 압력저하로 액화가스의 비점이 내려가고 과열상태가 된 <u>액화가스는 격렬하게 증발하여 액체를 비산</u>시키고 탱크 내 벽에 강한 충격을 준다.
- ㉣ 취성파괴 : 액격현상에 의하여 <u>탱크가 파괴되고</u> 파편이 사방으로 비산되는 과정이며 동시에 파이어볼로 발전한다.

④ Fire ball의 형성과정
- ㉠ 액화가스의 탱크가 파열되면 기화하며 가연성 가스의 혼합물이 대량 분출된다.
- ㉡ 이로 인해 반구상(A)의 화염이 되어 부력으로 상승하는 동시에 주변의 공기를 빨아들인다.
- ㉢ 주변에서 빨아들인 화염은 공모양(B)으로 되고 더욱 상승하여 버섯모양(C)의 화염을 만든다.

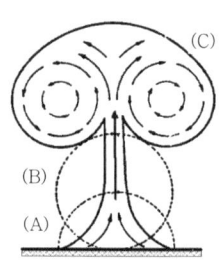

|| Fire ball ||

(2) 기상폭발의 종류

① **가스폭발** : 농도조건(가연성 혼합기체의 폭발범위)과 에너지조건(발화원)이 갖춰지면 연소반응이 개시되고 미연소의 혼합기체로 전파되어 간다.

② **분해폭발** : 공기 또는 산소가 없어도 가스나 증기가 자체적으로 분해하여 폭발하는 경우를 말한다. 아세틸렌, 산화에틸렌, 에틸렌, 히드라진, 오존, 이산화염소, 청산 등이 분해폭발성 물질이다. 화염이나 스파크 등 열원에 의한 발화가 많지만 밸브 조작에 의한 단열압축열에 발화하는 경우도 있다.

③ **분진폭발** : 분진입자가 공기 중에 미세한 분말상태로 떠 있다가 그 농도가 적당한 범위 안에 있을 때 화염, 섬광 등 열원(점화원)에 의해 에너지가 공급되면 격심한 폭발이 일어나는 경우로 가스폭발과 화약폭발의 중간형태이다. 발화에너지는 가스폭발과 화약폭발보다 훨씬 크다.

  ㉠ 분진폭발의 진행과정
  - 입자 표면에 열에너지가 주어지고 표면온도가 상승한다.
  - 입자 표면의 분자가 열분해 또는 건류작용을 일으켜서 기체로 되어 입자 주위에서 방출된다.
  - 이 기체가 공기와 혼합되어 폭발성 혼합기체를 생성하고 발화하여 화염을 발생시킨다.
  - 화염에 의해 생성된 열은 다시 다른 분말의 분해를 촉진시켜 차례로 가연성 기체를 방출시켜 공기와 혼합하여 발화, 전파된다.

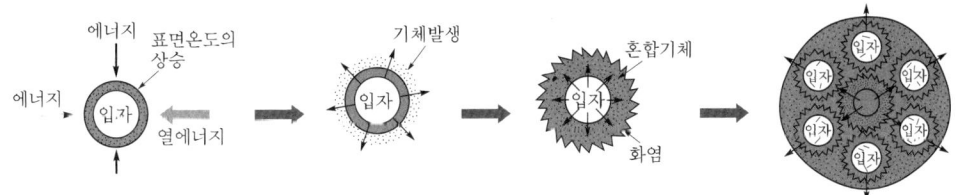

| 분진의 폭발과정 |

  ㉡ 분진폭발의 성립조건
  - 가연성이며 폭발범위 내에 존재하여야 한다.
  - 착화가능한 점화원이 있어야 한다.
  - 분진이 화염을 전파할 수 있는 크기의 분포를 지녀야 한다.
  - 지연성 가스 중에서 교반과 유동이 일어나야 한다.

  ㉢ 분진폭발의 특징
  - 연소속도나 폭발압력은 가스폭발보다 작지만 연소시간이 길고 에너지가 크기 때문에 파괴력과 그을음이 크다.
  - 연소하면서 비산하므로 가연물에 국부적으로 심한 탄화를 발생시키고 특히 인체접촉 시 화상의 우려가 있다.

- 분진폭발에 의해 2차, 3차로 **피해범위가 확산**된다.
- 불완전연소를 일으키기 쉽기 때문에 폭발 후 일산화탄소가 다량으로 존재하고 **가스중독의 우려**가 있다.

ⓛ 분진폭발의 예방대책
- 분진가루가 날리지 않도록 수시로 물을 뿌리거나 **습도를 조절**한다.
- 밀폐된 공간은 자주 **환기를 시킨다**.
- 정전기, **스파크 등이 발생하지 않도록** 주의한다.

> **꼼꼼. check!** ▶ 가스폭발과 분진폭발의 차이점
> - 연소속도나 폭발압력은 분진폭발이 가스폭발보다 작다.
> - 분진폭발은 가스폭발에 비해 연소시간이 길다.
> - 가스폭발은 1차폭발이지만 분진폭발은 2차, 3차폭발로 피해범위가 크다.
> - 분진폭발은 불완전연소를 일으키기 쉬워 일산화탄소 등 가스중독의 우려가 있다.

④ 분무폭발 : 공기 중에 부유하고 있는 가연성 액체의 미세한 **액적이 무상(霧狀)**이 되어 폭발범위 내에 있을 때 착화원에 의해 발생한다.

⑤ 증기운폭발 : 대기 중에 대량의 가연성 가스 또는 가연성 액체가 유출되어 그것으로부터 발생하는 증기가 공기와 혼합해서 **가연성 혼합기체를 형성**하고 발화원에 의하여 발생하는 폭발이다. 개방된 대기 중에서 발생하기 때문에 자유공간 중의 증기운폭발(Unconfined Vapor Cloud Explosion)로서 UVCE라고 한다.

(3) 응상폭발의 종류

① 수증기폭발 : 용융금속이나 슬러그(slug)같은 **고온물질이 물속에 투입되었을 때** 그 고온물질이 갖는 열이 저온의 물에 짧은 시간에 전달되면 일시적으로 물은 과열상태로 되고 조건에 따라서는 **순간적으로 급격하게 비등**하는데 이러한 상변화에 따른 폭발현상을 말한다.

② 증기폭발 : 저온액화가스(LPG, LNG 등)가 사고로 인해 분출되었을 때 조건에 따라서는 급격한 기화가 동반되는 비등현상을 나타낸다. 액상에서 기상으로 급격한 상변화에 의한 폭발현상에 수증기폭발을 포함시켜 증기폭발이라고 부르고 있다. 증기폭발은 단순한 상변화에 의한 것으로서 폭발의 발생과정에 **착화를 필요로 하지 않으므로** 화염의 발생은 없으나 증기폭발에 의하여 공기 중에서 기화한 가스가 가연성인 경우에는 증기폭발에 이어서 가스폭발이 발생할 위험이 있다.

③ 전선폭발 : 금속선에 대전류가 흘러 고온고압의 가스가 발생하고 팽창에 의해 폭발하는 것을 말한다. 알루미늄제 전선에 한도 이상의 **대전류가 흘러 순식간에 전선이 가열**되고 용융과 기화가 급속하게 진행될 경우 고상에서 급격하게 액상을 거쳐 기상으로 전이되어 폭발하는 형태가 있다.

3 폭발효과

(1) 압력효과

폭발압력은 물질이 폭발에 의해 생긴 막대한 기체의 양때문에 생긴다. 기체는 발화지점으로부터 빠른 속도로 확산되려고 하는데 이때 양성압력(positive pressure)과 음성압력(negative pressure)이 열의 방향을 따라서 생성된다.

양성압력(positive pressure)	음성압력(negative pressure)
• 폭발지점으로부터 멀리 방사되는 압력이다. • 에너지가 크다.	• 낮은 기압상태로 폭발지점으로 유입되는 압력이다. • 에너지가 작다.

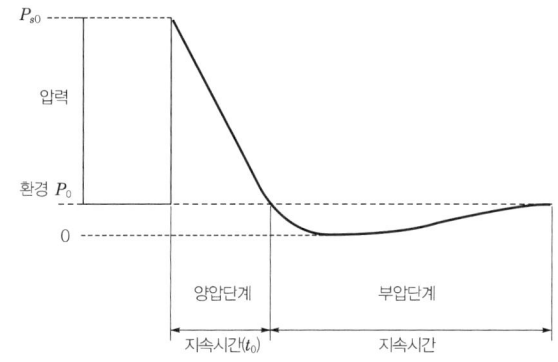

∥ 시간에 따른 폭발압력 변화 ∥

(2) 비산효과

비산효과는 압력효과의 결과로 나타나는데 압력이 클수록 비산범위도 넓어진다.

(3) 열효과

폭발로 인해 반드시 화재가 발생하는 것은 아니지만 대부분 높은 압력이 일시에 방출되기 때문에 화재를 비롯한 열효과가 발생한다. 열효과는 화학적 폭발이 발생할 때 주로 나타나는 작용으로 단순한 압력의 방출을 의미하는 물리적 폭발에서는 나타나지 않는다. 특히 BLEVE는 연소폭발이 아니기 때문에 발화를 필요로 하지 않는다.

(4) 지진효과

폭발압력으로 인한 진동이나 충격으로 구조물이 흔들리거나 균열이 발생하고 상황이 더욱 악화되면 붕괴에 이르게 된다. 특히 진동현상이 땅으로 전달되면 주변에 취약한 다른 건물로 그 영향이 미칠 수 있고 가스관로 또는 파이프라인, 탱크와 연결된 배관 등에 영향이 미치게 된다.

4 화학물질 폭발조사 감식방법

(1) 폭발현장 조사

폭발조사는 폭발이 발생한 지점을 결정하고 연료와 발화원을 밝혀내며 원인규명을 통한 피해내용까지 조사하고 결정해야 하는 과정이다. 폭발현장의 특징은 화재현장보다 혼란스럽고 광범위하며 구조물까지 크게 손상된 경우가 많아서 2차 피해 우려 등을 대비한 철저한 사전준비를 필요로 한다.

(2) 현장보존
① 피해지역 전체를 통제구역으로 설정하는 것을 원칙으로 한다.
② 현장출입은 허가받은 자 이외에는 출입을 허용하지 않아야 한다.
③ 비나 눈이 내려 현장훼손이 우려될 경우에는 폭발이 일어난 중심부 등은 천막 등으로 씌워 보존하는 방법을 강구한다.
④ 사고현장의 외곽경계선은 가장 멀리서 발견된 파편조각 거리의 1.5배로 설정한다.

(3) 자료수집
① 사고현장과 관련된 설비나 작업상황을 조사한다.
② 사고가 발생한 지점 및 작업자의 초기조치 내용 등을 확인한다.
③ 기계 및 설비와 관계된 정비기록, 운전일지, 매뉴얼 등을 확보한다.

(4) 폭발현장의 안전
① 폭발현장은 단순하게 불타 버린 건물보다 구조적으로 훨씬 취약하다는 점을 감안하고 2차 폭발이 항상 있을 것으로 생각하여 안전에 유의한다.
② 누출된 가스나 가연성 액체는 조사가 시작되기 전에 먼저 안전조치를 취하거나 전문가의 진단을 받도록 한다.
③ 가스나 전기시설의 파괴 후 가스가 남아 있거나 전기가 통전 중인 상태로 있을 수 있으므로 가스검지기를 활용한 누설검사 및 감전사고가 발생하지 않도록 사전 안전평가를 실시하여야 한다.

5 폭발현장 평가

(1) 폭발 또는 화재의 식별
① 폭발과 화재 중 어느 것이 먼저 발생했는지는 목격자 또는 관계자의 진술을 확보하여 확인한다.
② 폭발이 선행된 경우 파편 잔해에 그을음 부착이 없는 반면 화재가 먼저 진행된 경우라면 폭발 잔해에 그을음이 다수 부착되어 폭발 전후 구분에 도움이 된다.
③ 폭발로 인해 깨진 유리조각의 잔해는 평행선에 가까운 모습으로 균열이 생겨 깨져 나가고 각 파편은 단독적으로 파손된 형태를 나타낸다(충격에 의한 파손 시 나타나는 동심원 형태와 구별된다).

(2) 폭발손상 평가

높은 등급 손상(high order damage)	낮은 등급 손상(low order damage)
• 압력상승이 빠르다. • 벽, 지붕 등 주요 구조체가 완전히 파괴되고, 파편 잔해는 작은 것이 많다.	• 압력상승이 느리다. • 유리창 등이 깨지지만 구조물의 형태를 유지하는 경우가 많고, 파편 잔해는 큰 것이 많다.

(3) 화학적 폭발과 물리적 폭발 구분
① 화학적 폭발인 경우 열효과를 동반한 화재가 발생하기 때문에 종이, 비닐, 합성수지 등으로 된 주변 가연물 표면으로 타거나 그을린 흔적이 남는다.
② 압력밥솥의 폭발처럼 물리적 폭발은 내부 증기압이나 압력이 분출하는 것으로 열에 의한 소손흔이 없어 화학적 폭발과 상대적 구별이 가능하다.

(4) 분화구가 형성된 폭발
① 분화구의 형성은 높은 압력과 급격한 압력상승작용의 결과로 깔때기모양의 움푹 패인 분화구를 생성한다.
② 분화구는 폭발의 중심부로 폭발물, 스팀 보일러, 고압축연료 및 액체연료가 기화하거나 BLEVE에 의해서도 발생할 수 있다.

(5) 분화구 미형성 폭발
① 분화구가 형성되지 않은 폭발은 대부분 연료가 폭발시점에 흩어졌거나 압력상승속도가 완만하고 폭발속도가 음속 미만(폭연)이기 때문이다.
② 천연가스와 액화석유가스, 고여 있는 인화성 액체, 곡물, 재료가공공장, 석탄, 광산에서 발생하는 분진폭발 등은 폭발속도가 음속 미만으로 분화구가 형성되지 않는다.

(6) 증거물 및 폭발방향의 식별
① 폭발지점을 중심으로 수많은 증거가 주변으로 비산되기 때문에 가장 멀리 날아간 파편의 착지지점을 기록하고 크기와 무게, 거리를 측정한다.
② 손상을 받거니 위치가 변경된 가구, 시설, 전기부품 및 연료탱크, 폭발장치의 부품 등이 발견된 지점을 사진으로 촬영하고 태그를 부착시켜 증거의 객관적 사실 유지에 노력한다.

6 폭발원인 조사방법

(1) 폭발발생지점 분석
① 일반적으로 폭발손상이 가장 적은 지역에서 가장 큰 지역으로 역으로 추적한다.
② 폭발 중심은 보통 손상이 가장 큰 지점으로 확인된다. 콘크리트 구조물이 약한 곳으로 터져 나가거나 붕괴되고 폭발지점을 기점으로 먼지나 분진가루가 뒤덮여 폭발 발원지임을 암시하는 경우가 있다.
③ 개방된 공간에서는 비교적 압력상승이 어렵고 밀폐된 공간에서는 공간면적, 환기구 및 가연성 가스의 종류와 발생상황에 따라 양상이 다양하게 나타난다.

(2) 밀폐공간에서의 폭발 특징
① 폭발에 의해 주위 벽면에 압력상승이 발생하며 압력을 받는 방향은 일정하지 않고 단위면적당 넓은 면적이 압력을 크게 받는다.
② 폭발압력이 벽면 등 구조물의 강도보다 클 경우 파괴를 동반한다.
③ 구조적으로 약한 부분이 파괴되어 개구부가 생기며 보통 유리는 $0.04kg/cm^2$ 정도에서 파괴되는데 유리의 단면적이 클수록 먼저 파괴된다.
④ 미연소가스는 개구부로 유출되기 때문에 화염도 가스의 흐름을 타고 전파되며 압력은 대기 중으로 방산된다.

(3) 연료 분석
① 화학적 폭발을 유발하는 연료의 조성은 증기비중에 따라 무겁거나 가벼운 가스이고 <u>유증이 대부분</u>이다.
② 파편이나 그을음 또는 공기 샘플에 대한 분석은 연료성분을 현장에서 수집하여 가스 크로마토그래피를 이용한 화학적 분석 또는 질량적 분석을 통해 규명한다.
③ 연료가 공기보다 무거운 기체인 경우 공급관에서의 가스누설 또는 가스설비의 오작동 등을 확인하고 설비의 조작유무를 비롯한 모든 설비에 대한 조사를 실시한다.

∥ 물질별 증기비중 ∥

공기보다 무거운 가스		공기보다 가벼운 가스	
물질명	비 중	물질명	비 중
에탄	1.049	메탄	0.554
프로판	1.562	에틸렌	0.974
n-부탄	2.009	일산화탄소	0.97
이산화탄소	1.529	수소	0.069
염소	2.5	암모니아	0.597

(4) 발화원 분석
① 액체나 고체의 연소방식과 달리 기체의 연소에는 가장 작은 착화에너지로도 발화가 가능하여 충격이나 마찰 등에도 쉽게 발화한다.
② 분진폭발의 최소발화에너지는 가연성 혼합기의 발화에너지보다 크기 때문에 연료에 착화가 가능한 발화원 및 연료와 관계된 발화원의 위치를 고려하여야 한다.

∥ 가연성 혼합가스의 최소발화에너지 ∥

종 류	최소발화에너지(mJ)	종 류	최소발화에너지(mJ)
메탄	0.28	부탄	0.25
에탄	0.25	아세톤	0.019
프로판	0.26	수소	0.019

7 종합 분석

폭발이 발생한 지점과 연료, 발화원에 대한 규명작업은 <u>종합적으로 검토되어야</u> 한다. 폭발지점과 연료가 밝혀지더라도 발화원이 밝혀지지 않는 경우는 흔히 발생한다. 작은 마찰이나 충격이 폭발로 이어지는 점화원으로 작용했을 때 발화원의 잔해가 남지 않기에 입증과정은 더욱 난관에 부딪치게 된다. 화재는 물론 폭발이 발생하면 <u>항상 원인이 밝혀지는 것은 아니라는</u> 사실을 알고 있어야 한다. 다만, 아크매핑이나 타임라인, 플로차트의 구성 및 관계자의 진술 등에 근거한 종합적 정보 분석은 과학적으로 사실을 규명하는 데 기여할 수 있다.

> **바로바로 확인문제**
>
> 아세틸렌이 구리와 접촉하면 폭발성 금속인 아세틸라이드가 만들어진다. 화학반응식으로 나타내시오.
>
> **답안** $C_2H_2 + 2Cu \rightarrow Cu_2C_2 + H_2$

03 발화개소의 판정(✔ 기사 제외)

1 발굴 및 복원을 통한 수집한 정보의 정밀분석 방법

(1) 관계자 등 화재의 발견상황 분석

화재의 발견상황은 대개 관계자 또는 주변 목격자들이 최우선적으로 발견하는 경우가 많다. 그러나 이들이 본 화염의 위치가 곧 발화지점이라고 단정하기 어렵고 <u>목격자의 진술은 순간적인 직관에 의해 기억에 남는 진술을 하는 경우가 대부분</u>으로 발견상황과 연소상황은 반드시 일치하지 않는다는 점을 염두에 두고 주변상황 등을 종합하여 판단하여야 한다.

① 화재 발견자의 목격상황은 건물구조, 칸막이 및 물건의 배치상황을 고려하여 발화장소로부터 연소확대가 가능한 것인지 판단한다.
② 발화장소로부터 연소확대된 목격상황이 <u>복원 후 연소상황 및 발화지역과 합치하는지</u> 검토한다.
③ 발화지역을 복원한 연소상황이 화재발생장소의 관계자가 진술한 내용과 부합하는지 <u>진술내용의 진실성을 판단</u>한다.

(2) 발굴 및 복원을 통한 소손상황 분석

① 소손된 물건 중 낙하 또는 전도된 물건은 어떤 과정에서 낙하와 전도가 된 것인지 검토가 필요하며 또한 연소된 것은 낙하 전에 연소한 것인지 낙하 후에 연소한 것인지를 판단하여 <u>연소방향성을 추정</u>한다.

② 발굴과정에서 나타난 연소물은 <u>가급적 이동시키지 말고</u> 파손되지 않도록 주의하면서 연소상태를 확인한다. 그러나 연소물의 가치를 판단한 결과 불필요하다고 여겨진 연소물은 검토에서 배제한다.
③ 연소확산된 방향성 판단은 동일 재질의 연소물끼리 비교하여 검토하는 것이 가장 이상적이므로 연소의 강약을 판정할 때에는 물질 각각 재질의 차이를 살펴 착오가 없도록 한다.
④ 복원을 한 경우 복원된 상황으로부터 화재현장 전체의 연소상황을 살펴 발화에서부터 연소확대에 이르게 된 <u>타당성 유무를 판단</u>하도록 한다.
⑤ 화염의 방향성을 판단하는 데 있어 소화작업 및 2차적으로 연소한 물건은 없었는지 주위 환경조건을 고려한다.

(3) 발화원 판단 시 주의사항
① 발화원이라고 판단되는 기기의 사용여부를 확인하고 품명, 형식, 제조회사 등을 기록하며 소실되어 판명이 곤란할 때에는 <u>관계자에게 설명을 요청</u>한다.
② 발화원의 입증단계는 현장의 연소상황과 비교하여 발화가능성을 다각도로 검토하여야 한다. 관계자의 진술에만 의존하거나 발화지점으로 추정된 부근의 기기에만 집착하여 <u>다른 발화원을 쉽게 배제시키는 방법은 피해야</u> 한다.
③ 발화원의 잔해가 남지 않는 경우 발화원과 착화물의 축열조건 및 화염으로 성장하는 과정 등에 <u>목격자의 발견상황과 연소상황을 각각 염두에 두고 판단</u>한다.

(4) 발화원의 잔해가 배제된 경우 발화원인 판단방법
① 담뱃불, 성냥, 양초 등에 용이하게 착화가 가능한 <u>가연물이 주변으로 존재하고 있었는지 판단</u>을 한다.
② 화재의 발견상황, 작업, 사용상황 등을 고려하여 발화원과 착화물과의 관계로부터 출화에 이르기까지 <u>시간적 경과에 모순은 없었는지 확인</u>을 한다. 무염연소나 훈소형태에서 발화하려면 일정시간이 필요한 축열이 전제되기 때문이다.
③ 건물구조, 밀폐 또는 환기의 정도, 기상상황 등 가연물의 상태로부터 추론하여 <u>화재로 성장할 수 있는 환경이었는지 조사</u>를 한다.
④ 흡연상황, 불꽃이 발생할 수 있는 작업, 굴뚝 등으로부터 불티의 비산 등 <u>열원이 존재했다고 추정할 수 있는 사실</u>을 인정할 수 있는지 확인을 한다.
⑤ 연소촉진제인 인화성 액체의 잔류물을 발견하지 못했다는 이유로 방화를 배제하거나 단지 <u>명백한 증거가 없다는 이유만으로 열원(담뱃불, 성냥, 라이터 불꽃 등)을 배제하는 것은 삼가야</u> 한다. 체계적인 가설검증은 사실입증이 가능할 때까지 지속적으로 검토를 한다.

2 기타 부분을 발화개소로부터 배제하는 방법 암기

(1) 발화원 미존재

연소가 이루어진 개소의 연소 정도가 미약하며 화기와 관계된 시설이나 장치 등 발화요인이 없고 발화원이 존재하지 않는 경우 배제된다. 주의할 점은 방화의 경우 라이터, 촛불 등을 사용했을 때 발화원이 남지 않으므로 무차별적인 배제는 삼가야 하며, 연소된 상황증거에 입각하여 종합적으로 판단하여야 한다.

(2) 최종 부하측을 제외한 전기단락흔

전기설비의 최종 부하측에서 발견된 단락흔은 가장 먼저 단락이 일어난 개소로서 그 이후에는 통전이 불가하므로 단락이 발생하지 않는다. 반면 1차 단락이 발생한 후에도 차단기가 동작하지 않았다면 전원측으로 통전이 지속되기 때문에 2차, 3차 단락이 발생할 수 있다. 따라서 최종 부하측에서 발생한 단락흔이 발화개소일 가능성이 크므로 전원측으로 형성된 2차, 3차 단락흔은 배제된다.

(3) 환기 또는 복사열에 의한 비화

화재는 가연물의 위치와 화재하중, 공기의 유입상태, 건물구조 등에 의해 영향을 받는다. 특히 화염은 뜨거운 고온가스가 기류를 타고 주변으로 용이하게 확산되는데 개구부 등에서 유입된 환기효과로 인해 발화지점에서 다른 구역으로 비화된 경우 비화된 구역은 배제할 수 있다. 발화지역에서 성장한 복사열에 의한 비화도 배제할 수 있다. 비화된 연소구역은 일반적으로 발화개소보다 연기응축물이 많이 분포하기도 하지만 연소가 심하게 나타날 수도 있다.

(a) 복사열에 의한 경우

(b) 환기에 의한 경우

| 비화 현장사진(화보) p.20 참조 |

(4) 목격자 및 소방대원의 증언

목격자 및 화재진압에 참여한 소방대원의 증언은 발화개소 판단에 도움을 줄 수 있다. 화재의 종류를 불문하고 최초발화는 미약하거나 폭발과 같이 영향력이 크더라도 전면적인 화재나 폭발을 불러오는 경우는 매우 드물다. 화재 초기에 목격자에게 발견된 경우 발화지점은 지목될 수 있으며 소방대원에 의해 연소확산된 구역과 미연소 지역에 대한 정확한 정보를 제공받을 수 있다.

3 발화와 관련된 개체 및 특이점 입증

1 전기적 요인

① 전선의 절연피복에 단락흔이 있으면 전원이 연결된 상태에서 연소한 것이고, 단락흔이 없으면 전원이 차단된 상태에서 연소한 것으로 시간적으로 보면 <u>단락흔이 형성된 개소가 가장 먼저 연소한 곳임</u>을 알 수 있다. 따라서 단락흔의 발견은 발화개소 또는 발화지점과 밀접한 관계가 있음을 알려 주는 증거로 작용을 한다.

② <u>배선용 차단기의 트립(trip)</u>은 회로상에 연결된 배선의 단락이나 <u>사고전류가 발생한 것을 나타낸 것</u>으로 차단기에서 분기된 회로를 추적하면 발화개소를 판단하는 데 도움이 된다.

③ 플러그와 콘센트가 연결된 상태로 발화하면 금속면이 국부적으로 용융되고 패여나가거나 끊어진 형태로 남는 경우가 많아 과부하, 불완전접촉에 의한 국부발열 등을 판단할 수 있는 자료가 된다.

④ 퓨즈의 용단형태가 중앙 부근으로 국부적으로 녹아 있으면 과전류에 의한 용단 가능성이 높은 것이고, <u>퓨즈 전체에 흩어진 상태로 녹아 있으면 순간적인 단락</u>에 의한 사고를 암시하는 증거가 된다.

| 전원차단기의 트립(trip) 현장사진(화보) p.20 참조 |

2 개구부 연소흔적

(1) 개구부를 통한 발화개소 판정

① 출입문, 창문과 같은 개구부의 내측에서 외부로 출화한 경우 내측이 바깥쪽보다 <u>심하게 연소된 흔적을 남기며</u>, 반대로 바깥쪽이 내측보다 심하게 연소된 경우에는 외부에서 내부로 연소가 확산된 형태이다.

② 개구부 외부에 역삼각형의 연소형태가 형성된 경우 화염이 내부에서 외부로 연소확산된 것이고, 반대로 정삼각형의 연소형태가 식별되면 외부에서 내부로 화염이 타 들어간 형태로 남는다.

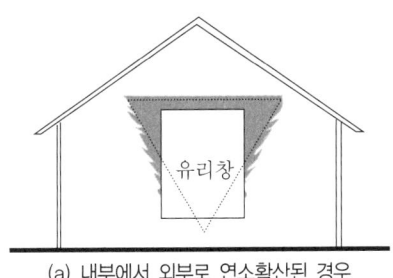
(a) 내부에서 외부로 연소확산된 경우

(b) 외부에서 내부로 연소확산된 경우

∥ 개구부의 연소흔적 ∥

(2) 다수의 개구부가 연소된 경우 발화개소 판단

개구부가 수평상태로 여러 개소인 경우 먼저 출화가 이루어진 개구부를 중심으로 화염이 확산되며 주변에 있는 또 다른 개구부를 통해 화염이 유출된다. 일반적으로 가장 먼저 화염이 출화한 개소의 개구부 상단부는 오랜 화염접촉으로 회화(灰化)되어 흰색에 가까운 반면 가장 늦게 화염이 출화한 개소는 짙은 그을음이 부착된다. 따라서 완전연소에 가깝게 밝게 연소된 구역이 발화개소일 가능성이 크다. 그러나 주의할 점은 개구부의 크기와 가연물의 양, 공기의 순환 및 환기상태에 따라 차이가 날 수 있다는 점도 고려하여야 한다.

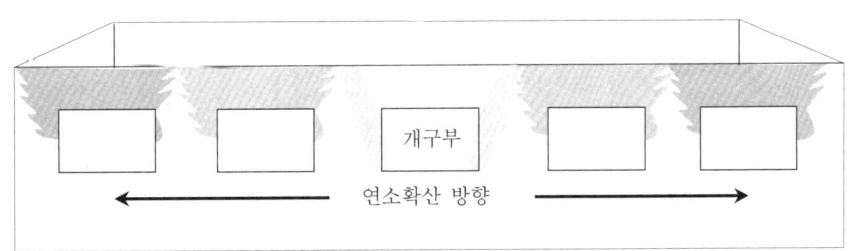

∥ 개구부를 통한 발화개소 판단 ∥

(3) 개구부에서 옥외출화형태 판정

창문 등 개구부가 없는 밀폐된 구획실에서 발화한 경우 고온연기층이 천장과 출입문의 최상단에 닿으면 가장 먼저 출입문 상단부를 통해 구획실 밖으로 흘러 유출된다. 이때 실내는 고온가스의 온도가 지속적으로 올라가며 실내에 있는 산소가 소진될 때까지 연소하는 연료지배형 화재양상을 보인다.

▌ 출입문이 폐쇄 및 개방된 경우 상단부를 통한 출화형태 현장사진(화보) p.21 참조 ▌

3 가스기구

① 가스레인지 등 연소기의 사용흔적은 조작부의 손잡이를 통해서도 확인이 가능하지만 <u>중간밸브 또는 퓨즈콕의 개방상태가 먼저 조사되어야</u> 한다. 중간밸브가 차단된 상태라면 연소기의 조작부가 개방되었어도 발화원인에서 배제되어야 한다.

② <u>염화비닐호스가 중간밸브로부터 이탈</u>되었거나 예리한 도구에 의해 <u>잘려 나간 흔적이 발견되는 경우</u>가 있다. 이러한 증거들은 화재나 폭발 이전에 인위적인 <u>행위가 개입되었다는 것을 암시</u>해 주는 것으로 유력한 범죄단서로 작용할 수 있다.

▌ 염화비닐호스의 절단흔적 현장사진(화보) p.21 참조 ▌   ▌ 연소기구와 호스의 체결부 이탈 현장사진(화보) p.21 참조 ▌

4 발화지점 판정기준

① 전체 연소현상을 설명하는 데 <u>연소상태나 증거 구성에 무리가 없을 것</u>
② 발화지점으로부터 주변으로의 <u>연소확대 과정이 초기연소 특징과 부합할 것</u>
③ 공기의 유동, 가연물의 분포, 시간적 경과 등이 <u>연소 정도에 합리성을 지닐 것</u>

5 발화부 추정 5원칙

① 발화원 및 최초착화물과 상관관계를 추론하는 데 무리가 없을 것

② 발화원이 잔존하지 않는 경우 소손상황, 발견상황, 발화장소의 환경조건을 종합적으로 고찰하여 발화원인에 타당성이 있을 것
③ 화재사례 및 경험과 실험치 등에 비추어 발화가능성에 모순이 없을 것
④ 조사된 발화원 이외에 다른 발화원은 배제가 가능할 것
⑤ 발화지점으로 추정된 장소의 소손상황에 모순이 없을 것

6 건물 주요 구조부에 의한 발화개소 판단

(1) 벽

종과 횡으로 연소방향성을 남기는 특징이 있다. V 패턴, U 패턴, 모래시계 패턴, 폭열 등은 벽에 남기 쉬운 연소패턴으로 이를 통해 발화개소를 추적한다. V 패턴이나 U 패턴은 벽 표면에 경계선을 만들거나 더 깊게 연소된 자국을 남긴다. 폭열은 발화개소에서 형성되기도 하지만 장시간 화염과 접촉한 곳으로 발생하기 때문에 발화개소를 판단하는데 응용될 수 있다.

(2) 천 장

천장 마감재는 얇고 가는 것이 사용되어 소실되기 쉽고 잔해가 남기 어렵다. 그러나 발화부에서 성장한 화염에 의해 가장 먼저 손상받는 부분으로 연소방향성을 판단하는 지표로 가장 많이 쓰인다. 천장, 테이블이나 선반 등 수평으로 된 평면의 아래쪽은 열원과 가까워 대부분 원형패턴이 형성된다.

(3) 바 닥

복사열, 고온가스, 환기 등으로 인해 바닥면이 연소할 수 있지만 가연물의 낙하, 퇴적 등으로 벽과 천장에 비해 상대적으로 피해가 적은 부분이다. 평면적으로 퇴적물에 넓어 있지만 발굴조사를 통해 바닥에 생긴 구멍, 가연물의 위치, 인화성 액체의 사용흔적 등을 발견할 수 있다. 스플래시 패턴, 포어 패턴 등이 발견되고 인화성 잔류물이 남아 있는 경우가 있다.

7 발화부 판단유보 요인

발화지점 분석을 통해 발화가 이루어진 구역을 현실적으로 설정하기 어렵거나 불가능할 때 이를 정당화하는 결론을 얻어야 하는데 주로 다음과 같은 것이 해당된다.
① 수집된 데이터를 통해 추적할 만한 화재패턴이 발견되는 않는 경우
② 거의 모든 물질이 완전연소된 경우
③ 다른 발화지점 확인방법을 시도하였으나 합리적인 결론을 얻을 수 없는 경우

Chapter 04 출제예상문제

★ 표시 : 중요도를 나타냄

현장 발굴 및 복원 조사

01 화재현장 발굴절차를 나타낸 것이다. 괄호 안을 바르게 쓰시오.

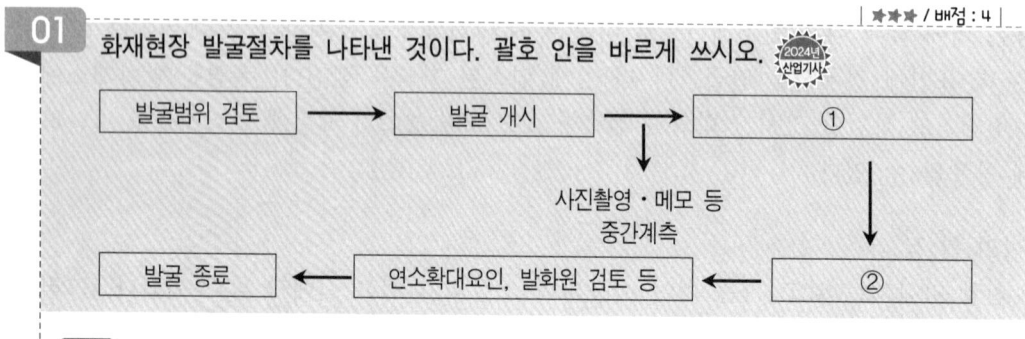

● 답안 ① 발화원 등 탄화물 확보   ② 복원

02 발굴은 화재가 진행되는 동안 시간적 흐름에 따라 퇴적물이 쌓이기 마련이다. 하위에 있는 지층이 먼저 쌓인 것이고 상위에 있는 지층이 나중에 쌓인 것이라는 법칙은 무엇인가?

● 답안 지층누중의 법칙

03 화염이 천장면을 따라 마치 파도같이 빠른 속도로 확산되는 현상은 무엇인가?

● 답안 롤오버

04 3층에서 발화한 화염이 4층으로 확산되었다. 이때 가장 크게 작용한 열전달방식은 무엇인지 쓰시오.

● 답안 대류

05 구획실에서 플래시오버는 천장 전체로 화염이 확산되고 전체 가연물로 열이 전달되었을 때 발생한다. 이때 지배적인 열전달형태는 무엇인가?

● 답안 복사

06 복원 시 유의사항 3가지를 서술하시오.

답안
① 구조재는 확실한 것만 복원한다.
② 대용재료를 사용한 경우 타고 남은 잔존물과 유사한 것을 사용하지 않는다.
③ 불명확한 것은 복원하지 않는다.

07 수직재인 금속류가 열을 받으면 열을 받은 반대방향으로 휘어진다. 그 이유에 대해 간단히 쓰시오.

답안 열과 접촉한 방향으로 금속이 팽창하기 때문이다.

08 인위적 충격에 의한 유리의 파손형태를 나타내었다. 괄호 안을 바르게 쓰시오.

- 충격을 받은 방향의 (①)쪽부터 먼저 파손된다.
- 유리 표면이 거미줄처럼 (②) 모양으로 파괴된다.
- 파괴된 지점의 측면으로 방향성 있는 (③)이 형성된다.

답안
① 반대
② 방사상
③ 월러라인

09 목재의 균열흔에 대한 설명이다. 괄호 안을 채우시오.

구 분	온 도	특 징
(①)	1,100℃	홈이 가장 깊고 반월형모양
완소흔	700~800℃	거북등모양으로 탄화되며 홈이 얕다.
(②)	900℃	홈이 깊고 만두모양의 요철형태

답안
① 열소흔
② 강소흔

10 플래시오버(flash over)와 백 드래프트(back draft) 현상을 각각 설명하시오.

답안
① 플래시오버 : 실내 일정공간에서 열과 가연성 가스가 축적되고 가연물 전체가 발화온도에 이르게 되면 일순간에 폭발적으로 전체가 화염에 휩싸이는 현상
② 백 드래프트 : 산소가 부족하거나 훈소상태에 있는 실내에서 산소가 급격하게 공급될 때 연소가스가 순간적으로 발화하는 현상

발화관련 개체의 조사

11 전기적 요인에 의해 발화지역을 판정하고자 할 때 가장 먼저 확인해야 할 전제조건은 무엇인가?

답안 통전입증

12 220V 전원에 100W 전력을 소비하는 니크롬선을 반으로 절단하여 220V에 연결하면 소비전력은 얼마인지 계산하시오.

답안 $R = \dfrac{E^2}{P}$ 이므로 $\dfrac{220^2}{100} = 484\Omega$

저항은 길이에 비례하므로 길이를 반으로 절단하면 $\dfrac{1}{2}$로 저항도 줄어들어 242Ω이 된다.

$\therefore P = \dfrac{E^2}{R} = \dfrac{220^2}{242} = 200\text{W}$

13 지름이 1.6mm 연동선의 용단전류(A)는 얼마인가? (단, 구리의 재료정수(a)는 80으로 한다.)

답안 용단전류 $I_s = ad^{\frac{3}{2}} = 80 \times 1.6^{\frac{3}{2}} = 161\text{A}$

14 단락과 반단선의 차이점을 간단하게 기술하시오.

답안 단락은 두 개의 이극 도체가 접촉하여 순간적으로 대전류가 흘러 발화하는 것으로 단선된 각 선단은 용융되어 큰 용융흔이 발생하는 반면, 반단선은 한 개의 전선이 어떤 물리적 영향에 의해 소선의 일부가 끊어짐과 이어짐이 반복되어 서서히 발열하는 것으로 출화할 경우 부하측 선단에는 조그만 용융흔이 발생하거나 생성되지 않는 경우도 있다.

15 트래킹현상의 진행과정을 3단계로 나누어 간단히 기술하시오.

답안
① 1단계 : 유기절연재료 표면으로 먼지, 습기 등에 의한 오염으로 도전로가 형성될 것
② 2단계 : 미소한 불꽃방전이 발생할 것
③ 3단계 : 방전에 의해 표면의 탄화가 진행될 것

16. 전선에서 접촉저항이 증가할 수 있는 요인을 3가지 기술하시오.

답안
① 접속부 나사조임 불량
② 전선의 압착 불량
③ 배선을 손으로 비틀어 연결시켜 이음부의 헐거움 발생

17. 정전기 대전의 종류 6가지를 쓰시오.

답안
① 마찰대전
② 박리대전
③ 유동대전
④ 분출대전
⑤ 침강대전
⑥ 유도대전

18. 발화지점 주변으로 'V' 패턴이 생성되는 이유를 간단히 기술하시오.

답안 뜨거운 열기류에 의해 밀도가 작아진 더운 공기는 위로 상승하고 발화지점 하단부는 차가운 공기의 유입으로 공기의 순환이 반복되면서 열과 연기로 혼합된 열기둥이 측면으로 퍼지면서 역삼각형이 형성되는 것으로 대류의 영향에 좌우된다.

19. 정전기 대전의 종류를 구분하여 쓰시오.

구 분	내 용
①	접촉과 분리의 과정에서 일어나며 고체류, 액체류 또는 분체류에서 발생
②	서로 밀착되어 있는 물체가 떨어질 때 발생
③	단면적이 작은 분출구를 통해 분출하는 물질과 분출구와의 마찰로 발생

답안 ① 마찰대전 ② 박리대전 ③ 분출대전

20. 누전화재의 3요소를 쓰시오.

답안 ① 누전점 ② 접지점 ③ 출화점

21. 정전기화재 발생요건 3가지를 쓰시오.

답안
① 정전기 대전이 발생할 것
② 가연성 물질이 연소농도 범위 안에 있을 것
③ 최소점화에너지를 갖는 불꽃방전이 발생할 것

22 정전기방지대책을 3가지 이상 쓰시오.

답안
① 접지를 한다.
② 공기 중의 상대습도를 70% 이상 유지한다.
③ 대전물체에 차폐조치를 한다.
④ 배관에 흐르는 유체의 유속을 제한한다.
⑤ 비전도성 물질에 대전방지제를 첨가한다.

23 아산화동에 대한 설명이다. 괄호 안을 바르게 쓰시오.

- 외형은 쉽게 부서지며 분쇄물의 표면은 (①)색의 금속광택이 있다.
- 분쇄물을 현미경으로 관찰하면 아산화동 특유의 루비와 같은 (②)색 결정이 있다.
- 아산화동은 건조한 공기 중에 안정하지만 습한 공기 중에서 서서히 산화되어 (③)으로 변한다.

답안 ① 은회 ② 적 ③ 산화동

24 반단선에 대한 설명이다. 괄호 안을 바르게 쓰시오.

- 반단선은 통전 중인 전선의 단면적의 (①)를 뜻하며 이는 곧 (②)상태를 의미한다.
- 단선율이 (③)%를 초과하면 급격하게 단선율이 증가하며 (④)상태에서도 출화할 수 있다.

답안 ① 감소 ② 과부하 ③ 10 ④ 무부하

25 코일의 층간단락 발생 메커니즘이다. 괄호 안을 바르게 쓰시오.

핀홀 또는 경년열화 → ① → ② → 국부 발열 → 층간 단락

답안 ① 선간 접촉 ② 링회로

26 트래킹과 보이드에 의한 절연파괴의 차이점을 간단히 기술하시오.

답안 트래킹은 유기절연물의 표면에서 발화하는 반면, 보이드에 의한 절연파괴는 절연물의 내부에서 발화한다는 차이가 있다.

27 줄열(Joule's heat)의 법칙을 칼로리(cal) 단위로 공식을 쓰고 설명하시오.

답안
① 공식 : $Q = 0.24 I^2 Rt (\text{cal})$
② 도선에 전류가 흐를 때 단위시간 동안에 도선에 발생한 열량 Q는 전류의 세기 I의 제곱과 도체의 저항 R과 전류를 통한 시간 t에 비례한다.

28 옷감류 등 가연물이 전기풍로의 발열체인 니크롬선을 덮은 경우 전기풍로에 나타나는 소손특징을 간단히 서술하시오.

답안 외부로 열의 방산이 곤란하기 때문에 취약부분에서 용단되면 그 부분에서 아크방전이 일어나 지속적으로 전기가 흐르게 되고 또다시 용단된 부분이 형성되므로 니크롬선의 용단개소는 수 개소로 나타난다.

29 백열전구가 외부 열에 의해 소손된 경우를 점등상태와 소등상태로 구분하여 차이점 3가지를 쓰고, 동일한 점을 설명하시오.

답안 ① 차이점

점등상태	소등상태
• 필라멘트의 단선 또는 용흔이 발생한다. • 유리구 내벽에 백색물질이 도포된다. • 배기관에 백색물질이 부착한다.	• 필라멘트, 내부 도입선 등은 변화가 없다. • 유리구 내벽이 깨끗하다. • 배기관이 깨끗하다.

② 동일한 점 : 열을 받은 쪽으로 유리구가 부풀어 오르고 구멍이 발생한다.

30 형광등의 작동기능에 대한 설명이다. 알맞은 부속명칭을 쓰시오.

부속품	기 능
①	고정전극과 가동전극이 있으며 평상시 가동전극이 고정전극에서 떨어져 있지만 전원이 인가되면 열에 의해 고정전극 쪽으로 접점이 붙는다.
②	얇은 구조의 강판을 쌓고 코일을 감아 제조한 것으로 점등 후 저항의 역할을 하여 지나친 전류의 흐름을 방지한다.
③	잡음발생을 방지하기 위해 고주파 전류를 흡수하는 역할을 한다.

답안 ① 점등관 ② 안정기 ③ 콘덴서

31 주유소에서 차량에 연료를 주입하던 중 운전자 옷에서 발생한 정전기가 가솔린 유증기에 착화되어 화재가 발생하였다. 물음에 답하시오.
(1) 화재원인은 정전대전의 종류 중 어느 것에 해당하는 것인지 쓰시오.
(2) 정전기의 발화 특징에 대해 간단히 설명하시오.

답안 (1) 마찰대전
(2) 정전기로 인해 순간적으로 발화하더라도 스파크 등 물적 흔적이 남지 않으며 방전이 짧은 시간에 종료되는 특징이 있다.

32 백열전구에 봉입하는 가스의 명칭을 쓰시오.

> **답안** 아르곤 및 질소의 혼합가스

33 화재로 인해 그림과 같이 구리 동선 표면이 부풀어 올랐거나 가시가 돋친 것 같은 돌기가 생성되었다. 원인에 대해 기술하시오.

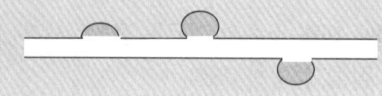

> **답안** 내부에 있는 동의 융점이 표면보다 낮기 때문이다. 표면의 산화동은 고체상태에서 내부의 동이 용융되어 기포가 팽창하면 용융물이 표면을 뚫고 나와서 형성된다.

34 프로판 90%와 부탄 10%가 혼합되어 있는 경우 폭발하한계와 폭발상한계를 각각 구하시오. (단, 연소범위는 프로판 2.1~9.5, 부탄 1.8~8.4로 하며 모든 계산은 소수점 첫째 자리까지 구한다.)

> **답안** 2종 이상의 가연성 가스 혼합물의 연소한계는 르 샤틀리에 법칙을 이용하여 구한다.
> $$L = \frac{100}{\left(\dfrac{V_1}{L_1} + \dfrac{V_2}{L_2} + \dfrac{V_3}{L_3} + \dfrac{V_4}{L_4} + \cdots\right)}$$
> ① 폭발하한계 : $\dfrac{100}{\left(\dfrac{90}{2.1} + \dfrac{10}{1.8}\right)} = 2.0\%$
> ② 폭발상한계 : $\dfrac{100}{\left(\dfrac{90}{9.5} + \dfrac{10}{8.4}\right)} = 9.3\%$

35 액화천연가스의 성질을 나타낸 것이다. 괄호 안을 채우시오.

- 천연가스를 액화하면 (①)로 부피가 줄어든다.
- 주성분인 (②)은 비중이 0.55로 공기보다 가볍고 자체 독성은 없으나 질식성이 있다.
- 분자량 (③)
- 폭발범위 (④)

> **답안** ① 1/600　② 메탄　③ 16　④ 5~15%

36 가스연소기구가 불완전연소할 수 있는 요건을 3가지 기술하시오.

답안
① 공기와의 접촉, 혼합이 불충분할 때
② 과대하게 가스량이 많거나 연소에 필요한 충분한 공기가 없을 때
③ 불꽃이 저온물체에 접촉되어 온도가 내려갈 때

37 가스연소기구에서 발생하는 현상이다. 괄호 안에 알맞은 용어를 쓰시오.

(1) ( ) : 가스의 연소속도가 가스의 분출속도보다 빠르게 되었을 때 불꽃이 버너 내부로 들어가 노즐 선단에서 연소하는 현상
(2) ( ) : 가스의 분출속도가 연소속도보다 빠를 때 화염이 노즐에서 떨어져 연소하는 현상

답안
(1) 역화
(2) 리프팅

38 가스 용기별로 지정된 도색이 있다. 다음 빈칸을 채우시오.

가스 종류	색 상	가스 종류	색 상
LPG	①	액화암모니아(NH_3)	③
수소(H_2)	②	액화염소(Cl_2)	④

답안 ① 회색 ② 주황색 ③ 백색 ④ 갈색

39 폭발범위에 영향을 주는 요소를 설명한 것이다. ( ) 안에 알맞은 말을 쓰시오.

- 온도가 상승하면 폭발 반응속도가 빨라져 연소 (①)는 낮아지고 연소 (②)는 높아지므로 폭발범위는 넓어진다.
- 압력이 높아지면 반응속도가 빨라져 (③)는 낮아지고 (④)는 크게 높아진다.

답안 ① 하한계 ② 상한계 ③ 하한계 ④ 상한계

40 액화석유가스의 성질 5가지를 기술하시오.

답안
① 무색, 무취이며, 기화 및 액화가 쉽다.
② 공기보다 무겁고 물보다 가볍다.
③ 액화하면 부피가 약 1/250 정도로 작아진다.
④ 연소 시 다량의 공기가 필요하다.
⑤ 발열량 및 청정성이 우수하다.

41
이동식 부탄용기의 내부압력이 상승할 경우 상부경판이 이탈되도록 설계된 압력은 얼마인지 쓰시오.

답안 $11\text{kg}/\text{cm}^2$

42
가스의 연소현상에 대한 설명이다. 괄호 안을 바르게 쓰시오.

- (①)이란 연소기에서 공기량의 부족으로 황적색의 불꽃이 발생하는 현상이다.
- 리프팅은 혼합가스의 (②)속도가 (③)속도보다 빠를 때 화염이 노즐로부터 이탈하여 연소하는 현상이다.

답안 ① 황염 ② 분출 ③ 연소

43
다음 설명을 읽고 해당하는 가스의 종류를 쓰시오.

(1) 질소, 아르곤, 탄산가스 등으로 스스로 연소하지 못하며 다른 물질을 연소시키는 성질도 없는 가스는 무엇인가?
(2) 수소, 메탄, 프로판 등으로 산소 또는 공기와 혼합하여 점화하면 빛과 열을 발하며 연소하는 가스는 무엇인가?
(3) 산소, 염소, 불소 등으로 자기 자신은 연소하지 않으며 다른 물질의 연소를 도와주는 가스는 무엇인가?

답안
(1) 불연성 가스
(2) 가연성 가스
(3) 조연성 가스(지연성 가스)

44
가스 용기의 각인사항 3가지를 찾아 쓰시오.

① 최고 충전압력   ② 용기 제조연월   ③ 용기 재질
④ 용기 고유번호   ⑤ 충전가스 명칭   ⑥ 용기 색상

답안 ② 용기 제조연월   ④ 용기 고유번호   ⑤ 충전가스 명칭

45
이동식 연소기의 안전장치의 작동방법이다. 안전장치의 종류를 쓰시오.

구 분	작동방법
①	가스용기가 가열되어 내부압력이 5~7kg/cm²가 되면 용기 탈착레버를 작동시켜 용기를 분리함으로써 가스공급을 차단하는 방식
②	용기를 이탈시키지 않고 버너 내부에서 가스유로를 차단시키는 방식

답안 ① 용기이탈식   ② 유로차단식

46. 퓨즈콕의 종류 3가지를 쓰시오.

답안 ① 호스엔드형 ② 콘센트형 ③ 박스형

47. LP가스용기에 가스가 누출되어 불이 붙었을 때 용기가 폭발하지 않는 이유를 쓰시오.

답안 가스용기의 압력이 상승하더라도 내압의 80%에서 안전밸브가 개방되어 더 이상 압력이 상승하지 않기 때문이다.

48. 일반주택에서 LP가스 폭발사고가 발생하였다. 다음 물음에 답하시오.
(1) 메탄과 프로판의 연소반응식을 쓰시오.
(2) 프로판가스가 누설되어 10kg이 연소했다면 필요한 산소는 몇 m³인지 쓰시오. (단, 소수점 둘째자리에서 반올림한다.)
(3) 용기의 종류로서 프로판가스 용기로 가장 많이 쓰이는 것을 쓰시오.
(4) 호스가 절단되거나 이탈된 경우 가스의 유출을 차단시키는 장치를 쓰시오.
(5) 프로판가스의 위험도(H)를 계산식으로 나타내시오. (단, 연소범위는 2.1~9.5이며 소수 첫째자리까지 구한다.)

답안
(1) ① 메탄 : $CH_4 + 2O_2 = CO_2 + 2H_2O$
    ② 프로판 : $C_3H_8 + 5O_2 = 3CO_2 + 4H_2O$
(2) 프로판의 분자량은 44g이고 연소에 필요한 산소는 5몰이다. 1몰은 22.4L이므로
    $44 : (5 \times 22.4) = 10\text{kg} : x(\text{m}^3)$
    $\therefore 25.45\text{m}^3 = 25.5\text{m}^3$
(3) 용접용기
(4) 퓨즈콕
(5) 위험도(H) = $\dfrac{U(\text{연소상한계}) - L(\text{연소하한계})}{L(\text{연소하한계})}$
    = $\dfrac{9.5 - 2.1}{2.1} = 3.5$

49. 프로판 15%와 부탄 85%로 혼합된 가스를 취급하는 공장에서 작업 도중 폭발이 발생하였다. 폭발하한계를 구하시오. (단, 프로판의 하한계 값은 2.1%, 부탄은 1.8%로 하며, 소수점 둘째자리까지 구한다.)

답안 2종 이상의 가연성 가스 혼합물의 연소한계는 르 샤틀리에 법칙을 이용하여 구한다.
$$L = 100 \bigg/ \left(\dfrac{V_1}{L_1} + \dfrac{V_2}{L_2} + \dfrac{V_3}{L_3} + \dfrac{V_4}{L_4} + \cdots\right) = 100 \bigg/ \dfrac{15}{2.1} + \dfrac{85}{1.8} = 1.84\%$$

50
2개의 평행판에서 면간의 거리를 좁게 하면서 화염의 전달여부를 측정할 때 화염이 더 이상 전달되지 않는 한계의 틈을 무엇이라고 하는지 쓰시오.

답안 소염거리

51
다음 괄호 안을 채우시오.

- LPG를 완전연소시키기 위하여 C_3H_8은 (①)배, C_4H_{10}은 (②)배의 산소가 필요하다.
- 프로판의 연소범위는 (③)%이며, 부탄은 (④)%이다.
- CH_4의 비점은 (⑤)℃이며, 공기보다 가볍고 액체가 기체로 기화할 때 부피가 (⑥)배 팽창한다.

답안 ① 5 ② 6.5 ③ 2.1~9.5 ④ 1.8~8.4 ⑤ -162 ⑥ 600

52
주택에서 LP가스 폭발로 화재가 발생하였다. 다음 질문에 답하시오.

(1) 프로판가스의 연소반응식과 최소산소농도(MOC)를 구하시오. (단, 프로판의 폭발하한은 2.1%로 한다.)
(2) 연소에 필요한 부탄의 최소산소농도(MOC)를 구하시오. (단, 부탄의 폭발하한은 1.6%로 한다.)

답안
(1) ① 프로판 연소반응식 : $C_3H_8 + 5O_2 = 3CO_2 + 4H_2O$
② 최소산소농도=폭발하한계×산소몰수/연료몰수이므로 $2.1 \times 5/1 = 10.5 \text{vol}\%$
(2) 부탄의 연소반응식 : $C_4H_{10} + 6.5O_2 = 4CO_2 + 5H_2O$
∴ 최소산소농도= $1.6 \times 6.5/1 = 10.4 \text{vol}\%$

53
가스의 특징을 나타낸 것이다. 각 가스의 명칭을 쓰시오.

(1) 폴리염화비닐(PVC)이 연소할 때 발생하는 맹독성 가스로 허용농도가 0.1ppm이며 300℃에서 분해하여 일산화탄소와 염소가 된다.
(2) 화재현장에서 가장 일반적으로 발생하는 가스로 인체 흡입되면 헤모글로빈과의 친화력이 산소에 비해 200배 이상 강하여 치명적인 중독을 일으키기 쉽다.
(3) 구리와 반응하면 폭발성 금속아세틸라이드를 생성한다.

답안
(1) 포스겐($COCl_2$)
(2) 일산화탄소(CO)
(3) 아세틸렌(C_2H_2)

54 한식 목조주택 1층 주방에서 가스레인지 취급부주의로 화재가 발생하여 내부수납물이 완전소실되었다. 다음 물음에 답하시오.
(1) 로터리식 가스레인지 조작부가 완전연소되어 형태가 소실된 경우 사용여부를 판단할 수 있는 감식방법에 대해 기술하시오.
(2) LP저장용기 설치장소는 온도를 얼마 이하로 유지하여야 하는지 쓰시오.

답안
(1) 조작부 손잡이와 연결된 갈고리의 위치로 판단한다. 갈고리가 해머 아래 위치하면 켜짐 상태이고, 해머 위쪽으로 위치하고 있으면 꺼짐 상태이다.
(2) 40℃ 이하

55 옥외 보관 중인 가정용 LP가스에서 원인을 알 수 없는 화재가 발생하여 LP용기가 화염에 휩싸였다. 다음 질문에 답하시오.
(1) 용기에 부착된 안전밸브가 내부압력을 견디지 못해 작동하는 압력을 쓰시오.
(2) LP용기의 안전밸브가 터진 이후 기화되는 가스에 불이 붙은 경우 소화방법을 간단히 기술하시오.
(3) LP용기에 가스를 85%만 충전하는 이유를 쓰시오.

답안
(1) LP용기가 내부압력에 견딜 수 있는 $31kg/cm^2$이며 내부압력이 상승하더라도 내압의 80%에서 안전밸브가 동작하도록 설계되어 있다.
∴ $31kg/cm^2 \times 80\% = 24.8kg/cm^2$
(2) 용기 전체가 충분하게 적셔질 정도로 분무주수방법으로 냉각시킨다.
(3) 85% 이상 충전할 경우 온도가 상승하여 내압이 증가하면 용기파열의 위험성이 크기 때문이다.

56 성냥개비의 두약부분과 측약부분의 주성분을 쓰시오.
(1) 두약부분
(2) 측약부분

답안
(1) 염소산칼륨
(2) 적린

57 양초의 성분 3가지를 쓰시오. (단, 등심 제외)

답안 파라핀, 경화납, 스테아린산

58 담뱃불이 가솔린에 착화되지 않는 이유를 설명하시오.

답안 담뱃불의 표면은 탄화된 재로 덮여 있고 불이 붙어 있는 부분은 시시각각으로 이동하며 열량 대부분을 타지 않은 부분을 연소시키기 위해 소비하므로 가솔린 증기에 착화하지 않는다.

59. 연소의 4요소를 쓰시오.

답안 ① 가연물 ② 점화원 ③ 산소공급원 ④ 연쇄반응

60. 무염화원과 유염화원을 상대적으로 비교한 것이다. 아래 빈칸을 채우시오.

구 분	무염화원	유염화원
연소반응속도	①	②
발열량	③	④
종 류	⑤	⑥

답안
① 느리다.
② 빠르다.
③ 작다.
④ 크다.
⑤ 담뱃불, 향불, 스파크, 불티
⑥ 라이터불, 성냥불, 촛불

61. 흑연화(graphite)현상의 개념에 대해 설명하시오.

답안 목재와 같은 유기절연체가 탄화하면 무정형탄소로 되어 전기를 통과시키지 않지만 스파크 등 고열을 계속 받게 되면 무정형탄소가 점차 흑연화가 진행되어 탄화도전로가 생성되고 이곳으로 줄열이 흘러 발열·발화하는 현상

62. 다음 그림을 보고 양초의 부위별 온도를 쓰시오.

① 외염
② 내염
③ 염심

답안
① 외염 : 1,400℃
② 내염 : 1,200~1,400℃
③ 염심 : 600℃

63. 미소화원 감식에 대한 물음에 답하시오.
(1) 담뱃불이 연소하기 좋은 최적의 풍속은 얼마인지 쓰시오.
(2) 재로 덮여 있는 담뱃불의 표면온도는 대략 얼마인지 쓰시오.
(3) 그라인더로 금속을 절단할 때 수많은 불티가 생성되더라도 즉시 톱밥에 착화하지 않는다. 그 이유를 쓰시오.
(4) 무염화원이 일어난 발화지점의 가장 큰 특징을 쓰시오.

답안
(1) 1.5m/sec
(2) 200~300℃
(3) 전열량이 작기 때문이다.
(4) 장시간 화염과 접촉하고 있었으므로 발화부를 향해 깊게 타 들어가는 연소현상이 나타난다.

64. 인화칼슘이 보관된 저장소에서 화재가 발생하였다. 다음 질문에 답하시오.
(1) 인화칼슘이 물과 접촉한 경우의 반응식을 쓰시오.
(2) 인화칼슘에 물을 뿌리면 위험한 이유를 쓰시오.

답안
(1) $Ca_3P_2 + 6H_2O \rightarrow 3Ca(OH)_2 + 2PH_3$
(2) 포스핀가스(PH_3)가 발생하기 때문

65. 자연발화가 발생할 수 있는 물질적·환경적 조건을 3가지 이상 기술하시오.

답안
① 표면적이 넓을 것
② 열전도율이 적을 것
③ 발열량이 클 것
④ 주위온도가 높을 것

66. 자연발화의 형태를 나타낸 것이다. 발화물질을 보고 괄호 안을 채우시오.

구 분	발화물질
(①)	셀룰로이드, 니트로셀룰로오스 등
(②)	건초더미류, 퇴비, 볏단 등
(③)	건성유, 석탄, 고무류 등
(④)	목탄분말, 활성탄, 환원니켈 등

답안 ① 분해열 ② 발효열 ③ 산화열 ④ 흡착열

67 [★★★ / 배점 : 6]

용접작업장에서 불꽃이 비산하여 주변에 있던 알루미늄 분말에 착화되어 물을 뿌려 소화하였으나 얼마 후 폭발이 발생하였다. 다음 물음에 답하시오.
(1) 화재의 종류를 쓰시오.
(2) 폭발 원인을 쓰시오.
(3) 알루미늄 분말이 물과 접촉 시의 화학반응식을 쓰시오.

답안
(1) 금속화재
(2) 알루미늄 분말이 물과 접촉하여 수소가스가 발생하여 폭발이 발생
(3) $2Al + 6H_2O \rightarrow 2Al(OH)_3 + 3H_2$

68 [★★★ / 배점 : 5]

요오드값에 대한 다음 질문에 답하시오.
(1) 요오드값의 정의를 쓰시오.
(2) 요오드값을 3가지로 구분하여 쓰시오.

답안
(1) 유지 100g에 부가되는 요오드의 g수를 말한다.
(2) ① 건성유 : 요오드값이 130 이상인 것
    ② 반건성유 : 요오드값이 100 이상 130 미만인 것
    ③ 불건성유 : 요오드값이 100 미만인 것

69 [★★★ / 배점 : 8]

비가 오는 날 축사에서 화재가 발생하였다. 현장조사를 통해 마른 건초와 소석회가 남아 있었고 기타 발화원은 없는 것으로 판명되었다. 다음 질문에 답하시오. (2024년 기사)
(1) 발화원으로 작용한 물질은 무엇인지 쓰시오.
(2) 발화원으로 작용한 물질과 물과의 화학반응식을 쓰시오.
(3) 발화원으로 작용한 물질에 대해 감식요점 2가지를 쓰시오.

답안
(1) 생석회
(2) $CaO + H_2O \rightarrow Ca(OH)_2$
(3) ① 물과 접촉한 사실 및 수산화칼슘(소석회)의 잔해를 확인한다.
    ② 비닐, 건초류, 종이 등 착화가능한 물질을 확인한다.

70 [★★★ / 배점 : 5]

반응의 결과 가연성 가스를 발생하며 발화하는 물질로 물과 반응하여 발열하고 아세틸렌가스를 발생시키는 물질은 무엇인지 물질명을 쓰고, 물과의 반응식을 작성하시오.

답안
① 물질명 : 카바이드(탄화칼슘)
② 물과의 반응식 : $CaC_2 + 2H_2O \rightarrow Ca(OH)_2 + C_2H_2$

71 [★★ / 배점 : 4]

폭발하한계에 대해 설명하고, 프로판의 하한계값을 쓰시오.

답안
① 폭발하한계 : 가연성 가스가 공기 중에서 연소할 수 있는 최소한도의 농도값을 폭발하한계라고 한다.
② 프로판의 하한계값 : 2.1%

| ★★ / 배점 : 5 |

72 폭발과 화재의 차이점을 간단하게 쓰시오.

답안 화재는 연소범위가 확대되면 지속시간이 길게 이어지는 반면 폭발은 연소확대범위가 극단적으로 크고 지속시간이 매우 짧다는 특징이 있다.

| ★★★ / 배점 : 6 |

73 폭발의 성립조건 3가지를 쓰시오.

답안
① 가연성 가스나 증기가 산소와 혼합되어 폭발범위 내에 있을 것
② 최소점화에너지가 존재할 것
③ 밀폐공간 또는 밀폐용기류 등에 존재할 것

| ★★★ / 배점 : 6 |

74 분진폭발 예방대책 3가지를 쓰시오.

답안
① 분진가루가 날리지 않도록 수시로 물을 뿌리거나 습도를 조절한다.
② 밀폐된 공간은 환기를 자주 시킨다.
③ 정전기, 스파크 등이 발생하지 않도록 주의한다.

| ★★★ / 배점 : 4 |

75 폭발로 발생하는 효과 4가지를 기술하시오.

답안 ① 압력효과 ② 비산효과 ③ 열효과 ④ 지진효과

| ★★★ / 배점 : 4 |

76 BLEVE 발생과정 4단계를 순서대로 쓰시오.

답안 액온상승 → 연성파괴 → 액격현상 → 취성파괴

| ★★★ / 배점 : 9 |

77 클로로술폰산을 적재한 이동탱크차량이 운전자의 운전미숙으로 전복되었고 10여 분 후 화재가 발생하였다. 다음 물음에 답하시오.
(1) 클로로술폰산이 물과 접촉한 경우 화학반응식을 쓰시오.
(2) 클로로술폰산이 습기와 접촉한 경우 반응물질 2가지와 연소특징을 쓰시오.
(3) 클로로술폰산의 누설로 화재가 발생한 경우 감식요점을 간단히 쓰시오.

답안
(1) $HClSO_3 + H_2O \rightarrow HCl + H_2SO_4$
(2) 황산과 염화수소로 분해되며 다량의 흰연기를 발생시키며 발열을 일으킨다.
(3) 클로로술폰산과 가연물의 접촉 사실, 물 또는 습기의 접촉 사실 등을 확인하여 출화에 이르게 된 과정을 밝힌다.

78. 금속나트륨을 취급하는 화학공장에서 화재가 발생하였다. 다음 물음에 답하시오.

(1) 금속나트륨이 물과 접촉 시의 화학반응식을 쓰시오.
(2) 금속나트륨은 안전을 위해 어느 물질에 보관하는지 쓰시오.
(3) 금속나트륨이 물과 접촉하여 발화한 경우 탄화된 잔해의 특징을 간단히 기술하시오.
(4) 물질 자신이 발화하는 물질들은 연소 시 고유의 색상을 가지고 있다. 다음 물질들의 연소 시 색상을 쓰시오.
  ① 나트륨
  ② 칼륨
  ③ 세슘

답안
(1) $2Na + 2H_2O \rightarrow 2NaOH + H_2$
(2) 등유 또는 석유
(3) 탄화된 잔해 표면으로 백색의 끈끈한 수산화나트륨이 부착되어 있다.
(4) ① 나트륨 : 황색
    ② 칼륨 : 적자색
    ③ 세슘 : 담자색

79. 다음 괄호 안을 채우시오.

- (①)이란 화염의 전파속도가 매질 중의 음속보다 빠르고 파면 선단에 (②)가 발생하여 격렬한 파괴를 일으킨다.
- (③)이란 압력파가 미반응 매질 속으로 음속보다 느린 것으로 전파속도는 0.1~10m/sec 이다.

답안 ① 폭굉 ② 충격파 ③ 폭연

80. 튀김과자를 생산하는 공장에서 화재가 발생하였다. 다음 물음에 답하시오.

(1) 화재원인은 대두유가 스며든 행주에서 12시간 경과 후 발화되었다. 발화열원으로 작용한 열을 쓰시오.
(2) 자연발화에 영향을 준 요인을 5가지 이상 쓰시오.
(3) 감식요점 2가지를 쓰시오.

답안
(1) 산화열
(2) ① 열의 축적 ② 수분 ③ 공기의 유동 ④ 수납방법 ⑤ 열전도율
(3) ① 축열시간과 퇴적장소의 온도, 통풍상황, 잠열의 유무 등을 조사한다.
    ② 행주 중심부 내부로부터 연소된 것인지 확인하고 다른 발화원의 가능성을 부정한다.

81. 다음 괄호 안을 채우시오.

- 보통 인화점보다 10℃ 정도 높으며 5초 이상 연소를 지속할 수 있는 온도는 (①)이다.
- (②)현상이란 액체를 비점 이상으로 가열할 때 급격하게 폭발적인 비등을 일으키는 것을 말한다.
- 응상폭발의 한 형태로 금속물질이 용융과 동시에 물 속에 투입되었을 때 일시적으로 물이 순간적으로 급격하게 비등하는 것은 (③)폭발이다.

답안 ① 연소점 ② 돌비 ③ 수증기

82. 마그네슘을 취급하는 화학공장에서 화재가 발생하였다. 다음 물음에 답하시오.
(1) 마그네슘이 공기 중에서 연소할 때 매우 밝은 빛을 내며 연소한다. 연소반응식을 쓰시오.
(2) 마그네슘이 물과 접촉할 경우의 반응식을 쓰시오.
(3) 마그네슘화재 시 물을 뿌리는 냉각소화방법을 금지하는 이유를 쓰시오.

답안
(1) $2Mg + O_2 = 2MgO$
(2) $Mg + 2H_2O \rightarrow Mg(OH)_2 + H_2$
(3) 마그네슘이 물과 접촉하면 수소가 발생하여 폭발적으로 연소하기 때문

83. 다음 보기를 보고 화합물들의 명칭과 화학식을 각각 쓰시오.

① nitric acid ② nitric oxide ③ sulfur dioxide ④ sulfur acid

답안 ① 질산 : HNO_3 ② 일산화질소 : NO ③ 이산화황 : SO_2 ④ 황산 : H_2SO_4

84. 분진폭발의 성립조건이다. 괄호 안을 바르게 쓰시오.

- 물질은 가연성이며 (①) 내에 존재하여야 한다.
- 착화 가능한 (②)이 있어야 한다.
- 분진이 화염을 전파할 수 있는 크기로 (③) 중에 부유하여야 한다.

답안 ① 폭발범위 ② 점화원 ③ 공기

85. 가스폭발과 비교하여 분진폭발의 특징 3가지를 쓰시오.

답안
① 연소속도나 폭발압력은 가스폭발보다 작다.
② 가스폭발에 비해 연소시간이 길다.
③ 가스폭발은 1차 폭발이지만 분진폭발은 2차, 3차 폭발로 피해범위가 크다.

86. 방화에 대한 설명이다. 괄호 안에 알맞은 용어를 쓰시오.

(1) ( ) : 범행횟수와 범행 장소가 각기 다르게 3회 이상 방화를 저지르는 것으로 한번 방화를 한 후 냉각기를 갖고 있다가 또 다시 방화를 시도하는 것
(2) ( ) : 범행횟수가 단 한 번이지만 3곳 이상 다발성으로 불을 놓는 것으로 냉각기는 없다.

답안 (1) 연쇄방화 (2) 연속방화

87. 방화조사 시 직접착화의 조사요점 5가지를 쓰시오.

답안
① 2개소 이상 독립된 발화개소가 식별된다.
② 발화부 주변에서 유류성분이 검출되고 외부에서 반입한 유류용기가 발견된다.
③ 범죄와 관련된 경우 출입문이나 창문 등이 개방된 상태로 식별된다.
④ 발화부 주변에 화재원인으로 볼만한 시설이나 기구가 발견되지 않는다.
⑤ 방화행위자의 옷이나 피부 등이 그을리거나 유류가 묻어 있다.

88. 방화의 일반적인 특징을 5가지 이상 기술하시오.

답안
① 단독범행이 많고 검거가 어렵다.
② 주로 인적이 드문 야간이나 심야에 많이 발생하며 조기발견이 어렵다.
③ 착화가 용이한 인화성 물질을 방화수단 촉진제로 사용한다.
④ 피해범위가 넓고 인명을 대상으로 한 범죄가 많다.
⑤ 계절이나 주기와 상관없이 발생한다.
⑥ 음주를 하거나 약물복용을 한 후 비이성적 상태에서 실행에 옮기는 경향이 많다.
⑦ 현장에서 발견된 용의자들은 극도의 흥분과 자제력을 상실한 상태로 폭력성을 보인다.
⑧ 계획적이기보다는 우발적으로 발생하는 경우가 높다.
⑨ 여성에 비해 남성이 실행되는 빈도가 상대적으로 높다.
⑩ 옥내·외 구분 없이 발생하고 있으나 주택 및 차량에서 발생하는 비율이 높다.

89. 독립된 화재로 고의에 의해 다수 발화지점으로 오인할 수 있는 경우 5가지를 쓰시오.

답안
① 전도, 대류, 복사에 의한 연소확산
② 직접적인 화염충돌에 의한 확산
③ 개구부를 통한 화재확산
④ 드롭다운 등 가연물의 낙하에 의한 확산
⑤ 불티에 의한 확산

90. 방화판정 10대 요건을 쓰시오.

답안
① 여러 곳에서 발화
② 연소촉진물질의 존재

③ 화재현장에 타 범죄 발생증거
④ 화재가 발생할 소지가 없는 위치에서 발화
⑤ 화재원인 부존재
⑥ 화재발생 이전에 귀중품 반출
⑦ 수선 중 화재
⑧ 화재 이전에 건물이 손상된 경우
⑨ 동일 건물에서의 재차화재
⑩ 휴일 또는 주말 화재

91. 유류를 뿌렸을 때 나타날 수 있는 도넛 패턴의 중심부가 연소되지 않는 이유를 쓰시오.

답안 가연성 액체가 증발할 때 증발잠열의 냉각효과에 의해 보호되기 때문이다.

92. 방화의 방법 중 지연착화 수단으로 이용될 수 있는 장치나 수법을 3가지 쓰시오.

답안
① 촛불을 켜 놓고 주변에 가연물을 모아 놓는 방법
② 전기발열체에 가연물을 올려 놓고 도피시간을 확보하는 방법
③ 시계나 타이머를 점화장치에 연결시켜 이용하는 방법

93. 일반화재에서는 나타날 수 없는 방화현장에서 발견되는 전형적인 화재패턴 2가지를 쓰시오.

답안
① 트레일러 패턴
② 2개소 이상 독립 연소패턴

94. 차량에서 발생하는 미스파이어 화재에 대해 설명하시오.

답안 차량 엔진 점화플러그 불량으로 유효한 불꽃을 발생시키지 못해 실린더에서 연소되지 않은 생가스가 고온의 촉매장치에 모여서 연소하는 현상이다.

95. 가솔린 차량의 엔진 구성요소 5가지를 쓰시오.

답안 ① 연료장치 ② 점화장치 ③ 윤활장치 ④ 배기장치 ⑤ 냉각장치

96. 차량화재에서 역화와 후화의 차이점을 기술하시오.

답안
① 역화 : 기화기와 연결된 흡기관의 연료계통에서 연소하는 현상
② 후화 : 배기매니폴더와 연결된 배기장치 계통에서 연소하는 현상

97. 가솔린 차량에서 발생하는 역화에 대해 설명하고, 원인을 3가지로 구분하여 기술하시오.

답안
① 역화 : 점화시기에 이상이 발생하여 연소실 내부에서 연소되어야 할 연료 중에 미연소된 가스가 흡기관 쪽으로 역류하여 화염이 전파되는 현상을 말한다.
② 역화의 원인
  ㉠ 엔진과열
  ㉡ 혼합가스 희박
  ㉢ 실린더 사이 개스킷 파손

98. 차량 소음기의 3가지 기능을 쓰시오.

답안 ① 팽창 ② 공명 ③ 흡음

99. LPG차량에 부착된 LP가스 용기의 색상을 쓰시오.
(1) 기체송출밸브
(2) 충전밸브
(3) 액체송출밸브

답안 (1) 황색 (2) 녹색 (3) 적색

100. 과레이싱에 의한 발화과정을 쓰시오.

답안 운전자가 가속페달을 일정시간 밟은 경우 엔진이 오버히트를 일으키고 고온상태의 엔진오일이 오일팬과 실린더블록의 접속 틈새로 분출하여 고온의 배기관 위로 떨어지면 출화한다.

101. 삼원촉매장치에 쓰이는 금속의 종류 3가지를 쓰시오.

답안 백금, 팔라듐, 로듐

102. 운전자가 시동을 켠 상태로 차량에서 잠을 자다가 화재가 발생하였다. 화재 당시 차량 주변에서 큰 굉음소리가 들렸다는 목격자의 진술이 있었고 차량 뒤편으로 집중연소되었다. 화재원인을 쓰시오.

답안 고속공회전(과레이싱)

103. 삼원촉매컨버터는 연소 시 발생하는 유해물질을 산화 또는 환원시키는 작용을 한다. 유해물질 3가지를 쓰시오.

답안 ① 일산화탄소 ② 탄화수소 ③ 질소화합물

104. 차량화재 발생요인 중 연료 및 배기계통에서 발화할 수 있는 유형을 3가지 기술하시오.

답안
① 역화(back fire) : 연소기에서 혼합가스가 폭발하여 생긴 화염이 다시 기화기쪽으로 전파되는 현상
② 후화(after fire) : 실린더 안에서 불완전연소된 혼합가스가 배기파이프나 소음기 내에 들어가서 고온의 배기가스와 혼합·착화하는 현상
③ 과레이싱 : 차량이 정지된 상태로 가속페달을 계속 밟아 회전력을 높이면 고속공회전이 일어나고 엔진의 회전수가 높아져 엔진오일이나 라디에이터의 온도가 급격히 상승하여 과열·발화하는 현상

105. 차량 엔진이 과열되면 화재로 발전하는 경우가 많다. 엔진과열의 원인을 3가지 쓰시오.

답안
① 냉각수 부족
② 라디에이터 코어 막힘
③ 수온조절기(서모스탯) 고장
④ 냉각장치 내부 물때(이물질) 퇴적
⑤ 팬벨트 헐거움
⑥ 엔진오일 부족

106. 과산화나트륨을 실은 차량이 타이어 펑크로 전복되는 사고가 발생하였다. 물음에 답하시오.
(1) 과산화나트륨이 누출된 경우 냉각소화를 할 수 없다. 이유를 쓰시오.
(2) 과산화나트륨이 물과 접촉한 경우의 반응식과 생성물질을 쓰시오.
(3) 과산화나트륨화재 시 소화약제 3가지를 기술하시오.

답안
(1) 물과 반응하여 발열하고 산소를 방출하므로 물을 이용한 냉각소화를 할 수 없다.
(2) ① 반응식 : $2Na_2O_2 + 2H_2O \rightarrow 4NaOH + O_2$
② 생성물질 : 수산화나트륨, 산소
(3) ① 분말소화약제 ② 건조사 ③ 소다회

107. 차량화재가 발생하여 현장감식을 통해 보기와 같이 정보를 확보하였다. 물음에 답하시오.

> - 차량 밑 배기관 계통의 촉매장치 주변이 심하게 연소되었으며, 모놀리스형 촉매장치 내부가 용융되었다.
> - 차량 실내는 콘솔박스 주변의 바닥재 카펫이 소손되었다.
> - 엔진룸 내부 6개의 점화플러그 중 4개의 점화플러그가 그을음에 오염되었고 플러그 애자에 스파크가 발생한 흔적이 있었다.
> - 점화플러그 캡 안은 물에 젖어 있었다.

(1) 화재원인을 쓰시오.
(2) 발화과정에 대해 기술하시오.
(3) 감식요점 3가지를 기술하시오.

답안
(1) 미스파이어(misfire)
(2) 점화플러그로 흘러야 할 고전류가 물에 의해 리크(leak)를 일으켜 유효한 불꽃을 발생할 수 없게 되자 실린더 4기통으로 미스파이어가 일어나 생가스가 촉매장치에서 고온의 배기가스에 의해 발화하였다.

(3) ① 플러그 단자의 그을음 오염 및 플러그 애자의 스파크 발생흔적을 확인한다.
② 촉매장치의 변색 및 주변 언더코트의 연소상황을 확인한다.
③ 차량 내부의 소손상태 및 운전자 증언을 확인한다.

108 고도가 높은 곳에서 산불이 발생하기 어려운 이유를 기술하시오.

답안 고도가 높으면 기압이 낮고 공기가 차갑기 때문이다. 따뜻한 공기는 대기와 식물 등으로부터 수분을 흡수하여 연소가능성을 높이지만, 상대적으로 차가운 공기는 습기가 많아 발화가 어렵고 일단 발화하더라도 연소속도가 매우 느리거나 자연소화된다.

109 임야화재 시 발화지역을 조사하는 방법이다. 괄호 안을 채우시오.

- 나선법이라고도 하며, 발화지역을 원형으로 조사하는 방법은 (①)기법이다.
- (②)기법은 좁은 통로길을 직선적으로 비교적 빠르게 조사를 할 수 있는 특징이 있다.
- 조사구역을 수직 또는 수평상태로 이동하며 동일구역을 두 번 이상 조사할 수 있는 방법은 (③)기법이다.

답안 ① 루프 ② 좁은길 ③ 격자

110 나무에 벼락이 떨어졌을 때 뿌리부분에 있는 모래가 녹으면서 형성된 것으로 유리덩어리형태의 암석을 무엇이라 하는지 쓰시오.

답안 섬전암

111 임야화재 조사 시 연소형태에 관해 답하시오.

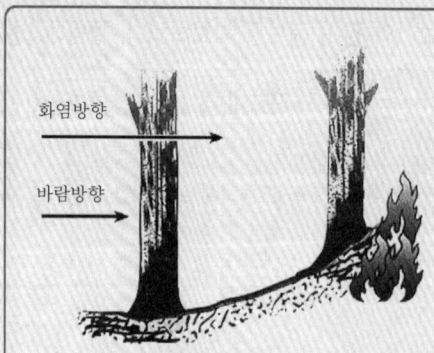

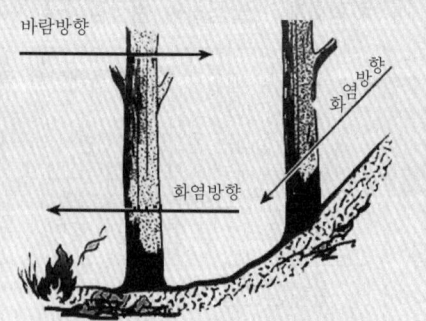

(1) 오르막 경사 쪽으로 화염과 바람의 방향이 일치할 때 줄기의 탄화각은 어떤 형태로 나타나는지 쓰시오.

(2) 오르막 경사 쪽으로 바람이 불고 내리막 경사 쪽으로 화재가 발생하면 줄기의 탄화각은 어떤 형태로 나타나는지 쓰시오.

답안 (1) 줄기의 탄화각은 언덕의 경사각보다 크게 나타난다.
(2) 줄기의 탄화각은 언덕의 경사와 동일하거나 평행하게 나타난다.

112. 다음 그림을 보고 연소방향성을 A → B 또는 B → A로 나타내시오.

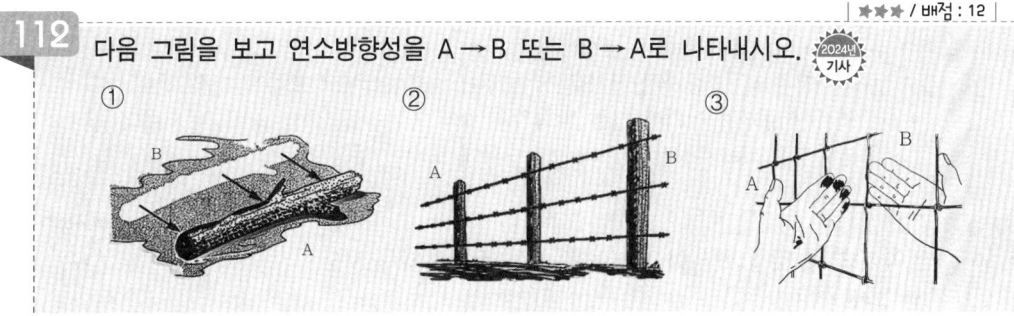

답안
① A → B
② A → B
③ A → B

113. 임목의 상층부가 연소하는 수관화현상이 바람을 타고 주변으로 확대될 때 나타나는 연소패턴을 쓰시오.

답안 V형 패턴

114. 퇴적된 낙엽류가 연소하는 산불초기단계로 발화지점을 중심으로 원형으로 확대되는 산불의 종류를 쓰시오.

답안 지표화

115. 임야화재 시 발생하는 화재풍에 대해 간단히 서술하시오.

답안 화재 시 발생한 뜨거운 화염이 공기와 혼합되어 발생하는 바람이다. 화재풍의 세기에 따라 화재확산 양상은 달라진다.

116. 선박의 엔진기관을 회전속도에 따라 3가지로 구분하여 쓰시오.

답안 고속기관, 중속기관, 저속기관

발화개소의 판정

117. 발화부 추정 5원칙을 기술하시오.

답안 ① 발화원 및 최초착화물과 상관관계를 추론하는 데 무리가 없을 것

② 발화원이 잔존하지 않는 경우 소손상황, 발견상황, 발화장소의 환경조건을 종합적으로 고찰하여 발화원인에 타당성이 있을 것
③ 화재사례 및 경험과 실험치 등에 비추어 발화가능성에 모순이 없을 것
④ 조사된 발화원 이외에 다른 발화원은 배제가 가능할 것
⑤ 발화지점으로 추정된 장소의 소손상황에 모순이 없을 것

118. 임야화재 시 깃발의 색이 의미하는 것이 무엇인지 쓰시오..
(1) 적색 :
(2) 청색 :
(3) 백색 :

답안
(1) 전진 화재확산
(2) 후진 화재확산
(3) 물리적 증거

119. 발화지점 부근의 일반적인 연소현상 5가지를 기술하시오.

답안
① 발화부를 향해 소락되거나 도괴된다.
② 발화부에서 주변으로 확산된 'V' 패턴의 연소형태가 보인다.
③ 발화부와 가까울수록 탄화심도가 깊다.
④ 목재 표면의 균열흔은 발화부와 가까울수록 잘고 가늘어지는 경향이 있다.
⑤ 발화부는 비교적 밝은 색을 띠며 발화부와 멀어질수록 어두운 빛을 나타낸다.

120. 그림과 같이 개구부가 있는 구획실 안에서 화재가 발생한 경우 질문에 답하시오.

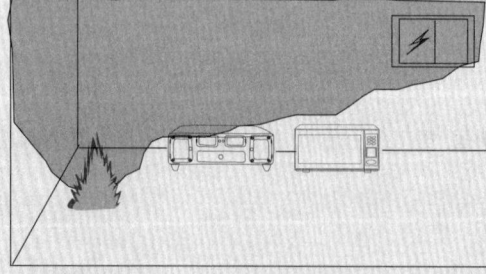

(1) 천장 상층부까지 성장한 분출가스가 점차 벽면을 타고 아래로 내려오다가 어느 순간 연기층이 하강을 멈추었다면 그 이유에 대하여 쓰시오.
(2) 플래시오버 이전 단계로 화염이 밖으로 출화하기 전까지 실내 화재양상을 쓰시오.

답안
(1) 개구부를 통해 유출되는 가스의 양과 천장으로 집적되는 가스의 양이 동일하기 때문이다.
(2) 고온가스의 온도가 지속적으로 올라가며 실내에 있는 산소가 소진될 때까지 연소하는 연료지배형 화재양상을 보인다.

Chapter 05
증거물 관리 및 검사

01 증거물의 수집·운송·저장 및 보관
02 증거물의 법적 증거능력 확보 및 유지
03 증거물 외관검사
04 증거물 정밀(내측)검사
05 화재 재현실험 및 규격시험
　　　 출제예상문제

Chapter 05 증거물 관리 및 검사

01 증거물의 수집·운송·저장 및 보관

1 증거물 개체

(1) 목재류
① 탄화면이 거칠고 요철이 많을수록 연소가 강한 것이다.
② 탄화면의 홈의 폭이 넓을수록 연소가 강한 것이다.
③ 탄화면의 홈의 깊이가 깊을수록 연소가 강한 것이다.

(2) 금속류
① 화재 열을 받은 금속은 용융하기 전에 자중 등으로 인해 좌굴한다.
② 금속류의 만곡이란 압력이나 열을 받은 쪽으로 기둥이나 면이 응력(應力)을 버티지 못해 휘거나 붕괴되는 현상이다.
③ 일반적으로 금속의 만곡정도는 수열을 받은 정도와 비례한다.

(3) 콘크리트, 모르타르, 타일류
① 콘크리트는 화재로 열을 강하게 받은 곳일수록 균열이 크고 팽창에 의해 박리가 발생한다.
② 콘크리트류의 표면이 밝은 지점일수록 연소가 강하게 일어난 것으로 연기와 그을음이 부착된 지점보다 소손이 크다.
③ 박리된 면적을 바탕으로 열 영향의 크기를 판단할 수 있다.

> **꼼꼼. check!** → 폭열(spalling)의 발생원인
> • 경화되지 않은 콘크리트에 있는 수분
> • 철근 또는 철망 및 주변 콘크리트 간에 차등팽창
> • 콘크리트 혼합물과 골재 간의 차등팽창
> • 화재에 노출된 표면과 슬래브 내장재 간의 불균일한 팽창

(4) 유리류
① 유리의 잔금은 급격한 열에 의해서는 발생하지 않으며 온도가 급격히 식을 때 발생할 수 있다. 고온의 유리에 물을 뿌리면 지속적으로 잔금이 발생한다.
② 유리에 두텁고 끈적거리는 그을음의 부착은 나무나 플라스틱 같은 가연물의 불완전연소 결과로 발생하는 경우가 있고 화재 열로 발생한 유리의 잔금은 불규칙적인 곡선형태로 측면에는 월러라인이 발생하지 않는다.

③ 폭발에 의한 유리의 파손형태는 파괴기점이 국부적이 아니라 유리 표면적 전체가 전면적으로 압력을 받아 **평행선에 가까운 형태**로 깨지며 충격에 의해 생성되는 동심원 형태의 파단은 발생하지 않는다.
④ 화재 열로 인한 유리의 파손은 길고 **불규칙한 형태**로 금이 가면서 깨지고 외력에 의한 월러라인이 형성되지 않는다.

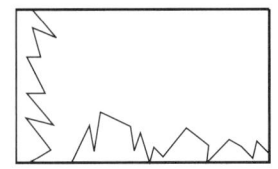
|폭발에 의한 유리의 파손형태|

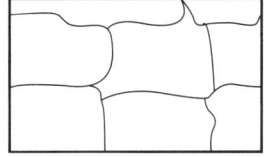
|화재 열로 인한 유리의 파손형태|

확인문제

유리 파손형태에 대해 각 물음에 답하시오.
(1) 유리가 열에 의해 깨졌을 때 표면에 나타나는 특징을 쓰시오.
(2) 유리가 열에 의해 깨졌을 때 단면에 나타나는 특징을 쓰시오.
(3) 유리가 충격에 의해 깨졌을 때 표면에 나타나는 특징을 쓰시오.
(4) 유리가 충격에 의해 깨졌을 때 단면에 나타나는 특징을 쓰시오.

답안 (1) 불규칙한 곡선형태 (2) 월러라인이 없고 매끄럽다.
(3) 방사상 형태로 깨진다. (4) 곡선모양의 월러라인이 보인다.

(5) 합성수지류

① 열을 받으면 먼저 물렁물렁하게 연화되며 하중이 있으면 형태가 붕괴되거나 구멍이 뚫리고 변형된다.
② 용융과정에서 녹아 떨어지면 본체에서 이탈되거나 열의 공급 없이도 지속적으로 연소가 이루어진다.
③ 난연처리되지 않은 합성수지류는 착화온도가 낮아 대부분 200~400℃에 열분해가 이루어지며 연소로 인해 소실된다.

|합성수지류의 연소특징|

구 분	연화온도(℃)	용융온도(℃)	열변형온도(℃)
폴리에틸렌	123	220	41~83
폴리프로필렌	157	214	85~110
염화비닐수지	219	–	55~75
폴리우레탄	121	155	–
폴리카보네이트	213	305	132
ABS수지	202	202	–
불포화폴리에스테르	327	–	600~200
에폭시수지	298	–	–

(6) 법의학적 증거물 종류
① 손가락 및 손바닥 지문
② 혈청학적 혈액, 타액과 같은 인체의 분비물
③ 머리카락 및 치아, 골격
④ 섬유, 신발자국, 도구의 흔적
⑤ 흙 및 모래, 나무 및 톱밥
⑥ 유리, 페인트, 금속
⑦ 필적, 의심되는 문서 등

(7) 9의 법칙(신체의 표면적을 9% 단위로 나누고 외음부를 1%로 산정)

신체 모든 부위를 100% 기준으로 하여 머리 9%, 전흉복부 9%×2, 배부 9%×2, 상지 9%×2, 대퇴부 9%×2, 하퇴부 9%×2, 외음부 1%로 산정한다.

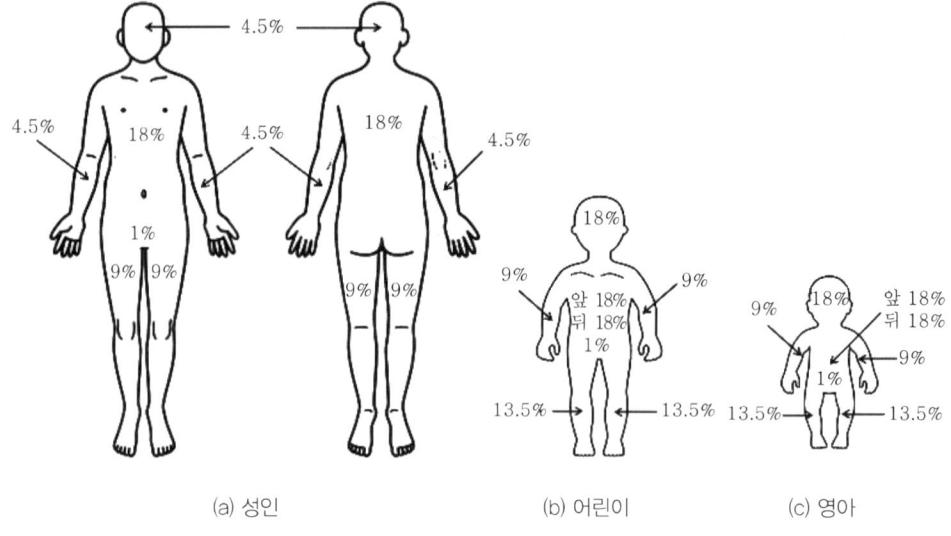

‖ 체표면적 환산방법 ‖

(8) 소사체의 특징
① 일반적으로 전신 1~3도의 화상이 보인다.
② 근육의 수축으로 사지가 구부러진 상태로 <u>권투선수 자세</u>를 취하는 경우가 많다 (근육의 탈수와 수축영향).
③ <u>지방이 가장 많은 몸통이 가장 심하게 소손</u>되고 다른 부분은 상대적으로 덜 연소될 수 있다.
④ 소사체의 시반 색깔은 혈중 이산화탄소 헤모글로빈(CO_2Hb)이 생성되어 암적색을 띤다(<u>일산화탄소 중독시 시반의 색깔은 선홍빛</u>).
⑤ 피부가 크게 벗겨지는 장갑상, 양말상 탈락현상이 손과 발에 나타날 수 있다.

⑥ 사인이 화재에 의한 것인지 판단하기 위해 혈중의 일산화탄소 헤모글로빈(COHb) 포화도를 측정해 보면 알 수 있다.

(9) 화재사 입증을 위한 법의학적 특징 2016년 기사 2019년 기사
① 화재 당시 생존해 있을 경우 화염을 보면 눈을 감기 때문에 눈가 주변 또는 호흡기 주변으로 짧은 주름이 생기고 주름 사이에는 그을음이 없다.
② 일산화탄소에 중독된 경우 시반은 선홍빛을 띠며 화재 당시에 살아있었다는 증거가 된다.
③ 기도 안에서 그을음이 발견된다.

(10) 증거물 개체를 수집할 때 조사관의 마음자세
① 화재와 직접 연관된 중요한 물품이나 개체를 인지할 수 있어야 한다.
② 발화와 관련된 뚜렷한 화재패턴을 보이는 물질이나 방화에 사용된 장치와 같은 물질적 증거는 손상 없이 수집할 수 있어야 한다.
③ 증거물을 발견했을 때 발견장소와 당시 상황을 설명할 수 있어야 한다.
④ 증거를 수집하는 절차와 보존방법을 숙지하고 있어야 한다.

2 증거물 수집방법

(1) 증거 수집의 필요성
① 발화원과 관계된 물질 또는 물체의 위치, 구조, 재질 등의 분석
② 발화 및 연소확산된 경위 파악 및 발화원의 논증자료 확보
③ 감식과 감정을 위한 연구자료 및 법적 증거자료 확보

(2) 증거 수집방법을 결성하는 요소
① 물질의 상태(고체, 액체, 기체)
② 물질의 특성(증거물의 크기, 형태, 무게)
③ 증거물의 손상 및 변형여부
④ 증거물의 휘발성 및 증발성

(3) 인화성 액체의 수집방법
① 즉시 수집이 가능할 경우 주사기, 피펫(pipette), 스포이트(spuit) 등 흡입기구를 사용하고, 바닥 틈새나 구석진 부분 등은 살균된 면봉이나 거즈패드를 이용한다.
② 유류성분은 수집 즉시 증발방지를 위해 열로부터 멀리하고 견고하게 막아서 밀봉조치를 취한다.
③ 액체 촉진제가 섬유류 같은 다공성 물질 안에 흡수되었을 때 섬유류도 함께 수집하여야 하며 비교샘플도 수거하도록 한다.

> **!꼼.꼼. check!** ● 비교샘플 수집 이유 ●
>
> 액체 촉진제가 낮은 곳으로 흘러가 다른 물질과 혼합되어 오염이 가중되거나 섬유나 플라스틱, 목재 등과 접촉하여 연소한 경우 이들 물질에서도 인화성 액체에서 추출될 수 있는 탄화수소계열의 물질이 분비되므로 현장에서 수집한 인화성 액체가 다른 물질로부터 비롯된 것이 아니라는 점을 입증하기 위함에 있다. 비교샘플의 수집은 오염되지 않고 불에 타지 않은 구역에서 수집한다. 비교샘플이란 오염되지 않고 테스트하려는 물질의 화재 전 상태를 정확히 나타낼 수 있는 물질로 정의된다. 비교샘플은 연소되지 않고 물과 접촉하지 않은 지역에서 수집하는 게 가장 이상적이지만 만일 이것이 불가능하다면 인화성 액체의 존재가 의심되지 않은 지역에서 샘플을 수집해야 한다.

(4) 고체 표본의 수집방법

① 고체는 수집과정에서 파손 및 망실되기 쉽고 화재로 인해 분해되거나 흩어져 단면이 작게 남을 수 있다. 그러므로 가급적 분해된 물질 전체를 수집하도록 한다.
② 전기배선은 쉽게 잘려 나가거나 끊어질 수 있으므로 전원 공급측과 부하측의 양쪽 끝에 번호표를 부착시켜 구분하고 배선경로와 방향, 연결된 부하기기 등을 인식할 수 있도록 조치한다.
③ 전기스위치, 콘센트, 온도조절장치, 배전반 패널 등은 발견된 상태 그대로 떼어내어 수집한다. 배전반 안에 있는 각각의 부품을 수집할 때는 전체적인 분배시스템의 위치와 기능에 주의하여 수집하도록 한다.
④ 조사관이 해당 설비에 대하여 잘 알지 못하는 경우 해당 설비의 손상방지를 위해 해체하거나 현장에서 테스트하기 전에 관련분야에 지식이 있는 전문가의 지원을 받도록 한다.

(5) 증거물 수집의 기본원칙

① 맨손으로 만지지 말고 일회용 장갑을 착용하며, 오염을 최소화한다.
② 증거물 수집은 가능한 한 빨리 수거하도록 한다.
③ 액체 시료의 수집은 주변의 흙과 모래 등에 뒤섞여 있는 경우 혼합물과 함께 수거하도록 하며, 필요시 비교시료도 동일한 양을 수거한다.
④ 증거물의 포장과 번호표 작성은 직접 수거를 담당한 조사관이 작성하도록 하여 관리 소재를 분명히 한다.
⑤ 사용되는 도구는 깨끗하거나 사용하지 않은 것을 이용한다.
⑥ 오염물질을 강제로 털어 내거나 떼어 내려고 하지 않도록 한다.
⑦ 비닐봉투는 밀봉 후 종이상자에 넣어야 하며, 종이상자가 없는 경우에는 2겹 이상으로 포장하여 찢어지지 않도록 한다.
⑧ 이질적인 물질은 같은 용기에 함께 넣지 말고 반드시 따로 구분하여 수거하여야 한다.
⑨ 증발이 용이하고 독성이 있는 물질은 누출되지 않도록 부식성이 없는 견고한 마개를 사용하여야 하며, 주의사항 등이 담긴 설명자료를 첨부하여야 한다.
⑩ 관계자 등에게 증거물에 대한 보관증을 교부하고 사후 반려가 가능하다는 것을 고지하여야 한다(단, 소유권을 포기한 경우 제외).

3 증거물의 사진촬영 방법

화재현장 전체를 물리적인 증거로 간주하고 사진촬영에 임해야 한다. 특히 물리적 증거는 발견 당시 위치와 소손상태를 쉽게 인식할 수 있도록 조기에 실시하고 발굴 및 복원을 통해 이동될 때마다 사진기록으로 남겨야 한다.

① 증거물을 발견했을 때 전체적인 주변상황이 나타날 수 있도록 촬영한 후 가까이 근접해가며 촬영을 한다.
② 여러 지점에서 다수의 증거를 확보했을 경우 증거물마다 고유의 식별번호를 부착시키거나 기호, 화살표 등으로 표시하여 각 증거물의 위치와 상태를 촬영한다.
③ 전기배선을 수집하는 경우 전선을 절단하기 전에 소손상태, 발견상황 등을 알 수 있도록 먼저 촬영을 하고 전선의 양쪽 끝에 태그를 붙인 후에도 사진으로 촬영한다.
④ 플러그나 콘센트 등 단면이 작은 물체는 표식을 사용하거나 매크로 기능으로 근접촬영을 한다.
⑤ 이미 소손이 심해 분해된 증거물은 분해된 상황을 먼저 촬영하고, 분해물의 특징을 나타내는 상황을 화살표 등으로 표시하여 확대 촬영한다.
⑥ 사진촬영은 개략적인 도면작성과 함께 실시하여 상황을 구체화한다.

> **꼼꼼.check!** ─ 사람의 눈과 카메라의 기능 비교 ─ 2013년 산업기사

구 분	눈	카메라
빛의 굴절	수정체	렌즈
빛의 양 조절	홍채	조리개
상이 맺힘	망막	필름
암실 기능	맥락막	어둠상자
빛의 차단	눈꺼풀	셔터

4 증거물 수집용기의 구분 및 내용

| 종이상자 현장사진(화보) p.22 참조 |

| 금속캔 현장사진(화보) p.22 참조 |

| 비닐봉지 현장사진(화보) p.22 참조 |

1 증거물 수집용기

(1) 공통사항
① 장비와 용기를 포함한 모든 장치는 원래의 목적과 채취할 시료에 적합하여야 한다.
② 시료 용기는 시료의 저장과 이동에 사용되는 용기로 적당한 마개를 가지고 있어야 한다.
③ 시료 용기는 취급할 제품에 의한 용매의 작용에 투과성이 없고 내성을 갖는 재질로 되어 있어야 하며, 정상적인 내부 압력에 견딜 수 있고 시료채취에 필요한 충분한 강도를 가져야 한다.

(2) 유리병
① 유리병은 유리 또는 폴리테트라플루오로에틸렌(PTFE)으로 된 마개나 내유성의 내부판이 부착된 플라스틱이나 금속의 스크루 마개를 가지고 있어야 한다.
② 코르크 마개는 휘발성 액체에 사용하여서는 안 된다. 만일 제품이 빛에 민감하다면 짙은 색깔의 시료병을 사용한다.
③ 세척 방법은 병의 상태나 이전의 내용물, 시료의 특성 및 시험하고자 하는 방법에 따라 달라진다.

(3) 주석 도금캔(CAN)
① 캔은 사용 직전에 검사하여야 하고 새거나 녹슨 경우 폐기한다.
② 주석 도금캔(CAN)은 1회 사용 후 반드시 폐기한다.

(4) 양철캔(CAN)
① 양철캔은 적합한 양철판으로 만들어야 하며, 프레스를 한 이음매 또는 외부 표면에 용매로 송진 용제를 사용하여 납땜을 한 이음매가 있어야 한다.
② 양철캔은 기름에 견딜 수 있는 디스크를 가진 스크루 마개 또는 누르는 금속마개로 밀폐될 수 있으며, 이러한 마개는 한 번 사용한 후에는 폐기되어야 한다.
③ 양철캔과 그 마개는 청결하고 건조해야 한다.
④ 사용하기 전에 캔의 상태를 조사해야 하며 누설이나 녹이 발견될 때에는 사용할 수 없다.

(5) 시료용기의 마개
① 코르크 마개, 고무(클로로프렌 고무는 제외), 마분지, 합성 코르크 마개 또는 플라스틱 물질(PTFE는 제외)은 시료와 직접 접촉되어서는 안 된다.
② 만일 이런 물질들을 시료 용기의 밀폐에 사용할 때에는 알루미늄이나 주석 호일로 감싸야 한다.

③ 양철 용기는 돌려 막는 스크루 뚜껑만 아니라 밀어 막는 금속 마개를 갖추어야 한다.
④ 유리 마개는 병의 목 부분에 공기가 새지 않도록 단단히 막아야 한다.

2 증거물 오염의 원인

(1) 증거물 보관용기의 오염
① 수집 용기의 세척불량, 다른 용기와 혼용 또는 재사용에 따른 오염
② 증거물 수거 후 봉인 또는 밀봉조치 미흡에 따른 오염
③ 용기의 파손, 변형 등 관리부실에 의한 오염

(2) 증거 수집과정에서의 오염
① 증거물에 대한 무분별한 직접 접촉에 의한 오염
② 다른 물질과의 이질적 혼합에 의한 오염
③ 잘못된 취급으로 증거물의 파손, 변형, 망실 등에 의한 오염

(3) 소방관에 의한 오염
① 퇴적물 또는 소화수 등과의 접촉으로 희석, 분리, 멸실 초래
② 동력절단기, 이동식 발전기 등 소방장비의 연료 주입과정에서 누설오염
③ 현장통제 미흡으로 야기되는 불특정인의 현장출입

5 증거물의 운송, 저장 및 보관 방법

1 증거물의 운송방법

증거물은 현장에서 수집 후 연구소나 감정기관 등으로 이송하여 분석의뢰를 실시하는 경우가 많은데 이에 따른 이송방법으로 화재조사 담당자가 직접 이송하는 방법과 우편 발송에 의한 방법이 있다.

(1) 직접 이송
① 증거물의 전달은 증거 수집에 직접 참여한 조사관이 인편으로 전달할 것을 권장한다. 인편수송은 증거물의 손상과 망실을 최소화할 수 있으며 증거가 바뀌거나 다른 것으로 착각하는 등 오류를 방지할 수 있기 때문이다.
② 증거물의 직접 이송은 증거의 도난우려 등을 방지할 수 있다. 화재조사관은 증거물을 직접 운반할 때 증거물이 원형을 유지할 수 있도록 모든 노력을 다해야 하며 감정기관이나 연구소 등으로 이동될 때까지 담당자가 직접 보관하고 통제하도록 한다.

(2) 우편발송

① 거리가 너무 멀거나 예기치 못한 상황이 있을 경우 불가피하게 우편발송에 의뢰할 수 있다. 증거물은 상자 안에 넣고 임의적 개봉을 방지하기 위하여 <u>변경방지용 테이프로 밀봉</u>을 하고 상자 안에 어떤 물건이 들어 있는지 알아보기 쉽게 <u>표식을 할 수 있다.</u> 이는 물건의 성격을 탁송인도 알아 볼 수 있게 함으로써 취급에 각별한 주의를 촉구하는 것이다.

② 상자 안에는 화재조사관의 소속과 이름, 주소, 전화번호, <u>증거물의 세부목록 등이 기재된 서류를 포함시켜야</u> 하며 요구사항을 포함시키는 것도 가능하다. 그러나 모든 물품이 탁송으로 처리가능한 것이 아니다. 기계적으로 민감한 전자부품이나 배선용 차단기, 온도조절장치 등은 파손의 우려가 있으므로 이송 전에 증거물을 인계받는 기관과 사전에 협의하는 것이 좋다. 또한 폭발성 물질과 발화성 물질, 인화성이 강한 물질 등은 현행 탁송규정에 제한을 두고 있어 다른 적절한 방법을 강구하도록 한다.

> **꼼.꼼. check! ▶ 현행법상 우편금지물품**
> ① 인화성 물질
> ② 발화성 물질
> ③ 폭발성 물질

2 증거물의 저장 및 보관 방법

증거물이 쉽게 손상되거나 변질되지 않도록 항상 최상의 조건에서 관리할 수 있는 방안이 강구되도록 한다. 증거물을 보관하기 위한 <u>별도의 단독공간이 필요</u>하며, 물질별, 종류별로 구분이 가능하도록 한다. 또한 특정인을 관리자로 지정하여 운영할 수 있도록 한다. 관리자는 화재조사관으로 지정하는 것이 좋고 많은 인원보다 <u>한 명이 관리하도록</u> 한다. 증거물은 직사일광에 직접 접촉하여 열화(劣化)가 촉진되지 않도록 다음과 같은 장소로 선정한다.

① 열과 습도가 없는 장소에 저장할 것
② 건조하고 어두우며 서늘한 곳일 것
③ 휘발성 물질은 냉장보관할 것

> **꼼.꼼. check! ▶ 휘발성 물질 보관**
> 휘발성 물질은 냉장보관은 가능하지만, 냉동보관하지 않도록 주의하여야 한다. 인화점 측정 등 물리적 테스트에 영향을 줄 수 있기 때문이다.

3 증거물 인식표지에 기재하여야 할 사항

① 화재조사관(수집자)의 이름
② 증거물 수집일자, 시간
③ 증거물의 이름 또는 번호
④ 증거물에 대한 설명 및 발견된 위치
⑤ 봉인자, 봉인일시

02 증거물의 법적 증거능력 확보 및 유지

1 증거물의 수집, 포장, 보관, 이동과정에 대한 문서화 방법

(1) 증거물의 상황기록(화재증거물수집관리규칙 제3조)
① 화재조사관은 증거물의 채취, 채집 행위 등을 하기 전에는 증거물 및 증거물 주위의 상황(연소상황 또는 설치상황을 말함) 등에 대한 도면 또는 사진 기록을 남겨야 하며, 증거물을 수집한 후에도 기록을 남겨야 한다.
② 발화원인의 판정에 관계가 있는 개체 또는 부분에 대해서는 증거물과 이격되어 있거나 연소되지 않은 상황이라도 기록을 남겨야 한다.

(2) 증거물의 수집(화재증거물수집관리규칙 제4조)
① 증거서류를 수집함에 있어서 원본 영치를 원칙으로 하고, 사본을 수집할 경우 원본과 대조한 다음 원본대조필을 하여야 한다. 다만, 원본대조를 할 수 없을 경우 제출자에게 원본과 같음을 확인 후 서명 날인을 받아서 영치하여야 한다.
② 물리적 증거물 수집(고체, 액체, 기체 형상의 물질이 포집되는 것을 말함)은 증거물의 증거능력을 유지·보존할 수 있도록 행하며, 이를 위하여 전용 증거물 수집장비(수집도구 및 용기를 말함)를 이용하고, 증거를 수집함에 있어서는 다음에 따른다.
  ㉠ 현장 수거(채취)물은 [별지 제1호 서식]에 그 목록을 작성하여야 한다.
  ㉡ 증거물의 수집장비는 증거물의 종류 및 형태에 따라, 적절한 구조의 것이어야 하며, 증거물 수집 시료용기는 [별표 1]에 따른다.
  ㉢ 증거물을 수집할 때는 휘발성이 높은 것에서 낮은 순서로 진행해야 한다.
  ㉣ 증거물의 소손 또는 소실 정도가 심하여 증거물의 일부분 또는 전체가 유실될 우려가 있는 경우는 증거물을 밀봉하여야 한다.
  ㉤ 증거물이 파손될 우려가 있는 경우 충격금지 및 취급방법에 대한 주의사항을 증거물의 포장 외측에 적절하게 표기하여야 한다.

ⓑ 증거물 수집 목적이 인화성 액체 성분 분석인 경우에는 인화성 액체 성분의 증발을 막기 위한 조치를 하여야 한다.
ⓢ 증거물 수집 과정에서는 증거물의 수집자, 수집 일자, 상황 등에 대하여 기록을 남겨야 하며, 기록은 가능한 <u>법과학자용 표지 또는 태그를 사용하는 것을 원칙으로 한다.</u>
ⓞ 화재조사에 필요한 증거물 수집을 위하여「소방의 화재조사에 관한 법률 시행령」제8조에 따른 조치를 할 수 있다.

[별지 제1호 서식]

현장 수거(채취)물 목록

연번	수거(채취)물	수량	수거(채취)장소	채취자	채취시간	감정기관	최종결과
1							
2							
3							
4							
5							
6							
7							
8							
9							
10							
11							
12							
13							
14							
15							
16							
17							
18							
19							
20							
	관리자(인계자) : (인)						
	년 월 일 인수자 : (인)						

(3) 증거물의 포장(화재증거물수집관리규칙 제5조)

입수한 증거물을 이송할 때에는 포장을 하고 상세 정보를 「화재증거물수집관리규칙」 [별지 제2호 서식]에 기록하여 부착한다. 이 경우 증거물의 포장은 보호상자를 사용하여 <u>개별 포장함을 원칙으로 한다.</u>

[별지 제2호 서식]

화재증거물

수집일시		증거물번호	
수집장소		화재조사번호	
수집자		소방서	

증거물내용 _____

봉인자 _____ 봉인일시 _____

(4) 증거물 보관·이동(화재증거물수집관리규칙 제6조)

① 증거물은 수집 단계부터 검사 및 감정이 완료되어 반환 또는 폐기되는 전 과정에 있어서 화재조사관 또는 이와 동일한 자격 및 권한을 가진 자의 책임(이하 "책임자"라 함)하에 행해져야 한다.

② 증거물의 보관 및 이동은 장소 및 방법, 책임자 등이 지정된 상태에서 행해져야 되며, 책임자는 전 과정에 대하여 이를 입증할 수 있도록 <u>다음의 사항을 작성하여야 한다.</u>
   ㉠ <u>증거물 최초상태, 개봉일자, 개봉자</u>
   ㉡ <u>증거물 발신일자, 발신자</u>
   ㉢ <u>증거물 수신일자, 수신자</u>
   ㉣ <u>증거 관리가 변경되었을 때 기타사항 기재</u>

③ 증거물의 보관은 <u>전용실 또는 전용함 등 변형이나 파손될 우려가 없는 장소에 보관</u>해야 하고, 화재조사와 관계없는 자의 접근은 엄격히 통제되어야 하며, 보관관리 이력은 「화재증거물수집관리규칙」 [별지 제3호 서식]에 따라 작성하여야 한다.

④ 증거물 이동과정에서 증거물의 파손·분실·도난 또는 기타 안전사고에 대비하여야 한다.

⑤ 파손이 우려되는 증거물, 특별 관리가 필요한 증거물 등은 이송상자 및 무진동 차량 등을 이용하여 안전에 만전을 기하여야 한다.
⑥ 증거물은 화재증거 수집의 목적달성 후에는 관계인에게 반환하여야 한다. 다만 관계인의 승낙이 있을 때에는 폐기할 수 있다.

[별지 제3호 서식]

보관이력관리

최초상태	☐ 봉인	☐ 기타(others)
개봉일자		개봉자(소속, 이름)

발신일자	발신자(소속, 이름)
수신일자	수신자(소속, 이름)

발신일자	발신자(소속, 이름)
수신일자	수신자(소속, 이름)

발신일자	발신자(소속, 이름)
수신일자	수신자(소속, 이름)

발신일자	발신자(소속, 이름)
수신일자	수신자(소속, 이름)

(5) 증거물에 대한 유의사항(화재증거물수집관리규칙 제7조)

증거물의 수집, 보관 및 이동 등에 대한 취급방법은 증거물이 법정에 제출되는 경우에 증거로서의 가치를 상실하지 않도록 적법한 절차와 수단에 의해 획득할 수 있도록 다음 사항을 준수하여야 한다.

① 관련 법규 및 지침에 규정된 일반적인 원칙과 절차를 준수한다.
② 화재조사에 필요한 증거 수집은 화재피해자의 피해를 최소화하도록 하여야 한다.
③ 화재증거물은 기술적, 절차적인 수단을 통해 진정성, 무결성이 보존되어야 한다.
④ 화재증거물을 획득할 때에는 증거물의 오염, 훼손, 변형되지 않도록 적절한 장비를 사용하여야 하며, 방법의 신뢰성이 유지되어야 한다.
⑤ 최종적으로 법정에 제출되는 화재 증거물의 원본성이 보장되어야 한다.

2 증거물의 정밀검사 방법

1 금속현미경 조직분석기법

(1) 금속현미경의 기능
금속시편을 채취하여 관찰면을 균일하게 연마한 후 현미경을 통해 미세한 조직을 관찰함으로써 그곳에 나타나는 결정립의 형상 및 분포, 크기 또는 결합 등을 측정하여 결정조직의 성질 등을 파악할 수 있는 기능이 있다. 빛이 통과하지 못하는 비투과성 물질의 관찰에 주로 사용되며, 고배율의 조합이 가능하다는 장점이 있다.

(2) 금속현미경의 사용원리
시료는 반사광에 의해 관찰되므로 대물렌즈의 뒤쪽 가까이에 있는 직각 프리즘 또는 유리판으로 측면에서 오는 빛을 굴절시켜서 시료의 표면을 비추는 특별한 수직조명장치가 내장되어 있다.

금속현미경은 광원에서 들어온 입사광이 반사판 유리에 45도로 입사하면 현미경 원통 속에 고정된 얇은 거울로 된 수직조명장치에 의해 입사광의 일부가 시편에서 다시 반사되어 직접 눈이나 접안경으로 들어와서 금속조직을 관찰할 수 있게 되는 원리이다. 반사판 유리 대신에 직각프리즘을 사용하는 경우도 있다.

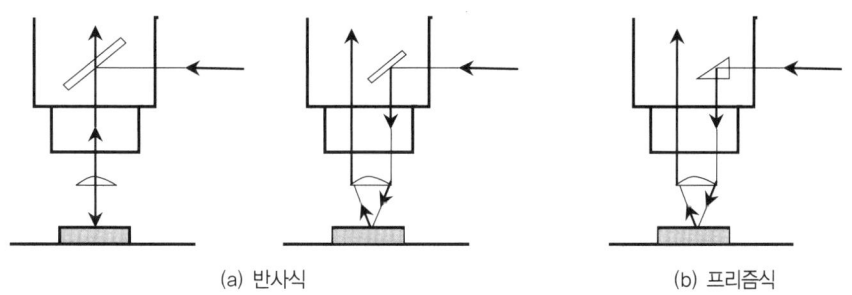

(a) 반사식   (b) 프리즘식

┃ 금속현미경의 수직조명방식 ┃

(3) 금속현미경의 종류
① 일반 광학현미경 : 광원으로부터 나오는 빛을 접속렌즈가 모아서 시료를 조사하면 대물렌즈에서 1차로 확대된 상을 만든 후 대안렌즈에서 최종 배율을 결정하여 눈으로 관찰하는 원리이다. 대안렌즈는 일반적으로 10배의 배율을 갖고, 대물렌즈는 4, 10, 25, 40, 100배 렌즈 중에서 선택적으로 사용할 수 있다. 만약 10배의 대물렌즈로 시료를 관찰한다면 최종적으로 확대된 관찰배율은 대안렌즈와 대물렌즈를 곱한 숫자이므로 100배의 배율이 된다.

> ❗ 꼼꼼.check! ▶ 대안렌즈와 대물렌즈 ●
> - 대안렌즈 : 접안렌즈라고도 하며, 현미경을 볼 때 눈으로 보는 쪽의 렌즈를 말한다.
> - 대물렌즈 : 물체에 가까운 쪽에 있는 렌즈를 말한다.

② 편광현미경 : 여러 가지 물체가 혼합된 상태로 시료의 <u>각 물체마다 빛이 진동하는 방향이 다른 점을 이용</u>하여 어떤 각도에서 한 가지 물질만을 관찰한다거나 혹은 어떤 물질이 혼합되어 있는지를 알아내는 데 이용된다. 일반 광선은 여러 방향으로 진동을 하면서 직진하는데 이 빛이 편광판(polarizer)에 닿으면 어느 한 방향으로 진동하는 빛만 편광판을 통과하게 된다. 이 통과된 빛이 관찰할 시료를 통과하거나 반사될 때 물체의 특성에 따라 굴절 또는 반사각도가 다르게 되어 Analyzer를 회전시키면서 물체를 보면 어느 일정한 각도에서만 물체가 보이게 된다. 이 각도를 읽으면 보이는 물체가 무엇인지 알게 된다.

③ 위상차현미경 : 물질의 <u>굴절률 차이를 이용</u>하여 관찰하도록 고안된 현미경이다. 회절된 광선과 회절되지 않은 광선 사이에 간섭현상을 일으켜 그 위상차를 명암의 차이로 만들어 물체를 식별하는 원리이다.

④ 금속현미경 : <u>금속 시편을 채취하여</u> 관찰면을 균일하게 연마한 후 그 곳에 나타나는 결정립의 형상 및 분포, 크기 또는 결함 등을 측정하여 <u>조직성분을 분석</u>하는 현미경이다.

⑤ 투과전자현미경 : 고에너지를 갖는 전자선이 전자렌즈계를 거쳐 시료를 통과하면 <u>형광판에 물체의 상이 맺게</u> 되므로 시료는 극히 얇은 박막이어야 한다. 시료는 밀도, 두께 등의 차이에 따른 밝거나 어두운 명암상을 얻을 수 있다.

(4) 현미경의 배율
현미경의 배율은 대물렌즈와 접안렌즈의 배율로 정해진다.

| 배율 결정기준 |

상용배율	대물렌즈	검경 목적	보 기
100~200	×10~30	일반 검경	흑연, 비금속 개재물의 분포, 펄라이트와 페라이트의 혼합상태, 바탕조직
300~500	×30~50	미세조직 검경	열처리 조직, 탄화물 분포, 주철의 펄라이트 상황
500 이상	×60~100	극히 미세한 조직 검경	입자 내에 석출한 탄화물 등

시료를 관찰할 때 대물렌즈의 배율 선정에 따라 해상력이 다르게 나타난다. <u>접안렌즈는 해상력과 관계가 없고</u> 대물렌즈의 해상력에 따라 물체의 상이 달라지기 때문에 해상력을 크게 하려면 대물렌즈의 배율에 중점을 두고 결정하여야 한다.

> **꼼꼼. check!** ▸ 대물렌즈와 접안렌즈의 배율
>
> 대물렌즈×40과 접안렌즈×20 =800, 대물렌즈×100과 접안렌즈×8 =800으로 배율이 서로 동일하다. 그러나 해상력은 대물렌즈를 100으로 설정한 것이 더욱 좋다.
> 대물렌즈의 설정은 저배율에서 고배율로 맞춰가고 검경을 할 때 검경면을 입사광선에 대하여 수직으로 놓고 조동핸들로 개략적인 초점을 맞춘 다음 다시 미동장치에 의해 정밀하게 맞춰 대안렌즈로 물체를 관찰한다.

2 가스크로마토그래피(gas chromatography)

(1) 용도

두 가지 이상의 성분으로 된 물질을 단일 성분으로 분리시켜 <u>무기물질과 유기물질의 정성, 정량분석에 사용</u>하는 분석기기이다. 시료가 분해 또는 화학반응이 일어나지 않고 빠르게 기화할 수 있는 것과 350~400℃ 이하의 온도에서 기체 또는 증기상태인 것을 분석하는 데 적합하게 쓰인다.

(2) 장치의 구성

① 운반기체(carrier gas)
② 시료 주입장치(injector)
③ 분리관(column)
④ 검출기(detector)
⑤ 전위계와 기록계(data system)
⑥ 항온장치

(3) 분석원리

분석하고자 하는 각 성분은 물리적·화학적 상호작용에 의해 고정상과 이동상에 서로 다르게 분배되어 분리가 이루어진다. 시료를 기화시킨 비활성기체를 이동상으로 분리관 안으로 통과시킨다. 고정상 간의 성분의 분배계수 차이에 의해 각 성분을 분리하면 분리관에 머무르는 시간 차이에 의해 이를 순차적으로 검출기로 통과시켜 기록계에 의해 나타나는 피크위치로 정성분석을 한다. 한편 얻어진 피크의 면적을 측정하면 정량분석도 할 수 있다.

(4) 분석방법

① 분리관의 부착 및 기체누설시험 : 분리관을 가스크로마토그래피에 부착하고 운반기체의 압력을 사용압력보다 10~20% 높게 한 다음 분리관 등의 접속부에 발포액을 도포하여 기체의 누설여부를 관찰한다.

② 시료 준비 : 각 분석방법에 따라 시료를 준비한다.
③ 분석조건 설정 : 분석방법의 규정된 조건에 맞춰 운반기체의 유량, 분리관의 온도, 오븐의 온도, 검출기의 온도 등을 적정하게 설정한다.
④ 시료 주입 : 기체시료는 기체용 시린지(0.5~5mL)를 사용하여 액체 주입부로 주입하고 액체시료는 적당한 용량의 마이크로 시린지(1.0~50μL)를 사용하여 액체시료 주입부에 주입시킨다. 고체시료는 일반적으로 용매에 녹여 액체시료의 주입방법으로 주입한다.
⑤ 크로마토그램의 기록 : 시료를 주입한 후 크로마토그램을 기록한다.

3 질량분석법(mass spectrometry)

(1) 용 도

<u>가스크로마토그래피와 연결하여 개별 성분을 분석</u>하는 것으로 각 원소들에 대한 상세한 분석을 수행한다.

질량분석법은 시료 물질의 원소 조성에 대한 정보와 분자구조에 대한 정보, 복잡한 혼합물의 정성·정량적 분석, 고체 표면의 정보, 시료에 존재하는 동위원소 비에 대한 정보를 얻을 수 있다.

(2) 장치의 구성

① 시료를 도입하는 주입 시스템
② 도입한 시료를 이온화시키는 이온발생원
③ 이온을 질량 대 전하 비로 분리하는 질량분리기
④ 이온을 검출하는 검출기

※ 전 과정은 진공상태로 진행되며 이온이 직접 날아다니기 때문에 검출기에 도달하기 전에 공기와 접촉하면 신호를 얻을 수 없다.

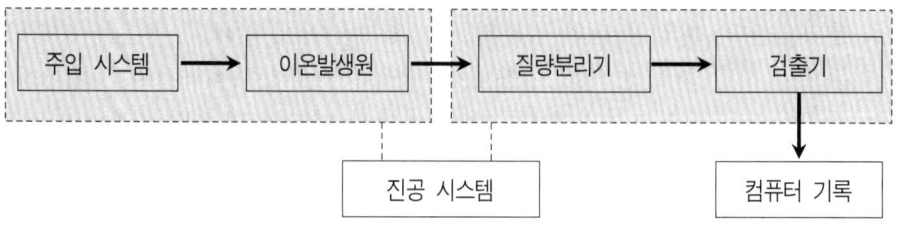

∥ 질량분석법 시스템 계통도 ∥

(3) 분석원리

질량분석법은 전하를 띤 입자가 <u>자기장 안에서 힘을 받아 회전하는 원리</u>를 이용한 것이다.

분자 이온이 자기장 속에서 힘을 받아 회전을 하는 것으로 분자량에 따라서 회전반경이 다르게 나타난다. 질량 대 전하 비가 다르면 분리가 가능하기 때문에 분자량을 확정할 때 쓰인다.

4 적외선 분광광도계(infrared spectrophotometer)

(1) 용 도
무기 및 유기화학 등 화학의 모든 분야에 걸쳐 이용되는 장비로서 특정한 파장대의 적외선을 흡수하는 능력에 의해 화학종을 확인한다. 적외선은 파장 영역대에 따라 크게 세 가지 영역으로 구분된다.
① 가시광선에 가까운 짧은 파장의 근적외선 영역 : near IR $0.78 \sim 2.5 \mu m$
② 중간 정도의 적외선 영역 : IR $2.5 \sim 15 \mu m$
③ 원적외선 영역 : far IR $15 \sim 200 \mu m$

(2) 분석원리
분자에 중간영역 적외선($2.5 \sim 15 \mu m$)의 빛을 쬐어주면 이것은 X선 또는 자외선 등 보다 에너지가 낮기 때문에 빛을 흡수하여 원자 내에서 전자의 전이현상을 일으키지 못하고 대신 분자의 진동, 회전, 병진 등과 같은 여러 가지 분자운동을 일으키게 된다. 이때 이 영역에서 분자진동에 의한 특성적 흡수 스펙트럼이 나타나는데 이것을 분자진동 스펙트럼 또는 적외선 스펙트럼이라고 한다. 따라서 물질의 특성적 IR 스펙트럼을 잘 해석하면 미확인 물질의 분자구조를 어느 정도 추정할 수 있다.

5 원자흡광분석(atomic absorption)

원자흡광분석법은 금속원소는 물론 준금속과 일부 비금속원소까지 정량할 수 있는 분석방법으로 기체상태의 중성원자가 복사선을 흡수하는 사실에 기초한다. 이 방법은 다른 방법에 비해 신속, 정확하고 간편하며 시료의 전 처리방법이 복잡하지 않은 장점이 있다. 또한 간섭영향이 비교적 적고 선택성이 좋으며 극미량의 낮은 농도는 물론 높은 농도까지 분석이 가능하여 여러 가지 화학분석에 쓰인다.

6 엑스레이 형광분석(X-ray fluorescence)

X선을 이용하여 시료를 분해하거나 파괴하지 않고 분석할 수 있으며 원 상태를 유지한 채 분석할 수 있다는 장점이 있다. 주로 엑스레이 광자에 대한 반응을 통해 금속원소를 분석하는 데 쓰인다.

7 인화점 측정기

구 분	종 류	적용 기준	적용 시료
밀폐식	태그밀폐식	• 인화점이 93℃ 이하인 시료에 적용 • 적용할 수 없는 시료 　- 측정 시 유막이 형성되는 시료 　- 현탁물질을 함유한 시료 　- 40℃ 동점도가 5.5mm²/s 이상, 25℃ 동점도가 9.5mm²/s 이상인 시료	원유, 휘발유, 등유, 항공터빈 연료유
	신속평형법 (세타식)	인화점이 110℃ 이하인 시료에 적용	원유, 등유, 경유, 중유, 항공터빈 연료유
	펜스키마텐스	밀폐식 인화점 측정이 필요한 시료 및 태그밀폐식을 적용할 수 없는 시료에 적용	원유, 경유, 중유, 전기절연유, 방청유, 절삭유
개방식	태그개방식	인화점이 -18~163℃ 사이이고 연소점이 163℃까지 이르는 시료에 적용	-
	클리블랜드	인화점이 79℃ 이하인 시료에 적용단, 원유 및 연료유 제외	석유, 아스팔트, 유동파라핀, 에어필터유, 석유왁스, 방청유, 전기절연유, 열처리유, 절삭유, 각종 윤활유 등

3 금속현미경에 의한 전선의 용융흔 판정방법

1 용융흔의 종류

(1) 1차 용융흔

<u>화재의 원인이 된 용융흔</u>을 말한다. 전선의 절연재료가 어떤 원인으로 손상을 받아서 단락으로 이어져 생기는 용융흔을 1차 용융흔이라고 한다. 1차 용융흔은 단락순간에 약 2,000~6,000℃의 고온이 발생하며 이로 인해 순식간에 금속 표면이 용융됨과 동시에 단락부위는 전자력에 의해 비산되어 떨어지거나 <u>짧은 시간에 응고된 형태</u>로 남는다. 용융된 부위는 동 또는 <u>금속 본연의 광택을 유지</u>하는 것이 보통이다. 용융부위가 짧은 시간에 응고하면 기둥모양의 주상조직이 냉각면에 수직으로 생성되고 최초에 정출된 부분과 나중에 정출된 부분은 조성이 다르게 수지상 조직이 나타나므로 1차 용융흔을 비롯하여 2차 용융흔과 3차 용융흔은 현미경 관찰로 식별할 수 있다.

(2) 2차 용융흔

통전상태에 있던 전기배선이 <u>화염에 의해</u> 절연피복에 착화되어 다른 선과 접촉되어 <u>발생하는 용융흔</u>을 말한다. 따라서 2차 용융흔은 화재발생 후에 발생하는 것으로 단락 당시의 온도는 절연재료가 불에 타서 금속이 연화된 상태로 단락하기 때문에 용융흔에는 동 고유의 <u>광택이 없고 녹아서 망울이 된 상태</u>로 아래로 늘어지는 양상을 나타내거나 또는 그와 비슷한 형상을 보이는 것이 일반적이다.

(3) 열 용융흔

전기가 인가되지 않은 상태에서 전선이 화재열에 의해 용융된 것을 열 용융흔 또는 3차 용융흔이라고 한다. 열 용융흔은 전체적으로 융해범위가 넓으며, 절단면은 가늘고 거칠어서 광택이 없다. 전선이 녹아서 군데군데 망울이 생겨 아래로 늘어지기도 하며 눌어붙는 경우도 있다. 굵기가 균일하지 않고 형상은 분화구처럼 표면이 거칠고 점성을 잃어 뚝뚝 끊어지기도 하며 금속 표면에 불순물이 혼입된 경우가 많아서 1차 및 2차 용융흔과 외관상 비교할 때 상대적으로 구분이 쉽다.

2 금속조직 관찰에 의한 전기용융흔 판정방법

전기적 요인에 의한 단락현상은 전선 시편을 수거하여 정밀하게 연마한 후 에칭(etching)처리과정을 거쳐 금속현미경으로 평가할 수 있다.

(1) 외관 관찰
① 광택 : 전기배선 금속면의 표면은 동 고유의 색상이 나와 있는 부분과 산화동으로 변색(회색)된 부분으로 나뉘어진다. 이를 1차와 2차 용융흔으로 구분하여 관찰하면 1차 용융흔 쪽에 반짝거리는 광택이 더 많다.
② 평활도 : 금속 표면으로 매끄러움 정도를 나타내는 평활도를 보면 1차 용융흔 쪽이 평활하고, 2차 용융흔은 표면이 거친 것이 많다.
③ 형상 : 전기적 용융흔의 형상을 구형(球形), 반구형(半球形), 누상(淚狀, 눈물, 촛농) 등으로 구분할 때 1차 용융흔은 반구형이 많다.

> **꼼꼼. check!** ▶ 금속조직의 차이 ◀
> 금속조직의 차이는 단락흔의 냉각속도의 차이에 의한 것으로 한번 발생한 공유결합결정은 화재열(800~1,000℃)로 다시 재가열하더라도 금속조직에는 변화를 보이지 않는다.

(2) 금속단면 관찰

전기적 용융흔을 내부적으로 관찰할 때 공극(空隙)과 이물질의 혼입상태를 관찰한다. 용융흔 내부에 생긴 공극이 외기(外氣)와 연결되는 블로홀(blow hole)과 외기와 연결되지 않은 보이드(void) 타입의 공극이 있는데 다음과 같은 특징이 있다.
① 보이드와 블로홀은 1차 용융흔 쪽에 발생할 확률이 높다.
② 2차 용융흔은 내부에 이물질을 많이 함유하고 있다.

4 소화 후 전기배선에 나타나는 손상 형태

(1) 열적 손상

코드, 전선 케이블 등이 화재열로 입은 손상은 전기적 아크로 인해 발생한 용융흔보다 도체가 늘어지거나 얇아진다. 녹은 동선의 흐름에 따라 날카로운 경계선은 거의 발생하지 않지만 일부 구형(球形) 구슬형태가 기공에 형성될 수 있다.

(2) 화학적 손상

알루미늄 전선이나 아연합금 전선은 <u>은색이나 황동색으로 변색</u>된다. 화재조사관은 전선에 나타난 변색이 아크에 의한 것이 아니라 합금 금속의 용융온도가 감소된 결과일수도 있다는 것을 고려하여야 한다. 이러한 합금전선은 자체 손상을 나타내기도 하며 아크를 은폐시킬 수도 있다. 그러므로 합금전선은 아크사고 용융판정법에 거의 적용하지 않는다.

(3) 기계적 손상

화재현장이 매우 무질서한 상태로 피해가 확산되면 전선의 파괴가 일어날 수 있고 구축물 붕괴에 의해 배선이 <u>늘어지거나 끊어지고 굵힘 현상</u>이 뒤따르기도 하는데, 화재조사관은 기계적 손상과 열적 손상에 의한 구분에 혼동이 없어야 한다.

> **바로바로 확인문제**
>
> 금속현미경 관찰에 의한 1차 용융흔과 2차 용융흔의 차이점을 3가지 기술하시오.
>
> **답안** ① 1차 용융흔이 2차 용융흔보다 반짝거리는 광택이 더 많다.
> ② 매끄러움 정도를 나타내는 평활도는 1차 용융흔 쪽이 평활하고, 2차 용융흔은 표면이 거친 것이 많다.
> ③ 1차 용융흔은 탄소가 검출되지 않고, 2차 용융흔은 오염물질과 탄소가 검출되는 경우가 많다.

03 증거물 외관검사

1 증거물의 전체적, 구체적인 연소형태

1 증거물의 연소형태

증거물은 연구소나 감정기관으로 이송하기 전에 일차적으로 현장조사를 실시한 조사관에 의해 발견 당시의 소손상황으로부터 출화에 이르게 된 외관검사를 먼저 실시하는 절차를 거치게 된다. 외관검사를 통해 발화가 유력시되는 특이점이 발견되는 경우도 있지만 소손이 심한 경우에는 외관조사만으로 입증을 하기란 어려운 경우도 많은데 현장에서 <u>외부적으로 발화 특이점이 없다고 하여 배제하려는</u> 것은 <u>경계</u>하여야 한다. 증거물의 소손된 부위가 국부적일 경우 증거물 자체에서 출화한 것으로 판단할 수 있는 경우가 많지만 증거물 전체가 소손되어 연소의 방향성 및 출화 특이점이 발견되지 않는다면 <u>분해검사를 실시하여 입증</u>하여야 한다.

① 발화원과 관계된 증거물들은 <u>원형이 소실되거나 변형된 형태</u>로 인식되는 경우가 많다. 전기배선의 1차 용융흔의 발생 및 퓨즈 등은 녹거나 용단된다.
② 가전제품, 기계류 등은 기기 자체에서 출화한 경우 내장된 코일은 층간단락을 보이는 경우가 있고 인쇄회로기판의 부품소자는 트래킹, 불완전접촉, 과전류 등에 기인하여 소손된 형태를 보이는 등 <u>증거물의 잔해가 식별되는 경우</u>가 많다.
③ 히터, 고온물체, 전열기기 등은 근본적으로 과열 발화할 수 없으므로 이들 기기로부터 주변에 <u>가연물(플라스틱, 종이, 섬유류 등) 잔해가 잔존</u>하거나 증거물과 혼합되어 오염된 상태로 남는 경우가 있다.

2 증거물 외관검사 방법

① 기계류 등 부피가 있는 증거물은 소손된 부위로부터 <u>연소의 방향성에 착안</u>하여 관찰하고 전기배선의 용융, 단락, 물체의 <u>소실상태 등을 파악</u>한다.
② 전기적 단락흔 등 작은 물체는 육안 식별이 가능한 경우도 있으나, <u>확대경 등 장비를 이용</u>하여 특이점을 확인하고 주변 연소상황과 일치할 수 있는지 판단한다.
③ 증거물의 일부분이 소실되거나 떨어져 나간 경우 가능하다면 <u>잔해까지 수거하여 검사</u>를 하고, 잔해가 완전 소실되었다면 남겨진 물체를 통해 특이점을 확인한다.
④ 증거물은 열에 의해 원형이 훼손되거나 변형된 경우가 많으므로 <u>접촉을 최소화</u>하고, 파악이 곤란한 경우에는 <u>관계자를 통해 용도와 구조 등을 확인</u>하도록 한다.
⑤ 외관검사를 실시하더라도 반드시 발화와 관계된 특이점이 발견될 수 있다고 단언할 수 없으므로 <u>외관검사로 식별이 불가한 증거물은 따로 분류하여 전문 감정기관에 의뢰</u>하도록 한다.

2 증거물 자체의 연소 또는 외측으로부터의 연소형태

1 증거물 자체의 연소형태

(1) 가전제품 자체에서 출화한 경우
① 가전제품으로부터 주변으로 <u>연소확산된 경계선이 뚜렷하게 남고</u> 제품 자체만 국부적으로 소실되는 경우가 있다.
② 제품 내부에 있는 퓨즈가 끊어지거나 서모스탯, 콘덴서 등 <u>회로소자가 변형된 형태로 탄화</u>되고 연소가 강할수록 소실될 우려가 크고 작은 충격에도 파손되기 쉽다.
③ 1차적으로 <u>제품 내부에 연기와 그을음이 심하게 남고</u> 화염이 성장하면 플라스틱 외함이 용융되며 안쪽에서 밖으로 흘러내린 형태를 남기기도 한다.

 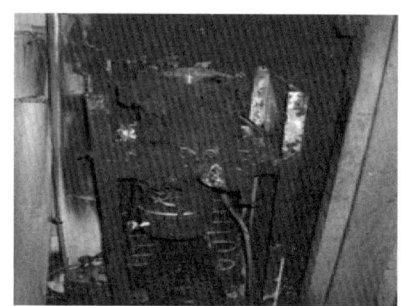

∥ 냉·온수기의 자체연소형태 현장사진(화보) p.22 참조 ∥

(2) 모터류가 자체출화한 경우

모터류는 코일이 내장되어 있어 전류가 흐르면 자기장이 발생하며 전기에너지를 운동에너지로 바꿔 주는 장치이다. 모터는 자체 저항이나 유도리액턴스에 의해 발열작용을 일으키는데, 과열원인으로는 과부하, 과전압, 콘덴서 열화, 연결배선의 절연손상 등으로 출화하는 경우가 가장 많다. 과전압이 인가되어 발화하는 경우 모터는 외부의 수열보다는 내부의 수열형태가 강하게 나타나며 극히 일부 권선에서 미세한 단락이 발생하기도 한다.

일반적으로 <u>자체연소로 발화된 모터는 내부 권선이 균일하게 연소</u>되며 회전자에 마찰계수가 증가하였다면 <u>터닝컬러가 형성</u>된다. 반면 <u>외부화염에 의해 연소된 모터는</u> 자체 발열이 없는 상태였으므로 <u>권선은 연소되지 않거나 일부만 연소</u>되고 회전자에는 마찰계수에 의한 <u>터닝컬러가 발생하지 않는다.</u>

∥ 외부화염에 의한 연소형태 현장사진(화보) p.23 참조 ∥　　∥ 모터의 자체연소형태 현장사진(화보) p.23 참조 ∥

2 증거물의 외측으로부터의 연소형태

(1) 기계류의 외부화염에 의한 변색

기계류의 금속 표면이 외부화염과 접촉하면 대부분 도금처리된 부분이 먼저 연소되고 <u>적색으로 산화</u>된다. 장시간 연소가 계속되면 금속재 <u>표면 자체가 백색으로 회화되는 백화현상</u>을 나타낼 수 있다.

그러나 반드시 발화와 관계된 증거물이 아니더라도 화염과 오랜 시간 노출된 물체일수록 밝은 색으로 회화되는 백화현상이 나타날 수 있다는 점에 유의하여야 한다. 따라서 증거물의 표면적에 나타난 변색흔만 가지고 내·외부 출화형태를 판단하기란 매우 어렵다는 것을 염두에 두어야 한다.

| 외부화염에 의한 기계류의 산화형태 현장사진(화보) p.23 참조 |

(2) 플라스틱류의 용융 및 탄화

가공 및 성형이 쉬운 플라스틱은 열과 접촉하면 목재나 금속보다 빨리 변형된다. 물렁물렁하게 연화가 먼저 일어나고 서서히 용융하기 시작하면 곧 착화에 이르게 되는데 열가소성 플라스틱인 경우 연소과정에서 소실되기도 한다. 화재초기에는 <u>열을 받은 쪽으로 먼저 변형</u>되기 때문에 판단이 용이하지만 형태가 허물어질 정도로 연소가 촉진되면 녹아내린 상황을 보고 방향성 판단을 내리긴 곤란한 경우가 많다. 그러나 플라스틱이 외부화염으로 부분연소한 경우 착색된 플라스틱 표면으로 변색이 일어나면서 용융되므로 변색유무를 통해 최초 화염과 접촉이 이루어진 방향을 판단할 수 있다.

| 플라스틱의 용융 및 탄화 현장사진(화보) p.23 참조 |

3 증거물 연소의 중심부, 연소의 확대형태

(1) 연소기구(가스레인지)의 발화

가스레인지 위에 올려 놓은 냄비나 솥 등 조리기구는 용기 안에 있는 음식물이 거의 증발할 즈음 연기를 발생시키며 지속적으로 용기를 가열하는 과정을 통해 주변으로 연소확산되는데 연소의 중심부 특징과 연소확대 과정은 다음과 같다.
① 용기 안에 있는 음식물의 증발이 이루어진 후 서서히 탄화가 개시된다.
② 스테인리스용기 표면은 검게 변색되고, 플라스틱 재질로 되어 있는 용기 손잡이와 뚜껑 손잡이는 용융되며, 알루미늄용기는 용융점이 낮아 용기 자체가 녹아내리기도 한다.
③ 최초 착화물은 용기 안에 있는 음식물을 비롯하여 주변에 있는 행주나 도마 등 주방용품과 염화비닐호스에 착화하기도 한다.
④ 가스레인지 상단에 있는 레인지 후드와 천장면을 연소시키며 주변으로 연소확대되고 레인지 후드와 연결된 전기배선상으로 단락이 발생할 수 있다.
⑤ 연소의 중심부인 음식물 용기는 검게 변색된 형태로 남고 삼발이 받침대에 음식물 잔해인 국물이 흘러넘친 흔적과 탄화된 음식물 잔해가 남는다.

∥ 가스레인지 주변의 연소상황 ∥

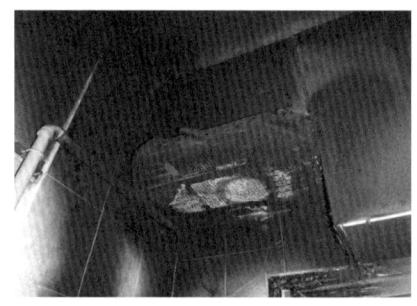
∥ 레인지 후드의 소손형태 ∥

(2) 시스히터(sheath heater)의 발화

① 시스히터는 금속파이프 속에 코일형의 전열선을 통과시켜 산화마그네슘(MgO) 등의 절연분말을 충전하여 전열선과 파이프의 절연을 유지함과 동시에 금속파이프의 양단을 밀봉한 히터이다. 수명이 길고 수중에서도 사용·가능하며 표면온도는 용량(kW)에 따라 500~850℃까지 다양하다.
② 수조 안에 있는 물이 모두 증발할 경우 시스히터는 합성수지로 된 수조를 착화시킬 수 있으며 주변으로 손쉽게 연소확산될 수 있다.
③ 시스히터는 전원이 차단되거나 단락이 일어나기 전까지 지속적으로 발열을 동반하며 과열된 금속관은 적열상태에서 국부적으로 절연파괴가 일어나 용융된 형태로 남기도 한다.

> **꼼.꼼. check!** — 시스히터의 장점
> - 열효율이 좋고 경제적이다.
> - 진동이나 충격 등에 견디는 기계적 강도가 좋다.
> - 설치가 간편하고 사용이 쉽다.

| 시스히터 잔해 현장사진(화보) p.24 참조 | 합성수지로 된 수조에 착화 현장사진(화보) p.24 참조 |

(3) 선풍기의 발화

① 선풍기의 발화유형은 절연코드 절연손상에 의한 발화, 모터권선의 경년열화, 기동용 콘덴서의 경년열화, 임의로 제작한 전원코드의 절연열화, 회전부 배선의 반단선 출화 등 매우 다양한 형태가 있다.

② 회전부 모터의 경년열화 및 구속운전에 의해 발화가 일어나면 모터의 <u>회전부에 수열흔</u>이 남고 권선은 단락흔이 남거나 <u>붉게 산화되는 특징</u>이 있다.

③ 콘덴서의 절연열화로 발생한 경우 콘덴서 케이스에 구멍이 뚫리거나 콘덴서 리드선에 단락흔이 발견되는 경우가 있어 내부에서 출화된 것임을 입증할 수 있다.

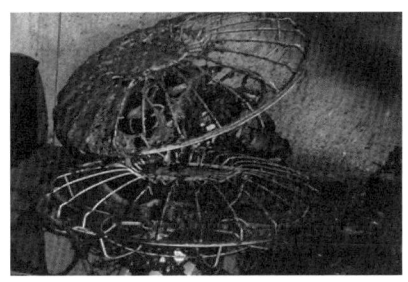 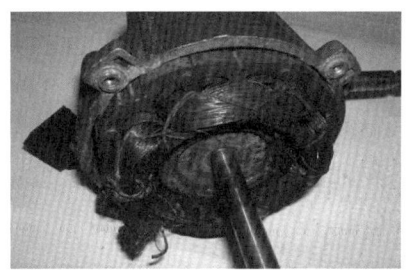

| 선풍기의 연소 잔해 현장사진(화보) p.24 참조 | 모터권선의 변색흔 현장사진(화보) p.24 참조 |

(4) 전기배선으로부터의 발화

전선에 허용전류 이상의 전류가 흐르게 되면 절연피복이 손상을 받게 되어 발열하게 된다. 절연피복은 허용된 절연온도가 정해져 있고 이 온도를 초과할 경우 서서히 <u>절연능력을 상실</u>하여 착화하게 된다. 반단선의 경우 무부하상태에서도 출화할 수 있는데 소선의 한쪽으로 끊어짐과 이어짐이 반복되면 합선에 이르기 전에도 불꽃착화할 수 있다. 연소의 중심부에는 소선이 단락된 형태로 남고 주변에는 연기가 확산된 형태로 식별된다. 화염이 계속 성장한다면 <u>발화지점으로 'V' 패턴이 형성</u>될 수 있고 비교적 <u>밝은 색을 유지</u>하는 특징을 보인다.

 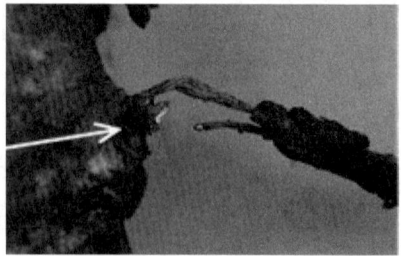

| 전선의 반단선 출화흔적 현장사진(화보) p.25 참조 |

4 증거물의 구조, 원리 및 특성

물리적으로 형태를 남기는 증거물에는 불연재인 금속류와 불에 타더라도 탄화된 형태를 유지하는 페놀수지, 요소수지 등 열경화성 플라스틱으로 된 것이 대부분이다. 기계 또는 제품의 일부분을 구성하고 있는 소자들은 서로 유기적으로 연결되어 동작하기 때문에 만약 어느 한 부품에서 기능이상이 발생하면 발화하여 화재로 확대될 수 있게 된다.

1 배선용 차단기(circuit breaker)

NFB(No Fuse Breaker)라고도 하며, 교류 1,000V 이하 또는 직류 1,500V 이하의 저압 옥내배선 보호에 사용된다. 사고전류가 발생했을 때 동작하는 트립장치에는 열동형과 열동전자식 및 전자식 등이 있다. 트립 특성은 정격전류의 100%를 연속 통전하여도 트립이 동작하지 않고 정격전류의 125% 또는 200%의 전류에 대한 동작시간이 별도로 정해져 있다.

(1) 구 조
 ① 몰드케이스(molded case)
 ② 개폐손잡이
 ③ 개폐기구
 ④ 소호장치(arc chamber)
 ⑤ 접점
 ⑥ 순시전류조정 손잡이 등

> **꼼.꼼. check! ▶ 소호장치**
> 차단기의 개폐조작 시 발생하는 아크방전을 신속하게 흡수하여 접점 및 절연체를 보호하는 장치이다.

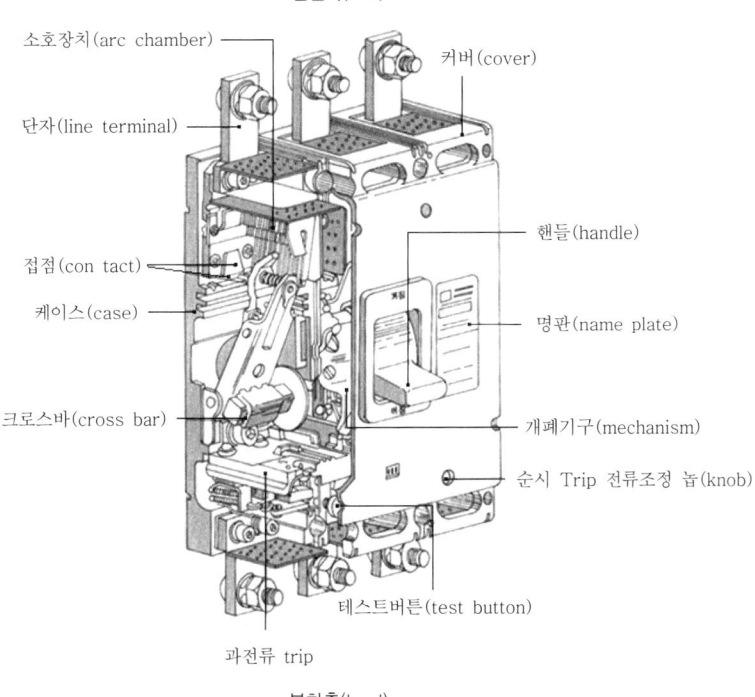

∥ 배선용 차단기 구조 ∥

(2) 트립방식

① **열동식**(thermal type) : 크기가 작고 구조가 간단하며 정격전류가 작은 저차단 용량에 적합한 방식이다. 정격전류 이상의 과전류가 흐를 경우 과전류검출 소자인 <u>바이메탈의 선단이 저항열에 의해 만곡되고 트립바(trip bar)를 시계방향으로 회전시켜서</u> 개폐기구부를 풀어 주어 Trip 동작을 행하게 한다. 이때 가동접점이 전로를 차단한다.

② **열동 – 전자식**(thermal – magnetic type) : 동작원리는 열동동작(시연 trip)을 행하는 영역과 전자동작(순시 trip)을 행하는 영역이 서로 조합되어 있는 방식이다. 차단기에 과전류가 발생하면 그 크기에 따라 일정시간이 경과한 후에 회로를 차단하는 특성이 시연트립이다.

③ **전자식**(magnetic type) : <u>가장 정확하고 신뢰성이 있는 방식</u>으로 열동식 구조에 전자석장치를 추가하여 단락들의 대전류에 대하여 동작특성이 양호하다.

(3) 특 성

① 배선용 차단기는 사고전류에 대한 동작특성이 우수하다. 정격감도전류가 30mA라면 이 전류값 이상이 검출되면 동작하는 것으로 일반적으로 <u>0.03초 이내에 동작</u>한다.

② 차단기의 동작유무는 손잡이와 연결된 <u>금속핀의 위치로 판단</u>할 수 있다. 만약 차단기가 화재열로 소실되었고 동작하지 않았다면 손잡이와 연결된 금속핀의 위치가 <u>안쪽으로 들어가 있으면 ON상태</u>이며 밖으로 튀어 나온 경우는 OFF상태임을 알 수 있다.

③ 차단기의 인입부는 물기나 습기의 유입으로 트래킹 발화가 쉽게 발생하는 곳으로 절연이 파괴되면 유기물 표면으로 탄화가 진행되고 착화하게 된다. 절연물을 측정하였을 때 저항값이 대체로 <u>10~20Ω 정도로 나타나면 충분히 트래킹 발화를 의심</u>할 수 있다. 주의할 점은 화재진압 중 물기와 접촉하면 트래킹 발화한 것으로 오인할 수 있음을 염두에 두어야 한다.

∥ 차단기 인입부의 절연파괴 현장사진(화보) p.25 참조 ∥

∥ 전원 인입부의 단락 현장사진(화보) p.25 참조 ∥

2 바이메탈 서모스탯(bimetal thermostat)

(1) 구 조

온도변화에 따라 바이메탈이 활모양으로 굽는 정도가 변하므로 <u>바이메탈의 만곡을 이용하여 스위치를 개폐시킨다.</u> 바이메탈에 사용되는 합금은 팽창계수가 작은 쪽은 철과 니켈의 합금, 큰 쪽은 구리와 아연, 니켈-망간-철, 니켈-몰리브덴-철 등과 같은 합금이 주로 이용된다.

(2) 원 리

바이메탈은 열팽창계수가 서로 다른 금속을 접합시킨 것으로 <u>온도가 높아지면 팽창률이 작은 금속쪽으로 구부러지고</u>, 온도가 낮아지면 팽창률이 큰 쪽으로 휘게 된다. 냉·온수기, 전기다리미, 전기밥솥, 전기장판 등 전열기능을 갖고 있는 제품은 거의 바이메탈을 채용하여 적정하게 온도를 유지하는 기능이 있다. 바이메탈 서모스탯은 설정된 온도 이상으로 올라가면 접점이 떨어져 전원이 차단(동작온도)되고, 온도가 다시 내려가면 전원이 공급(복귀온도)되는 원리이다. 바이메탈이 동작온도에서 정상작동을 하지 않을 경우 화재로 발전할 수 있다.

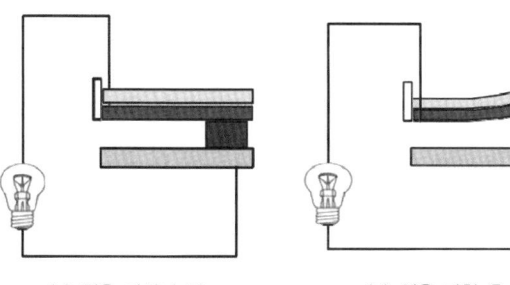

(a) 열을 가하기 전   (b) 열을 가한 후

| 바이메탈의 작동원리 |

| 바이메탈 서모스탯 현장사진(화보) p.25 참조 |

(3) 발화 특성

① 서모스탯은 온도변화에 따라 상시 접촉과 해제를 반복하기 때문에 <u>접촉부위에서 순간적인 불꽃</u>이 발생할 수 있다. 접촉부위가 국부적으로 용융되고 소실된 흔적을 남기는 경우가 있으며 용융된 비산물이 접촉부위에 붙어 있는 경우도 있다.
② 금속케이스가 연기에 오염되고 합성수지제가 탄화된 형태로 남는 경우가 많다.
③ 접점 부위로 습기가 개입하면 온도조절 기능에 이상이 생겨 트래킹이 진행되어 출화할 수 있다.

3 모터(motor)

(1) 구 조

모터는 기기가 어떤 일을 할 때 전기의 힘으로 발생되는 회전력을 샤프트(shaft)로 전달하여 그때 발생한 동력으로 작동을 한다. 간단하게 표현하면 전기에너지를 운동에너지(회전에너지)로 변환하여 사용하는 장치라고 요약할 수 있다.

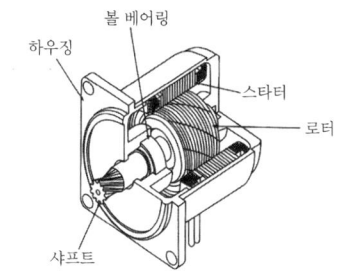

| 모터의 내부 구조 |

| 모터의 분해 현장사진(화보) p.25 참조 |

① 하우징(housing) : 프레임(frame) 또는 브래킷(braket)이라고 하며, 모터의 외함을 이루는 표현이다. 화재열에 노출되면 용융되고 회전자에 융착된 잔해로 남기도 한다.

② 스타터(stator) : 자속이 통하기 쉬운 철심과 전자석을 만들기 위하여 권선(coil)으로 되어 있다.
③ 회전자(rotor) 및 샤프트(shaft) : 회전자와 샤프트는 전기에너지를 기계적 에너지로 바꿔 샤프트를 통해 발생한 힘을 외부로 전달한다.
④ 볼베어링(ball bearing) : 회전자를 바르게 유지하고 고속으로 회전시키는 역할을 담당한다. 마찰토크가 적을 경우 고속회전과 저소음으로 안정적인 운전이 가능하다.

(2) 발화 특성
① 모터는 회전하는 특성상 운전 중에는 열이 발생할 수밖에 없다. 과열을 방지하기 위해 온도퓨즈를 내장시킨 경우도 있으나 <u>온도퓨즈가 기능을 상실하면 발화</u>할 수 있다.
② 과전압이 인가된 경우 권선의 절연체인 <u>에나멜이 먼저 탄화</u>되고 단락이 일어나며 출화할 수 있다.
③ 시동 콘덴서가 내장된 모터는 콘덴서의 열화로 자체에서 단락이 일어나고 발화할 수 있다. 이때 권선에는 단락흔이 발생하지 않으며 콘덴서와 연결된 전선에서만 단락흔이 남게 된다. 전원코드 손상으로 단락이 발생하는 경우에도 권선은 연소되지 않는 경우가 있다.

┃ 권선의 소손형태 현장사진(화보) p.26 참조 ┃

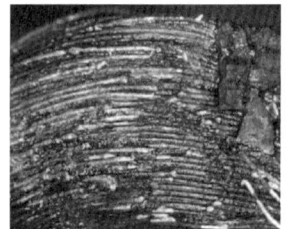
┃ 모터의 층간단락 현장사진(화보) p.26 참조 ┃

4 조명기구

조명기구에는 형광등, 백열등, 네온등, 할로겐전구 등 매우 다양한 구조와 형태가 있다. 조명기구는 근본적으로 주위를 밝게 하기 위한 목적으로 사용되는데 형광등은 일반 가정을 비롯하여, 공장, 사무실 등에서 가장 널리 사용되고 있는 조명기구에 해당한다.

(1) 구조 및 원리
형광등은 크게 방전관, 안정기, 점등관(글로램프)으로 구성되어 있다. 전원을 넣으면 점등관의 가동전극 사이에서 방전이 일어나 바이메탈의 접점이 고정전극과 접촉하여 폐회로를 구성하고 방전관의 필라멘트로 전류가 흐르게 된다. 가열된 필라멘트에서는 열전자가 튀어 나오고 방전관 안의 수은은 증발해 방전을 하기 위한 상태에 놓인다. 그 사이에 바이메탈은 다시 식어서 고정전극으로부터 떨어지고 안정기에는 고압이 흐르게 되어 비로소 방전관에서 방전이 개시된다. 방전과정에서 열전자는 수은증기와 충돌을 일으키고 자외선이 발생하여 형광물질을 자극함으로써 시각적으로 확인할 수 있는 가시광선이 빛을 발하는 원리이다.

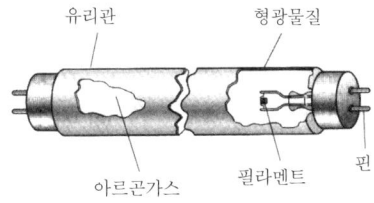

┃ 형광등의 구조 ┃

> ! 꼼꼼.check! ▶ 형광등 동작순서 ◀
>
> 필라멘트 전극 가열 → 열전자 방출 → 수은증기에 충돌 → 자외선 발생 → 형광물질 자극 → 빛(가시광선) 발생

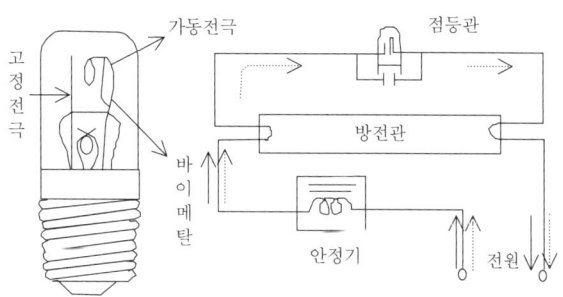

┃ 글로스타터 방식의 형광등 회로도 ┃

(2) 발화 특성

① 안정기의 내용연수가 경과하면 열화가 촉진되어 <u>권선코일의 선간접촉</u>으로 국부 발열하여 출화할 수 있다.

② 형광등 점등 시 발생하는 잡음을 제거해 주는 <u>콘덴서가 과열</u>로 출화하거나 부풀어 오른 형태로 발견되는 경우가 있으며 콘덴서와 접한 리드선에 단락이 발생할 수 있다.

③ 글로램프의 불량 또는 장기 사용으로 인해 열화가 발생하면 가동전극과 고정전극의 접점부에 금속이 용융되거나 한쪽 전극선이 용단·비산하며 연소할 수 있다.

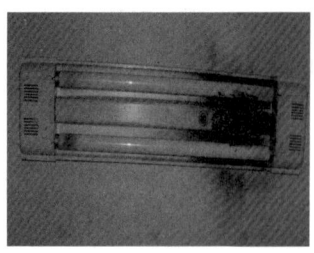 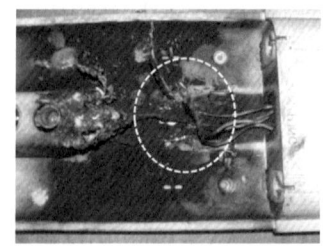 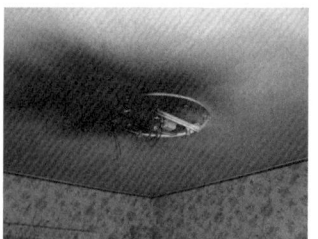

| 형광등의 연소형태 현장사진(화보) p.26 참조 |

5 증거물의 불법개조 또는 오용여부 판정

불법개조란 제품이나 기계·기구 등을 정상적인 사용방법이나 범위를 일탈하여 변경을 가한 것을 말한다. 사용자가 당초부터 악의는 없더라도 제품이나 기구의 성능을 좀 더 높이기 위하여 고치거나 변경한 행위는 사고의 위험성을 증가시킨 것으로 볼 수 있는데, 전선의 허용전류를 초과한 기구의 증설이나 개조, 안전장치인 퓨즈를 임의로 제거하고 부하기기에 전원을 직결시킨 변경, 전열기구가 넘어지면 자동으로 전원이 차단되는 안전스위치의 제거 등은 불법개조의 대표적인 방법이다. 한편 오용이란 사용방법이 미숙하거나 잘못 알고 사용함으로써 발생하는 과실이라고 할 수 있다. 석유난로에 가솔린을 주입시킨 연료의 오용, 110V를 사용하는 부하기기에 220V를 연결시킨 오용, LPG용 가스레인지를 LNG 연료배관에 연결시킨 오용 등은 사소한 부주의가 사고를 부를 수 있다. 불법개조 또는 오용여부에 대한 판정은 증거물의 형태와 관계자의 진술을 종합적으로 참고하여 판단한다.

(1) 방화와 연관된 증거물의 불법개조 유형
① 백열전구에 작은 구멍을 뚫고 가솔린 등 인화성 액체를 주입시킨 전기기구의 개조
② 전열기구에 안전장치인 서모스탯, 온도퓨즈 등을 제거하고 발열판에 직접 전원을 연결시킨 개조
③ 가솔린이 들어 있는 용기에 점화장치를 설치하여 움직이거나 들어 올렸을 때 폭발하도록 제작한 개조
④ 전기배선이 단락될 수 있도록 일부러 손상시켜 놓고 가솔린 등 가연물을 주변에 배치시킨 범죄은폐 또는 실화를 위장한 개조

(2) 불법개조 또는 오용여부 판단요령
① 제품이나 전기기구 등에 퓨즈나 안전장치 등이 제거되었다면 임의 개조가 있었던 것으로 판단하고 연소상황 및 사용자로부터 사용전·후의 상황정보를 확인한다.

② 등유를 사용하는 연소기구에 가솔린을 주입한 경우 화염이 연소기구 밖으로 출화하는 경우가 있으므로 연소기구의 연기부착 및 변색흔을 확인하고 <u>유증채취기를 이용한 성분분석</u>을 한다.

③ 제품이나 기구의 소손이 심한 경우 <u>관련분야의 엔지니어를 입회</u>시켜 확인한다.

6 증거물의 고장, 수리, 교체 등 유무의 검사

① 수집한 증거물이 화재 이전에 고장난 상태라면 발열현상과 관계된 특이점이 나타나기 어렵다. 설치위치와 사용상태, 운전내력 등 충분한 정황조사가 함께 이루어지도록 한다.

② 전기배선의 연결부가 동일한 전선이 아닌 <u>규격이 서로 다른 전선끼리 연결시킨</u> 경우, 인쇄회로기판에 노출된 배선이 주변 배선과 다른 경우, 콘덴서 등 회로소자를 교환한 흔적이 있는 경우 등은 수리가 행해진 증거로 보고 수리를 행한 개소와 발화관련 특이점이 확인될 수 있는지 검토를 한다.

③ 수리 또는 교체가 이루어진 시기와 배경, 사유 등을 사용자로부터 확보한다. 수리나 교체한 이력은 표면에 드러나지 않기 때문에 알기 어려워 진술정보가 뒷받침될 수 있도록 조치를 한다.

> **확인문제**
>
> 선풍기 날개의 회전장애로 과부하가 걸려 발화하였다. 분해검사를 통해 회전자에 마찰계수가 증가한 것으로 확인된 경우 자체 출화한 연소특징과 외부화염에 의해 연소된 특징을 구분하여 기술하시오.
>
> **답안** ① 자체 출화한 경우 : 내부 권선이 균일하게 연소된 형태로 미세한 단락이 발생할 수 있고 회전자에 마찰계수가 증가하였다면 터닝컬러가 형성된다.
> ② 외부화염에 의해 연소된 경우 : 모터는 자체 발열이 없는 상태이므로 권선은 연소되지 않거나 일부만 연소되고 회전자에는 마찰계수에 의한 터닝컬러가 형성되지 않는다.

04 증거물 정밀(내측)검사

1 증거물의 비파괴검사 방법

1 정 의

재료나 기기, 구조물의 결함 정도나 강도를 측정하고자 할 때 <u>재료나 제품의 원형에 영향을 주지 않고 측정하는 검사</u>를 말한다. 재료나 기기, 구조물 등이 지니고 있는 물리적 성질의 조직 이상이나 결함의 존재여부를 파괴하지 않고 측정하기 때문에 경비를 절감할 수 있다.

2 비파괴검사의 유용성 〔2019년 기사〕

① 증거물의 원형과 기능을 <u>손상시키지 않을 수</u> 있다.
② 증거물의 <u>상태와 내부구조를 쉽게 파악</u>할 수 있다.
③ <u>시간과 비용을 절감</u>할 수 있다.

3 비파괴검사의 종류

(1) 방사선 비파괴검사(RT, Radiographic Testing)

방사선(X선 또는 γ선)을 시험체에 투과시켰을 때 투과되는 방사선의 강도 변화 즉, 건전부와 결함부의 투과선량의 차에 의한 필름상의 농도 차이를 <u>2차원 영상으로 기록</u>하여 결함을 검출하는 방법이다. 일반적으로 용접부, 주조품 등의 결함여부를 검출할 때 쓰이지만 <u>거의 모든 재료에 적용이 가능</u>하며, 표면 및 <u>내부결함 검출</u>에 우수하다.

(2) 초음파 비파괴검사(UT, Ultrasonic Testing)

시험체 <u>내부결함을 측정</u>하는 데 주로 쓰인다. 시험체에 초음파를 전달하여 내부에 존재하는 불연속으로부터 반사한 초음파의 에너지량, 초음파의 진행시간 등을 CRT screen에 표시하고 분석하여 불연속의 위치 및 크기를 알아내는 검사방법으로 시험체의 균열 등 면상 결함을 측정하는 능력이 <u>방사선투과검사 방법보다 신뢰가 높다</u>. 용접, 주조, 압연품 등의 내부결함 및 두께 측정에 쓰인다.

(3) 자기(磁氣) 비파괴검사(MT, Magnetic particle Testing)

강자성체의 표면 또는 표면하에 있는 불연속부를 검출하기 위하여 강자성체를 자화시키고 자분을 적용시켜 누설자장에 의해 자분이 모이거나 붙어서 불연속부의 윤곽을 형성하여 위치, 크기, 형태, 넓이 등을 검사하는 방법이다. 이 방법은 <u>강자성체에만 적용이 가능</u>하고 비자성체에는 적용이 불가능하다. 또한 검출이 신속하고 적은 비용으로 경제성이 좋다.

(4) 침투 비파괴검사(PT, Penetrant Testing)

용접부, 단조품 등의 비기공성 재료의 표면결함 등을 검출하는 데 주로 쓰인다. 제품의 크기나 형상 등에 제한받지 않고 금속, 비금속 등 <u>거의 모든 재료에 적용</u> 가능한 장점이 있다.

(5) 와전류 비파괴검사(ECT, Eddy Current Testing)

금속 등의 시험체를 가까이 가져가면 도체 내부에는 와전류가 발생하는데 <u>와전류를 이용</u>하여 시험체의 결함이나 크기, 변화 등을 측정하는 검사방법이다. 와류탐상검사는 검사체가 전도체일 경우에 측정이 가능하며, 비접촉식으로 빠르게 탐상할 수 있어 철강, 비철재료의 파이프, 와이어 표면결함, 박막두께 측정, 재질 식별 등 점검에 쓰이고 있다.

(6) 누설 비파괴검사(LT, Leak Testing)

시험체 내부 및 외부의 압력차 등에 의해 기체나 액체를 담고 있는 기밀용기, 저장시설 및 배관 등에서 내용물의 유체가 누출되거나 다른 유체가 유입되는 것을 말하며, 시험체의 불연속부에 의해 발생한다. 이때 <u>유체의 누출, 유입여부를 검사</u>하거나 유출량을 검사하는 방법이다. 압력용기, 석유저장탱크, 파이프라인의 누설탐지 등에 쓰인다.

(7) 음향방출 비파괴검사(AET, Acoustic Emission Testing)

비파괴검사의 가장 기본적인 방법으로 검사의 신뢰성 확보가 곤란하다는 단점이 있으나, 금속재료, 복합재료, 압력용기 등 재료 내부의 동적거동 파악에 의한 건전성 평가, 회전체의 이상 진단, 잔여수명 평가 등 재료 특성을 평가하는 데 유용한 방법이다.

(8) 육안 비파괴검사(VT, Visual Testing)

모든 비파괴시험 대상체의 이상(결함유무, 형상의 변화, 광택의 이상이나 변질, 표면 거칠기 등)유무를 식별할 수 있다. 시험체의 표면상태에 따라 방사율의 편차가 크고 전파경로에 흡수되어 산란되는 영향이 있다.

(9) 열화상 비파괴검사(IT, Infrared thermography Testing)

피사체의 실물을 보여주는 것이 아니라 피사체 표면에 복사되는 에너지를 적외선 형태로 검출하여 <u>피사체 온도 차이 분포를 열화상 장치를 이용</u>하여 영상으로 재현하는 방법이다. 각종 재료 표면 결함의 고강도 검출, 철근콘크리트의 열화진단 및 강도측정, 열탄성효과에 의한 응력측정 등에 널리 쓰인다.

(10) 중성자 비파괴검사(NRT, Neutron Radiographic Testing)

중성자가 물질을 투과할 때 물질 상호작용에 의해 그 세기가 감소되는 현상을 이용한 비파괴검사 방법이다. X선이 전자와 반응하는 반면 중성자는 원자핵과 반응하여 침투 정도가 X선보다 훨씬 깊고 분해능력도 탁월하게 나타난다. 금속처럼 밀도가 높은 물질이나 폭약류, 수소 화합물과 같이 가벼운 원소로 구성된 복합물질의 검사에 쓰인다.

(11) 응력측정 비파괴검사(ST, Stress measurement Testing)

구조물의 안전성은 외력을 가한 상태에서 응력을 측정하지만 응력을 직접 측정하기 불가하므로 응력과 변형량이 비례한다는 원리를 이용하여 <u>구조물의 변형량을 측정</u>하여 응력을 구하는 검사방법이다.

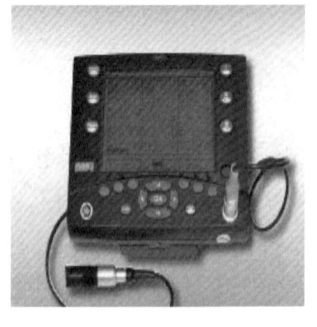
| 와전류탐상기 현장사진(화보) p.27 참조 |

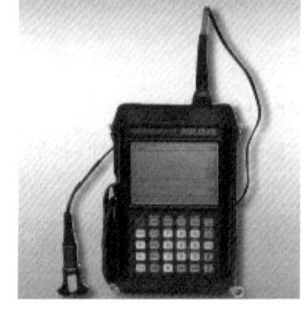
| 초음파두께측정기 현장사진(화보) p.27 참조 |

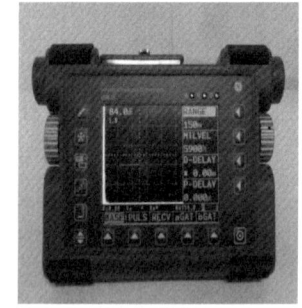
| 초음파탐상기 현장사진(화보) p.27 참조 |

4 비파괴검사의 적용

(1) 품질평가

제품의 제조과정 중 수행하는 검사는 제조된 것이 규정된 규격 또는 사양서에 따라 <u>품질을 만족하고 있는지 확인</u>하기 위한 것이다. 제품의 이음부를 용접한 경우 재료와 용접부의 평가는 품질평가를 의미하는 것으로 이때 판정기준은 파괴사고가 발생할 우려가 없다는 판단을 기초로 결정하여야 한다.

(2) 수명평가

제품이나 기기의 초기사용 이후 <u>일정기간마다 수행하는 검사</u>는 다음 검사시기까지 안전하게 사용할 수 있는지를 평가하는 것으로 수명평가라고 한다. 정기검사, 보수검사, 운전 중 검사 등을 통해 새롭게 발생한 이상상태를 검출하여 그 원인과 종류, 형상, 크기, 발생개소, 응력, 응력방향과의 관계 등을 판단하고 보수 또는 폐기여부를 결정하여야 한다.

5 비파괴검사의 신뢰

비파괴검사의 신뢰성이란 언제, 어디서, 누가, 어디에서 행하더라도 동일한 검사체에 대하여 <u>동일한 검사결과를 얻을 수 있어야</u> 한다. 비파괴검사는 특정한 물리적 에너지를 이용하여 침투, 누설, 흡수, 투과, 산란, 반사 등의 변화를 특정한 검출체를 이용하여 측정하고 이상여부를 확인하는 조사방법이다.

비파괴검사는 적절한 검사방법을 이용하여 이상이 있는 부분을 가능한 한 완벽하게 검출하여야 한다. 비파괴검사로 얻어지는 이상부분에 대한 정보는 이용하는 검사법에 따라 다를 수 있는데 이것은 비파괴검사 결과의 신뢰성이 검사방법과 비파괴검사장치의 성능, 기술자의 평가능력 등의 요인에 영향을 받기 때문으로 이러한 요인들을 모두 종합적으로 검토하여야 한다.

6 비파괴검사의 이상여부 검사에 영향을 주는 요인

① 검사체의 재질, 조직, 형상, 표면상태
② 사용하는 물리적 에너지의 성질
③ 검출하고자 하는 이상을 나타내는 부분의 상태, 형상, 크기, 방향성
④ 검출체의 특성

2 증거물의 분해검사 방법

(1) 증거물의 분해 시 유의사항

① 분해검사를 할 때에는 오염이 없는 깨끗한 장소에서 실시할 것
② 분해실시 전 및 분해가 이루어지는 단계마다 사진촬영으로 기록을 하고 훼손이 가중되지 않도록 할 것
③ 증거물에 부착된 오염물질은 붓으로 털어 내거나 에어스프레이를 이용하여 제거하고 무리하게 제거하지 않도록 할 것
④ 드라이버, 니퍼(nipper), 만능 칼 등 분해조작에 필요한 장비를 적절히 활용할 수 있을 것
⑤ 증거물의 특성과 원리를 알 수 없는 경우 독단적으로 분해하지 말고 전문기관 또는 전문가의 도움을 받도록 할 것

(2) 증거물의 분해검사 요령

① 바깥쪽에서 안쪽으로 순차적으로 분해하도록 한다.
② 제품이나 기구 등에 내장된 부품이나 발열체는 부피나 크기가 작기 때문에 망실될 우려가 있으므로 핀셋이나 족집게 등을 사용하여 채집하고 분실되지 않도록 한다.
③ 분해검사를 통해 떼어낸 잔해물 중 불필요하다고 판단되는 잔류물은 따로 분류하여 분해를 하여야 할 물체와 혼동이 발생하지 않도록 조치한다.
④ 증거물의 잔해가 부분적으로 소실되었고 육안식별이 곤란한 경우 확대경 또는 실체현미경 등을 활용하여 입증한다.
⑤ 증거물에서 나타난 전기적 특이점(단락, 용단, 용융 등) 등은 분해검사만 가지고 판단하기 곤란한 경우 금속조직에 대한 기기분석을 병행한다.

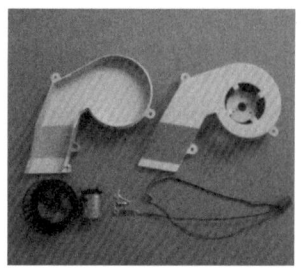  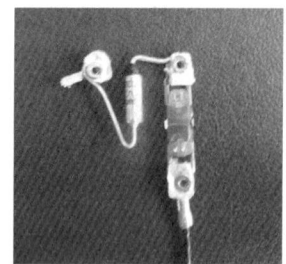

| 히터의 분해형태 현장사진(화보) p.27 참조 |

3 증거물의 전기·가스·기타 설비 등의 특이점 및 기타 부분의 정밀검사 방법

1 증거물의 전기적 특이점 판단

① 증거물로 확보한 전기배선상에 반짝거리는 구형(球形)의 용융흔이 식별되면 과부하, 접촉불량, 누전, 반단선 등을 충분히 의심해 볼 수 있다. 다만, 용융흔이 발생한 개소의 부하기기의 상태와 배선경로를 확인하여 종합적으로 판단한다.

② 전기제품 콘덴서가 부풀어 올라 터진 형태로 확인되거나 원동기에 내장된 모터 코일의 층간단락 발생, 플러그와 연결된 접속부의 용융 등은 사고전류가 발생한 것을 나타내므로 연소된 부위를 살펴 판단한다. 일반적으로 <u>금속 접속부의 용융은 과열 또는 불완전접촉의 결과로 많이 발생</u>한다.

③ 전기배선경로상에서 나타난 <u>용융흔은 발화가 개시된 구역임을 순차적으로 암시해 주는 정보</u>로 응용할 수 있다. 여러 개소에서 발견된 단락된 용융흔은 발견된 지점마다 도면이나 스케치로 표기하고 배선경로와 연관지어 확인하면 연소가 진행된 경로를 판단하는 데 도움을 받을 수 있다.

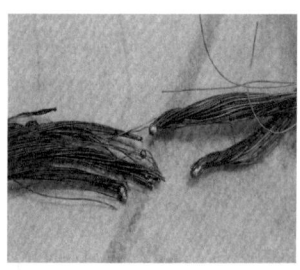 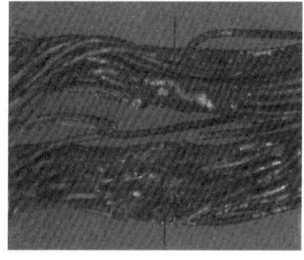 

| 전기배선 용융흔 현장사진(화보) p.28 참조 |

2 기타 부분에 대한 정밀검사

(1) 가스기구 및 배관검사

① 용기 손잡이가 개방된 상태로 압력조정기가 이탈된 경우 고의적 가스사고를 의

심할 수 있다. 용기밸브 손잡이는 용융되어 소실되더라도 <u>내부 유로가 개방된 상태</u>로 남기 때문에 사용여부를 판단할 수 있다.

② 염화비닐호스가 탄화되었더라도 <u>직각으로 절단된 형태</u>로 남아 있는 경우와 <u>호스밴드가 탄성을 잃고 벌어졌거나 손상된 상태</u>로 발견되면 이미 사전에 조작된 것으로 고의누출을 의심할 수 있다.

③ 냉장고, 에어컨, 컴프레서 등 냉각기능이 있는 제품에는 고압에 견딜 수 있는 금속관이 설치되어 있다. 가스의 순환불량 또는 이상압력이 발생하면 <u>금속관의 일부분이 파열</u>된 형태로 나타나는데 분출하는 가스압력에 의해 내부에서 외부로 <u>불규칙하게 찢어진 형태</u>로 확인된다.

| LP저장용기 손잡이의 소실 현장사진(화보) p.28 참조 |

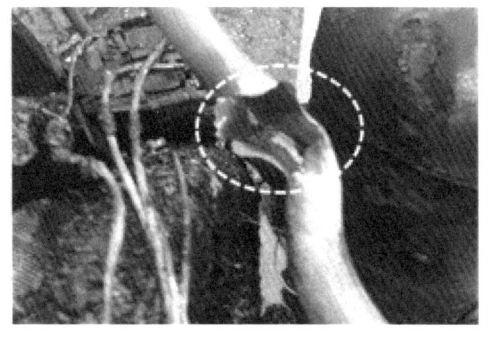

| 압축기 금속관의 파열 현장사진(화보) p.28 참조 |

(2) 출입구 등 개구부의 개폐상태

① 목재로 된 출입문이 완전소실되더라도 출입문 손잡이와 연결된 <u>도어래치(door latch)가 문틀에 접속된 상태로 잔존한다면 화재 당시 문은 폐쇄된 상태</u>였음을 알 수 있다. 도어래치기 문틀 접속부분과 견고하게 밀착된 경우 연기 등 그을음이 적게 유입되어 원형을 유지하는 경우가 있다.

② 문짝과 문틀의 여닫이 장치인 <u>경첩에 그을음 등의 오염이 없다면 개구부는 닫힌 상태</u>였음을 판단할 수 있다. 연소과정에서 문짝이 완전소실되면 경첩의 표면은 연기가 침착하거나 부식될 수 있으나 안쪽으로는 원형을 유지하는 경우가 있다.

(3) 방화관련 개체조사

① 현장에 남아 있는 라이터, 유류용기, 유리창 등에는 <u>지문이 남아 있는 경우</u>가 있다. 손가락이 물체와 접촉하면 손에 있는 지방이 물체에 남게 되고 화재에 의해 생성된 <u>연기는 지방분을 보호</u>한다. 화재로 인해 지문이 파괴될 수도 있으나 남아 있을 수 있다는 점을 유념하여야 한다.

② 혈흔은 온도가 50℃를 넘지 않는다면 신선한 혈액처럼 분석이 가능하며, 50~100℃ 사이에는 효소가 파괴되어 신원확인이 불가능해진다. 100~200℃ 사이에서는 단백질이 파괴되는데 만약 혈흔 속의 단백질이 온전하게 보존되었다면 <u>DNA검사를 통해 개인과 혈흔 사이의 관련성을 증명</u>할 수 있다. 화재현장에서 의심되는 혈흔이 발견되었다면 가능한 한 차갑게 건조상태를 유지하여 빠른 시간 안에 실험을 의뢰하도록 한다.

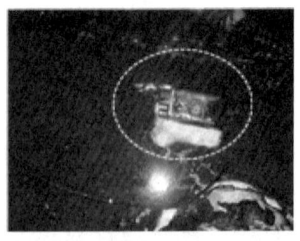

| 라이터 잔해 현장사진(화보) p.28 참조 | 거실과 유리창에 남겨진 혈흔 현장사진(화보) p.29 참조 |

4 증거물의 특이점 식별여부 검사 및 해석방법

(1) 퓨즈(fuse)

전기제품이나 전기기기에 내장된 퓨즈는 <u>차단기 역할</u>을 한다. 과부하 및 이상전류를 감지하면 동작하여 끊어지므로 회로를 보호한다. 그러나 퓨즈가 동작하더라도 이미 발화가 일어난 경우에는 화재로부터 기기를 보호하지 못한다. 얇은 실모양의 실퓨즈는 <u>납과 주석 또는 아연과 주석의 합금</u>으로 되어 있고 주로 <u>5A 이하의 낮은 전류</u>에 이용된다. 퓨즈의 <u>중앙부에 넓게 용융되었다면 단락에 의한 용단</u>이며, 외부화염에 의한 것은 용융으로 흘러내린 형태를 보인다.

(2) 발열체

① <u>시스히터</u>는 가연물과 접촉하지 않으면 발화하지 않는다. 일반적으로 합성수지 재질인 물통에 넣어 사용하기 때문에 물이 증발하면 <u>물통에 착화</u>하여 화재로 성장한다. 발열체인 금속관의 <u>절연이 파괴되면 금속관이 용융</u>되고 절연물인 <u>산화마그네슘(MgO)</u>이 밖으로 노출되기도 한다. 금속관의 용융여부를 확인하고 착화물인 합성수지용기의 잔해가 금속관에 부착된 상태, 전원선의 단락흔 등을 확인한다.

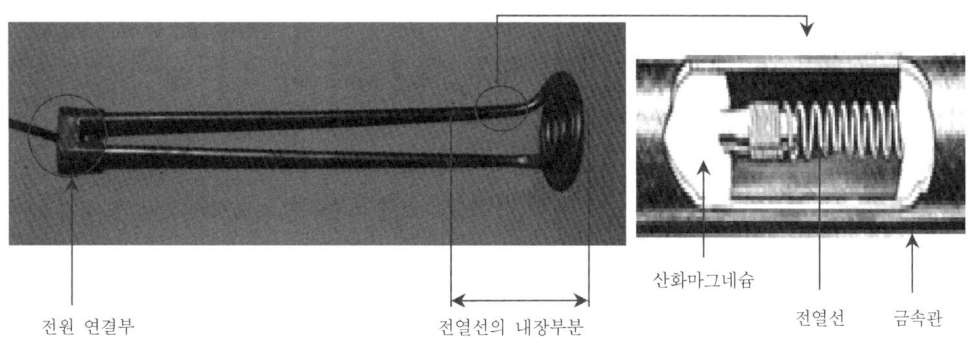

| 시스히터의 외관 및 내부 구조 현장사진(화보) p.29 참조 |

② 니켈-크롬(Ni-Cr) 계열의 전열선을 사용하는 제품이나 기기류는 가연물과의 접촉으로 발화하는 경우가 대부분이다. 전기장판, 전기다리미, 헤어드라이어, 전기히터 등은 전열선이 내장된 제품으로 <u>온도제어장치의 고장</u>이나 설치불량, <u>바이메탈의 기능이상</u>, <u>스위치 접점의 소실</u> 등이 원인으로 작용하는 경우가 많다. 특히 페놀수지를 소재로 사용한 서모스탯은 수분이나 이물질이 부착되어 발화하면 금속단자가 용융된 형태로 남기도 한다.

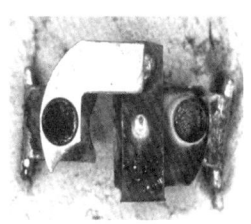   

| 페놀수지로 된 서모스탯의 탄화형태 현상사진(화보) p.29 참조 |

(3) 연소기구

① 가정용 <u>가스레인지는</u> 중간밸브 및 조작부 손잡이가 개방된 상태로 발견되고 음식물이 탄화된 잔해로 남는다. 만약, 가스레인지 조작부 손잡이가 소실되었다면 분해검사를 실시하여 <u>갈고리의 위치로 사용여부를 입증</u>한다. 화재가 늦게 발견된 경우 가스레인지 상단의 <u>레인지 후드에서 단락흔</u>이 나타날 수 있고 음식물용기 내부는 과열에 의해 검게 탄화되거나 <u>용기 자체가 용융</u>된 잔해로 남아 증명이 가능하다.

② <u>휴대용 연소기는</u> 부탄가스를 사용하는 과정에서 <u>과대불판을 사용</u>하거나 버너 주변에 <u>바람막이 등을 설치</u>하여 사고가 발생하는 경우가 가장 많다. 연소기가 사용 중이었다면 부탄가스 용기의 상부에 있는 가이드 홈과 하부경판이 탈착레버

의 영향으로 찌그러진 형태로 남는다. 또한 주변으로 과대불판과 바람막이로 사용한 종이박스류 등이 확인될 수 있다.

> **꼼.꼼. check!** ● 휴대용 연소기에서 부탄가스가 폭발하는 이유 ●
>
> 부탄가스가 연소기로 공급되면서 기화할 경우 용기 표면은 증발잠열에 의해 차가워지지만 공기의 원활한 순환에 의해 일정한 압력을 유지할 수 있다. 그러나 연소기보다 큰 불판을 얹어 놓고 사용하거나 바람막이를 설치하는 경우 공기의 공급이 차단되거나 불량해짐으로써 연소기에서 발생한 불꽃의 복사열이 증대되고 부탄용기를 지속적으로 가열함으로써 폭발에 이르게 된다.

(4) 방화 증거

발화원의 잔해가 거의 남지 않는 방화는 현장 상황증거로부터 물적 증거를 확보할 수 있다. 발화지점에 별다른 화원이 없는 것으로 판명되었으나 방범창이 뜯겨진 상태로 확인되고 도난흔적이 발견되면 방화의 유력한 상황증거로 채택될 수 있고, 발화지점이 2개소 이상으로 자연스럽지 않은 연소흔적 등은 방화를 뒷받침할 수 있는 증거로 작용할 수 있다.

① 외부인의 침입흔적으로 방범창이 뜯겨지거나, <u>출입문을 강제개방시킨 흔적</u>이 발견된 경우
② 연소의 방향성이 나타나지 않으며, <u>유류성분이 검출된</u> 경우
③ 전기제품이나 기구류에서 발화한 것처럼 <u>위장 발화장치</u>가 발견된 경우
④ 발화원으로 판단할만한 기계, 기구 등이 없으며, 화기를 취급하는 장소가 아닌 경우
⑤ 가연물을 일부러 모아 놓은 흔적이 있고, 가구류 등 생활용품이 너무 없거나 <u>부자연스럽게 배치된</u> 경우

 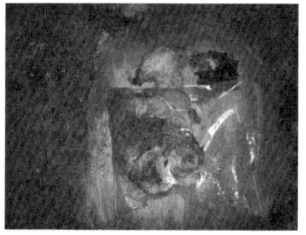 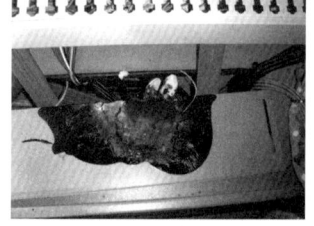

| 방범창의 파손 현장사진(화보) p.30 참조 | 인화성 액체의 수집 현장사진(화보) p.30 참조 | 전기화재 위장 발화장치 현장사진(화보) p.30 참조 |

> **바로바로 확인문제**
>
> 소손된 증거물을 비파괴검사 하고자 한다. 비파괴검사의 유용성 3가지를 쓰시오.
>
> **답안** ① 증거물의 원형과 기능을 손상시키지 않을 수 있다.
> ② 증거물의 상태와 내부구조를 쉽게 파악할 수 있다.
> ③ 시간과 비용을 절감할 수 있다.

05 화재 재현실험 및 규격시험

1 재현실험의 가능여부를 파악하는 방법

재현실험이란 과학적 이론을 바탕으로 실제로 <u>어떤 현상을 관찰하기 위하여 행하는 과정과 행동</u>을 말한다. 기왕에 화재가 발생한 것과 동일한 조건을 부여하여 실시하기도 하지만 미리 예측되는 상황을 부여하여 실시하기도 한다. 재현실험은 실험결과를 과학적으로 인정받을 수 있도록 <u>공인된 시험기관에 의뢰</u>할 수 있고, 실험장비를 사용하는데 능숙한 <u>관련전문가를 참여</u>시켜 신뢰를 확보할 때 더욱 진가를 발휘할 수 있다. 주의할 점은 실험결과가 반드시 실제상황과 일치한다고 볼 수 없는 경우도 있고 실험 자체가 불가능한 상황도 있다는 점이다. 재현실험은 소수인원으로도 가능하지만 다수인원을 필요로 하는 상황도 있다. 재현실험이 곤란한 경우에는 컴퓨터를 이용한 시뮬레이션 기법이 활용되기도 한다.

1 재현실험의 유용성

① 시험대상에 대한 발화가능성 및 발화 이후 나타난 탄화, 변색, 용융 등 <u>연소 특이점에 대한 자료</u>를 확보할 수 있다.
② 주변 가연물의 착화성 및 화재의 성장과정 등을 <u>실시간으로 기록·관찰</u>하며 계량화할 수 있다.
③ 제품이나 재질의 난연성, 연소시간 등 성능을 확인하여 화재발생 <u>원인 규명 및 보증</u>할 수 있는 객관적 자료를 구축할 수 있다.

2 재현실험의 한계

① 시간과 비용이 많이 든다.
② 실험결과가 반드시 모든 실제상황과 일치한다고 보기 어렵다.

3 컴퓨터 시뮬레이션(simulation)

시뮬레이션은 실제 실험여건이 구비되지 않았거나 곤란한 경우에 사람을 대신하여 <u>컴퓨터가 수행하는 가상의 조사기법</u>이다. 화재가 발생한 장소의 면적, 가연물의 배치상태, 소방시설의 작동상황, 피난 등 일정한 조건을 컴퓨터에 입력한 후 상황에 맞춰 컴퓨터가 반응하는 결과를 가지고 어느 정도 판단에 도움을 받을 수 있다.

(1) 시뮬레이션의 유용성
① 화재발생 모형과 유사한 환경 또는 실제상황과 같은 조건을 부여하여 시뮬레이션에서 얻어진 결과를 일반화할 수 있으므로 유용한 도구로 사용할 수 있다.
② 특정한 가설을 설정하고 실제 변수들 간에 존재할 수 있는 상관관계를 입증할 수 있는 자료로 활용할 수 있다.

(2) 시뮬레이션 기법의 장점
① 반복실험이 가능하며, 경제적이다.
② 실제상황에서 시도하기 어려운 변수들의 조작과 통제가 가능하며, 계량화된 데이터를 확보할 수 있다.
③ 실제상황이 아니므로 안전성을 확보할 수 있다.

(3) 시뮬레이션 기법의 단점
① 인위적 조작이 많기 때문에 타당성을 보장받는 데 한계가 있다.
② 가상적 실험이므로 실제 현실과는 차이가 있을 수 있다.

2 시험의뢰 실시

화재의 원인과 관련된 물리적 증거에 대한 해석과 분석을 위하여 시험의뢰를 전문가에 맡기는 경우가 있다. 화재조사관은 모든 분야에 정통할 수 없으므로 지식의 한계를 인식하고 자신의 조사결과가 완벽하고 정확했다는 것을 확신시키기 위하여 다른 분야의 도움을 받는 것은 당연한 절차의 일부분으로 받아들일 필요가 있다. 화재조사관은 자신만의 전문가적 의견을 지나치게 확대해석하여 자신뿐만 아니라 동료들을 난처하게 만드는 잘못된 해석이나 오류를 범할 수 있다. 전문가의 도움의 손길은 화재원인을 규명하는 데 그만한 가치가 있음을 알아야 한다. 특히 감정기관이나 실험실로 의뢰하는 상당수는 물리적, 화학적으로 화재조사관이 판별할 수 없는 증거에 대한 조사 요청이므로 신뢰할 만한 정보를 얻을 수 있다.

> **확인문제**
> 실제 화재가 발생한 상황을 재현실험을 통해 규명하고자 할 때 재현실험의 한계에 대해 2가지 이상 기술하시오. (2024년 기사)
> **답안** ① 시간과 비용이 많이 든다.
> ② 실험결과가 반드시 모든 실제상황과 일치한다고 보기 어렵다.

Chapter 05 출제예상문제

★ 표시 : 중요도를 나타냄

증거물의 수집·운송·저장 및 보관

01 ★★★ / 배점 : 4

화재사 관련 내용이다. 괄호 안에 알맞게 쓰시오.
(1) 사람이 일산화탄소에 중독되어 사망한 경우 혈액침하로 인한 시반의 색깔은 (①)이다.
(2) 화재사의 경우 소사체 시반의 색깔은 이산화탄소 헤모글로빈이 생성되어 (②)을 보인다.

답안 ① 선홍색 ② 암적색

02 ★★ / 배점 : 6

유리의 파손형태에 대한 설명이다. 괄호 안을 바르게 쓰시오

- 화재 열로 파손된 유리는 표면이 불규칙적인 (①)형태를 나타낸다.
- 외부 물체의 충격에 의해 파손된 유리는 측면에 (②)형태의 (③)이 형성된다.

답안 ① 곡선 ② 곡선 ③ 월러라인

03 ★★ / 배점 : 4

그림을 보고 화상과 관련된 체표면적(%)을 쓰시오.

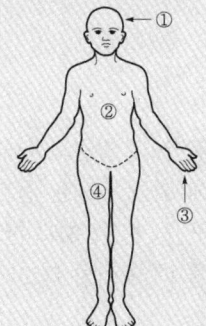

답안 ① 9% ② 18% ③ 9% ④ 9%

04. 사람의 눈을 카메라의 기능과 비교하였을 때 유사한 명칭을 쓰시오.

눈	카메라
수정체	①
홍채	②
망막	③

답안 ① 렌즈 ② 조리개 ③ 필름

05. 증거물 용기에 대한 설명이다. 괄호 안을 채우시오.

- 유리병에 다량의 액체를 수집할 때에는 유리병 뚜껑에 접착제나 (①)이 없어야 한다.
- 금속캔은 증기가 차지할 공간을 위해 캔의 (②) 이상을 채우지 않아야 한다.
- (③)은 화학적으로 안정된 재질로 만들어져 휘발성 액체의 오염방지 능력이 우수하다.

답안 ① 고무봉인 ② 2/3 ③ 특수증거물 수집가방

06. 증거물수집관리규칙에 의한 시료용기의 마개기준 4가지를 쓰시오.

답안
① 코르크 마개, 고무(클로로프렌고무는 제외), 마분지, 합성 코르크 마개 또는 플라스틱물질(PTFE는 제외)은 시료와 직접 접촉되어서는 안 된다.
② 만일 이러한 물질들을 시료용기의 밀폐에 사용할 때에는 알루미늄이나 주석호일로 감싸야 한다.
③ 양철용기는 돌려 막는 스크루 뚜껑만 아니라 밀어 막는 금속마개를 갖추어야 한다.
④ 유리마개는 병의 목부분에 공기가 새지 않도록 단단히 막아야 한다.

07. 화재증거물수집관리규칙에서 정하고 있는 증거물 시료용기 3가지를 쓰시오.

답안 ① 유리병 ② 주석도금캔 ③ 양철캔

08. 화재현장에서 인화성 액체 촉진제가 발견되어 수집하고자 한다. 다음 질문에 답하시오.
(1) 인화성 액체를 수집하기에 가장 적당한 용기를 2가지 쓰시오.
(2) 증거물로 수집한 휘발성 물질을 보관하고자 한다. 적합한 보관장소 3가지를 기술하시오.
(3) 증거물을 용기에 수집했을 때 증거물 태그에 기재하여야 할 사항을 5가지 쓰시오.

답안 (1) ① 금속캔 ② 유리병
(2) ① 열과 습도가 없는 장소에 저장할 것

② 건조하고 어두우며 서늘한 곳일 것
③ 휘발성 물질은 냉장보관할 것
(3) ① 화재조사관(수집자)의 이름
② 증거물 수집일자, 시간
③ 증거물의 이름 또는 번호
④ 증거물에 대한 설명 및 발견된 위치
⑤ 봉인자, 봉인일시

09 증거물 발송관련 현행법상 우편금지물품 3가지를 쓰시오.

답안 ① 인화성 물질 ② 발화성 물질 ③ 폭발성 물질

10 증거물을 포장 후 이송하려고 할 때 상세한 정보를 기록하여 포장지에 부착시켜야 한다. 화재증거물 수집관리규칙에서 정하고 있는 내용을 모두 찾아 쓰시오.

| ① 수집장소 | ② 입회자 | ③ 증거물번호 |
| ④ 기상상태 | ⑤ 화재조사번호 | ⑥ 증거물 용도 |

답안
① 수집장소
③ 증거물번호
⑤ 화재조사번호

증거물의 법적 증거능력 확보 및 유지

11 전기배선을 채취하여 관찰면을 균일하게 연마한 후 그 곳에 나타나는 결정립의 형상을 대물렌즈와 접안렌즈를 통해 분석하는 감식장비의 명칭을 쓰시오.

답안 금속현미경

12 화재증거물수집관리규칙이다. (   ) 안에 알맞은 말을 쓰시오.

(1) 증거물을 수집할 때에는 휘발성이 (①) 것에서 (②) 순서로 진행해야 한다.
(2) 증거물의 소손 또는 소실 정도가 심하여 증거물의 일부분 또는 전체가 유실될 우려가 있는 경우는 증거물을 (③)하여야 한다.

답안 ① 높은 ② 낮은 ③ 밀봉

13 증거물 정밀검사를 위한 장비이다. 물음에 답하시오.
(1) 화재현장에서 석유류가 포함된 혼합물을 단일 성분으로 분리시켜 무기물질과 유기물질의 정성, 정량분석에 시용하는 분석기기의 명칭을 쓰시오.
(2) 시료를 분해하거나 파괴하지 않고 분석할 수 있으며 원 상태를 유지한 채 분석할 수 있는 장비 명칭을 쓰시오.

답안 (1) 가스크로마토그래피(GC)
(2) 엑스레이 형광분석, 비파괴검사기

14 전기가 통전되지 않는 상태에서 화재열로 전기배선이 소손된 3차 용융흔의 특징을 서술하시오.

답안 열 용융흔이라고도 하며, 전체적으로 융해범위가 넓으며 절단면은 가늘고 거칠며 광택이 없다. 전선이 녹아서 군데군데 망울이 생겨 아래로 늘어지기도 하며 눌러 붙는 경우도 있다. 굵기가 균일하지 않고 형상은 분화구처럼 표면이 거칠고 점성을 잃어 뚝뚝 끊어지기도 하며 금속 표면에 불순물이 혼입된 경우가 많다.

증거물 외관검사

15 배선용 차단기에 대한 내용이다. 다음 질문에 답하시오.
(1) 트립방식 3가지를 쓰시오.
(2) 소호장치의 기능을 간단하게 기술하시오.

답안 (1) ① 열동식 ② 열동전자식 ③ 전자식
(2) 차단기의 개폐조작 시 발생하는 아크방전을 신속하게 흡수하여 접점 및 절연체를 보호하는 기능을 한다.

16 바이메탈 서모스탯의 동작원리를 기술하시오.

답안 열팽창계수가 서로 다른 금속을 접합시킨 것으로 온도가 높아지면 팽창률이 작은 금속쪽으로 구부러지고, 온도가 낮아지면 팽창률이 큰 쪽으로 휘는 원리이다. 설정된 온도 이상으로 올라가면 접점이 떨어져 전원이 차단(동작온도)되고, 온도가 다시 내려가면 전원이 공급(복귀온도)된다.

17 바이메탈 서모스탯이 온도변화에 따른 열팽창률에 의해 동작하는 것은 금속의 어느 성질을 이용한 것인가?

답안 만곡

FIRE INVESTIGATION & EVALUATION ENGINEER · INDUSTRIAL ENGINEER

증거물 정밀(내측)검사

18 | ★★★ / 배점 : 7 |

시스히터에 대한 사항이다. 다음 물음에 답하시오.
(1) 시스히터의 장점 3가지를 쓰시오.
(2) 시스히터에 내장된 절연물질을 화학식으로 쓰시오.
(3) 시스히터가 가연물과 접촉되어 발화하였고 금속관의 절연이 파괴된 경우 손상된 외부 특징을 간단히 서술하시오.

답안
(1) ① 열효율이 좋고 경제적이다.
② 진동이나 충격 등에 견디는 기계적 강도가 좋다.
③ 설치가 간편하고 사용이 쉽다.
(2) MgO
(3) 내부에서 외부로 금속관이 국부적으로 용융된 형태를 보이고 절연물인 산화마그네슘이 밖으로 노출되기도 하며, 금속관 표면에 가연물인 합성수지제 등이 용착된 형태로 남기도 한다.

19 | ★★ / 배점 : 3 |

화재현장에서 증거물 개체로 혈흔이 발견된 경우 신원확인을 위한 과학적인 검사방법을 쓰시오.

답안 DNA검사

화재 재현실험 및 규격시험

20 | ★★★ / 배점 : 5 |

컴퓨터를 이용한 시뮬레이션으로 재현실험을 하고자 한다. 시뮬레이션 기법의 장점과 단점을 2가지씩 기술하시오.

답안
① 시뮬레이션 기법의 장점
㉠ 반복실험이 가능하며, 경제적이다.
㉡ 실제상황에서 시도하기 어려운 변수들의 조작과 통제가 가능하며, 계량화된 데이터를 확보할 수 있다.
② 시뮬레이션 기법의 단점
㉠ 인위적 조작이 많기 때문에 타당성을 보장받는 데 한계가 있다.
㉡ 가상적 실험이므로 실제 현실과는 차이가 있을 수 있다.

• MEMO •

Chapter 06 발화원인 판정 및 피해평가

- **01** 발화원인 판정
- **02** 화재조사 관계법령
- **03** 화재피해 평가
- **04** 증언 및 브리핑 자료의 작성
- 출제예상문제

Chapter 06 발화원인 판정 및 피해평가

01 발화원인 판정

1 화재현장 조사 및 증거물 검사과정 등의 분석자료

(1) 유류증거물
  ① 유류성분은 현장에서 감지되는 경우도 있지만 <u>검출되지 않는 경우</u>도 있다. 따라서 유류성분이 검출되지 않았다 하여 인화성 액체를 사용하지 않은 것으로 섣부른 판단을 하지 않아야 한다.
  ② 유류성분은 연소된 잔류물 가운데 사람의 손길이 닿지 않는 구석진 모서리 틈새에 스며들거나 퇴적물 아래에 <u>기화하지 않고 남아 있는 경우</u>가 있다. 이런 경우 가스(유증)검지기의 사용은 남아 있는 유류성분을 채집하는 데 유용하므로 해당 지점의 공기를 포집하거나 샘플을 확보할 수 있어야 한다. 주의할 점은 현장에서 <u>가스검지기에 나타난 반응만 가지고 방화의 증거 등으로 확신하지 않아야</u> 한다. 그리고 채집된 증거는 연구소로 보내 성분분석이 최종적으로 이루어지도록 한다.
  ③ 유류성분은 순수하게 <u>단독으로 남아 있는 경우는 거의 없다.</u> 착화과정에서 주변 가연물로 흡수되거나 물과 혼합되어 이질적인 물질로 변화될 수 있는 점을 감안하여야 한다. 특히 고분자 합성수지가 연소할 때 마치 인화성 액체를 사용한 것과 같은 무지개효과(rainbow effect)가 나타날 수 있으므로 수집한 샘플에 대한 연구소의 분석결과가 나올 때까지 판단은 유보되어야 한다.
  ④ <u>가스 크로마토그래피(gas chromatography)</u>는 유류성분의 정성, 정량 분석에 이용되는 분석장치이다. <u>저비점의 액체 가연물은 초기온도가 낮을 때</u> 나타나며, 고비점의 액체 가연물은 높은 온도에서 검출되므로 사용된 유류의 성분 확인이 가능하다.

(2) 석유 연소기구
  ① 심지식 <u>석유난로의 심지가 과다하게 위로 올라오면</u> 염통에 과열을 일으켜 염통 밖으로 불길이 확산될 수 있다. 염통 잔해는 지속적인 과열에 의해 <u>다른 부위보</u>

다 심하게 수열을 받은 흔적을 남기며 난로 위에 철제상판 또한 불꽃접촉으로 인해 심한 수열흔이 관찰될 수 있다.

② **염통의 균형이 맞지 않아 출화는 경우**도 있다. 심지통은 내염통과 외염통으로 구분되는데 점화를 시도한 후 내려놓을 때 서로 균형이 맞으면 간격이 생겨 **심한 흑연이 발생하며 불꽃이 길어져** 주변 가연물에 착화할 수 있다.

③ **연료주입 중 사용자 과실에 의해 발화한 경우** 연소기구 주변으로 유류용기를 확인할 수 있고 흘러내린 유류 또는 유증기의 냄새가 감지될 수 있다. 사용자의 과실은 연소기를 끄지 않고 연료를 주입하였기 때문에 유증기가 열에 착화된 것으로 사용자의 얼굴과 머리카락, 손 등에 화상을 입거나 의복에 유류냄새가 베인 상태로 판단할 수 있다.

④ 연소기구가 **완전연소된 경우에는 발화를 입증하는 것이 곤란할 수도** 있다. 연구소로부터 회시된 결과가 발화원으로 작용할 만한 특이점이 없다고 한 경우 증거물의 선정 자체가 잘못된 것일 수도 있고 증거물의 훼손 정도가 심해 판별이 불가할 수도 있다.

(3) 미소화원

① 담뱃불, 향불, 불티 등은 불씨 자체가 매우 작기 때문에 급속한 연소현상은 없으며, **서서히 확대되어 가는 특징**이 있다. 이러한 특징으로 인해 물적 증거 입증은 거의 불가능하지만 연소된 상황으로부터 **과학적 방법을 적용하여 판단**할 수 있다.

② 담뱃불은 종이류 등과 펼쳐진 상태에서 접촉하면 착화하기 어렵다. 발화가 개시된 지점의 착화물이 구겨진 상태 또는 두루마리 등 착화에 필요한 공기의 적절한 **통풍과 축열**이 가능한 곳인지 확인될 수 있어야 한다.

③ 담뱃불은 인화성 액체인 가솔린에 직접 투입할 경우 즉시 소화되지만 가솔린이 흡착된 종이 또는 먼지 등과 접촉하면 발화할 수 있다. 가연물은 남지 않더라도 국부적으로 **깊게 타 들어간 흔적**이 남을 수 있고 다른 발화원인을 부정함으로써 판정할 수 있다.

④ **용접불티는** 발생하는 순간에 고온의 **적열상태이므로 즉시 발화**할 수 있다. 이러한 용접불티의 가장 큰 위험성은 용적 자체가 멀리 비산될 수 있고 어느 방향으로 튈지 예측하기 어렵다는 점이다. 화재 당시 용접작업이 있었다는 조건이 전제되면 비산된 용적들은 자석을 이용하여 수거하고 착화된 물질로 규명이 가능하다.

| 재떨이가 있었던 지점의 흔적 현장사진(화보) p.31 참조 | 담뱃불에 의한 용융 현장사진(화보) p.31 참조 |

(4) 전기배선의 용융흔

① 전기배선의 용융흔이 발견된 지점은 발화지점이거나 그 부근임을 알려 주는 지표가 될 수 있다. 용융흔은 <u>1개소일 수도 있고 수 개소로 나타날 수도</u> 있다.

② 연소가 미미하고 용융흔이 1개소인 경우라면 그 부근에서 발화되었을 가능성이 있다. 최초 착화물의 성격을 밝혀 두고 연소확산된 주변상황과 일치할 수 있다면 유력한 증거로 채택될 수 있다.

③ 용융흔이 <u>수 개소에서 발견된 경우에는 아크매핑 조사를 실시</u>하여 입증한다. 연소된 구역 전체에 대한 도면을 작성하고 연소의 강약과 연소확대된 방향성을 표시한 후 순차적으로 아크가 발생한 지점을 연결해 나가면 배선경로와 부하의 종류를 확인할 수 있다.

④ 아크매핑 조사를 실시했더라도 발화여부에 대한 용융흔의 <u>최종판단은 기기분석</u>에 의한다.

(5) 방화도구 및 방화흔적

① <u>실화로 위장</u>하기 위하여 발화지점 부근에 <u>양초나 헤어드라이어, 전열기구 등을 비치하는 경우</u>가 있다. 이것은 화재조사관으로 하여금 기기의 오작동 또는 부주의에 의한 화재로 결론을 유도하기 위한 수법이다. 단지 발열체가 있었다는 사실만으로 성급하게 실화로 판단하지 않도록 <u>편견을 경계</u>하여야 한다.

② 방화수단은 일반적으로 인화성 액체를 사용하고 <u>성냥이나 라이터</u>로 불꽃을 일으키는 것이 증거로서의 자취를 남기지 않으므로 가장 많이 이용된다. 라이터 불꽃은 가장 확실한 수단이지만 양초는 잔해가 남아 있을 가능성도 있다.

③ <u>퓨즈</u>는 시간지연장치나 동시다발적 점화, 원격점화장치로 이용되고 현장에서 발견되는 경우가 있다. 또한 퓨즈와 연결된 발화장치의 잔해가 흩어져 있을 수 있으므로 파편조각의 수집으로 발화장치의 성능과 규격 등을 확인할 수 있다.

④ 외부인의 침입흔적으로는 출입문 <u>자물쇠가 절단된 흔적</u>으로 남거나 <u>발자국, 자</u>

동차 타이어 자국 등이 화재현장 주변에서 발견될 수 있다. 방화의 증거는 이처럼 일반적이지 않은 증거를 남길 수 있다는 점을 염두에 두어야 한다.

⑤ 증거가 확인되지 않았다고 하여 방화를 배제하지 않도록 한다. 예를 들면, 풍선에 가솔린을 담아 양초 옆에 신문지 등으로 연결시켜 비치한 경우 일정시간이 경과하면 양초가 바닥까지 완전히 연소하면서 신문지에 착화되고 불에 풍선이 녹아 가솔린에 착화하면 증거가 소멸되는 경우도 있고 라이터를 이용하여 신문지 등에 착화시킨 경우 잔해는 남지 않는다.

| 자물쇠 강제개방 현장사진(화보) p.31 참조 |

| 촛불 지연착화 현장사진(화보) p.32 참조 |

| 현장에서 발견된 라이터 현장사진(화보) p.32 참조 |

2 기타 발화원인을 배제하는 방법

화재원인 판정은 증거를 기반으로 입증하여야 한다. 그러나 물리적 증거가 남아 있지 않더라도 발화원이 이미 알려진 사실에 부합할 수 있다고 판단되면 가설검증을 통해 결론을 내릴 수 있다. 발화원인의 배제방법은 여러 개의 가설들을 하나씩 확인하며 배제할 때 비로소 명확한 원인판정이 가능해진다. 배제를 할 때는 합당한 이유를 들어 설명하여야 하며 무차별적인 배제는 피해야 한다. 발화지점이 명확하지 않을 때 과학적 방법을 이용한 가설수립, 가설검증 등은 사용할 수 없다. 또한 발화지점을 명확하게 확인할 수 없어 다른 모든 잠재적 발화지점을 배제할 수 없는 경우에는 발화원에 대한 추정을 하지 않아야 한다. 발화지점에 대한 확실한 선택은 배제과정이 적절했는지에 대한 중요한 요소이다.

① 발화장소에서 유류용기가 발견되었다고 곧 방화로 단정하지 않아야 한다. 화재와 관계없이 비치되어 있을 수 있고 용기 안에 인화성 액체가 사용하지 않은 상태로 있을 수 있기 때문이다. 유기용제를 취급하는 장소에서는 얼마든지 유류용기가 존재할 수 있다는 점도 참고하여야 한다. 유류를 사용했다면 유증기 냄새가 확인될 수 있으며 바닥면으로 포어 패턴, 스플래시 패턴 등 유류를 사용한 특징적인 흔적이 남을 수 있다.

② 전기제품 내부에서 퓨즈나 부품소자 등이 온전한 상태로 보존되고 전원배선상에서 발화 특이점이 나타나지 않으면 배제할 수 있다. 통전상태로 제품에 이상발열이나 과부하, 과전류 등이 인가되면 퓨즈가 용단되고 전원이 단락될 수 있으

나 미통전상태이거나 외적인 화염에 손상을 받으면 발화와 관계된 특이점이 나타날 수 없다.

③ 연소기구 등을 사용하지 않았음이 확인되면 배제할 수 있다. 가스레인지 조작손잡이의 폐쇄상태, 석유난로 손잡이의 OFF, 전원플러그가 연결되지 않은 상황 등은 발열을 일으킬 수 없으므로 배제할 수 있다.

④ 바닥면으로 소손이 심하고 벽과 천장이 연기에 오염되었을 뿐 연소가 심하게 나타나지 않는 경우 벽과 천장은 발화지점에서 배제할 수 있다. 발화지점은 발화원과 밀접한 관계가 있는 곳으로 통상 열원이 확대되는 시점에서 일정시간 지속적으로 연소하기 때문에 화재손상도가 비교적 크게 나타나기 때문이다.

⑤ 발화와 관계된 시설물이 없는 곳에서 가연물이 일정시간 무염연소 형태로 탄화한 경우에는 가스 또는 전기적 요인과 방화요인은 배제할 수 있다. 가스는 착화원에 의해 급속하게 착화하는 성질이 있고 방화는 무염연소 형태를 추구하지 않는다.

3 증거능력의 정도에 따른 발화원인 판정방법

1 전기제품의 발화요인 확인방법

(1) 전원인가 확인

전기의 통전여부 및 작동스위치의 상태(on/off)와 배선의 단락흔 등을 확인한다.

(2) 연소흔적 확인

전기제품이 내부에서 출화한 경우 내부의 소손상태가 심하고 회로소자가 터졌거나 탄화된 형태로 나타나며, 외부로부터 먼저 연소했다면 주변의 연소확대 흔적과 결부시켜 파악한다.

(3) 가연물접촉 확인

전기제품이 발열체인 경우 가연물과 접촉한 흔적이 남아 있을 수 있고 발열체인 니크롬선의 위로 가연물이 덮인 경우에는 열의 방산이 불량하여 취약부분에서 용단되더라도 용단된 부분에서 아크현상이 일어나 지속적으로 전기가 흐르게 되어 또다시 용단된 부분이 발생할 수 있다.

(4) 부품 검사

전기제품에 의한 발화는 회로소자가 열화된 경우와 전기배선상의 문제로 야기되는 경우가 많다. 일반적으로 회로소자 결함이라면 기판상에 구멍이 발생하거나 회로소자가 변형, 변색, 탄화된 형태를 보인다. 제품이 심하게 소손된 경우에는 정밀검사를 별도로 실시하여야 한다.

2 전기 기계, 기구의 발화원인

(1) 차단기, 스위치 등 배선기구의 발화 입증 〈2024년 기사〉
① 접속부가 과열되면 <u>접점부위가 용융</u>되거나 <u>용단된 형태</u>로 확인된다.
② 수분이나 먼지 등이 쌓인 경우 트래킹현상이 일어나 출화할 수 있으며, 절연물의 표면이 심하게 소손되고 유실된 것처럼 보일 경우 트래킹 출화를 의심할 수 있다.
③ 플러그가 콘센트에 <u>삽입된 상태로 발화하면</u> 접촉면의 표면으로 탄소 등 오염물질이 부착할 수 없고 <u>광택을 유지</u>하는 경우가 있다. 접촉부분을 다른 개소와 비교하여 변색유무의 차이로 입증할 수 있다.

> **꼼꼼. check!** ▶ 접속부 과열 원인 ◀
> - 접속단자 나사고정부분이 헐거워진 경우
> - 스위치 접점부위의 산화 또는 변질된 경우
> - 콘센트 플러그부분의 탄성이 저하된 경우

(2) 전열, 난방 기구의 발화 유형
① 발열체부분이 직접 가연물과 접촉하여 발화
② 이상발열 등 고장으로 인한 발화
③ 오용 등의 원인으로 발화

(3) 전열, 난방 기구의 발화 입증
① 전열기구에 공통적으로 들어 있는 온도퓨즈 및 무접점스위치인 TRIAC 등 제어장치의 <u>접점이 녹은</u> 형태로 확인될 수 있다.
② 과전압을 인가하거나 가연물과 접촉을 방치, 열의 원활한 순환을 방해하는 방열상태의 악화 등은 <u>기구를 오용</u>한 것으로 설치상태를 확인하여 판단한다.
③ 이상발열에 의한 경우 전열선이 용단될 수 있고 자동온도조절장치인 서모스탯이 소손된 형태로 확인된다.

(4) 모터의 과부하운전에 의한 과열 원인
① 이상전압 인가
② 샤프트에 이물질이 감기거나 마찰열 발생에 따른 회전장애
③ 모터 과열로 인한 베어링의 고착

(5) 모터의 발화 입증
① 과부하 원인에 기인한 배선상에서 단락흔 등이 확인될 수 있다.
② 내장된 퓨즈가 용단되고 샤프트부분에 발열흔적이 남는다.

③ 모터와 연결된 부하기기나 회전날개 등이 손상되고 베어링이 융착된 형태로 확인된다.

(6) 조명기구의 발화 입증
① 백열전구가 <u>점등상태</u>로 가연물과 직접 접촉한 경우 유리가 파손되면 필라멘트 또는 리드선과 접촉한 곳에서 용단되고 <u>잔존부분이 앵커에 용착된 형태로 발견</u>된다.
② 형광등 안전기가 열화되면 코일의 층간단락이 발생할 수 있고 충전제가 누설된 것으로 확인할 수 있다.
③ 배선 자체의 용융흔, 콘덴서의 절연열화로 인한 파손, 글로스타터 접점의 용융 및 케이스 소손흔 등은 자체 발화한 흔적으로 판단할 수 있다.

3 가스 발화요인

(1) 가스 누출
가스가 누출되면 <u>유출된 부분</u>을 중심으로 <u>강한 화염흔을 확인</u>할 수 있다. 일반적으로 누출된 가스가 연소상한계 정도로 다량 유출된 경우 화재로 발전하지만, 연소하한계 미만으로 누출된 경우 폭발만 일어나고 화재로 발전할 가능성은 적다. 폭발 후 화재로 발전한 경우에는 가스통이나 유로가 파손되어 다량의 가스가 유출된 것으로 보고 유출된 개소를 추적한다. <u>가스 누출의 원인</u>은 <u>배관 말단의 마감조치 불량, 연결부 이탈, 고의 절단</u> 등이 대부분이다.

(2) 가스 연소기구
① 염화비닐호스가 꺾이거나 오랜 시간 방치하면 <u>고무질이 경화되고 균열이 발생</u>하여 누설될 수 있다. 호스가 원래 이탈된 상태로 점화되면 내부가 고무질의 연소 잔해로 막히거나 직경이 감소된 형태로 나타난다.
② 가스용기 외부에 결로현상 또는 결빙이 발생한 것은 압력조정기가 고장나거나 가스가 대량으로 유출되었다는 증거이다.
③ 가스레인지의 검사는 <u>사용여부와 과열유무</u> 등으로 판정한다. 주의할 점은 가스레인지로부터 주변으로 연소확산된 상황증거가 있으나 중간밸브와 조작손잡이가 모두 꺼짐으로 있는 경우 소화 후 누군가의 조작이 이루어졌는지 검토하여야 한다.

> **꼼꼼. check!** ▶ 연소기구에 적정압력이 공급되었는지 감식요령 ◀
>
> 압력조정기의 분해검사로 확인할 수 있다. 압력조정기에 내장된 다이어프램이 찢어지거나 열화된 상태로 확인되면 압력조정을 위한 개폐가 불가능할 수 있다.

(3) 가스레인지의 발화 유형
① 사용 중 방치하여 과열로 출화
② 점화불량에 의해 누설된 적체 가스에 순간적으로 착화
③ 사용 중 국물 넘침 등으로 소화되었으나 불꽃감지장치의 고장으로 지속적인 가스 누설
④ 연결된 호스의 이탈로 누설된 가스 폭발

4 자연적 요인

자연적 요인은 외부로부터 발화원 없이 <u>물질 자체가 대기 중에서 스스로 발열한 것</u>으로 주위온도와 축열상태, 산소와 접촉하는 물질의 표면적, 반응물질의 질량 등에 의해 다양한 연소양상을 보인다.

(1) 수렴화재
① 수렴화재 : 태양광선이 오목렌즈 또는 볼록렌즈를 통해 흡수된 열복사선의 입사각도에 따라 가연물에 착화하여 발화하는 현상이다. 비닐하우스 지붕에 물이 고여 있는 부분과 유리병, 어항 등에 복사열의 수렴으로 이면에 있는 물체에 착화되는 형식이다. 발화원의 잔해가 없으므로 주변환경을 종합적으로 관찰하여야 한다.
② 수렴화재의 성립조건
　㉠ 볼록렌즈 또는 오목렌즈 역할을 하는 물체의 구면(球面) 반경의 존재
　㉡ 가연물과의 적정한 초점거리
　㉢ 열 복사선의 입사각도

(2) 자연발화
① 자연발화는 일반적으로 동식물유 등 유지류에서 발생하는 것이 가장 많다. 외부에서 발화원의 공급 없이 자체적으로 축열을 형성하고 외부로 출화하기 때문에 <u>주변환경에 대한 상황판단</u>이 발화원인 판정에 전제조건을 이룬다.
② 자연발화에 영향을 주는 요소
　㉠ 반응열과 열의 축적 : 물질에서 산화 및 분해가 일어날 때 반응열이 상당히 큰 것과 열전도율이 낮은 것일수록 발화위험이 크다.
　㉡ 산소공급과 퇴적상태 : 산소의 공급이 열의 축적에 용이할 만큼 적정하고 얇은 판상으로 여러 겹 겹쳐지면 중심부의 보온성이 좋아져 발화하기 쉽다.
　㉢ 발열량 및 표면적 : 발열량이 크고 표면적이 넓을수록 반응속도가 증가한다.
③ **유지류의 자연발화** : 유지류는 단독으로 발화하지 않는다. 반드시 흡착되거나 착화하는 물질이 있어야 한다. 착화물은 다공성 물질, 분말상의 것이 축열효과가 좋고 접촉면적이 큰 톱밥, 금속분말, 깻묵 등이 착화가 용이한 물질이다. 결국

유지류는 섬유류같은 다공성 물질에 흡착된 경우에 발화위험성이 크게 되며 이때 유지류의 불포화성이 발화의 원인이 된다.

④ 화학물질의 자연발화
  ㉠ 공기 중에 노출되면 발화하는 물질
  - 황린 : $P_4 + 5O_2 \rightarrow 2P_2O_5$
  - 트리에틸알루미늄(TEA) : $2(C_2H_5)_3Al + 21O_2 \rightarrow 12CO_2 + Al_2O_3 + 15H_2O$
  - 마그네슘 : $2Mg + O_2 \rightarrow 2MgO$

  ㉡ 수분, 습기 접촉으로 발열하는 물질
  - 생석회 : $CaO + H_2O \rightarrow Ca(OH)_2$
  - 과산화나트륨 : $2Na_2O_2 + 2H_2O \rightarrow 4NaOH + O_2$
  - 탄화칼슘 : $CaC_2 + 2H_2O \rightarrow Ca(OH)_2 + C_2H_2$

> ! 꼼꼼.check! ─ 탄화칼슘(CaC_2, 카바이드, 탄화석회)의 위험성 ─
>
> 탄화칼슘은 물 또는 습기와 접촉으로 폭발성 혼합가스인 아세틸렌가스를 발생시키며 수산화칼슘($Ca(OH)_2$)은 독성이 있어 피부점막 염증, 시력장애 등을 유발한다. 아세틸렌가스는 대단히 인화하기 쉬운 가스로 1기압 이상으로 가압하면 단독으로 분해·폭발하며 금속(Cu, Ag, Hg 등)과 반응하여 폭발성 화합물인 금속 아세틸라이드를 생성한다.
>
> $$2C_2H_2 + 5O_2 \rightarrow 2H_2O + 4CO_2$$

5 방화와 관련된 상황증거

방화조사는 현장에서 증거가 드러나는 <u>단순방화</u>와 증거가 드러나지 않는 <u>지능적인 방화</u>로 구분된다. 불만표출, 분노, 불장난 등에 의한 순간적인 욕구나 충동을 억제하지 못해 저질러지는 방화는 증거가 남는 경우가 많지만, 증거인멸, 경제적 목적 또는 보험사기의 경우에는 매우 지능적으로 이루어지기 때문에 판단이 쉽지 않다.

(1) 2개소 이상 독립된 발화지점

발화지점이 <u>독립적으로 각기 2개소 이상</u>인 경우 방화를 의심할 수 있다. 단독으로 구획된 방에 가연물을 모아 놓고 여기저기 2개소 이상에 착화를 시도한 경우 국부적으로 소실된 형태를 보인다. 연소촉진제를 사용하지 않은 경우 연소된 구역과 미연소된 구역이 뚜렷하게 구분되어 식별이 용이하다. 발화지점에는 발화원이 존재하지 않고 연소촉진제를 사용한 흔적과 가연물을 모아 놓은 흔적 등이 확인되는 경우가 많다.

(2) 발화원이 없는 장소에서 화재

발화원이 근본적으로 존재하지 않았으며 <u>다른 발화원에 대한 배제가 모두 가능한 경</u>

우 방화를 의심할 수 있다. 전제조건은 발화지점이 명확하게 밝혀진 가운데 발화원이 존재하지 않는다는 사실이다. 발화지점이 불분명한 가운데 애매한 결론을 내린다면 설정된 전체 가설을 인정받기 어렵다.

(3) 연소촉진제 사용

연소를 가속화시키기 위해 인화성 액체가 살포된 경우 바닥면에 포어 패턴, 스플래시 패턴 등이 식별되는 경우가 많다. 유증이 남아 있거나 냄새로 판별되는 경우도 있고 주변에 유류용기가 버려진 상태로 발견되기도 한다. 발화원이 없더라도 유류에 의한 연소 패턴이 확인되고 유류용기 잔해 등이 증거로 발견되면 방화를 의심할 수 있다.

(4) 연소확산 도구의 사용

화재를 용이하게 확산시키기 위해 가연물을 길게 연결시킨 연소확산 도구를 사용한 경우 방화를 의심할 수 있다. 트레일러 패턴(trailers pattern)은 섬유나 두루마리 화장지 등을 길게 연결시켜 일정지점에서 또 다른 지점으로 연소확산을 노린 수법으로 발화원이 배제되었더라도 충분히 방화행위임을 입증할 수 있다.

(5) 비정상적인 급격한 연소

화재가 발견된 시간 및 연소물에 비해 급격하게 연소되었거나 연쇄적으로 화재가 발생한 경우 방화를 의심할 수 있는 상황증거로 판단할 수 있다.

6 원하지 않은 실수와 부주의

사람의 실수와 부주의에 비롯된 화재는 관계인의 소화활동이 적극적으로 이루어지고 주변에 목격자도 있는 경우가 많아 증거관련 자료를 확보하기 용이하다. 단순 실화인 경우 화기를 취급한 관계자가 자신의 실수였음을 순순히 인정하는 사람이 있는 반면에 불가항력적 상황이었음을 말하며 부정하는 경우도 있다. 현장조사는 소손된 현장상황을 살펴 연소확대된 상황증거를 바탕으로 발화와 관계된 증거를 확보하는 것으로 규명할 수 있다.

> **꼼.꼼. check!** ─ 실화의 유형 ─
>
> - 난방기구를 끄지 않고 유류를 주입하다가 가연성 증기에 착화
> - 전열기구 주변에 빨래 등 가연물을 넣어 놓고 건조시키려다 발화
> - 화학약품 혼합금지 품목끼리 작업 중 취급 부주의로 혼촉 발화
> - 음식물을 가스레인지에 올려 놓고 조리하다가 방치하여 발화
> - 촛불을 사용하다가 전도에 의한 가연물 접촉으로 발화

4 발화원인 판정검토 시 유의사항

① 발화원으로 추정되는 물건에 인접한 가연물이 착화되는 과정에 <u>무리한 추론이 없어야</u> 한다.
② <u>과학적 타당성이 있어야</u> 한다.
③ 유사화재 사례 및 실험결과 등에 비춰 <u>발화가능성에 모순이 없어야</u> 한다.
④ <u>다른 발화원에 대한 부정과 배제가 가능</u>하여야 한다.
⑤ 발화원이 확인되거나 발화지점으로 추정된 장소의 <u>소손상황에 모순이 없어야</u> 한다.

확인문제

화학물질에 대한 물음에 바르게 답하시오.
(1) 황린이 공기 중 노출되었을 때 화학반응식
(2) 마그네슘이 공기 중 노출되었을 때 화학반응식
(3) 탄화칼슘이 수분과 접촉하였을 때 화학반응식

답안 (1) $P_4 + 5O_2 \rightarrow 2P_2O_5$
(2) $2Mg + O_2 \rightarrow 2MgO$
(3) $CaC_2 + 2H_2O \rightarrow Ca(OH)_2 + C_2H_2$

---

5 연소확대상황을 통한 기타 원인 판정

① 연기와 화염이 가장 맹렬하게 <u>출화하는 지역과 연소의 방향성을 확인</u>한다. 화세가 강한 지역은 발화지역과 가깝거나 가연물이 가장 많이 분포된 지역임을 암시하는 경우가 많으므로 건물 외부의 연소형태를 놓치지 않고 관찰한다.
② 관계자를 통한 <u>초기 정보수집은 화재원인을 알 수 있는 결정적 단서를 제공</u>해 주는 경우가 있다. 대부분 화재초기에는 진실을 말하려는 경향이 많으므로 연소상황을 지켜보면서 현장에서 바로 진술을 확보하도록 한다.
③ 사상자가 발생한 경우 소방활동에 참여한 소방대원을 통해 <u>사상자가 발생한 장소와 당시 상황</u>을 구체적으로 청취한다. 사상자는 발화지점에서 사상을 당한 경우와 피난과정 중에 사상을 당한 경우가 있으므로 발화지점에서 전개된 연소상황을 사상자로부터 확보할 수 있다.
④ 화염은 연소의 상승성으로 인해 하층보다는 상층의 피해가 크게 나타나는 경우가 많으므로 건물의 구조와 화재 규모 등을 감안하여 <u>최하층 발화구역의 규모와 용도 등을 살펴 연소확대된 이유를 판단</u>한다.
⑤ 연소 중인 화재상황은 <u>시시각각 변화하는 가변적 상황</u>임을 염두에 두고 판단한다. 연소가 활발하게 진행되면 발화지역보다는 오히려 연소확대된 구역에서 더욱 손상도가 크게 나타날 수 있기 때문이다.

6 피난상황을 통한 기타 원인 판정

1 피난경로와 피난인원 파악

① 출입구, 복도, 계단(직통계단, 특별피난계단 등) 등의 넓이와 길이를 파악하고 화재의 확산방지를 위한 방화문은 피난방향으로 열 수 있는 구조로 정상적이었는지 확인한다.

② 2개소 이상으로 피난경로가 나누어진 부분 및 가연물이 통로상에 방치되어 있는 등 피난장애 요인을 파악한다. 피난·방화시설의 훼손이나 변경 등은 인명피해를 가중시키는 원인으로 작용할 수 있다.

③ 피난동선은 연기와 화염이 전파해 가는 통로역할로 작용을 한다. 사람의 보행속도보다 연기의 확산속도가 빠르기 때문에 미처 대피하지 못한 사상자가 있을 경우 화재를 늦게 인지했거나 급속하게 화염이 전파된 경우일 수 있다.

④ 자력 대피에 성공한 사람을 포함하여 부상자 등을 통해 발화원인을 판단할 수 있는 경우가 있다. 최초로 연기가 발생한 지역과 화염의 분출상황, 피난동선은 어느 방향을 선택하여 대피하였는지 등은 발화원인을 판정하는 정보가 될 수 있다.

> ! 꼼.꼼. check! — 연기의 속도
> - 수평방향 : 0.5~1m/sec 정도로 인간의 보행속도(1~1.2m/sec)보다 늦다.
> - 수직방향 : 2~3m/sec 정도로 인간의 보행속도보다 빠르다.

2 피난행동 특성

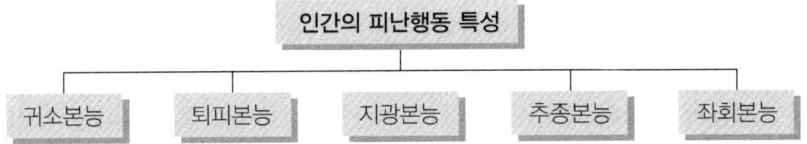

인간의 피난행동 특성: 귀소본능 | 퇴피본능 | 지광본능 | 추종본능 | 좌회본능

(1) 귀소본능

귀소본능은 평상시 사용하던 출입구와 보행동선을 따라 움직이는 것으로 내부 사정을 잘 알고 있는 사람들의 특성에서 많이 나타나는 무의식적인 행동이다. 그러나 예외적으로 무사히 피난했음에도 불구하고 건물 안에 어린이나 노약자 등 자신과 관련된 사람이 아직 내부에 있다는 사실을 밖으로 탈출한 후 알게 되었거나 현금, 귀금속류 등을 미처 들고 나오지 못한 경우 다시 뛰어 들어가려는 형태도 있다.

(2) 퇴피본능

화재로 발생한 화염과 열 그리고 연기를 피해 멀리 피하려는 본능이다. 화재초기에는 몇 몇 사람들이 힘을 합쳐서 화세를 제압하려고 하지만 일단 활성화된 불길이 걷잡을 수 없게 확산되면 뿔뿔이 흩어지는 행동으로 나타난다. 만약, 퇴로가 차단되었다면 감당하기 어려운 공포가 엄습하며, 대부분의 사람들은 온도가 낮고 비교적 오염이 적은 공간인 책상 밑, 화장실, 창문 주변으로 몸을 낮게 움츠리려는 행동을 보인다. 이러한 장소는 화재현장에서 가정용 애완동물인 강아지나 고양이 등이 질식상태로 발견되기도 하는 곳으로 열과 연기가 가장 늦게 전파된 곳이라는 추론을 가능하게 해 주는 요인으로 작용할 수 있다.

(3) 지광본능
피난하려는 자가 <u>밝은 불빛을 따라 방향성 없이 쫓아가려는 본능</u>이다. 화재가 발생하면 사람이 가장 답답해하고 공포를 느끼는 것은 한치 앞도 내다 볼 수 없는 암흑공간에서 오는 두려움이다. 화재가 지속적으로 발전하면 건물 내부 정전사태가 일어나고 동시에 검은 흑연이 공간 전체를 잠식하여 피난자의 방향감각 상실을 불러오는데 이때 작은 불빛이라도 발견하면 피난구로 생각하고 탈출하려는 행태이다.

(4) 추종본능
화재현장에서 최초로 피난행동을 시도하는 자가 있으면 <u>불특정 다수인들이 집단적으로 따라 움직이는 행동</u>이다. 이러한 집단특성은 구성원들끼리 잘 알고 있거나 또는 서로 모르는 사이의 집단이더라도 행동에는 큰 차이가 없다. 추종본능의 위험성은 많은 인원이 한 곳으로 집중하는 경향이 있어 화재로 인한 피해보다는 무질서에서 오는 짓밟힘, 넘어짐, 깨어짐 등의 2차적인 피해도 막심하게 나타날 수 있다. 추종본능은 나이가 어릴수록 단순하여 추종자를 쫓아가려는 행동반응을 보인다.

(5) 좌회본능
방향감각이 없을 때 좌측으로 돌아가려는 본능이다. 운동회 때 트랙을 달리는 방향과 스케이트를 타고 빙판을 도는 방향 등은 모두 시계 반대방향인 좌측으로 돌고 있다. 이러한 이유는 사람의 심장이 왼쪽에 있기 때문이라는 설과 오른손잡이들이 많기 때문이라는 설 등이 있으나 확실하게 증명된 바는 없다. 그러나 화재현장에서 대부분의 피난자는 좌측으로 돌아가려는 행동양상을 보인다.

7 소방설비 등의 작동상황을 통한 기타 원인 판정

(1) 옥내소화전
① 옥내소화전은 층마다 설치하며 호스 접속구를 중심으로 수평거리 25m 안에 모든 부분이 포함될 수 있도록 설치되므로 일반적으로 <u>발화층에서 사용상태로 발견</u>된다.
② 소화전을 사용하지 않은 경우 그 이유와 함께 제어반을 확인하여 화재표시등 및 압력스위치 감시등, 전원표시등이 <u>정상상태였는지 확인</u>을 한다.

③ 펌프설비와 연결된 가압송수장치, 게이트밸브의 개폐상황 등을 확인하고 적정압력을 유지하고 있는지 확인한다.

(2) 경보설비
① 화재가 발생하면 발신기에서 경보가 울려 주변 사람들에게 화재사실을 알리고 대피할 수 있는 시간을 제공한다. 만약 경보가 울리지 않았다면 <u>수신기를 확인</u>하여 경종정지버튼을 사전에 눌러 놓았거나 회로상에 단선이 발생한 사항 등을 조사한다.
② 발화가 개시된 층은 가장 먼저 수신반에 점등이 들어오고 발화층을 비롯하여 직하층, 직상층 순으로 경보가 작동하기 때문에 <u>발화층의 판단이 가능</u>하다. 또한 화재경보시스템을 도난방지시스템과 겸용한 경우 외부인의 침입 시에도 경보를 발하며 발화가 개시된 지역을 중심으로 감지기가 먼저 동작한다면 발화지역을 한정시키는 정보로 활용할 수 있다.

(3) 피난구조설비
① 피난기구는 조작이 간단하여 누구나 손쉽게 사용할 수 있는 설비이다. 사람이 건물 밖으로 뛰어 내려 사상자가 발생한 경우 법적 <u>피난구조설비의 설치상황과 사상을 당하게 된 경위를 파악</u>한다.
② 피난기구는 실제 화재가 발생할 경우 <u>발화층 또는 직상층에서 사용</u>된다. 따라서 피난기구가 사용된 층을 통해 발화층과 연소확산된 층의 조사를 명확하게 할 수 있다.

> **꼼꼼. check!** ─ 피난기구의 종류 ─
> - 피난사다리
> - 미끄럼대
> - 완강기
> - 구조대
> - 피난교
> - 공기안전매트
> - 피난용 트랩
> - 간이완강기
> - 승강식 피난기
> - 다수인 피난장비

02 화재조사 관계법령

1 소방의 화재조사에 관한 법령

1 총칙

(1) 목적(법 제1조)
이 법은 화재예방 및 소방정책에 활용하기 위하여 화재원인, 화재성장 및 확산, 피해현황 등에 관한 과학적·전문적인 조사에 필요한 사항을 규정함을 목적으로 한다.

(2) 정의(법 제2조)

① 화재 : 사람의 의도에 반하거나 고의 또는 과실에 의하여 발생하는 연소현상으로서 소화할 필요가 있는 현상 또는 사람의 의도에 반하여 발생하거나 확대된 화학적 폭발현상을 말한다.

② 화재조사 : 소방청장, 소방본부장 또는 소방서장이 화재원인, 피해상황, 대응활동 등을 파악하기 위하여 자료의 수집, 관계인 등에 대한 질문, 현장확인, 감식, 감정 및 실험 등을 하는 일련의 행위를 말한다.

③ 화재조사관 : 화재조사에 전문성을 인정받아 화재조사를 수행하는 소방공무원을 말한다.

④ 관계인 등 : 화재가 발생한 소방대상물의 소유자·관리자 또는 점유자(이하 "관계인"이라 함) 및 다음의 사람을 말한다.
  ㉠ 화재현장을 발견하고 신고한 사람
  ㉡ 화재현장을 목격한 사람
  ㉢ 소화활동을 행하거나 인명구조활동(유도대피 포함)에 관계된 사람
  ㉣ 화재를 발생시키거나 화재발생과 관계된 사람

⑤ 이 법에서 사용하는 용어의 뜻은 위의 것을 제외하고는 소방기본법과 소방시설 설치 및 관리에 관한 법률에서 정하는 바에 따른다.

(3) 국가 등의 책무(법 제3조)

① 국가와 지방자치단체는 화재조사에 필요한 기술의 연구·개발 및 화재조사의 정확도를 향상시키기 위한 시책을 강구하고 추진하여야 한다.

② 관계인 등은 화재조사가 적절하게 이루어질 수 있도록 협력하여야 한다.

(4) 다른 법률과의 관계(법 제4조)

화재조사에 관하여 다른 법률에 특별한 규정이 있는 경우를 제외하고는 이 법에서 정하는 바에 따른다.

2 화재조사의 실시 등

(1) 화재조사의 실시(법 제5조, 영 2·3조)

① <u>소방청장, 소방본부장 또는 소방서장(이하 "소방관서장"이라 함)은 화재발생 사실을 알게 된 때에는 지체 없이 화재조사를 하여야 한다.</u> 이 경우 수사기관의 범죄수사에 지장을 주어서는 아니 된다.

② 소방관서장은 위 ①에 따라 화재조사를 하는 경우 다음의 사항에 대하여 조사하여야 한다.
  ㉠ <u>화재원인에 관한 사항</u>

      ⓒ 화재로 인한 인명·재산피해상황
      ⓓ 대응활동에 관한 사항
      ⓔ 소방시설 등의 설치·관리 및 작동여부에 관한 사항
      ⓕ 화재발생건축물과 구조물, 화재유형별 화재위험성 등에 관한 사항
      ⓖ 그 밖에 대통령령으로 정하는 사항 : 「화재의 예방 및 안전관리에 관한 법률」 제7조에 따른 화재안전조사의 실시 결과에 관한 사항을 말한다.
   ③ 화재조사의 대상(영 제2조) : 법 제5조에 따라 소방청장, 소방본부장 또는 소방서장(이하 "소방관서장"이라 함)이 화재조사를 실시해야 할 대상은 다음과 같다.
      ㉠ 「소방기본법」에 따른 소방대상물에서 발생한 화재
      ㉡ 그 밖에 소방관서장이 화재조사가 필요하다고 인정하는 화재
   ④ 화재조사의 내용·절차(영 제3조)
      ㉠ 화재조사는 다음의 절차에 따라 실시한다.
        • 현장출동 중 조사 : 화재발생 접수, 출동 중 화재상황 파악 등
        • 화재현장조사 : 화재의 발화(發火)원인, 연소상황 및 피해상황조사 등
        • 정밀조사 : 감식·감정, 화재원인 판정 등
        • 화재조사 결과 보고
      ㉡ 소방관서장은 화재조사를 하는 경우「산림보호법」제42조에 따른 산불 조사 등 다른 법률에 따른 화재 관련 조사가 원활히 수행될 수 있도록 협조해야 한다.

(2) 화재조사전담부서의 설치·운영 등(법 제6조, 영 제4·6조, 규칙 제2~5조)

소방관서장은 전문성에 기반하는 화재조사를 위하여 화재조사전담부서(이하 "전담부서"라 함)를 설치·운영하여야 한다.

   ① 화재조사전담부서의 구성·운영(영 제4조)
      ㉠ 소방관서장은 법 제6조 제1항에 따른 화재조사전담부서에 화재조사관을 2명 이상 배치해야 한다.
      ㉡ 전담부서에는 화재조사를 위한 감식·감정 장비 등 행정안전부령으로 정하는 장비와 시설을 갖추어 두어야 한다.

전담부서에 갖추어야 할 장비와 시설(규칙 제3조 관련 [별표])	
구 분	기자재명 및 시설규모
발굴용구 (8종)	공구세트, 전동 드릴, 전동 그라인더(절삭·연마기), 전동 드라이버, 이동용 진공청소기, 휴대용 열풍기, 에어컴프레서(공기압축기), 전동 절단기
기록용 기기 (13종)	디지털카메라(DSLR)세트, 비디오카메라세트, TV, 적외선거리측정기, 디지털온도·습도측정시스템, 디지털풍향풍속기록계, 정밀저울, 버니어캘리퍼스(아들자가 달려 두께나 지름을 재는 기구), 웨어러블캠, 3D스캐너, 3D카메라(AR), 3D캐드시스템, 드론

감식기기 (16종)	절연저항계, 멀티테스터기, 클램프미터, 정전기측정장치, 누설전류계, 검전기, 복합가스측정기, 가스(유증)검지기, 확대경, 산업용 실체현미경, 적외선열상카메라, 접지저항계, 휴대용 디지털현미경, 디지털탄화심도계, 슈미트해머(콘크리트 반발 경도 측정기구), 내시경현미경
감정용 기기(21종)	가스크로마토그래피, 고속카메라세트, 화재시뮬레이션시스템, X선 촬영기, 금속현미경, 시편(試片)절단기, 시편성형기, 시편연마기, 접점저항계, 직류전압전류계, 교류전압전류계, 오실로스코프(변화가 심한 전기 현상의 파형을 눈으로 관찰하는 장치), 주사전자현미경, 인화점측정기, 발화점측정기, 미량융점측정기, 온도기록계, 폭발압력측정기세트, 전압조정기(직류, 교류), 적외선 분광광도계, 전기단락흔실험장치[1차 용융흔(鎔融痕), 2차 용융흔(鎔融痕), 3차 용융흔(鎔融痕) 측정 가능]
조명기기 (5종)	이동용 발전기, 이동용 조명기, 휴대용 랜턴, 헤드랜턴, 전원공급장치(500A 이상)
안전장비 (8종)	보호용 작업복, 보호용 장갑, 안전화, 안전모(무전송수신기 내장), 마스크(방진마스크, 방독마스크), 보안경, 안전고리, 화재조사 조끼
증거수집 장비(6종)	증거물수집기구세트(핀셋류, 가위류 등), 증거물보관세트(상자, 봉투, 밀폐용기, 증거수집용 캔 등), 증거물 표지세트(번호, 스티커, 삼각형 표지 등), 증거물 태그 세트(대, 중, 소), 증거물보관장치, 디지털증거물저장장치
화재조사 차량 (2종)	화재조사 전용차량, 화재조사 첨단 분석차량(비파괴 검사기, 산업용 실체현미경 등 탑재)
보조장비 (6종)	노트북컴퓨터, 전선 릴, 이동용 에어컴프레서, 접이식 사다리, 화재조사 전용 의복(활동복, 방한복), 화재조사용 가방
화재조사 분석실	화재조사 분석실의 구성장비를 유효하게 보존·사용할 수 있고, 환기 시설 및 수도·배관시설이 있는 30제곱미터(m²) 이상의 실(室)
화재조사 분석실 구성장비 (10종)	증거물보관함, 시료보관함, 실험작업대, 바이스(가공물 고정을 위한 기구), 개수대, 초음파세척기, 실험용 기구류(비커, 피펫, 유리병 등), 건조기, 항온항습기, 오토 데시케이터(물질 건조, 흡습성 시료 보존을 위한 유리 보존기)

[비고] 1. 위 표에서 화재조사 차량은 탑승공간과 장비 적재공간이 구분되어 주요 장비의 적재·활용이 가능하고, 차량 내부에 기초 조사사무용 테이블을 설치할 수 있는 차량을 말한다.
2. 위 표에서 화재조사 전용 의복은 화재진압대원, 구조대원 및 구급대원의 의복과 구별이 가능하고, 화재조사 활동에 적합한 기능을 가진 것을 말한다.
3. 위 표에서 화재조사용 가방은 일상적인 외부 충격으로부터 가방 내부의 장비 및 물품이 손상되지 않을 정도의 강도를 갖춘 재질로 제작되고, 휴대가 간편한 가방을 말한다.
4. 위 표에서 화재조사 분석실의 면적은 청사 공간의 효율적 활용을 위하여 불가피한 경우 최소 기준 면적의 절반 이상에 해당하는 면적으로 조정할 수 있다.

ⓒ 위에서 규정한 사항 외에 전담부서의 구성·운영에 필요한 사항은 행정안전부령으로 정한다.

② 화재조사 결과의 보고(규칙 제2조)
㉠ 법 제6조 제1항에 따른 <u>화재조사전담부서가 화재조사를 완료한 경우에는 화재조사 결과를 소방청장, 소방본부장 또는 소방서장에게 보고해야 한다.</u>
㉡ 위에 따른 보고는 <u>소방청장이 정하는 화재발생종합보고서에 따른다.</u>

③ 전담부서는 다음의 업무를 수행한다.
  ㉠ 화재조사의 실시 및 조사결과 분석·관리
  ㉡ 화재조사 관련 기술개발과 화재조사관의 역량증진
  ㉢ 화재조사에 필요한 시설·장비의 관리·운영
  ㉣ 그 밖의 화재조사에 관하여 필요한 업무
④ 소방관서장은 화재조사관으로 하여금 화재조사업무를 수행하게 하여야 한다.
⑤ 화재조사관은 소방청장이 실시하는 화재조사에 관한 시험에 합격한 소방공무원 등 화재조사에 관한 전문적인 자격을 가진 소방공무원으로 한다.
  ㉠ 소방청장이 실시하는 화재조사에 관한 시험에 합격한 소방공무원
  ㉡ 「국가기술자격법」에 따른 국가기술자격의 직무분야 중 화재감식평가 분야의 기사 또는 산업기사 자격을 취득한 소방공무원

> **꼼꼼.check!** ▶ **화재조사에 관한 시험(규칙 제4조)**
>
> ① 소방청장이 영 제5조 제1항 제1호의 화재조사에 관한 시험(이하 "자격시험"이라 함)을 실시하는 경우에는 시험의 과목·일시·장소 및 응시 자격·절차 등을 시험 실시 30일 전까지 소방청의 인터넷 홈페이지에 공고해야 한다.
> ② 자격시험에 응시할 수 있는 사람은 소방공무원 중 다음의 어느 하나에 해당하는 사람으로 한다.
>   ㉠ 영 제6조 제1항 제1호의 화재조사관 양성을 위한 전문교육을 이수한 사람
>   ㉡ 국립과학수사연구원 또는 소방청장이 인정하는 외국의 화재조사 관련 기관에서 8주 이상 화재조사에 관한 전문교육을 이수한 사람
> ③ 자격시험은 1차 시험과 2차 시험으로 구분하여 실시하며, 1차 시험에 합격한 사람만이 2차 시험에 응시할 수 있다.
> ④ 소방청장은 영 제5조 제1항 각 호의 소방공무원에게 별지 제1호서식의 화재조사관 자격증을 발급해야 한다.
> ⑤ 소방청장은 자격시험에서 부정한 행위를 한 사람에 대해서는 그 시험을 정지 또는 무효로 하거나 합격을 취소한다.

⑥ 전담부서의 구성·운영, 화재조사관의 구체적인 자격기준 및 교육훈련 등에 필요한 사항은 대통령령으로 정한다.
  ㉠ 소방관서장은 다음의 구분에 따라 화재조사관에 대한 교육훈련을 실시한다.
    • 화재조사관 양성을 위한 전문교육
    • 화재조사관의 전문능력 향상을 위한 전문교육
    • 전담부서에 배치된 화재조사관을 위한 의무 보수교육
  ㉡ 소방관서장은 필요한 경우 교육훈련을 다른 소방관서나 화재조사 관련 전문기관에 위탁하여 실시할 수 있다.
  ㉢ 위에서 규정한 사항 외에 화재조사에 관한 교육훈련에 필요한 사항은 행정안전부령으로 정한다.

ⓔ 화재조사관 양성을 위한 전문교육의 내용은 다음과 같다.
  - 화재조사 이론과 실습
  - 화재조사 시설 및 장비의 사용에 관한 사항
  - 주요·특이 화재조사, 감식·감정에 관한 사항
  - 화재조사 관련 정책 및 법령에 관한 사항
  - 그 밖에 소방청장이 화재조사 관련 전문능력의 배양을 위해 필요하다고 인정하는 사항
ⓜ 전담부서에 배치된 화재조사관은 의무 보수교육을 2년마다 받아야 한다. 다만, 전담부서에 배치된 후 처음 받는 의무 보수교육은 배치 후 1년 이내에 받아야 한다.
ⓑ 소방관서장은 의무 보수교육을 이수하지 않은 사람에게 보수교육을 이수할 때까지 화재조사 업무를 수행하게 해서는 안 된다.
ⓢ 위 ⓔ 및 ⓑ에서 규정한 사항 외에 화재조사에 관한 교육훈련에 필요한 사항은 소방청장이 정한다.

(3) 화재합동조사단의 구성·운영(법 제7조, 영 제7조)

① 소방관서장은 사상자가 많거나 사회적 이목을 끄는 화재 등 대통령령으로 정하는 대형화재 등이 발생한 경우 종합적이고 정밀한 화재조사를 위하여 유관기관 및 관계 전문가를 포함한 화재합동조사단을 구성·운영할 수 있다.
② 위 ①에 따른 화재합동조사단의 구성과 운영 등에 필요한 사항은 대통령령으로 정한다.
③ 위 ①에서 "사상자가 많거나 사회적 이목을 끄는 화재 등 대통령령으로 정하는 대형화재"란 다음의 화재를 말한다.
  ㉠ 사망자가 5명 이상 발생한 화재
  ㉡ 화재로 인한 사회적·경제적 영향이 광범위하다고 소방관서장이 인정하는 화재
④ 화재합동조사단의 단원은 다음의 어느 하나에 해당하는 사람 중에서 소방관서장이 임명하거나 위촉한다.
  ㉠ 화재조사관
  ㉡ 화재조사 업무에 관한 경력이 3년 이상인 소방공무원
  ㉢ 「고등교육법」 제2조에 따른 학교 또는 이에 준하는 교육기관에서 화재조사, 소방 또는 안전관리 등 관련 분야 조교수 이상의 직에 3년 이상 재직한 사람
  ㉣ 「국가기술자격법」에 따른 국가기술자격의 직무분야 중 안전관리 분야에서 산업기사 이상의 자격을 취득한 사람
  ㉤ 그 밖에 건축·안전 분야 또는 화재조사에 관한 학식과 경험이 풍부한 사람
⑤ 화재합동조사단의 단장은 단원 중에서 소방관서장이 지명하거나 위촉하는 사람이 된다.

⑥ 소방관서장은 화재합동조사단 운영을 위하여 관계 행정기관 또는 기관·단체의 장에게 소속 공무원 또는 소속 임직원의 파견을 요청할 수 있다.
⑦ 화재합동조사단은 화재조사를 완료하면 소방관서장에게 다음의 사항이 포함된 화재조사 결과를 보고해야 한다.
  ㉠ 화재합동조사단 운영 개요
  ㉡ 화재조사 개요
  ㉢ 화재조사에 관한 법 제5조 제2항 각 호의 사항
  ㉣ 다수의 인명피해가 발생한 경우 그 원인
  ㉤ 현행 제도의 문제점 및 개선 방안
  ㉥ 그 밖에 소방관서장이 필요하다고 인정하는 사항
⑧ 소방관서장은 화재합동조사단의 단장 또는 단원에게 예산의 범위에서 수당·여비와 그 밖에 필요한 경비를 지급할 수 있다. 다만, 공무원이 소관 업무와 직접적으로 관련되어 참여하는 경우에는 지급하지 않는다.
⑨ 위에서 규정한 사항 외에 화재합동조사단의 구성·운영에 필요한 사항은 소방청장이 정한다.

(4) 화재현장보존 등(법 제8조, 영 제8·9조)

① 소방관서장은 화재조사를 위하여 필요한 범위에서 화재현장보존 조치를 하거나 화재현장과 그 인근지역을 통제구역으로 설정할 수 있다. 다만, 방화 또는 실화의 혐의로 수사의 대상이 된 경우에는 관할 경찰서장 또는 해양경찰서장(이하 "경찰서장"이라 함)이 통제구역을 설정한다.
  ㉠ 화재현장 보존조치 통지 등(영 제8조) : 소방관서장이나 관할 경찰서장 또는 해양경찰서장(이하 "경찰서장"이라 함)은 화재현장 보존조치를 하거나 통제구역을 설정하는 경우 다음의 사항을 화재가 발생한 소방대상물의 소유자·관리자 또는 점유자(이하 "관계인"이라 함)에게 알리고 해당 사항이 포함된 표지를 설치해야 한다.
    • 화재현장 보존조치나 통제구역 설정의 이유 및 주체
    • 화재현장 보존조치나 통제구역 설정의 범위
    • 화재현장 보존조치나 통제구역 설정의 기간
  ㉡ 화재현장 보존조치 등의 해제(영 제9조) : 소방관서장이나 경찰서장은 다음의 경우에는 화재현장 보존조치나 통제구역의 설정을 지체 없이 해제해야 한다.
    • 화재조사가 완료된 경우
    • 화재현장 보존조치나 통제구역의 설정이 해당 화재조사와 관련이 없다고 인정되는 경우

② 누구든지 소방관서장 또는 경찰서장의 허가 없이 위 ①에 따라 설정된 통제구역에 출입하여서는 아니 된다.
③ 위 ①에 따라 화재현장보존 조치를 하거나 통제구역을 설정한 경우 누구든지 소방관서장 또는 경찰서장의 허가 없이 화재현장에 있는 물건 등을 이동시키거나 변경·훼손하여서는 아니 된다. 다만, 공공의 이익에 중대한 영향을 미친다고 판단되거나 인명구조 등 긴급한 사유가 있는 경우에는 그러하지 아니하다.
④ 화재현장보존 조치, 통제구역의 설정 및 출입 등에 필요한 사항은 대통령령으로 정한다.

(5) 출입·조사 등(법 제9조, 규칙 제6조)
① 소방관서장은 화재조사를 위하여 필요한 경우에 관계인에게 보고 또는 자료제출을 명하거나 화재조사관으로 하여금 해당 장소에 출입하여 화재조사를 하게 하거나 관계인 등에게 질문하게 할 수 있다.
② 위 ①에 따라 화재조사를 하는 화재조사관은 그 권한을 표시하는 증표를 지니고, 이를 관계인 등에게 보여주어야 한다. 화재조사관의 권한을 표시하는 증표는 [별지 제1호 서식]의 화재조사관 자격증으로 한다.
③ 위 ①에 따라 화재조사를 하는 화재조사관은 관계인의 정당한 업무를 방해하거나 화재조사를 수행하면서 알게 된 비밀을 다른 용도로 사용하거나 다른 사람에게 누설하여서는 아니 된다.

(6) 관계인 등의 출석 등(법 제10조, 영 제10조)
① 소방관서장은 화재조사가 필요한 경우 관계인 등을 소방관서에 출석하게 하여 질문할 수 있다.
② 위 ①에 따른 관계인 등의 출석 및 질문 등에 필요한 사항은 대통령령으로 정한다.
  ㉠ 소방관서장은 관계인 등의 출석을 요구하려면 출석일 3일 전까지 다음의 사항을 관계인 등에게 알려야 한다.
    • 출석 일시와 장소
    • 출석 요구 사유
    • 그 밖에 화재조사와 관련하여 필요한 사항
  ㉡ 관계인 등은 지정된 출석 일시에 출석하는 경우 업무 또는 생활에 지장이 있을 때에는 소방관서장에게 출석 일시를 변경하여 줄 것을 신청할 수 있다. 이 경우 소방관서장은 화재조사의 목적을 달성할 수 있는 범위에서 출석 일시를 변경할 수 있다.
  ㉢ 소방관서장은 출석한 관계인 등에게 수당과 여비를 지급할 수 있다.

(7) 화재조사 증거물 수집 등(법 제11조, 영 제11조, 규칙 제7조)
  ① 소방관서장은 화재조사를 위하여 필요한 경우 증거물을 수집하여 검사·시험·분석 등을 할 수 있다. 다만, <u>범죄수사와 관련된 증거물인 경우에는 수사기관의 장과 협의하여 수집할 수 있다.</u>
    ㉠ 소방관서장은 화재조사를 위하여 필요한 최소한의 범위에서 화재조사관에게 증거물을 수집하여 검사·시험·분석 등을 하게 할 수 있다.
    ㉡ 소방관서장은 증거물을 수집한 경우 이를 관계인에게 알려야 한다.
    ㉢ <u>소방관서장은 수집한 증거물이 다음의 어느 하나에 해당하는 경우에는 증거물을 지체 없이 반환해야 한다.</u>
      • 화재와 관련이 없다고 인정되는 경우
      • 화재조사가 완료되는 등 증거물을 보관할 필요가 없게 된 경우
    ㉣ 위에서 규정한 사항 외에 증거물의 수집·관리에 필요한 사항은 행정안전부령으로 정한다.
    ㉤ 화재조사 증거물을 수집하는 경우 증거물의 수집과정을 사진 촬영 또는 영상 녹화의 방법으로 기록해야 한다.
    ㉥ 사진 또는 영상 파일은 법 제19조에 따른 국가화재정보시스템에 전송하여 보관한다.
    ㉦ 위에서 규정한 사항 외에 화재조사 증거물의 수집·관리에 필요한 사항은 소방청장이 정한다.
  ② 소방관서장은 수사기관의 장이 방화 또는 실화의 혐의가 있어서 이미 피의자를 체포하였거나 증거물을 압수하였을 때에 화재조사를 위하여 필요한 경우에는 범죄수사에 지장을 주지 아니하는 범위에서 그 피의자 또는 압수된 증거물에 대한 조사를 할 수 있다. 이 경우 수사기관의 장은 소방관서장의 신속한 화재조사를 위하여 특별한 사유가 없으면 조사에 협조하여야 한다.
  ③ 위 ①에 따른 증거물 수집의 범위, 방법 및 절차 등에 필요한 사항은 대통령령으로 정한다.

(8) 소방공무원과 경찰공무원의 협력 등(법 제12조)
  ① 소방공무원과 경찰공무원(제주특별자치도의 자치경찰공무원을 포함)은 다음의 사항에 대하여 서로 협력하여야 한다.
    ㉠ 화재현장의 출입·보존 및 통제에 관한 사항
    ㉡ 화재조사에 필요한 증거물의 수집 및 보존에 관한 사항
    ㉢ 관계인 등에 대한 진술확보에 관한 사항
    ㉣ 그 밖에 화재조사에 필요한 사항
  ② <u>소방관서장은 방화 또는 실화의 혐의가 있다고 인정되면 지체 없이 경찰서장에게 그 사실을 알리고 필요한 증거를 수집·보존하는 등 그 범죄수사에 협력하여야 한다.</u>

(9) 관계기관 등의 협조(법 제13조)

① 소방관서장, 중앙행정기관의 장, 지방자치단체의 장, 보험회사, 그 밖의 관련기관·단체의 장은 화재조사에 필요한 사항에 대하여 서로 협력하여야 한다.

② 소방관서장은 화재원인 규명 및 피해액 산출 등을 위하여 <u>필요한 경우에는 금융감독원, 관계 보험회사 등</u>에 「개인정보 보호법」 제2조 제1호에 따른 개인정보를 포함한 <u>보험가입 정보 등을 요청</u>할 수 있다. 이 경우 정보 제공을 요청받은 기관은 정당한 사유가 없으면 이를 거부할 수 없다.

3 화재조사결과의 공표 등

(1) 화재조사결과의 공표(법 제14조, 규칙 제8조)

① 소방관서장은 국민이 유사한 화재로부터 피해를 입지 않도록 하기 위한 경우 등 필요한 경우 화재조사결과를 공표할 수 있다. 다만, 수사가 진행 중이거나 수사의 필요성이 인정되는 경우에는 관계수사기관의 장과 공표여부에 관하여 사전에 협의하여야 한다.

㉠ 소방관서장은 다음의 경우에는 화재조사 결과를 공표할 수 있다.
- <u>국민이 유사한 화재로부터 피해를 입지 않도록 하기 위해 필요한 경우</u>
- <u>사회적 관심이 집중되어 국민의 알 권리 충족 등 공공의 이익을 위해 필요한 경우</u>

㉡ 소방관서장은 화재조사의 결과를 공표할 때에는 다음의 사항을 포함시켜야 한다.
- <u>화재원인에 관한 사항</u>
- <u>화재로 인한 인명·재산피해에 관한 사항</u>
- <u>화재발생 건축물과 구조물에 관한 사항</u>
- <u>그 밖에 화재예방을 위해 공표할 필요가 있다고 소방관서장이 인정하는 사항</u>

㉢ 화재조사 결과의 공표는 소방관서의 인터넷 홈페이지에 게재하거나, 「신문 등의 진흥에 관한 법률」에 따른 신문 또는 「방송법」에 따른 방송을 이용하는 등 일반인이 쉽게 알 수 있는 방법으로 한다.

② 위 ①에 따른 공표의 범위·방법 및 절차 등에 관하여 필요한 사항은 행정안전부령으로 정한다.

(2) 화재조사결과의 통보(법 제15조)

소방관서장은 화재조사결과를 중앙행정기관의 장, 지방자치단체의 장, 그 밖의 관련기관·단체의 장 또는 관계인 등에게 통보하여 유사한 화재가 발생하지 않도록 필요한 조치를 취할 것을 요청할 수 있다.

(3) 화재증명원의 신청 및 발급(법 제16조, 규칙 제9조)

① 소방관서장은 화재와 관련된 이해관계인 또는 화재발생 내용 입증이 필요한 사람이 화재를 증명하는 서류(이하 "화재증명원"이라 함) 발급을 신청하는 때에는 화재증명원을 발급하여야 한다.

② 화재증명원의 발급신청 절차·방법·서식 및 기재사항, 온라인 발급 등에 필요한 사항은 행정안전부령으로 정한다.

  ㉠ 화재증명원의 발급을 신청하려는 자는 [별지 제2호 서식]의 화재증명원 발급신청서를 소방관서장에게 제출해야 한다. 이 경우 신청인은 본인의 신분이 확인될 수 있는 신분증명서 또는 법인 등기사항증명서(법인인 경우만 해당함)를 제시해야 한다.

  ㉡ 신청을 받은 소방관서장은 신청인이 화재와 관련된 이해관계인 또는 화재발생 내용 입증이 필요한 사람인 경우에는 [별지 제3호 서식]의 화재증명원을 신청인에게 발급해야 한다. 이 경우 [별지 제4호 서식]의 화재증명원 발급대장에 그 사실을 기록하고 이를 보관·관리해야 한다.

소방의 화재조사에 관한 법률 시행규칙 [별지 제2호 서식]

화재증명원 발급신청서

접수번호		접수일		처리기간	즉시
신청인	성명(법인명 또는 기관명)				
	주소			(전화번호	)

화재발생일시	
화재발생장소 (주소)	
화재피해대상	
발급목적	

「소방의 화재조사에 관한 법률」 제16조 제1항 및 같은 법 시행규칙 제9조 제1항에 따라 위 화재사실에 대한 화재증명원 발급을 신청합니다.

년   월   일

신청인 :   (서명 또는 인)

소방청장·○○ 소방본부장·소방서장 귀하

신청인 제시 자료	1. 주민등록증 등 그 신분을 확인할 수 있는 신분증명서 2. 법인 등기사항증명서(법인인 경우만 해당합니다)

210mm×297mm[백상지(80g/m²) 또는 중질지(80g/m²)]

소방의 화재조사에 관한 법률 시행규칙 [별지 제3호 서식]

제 호		
<td colspan="2" style="text-align:center">**화재증명원**</td>		
신청인	성 명 (법인명 또는 기관명)	
	주 소	
화재발생 개요	일 시	
	장소 및 명칭	
	원 인	
화재피해 대상	소재지	
	소유자·관리자	
	명 칭	
	구조 및 규모	
피해내용	동 산	
	부동산	
	인명피해	
사용목적		

위 사실을 증명합니다.

년   월   일

소방청장 · ○○ 소방본부장 · 소방서장   직인

소방의 화재조사에 관한 법률 시행규칙 [별지 제4호 서식]

화재증명원 발급대장

발급사항		발급 대상물			신청인			비 고
번 호	일 시	명 칭	장 소	관계자명	성 명 (법인명 또는 기관명)	주 소	연락처	

! 꼼꼼. check! ▸ 민감정보 및 고유식별정보의 처리(영 제16조)

- 소방관서장은 다음의 사무를 수행하기 위하여 불가피한 경우 「개인정보 보호법」 제23조 제1항에 따른 건강에 관한 정보가 포함된 자료를 처리할 수 있다.
  - 법 제5조 제2항 제2호에 따른 인명피해상황 조사에 관한 사무
  - ⓛ 국가화재정보시스템의 운영에 관한 사무
- 소방관서장은 화재증명원의 발급에 관한 사무를 수행하기 위하여 불가피한 경우 「개인정보 보호법 시행령」 제19조 각 호의 주민등록번호, 여권번호, 운전면허의 면허번호 또는 외국인등록번호가 포함된 자료를 처리할 수 있다.

4 화재조사 기반구축

(1) 감정기관의 지정·운영 등(법 제17조)

① 소방청장은 과학적이고 전문적인 화재조사를 위하여 대통령령으로 정하는 시설과 전문인력 등 지정기준을 갖춘 기관을 화재감정기관(이하 "감정기관"이라 함)으로 지정·운영하여야 한다.

② 소방청장은 위 ①에 따라 지정된 감정기관에서의 과학적 조사·분석 등에 소요되는 비용의 전부 또는 일부를 지원할 수 있다.

③ 소방청장은 감정기관으로 지정받은 자가 다음의 어느 하나에 해당하는 경우에는 지정을 취소할 수 있다. 다만, 다음 ㉠에 해당하는 경우에는 지정을 취소하여야 한다.

　㉠ 거짓이나 그 밖의 부정한 방법으로 지정을 받은 경우
　㉡ 위 ①에 따른 지정기준에 적합하지 아니하게 된 경우
　㉢ 고의 또는 중대한 과실로 감정결과를 사실과 다르게 작성한 경우
　㉣ 그 밖에 대통령령으로 정하는 사항을 위반한 경우

④ 소방청장은 위 ③에 따라 감정기관의 지정을 취소하려면 청문을 하여야 한다.

(2) 감정기관의 지정기준, 지정절차, 지정취소 및 운영(영 제12·13조, 규칙 제10~12조)

① 화재감정기관의 지정기준(영 제12조 제1항) : "대통령령으로 정하는 시설과 전문인력 등 지정기준"이란 다음의 기준을 말한다.

　㉠ 화재조사를 수행할 수 있는 다음의 시설을 모두 갖출 것
　　• 증거물, 화재조사 장비 등을 안전하게 보호할 수 있는 설비를 갖춘 시설
　　• 증거물 등을 장기간 보존·보관할 수 있는 시설
　　• 증거물의 감식·감정을 수행하는 과정 등을 촬영하고 이를 디지털파일의 형태로 처리·보관할 수 있는 시설

　㉡ 화재조사에 필요한 다음의 구분에 따른 전문인력을 각각 보유할 것
　　• 주된 기술인력 : 다음의 어느 하나에 해당하는 사람을 2명 이상 보유할 것

- 「국가기술자격법」에 따른 국가기술자격의 직무분야 중 화재감식평가 분야의 기사 자격 취득 후 화재조사 관련 분야에서 5년 이상 근무한 사람
- 화재조사관 자격 취득 후 화재조사 관련 분야에서 5년 이상 근무한 사람
- 이공계 분야의 박사학위 취득 후 화재조사 관련 분야에서 2년 이상 근무한 사람
- 보조 기술인력 : 다음의 어느 하나에 해당하는 사람을 3명 이상 보유할 것
  - 「국가기술자격법」에 따른 국가기술자격의 직무분야 중 화재감식평가 분야의 기사 또는 산업기사 자격을 취득한 사람
  - 화재조사관 자격을 취득한 사람
  - 소방청장이 인정하는 화재조사 관련 국제자격증 소지자
  - 이공계 분야의 석사 이상 학위 취득 후 화재조사 관련 분야에서 1년 이상 근무한 사람
  ⓒ 화재조사를 수행할 수 있는 감식·감정 장비, 증거물 수집 장비 등을 갖출 것
② 지정된 화재감정기관이 갖추어야 할 시설과 전문인력 등에 관한 세부적인 기준은 소방청장이 정하여 고시한다.
③ 화재감정기관 지정 절차 및 취소 등(영 제13조)
  ㉠ 화재감정기관으로 지정받으려는 자는 행정안전부령으로 정하는 화재감정기관 지정신청서에 다음의 서류를 첨부하여 소방청장에게 제출해야 한다. 이 경우 소방청장은 제출된 서류에 보완이 필요하다고 판단되면 보완에 필요한 기간을 정하여 보완을 요구할 수 있다.
    - 시설 현황에 관한 서류
    - 조직 및 인력 현황에 관한 서류(인력 현황의 경우에는 자격 및 경력을 증명하는 서류를 포함)
    - 화재조사 관련 장비 현황에 관한 서류
    - 법인의 정관 또는 단체의 규약(법인 또는 단체인 경우만 해당)
  ㉡ 소방청장은 화재감정기관의 지정을 신청한 자가 지정기준을 충족하는 경우 화재감정기관으로 지정하고, 행정안전부령으로 정하는 화재감정기관 지정서를 발급해야 한다.
  ㉢ 위 (1)에서 "대통령령으로 정하는 사항을 위반한 경우"란 다음의 어느 하나에 해당하는 경우를 말한다.
    - 의뢰받은 감정을 정당한 사유 없이 거부하거나 1개월 이상 수행하지 않은 경우
    - 거짓이나 그 밖의 부정한 방법으로 감정 비용을 청구한 경우
  ㉣ 위 (1)에 따라 지정이 취소된 화재감정기관은 지정이 취소된 날부터 10일 이내에 화재감정기관 지정서를 반환해야 한다.

㉢ 위에서 규정한 사항 외에 화재감정기관의 지정 및 지정 취소 등에 필요한 사항은 행정안전부령으로 정한다.

④ 화재감정기관의 지정 신청 및 지정서 발급(규칙 제10조)
  ㉠ 위에서 "행정안전부령으로 정하는 화재감정기관 지정신청서"란 [별지 제5호 서식]의 화재감정기관 지정신청서를 말한다.
  ㉡ 화재감정기관 지정신청서를 받은 소방청장은「전자정부법」제36조 제1항에 따른 행정정보의 공동이용을 통하여 법인 등기사항증명서(법인인 경우만 해당)와 사업자등록증을 확인해야 한다. 다만, 신청인이 사업자등록증의 확인에 동의하지 않는 경우에는 그 사본을 첨부하도록 해야 한다.
  ㉢ 소방청장은 화재감정기관 지정신청서 또는 첨부서류에 보완이 필요하다고 판단되면 10일 이내의 기간을 정하여 보완을 요구할 수 있다.
  ㉣ 위에서 "행정안전부령으로 정하는 화재감정기관 지정서"란 [별지 제6호 서식]의 화재감정기관 지정서를 말한다.
  ㉤ 화재감정기관 지정서를 발급한 소방청장은 [별지 제7호 서식]의 화재감정기관 지정대장에 그 사실을 기록하고 이를 보관·관리해야 한다.
  ㉥ 소방청장이 위 규정에 따라 화재감정기관을 지정한 경우에는 그 사실을 소방청의 인터넷 홈페이지에 게재해야 한다.

⑤ 감정의뢰 등(규칙 제11조)
  ㉠ 소방관서장이 위 규정에 따라 지정된 화재감정기관에 감정을 의뢰할 때에는 [별지 제8호 서식]의 감정의뢰서에 증거물 등 감정대상물을 첨부하여 제출해야 한다.
  ㉡ 화재감정기관의 장은 제출된 감정의뢰서 등에 흠결이 있을 경우 보완을 요청할 수 있다.

⑥ 감정 결과의 통보(규칙 제12조)
  ㉠ 화재감정기관의 장은 감정이 완료되면 감정 결과를 감정을 의뢰한 소방관서장에게 지체 없이 통보해야 한다.
  ㉡ 통보는 [별지 제9호 서식]의 감정 결과 통보서에 따른다.
  ㉢ 화재감정기관의 장은 감정 결과를 통보할 때 감정을 의뢰받았던 증거물 등 감정대상물을 반환해야 한다. 다만, 훼손 등의 사유로 증거물 등 감정대상물을 반환할 수 없는 경우에는 감정 결과만 통보할 수 있다.
  ㉣ 화재감정기관의 장은 소방청장이 정하는 기간 동안 감정 결과 및 감정 관련 자료(데이터 파일을 포함한다)를 보존해야 한다.

소방의 화재조사에 관한 법률 시행규칙 [별지 제5호 서식]

화재감정기관 지정신청서

접수번호		접수일		처리기간	15일

신청인	성명(대표자)		생년월일	
	상호 또는 명칭 (법인명 또는 기관명)			
	주소(소재지)			
			(전화번호)	

담당자	성명	(전화번호)

대표자 및 임원	성명	직책
	성명	직책
	성명	직책
	성명	직책

「소방의 화재조사에 관한 법률」 제17조 제1항 및 같은 법 시행규칙 제10조에 따라 화재감정기관의 지정을 신청합니다.

                    년   월   일

            신청인 :   (서명 또는 인)

소방청장 귀하

신청인(대표자) 첨부서류	1. 시설 현황에 관한 서류 2. 조직 및 인력 현황에 관한 서류(인력 현황의 경우에는 자격 및 경력을 증명하는 서류를 포함합니다) 3. 화재조사 관련 장비 현황에 관한 서류 4. 법인의 정관 또는 단체의 규약(법인 또는 단체인 경우만 해당합니다)
담당 공무원 확인사항	1. 법인 등기사항증명서(법인인 경우만 해당합니다) 2. 사업자등록증

행정정보 공동이용 동의서

본인은 이 건 업무처리와 관련하여 「전자정부법」 제36조 제1항에 따른 행정정보의 공동이용을 통하여 담당 공무원이 위의 담당 공무원 확인사항 중 사업자등록증을 확인하는 것에 동의합니다.
※ 확인에 동의하지 않는 경우에는 신청인이 직접 서류를 제출해야 합니다.

               신청인(대표자)   (서명 또는 인)

210mm×297mm[백상지(80g/m^2) 또는 중질지(80g/m^2)]

소방의 화재조사에 관한 법률 시행규칙 [별지 제6호 서식]

제 호

화재감정기관 지정서

상 호(명 칭) :
대 표 자 :   생년월일 :
소 재 지 :

「소방의 화재조사에 관한 법률」 제17조 제1항에 따라 위와 같이 지정되었음을 증명합니다.

년   월   일

소방청장   [직인]

소방의 화재조사에 관한 법률 시행규칙 [별지 제7호 서식]

화재감정기관 지정대장

지정번호 제 호	지정연월일
상호	전화번호
대표자	법인등록번호 또는 사업자등록번호
소재지	
다른 업종 면허 및 등록 사항	

화재감정 전문인력 보유현황					
주된기술인력		보조기술인력		보조기술인력	
기술자격증 또는 학위번호	성명	기술자격증 또는 학위번호	성명	기술자격증 또는 학위번호	성명

소방의 화재조사에 관한 법률 시행규칙 [별지 제8호 서식]

감정의뢰서

의뢰인	소방관서명
	성명(소방청장, 소방본부장 또는 소방서장)
	주소 (전화번호)

	화재명 (화재번호)	
화재 상황	일시	년 월 일 시 분경
	장소	
	발생 개요	
감정대상		
수거장소		
감정사유		

「소방의 화재조사에 관한 법률」제17조 제1항 및 같은 법 시행규칙 제11조 제1항에 따라 위 화재에 관한 감정을 의뢰합니다.

제   호   년   월   일

소방청장 · ○○ 소방본부장 · 소방서장   직인

화재감정기관   귀하

의뢰인 제출품	증거물 등 감정대상물

210mm×297mm[백상지(80g/m^2) 또는 중질지(80g/m^2)]

소방의 화재조사에 관한 법률 시행규칙 [별지 제9호 서식]

감 정 결 과 통 보 서

의뢰인	소방관서명
	성명(소방청장, 소방본부장 또는 소방서장)
	주소 (전화번호)

화재상황	화재명 (화재번호)	
	일시	년 월 일 시 분경
	장소	
	발생 개요	
감정개요		
감정사항		
입증사항		
감정 결과 (발화열원, 발화요인, 최초착화물 등)		

「소방의 화재조사에 관한 법률 시행규칙」 제12조 제1항에 따라 위 화재에 관한 감정 결과를 통보합니다.

년   월   일

화재감정기관   직인

소방청장 · ○○ 소방본부장 · 소방서장   귀하

210mm×297mm[백상지(150g/m²)]

(3) 벌칙 적용에서 공무원 의제(법 제18조)

지정된 감정기관의 임직원은 「형법」 제127조 및 제129조부터 제132조까지의 규정에 따른 벌칙을 적용할 때에는 공무원으로 본다.

(4) 국가화재정보시스템의 구축·운영(법 제19조, 영 제14조)

① 소방청장은 화재조사 결과, 화재원인, 피해상황 등에 관한 화재정보를 종합적으로 수집·관리하여 화재예방과 소방활동에 활용할 수 있는 국가화재정보시스템을 구축·운영하여야 한다.

　㉠ 소방청장은 국가화재정보시스템을 활용하여 다음의 화재정보를 수집·관리해야 한다.
- 화재원인
- 화재피해상황
- 대응활동에 관한 사항
- 소방시설 등의 설치·관리 및 작동 여부에 관한 사항
- 화재발생건축물과 구조물, 화재유형별 화재위험성 등에 관한 사항
- 화재예방 관계 법령 등의 이행 및 위반 등에 관한 사항
- 법 제13조 제2항에 따른 관계인의 보험가입 정보 등에 관한 사항
- 그 밖에 화재예방과 소방활동에 활용할 수 있는 정보

　㉡ 소방관서장은 국가화재정보시스템을 활용하여 위의 화재정보를 기록·유지 및 보관해야 한다.

　㉢ 위에서 규정한 사항 외에 국가화재정보시스템의 운영 및 활용 등에 필요한 사항은 소방청장이 정한다.

② 화재정보의 수집·관리 및 활용 등에 필요한 사항은 대통령령으로 정한다.

(5) 연구개발사업의 지원(법 제20조)

① 소방청장은 화재조사기법에 필요한 연구·실험·조사·기술개발 등(이하 "연구개발사업"이라 함)을 지원하는 시책을 수립할 수 있다.

② 소방청장은 연구개발사업을 효율적으로 추진하기 위하여 다음의 어느 하나에 해당하는 기관 또는 단체 등에게 연구개발사업을 수행하게 하거나 공동으로 수행할 수 있다.

　㉠ 국공립 연구기관
　㉡ 「특정연구기관 육성법」제2조에 따른 특정연구기관
　㉢ 「과학기술분야 정부출연연구기관 등의 설립·운영 및 육성에 관한 법률」에 따라 설립된 과학기술분야 정부출연연구기관
　㉣ 「고등교육법」제2조에 따른 대학·산업대학·전문대학·기술대학
　㉤ 「민법」이나 다른 법률에 따라 설립된 법인으로서 화재조사 관련 연구기관 또는 법인부설연구소
　㉥ 「기초연구진흥 및 기술개발지원에 관한 법률」제14조의 2 제1항에 따라 인정받은 기업부설연구소 또는 기업의 연구개발전담부서

ⓢ 그 밖에 대통령령으로 정하는 화재조사와 관련한 연구·조사·기술개발 등을 수행하는 기관 또는 단체

> **꼼꼼 check! ▶ 연구개발사업의 지원 등(영 제15조)**
>
> 위에서 "대통령령으로 정하는 화재조사와 관련한 연구·조사·기술개발 등을 수행하는 기관 또는 단체"란 화재감정기관을 말한다.

③ 소방청장은 위 ②의 각 기관 또는 단체 등에 대하여 연구개발사업을 실시하는 데 필요한 경비의 전부 또는 일부를 출연하거나 보조할 수 있다.
④ 연구개발사업의 추진에 필요한 사항은 행정안전부령으로 정한다.
⑤ 벌칙(법 제21~23조, 영 제17조)
　㉠ 300만원 이하의 벌금
　　• 제8조 제3항을 위반하여 허가 없이 화재현장에 있는 물건 등을 이동시키거나 변경·훼손한 사람
　　• 정당한 사유 없이 제9조 제1항에 따른 화재조사관의 출입 또는 조사를 거부·방해 또는 기피한 사람
　　• 제9조 제3항을 위반하여 관계인의 정당한 업무를 방해하거나 화재조사를 수행하면서 알게 된 비밀을 다른 용도로 사용하거나 다른 사람에게 누설한 사람
　　• 정당한 사유 없이 제11조 제1항에 따른 증거물 수집을 거부·방해 또는 기피한 사람
　㉡ 양벌규정 : 법인의 대표자나 법인 또는 개인의 대리인, 사용인, 그 밖의 종업원이 그 법인 또는 개인의 업무에 관하여 제21조에 해당하는 위반행위를 하면 그 행위자를 벌하는 외에 그 법인 또는 개인에게도 해당 조문의 벌금형을 과(科)한다. 다만, 법인 또는 개인이 그 위반행위를 방지하기 위하여 해당 업무에 관하여 상당한 주의와 감독을 게을리 하지 아니한 경우에는 그러하지 아니하다.
　㉢ 200만원 이하의 과태료
　　• 제8조 제2항을 위반하여 허가 없이 통제구역에 출입한 사람
　　• 제9조 제1항에 따른 명령을 위반하여 보고 또는 자료제출을 하지 아니하거나 거짓으로 보고 또는 자료를 제출한 사람
　　• 정당한 사유 없이 제10조 제1항에 따른 출석을 거부하거나 질문에 대하여 거짓으로 진술한 사람
　　※ 과태료는 대통령령으로 정하는 바에 따라 소방관서장 또는 경찰서장이 부과·징수한다.
　㉣ 과태료의 부과·징수(영 제17조)
　　과태료는 소방관서장이 부과·징수한다. 다만, 법 제8조 제2항을 위반하여 경찰서장이 설정한 통제구역을 허가 없이 출입한 사람에 대한 과태료는 경찰서장이 부과·징수한다.

2 소방기본법령

(1) 소방활동구역의 설정(법 제23조)

① 소방대장은 화재, 재난·재해, 그 밖의 위급한 상황이 발생한 현장에 소방활동구역을 정하여 소방활동에 필요한 사람으로서 대통령령으로 정하는 사람 외에는 그 구역에 출입하는 것을 제한할 수 있다.

② 소방활동구역의 출입자(영 제8조) : "대통령령으로 정하는 사람"이란 다음의 사람을 말한다.
  ㉠ 소방활동구역 안에 있는 소방대상물의 소유자·관리자 또는 점유자
  ㉡ 전기·가스·수도·통신·교통의 업무에 종사하는 사람으로서 원활한 소방활동을 위하여 필요한 사람
  ㉢ 의사·간호사 그 밖의 구조·구급업무에 종사하는 사람
  ㉣ 취재인력 등 보도업무에 종사하는 사람
  ㉤ 수사업무에 종사하는 사람
  ㉥ 그 밖에 소방대장이 소방활동을 위하여 출입을 허가한 사람

③ 경찰공무원은 소방대가 소방활동구역에 있지 아니하거나 소방대장의 요청이 있을 때에는 위 ①에 따른 조치를 할 수 있다.

(2) 종합상황실의 실장의 업무 등(규칙 제3조)

① 종합상황실의 실장[종합상황실에 근무하는 자 중 최고 직위에 있는 자(최고 직위에 있는 자가 2인 이상인 경우에는 선임자)를 말함]은 다음의 업무를 행하고, 그에 관한 내용을 기록·관리하여야 한다.
  ㉠ 화재, 재난·재해 그 밖에 구조·구급이 필요한 상황(이하 "재난상황"이라 함)의 발생의 신고접수
  ㉡ 접수된 재난상황을 검토하여 가까운 소방서에 인력 및 장비의 동원을 요청하는 등의 사고수습
  ㉢ 하급소방기관에 대한 출동지령 또는 동급 이상의 소방기관 및 유관기관에 대한 지원요청
  ㉣ 재난상황의 전파 및 보고
  ㉤ 재난상황이 발생한 현장에 대한 지휘 및 피해현황의 파악
  ㉥ 재난상황의 수습에 필요한 정보수집 및 제공

② 종합상황실의 실장은 다음의 어느 하나에 해당하는 상황이 발생하는 때에는 그 사실을 지체 없이 [별지 제1호 서식]에 따라 서면·팩스 또는 컴퓨터통신 등으로 소방서의 종합상황실의 경우는 소방본부의 종합상황실에, 소방본부의 종합상황실의 경우는 소방청의 종합상황실에 각각 보고해야 한다.

㉠ 다음의 어느 하나에 해당하는 화재
- 사망자가 5인 이상 발생하거나 사상자가 10인 이상 발생한 화재
- 이재민이 100인 이상 발생한 화재
- 재산피해액이 50억원 이상 발생한 화재
- 관공서·학교·정부미도정공장·문화재·지하철 또는 지하구의 화재
- 관광호텔, 층수(「건축법 시행령」 제119조 제1항 제9호의 규정에 의하여 산정한 층수를 말함)가 11층 이상인 건축물, 지하상가, 시장, 백화점, 「위험물안전관리법」 제2조 제2항의 규정에 의한 지정수량의 3천 배 이상의 위험물의 제조소·저장소·취급소, 층수가 5층 이상이거나 객실이 30실 이상인 숙박시설, 층수가 5층 이상이거나 병상이 30개 이상인 종합병원·정신병원·한방병원·요양소, 연면적 15,000m² 이상인 공장 또는 「화재의 예방 및 안전관리에 관한 법률」 제18조 제1항 각 목에 따른 화재경계지구에서 발생한 화재
- 철도차량, 항구에 매어둔 총 톤수가 1,000톤 이상인 선박, 항공기, 발전소 또는 변전소에서 발생한 화재
- 가스 및 화약류의 폭발에 의한 화재
- 「다중이용업소의 안전관리에 관한 특별법」 제2조에 따른 다중이용업소의 화재

㉡ 「긴급구조대응활동 및 현장지휘에 관한 규칙」에 의한 통제단장의 현장지휘가 필요한 재난상황

㉢ 언론에 보도된 재난상황

㉣ 그 밖에 소방청장이 정하는 재난상황

③ <u>종합상황실 근무자의 근무방법 등 종합상황실의 운영에 관하여 필요한 사항은 종합상황실을 설치하는 소방청장, 소방본부장 또는 소방서장이 각각 정한다.</u>

(3) 벌칙(법 제50조)

① 5년 이하의 징역 또는 5천만원 이하의 벌금

㉠ 다음의 어느 하나에 해당하는 사람
- 위력(威力)을 사용하여 출동한 소방대의 화재진압·인명구조 또는 구급활동을 방해하는 행위
- 소방대가 화재진압·인명구조 또는 구급활동을 위하여 현장에 출동하거나 현장에 출입하는 것을 고의로 방해하는 행위
- 출동한 소방대원에게 폭행 또는 협박을 행사하여 화재진압·인명구조 또는 구급활동을 방해하는 행위
- 출동한 소방대의 소방장비를 파손하거나 그 효용을 해하여 화재진압·인명구조 또는 구급활동을 방해하는 행위

ⓛ 소방자동차의 출동을 방해한 사람
ⓒ 사람을 구출하는 일 또는 불을 끄거나 불이 번지지 아니하도록 하는 일을 방해한 사람
ⓔ 정당한 사유 없이 소방용수시설 또는 비상소화장치를 사용하거나 소방용수시설 또는 비상소화장치의 효용을 해치거나 그 정당한 사용을 방해한 사람

② 3년 이하의 징역 또는 3천만원 이하의 벌금
소방기본법 제25조 제1항(강제처분 등)에 따른 처분을 방해한 자 또는 정당한 사유 없이 그 처분에 따르지 아니한 자

③ 300만원 이하의 벌금
소방기본법 제25조 제2항 및 제3항(강제처분 등)에 따른 처분을 방해한 자 또는 정당한 사유 없이 그 처분에 따르지 아니한 자

④ 100만원 이하의 벌금
ⓐ 소방기본법 제16조의3 제2항을 위반하여 정당한 사유 없이 소방대의 생활안전 활동을 방해한 자
ⓑ 소방기본법 제20조 제1항을 위반하여 정당한 사유 없이 소방대가 현장에 도착할 때까지 사람을 구출하는 조치 또는 불을 끄거나 불이 번지지 아니하도록 하는 조치를 하지 아니한 사람
ⓒ 소방기본법 제26조 제1항에 따른 피난 명령을 위반한 사람
ⓓ 소방기본법 제27조 제1항을 위반하여 정당한 사유 없이 물의 사용이나 수도의 개폐장치의 사용 또는 조작을 하지 못하게 하거나 방해한 자
ⓔ 소방기본법 제27조 제2항에 따른 조치를 정당한 사유 없이 방해한 자

⑤ 20만원 이하의 과태료
소방기본법 제19조 제2항에 따른 신고를 하지 아니하여 소방자동차를 출동하게 한 자

3 화재조사 및 보고규정(소방청훈령 제311호)

(1) 목적(제1조)
이 규정은 「소방의 화재조사에 관한 법률」 및 같은 법 시행령, 시행규칙에 따라 화재조사의 집행과 보고 및 사무처리에 필요한 사항을 정하는 것을 목적으로 한다.

(2) 정의(제2조)
① 이 규정에서 사용하는 용어의 정의는 다음과 같다.
- 감식 : 화재원인의 판정을 위하여 전문적인 지식, 기술 및 경험을 활용하여 주로 시각에 의한 종합적인 판단으로 구체적인 사실관계를 명확하게 규명하는 것을 말한다.

- 감정 : 화재와 관계되는 물건의 형상, 구조, 재질, 성분, 성질 등 이와 관련된 모든 현상에 대하여 과학적 방법에 의한 필요한 실험을 행하고 그 결과를 근거로 화재원인을 밝히는 자료를 얻는 것을 말한다.
- 발화 : 열원에 의하여 가연물질에 지속적으로 불이 붙는 현상을 말한다.
- 발화열원 : 발화의 최초 원인이 된 불꽃 또는 열을 말한다.
- 발화지점 : 열원과 가연물이 상호작용하여 화재가 시작된 지점을 말한다.
- 발화장소 : 화재가 발생한 장소를 말한다.
- 최초착화물 : 발화열원에 의해 불이 붙은 최초의 가연물을 말한다.
- 발화요인 : 발화열원에 의하여 발화로 이어진 연소현상에 영향을 준 인적·물적·자연적인 요인을 말한다.
- 발화관련 기기 : 발화에 관련된 불꽃 또는 열을 발생시킨 기기 또는 장치나 제품을 말한다.
- 동력원 : 발화관련 기기나 제품을 작동 또는 연소시킬 때 사용되어진 연료 또는 에너지를 말한다.
- 연소확대물 : 연소가 확대되는데 있어 결정적 영향을 미친 가연물을 말한다.
- 재구입비 : 화재 당시의 피해물과 같거나 비슷한 것을 재건축(설계 감리비를 포함) 또는 재취득하는데 필요한 금액을 말한다.
- 내용연수 : 고정자산을 경제적으로 사용할 수 있는 연수를 말한다.
- 손해율 : 피해물의 종류, 손상 상태 및 정도에 따라 피해금액을 적정화시키는 일정한 비율을 말한다.
- 산가율 : 화재 당시에 피해물의 재구입비에 대한 현재가의 비율을 말한다.
- 최종잔가율 : 피해물의 내용연수가 다한 경우 잔존하는 가치의 재구입비에 대한 비율을 말한다.
- 화재현장 : 화재가 발생하여 소방대 및 관계인 등에 의해 소화활동이 행하여지고 있거나 행하여진 장소를 말한다.
- 접수 : 119종합상황실(이하 "상황실"이라 함)에서 유·무선 전화 또는 다매체를 통하여 화재 등의 신고를 받는 것을 말한다.
- 출동 : 화재를 접수하고 상황실로부터 출동지령을 받아 소방대가 차고 등에서 출발하는 것을 말한다.
- 도착 : 출동지령을 받고 출동한 소방대가 현장에 도착하는 것을 말한다.
- 선착대 : 화재현장에 가장 먼저 도착한 소방대를 말한다.
- 초진 : 소방대의 소화활동으로 화재확대의 위험이 현저하게 줄어들거나 없어진 상태를 말한다.
- 잔불정리 : 화재 초진 후 잔불을 점검하고 처리하는 것을 말한다. 이 단계에서는 열에 의한 수증기나 화염 없이 연기만 발생하는 연소현상이 포함될 수 있다.

- 완진 : 소방대에 의한 소화활동의 필요성이 사라진 것을 말한다.
- 철수 : 진화가 끝난 후, 소방대가 화재현장에서 복귀하는 것을 말한다.
- <u>재발화감시</u> : 화재를 진화한 후 화재가 재발되지 않도록 감시조를 편성하여 일정 시간 동안 감시하는 것을 말한다.

② 이 규정에서 사용하는 용어의 뜻은 위에서 규정하는 것을 제외하고는 「소방기본법」, 「소방의 화재조사에 관한 법률」, 「화재의 예방 및 안전관리에 관한 법률」, 「소방시설 설치 및 관리에 관한 법률」에서 정하는 바에 따른다.

(3) 화재조사의 개시 및 원칙(제3조)

① 「소방의 화재조사에 관한 법률」(이하 "법"이라 함) 제5조 제1항에 따라 화재조사관(이하 "조사관"이라 함)은 <u>화재발생 사실을 인지하는 즉시 화재조사(이하 "조사"라 함)를 시작해야 한다.</u>

② 소방관서장은 「소방의 화재조사에 관한 법률 시행령」(이하 "영"이라 함) 제4조 제1항에 따라 <u>조사관을 근무 교대조별로 2인 이상 배치하고,</u> 「소방의 화재조사에 관한 법률 시행규칙」(이하 "규칙"이라 함) 제3조에 따른 장비·시설을 기준 이상으로 확보하여 조사업무를 수행하도록 하여야 한다.

③ <u>조사는 물적 증거를 바탕으로 과학적인 방법을 통해 합리적인 사실의 규명을 원칙으로 한다.</u>

(4) 화재조사관의 책무(제4조)

① 조사관은 조사에 필요한 전문적 지식과 기술의 습득에 노력하여 조사업무를 능률적이고 효율적으로 수행해야 한다.

② 조사관은 그 직무를 이용하여 관계인 등의 민사분쟁에 개입해서는 아니 된다.

(5) 화재출동대원 협조(제5조)

① 화재현장에 출동하는 소방대원은 조사에 도움이 되는 사항을 확인하고, 화재현장에서도 소방활동 중에 파악한 정보를 조사관에게 알려주어야 한다.

② <u>화재현장의 선착대 선임자는 철수 후 지체 없이 국가화재정보시스템에 [별지 제2호 서식] 화재현장출동보고서를 작성·입력해야 한다.</u>

(6) 관계인 등 협조(제6조)

① 화재현장과 기타 관계있는 장소에 출입할 때에는 관계인 등의 입회 하에 실시하는 것을 원칙으로 한다.

② 조사관은 조사에 필요한 자료 등을 관계인등에게 요구할 수 있으며, 관계인 등이 반환을 요구할 때는 조사의 목적을 달성한 후 관계인 등에게 반환해야 한다.

(7) 관계인 등 진술(제7조)

① 법 제9조 제1항에 따라 관계인 등에게 질문을 할 때에는 <u>시기, 장소 등을 고려하여 진술하는 사람으로부터 임의진술을 얻도록 해야 하며 진술의 자유 또는 신체의 자유를 침해하여 임의성을 의심할 만한 방법을 취해서는 아니 된다.</u>

② 관계인 등에게 질문을 할 때에는 희망하는 진술내용을 얻기 위하여 <u>상대방에게 암시하는 등의 방법으로 유도해서는 아니 된다.</u>

③ 획득한 진술이 소문 등에 의한 사항인 경우 그 사실을 직접 경험한 관계인 등의 진술을 얻도록 해야 한다.

④ 관계인 등에 대한 질문 사항은 [별지 제10호 서식] <u>질문기록서에 작성하여 그 증거를 확보한다.</u>

(8) 감식 및 감정(제8조)

① 소방관서장은 조사 시 전문지식과 기술이 필요하다고 인정되는 경우 국립소방연구원 또는 화재감정기관 등에 감정을 의뢰할 수 있다.

② 소방관서장은 과학적이고 합리적인 화재원인 규명을 위하여 화재현장에서 수거한 물품에 대하여 감정을 실시하고 화재원인 입증을 위한 재현실험 등을 할 수 있다.

(9) 화재 유형(제9조)

① 법 제2조 제1항 제1호의 화재는 다음과 같이 그 유형을 구분한다.

㉠ 건축·구조물화재 : <u>건축물, 구조물 또는 그 수용물이 소손된 것</u>

㉡ 자동차·철도차량화재 : <u>자동차, 철도차량 및 피견인 차량 또는 그 적재물이 소손된 것</u>

㉢ 위험물·가스제조소 등 화재 : <u>위험물제조소 등, 가스제조·저장·취급시설 등이 소손된 것</u>

㉣ 선박·항공기화재 : <u>선박, 항공기 또는 그 적재물이 소손된 것</u>

㉤ 임야화재 : <u>산림, 야산, 들판의 수목, 잡초, 경작물 등이 소손된 것</u>

㉥ 기타 화재 : <u>위의 규정에 해당되지 않는 화재</u>

② <u>화재가 복합되어 발생한 경우에는 화재의 구분을 화재피해금액이 큰 것으로 한다. 다만, 화재피해금액으로 구분하는 것이 사회관념상 적당하지 않을 경우에는 발화장소로 화재를 구분한다.</u>

(10) 화재건수 결정(제10조) [2024년 기사]

1건의 화재란 1개의 발화지점에서 확대된 것으로 발화부터 진화까지를 말한다. 다만, 다음 경우는 규정에 따른다.

① 동일범이 아닌 각기 다른 사람에 의한 방화, 불장난은 동일 대상물에서 발화했더라도 각각 별건의 화재로 한다.
② 동일 소방대상물의 발화점이 2개소 이상 있는 다음의 화재는 1건의 화재로 한다.
  ㉠ 누전점이 동일한 누전에 의한 화재
  ㉡ 지진, 낙뢰 등 자연현상에 의한 다발화재
③ 발화지점이 한 곳인 화재현장이 둘 이상의 관할구역에 걸친 화재는 발화지점이 속한 소방서에서 1건의 화재로 산정한다. 다만, 발화지점 확인이 어려운 경우에는 화재피해금액이 큰 관할구역 소방서의 화재 건수로 산정한다.

(11) 발화일시 결정(제11조)

발화일시의 결정은 관계인 등의 화재발견 상황통보(인지)시간 및 화재발생 건물의 구조, 재질 상태와 화기취급 등의 상황을 종합적으로 검토하여 결정한다. 다만, 자체진화 등 사후인지 화재로 그 결정이 곤란한 경우에는 발화시간을 추정할 수 있다.

(12) 화재의 분류(제12조)

화재원인 및 장소 등 화재의 분류는 소방청장이 정하는 국가화재분류체계에 의한 분류표에 의하여 분류한다.

(13) 사상자(제13조)

사상자는 화재현장에서 사망한 사람과 부상당한 사람을 말한다. 다만, 화재현장에서 부상을 당한 후 72시간 이내에 사망한 경우에는 당해 화재로 인한 사망으로 본다.

(14) 부상자 분류(제14조)

부상의 정도는 의사의 진단을 기초로 하여 다음과 같이 분류한다.
① 중상 : 3주 이상의 입원치료를 필요로 하는 부상을 말한다.
② 경상 : 중상 이외의 부상(입원치료를 필요로 하지 않는 것도 포함)을 말한다. 다만, 병원 치료를 필요로 하지 않고 단순하게 연기를 흡입한 사람은 제외한다.

(15) 건물 동수 산정(제15조)

건물 동수의 산정은 [별표 1]에 따르며, 다음과 같다.
① 주요구조부가 하나로 연결되어 있는 것은 1동으로 한다. 다만 건널 복도 등으로 2이상의 동에 연결되어 있는 것은 그 부분을 절반으로 분리하여 각 동으로 본다.
② 건물의 외벽을 이용하여 실을 만들어 헛간, 목욕탕, 작업실, 사무실 및 기타 건물 용도로 사용하고 있는 것은 주건물과 같은 동으로 본다.

∥ 건물외벽에 부속건물이 있는 경우 ∥

③ 구조에 관계없이 지붕 및 실이 하나로 연결되어 있는 것은 같은 동으로 본다.
④ 목조 또는 내화조 건물의 경우 격벽으로 방화구획이 되어 있는 경우도 같은 동으로 한다.
⑤ 독립된 건물과 건물 사이에 차광막, 비막이 등의 덮개를 설치하고 그 밑을 통로 등으로 사용하는 경우는 다른 동으로 한다.
   예 작업장과 작업장 사이에 조명유리 등으로 비막이를 설치하여 지붕과 지붕이 연결되어 있는 경우
⑥ 내화조 건물의 옥상에 목조 또는 방화구조 건물이 별도 설치되어 있는 경우는 다른 동으로 한다. 다만, 이들 건물의 기능상 하나인 경우(옥내 계단이 있는 경우)는 같은 동으로 한다.
⑦ 내화조 건물의 외벽을 이용하여 목조 또는 방화구조건물이 별도 설치되어 있고 건물 내부와 구획되어 있는 경우 다른 동으로 한다. 다만, 주된 건물에 부착된 건물이 옥내로 출입구가 연결되어 있는 경우와 기계설비 등이 쌍방에 연결되어 있는 경우 등 건물 기능상 하나인 경우는 같은 동으로 한다.

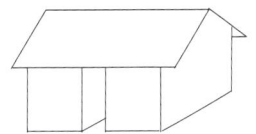
┃지붕이 하나로 연결된 경우┃

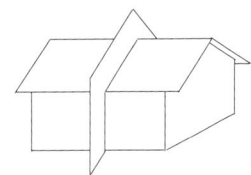
┃격벽으로 구획된 경우┃

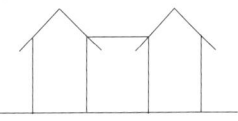
┃건물 사이에 지붕막이 설치된 경우┃

(16) 소실정도(제16조)
① 건축·구조물의 소실정도는 다음에 따른다.
   ㉠ 전소 : 건물의 70% 이상(입체면적에 대한 비율을 말함)이 소실되었거나 또는 그 미만이라도 잔존부분을 보수하여도 재사용이 불가능한 것
   ㉡ 반소 : 건물의 30% 이상 70% 미만이 소실된 것
   ㉢ 부분소 : 위 ㉠, ㉡에 해당하지 아니하는 것
② 자동차·철도차량, 선박·항공기 등의 소실정도는 위의 규정을 준용한다.

(17) 소실면적 산정(제17조)
① 건물의 소실면적 산정은 소실 바닥면적으로 산정한다.
② 수손 및 기타 파손의 경우에도 위의 규정을 준용한다.

(18) 화재피해금액 산정(제18조)
① 화재피해금액은 화재 당시의 피해물과 동일한 구조, 용도, 질, 규모를 재건축 또는 재구입하는 데 소요되는 가액에서 경과연수 등에 따른 감가공제를 하고 현재가액을 산정하는 실질적·구체적 방식에 따른다. 다만, 회계장부상 현재가액이 입증된 경우에는 그에 따른다.

② 위의 규정에도 불구하고 정확한 피해물품을 확인하기 곤란한 경우에는 소방청장이 정하는 「화재피해금액 산정매뉴얼」(이하 "매뉴얼"이라 함)의 간이평가방식으로 산정할 수 있다.
③ 건물 등 자산에 대한 최종잔가율은 건물·부대설비·구축물·가재도구는 20%로 하며, 그 이외의 자산은 10%로 정한다.
④ 건물 등 자산에 대한 내용연수는 매뉴얼에서 정한 바에 따른다.
⑤ 대상별 화재피해금액 산정기준은 [별표 2]에 따른다.

화재피해금액 산정기준(화재조사 및 보고규정 [별표 2])

산정대상	산정기준
건물	「신축단가(㎡당)×소실면적×[1-(0.8×경과연수/내용연수)]×손해율」의 공식에 의하되, 신축단가는 한국감정원이 최근 발표한 '건물신축단가표'에 의한다.
부대설비	「건물신축단가×소실면적×설비종류별 재설비비율×[1-(0.8×경과연수/내용연수)]×손해율」의 공식에 의한다. 다만, 부대설비 피해액을 실질적·구체적 방식에 의할 경우 「단위(면적·개소 등)당 표준단가×피해단위×[1-(0.8×경과연수/내용연수)]×손해율」의 공식에 의하되, 건물표준단가 및 부대설비단위당 표준단가는 한국감정원이 최근 발표한 '건물신축단가표'에 의한다.
구축물	「소실단위의 회계장부상 구축물가액×손해율」의 공식에 의하거나 「소실단위의 원시건축비×물가상승률×[1-(0.8×경과연수/내용연수)]×손해율」의 공식에 의한다. 다만, 회계장부상 구축물가액 또는 원시건축비의 가액이 확인되지 않는 경우에는 「단위(m, ㎡, ㎥)당 표준단가×소실단위×[1-(0.8×경과연수/내용연수)]×손해율」의 공식에 의하되, 구축물의 단위당 표준단가는 매뉴얼이 정하는 바에 의한다.
영업시설	「㎡당 표준단가×소실면적×[1-(0.9×경과연수/내용연수)]×손해율」의 공식에 의하되, 업종별 ㎡당 표준단가는 매뉴얼이 정하는 바에 의한다.
잔존물 제거	「화재피해액×10%」의 공식에 의한다.
기계장치 및 선박·항공기	「감정평가서 또는 회계장부상 현재가액×손해율」의 공식에 의한다. 다만, 감정평가서 또는 회계장부상 현재가액이 확인되지 않아 실질적·구체적 방법에 의해 피해액을 산정하는 경우에는 「재구입비×[1-(0.9×경과연수/내용연수)]×손해율」의 공식에 의하되, 실질적·구체적 방법에 의한 재구입비는 조사관이 확인·조사한 가격에 의한다.
공구 및 기구	「회계장부상 현재가액×손해율」의 공식에 의한다. 다만, 회계장부상 현재가액이 확인되지 않아 실질적·구체적 방법에 의해 피해액을 산정하는 경우에는 「재구입비×[1-(0.9×경과연수/내용연수)]×손해율」의 공식에 의하되, 실질적·구체적 방법에 의한 재구입비는 물가정보지의 가격에 의한다.
집기비품	「회계장부상 현재가액×손해율」의 공식에 의한다. 다만, 회계장부상 현재가액이 확인되지 않는 경우에는 「㎡당 표준단가×소실면적×[1-(0.9×경과연수/내용연수)]×손해율」의 공식에 의하거나 실질적·구체적 방법에 의해 피해액을 산정하는 경우에는 「재구입비×[1-(0.9×경과연수/내용연수)]×손해율」의 공식에 의하되, 집기비품의 ㎡당 표준단가는 매뉴얼이 정하는 바에 의하며, 실질적·구체적 방법에 의한 재구입비는 물가정보지의 가격에 의한다.
가재도구	「(주택종류별·상태별 기준액×가중치)+(주택면적별 기준액×가중치)+(거주인원별 기준액×가중치)+(주택가격(㎡당)별 기준액×가중치)」의 공식에 의한다. 다만, 실질적·구체적 방법에 의해 피해금액을 가재도구 개별품목별로 산정하는 경우에는 「재구입비×[1-(0.8×경과연수/내용연수)]×손해율」의 공식에 의하되, 가재도구의 항목별 기준액 및 가중치는 매뉴얼이 정하는 바에 의하며, 실질적·구체적 방법에 의한 재구입비는 물가정보지의 가격에 의한다.

차량, 동물, 식물	전부손해의 경우 시중매매가격으로 하며, 전부손해가 아닌 경우 수리비 및 치료비로 한다.
재고자산	「회계장부상 현재가액×손해율」의 공식에 의한다. 다만, 회계장부상 현재가액이 확인되지 않는 경우에는 「연간매출액÷재고자산회전율×손해율」의 공식에 의하되, 재고자산회전율은 한국은행이 최근 발표한 '기업경영분석' 내용에 의한다.
회화(그림), 골동품, 미술공예품, 귀금속 및 보석류	전부손해의 경우 감정가격으로 하며, 전부손해가 아닌 경우 원상복구에 소요되는 비용으로 한다.
임야의 입목	소실 전의 입목가격에서 소실한 입목의 잔존가격을 뺀 가격으로 한다. 단, 피해산정이 곤란할 경우 소실면적 등 피해규모만 산정할 수 있다.
기 타	피해당시의 현재가를 재구입비로 하여 피해액을 산정한다.

[적용요령]
1. 피해물의 경과연수가 불분명한 경우에 그 자산의 구조, 재질 또는 관계인 등의 진술 기타 관계자료 등을 토대로 객관적인 판단을 하여 경과연수를 정한다.
2. 공구 및 기구·집기비품·가재도구를 일괄하여 재구입비를 산정하는 경우 개별 품목의 경과연수에 의한 잔가율이 50%를 초과하더라도 50%로 수정할 수 있으며, 중고구입기계장치 및 집기비품으로서 그 제작연도를 알 수 없는 경우에는 그 상태에 따라 신품가액의 30% 내지 50%를 잔가율로 정할 수 있다.
3. 화재피해금액 산정매뉴얼은 본 규정에 저촉되지 아니하는 범위에서 적용하여 화재피해금액을 산정한다.

⑥ 관계인은 화재피해금액 산정에 이의가 있는 경우 [별지 제12호 서식] 또는 [별지 제12호의2 서식]에 따라 관할 소방관서장에게 재산피해신고를 할 수 있다.
⑦ 신고서를 접수한 관할 소방관서장은 화재피해금액을 재산정해야 한다.

(19) 세대수 산정(제19조)

세대수는 거주와 생계를 함께 하고 있는 사람들의 집단 또는 하나의 가구를 구성하여 살고 있는 독신자로서 자신의 주거에 사용되는 건물에 대하여 재산권을 행사할 수 있는 사람을 1세대로 산성한다.

(20) 화재합동조사단 운영 및 종료(제20조)

① 소방관서장은 영 제7조 제1항에 해당하는 화재가 발생한 경우 다음에 따라 화재합동조사단을 구성하여 운영하는 것을 원칙으로 한다.
  ㉠ 소방청장 : 사상자가 30명 이상이거나 2개 시·도 이상에 걸쳐 발생한 화재(임야화재는 제외함)
  ㉡ 소방본부장 : 사상자가 20명 이상이거나 2개 시·군·구 이상에 발생한 화재
  ㉢ 소방서장 : 사망자가 5명 이상이거나 사상자가 10명 이상 또는 재산피해액이 100억원 이상 발생한 화재
② 위 규정에도 불구하고 소방관서장은 영 제7조 제1항 제2호 및 「소방기본법 시행규칙」 제3조 제2항 제1호에 해당하는 화재에 대하여 화재합동조사단을 구성하여 운영할 수 있다.
③ 소방관서장은 영 제7조 제2항과 영 제7조 제4항에 해당하는 자 중에서 단장 1명과 단원 4명 이상을 화재합동조사단원으로 임명하거나 위촉할 수 있다.

④ 화재합동조사단원은 화재현장 지휘자 및 조사관, 출동 소방대원과 협력하여 조사와 관련된 정보를 수집할 수 있다.
⑤ 소방관서장은 화재합동조사단의 조사가 완료되었거나, 계속 유지할 필요가 없는 경우 업무를 종료하고 해산시킬 수 있다.

(21) 조사서류의 서식(제21조)
조사에 필요한 서류의 서식은 다음에 따른다.
① 화재・구조・구급상황보고서 : 별지 제1호 서식
② 화재현장출동보고서 : 별지 제2호 서식
③ 화재발생종합보고서 : 별지 제3호 서식
④ 화재현황조사서 : 별지 제4호 서식
⑤ 화재현장조사서 : 별지 제5호 서식
⑥ 화재현장조사서(임야화재, 기타화재) : 별지 제5호의2 서식
⑦ 화재유형별조사서(건축・구조물화재) : 별지 제6호 서식
⑧ 화재유형별조사서(자동차・철도차량화재) : 별지 제6호의2 서식
⑨ 화재유형별조사서(위험물・가스제조소 등 화재) : 별지 제6호의3 서식
⑩ 화재유형별조사서(선박・항공기화재) : 별지 제6호의4 서식
⑪ 화재유형별조사서(임야화재) : 별지 제6호의5 서식
⑫ 화재피해조사서(인명피해) : 별지 제7호 서식
⑬ 화재피해조사서(재산피해) : 별지 제7호의2 서식
⑭ 방화・방화의심 조사서 : 별지 제8호 서식
⑮ 소방시설 등 활용조사서 : 별지 제9호 서식
⑯ 질문기록서 : 별지 제10호 서식
⑰ 화재감식・감정 결과보고서 : 별지 제11호 서식
⑱ 재산피해신고서 : 별지 제12호 서식
⑲ 재산피해신고서(자동차, 철도, 선박, 항공기) : 별지 제12호의2 서식
⑳ 사후조사 의뢰서 : 별지 제13호 서식

(22) 조사 보고(제22조)
① 조사관이 조사를 시작한 때에는 소방관서장에게 지체 없이 [별지 제1호 서식] 화재・구조・구급상황보고서를 작성・보고해야 한다.
② 조사의 최종 결과보고는 다음에 따른다.
  ㉠ 「소방기본법 시행규칙」 제3조 제2항 제1호에 해당하는 화재 : [별지 제1호 서식 내지 제11호 서식]까지 작성하여 **화재발생일로부터 30일 이내에 보고해야 한다.**
  ㉡ 위 ㉠에 해당하지 않는 화재 : [별지 제1호 서식] 내지 [제11호 서식]까지 작성하여 **화재발생일로부터 15일 이내에 보고해야 한다.**

③ 다음의 정당한 사유가 있는 경우에는 소방관서장에게 사전 보고를 한 후 필요한 기간만큼 조사 보고일을 연장할 수 있다.
  ㉠ 법 제5조 제1항 단서에 따른 수사기관의 범죄수사가 진행 중인 경우
  ㉡ 화재감정기관 등에 감정을 의뢰한 경우
  ㉢ 추가 화재현장조사 등이 필요한 경우
④ 조사 보고일을 연장한 경우 그 사유가 해소된 날부터 10일 이내에 소방관서장에게 조사결과를 보고해야 한다.
⑤ 치외법권지역 등 조사권을 행사할 수 없는 경우는 조사 가능한 내용만 조사하여 위 (21)의 조사 서식 중 해당 서류를 작성·보고한다.
⑥ 소방본부장 및 소방서장은 조사결과 서류를 영 제14조에 따라 국가화재정보시스템에 입력·관리해야 하며 영구보존방법에 따라 보존해야 한다.

(23) 화재증명원의 발급(제23조)

① 소방관서장은 화재증명원을 발급받으려는 자가 규칙 제9조 제1항에 따라 발급신청을 하면 규칙 [별지 제3호 서식]에 따라 화재증명원을 발급해야 한다. 이 경우 「민원 처리에 관한 법률」 제12조의2 제3항에 따른 통합전자민원창구로 신청하면 전자민원문서로 발급해야 한다.
② 소방관서장은 화재피해자로부터 소방대가 출동하지 아니한 화재장소의 화재증명원 발급신청이 있는 경우 조사관으로 하여금 사후 조사를 실시하게 할 수 있다. 이 경우 민원인이 제출한 [별지 제13호 서식]의 사후조사 의뢰서의 내용에 따라 발화장소 및 발화지점의 현장이 보존되어 있는 경우에만 조사를 하며, [별지 제2호 서식]의 화재현장출동보고시 작성은 생략할 수 있다.
③ 화재증명원 발급 시 인명피해 및 재산피해 내역을 기재한다. 다만, 조사가 진행 중인 경우에는 "조사 중"으로 기재한다.
④ 재산피해내역 중 피해금액은 기재하지 아니하며 피해물건만 종류별로 구분하여 기재한다. 다만, 민원인의 요구가 있는 경우에는 피해금액을 기재하여 발급할 수 있다.
⑤ 화재증명원 발급신청을 받은 소방관서장은 발화장소 관할 지역과 관계없이 발화장소 관할 소방서로부터 화재사실을 확인받아 화재증명원을 발급할 수 있다.

(24) 화재통계관리(제24조)

소방청장은 화재통계를 소방정책에 반영하고 유사한 화재를 예방하기 위해 매년 통계연감을 작성하여 국가화재정보시스템 등에 공표해야 한다.

(25) 조사관의 교육훈련(제25조)

① 규칙 제5조 제4항에 따라 조사에 관한 교육훈련에 필요한 과목은 [별표 3]으로 한다.

화재조사에 관한 교육훈련 과목(제25조 제1항 관련 [별표 3])

구분		교육훈련 과목
양성 전문교육 (영 제6조 제1항 제1호)	소양	국정시책, 기초소양, 심리상담기법 등
	전문	기초화학, 기초전기, 구조물과 화재, 화재조사 관계법령, 화재학, 화재패턴, 화재조사방법론, 보고서 작성법, 화재피해금액 산정, 발화지점 판정, 전기화재감식, 화학화재감식, 가스화재감식, 폭발화재감식, 차량화재감식, 미소화원감식, 방화화재감식, 증거물수집보존, 화재모델링, 범죄심리학, 법과학(의학), 방·실화수사, 조사와 법적문제, 소방시설조사, 촬영기법, 법적 증언기법, 형사소송의 기본절차
	실습	화재조사실습, 현장실습, 사례연구 및 발표
	행정	입교식, 과정소개, 평가, 교육효과측정, 수료식 등
전문교육 (영 제6조 제1항 제2호)		1. 화재조사방법 및 감식(발화지점 판정, 전기화재, 화학화재, 가스화재, 폭발화재, 차량화재, 방화, 미소화원 등) 2. 증거물 수집절차·방법, 보존 3. 소방시설조사, 화재피해금액 산정 절차·방법 4. 화재조사와 법적 문제, 민·형사소송 절차 5. 화재학, 범죄심리학, 화재조사 관계 법령 등 6. 첨단 화재조사장비 운용 7. 그 밖에 화재조사 관련 교육 필요 사항
의무 보수교육 (영 제6조 제1항 제3호)		1. 화재조사방법 및 감식(발화지점 판정, 전기화재, 화학화재, 가스화재, 폭발화재, 차량화재, 방화, 미소화원 등) 2. 증거물 수집절차·방법, 보존 3. 소방시설조사, 화재피해금액 산정 절차·방법 4. 화재조사와 법적 문제, 민·형사소송 절차 5. 화재학, 범죄심리학, 화재조사 관계 법령 등 6. 그 밖에 화재감식 및 감정 분야 동향 7. 첨단 화재조사장비 운용 8. 주요 화재 감식 사례 9. 화재감식 및 감정 분야 동향 10. 그 밖에 화재조사 관련 교육 필요 사항

② 교육과목별 시간과 방법은 소방본부장, 소방서장 또는 「소방공무원 교육훈련규정」 제13조에 따라 교육과정을 운영하는 교육훈련기관의 장이 정한다. 다만, 규칙 제5조 제2항에 따른 <u>의무 보수교육 시간은 4시간 이상으로 한다.</u>

③ 소방관서장은 조사관에 대하여 연구과제 부여, 학술대회 개최, 조사 관련 전문기관에 위탁훈련·교육을 실시하는 등 조사능력 향상에 노력하여야 한다.

4 화재증거물수집관리규칙(소방청훈령 제277호)

(1) 목적(제1조)
이 규칙은 「소방의 화재조사에 관한 법률 시행규칙」 제7조 제3항에 따라 화재현장에서의 증거물 수집과 사진, 비디오 촬영에 대한 기준 및 이에 따른 자료관리를 위하여 필요한 사항을 규정함을 목적으로 한다.

(2) 정의(제2조)
① 증거물 : 화재와 관련 있는 물건 및 개연성이 있는 모든 개체를 말한다.
② 증거물 수집 : 화재증거물을 획득하고 해당 물건을 분석하여 사건과 관련된 화재증거를 추출하는 과정을 말한다.
③ 현장기록 : 화재조사현장과 관련된 사람, 물건, 기타 주변상황, 증거물 등을 촬영한 사진, 영상물 및 녹음자료, 현장에서 작성된 정보 등을 말한다.
④ 현장사진 : 화재조사현장과 관련된 사람, 물건, 기타 상황, 증거물 등을 촬영한 사진을 말한다.
⑤ 현장비디오 : 화재현장에서 화재조사현장과 관련된 사람, 물건, 그 밖의 주변상황, 증거물을 촬영하거나 조사의 과정을 촬영한 것을 말한다.

(3) 증거물의 상황기록(제3조)
① 화재조사관은 <u>증거물의 채취, 채집 행위 등을 하기 전에는</u> 증거물 및 증거물 주위의 상황(연소상황 또는 설치상황을 말함) 등에 대한 도면 또는 사진 기록을 남겨야 하며, <u>증거물을 수집한 후에도</u> 기록을 남겨야 한다.
② 발화원인의 판정에 관계가 있는 개체 또는 부분에 대해서는 증거물과 이격되어 있거나 <u>연소되지 않은 상황이라도 기록을 남겨야</u> 한다.

(4) 증거물의 수집(제4조)
① 증거서류를 수집함에 있어서 <u>원본 영치를 원칙</u>으로 하고, <u>사본을 수집할 경우 원본과 대조한 다음 원본대조필을 하여야</u> 한다. 다만, 원본대조를 할 수 없을 경우 제출자에게 원본과 같음을 확인 후 서명 날인을 받아서 영치하여야 한다.
② 물리적 증거물 수집(고체, 액체, 기체 형상의 물질이 포집되는 것을 말함)은 증거물의 증거능력을 유지·보존할 수 있도록 행하며, 이를 위하여 전용 증거물 수집장비(수집도구 및 용기를 말함)를 이용하고, 증거를 수집함에 있어서는 다음에 따른다.
  ㉠ 현장 수거(채취)물은 [별지 제1호 서식]에 그 목록을 작성하여야 한다.
  ㉡ 증거물의 수집장비는 증거물의 종류 및 형태에 따라, 적절한 구조의 것이어야 하며, 증거물 수집 시료용기는 [별표 1]에 따른다.

증거물 시료용기[별표 1]

구 분	용기 내용
공통사항	• 장비와 용기를 포함한 모든 장치는 원래의 목적과 채취할 시료에 적합하여야 한다. • 시료용기는 시료의 저장과 이동에 사용되는 용기로 적당한 마개를 가지고 있어야 한다. • 시료용기는 취급할 제품에 의한 용매의 작용에 투과성이 없고 내성을 갖는 재질로 되어 있어야 하며, 정상적인 내부압력에 견딜 수 있고, 시료채취에 필요한 충분한 강도를 가져야 한다.
유리병	• 유리병은 유리 또는 폴리테트라플루오로에틸렌(PTFE)으로 된 마개나 내유성의 내부판이 부착된 플라스틱이나 금속의 스크루 마개를 가지고 있어야 한다. • 코르크 마개는 휘발성 액체에 사용하여서는 안 된다. 만일 제품이 빛에 민감하다면 짙은 색깔의 시료병을 사용한다. • 세척방법은 병의 상태나 이전의 내용물, 시료의 특성 및 시험하고자 하는 방법에 따라 달라진다.
주석도금캔 (can)	• 캔은 사용 직전에 검사하여야 하고 새거나 녹슨 경우 폐기한다. • 주석도금캔(can)은 1회 사용 후 반드시 폐기한다.
양철캔 (can)	• 양철캔은 적합한 양철판으로 만들어야 하며, 프레스를 한 이음매 또는 외부 표면에 용매로 송진 용제를 사용하여 납땜을 한 이음매가 있어야 한다. • 양철캔은 기름에 견딜 수 있는 디스크를 가진 스크루 마개 또는 누르는 금속마개로 밀폐될 수 있으며, 이러한 마개는 한 번 사용한 후에는 폐기되어야 한다. • 양철캔과 그 마개는 청결하고 건조해야 한다. • 사용하기 전에 캔의 상태를 조사해야 하며 누설이나 녹이 발견될 때에는 사용할 수 없다.
시료용기의 마개	• 코르크 마개, 고무(클로로프렌 고무는 제외), 마분지, 합성 코르크 마개 또는 플라스틱 물질(PTFE는 제외)은 시료와 직접 접촉되어서는 안 된다. • 만일 이런 물질들을 시료용기의 밀폐에 사용할 때에는 알루미늄이나 주석호일로 감싸야 한다. • 양철용기는 돌려 막는 스크루 뚜껑뿐만 아니라 밀어 막는 금속 마개를 갖추어야 한다. • 유리 마개는 병의 목부분에 공기가 새지 않도록 단단히 막아야 한다.

화재증거물수집관리규칙[별지 제1호 서식]

현장 수거(채취)물 목록

연 번	수거(채취)물	수량	수거(채취)장소	채취자	채취시간	감정기관	최종결과
1							
2							

관리자(인계자) :　　　　　(인)

년　월　일　　인수자 :　　　　　(인)

ⓒ 증거물을 수집할 때는 휘발성이 높은 것에서 낮은 순서로 진행해야 한다.
ⓓ 증거물의 소손 또는 소실 정도가 심하여 증거물의 일부분 또는 전체가 유실될 우려가 있는 경우는 증거물을 밀봉하여야 한다.
ⓔ 증거물이 파손될 우려가 있는 경우에 충격금지 및 취급방법에 대한 주의사항을 증거물의 포장 외측에 적절하게 표기하여야 한다.

ⓑ 증거물 수집목적이 인화성 액체의 성분분석인 경우에는 인화성 액체 성분의 증발을 막기 위한 조치를 행하여야 한다.
ⓐ 증거물 수집과정에서는 증거물의 수집자, 수집일자, 상황 등에 대하여 기록을 남겨야 하며, 기록은 가능한 **법과학자용 표지 또는 태그를 사용하는 것을 원칙**으로 한다.
ⓞ 화재조사에 필요한 증거물 수집을 위하여「소방의 화재조사에 관한 법률 시행령」 제8조에 따른 조치를 할 수 있다.

> **꼼꼼. check!** → 화재현장 보존조치 통지 등(소방의 화재조사에 관한 법률 시행령 제8조)
>
> 소방관서장이나 관할 경찰서장 또는 해양경찰서장(이하 "경찰서장"이라 함)은 법 제8조 제1항에 따라 화재현장 보존조치를 하거나 통제구역을 설정하는 경우 다음의 사항을 화재가 발생한 소방대상물의 소유자·관리자 또는 점유자(이하 "관계인"이라 함)에게 알리고 해당 사항이 포함된 표지를 설치해야 한다.
> - 화재현장 보존조치나 통제구역 설정의 이유 및 주체
> - 화재현장 보존조치나 통제구역 설정의 범위
> - 화재현장 보존조치나 통제구역 설정의 기간

(5) 증거물의 포장(제5조)

입수한 증거물을 이송할 때에는 포장을 하고 상세 정보를 [별지 제2호 서식]에 기록하여 부착한다. 이 경우 증거물의 포장은 보호상자를 사용하여 <u>개별 포장함을 원칙으로 한다.</u>

화재증거물수집관리규칙[별지 제2호 서식]

화재증거물

수집일시	_____	증거물번호	_____
수집장소	_____	화재조사번호	_____
수집자	_____	소방서	_____

증거물내용 _____
_____

| 봉인자 | _____ | 봉인일시 | _____ |

※ 용기·봉투·상자의 크기에 따라 제작(별지 2, 3호 서식을 1장으로 사용가능)

(6) 증거물의 보관·이동(제6조)

① 증거물은 수집단계부터 검사 및 감정이 완료되어 반환 또는 폐기되는 전 과정에 있어서 화재조사관 또는 이와 동일한 자격 및 권한을 가진 자의 책임하에 행해져야 한다.

② 증거물의 보관 및 이동은 장소 및 방법, 책임자 등이 지정된 상태에서 행해져야 되며, 책임자는 전 과정에 대하여 이를 입증할 수 있도록 다음 사항을 작성하여야 한다.
  ㉠ 증거물 최초상태, 개봉일자, 개봉자
  ㉡ 증거물 발신일자, 발신자
  ㉢ 증거물 수신일자, 수신자
  ㉣ 증거관리가 변경되었을 때 기타사항 기재

③ 증거물의 보관은 전용실 또는 전용함 등 변형이나 파손될 우려가 없는 장소에 보관해야 하고, 화재조사와 관계없는 자의 접근은 엄격히 통제되어야 하며, 보관관리이력은 [별지 제3호 서식]에 따라 작성하여야 한다.

화재증거물수집관리규칙[별지 제3호 서식]

보관이력관리

| 최초상태 | ☐ 봉인 | ☐ 기타(others) |
| 개봉일자 | | 개봉자(소속, 이름) |

| 발신일자 | | 발신자(소속, 이름) |
| 수신일자 | | 수신자(소속, 이름) |

| 발신일자 | | 발신자(소속, 이름) |
| 수신일자 | | 수신자(소속, 이름) |

| 발신일자 | | 발신자(소속, 이름) |
| 수신일자 | | 수신자(소속, 이름) |

| 발신일자 | | 발신자(소속, 이름) |
| 수신일자 | | 수신자(소속, 이름) |

※ 용기·봉투·상자의 크기에 따라 제작(별지 2, 3호 서식을 1장으로 사용가능)

④ 증거물 이동과정에서 증거물의 파손·분실·도난 또는 기타 안전사고에 대비하여야 한다.
⑤ 파손이 우려되는 증거물, 특별 관리가 필요한 증거물 등은 이송상자 및 무진동 차량 등을 이용하여 안전에 만전을 기하여야 한다.
⑥ 증거물은 화재증거 수집의 목적달성 후에는 관계인에게 반환하여야 한다. 다만 관계인의 승낙이 있을 때에는 폐기할 수 있다.

(7) 증거물에 대한 유의사항(제7조)
증거물의 수집, 보관 및 이동 등에 대한 취급방법은 증거물이 법정에 제출되는 경우에 증거로서의 가치를 상실하지 않도록 적법한 절차와 수단에 의해 획득할 수 있도록 다음의 사항을 준수하여야 한다.
① 관련 법규 및 지침에 규정된 일반적인 원칙과 절차를 준수한다.
② 화재조사에 필요한 증거 수집은 화재피해자의 피해를 최소화하도록 하여야 한다.
③ 화재증거물은 기술적, 절차적인 수단을 통해 진정성, 무결성이 보존되어야 한다.
④ 화재증거물을 획득할 때에는 증거물의 오염, 훼손, 변형되지 않도록 적절한 장비를 사용하여야 하며, 방법의 신뢰성이 유지되어야 한다.
⑤ 최종적으로 법정에 제출되는 화재 증거물의 원본성이 보장되어야 한다.

(8) 현장사진 및 비디오촬영(제8조)
화재조사관 등은 화재발생시 신속히 현장에 가서 화재조사에 필요한 현장사진 및 비디오 촬영을 반드시 하여야 하며, CCTV, 블랙박스, 드론, 3D시뮬레이션, 3D스캐너 영상 등의 현장기록물 확보를 위해 노력하여야 한다.

(9) 촬영 시 유의사항(제9조)
현장사진 및 비디오 촬영 및 현장기록물 확보 시 다음에 유의하여야 한다.
① 최초 도착하였을 때의 원상태를 그대로 촬영하고, 화재조사의 진행순서에 따라 촬영
② 증거물을 촬영할 때는 그 소재와 상태가 명백히 나타나도록 하며, 필요에 따라 구분이 용이하게 번호표 등을 넣어 촬영
③ 화재현장의 특정한 증거물 등을 촬영함에 있어서는 그 길이, 폭 등을 명백히 하기 위하여 측정용 자 또는 대조도구를 사용하여 촬영
④ 화재상황을 추정할 수 있는 다음의 대상물의 형상은 면밀히 관찰 후 자세히 촬영
  ㉠ 사람, 물건, 장소에 부착되어 있는 연소흔적 및 혈흔
  ㉡ 화재와 연관성이 크다고 판단되는 증거물, 피해물품, 유류
⑤ 현장사진 및 비디오 촬영과 현장기록물 확보 시에는 연소확대 경로 및 증거물 기록에 대한 번호표와 화살표 등을 활용하여 작성한다.

(10) 현장사진 및 비디오 촬영물 기록 등(제10조)

① 촬영한 사진으로 증거물과 관련 서류를 작성할 때는 [별지 제4호 서식]에 따라 작성하여야 한다.

화재증거물수집관리규칙[별지 제4호 서식]

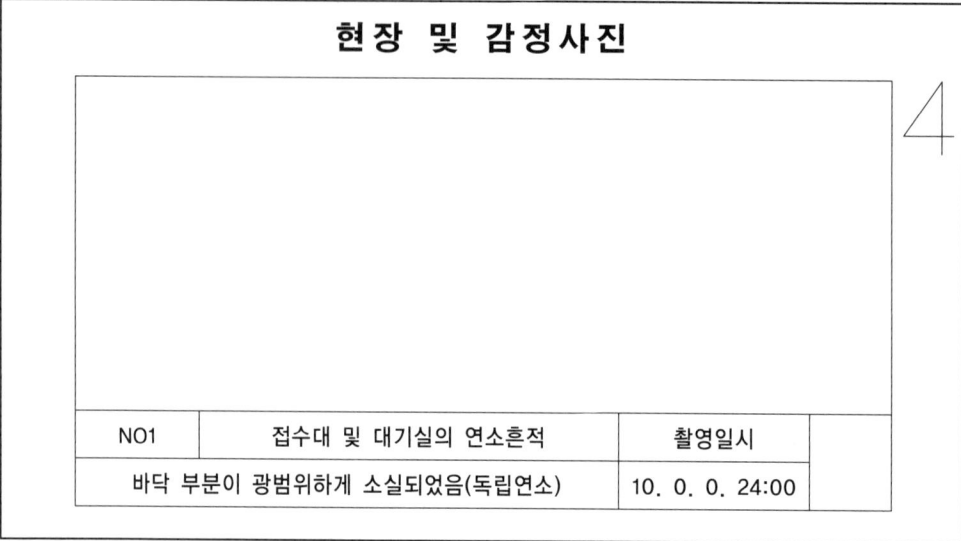

② 현장사진 및 비디오, 현장기록의 작성, 정리, 보관과 그 사본의 송부상황 등 기록처리는 [별지 제5호 서식]에 따라 작성하여야 한다.

화재증거물수집관리규칙[별지 제5호 서식]

현장사진 및 비디오 기록관리부									
번호	화재대상명	발생일시	장소	관계자 (소유자)	촬영자	촬영 년월일	송부 년월일	비고

(11) 기록의 정리 · 보관(제11조)

① 현장사진과 현장비디오를 촬영하였을 때는 화재발생 연월일 또는 화재접수 연월일 순으로 정리보관하며, 보안 디지털 저장 매체에 정리하여 보관하여야 한다. 다만, 디지털 증거는 법정에서 원본과의 동일성을 재현하거나 검증하는데 지장이 초래되지 않도록 수집·분석 및 관리되어야 한다.

② 현장사진파일과 동영상파일 등은 국가화재정보시스템에 등록하여야 하며 조회, 분석, 활용 가능하여야 한다.

(12) 기록 사본의 송부(제12조)

소방본부장 또는 소방서장은 현장사진 및 현장비디오 촬영물 중 소방청장 또는 소방본부장의 제출요구가 있는 때에는 지체 없이 촬영물과 관련 조사 자료를 디지털 저장 매체에 기록하여 송부하여야 한다.

(13) 개인정보 보호(제13조)

화재조사자료, 사진 및 비디오 촬영물 관련 업무를 수행하는 자는 증거물 수집 과정에서 처리한 개인정보를 화재조사 이외의 다른 목적으로 이용하여서는 안 된다.

(14) 재검토기한(제14조)

소방청장은 「훈령·예규 등의 발령 및 관리에 관한 규정」에 따라 이 훈령에 대하여 2023년 1월 1일 기준으로 매 3년이 되는 시점(매 3년째의 12월 31일까지를 말함)마다 그 타당성을 검토하여 개선 등의 조치를 하여야 한다.

5 형 법

1 형법의 의의

형법은 범죄를 불법요건으로 하고 이를 형벌에 귀속시키는 것을 정한 법 규정이다. 형법은 국가권력에 의해 강제되고 인정된다는 점에서 종교, 도덕, 관습 등 다른 규범들과 차이가 있다.

2 형법의 종류

(1) 광의의 형법

범죄와 형벌을 규정한 모든 법률을 말한다. 형법 외에 국가보안법, 상법, 행정법, 민법 등에 규정된 벌칙도 포함한다.

(2) 협의의 형법

'형법'이라는 명칭이 붙어 있는 법률만을 말한다.

3 형법의 기능

(1) 보장적 기능

국가 형벌권의 한계를 명확히 하여 국가 형벌권의 자의적인 행사로부터 국민의 자유와 권리를 보장하는 기능이다.

(2) 보호적 기능

범죄라는 침해행위에 대하여 형벌을 가함으로써 일정한 법익을 보호하는 기능이다.

(3) 사회보전적 기능
국가사회질서에 대한 침해를 방지함으로써 사회를 보전시키려는 기능이다.

4 형법의 적용범위

(1) 시간적 적용범위
① 행위시법주의(소급효금지의 원칙) : 범죄의 성립과 처벌은 행위 시의 법률에 의한다 (제1조 제1항). 어떤 행위가 범죄로 규정되지 않았거나 가벼운 형으로 규정되어 있는 것을 행위 후에 범죄로 규정하거나 무거운 형으로 규정하여 처벌하지 못한다.
② 재판시법주의 : 범죄 후 법률의 변경에 의해 그 행위가 범죄를 구성하지 않거나 형이 가벼워진 때에는 변경된 법률에 의해 처벌한다(제1조 제2항). 그러나 범죄 후에 법률의 변경이 있더라도 변경 전의 법률과 형이 같은 경우 변경된 법률은 적용되지 않는다.

(2) 장소적 적용범위
① 속지주의 : 자국의 영역 내에서 발생한 모든 범죄는 행위자의 국적여하를 막론하고 자국의 형법을 적용한다는 입장이다.
② 속인주의 : 자국민의 범죄행위에 대하여 범죄를 저지른 나라가 어디이든 상관없이 자국의 형법을 적용한다는 입장이다.
③ 보호주의 : 어느 곳에서 누구에게 행한 범죄이든 자국의 형법에 의할 경우 가벌적인 행위이면 자국의 형법을 적용한다는 입장이다.

> **꼼.꼼.check! ▶ 우리나라 형법 규정**
>
> 현행 우리나라 형법은 속지주의를 원칙으로 하고 있으며(제2조), 속인주의(제3조)와 보호주의(제5조 및 제6조) 원칙을 가미하고 있다. 다만, 속인주의 원칙에 대해 범죄를 저지른 후 외국에서 형의 전부 또는 일부의 집행을 받은 내국인에 대하여는 형을 감경 또는 면제할 수 있도록 규정하고 있다.

(3) 인적 적용범위
형법은 장소 및 시간에 관한 효력이 미치는 범위 내에서 원칙적으로 모든 사람에게 적용된다.

5 형의 종류

① 사형
② 징역
③ 금고
④ 자격상실
⑤ 자격정지
⑥ 벌금
⑦ 구류
⑧ 과료
⑨ 몰수

6 방화죄

(1) 방화의 객체
① 사람이 주거로 사용하거나 사람이 현존하는 건조물, 기차, 전차, 자동차, 선박, 항공기, 지하채굴시설
② 공공 또는 공익에 공하는 건조물 외의 건조물, 기차, 전차, 자동차, 선박, 항공기, 지하채굴시설
③ 일반건조물로서 ①, ② 이외의 건조물, 기차, 전차, 자동차, 선박, 항공기, 지하채굴시설 등과 자기 소유에 속하는 ①, ②의 물건
④ 일반물건으로서 ①, ②, ③ 이외의 물건

(2) 방화에 대한 보호법익
공공의 안전과 평온

7 방화죄 처벌규정

(1) 현주건조물 등에의 방화죄(제164조 제1항)
불을 놓아 사람이 주거로 사용하거나 사람이 현존하는 건조물, 기차, 전차, 자동차, 선박, 항공기 또는 지하채굴시설을 불태운 자는 <u>무기 또는 3년 이상의 징역</u>에 처한다.

(2) 현주건조물방화치사상죄(제164조 제2항)
위 (1)의 죄를 범하여 사람을 상해에 이르게 한 때에는 무기 또는 5년 이상의 징역에 처한다. 사망에 이르게 한 때에는 사형, 무기 또는 7년 이상의 징역에 처한다.

(3) 공용건조물 등에의 방화죄(제165조)
불을 놓아 공용 또는 공익에 공하는 건조물, 기차, 전차, 자동차, 선박, 항공기 또는 지하채굴시설을 불태운 자는 <u>무기 또는 3년 이상의 징역</u>에 처한다.

(4) 일반건조물 등에의 방화죄(제166조)
① 불을 놓아 위 (1), (2), (3)에 기재한 이외의 건조물, 기차, 전차, 자동차, 선박, 항공기 또는 지하채굴시설을 불태운 자는 <u>2년 이상의 유기징역</u>에 처한다.
② 자기소유에 속하는 위 ①의 물건을 소훼하여 공공의 위험을 발생하게 한 자는 7년 이하의 징역 또는 1천만원 이하의 벌금에 처한다.

(5) 일반물건에의 방화죄(제167조)
① 불을 놓아 위 (1), (2), (3), (4)에 기재한 이외의 물건을 소훼하여 공공의 위험을 발생하게 한 자는 1년 이상 10년 이하의 징역에 처한다.
② 위 ①의 물건이 자기의 소유에 속한 때에는 3년 이하의 징역 또는 700만원 이하의 벌금에 처한다.

(6) 연소(제168조)
① 위 (4)의 ② 또는 위 (5)의 ②의 죄를 범하여 위 (1), (2), (3) 또는 (4)의 ①에 기재한 물건에 연소한 때에는 1년 이상 10년 이하의 징역에 처한다.
② 위 (5)의 ②의 죄를 범하여 (5)의 ①에 기재한 물건에 연소한 때에는 5년 이하의 징역에 처한다.

(7) 진화방해(제169조)
화재에 있어서 진화용의 시설 또는 물건을 은닉 또는 손괴하거나 기타 방법으로 진화를 방해한 자는 <u>10년 이하의 징역</u>에 처한다.

(8) 폭발성 물건 파열(제172조)
① 보일러, 고압가스 기타 폭발성 있는 물건을 파열시켜 사람의 생명, 신체 또는 재산에 대하여 위험을 발생시킨 자는 1년 이상의 유기징역에 처한다.
② 위 ①의 죄를 범하여 사람을 상해에 이르게 한 때에는 무기 또는 3년 이상의 징역에 처한다. 사망에 이르게 한 때에는 무기 또는 5년 이상의 징역에 처한다.

(9) 가스 · 전기 등 방류(제172조의 2)
① 가스, 전기, 증기 또는 방사선이나 방사성 물질을 방출, 유출 또는 살포시켜 사람의 생명, 신체 또는 재산에 대하여 위험을 발생시킨 자는 1년 이상 10년 이하의 징역에 처한다.
② 위 ①의 죄를 범하여 사람을 상해에 이르게 한 때에는 무기 또는 3년 이상의 징역에 처한다. 사망에 이르게 한 때에는 무기 또는 5년 이상의 징역에 처한다.

(10) 가스 · 전기 등 공급방해(제173조)
① 가스, 전기 또는 증기의 공작물을 손괴 또는 제거하거나 기타 방법으로 가스, 전기 또는 증기의 공급이나 사용을 방해하여 공공의 위험을 발생하게 한 자는 1년 이상 10년 이하의 징역에 처한다.
② 공공용의 가스, 전기 또는 증기의 공작물을 손괴 또는 제거하거나 기타 방법으로 가스, 전기 또는 증기의 공급이나 사용을 방해한 자도 위 ①의 형과 같다.
③ 위 ① 또는 ②의 죄를 범하여 사람을 상해에 이르게 한 때에는 2년 이상의 유기징역에 처한다. 사망에 이르게 한 때에는 무기 또는 3년 이상의 징역에 처한다.

(11) 과실 폭발성 물건 파열 등(제173조의 2)
① 과실로 위 (8)의 ①, (9)의 ①, (10)의 ①과 ②의 죄를 범한 자는 5년 이하의 금고 또는 1천500만원 이하의 벌금에 처한다.
② 업무상 과실 또는 중대한 과실로 위 ①의 죄를 범한 자는 7년 이하의 금고 또는 2천만원 이하의 벌금에 처한다.

(12) 미수범(제174조)

앞 (1), (3), (4)의 ①, (8)의 ①, (9)의 ①, (10)의 ①과 ②의 미수범은 처벌한다.

(13) 예비·음모죄(제175조)

앞 (1), (3), (4)의 ①, (8)의 ①, (9)의 ①, (10)의 ①과 ②의 죄를 범할 목적으로 예비 또는 음모한 자는 5년 이하의 징역에 처한다. 단, 그 목적한 죄의 실행에 이르기 전에 자수한 때에는 형을 감경 또는 면제한다.

> **꼼.꼼. check!** ▶ 실화관련 처벌 조항 ◀
> ① 실화(제170조)
>   ㉠ 과실로 인하여 제164조 또는 제165조에 기재한 물건 또는 타인의 소유에 속하는 제166조에 기재한 물건을 소훼한 자는 <u>1천500만원 이하의 벌금</u>에 처한다.
>   ㉡ 과실로 인하여 자기의 소유에 속하는 제166조 또는 제167조에 기재한 물건을 소훼하여 공공의 위험을 발생하게 한 자도 위 ㉠의 형과 같다.
> ② 업무상 실화, 중실화(제171조)
>   <u>업무상 과실 또는 중대한 과실로 인하여 위 ①의 죄를 범한 자는 3년 이하의 금고 또는 2천만원 이하의 벌금</u>에 처한다.

6 민 법

1 민법의 의의

(1) 민법은 일반사법이다

모든 사람, 장소, 사항 등에 관하여 적용되는 법이 일반법이고, 특정한 사람, 특정장소, 특정사항에 대해 적용되는 법을 특별법이라고 한다.

그러나 일반법과 특별법 사이에는 본질적인 차이가 없기 때문에 절대적으로 구별되는 것은 아니다. 또한 <u>특별법이 일반법에 우선</u>한다.

(2) 민법은 실체법이다

실체법이란 권리와 의무관계를 규정한 법을 말한다.

2 민법의 기본원리

(1) 최고원리

공공의 복리 원칙

(2) 행동원리

신의 성실, 권리남용의 금지, 사회질서 거래의 안정 등

(3) 기본원리
① 사유재산권 존중의 원칙 : 각 개인의 사유재산에 대한 **절대적인 지배**를 인정하고 국가나 다른 사인은 간섭하거나 제한을 하지 못한다.
② 사적자치의 원칙 : 개인이 자신의 법률관계를 자기의 자유로운 의사에 의하여 형성하는 것을 인정한다.
③ 과실책임의 원칙 : 개인이 타인에게 손해를 가한 경우 그 행위가 위법하고 동시에 고의 또는 과실에 의한 경우에만 책임을 지고 고의나 과실이 없는 행위는 책임을 지지 않는다.

3 불법행위

(1) 불법행위의 의의
불법행위라 함은 <u>고의 또는 과실로 위법하게</u> 타인에게 손해를 가하는 행위 시 가해자는 피해자에 대하여 그 손해를 배상할 책임이 있는 것을 말한다(민법 제750조).

(2) 불법행위의 성립요건
① 가해자에게 <u>고의 또는 과실</u>이 있을 것
② 행위자(가해자)에게 <u>책임능력</u>이 있을 것
③ <u>위법성</u>이 있을 것
④ <u>손해가 발생</u>할 것
⑤ 가해행위와 손해발생 사이에 <u>상당 인과관계</u>가 존재할 것
※ 자기 행위의 책임을 변식할 능력이 없는 미성년자와 심신상실자는 불법행위 책임을 부담하지 않는다.

(3) 불법행위에 대한 손해배상
과실책임주의에 입각하여 가해자가 타인의 권리 또는 법익을 침해한 경우 가해자의 고의 또는 과실이 있는 경우에 한해 손해배상을 하여야 한다. 손해배상은 <u>금전배상을 원칙</u>으로 하며 <u>일시금으로 지급</u>하여야 한다.

(4) 손해배상청구권의 성질
① 양도성 : 불법행위로 인한 손해배상청구권은 재산적 손해뿐 아니라 정신적 손해에 대하여 <u>원칙적으로 양도가 가능</u>하다. 그러나 <u>생명・신체의 침해</u>로 국가배상을 받을 권리는 <u>양도가 불가능</u>하다(국가배상법 제4조).
② 상속성 : 불법행위로 인한 손해배상청구권은 <u>상속을 인정</u>하며 피해자의 사망으로 생전에 청구의 의사표시가 없었더라도 상속은 인정된다.

(5) 손해배상청구권의 소멸시효
① 불법행위로 인한 청구권은 피해자나 법정대리인이 그 <u>손해 및 가해자를 안 날로부터 3년간</u> 행사하지 않으면 시효로 소멸한다.

② 불법행위를 한 날로부터 10년을 경과한 때에도 시효로 인해 소멸한다.

> **꼼꼼. check!** ▶ 특수불법행위의 종류
>
> - 감독자의 책임(제755조)
>   다른 사람에게 손해를 가한 사람이 그 행위의 책임을 변식할 지능이 없는 미성년자 또는 심신상실자인 경우 그를 감독할 법정의무가 있는 자가 그 손해를 배상할 책임이 있다. 다만, 감독의무를 게을리하지 아니한 경우에는 그러하지 아니하다.
> - 사용자의 배상책임(제756조)
>   타인을 사용하여 어느 사무에 종사하게 한 자(사용자)는 피용자가 그 사무집행에 관하여 제3자에게 가한 손해를 배상할 책임이 있다. 그러나 사용자가 피용자의 선임 및 그 사무감독에 상당한 주의를 한 때 또는 상당한 주의를 하여도 손해가 있을 경우에는 그러하지 아니하다.
> - 공작물 등의 점유자, 소유자의 책임(제758조)
>   공작물의 설치 또는 보존의 하자로 인하여 타인에게 손해를 가한 때에는 공작물 점유자가 손해를 배상할 책임이 있다. 그러나 점유자가 손해의 방지에 필요한 주의를 해태하지 아니한 때에는 그 소유자가 손해를 배상할 책임이 있다.

7 제조물책임법(법률 제14764호, 시행 2018.4.19.)

(1) 목적(제1조)

이 법은 제조물의 결함으로 발생한 손해에 대한 <u>제조업자 등의 손해배상책임을 규정</u>함으로써 <u>피해자 보호를 도모</u>하고 <u>국민생활의 안전 향상</u>과 국민경제의 건전한 발전에 이바지함을 목적으로 한다.

(2) 정의(제2조)

① "<u>제조물</u>"이란 제조되거나 가공된 동산(다른 동산이나 부동산의 일부를 구성하는 경우를 포함한다)을 말한다.

② "<u>결함</u>"이란 해당 제조물에 다음의 어느 하나에 해당하는 제조상·설계상 또는 표시상의 결함이 있거나 그 밖에 통상적으로 기대할 수 있는 안전성이 결여되어 있는 것을 말한다.

　㉠ "<u>제조상의 결함</u>"이란 제조업자가 제조물에 대하여 제조상·가공상의 주의의무를 이행하였는지에 관계없이 제조물이 원래 의도한 설계와 다르게 제조·가공됨으로써 안전하지 못하게 된 경우를 말한다.

　㉡ "<u>설계상의 결함</u>"이란 제조업자가 합리적인 대체설계(代替設計)를 채용하였더라면 피해나 위험을 줄이거나 피할 수 있었음에도 대체설계를 채용하지 아니하여 해당 제조물이 안전하지 못하게 된 경우를 말한다.

　㉢ "<u>표시상의 결함</u>"이란 제조업자가 합리적인 설명·지시·경고 또는 그 밖의 표시를 하였더라면 해당 제조물에 의하여 발생할 수 있는 피해나 위험을 줄이거나 피할 수 있었음에도 이를 하지 아니한 경우를 말한다.

③ "제조업자"란 다음의 자를 말한다.
  ㉠ 제조물의 제조·가공 또는 수입을 업(業)으로 하는 자
  ㉡ 제조물에 성명·상호·상표 또는 그 밖에 식별(識別) 가능한 기호 등을 사용하여 자신을 위 ㉠의 자로 표시한 자 또는 ㉠의 자로 오인(誤認)하게 할 수 있는 표시를 한 자

(3) 제조물책임(제3조)

① 제조업자는 제조물의 결함으로 생명·신체 또는 재산에 손해(그 제조물에 대하여만 발생한 손해는 제외한다)를 입은 자에게 그 손해를 배상하여야 한다.
② 위 ①에도 불구하고 제조업자가 제조물의 결함을 알면서도 그 결함에 대하여 필요한 조치를 취하지 아니한 결과로 생명 또는 신체에 중대한 손해를 입은 자가 있는 경우에는 그 자에게 발생한 손해의 3배를 넘지 아니하는 범위에서 배상책임을 진다. 이 경우 법원은 배상액을 정할 때 다음의 사항을 고려하여야 한다.
  ㉠ 고의성의 정도
  ㉡ 해당 제조물의 결함으로 인하여 발생한 손해의 정도
  ㉢ 해당 제조물의 공급으로 인하여 제조업자가 취득한 경제적 이익
  ㉣ 해당 제조물의 결함으로 인하여 제조업자가 형사처벌 또는 행정처분을 받은 경우 그 형사처벌 또는 행정처분의 정도
  ㉤ 해당 제조물의 공급이 지속된 기간 및 공급 규모
  ㉥ 제조업자의 재산상태
  ㉦ 제조업자가 피해구제를 위하여 노력한 정도
③ 피해자가 제조물의 제조업자를 알 수 없는 경우에 그 제조물을 영리 목적으로 판매·대여 등의 방법으로 공급한 자는 위 ①에 따른 손해를 배상하여야 한다. 다만, 피해자 또는 법정대리인의 요청을 받고 상당한 기간 내에 그 제조업자 또는 공급한 자를 그 피해자 또는 법정대리인에게 고지(告知)한 때에는 그러하지 아니하다.

(4) 결함 등의 추정(제3조의2)

피해자가 다음의 사실을 증명한 경우에는 제조물을 공급할 당시 해당 제조물에 결함이 있었고 그 제조물의 결함으로 인하여 손해가 발생한 것으로 추정한다. 다만, 제조업자가 제조물의 결함이 아닌 다른 원인으로 인하여 그 손해가 발생한 사실을 증명한 경우에는 그러하지 아니하다.
  ① 해당 제조물이 정상적으로 사용되는 상태에서 피해자의 손해가 발생하였다는 사실

② 위 ①의 손해가 제조업자의 실질적인 지배영역에 속한 원인으로부터 초래되었다는 사실
③ 위 ①의 손해가 해당 제조물의 결함 없이는 통상적으로 발생하지 아니한다는 사실

(5) 면책사유(제4조)

① 위 (3)에 따라 손해배상책임을 지는 자가 다음의 어느 하나에 해당하는 사실을 입증한 경우에는 이 법에 따른 손해배상책임을 면(免)한다.
  ㉠ 제조업자가 해당 제조물을 공급하지 아니하였다는 사실
  ㉡ 제조업자가 해당 제조물을 공급한 당시의 과학·기술 수준으로는 결함의 존재를 발견할 수 없었다는 사실
  ㉢ 제조물의 결함이 제조업자가 해당 제조물을 공급한 당시의 법령에서 정하는 기준을 준수함으로써 발생하였다는 사실
  ㉣ 원재료나 부품의 경우에는 그 원재료나 부품을 사용한 제조물 제조업자의 설계 또는 제작에 관한 지시로 인하여 결함이 발생하였다는 사실
② 위 (3)에 따라 손해배상책임을 지는 자가 제조물을 공급한 후에 그 제조물에 결함이 존재한다는 사실을 알거나 알 수 있었음에도 그 결함으로 인한 손해의 발생을 방지하기 위한 적절한 조치를 하지 아니한 경우에는 위 ①의 ㉡부터 ㉣까지의 규정에 따른 면책을 주장할 수 없다.

(6) 연대책임(제5조)

동일한 손해에 대하여 배상할 책임이 있는 자가 2인 이상인 경우에는 연대하여 그 손해를 배상할 책임이 있다.

(7) 면책특약의 제한(제6조)

이 법에 따른 손해배상책임을 배제하거나 제한하는 특약(特約)은 무효로 한다. 다만, 자신의 영업에 이용하기 위하여 제조물을 공급받은 자가 자신의 영업용 재산에 발생한 손해에 관하여 그와 같은 특약을 체결한 경우에는 그러하지 아니하다.

(8) 소멸시효 등(제7조)

① 이 법에 따른 손해배상의 청구권은 피해자 또는 그 법정대리인이 다음의 사항을 모두 알게 된 날부터 3년간 행사하지 아니하면 시효의 완성으로 소멸한다.
  ㉠ 손해
  ㉡ 위 (3)에 따라 손해배상책임을 지는 자

② 이 법에 따른 손해배상의 청구권은 제조업자가 손해를 발생시킨 <u>제조물을 공급한 날부터 10년 이내</u>에 행사하여야 한다. 다만, 신체에 누적되어 사람의 건강을 해치는 물질에 의하여 발생한 손해 또는 일정한 잠복기간(潛伏期間)이 지난 후에 증상이 나타나는 손해에 대하여는 그 손해가 발생한 날부터 기산(起算)한다.

(9) 민법의 적용(제8조)
제조물의 결함으로 인한 손해배상책임에 관하여 이 법에 규정된 것을 제외하고는 「민법」에 따른다.

8 실화책임에 관한 법률(법률 제9648호)

(1) 목적(제1조)
이 법은 실화(失火)의 특수성을 고려하여 실화자에게 중대한 과실이 없는 경우 그 손해배상액의 경감(輕減)에 관한 「민법」 제765조의 특례를 정함을 목적으로 한다.

※ 어떠한 과실의 경우에도 손해배상액에 대한 <u>면제는 없다.</u>

> **꼼꼼. check!** ▶ 배상액의 경감청구(민법 제765조) ◀
> • 규정에 의한 배상의무자는 그 손해가 고의 또는 중대한 과실에 의한 것이 아니고 그 배상으로 인하여 배상자의 생계에 중대한 영향을 미치게 될 경우에는 법원에 그 배상액의 경감을 청구할 수 있다.
> • 법원은 위의 청구가 있는 때에는 채권자 및 채무자의 경제상태와 손해의 원인 등을 참작하여 배상액을 경감할 수 있다.

(2) 적용범위(제2조)
이 법은 실화로 인하여 화재가 발생한 경우 연소(延燒)로 인한 부분에 대한 손해배상청구에 한하여 적용한다.

(3) 손해배상액의 경감(제3조)
① <u>실화가 중대한 과실로 인한 것이 아닌 경우</u> 그로 인한 손해의 배상의무자(이하 "배상의무자"라 한다)는 법원에 손해배상액의 경감을 청구할 수 있다.
② 법원은 위 ①의 청구가 있을 경우에는 다음의 사정을 고려하여 그 손해배상액을 경감할 수 있다.
   ㉠ 화재의 원인과 규모
   ㉡ 피해의 대상과 정도
   ㉢ 연소(延燒) 및 피해 확대의 원인
   ㉣ 피해 확대를 방지하기 위한 실화자의 노력
   ㉤ 배상의무자 및 피해자의 경제상태
   ㉥ 그 밖에 손해배상액을 결정할 때 고려할 사정

바로바로 확인문제

실화책임에 관한 법률에 따라 실화가 중대한 과실로 인한 것이 아닌 경우 그로 인한 손해배상의무자가 법원에 손해배상액의 경감을 청구할 수 있는 경우 5가지를 쓰시오.

답안
① 화재의 원인과 규모
② 피해의 대상과 정도
③ 연소 및 피해 확대의 원인
④ 피해 확대를 방지하기 위한 실화자의 노력
⑤ 배상의무자 및 피해자의 경제상태

03 화재피해 평가 (✔ 산업기사 제외)

1 화재피해액 산정규정

1 개 요

① 화재피해액 산정대상은 화재로 소손된 경제적 가치가 있는 직접적인 물적 피해만을 대상으로 한다.
② 영업중단에 의한 신용하락, 정신적 고통 등 무형의 손해는 금액의 산정이 까다롭고 손해액을 산정하는 자의 주관이 개입할 여지가 많기 때문에 제외한다.
③ 인명피해는 사상자의 수로 집계하므로 별도로 피해액을 산정하지 않는다.

2 화재피해액 산정대상

(1) 건 물

토지에 정착하는 공작물 중 지붕과 기둥 또는 지붕과 벽이 있는 것으로서 주거, 작업, 집회, 영업, 오락 등의 용도를 위하여 인공적으로 축조된 건조물을 말한다. 해체 중인 건물은 벽, 바닥 등 주요 구조부의 해체가 시작된 시점부터 건물로 취급하지 않는다.

① 본 건물 : 철근콘크리트조, 벽돌조, 석조, 블록조 등으로 된 건물을 말한다.
② 건물의 부속물 : 칸막이, 대문, 담, 곳간 및 이와 비슷한 것으로 건물에 포함하여 피해액을 산정한다.
③ 건물의 부착물 : 간판, 네온사인, 안테나, 선전탑, 차양 등 이와 비슷한 것으로 건물에 포함하여 피해액을 산정한다.

(2) 부대설비

건물의 전기설비, 통신설비, 소화설비, 급배수위생설비 또는 가스설비, 냉방, 난방, 통풍 또는 보일러설비, 승강기설비, 제어설비 및 이와 비슷한 것으로 건물과 분리하여 별도로 피해액을 산정한다.

(3) 구축물

건축법에서 규정하고 있는 건축물 중 건물로 규정된 이외의 제반 건조물로서 이동식 화장실, 버스정류장, 다리, 철도 및 궤도사업용 건조물, 발전 및 송배전용 건조물, 방송 및 무선통신용 건조물, 경기장 및 유원지용 건조물, 정원, 도로(고가도로 포함), 선전탑 등 기타 이와 비슷한 것을 말한다(건물과 분리하여 별도로 피해액 산정).

(4) 영업시설

건물의 주사용 용도 또는 각종 영업행위에 적합하도록 건물 골조의 벽, 천장, 바닥 등에 치장 설치하는 내·외부 마감재나 조명영업시설 및 부대영업시설로서 건물의 구조체에 영향을 미치지 않고 재설치가 가능한 고착된 영업시설을 말한다(일반주택을 제외하고 건물의 피해액 산정과 별도로 산정).

(5) 기계장치

기계라 함은 일반적으로 물리량을 변형시키거나 전달하는 인간에게 유용한 장치를 뜻하며, 장치라 함은 연소장치, 냉동장치, 전기장치 등 기계의 효용을 이용하여 전기적 또는 화학적 효과를 발생시키는 구조물을 말한다.

(6) 공구·기구

공구라 함은 작업과정에서 주된 기계의 보조구로 사용되는 것을 말하며, 기구라 함은 기계 중 구조가 간단한 것 또는 도구 일반을 단어로 표시하는 것을 말한다.

(7) 집기비품

집기비품이라 함은 일반적으로 작업상의 필요에서 사용 또는 소지되는 것으로서 점포나 사무실, 작업장에 소재하는 것을 말한다.

(8) 가재도구

가재도구라 함은 일반적으로 개인이 가정생활용구로서 소유하고 있는 가구, 집기, 의류, 장신구, 침구류, 식료품, 연료, 기타 가정생활에 필요한 일체의 물품을 포괄한다.

(9) 차량 및 운반구

철도용 차량, 특수자동차, 운송사업용 차량, 자가용 차량 등(이륜, 삼륜차 포함) 및 자전차, 리어카, 견인차, 작업용차, 피견인차 등을 말한다. 여기서 차량이란 구체적으로 원동기를 사용하여 육상을 이동하는 목적으로 제작된 용구로 등록의 유무는 상관없으나 완구, 놀이기구용으로 제공된 것은 포함하지 않는다.

(10) 재고자산

재고자산이라 함은 원·부재료, 재공품, 반제품, 제품, 부산물, 상품과 저장품 및 이와 비슷한 것을 말한다. 상품은 판매를 목적으로 한 경제적 가치가 있는 동산으로 포장용품, 경품, 견본, 전시품, 진열품을 포함하며, 저장품은 구입 후 사용하지 않고 보관 중인 소모품 등을 말하고, 제품은 판매를 목적으로 제조한 생산품이며, 반제품은 자가제조한 중간제품을 말한다.

(11) 예술품 및 귀중품

예술품 및 귀중품이라 함은 개인이나 단체가 소장하고 있는 예술적, 문화적, 역사적 가치가 있는 회화그림, 골동품 유물 등과 금전적인 가치가 있는 귀금속, 보석류 등을 말한다. 현실적 사용가치보다는 주관적 판단이나 희소성에 의해 가치가 평가되는 물품은 별도로 피해액을 산정하는데 보석류 등의 귀중품을 포함한다.

(12) 동물 및 식물

동물 및 식물이라 함은 영리 또는 애완을 목적으로 기르고 있는 각종 가축류와 관상수, 분재, 산림수목, 과수목 등 사회에서 거래되거나 재산적 가치를 인정할 수 있는 것을 말한다. 다만, 화분은 가재도구 또는 영업용 집기비품으로 분류하고, 정원은 구축물로 분류한다.

(13) 임야의 임목

임야의 임목이라 함은 산림, 야산, 들판의 수목, 잡초 등으로 산과 들에서 자라고 있는 모든 것을 말하며 경작물의 피해까지 포함한다.

3 화재피해액 산정관련 용어 정의

(1) 현재가(시가)

피해물품과 같거나 비슷한 물품, 용도, 구조, 형식 시방능력을 가진 것을 재구입하는데 소요되는 금액에서 사용기간 손모 및 경과기간으로 인한 감가공제를 한 금액 또는 동일하거나 유사한 물품의 시중거래가격의 현재의 가액을 말한다.

$$현재가(시가) = 재구입비 - 감가수정액$$

(2) 재구입비

화재 당시의 피해 물품과 같거나 비슷한 것을 재건축(설계감리비를 포함한다) 또는 재취득하는 데 필요한 금액을 말한다.

(3) 소실면적

건물의 소실면적 산정은 소실 바닥면적으로 산정한다. 다만, 화재피해 범위가 건물의 6면 중 2면 이하인 경우에는 6면 중의 피해면적의 합에 5분의 1을 곱한 값을 소실면적으로 한다.

(4) 잔가율

화재 당시에 피해물의 재구입비에 대한 현재가의 비율을 말한다. 이는 화재 당시 피해물에 잔존하는 경제적 가치의 정도로서 피해물의 현재가치는 재구입비에서 사용기간에 따른 손모 및 경과기간으로 인한 감가액을 공제한 금액이 되므로 잔가율은 다음과 같다.

$$현재가(시가) = 재구입비 \times 잔가율$$
$$잔가율 = (재구입비 - 감가수정액)/재구입비$$
$$= 100\% - 감가수정률$$
$$= 1 - (1 - 최종잔가율) \times 경과연수/내용연수$$

(5) 내용연수(내구연한)

내용연수란 고정자산을 경제적으로 사용할 수 있는 연수를 말한다. 이는 사용의 필요에 따라 물리적 내용연수와 경제적 내용연수로 구분하는데, 물리적 내용연수는 고정자산을 정상적인 방법으로 관리했을 경우 기술적으로 이용가능할 것으로 예측되는 기간을 말하고, 경제적 내용연수는 고정자산의 사용가치 및 교환가치 등을 고려한 경제적으로 이용가능한 기간을 말한다. 통상적으로 물리적 내용연수에 비해 경제적 내용연수가 더 짧은 것이 보통이다.

화재피해액 산정에 있어서 보통 물리적 내용연수는 관심의 대상에서 제외되며, 실무상 피해액의 산정에는 경제적 내용연수를 적용하게 된다.

(6) 경과연수

피해물의 사고일 현재까지 경과기간을 말하는데, 건물의 경우 신축일로부터 하고, 기타 재산의 경우 구입일로부터 시작하여 사고일 현재까지의 경과한 기간을 의미한다. 경과연수는 년(年) 단위까지 반영하는 것을 원칙으로 하고, 년 단위의 반영이 불합리한 경우에는 월(月) 단위까지 반영할 수 있다.

(7) 최종잔가율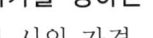

피해물의 경제적 내용연수가 다한 경우 <u>잔존하는 가치의 재구입비에 대한 비율</u>을 말한다. 고정자산에 있어서 피해물이 경제적 내용연수를 다했더라도 다른 용도로 사용될 수 있으므로 당해 피해물의 경제적 가치가 잔존하게 된다.

예를 들면, 차량의 경우 중고부품과 고철로 재활용될 수 있는데 이렇게 해당 피해물의 최종적인 잔존가치를 비율로 나타낸 것을 최종잔가율이라고 한다.

화재 등으로 인한 피해액 산정에 있어 최종잔가율은 현실을 감안하여 <u>건물, 부대설비, 구축물, 가재도구는 20%</u>로 하며, <u>그 외의 자산은 10%</u>로 정한다.

(8) 손해율

피해물의 종류, 손상상태 및 정도에 따라 피해액을 적정화시키는 일정한 비율을 말한다.

(9) 신축단가

화재피해 건물과 같거나 비슷한 규모, 구조, 용도, 재료, 시공방법 및 시공상태 등에 의해 새로운 건물을 신축했을 경우 <u>m^2당 단가</u>로서 한국감정원의 건물신축단가표를 기준으로 한다.

4 화재피해액 산정방법

(1) 현재시가를 정하는 방법

① 구입 시의 가격
② 구입 시의 가격에서 사용기간 감가액을 뺀 가격
③ 재구입 가격
④ 재구입 가격에서 사용기간 감가액을 뺀 가격

(2) 대상별 현재시가를 정하는 방법

구 분	대 상
구입 시의 가격	재고자산 즉 원재료, 부재료, 제품, 반제품, 저장품, 부산물 등
구입 시의 가격에서 사용기간 감가액을 뺀 가격	항공기 및 선박 등
재구입 가격	상품 등
재구입 가격에서 사용기간 감가액을 뺀 가격	건물, 구축물, 영업시설, 기계장치, 공구, 기구, 차량 및 운반구, 집기비품, 가재도구 등

(3) 손해액 또는 피해액을 산정하는 방법

복성식 평가법	• 사고로 인한 피해액을 산정하는 방법 • 재건축 또는 재취득하는 데 소요되는 비용에서 사용기간의 감가수정액을 공제하는 방법으로 부분적인 물적 피해액 산정에 널리 사용
매매사례 비교법	당해 피해물의 시중매매사례가 충분하여 유사매매사례를 비교하여 산정하는 방법으로서 차량, 예술품, 귀중품, 귀금속 등의 피해액 산정에 사용
수익환원법	• 피해물로 인해 장래에 얻을 수익액에서 당해 수익을 얻기 위해 지출되는 제반비용을 공제하는 방법에 의하는 방법 • 유실수 등에 있어 수확기간에 있는 경우에 사용 • 단, 유실수의 육성기간에 있는 경우에는 복성식평가법을 사용

① 화재피해액 산정은 <u>복성식평가법 사용을 원칙</u>으로 한다. 복성식평가법이 불합리하거나 매매사례비교법 또는 수익환원법이 오히려 합리적이고 타당하다고 판단된 경우에는 예외적으로 매매사례비교법 및 수익환원법을 사용하기로 한다.

② 현재시가 산정은 재구입(재건축 및 재취득) 가액에서 사용기간의 감가액을 공제하는 방식을 원칙으로 하되, 이 방법이 불합리하거나 다른 방법이 오히려 합리적이고 타당한 경우에는 예외적으로 구입 시 가격 또는 재구입 가격을 현재시가로 인정하기로 한다.

2 대상별 피해액 산정기준

(1) 건물피해액 산정

소실면적의 재건축비 × 잔가율 × 손해율
= 신축단가 × 소실면적 × [1-(0.8 × 경과연수/내용연수)] × 손해율

구 분		용 도	구 조	소실면적 (m^2)	신축단가 (m^2당, 천원)	경과연수	내용연수	잔가율 (%)	손해율 (%)	피해액 (천원)
구체적		용도 1								
		용도 2								
기 타		※ 산출과정을 서술									

① 소실면적 : 화재피해를 입은 건물의 <u>바닥면적으로 산정</u>한다. <u>2개 층 이상 피해를 입은 경우</u>에는 층별 <u>연면적을 합산</u>하여 산정한다. 화재피해 범위가 건물의 6면 중 2면 이하인 경우에는 6면의 피해면적 합에 5분의 1을 곱한 값을 소실면적으로 한다.

② 소실면적의 재건축비 : 소실면적에 신축단가를 곱한 금액으로 한다.

③ 잔가율 : <u>건물의 최종잔가율은 20%</u>이므로 잔가율은 [1-(0.8 × 경과연수/내용연수)]가 된다.

④ 경과연수 : 건축일은 건물의 사용승인일 또는 사용승인일이 불분명한 경우에는 실제 사용한 날부터 한다. 건물의 일부를 개축 또는 대수선한 경우에 있어서는 경과연수를 다음과 같이 수정하여 적용한다.

재설치비의 50% 미만을 개·보수한 경우	최초 설치연도를 기준으로 경과연수를 산정한다.
재설치비의 50~80%를 개·보수한 경우	최초 건축연도를 기준으로 한 경과연수와 개·보수한 때를 기준으로 한 경과연수를 합산 평균하여 경과연수를 산정한다.
재설치비의 80% 이상인 경우	개·보수한 때를 기준으로 하여 경과연수를 산정한다.

⑤ 건물의 소손 정도에 따른 손해율

화재로 인한 피해 정도	손해율(%)
주요 구조체의 재사용이 불가능한 경우(기초공사 제외)	90, 100
주요 구조체는 재사용이 가능하나, 기타 부분의 재사용이 불가능한 경우(공동주택, 호텔, 병원)	65
주요 구조체는 재사용이 가능하나, 기타 부분의 재사용이 불가능한 경우(일반주택, 사무실, 점포)	60
주요 구조체는 재사용이 가능하나, 기타 부분의 재사용이 불가능한 경우	55
천장, 벽, 바닥 등 내부 마감재 등이 소실된 경우	40
천장, 벽, 바닥 등 내부 마감재 등이 소실된 경우(공장, 창고)	35
지붕, 외벽 등 외부 마감재 등이 소실된 경우(나무구조 및 단열패널조 건물의 공장 및 창고)	25, 30
지붕, 외벽 등 외부 마감재 등이 소실된 경우	20
화재로 인한 수손 시 또는 그을음만 입은 경우	5, 10

바로바로 확인문제

일반주택에서 화재가 발생하여 전체 200m² 중 1층 60m²가 천장, 벽, 바닥 등 내부 마감재가 완전히 소실(손해율 40%)되었고, 2층 40m²가 그을음 피해를 입었다. 아래 기본현황을 참고하여 건물 화재피해액을 산정하시오. (단, 피해액은 소수점 첫째자리에서 반올림한다.)

〈기본현황〉
- 용도 및 구조 : 치장벽돌조 슬래브지붕 3급
- m²당 표준단가 : 913천원
- 내용연수 : 50년
- 경과연수 : 8년
- 손해율 : 그을음 피해 10% 적용

답안 건물 피해액 산정 : 신축단가×소실면적×[1-(0.8×경과연수/내용연수)]×손해율
- 1층 피해액
  913천원×60m²×[1-(0.8×8/50)]×40%=19,107천원
- 2층 피해액
  913천원×40m²×[1-(0.8×8/50)]×10%=3,185천원
  ∴ 총 피해액 : 19,107천원+3,185천원=22,292천원

(2) 특수한 경우의 건물 피해액 산정기준

① 문화재에 대한 피해액 산정 : 문화재로 지정되었거나 보존가치가 높은 건물의 경우에는 문화재 관계자 등 <u>전문가의 감정가격을 현재가</u>로 하여 피해액을 산정한다. 내용연수와 경과연수에 대한 감가공제는 하지 않는다.

② 철거건물에 대한 피해액 산정 : 퇴거 또는 철거가 예정된 건물에 있어서는 철거 예정일 이후의 사용·수익은 불가능한 것으로 보아야 하므로 <u>사고일로부터 철거일까지 기간을 잔여내용연수로</u> 보아 잔여내용연수 기간의 감가율에 최종잔가율 20%를 합한 비율을 당해 건물의 잔가율로 하여 피해액을 산정한다.

> 철거건물의 피해액 = 재건축비 × [0.2 + (0.8 × 잔여내용연수/내용연수)]

바로바로 확인문제

1년 후 철거가 예정된 주택에서 화재가 발생하여 거실 100m²가 소실되었다. 기본현황을 참고하여 철거건물 피해액 산정식에 의해 화재피해액을 산정하시오.

〈기본현황〉
- 구조 : 목조 한식 지붕틀 한식기와잇기 3급
- m²당 재건축비 : 760천원
- 내용연수 : 50년

답안 철거건물의 피해액 = 재건축비 × [0.2 + (0.8 × 잔여내용연수/내용연수)]
∴ 760천원 × 100m² × [0.2 + (0.8 × 1/50)] = 16,416천원

③ 모델하우스 등에 대한 피해액 산정 : 모델하우스 또는 가설건물 등 일정기간 존치하는 건물은 <u>실제 존치할 기간을 내용연수로 하여 피해액을 산정</u>한다. 이 경우 존치기간 종료일 현재의 최종잔가율은 20%이며, 내용연수 및 경과연수는 년 단위까지 산정한다.

바로바로 확인문제

신축한 지 3년이 경과된 모델하우스에서 불이 나 내부 마감재 등 85m²가 소실되었다. 이 모델하우스를 내년까지 사용할 계획이었다고 할 때 기본현황을 참고하여 화재피해액을 산정하시오. (단, 피해액은 소수점 첫째자리에서 반올림한다.)

〈기본현황〉
- 구조 : 목조 한식 목조지붕틀 대골슬레이트잇기 3급
- m²당 재건축비 : 614천원
- 손해율 : 40%

답안 신축단가 × 소실면적 × [1 − (0.8 × 경과연수/내용연수)] × 손해율을 적용한다. 내용연수는 건물이 실제 존치할 기간을 의미하므로 4년을 적용한다.
∴ 614천원 × 85m² × [1 − (0.8 × 3/4)] × 40% = 8,350천원

④ 복합구조 건물에 대한 피해액 산정 : 화재피해액 산정대상 건물이 <u>구조, 건축시기, 용도가 서로 다른 경우 각각의 연면적에 대한 내용연수와 경과연수를 고려한 잔가율을 산정한 후 합산평균한 잔가율을 적용하여 피해액을 산정</u>한다.
다만, 복합 구조, 용도, 증축 또는 개축한 부분이 건물 전체 연면적(증축 및 개축한 부분 포함한 면적)의 <u>20% 이하인 경우에는 주된 건물의 잔가율을 적용</u>한다.

확인문제

건축구조가 서로 다른 건물이 화재피해를 당했다. 다음 조건을 보고 표의 빈칸을 완성하고 평균잔가율(%)을 구하시오. (단, 가중치 및 평균잔가율은 소수점 첫째자리에서 반올림한다.)

〈조건〉
- 가중치는 잔가율에 면적을 곱한 값으로 구한다.
- 평균잔가율은 가중치 합계를 총 면적으로 나눈 값으로 구한다.

구 조	용 도	경과연수	내용연수	잔가율	면적(m²)	가중치
철근콘크리트조	점포	15년	50년		300	
벽돌조	여관	8년	50년		150	
계						
평균잔가율						

답안

구 조	용 도	경과연수	내용연수	잔가율	면적(m²)	가중치
철근콘크리트조	점포	15년	50년	76%	300	228
벽돌조	여관	8년	50년	87.2%	150	131
계					450	359
평균잔가율				359÷450=80%		

※ 잔가율=1-(0.8×경과연수/내용연수)

(3) 부대설비의 피해액 산정

단위당 표준단가 × 피해단위 × [1-(0.8×경과연수/내용연수)] × 손해율

구 분	설비 종류	소실면적 또는 소실단위	단가 (단위당, 천원)	재설비비	경과연수	내용연수	잔가율 (%)	손해율 (%)	피해액 (천원)
간이평가	설비 1								
	설비 2								
회계장부 원시건축비 구체적 수리비 기타	※ 산출과정을 서술									

① 부대설비 산정대상 : 전기설비 중 특수설비인 화재탐지설비, 방송설비, TV공시청설비, 피뢰침설비, DATA설비, H/A설비, 수변전설비, 발전설비, 전화교환대, 플로어덕트설비, System Box 설비, 주차관제설비 등과 위생·급배수·급탕설비, 냉난방설비, 소화설비, 자동제어설비, 승강기설비, 주차설비, 볼링장 영업시설물, Clean Room 설비 등

※ 건물에 기본적으로 포함된 전등, 전열설비, 전화설비 등은 부대설비 산정대상에서 제외한다.

② 간이평가방식 : 간이평가에 의한 부대설비 피해액은 다음과 같은 경우로 나누어 신축단가에 소실면적 및 설비종류별 재설비비율(다음 공식에 의한 5~20%)을 곱한 후 손해율을 곱하는 방식에 의해 산정한다.

㉠ 기본적 전기설비 외에 화재탐지설비·방송설비·TV공시청설비·피뢰침설비·DATA설비·H/A설비 등의 전기설비와 위생설비가 있는 경우
  = 소실면적의 재설비비 × 잔가율 × 손해율
  = 신축단가 × 소실면적 × 5% × [1−(0.8 × 경과연수/내용연수)] × 손해율

㉡ 위 전기설비 및 위생설비에 추가하여 난방설비가 있는 경우
  = 소실면적의 재설비비 × 잔가율 × 손해율
  = 신축단가 × 소실면적 × 10% × [1−(0.8 × 경과연수/내용연수)] × 손해율

㉢ 위 전기설비·위생설비·난방설비에 추가하여 소화설비 및 승강기설비가 있는 경우
  = 소실면적의 재설비비 × 잔가율 × 손해율
  = 신축단가 × 소실면적 × 15% × [1−(0.8 × 경과연수/내용연수)] × 손해율

㉣ 위 전기설비·위생설비·소화설비·승강기설비에 추가하여 냉난방설비 및 수변전설비가 있는 경우
  = 소실면적의 재설비비 × 잔가율 × 손해율
  = 신축단가 × 소실면적 × 20% × [1−(0.8 × 경과연수/내용연수)] × 손해율

확인문제

철근콘크리트조 7층 건물에서 화재가 발생하여 400m²에 수용된 전기설비와 위생설비가 소실되었다. 기본현황을 참고하여 간이평가방식으로 부대설비 피해액을 산정하시오. (단, 기타 조건은 무시하며, 피해액은 소수점 첫째자리에서 반올림한다.)

〈기본현황〉
- 구조 : 철근콘크리트조 슬래브지붕 3급
- m²당 표준단가 : 767천원
- 부대설비 재설비비 비율 : 5%
- 내용연수 : 75년
- 경과연수 : 5년
- 손해율 : 40%

답안 신축단가 × 소실면적 × 5% × [1−(0.8 × 경과연수/내용연수)] × 손해율
  ∴ 767천원 × 400m² × 5% × [1−(0.8 × 5/75)] × 40% = 5,809천원

③ 실질적·구체적 방식

부대설비 피해액(실질적·구체적 방식)
= 소실단위(면적, 개소 등)의 재설비비 × 잔가율 × 손해율
= 단위(면적, 개소 등)당 표준단가 × 피해단위 × [1−(0.8 × 경과연수/내용연수)] × 손해율

바로바로 확인문제

호텔에서 화재로 2층 및 3층에 설치된 P형 자동화재탐지설비가 단선되었고 옥내소화전 4개소와 스프링클러헤드 3개가 그을음 및 파손되는 피해가 발생하였다. 기본현황을 보고 실질적·구체적 방식에 의해 부대설비 피해액을 산출하시오. (단, 기타 조건은 무시하며, 피해액은 소수점 첫째자리에서 반올림한다.)

〈기본현황〉
- 구조 : 철근콘크리트조 슬래브지붕 4급
- m^2당 표준단가 : 918천원
- 소실면적 : 2층 및 3층 990m^2
- 내용연수 : 75년
- 경과연수 : 10년
- 손해율 : 옥내소화전(20%), 스프링클러설비(10%), 자동화재탐지설비(100%)
- P형 자동화재탐지설비 재설비비 : 1,920천원
- 옥내소화전 표준단가 : 4,000천원
- 스프링클러헤드 표준단가 : 170천원

답안
- P형 자동화재탐지설비 : 1,920천원×[1−(0.8×10/75)]×100%=1,715천원
- 옥내소화전 : 4개소×4,000천원×[1−(0.8×10/75)]×20%=2,859천원
- 스프링클러헤드 : 3개×170천원×[1−(0.8×10/75)]×10%=46천원
- ∴ 총 피해액 : 1,715천원+2,859천원+46천원=4,620천원

④ 수리비에 의한 방식 : 부대설비의 수리가 가능하고 그 수리비가 입증되는 경우에는 수리에 소요되는 금액에서 사용손모 및 경과연수에 대응한 감가공제를 한 금액으로 한다. 다만, 수리비가 부대설비 재설비비의 20% 미만인 경우에는 감가공제를 하지 아니한다.

부대설비 피해액(수리비에 의한 방식)=수리비×[1−(0.8×경과연수/내용연수)]

⑤ 부대설비의 소손 정도에 따른 손해율

화재로 인한 피해 정도	손해율(%)
주요 구조체의 재사용이 거의 불가능하게 된 경우	100
손해 정도가 상당히 심한 경우	60
손해 정도가 다소 심한 경우	40
손해 정도가 보통인 경우	20
손해 정도가 경미한 경우	10

(4) 구축물의 피해액 산정

단위당 표준단가×피해단위×[1−(0.8×경과연수/내용연수)]×손해율

구 분	설비 종류	소실면적 또는 소실단위	단가 (단위당, 천원)	재설비비	경과연수	내용연수	잔가율 (%)	손해율 (%)	피해액 (천원)
간이평가	설비 1								
	설비 2								
회계장부 원시건축비 구체적 수리비 기타	※ 산출과정을 서술								

① **간이평가방식** : 구축물의 재건축비 표준단가표의 단위당 표준단가에 소실단위를 곱한 금액을 피해액으로 간이평가방법으로 산정한다.

> 구축물 피해액(간이평가방식)
> = 소실단위(길이·면적·체적)의 재건축비×잔가율×손해율
> = 단위(m, m², m³)당 표준단가×소실단위×[1−(0.8×경과연수/내용연수)]×손해율

확인문제

지하공동구에서 전기합선으로 화재가 발생하여 450m²가 소손되었다. 기본현황을 참고하여 간이평가방식에 의해 구축물의 피해액을 산정하시오. (단, 기타 조건은 무시하며, 피해액은 소수점 첫째자리에서 반올림한다.)

> 〈기본현황〉
> • 구조 : 철근콘크리트조 지하구축물
> • m²당 표준단가 : 320천원
> • 소실면적 : 450m²
> • 내용연수 : 75년
> • 경과연수 : 5년
> • 손해율 : 40%

답안 320천원×450m²×[1−(0.8×5/75)]×40%=54,528천원

② **회계장부에 의한 방식** : 구축물은 그 종류가 다양할 뿐만 아니라 구조, 규모, 재료, 질, 시공방법 등이 일률적이지 아니하여 실질적·구체적 방식에 의한 피해액 산정이 쉽지 않으므로, 구축물의 사고 당시 현재가액이 회계장부에 의해 확인가능한 경우에는 회계장부상의 구축물가액에 손해 정도에 따른 손해율을 곱한 금액을 해당 구축물의 피해액으로 산정한다.

> 구축물 피해액(회계장부에 의한 방식)
> = 소실단위(길이·면적·체적)의 현재가액×손해율
> = 소실단위의 회계장부상 구축물가액×손해율

다만, 회계장부상 구축물의 현재가액을 화재피해액으로 산정하는 경우, 회계장부상 구축물의 현재가액에는 사용손모 또는 경과연수에 대응한 감가공제가 이미 이루어진 상태이므로, 다시 감가공제를 하지 않는다.

③ 원시건축비에 의한 방식 : 구축물은 그 종류, 구조, 용도, 규모, 재료, 질, 시공방법 등이 다양하므로 일률적으로 재건축비를 산정하기 어려운 면이 있으나, 대규모 구축물의 경우 설계도 및 시방서 등에 의해 최초건축비의 확인이 가능하므로 최초건축비에 경과연수별 물가상승률을 곱하여 재건축비를 구한 후 사용손모 및 경과연수에 대응한 감가공제하는 방식에 의해 구축물의 화재로 인한 피해액을 산정할 수 있다.

> 구축물 피해액(원시건축비에 의한 방식)
> = 소실단위(길이·면적·체적)의 재건축비 × 잔가율 × 손해율
> = 소실단위의 원시건축비 × 물가상승률 × [1−(0.8 × 경과연수/내용연수)] × 손해율

바로바로 확인문제

지방자치단체에서 공원에 설치한 이동식 화장실에서 화재가 발생하였다. 관계자를 통해 확인한 결과 이동식 화장실은 4년 전에 설치된 것으로 조사되었다. 아래 기본현황을 보고 구축물에 대한 피해액을 원시건축비에 의한 방식으로 산정하시오. (단, 기타 조건은 무시하며, 피해액은 소수점 첫째자리에서 반올림한다.)

〈기본현황〉
- 구조 : 조립식 이동식 화장실
- 원시건축비 : 250천원
- 물가상승률 : 113%
- 내용연수 : 50년
- 경과연수 : 4년
- 손해율 : 60%

답안 250천원 × 113% × [1−(0.8 × 4/50)] × 60% = 159천원

④ 수리비에 의한 방식

> 구축물 피해액(수리비에 의한 방식) = 수리비 × [1−(0.8 × 경과연수/내용연수)]

⑤ 구축물의 소손 정도에 따른 손해율

화재로 인한 피해 정도	손해율(%)
주요 구조체의 재사용이 불가능한 경우(기초공사 제외)	90, 100
주요 구조체는 재사용이 가능하나 기타 부분의 재사용이 불가능한 경우(공동주택, 호텔, 병원)	65
주요 구조체는 재사용이 가능하나 기타 부분의 재사용이 불가능한 경우(일반주택, 사무실, 점포)	60

화재로 인한 피해 정도	손해율(%)
주요 구조체는 재사용이 가능하나 기타 부분의 재사용이 불가능한 경우(공장, 창고)	55
천장, 벽, 바닥 등 내부 마감재 등이 소실된 경우	40
천장, 벽, 바닥 등 내부 마감재 등이 소실된 경우(공장, 창고)	35
지붕, 외벽 등 외부 마감재 등이 소실된 경우(나무구조 및 단열패널조 건물의 공장 및 창고)	25, 30
지붕, 외벽 등 외부 마감재 등이 소실된 경우	20
화재로 인한 수손 시 또는 그을음만 입은 경우	5, 10

(5) 영업시설의 피해액 산정

m^2당 표준단가 × 소실면적 × [1−(0.9 × 경과연수/내용연수)] × 손해율

구 분	업 종	소실면적 (m^2)	단가 (m^2당, 천원)	재시설비	경과연수	내용연수	잔가율 (%)	손해율 (%)	피해액 (천원)
간이 평가									
수리비 기타	※ 산출과정을 서술									

① 간이평가방식

> 영업시설 피해액(간이평가방식)
> = 소실면적의 재시설비 × 잔가율 × 손해율
> = m^2당 표준단가 × 소실면적 × [1−(0.9 × 경과연수/내용연수)] × 손해율

확인문제

10년 된 철근콘크리트조 슬래브지붕 5층 건물의 2층 다방에서 화재가 발생하여 천장, 벽, 바닥 등 내부 마감재가 소실되었고, 3층 태권도학원의 내부 수용물이 소실되었다. 기본현황을 참고하여 영업시설의 피해액을 산정하시오. (단, 기타 조건은 무시하고, 피해액은 소수점 첫째자리에서 반올림한다.)

〈기본현황〉
- 구조 : 철근콘크리트 슬래브지붕 5급
- m^2당 표준단가 : 다방(375천원), 태권도학원(250천원)
- 소실면적 : 2층 조명시설 등(120m^2), 3층 내부 마감재 등(180m^2)
- 내용연수 : 다방(6년), 태권도학원(8년)
- 경과연수 : 다방(5년), 태권도학원(4년)
- 손해율 : 다방(60%), 태권도학원(40%)
- 다방은 2년 전 5천만원을 들여 내부시설의 80%를 개·보수하였다.

> **답안** m²당 표준단가×소실면적×[1-(0.9×경과연수/내용연수)]×손해율
> - 다방 영업시설의 피해액 산정
>   375천원×120m²×[1-(0.9×2/6)]×60%=18,900천원
>   ※ 다방의 실제 경과연수는 5년이지만 2년 전에 재건축비의 80% 이상을 개·보수하였으므로 개·보수한 때를 기준으로 경과연수를 적용하면 2년이다.
> - 태권도학원 영업시설의 피해액 산정
>   250천원×180m²×[1-(0.9×4/8)]×40%=9,900천원
> ∴ 영업시설 피해액 합계 : 18,900천원+9,900천원=28,800천원

② 수리비에 의한 방식

> 영업시설 피해액(수리비에 의한 방식)= 수리비×[1-(0.9×경과연수/내용연수)]

영업시설의 피해액 산정에 있어 영업시설의 수리가 가능하고 그 수리비가 입증되는 경우에는 수리에 소요되는 금액에서 사용손모 및 경과연수에 대응한 감가공제를 한 금액으로 한다. 다만, 수리비가 재시설비의 20% 미만인 경우에는 감가공제를 하지 아니한다.

③ 영업시설의 소손 정도에 따른 손해율

화재로 인한 피해 정도	손해율(%)
불에 타거나 변형되고 그을음과 수침 정도가 심한 경우	100
손상 정도가 다소 심하여 상당부분 교체 내지 수리가 필요한 경우	60
시설의 일부를 교체 또는 수리하거나 도장 내지 도배가 필요한 경우	40
부분적인 소손 및 오염의 경우	20
세척 내지 청소만 필요한 경우	10

(6) 기계장치의 피해액 산정

재구입비×[1-(0.9×경과연수/내용연수)]×손해율

구 분	설비 종류	규격·형식	재구입비	수 량	경과연수	내용연수	잔가율(%)	손해율(%)	피해액(천원)
구체적	품명 1								
	품명 2								
회계장부 감정평가서 수리비 간이평가 기타	※ 산출과정을 서술								

① 실질적 · 구체적 방식

> 기계장치 피해액(실질적 · 구체적 방식)
> = 재구입비 × 잔가율 × 손해율
> = 재구입비 × [1−(0.9 × 경과연수/내용연수)] × 손해율

기계장치는 실질적 · 구체적 방식에 의한 재구입비의 확인이 아주 까다롭고 곤란하다. 기계의 종류가 워낙 다양하고 같은 기계라도 제조회사, 구조, 형식, 능력 등에 따라 가격 또한 달라질 수 있어 포괄적인 시장가격 판정 자체가 곤란한 경우가 많기 때문이다. 따라서 기계장치는 개개의 기계마다 각각의 개별적 조건을 고려하여 재구입비 등을 확인하여야 한다. 개별 기계장치의 재구입비 확인이 곤란한 경우 추정방식에 의할 수도 있다.

㉠ 시중거래가격 파악에 의한 재구입비 : 먼저 화재피해액 산정대상 기계의 기종, 용도, 제작회사, 형식, 시방능력과 구입 당시의 가격 등을 기계대장 또는 고정자산대장 등에 의해 확인한 후 당해 기계의 제조회사나 판매회사 또는 해당 조합이나 협회 등의 관련단체에 거래가격 등을 조회 또는 대조하여 재구입비를 구한다.

㉡ 추정방식에 의한 재구입비 : 화재피해액 산정대상 기계의 시중거래(구입)가격 파악이 곤란한 경우에는 추정방식에 의해 재구입비를 구한다.
  - 유사품에 의한 추정 : 화재피해액 산정대상 기계와 구조, 형식, 시방능력 등이 비교적 유사한 다른 기계의 거래(구입)가격을 참고하여 해당 기계의 재구입비를 산정하는 방식이다. 예컨대, 동일 기종, 동일 회사 제품인 다이캐스팅 기계의 형체 능력이 3톤과 5톤인 기계의 거래(구입)가격을 안다면 이를 근거로 10톤인 기계의 구입가격을 추정하는 것이다.
  - 단위능력당 가격에 의한 추정 : 화재피해액 산정대상 기계의 출력수, 작업능력 등 일정단위당 시장거래가격이 형성되는 기계의 경우에 있어서는 해당 기계의 단위능력을 조사 · 확인하여 이에 시장거래가격을 곱한 금액으로 재구입비를 추정하는 방식이다. 이는 기계당 100만원 미만의 소액기계 또는 공구 및 기구류에 적용할 수 있는 방법으로 고정자산대장에 기재되지 아니한 경우에 있어 유용한 방법이 된다.

② 감정평가서에 의한 방식

> 기계장치 피해액(감정평가서에 의한 방식) = 감정평가서상의 현재가액 × 손해율

③ 회계장부에 의한 방식

> 기계장치 피해액(회계장부에 의한 방식) = 회계장부상의 현재가액 × 손해율

④ 수리비에 의한 방식

> 기계장치 피해액(수리비에 의한 방식)=수리비×[1-(0.9×경과연수/내용연수)]

⑤ 기계장치 피해액 산정요인
   ㉠ 잔가율 : 잔가율이란 화재 당시 기계장치에 잔존하는 가치의 정도를 말하고, 이는 당해 기계장치의 현재가치의 재구입비에 대한 비율로 표시되며, 기계장치의 현재가치는 재구입비에서 사용손모 및 경과기간으로 인한 감가액을 공제한 금액이 되므로 잔가율은 [1-(1-최종잔가율)×경과연수/내용연수]가 된다. 따라서 기계장치의 최종잔가율은 10%이므로, 이를 위 식에 반영하면 기계장치의 잔가율은 [1-(0.9×경과연수/내용연수)]가 된다. 다만, 기계장치의 잔가율은 실질적·구체적 방식에 의한 기계장치의 피해액을 산정하는데 필요하며, 감정평가서 또는 회계장부에 의해 피해액을 산정하는 경우에는 이미 사용손모 및 경과연수에 대응한 감가공제가 이루어진 상태이므로, 다시 감가공제를 할 필요가 없다. 기계장치의 내용연수 경과로 잔가율이 10% 이하가 되는 경우라 하더라도 현재 생산계열 중에 가동되고 있는 경우, 그 잔가율은 10%로 하며, 운전사용조건 또는 유지관리조건이 양호하거나 개조 또는 대수리한 기계에 있어서는 그 실태에 따라 잔가율을 30% 초과 50% 이하의 범위로 수정할 수 있다.
   ㉡ 내용연수 : 기계장치의 내용연수는 소방청 화재피해액 산정 매뉴얼의 [별표 6] 기계 시가조사표에 따른다. 이는 조달청 고시 제2008-7호의 내용연수를 적용한 것이다.
   ㉢ 경과연수 : 화재피해 대상 기계장치의 제작일로부터 사고일 현재까지 경과한 연수이다. 화재피해액 산정에 있어서는 년 단위까지 산정하는 것을 원칙으로 하며(이 경우 년 미만 기간은 버린다), 년 단위로 산정하는 것이 불합리한 결과를 초래하는 경우에는 월 단위까지 산정할 수 있다(이 경우 월 미만 기간은 버린다). 중고구입기계로서 기계장치의 제작일을 알 수 없는 경우에는 별도의 피해액 산정방법에 따른다.

⑥ 기계장치의 소손 정도에 따른 손해율

화재로 인한 피해 정도	손해율(%)
Frame 및 주요 부품이 소손되고 굴곡 변형되어 수리가 불가능한 경우	100
Frame 및 주요 부품을 수리하여 재사용이 가능하나 소손 정도가 심한 경우	50~60
화염의 영향을 받아 주요 부품이 아닌 일반 부품 교체와 그을음 및 수침오염 정도가 심하여 전반적으로 점검이 필요한 경우	30~40
화염의 영향을 다소 적게 받았으나 그을음 및 수침오염 정도가 심하여 일부 부품교체와 분해조립이 필요한 경우	10~20
그을음 및 수침오염 정도가 경미한 경우	5

(7) 공구·기구의 피해액 산정

재구입비×[1-(0.9×경과연수/내용연수)]×손해율

구 분	설비 종류	규격·형식	재구입비	수 량	경과연수	내용연수	잔가율 (%)	손해율 (%)	피해액 (천원)
구체적	품명 1								
	품명 2								
회계장부 감정평가서 수리비 간이평가 기타	※ 산출과정을 서술									

① 실질적·구체적 방식

> 공구·기구 피해액(실질적·구체적 방식)
> = 재구입비×잔가율×손해율
> = 재구입비×[1-(0.9×경과연수/내용연수)]×손해율

② 회계장부에 의한 방식

> 공구·기구 피해액(회계장부에 의한 방식)
> = 회계장부상의 현재가액×손해율

③ 수리비에 의한 방식

> 공구·기구 피해액(수리비에 의한 방식)
> = 수리비×[1-(0.9×경과연수/내용연수)]

④ 공구·기구의 피해액 산정요인
  ㉠ 잔가율 : 공구·기구의 피해액을 산정함에 있어 개개의 공구·기구를 개별적으로 하나씩 피해액을 산정하는 경우에는 각각의 공구·기구 별로 경과연수와 내용연수를 구해 잔가율을 산정하는 원칙적인 방법에 의한다. 그리고 일정면적에 수용된 공구·기구를 일괄하여 피해액을 산정하는 경우에는 전체 공구·기구의 잔가율을 일괄적으로 정하여 적용하는 간이방법에 의한다.
   • 개별적용의 경우 : 잔가율이란 화재 당시 공구·기구에 잔존하는 가치의 정도를 말하고, 이는 당해 공구·기구의 현재가치의 재구입비에 대한 비율로 표시되며, 공구·기구의 현재가치는 재구입비에서 사용손모 및 경과기간으로 인한 감가액을 공제한 금액이 되므로 잔가율은 1-(1-최종잔가율)×경과연수/내용연수가 된다. 따라서 <u>공구·기구의 최종잔가율은 10%</u>이므로 이를 위 식에 반영하면 공구·기구의 잔가율은 [1-(0.9×경과연수/내용연수)]가 된다.

- 일괄적용의 경우 : 화재피해액 산정대상 공구·기구의 종류 등이 여러 가지이고, 개별 공구·기구의 구입시기에 대한 조사나 확인이 곤란한 경우 전체 공구·기구를 일괄하여 재구입비의 50%를 잔가율로 할 수 있다.

  공구·기구는 소액인 경우가 많아 개별 구입시기 등이 확인되지 않는 경우가 많고, 또한 수시로 교체되는 것이 현실이므로, 개개 공구·기구의 신진대체에 따른 효용지속성을 고려할 경우 공구·기구 전체의 재구입비를 구한 후 일률적인 잔가율을 적용하더라도 피해액 산정에 크게 무리가 없다. 다만, 주형 및 금형, 지형, 목형, 필름 등 특주품은 일반적으로 취득 및 제작 연월의 부정확성과 업종 또는 기업에 따라 사용빈도가 일정하지 않는 점, 진부화된 제외품의 보관문제, 개개의 추후재활용도가 미지수인 점 등을 고려하여 잔가율을 10%로 간주하여도 무방하다.

  ⓒ 내용연수 : 공구·기구의 피해액을 산정함에 있어 공구·기구 하나하나에 대하여 개별적으로 피해액을 산정하는 경우에는 잔가율 산정을 위해 내용연수의 확인이 필요하며, 잔가율을 일괄적용하는 경우에는 내용연수는 필요하지 않다.

  ⓒ 경과연수 : 공구·기구의 피해액을 산정함에 있어 공구·기구 하나하나에 대하여 개별적으로 피해액을 산정하는 경우에는 잔가율 산정을 위해 경과연수의 확인이 필요하며, 잔가율을 일괄적용하는 경우에는 경과연수는 필요하지 않다.

⑤ 공구·기구의 소손 정도에 따른 손해율

화재로 인한 피해 정도	손해율(%)
50% 이상 소손되고 그을음 및 수침오염 정도가 심한 경우	100
손해 정도가 다소 심한 경우	50
손해 정도가 보통인 경우	30
오염·수침손의 경우	10

(8) 집기비품의 피해액 산정

재구입비 × [1−(0.9 × 경과연수/내용연수)] × 손해율

구 분	설비 종류	규격·형식	재구입비	수 량	경과연수	내용연수	잔가율(%)	손해율(%)	피해액(천원)
구체적	품명 1								
	품명 2								
회계장부 감정평가서 수리비 간이평가 기타		※ 산출과정을 서술							

① 실질적 · 구체적 방식

> 집기비품 피해액(실질적 · 구체적 방식)
> = 재구입비 × 잔가율 × 손해율
> = 재구입비 × [1 − (0.9 × 경과연수/내용연수)] × 손해율

② 간이평가방식

> 집기비품 피해액(간이평가방식)
> = 재구입비 × 잔가율 × 손해율
> = m^2당 표준단가 × 소실면적 × [1 − (0.9 × 경과연수/내용연수)] × 손해율

③ 회계장부에 의한 방식

> 집기비품 피해액(회계장부에 의한 방식)
> = 회계장부상의 현재가액 × 손해율

④ 수리비에 의한 방식

> 집기비품 피해액(수리비에 의한 방식)
> = 수리비 × [1 − (0.9 × 경과연수/내용연수)]

⑤ 집기비품의 피해액 산정요인
  ㉠ 잔가율 : 집기비품의 피해액을 산정함에 있어 개개의 집기비품을 하나씩 개별적으로 피해액을 산정하는 경우에는 각각의 집기비품별로 경과연수와 내용연수를 구해 잔가율을 산정하는 원칙적인 방법에 의하고, 일정면적에 수용된 집기비품을 일괄하여 피해액을 산정하는 경우에는 전체 집기비품의 잔가율을 일괄적용하는 간이방법에 의한다.
    • 개별적용의 경우 : 잔가율이란 당해 집기비품에 잔존하는 가치의 정도를 말하고, 이는 당해 집기비품의 현재가치의 재구입비에 대한 비율로 표시되며, 집기비품의 현재가치는 재구입비에서 사용손모 및 경과기간으로 인한 감가액을 공제한 금액이 되므로, 잔가율은 1−(1−최종잔가율) × 경과연수/내용연수가 된다. 따라서 <u>집기비품의 최종잔가율은 10%</u>이므로, 이를 위 식에 반영하면 집기비품의 잔가율은 [1−(0.9 × 경과연수/내용연수)]가 된다.
    • 일괄적용의 경우 : 화재피해액 산정대상 집기비품의 품목이 여러 가지이고 수량 또한 다량이며 그 구입시기가 저마다 다르거나 아예 확인이 어려운 경우 등에 있어서는 <u>집기비품을 일괄하여 잔가율을 50%로 할 수 있다.</u>
  ㉡ 내용연수 : 집기비품의 피해액을 산정함에 있어 집기비품 하나하나에 대하여 개별적으로 피해액을 산정하는 경우에는 잔가율 산정을 위해 내용연수의 확인이

필요하며, 잔가율을 일괄적용하는 경우에는 내용연수는 필요하지 않다.
ⓒ 경과연수 : 집기비품의 피해액을 산정함에 있어 집기비품 하나하나에 대하여 개별적으로 피해액을 산정하는 경우에는 잔가율 산정을 위해 경과연수의 확인이 필요하며, 잔가율을 일괄적용하는 경우에는 경과연수는 필요하지 않다.

⑥ 특수한 경우의 집기비품 피해액 산정
  ㉠ 중고 집기비품으로서 제작연도를 알 수 없는 경우 : 집기비품의 상태에 따라 신품 재구입비의 30~50%를 당해 재구입비로 하여 피해액을 산정한다.
  ㉡ 중고품 가격이 신품 가격보다 비싼 경우 : 신품 가격을 재구입비로 하여 피해액을 산정한다.
  ㉢ 중고품 가격이 신품 가격에서 감가공제를 한 금액보다 낮을 경우 : 중고품 가격을 재구입비로 하여 피해액을 산정한다.

⑦ 집기비품의 소손 정도에 따른 손해율

화재로 인한 피해 정도	손해율(%)
50% 이상 소손되거나, 수침오염 정도가 심한 경우	100
손해 정도가 다소 심한 경우	50
손해 정도가 보통인 경우	30
오염·수침손의 경우	10

(9) 가재도구의 피해액 산정
재구입비×[1-(0.8×경과연수/내용연수)]×손해율

구 분	설비 종류	규격·형식	재구입비	수 량	경과연수	내용연수	잔가율(%)	손해율(%)	피해액(천원)
구체적	품명 1								
	품명 2								
수리비 기타		※ 산출과정을 서술							

① 실질적·구체적 방식

> 가재도구 피해액(실질적·구체적 방식)
> = 재구입비×잔가율×손해율
> = 재구입비×[1-(0.8×경과연수/내용연수)]×손해율

② 간이평가방식

> 가재도구 피해액(간이평가방식)
> =[(주택 종류별·상태별 기준액×가중치)+(주택면적별 기준액×가중치)
> +(거주인원별 기준액×가중치)+(주택가격(m²당)별 기준액×가중치)]×손해율

구 분	주택종류		주택면적		거주인원		주택가격(m²당)		손해율	피해액(천원)
	기준액(천원)	가중치	기준액(천원)	가중치	기준액(천원)	가중치	기준액(천원)	가중치		
간이평가		10%		30%		20%		40%		

가재도구는 다종다양한 물품으로 구성되는 것이 사실이나 가재 상호간에는 어떤 균형이 있고, 특별한 경우를 제외하고는 가족인원, 생활수준, 취미, 기호, 주택종류 및 규모, 지역적 관습 등이 동일할 경우 대동소이하게 구성되어 있다. 그러므로 간이평가방식에서는 가재도구 구성에 관련되는 요소 중 영향이 큰 요인인 **주택종류, 주택면적, 거주인원, 주택가격(m²당)의 4가지 요인을 조사하여 약식에 의해 피해액을 산정하는 방식을 취한다.**

간이방식에 의한 가재도구의 피해액은 평가항목별 기준액에 가중치를 곱한 후 모두 합산한 금액으로 한다. 가재도구의 평가항목별 기준액 및 가중치는 다음과 같다.

┃주택 종류별·상태별 기준액┃

(단위 : 천원)

주택종류	상 태	기준액	주택종류	상 태	기준액
아파트	상	33,801	일반주택 (다가구주택 등)	상	28,887
	중	21,125		중	15,204
	하	14,788		하	9,637
기타 공동주택 (연립주택 등)	상	28,490	기타 주택	상	20,669
	중	17,806		중	14,763
	하	10,684		하	10,335

[비고] 주택의 상태 중 '상', '중', '하'는 가재의 수량 및 가재의 가격 등을 참고하여 정한다.

┃주택 면적별·상태별 기준액┃

(단위 : 천원)

주택종류	상 태	기준액	주택종류	기준액
49.6m²(15평) 미만	상	13,270	132.2m²(40평) 이상~ 148.8m²(45평) 미만	28,696
	중	12,520		
	하	8,764	148.8m²(45평) 이상~ 165.3m²(50평) 미만	33,000
49.6m²(15평) 이상~ 82.6m²(25평) 미만	상	22,252	165.3m²(50평) 이상~ 198.3m²(60평) 미만	40,174
	중	14,835		
	하	14,093	198.3m²(60평) 이상~ 231.4m²(70평) 미만	47,349
82.6m²(25평) 이상~ 115.7m²(35평) 미만	상	20,841		
	중	17,367	231.4m²(70평) 이상~ 264.5m²(80평) 미만	54,522
	하	16,499		
115.7m²(35평) 이상~ 132.2m²(40평) 미만		24,392	264.5m²(80평) 이상	63,130

| 거주인원별 기준액 |
(단위 : 천원)

거주인원	2인 이하	3~4인	5인	6인 이상
기준액	12,268	16,196	22,166	22,954

| 주택가격(m^2당 기준시가)별 기준액 |
(단위 : 천원)

주택가격(m^2당)	기준액	주택가격(m^2당)	기준액
100만원 미만	10,679	500만원 이상~600만원 미만	37,524
100만원 이상~200만원 미만	15,022	600만원 이상~700만원 미만	43,371
200만원 이상~300만원 미만	20,765	700만원 이상~800만원 미만	50,217
300만원이상~400만원 미만	25,247	800만원 이상	56,494
400만원이상~500만원 미만	31,386		

[비고] 주택가격은 화재피해 건물의 주택가격을 평가하기 위한 것이 아니라 건물에 있었던 가재도구의 가격을 판단하기 위한 것으로 소득 정도를 추정하기 위한 요인이므로 피해주택 또는 인근지역 공동주택의 m^2당 평균가격을 확인하여 적용한다.

| 항목별 가중치 |

항 목	주택종류	주택면적	거주인원	주택가격(m^2당)
가중치(%)	10	30	20	40

③ 수리비에 의한 방식

> 가재도구 피해액(수리비에 의한 방식)= 수리비×[1-(0.8×경과연수/내용연수)]

④ 가재도구의 피해액 산정요인
  ㉠ 잔가율 : 가재도구의 피해액 산정에 있어서도 재구입비에서 사용손모 및 경과연수에 상응한 감가공제를 해야 한다. 그런데 가재도구는 그 종류 등이 아주 다양하기 때문에 개개의 품목별로 감가공제를 하는 것은 아주 복잡하고 번거로워 일괄적·포괄적 감가공제를 하는 방법을 생각할 수 있는데, 신혼가정 등 특별한 경우를 제외하고는 전체 가재도구 재구입비의 50% 정도를 감가공제 하더라도 개별적 품목에 의한 공제의 경우와 별다른 차이를 보이지 아니하므로, 가재도구의 피해액 산정에 있어 잔가율을 <u>일괄적·포괄적 기준을 적용하여 50%로 한다</u>. 다만, 가재도구 피해액을 개별 품목별로 산정하는 경우에는 가재도구의 최종잔가율은 20%이므로, [1-(0.8×경과연수/내용연수)]의 식에 의해 잔가율을 산정한다.
  ㉡ 내용연수 : 실질적·구체적 방식에 의해 가재도구의 피해액을 산정하고, 잔가율의 적용에 있어 일괄적·포괄적 적용을 하는 경우가 아닌 개별적 적용을 하는 경우에 있어 가재도구의 내용연수가 필요하다. 가재도구의 내용연수는 소방청 화재피

해액 산정 매뉴얼의 [별표 8] 집기비품 및 가재도구 시가조사표에 의한다.
ⓒ 경과연수 : 실질적·구체적 방식에 의해 가재도구의 피해액을 산정하고, 잔가율의 적용에 있어 일괄적·포괄적 적용을 하는 경우가 아닌 개별적 적용을 하는 경우에 있어 가재도구의 경과연수가 필요하다.
⑤ 가재도구의 소손 정도에 따른 손해율

화재로 인한 피해 정도	손해율(%)
50% 이상 소손 되고 수침오염 정도가 심한 경우	100
손해 정도가 다소 심한 경우	50
손해 정도가 보통인 경우	30
오염·수침손의 경우	10

(10) 차량 및 운반구의 피해액 산정

화재로 인한 자동차의 피해액 산정은 <u>전부손해의 경우 시중매매가격으로 하며</u> 전부손해가 아닌 경우 수리비로 한다.

> 차량 및 운반구의 피해액= 시중매매가격(동일하거나 유사한 자동차의 '중' 가격)

① 차량
  ㉠ 원동기를 사용해서 육상을 이동하는 것을 목적으로 제작된 용구이며, 자동차, 기차, 전차 및 원동기가 부착된 자동차를 말하고, 등록의 유무는 상관없으나, 완구 혹은 놀이기구용 또는 오로지 경기용으로 제공된 것을 포함하지 않는다.
  ㉡ 차량에 의해 견인되는 목적으로 만들어진 차 및 차량에 의해 견인되고 있는 리어카, 그 외의 경차량을 포함한다.
② 선박
  ㉠ 선박이라는 것은 독행기능을 가지는 범선, 기선과 입선 및 독행기능을 가지지 않는 주거선, 창고선, 거룻배(등록, 엔진등재의 유무는 관계없다) 등을 말하나 <u>미취항의 것으로 육상에 있는 것은 선박이 아니다.</u>
  ㉡ 수리 등을 위해 육상에 일시적으로 있는 선박이나 독행기능을 가지는 선박에 의해 끌어진 물건에 화재가 발생했을 경우에도 선박화재에 속한다.
③ 기타 운반구의 피해액 산정기준 : 항공기, 선박, 철도차량, 특수작업용 차량, 시중매매가격이 확인되지 아니하는 자동차에 대해서는 다음과 같은 기준을 적용한다.
  ㉠ 감정평가서가 있는 경우 감정평가서상의 현재가액에 손해율을 곱한 금액을 화재로 인한 피해액으로 한다.
  ㉡ 감정평가서가 없는 경우 회계장부상의 현재가액에 손해율을 곱한 금액을 화재로 인한 피해액으로 한다.
  ㉢ 감정평가서와 회계장부 모두 없는 경우에는 제조회사, 판매회사, 조합 또는 협회

등에 조회하여 구입가격 또는 시중거래가격을 확인하여 피해액을 산정한다. 다만, 수리가 가능한 경우에는 수리비에 감가공제를 한 금액을 피해액으로 한다.

시중매매가격이 확인되지 않는 운반구 (감정평가서가 있는 경우)	감정평가서상의 현재가액×손해율
시중매매가격이 확인되지 않는 운반구 (감정평가서가 없는 경우)	회계장부상의 현재가액×손해율
시중매매가격이 확인되지 않는 운반구 (감정평가서와 회계장부가 없는 경우)	제조회사, 판매회사, 조합 또는 협회 등에 조회하여 구입가격 또는 시중거래가격을 확인하여 피해액을 산정
수리가 가능한 경우	수리비에 감가공제한 금액

※ 현재가액이란 구입 시의 가격에서 사용기간 감가액을 뺀 가격을 말한다.

④ 손해율 : 차량 및 운반구의 부품 중 손실 시 차량 및 운반구로서의 기능이 상실되는 부분(예 엔진 등 주요 부품)이 훼손되었을 때는 100% 손해율로 산정한다.

(11) 재고자산의 피해액 산정

회계장부상의 현재가액×손해율

구 분	품 명	연간매출액	재고자산 회전율	가격 (천원)	수 량	손해율 (%)	피해액 (천원)
회계장부							
기타(추정)	※ 산출과정을 서술							

재고자산이라 함은 상품, 저장품, 제품, 반제품, 재공품, 원재료, 부재료, 부산물 등을 말한다. 이들 재고자산은 현재가액이 화재로 인한 피해액이 된다.

① 회계장부에 의한 방식

재고자산 피해액(회계장부에 의한 방식)=회계장부상의 현재가액×손해율

② 추정에 의한 방식

재고자산 피해액(추정에 의한 방식)=연간매출액÷재고자산 회전율×손해율

회계장부 등에 의해 재고자산의 현재가액이 확인되지 아니하는 경우 화재피해 대상업체의 매출액에 의해 화재 당시의 재고자산을 추정하여 피해액을 산정하는 방식으로 매출액을 업종별 재고자산 회전율로 나눈 후 손해율을 곱한 금액이 재고자산의 피해액이 된다.

③ 재고자산의 손해율 : 재고자산은 다소 경미한 오염(연기 또는 냄새 등이 포장지 안으로 스며든 경우 등)이나 소손 등에 대해서도 <u>100%의 손해율을 적용해야 하는 경우</u>가 있다. 재고자산은 상품, 반제품, 원재료, 부재료 등으로서 그을음손 또는 수손

등의 사소한 오염에 의해서도 폐기해야 하거나(식품류의 경우 등), 상품으로서 가치를 상실하는 경우가 많기 때문이다. 따라서 화재피해조사관으로서는 피해물의 품목, 용도, 손상상태, 손상 정도, 재사용 가능여부 등을 확인하여 적절한 손해율을 적용하도록 노력해야 한다.

다만, 경미한 손상이나 오염에 의해 100%의 손해율을 적용하는 경우, 당해 재고자산의 잔존가치가 있는지 여부 및 처분 또는 매각 등이 가능한지 여부를 확인하여, 환입금액이 있을 경우에는 이를 피해액에서 공제해야 한다.

(12) 예술품 및 귀중품의 피해액 산정

> 예술품 및 귀중품 피해액 = 감정서의 감정가액 = 전문가의 감정가액

예술품 및 귀중품에 대해서는 <u>공인감정기관에서 인정하는 금액을 화재로 인한 피해액으로 산정</u>한다. 그러므로 복수의 전문가(전문점, 학자, 감정인 등)의 감정을 받거나 감정서 등의 금액을 피해액으로 인정하며, <u>감가공제는 하지 않는다.</u>

예술품 및 귀중품은 전부손해의 경우 감정가격으로 하며 전부손해가 아닌 경우 원상복구에 소요되는 비용을 화재로 인한 피해액으로 한다. <u>예술품 및 귀중품은 따로 손해율을 정하지 않는다.</u>

(13) 동물 및 식물의 피해액 산정

> 동물 및 식물 피해액 = 시중매매가격

화재피해액 산정대상으로서 동물 및 식물은 가축(가금류 포함), 애완동물, 관상수, 조경수, 가로수 등이 된다. 다만, 화분은 가재도구 또는 영업용 집기비품으로 분류하고, 정원은 구축물로 분류한다.

동물 및 식물은 시중매매가격이 형성되는 것이 보통이며, 시중물가정보 등에 의해서도 가격의 확인이 가능하므로 전부손해의 경우 <u>시중매매가격으로 하며 전부손해가 아닌 경우 수리비 및 치료비를 화재로 인한 피해액</u>으로 한다. 동물 및 식물의 경우 따로 <u>손해율을 정하지 않는다.</u>

(14) 잔존물 제거비의 산정 (2024년 기사)

> 잔존물 제거비 = 화재피해액 × 10%

화재로 인한 건물, 구축물, 부대설비, 영업시설, 기계장치, 공구·기구, 집기비품, 가재도구 등의 잔존물 내지 유해물 또는 폐기물을 제거하거나 처리하는 비용은 <u>화재피해액의 10% 범위 내에서 인정된 금액</u>으로 산정한다.

3 화재피해액 산정 매뉴얼

1 화재피해 조사 및 피해액 산정순서

화재피해에 대한 조사와 화재로 인한 피해액을 산정할 때에는 <u>신속하고 합리적이며 객관적으로 산정</u>해야 한다. 관련된 직무수행의 순서는 다음 표와 같다.

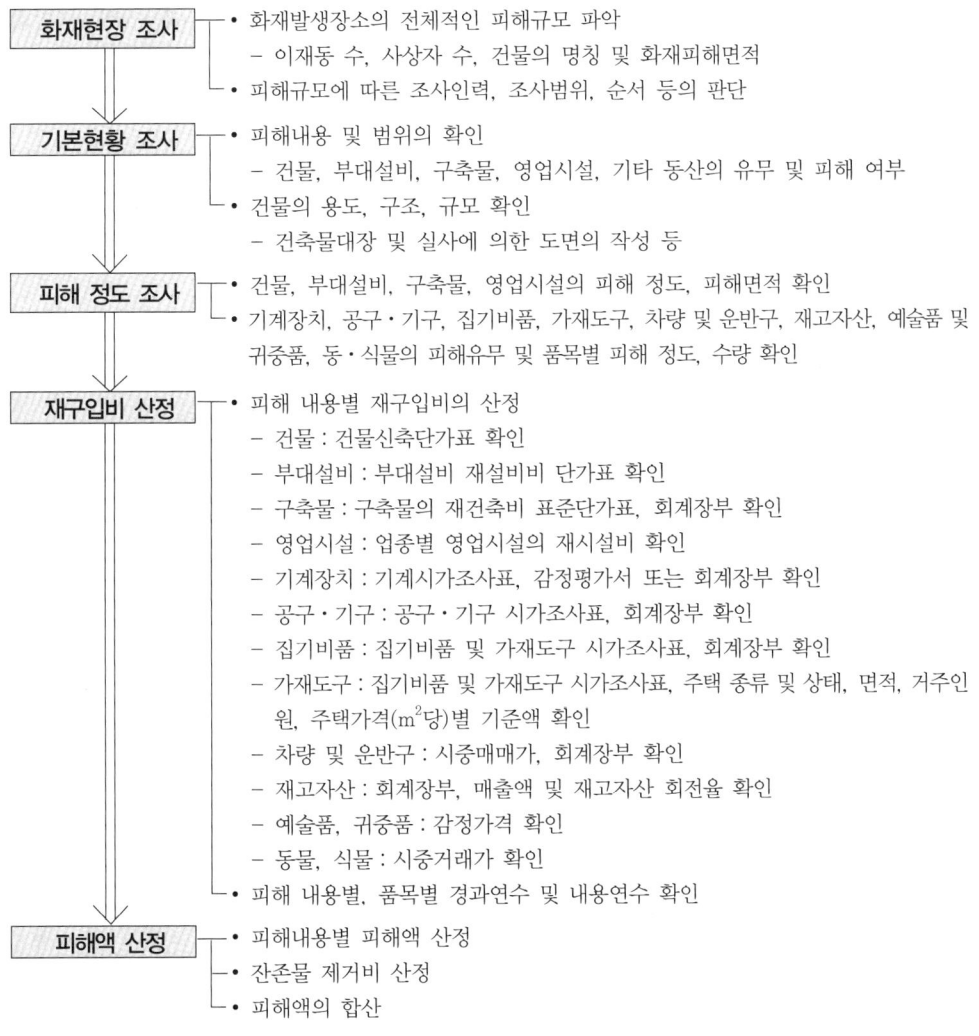

화재현장 조사
- 화재발생장소의 전체적인 피해규모 파악
  - 이재동 수, 사상자 수, 건물의 명칭 및 화재피해면적
- 피해규모에 따른 조사인력, 조사범위, 순서 등의 판단

기본현황 조사
- 피해내용 및 범위의 확인
  - 건물, 부대설비, 구축물, 영업시설, 기타 동산의 유무 및 피해 여부
- 건물의 용도, 구조, 규모 확인
  - 건축물대장 및 실사에 의한 도면의 작성 등

피해 정도 조사
- 건물, 부대설비, 구축물, 영업시설의 피해 정도, 피해면적 확인
- 기계장치, 공구·기구, 집기비품, 가재도구, 차량 및 운반구, 재고자산, 예술품 및 귀중품, 동·식물의 피해유무 및 품목별 피해 정도, 수량 확인

재구입비 산정
- 피해 내용별 재구입비의 산정
  - 건물 : 건물신축단가표 확인
  - 부대설비 : 부대설비 재설비비 단가표 확인
  - 구축물 : 구축물의 재건축비 표준단가표, 회계장부 확인
  - 영업시설 : 업종별 영업시설의 재시설비 확인
  - 기계장치 : 기계시가조사표, 감정평가서 또는 회계장부 확인
  - 공구·기구 : 공구·기구 시가조사표, 회계장부 확인
  - 집기비품 : 집기비품 및 가재도구 시가조사표, 회계장부 확인
  - 가재도구 : 집기비품 및 가재도구 시가조사표, 주택 종류 및 상태, 면적, 거주인원, 주택가격(m^2당)별 기준액 확인
  - 차량 및 운반구 : 시중매매가, 회계장부 확인
  - 재고자산 : 회계장부, 매출액 및 재고자산 회전율 확인
  - 예술품, 귀중품 : 감정가격 확인
  - 동물, 식물 : 시중거래가 확인
- 피해 내용별, 품목별 경과연수 및 내용연수 확인

피해액 산정
- 피해내용별 피해액 산정
- 잔존물 제거비 산정
- 피해액의 합산

2 화재피해의 조사방법

(1) 화재현장 조사
화재피해조사에 필요한 기본적인 사항들을 소방활동과 동시에 미리 파악하도록 한다. 화재현장의 소재지, 사상자 수, 이재동 수, 건물의 명칭 및 면적 등 화재피해의 정도를 파악하고 피해규모에 따른 조사인력, 조사범위, 조사순서 등을 사전에 판단해 두도록 한다.

① **피해동 수의 확인** : 화재가 발생한 건물을 비롯하여 비화 등에 의해 연소확산된 건물과 소방활동 중에 소화수의 수손피해가 발생한 건물 등이 누락되지 않도록 주위의 건물을 재확인한다.

② **관계자로부터 정보 확인** : 화재발생 전의 상태와 화재발생 후의 상태를 파악하기 위해 현장조사를 행하는 것과 동시에 다음과 같은 점을 관계자로부터 청취한다.

　㉠ 화재건물의 개략적인 평면도에 피해부분을 명시함과 동시에, 잔존부가 있는 경우는 재질, 손모 정도 등을 관계자확인 후 기록한다.

　㉡ 목조, 방화조 등으로 불에 타서 무너진 잔존부분을 확인할 수 없는 경우에는 관계자에게 질문을 하고 배치도를 작성하며 가능한 범위에서 화재 전의 상황을 판단한다.

　㉢ 수용물, 그 외의 동산에 대해서 관계자의 입회를 얻어 물건이 잔존해 있어 검사확인이 가능한 것은 품명, 수량, 재질, 품질 등을 기록하고 특히 필요하다고 생각되는 것은 사진촬영을 해 둔다.

　㉣ 물건이 손실되어 확인 불가능한 경우는 관계자에게 질문해서 품명, 수량 등을 기록해 둔다.

　㉤ 귀금속, 서화, 골동품에 대해서는 사진촬영해 두는 것은 물론 관계자에게 그 가치에 대해서 설명을 구하고, 고미술품 등에 대해서는 작가, 시대 등에 대해서도 상세히 청취해 둔다.

　㉥ 기계류는 구입연차, 구입가액, 제조자, 형식 등을 청취함과 동시에 수리에 의해 재사용할 수 있는지의 여부에 대해서 청취해 둔다.

　㉦ 화재피해자에게 화재보험이나 공제 등의 가입상황을 확인해 둔다.

　㉧ 화재를 입은 동산·부동산의 권리관계의 확인을 행한다. 부동산에 대해서는 임대관계나 저당권의 설정상황, 동산에 대해서는 리스, 렌탈 등의 계약상황을 조사해 둔다.

　㉨ 건물의 건축연월, 구입 시 단가 등을 확인한다.

(2) 기본현황 조사
① 화재피해조사는 화재가 진압된 후 본격적으로 실시된다. 화재현장의 전체적인 피해 내용 및 범위를 확인하고 조사방침을 정하게 되는데, 산정기준에 따라 피

해내용을 구분하여 피해 정도를 확인하는 등 건물의 기본적인 현황에 대해 조사해 두어야 한다.
② 산정기준에 따라 피해대상은 건물, 부대설비, 구축물, 영업시설, 기계장치, 공구·기구, 집기비품, 가재도구, 차량 및 운반구, 재고자산, 예술품 및 귀중품, 동물 및 식물 등으로 구분되므로, 해당 피해내용의 존재여부 및 피해유무를 확인한다. 건물에 대해서는 건물의 용도, 구조(예컨대, 시멘트 벽돌조, 슬래브 위 시멘트 기와잇기 등), 규모(3층 270m^2 등), 질(상·중·하), 상태(상·중·하) 등으로 파악하고 실제 확인한 사항을 도면 등으로 작성한 후 건축물대장과 대조 및 확인하도록 한다.

(3) 피해 정도 조사
① 화재피해의 기본현황 조사가 완료되면 피해대상별로 분류하여 본격적인 피해 정도를 조사한다. 즉 건물, 부대설비, 구축물, 영업시설, 기계장치, 공구 및 기구, 집기비품, 가재도구, 차량 및 운반구, 재고자산, 예술품 및 귀중품, 동물 및 식물로 분류하여 피해여부, 피해 정도, 피해수량 등을 확인하는 것이다.
② 건물의 경우 기본현황 조사에서 작성한 건물도면 등을 토대로 피해면적을 줄자 등에 의해 실측하여 그려 넣을 수 있으며, 부대설비 및 영업시설에 대해서는 건물에 포함하여 피해액을 산정해야 하는지 별도로 피해액을 산정해야 하는지 그 여부를 먼저 판단해야 한다. 전기설비 중 **기본적인 설비(전등, 전열설비, 전화설비 등)는 건물에 포함**시키며, 특수설비(화재탐지설비, 방송설비, TV공시청설비, 피뢰침설비, DATA설비, H/A설비 등)가 있는 경우에 한해서 별도의 부대설비 피해액을 산정해야 하므로, 별도 피해액 산정대상이 되는 경우에 피해 정도 조사를 실시한다. 또한 영업시설에 대해서는 해당업종(나이트클럽, 고급음식점, 노래방, 예식장 등)에 포함되는지 여부를 확인해야 한다.
③ 한편, 피해 정도는 바닥, 벽, 천장의 6면 피해 여부 및 피해면적과 피해 정도를 확인해야 한다. 동산(기계장치, 공구·기구, 집기비품, 가재도구, 차량 및 운반구, 재고자산, 예술품 및 귀중품, 기타)에 대해서는 피해 품목 또는 수량이 많지 않은 경우 그 품목과 수량, 규격, 제조회사, 구입시기, 구입금액 및 피해 정도를 확인하며, 피해 품목 및 수량이 많은 경우에는 동산의 피해내용별 품목, 수용면적, 수량, 구입금액 등에 대하여 확인하고, 특히 가재도구의 경우에 있어서는 주택 종류 및 상태, 주택면적, 거주인원, 주택가격(m^{2}당) 등을 확인해야 한다.
④ 피해 정도를 조사할 때에는 피해내용별 품목 및 수량, 규격, 구입시기, 제조회사, 구입금액 등에 대해서는 현장조사 시 관계자로부터 청취에 의해 확인할 수도 있겠지만 회계장부, 고정자산대장 등에 의해 확인하거나 관련서류를 제출받아 확인할 수 있다.

바로바로 확인문제

다음 그림을 보고 소실된 면적을 구하시오.

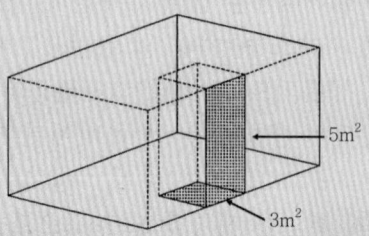

답안 건물의 소실면적 산정은 소실 바닥면적으로 산정한다. 다만, 화재피해 범위가 건물의 6면 중 2면 이하인 경우에는 6면 중의 피해면적의 합에 5분의 1을 곱한 값을 소실면적으로 한다.
$(3m^2+5m^2) \times 1/5 = 1.6m^2$

04 증언 및 브리핑 자료의 작성(✔ 산업기사 제외)

1 화재조사서류의 구성 및 양식

(1) **화재조사서류의 의의**
  ① 화재조사서류는 "화재조사"의 결과를 보고서, 사진이나 도면, 서류 등으로 종합한 <u>소방기관의 최종의사결정을 기록한 문서</u>이다.
  ② 화재조사서류는 화재현장을 영구적으로 보존하는 자료로서 <u>화재 1건마다 작성</u>되며, 축적된 조사데이터는 분석·유형화하여 소방활동자료로서 소방업무전반에 활용된다.
  ③ 소방기관이 전문적이고 공평한 입장에서 작성하는 것으로 사법기관 등에서 <u>유효한 증거자료로서 활용</u>되는 측면도 있다.
  ※ 소방서장은 조사서류(사진포함)를 문서로 기록하고, 전자기록 등 영구보존방법에 의해 보존하여야 한다.

(2) **화재조사서류의 구성 및 양식**(화재조사 및 보고규정 제21조)
  화재조사의 최종결론은 현장조사가 끝난 후 화재조사서류를 작성함으로써 마무리가 된다. 화재조사서류는 화재조사 및 보고규정에 기본적인 양식이 있어 정리와 분석이 용이하도록 구성되어 있다.
  ① 화재·구조·구급상황보고서
  ② 화재현장출동보고서
  ③ 화재발생종합보고서

④ 화재현황조사서 〔2017년 산업기사〕

| 화재번호 | 년 | 월 | 연번 |

☐ 수정

① 소방관서

① [_____]소방서 [_____]119안전센터 [_____]119지역대

② 화재발생 및 출동

발생일시 [년][월][일][시][분][요일]

① 접수 [년][월][일][시][분] ② 출동 [년][월][일][시][분]
③ 도착 [　　　　　] ④ 초진 [　　　　　]
⑤ 잔불정리 [　　　　　] ⑥ 완진 [　　　　　]
⑦ 철수 [　　　　　] ⑧ 재발화 감시 [　　　　　]

③ 화재발생 장소 및 유형

① 주소 [시·도] [시·군] [구] [읍·면·동·리(로)] [번지] [마을]
② 대상 [대상(도로)명] [건물층수(지하/지상) / 발화층] [발화지점]
③ 유형 ☐ 건축·구조물 ☐ 자동차·철도차량 ☐ 위험물·가스제조소 등
　　　　☐ 선박·항공기 ☐ 임야 ☐ 기타
④ 거리 소방서 [　].[　]km 119안전센터 [　].[　]km 119지역대 [　].[　]km

④ 화재원인

① 발화열원
☐ 작동기기 ☐ 담뱃불, 라이터불 ☐ 마찰, 전도, 복사 ☐ 불꽃, 불티 ☐ 폭발물, 폭죽
☐ 화학적 발화열 ☐ 자연적 발화열 ☐ 기타 ☐ 미상
　　　　　　　　　　　　　　　→ 소분류 [　　　　]

② 발화요인(○판단 ●추정)
☐ 전기적 요인 ☐ 기계적 요인 ☐ 가스누출(폭발) ☐ 화학적 요인 ☐ 교통사고
☐ 부주의 ☐ 자연적 요인 ☐ 방화(○방화 ○방화의심) ☐ 기타 ☐ 미상
　　　　　　　　　　　　　　　→ 소분류 [　　　　]

③ 최초착화물
☐ 가구 ☐ 침구, 직물류 ☐ 종이, 목재, 건초 등 ☐ 합성수지 ☐ 간판, 차양막 등
☐ 식품 ☐ 전기, 전자 ☐ 위험물 등 ☐ 가연성 가스
☐ 자동차, 철도차량, 선박, 항공기 ☐ 쓰레기류 ☐ 기타 ☐ 미상
　　　　　　　　　　　　　　　→ 소분류 [　　　　]

④ 발화개요

5 발화관련 기기   ☐ 해당 없음

① 발화관련 기기
☐ 계절용 기기 ☐ 생활기기 ☐ 주방기기 ☐ 영상·음향기기 ☐ 사무기기
☐ 조명, 간판 ☐ 배선, 배선기구 ☐ 전기설비 ☐ 산업장비 ☐ 농업용 장비
☐ 의료장비 ☐ 상업장비 ☐ 차량·선박부품 ☐ 기타 ☐ 미상

→ 소분류 ☐☐☐☐☐ ☐☐☐☐☐

② 제품 및 동력원
- 제품 회사명 _____ 제품명 _____ 제품번호 _____ 제조일 년 월 일
  ☐ 확인 불가능
- 동력원 ☐ 전기 ☐ 가스 ☐ 유류 ☐ 고체 ☐ 기타 → 소분류 ☐☐☐☐☐ ☐

6 연소확대

① 연소확대물   ☐ 해당 없음
☐ 가구 ☐ 침구, 직물류 ☐ 종이, 목재, 건초 등 ☐ 합성수지 ☐ 간판, 차양막 등
☐ 식품 ☐ 전기, 전자 ☐ 위험물 등 ☐ 가연성 가스
☐ 자동차, 철도차량, 선박, 항공기 ☐ 쓰레기류 ☐ 기타 ☐ 미상

→ 소분류 ☐☐☐☐☐ ☐

② 연소확대 사유(★ 복수선택 가능)   ☐ 해당 없음
☐ 화재인지·신고 지연 ☐ 가연성 물질의 급격한 연소 ☐ 현장진입 지연(불법주차)
☐ 현장도착 지연(교통혼잡) ☐ 원거리 소방서 ☐ 방화구획기능 불충분
☐ 덕트·샤프트의 연통 역할 ☐ 인접건물과의 이격거리 협소 ☐ 목조건물의 밀집 등
☐ 기상(건조, 강풍 등) ☐ 기타 ☐ 미상

7 피해 및 인명구조

(인명피해) 총계 ☐☐☐☐ 명
① 인명피해 사망 ☐☐☐☐ 명, 부상 ☐☐☐☐ 명   ② 이재민 ☐☐☐☐ 세대, ☐☐☐☐ 명

(재산피해) 총계 ☐☐☐☐,☐☐☐☐,☐☐☐☐ 천원 (예상피해액 ☐☐☐☐,☐☐☐☐,☐☐☐☐ 천원)
① 부동산 ☐☐☐☐,☐☐☐☐,☐☐☐☐ 천원   ② 동산 ☐☐☐☐,☐☐☐☐,☐☐☐☐ 천원
③ 소실면적 ☐☐☐☐,☐☐☐☐,☐☐☐☐ m²
④ 소실동(대)수 • 건축·구조물 ☐☐☐☐ 동   • 차량 등 ☐☐☐☐ 대
⑤ 소실 정도 • 건축물 ☐☐☐ 동, ☐☐☐ 동, ☐☐☐ 동   • 차량 등 ☐☐☐ 대, ☐☐☐ 대, ☐☐☐ 대
                    전소   반소   부분소   전소   반소   부분소

(인명구조)
① 구조 ☐☐☐☐ 명   ② 유도대피 ☐☐☐☐ 명

⑧ 관계자
① 소유자   성명 [   ]   연령 [   ]세   □ 남, □ 여   전화 [   ]
② 점유(운전)자   성명 [   ]   연령 [   ]세   □ 남, □ 여   전화 [   ]
③ 소방안전관리자 성명 [   ]   연령 [   ]세   □ 남, □ 여   전화 [   ]
    (위험물안전관리자)

⑨ 동원인력
① 인원 [   ]명   [   ]   [   ]   [   ]   [   ]   [   ]   [   ]   [   ]
          총계   소방   의소대   경찰   일반직   군인   유관기관   기타
  • 전문위원 □ 화재합동조사단 운영
    [   ]명   [   ]   [   ]   [   ]   [   ]   [   ]   [   ]   [   ]   [   ]
    총계   소방   전기(전자)   기계   건축   가스   화학   자동차   기타
② 장비 [   ]대   [   ]   [   ]   [   ]   [   ]   [   ]   [   ]   [   ]   [   ]
          총계   펌프, 물탱크   고가(굴절)   화학   구조   구급   헬기   선박   기타
③ 사용 소방용수   소화전 [   ]   급수탑 [   ]
                    저수조 [   ]   기타 [   ]
③ 재발화감시 [   ]명   □ 해당없음

⑩ 보험가입   □ 해당 없음   □ 화재보험 의무가입대상자(특수건물)
① 가입회사 [   ]
② 보험금액 [   ],[   ],[   ]천원
  • 부동산 [   ],[   ],[   ]천원   • 동산 [   ],[   ],[   ]천원
③ 계약기간 [   ] [   ] ~ [   ] [   ]
             년   월   년   월

⑪ 기상상황
① 날씨 [   ]   ② 온도 [   ]℃
③ 습도 [   ]%   ④ 풍향 [   ]
⑤ 풍속 [   ]m/s   ⑥ 기상특보 [   ]

⑫ 첨부서류
① 화재유형별 조사서
    □ 1.1 건축 · 구조물화재   □ 1.2 자동차 · 철도차량화재   □ 1.3 위험물 · 가스제조소 등 화재
    □ 1.4 선박 · 항공기화재   □ 1.5 임야화재   □ 1.6 기타화재(첨부 없음)
② 화재피해조사서
    □ 2.1 인명피해   □ 2.2 재산피해
③ □ 방화 · 방화의심조사서   ④ □ 소방시설 등 활용조사서   ⑤ □ 화재현장조사서

⑬ 작성자

소 속	계 급	성 명	비 고

⑤ 화재현장조사서

화재현장조사서

☐ **화재발생 개요**
  ○ 일시 : 20 . 00. 00. 00 : 00분경(완진 00 : 00)
  ○ 장소 :
  ○ 대상물구조 :
  ○ 인명피해 :   명(사망   , 부상) ※ 인명구조   명
  ○ 재산피해 :   천원(부동산   , 동산   )

☐ **화재조사 개요**
  ○ 조사일시 :   ~   (회)
  ○ 조사관 :   명
  ○ 화재원인
    〈개 요〉

☐ **동원인력**
  ○ 인원 :   명(소방 , 경찰 , 전기 , 가스 , 보험 , 기타)
  ○ 장비 :   대(펌프 , 탱크 , 화학 , 고가 , 구조 , 구급 , 기타)

☐ **화재건물현황**
  ○ 건축물현황   ○ 보험가입현황   ○ 소방시설 및 위험물 현황   ○ 화재발생 전 상황

☐ **화재현장 활동상황**
  ○ 신고 및 초기조치(필요시 시간대별 조치사항 및 녹취록 작성)
  ○ 화재진압활동(필요시 화재진압작전도 작성)
  ○ 인명구조활동(필요시 인명구조 활동내역 작성)

☐ **현장관찰**
  ○ 건물위치도   ○ 건물배치도   ○ 건물 외부 상황(사진)   ○ 건물 내부 상황(사진)

☐ **발화지점 판정**
  ○ 관계자 진술   ○ 발화지점 및 연소확대경로

☐ **화재원인 검토**
  ○ 방화 가능성(연소상황, 원인추적 등에 관한 사진, 설명)   ○ 전기적 요인   ○ 기계적 요인
  ○ 가스누출   ○ 인적 부주의 등   ○ 연소확대사유

☐ **화재감식·감정 결과**
  ○ 조사 결과

☐ **결론**
  ○ 현장조사결과 : 발화요인, 발화열원, 최초착화물, 발화관련 기기, 연소확대물, 연소확대사유 등 작성

☐ **문제점 및 대책**

☐ **기타**

⑥ 화재현장조사서(임야화재, 기타화재)

화재현장조사서

☐ **화재발생 개요**
  ○ 일시 : 20 . 00. 00. 00 : 00분경(완진 00 : 00)
  ○ 장소 :
  ○ 대상물구조 :
  ○ 인명피해 :   명(사망   , 부상   ) ※ 인명구조   명
  ○ 재산피해 :   천원(부동산   , 동산   )

☐ **화재조사 개요**
  ○ 조사일시 :   ~   (회)
  ○ 조사자 :   외 0명
  ○ 화재원인
    〈개 요〉

☐ **동원인력**
  ○ 인원 :   명(소방 , 경찰 , 전기 , 가스 , 보험 , 기타)
  ○ 장비 :   대(펌프 , 탱크 , 화학 , 고가 , 구조 , 구급 , 기타)

☐ **발화지점 판정**
  ○

☐ **결론**
  ○ 현장조사결과 : 발화요인, 발화열원, 최초착화물, 발화관련기기, 연소확대물, 연소확대사유 등 작성
  ○ 문제점 및 대책

☐ **예상되는 사항 및 조치**
  ○ 예상되는 사항 및 관련 조치사항 등 작성

☐ **현장관찰**
  ○ 건물 위치도
  ○ 화재현장사진

⑦ 화재유형별 조사서(건축 · 구조물화재) □ 수정

1 건축 · 구조물 현황

① **건물구조**
[ ][ ][ ][ ]식 [ ][ ][ ][ ]조 [ ][ ][ ][ ]즙 / [ ][ ][ ]동

② **층수** 지상 [ ][ ][ ]층, 지하 [ ][ ][ ]층

③ **면적** 연면적 [ ][ ][ ],[ ][ ][ ],[ ][ ][ ]m², 바닥면적 [ ][ ][ ],[ ][ ][ ],[ ][ ][ ]m²

2 건물상태

□ 사용 중 □ 철거 중 □ 공가

□ 공사 중 → □ 신축 □ 증축 □ 개축 □ 기타

3 장소

① **시설용도**
□ 소방안전관리대상 □ 다중이용업 □ 중요화재
□ 화재예방강화지구 □ 화재안전 중점관리대상

□ 주거시설	○ 단독주택 ○ 공동주택 ○ 기타주택
□ 교육시설	○ 학교 ○ 연구, 학원
□ 판매, 업무시설	○ 판매 ○ 공공기관 ○ 일반업무 ○ 숙박시설 ○ 청소년시설판매 ○ 군사시설 ○ 교정시설
□ 집합시설	○ 관람장 ○ 공연장 ○ 종교 ○ 전시장 ○ 운동시설
□ 의료, 복지시설	○ 건강 ○ 의료 ○ 노유자
□ 산업시설	○ 공장시설 ○ 창고 ○ 작업장 ○ 발전시설 ○ 지중시설 ○ 동식물시설 ○ 위생시설
□ 운수자동차시설	○ 자동차시설 ○ 항공시설 ○ 항만시설 ○ 역사, 터미널
□ 문화재시설	○ 문화재
□ 생활서비스	○ 위락 ○ 오락 ○ 음식점 ○ 일반서비스
□ 기타 건축물	○ 기타 건축물

→ 소분류 [ ][ ][ ][ ] [ ]

■ **특정소방대상물**

□ 공동주택
□ 근린생활시설
□ 문화 및 집회시설
□ 종교시설 □ 판매시설
□ 운수시설 □ 의료시설
□ 교육연구시설
□ 노유자시설 □ 수련시설
□ 운동시설 □ 업무시설
□ 숙박시설 □ 위락시설
□ 공장 □ 창고시설
□ 위험물저장 및 처리시설
□ 항공기 및 자동차 관련 시설
□ 동물 및 식물 관련 시설
□ 자원순환 관련 시설
□ 교정 및 군사시설
□ 방송통신시설 □ 발전시설
□ 묘지 관련 시설
□ 관광휴게시설 □ 장례시설
□ 지하가 □ 지하구
□ 문화재 □ 복합건축물

■ **부속용도** □ 해당 없음

□ 후생복리 □ 교육복지 □ 업무 □ 일반생활 □ 기타

→ 소분류 [ ][ ][ ][ ] [ ]

② **발화지점** □ 미상

□ 구조 □ 기능 □ 설비, 저장 □ 생활공간 □ 출구 □ 공정시설 □ 기타

→ 소분류 [ ][ ][ ][ ] [ ]

③ **발화층수** □ 지상 [ ][ ][ ]층 / □ 지하 [ ][ ][ ]층

④ **소실면적** [ ][ ][ ],[ ][ ][ ],[ ][ ][ ]m²

⑤ **연소확대범위**
□ 발화지점만 연소 □ 발화층만 연소 □ 다수층 연소
□ 발화건물 전체 연소 □ 인근 건물 등으로 연소확대

⑧ 화재유형별 조사서(자동차·철도차량화재) □ 수정

① 구분

① 자동차
- ☐ 승용자동차
  - ○ 5인승 이하 ○ 6인승 ○ 7인승~10인승 이하
- ☐ 승합자동차 ☐ 화물자동차
  - ○ 버스 ○ 소형 승합차
  - ○ 캠핑용 자동차 또는 캠핑용 트레일러
  - ○ 친환경자동차 ○ 기타
    - ○ EV(Electric Vehicle)
    - ○ HEV(Hybrid Vehicle)
    - ○ PHEV(Plug-in HEV)
    - ○ FCEV(Full Cell EY)
- ☐ 특수자동차 ☐ 오토바이
- • 장소 ☐ 고속도로 ☐ 일반도로 ☐ 주차장
  ☐ 터널 ☐ 기타

② 농업기계
- ☐ 트랙터 ☐ 경운기 ☐ 기타

③ 건설기계
- ☐ 굴삭기 ☐ 덤프트럭 ☐ 기타

④ 군용차량
- ☐ 군용차량 ☐ 기타

⑤ 철도차량
- ☐ 전동차 ☐ 기관차 ☐ 기타
- • 철도구분
  - ☐ 국철 ☐ 지하철 ☐ KTX ☐ 기타

② 형식

① 제조회사 [   ]
② 차량번호 [   ]
③ 연식 [| | | |] 년
④ 차량명 [   ]

③ 발화지점 ☐ 미상

① 자동차·농업·건설·군용차량
- ☐ 앞좌석 ☐ 뒷좌석
- ☐ 엔진룸 ☐ 트렁크
- ☐ 바퀴 ☐ 적재함
- ☐ 연료탱크 ☐ 기타

② 철도차량
- ☐ 객실(좌석) ☐ 기관실
- ☐ 바퀴 ☐ 연료탱크
- ☐ 화물실 ☐ 화장실
- ☐ 객차연결통로 ☐ 기타

④ 참고사항

⑨ 화재유형별 조사서(위험물·가스제조소 등 화재)　　　　　　　　□ 수정

1 대상　　□ 건축물　　□ 시설물(탱크)　　□ 차량

① 구조
　　└─┴─┴─┘식 └─┴─┴─┘조 └─┴─┴─┘즙 └─┴─┴─┘동
② 층수　지상 └─┴─┴─┘층, 지하 └─┴─┴─┘층
③ 면적　연면적 └─┴─┘,└─┴─┴─┘,└─┴─┴─┘m^2, 바닥면적 └─┴─┘,└─┴─┴─┘,└─┴─┴─┘m^2

2 제조소 등의 구분

① 위험물제조소 등
　□ 제조소　　　　□ 옥내저장소　　　□ 옥외탱크저장소　　□ 옥내탱크저장소
　□ 지하탱크저장소　□ 간이탱크저장소　□ 이동탱크저장소　　□ 옥외저장소
　□ 암반탱크저장소　□ 주유취급소　　　□ 판매취급소　　　　□ 이송취급소
　□ 일반취급소　　□ 기타

② 가스제조소 등
　□ 고압가스 제조시설　　□ 고압가스 저장시설　　□ 액화산소를 소비하는 시설
　□ 액화석유가스 제조시설　□ 액화석유가스 저장시설　□ 가스공급시설　　□ 기타

③ 완공 년·월·일 └─┴─┴─┴─┘ └─┴─┘ └─┴─┘　　④ 차량번호 └─────────┘
　　　　　　　　　　년　　　　월　　　일
⑤ 허가품명 └───┘류, └─────┘　　⑥ 허가량 └─────────┘

3 발화지점　　　　　　　　　　　　　　　　　　　　　　　　　　□ 미상

① 위험물취급시설
　□ 주입구　　□ 펌프　　　　□ 탱크본체　　□ 작업실　　□ 보관실
　□ 반응기　　□ 고정주유설비　□ 토출구　　　□ 차량　　　□ 기타

② 부속시설
　□ 사무실　　□ 점포　　　　□ 식당·휴게소　□ 전시장　　□ 정비소
　□ 세차기　　□ 대기실/주거시설　□ 외부　　　□ 기타

4 화재경위

　□ 제조소 등 내부에서 (□ 발화, □ 폭발)하여 당해 제조소 등 내부에서 그친 경우
　□ 제조소 등 내부에서 (□ 발화, □ 폭발)하여 당해 제조소 등 외부로 확대된 경우
　□ 제조소 등 외부에서 (□ 발화, □ 폭발)하여 당해 제조소 등으로 전이된 경우
　□ 제조소 등의 위험물이 누출되어 제조소 등 외부에서 (□ 발화, □ 폭발)한 경우

5 참고사항

⑩ 화재유형별 조사서(선박·항공기화재) ☐ 수정

1 구분

① 선박
- ☐ 유람선 ☐ 여객선
- ☐ 화물선 ☐ 유조선
- ☐ 바지선 ☐ 어선
- ☐ 수상레저기구(보트 등)
- ☐ 함정(군함 등)
- ☐ 특수작업선(해양관측선 등)
- ☐ 기타

② 항공기
- ☐ 비행기 ☐ 회전익항공기(헬리콥터)
- ☐ 비행선 ☐ 활공기(글라이더)
- ☐ 경비행기 ☐ 기타

2 형식

① 제조회사 [   ]
② 연식 [   ]년
③ 톤수 [   ],[   ]ton
④ 기종/명칭 [   ]
⑤ 수용인원 [   ]명

3 발화지점 ☐ 미상

① 기기작동실
- ☐ 기관실 ☐ 전기실
- ☐ 갑판 ☐ 조타실(조정실)
- ☐ 취사실 ☐ 엔진
- ☐ 기계실 ☐ 기타

② 부속시설
- ☐ 계단 ☐ 식당
- ☐ 사무실 ☐ 화장실
- ☐ 화물실 ☐ 무대부
- ☐ 객실 ☐ 기타

4 참고사항

_____
_____
_____
_____

⑪ 화재유형별 조사서(임야화재)

☐ 수정

1 구분
- ① 산불 ☐ 국유림 ☐ 공유림 ☐ 사유림
  (☐ 국립공원 ☐ 도립공원 ☐ 시·군립공원 ☐ 자연휴양림 ☐ 해당 없음)
- ② 들불 ☐ 숲 ☐ 들판 ☐ 논·밭두렁 ☐ 과수원 ☐ 목초지 ☐ 묘지 ☐ 군·경사격장 ☐ 기타

2 방·실화자 ☐ 미상
- ① 성명 [   ]
- ② 연령 [   ]세
- ③ 성별 ☐ 남 ☐ 여

3 발화지점 ☐ 미상
- ☐ 산정상 ☐ 산중턱 ☐ 산아래 ☐ 평지

4 화재경위
- ① 구분
  - ☐ 입산자 실화 → ☐ 담뱃불 ☐ 모닥불 ☐ 취사행위 ☐ 기타
  - ☐ 논·밭두렁으로부터 확대   ☐ 쓰레기소각장에서 확대   ☐ 성묘객으로부터 화재
  - ☐ 건물로부터 확대   ☐ 자동차로부터 확대   ☐ 축사, 비닐하우스로부터 확대
  - ☐ 군·경사격장으로부터 확대 ☐ 기타   ☐ 미상
- ② 발생개요

5 피해사항
- ① 산림피해면적 [   ],[   ]m²   ② 건물 [   ]동
- ③ 기타 [   ]

6 발견(신고)사항 ☐ 미상
- ① 일시 [   ]년 [   ]월 [   ]일 [   ]시 [   ]분
- ② 인적사항 성명 [   ] 연령 [   ]세 성별 ☐ 남 ☐ 여

7 참고사항

⑫ 화재피해조사서(인명피해)

☐ 수정   연번 ☐☐☐☐

1 사상자   ☐ 소방공무원   ☐ 외국인(국가 [   ])
  ① 인적사항 성명 [   ]   연령 ☐☐☐세   성별 ☐ 남 ☐ 여
  ② 주소 [   ][   ][   ][   ]   [   ]
        시·도   시·군·구   읍·면·동   번지   대상명(APT 0동 000호)

2 사상 정도 ☐ 사망   ☐ 중상   ☐ 경상

3 사상 시 위치 · 행동
  ① 발화층 [   ]
     (건축구조물, 위험물·가스제조소 등 화재 시 ☐ 지상 ☐ 지하 ☐☐☐층)
  ② 사상위치 [   ]
     (건축구조물, 위험물·가스제조소 등 화재 시 ☐ 지상 ☐ 지하 ☐☐☐층)
  ③ 사상 시 행동 ☐ 피난 중   ☐ 구조요청 중   ☐ 화재진압 중   ☐ 화재현장 재진입
                ☐ 행동불가능 ☐ 비이성적 행동 ☐ 기타   ☐ 미상

4 사상원인
  ☐ 연기·유독가스 흡입 ☐ 연기·유독가스 흡입 및 화상 ☐ 화상   ☐ 넘어지거나 미끄러짐
  ☐ 건물붕괴   ☐ 피난 중 뛰어내림   ☐ 갇힘   ☐ 복합원인   ☐ 기타   ☐ 미상

5 사상 전 상태(★ 복수선택 가능)
  ① 인적   ② 물적
    ☐ 수면 중   ☐ 음주상태   ☐ 출구잠김   ☐ 출구장애물
    ☐ 약물복용상태   ☐ 정신장애   ☐ 출구위치 미인지 ☐ 연기(화염)로 피난불가
    ☐ 지체장애   ☐ 관리자부재   ☐ 출구혼잡   ☐ 방범창(문)
    ☐ 해당 없음   ☐ 차량충돌, 전복   ☐ 기타   ☐ 미상

6 사상부위 및 외상
  ① 부위   ② 외상   ③ 화상 정도
    ☐ 머리 ☐ 목과 어깨 ☐ 가슴   ☐ 찰과상 ☐ 열상   ☐ 1도 화상
    ☐ 복부 ☐ 척추   ☐ 팔   ☐ 타박상 ☐ 염좌   ☐ 2도 화상
    ☐ 다리 ☐ 다수 부위 ☐ 내과계 ☐ 탈구   ☐ 골절   ☐ 3도 화상
    ☐ 얼굴 ☐ 기타   ☐ 미상   ☐ 기타   ☐ 미상   ☐ 기도 화상

7 사상자(취약) 정보   ① 연령별 ☐ 유아   ☐ 어린이   ☐ 노인(독거노인)
  ② 장애여부   ③ 사상자 조치사항   ④ 사상자 발견위치
    ☐ 신장 ☐ 지적 ☐ 자폐성   ☐ 기도개방 ☐ 기도삽관 ☐ 호흡조절   ☐ 침대   ☐ 방안   ☐ 방문앞
    ☐ 정신 ☐ 치매 ☐ 뇌병변   ☐ 출혈조절 ☐ 화상치료 ☐ 심폐소생술 ☐ 현관앞 ☐ 복도   ☐ 옥상
    ☐ 지체 ☐ 청각 ☐ 시각   ☐ 충격방지 ☐ 제세동기(ADE) 사용   ☐ 옥외   ☐ 비상계단
    ☐ 호흡기 ☐ 기타   ☐ 약물치료 ☐ 산소공급 ☐ 척추고정   ☐ 추락   ☐ 기타
                                ☐ 흡입조치 ☐ 기타

⑬ 화재피해조사서(재산피해)

대상명 :

① 건물 피해산정

신축단가×소실면적×[1-(0.8×경과연수/내용연수)]×손해율   □ 수 정

구 분	용 도	구 조	소실면적 (m²)	신축단가 (m²당, 원)	경과 연수	내용 연수	잔가율 (%)	손해율 (%)	피해액 (천원)
건물	용도 1								
	용도 2								
	※ 산출과정을 서술									

② 부대설비 피해산정

단위당 표준단가×피해단위×[1-(0.8×경과연수/내용연수)]×손해율
또는 신축단가×소실면적×설비종류별 재설비 비율×[1-(0.8×경과연수/내용연수)]×손해율

구 분	설비 종류	소실면적 또는 소실단위	단가 (단위당, 원)	재설비비	경과 연수	내용 연수	잔가율 (%)	손해율 (%)	피해액 (천원)
부대 설비	설비 1								
	설비 2								
	※ 산출과정을 서술									

③ 영업시설 피해산정

m²당 표준단가×소실면적×[1-(0.9×경과연수/내용연수)]×손해율

구 분	업 종	소실면적 (m²)	단가 (m²당, 원)	재시설비	경과 연수	내용 연수	잔가율 (%)	손해율 (%)	피해액 (천원)
영업 시설									
	※ 산출과정을 서술								

④ 가재도구 피해산정

재구입비×[1-(0.8×경과연수/내용연수)]×손해율

구 분	품 명	규격·형식	재구입비	수 량	경과 연수	내용 연수	잔가율 (%)	손해율 (%)	피해액 (천원)
가재 도구	품명 1								
	품명 2								
	※ 산출과정을 서술									

5 집기비품 피해산정

m²당 표준단가×소실면적×[1-(0.9×경과연수/내용연수)]×손해율
또는 재구입비×[1-(0.9×경과연수/내용연수)]×손해율

구 분	품 명	규격·형식	재구입비	수 량	경과연수	내용연수	잔가율(%)	손해율(%)	피해액(천원)
집기비품	품명 1								
	품명 2								
	※ 산출과정을 서술									

6 가재도구 간이평가 피해산정

[(주택종류별·상태별 기준액×가중치)+(주택면적별 기준액×가중치)+(거주인원별 기준액×가중치)+(주택가격(m²당)별 기준액×가중치)]×손해율

구 분	주택종류		주택면적		거주인원		주택가격(m²당)		손해율(%)	피해액(천원)
	기준액(천원)	가중치	기준액(천원)	가중치	기준액(천원)	가중치	기준액(천원)	가중치		
가재도구		10%		30%		20%		40%		
	※ 산출과정을 서술										

7 기타 피해산정(기타 물품별 피해산정방식을 적용)

구 분	품 명	규격·형식	단가(단위당, 원)	재구입비	수 량	경과연수	내용연수	잔가율(%)	손해율(%)	피해액(천원)
기타	품명 1									
	품명 2									
	※ 산출과정을 서술										

8 잔존물 제거비

잔존물 제거	산정대상 피해액	원 (항목별 대상피해액 합산과정 서술)	잔존물 제거비용 (산정대상피해액×10%)	원

9 총 피해액

구 분	부동산	원	총 피해액	원
	동 산	원		

※ 별첨 : 산정근거로 활용한 회계장부 등 관계서류

⑭ 방화·방화의심조사서 [2017년 산업기사]

☐ 수정

1 구분
☐ 방화　　　　　　　　　　　　　　　☐ 방화의심 (추정)

2 방화동기
☐ 단순 우발적　☐ 불만해소　☐ 가정불화　☐ 정신이상　☐ 싸움
☐ 비관자살　　☐ 보험사기　☐ 보복(손해목적)　☐ 범죄은폐　☐ 사회적 반감
☐ 채권채무　　☐ 시위　　　☐ 기타　　　☐ 미상

3 방화도구
① 연료　☐ 인화성 액체　☐ 가연성 가스　☐ 점화가능 고체　☐ 일반가연물
　　　　☐ 폭약　　　　☐ 기타　　　　☐ 미상
② 용기　☐ 유리병　　　☐ 플라스틱병　☐ 컵　　　☐ 압력용기　☐ 캔
　　　　☐ 유류통　　　☐ 박스　　　　☐ 기타　　☐ 미상
③ 점화장치　☐ 심지　　☐ 촛불　　　☐ 담배　　☐ 전기부품
　　　　　　☐ 기계장치　☐ 리모컨　　☐ 화학약품　☐ 성냥·라이터
　　　　　　☐ 시한·지연장치　☐ 기타　　☐ 미상

4 방화의심사유
☐ 외부 침입흔적 존재　　☐ 유류 사용흔적　　　☐ 범죄은폐
☐ 거액의 보험가입　　　☐ 2지점 이상의 발화점　☐ 연소현상 특이(급격연소)
☐ 기타

5 도착 시 초기상황
① 화재상황　☐ 화재초기　☐ 성장기　☐ 최성기　☐ 말기
② 초기정보　☐ 창문이 열려 있음　　☐ 창문이 잠겨 있음
　　　　　　☐ 현관문이 열려 있음　☐ 현관문이 잠겨 있음
　　　　　　☐ 소방서 강제진입　　☐ 소방서 도착 전 강제진입 흔적
　　　　　　☐ 보안시스템 작동　　☐ 보안시스템 미작동　☐ 기타

6 방화연료 및 용기
☐ 현장주변에서 획득　☐ 현장에서 획득　☐ 미확인

7 방화자
☐ 미상
① 인적사항　성명 [　　　]　연령 [　　　]세　성별 ☐ 남 ☐ 여
② 주소 [　　][　　][　　][　　][　　　　　]
　　　　시·도　시·군·구　읍·면·동　번지　대상명(APT 0동000호)

8 참고사항
_____
_____
_____

⑮ 소방시설 등 활용조사서 『2017년 산업기사』『2019년 기사』『2019년 산업기사』『2020년 산업기사』『2021년 기사』

☐ 수정

1 소화시설

① ☐ 소화기구
- ☐ 사용 ☐ 미사용 ☐ 미상
  → ☐ 소화약제 미충전 ☐ 소화약제 부족 ☐ 고장
     ☐ 사용법 미숙지 ☐ 노후 ☐ 기타
- 종류 ☐☐☐☐☐ ─────

② ☐ 옥내소화전
- ☐ 사용 ☐ 미사용 ☐ 미상
  → ☐ 전원차단 ☐ 방수압력 미달 ☐ 기구 미비치
     ☐ 설비불량 ☐ 사용법 미숙지 ☐ 기타

③ ☐ 스프링클러설비, 간이스프링클러, 물분무 등 소화설비
- 작동 및 효과성 ☐ 효과적 작동 ☐ 소규모 화재로 미작동
  ☐ 미작동 또는 효과 없음 ☐ 미상
- 종류 ☐☐☐☐☐ ─────

④ ☐ 옥외소화전
- ☐ 사용 ☐ 미사용/효과미비 ☐ 미상
  → ☐ 전원차단 ☐ 방수압력 미달 ☐ 기구 미비치
     ☐ 설비불량 ☐ 사용법 미숙지 ☐ 기타

2 경보설비

① ☐ 비상경보설비 소화기구
- ☐ 경보 ☐ 미경보 ☐ 미상
  → ☐ 수신기 전원차단 ☐ 음향장치 고장
     ☐ 발신기누름버튼 고장 ☐ 사용법 미숙지
     ☐ 기타

② ☐ 비상방송설비
- ☐ 방송 ☐ 미방송 ☐ 미상
  → ☐ 전원차단 ☐ 음향장치 고장
     ☐ 기타

③ ☐ 누전경보기
- ☐ 작동 ☐ 미작동 ☐ 미상

④ ☐ 자동화재탐지설비
- ☐ 작동 → ☐ 거주자 대응 ☐ 거주자 대응 실패
           ☐ 거주자 없음 ☐ 미상
- ☐ 미작동 → ☐ 수신기 고장 ☐ 전원차단
             ☐ 설비불량 ☐ 회로불량
             ☐ 감지기불량 ☐ 기타 ☐ 미상
- ☐ 소규모 화재로 미작동
- ☐ 감지기 종류 ☐☐☐☐☐ ─────

⑤ ☐ 단독경보형 감지기
- ☐ 작동 ☐ 미작동
  → ☐ 건전지 방전 ☐ 건전지 없음
     ☐ 전원차단 ☐ 기타

⑥ ☐ 가스누설경보기
- ☐ 경보 ☐ 미경보 ☐ 미상
  → ☐ 전원차단 ☐ 기기불량 ☐ 기타

③ 피난설비
- ① ☐ 피난기구
  - ☐ 사용 ☐ 미상 ☐ 미사용 → ☐ 거치대 미비 ☐ 사용법 미숙지
  - ☐ 사용 필요 없음   ☐ 탈출공간 미확보 ☐ 기타
  - 종류 ☐ 피난사다리 ☐ 완강기(간이완강기 포함) ☐ 구조대, 공기안전매트 ☐ 피난밧줄
- ② ☐ 유도등
  - ☐ 작동   ☐ 미작동 → ☐ 전원차단   ☐ 전구불량
  - ☐ 미상   ☐ 충전지불량 ☐ 기타
  - 종류 ┃┃┃┃┃_____
- ③ ☐ 비상조명등
  - ☐ 작동   ☐ 미작동 → ☐ 전원차단   ☐ 전구불량
  - ☐ 미상   ☐ 기타

④ 소화용수설비
- ① ☐ 사용   ☐ 미사용   ☐ 미상   ② 종류 ☐ 소화전 ☐ 소화수조 / 저수조 ☐ 급수탑

⑤ 소화활동설비
- ① ☐ 제연설비
  - 작동 및 효과성 ☐ 작동 ☐ 작동하였으나 효과 없음 ┃┃┃┃┃_____
  - ☐ 소규모 화재로 미작동 ☐ 미작동 ┃┃┃┃┃_____ ☐ 미상
- ② ☐ 연결송수관비
  - ☐ 사용   ☐ 미사용 → ☐ 송수구불량   ☐ 배관불량
  - ☐ 사용 필요 없음 ☐ 미상   ☐ 시설노후   ☐ 기타
- ③ ☐ 연결살수설비
  - ☐ 사용   ☐ 미사용 → ☐ 송수구불량 ☐ 헤드불량 ☐ 배관불량
  - ☐ 사용 필요 없음 ☐ 미상   ☐ 시설노후   ☐ 기타
- ④ ☐ 비상콘센트설비
  - ☐ 사용   ☐ 미사용 → ☐ 콘센트불량   ☐ 배선불량
  - ☐ 사용 필요 없음 ☐ 미상   ☐ 시설노후   ☐ 기타
- ⑤ ☐ 무선통신보조설비
- ⑥ ☐ 연소방지설비

⑥ 초기소화활동   ☐ 해당 없음
☐ 소화기 사용 ☐ 옥내·외소화전 사용 ☐ 피난방송 및 대피유도 ☐ 양동이, 모래 사용 ☐ 기타 ☐ 미상

⑦ 방화설비
- ① ☐ 방화셔터   ☐ 작동(닫힘) ☐ 미작동(열림) ┃┃┃┃┃_____ ☐ 미상
- ② ☐ 방화문   ☐ 정상   ☐ 비정상   ┃┃┃┃┃_____ ☐ 미상
- ③ ☐ 방화구획

⑧ 참고사항
_____
_____

⑯ 질문기록서
⑰ 화재감식 감정결과 보고서
⑱ 재산피해신고서
⑲ 재산피해신고서(자동차·철도·선박·항공기)
⑳ 사후조사 의뢰서(미신고 화재)

2 화재조사서류 작성 시 주의사항

(1) 간결, 명료한 문장으로 작성할 것
주어와 서술어가 애매한 문장, 생략한 문장, 장황한 말이 반복되어 요점을 파악하기 어려운 문장 등은 피해야 하고, 과학용어·학술용어 등 말을 바꿀 수 없는 전문용어는 별개로 하되, 원칙적으로 평이하고 알기 쉬운 문장으로 작성하도록 노력한다.

(2) 오자나 탈자 등이 없을 것
오자, 탈자 등의 발생은 문장의 의미가 뒤바뀔 수 있으므로 기재된 사실이나 논리가 어긋나지 않도록 주의하여야 한다.

(3) 필요서류를 첨부할 것
화재 1건마다 정해진 첨부서류(사진 포함)가 누락되지 않도록 하여야 하며, 기재항목마다 미비점이 없도록 작성하여야 한다.

(4) 서식별 작성목적에 맞게 작성할 것
조사서류의 양식은 화재발생 대상물마다 작성하여야 할 항목과 서식이 다르게 되어 있고 이에 따라 각각 작성목적을 달리 하므로 혼란이 발생하지 않도록 구분하여 작성하여야 한다.

3 화재발생종합보고서 작성방법

1 화재발생종합보고서 운영체계도

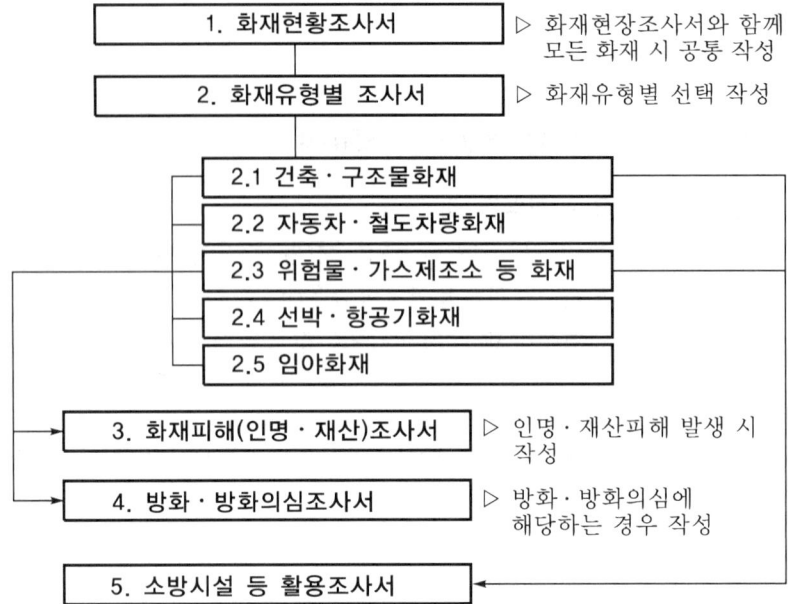

2 작성목적

화재현장조사서 및 화재유형별 조사서, 질문기록서 등의 내용을 집약·정리시켜 화재대상물의 <u>조사내용과 소방활동 개요 등 전반적인 정보를 체크리스트식으로 데이터화</u>하여 소방행정에 반영하기 위함이다.

3 작성자

작성자에 대한 특별한 제한은 없으나 화재현장을 전반적으로 <u>직접 조사한 담당자가 작성</u>한다.

4 기재사항

① **화재발생 및 출동** : 발생일시, 출동, 도착, 초진, 완진, 귀소 시간을 기재한다. 발생일시가 정확하지 않을 경우 추정시간을 기재할 수 있다.
② **화재발생 장소 및 유형** : 화재대상물 주소, 유형(건축, 구조물, 차량, 선박 등)을 기재한다.
③ **화재원인** : 발화열원, 발화요인, 최초착화물, 발화개요 등을 기재한다.

④ 발화관련기기 : 계절용 기기, 생활기기, 주방기기 등과 제품명, 제조회사, 동력원 등을 기재한다.
⑤ 연소확대 : 연소확대물과 연소확대 사유를 기재한다.
⑥ 피해 및 인명구조 : 인명피해(사망, 부상, 이재민 수)와 재산피해(재산피해액, 소실면적, 소실 정도 등)를 구분하여 기재한다.
⑦ 관계자 : 소유자, 점유자, 방화관리자 등의 인적사항을 기재한다.
⑧ 동원인력 : 소방, 의소대, 경찰, 가스, 잔기 등 화재현장에 동원된 인원과 장비를 기재한다.
⑨ 보험가입 : 보험회사 및 보험금액, 계약기간을 조사하여 기재한다.
⑩ 기상상황 : 날씨, 온도, 습도, 풍향, 풍속, 기상특보사항 등을 기재한다.
⑪ 첨부서류 : 화재유형별 조사서와 화재피해조사서 등 관계된 서류를 첨부한다.
⑫ 작성자 : 작성자의 소속과 계급, 성명을 기재한다.

5 화재발생종합보고서(화재현황조사서) 작성원칙

① 년, 월, 일 및 시간과 인원 등의 표기는 아라비아 숫자로 한다.
② 화재원인 및 발화관련기기, 연소확대 요인의 표기는 체크(✔) 방식으로 작성한다.
③ 누락되거나 오기(誤記), 탈자(脫字)가 없어야 한다.
④ 작성자의 소속과 계급, 성명을 기록하여야 한다.
※ 화재현황조사서는 화재의 개요를 알 수 있는 기본적인 보고서로서 모든 화재에 공통으로 작성한다.

4 화재현장조사서 작성방법

1 작성목적

① 발화원인, 연소확대원인, 사상자 발생원인 등을 조사하여 유사화재 예방 및 소방행정에 반영하기 위함이다.
② 연소상황 관찰 및 관계자의 진술 등을 자료로 사실관계의 규명을 기록하기 위함이다.
③ 현장 발굴작업 및 복원작업 상황 등 증거 보존자료를 확보하고 명확하게 하기 위함이다.

2 작성자

화재현장을 직접 조사한 담당자가 작성한다. 현장을 분담하여 작성한 경우에는 분담한 각자가 분담한 장소의 현장조사서를 작성한다.

3 작성 시 유의사항

(1) 내용이 누락되지 않도록 작성할 것
작성 서식에 따라 조사가능한 모든 내용이 포함될 수 있도록 하여야 하며 누락이 없도록 한다. 조사 개시시간 및 종료시간과 조사횟수 등이 빠지지 않도록 하고, 관계자 등 입회인의 인적 사항까지 기재해 둘 필요가 있다.

(2) 관찰·확인된 객관적인 사실을 기재할 것
확인된 사실에 바탕을 두고 객관적으로 작성하여야 한다. 주관적인 판단이나 조사관이 의도하는 결론으로 유도하는 것과 같은 방법으로 작성하지 않아야 한다.

(3) 관계자의 입회와 진술을 기재할 것
공정성과 중립성을 유지하기 위해 관계자 등 입회인을 두어 화재발생 전 상황과 실태를 청취하여 파악한 내용을 기재하도록 한다.

(4) 발굴 및 복원 단계의 조사내용을 기술할 것
발굴 및 복원 과정에서 나타나거나 확인된 사항을 통해 발화원으로 긍정해야 될 사실과 배제되어야 할 사실을 빠짐없이 기록하여야 한다.

(5) 간단, 명료하게 서술할 것
연소의 강약과 방향, 소손된 건물의 상태 등을 평이한 표현으로 간단, 명료하게 계통적으로 나타내어야 한다. 추상적인 표현이나 문맥이 불확실한 애매한 표현과 과대한 표현 등은 피하여야 한다.

(6) 원인판정에 이르게 된 논리구성과 각 조사서에 기재된 사실을 취급할 것
원인판정에 이르는 논리구성은 원칙적으로 소손상황을 객관적으로 기재한 화재현장조사서의 사실을 주체로 하며 화재현장출동보고서 및 질문조사서의 진술사항 등은 보완자료로 활용하여 결론을 이끌어내야 한다. 특히 앞·뒤 사실관계를 분명하게 하여 검토과정에서 배제된 원인조사 내용에 대해 반증을 열거해 가며 기술하도록 한다.

(7) 인용방법 및 인용자료를 언급할 것
최초 목격자 및 관계자 등으로부터 확보한 목격담과 진술은 직접 인용법을 사용하여 원문의 표현이 적절하게 표현되도록 한다. 신고자 ○○○에 의하면 "큰소리에 놀라 잠에서 깨어보니 골목에서 불길이 치솟고 있었다."라는 직접 인용법은 사실이 왜곡될 우려가 적고 원문에 가장 가깝게 표현된 수단이라고 할 수 있다. 한편 인용자료는 발화원인 등의 입증이 불충분할 경우 보충적 실험자료나 관련문헌의 내용을 첨가하여 기술적으로 뒷받침해 주도록 한다.

4 기재사항

(1) 서류형식상 필요한 사항

① 화재현장조사서 작성일 : 화재현장조사서의 작성일은 화재가 발생한 당일 또는 현장조사 직후 작성한다.
② 작성자 : 화재조사에 참여하고 작성한 담당자의 이름을 기재한다.
③ 현장조사 일시 : 현장조사의 개시와 종료의 연·월·일과 시간을 기재한다. 현장조사는 수일에 걸쳐 실시하는 경우도 있으므로 그때마다 화재현장조사서를 작성한다.
④ 화재발생 장소 및 물건 : 화재가 발생한 장소와 현장조사를 통해 확인된 물건, 소손상태 등을 기록한다.
⑤ 관계자 입회 : 화재로 구조물이 붕괴된 경우 화재발생 전 구조를 알기 어렵고 내부의 수납물의 배열상태 등을 파악할 수 없으므로 관계자의 입회하에 조사를 실시하는 것이 사실 확인 및 공정성 확보 차원에서 이루어져야 한다.

(2) 현장조사결과 기록

① 현장의 위치 및 부근상황 : 발화장소 주변의 지형, 도로상황, 건물의 밀집도나 노후도, 구조, 개요, 수리상황 등을 기재한다.
② 현장상태 : 발화건물을 비롯하여 그 건물의 어느 부분에서 화재가 발생했는지 화재원인 판정에 인용될 수 있도록 소손상황을 기록한다.
③ 소손상황 : 발화가 일어났다고 추정되는 구역의 발굴, 복원작업을 실시한 구역의 소손상황을 기재하는 것으로 다음과 같은 방법으로 상세하게 기록한다.
  ㉠ 발굴순서에 따라 기재할 것
  ㉡ 연소확대 방향성을 알 수 있도록 기록할 것
  ㉢ 훈소흔적, 전기적 단락흔, 유류의 사용흔적 등 특이 사실이 누락되지 않도록 작성할 것
  ㉣ 발화원과 연소매개체인 가연물과 착화가능성, 소손된 상황 등을 구체적으로 기재할 것
  ㉤ 발화지점 및 연소확대된 구역 등에 대해 관찰·확인한 위치와 대상을 명확하게 할 것
  ㉥ 사진과 도면은 조사 보충자료로 취급할 것
  ㉦ 증거는 발견된 위치와 크기, 소손상태 등을 기록하여 증거유지가 가능하도록 할 것

(3) 발화건물 판정

발화건물의 판정은 진압활동에 참여한 소방관들이 작성하는 화재현장출동보고서와 관계자 등으로부터 확보한 질문기록서 등을 참고하여 판단한다. 일반적으로 내화구조인 경우 발화가 개시된 건물은 단독인 경우가 많지만 2동 이상 연소한 경우에도 외부의 소손상태를 관찰하면 발화된 건물과 기타 건물을 판단할 수 있다.

(4) 발화지점 판정
① 화재현장조사서 및 화재현장출동보고서와 주변 관계자로부터 확보한 질문기록서를 바탕으로 축소해 나간다.
② 논리적 고찰은 수집된 정보와 소손상황에 무리가 없으며 입증사실을 충분히 설명할 수 있도록 작성한다.
③ 발화지점을 한정시킬 수 없다면 연소된 구역에 존재하는 모든 발화원에 대해 검토를 하여야 한다.

(5) 발화원인 판정
① 연역법에 의한 발화원인 판정
　㉠ 분석, 측정 기기 등에 의한 데이터 제시
　㉡ 재현실험에 의한 입증
　㉢ 각종 문헌을 인용한 객관성 있는 해설
　㉣ 유사화재 사례유무 확인
② 소거법에 의한 발화원인 판정
　㉠ 발화지점 안에 있는 열원을 전체적으로 열거한다.
　㉡ 각각의 발화원에 대하여 발화가능성이 낮은 순으로 검토하여 배제시키는 방법에 의한다.
　㉢ 최종적으로 발화원을 특정하여 화재발생 요인과 발생경위 등을 병행하여 판정한다.

(6) 발화원인 판정 작성 시 유의사항
① 발화원의 입증은 사실 인정에 기초하여 작성한다.
② 반증에 대한 의문이 남지 않도록 논리와 구성이 합리적이어야 하며, 기타 발화원을 부정하는 사실을 기재한다.
③ 비약적인 논리나 또는 막연한 추정을 피하고 증거물 등 근거에 입각하여 작성한다.

5 화재현장출동보고서 작성방법

1 작성목적
소방대가 소방활동 중에 관찰, 확인한 결과를 바탕으로 발화건물 및 발화원인 판정을 합리적으로 수립하기 위한 판단자료로 활용하는 데 있다.

2 작성자
119안전센터 등의 선임자는 화재 시 지체없이 국가화재정보시스템에 화재현장출동보고서를 작성·보고하여야 한다.

3 기재사항

화재 각지로부터 소화활동 종료시점까지 <u>관찰하거나 확인된 사실을 기재</u>한다. 작성내용에는 현장에 있던 관계자로부터 확보한 정보를 포함하여 기재할 수 있다.

(1) 출동 도중의 관찰사항
　① 화재 각지 시의 위치
　② 출동 도중 불꽃이나 연기, 냄새, 이상한 소리, 폭발 등의 상황과 그것을 확인했을 때의 위치
　③ 출동로의 차단, 교통지체, 기타 현장도착 지연사유
　④ 차량 부서의 위치

(2) 현장도착 시 관찰, 확인 사항
　① 하차 후 연기의 상황, 연소상황, 처마, 개구부로부터의 화염의 분출상황, 화세의 강약 확인
　② 이상한 소리, 특이한 냄새, 폭발현상 등 특이한 현상과 확인한 위치
　③ 관계자 등의 부상, 복장상태, 행동 및 응답내용
　④ 건물의 출입문, 창문, 셔터 등의 개폐 및 잠금 상태

(3) 소화활동 중 상황
　① 연소확대가 집중적으로 이루어지고 있는 상황과 대응
　② 소화활동 중 주변 관계자의 증언 및 주변 사람들의 대화내용
　③ 누설전류, 가스누설 유무, 밸브의 개폐상황, 기타 화재원인 판정에 필요한 사항
　④ 발화지점 부근의 물건의 이동과 도괴, 손괴상황 등

4 작성 시 유의사항

(1) 문장형태는 현재진행형으로 작성

출동보고서는 직접 출동하여 화재 당시 확인된 사실에 입각하여 작성하는 것으로 그 당시를 연상시켜 현재형으로 표현하는 것이 가장 적절하다.

(2) 소방대원이 직접 관찰하고 확인한 위치를 기재

일반적으로 차량의 부서위치를 포함하여 다방면에서 활동하다가 확인된 사실을 중점적으로 기술한다.

(3) 도면이나 사진을 활용

화재현장이 완전연소되면 평면적으로 바닥면만 남는 경우도 있고 모든 방향을 일목요연하게 보고서로 설명하는 데에는 한계가 있으므로 도면이나 사진자료를 첨부하여 보고 가치를 높일 필요가 있다.

(4) 기재대상의 기호화·간략화

기재대상이 되는 건물이나 거실 등은 도면이나 사진상에 번호나 기호 등을 사용하여 간략하게 표기할 수 있다.

6 질문기록서 작성방법

┃ 질문기록서 ┃

화재번호(20 －00)	20 . . 소　속 : ○○소방서(소방본부) 계급·성명 :　○○○(서명)
① 화재발생 일시 및 장소	년　　월　　일　　시 ○○시　○○구　○○동　번지　○○건물
② 질문일시	20 . . .　　: 부터 ~ 20 . . .　　: 까지
③ 질문장소	
④ 답변자	• 주소 :　　　　　　　　　Tel : • 직업 :　　　　　,　　성명 : ○○○　(인)
⑤ 화재대상과의 관계	• 최초신고자, 초기소화자, 발견자, 건물관계자 등
⑥ 언제	• 시간은(시계로, 컴퓨터, TV로)
⑦ 어디서	• 위치(몇 층, 방 안에서…)
⑧ 무엇을 하고 있을 때	• 누구와, 무엇을 하고 있다가
⑨ 어떻게 해서 알게 되었는가?	• 소리(어떤), 냄새, 연기, 말(누구)
⑩ 그때 현상은 어떠 했는가?	• 어디에서 보고, 어디의(부근의), 무엇이, 어떻게(불꽃의 높이, 범위, 연기 색), 누구였던가, 또한 불타고 있지 않았다.
⑪ 그래서 어떻게 했는가?	• 사람에게 알렸다(어디의 누구에게), 통보하였다(어디로, 전화로), 피난하였다(누구와, 무엇을 이용하여, 어떻게, 도중에 상황은), 소화하였다(어디의, 무엇을, 어떻게 하여, 어디로, 누가 있었는가, 연소는 어떠했는가), 그후 어떻게 하였다.
⑫ 기타 참고사항	• 이웃주민 ○○○씨가 창문에서 연기가 분출하는 것을 발견하고 창문 쪽에서 실내를 보니 장식장에서 불꽃이 발생하고 있었음.

※ 기타화재 중 쓰레기, 모닥불, 가로등, 전봇대화재 및 임야화재의 경우 질문기록서 작성을 생략할 수 있음.

1 작성목적

관계자 이외에는 알 수 없는 화재발생 전의 상황과 기구상태, 사용방법 등에 대해 정보를 확보하거나 최초 신고자 또는 목격자 등의 진술을 통해 객관적인 조사자료를 확보하는 데 있다.

2 작성자

가능한 한 화재현장에 출동한 <u>화재조사담당 소방공무원</u>이 작성한다.

3 작성 시 주의사항

① <u>임의진술을 얻어야</u> 하며, 진술 후 내용을 확인시키고 서명을 받는다.
② 미성년자 또는 정신장애자 등은 <u>보호자를 입회</u>시켜 신뢰를 확보한다.
③ 화재와 관련된 자 또는 제3자가 없는 장소를 선택하여 질문을 얻어낸다.

4 질문 방법 및 시기

① 질문방법으로 특별히 규정된 것은 없으나 기대나 희망을 암시하는 유도심문을 삼가고 진실에 바탕을 둔 임의적 진술을 확보하여야 한다.
② 화재현장에서 작성하는 경우 제3자나 이해당사자가 없는 장소를 선택하여 개인의 권리나 사생활이 침해되지 않도록 하여야 한다.
③ 시간이 경과하면 사람의 심경변화가 작용하여 예기치 못한 진술번복 등이 발생할 수 있으므로 사실관계가 왜곡되지 않도록 화재발생 직후 가능한 조기에 실시한다.

5 작성대상

(1) 발화행위자

발화행위자란 화재를 직접 발생시켰거나 화재발생에 직접 관계가 깊은 사람을 말한다. 발화행위자는 화재원인과 결부된 정보를 갖고 있는 경우가 많지만 책임을 회피하거나 진술을 망설이는 등 주저하는 경우가 많기 때문에 심리적 동요가 많다는 점을 고려하여 작성한다.

(2) 발화관계자

발화관계자란 발화건물의 책임자, 거주자, 종업원 등 발화장소와 직·간접적으로 관계된 사람을 말한다. 이들을 통해 건물 구조와 화기의 취급상황, 작업내용 등의 정보를 확인한다.

(3) 화재 발견자, 신고자, 소화행위를 한 자

화재초기 상황은 발견, 통보 및 초기 소화자가 가장 유력한 정보를 가지고 있다. 다수의 관계자가 있다면 최초 화재를 발견하거나 소화행위를 행한 사람을 우선하여 진술을 얻어내고 목격한 방향에 따라 연소상황이 다를 수 있으므로 복수의 사람으로부터 정보를 입수한다.

7 재산피해신고서 작성방법

| 재산피해신고서 |

년   월   일

○ ○ 소 방 서 장   귀 하

성   명 :
주   소 :
신고자 직업 :   전화 :

■ 부동산

1	피해 년월일	년 월 일		
	피해 장소			
2	피해건물과 신고자와의 관계	(소유자, 점유자, 관리자)		
3	건축매입 년월일		재건축 또는 재매입 금액	
	추정, 기록, 기억		추정, 기록, 기억, 불명	
	년 월	$3.3m^2$(평)당 금액	총 금액	

			취득 후의 경과		
4	수선 개축	년 월	수선·개축한 부분	수선·개축에 필요한 금액	
		년 월			
	증축	년 월	증축의 개요	증축 면적(m^2)	필요한 금액
		년 월			

			피해 전의 피해내역		
5	건물의 용도	지붕	외벽	층수	연면적(m^2)
	주거 세대수	세대		거주인원	명

		건물·수용물 이외의 피해상황		
6	피해 물건명	피해의 종류	수량 또는 면적	경과연수
		소실·수손·기타		년
		소실·수손·기타		년

		화재보험계약	
7	계약회사명	계약 년월	보험금액(천원)

■ 동산

피해 년월일			피해물건과 신고자와의 관계				(소유자・점유자・관리자)	
피해 장소			시(군)	구(읍・면)	동(리)		번지 호	
품명 수량		피해액	피해의 종별	품명	수량	피해액	피해의 종별	
			(소실・수손・기타)				(소실・수손・기타)	
			(소실・수손・기타)				(소실・수손・기타)	
			(소실・수손・기타)				(소실・수손・기타)	
			(소실・수손・기타)				(소실・수손・기타)	
			(소실・수손・기타)				(소실・수손・기타)	
			(소실・수손・기타)				(소실・수손・기타)	
			(소실・수손・기타)				(소실・수손・기타)	
			(소실・수손・기타)				(소실・수손・기타)	
			(소실・수손・기타)				(소실・수손・기타)	
			(소실・수손・기타)				(소실・수손・기타)	

1 작성목적

피해물품의 누락 등으로 인해 야기될 수 있는 피해당사자의 불이익을 제거하고 정확한 피해 집계를 통해 조속히 생활안정을 되찾을 수 있도록 하는 데 있다.

> **꼼.꼼.check!** 재산피해신고서 접수(화재조사 및 보고규정 제43조)
> - 조사관은 화재발생 건물의 인명피해와 재산피해 발생상황을 조사하여야 하며, 필요한 경우나 또는 피해당사자가 소방기관의 피해조사내용에 이의를 제기할 경우에는 [별지 제6호 서식]부터 [별지 제7호 서식]까지의 규정에 따른 피해신고서를 받아야 한다.
> - 위의 내용에 따른 신고서를 접수한 관할소방서장은 이를 검토하여야 하고, 필요시 피해액을 재산정한다.

2 신청자

화재가 발생한 대상물의 피해당사자가 신청한다.

3 작성방법

① 피해당사자는 재산피해 대상을 부동산, 동산 및 자동차, 철도, 선박, 항공기 등으로 구분하여 신청하여야 한다.
② 부동산에 대한 재건축 또는 재매입금액과 평당금액은 피해당사자가 추정이나 기억에 의존하여 작성, 제출할 수 있다.
③ 관할소방서장은 피해물건의 종류, 수량, 면적, 경과연수 등을 재검토하여 산정하여야 한다.

Chapter 06 출제예상문제

✱ 표시 : 중요도를 나타냄

발화원인 판정

01 | ✱✱ / 배점 : 6 |

다음 보기 중 수분과 접촉할 경우 발열하는 물질을 모두 쓰시오.

① 표백분 ② 생석회 ③ 황린 ④ 과산화칼슘 ⑤ 마그네슘 ⑥ 탄화칼슘

답안 ② 생석회 ④ 과산화칼슘 ⑥ 탄화칼슘

02 | ✱✱ / 배점 : 5 |

인간의 피난행동 특성 5가지를 쓰시오.

답안 ① 귀소본능 ② 퇴피본능 ③ 지광본능 ④ 추종본능 ⑤ 좌회본능

화재조사 관계법령

03 | ✱✱✱ / 배점 : 5 |

다음 소방의 화재조사에 관한 법률에 의한 벌칙을 쓰시오.

(1) 화재조사를 하는 관계 공무원의 출입 또는 조사를 거부·방해 또는 기피한 사람
(2) 관계인의 정당한 업무를 방해하거나 화재조사를 수행하면서 알게 된 비밀을 다른 사람에게 누설한 사람

답안 (1) 300만원 이하의 벌금
(2) 300만원 이하의 벌금

해설 소방의 화재조사에 관한 법률 제21조(벌칙)에 의해 정당한 사유 없이 화재조사관의 출입 또는 조사를 거부·방해 또는 기피한 사람과 관계인의 정당한 업무를 방해하거나 화재조사를 수행하면서 알게 된 비밀을 다른 용도로 사용하거나 다른 사람에게 누설한 사람은 300만원 이하의 벌금에 처한다.

04 화재조사 및 보고규정에 의한 조사실시상의 원칙이다. 괄호 안을 채우시오.

- 조사는 (①) 증거를 바탕으로 (②) 방법을 통해 합리적인 사실의 규명을 원칙으로 한다.
- 질문을 할 때에는 시기, 장소 등을 고려하여 진술을 하는 사람으로부터 (③)을 얻도록 하여야 한다.
- 조사를 실시함에 있어 (④) 등의 입회하에 현장과 기타 관계있는 장소에 출입하는 것을 원칙으로 한다.
- 관계자 등에 대한 질문사항은 (⑤)에 작성하여 그 증거를 확보한다.

답안
① 물적
② 과학적
③ 임의진술
④ 관계자
⑤ 질문기록서

05 화재조사 및 보고규정에 의한 사상자와 부상 정도를 나타낸 것이다. 괄호 안을 채우시오.

- 사상자는 (①)에서 사망한 사람과 부상당한 사람을 말한다.
- 부상의 정도는 (②)의 진단을 기초로 하여 분류한다.
- 중상이란 (③) 이상의 입원치료를 필요로 하는 부상을 말한다.

답안
① 화재현장
② 의사
③ 3주

06 화재조사 및 보고규정에 의해 동일한 대상물에서 발화점이 2개소 이상 있더라도 1건의 화재로 조사하는 경우가 있다. 이런 경우 2가지를 쓰시오.

답안
① 누전점이 동일한 누전에 의한 화재
② 지진, 낙뢰 등 자연현상에 의한 다발화재

07 화재조사 및 보고규정에 의해 소방서장이 화재합동조사단을 구성하여 운영하여야 하는 내용이다. 괄호 안을 구분하여 쓰시오.

사망자가 (①)명 이상이거나 사상자가 (②)명 이상 또는 재산피해액이 (③)억원 이상 발생한 화재

답안 ① 5 ② 10 ③ 100

08. 화재조사 및 보고규정에 대한 설명이다. 설명에 대한 용어를 쓰시오.

①	피해물의 경제적 내용연수가 다한 경우 잔존하는 가치의 재구입비에 대한 비율을 말한다.
②	열원에 의하여 가연물질에 지속적으로 불이 붙는 현상을 말한다.
③	화재원인의 판정을 위하여 전문적인 지식, 기술 및 경험을 활용하여 주로 시각에 의한 종합적인 판단으로 구체적인 사실관계를 명확하게 규명하는 것을 말한다.
④	발화열원에 의해 불이 붙고 이물질을 통해 제어하기 힘든 화세로 발전한 가연물을 말한다.
⑤	고정자산을 경제적으로 사용할 수 있는 연수를 말한다.

답안
① 최종잔가율
② 발화
③ 감식
④ 최초착화물
⑤ 내용연수

09. 화재조사 및 보고규정에 의해 화재현장에서 사상을 당한 자가 사망한 경우 몇 시간 이내에 사망한 경우에 당해 화재로 인한 사망으로 보는지 쓰시오.

답안 72시간

10. 화재증거물 수집관리규칙에 대한 내용이다. 괄호 안을 채우시오.

- 증거서류 수집은 원본 영치를 원칙으로 하고 사본을 수집할 경우 원본과 대조한 다음 (①)을 하여야 한다.
- 증거물을 수집할 때는 휘발성이 (②)에서 (③) 순서로 진행해야 한다.
- 증거물 수집과정에서 기록은 가능한 법과학자용 표지 또는 (④)를 사용하는 것을 원칙으로 한다.

답안
① 원본대조필
② 높은 것
③ 낮은
④ 태그

11. 화재증거물 수집관리규칙에 의한 증거물 시료용기 중 1회 사용 후 반드시 폐기하여야 하는 용기를 쓰시오.

답안 주석도금캔

12. 증거물 수집관련 내용이다. 빈칸을 채우시오.

- 유리병과 금속캔에는 액체 촉진제의 증기가 차지할 공간을 위해 내용적의 (①) 이상을 채우지 않도록 한다.
- 시료용기의 마개는 고무를 사용할 수 있으나 (②)고무는 제외한다.
- 유리병 시료용기의 코르크 마개는 (③) 물질에는 사용하지 않아야 한다.

답안 ① 2/3 ② 클로로프렌 ③ 휘발성 액체

13. 화재증거물 수집관리규칙에 따른 현장사진 및 비디오 촬영 시 유의사항이다. 괄호 안을 채우시오.

- 최초 도착하였을 때의 (①)를 그대로 촬영하고, 화재조사의 진행순서에 따라 촬영한다.
- 증거물을 촬영할 때는 그 소재와 상태가 명백히 나타나도록 하며, 필요에 따라 구분이 용이하게 (②) 등을 넣어 촬영한다.
- 화재현장의 특정한 증거물 등을 촬영함에 있어서는 그 길이, 폭 등을 명백히 하기 위하여 측정용 자 또는 (③)를 사용하여 촬영한다.
- 현장사진 및 비디오 촬영할 때에는 연소확대 경로 및 증거물 기록에 대한 번호표와 (④)를 표시 후에 촬영하여야 한다.

답안
① 원상태
② 번호표
③ 대조도구
④ 화실표

14. 불을 놓아 사람이 주거로 사용하는 건물을 소훼시켜 사망에 이르게 한 때 형법상 처벌규정을 쓰시오.

답안 사형, 무기 또는 7년 이상의 징역

15. 다음은 형법과 관련된 내용이다. 그에 따른 벌칙을 쓰시오.

(1) 고의로 불을 놓아 사람이 현존하는 건조물을 소훼한 자
(2) 화재 진화용의 시설 또는 물건을 은닉 또는 손괴하거나 기타 방법으로 진화를 방해한 자
(3) 과실로 인하여 사람이 현존하는 차량을 소훼한 자

답안
(1) 무기 또는 3년 이상의 징역
(2) 10년 이하의 징역
(3) 1천500만원 이하의 벌금

16. 민법에 의한 특수불법행위의 종류 3가지를 쓰시오.

답안 ① 감독자 책임 ② 사용자 책임 ③ 공작물 등의 점유자, 소유자의 책임

17. 제조물책임법에 의한 결함의 종류 3가지를 쓰시오.

답안 ① 제조상 결함 ② 설계상 결함 ③ 표시상 결함

18. 실화책임에 관한 법률에 의한 손해배상액 경감 시 참작사유 5가지를 쓰시오.

답안
① 화재의 원인과 규모
② 피해의 대상과 정도
③ 연소 및 피해 확대의 원인
④ 피해 확대를 방지하기 위한 실화자의 노력
⑤ 배상의무자 및 피해자의 경제상태

19. 민법의 기본원리 3가지를 쓰시오.

답안 ① 사유재산권 존중의 원칙 ② 사적자치의 원칙 ③ 과실책임의 원칙

20. 민법에 의한 불법행위의 성립요건에 대한 내용이다. 괄호 안에 알맞은 용어를 쓰시오.
(1) 가해자에게 고의 또는 (①)이 있을 것
(2) 행위자에게 (②)이 있을 것
(3) 가해행위와 손해발생 사이에 상당 (③)가 존재할 것

답안 ① 과실 ② 책임능력 ③ 인과관계

화재피해 평가

21. 화재피해액 산정 시 건물(일반주택 제외)과 분리하여 별도로 피해액을 산정하여야 하는 것을 모두 쓰시오.

• 구축물 • 집기비품 • 영업시설 • 기계장치 • 부대설비

답안 구축물, 영업시설, 부대설비

22 다음 괄호 안을 채우시오.

- 건물, 부대설비, 구축물, 가재도구의 최종잔가율은 (①)%이며, 그 외의 자산은 (②)%로 한다.
- 화재피해액 산정은 (③)평가법 사용을 원칙으로 한다.
- 화재피해액은 물적 손해의 직접 손해만 산정하며 무형의 손해와 (④) 피해는 산정하지 않는다.
- 건물의 소실면적 산정은 소실된 (⑤)면적으로 산정한다.

답안 ① 20 ② 10 ③ 복성식 ④ 간접 ⑤ 바닥

23 다음 대상별 화재피해액 산정식을 쓰시오.
(1) 건물
(2) 영업시설(간이평가방식)
(3) 재고자산(회계장부에 의한 방식)

답안
(1) 건물 : 신축단가×소실면적×[1−(0.8×경과연수/내용연수)]×손해율
(2) 영업시설 : m^2당 표준단가×소실면적×[1−(0.9×경과연수/내용연수)]×손해율
(3) 재고자산 : 회계장부상의 현재가액×손해율

24 아파트 1층에서 화재가 발생하여 내부 전체 66m^2가 완전소실(손해율 65%)되었고, 2층으로 연소확산되어 2층 베란다 15m^2 소실(손해율 20%) 및 거실 20m^2(손해율 10%)가 연기에 그을리는 피해를 입었다. 기본현황을 참고하여 건물 화재피해액을 산정하시오. (단, 피해액은 소수점 첫째자리에서 반올림한다.)

〈기본현황〉
- 구조 : 철근콘크리트조 슬래브지붕 고층형 3급
- m^2당 표준단가 : 704천원
- 내용연수 : 75년
- 경과연수 : 10년

답안 건물 피해액 산정 : 신축단가×소실면적×[1−(0.8×경과연수/내용연수)]×손해율
- 1층 피해액
  704천원×66m^2×[1−(0.8×10/75)]×65%=26,980천원
- 2층 베란다 및 거실의 그을음 피해액
  − 베란다 피해액 : 704천원×15m^2×[1−(0.8×10/75)]×20%=1,887천원
  − 거실 피해액 : 704천원×20m^2×[1−(0.8×10/75)]×10%=1,258천원
∴ 총 피해액 : 26,980천원+1,887천원+1,258천원=30,125천원

25. 화재피해액 산정에 대한 기준이다. 괄호 안을 채우시오.

- 차량화재의 피해액 산정은 전부손해의 경우 (①)가격으로 하며 전부손해가 아닌 경우 (②)로 한다.
- 집기비품의 피해액 산정을 실질적·구체적 방식에 의한 경우 재구입비는 (③)의 가격에 의한다.
- 잔존물 제거비용은 (④)의 공식에 의한다.

답안
① 시중매매
② 수리비
③ 물가정보지
④ 화재피해액×10%

26. 부대설비의 소손 정도에 따른 손해율(%)을 쓰시오.

화재로 인한 피해 정도	손해율(%)
주요 구조체의 재사용이 거의 불가능하게 된 경우	(①)
손해 정도가 상당히 심한 경우	(②)
손해 정도가 다소 심한 경우	(③)
손해 정도가 보통인 경우	(④)
손해 정도가 경미한 경우	(⑤)

답안
① 100
② 60
③ 40
④ 20
⑤ 10

27. 경과연수가 5년인 철근콘크리트 주택에서 화재가 발생한 경우 잔가율을 구하시오. (단, 내용연수는 50년, 산정식까지 기재할 것)

답안
잔가율 = [1 − (0.8 × 경과연수/내용연수)]
= [1 − (0.8 × 5/50)]
= 92%

28. 일반주택 2층에서 화재가 발생하였다. 피해현황을 보고 다음 질문에 답하시오.

〈피해현황〉
- 용도 및 구조 : 일반주택(시멘트벽돌조 슬래브지붕 4급)
- m^2당 신축단가 : 799천원
- 내용연수 : 50년
- 경과연수 : 10년
- 부동산 피해
  - 1층 60m^2 그을음 및 수손피해(손해율 10%)
  - 2층 66m^2 내부 마감재 등 소실(손해율 40%)
- 가재도구 피해

구 분	재구입비(천원)	경과연수	내용연수	수 량	손해율(%)
노트북	1,040	2	4	2	50
소파	124	5	6	1	30
장롱	1,295	3	8	1	50
책상	225	3	6	2	30

(1) 건물피해액 산정을 위해 빈칸을 채우고 산출과정을 서술하시오. (단, 피해액은 소수점 첫째자리에서 반올림한다.)

구 분	소실면적(m^2)	신축단가(천원)	경과연수	내용연수	잔가율(%)	손해율(%)	피해액(천원)
1층							
2층							
산출과정							

(2) 가재도구 산출을 위해 빈칸을 채우고, 실질적·구체적 방식에 의한 산출과정을 서술하시오. (단, 피해액은 소수점 첫째자리에서 반올림한다.)

구 분	재구입비(천원)	수량	경과연수	내용연수	잔가율(%)	손해율(%)	피해액(천원)
노트북							
소파							
장롱							
책상							
산출과정							

(3) 잔존물 제거비를 산정하시오. (단, 피해액은 소수점 첫째자리에서 반올림한다.)

잔존물 제거	산정대상 피해액		잔존물 제거비용	

(4) 총 피해액을 산정하시오. (단, 피해액은 소수점 첫째자리에서 반올림한다.)

구 분	부동산		총 피해액	
	동산			

답안

(1)

구분	소실면적 (m²)	신축단가 (천원)	경과연수	내용연수	잔가율 (%)	손해율 (%)	피해액 (천원)
1층	60	799	10	50	84	10	4,027
2층	66	799	10	50	84	40	17,719
산출과정	신축단가×소실면적×[1−(0.8×경과연수/내용연수)]×손해율 • 1층 피해액 : 799천원×60m²×[1−(0.8×10/50)]×10%=4,027천원 • 2층 피해액 : 799천원×66m²×[1−(0.8×10/50)]×40%=17,719천원 ∴ 총 피해액 : 4,027천원+17,719천원=21,746천원						

(2)

구분	재구입비 (천원)	수량	경과연수	내용연수	잔가율 (%)	손해율 (%)	피해액 (천원)
노트북	1,040	2	2	4	60	50	624
소파	124	1	5	6	33.3	30	12
장롱	1,295	1	3	8	70	50	453
책상	225	2	3	6	60	30	82
산출과정	재구입비×[1−(0.8×경과연수/내용연수)]×손해율 • 노트북 : 1,040천원×[1−(0.8×2/4)]×50%=312천원 　　　　　노트북 2대가 소실되었으므로 624천원 • 소파 : 124천원×[1−(0.8×5/6)]×30%=12천원 • 장롱 : 1,295천원×[1−(0.8×3/8)]×50%=453천원 • 책상 : 225천원×[1−(0.8×3/6)]×30%=41천원 　　　　책상 2대가 소실되었으므로 82천원 ∴ 총 피해액 : 624천원+12천원+453천원+82천원=1,171천원						

(3)

잔존물 제거	산정대상 피해액	• 건물 : 21,746천원 • 가재도구 : 1,171천원 ∴ 총 합계 : 22,917천원	잔존물 제거비용	2,292천원 (산정대상 피해액×10%)

(4)

구분	부동산	23,921천원	총 피해액	25,209천원
	동산	1,288천원		

※ 총 피해액 산정방법
① 부동산 : 잔존물 제거비용 중 부동산부분(건물, 부대설비, 구축물, 영업시설)에 관한 비용의 총액×1.1(피해액+잔존물 제거비)을 기재한다.
② 동산 : 잔존물 제거비용 중 동산부분(가재도구, 집기비품, 기계장치 등)에 관한 비용의 총액×1.1(피해액+잔존물제거비)을 기재한다.

29 아파트에서 화재가 발생하여 내부 80m²가 모두 소손되었다. 다음 질문에 답하시오.

(1) 교류 220V를 사용하며 전구의 저항값이 400Ω이라면 소비되는 전력은 몇 W인지 계산하시오.

(2) 소손된 가재도구 현황을 조사하였다. 다음 표를 보고 빈칸을 모두 채우고, 산출과정을 쓰시오. (단, 피해액은 소수점 첫째자리에서 반올림하고, 기타 조건은 무시한다.)

구 분	재구입비 (천원)	수 량	경과연수	내용연수	잔가율 (%)	손해율 (%)	피해액 (천원)
텔레비전	796	1	4	5		100	
냉장고	1,335	2	3	6		100	
세탁기	1,136	1	4	6		50	
전기밥솥	184	1	5	6		50	
정수기	571	1	4	8		30	
산출과정							

답안
(1) $I = V/R$ 이므로 $220/400 = 0.55$A, 전력 $P = VI$ 이므로 $220 \times 0.55 = 121$W

(2)

구 분	재구입비 (천원)	수 량	경과연수	내용연수	잔가율 (%)	손해율 (%)	피해액 (천원)
텔레비전	796	1	4	5	36	100	287
냉장고	1,335	2	3	6	60	100	1,602
세탁기	1,136	1	4	6	46.66	50	265
전기밥솥	184	1	5	6	33.33	50	31
정수기	571	1	4	8	60	30	103
산출과정	재구입비×[1−(0.8×경과연수/내용연수)]×손해율 • 텔레비전 : 796천원×[1−(0.8×4/5)]×100% = 287천원 • 냉장고 : 1,335천원×[1−(0.8×3/6)]×100% = 801천원 　　　　　냉장고 2대가 소실되었으므로 801천원×2대 = 1,602천원 • 세탁기 : 1,136천원×[1−(0.8×4/6)]×50% = 265천원 • 전기밥솥 : 184천원×[1−(0.8×5/6)]×50% = 31천원 • 정수기 : 571천원×[1−(0.8×4/8)]×30% = 103천원 ∴ 총 피해액 : 287천원 + 1,602천원 + 265천원 + 31천원 + 103천원 = 2,288천원						

30 다음 괄호 안의 답을 쓰시오. ★★★ / 배점 : 4

- 가연성 액체의 발화는 가연성 증기에 불이 붙는 최저온도인 (①)에 도달해야 가능하며, 액체가 연소를 지속하려면 (②)을 유지하여야 한다.
- (③)이란 화재실의 예상 최대가연물질의 양으로 단위 바닥면적에 대한 등가가연물의 값을 말한다.
- 화재피해액 산정에 있어 건물의 최종잔가율은 (④)%이다.

답안
① 인화점
② 연소점
③ 화재하중
④ 20

31

물탱크 안에 시즈히터를 넣고 온수를 만들어 사용하는 카바이드 제조공장에서 화재가 발생하였으나 종업원이 발견하여 즉시 소화하였다. 다음 물음에 답하시오.
(1) 발화지점은 시즈히터가 설치된 곳으로 바닥 8m²와 벽 12m²가 소실되었다. 피해면적을 산정하시오.
(2) 시즈히터 내부에 밀봉된 분말상의 절연재료는 무엇인지 쓰시오.
(3) 카바이드가 물과 반응할 경우의 화학반응식을 쓰시오.

답안
(1) $(8m^2 + 12m^2) \times 1/5 = 4m^2$
   ※ 소실면적이 건물의 6면 중 2면 이하인 경우에는 6면 중의 피해면적의 합에 5분의 1을 곱한 값으로 산정한다.
(2) 산화마그네슘(MgO)
(3) $CaC_2 + 2H_2O \rightarrow Ca(OH)_2 + C_2H_2$

32

재산피해액 산정에 관한 내용이다. 빈칸의 내용을 쓰시오.

- 집기비품의 최종잔가율은 (①)%이며, 공식은 (②)이다.
- 가재도구의 최종잔가율은 (③)%이며, 공식은 (④)이다.
- 가재도구 및 집기비품의 경우 종류와 수량이 다양한 소모품이고 구입시기가 천차만별이므로 잔가율을 일괄적·포괄적 기준을 적용하여 (⑤)%로 할 수 있다.

답안
① 10
② 재구입비×[1-(0.9×경과연수/내용연수)]×손해율
③ 20
④ 재구입비×[1-(0.8×경과연수/내용연수)]×손해율
⑤ 50

33

LP가스 누설로 폭발이 발생하였다. 다음 질문에 답하시오.
(1) 표준상태에서 C_3H_8 132g이 누설되었다면 차지하는 몰수(mol)와 체적은 몇 L인지 계산하시오.
(2) 폭발압력으로 인해 가장 멀리 날아간 파편잔해가 50m 밖에서 확인되었다. 조사를 위해 바람직한 현장 설정거리는 몇 m 이상으로 하여야 하는지 쓰시오.

답안
(1) 몰수 = $\dfrac{W(질량)}{M(분자량)}$, C_3H_8 분자량 : 44g
   ① 몰수 = $\dfrac{132}{44}$ = 3몰
   ② 표준상태에서 모든 기체의 1몰은 22.4L이므로 3×22.4 = 67.2L
(2) 75m
   ※ 현장 설정은 가장 멀리서 발견된 잔해로부터 1.5배 이상으로 설정한다.

34 다음 괄호 안을 채우시오.

- 예술품 및 귀중품은 전부손해의 경우 (①)으로 하며 전부손해가 아닌 경우 (②)에 소요되는 비용을 화재로 인한 피해액으로 한다.
- 화재피해 범위가 건물의 6면 중 (③)면 이하인 경우에는 6면의 피해면적합에 (④)을 곱한 값을 소실면적으로 한다.
- 피해물의 종류, 손상상태 및 정도에 따라 피해액을 적정화시키는 일정한 비율은 (⑤)이다.

답안
① 감정가격
② 원상복구
③ 2
④ 5분의 1
⑤ 손해율

35 화재피해액 산정 시 손해율을 적용하지 않은 대상을 모두 쓰시오.

- 영업시설
- 골동품
- 차량
- 구축물
- 식물
- 재고자산

답안 골동품, 식물

증언 및 브리핑 자료의 작성

36 소방시설 등 활용조사서의 소화활동설비 6가지를 쓰시오.

답안
① 제연설비
② 연결송수관설비
③ 연결살수설비
④ 비상콘센트설비
⑤ 무선통신보조설비
⑥ 연소방지설비

37 화재조사 서류 및 서식에 대한 질문에 답하시오.
(1) 화재현장조사서와 함께 모든 화재 시 공통적으로 작성하여야 하는 서류는 무엇인가?
(2) 화재의 당사자가 피해물품의 누락으로 소방서에 재조사 등 이의를 제기할 경우 제출하여야 하는 서류는 무엇인가?

답안
① 화재현황조사서
② 화재피해조사서(재산피해)

38 주어진 보기에 따라 작성해야 할 화재조사 서류의 종류 6가지를 쓰시오.

〈보기〉
아파트에서 화재가 발생하여 2층 66m² 중 20m²가 소손되었다. 조사결과 화재발생 당시 천장 형광등에서 불꽃이 튀면서 연소하기 시작하였다는 집주인의 진술이 있었고 천장 및 벽면이 연소하거나 그을린 형태로 확인되었다.

답안
① 화재현황조사서
② 화재현장조사서
③ 화재유형별조사서(건축·구조물화재)
④ 질문기록서
⑤ 화재피해조사서(재산피해)
⑥ 화재현장 출동보고서

Chapter 07

사고대응조치 · 위험발생대응

출제예상문제

Chapter 07 사고대응조치 · 위험발생대응

01 감전 등 전기사고 예방을 위한 안전조치

1 감전사고의 형태

① 전격에 의한 감전
② 절연파괴로 인한 아크 감전
③ 정전기에 의한 감전
④ 낙뢰에 의한 감전
⑤ 단락아크에 의한 화상

2 감전에 의해 사망에 이르는 주요 원인

① 전류가 심장부로 흘러 심실세동에 의한 <u>혈액순환 기능장애</u> 발생
② 전류가 뇌의 호흡 중추부로 흘렀을 때 <u>호흡기능에 장애</u> 발생
③ 전류가 흉부에 흘렀을 때 흉부의 수축으로 인한 <u>질식 등</u>

3 전기감전의 위험성

인체에 극히 미약한 전류가 흐르면 아무런 느낌도 받지 않지만 조금씩 통과전류를 증가시키면 짜릿한 충격과 고통에 이르게 되는데 감전에 따른 인체현상은 다음과 같다.

┃ 감전현상별 전류치 ┃

구 분	전류치	감전현상
최소감지전류	1~2mA	짜릿하게 느끼는 정도이다.
고통전류	2~8mA	참을 수는 있으나 고통을 느낀다.
이탈가능전류	8~15mA	안전하게 스스로 접촉된 전원으로부터 떨어질 수 있는 최대한의 전류, 참을 수 없을 정도로 고통스럽다.
이탈불능전류	15~50mA	전격을 받았음을 느끼면서도 스스로 그 전원으로부터 떨어질 수 없는 전류, 근육의 수축이 격렬하다.
심실세동전류	50~100mA	심장의 기능을 잃게 되어 전원으로부터 떨어져도 수분 이내에 사망한다.

| 전기감전 시 인공호흡 개시시간에 따른 소생률 |

개시시간(분)	소생률(%)
1	95
3	75
5	25
6	10

4 감전에 의하여 호흡이 정지되었을 경우 응급조치

인체에 전기가 감전되면 혈액 중의 산소함유량이 약 1분 이내에 감소하기 시작하여 산소결핍현상이 나타나기 시작한다. 따라서 단시간 내에 인공호흡 등 응급조치가 이루어져야 한다.

5 전기 기계 · 기구의 안전

① 접지는 전기 기계 · 기구의 절연불량 등으로 누전 발생 시 인체로 흐르는 전류를 경감시켜 감전사고를 예방하는 역할을 한다.
② 꽂음접속기(플러그, 콘센트)를 사용할 때에는 반드시 접지극(단자)이 부착된 것을 사용하도록 한다.
③ 전선을 사용할 때 반드시 접지선이 포함된 것을 사용한다(접지선은 녹색).

6 전동공구 감전예방

1 위험요인

① 전선접속부 절연불량 또는 심선 노출
② 인입선 절연피복 손상 및 꽂음접속기 절연파괴
③ 전동공구 본체 또는 케이블릴 누전으로 감전

2 감전방지대책

① 전원접속은 접지극이 포함된 3극 꽂음접속기를 사용한다(옥외는 방수형 사용).
② 인입선 절연손상방지를 위해 고무튜브를 사용한다.
③ 사용 전 절연피복상태 확인 및 절연저항을 측정한다.
④ 이중 절연구조의 전동공구를 사용한다.
⑤ 누전차단기에서 전원을 인출한다.
⑥ 땀에 젖은 손 또는 면장갑 착용상태로 작업을 금지한다.
⑦ 전선접속 시 완전한 체결을 확인한다.

7 전기시설의 안전한 사용법

① 전기기기는 공업표준규격 표시품, 형식승인을 받은 전기용품을 사용하고 전기기술기준에 따라 설치해야 한다.
② 물기가 많은 습한 장소는 감전의 위험이 높아 전기의 사용을 금한다.
③ 전기 기계·기구류의 점검이나 보수는 반드시 전원을 끈 상태에서 실시한다.
④ 전기회로가 밖으로 드러나지 않도록 방호시설이나 절연을 충분히 하여 사용한다.
⑤ 콘센트는 사용전압을 확인하고 과부하가 걸리지 않도록 용량을 고려한다.
⑥ 분전반에 전기회로의 사용유무를 표시하여 점검 중에 스위치를 올리지 않도록 한다.
⑦ 누전차단기는 전원과 부하를 확인하고 접속한다.
⑧ 고주파를 발생하는 기기(방전가공기)의 전원측에 콘덴서 등을 설치하여 전파장애를 방지하도록 한다.

02 가스누출 등 가스사고 예방을 위한 안전조치

1 가스기구 등을 사용할 때의 주의사항

① 사용 전 가스가 새고 있다면 냄새가 감지되므로 확인하도록 한다.
② 가연성 물질 등은 가스레인지 근처에 가까이 두지 않도록 한다.
③ 코크를 돌려 점화할 때는 불이 붙었는지 반드시 확인하여야 한다.
④ 파란불꽃이 일정하게 나타나도록 공기구멍을 조정하도록 한다.
⑤ 가스기구를 사용할 때에는 자리를 비우지 말고 주의하여 지켜보아야 한다.
⑥ 가스기구 사용 후에는 코크와 중간밸브를 확실히 잠가야 한다.

2 가스기구에서 가스가 샐 때의 긴급조치요령

① 연소기의 코크와 중간밸브, 용기밸브를 잠가야 한다.
② LP가스의 경우에는 창문을 열어 환기를 시킨 후 바닥에 깔려 있는 가스를 쓸어내듯이 밖으로 내보내야 한다.
③ 주변에 불씨가 없도록 조치한다.
④ 전기기구는 절대로 조작하지 말아야 한다.
⑤ 즉시 가스판매업소에 연락하여 안전조치를 받아야 한다.

3 가스누출로 환자발생 시 응급조치

① 가스를 대량 흡입했을 경우 안전한 곳으로 옮기고 호흡곤란 시 인공호흡, 산소공급 등을 실시한다.
② 가스가 피부접촉 시 동상증상이 있을 때에는 서서히 따뜻해지도록 조치하고 피부에 화상을 입었다면 냉수 등으로 식히고 병원으로 후송해야 한다.

4 가스배관 등에서 대량 누출 시 응급조치

① 즉시 가스기구 등의 사용을 중지하고 가스공급밸브 폐쇄조치를 한다.
② 작업은 바람을 등지고 보호구를 반드시 착용하고 실시한다.
③ 누출지점 근처에 접근을 엄격히 통제하고 화기사용을 금한다.

5 암모니아가스의 흡입·접촉 시 응급조치

구 분	조치사항
흡입	• 환자를 오염되지 않은 안전한 장소로 옮긴다. • 호흡이 정지한 상태에서는 인공호흡을 한다. • 즉시 의사의 치료를 받는다.
피부접촉	• 의복과 신발이 오염되었다면 즉시 벗기고 비누와 물로 씻는다. • 필요하면 의사의 치료를 받는다.
눈접촉	• 즉시 다량의 물을 사용하여 흐르는 물에 눈을 씻는다. • 즉시 의사의 치료를 받는다.

03 화학물질 누출·확산방지를 위한 안전조치

1 제1류 위험물(산화성 고체)

① 알칼리금속의 과산화물 및 이를 함유한 물질은 물을 사용하지 않는다.
② 가연물로부터 격리조치하고 물과 반응하지 않는다면 다량의 물로 냉각소화 한다.
③ 폭발우려가 크므로 안전거리를 확보하고 보호장비를 착용한다.

2 제2류 위험물(가연성 고체)

① 철분, 금속분, 마그네슘은 마른모래, 금속화재용 분말소화약제 또는 건조사를 사용하여 질식소화 한다.

② 적린, 유황, 인화성 고체는 물을 이용한 냉각소화를 한다.
③ 황화인은 이산화탄소, 마른모래 등에 의한 질식소화를 한다.

3 제3류 위험물(자연발화성 물질 및 금수성 물질)

① 물을 이용한 냉각소화를 하지 않는다(황린 제외).
② 화재발생 시 연소되고 있는 물질보다는 연소확대방지에 주력한다.
③ 마른모래 등으로 상황에 따라 질식소화를 한다.

4 제4류 위험물(인화성 액체)

① 수용성 석유류(아세톤, 초산, 의산, 알코올류 등)는 알코올형 포, 다량의 물로 희석소화 한다.
② 아세톤은 독성은 없으나 비점(56.6℃)이 낮고 인화점(-18℃)도 낮아 화기 등을 주의하고 통풍이 잘 되는 냉암소에 보관한다(반응식 : $CH_3COCH_3 + 4O_2 \rightarrow 3CO_2 + 3H_2O$).
③ 비중이 물보다 큰 석유류는 유동이 일어나지 않도록 경계하며 물분무, 분말 등으로 소화한다.
④ 소규모 화재 시에는 이산화탄소, 포, 물분무 등을 사용하고 대규모 화재 시에는 포에 의한 질식소화를 한다.

5 제5류 위험물(자기반응성 물질)

① 이산화탄소, 분말, 할론 등에 의한 질식소화는 효과가 없어 다량의 물로 냉각소화 한다.
② 화재 시 폭발의 우려가 있으므로 충분한 안전거리를 확보한다.
③ 모두 가연성 액체 또는 고체물질로 연소 시 유독가스가 발생하므로 반드시 공기호흡기를 착용한다.

6 제6류 위험물(산화성 액체)

① 연소 시 다른 물질의 연소를 돕는 산화성·지연성 액체이므로 연소우려가 있는 가연물과 격리한다.
② 소량일 경우 물로 소화가 가능하지만 물과 접촉하여 발열하므로 원칙적으로 물을 사용하지 않는다.
③ 증기는 유독하며 피부 접촉 시 점막을 부식시키는 부식성이 있어 반드시 공기호흡기를 착용한다.
④ 과산화수소는 양에 관계없이 다량의 물로 희석소화 한다.

Chapter 07 출제예상문제

★ 표시 : 중요도를 나타냄

감전 등 전기사고 예방을 위한 안전조치

01 전기 감전사고의 형태 3가지를 쓰시오.

| ★★★ / 배점 : 6 |

답안
① 전격에 의한 감전
② 절연파괴로 인한 아크 감전
③ 정전기에 의한 감전

02 전기사고와 관련된 다음 물음에 답하시오.

| ★★★ / 배점 : 6 |

(1) 사람이 전기에 감전되었을 때 심장기능을 잃게 되어 전원으로부터 떨어져도 수분 이내에 사망할 수 있는 전류값(mA)을 쓰시오.
(2) 감전에 의하여 호흡이 정지되었을 경우 가장 적절한 응급조치방법을 쓰시오.

답안
(1) 50~100mA
(2) 인공호흡

가스누출 등 가스사고 예방을 위한 안전조치

03 가스배관에서 대량 누출 시 응급조치방법 3가지를 쓰시오.

| ★★ / 배점 : 5 |

답안
① 즉시 가스기구 등의 사용을 중지하고 가스공급밸브 폐쇄조치를 한다.
② 작업은 바람을 등지고 보호구를 반드시 착용하고 실시한다.
③ 누출지점 근처에 접근을 엄격히 통제하고 화기사용을 금한다.

화학물질 누출·확산방지를 위한 안전조치

04 위험물의 소화방법이다. 괄호 안을 쓰시오.

- 알칼리금속의 과산화물 및 이를 함유한 물질은 (①)을 사용하지 않는다.
- 과산화수소는 양에 관계없이 다량의 (②)로 희석소화 한다.

답안 ① 물 ② 물

05 아세톤의 공기 중 화학반응식을 쓰시오.

답안 $CH_3COCH_3 + 4O_2 \rightarrow 3CO_2 + 3H_2O$

부록(I)

실전모의고사

제1회 모의고사
제2회 모의고사
제3회 모의고사

제1회 모의고사

01
프로판가스를 사용하는 공장에서 폭발로 화재가 발생하였다. 질문에 답하시오.
(1) 프로판을 완전연소시켰을 때 생성물질 2가지를 화학식으로 쓰시오.
(2) 프로판가스의 위험도를 계산하시오. (단, 연소범위는 폭발상한 9.5, 폭발하한 2.1로 계산하며, 소수점 둘째자리까지 구한다.)
(3) LPG용기의 내압시험 압력이 31kg/cm²일 때, 안전밸브가 작동하는 압력을 쓰시오. (소수점 첫째자리에서 반올림한다.)

답안
(1) ① CO_2 ② H_2O
(2) 위험도=폭발상한 - 폭발하한/폭발하한이므로 9.5 - 2.1/2.1 = 3.52
(3) 25kg/cm²(안전밸브는 내압시험 압력의 80%에서 동작한다.)

02
내용적이 100L인 용기에 프로판가스를 저장하고자 한다. 용기의 저장량(kg)은 얼마인지 식과 답을 쓰시오. (소수점 둘째자리에서 반올림하며, 프로판가스의 충전정수는 2.35로 한다.)

답안
① 식 : $W = \dfrac{V_2}{C}$

여기서, W : 저장능력(kg)
V_2 : 용기 내용적(L)
C : 가스 충전정수(프로판 2.35)

② 답 : 100/2.35 = 42.6kg

03
아세톤에 대하여 다음 물음에 답하시오.
(1) 아세톤의 완전연소반응식을 쓰시오.
(2) 아세톤의 증기비중을 구하시오. (단, 공기의 분자량은 29로 한다.)

답안
(1) $CH_3COCH_3 + 4O_2 \rightarrow 3CO_2 + 3H_2O$
(2) 58/29 = 2

04 목재의 탄화심도를 측정하는 주된 목적을 쓰시오.

답안 목재의 균열흔으로 연소의 강약을 비교하여 연소방향성을 판단하기 위해서이다.

05 화재하중에 대한 정의와 공식을 쓰시오.

답안
① 정의 : 화재실의 예상 최대가연물질의 양으로서 단위바닥면적(m^2)에 대한 등가가연물의 중량(kg)

② 공식 : 화재하중 $Q(\mathrm{kg/m^2}) = \dfrac{\sum GH_1}{HA} = \dfrac{\sum Q_1}{4{,}500A}$

여기서, Q : 화재하중($\mathrm{kg/m^2}$)
A : 바닥면적(m^2)
H : 목재의 단위발열량(4,500kcal/kg)
G : 모든 가연물의 양(kg)
H_1 : 가연물의 단위발열량(kcal/kg)
Q_1 : 모든 가연물의 발열량(kcal)

06 과학적 방법을 적용하여 가설을 수립하고자 한다. 빈칸을 채우시오.

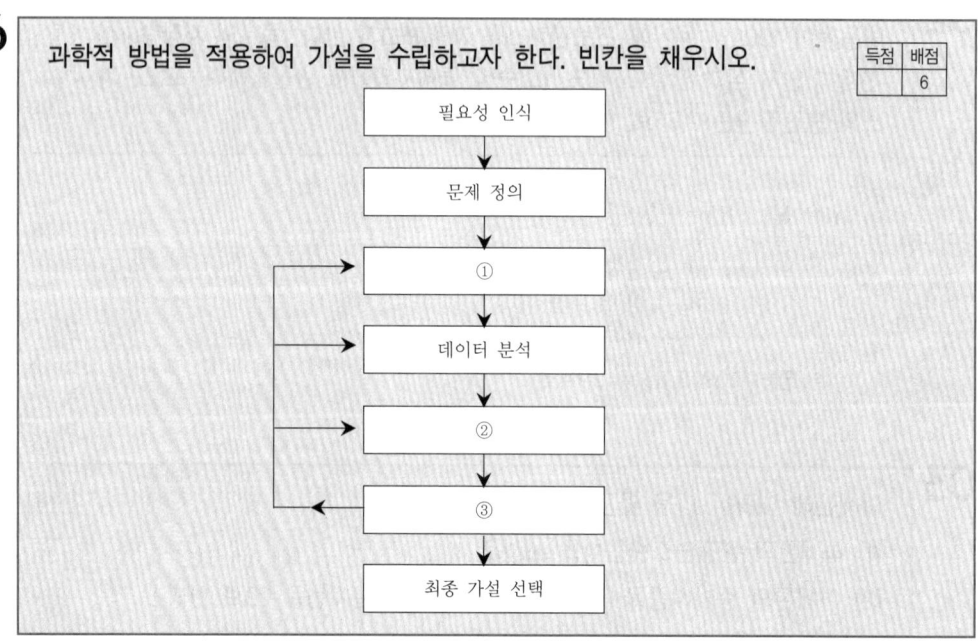

답안 ① 데이터 수집 ② 가설 수립 ③ 가설검증

07
수직면과 수평면에 의해 화염의 끝이 잘릴 때 3차원 형태로 식별되는 화재패턴을 쓰시오.

답안 끝이 잘린 원추패턴

08
그림과 같이 벽 모서리에서 원뿔형 화염기둥이 성장한 경우 좌측과 우측 벽면의 화재패턴을 도시하시오.

답안

좌측 벽

우측 벽

09
연소형태를 보고 산불의 종류를 구분하여 쓰시오.

종류	연소형태
①	임목의 상층부가 연소하는 현상
②	낙엽류, 건조한 지피물 등이 연소하는 현상
③	나무의 줄기가 연소하는 현상

답안 ① 수관화 ② 지표화 ③ 수간화

10
유리 표면에 충격을 가해 깨졌을 때 물결처럼 곡선무늬가 유리 측면에 형성된다. 이를 무엇이라고 하는가?

답안 월러라인

11
화재조사 및 보고규정에서 규정한 용어의 정의이다. 알맞은 용어를 쓰시오.

- (①) : 소방대의 소화활동으로 화재확대의 위험이 현저하게 줄어들거나 없어진 상태를 말한다.
- (②) : 화재 초진 후, 잔불을 점검하고 처리하는 것을 말한다. 이 단계에서는 열에 의한 수증기나 화염 없이 연기만 발생하는 연소현상이 포함될 수 있다.
- (③) : 화재를 진화한 후 화재가 재발되지 않도록 감시조를 편성하여 일정시간동안 감시하는 것을 말한다.

답안 ① 초진 ② 잔불정리 ③ 재발화감시

12
다음 물질이 물과 접촉하였을 경우 반응식을 쓰시오.
(1) 클로로술폰산
(2) 칼륨
(3) 인화칼슘

답안
(1) $HClSO_3 + H_2O \rightarrow HCl + H_2SO_4$
(2) $2K + 2H_2O \rightarrow 2KOH + H_2$
(3) $Ca_3P_2 + 6H_2O \rightarrow 3Ca(OH)_2 + 2PH_3$

13
양초를 켜 놓은 채 취급부주의로 화재가 발생하였다. 물음에 답하시오.
(1) 양초의 연소형태를 쓰시오.
(2) 양초의 성분 4가지를 쓰시오.
(3) 양초의 연소 시 금색으로 보이는 외염부의 최고온도를 쓰시오.

답안
(1) 증발연소
(2) ① 파라핀 ② 경화납 ③ 스테아린산 ④ 등심
(3) 1,400℃

14
콘크리트 벽과 기둥에서 볼 수 있는 화재패턴 5가지를 쓰시오.

답안
① V패턴 ② U패턴
③ 기둥형 패턴 ④ 모래시계 패턴
⑤ 역삼각형 패턴

15 원룸 주방에서 식용유 과열로 화재가 발생하였다. 도면을 보고 질문에 답하시오.

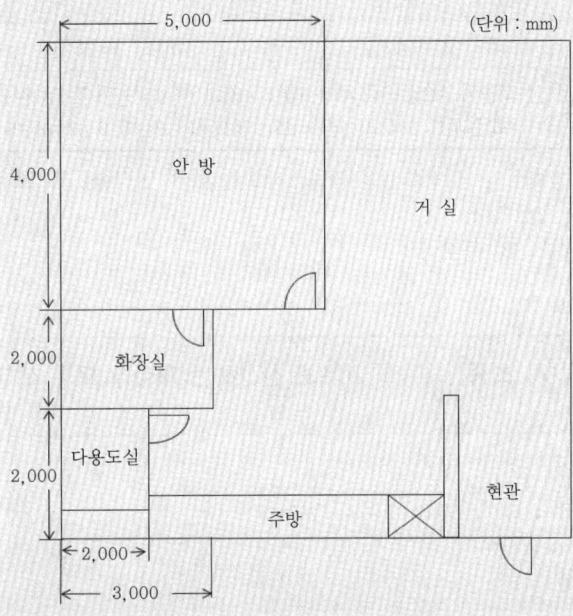

(1) 일반화재는 A급 화재로 분류하고 있다. 화재안전기준(NFTC 101)에서 분류하고 있는 식용유화재의 분류명칭을 쓰시오.

(2) 기본현황에 따라 빈칸을 채우고, 건물피해액 산출과정을 서술하시오. (피해액은 소수점 첫째자리에서 반올림한다.)

〈기본현황〉
- 구조 : 시멘트벽돌조 슬래브지붕 4급
- ㎡당 표준단가 : 692천원
- 내용연수 : 50년
- 경과연수 : 8년
- 주방 및 거실(35㎡)을 포함하여 안방, 화장실, 다용도실이 소실되었다(손해율 40%).

구 분	소실면적 (㎡)	신축단가 (천원)	경과연수	내용연수	잔가율 (%)	손해율 (%)	피해액 (천원)
원룸		692	8	50		40	
산출과정							

(3) 다음 보기 중 건물에 포함하여 피해액을 산정하는 것을 모두 쓰시오.

〈보기〉
① 부속물 ② 부착물 ③ 부대설비 ④ 구축물

답안 (1) K급 화재

(2)
구 분	소실면적 (m²)	신축단가 (천원)	경과연수	내용연수	잔가율 (%)	손해율 (%)	피해액 (천원)
원룸	65	692	8	50	87.2	40	15,689
산출과정	신축단가×소실면적×[1−(0.8×경과연수/내용연수)]×손해율 ∴ 소실피해 : 692천원×65m³×[1−(0.8×8/50)]×40%=15,689천원							

※ 안방, 화장실, 다용도실은 가로, 세로를 곱해 면적을 구하고 주방 및 거실 피해면적과 합산한다.

(3) ① 부속물 ② 부착물

16
화재피해액 산정 시 최종잔가율을 20%로 산정하는 대상을 모두 쓰시오. [득점 / 배점 6]

답안
① 건물
② 부대설비
③ 구축물
④ 가재도구

17
다음은 도료류의 성질을 나타내었다. 그에 따라 명칭을 쓰시오. [득점 / 배점 6]

명 칭	성 질
①	도료를 묽게 하여 점도를 낮추는 데 이용하는 혼합용제로 알코올, 에스테르류 및 아세톤 등이 첨가된 석유화학제품이다.
②	도장하려는 금속면 등에 최초로 바르는 도막으로 접착성을 좋게 하고 금속재료에 부식방지 효과를 좋게 하는 도료로 초벌도료라고도 한다.
③	천연 또는 합성수지를 건성유와 함께 가열·융합시키고 건조제 등을 첨가한 것으로 용제로 희석시킨 유성니스의 총칭을 말한다.

답안
① 시너(thinner)
② 프라이머(primer)
③ 바니시(varnish)

18 화재증거물 수집관리규칙에서 규정하고 있는 증거물 시료용기 3가지를 쓰시오.

답안
① 유리병
② 주석도금캔
③ 양철캔

19 다음 물음에 답하시오.
(1) 아산화동 증식발열현상을 쓰시오.
(2) 아산화동의 화학식을 쓰시오.

답안 (1) 동(銅)으로 된 도체가 스파크 등 고온에 노출되었을 때 도체의 일부가 산화되어 아산화동이 되며 그 부분에서 이상 발열하면서 서서히 발화하는 현상이다.
(2) Cu_2O

제2회 모의고사

01
화재조사관이 업무를 수행하면서 알게 된 비밀을 다른 사람에게 누설한 경우의 벌칙을 쓰시오.

답안 300만원 이하의 벌금

02
감식과 감정에 대한 설명이다. 괄호 안을 채우시오.

- 감식이란 화재원인의 판정을 위하여 전문적인 지식, 기술 및 (①)을 활용하여 주로 (②)에 의한 종합적인 판단으로 구체적인 사실관계를 명확하게 규명하는 것을 말한다.
- 감정이란 화재와 관계되는 물건의 형상, 구조, 재질, 성분, (③) 등 이와 관련된 모든 현상에 대하여 (④) 방법에 의한 필요한 (⑤)을 행하고 그 결과를 근거로 화재원인을 밝히는 자료를 얻는 것을 말한다.

답안 ① 경험 ② 시각 ③ 성질 ④ 과학적 ⑤ 실험

03
냉장고에 대한 감식요점이다. 다음 물음에 답하시오.

(1) 냉장고의 순환원리를 나타낸 것이다. 괄호 안의 부품명칭을 쓰시오.

```
압축기                    →    ( ① )
(고온·고압으로 기체 압축)        (기체 열 방출, 액화)
    ↑                              ↓
( ② )                    ←    모세관(팽창밸브)
(저온·저압의 액체 기화로 냉각작용)    (저온·고압의 액체 압력저하)
```

(2) 압축기에 과전류가 흐를 경우 자동으로 작동하여 압축기를 보호하는 장치의 부품명칭을 쓰시오.

답안 (1) ① 응축기 ② 증발기
(2) 과부하계전기

04

고압가스안전관리법에 대한 내용이다. 괄호 안을 채우시오.

- "가연성 가스"란 폭발한계의 하한이 (①)% 이하인 것과 폭발한계의 상한과 하한의 차가 (②)% 이상인 것을 말한다.
- "독성가스"란 허용농도가 100만분의 (③) 이하인 것을 말한다.
- "충전용기"란 고압가스의 충전질량 또는 충전압력의 (④) 이상이 충전되어 있는 상태의 용기를 말한다.

답안 ① 10 ② 20 ③ 5,000 ④ 2분의 1

05

제4류 위험물과 혼재가 가능한 위험물 유별의 종류 3가지를 쓰시오.

답안
① 제2류 위험물
② 제3류 위험물
③ 제5류 위험물

06

배선용 차단기가 탄화된 채 발견된 경우 물리적 손상 없이 내부구조를 확인할 수 있는 장비의 명칭을 쓰시오.

답안 비파괴촬영기

07

차량 아랫부분 배기다기관에 연결된 장치로 연소효율이 양호할 경우 질소산화물의 양이 증가하여 배출되는 가스의 일부를 흡기계통으로 되돌려 재연소시키는 장치는 무엇인지 쓰시오.

답안 배기가스 재순환장치(EGR)

08

차량에서 발생하는 미스파이어 화재에 대해 설명하시오.

답안 차량 엔진 점화플러그 불량으로 유효한 불꽃을 발생시키지 못해 실린더에서 연소되지 않은 생가스가 고온의 촉매장치에 모여서 연소하는 현상이다.

09
화재조사 및 보고규정에 의한 화재의 유형(기타화재 제외) 5가지를 쓰시오.

득점	배점
	5

답안
① 건축·구조물 화재 ② 자동차·철도차량 화재
③ 위험물·가스제조소 등 화재 ④ 선박·항공기 화재
⑤ 임야 화재

10
제조물책임법에 의한 손해배상의 청구권은 제조업자가 손해를 발생시킨 제조물을 공급한 날부터 몇 년 이내에 행사하여야 하는지 쓰시오.

득점	배점
	3

답안 10년

11
목조주택에서 전기누전으로 화재가 발생하여 105m²가 소실되었다. 기본현황을 참고하여 물음에 답하시오. (모든 피해액은 소수점 첫째자리에서 반올림한다.)

득점	배점
	14

〈기본현황〉
• 구조 : 목조 지붕틀 아스팔트싱글 3급
• 내용연수 : 50년
• 손해율 : 60% 적용
• m²당 표준단가 : 1,356천원
• 경과연수 : 12년
• 집기비품 피해

(1) 건물피해액 산정을 위해 빈칸을 채우고, 산출과정을 서술하시오.

구 분	소실면적 (m²)	신축단가 (천원)	경과연수	내용연수	잔가율 (%)	손해율 (%)	피해액 (천원)
목조건물							
산출과정							

(2) 에어컨 등 집기비품 5종에 대한 피해액 산정을 위해 빈칸을 채우시오.

설비 종류	규격·형식	재구입비 (천원)	수 량	경과연수	내용연수	잔가율 (%)	손해율 (%)	피해액 (천원)
에어컨	스탠드형	1,028	1	4	6		30	
컴퓨터	노트북	1,833	2	2	4		10	
프린터	레이저	1,270	1	3	5		30	
소파	4인용	722	1	5	6		50	
침대	2인용 더블	386	1	4	8		50	

(3) 누전이 발생한 접지점의 도통시험과 접지저항을 측정하고자 한다. 필요한 장비를 2가지 쓰시오.
(4) 누전의 3요소를 쓰시오.

답안 (1)

구 분	소실면적 (m²)	신축단가 (천원)	경과연수	내용연수	잔가율 (%)	손해율 (%)	피해액 (천원)
목조 건물	105	1,356	12	50	80.8	60	69,026
산출과정	신축단가×소실면적×[1−(0.8×경과연수/내용연수)]×손해율 ∴ 1,356×105×[1−(0.8×12/50)]×60%=69,026천원							

(2)

설비 종류	규격·형식	재구입비 (천원)	수 량	경과연수	내용연수	잔가율 (%)	손해율 (%)	피해액 (천원)
에어컨	스탠드형	1,028	1	4	6	40	30	123
컴퓨터	노트북	1,833	2	2	4	55	10	202
프린터	레이저	1,270	1	3	5	46	30	175
소파	4인용	722	1	5	6	25	50	90
침대	2인용 더블	386	1	4	8	55	50	106

※ 집기비품 산정식 : 재구입비×[1−(0.9×경과연수/내용연수)]×손해율

(3) 회로계, 접지저항계

(4) ① 누전점 ② 접지점 ③ 출화점

12
가스설비에서 직동식 정압기의 기본 구성요소 3가지를 쓰시오.

답안 ① 스프링 ② 메인밸브 ③ 다이어프램

13
실화에 대한 처벌규정이다. 괄호 안을 채우시오.

- 과실로 인하여 자기의 소유에 속하는 건조물을 소훼하여 공공의 위험을 발생하게 한 자는 (①) 이하의 벌금에 처한다.
- 업무상 과실 또는 중대한 과실로 인하여 타인의 소유에 속하는 건조물을 소훼한 자는 3년 이하의 금고 또는 (②) 이하의 벌금에 처한다.

답안 ① 1천500만원 ② 2천만원

14
화염의 하단부는 정삼각형인 반면 상단부는 역삼각형을 형성하여 고온가스영역임을 나타내는 화재패턴은 무엇인지 쓰시오.

답안 모래시계 패턴

15

차량화재의 발화원인이다. 계통별 발생요인을 쓰시오.

발생요인	발화원인
①	엔진과열, 축 베어링 및 팬벨트 마모, 브레이크 과열, 정비불량
②	과부하, 배선 손상, 불완전접촉
③	역화(back fire), 후화(after fire), 과레이싱

답안 ① 기계적 요인 ② 전기적 요인 ③ 배기계통

16

220V 전원에 100W의 전구를 사용한다면 저항(Ω)은 얼마인지 쓰시오.

답안 $R = V^2/P = 220^2/100 = 484\,\Omega$

17

회로계로 측정했을 때 다음 그림과 같이 나왔을 때 저항과 전압을 구하시오.

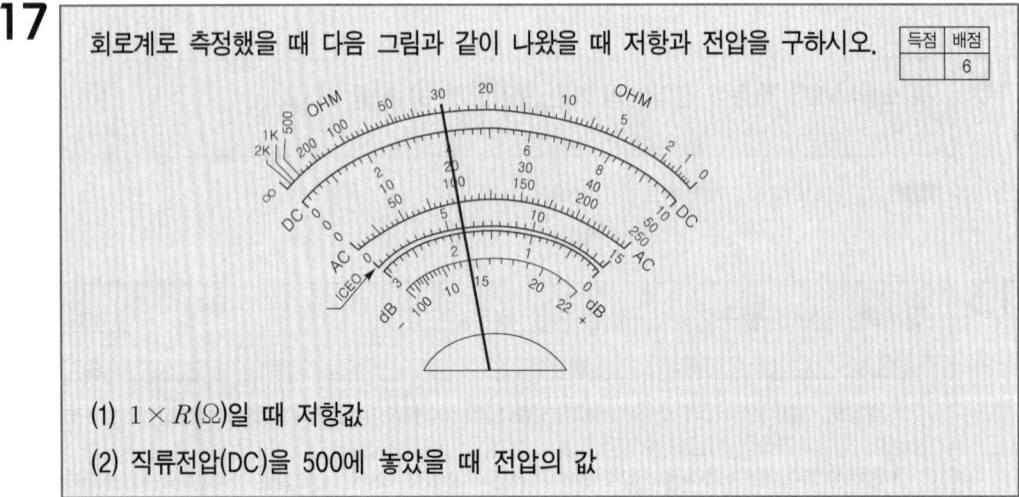

(1) $1 \times R(\Omega)$일 때 저항값
(2) 직류전압(DC)을 500에 놓았을 때 전압의 값

답안 (1) 30Ω
(2) 200V

18

전기적 발화요인 중 은 이동(silver migration)현상에 대해 쓰시오.

답안 직류전압이 인가된 이극도체 간의 절연물 표면 위로 수분이 부착하여 은의 양이온이 음극 측으로 이동하여 발열하는 현상이다.

19 다음 가스 종류별 용기의 색상을 구분하여 쓰시오.
(1) LPG
(2) 수소
(3) 아세틸렌

답안 (1) 회색 (2) 주황색 (3) 황색

20 가스 연소기구 사용 시 노즐에서 연소하는 불꽃의 형태를 나타낸 것이다. 각각의 연소현상을 쓰시오.

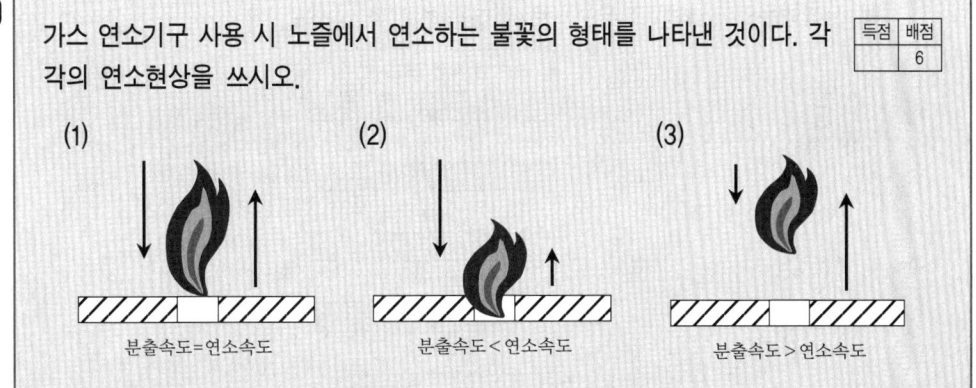

답안 (1) 정상연소
(2) 역화
(3) 리프팅

화재감식평가기사·산업기사 실기

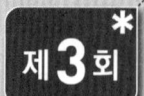

제3회 모의고사

01 화재피해조사는 신속하고 합리적이며 객관적으로 산정하여야 한다. 화재피해액 산정매뉴얼에 의한 직무순서로서 다음 빈칸을 쓰시오.

득점	배점
	4

화재현장조사 → 기본현황조사 → ① → ② → 피해액 산정

답안 ① 피해정도조사 ② 재구입비 산정

02 다음은 화재에 대한 내용으로 화재의 소실정도를 구분하여 쓰시오.

득점	배점
	5

- 전소란 건물의 (①)% 이상(입체면적에 대한 비율을 말함)이 소실되었거나 또는 그 미만이라도 잔존부분을 보수하여도 재사용이 불가능한 것
- 반소란 건물의 (②)% 이상 (③)% 미만이 소실된 것
- 부분소란 (④), (⑤)화재에 해당하지 아니하는 것

답안 ① 70 ② 30 ③ 70 ④ 전소 ⑤ 반소

03 가연물의 조건 5가지를 쓰시오.

득점	배점
	5

답안 ① 산소와 친화력이 좋고 표면적이 클 것
② 산화되기 쉽고 발열량이 클 것
③ 열전도율이 작을 것
④ 연쇄반응이 일어나는 물질일 것
⑤ 활성화에너지가 작을 것

16 · 부록(Ⅰ) 실전모의고사

04

화재증거물 수집관리규칙에 의한 시료용기의 공통사항이다. 괄호 안을 채우시오.

- 장비와 용기를 포함한 모든 장치는 원래의 목적과 채취할 (①)에 적합하여야 한다.
- 시료용기는 시료의 저장과 이동에 사용되는 용기로 적당한 (②)를 가지고 있어야 한다.
- 시료용기는 취급할 제품에 의한 용매의 작용에 (③)이 없고 내성을 갖는 재질로 되어 있어야 하며, 정상적인 내부압력에 견딜 수 있고, 시료채취에 필요한 충분한 강도를 가져야 한다.

답안 ① 시료 ② 마개 ③ 투과성

05

화재발생종합보고서 작성 시 모든 화재에 공통적으로 작성하여야 하는 서류 3가지를 쓰시오.

답안 ① 화재현황조사서 ② 화재현장조사서 ③ 화재현장출동보고서

06

모두 산소를 가지고 있는 산화성 고체로 자신은 불연성 물질이지만 강산화제 작용을 하며 열, 충격, 마찰 및 다른 약품과의 접촉 등에 의해 산소를 방출하는 위험물의 유별을 쓰시오.

답안 제1류 위험물

07

다음 질문에 답하시오.
(1) 프로판의 완전연소식을 쓰시오.
(2) 프로판의 이론공기량을 계산하시오. (단, 계산은 소수점 첫째자리에서 반올림한다.)

답안 (1) 완전연소식 : $C_3H_8 + 5O_2 \rightarrow 3CO_2 + 4H_2O + 530.60\text{kcal}$
(2) 이론공기량 : $5 \div 0.21 = 24\text{mol}$

08

LP차량의 구성품 중 LPG용기에 부착된 부품에 대한 설명이다. 명칭을 쓰시오.
(1) 액상의 LPG를 충전할 때 사용하는 밸브로 용기 내의 가스압력을 일정하게 유지시켜 주는 기능을 한다.
(2) 용기에 충전된 가스를 연소실로 공급하는 밸브로 과류방지밸브가 설치되어 있다.
(3) LPG의 과충전방지 및 가스의 양을 확인할 수 있는 장치로 뜨개식이 주로 사용된다.

답안 (1) 충전밸브 (2) 송출밸브 (3) 액면표시장치

09
차량의 4행정 엔진방식을 나타낸 것이다. 괄호 안을 채우시오. [배점 3]

구 분	밸브상태	
	흡입밸브	배기밸브
흡입	개방	폐쇄
압축	①	폐쇄
폭발	폐쇄	②
배기	개방	③

답안
① 폐쇄
② 폐쇄
③ 개방

10
샌드위치패널 조립식 주택에서 화재가 발생하였다. 기본현황을 보고 피해액을 산정하시오. (모든 피해액은 소수점 첫째자리에서 반올림한다.) [배점 10]

(1) 건물 피해액 산정을 위해 빈칸을 채우고, 산출과정을 쓰시오.

구 분	소실면적 (m²)	신축단가 (천원)	경과연수	내용연수	잔가율 (%)	손해율 (%)	피해액 (천원)
주택	66	364	5	23		90	
산출과정							

(2) 가재도구에 대한 피해액 산정을 위해 빈칸을 채우고, 산출과정을 쓰시오.

구 분	재구입비 (천원)	수량	경과 연수	내용 연수	잔가율 (%)	손해율 (%)	피해액 (천원)
TV	584	1	3	5		90	
냉장고	450	1	3	6		65	
침대	350	1	5	7		60	
산출과정							

(3) 잔존물 제거비용을 포함한 총 화재피해액을 산정하시오.

구 분	부동산	총 피해액
	동산	

답안

(1)

구분	소실면적 (m²)	신축단가 (천원)	경과연수	내용연수	잔가율(%)	손해율(%)	피해액 (천원)
주택	66	364	5	23	82.6	90	17,861
산출과정	신축단가×소실면적×[1−(0.8×경과연수/내용연수)]×손해율 ∴ 364천원×66m²×[1−(0.8×5/23)]×90%=17,861천원						

(2)

구분	재구입비 (천원)	수량	경과연수	내용연수	잔가율(%)	손해율(%)	피해액 (천원)
TV	584	1	3	5	52	90	273
냉장고	450	1	3	6	60	65	176
침대	350	1	5	7	42.8	60	90
산출과정	재구입비×[1−(0.8×경과연수/내용연수)]×손해율 • TV : 584×[1−(0.8×3/5)]×90%=273천원 • 냉장고 : 450×[1−(0.8×3/6)]×65%=176천원 • 침대 : 350×[1−(0.8×5/7)]×60%=90천원 ∴ 273천원+176천원+90천원=539천원						

(3)

구분		총 피해액	
부동산	19,647천원		20,240천원
동산	593천원		

11

BLEVE의 정의와 BLEVE의 발생 4단계를 쓰시오.
(1) 정의
(2) 발생과정

답안 (1) 저장탱크가 외부 화염에 장시간 노출되면 액체가 비등하고 증기의 온도가 상승하여 탱크의 내압을 초과하면 파열되고 액체가 유출되며 급격히 기화하는 현상
(2) 액온상승 → 연성파괴 → 액격현상 → 취성파괴

12

10A의 전류가 흘렀을 때 소비전력이 60W인 전열기기에 20A의 전류가 흘렀다면 소비전력은 얼마인지 쓰시오.

답안 $P=I^2R$ 이므로 $R=P/I^2=60/10^2=0.6\Omega$
20A의 전류가 흐른 경우 $P=I^2R=20^2\times0.6=240W$

13

코일의 층간단락발생 메커니즘을 나타낸 것이다. 빈칸을 쓰시오.

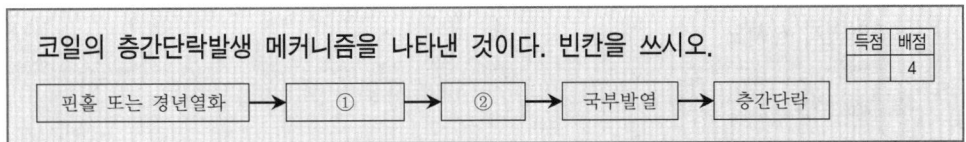

핀홀 또는 경년열화 → ① → ② → 국부발열 → 층간단락

답안 ① 선간 접촉 ② 링회로

14 그림과 같이 원뿔형 화염기둥이 벽에 의해 차단되었을 때 좌측 벽과 우측 벽에 형성되는 화재패턴을 쓰시오.

답안 ① 좌측 벽 : V패턴   ② 우측 벽 : U패턴

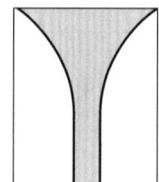
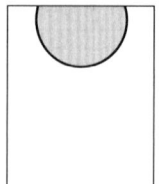

15 다음은 전기적 특이점을 통한 발화부 추적방법을 설명하였다. 괄호 안을 알맞게 쓰시오.

- 통전입증은 (①) 측에서 (②) 측으로 순차적으로 실시한다.
- 전기적 아크로 손상된 부분을 추적하는 것은 (③) 조사방법이다.
- 배선용 차단기와 같이 서로 격리된 이극 도체의 절연물 표면에 이물질이 개입되어 도전로가 형성되어 출화하는 것은 (④)이다.

답안 ① 부하 ② 전원 ③ 아크매핑 ④ 트래킹

16 산불화재에 영향을 주는 바람의 종류로 낮에는 뜨거운 공기가 상승바람을 만들고 야간에는 공기가 냉각되어 가라앉으면서 하강바람을 형성하는 것은 무엇인지 쓰시오.

답안 일주풍

17. 폭연과 폭굉에 대한 설명이다. 괄호 안을 바르게 쓰시오.

구 분	폭연(deflagration)	폭굉(detonation)
전파속도(m/s)	①	②
전파에 필요한 에너지	③	④

답안
① 음속 미만(0.1~10m/s) ② 음속 이상(1,000~3,500m/s)
③ 전도, 대류, 복사 ④ 충격에너지

18. 화재조사서류 중 119안전센터 등의 선임자가 작성, 보고하여야 하는 서류는 무엇인가?

답안 화재현장출동보고서

19. 화재조사 및 보고규정에 의한 화재의 정의를 쓰시오.

답안 "화재"란 사람의 의도에 반하거나 고의에 의해 발생하는 연소 현상으로서 소화설비 등을 사용하여 소화할 필요가 있거나 또는 사람의 의도에 반해 발생하거나 확대된 화학적인 폭발현상을 말한다.

20. 정전기화재 발생요건 3가지를 쓰시오.

답안
① 정전기 대전이 발생할 것
② 가연성 물질이 연소농도 범위 안에 있을 것
③ 최소점화에너지를 갖는 불꽃방전이 발생할 것

MEMO

부록(Ⅱ)

과년도 출제문제

본 서에 수록된 과년도 출제문제는 출제 당시의 법령을 기준으로 수록되어 있습니다.

2013년 11월 9일 화재감식평가기사

본 기출문제는 수험생들의 기억을 바탕으로 작성한 것으로 내용 및 그림, 문제수(배점) 등에서 실제 문제와 다소 차이가 있을 수 있습니다.

01
목재의 탄화심도를 측정하고자 한다. 각 물음에 답하시오.
가. 압력은 어떻게 가해야 하는가?
나. 탐침의 삽입방향은?
다. 측정부분은 어디인가?

답안 (가) 동일한 측정점에서 동일한 압력으로 측정한다.
(나) 목재의 중심선에서 직각으로 삽입한다.
(다) 탄화 및 균열이 발생한 철(凸) 부분을 측정한다.

02
소방시설 등 활용조사서의 소화활동설비 6가지를 쓰시오.

답안
① 제연설비
② 연결송수관설비
③ 연결살수설비
④ 비상콘센트설비
⑤ 무선통신보조설비
⑥ 연소방지설비

03
전기불꽃에너지를 구하는 식을 쓰시오. (기호의 의미도 쓰시오.)

답안 $E = \frac{1}{2}CV^2$ 또는 $\frac{1}{2}QV$

여기서, E : 전기불꽃에너지, C : 전기용량, V : 전압, Q : 전하량

04

다음 그림은 소손된 TV의 PCB기판 사진이다.

(A)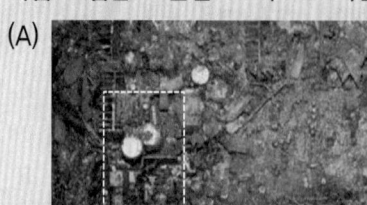
(B)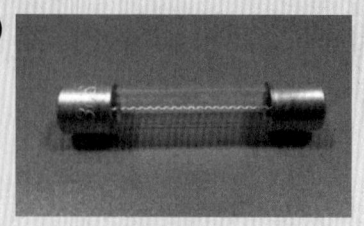

가. (A) 그림의 명칭은?
나. (B) 그림의 명칭은?
다. (B)를 보고 무엇을 추정할 수 있는가?

답안
(가) 플라이 백 트랜스(fly back trans) 또는 고압 트랜스
(나) 유리관 퓨즈
(다) 유리관 퓨즈가 정상이므로 과부하, 과전류 등의 전기적 요인에 의한 발화가능성은 배제할 수 있을 것으로 추정한다.

05

다음 물질에 대해 국내화재의 분류체계를 쓰시오.

가. 마그네슘, 지르코늄 – ( )급 화재
나. 목재, 종이 – ( )급 화재
다. 전기설비, 전기시설물 – ( )급 화재
라. 식용유에 의한 조리기구 – ( )급 화재

답안
(가) D
(나) A
(다) C
(라) K

06

가스폭발과 비교하여 분진폭발의 특징 3가지를 쓰시오.

답안
① 연소속도나 폭발압력은 가스폭발보다 작다.
② 가스폭발에 비해 연소시간이 길다.
③ 가스폭발은 1차폭발이지만 분진폭발은 2차, 3차폭발로 피해범위가 크다.

07

단상 220V에서 4,840W를 소비하는 전열기구에 결선이 잘못되어 380V 전압이 인가된 경우 회로에 흐르는 전류는 몇 A이고 전열기구에서 소비하는 전력은 몇 kW인지 쓰시오.

답안
① $R = V/I = V^2/P$ 이므로 $220^2/4,840 = 10\,\Omega$
∴ 380V 전압이 인가된 경우 $I = V/R = 380/10 = 38\text{A}$
② $P = VI = 380 \times 38 = 14,440\text{W}$
∴ 14.4kW

08

전기적 요인에 관한 설명이다. 각 물음에 답하시오.
가. 전원코드가 꽂혀 있고 사용하지 않던 선풍기 목조절부(회전부) 배선이 전기적 원인이 되어 화재가 발생하였다. 선풍기가 회전하면서 배선이 계속 반복적인 구부림에 의해 스트레스를 받았다고 가정한다면 화재원인은 무엇으로 추정할 수 있는가?
나. '가'에서 답한 원인의 화재발생 메커니즘은?

답안
(가) 반단선
(나) 반단선 상태에서 통전을 하면 소선의 1선이 끊어짐과 이어짐을 반복하게 되면서 국부적으로 스파크가 발생하고 도체의 저항은 단면적에 반비례하므로 반단선 개소의 저항치가 커져 줄열에 의한 발열량이 증가하여 전선의 피복 등 주위 가연물이 타기 시작한다. 소선의 1선에서 발생한 스파크로 인해 결국 다른 한쪽의 피복까지도 소손되면서 단락이 발생하는데 반단선은 통전하는 단면적의 감소를 뜻하며 이는 곧 과부하상태를 의미한다.

09

화재조사분석 장비에 관한 것이다. 각 물음에 답하시오.
가. 화재현장에서 석유류에 의해 탄화된 것으로 추정되는 증거물을 수거하여 디클로로메탄이 들어 있는 비커에 넣어 여과과정을 통해 액체를 추출한 후 가열한 시료를 분석하는 방식의 장비는?
나. 과전류차단기와 같이 내부의 동작여부를 볼 수 없거나 플라스틱 케이스가 용융되어 내부 스위치의 동작여부를 알 수 없을 때 사용하는 장비는?

답안
(가) 가스크로마토그래피(GC)
(나) X선촬영기(X선투과기, X선투과장치), 비파괴촬영기

10

화상관련 9의 법칙에 대하여 각 부위별 화상 %를 쓰시오.
가. 머리   나. 상반신 앞면   다. 생식기
라. 오른팔 마. 왼쪽다리 앞면

답안 (가) 머리 : 9% (나) 상반신 앞면 : 18% (다) 생식기 : 1%
(라) 오른팔 : 9% (마) 왼쪽다리 앞면 : 9%

11

다음 물질이 물과 반응하여 생성되는 가연성 가스를 쓰시오.
가. 나트륨
나. 탄화칼슘
다. 인화칼슘

답안 (가) 수소(H_2) (나) 아세틸렌(C_2H_2) (다) 포스핀(PH_3)

12

다음 물음에 답하시오.
가. 최종잔가율에 대한 정의는 무엇인가?
나. 건물, 부대설비, 구축물, 가재도구의 최종잔가율은 얼마인가?
다. 차량의 최종잔가율은 얼마인가?

답안 (가) 피해물의 경제적 내용연수가 다한 경우 잔존하는 가치의 재구입비에 대한 비율
(나) 20%
(다) 10%

13

화재증거물 수집관리규칙상 증거물에 대한 유의사항에 따르면 증거물의 수집, 보관, 이동 등에 대한 취급방법은 증거물이 법정에 제출되는 경우에 증거로서의 가치를 상실하지 않도록 적법한 절차와 수단에 의해 획득할 수 있도록 준수해야 하는 3가지 사항을 쓰시오.

답안
① 관련법규 및 지침에 규정된 일반적인 원칙과 절차를 준수한다.
② 화재조사에 필요한 증거수집은 화재피해자의 피해를 최소화하도록 하여야 한다.
③ 화재증거물은 기술적, 절차적인 수단을 통해 진정성, 무결성이 보존되어야 한다.
④ 화재증거물을 획득할 때에는 증거물의 오염, 훼손, 변형되지 않도록 적절한 장비를 사용하여야 하며, 방법의 신뢰성이 유지되어야 한다.
⑤ 최종적으로 법정에 제출되는 화재증거물의 원본성이 보장되어야 한다.

14

프로판 폭발사고가 발생하였다. 각 물음에 답하시오.

가. 프로판가스의 완전연소 반응식을 쓰시오.

나. 프로판 44kg이 완전연소하기 위해 필요한 산소는 몇 m³인지 0℃ 1기압을 기준으로 구하시오.

답안 (가) $C_3H_8 + 5O_2 = 3CO_2 + 4H_2O$
(나) $44 : (5 \times 22.4) = 44kg : x$
$x = 112m^3$

15

그림과 같이 화재가 진행되었을 때 벽면 (A)에 생성되는 화재패턴을 쓰시오.

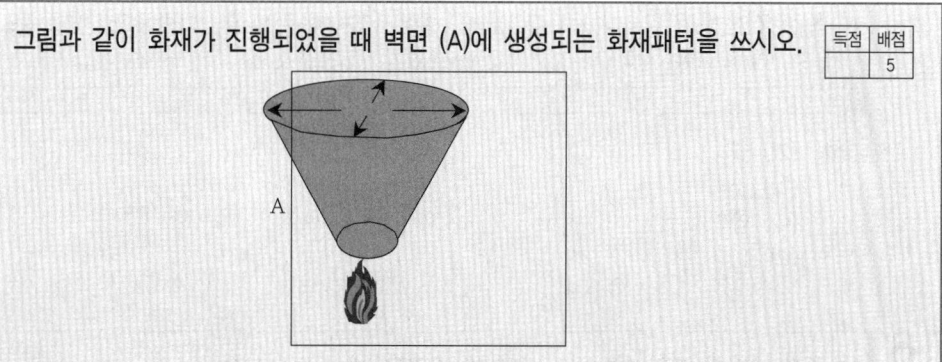

답안 U 패턴

※ 화염이 천장방면으로 원추형의 상태로 성장할 때 벽면에는 복사열의 영향을 받아 완만한 곡선형태의 U 패턴이 생성된다. 일반적으로 U 패턴은 V 패턴보다 높은 지점에서 발생한다.

16

4층 건물에 위치한 나이트클럽(철골슬래브)에서 화재가 발생하여 전체 면적 중 일부가 소실되었다. 다음 조건에서 화재피해추정액을 쓰시오. (단, 잔존물 제거비는 없다.)

〈피해정도 조사〉
• 건물 m²당 신축단가 : 708,000원
  - 내용연수 : 60년
  - 경과연수 : 3년
  - 피해정도 : 600m² 손상정도가 다소 심하여 상당부분 교체 내지 수리 요함(손해율 60%)
• 시설 m²당 표준단가 : 700,000원
  - 내용연수 : 6년
  - 경과연수 : 3년
  - 피해정도 : 300m² 손상정도가 다소 심하여 상당부분 교체 내지 수리 요함(손해율 60%)

답안 ① 건물피해액 산정
신축단가 × 소실면적 × [1−(0.8 × 경과연수/내용연수)] × 손해율
= 708,000원 × 600m² × [1−(0.8 × 3/60)] × 60% = 244,684,800원
② 영업시설피해액 산정
m²당 표준단가 × 소실면적 × [1−(0.9 × 경과연수/내용연수)] × 손해율
= 700,000원 × 300m² × [1−(0.9 × 3/6)] × 60% = 69,300,000원
∴ 244,684,800원 + 69,300,000원 = 313,984,800원

17 폭연에 대한 설명이다. ( ) 안에 알맞은 용어 또는 수치를 쓰시오.

득점	배점
	4

폭연현상은 (가), (나), (다)을(를) 발생시키는 매우 빠른 산화반응으로 연소속도는 (라)m/s 이하이다.

답안 (가) 열
(나) 빛
(다) 압력파
(라) 10

18 과학적 방법의 메커니즘으로 다음 각 빈칸을 채워 넣으시오.

득점	배점
	6

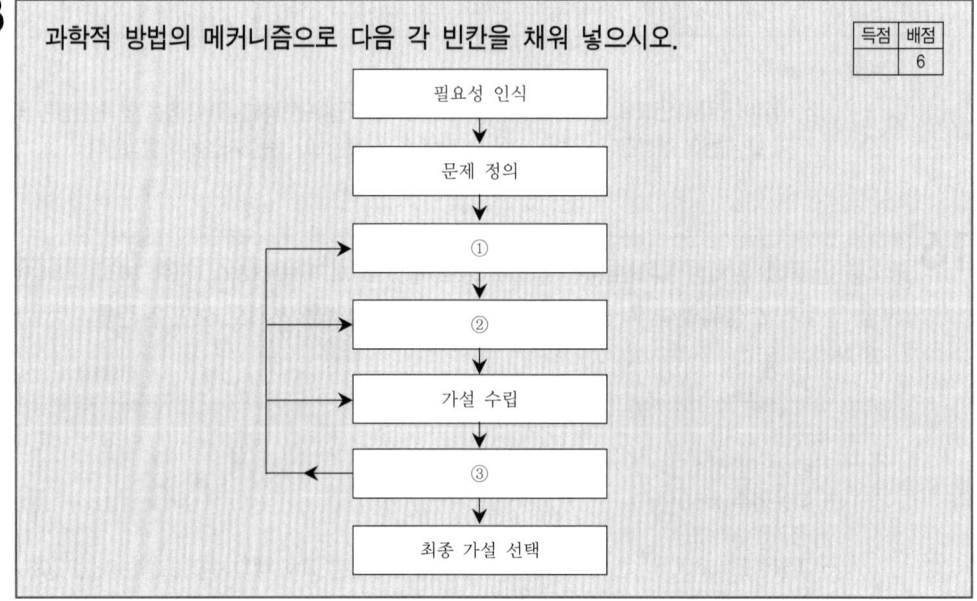

답안 ① 자료수집
② 자료분석
③ 가설검증

19 밀집되어 있는 주거지역에서 화재가 발생하여 인접한 건물까지 전소되고 그림과 같은 합선흔적(단락흔)이 존재하였다. 그림에서 발화건물과 그 근거를 설명하시오. (단, 전기배선은 모든 방에 설치되어 있고 전선배치는 A와 B건물이 모두 동일하고, 어느 지점에서 합선이 일어나면 분전반에 있는 메인차단기가 차단되어 전기가 통전되지 않는다.)

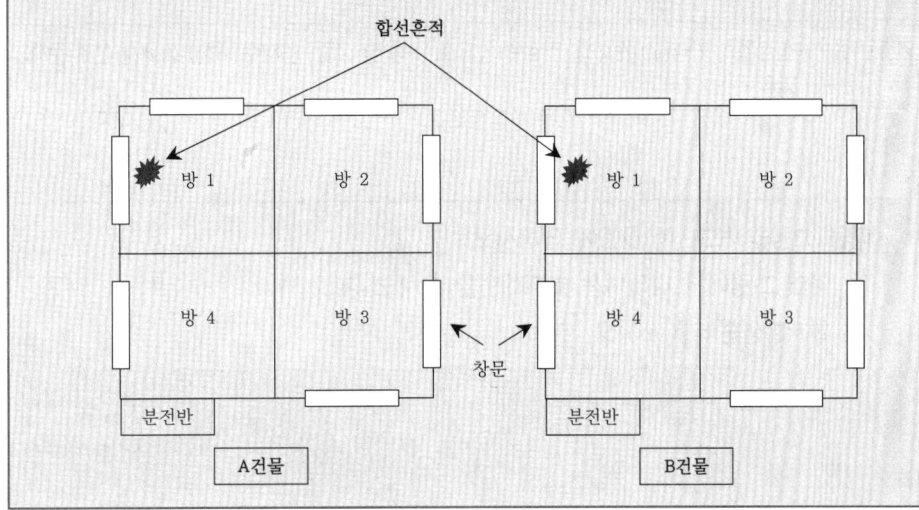

답안
① 발화건물 : A건물 1번 방
② 근거 : A건물 1번 방에서 전기합선이 일어나자 분전반의 메인차단기가 동작(OFF)하여 A건물에 있는 다른 방에서는 전기합선이 일어날 수 없다. 화재가 A건물 2번 방을 통해 B건물로 연소확대되면서 B건물의 1번 방에서 전기합선이 발생하고 B건물의 메인차단기가 동작(OFF)함에 따라 다른 방에서는 합선흔적이 발생할 수 없으므로 A건물 1번 방에서 화재가 발생한 것이다.
만약 B건물 1번 방에서 최초 발화되어 A건물로 연소확산되었다면 A건물의 2번 방이 가장 먼저 단락이 발생할 수밖에 없다.

2013년 11월 9일 화재감식평가산업기사

본 기출문제는 수험생들의 기억을 바탕으로 작성한 것으로 내용 및 그림, 문제수(배점) 등에서 실제 문제와 다소 차이가 있을 수 있습니다.

01 다음 그림을 보고 각 물음에 답하시오.

가. 아래 그림에서 나타나는 화재패턴을 쓰시오.
나. 화재발생순서를 쓰시오.

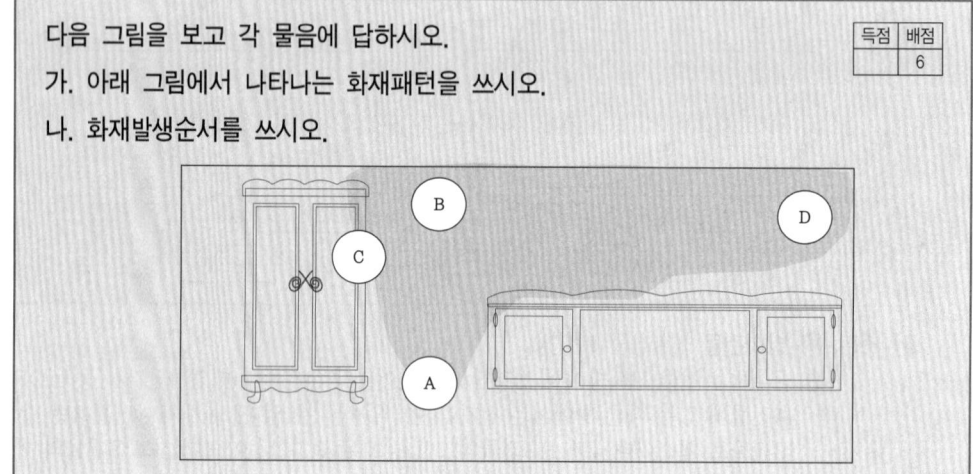

답안 (가) V 패턴
(나) A → B → C → D 또는 A → C → B → D

02 자연발화를 다음 조건에 맞게 설명하시오.

가. 주변 온도
나. 표면적
다. 산소

답안 (가) 주변 온도가 높을 것
(나) 표면적이 넓을 것
(다) 산소의 공급이 적당할 것

03 가솔린 차량의 엔진구성요소 5가지를 쓰시오.

답안
① 연료장치 ② 점화장치
③ 윤활장치 ④ 냉각장치
⑤ 배기장치

04 열의 전달방식 3가지를 쓰시오.

답안 ① 전도 ② 대류 ③ 복사

05 연소의 4요소를 쓰시오.

답안
① 가연물 ② 점화원
③ 산소공급원 ④ 연쇄반응

06 사람의 눈과 폴라로이드 카메라를 비교했을 때 다음은 무엇과 같은지 쓰시오.
가. 망막
나. 홍채

답안
(가) 필름
(나) 조리개

07 실화책임에 관한 법률에서 실화가 중대한 과실로 인한 것이 아닌 경우 그로 인한 손해배상 의무자가 법원에 손해배상액의 경감을 청구할 수 있는 경우 3가지를 쓰시오.

답안
① 화재의 원인과 규모
② 피해의 대상과 정도
③ 연소 및 피해 확대의 원인
④ 피해 확대를 방지하기 위한 실화자의 노력
⑤ 배상의무자 및 피해자의 경제상태

08
메탄과 프로판으로 이루어진 혼합가스이다. 각 물음에 답하시오. (단, 메탄가스 하한계 5vol%, 상한계 15vol%, 프로판가스 하한계 2vol%, 상한계 9vol%)

가. 혼합가스의 폭발한계를 구하기 위해 사용되는 법칙을 쓰시오.
나. 혼합가스가 메탄 25%와 프로판 75%로 구성될 때 폭발하한계와 상한계를 구하시오.

답안 (가) 르 샤틀리에 법칙

(나) 폭발하한계 : $\dfrac{100}{(25/5)+(75/2)} \fallingdotseq 2.35$

폭발상한계 : $\dfrac{100}{(25/15)+(75/9)} \fallingdotseq 10$

09
화재조사 및 보고규정에 따른 화재의 유형 5가지를 쓰시오. (단, 기타화재는 제외한다.)

답안
① 건축·구조물 화재　　② 자동차·철도차량 화재
③ 위험물·가스제조소 등 화재　　④ 선박·항공기 화재
⑤ 임야 화재

10
220V RLC 직렬회로가 있다. 저항 500Ω, 인덕턴스 0.6H, 커패시턴스 0.08μF일 경우 다음 질문에 답하시오.

가. 공진주파수(f)는 몇 Hz인지 구하시오.
나. 공진주파수의 전류는 몇 A인지 구하시오.

답안 (가) $f = 1/2\pi\sqrt{LC} = 1/2\pi\sqrt{0.6 \times 0.08 \times 10^{-6}} = 726.80\text{Hz}$
(나) $I = V/R = 220/500 = 0.44\text{A}$

11
다음 ( ) 안에 알맞은 단어를 기술하시오.

- 금속에 따라 (①)온도 등이 다르므로 화재현장에서 금속의 종류를 파악할 수 있으면 대략적인 온도를 확인할 수 있다.
- 금속이 화재 열을 받으면 용융하기 전에 하중으로 인해 굴곡되는 (②)이라는 형상을 남긴다. 이것으로 연소의 강약을 알 수 있다.

답안 ① 용융　② 만곡

12 화재증거물 수집관리규칙에 관한 내용이다. ( ) 안에 알맞은 단어를 기술하시오. [배점 4]

- 증거물을 수집할 때에는 휘발성이 (①) 것에서 (②) 순서로 수집한다.
- 증거물이 파손될 우려가 있는 경우에 (③) 및 (④)에 대한 주의사항을 증거물의 포장 외측에 적절하게 표기하여야 한다.
- 증거물의 소손 또는 소실 정도가 심하여 증거물의 일부분 또는 전체가 유실될 우려가 있는 경우는 증거물을 (⑤)하여야 한다.

답안 ① 높은 ② 낮은 ③ 충격금지 ④ 취급방법 ⑤ 밀봉

13 화재조사 및 보고규정에서 정한 용어의 정의이다. ( ) 안에 알맞은 단어를 기술하시오. [배점 5]

- (①)이란 화재가 발생하여 소방대 및 관계인 등에 의해 소화활동이 행하여지고 있거나 행하여진 장소를 말한다.
- (②)이란 화재원인의 판정을 위하여 전문적인 지식, 기술 및 경험을 활용하여 주로 시각에 의한 종합적인 판단으로 구체적인 사실관계를 명확하게 규명하는 것을 말한다.
- (③)이란 화재와 관계되는 물건의 형상, 구조, 재질, 성분, 성질 등 이와 관련된 모든 현상에 대하여 과학적 방법에 의한 필요한 실험을 행하고 그 결과를 근거로 화재원인을 밝히는 자료를 얻는 것을 말한다.
- (④)란 열원에 의하여 가연물질에 지속적으로 불이 붙는 현상을 말한다.
- (⑤)이란 발화의 최초 원인이 된 불꽃 또는 열을 말한다.

답안 ① 화재현장 ② 감식 ③ 감정 ④ 발화 ⑤ 발화열원

14 다음에서 설명하고 있는 연소패턴을 기술하시오. [배점 6]

가. 인화성 액체가연물이 바닥으로 쏟아졌을 때 액체가연물이 쏟아진 부분과 쏟아지지 않은 부분의 탄화경계 흔적을 말하고, 이런 형태는 화재가 진행되면서 가연성 액체가 있는 곳은 다른 곳보다 연소가 강하기 때문에 탄화정도의 차이로 구분된다.

나. 가연성 액체가 쏟아지면서 주변으로 튀거나 연소되어 발생하는 열에 의해 스스로 가열되어 액면에서 끓어 주변으로 튄 액체가 포어패턴의 미연소부분에서 국부적으로 점처럼 연소한 흔적이다.

다. 가연성 액체가 웅덩이처럼 고여 있을 경우 발생하는데 주변이나 얕은 곳에서는 화염이 바닥이나 바닥재를 연소시키는 반면에 비교적 깊은 중심부는 가연성 액체가 증발하면 기화열에 의해 냉각시키는 현상 때문에 발생한다.

▶ 답안 (가) 포어(pour)패턴
(나) 스플래시(splash)패턴
(다) 도넛(doughnut)패턴

15
LPG차량의 밸브 색상을 구별하시오.
가. 충전밸브
나. 액송밸브
다. 기송밸브

▶ 답안 (가) 녹색
(나) 적색
(다) 황색

16
고압가스를 연소성에 따라 구분하시오.

▶ 답안 ① 가연성 가스
② 조연성 가스
③ 불연성 가스

17
다음 ( ) 안에 알맞은 단어를 기술하시오.

공기 중의 산소가 충분하여 가연물이 (①)하면 이산화탄소(CO_2)가 발생하고, 반대로 공기 중의 산소가 충분하지 못하면 (②)하여 일산화탄소(CO)가 발생한다.

▶ 답안 ① 완전연소
② 불완전연소

18
다음 중 콘크리트 벽과 기둥에서 볼 수 있는 화재패턴을 모두 고르시오.

V패턴, U패턴, 기둥형 패턴, 포인트 또는 화살촉패턴, 모래시계패턴, 원형 패턴, 역삼각형 패턴

▶ 답안 V패턴, U패턴, 기둥형(fire plume) 패턴, 모래시계패턴, 역삼각형 패턴

19 다음 ( ) 안에 알맞은 단어를 쓰시오.

득점	배점
	4

성장기 화재와 같이 주위 공기 중에 산소량이 충분한 상태에서 가연물의 열분해속도가 연소속도보다 낮은 상태의 화재를 (①)지배형 화재 그 이후 (②)지배형 화재라고 한다.

답안 ① 연료 ② 환기

MEMO

2014년 11월 1일 화재감식평가기사

본 기출문제는 수험생들의 기억을 바탕으로 작성한 것으로 내용 및 그림, 문제수(배점) 등에서 실제 문제와 다소 차이가 있을 수 있습니다.

01 화재현장에서 발견되는 소사체에 대한 설명이다. 괄호 안을 쓰시오.

- 화재현장에서 발견되는 사체는 (①) 자세로 발견된다.
- 비만인 사람은 비만이 아닌 사람에 비해 (②)으로 인해 더 심하게 훼손된 채로 발견된다.
- 사인이 화재에 의한 것인지 아닌지 판단하기 위해 혈중의 (③) 포화도를 측정해 보면 알 수 있다.

답안 ① 권투선수, 투사형 ② 지방 ③ 일산화탄소 헤모글로빈(COHb)

02 다음 괄호 안에 용어를 바르게 쓰시오.

- (①)란 사람의 의도에 반하거나 고의에 의해 발생하는 연소 현상으로서 소화설비 등을 사용하여 소화할 필요가 있거나 또는 사람의 의도에 반해 발생하거나 확대된 화학적인 폭발현상을 말한다.
- (②)란 화재 당시의 피해물과 같거나 비슷한 것을 재건축(설계감리비 포함) 또는 재취득하는 데 필요한 금액을 말한다.
- (③)란 화재 당시에 피해물의 재구입비에 대한 현재가의 비율을 말한다.

답안 ① 화재 ② 재구입비 ③ 잔가율

03 인화성 액체 가연물이 바닥에 뿌려졌을 때 쏟아진 부분과 쏟아지지 않은 부분의 탄화경계흔적을 나타내는 화재 패턴은?

답안 포어 패턴(퍼붓기 패턴)

04

다음 물음에 답하시오.
가. 누전에 대하여 설명하시오.
나. 누전에 의한 화재로 판정할 수 있는 조건 3가지를 쓰시오.
다. 누전차단기에서 누설전류를 감지하는 장치는 무엇인지 쓰시오.

답안 (가) 절연이 불량하여 전기의 일부가 전선 밖으로 누설되어 주변의 도체에 접촉하여 흐르는 현상
(나) 누전점, 접지점, 출화점
(다) 영상변류기(ZCT)

05

화재조사의 과학적인 방법을 나타낸 것이다. ( ) 안에 알맞은 단계를 쓰시오.

```
필요성 인식
    ↓
문제 정의
    ↓
데이터 수집
    ↓
( ① )
    ↓
( ② )
    ↓
( ③ )
    ↓
최종 가설 선택
```

답안 ① 데이터 분석 ② 가설 수립 ③ 가설 검증

06

화재피해액 산정과 관련하여 다음 물음에 답하시오.
가. 화재피해액 산정 시 물가상승률을 감안해야 하는 산정대상은?
나. 잔존물제거비는 몇 %를 적용하는가?

답안 (가) 구축물
(나) 10%

07
다음 화학반응식을 쓰시오.

가. $2K + 2H_2O \rightarrow$

나. $CaC_2 + 2H_2O \rightarrow$

다. $Ca_3P_2 + 6H_2O \rightarrow$

답안 (가) $2KOH + H_2$ (나) $Ca(OH)_2 + C_2H_2$ (다) $3Ca(OH)_2 + 2PH_3$

08
소방시설 등 활용조사서에 있는 소화시설 종류 4가지를 쓰시오.

답안 ① 소화기구 ② 옥내소화전 ③ 스프링클러설비, 간이스프링클러설비, 물분무 등 소화설비 ④ 옥외소화전

09
목재 표면의 균열흔을 나타내었다. 온도가 낮은 순으로 쓰시오.

- 강소흔
- 열소흔
- 완소흔

답안 완소흔(700~800℃) → 강소흔(900℃) → 열소흔(1,100℃)

10
다음은 화재상황을 나타낸 것이다. 연소단계를 쓰시오.

답안 최성기

11

화재원인조사의 종류 및 조사범위에 대한 내용이다. 화재원인조사의 종류를 쓰시오.

종류	조사범위
(①)	화재가 발생한 과정, 화재가 발생한 지점 및 불이 붙기 시작한 물질
발견·통보 및 초기소화 상황조사	화재의 발견·통보 및 초기소화 등 일련의 과정
(②)	화재의 연소경로 및 확대원인 등의 상황
(③)	피난경로, 피난상의 장애요인 등의 상황
소방시설 등 조사	소방시설의 사용 또는 작동 등의 상황

답안 ① 발화원인조사 ② 연소상황조사 ③ 피난상황조사

12

화재증거물수집관리규칙이다. ( ) 안에 알맞은 말을 쓰시오.

- 증거물을 수집할 때에는 휘발성이 (①) 것에서 (②) 순서로 진행해야 한다.
- 증거물의 소손 또는 소실정도가 심하여 증거물의 일부분 또는 전체가 유실될 우려가 있는 경우는 증거물을 (③)하여야 한다.

답안 ① 높은 ② 낮은 ③ 밀봉

13

이산화탄소의 증기비중을 구하시오. (공기분자량 29)

답안 증기비중=증기분자량/공기분자량이므로 44/29=1.52

14

제조물책임법에 대한 내용이다. 괄호 안을 쓰시오.

- 결함이란 해당 제조물에 (①)상·설계상 또는 (②)상의 결함이 있거나 그 밖에 통상적으로 기대할 수 있는 (③)이 결여되어 있는 것을 말한다.
- 제조물책임법은 제조물의 결함으로 발생한 손해에 대한 제조업자 등의 (④)을 규정함
- 손해배상청구권은 피해자 또는 그 법정대리인이 그 손해 및 손해배상책임을 지는 자를 안 날로부터 (⑤)년간 행사하지 않으면 소멸된다.

답안 ① 제조 ② 표시 ③ 안전성 ④ 손해배상책임 ⑤ 3

15
다음 중 용융점이 높은 순서대로 쓰시오.

- 철
- 구리
- 텅스텐
- 알루미늄

답안 텅스텐(3,400℃) → 철(1,530℃) → 구리(1,083℃) → 알루미늄(660℃)

16
대류에 대해 설명하시오.

답안 유체의 실질적인 흐름에 의해 열에너지가 전달되는 현상이다. 유체의 특정부분에 온도가 높을 경우 이 부분의 유체는 열에 의해 팽창되어 밀도가 낮아지므로 가벼워져서 상승하게 되고 주위의 낮은 온도의 유체가 그 구역으로 흘러 들어오는 순환과정이 연속된다.

17
다음 내용에 알맞은 차량용 축전지의 명칭을 쓰시오.

① 양극에는 과산화납(PbO_2)을, 음극에는 납(Pb)을 사용하고 황산(H_2SO_4)을 넣은 축전지
② 전해액은 수산화나트륨을 사용하고 주로 선박용으로 사용되는 축전지로 수명이 긴 축전지
③ 극판이 납 칼슘으로 되어 있고 가스발생이 적으며 전해액이 불필요해 자기방전이 적은 축전지

답안 ① 납축전지 ② 알칼리축전지 ③ MF축전지

18
화재의 소실 정도를 구분하여 쓰시오.
가. 건물의 50%가 소손되었고 잔존부분을 보수하여도 재사용이 불가한 것은?
나. 차량 50%가 소손된 것은?

답안 (가) 전소 (나) 반소

19
구축물의 피해액 산정식을 쓰시오. (단, 원시건축비에 의한 방식)

답안 소실단위의 원시건축비 × 물가상승률 × [1 − (0.8 × 경과연수/내용연수)] × 손해율

20 다음 물음에 답하시오.

가. 유리에 충격을 가하면 측면에 나타나는 물결모양으로 리플마크라고도 한다. 이를 무엇이라고 하는가?

나. 유리의 파단면이다. 충격방향을 쓰시오.

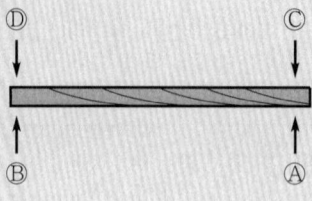

답안 (가) 월러라인
(나) Ⓐ

2014년 11월 1일 화재감식평가산업기사

본 기출문제는 수험생들의 기억을 바탕으로 작성한 것으로 내용 및 그림, 문제수(배점) 등에서 실제 문제와 다소 차이가 있을 수 있습니다.

01 다음 빈칸을 완성하시오.

화재란 사람의 의도에 반하거나 고의에 의해 발생하는 (①)현상으로서 소화설비 등을 사용하여 소화할 필요가 있거나 또는 사람의 의도에 반해 발생하거나 확대된 (②)인 폭발현상을 말한다.

답안 ① 연소 ② 화학적

02 화재의 소실정도에 따라 다음을 구분하여 쓰시오.

가. 건물의 70% 이상(입체면적에 대한 비율을 말한다.)이 소실되었거나 또는 그 미만이라도 잔존부분을 보수하여도 재사용이 불가능한 것
나. 건물의 30% 이상 70% 미만이 소실된 것

답안 (가) 전소 (나) 반소

03 자연발화의 종류 5가지를 원인별로 쓰시오.

답안 ① 산화열 ② 분해열 ③ 흡착열 ④ 발효열 ⑤ 중합열

04 제조물책임법상 결함 3가지를 쓰시오.

답안 ① 제조상 결함 ② 설계상 결함 ③ 표시상 결함

05

반단선에 대한 설명이다. O, ×로 표시하시오.

① 단선측 소선의 일부에 붙고 떨어지는 사이에 생긴 조그만 용융흔이 발생한다.
② 단선된 전원측 단선에는 반드시 단락흔이 발생한다.
③ 단선이 10%를 넘으면 급격하게 단선율이 증가한다.
④ 반단선은 외력 등 기계적 원인으로 발생한다.
⑤ 반단선에 의한 용융흔은 전체적으로 단락이 발생하지 않는다.

답안 ① O ② × ③ O ④ O ⑤ ×

06

다음 용어에 대해 설명하시오.

가. 트래킹   나. 반단선

답안
(가) 전압이 인가된 이극 도체 간의 절연물 표면에 수분, 먼지, 금속분 등이 부착되면 오염된 곳의 표면을 따라 전류가 흘러 소규모 불꽃방전이 일어나고 이것이 지속적으로 반복되면 절연물 표면 일부가 탄화되어 도전성 통로가 형성되는 현상
(나) 전선이 절연피복 내에서 단선되고 그 부분에서 단선과 이어짐이 반복되는 상태 및 단선된 후 일부가 접촉상태로 남아 있는 상태

07

두께 0.02m인 벽면의 양쪽이 각각 40℃, 20℃일 때 열유속(heat flux)은?
(단, 열전도율 $k = 0.083$ W/m · K)

답안
열유속 $\mathring{q}' = \dfrac{k(T_2 - T_1)}{l} = \dfrac{0.083\text{W/m} \cdot \text{K} \times (40-20)\text{K}}{0.02\text{m}} = 83\text{W/m}^2$

여기서, $\mathring{q}'$: 단위면적당 열유속(W/m²)
  k : 열전도율(W/m · K)
  T_2, T_1 : 각 벽면의 온도(℃ 또는 K)
  l : 벽 두께(m)

08

건물에서 화재가 발생하여 500m²가 소실되었다. 피해액을 산정하시오. (단, 내용연수 50년, 경과연수 30년, 손해율 70%, 신축단가 450천원으로 한다.)

답안 건물피해액 산정 : 신축단가×소실면적×[1−(0.8×경과연수/내용연수)]×손해율
450천원×500m²×[1−(0.8×30년/50년)]×70%=81,900천원

09
화재로 열을 많이 받아 그을음 등이 타서 없어진 것으로 완전히 산화되면 비교적 밝은색으로 보이는 물리적 손상을 무엇이라고 하는가?

답안 백화현상

10
다음 설명에 해당하는 열전달방법을 쓰시오.

① 물체 내의 온도차로 인해 온도가 높은 분자와 인접한 온도가 낮은 분자 간에 직접적인 충돌로 열에너지가 전달되는 것
② 유체(fluid)입자의 움직임에 의해 열에너지가 전달되는 것
③ 전자파의 형태로 열이 옮겨지는 것

답안 ① 전도 ② 대류 ③ 복사

11
화재증거물수집관리규칙이다. 용어의 정의를 쓰시오.

- (①)이란 화재와 관련이 있는 물건 및 개연성이 있는 모든 개체를 말한다.
- (②)이란 화재증거물을 획득하고 해당 물건을 분석하여 사건과 관련된 화재증거를 추출하는 과정을 말한다.
- (③)이란 화재현장에서 증거물수집에서부터 폐기까지 증거물 원본성 보장을 위한 증거물 관리 및 이송과 관련된 과정을 말한다.
- (④)이란 화재조사현장과 관련된 사람, 물건, 기타 주변 상황, 증거물 등을 촬영한 사진, 영상물 및 녹음자료, 현장에서 작성된 정보 등을 말한다.
- (⑤)이란 화재조사현장과 관련된 사람, 물건, 기타 상황, 증거물 등을 촬영한 사진을 말한다.

답안 ① 증거물 ② 증거물수집 ③ 증거물의 보관·이동 ④ 현장기록 ⑤ 현장사진

12
전담부서에서 갖추어야 할 증거수집장비 6종 가운데 5종을 쓰시오.

답안 ① 증거물수집기구 세트 ② 증거물보관 세트 ③ 증거물 표지
④ 증거물 태그 ⑤ 접자 ⑥ 라텍스 장갑

13

누전화재의 3요소를 쓰시오.

답안 ① 누전점 ② 접지점 ③ 출화점

14

다음 그림을 보고 답하시오.

가. 명칭을 쓰시오.
나. 용도를 쓰시오.

답안 (가) 가스채취기(가스측정기, 가스검지기, 가스누출시험기)
(나) 유류 및 잔류가스를 채취하여 성분분석

15

화재로 한쪽 벽면 5m²와 천장 5m²가 소실되었다. 소실면적을 구하시오.

답안 $(5m^2 + 5m^2) \times 1/5 = 2m^2$

16

메탄가스가 누설되어 폭발사고가 발생하였다. 각 물음에 답하시오.
가. 완전연소반응식을 쓰시오.
나. 반응 전과 반응 후 생성물의 몰(mol)수를 쓰시오.

답안 (가) $CH_4 + 2O_2 \rightarrow CO_2 + 2H_2O$
(나) 반응 전 : 3몰, 반응 후 : 3몰

17. 다음에 설명하는 화재 패턴에 대해 쓰시오.

① 인화성 액체가연물이 바닥에 쏟아졌을 때 쏟아진 부분과 쏟아지지 않은 부분의 탄화 경계흔적을 말한다.
② 가연성 액체가 쏟아지면서 주변으로 튀거나 연소되면서 발생한 열에 의해 스스로 가열되어 액면에서 끓으면서 주변으로 튄 액체가 포어 패턴의 미연소부분으로 국부적으로 점처럼 연소된 흔적이다.
③ 가연성 액체가 웅덩이처럼 고여 있을 경우 발생하는데 고리처럼 보이는 주변부나 얕은 곳에서는 화염이 바닥이나 바닥재를 탄화시키는 반면에 비교적 깊은 중심부는 가연성 액체가 증발하면서 기화열에 의해 냉각시키는 현상 때문에 발생한다.

답안 ① 포어 패턴(퍼붓기 패턴) ② 스플래시 패턴 ③ 도넛 패턴

18. 목재표면 균열흔을 구분하여 쓰시오.

① 700~800℃ 정도의 삼각 또는 사각형태의 균열흔
② 900℃ 정도의 홈이 깊은 요철이 형성된 균열흔
③ 홈이 아주 깊은 1,000℃ 정도의 대형 목조건물 화재 시 나타나는 현상

답안 ① 완소흔 ② 강소흔 ③ 열소흔

19. 알루미늄은 용융되었고 구리와 철은 그대로 있었다. 수열온도의 상한과 하한은 어떻게 되는가?

답안 ① 하한 : 알루미늄(660℃)
② 상한 : 구리(1,083℃)

20. 가스시설에 있는 퓨즈콕의 기능을 쓰시오.

답안 규정량 이상의 가스가 흐르면 콕에 내장된 볼이 떠올라 유로를 자동으로 차단하는 안전장치

MEMO

2015년 11월 7일 화재감식평가기사

본 기출문제는 수험생들의 기억을 바탕으로 작성한 것으로 내용 및 그림, 문제수(배점) 등에서 실제 문제와 다소 차이가 있을 수 있습니다.

01
다음 물음에 답하시오.
가. 실화자에게 중대한 과실이 없는 경우 그 손해배상액의 경감에 관한 민법 제765조의 특례를 정함을 목적으로 하는 법률을 쓰시오.
나. 실화가 중대한 과실로 인한 것이 아닌 경우 그로 인한 손해 배상의무자가 법원에 손해배상액의 경감을 청구할 수 있는 경우 4가지를 쓰시오.

답안
(가) 실화책임에 관한 법률
(나) ① 화재의 원인과 규모
② 피해의 대상과 정도
③ 연소 및 피해확대의 원인
④ 피해확대를 방지하기 위한 실화자의 노력
⑤ 배상의무자 및 피해자의 경제상태
⑥ 그 밖에 손해배상액을 결정할 때 고려할 사정

02
박리흔이 발생할 수 있는 조건 3가지를 쓰시오.

답안
① 경화되지 않은 콘크리트에 있는 수분
② 철근 또는 철망 및 주변 콘크리트 간에 차등팽창
③ 콘크리트 혼합물과 골재 간의 차등팽창
④ 화재에 노출된 표면과 슬래브 내장재 간의 차등팽창

03
자동차 엔진 본체의 주요장치와 전기장치를 각각 5가지씩 쓰시오.

➡ **답안** ① 주요장치 : 점화장치, 연료장치, 윤활장치, 냉각장치, 배기장치
② 전기장치 : 점화플러그, 배터리, 시동모터, 점화코일, 교류발전기

04 훈소(무염연소)에서 유염연소로 전환되기 위한 조건 2가지를 쓰시오.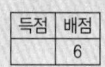

➡ **답안** ① 충분한 산소공급 ② 온도상승

05 비 오는 날 소먹이용 건초와 생석회(산화칼슘)를 저장하는 농촌의 비닐하우스에서 화재가 발생하였다. 다음의 조건을 참고하여 물음에 답하시오.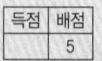

> 비닐하우스 내부에는 전기시설이 없으며 방화의 가능성도 없는 것으로 식별되었고 생석회에 빗물이 침투된 흔적이 발견되었다.

가. 생석회와 빗물과의 화학반응식을 쓰고 설명하시오.
나. 감식요령을 쓰시오.

➡ **답안** (가) $CaO + H_2O \rightarrow Ca(OH)_2$: 물과 반응해서 수산화칼슘이 되며 발열한다.
(나) 생석회가 물과 반응하여 생성된 수산화칼슘(소석회)의 잔해를 확인한다. 소석회는 백색분말로 물과 접촉하면 고체상태가 되고 강알칼리성이기 때문에 리트머스시험지로 시험했을 때 푸른색을 띤다.

06 도넛패턴의 발생원인을 쓰시오.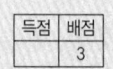

➡ **답안** 가연성 액체가 살포된 지역의 중심부는 액체가연물이 증발하면서 증발잠열의 냉각효과에 의해 보호되기 때문에 바깥쪽 부분이 탄화되더라도 안쪽은 연소되지 않고 고리모양의 패턴이 생성된다.

07 화재패턴에 대한 설명이다. 다음 물음에 답하시오.

가. 물질이 가열되면 용융되기 전에 열팽창과 연화가 일어나는데 금속 자체가 중력방향으로 휘어지거나 금속으로 만들어진 구조물이 쓰러지기도 한다. 이러한 현상을 무엇이라고 하는가?
나. '가'의 현상을 식별함으로써 알 수 있는 것을 쓰시오.

답안 (가) 만곡
(나) 발화지역 또는 화염의 연소방향성을 판단할 수 있다.

08 연소 및 폭발현상에 대한 설명이다. ( ) 안에 알맞은 용어를 쓰시오.

배점 5

- 온도가 상승하면 반응속도가 빨라져 (①)계는 낮아지고 (②)계는 높아지므로 폭발범위는 (③)진다.
- 압력이 높아지면 반응속도가 빨라져 (④)계는 약간 낮아지고 (⑤)계는 크게 높아진다.

답안 ① 폭발하한 ② 폭발상한 ③ 넓어 ④ 폭발하한 ⑤ 폭발상한

09 지름(d) 0.32mm인 구리선의 용단전류(I)를 W.H. Preece의 계산식을 이용하여 구하시오. (단, 구리의 재료정수(a)는 80으로 하고 소수 둘째자리에서 반올림할 것)

배점 5

답안 $I_s = ad^{3/2}$(A)
여기서, I_s : 용단전류(A), a : 재료에 의한 정수(구리 80), d : 선의 직경(mm)
∴ $I_s = 80 \times 0.32^{3/2} ≒ 14.5$(A)

10 고압가스 연소성에 대한 분류표이다. 종류를 쓰시오.

배점 6

① ( ) : 수소, 암모니아, 액화석유가스, 아세틸렌 등
② ( ) : 산소, 공기, 염소 등
③ ( ) : 질소, 이산화탄소, 아르곤, 헬륨 등

답안 ① 가연성 가스 ② 조연성 가스 ③ 불연성 가스

11 통전 중인 콘센트와 플러그가 접속된 상태로 출화하였다. 연소 특징을 쓰시오.

배점 5

답안 ① 콘센트 : 콘센트의 칼받이가 열린 상태로 남아 있고 복구되지 않으며 부분적으로 용융될 수 있다.
② 플러그 : 플러그핀이 용융되어 파여나가거나 잘려나가기도 하며 외부에서 유입된 연기 등의 오염원이 적다.

12. 세탁기의 주요 발화원인 3가지를 쓰시오.

답안
① 배수밸브 마그넷 전환스위치 접점이 채터링을 일으켜 출화
② 잡음방지 콘덴서 절연열화로 출화
③ 모터구동용 콘덴서의 단자판 접속불량에 의한 출화

13. 부탄가스 가스비중과 완전연소 반응식을 쓰시오. (단, 공기의 비중은 29로 한다.)

답안
① 가스비중
$58/29 = 2$
② 완전연소 반응식
$C_4H_{10} + 6.5O_2 \rightarrow 4CO_2 + 5H_2O$ 또는 $2C_4H_{10} + 13O_2 \rightarrow 8CO_2 + 10H_2O$

14. 다음의 조건을 참고하여 각 물음에 답하시오.

구획실 벽면 가운데 건조기가 있고, 우측에 종이박스, 좌측에 수납함(목재)이 있다. 좌측 목재 수납함은 반소되었고, 우측은 종이박스 상단에 쌓인 종이류의 표면만 부분연소하였다. (단, 환기와 대류 등 기타 조건은 완전 무시한다.)

가. 조건의 소훼된 형상을 참고하여 화재원인을 쓰시오.
나. 화재원인에 대한 이유를 쓰시오.

답안
(가) 방화
(나) 발화지점이 2개소로 각각 독립적으로 연소하였고, 환기와 대류작용이 없으므로 자연소화되었다.

15. 용융점이 높은 온도에서 낮은 온도 순으로 쓰시오.

• 스테인리스강 • 텅스텐 • 은 • 마그네슘 • 금 • 납

답안 텅스텐 → 스테인리스강 → 금 → 은 → 마그네슘 → 납

16. 모래시계패턴, U패턴, 끝이 잘린 원추패턴, 역 V패턴을 설명하고 그림을 그리시오.

답안

① 모래시계패턴

화염이 수직벽면과 가까이 있을 때 형성되고 화염구역에는 거꾸로 된 V형태가 나타나고 고온가스구역에는 V형태가 형성된다.

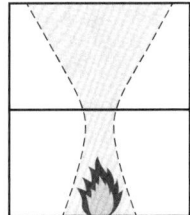

② U패턴

V패턴과 유사하지만 복사열의 영향을 더욱 크게 받고 U패턴의 아래에 있는 경계선은 일반적으로 V패턴의 경계선보다 높다.

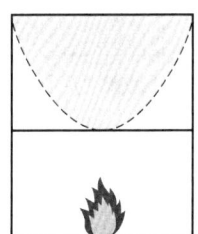

③ 끝이 잘린 원추패턴

수직면과 수평면에 모두 나타나는 3차원패턴으로 천장에는 원형 패턴이 나타나고 벽면에는 U패턴형태가 나타난다.

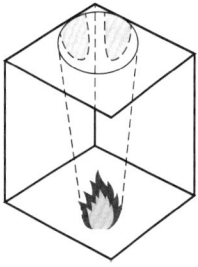

④ 역 V패턴

바닥에서 천장까지 화염이 닿지 않거나 낮은 열방출률 또는 짧은 시간에 불완전하게 연소한 결과로 나타난다.

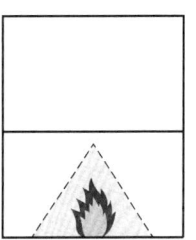

17. 일반음식점에서 화재가 발생하였다. 건물 신축단가 100만원, 소실면적 100m², 경과연수 20년, 내용연수 40년, 손해율 80%일 때 화재피해액을 산정하시오.

답안 건물피해액 산정식 : 신축단가×소실면적×[1−(0.8×경과연수/내용연수)]×손해율

1,000천원×100m²×[1−(0.8×20/40)]×80% = 48,000천원

18

그림에서 화재가 내부 중앙에 있는 쓰레기통에서 발생하여 진행하고 있다. 좌측 벽면이 연소되는 순서를 알파벳 순으로 쓰시오. (단, 복사열은 무시한다.)

득점	배점
	3

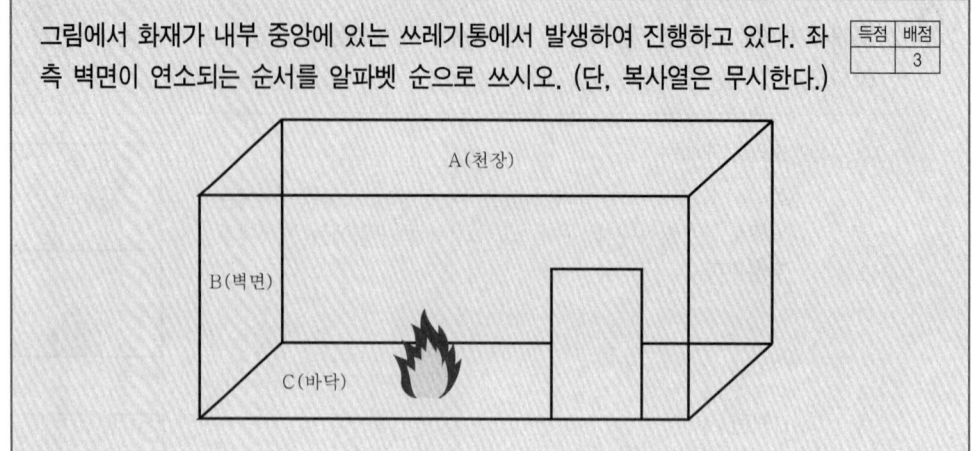

답안 A → B → C

19

방화조사 시 직접착화의 조사요점 5가지를 쓰시오.

득점	배점
	5

답안
① 2개소 이상 독립된 발화개소가 식별된다.
② 발화부 주변에서 유류성분이 검출되고 외부에서 반입한 유류용기가 발견된다.
③ 범죄와 관련된 경우 출입문이나 창문 등이 개방된 상태로 식별된다.
④ 발화부 주변에 화재원인으로 볼만한 시설이나 기구가 발견되지 않는다.
⑤ 방화행위자의 옷이나 피부 등이 그을리거나 유류가 묻어 있다.

2015년 11월 7일 화재감식평가산업기사

본 기출문제는 수험생들의 기억을 바탕으로 작성한 것으로 내용 및 그림, 문제수(배점) 등에서 실제 문제와 다소 차이가 있을 수 있습니다.

01
독립된 화재로서 고의에 의해 다수 발화지점으로 오인할 수 있는 경우 5가지를 쓰시오.

답안
① 전도, 대류, 복사에 의한 연소확산
② 직접적인 화염충돌에 의한 확산
③ 개구부를 통한 화재확산
④ 드롭다운 등 가연물의 낙하에 의한 확산
⑤ 불티에 의한 확산

02
벽두께 0.07m, 벽 양쪽 면의 온도가 각각 50℃와 20℃일 때 폴리우레탄폼 벽체의 열유동률(W/m²)을 구하시오. (단, 폴리우레탄폼의 열전도율은 0.034W/mK이며, 소수 둘째자리에서 반올림할 것)

답안
$q = k(T_1 - T_2/L)$
$= 0.034(50 - 20/0.07)$
$= 14.57$
∴ 14.6

03
가솔린의 위험도를 구하시오. (단, 가솔린의 연소범위는 1.4~7.6으로 한다.)

답안
위험도(H) = (연소상한계(U) − 연소하한계(L))/연소하한계(L)
$= (7.6 - 1.4)/1.4$
$= 4.428$
∴ 4.43

04

다음 그래프의 ( ) 안에 해당하는 압력상태를 쓰시오. [배점 5]

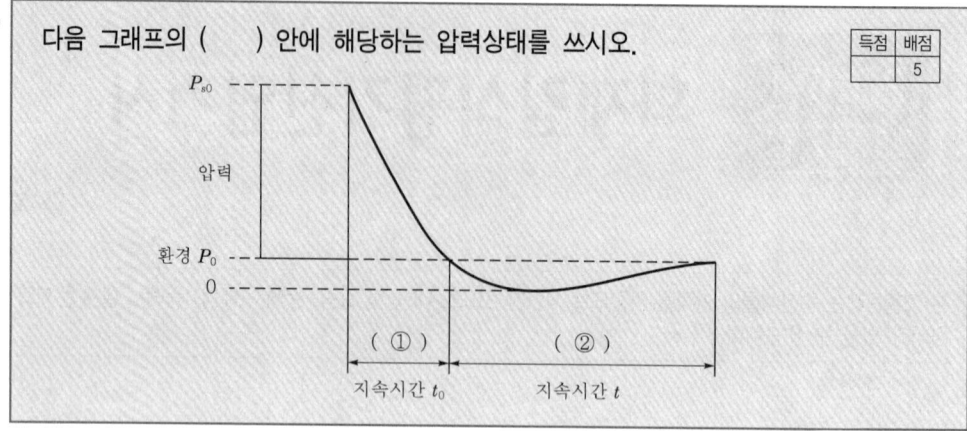

답안 ① 양압단계(positive phase) ② 부압단계(negative phase)

05

물질의 열변형, 소실, 연소생성물의 퇴적 등으로 만들어지는 화재패턴의 발생원리 4가지를 쓰시오. [배점 4]

답안
① 열원으로부터 가까울수록 강해지고 멀어질수록 약해지는 복사열의 차등원리
② 고온가스는 열원으로부터 멀어질수록 온도가 낮아지는 원리
③ 화염 및 고온가스의 상승원리
④ 연기나 화염이 물체에 의해 차단되는 원리

06

하소에 대한 물음에 답하시오. [배점 5]
가. 하소의 정의를 쓰시오.
나. 하소의 깊이를 측정하는 기구는 무엇인가?

답안
(가) 석고벽면 등이 열에 의해 탈수됨으로써 수축 및 균열이 발생하고 부서지기 쉬운 상태에 이르러 회화되는 현상이다.
(나) 탐촉자, 다이얼 캘리퍼스

07

화재조사의 과학적 방법에 대한 절차이다. 빈칸을 채우시오. [배점 4]

필요성 인식 → 문제정의 → 데이터수집 → (①) → 가설수립 → (②) → 최종가설 선택

답안 ① 데이터분석 ② 가설검증

08

가스의 종류를 쓰시오.

가. 질소, 아르곤, 탄산가스 등으로 스스로 연소하지 못하며 다른 물질을 연소시키는 성질도 없는 가스는 무엇인가?

나. 수소, 메탄, 프로판 등으로 산소 또는 공기와 혼합하여 점화하면 빛과 열을 발하며 연소하는 가스는 무엇인가?

다. 산소, 염소, 불소 등으로 자기 자신은 연소하지 않으며 다른 물질의 연소를 도와주는 가스는 무엇인가?

답안 (가) 불연성 가스
(나) 가연성 가스
(다) 조연성 가스(지연성 가스)

09

제조물책임법의 용어의 정의이다. 빈칸에 들어갈 알맞은 답을 쓰시오.

- "제조업자"란 다음의 자를 말한다.
- 제조물의 (①)·(②) 또는 (③)을 업(業)으로 하는 자
- 제조물에 (④)·(⑤)·상표 또는 그 밖에 식별(識別) 가능한 기호 등을 사용하여 자신을 ①의 자로 표시한 자 또는 ①의 자로 오인하게 할 수 있는 표시를 한 자

답안 ① 제조 ② 가공 ③ 수입 ④ 성명 ⑤ 상호

10

제조물책임법에 따른 결함에 대한 설명이다. 빈칸에 알맞은 답을 쓰시오.

- (①)이란 제조업자가 제조물에 대하여 제조상·가공상의 주의의무를 이행하였는지에 관계없이 제조물이 원래 의도한 설계와 다르게 제조·가공됨으로써 안전하지 못하게 된 경우를 말한다.
- (②)이란 제조업자가 합리적인 대체설계(代替設計)를 채용하였더라면 피해나 위험을 줄이거나 피할 수 있었음에도 대체설계를 채용하지 아니하여 해당 제조물이 안전하지 못하게 된 경우를 말한다.
- (③)이란 제조업자가 합리적인 설명·지시·경고 또는 그 밖의 표시를 하였더라면 해당 제조물에 의하여 발생할 수 있는 피해나 위험을 줄이거나 피할 수 있었음에도 이를 하지 아니한 경우를 말한다.

답안 ① 제조상의 결함 ② 설계상의 결함 ③ 표시상의 결함

11

석유류의 연소특성에 대한 설명이다. 빈칸을 완성하시오.

- (①)이란 당해 물질의 분자량을 공기의 분자량으로 나눈 값으로 보통 1 이상이면 공기보다 무겁고, 1 미만이면 공기보다 가볍다.
- (②)란 용해력과 탈지 세정력이 높아 광범위하게 사용되는 용제류로서 일반적으로 비점이 낮고 휘발성과 가연성이 있어 화재의 위험이 높다.
- (③)이란 액체의 포화증기압이 대기압과 같아지는 온도를 말한다.

답안 ① 증기비중 ② 유기용매 ③ 비등점(비점, boiling point)

12

아파트 3층에서 화재가 발생하여 100m²가 소실되었으나 인명피해는 없었다. 관계자에 의하면 난로에 연료를 주입하다가 실수로 불이 났다는 진술과 옥내소화전설비로 초기 화재를 진압했다는 정보를 확인하였다. 이 상황에서 화재조사관이 작성하여야 하는 화재조사서류 5가지를 쓰시오. (단, 화재현장조사서 제외)

답안 ① 화재현황조사서 ② 화재유형별조사서(건축·구조물화재) ③ 화재피해조사서(재산)
④ 소방시설 등 활용조사서 ⑤ 질문기록서

13

가스기구에서 리프팅의 발생원인 5가지를 쓰시오.

답안
① 버너의 염공에 먼지 등이 부착하여 염공이 작아졌을 때
② 가스의 공급압력이 지나치게 높을 경우
③ 노즐구경이 지나치게 클 경우
④ 가스의 공급량이 버너에 비해 과대할 경우
⑤ 공기조절기를 지나치게 열었을 경우

14

다음에서 설명하는 현상을 쓰시오.

- (①) : 목재가 화염에 의해 표면이 벗겨지고 껍질이 숯처럼 변하면서 들고 일어나거나 떨어져 나가는 현상
- (②) : 건축물 또는 물체가 화염에 의해 허물어지거나 붕괴되는 현상
- (③) : 목재가 화염에 의해 또는 열을 받아 원형을 잃고 가늘어지는 현상

답안 ① 박리 ② 도괴 ③ 세연화

15
다음에서 설명하는 현상을 쓰시오.

가. 사우나, 목욕탕 등에 설치된 고온 스팀파이프가 100~200℃ 정도의 온도로 목재와 장시간 접촉하면 발화되는 현상은 무엇인가?

나. 난로 등 고온의 물체에 어떤 가연물이라도 닿으면 연소되는 현상은 무엇인가?

다. 구획실에서 화재가 발생하였을 때 화염의 접촉 없이도 실내 온도가 높아져 연소되는 현상은 무엇인가?

답안 (가) 저온착화 (나) 고온표면 (다) 축열에 의한 발화

16
전기화재에서 국부적으로 접촉저항이 증가하는 요인 3가지를 쓰시오.

답안
① 접속부 나사조임 불량
② 전선의 압착 불량
③ 배선을 손으로 비틀어 연결시켜 이음부의 헐거움 발생

17
롤오버(rollover)현상의 정의를 쓰시오.

답안 화재 초기단계에 가연성 가스와 산소가 혼합된 상태로 천장부분에 쌓였을 때 연소한계에 도달하여 점화되면 화염이 천장면을 따라 굴러가듯이 연소하는 현상이다.

18
자연발화의 원인별 형태이다. 해당하는 물질을 1가지 이상 쓰시오.

① 산화열   ② 분해열   ③ 발효열   ④ 흡착열   ⑤ 중합열

답안 ① 동식물유 ② 셀룰로이드 ③ 퇴비 ④ 활성탄 ⑤ 초산비닐

MEMO

2016년 11월 12일 화재감식평가기사

본 기출문제는 수험생들의 기억을 바탕으로 작성한 것으로 내용 및 그림, 문제수(배점) 등에서 실제 문제와 다소 차이가 있을 수 있습니다.

01
금속 나트륨이 물과 접촉하여 폭발하였다. 다음 물음에 답하시오.
가. 금속 나트륨이 물과 접촉 시 화학식을 쓰시오.
나. 기체의 비중을 구하시오. (단, 분자량은 30으로 한다.)

답안 (가) $2Na + 2H_2O \rightarrow 2NaOH + H_2$
(나) $2/30 = 0.067$

02
탄화칼슘 제조공장이 홍수로 침수되어 화재가 발생하였다. 다음 물음에 답하시오.
가. 탄화칼슘이 물과 접촉 시 화학반응식을 쓰시오.
나. 이 화재의 위험성을 3가지 쓰시오.

답안 (가) $CaC_2 + 2H_2O \rightarrow Ca(OH)_2 + C_2H_2$
(나) ① 물과 반응하여 발열하고 아세틸렌가스가 발생한다.
② 아세틸렌가스의 반응열에 의해 폭발할 수 있다.
③ 아세틸렌가스의 온도가 320℃ 이상이면 발화할 수 있다.

03
표면적이 0.5m²이고 표면온도가 300℃인 고온금속이 30℃의 공기 중에 노출되어 있다. 금속 표면에서 주위로의 대류열전달계수가 30kcal/m² · hr · ℃ 일 경우 금속의 발열량을 구하시오.

답안 $Q = hA(T_W - T_\infty) = 30 \times 0.5(300 - 30) = 4,050 \text{kcal/hr}$
여기서, Q : 열전달율(kcal/hr)
h : 열전달계수(kcal/m² · hr · ℃)

A : 고체표면적(m^2)
T_W : 고체의 표면온도(℃)
T_∞ : 유체의 온도(℃)

04
탄화심도를 측정하고자 할 때 포함하여야 할 부분을 계산식으로 쓰시오.

득점	배점
	3

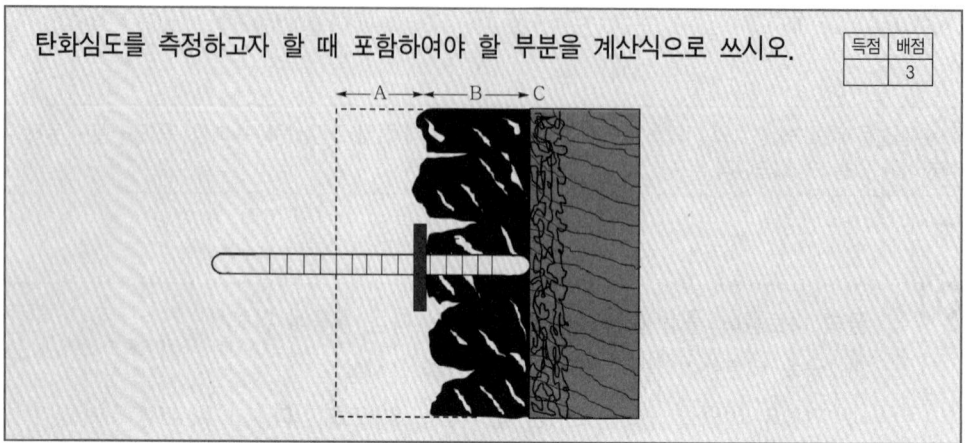

답안 A+B

05
20℃에서 45Ω의 저항값 R_1을 갖는 구리선이 있다. 온도가 150℃ 상승했을 때 구리의 저항값을 구하시오.

득점	배점
	4

답안
$R_2 = R_1[1 + a(t_2 - t_1)]$
$= 45[1 + 0.004(150 - 20)] = 68.4Ω$

여기서, a : 계수(0.004)
t_1 : 처음온도
t_2 : 상승온도

06
트래킹의 발생과정에 대해 쓰시오.

가. 1단계
나. 2단계
다. 3단계

득점	배점
	6

답안 (가) 1단계 : 유기절연물 표면에 먼지, 습기 등에 의한 오염으로 도전로가 형성될 것
(나) 2단계 : 미소한 불꽃방전이 발생할 것
(다) 3단계 : 방전에 의한 표면의 탄화가 진행될 것

07
인체보호용 누전차단기의 성능에 대해 답하시오.
가. 정격감도전류
나. 동작시간

답안
(가) 30mA 이하
(나) 0.03초 이하

08
중성대에 대한 다음 물음에 답하시오.
가. 정의를 쓰시오.
나. 중성대가 건물 내부에 높이 있다면 화재의 성장기와 최성기 중 어느 단계에 해당하는지 쓰시오.

답안
(가) 구획실 화재 시 온도가 높아지면 부력이 발생하여 천장쪽 고온가스는 밖으로 밀려나고 바닥쪽으로 새로운 공기가 유입되어 천장과 바닥 사이의 어딘가에 실내정압과 실외정압이 같아지는 면을 중성대라고 한다.
(나) 성장기

09
화재현장에서 변사체를 발견했다면 화재사 입증을 위한 법의학적 특징 3가지를 쓰시오.

답안
① 화재 당시 생존해 있을 경우 화염을 보면 눈을 감기 때문에 눈가 주변 또는 호흡기 주변으로 짧은 주름이 생기고 주름 사이에는 그을음이 없다.
② 일산화탄소에 중독된 경우 시반은 선홍빛을 띤다.
③ 기도 안에서 그을음이 발견된다.

10
가스화재감식에 대한 내용이다. 다음 물음에 답하시오.
가. 다음의 현상을 무엇이라고 하는가?

> 가스의 연소속도가 염공에서 가스 유출속도보다 빠르게 되었을 때 불꽃이 버너 내부로 들어가 노즐 선단에서 연소하는 현상

나. 용기의 내용적이 47L일 때 프로판의 저장량(kg)은 얼마인가? (단, 충전정수는 2.35로 한다.)

답안 (가) 역화
(나) $W = V_2/C = 47/2.35 = 20\,\text{kg}$
여기서, W : 저장량(kg)
V_2 : 용기 내용적(L)
C : 가스 충전정수

11 가스검지기의 그림이다. 번호에 알맞은 명칭을 쓰시오.

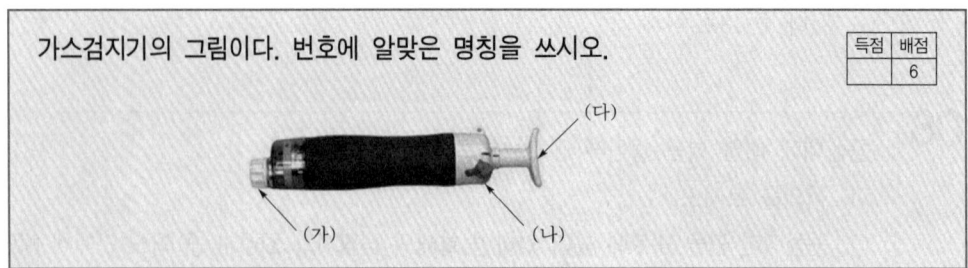

답안 (가) 연결구(접속부)
(나) 팁 커터
(다) 손잡이

12 임야화재감식에 대한 내용이다. 물음에 답하시오.

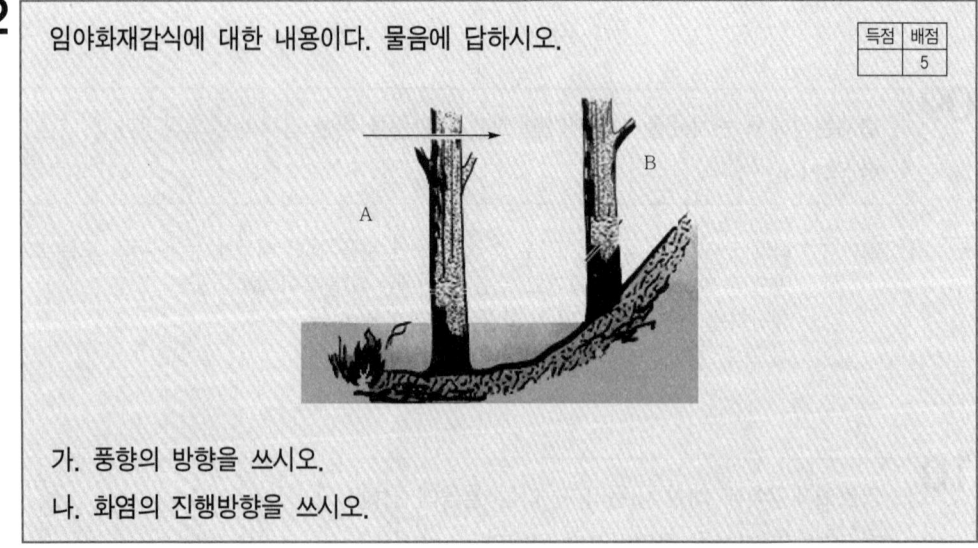

가. 풍향의 방향을 쓰시오.
나. 화염의 진행방향을 쓰시오.

답안 (가) A → B
(나) B → A

13 주어진 가스용기의 색상을 쓰시오.
가. 수소   나. 염소
다. LPG   라. 탄산가스
마. 암모니아

답안 (가) 주황색   (나) 갈색
(다) 회색   (라) 청색
(마) 백색

14 독립된 화재로써 다중발화할 수 있는 화재의 특징 6가지를 쓰시오. (단, 방화는 제외한다.)

답안
① 전도, 대류, 복사에 의한 연소확산
② 직접적인 화염충돌에 의한 확산
③ 개구부를 통한 화재확산
④ 드롭다운 등 가연물의 낙하에 의한 확산
⑤ 불티에 의한 확산
⑥ 공기조화덕트 등 샤프트를 통한 확산

15 다음 그림은 전선의 단면이다. 물음에 답하시오.

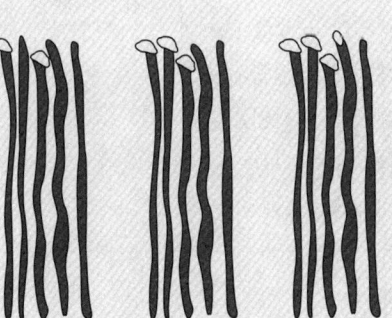

가. 원인이 무엇인지 쓰시오.
나. 선행원인이 무엇인지 쓰시오.

답안 (가) 반단선
(나) 전선에 반복적인 굽힘력이 작용할 때 발생

16

다음 내용에 따라 발생할 수 있는 화재패턴을 모두 쓰시오.

> 벽이나 천장에 2차원 표면에 의해 3차원 불기둥이 생긴다. 불기둥 표면을 가로지를 때 화재패턴으로 나타나는 효과가 만들어진다.

답안 V패턴, U패턴, 원형 패턴, 역원뿔형 패턴, 끝이 잘린 원추패턴, 모래시계패턴

17

복합건물에서 화재가 발생하여 2층과 3층 내부마감재 등이 소실되었고 4층과 5층은 외벽 및 내부가 소실되었다. 주어진 조건을 보고 화재피해액(천원)을 구하시오.

> - 2층 및 3층 : 신축단가 834천원, 소실면적 900m², 경과연수 15년, 내용연수 75년, 손해율 40%
> - 4층 및 5층 : 신축단가 834천원, 소실면적 900m², 경과연수 15년, 내용연수 75년, 손해율 20%
> - P형 자동화재탐지설비 : 단위당 표준단가 9천원, 수손 및 그을음 피해(100%)
> - 옥내소화전 : 단위당 표준단가 3,000천원, 3개소 파손, 손해율(10%)
> - 집기비품
>   - 2층 및 3층 : 책상, 의자 등 180천원 피해, 손해율(100%)
>   - 4층 및 5층 : 컴퓨터 등 180천원 피해, 손해율(10%)
>   - 집기비품은 일괄하여 잔가율 50% 적용

가. 건물피해액을 계산하시오.
나. 부대설비 피해액을 계산하시오.
다. 집기비품 피해액을 계산하시오.
라. 잔존물제거비를 계산하시오.
마. 총 피해액을 계산하시오.

답안

(가) 건물피해액
2층 및 3층 : 834천원×900m²×[1−(0.8×15/75)]×40%=252,202천원
4층 및 5층 : 834천원×900m²×[1−(0.8×15/75)]×20%=126,101천원
합계 : 378,303천원

(나) 부대설비피해액
P형 자동화재탐지설비 : 1,800m²×9천원×[1−(0.8×15/75)]×100%=13,608천원
옥내소화전 : 3×3,000천원×[1−(0.8×15/75)]×10%=756천원
합계 : 14,364천원

(다) 집기비품피해액
2층 및 3층 : 900m²×180천원×50%×100%=81,000천원
4층 및 5층 : 900m²×180천원×50%×10%=8,100천원
합계 : 89,100천원
(라) 잔존물제거비
378,303천원+14,364천원+89,100천원=481,767천원
잔존물제거비는 10%이므로 48,177천원
(마) 총 피해액
부동산 : 431,934천원
동산 : 98,010천원
합계 : 529,944천원

18. 화재조사 보고규정에서 건물 동수를 1동으로 산정하는 경우 4가지를 쓰시오.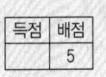

답안
① 주요 구조부가 하나로 연결되어 있는 것
② 건물 외벽을 이용하여 실을 만들어 헛간, 목욕탕, 작업실, 기타 건물용도로 사용하고 있는 것
③ 구조에 관계없이 지붕 및 실이 하나로 연결되어 있는 것
④ 목조, 내화조건물의 경우 격벽으로 방화구획이 되어 있는 것

2016년 11월 12일 화재감식평가산업기사

본 기출문제는 수험생들의 기억을 바탕으로 작성한 것으로 내용 및 그림, 문제수(배점) 등에서 실제 문제와 다소 차이가 있을 수 있습니다.

01
트래킹의 발생과정에 대해 쓰시오.
가. 1단계
나. 2단계
다. 3단계

답안
(가) 1단계 : 유기절연물 표면에 먼지, 습기 등에 의한 오염으로 도전로가 형성될 것
(나) 2단계 : 미소한 불꽃방전이 발생할 것
(다) 3단계 : 방전에 의한 표면의 탄화가 진행될 것

02
실화책임에 관한 법률에서 화재피해액을 감경할 수 있는 사유 3가지를 쓰시오.

답안
① 화재의 원인과 규모
② 피해의 대상과 정도
③ 연소 및 피해확대의 원인

03
제조물책임법에 대한 괄호 안을 채우시오.

- 손해배상청구권은 피해자가 손해배상책임을 지는 자를 안 날로부터 (①)간 행사하지 아니하면 시효의 완성으로 소멸된다.
- 손해배상청구권은 제조업자가 손해를 발생시킨 제조물을 공급한 날부터 (②) 이내에 행사하여야 한다.
- 손해배상청구권은 신체에 누적되어 사람의 건강을 해치는 물질에 의하여 발생한 손해 또는 일정한 잠복기간이 지난 후에 증상이 나타나는 손해에 대하여는 (③)부터 기산한다.

> **답안** ① 3년
> ② 10년
> ③ 그 손해가 발생한 날

04

화재로 화염이 외부로 누출되면 벽면을 따라 상층으로 확대된다. 유출된 화염은 초기에는 벽에 부착되지 않고 떨어져서 상승하지만 시간이 지나면서 벽과 외기의 압력차에 의해 화염은 벽쪽으로 기울어지면서 재부착이 일어나는데 이 현상을 무엇이라고 하는가?

> **답안** 코안다효과

05

전자레인지 950W, 전기밥솥 1,200W, 다리미 1,500W, 커피포트 750W를 4구형 멀티탭(220V, 15A)에 꽂아 사용하였다면 몇 A가 초과되었는가?

> **답안** $I = W/V$
> $= (950W + 1,200W + 1,500W + 750W)/220V$
> $= 20A$
> ∴ 20A이므로 5A 초과

06

방화벽의 구조에 대한 설명이다. 괄호 안에 용어를 쓰시오.

- (①)구조로서 홀로 설 수 있는 구조일 것
- 방화벽의 양쪽 끝과 위쪽 끝을 건축물의 외벽면 및 지붕면으로부터 (②) 이상 튀어나오게 할 것
- 방화벽에 설치하는 출입문의 너비 및 (③)는 각각 (④) 이하로 하고 해당 출입문에는 (⑤)방화문을 설치할 것

> **답안** ① 내화
> ② 0.5m
> ③ 높이
> ④ 2.5m
> ⑤ 60분+방화문 또는 60분

07

다음 그림 중 화재가 먼저 확산되는 구역을 쓰시오. [배점 8]

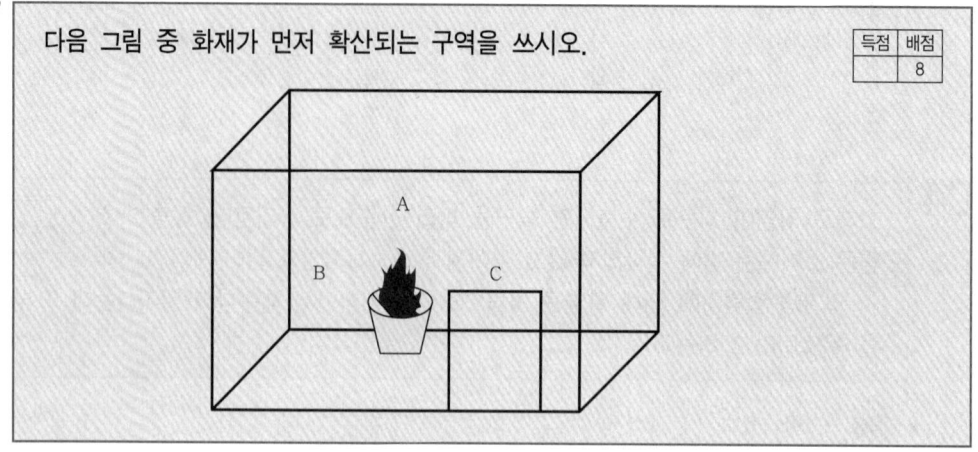

👉 **답안** 화재가 먼저 확산되는 구역은 A이다.

08

용융점 낮은 순서대로 쓰시오. [배점 5]

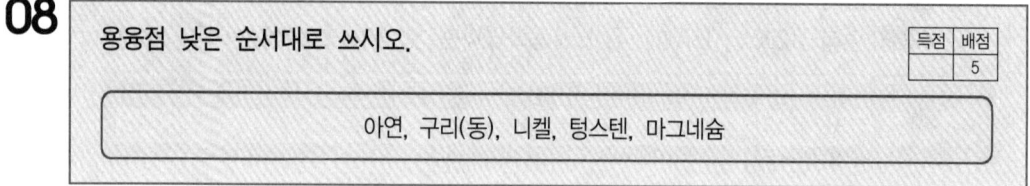

아연, 구리(동), 니켈, 텅스텐, 마그네슘

👉 **답안** 아연(419.5℃) → 마그네슘(650℃) → 구리(동)(1,084℃) → 니켈(1,455℃) → 텅스텐(3,400℃)

09

괄호 안에 알맞은 용어를 쓰시오. [배점 4]

- (①) : 충격파의 반응전파속도가 음속보다 느린 것
- (②) : 충격파의 반응전파속도가 음속보다 빠른 것

👉 **답안** ① 폭연
② 폭굉

10

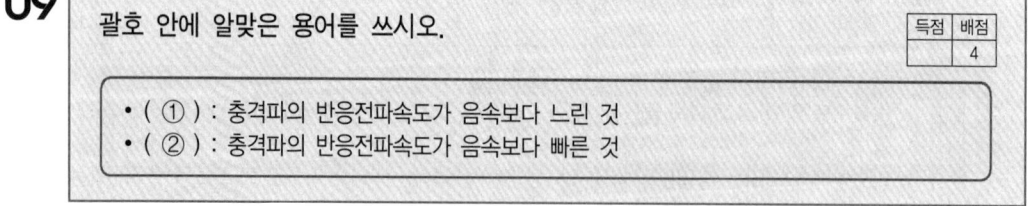

슬롭오버에 대해 설명하시오. [배점 5]

👉 **답안** 점성이 큰 중질유화재 시 유류의 액표면온도가 물의 비점 이상으로 상승하고 물이 연소유의 액표면으로 유입되면 부피팽창을 일으켜 탱크 외부로 불이 붙은 채 분출되는 현상이다.

11. 가솔린자동차의 점화장치 전류의 흐름을 순서대로 쓰시오. [배점 6]

답안 점화스위치 → 배터리 → 시동모터 → 점화코일 → 배전기 → 고압케이블 → 스파크 플러그

12. 제조물책임법상 배상의무자의 배상책임이 면책되는 사유 3가지를 쓰시오. [배점 6]

답안
① 제조업자가 해당 제조물을 공급하지 아니하였다는 사실
② 제조업자가 해당 제조물을 공급할 당시의 과학·기술수준으로는 결함의 존재를 발견할 수 없었다는 사실
③ 제조물의 결함이 제조업자가 해당 제조물을 공급한 당시의 법령에서 정하는 기준을 준수함으로써 발생하였다는 사실

13. 두께 3cm인 벽면의 양쪽이 각각 400℃, 200℃일 때 열유속은? (단, 열전도율 $k=0.083$ W/m·K) [배점 3]

답안 열유속 $\overset{\circ}{q}' = \dfrac{k(T_2 - T_1)}{l}$

$= \dfrac{0.083 \text{W/m} \cdot \text{K} \times (400-200)\text{K}}{0.03 \text{m}} = 553.33 \text{W/m}^2$

여기서, $\overset{\circ}{q}'$: 단위면적당 열유속(W/m²)
k : 열전도율(W/m·K)
T_1, T_2 : 각 벽면의 온도(℃ 또는 K)
l : 벽두께(m)

14. 고온가스층에 의해 생성된 화재패턴에 대해 설명하시오. [배점 5]

답안 플래시오버 상황 바로 직전에 복사열에 의해 가연물의 표면이 손상을 받았을 때 나타나는 패턴이다. 완전히 화재로 뒤덮이면 바닥도 복사열로 인해 손상받지만 소파, 책상 등 물체에 가려진 하단부는 보호구역으로 남는다. 이 패턴은 가스층의 높이와 이동방향을 나타내며 복사열의 영향을 받지 않는 지역을 제외하면 손상 정도는 일반적으로 균일하게 나타난다.

15

화재현장에서 2명이 사망했고 96시간 경과 후 1명이 또 사망하였다. 사상자 중에는 5주 이상 입원을 한 사람이 9명, 연기흡입으로 통원치료를 한 사람이 9명이었다. 사상자 수를 구하시오.

가. 사망자 수
나. 중상자 수
다. 경상자 수

답안 (가) 2명(72시간 이후 사망한 경우에는 당해 화재로 인한 사망에서 제외한다.)
(나) 10명(96시간 경과 후 사망자 1명은 중상자로 분류한다.)
(다) 9명

16

그림을 보고 단락이 발생한 순서를 쓰시오.

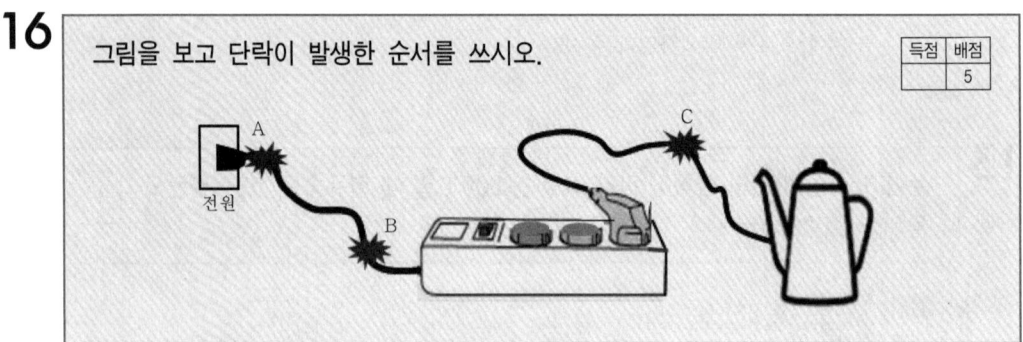

답안 C → B → A

2017년 6월 25일 화재감식평가기사

본 기출문제는 수험생들의 기억을 바탕으로 작성한 것으로 내용 및 그림, 문제수(배점) 등에서 실제 문제와 다소 차이가 있을 수 있습니다.

01
화재증거물수집관리규칙에 대한 설명이다. 괄호 안에 바르게 쓰시오. [배점 10]

- 최초 도착하였을 때의 (①)를 그대로 촬영하고, 화재조사의 (②)에 따라 촬영
- 화재현장의 특정한 증거물 등을 촬영함에 있어서는 그 길이, 폭 등을 명백히 하기 위하여 (③) 또는 (④)를 사용하여 촬영
- 화재상황을 추정할 수 있는 다음 대상물의 형상은 면밀히 관찰한 후 자세히 촬영
  - 사람, 물건, 장소에 부착되어 있는 (⑤) 및 혈흔
  - 화재와 연관성이 크다고 판단되는 (⑥), (⑦), 유류

답안
① 원상태 ② 진행순서 ③ 측정용 자 ④ 대조도구
⑤ 연소흔적 ⑥ 증거물 ⑦ 피해물품

02
벽면에 접해 있는 목재로 된 기둥이 다음 그림과 같이 연소하였다. 목재의 단면을 통해 확인되는 연소패턴 2가지를 쓰시오. [배점 8]

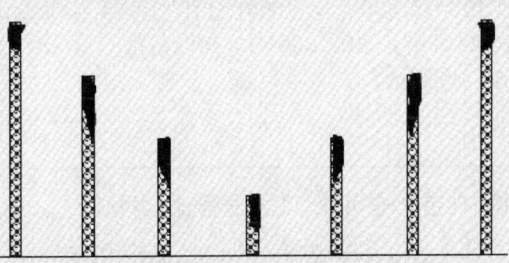

답안
① V패턴
② 바늘 및 화살패턴

03

폭발이 발생했을 때 압력상태를 나타낸 것이다. A와 B구간의 상태를 쓰고 B일 때 건물 내부 상태를 쓰시오.

득점 배점
6

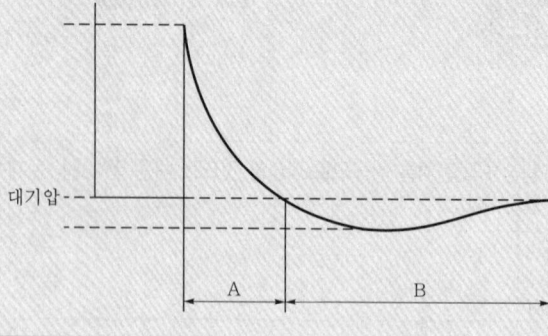

답안
① A : 양압단계, B : 부압단계
② B일 때 건물상태 : 양압의 발생으로 압력이 외부로 분출된 후 건물 내부는 진공상태가 되어 음압이 안으로 들어온다.

04

공장에서 화재로 인해 창고(660m²)에 있던 종이 10톤(ton)이 완전 연소하였다. 화재하중을 계산하시오. (단, 종이의 단위발열량은 4,000kcal/kg으로 한다.)

득점 배점
4

답안

화재하중(Q) = $\dfrac{\sum GH_1}{HA}$

여기서, Q : 화재하중(kg/m²)
  H : 목재의 단위발열량(4,500kcal/kg)
  A : 바닥면적(m²)
  G : 모든 가연물의 양(kg)
  H_1 : 가연물의 단위발열량(kcal/kg)

종이 10톤(10,000kg)×종이의 단위발열량(4,000kcal/kg)=40,000,000kcal/kg이므로
40,000,000/4,500×660=13.468kg/m²
∴ 13.47kg/m²

05

시스히터에 대한 사항이다. 다음 물음에 답하시오.

득점 배점
6

가. 시스히터가 물이 없는 빈 통 안에서 금속관이 눌어붙은 채 발견되었고 금속관의 절연이 파괴되어 내부 절연물인 백색분말이 밖으로 노출되었다. 절연물은 무엇인지 쓰시오.

나. 시즈히터가 가연물과 접촉되어 발화하였고 금속관의 절연이 파괴된 경우 손상된 원인을 쓰시오.

답안 (가) 산화마그네슘(MgO)
(나) 시스히터가 적열상태로 공기 중에 노출되면 과열로 인해 금속재가 파괴된다.

06. V패턴 형성에 영향을 주는 변수 5가지를 쓰시오.

답안
① 열방출률
② 가연물의 형상
③ 환기효과
④ 화재패턴이 나타나는 표면의 가연성
⑤ 천장, 선반, 테이블 상판 또는 건물 외부의 위에 달린 구조물과 같은 수평 표면의 존재

07. 건물 동수 산정 시 다른 동으로 보는 경우 4가지를 쓰시오.

답안
① 건널복도 등으로 2 이상의 동이 연결된 경우 그 부분을 절반으로 분리하여 사용하는 경우
② 독립된 건물과 건물 사이에 차광막, 비막이 등의 덮개를 설치하고 그 밑을 통로 등으로 사용하는 경우
③ 내화조건물의 옥상에 목조 또는 방화구조 건물이 별도로 설치되어 있는 경우
④ 내화조건물의 외벽을 이용하여 목조 또는 방화구조 건물이 별도 설치되어 있고 건물 내부와 구획되어 있는 경우

08. 임야화재 시 깃발의 색이 의미하는 것이 무엇인지 쓰시오.

가. 적색
나. 청색
다. 백색

답안 (가) 적색 : 전진 화재확산
(나) 청색 : 후진 화재확산
(다) 백색 : 물리적 증거

09 다음 물음에 답하시오.

득점	배점
	8

〈보기〉
① 시동모터 ② 점화코일 ③ 배전기 ④ 고압케이블

가. 다음 그림을 보고 보기의 명칭을 선택하여 쓰시오.

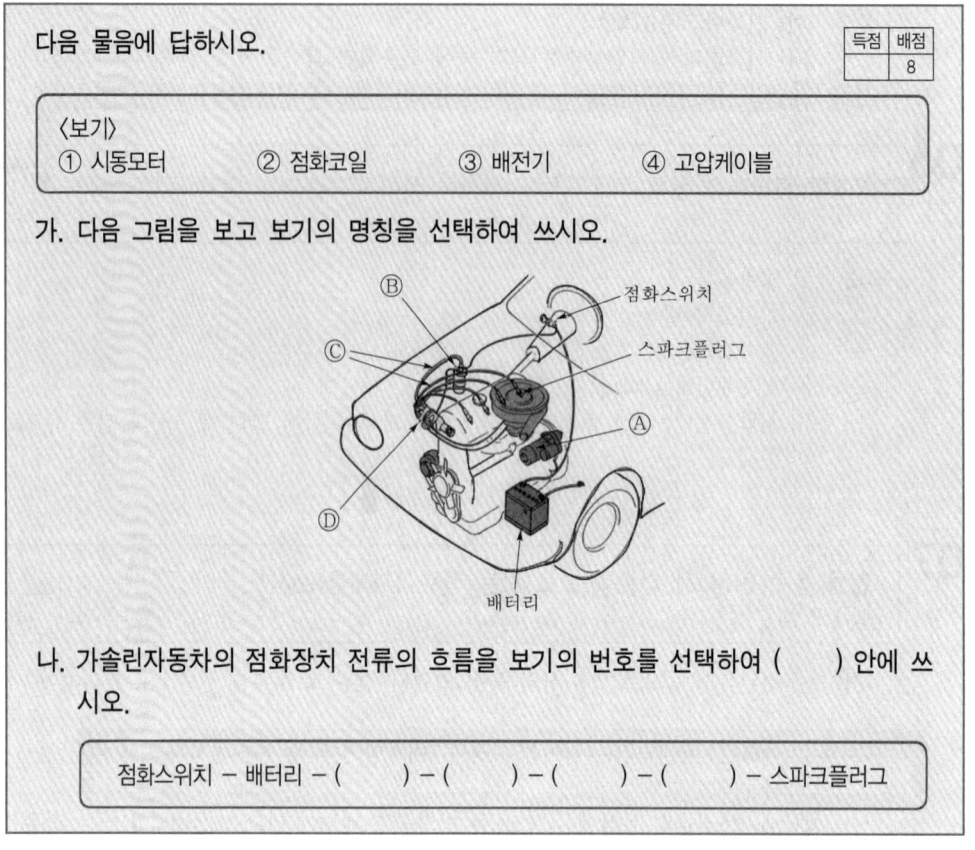

나. 가솔린자동차의 점화장치 전류의 흐름을 보기의 번호를 선택하여 (   ) 안에 쓰시오.

점화스위치 – 배터리 – (   ) – (   ) – (   ) – (   ) – 스파크플러그

▶ **답안** (가) Ⓐ 시동모터 Ⓑ 점화코일 Ⓒ 고압케이블 Ⓓ 배전기
(나) 점화스위치 – 배터리 – (①) – (②) – (③) – (④) – 스파크플러그

10 다음 그림을 보고 물음에 답하시오. (단, 차단기가 설치되지 않았다.)

득점	배점
	8

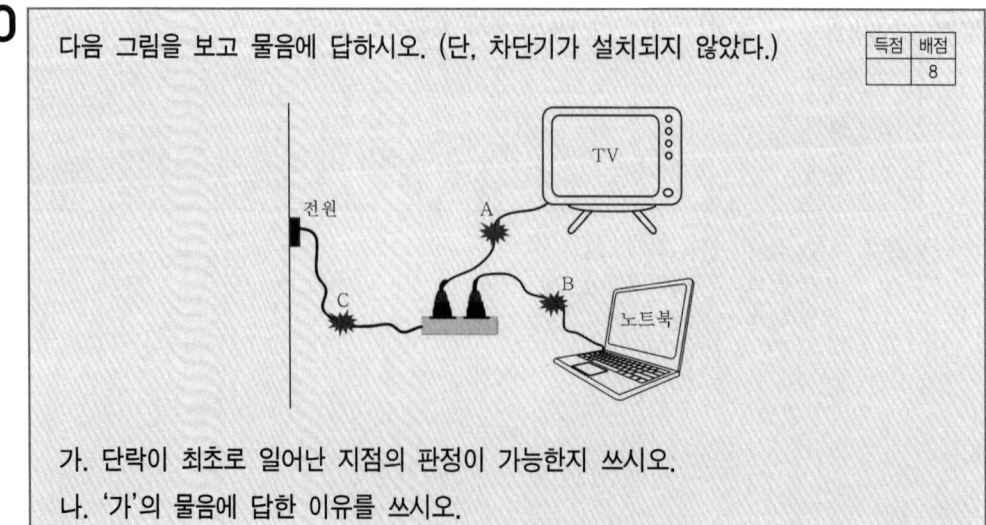

가. 단락이 최초로 일어난 지점의 판정이 가능한지 쓰시오.
나. '가'의 물음에 답한 이유를 쓰시오.

답안 (가) 판정 불가능
(나) 병렬로 연결된 회로에서 단락만 가지고 전후관계를 밝히는 것은 불가능하기 때문이다(TV와 연결된 배선이 먼저 단락되더라도 노트북에 연결된 전원에는 영향을 주지 않는다. 노트북에서 발생한 단락은 화염이 확산되는 과정에서 만들어질 수 있고 결국 A배선과 B배선 2개소에서 단락흔이 발생한다면 어느 것이 선행된 원인인지 밝히기 어렵기 때문이다).

11
전기적 요인에 관한 설명이다. 다음 각 물음에 답하시오.

가. 전원코드가 꽂혀 있고 사용하지 않던 선풍기 목조절부(회전부) 배선이 전기적 원인이 되어 화재가 발생하였다. 선풍기가 회전하면서 배선이 계속 반복적인 구부림에 의해 스트레스를 받았다고 가정한다면 화재원인은 무엇으로 추정할 수 있는지 쓰시오.

나. '가'에서 답한 원인의 발생현상을 쓰시오.

답안 (가) 반단선
(나) 반단선상태로 통전을 하면 소선의 한 선이 끊어짐과 이어짐을 반복하면서 국부적으로 스파크가 발생하고 도체의 저항은 단면적에 반비례하므로 반단선 개소의 저항치가 커져 발열량 증가로 전선의 피복 등 주위 가연물이 타기 시작한다. 소선의 1선에서 발생한 스파크로 인해 결국 다른 한쪽의 피복까지도 소손되면서 단락이 발생한다.

12
다음 그림을 보고 물음에 답하시오.

가. 다음 그림을 보고 도구의 명칭은 무엇인지 쓰시오.

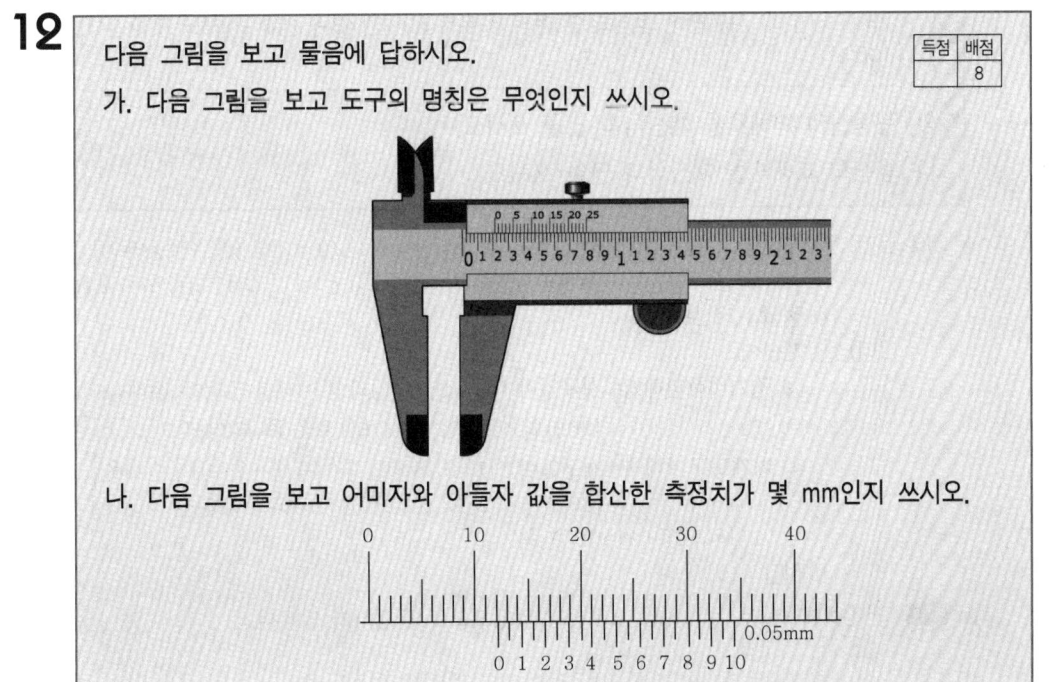

나. 다음 그림을 보고 어미자와 아들자 값을 합산한 측정치가 몇 mm인지 쓰시오.

▶ 답안 (가) 버니어캘리퍼스
           (나) 12+0.4=12.4mm

▶ 해설 버니어캘리퍼스의 측정치 구하는 법
           ① 어미자와 아들자의 위치를 먼저 알아야 한다. 일반적으로 어미자는 위쪽에, 아들자는 아래쪽에 위치한다.
           ② 아들자의 0(영점) 위치가 어미자의 어디에 있는지 파악한다. 위의 그림에서 아들자의 0점 위치가 12보다 크고 13보다 작으므로 12로 읽는다.
           ③ 두 번째 숫자, 즉 소수점 이하의 숫자는 어미자와 아들자의 숫자가 일치하는 곳을 찾는다. 위의 그림에서는 4가 일치하는 눈금이다.
           ④ 첫 번째 숫자인 12에 소수점을 붙이고 바로 뒤에 아들자 숫자를 붙여 읽는다.

13 다음 보기를 보고 피해액을 산정하시오.

〈보기〉
1층은 식당, 2층은 주택인 건물에서 화재가 발생하여 300m²가 소실되는 전소피해가 발생하였다 (손해율 100%).
• 건물준공일 : 2000. 1. 1.
• 화재발생일 : 2010. 12. 31.
• m²당 신축단가 : 300천원
• 내용연수 : 동산 6년, 부동산 50년
• 집기비품(식당) 재구입비 : 냉장고 100만원, TV 80만원, 2007. 1. 1. 구입하였으며 손해율 100%
• 가재도구(주택) 재구입비 : 컴퓨터 80만원, 노트북 50만원, 3년 전에 구입하였으며 손해율 100%

가. 부동산의 피해액을 계산식과 답을 쓰시오.
나. 동산의 피해액을 계산식과 답을 쓰시오.

▶ 답안 (가) ① 계산식 : 부동산피해액=신축단가×소실면적×[1-(0.8×경과연수/내용연수)]×손해율
                         =300천원×300×[1-(0.8×11/50)]×100%=74,160천원
           ② 정답 : 74,160천원
         (나) ① 계산식
                ㉠ 집기비품피해액=재구입비×[1-(0.9×경과연수/내용연수)]×손해율
                            =180만원×[1-(0.9×4/6)]×100%=72만원
                ㉡ 가재도구피해액=재구입비×[1-(0.8×경과연수/내용연수)]×손해율
                            =130만원×[1-(0.8×3/6)]×100%=78만원
                ∴ 72만원+78만원=150만원
              ② 정답 : 150만원

▶ 해설 잔존물제거비는 문제에서 요구하지 않았으므로 산정하지 않는다.

14 구리원자량이 64, 산소원자량이 16일 때 아산화동의 조성비(%)를 구하시오.
가. 구리
나. 산소

답안 아산화동(Cu_2O), 구리(64×2)+산소(16)=144
(가) 구리 : $(128/144) \times 100\% = 89\%$
(나) 산소 : $(16/144) \times 100\% = 11\%$

15 다음 물음에 답하시오.
가. 멀리 있는 피사체를 크게 촬영할 때 사용하는 렌즈는 무엇인지 쓰시오.
나. 작은 피사체 등을 가까이에서 촬영할 때 사용하는 렌즈는 무엇인지 쓰시오.
다. 방 안을 촬영할 때 전체적으로 넓게 촬영하고자 할 때 사용하는 렌즈는 무엇인지 쓰시오.

답안 (가) 망원렌즈
(나) 마이크로렌즈
(다) 광각렌즈

2017년 6월 25일 화재감식평가산업기사

본 기출문제는 수험생들의 기억을 바탕으로 작성한 것으로 내용 및 그림, 문제수(배점) 등에서 실제 문제와 다소 차이가 있을 수 있습니다.

01 아세톤을 취급하는 공장에서 화재가 발생하였다. 다음 물음에 답하시오. [배점 8]
  가. 아세톤의 완전연소반응식을 쓰시오.
  나. 아세톤의 증기비중을 계산식과 답을 쓰시오. (단, 공기의 분자량은 29로 한다.)

👉 **답안** (가) $CH_3COCH_3 + 4O_2 \rightarrow 3CO_2 + 3H_2O$
  (나) $\dfrac{58}{29} = 2$

02 도면 작성 시 나타낸 표시를 보고 뜻하는 의미를 쓰시오. [배점 8]

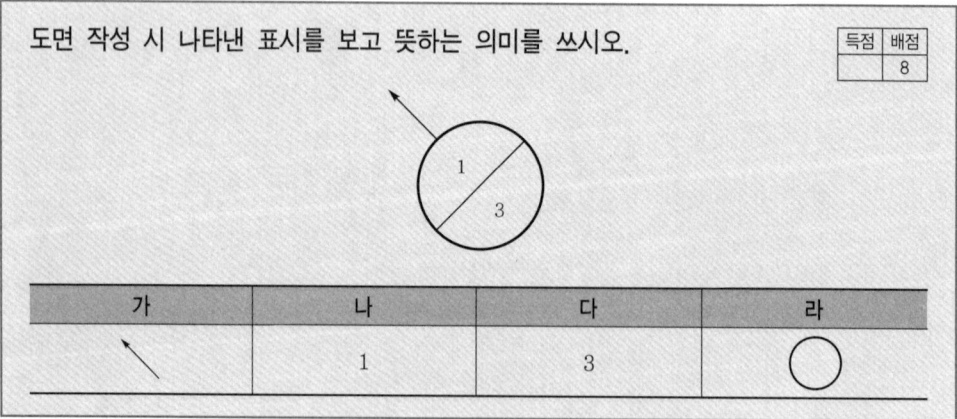

👉 **답안** (가) 사진을 찍은 방향
  (나) 사진을 찍은 위치
  (다) 필름 프레임과 롤의 숫자
  (라) 사진 도표

03

다음 그림은 가스연소기구인 주물레인지이다. 물음에 답하시오.

가. ①, ②, ③의 명칭을 쓰시오.
나. 이동식 부탄연소기에는 있지만 식당에서 사용하는 가스연소기에는 없는 안전장치는 무엇인지 쓰시오.

답안 (가) ① 콕개폐핸들 ② 노즐 ③ 혼합관
(나) 소화안전장치, 자동점화장치

04

화재현황조사서 작성 시 발화요인에 해당하는 내용 6가지를 쓰시오.

답안 ① 전기적 요인 ② 기계적 요인 ③ 가스누출(폭발)
④ 화학적 요인 ⑤ 교통사고 ⑥ 부주의

05

소방시설 등 활용조사서 작성 시 소화시설 중 옥외소화전의 미사용·효과미비에 해당하는 5가지를 쓰시오. (단, 기타는 제외)

답안 ① 전원차단 ② 방수압력 미달 ③ 기구 미비치 ④ 설비불량 ⑤ 사용법 미숙지

06

다음 그림을 보고 물음에 답하시오.
가. 그림에서 나타나는 패턴의 명칭을 쓰시오.

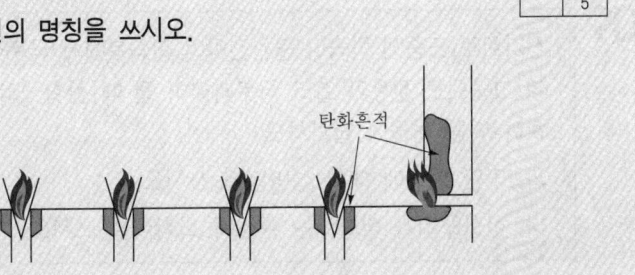

나. 이 패턴의 연소특징을 쓰시오.

답안 (가) 틈새 연소패턴
(나) 벽과 바닥틈새 등에 가연성 액체가 뿌려진 경우 다른 곳보다 강하게 오랫동안 연소함으로써 나타난다.

07 소방기본법(시행규칙)상 전담부서에서 갖추어야 할 안전장비 8종을 쓰시오.

답안
① 보호용 작업복
② 보호용 장갑
③ 안전화
④ 안전모
⑤ 마스크(방진마스크, 방독마스크)
⑥ 보안경
⑦ 안전고리
⑧ 공기호흡기세트

08 다음 내용을 보고 ( ) 안을 쓰시오.

> 조사관은 출동 중 또는 현장에서 관계자 등에게 질문을 하거나 현장의 상황으로부터 화기관리, 화재의 발견, 신고, 초기소화, (가), (나), (다), (라), (마) 등 화재개요를 파악하여 현장조사의 원활한 진행에 노력하여야 한다.

답안 (가) 피난상황
(나) 인명피해상황
(다) 재산피해상황
(라) 소방시설의 사용
(마) 작동상황

해설 화재조사 및 보고규정 제39조(화재출동 시의 상황파악)의 내용이다.

09 전기회로 도중에 접속이 불완전하여 접속부에서 국부적으로 저항치가 증가하며 그곳으로 전류가 흘러 국부과열이 될 때 산화구리가 생성되는 현상에 대하여 다음 물음에 답하시오.
가. 어떤 현상에 대한 설명인지 쓰시오.
나. 산화구리가 식별되는 현상과 화학식을 쓰시오.

답안 (가) 아산화동 증식발열
(나) ① 현상 : 아산화동이 발생한 부분은 은회색 금속광택이 있다.
② 화학식 : Cu_2O

10

다음 그림을 보고 물음에 답하시오.

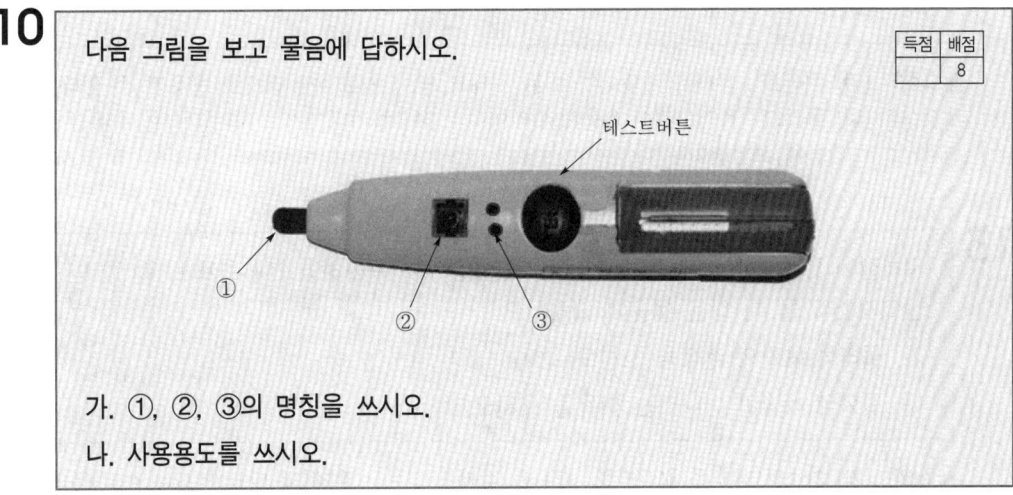

가. ①, ②, ③의 명칭을 쓰시오.
나. 사용용도를 쓰시오.

답안 (가) ① : 검지부(센서)
② : 발광부(LED램프)
③ : 발음부(음향부)
(나) 전로의 정전 또는 통전 여부를 확인

해설 주어진 문제의 그림은 저압용 검전기(비접촉식)로 검지부를 통전 중인 전선이나 콘센트 등에 갖다 대면 발광과 함께 음향이 울려 통전 중임을 확인할 수 있다. 테스트버튼은 검전기 자체의 이상 유무를 확인하는 버튼이다.

11

다음 물음에 답하시오.
가. 가연성 액체 등 탄화수소계열의 복합성분으로 된 물질을 검지관을 통해 시료를 흡입시켜 변색 유무로 가스의 농도 등 유기물질의 성분을 밝혀내는 기기는 무엇인지 쓰시오.
나. 위의 기기에 휘발유가 통과되었을 때 나타나는 색은 무엇인지 쓰시오.

답안 (가) 가스채취기(가스측정기, 가스검지기)
(나) 노란색

12

통전 중인 콘센트와 플러그가 접속된 상태로 출화하였다. 식별되는 연소특징을 쓰시오.

가. 콘센트
나. 플러그

답안 (가) 콘센트 : 콘센트 칼받이가 열린 상태로 남아 있고 부분적으로 용융될 수 있다.
(나) 플러그 : 플러그핀이 용융되어 파여나가거나 잘려나가기도 하며 외부에서 유입된 연기 등의 오염원이 적다.

13

지하실에 있는 LNG 고압가스보일러의 열교환기가 폭발하였으나 화재로 확산되지 않았을 때 다음 물음에 답하시오.

가. 물리적 폭발의 흔적을 쓰시오.
나. 화학적 폭발이 아니라는 이유를 쓰시오.

답안 (가) 가스보일러 몸체의 파열, 배관을 감싸고 있는 보온재 및 단열재 또는 비닐 등의 찢어짐, 주변 물체의 파손 등
(나) 열변형 흔적이 없다.

해설 화학적 폭발은 연소반응으로서 화재를 동반하므로 종이, 플라스틱, 비닐 등 주변 가연물에 탄화된 흔적이 남거나 그을음 등이 남지만 단순히 물리적 폭발은 이러한 현상 없이 물체가 파손되거나 찢어지는 등의 잔해를 볼 수 있다.

14

다음 보기의 가스용기에 알맞은 안전밸브를 (   ) 안에 기호로 쓰시오.

〈보기〉
가. LPG용기   ㄱ. 파열판식 안전밸브
나. 염소, 아세틸렌, 산화에틸렌의 용기   ㄴ. 스프링식 안전밸브
다. 산소, 수소, 질소 등 압축가스용기   ㄷ. 가용전 안전밸브
라. 초저온용기   ㄹ. 스프링식과 파열판식의 2중 안전밸브

가. LPG용기 – (   )
나. 염소, 아세틸렌, 산화에틸렌의 용기 – (   )
다. 산소, 수소, 질소 등 압축가스용기 – (   )
라. 초저온용기 – (   )

답안 (가) ㄴ   (나) ㄷ   (다) ㄱ   (라) ㄹ

15 다음 그림을 보고 물음에 답하시오.

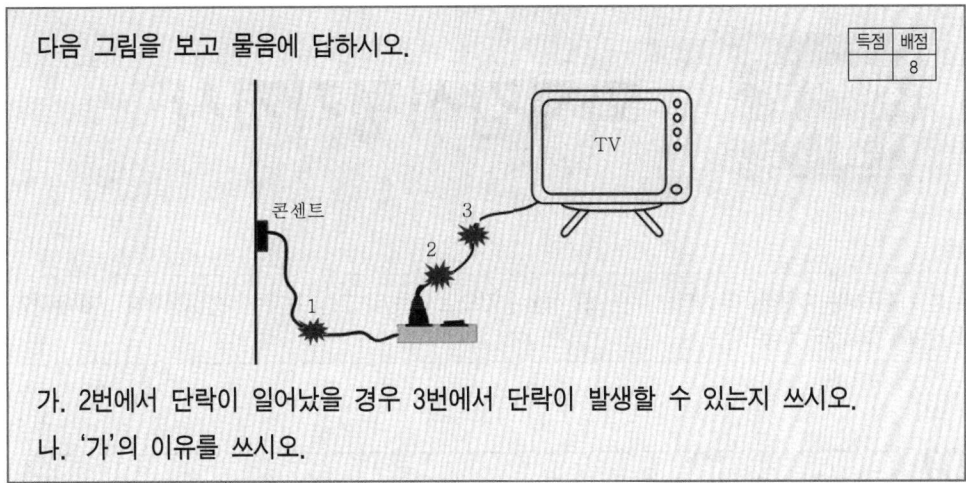

가. 2번에서 단락이 일어났을 경우 3번에서 단락이 발생할 수 있는지 쓰시오.
나. '가'의 이유를 쓰시오.

답안 (가) 단락이 발생할 수 없다.
(나) 2번에서 단락이 되면 그 이후로는 전류가 흐르지 않아 3번에서 단락이 발생할 수 없다.

 # 화재감식평가기사

본 기출문제는 수험생들의 기억을 바탕으로 작성한 것으로 내용 및 그림, 문제수(배점) 등에서 실제 문제와 다소 차이가 있을 수 있습니다.

01 다음 그림을 보고 물음에 답하시오.

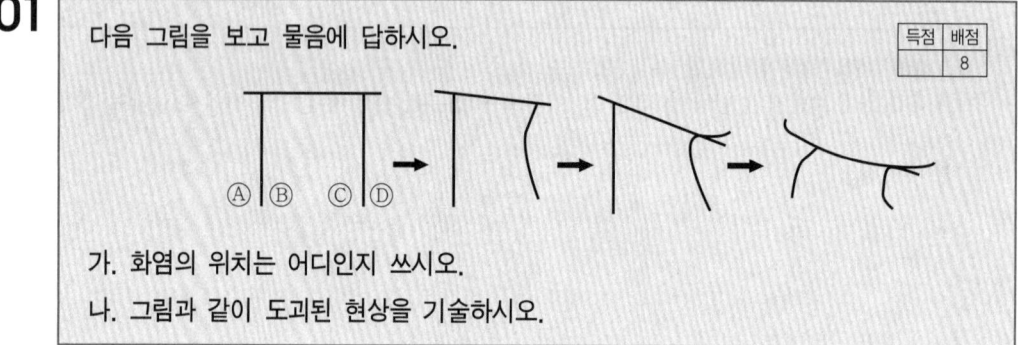

가. 화염의 위치는 어디인지 쓰시오.
나. 그림과 같이 도괴된 현상을 기술하시오.

▶ 답안 (가) ⒟
(나) 화염과 가까운 기둥이 먼저 연화되면서 지붕의 하중에 의해 만곡이 일어나 구조물 전체가 화염방향으로 도괴된다.

02 전선의 1차 단락흔과 2차 단락흔에 대하여 기술하시오.

▶ 답안 ① 1차 단락흔 : 화재가 발생하게 된 원인을 제공한 전기적 용융흔으로 끝부분이 둥글고 매끄러우며 광택이 있다.
② 2차 단락흔 : 통전상태의 전선이 화재열에 의해 단락이 일어나 형성된 용융흔으로 광택이 없고 용적상태를 보이는 경우가 있다.

03

다음 그림을 보고 답하시오.

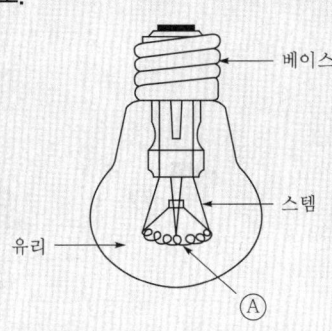

가. Ⓐ의 명칭이 무엇인지 쓰시오.
나. 내부의 충전가스 종류가 무엇인지 쓰시오.
다. 화염이 전구의 오른쪽에 위치할 때 나타나는 현상을 기술하시오.

답안 (가) 필라멘트
(나) 질소와 아르곤 혼합
(다) 화염방향으로 유리구가 연화되어 부풀어 오르고 구멍이 발생한다.

04

나이트클럽에서 화재가 발생하여 다음과 같은 피해가 발생하였다. 화재피해액을 계산하시오. (단, 잔존물제거비, 집기비품은 산정하지 않는다.)

〈피해내역〉
- 건축물피해 : 600m² 소실, 내용연수 20년, 경과연수 6년, 신축단가 708,000원, 손해율 60%
- 영업시설 : 300m² 소실, 내용연수 20년, 경과연수 6년, 신축단가 700,000원, 손해율 60%

답안 ① 건축물피해액=신축단가×소실면적×[1−(0.8×경과연수/내용연수)]×손해율
= 708,000원×600m²×[1−(0.8×6/20)]×60%
= 193,708,800원
② 영업시설피해액=m²당 표준단가×소실면적×[1−(0.9×경과연수/내용연수)]×손해율
= 700,000원×300m²×[1−(0.9×6/20)]×60%
= 91,980,000원
∴ 193,708,800원+91,980,000원=285,688,800원

해설 화재피해액 산정은 천원단위로 계산하지만 주어진 조건이 원단위일 때는 주어진 조건에 맞춰 산정하면 된다.

05

다음 그림을 보고 물음에 답하시오.

득점	배점
	8

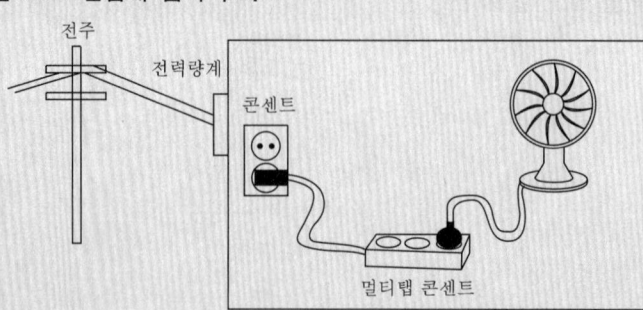

가. 다음을 설명하시오.
  ① 전원측
  ② 부하측
나. 그림에서 다음에 해당하는 장소는 무엇인지 쓰시오.
  ① 최종 전원측
  ② 최종 부하측

답안 (가) ① 전원측 : 전력량계 및 전주가 해당되며 전기를 공급해 주는 방향을 말한다.
② 부하측 : 멀티탭 콘센트와 선풍기가 해당되며 전원을 공급받는 방향을 말한다.
(나) ① 최종 전원측 : 전력량계
② 최종 부하측 : 선풍기

해설 선풍기 및 콘센트에서 단락 등 사고전류가 발생하면 전력량계의 차단기가 트립되어 전원 공급이 차단된다. 사고전류가 주택 내부에서 발생한 것으로 전주와는 관계가 없다. 전주와 전력량계에 공급되는 전압도 다르다.

06

아세톤에 대하여 다음 물음에 답하시오.

득점	배점
	6

가. 아세톤의 완전연소반응식을 쓰시오.
나. 아세톤의 증기비중을 구하시오. (단, 공기의 분자량은 29로 한다.)
다. 아세톤증기의 위험도를 구하시오. (단, 아세톤의 연소하한은 2.5vol%, 연소상한은 12.8vol%로 한다.)

답안 (가) $CH_3COCH_3 + 4O_2 \rightarrow 3CO_2 + 3H_2O$
(나) $\dfrac{58}{29} = 2$
(다) 위험도 = (연소상한계 − 연소하한계)/연소하한계
       = (12.8 − 2.5)/2.5
       = 4.12

07

분진폭발에 대해 다음 물음에 답하시오.

가. 괄호 안을 채우시오.

> 분진입자가 공기 중에 (①)상태로 떠 있다가 그 농도가 (②) 안에 있을 때 (③)에 의해 에너지가 공급되면 격심한 폭발이 일어나는 경우로 가스폭발과 화약폭발의 중간 형태이다.

나. 분진폭발의 메커니즘을 단계별로 기술하시오.

답안 (가) ① 미세한 분말
② 적당한 범위
③ 화염, 섬광 등 열원(점화원)
(나) 분진입자 표면온도 상승 → 입자표면 열분해 방출 → 폭발성 혼합기체 생성 및 발화 → 화염에 의해 다른 입자 분해촉진 및 전파

08

다음의 종류에 대해 2가지 이상 쓰시오.

가. 직렬아크

나. 병렬아크

답안 (가) 직렬아크 : 반단선, 접촉불량
(나) 병렬아크 : 단락, 지락

09

자동차의 발화원인에 대한 설명이다. 각각의 설명에 해당하는 연소현상을 쓰시오.

가. 혼합가스가 폭발하여 생긴 화염이 다시 기화기쪽으로 전파되는 현상으로 점화시기에 이상이 발생하여 연소실 내부에서 연소되어야 할 연료 중에 미연소된 가스가 흡기관쪽으로 역류하여 흡기관 내부에서 연소할 때 굉음이 발생하고 출력을 저하시키며, 심할 경우에는 에어클리너 등 중요 부품들을 손상시키기도 한다.

나. 실린더 안에서 불완전연소된 혼합가스가 배기파이프나 소음기 내에 들어가서 고온의 배기가스와 혼합·착화를 일으키는 현상

답안 (가) 역화(back fire)
(나) 후화(after fire)

10 다음 그림을 보고 누전의 3요소와 각각의 장소를 쓰시오.

득점	배점
	6

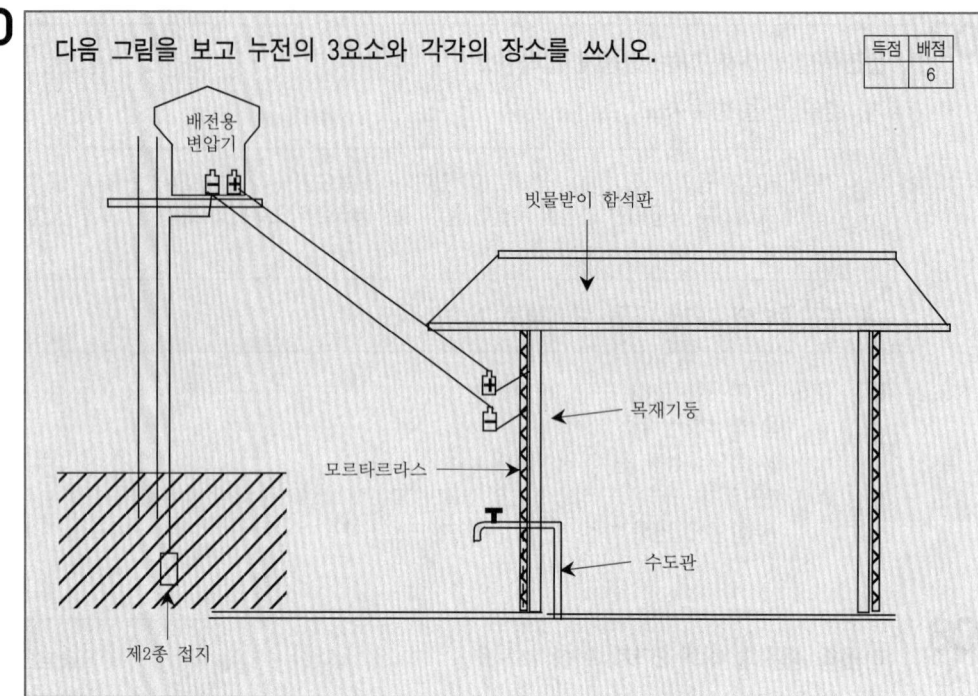

▶ 답안 ① 누전점 : 빗물받이 함석판
② 출화점 : 모르타르라스
③ 접지점 : 수도관

11 과산화칼륨에 화재가 발생하여 주수소화 및 이산화탄소 소화기로 소화를 시도했으나 화재가 더 확산되었다. 다음 물음에 대해 답하시오.

득점	배점
	8

가. 각 소화방법으로 인해 화재가 확산된 화학반응식을 쓰시오.
나. 붉은색 리트머스지를 상기 현장에서 사용할 경우 변하는 색을 쓰시오.

▶ 답안 (가) ① 물과 반응식 : $2K_2O_2 + 2H_2O \rightarrow 4KOH + O_2$
② CO_2 반응식 : $2K_2O_2 + 2CO_2 \rightarrow 2K_2CO_3 + O_2$
(나) 청색(푸른색)

▶ 해설 (가) 과산화칼륨이 물과 반응하면 발열하면서 폭발위험성이 있다. 또한 과산화칼륨 내부에 산소를 함유하고 있어 이산화탄소 소화기를 사용할 경우 질식소화할 수 없다.
(나) 붉은색 리트머스시험지는 염기성 용액을 판단하는 데 사용된다. 종이에 용액을 떨어뜨리면 붉은색 리트머스시험지를 푸른색으로 변화시킨다.

12

누전차단기 화재에서 트래킹현상이 식별되었다. 감식사항 2가지를 쓰시오. [배점 6]

답안
① 절연체에 전류가 흘러 국부적으로 탄화되거나 균열된 흔적 생성 여부를 확인한다.
② 전극 상호간 금속단자의 용융 여부를 확인한다.

해설 트래킹으로 인해 전류가 절연체로 흐르게 되면 국부적으로 탄화 또는 균열된 흔적이 보이며, 절연체가 소실되더라도 전극 상호간 금속단자에 용융된 흔적이 발견된다.

13

220V/15A 용량의 멀티탭에 각 소비전력 1,500W, 950W, 1,200W, 750W의 기기가 연결되어 있다. 다음 물음에 답하시오. [배점 6]

가. 총 소비전류를 구하시오.
나. 화재가 발생하였을 경우 그 원인을 쓰시오.

답안
(가) $I = P/V$
여기서, I : 전류(A), P : 전력(W), V : 전압(V)
∴ $\dfrac{1,500 + 950 + 1,200 + 750}{220} = \dfrac{4,400}{220} = 20\,\text{A}$

(나) 과부하(15A인 멀티탭에 20A가 인가되어 5A를 초과함으로써 과부하 발생)

14

플룸(plume)에 의해 생성될 수 있는 화재패턴 6가지를 쓰시오. [배점 6]

답안
① V패턴
② 역원뿔형 패턴
③ 모래시계패턴
④ U패턴
⑤ 바늘 및 화살표 패턴
⑥ 원형 패턴

2017년 11월 11일 화재감식평가산업기사

> 본 기출문제는 수험생들의 기억을 바탕으로 작성한 것으로 내용 및 그림, 문제수(배점) 등에서 실제 문제와 다소 차이가 있을 수 있습니다.

01
방화·방화의심조사서에 기재하여야 할 방화의심사유 5가지를 쓰시오. (단, 과다보험, 기타사유 제외)

답안
① 외부 침입흔적 존재
② 유류 사용흔적
③ 범죄은폐
④ 2지점 이상의 발화점
⑤ 연소현상 특이(급격연소)

02
화재증거물수집관리규칙 제9조에 따른 화재현장 사진촬영시 유의사항 3가지를 쓰시오.

답안
① 최초 도착하였을 때의 원상태를 그대로 촬영하고, 화재조사의 진행순서에 따라 촬영한다.
② 증거물을 촬영할 때에는 그 소재의 상태가 명백히 나타나도록 하며, 필요에 따라 구분이 용이하게 번호표 등을 넣어 촬영한다.
③ 화재현장의 특정한 증거물 등을 촬영함에 있어서는 그 길이, 폭 등을 명백히 하기 위하여 측정용 자 또는 대조도구를 사용하여 촬영한다.

03
금속나트륨에서 화재가 발생하였다. 연소특성과 감식요령을 쓰시오.
가. 연소특성
나. 감식요령

답안 (가) **연소특성**: 연소 시 과산화나트륨과 수산화나트륨의 흰 연기가 발생하며 흰 연기는 피부, 코, 인후를 강하게 자극한다. 물과 반응 시 황색불꽃을 내며 주위로 튀고 격렬하게 연소한다.

(나) 감식요령 : 타고 남은 것은 표면이 끈끈한 백색의 수산화나트륨이 부착되어 있다. 발화장소 근처의 물에 리트머스시험지, pH미터 등을 사용하여 조사하면 강알칼리성을 나타낸다.

04 냉장고 화재감식에 대한 내용이다. 물음에 답하시오.

가. 냉장고 압축기에 과전류가 흘렀는지 확인하려고 한다. 압축기가 고온이 되었을 때 자동으로 작동하여 컴프레서를 보호하는 장치의 명칭을 쓰시오.

나. 냉각기에서 빼앗은 열과 압축기에서 만들어진 열을 방출하는 곳으로 고온, 고압의 냉매를 공기 또는 물로 냉각하여 고압의 액체로 변환시키는 장치를 쓰시오.

답안 (가) 과부하계전기
(나) 콘덴서(응축기)

05 폭발 및 화재열로 인한 유리의 파손형태를 각각 도식하고 특징을 기술하시오.

답안 ① 폭발로 인한 유리 파손형태 특징 : 유리의 표면적 전체가 압력을 받아 파손되며 파손형태는 평행선에 가까운 형태로 깨지며 충격에 의해 생성되는 동심원형태의 파단은 발생하지 않는다.

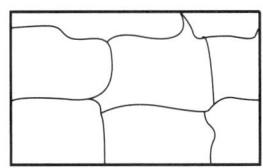

② 화재열로 인한 유리 파손형태 특징 : 길고 불규칙한 형태로 금이 가면서 파손되며 유리의 단면에는 월러라인이 발생하지 않는다.

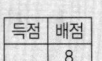

06 냉온수기에 대한 설명이다. 다음 물음에 답하시오.

가. 자동온도 조절장치의 명칭을 쓰시오.

나. 자동온도 조절장치에서 화재가 발생한 경우 감식요령을 쓰시오.

답안 (가) 서모스탯
(나) 서모스탯 노출단자 간 절연체의 오염 등에 의한 트래킹 및 절연파괴 여부를 확인한다.

07
전기적 요인으로 줄열에 따른 국부적인 접촉저항 증가요인 3가지를 쓰시오. [득점/배점 6]

답안
① 접속부 나사조임불량
② 전선의 압착불량
③ 배선을 손으로 비틀어 연결시켜 이음부의 헐거움 발생

08
배선용 차단기에 설치된 압착터미널과 그 내부에 생성된 증거물의 저항을 측정해 보니 2.3MΩ이었다. 다음 물음에 답하시오. [득점/배점 8]
가. 증거물의 명칭을 쓰시오.
나. 감식요령을 쓰시오.

답안
(가) 아산화동
(나) 아산화동 표면은 은회색 금속광택이 있으므로 현미경으로 관찰하여 글라스형의 적색 결정이 있는지 확인한다. 현미경이 없을 경우 저항을 측정하여 영 또는 무한대가 아니면 건조기 등으로 가열하여 온도상승에 따라 저항이 내려가는지 확인한다.

09
가스검지기를 사용하여 휘발유를 채취한 경우 나타나는 색깔을 쓰시오. [득점/배점 4]

답안 노란색

10
메인 누전차단기의 용량이 50A/30mA이고 각 배선용 분기차단기의 사용전류가 30A/30mA라고 할 때, 전기화재가 발생하였으나 분기차단기는 트립·off되지 않고 메인 누전차단기만 트립된 경우 원인을 쓰시오. [득점/배점 6]

답안 사고전류가 분기차단기의 허용전류(30A/30mA) 이하인 경우 분기차단기는 트립되지 않고 메인 누전차단기만 트립된다.

해설 분기차단기가 3개인 경우 각각 20A, 20A, 18A가 걸렸다면 30A의 용량을 초과하지 않아 3개의 분기차단기는 트립되지 않지만 각 차단기의 전류합이 50A를 초과하므로 메인 누전차단기만 트립된다.

11
박리흔이 발생할 수 있는 조건 3가지를 쓰시오. [득점/배점 6]

답안
① 경화되지 않은 콘크리트에 있는 수분
② 철근 또는 철망 및 주변 콘크리트 간에 차등팽창
③ 콘크리트혼합물과 골재 간의 차등팽창

12 밀집되어 있는 주거지역에서 화재가 발생하여 인접한 건물까지 전소되고 그림과 같은 합선흔적(단락흔)이 존재하였다. 그림에서 발화건물과 근거를 설명하시오. (단, 전기배선은 모든 방에 설치되어 있고 전선배치는 A와 B건물이 모두 동일하고, 어느 지점에서 합선이 일어나자마자 분전반에 있는 메인차단기가 차단되어 전기가 통전되지 않는다.)

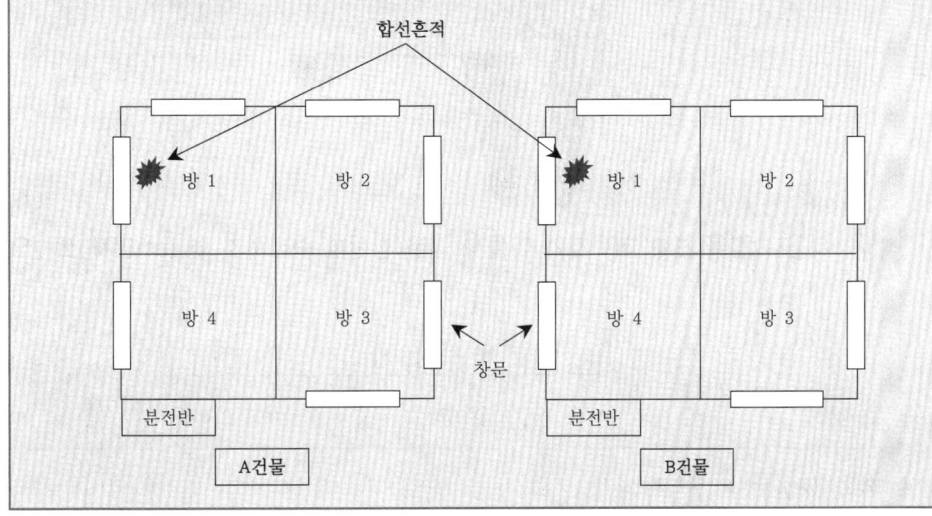

답안
① 발화건물 : A건물 1번방
② 근거 : A건물 방 1에서 전기합선이 일어나자 분전반의 메인차단기가 동작(off)하여 A건물에 있는 다른 방에서는 전기합선이 일어날 수 없으며 화재가 A건물 방 2를 통해 B건물로 연소가 확대되면서 B건물의 방 1에서 전기합선이 발생하자 B건물의 메인차단기가 동작(off)함에 따라 다른 방에서는 합선흔적이 발생할 수 없으므로 A건물 방 1에서 화재가 발생한 것이다.

13 다음 물음에 답하시오.
가. 멀리 있는 피사체를 크게 촬영할 때 사용하는 렌즈는 무엇인지 쓰시오.
나. 작은 피사체 등을 가까이에서 촬영할 때 사용하는 렌즈는 무엇인지 쓰시오.
다. 방 안을 촬영할 때 전체적으로 넓게 촬영하고자 할 때 사용하는 렌즈는 무엇인지 쓰시오.

답안
(가) 망원렌즈
(나) 마이크로렌즈
(다) 광각렌즈

14

다음 그림을 보고 물음에 답하시오.

가. 다음 그림을 보고 도구의 명칭은 무엇인지 쓰시오.

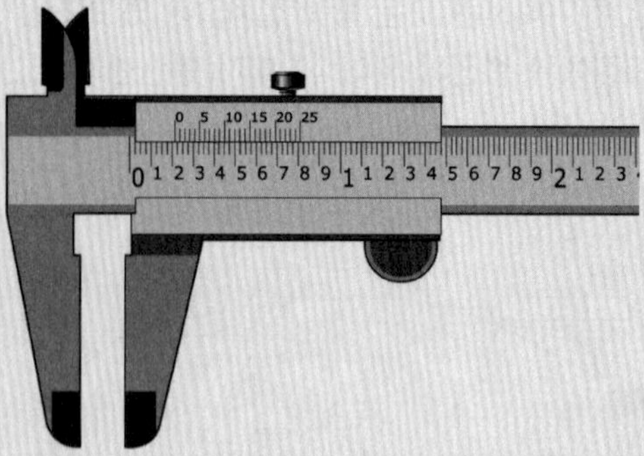

나. 다음 그림을 보고 어미자와 아들자 값을 합산한 측정치가 몇 mm인지 쓰시오.

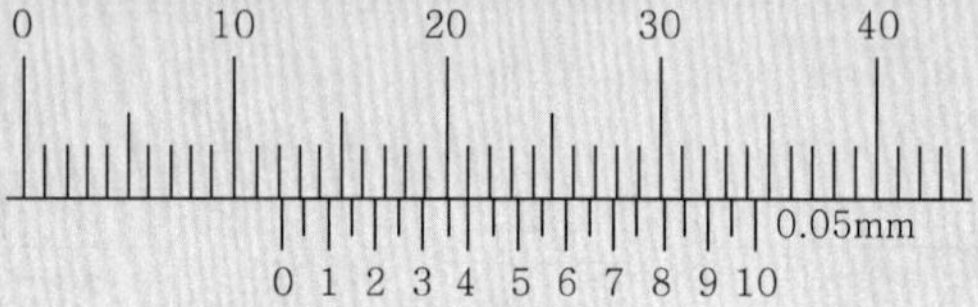

답안
(가) 버니어캘리퍼스
(나) 12+0.4=12.4mm

해설 버니어캘리퍼스의 측정치 구하는 법
① 어미자와 아들자의 위치를 먼저 알아야 한다. 일반적으로 어미자는 위쪽에, 아들자는 아래쪽에 위치한다.
② 아들자의 0(영점) 위치가 어미자의 어디에 있는지 파악한다. 위의 그림에서 아들자의 0점 위치가 12보다 크고 13보다 작으므로 12로 읽는다.
③ 두 번째 숫자, 즉 소수점 이하의 숫자는 어미자와 아들자의 숫자가 일치하는 곳을 찾는다. 위의 그림에서는 4가 일치하는 눈금이다.
④ 첫 번째 숫자인 12에 소수점을 붙이고 바로 뒤에 아들자 숫자를 붙여 읽는다.

2018년 6월 30일 화재감식평가기사

본 기출문제는 수험생들의 기억을 바탕으로 작성한 것으로 내용 및 그림, 문제수(배점) 등에서 실제 문제와 다소 차이가 있을 수 있습니다.

01 제4류 위험물에 대한 설명이다. 괄호 안을 쓰시오.

가. 제1석유류라 함은 아세톤, 휘발유, 그 밖에 1기압에서 인화점이 섭씨 (①)도 미만인 것을 말한다.

나. 제2석유류라 함은 등유, 경유, 그 밖에 1기압에서 인화점이 섭씨 (②)도 이상 (③)도 미만인 것을 말한다. 다만, 도료류, 그 밖의 물품에 있어서 가연성 액체량이 40중량퍼센트 이하이면서 인화점이 섭씨 40도 이상인 동시에 연소점이 섭씨 60도 이상인 것은 제외한다.

다. 제3석유류라 함은 중유, 클레오소트유, 그 밖에 1기압에서 인화점이 섭씨 (④)도 이상 섭씨 (⑤)도 미만인 것을 말한다. 다만, 도료류, 그 밖의 물품은 가연성 액체량이 40중량퍼센트 이하인 것은 제외한다.

라. 제4석유류라 함은 기어유, 실린더유, 그 밖에 1기압에서 인화점이 섭씨 (⑥)도 이상 섭씨 (⑦)도 미만의 것을 말한다. 다만 도료류, 그 밖의 물품은 가연성 액체량이 40중량퍼센트 이하인 것은 제외한다.

마. 동식물유류라 함은 동물의 지육 등 또는 식물의 종자나 과육으로부터 추출한 것으로서 1기압에서 인화점이 섭씨 (⑧)도 미만인 것을 말한다.

 답안
① 21
② 21
③ 70
④ 70
⑤ 200
⑥ 200
⑦ 250
⑧ 250

02 화재현장에서 증거물로 확보한 연소되지 않은 전기배선을 검사한 결과 피복 외측보다 내측에 열변형된 것이 확인되었다. 다음 물음에 답하시오.

가. 발생원인을 쓰시오.
나. 내측이 열변형된 원인을 쓰시오.

답안 (가) 과전류 또는 과부하
(나) 규정된 허용전류 이상이 인가되어 전선의 온도가 올라갔기 때문이다.

03 생석회를 취급하는 공장에서 화재가 발생하였다. 다음 물음에 답하시오.

가. 생석회가 물과 접촉 시 화학반응식을 쓰시오.
나. 리트머스시험지에 나타나는 색상을 쓰시오.

답안 (가) $CaO + H_2O \rightarrow Ca(OH)_2$
(나) 푸른색

04 다음 조건을 참고하여 각 물음에 답하시오.

구획실 벽면 가운데 건조기가 있고, 우측에 종이박스, 좌측에 수납함(목재)이 있다. 좌측 목재 수납함은 반소되었고, 우측은 종이박스 상단에 쌓인 종이류의 표면만 부분연소하였다. (단, 환기와 대류 등 기타 조건은 완전 무시한다.)

가. 조건의 소훼된 형상을 참고하여 화재원인을 쓰시오.
나. 화재원인에 대한 이유를 쓰시오.

답안 (가) 방화
(나) 발화지점이 2개소로 각각 독립적으로 연소하였고 환기와 대류작용이 없으므로 자연 소화되었다.

05 냉장고에 대한 설명이다. 다음 물음에 답하시오.

가. 냉장고압축기에 과전류가 흐르거나 온도 상승 시 온도를 제어하는 부품을 쓰시오.
나. 냉동실 결빙을 방지하며 배수를 원활하게 하기 위한 부품을 쓰시오.

답안 (가) 과부하계전기
(나) 제상히터(서리제거히터)

06
유리파손형태에 대해 각 물음에 답하시오.
가. 유리가 열에 의해 깨졌을 때 표면에 나타나는 특징을 쓰시오.
나. 유리가 열에 의해 깨졌을 때 단면에 나타나는 특징을 쓰시오.
다. 유리가 충격에 의해 깨졌을 때 표면에 나타는 특징을 쓰시오.
라. 유리가 충격에 의해 깨졌을 때 단면에 나타나는 특징을 쓰시오.

답안
(가) 불규칙한 곡선형태이다.
(나) 월러라인이 없고 매끄럽다.
(다) 방사상형태로 깨진다.
(라) 곡선모양의 월러라인이 보인다.

07
지름(d) 0.32mm인 구리선의 용단전류(I)를 프리스(Preece)의 계산식을 이용하여 구하시오. (단, 구리의 재료정수(a)는 80으로 하고 소수 둘째자리에서 반올림할 것)

답안
$I_s = ad^{\frac{3}{2}}$ 여기서, I_s : 용단전류(A), a : 재료에 의한 정수(구리 : 80), d : 선의 직경(mm)

$\therefore I_s = 80 \times 0.32^{\frac{3}{2}} = 14.5\text{A}$

08
소형 가전제품의 퓨즈를 X-ray 검사를 통해 관찰했을 때 끊어졌다면 판단해 볼 수 있는 감식요점은 무엇인지 쓰시오.

답안 과전류(과전압)에 의한 용단

09
회로계로 측정했을 때 다음 그림과 같이 나왔을 때 저항과 전압을 구하시오.

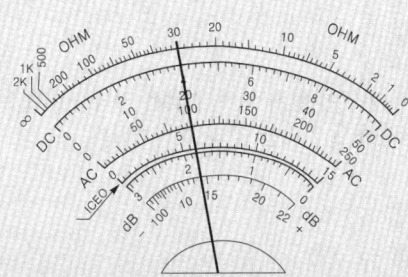

가. $1 \times R(\Omega)$일 때 저항값을 쓰시오.
나. 직류전압(DC)을 500에 놓았을 때 전압의 값을 쓰시오.

답안 (가) 레인지를 $1 \times R$에 놓았으므로 맨 위의 저항눈금을 읽는다. ∴ 30Ω

(나) 직류전압(DC) 눈금을 500에 놓았으나 500눈금이 없으니 50눈금을 읽고 10배를 곱해준다. 50눈금이 20을 가리키고 있으므로 20×10=200V ∴ 200V

10. 모래시계패턴, U패턴, 끝이 잘린 원추패턴, 역 V패턴을 설명하고 그림을 그리시오.

득점	배점
	12

답안

① 모래시계패턴

화염이 수직벽면과 가까이 있을 때 형성되고 화염구역에는 거꾸로 된 V형태가 나타나고 고온가스구역에는 V형태가 형성된다.

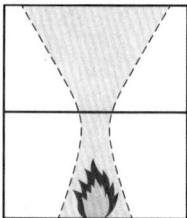

② U패턴

V패턴과 유사하지만 복사열의 영향을 더욱 크게 받고 U패턴의 아래에 있는 경계선은 일반적으로 V패턴의 경계선보다 높다.

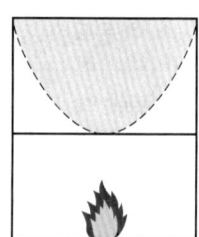

③ 끝이 잘린 원추패턴

수직면과 수평면에 모두 나타나는 3차원패턴으로 천장에는 원형 패턴이 나타나고 벽면에는 U패턴형태가 나타난다.

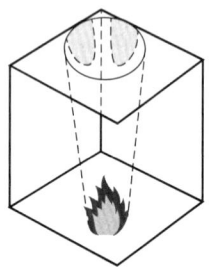

④ 역 V패턴

바닥에서 천장까지 화염이 닿지 않거나 낮은 열방출률 또는 짧은 시간에 불완전하게 연소한 결과로 나타난다.

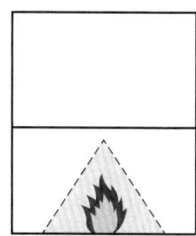

11 다음 조건을 보고 화재피해액(천원)을 계산하시오. [배점 10]

- 철근콘크리트 슬래브지붕 4층 건물의 2층에서 화재가 발생하여 300m² 가 전소되었다.
- m² 당 신축단가 : 3,000,000원
- 내용연수 : 50년
- 손해율 : 100% 적용
- 건물 준공 연월일 : 2000년 1월 1일
- 화재발생 연월일 : 2018년 1월 1일
- 가재도구피해
  - 2층 TV 1대, 컴퓨터 1대 소실
  - TV(재구입비 1,500,000원, 내용연수 5년, 경과연수 2년), 컴퓨터(1,700,000원, 내용연수 5년, 경과연수 3년)
  - 잔가율은 일괄하여 50% 적용

가. 건물피해액을 계산하시오.
나. 가재도구피해액을 계산하시오.

답안 (가) 건물피해액 = 신축단가 × 소실면적 × [1 − (0.8 × 경과연수/내용연수)] × 손해율
= 3,000,000 × 300 × [1 − (0.8 × 18/50)] × 100% = 640,800천원

(나) 가재도구피해액 = 재구입비 × [1 − (0.8 × 경과연수/내용연수)] × 손해율
  TV피해액 : 1500천원 × [1 − (0.8 × 2/5)] × 50% = 510천원
  컴퓨터피해액 : 1700천원 × [1 − (0.8 × 3/5)] × 50% = 442천원
  ∴ 가재도구피해액 : 510천원 + 442천원 = 952천원

12 과염소산칼륨과 적린이 혼합폭발하였다. 다음 물음에 답하시오. [배점 6]
가. 폭발과정의 화학반응식을 쓰시오.
나. 연소과정의 화학반응식을 쓰시오.

답안 (가) $KClO_4 \rightarrow KCl + 2O_2$
(나) $4P + 5O_2 \rightarrow 2P_2O_5$

13 차량부품에 대한 설명이다. 다음 물음에 답하시오. [배점 5]
가. 엔진의 실린더헤드와 블록 사이에 설치하는 것으로 오일누설 방지기능을 하는 부품이 무엇인지 쓰시오.
나. 캘리퍼가 기능을 상실하면 과열로 화재가 발생할 수 있는 것은 무엇인지 쓰시오.

답안 (가) 개스킷
(나) 브레이크

14

가스용기의 용도에 따른 안전밸브의 종류를 구분하여 쓰시오.

득점 / 배점 8

가	나	다	라
LPG용기	산소, 수소 등 압축가스용기	아세틸렌·산화에틸렌용기	초저온용기

답안 (가) 스프링식
(나) 파열판식
(다) 가용전(가용합금식)
(라) 스프링식과 파열판식의 2중 안전밸브

15

2극 플러그를 콘센트에 접속시켜 사용하다가 다음과 같은 현상이 발견되었다. 조건을 보고 다음 물음에 답하시오.

득점 / 배점 5

- 플러그의 한쪽이 용융되었다.
- 용융된 부분과 용융되지 않은 부분의 경계가 뚜렷이 식별되었다.
- 전원 통전 중으로 부하와 연결시켜 사용 중이었다.

가. 원인을 쓰시오.
나. '가'의 원인이 된 선행요인 2가지를 쓰시오.

답안 (가) 접촉불량
(나) ① 접속부의 헐거움
② 불완전접속

2018년 6월 30일 화재감식평가산업기사

> 본 기출문제는 수험생들의 기억을 바탕으로 작성한 것으로 내용 및 그림, 문제수(배점) 등에서 실제 문제와 다소 차이가 있을 수 있습니다.

01 생석회와 건초더미 등을 취급하는 공장에서 화재가 발생하였다. 다음 물음에 답하시오.
가. 생석회가 물과 접촉 시 화학반응식을 쓰시오.
나. 생석회의 흰색 고체를 리트머스시험지로 시험했을 때 나타나는 색상을 쓰시오.

답안 (가) $CaO + H_2O \rightarrow Ca(OH)_2$
(나) 푸른색

02 페놀수지로 싸여진 자동온도조절장치에서 건식 트래킹으로 발화한 경우 그 과정을 설명하시오.

답안 자동온도조절장치 내부에 있는 접점이 개폐 시 발생하는 아크에 의해 페놀수지가 탄화되거나 미세 스파크에 의한 금속증기, 탄화물 등의 부착으로 도전로가 형성되면 발화한다.

03 화재증거물수집관리규칙에 의거한 증거물 시료용기 3가지를 쓰시오.

답안 유리병, 주석도금캔, 양철캔

04 4구형 멀티탭(100V, 15A)에 전자레인지(500W), 전기밥솥(600W), 커피포트(700W), 다리미(800W)를 꽂아 사용했을 때 몇 A가 초과되었는지 쓰시오.

답안 $I = \dfrac{W}{V} = \dfrac{500W + 600W + 700W + 800W}{100V} = \dfrac{2,600W}{100V} = 26A$
26A − 15A = 11A
∴ 26A이므로 11A 초과

05

실화책임에 관한 법률에서 실화가 중대한 과실로 인한 것이 아닌 경우 손해배상의무자가 법원에 손해배상액의 경감을 청구할 수 있는 5가지의 경우를 쓰시오.

답안
① 화재의 원인과 규모
② 피해의 대상과 정도
③ 연소 및 피해확대의 원인
④ 피해확대 방지를 위한 실화자의 노력
⑤ 배상의무자 및 피해자의 경제상태

06

다음 그림을 보고 연소방향성을 A → B 또는 B → A로 나타내시오.

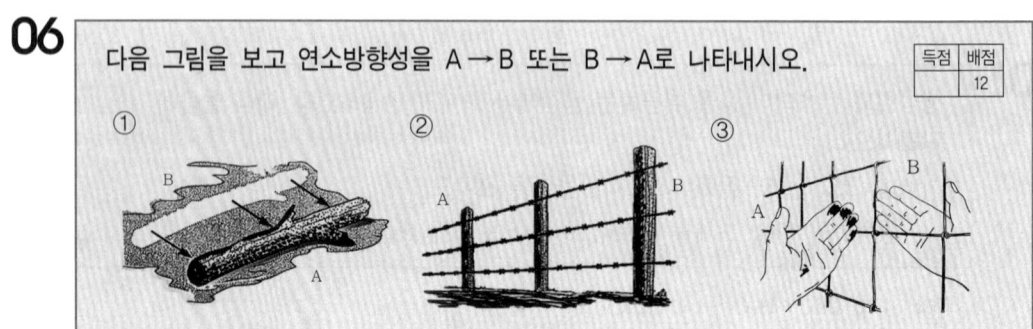

답안 ① A → B ② A → B ③ A → B

07

메탄에 대한 위험도와 증기비중을 구하시오. (단, 공기의 비중은 29로 한다.)
가. 위험도
나. 증기비중

답안 (가) 메탄의 연소상한이 15, 하한이 5이므로

$$위험도(H) = \frac{연소상한계(U) - 연소하한계(L)}{연소하한계(L)} = \frac{(15-5)}{5} = 2$$

(나) 메탄의 분자량이 16이므로 증기비중 $= \frac{16}{29} = 0.55$

08

가스용기별 색상을 올바르게 쓰시오.

가스 종류	색 상	가스 종류	색 상
LPG	회색	액화암모니아	(③)
수소	(①)	액화염소	(④)
아세틸렌	(②)	기타 용기	회색

답안 ① 주황색
② 황색
③ 백색
④ 갈색

09

다음 그림은 전선의 단면이다. 물음에 답하시오. | 득점 | 배점 |
|---|---|
| | 5 |

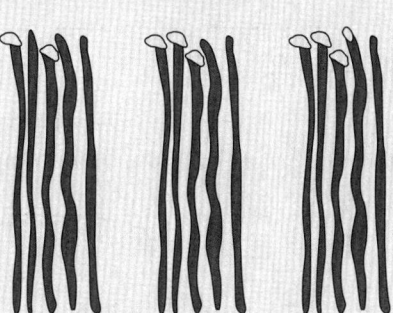

가. 원인이 무엇인지 쓰시오.
나. 선행원인이 무엇인지 쓰시오.

답안 (가) 반단선
(나) 전선에 반복적인 굽힘력이 작용할 때 발생한다.

10

BLEVE의 정의와 BLEVE의 발생 4단계를 쓰시오. | 득점 | 배점 |
|---|---|
| | 6 |

가. 정의
나. 발생과정

답안 (가) 정의 : 저장탱크가 외부 화염에 장시간 노출되면 액체가 비등하고 증기의 온도가 상승하여 탱크의 내압을 초과하면 파열되고 액체가 유출되며 급격히 기화하는 현상이다.
(나) 발생과정 : 액온상승 → 연성파괴 → 액격현상 → 취성파괴

11

화재패턴이 생성되는 원리 4가지를 쓰시오. | 득점 | 배점 |
|---|---|
| | 5 |

답안 ① 열원으로부터 가까울수록 강해지고 멀어질수록 약해지는 복사열의 차등원리
② 고온가스는 열원으로부터 멀어질수록 온도가 낮아지는 원리
③ 화염 및 고온가스의 상승원리
④ 연기나 화염이 물체에 의해 차단되는 원리

12
전기적 요인으로 국부적인 저항 증가요인 3가지를 쓰시오.

답안
① 아산화동 증식
② 접촉저항 증가
③ 반단선

13
다음 그림을 보고 물음에 답하시오.

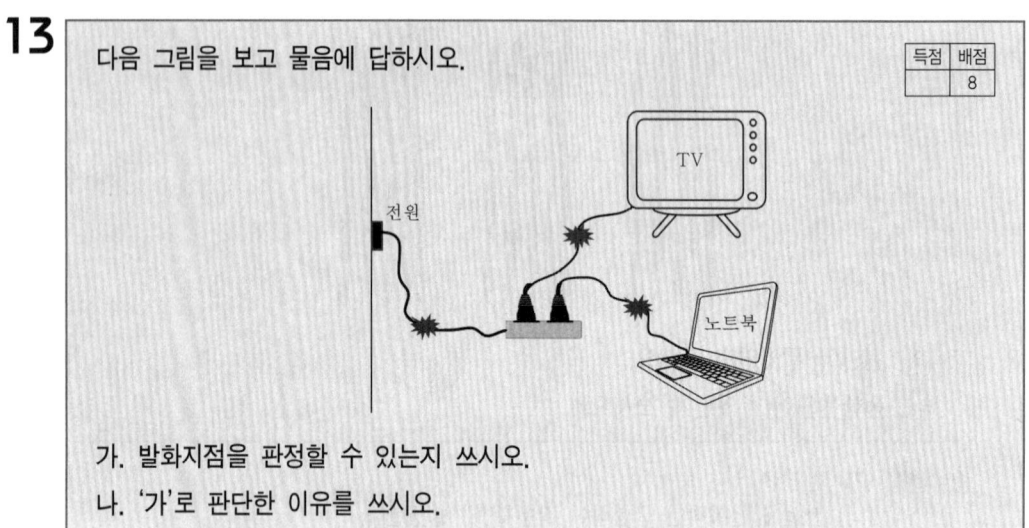

가. 발화지점을 판정할 수 있는지 쓰시오.
나. '가'로 판단한 이유를 쓰시오.

답안
(가) 판정 불가
(나) 병렬회로로 구성된 회로에서는 TV와 노트북 중 어느 것이 먼저 단락이 일어난 것인지 논하기 어렵기 때문이다.

14
다음 그림은 구획된 실에서 화염의 위치를 나타낸 것이다. 물음에 답하시오.

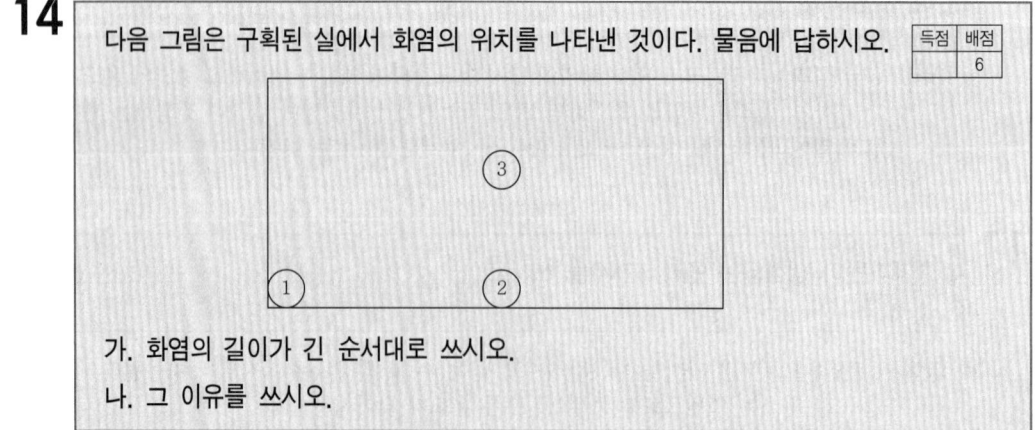

가. 화염의 길이가 긴 순서대로 쓰시오.
나. 그 이유를 쓰시오.

답안
(가) 1 → 2 → 3
(나) 공기의 유입량이 벽에 의해 제한을 받기 때문이다.

15 증거물수집관리규칙에 의한 시료용기의 마개기준 4가지를 쓰시오.

답안
① 코르크마개, 고무(클로로프렌고무는 제외), 마분지, 합성 코르크마개 또는 플라스틱물질(PTFE는 제외)은 시료와 직접 접촉되어서는 안 된다.
② 만일 이러한 물질들을 시료용기의 밀폐에 사용할 때에는 알루미늄이나 주석포일로 감싸야 한다.
③ 양철용기는 돌려막는 스크루뚜껑만 아니라 밀어 막는 금속마개를 갖추어야 한다.
④ 유리마개는 병의 목부분에 공기가 새지 않도록 단단히 막아야 한다.

2018년 11월 17일 화재감식평가기사

본 기출문제는 수험생들의 기억을 바탕으로 작성한 것으로 내용 및 그림, 문제수(배점) 등에서 실제 문제와 다소 차이가 있을 수 있습니다.

01

다음 물음에 답하시오.

가. 실화자에게 중대한 과실이 없는 경우 그 손해배상액의 경감에 관한 민법 제765조의 특례를 정함을 목적으로 하는 법률을 쓰시오.

나. 실화가 중대한 과실로 인한 것이 아닌 경우 그로 인한 손해배상의무자가 법원에 손해배상액의 경감을 청구할 수 있는 경우 4가지를 쓰시오.

답안 (가) 실화책임에 관한 법률
(나) ① 화재의 원인과 규모
② 피해의 대상과 정도
③ 연소 및 피해확대의 원인
④ 피해확대를 방지하기 위한 실화자의 노력

02

다음 괄호 안에 용어를 쓰시오.

가. (①)(이)란 사람의 의도에 반하거나 고의에 의해 발생하는 연소 현상으로서 소화설비 등을 사용하여 소화할 필요가 있거나 또는 사람의 의도에 반해 발생하거나 확대된 화학적인 폭발현상을 말한다.

나. (②)(이)란 화재 당시의 피해물과 같거나 비슷한 것을 재건축(설계감리비 포함) 또는 재취득하는 데 필요한 금액을 말한다.

다. (③)(이)란 화재 당시에 피해물의 재구입비에 대한 현재가의 비율을 말한다.

답안 ① 화재
② 재구입비
③ 잔가율

03
목재의 탄화심도를 측정하고자 한다. 다음 각 물음에 답하시오.
가. 압력은 어떻게 가해야 하는지 쓰시오.
나. 탐침의 삽입방향을 쓰시오.
다. 측정 부분이 어디인지 쓰시오.

답안
(가) 동일한 측정점에서 동일한 압력으로 측정한다.
(나) 목재의 중심선에서 직각으로 삽입한다.
(다) 탄화 및 균열이 발생한 철(凸)부분을 측정한다.

04
전담부서에서 갖추어야 할 증거수집장비 6종을 쓰시오.

답안
① 증거물수집기구 세트
② 증거물보관 세트
③ 증거물표지
④ 증거물태그
⑤ 접자
⑥ 라텍스장갑

05
그림에서 화재가 내부 중앙에 있는 쓰레기통에서 발생하여 진행하고 있다. 좌측 벽면이 연소되는 순서를 알파벳 순으로 쓰시오. (단, 복사열은 무시한다.)

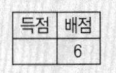

답안 A → B → C

06
자동차 엔진 본체의 주요장치와 전기장치를 각각 5가지씩 쓰시오.
가. 주요장치
나. 전기장치

답안 (가) 주요장치 : 점화장치, 연료장치, 윤활장치, 냉각장치, 배기장치
(나) 전기장치 : 점화플러그, 배터리, 시동모터, 점화코일, 교류발전기

07
화재패턴에서 플룸(plume)에 의해 생성된 패턴 6가지를 쓰시오.

답안 ① V패턴 ② U패턴 ③ 역원뿔형 패턴
④ 모래시계패턴 ⑤ 원형 패턴 ⑥ 바늘 및 화살표패턴

08
다음 그림을 보고 물음에 답하시오.

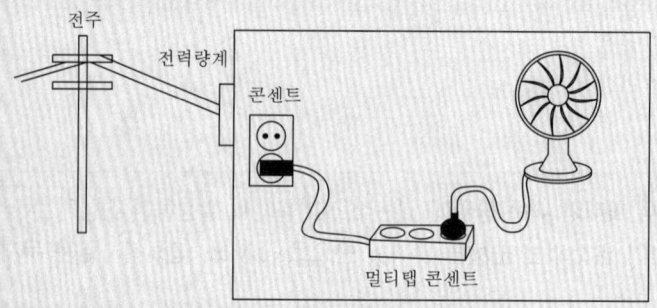

가. 다음을 설명하시오.
① 전원측
② 부하측
나. 그림에서 다음에 해당하는 장소는 무엇인지 쓰시오.
① 최종 전원측
② 최종 부하측

답안 (가) ① 전원측 : 전력량계 및 전주가 해당되며 전기를 공급해 주는 방향을 말한다.
② 부하측 : 멀티탭콘센트와 선풍기가 해당되며 전원을 공급받는 방향을 말한다.
(나) ① 최종 전원측 : 전력량계
② 최종 부하측 : 선풍기

해설 전기의 공급은 기본적으로 송전선로(154kV, 345kV, 765kV)에서 송전을 하고 전봇대, 즉 배전선로는 22.9kV를 공급한다. 주택가 전신주의 주상변압기를 통해 다시 220V 또는 380V로 다운시켜 수용가측으로 공급하는 구조로 되어 있다. 따라서 전력량계 2차측부터 수용가의 책임이 되며 최종 전원측이 된다.

09

3층 건물에서 화재가 발생하여 다음과 같이 피해가 발생하였다. 소실면적을 구하시오. [배점 4]

- 2층 : 바닥면적 40m², 소실면적 50m²(2면)
- 3층 : 바닥면적 40m², 소실면적 79m²(3면)
- 1층 : 바닥면적 25m², 소실면적 110m²(6면)

답안 화재피해범위가 건물의 6면 중 2면 이하인 경우 6면 중의 피해면적합에 5분의 1을 곱한 값을 계산한다.

$$\left(50 \times \frac{1}{5}\right) + 40 + 25 = 75\mathrm{m}^2$$

10

18Ω의 저항 중에 4A의 전류가 15초간 흘렀다면 에너지의 열량(cal)을 구하시오. [배점 5]

답안 $H = 0.24I^2Rt = 0.24 \times 4^2 \times 18 \times 15 = 1036.8\,\mathrm{cal}$

11

아파트 실내에 검은 연기가 가득하고 화염이 위층 반절까지 상승한 경우 화재는 어느 시기에 해당하는지 쓰시오. [배점 5]

답안 최성기

12

다음 그림을 보고 최초 전기합선지점과 전기합선이 일어난 순서를 쓰시오. [배점 6]

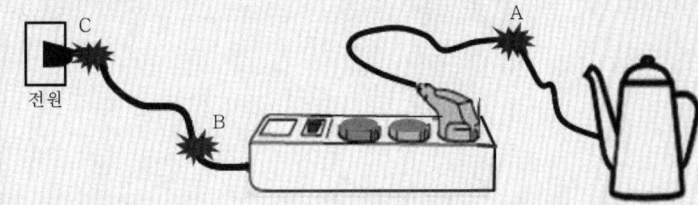

가. 최초 전기합선지점
나. 전기합선순서

답안 (가) 최초 전기합선지점 : A
(나) 전기합선순서 : A → B → C

13

누전차단기 위로 절연체가 탄화된 상태로 발견되어 먼지, 습기 등이 쌓인 상태로 도전로가 형성된 것으로 판단되었다면 화재원인이 무엇인지 쓰시오.

답안 트래킹

14

줄열의 공식(cal)과 줄열이 발생하는 이유를 쓰시오.
가. 줄열공식
나. 줄열이 발생하는 이유

답안 (가) $H = 0.24I^2Rt(\text{cal})$

(나) 저항이 있는 도체에 전류를 흘렸을 때 발생하는 열량은 I^2Rt에 비례한다. 도체의 저항값이 존재하는 한 줄열은 반드시 수반된다.

2018년 11월 17일 화재감식평가산업기사

본 기출문제는 수험생들의 기억을 바탕으로 작성한 것으로 내용 및 그림, 문제수(배점) 등에서 실제 문제와 다소 차이가 있을 수 있습니다.

01
폭발 및 화재열로 인한 유리의 파손형태를 각각 도식하고 특징을 기술하시오. [배점 8]

답안
① 폭발로 인한 유리 파손형태 특징 : 유리의 표면적 전체가 압력을 받아 파손되며 파손형태는 평행선에 가까운 형태로 깨지며 충격에 의해 생성되는 동심원형태의 파단은 발생하지 않는다.

② 화재열로 인한 유리 파손형태 특징 : 길고 불규칙한 형태로 금이 가면서 파손되며 유리의 단면에는 월러 라인이 발생하지 않는다.

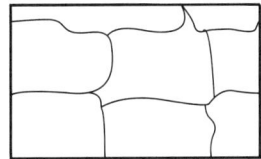

02
다음의 종류에 대해 2가지 이상 쓰시오. [배점 6]
가. 직렬아크
나. 병렬아크

답안
(가) 직렬아크 : 반단선, 접촉불량
(나) 병렬아크 : 단락, 지락

03
밀폐된 지하유류탱크에서 원인미상의 점화원에 의해 폭발했다면 나머지 폭발의 성립조건 한 가지를 쓰시오. [배점 5]

답안 폭발범위(연소범위)

04 가스기구에서 리프팅의 발생원인 5가지를 쓰시오.

답안
① 버너의 염공에 먼지 등이 부착하여 염공이 작아졌을 때
② 가스의 공급압력이 지나치게 높을 경우
③ 노즐구경이 지나치게 클 경우
④ 가스의 공급량이 버너에 비해 과대할 경우
⑤ 공기조절기를 지나치게 열었을 경우

05 밀집되어 있는 주거지역에서 화재가 발생하여 인접한 건물까지 전소되고 그림과 같은 합선흔적(단락흔)이 존재하였다. 그림에서 발화건물과 근거를 설명하시오. (단, 전기배선은 모든 방에 설치되어 있고 전선배치는 A와 B건물이 모두 동일하며, 어느 지점에서 합선이 일어나자마자 분전반에 있는 메인차단기가 차단되어 전기가 통전되지 않는다.)

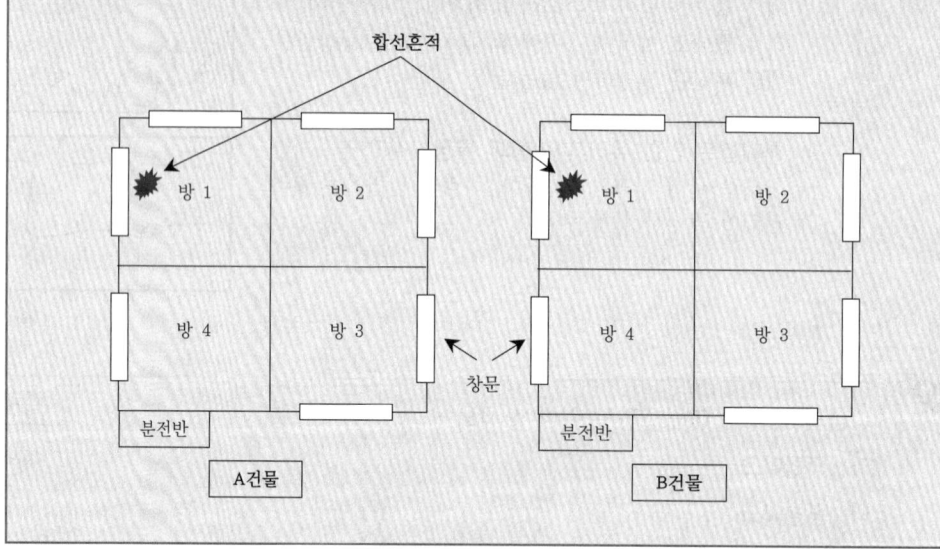

답안
① 발화건물 : A건물 1번 방
② 근거 : A건물 방 1에서 전기합선이 일어나자 분전반의 메인차단기가 동작(off)하여 A건물에 있는 다른 방에서는 전기합선이 일어날 수 없으며 화재가 A건물 방 2를 통해 B건물로 연소확대되면서 B건물의 방 1에서 전기합선이 발생하자 B건물의 메인차단기가 동작(off)함에 따라 다른 방에서는 합선흔적이 발생할 수 없으므로 A건물 방 1에서 화재가 발생한 것이다.

06

제조물책임법의 용어의 정의이다. 빈칸에 들어갈 알맞은 답을 쓰시오.

'제조업자'란 다음의 자를 말한다.

가. 제조물의 (①)·(②) 또는 (③)을 업(業)으로 하는 자

나. 제조물에 (④)·(⑤)·상표 또는 그 밖에 식별(識別) 가능한 기호 등을 사용하여 자신을 '가'의 자로 표시한 자 또는 '가'의 자로 오인하게 할 수 있는 표시를 한 자

답안
① 제조
② 가공
③ 수입
④ 성명
⑤ 상호

07

정전기대전의 종류 6가지를 쓰시오.

답안
① 마찰대전
② 박리대전
③ 유동대전
④ 분출대전
⑤ 침강대전
⑥ 유도대전

08

다음 괄호 안에 용어를 바르게 쓰시오.

가. (①)(이)란 사람의 의도에 반하거나 고의에 의해 발생하는 연소 현상으로서 소화설비 등을 사용하여 소화할 필요가 있거나 또는 사람의 의도에 반해 발생하거나 확대된 화학적인 폭발현상을 말한다.

나. (②)(이)란 화재원인을 규명하고 화재로 인한 피해를 산정하기 위하여 자료의 수집, 관계자 등에 대한 질문, 현장확인, 감식, 감정 및 실험 등을 하는 일련의 행동을 말한다.

다. (③)(이)란 발화의 최초원인이 된 불꽃 또는 열을 말한다.

라. (④)(이)란 발화열원에 의해 불이 붙고 이물질을 통해 제어하기 힘든 화세로 발전한 가연물을 말한다.

마. (⑤)(이)란 피해물의 경제적 내용연수가 다한 경우 잔존하는 가치의 재구입비에 대한 비율을 말한다.

답안
① 화재
② 조사
③ 발화열원
④ 최초착화물
⑤ 최종잔가율

09 소방기본법 시행규칙에서 규정하고 있는 화재피해조사 내용을 인명피해조사(2가지)와 재산피해조사(3가지)로 구분하여 쓰시오.
가. 인명피해조사
나. 재산피해조사

답안 (가) 인명피해조사
① 소방활동 중 발생한 사망자 및 부상자
② 그 밖에 화재로 인한 사망자 및 부상자
(나) 재산피해조사
① 열에 의한 탄화, 용융, 파손 등의 피해
② 소화활동 중 사용된 물로 인한 피해
③ 그 밖에 연기, 물품반출, 화재로 인한 폭발 등에 의한 피해

10 냉·온수기에 대한 설명이다. 다음 물음에 답하시오.
가. 자동온도조절장치의 명칭을 쓰시오.
나. 자동온도조절장치에서 화재가 발생한 경우 감식요령을 쓰시오.

답안 (가) 서모스탯
(나) 서모스탯 노출단자 간 절연체의 오염 등에 의한 트래킹 및 절연파괴 여부를 확인한다.

11 BLEVE의 정의와 BLEVE의 발생 4단계를 쓰시오.
가. 정의
나. 발생단계

답안 (가) 정의 : 탱크 외부에서 화재가 발생하여 탱크가 가열되면 탱크 내부 액온이 상승(액온상승)하고 탱크벽은 강도가 떨어져(연성파괴) 과열상태의 액화가스가 탱크벽에 강한 충격을 주며(액격현상) 탱크가 파괴되고 액체가 급격히 유출·기화(취성파괴)하는 현상이다.
(나) 발생단계 : 액온상승 → 연성파괴 → 액격현상 → 취성파괴

12

폭굉유도거리가 짧아질 수 있는 조건 3가지를 쓰시오.

답안
① 정상적인 연소속도가 빠른 혼합가스일수록 짧아진다.
② 압력이 높을수록 짧아진다.
③ 점화원의 에너지가 강할수록 짧아진다.

13

냉장고 화재감식에 대한 내용이다. 다음 물음에 답하시오.
가. 냉장고압축기에 과전류가 흘렀는지 확인하려고 한다. 압축기가 고온이 되었을 때 자동으로 작동하여 컴프레서를 보호하는 장치의 명칭을 쓰시오.
나. 냉각기에서 빼앗은 열과 압축기에서 만들어진 열을 방출하는 곳으로 고온, 고압의 냉매를 공기 또는 물로 냉각하여 고압의 액체로 변환시키는 장치를 쓰시오.

답안
(가) 과부하계전기(과부하릴레이)
(나) 콘덴서(응축기)

14

정전기 관련 다음 괄호 안에 알맞은 용어를 쓰시오.
가. (　　) : 어떤 물질이 갖고 있는 정전기의 양
나. (　　) : 마찰이나 충격에 의해서 전자들이 다른 물체를 움직여 전기적 성질을 갖는 것
다. (　　) : 전자의 이동으로 전기적으로 (+)나 (-)전기를 띤 물체

답안
(가) 전하
(나) 대전
(다) 대전체

MEMO

2019년 6월 29일 화재감식평가기사

본 기출문제는 수험생들의 기억을 바탕으로 작성한 것으로 내용 및 그림, 문제수(배점) 등에서 실제 문제와 다소 차이가 있을 수 있습니다.

01 다음 빈칸을 완성하시오. [배점 8]

- 금속이 화재로 열을 받아 용융하기 전에 자중 등으로 인해 좌굴하면 (①)이라는 형상을 남긴다.
- 지붕이 하중을 받고 있을 때 화염이 기둥 우측에 있을 때에는 기둥은 (②) 방향으로 휜다.

답안
① 만곡
② 우측

해설 금속기둥이 지붕을 받쳐 하중을 받는 구조라면 화염을 먼저 받는 방향으로 연화되고 하중을 이기지 못해 화염방향으로 도괴된다.

02 화재로 인해 다음 그림과 같이 단락이 발생하였다. 물음에 답하시오. [배점 6]

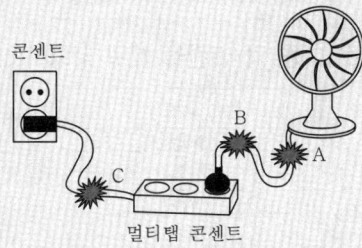

가. 최초 발화지점
나. 합선 순서

답안
(가) A
(나) A → B → C

03
유리의 측면에 리플마크가 나타나는 원인을 쓰시오.

답안 유리가 외부 충격으로 인해 깨졌을 때 발생한다.

04
화재로 인해 다음과 같이 피해가 발생하였다. 소실면적을 구하시오.
가. 화재로 한쪽 벽 10m²와 천장 10m²가 소실되었다. 소실면적은 몇 m²인가?
나. 철근콘크리트 슬래브지붕 4층 건물 중 1층에서 화재가 발생하여 1층 점포 300m²(바닥면적 기준)가 전소되고 2층 벽면 100m², 천장 20m²의 그을음 피해가 발생한 경우 소실면적은 몇 m²인가?

답안 (가) (10m² + 10m²) × 1/5 = 4m²
(나) 300m² + (120 × 1/5) = 324m²

해설 건물의 소실면적 산정은 소실된 바닥면적으로 산정한다. 다만, 피해범위가 건물의 6면 중 2면 이하인 경우에는 6면 중의 피해면적의 합에 5분의 1을 곱한 값을 소실면적으로 한다.

05
냉장고에 대한 설명이다. 다음 물음에 답하시오.
가. 냉장고 압축기에 과전류가 흐르거나 온도 상승 시 온도를 제어하는 부품을 쓰시오.
나. 냉동실 결빙을 방지하며 배수를 원활하게 하기 위한 부품을 쓰시오.

답안 (가) 과부하계전기
(나) 제상히터(서리제거히터)

06
과학적 방법의 메커니즘으로 다음 각 빈칸을 채워 넣으시오.

```
필요성 인식
    ↓
문제 정의
    ↓
   ①
    ↓
   ②
    ↓
 가설 수립
    ↓
   ③
    ↓
최종 가설 선택
```

답안 ① 자료수집
② 자료분석
③ 가설검증

07
다음의 종류에 대하여 1가지 작성하시오.
가. 직렬아크
나. 병렬아크

배점 6

답안 (가) 반단선
(나) 단락

08
프로판가스 관련 각 물음에 답하시오.
가. 공기 중 프로판의 완전연소반응식을 쓰시오.
나. 프로판의 증기비중을 쓰시오.

배점 9

답안 (가) $C_3H_8 + 5O_2 \rightarrow 3CO_2 + 4H_2O$
(나) $44/29 = 1.52$

09
산불 종류에 대한 설명이다. 번호에 알맞은 용어를 쓰시오.
가. (①) : 땅속에 퇴적된 유기물과 낙엽층이 연소하는 것으로 느리게 연소하는 특징이 있다.
나. (②) : 나무의 가지와 잎 등 무성한 상층부가 연소하는 것으로 연소진행이 빠르다.
다. (③) : 낙엽, 초본류 등이 연소하는 것으로 산불 초기단계에 원형으로 넓게 퍼지며 연소한다.

배점 6

답안 ① 지중화
② 수관화
③ 지표화

10
화상 관련 9의 법칙에 대하여 각 부위별 화상 %를 쓰시오.
가. 머리
나. 상반신 앞면
다. 생식기
라. 오른팔
마. 왼다리 앞면

배점 5

📝 **답안** (가) 머리 : 9%
(나) 상반신 앞면 : 18%
(다) 생식기 : 1%
(라) 오른팔 : 9%
(마) 왼다리 앞면 : 9%

11

아세톤을 취급하는 공장에서 화재가 발생하였다. 다음 물음에 답하시오.
가. 아세톤의 완전연소반응식을 쓰시오.
나. 아세톤의 증기비중을 계산식과 답을 쓰시오. (단, 공기의 분자량은 29로 한다.)
다. 아세톤 증기의 위험도를 구하시오. (단, 아세톤의 연소하한은 2.5vol%, 연소상한은 12.8vol%로 한다.)

📝 **답안** (가) $CH_3COCH_3 + 4O_2 \rightarrow 3CO_2 + 3H_2O$
(나) $58/29 = 2$
(다) 위험도=(연소상한계−연소하한계)/연소하한계이므로 $(12.8−2.5)/2.5 = 4.12$

12

가스폭발과 비교하여 분진폭발의 특징 3가지를 쓰시오.

📝 **답안** ① 연소속도나 폭발압력은 가스폭발보다 작다.
② 가스폭발에 비해 연소시간이 길다.
③ 가스폭발은 1차폭발이지만, 분진폭발은 2차, 3차폭발로 피해범위가 크다.

13

백열전구에 대한 그림이다. 물음에 답하시오.

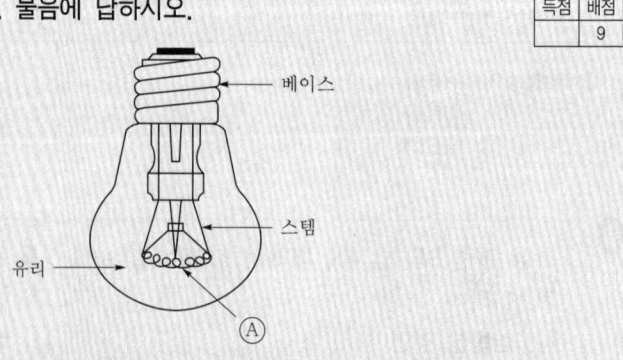

가. Ⓐ의 명칭은?
나. 백열전구 유리구 안에 넣을 수 있는 봉입가스를 쓰시오.
다. 화염이 전구의 오른쪽에 위치할 때 나타나는 현상을 기술하시오.

답안 (가) Ⓐ : 필라멘트
(나) 질소, 아르곤
(다) 오른쪽 화염방향으로 유리구가 연화되어 부풀어 오르고 구멍이 발생한다.

14 다음 중 용융점이 높은 순서대로 쓰시오.

- 철
- 텅스텐
- 구리
- 알루미늄

답안 텅스텐(3,400℃) → 철(1,530℃) → 구리(1,084℃) → 알루미늄(660℃)

15 화재조사분석 장비에 관한 것이다. 물음에 답하시오.

가. 화재현장에서 석유류에 의해 탄화된 것으로 추정되는 증거물을 수거하여 디클로로메탄이 들어있는 비커에 넣어 여과과정을 통해 액체를 추출한 후 가열한 시료를 분석하는 방식의 장비는?

나. 과전류차단기와 같이 내부의 동작여부를 볼 수 없거나 플라스틱 케이스가 용융되어 내부 스위치의 동작여부를 알 수 없을 때 사용하는 장비는?

답안 (가) 가스크로마토그래피
(나) 비파괴촬영기 또는 X선촬영장치

2019년 6월 29일 화재감식평가산업기사

본 기출문제는 수험생들의 기억을 바탕으로 작성한 것으로 내용 및 그림, 문제수(배점) 등에서 실제 문제와 다소 차이가 있을 수 있습니다.

01 제조물책임법에 대한 설명이다. 괄호 안에 알맞은 내용을 채우시오. [배점 8]

가. 손해배상 청구권은 피해자가 (①)을 지는 자를 안 날로부터 3년간 행사하지 아니하면 시효의 완성으로 소멸된다.

나. (②)이란 제조업자가 합리적인 대체설계를 채용하였더라면 피해나 위험을 줄이거나 피할 수 있었음에도 대체설계를 채용하지 아니하여 해당 제조물이 안전하지 못하게 된 경우를 말한다.

다. 제조물책임법은 제조물의 결함으로 발생한 손해에 대한 (③) 등의 손해배상책임을 규정한다.

라. 손해배상의 청구권은 제조업자가 손해를 발생시킨 제조물을 공급한 날부터 (④)년 이내에 행사하여야 한다.

답안
① 손해배상책임
② 설계상의 결함
③ 제조업자
④ 10

02 다음 물음에 답하시오. [배점 4]

가. 화염 위에서 올라오는 뜨거운 가스로 열기둥이라고도 한다. 이것은 분자운동이 활발하기 때문에 체적이 팽창하는 반면에 밀도가 낮아지기 때문에 부력으로 인해 위로 상승하는 특징이 있다. 무엇이라고 하는가?

나. 화재가 성장하면 고온가스는 개구부의 위쪽으로 흐르고 개구부 아래쪽으로는 고온가스가 흘러 나간 자리를 공기가 차지하며 흐름의 방향이 바뀌는 높이가 만들어지는데 천장과 바닥면 사이에서 실내정압과 실외정압이 같아지는 지역을 무엇이라고 하는가?

답안 (가) 풀룸(plume)
(나) 중성대

03
화재조사의 과학적 방법에 대한 절차이다. 빈칸을 채우시오. [득점/배점 6]

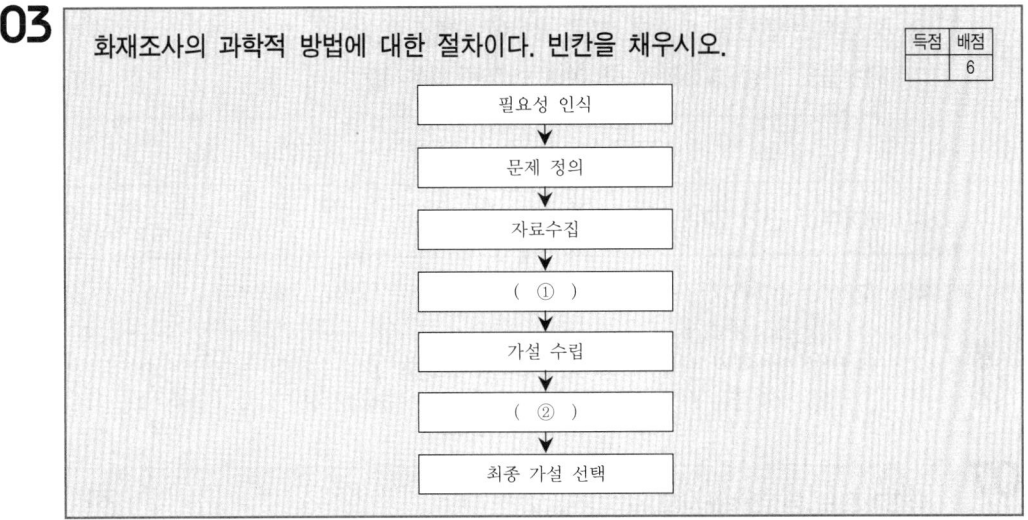

답안 ① 자료분석
② 가설검증

04
생석회 및 금속 나트륨이 물과 반응하여 생성되는 물질을 쓰시오. [득점/배점 4]
가. 생석회(CaO)
나. 금속 나트륨(Na)

답안 (가) 수산화칼슘($Ca(OH)_2$)
(나) 수산화나트륨($NaOH$)

해설 (가) $CaO + H_2O \rightarrow Ca(OH)_2$
(나) $2Na + 2H_2O \rightarrow 2NaOH + H_2$

05
다음 내용에 해당하는 연소현상을 쓰시오. [득점/배점 6]

> 화재초기단계에 가연성 가스와 산소가 혼합된 상태로 천장부분에 쌓였을 때 연소한계에 도달하여 점화되면 화염이 천장면을 따라 굴러가듯이 연소하는 현상

답안 롤오버(rollover)

06
아파트에서 화재로 3명이 사망하였다. 화재는 이웃집 사람이 검은 연기를 목격하고 신고를 하였으며 아파트에 살고 있는 아버지는 화재가 발생하기 전에 밖으로 나간 것이 CCTV로 확인되었다. 아버지는 담뱃불이 이불에 떨어져 화재가 발생한 것 같다는 진술을 하였다. 다음 물음에 답하시오.

가. 담뱃불로 인한 발화과정 중 아래 빈칸을 채우시오.

> 무염연소 → (①) → (②) → 유염발화

나. 방화추정 근거 2가지를 쓰시오.

답안
(가) ① 충분한 산소공급
② 온도상승
(나) ① 아버지가 나간 후 급격히 연소확대된 점
② 담뱃불은 유염발화하기까지 일정시간이 필요한 점

07
백드래프트 현상을 쓰시오.

답안 실내가 충분히 가열된 상태에서 가연성 가스가 축적되고 산소가 부족한 상태에서 산소가 유입되면 순간적으로 역류성 폭발이 발생하는 현상

08
제3류위험물의 품명 4가지를 쓰시오.

답안 칼륨, 나트륨, 알킬알루미늄, 알킬리튬

09
화재증거물수집관리규칙에 대한 내용이다. 괄호 안에 알맞은 용어를 쓰시오.
가. (①) : 화재와 관련이 있는 물건 및 개연성이 있는 모든 개체를 말한다.
나. (②) : 화재조사현장과 관련된 사람, 물건, 기타 주변상황, 증거물 등을 촬영한 사진, 영상물 및 녹음자료, 현장에서 작성된 정보 등을 말한다.

답안 ① 증거물
② 현장기록

10
인화성 액체를 이용한 방화현장에서 발견되는 화재패턴 유형 5가지를 쓰시오.

답안 ① 트레일러 패턴 ② 포어 패턴
       ③ 스플래시 패턴 ④ 고스트마크
       ⑤ 틈새 연소패턴

11

사무실(40m²)에서 화재가 발생하여 다음과 같이 가연물이 소실되었다. 물음에 답하시오. [배점 8]

구 분	수 량	중량(kg)	단위 발열량(kcal/kg)	가연물 발열량(kcal)
식탁	1	15	4,500	65,500
냉장고	1	40	9,500	456,000

가. 화재하중 기본계산식을 쓰시오.
나. 화재하중을 계산하시오.

답안
(가) 화재하중$(Q) = \dfrac{\sum GH_1}{HA}$

여기서, Q : 화재하중(kg/m²)
       H : 목재의 단위발열량(4,500kcal/kg)
       A : 바닥면적(m²)
       G : 모든 가연물의 양(kg)
       H_1 : 가연물의 단위 발열량(kcal/kg)

(나) ① 식탁 : 15kg × 4,500kcal/kg = 67,500kcal/kg
    ② 냉장고 : 40kg × 9,500kcal/kg = 380,000kcal/kg
    ∴ 67,500 + 380,000 = 447,500kcal/kg
    $\dfrac{447,500\text{kcal/kg}}{4,500 \times 40\text{m}^2} = 2.48\text{kg/m}^2$

12

건물에서 화재가 발생하여 500m²가 소실되었다. 피해액을 산정하시오. (신축단가 450천원, 내용연수 50년, 경과연수 30년, 손해율 70%로 한다. 단, 잔존물제거비는 제외한다.) [배점 6]

답안 건물피해액 산정 : 신축단가 × 소실면적 × [1−(0.8 × 경과연수)/내용연수] × 손해율
450천원 × 500m² × [1−(0.8 × 30년)/50년] × 70% = 81,900천원

13

화재패턴 중 U패턴에 대하여 설명하시오. [배점 5]

답안 밑면이 완만한 곡선형태이며, 복사열의 영향으로 V패턴의 아랫면 꼭짓점보다 높은 위치에 굽이진 형태로 나타나는 연소형태

14. 차량 화재 발생 시 조사하여야 할 사항 4가지를 쓰시오.

답안
① 차량 이력(차량명, 차량번호, 생산연도, 등록증 등)
② 운전자 및 목격자의 진술조사
③ 발화지점 조사(앞좌석, 뒷좌석, 엔진룸, 트렁크, 바퀴, 적재함, 연료탱크 등)
④ 기타 참고사항(당해 화재와 관련된 중요사항이나 추가 기술이 필요한 세부사항 등)

15. 화재증거물수집관리규칙에 대한 내용이다. 괄호 안을 채우시오.

증거물의 보관 및 이동은 장소 및 방법, 책임자 등이 지정된 상태에서 행해져야 되며, 책임자는 전 과정에 대하여 이를 입증할 수 있도록 다음 사항을 작성하여야 한다.
- (①) 개봉일자, 개봉자
- (②), 발신자
- (③), 수신자
- (④) 기타사항 기재

답안
① 증거물 최초 상태
② 증거물 발신일자
③ 증거물 수신일자
④ 증거관리가 변경되었을 때

2019년 11월 11일 화재감식평가기사

본 기출문제는 수험생들의 기억을 바탕으로 작성한 것으로 내용 및 그림, 문제수(배점) 등에서 실제 문제와 다소 차이가 있을 수 있습니다.

01
화재현장에서 변사체를 발견했다면 화재사 입증을 위한 법의학적 특징 3가지를 쓰시오.

답안
① 화재 당시 생존해 있을 경우 화염을 보면 눈을 감기 때문에 눈가 주변 또는 호흡기 주변으로 짧은 주름이 생기고 주름 사이에는 그을음이 없다.
② 일산화탄소에 중독된 경우 시반은 선홍빛을 띤다.
③ 기도 안에서 그을음이 발견된다.

02
NFPA 921에 있는 촉진제(accelerant)의 정의를 쓰시오.

답안 연소성이 강한 발화성 액체를 의미하며 빠른 시간에 가연물 전체를 연소시킬 수 있는 효과를 발휘한다. 가솔린, 등유, 시너 등은 강력한 촉진제에 해당한다.

03
설명을 읽고 해당하는 화재패턴은 무엇인지 쓰시오.

> 인화성 액체 가연물이 바닥에 뿌려졌을 때 쏟아진 부분과 쏟아지지 않은 부분의 탄화 경계흔적을 말하고, 이런 형태는 화재가 진행되면서 가연성 액체가 있는 곳은 다른 곳보다 연소가 강하기 때문에 탄화정도의 차이로 구분된다.

답안 포어 패턴(퍼붓기 패턴)

04

화재증거물수집관리규칙이다. 빈칸을 바르게 쓰시오.

가. (①)이란 화재와 관련이 있는 물건 및 개연성이 있는 모든 개체를 말한다.
나. (②)이란 화재증거물을 획득하고 해당 물건을 분석하여 사건과 관련된 화재증거를 추출하는 과정을 말한다.
다. (③)이란 화재현장에서 증거물 수집에서부터 폐기까지 증거물 원본성 보장을 위한 증거물 관리 및 이송과 관련된 과정을 말한다.
라. (④)이란 화재조사현장과 관련된 사람, 물건, 기타 주변상황, 증거물 등을 촬영한 사진, 영상물 및 녹음자료, 현장에서 작성된 정보 등을 말한다.
마. (⑤)이란 화재조사현장과 관련된 사람, 물건, 기타 상황, 증거물 등을 촬영한 사진을 말한다.

답안
① 증거물
② 증거물 수집
③ 증거물의 보관·이동
④ 현장기록
⑤ 현장사진

05

도넛패턴의 발생원인을 쓰시오.

답안 가연성 액체가 살포된 지역의 중심부는 액체 가연물이 증발하면서 증발잠열의 냉각효과에 의해 보호되기 때문에 바깥쪽 부분이 탄화되더라도 안쪽은 연소되지 않고 고리모양의 패턴을 만들어낸다.

06

다음 그림을 보고 물음에 답하시오.

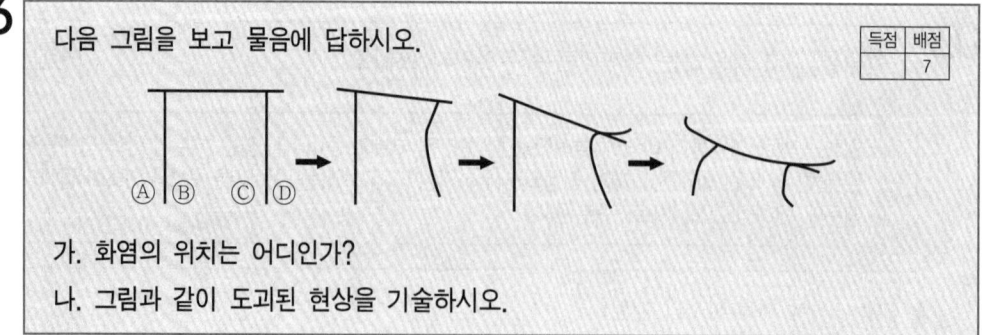

가. 화염의 위치는 어디인가?
나. 그림과 같이 도괴된 현상을 기술하시오.

답안 (가) ⒟
(나) 화염과 가까운 기둥이 먼저 연화되면 지붕의 하중에 의해 만곡이 일어나 구조물 전체가 화염방향으로 도괴되기 때문이다.

07

목재 표면의 균열흔을 나타내었다. 온도가 높은 순으로 쓰시오.

- 강소흔
- 열소흔
- 완소흔

답안 열소흔(1,100℃) > 강소흔(900℃) > 완소흔(700~800℃)

08

가스화재감식에 대한 내용이다. 질문에 답하시오.

가. 가스의 연소속도가 염공에서 가스 유출속도보다 빠르게 되었을 때 불꽃이 버너 내부로 들어가 노즐 선단에서 연소하는 현상은 무엇인가?

나. 용기의 내용적이 47L일 때 프로판의 저장량(kg)은 얼마인가? (단, 충전정수는 2.35로 한다.)

답안 (가) 역화

(나) $W = \dfrac{V_2}{C}$ 이므로 $\dfrac{47}{2.35} = 20\,\text{kg}$

여기서, W : 저장량(kg)
V_2 : 용기 내용적
C : 가스 충전정수

09

대류에 대해 설명하시오.

답안 유체의 실질적인 흐름에 의해 열에너지가 전달되는 현상이다. 유체의 특정부분에 온도가 높을 경우 이 부분의 유체는 열에 의해 팽창되어 밀도가 낮아지므로 가벼워져서 상승하게 되고 주위의 낮은 온도의 유체가 그 구역으로 흘러 들어오는 순환과정이 연속된다.

10

소방시설 등 활용조사서의 소화활동설비 5가지를 쓰시오.

답안
① 제연설비
② 연결송수관설비
③ 연결살수설비
④ 비상콘센트설비
⑤ 무선통신보조설비

11

화재피해액 산정 시 최종잔가율을 20% 산정하는 대상 3개를 쓰시오.

답안
① 건물
② 부대설비
③ 구축물
④ 가재도구

해설 최종잔가율이 20%인 것은 위의 4개만 해당되므로 이 중 3개만 기재하면 된다.

12

NFPA 921 기준에 의해 독립된 화재로써 다중발화 할 수 있는 화재의 특징 6가지를 쓰시오. (단, 방화 제외)

답안
① 전도, 대류, 복사에 의한 연소확산
② 직접적인 화염충돌에 의한 확산
③ 개구부를 통한 화재확산
④ 드롭다운 등 가연물의 낙하에 의한 확산
⑤ 불티에 의한 확산
⑥ 공기조화 덕트 등 샤프트를 통한 확산

13

중성대에 대한 물음에 답하시오.
가. 정의를 쓰시오.
나. 중성대가 건물 내부에 높이 있다면 화재의 성장기와 최성기 중 어느 단계에 해당하는가?

답안
(가) 구획실 화재 시 온도가 높아지면 부력이 발생하여 천장쪽 고온가스는 밖으로 밀려나고 바닥쪽으로 새로운 공기가 유입되어 천장과 바닥 사이의 어딘가에 실내정압과 실외정압이 같아지는 면을 중성대라고 한다.
(나) 성장기

14

다음 내용에 따라 건물 화재 피해액을 산정하시오.

건물 신축단가 450천원, 소실면적 650m², 내용연수 50년, 경과연수 25년, 손해율 60%
(단, 잔존물제거비는 제외)

📌 **답안** 건물 화재피해액=신축단가×소실면적×[1-(0.8×경과연수/내용연수)]×손해율이므로
450천원×650×[1-(0.8×25/50)]×60%=105,300천원

15
단상 220V 멀티탭에서 소비전력이 550W인 전기기기가 연결되어 있을 때 소비전류를 구하시오.

득점	배점
	5

📌 **답안** $I=P/V$ 이므로 550/220=2.5A
여기서, I : 전류(A)
P : 전력(W)
V : 전압(V)

2019년 11월 11일 화재감식평가산업기사

본 기출문제는 수험생들의 기억을 바탕으로 작성한 것으로 내용 및 그림, 문제수(배점) 등에서 실제 문제와 다소 차이가 있을 수 있습니다.

01
화재조사 및 보고규정에 따른 화재의 유형 5가지를 쓰시오. (단, 기타화재는 제외한다.)

답안
① 건축·구조물 화재
② 자동차·철도차량 화재
③ 위험물·가스제조소 등 화재
④ 선박·항공기 화재
⑤ 임야화재

02
가솔린 차량의 엔진 구성요소 5가지를 쓰시오.

답안
① 연료장치
② 점화장치
③ 윤활장치
④ 냉각장치
⑤ 배기장치

03
다음 설명에 알맞은 화재조사 장비의 명칭을 쓰시오.
가. 물체의 대전 유무를 확인할 수 있는 장비는 무엇인가?
나. 전자제품이나 전기부품 등 전기의 절연상태를 측정하는 장비는 무엇인가?
다. 선로에 흐르는 전류를 차단하지 않고 전류를 측정하는 장비는?

답안
(가) 검전기
(나) 절연저항계(절연저항측정기)
(다) 후크메타

04

화재의 소실 정도에 따라 다음을 구분하여 쓰시오.

가. (①) : 건물의 70% 이상(입체면적에 대한 비율을 말한다)이 소실되었거나 또는 그 미만이라도 잔존부분을 보수하여도 재사용이 불가능한 것
나. (②) : 건물의 30% 이상 70% 미만이 소실된 것
다. (③) : 전소, 반소 화재에 해당되지 아니하는 것

답안
① 전소
② 반소
③ 부분소

05

저항 5Ω의 회로에 5V의 전압이 30초간 흘렀다면 에너지의 열량(cal)을 구하시오.

답안 $Q = 0.24I^2Rt\,(\text{cal})$

먼저 전류값을 구해야 하므로 $I = \dfrac{V}{R}$, $\dfrac{5}{5} = 1(\text{A})$

$Q = 0.24 \times 1^2 \times 5 \times 30 = 36\,\text{cal}$

06

폭발에 대한 설명이다. 다음 괄호 안을 바르게 채우시오.

가연성 가스와 공기의 혼합물에 있어 가스의 농도가 낮거나 높게 되면 화염의 전파가 일어나지 않는 (①)가 있는데, 낮은 쪽의 농도를 (②)라고 하며 높은 쪽의 농도를 (③)라고 하며, 가스와 공기의 혼합비율이 연소범위에 가까울수록 (④)는 작아진다.

답안
① 연소한계(폭발한계)
② 연소하한계
③ 연소상한계
④ 점화에너지

해설 연소범위에서 공기 중의 산소농도에 비해 가연성 기체의 수가 너무 적어서 연소가 발생할 수 없는 한계를 연소하한계라 하고, 반대로 산소에 비해 가연성 기체의 수가 너무 많아서 연소가 일어날 수 없는 한계를 연소상한계라고 한다.

07

산불화재 발화지역 조사방법에 대한 설명이다. 내용에 알맞은 조사기법을 쓰시오.

가. (①) : 발화지역을 원형으로 조사하는 방법으로 조사구역이 작은 영역에 효과적이지만 원이 확대되면 증거를 놓치기 쉽고 조사관이 발화지역으로 움직이면서 손상되는 경우도 있다.

나. (②) : 조사원이 다수일 때 넓은 지역을 조사하기 적합한 방법이다. 조사원끼리 수평 또는 수직으로 이동하므로 동일 구역을 두 번 이상 조사할 수 있는 장점이 있다.

다. (③) : 조사하여야 할 구역이 넓고 개방된 공간일 때 효과적으로 사용할 수 있다. 스트립기법이라고도 한다.

답안
① 루프기법
② 격자기법
③ 좁은길기법

08

화재조사 서류 중 소방시설 등 활용조사서에 있는 시설 3가지를 쓰시오. (단, 초기소화활동은 제외)

답안
① 소화시설
② 경보설비
③ 피난구조설비
④ 소화용수설비
⑤ 소화활동설비
⑥ 방화설비
※ 6가지 중 3가지만 기재하면 된다.

09

석유류의 연소특성에 대한 설명이다. 빈칸을 완성하시오.

가. (①)이란 당해 물질의 분자량을 공기의 분자량으로 나눈 값으로 보통 1 이상이면 공기보다 무겁고, 1 미만이면 공기보다 가볍다.

나. (②)란 용해력과 탈지 세정력이 높아 광범위하게 사용되는 용제류로서 일반적으로 비점이 낮고 휘발성과 가연성이 있어 화재의 위험이 높다.

다. (③)이란 액체의 포화증기압이 대기압과 같아지는 온도를 말한다.

답안
① 증기비중
② 유기용매
③ 비등점

10 탄화심도를 측정할 때 포함하여야 할 부분을 계산식으로 쓰시오.

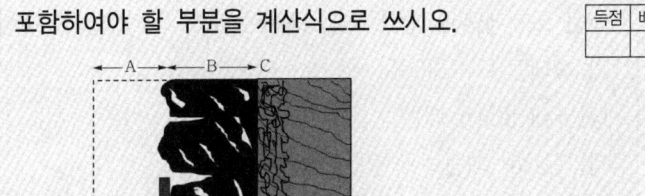

답안 탄화심도 측정은 소실된 부분+탄화된 부분이므로 A+B

11 다음 내용을 읽고 폭발의 종류를 쓰시오.
가. 대기 중 가연성 가스 또는 가연성 액체의 유출로 증기가 공기와 혼합하여 가연성 혼합기를 형성하고 발화원에 의해 발생하는 폭발현상
나. 용융된 금속 슬러그 같은 고온의 물질이 물속에 투입되었을 때 순간적으로 비등하여 상변화에 따른 폭발현상

답안 (가) 증기운폭발
(나) 수증기 폭발

12 전력(P), 저항(R), 전압(E)을 사용하여 전류(I)를 구하는 공식을 쓰시오.
가. I :
나. I :
다. I :

답안 (가) $\dfrac{E}{R}$ (나) $\dfrac{P}{E}$ (다) $\sqrt{\dfrac{P}{R}}$

여기서, I : 전류(A)
E : 볼트(V)
R : 저항(Ω)
P : 와트(W)

13

다음 화재패턴에 대해 서술하시오.

가. V패턴 :

나. Fall down 패턴 :

다. Trailer 패턴 :

답안
(가) V패턴 : 밑면의 뾰족한 부분은 단면은 작지만 발화지점을 의미하고 위로 갈수록 단면이 수평으로 넓어지며 나타나는 연소형태

(나) 폴다운 패턴(Fall down) : 불타고 있거나 화염에 휩싸여 있는 물체가 떨어져 그 아래 있는 또 다른 물질을 발화시키는 현상

(다) 트레일러 패턴(Trailer) : 인화성 액체 등을 이용하여 한 지점에서 다른 지점으로 연소 확대시키기 위한 방화수단으로 수평면에 길고 직선적인 좁은 연소패턴

14

방전현상에 대한 설명이다. 알맞은 용어를 쓰시오.

가. (①) : 방전물체 혹은 대전물체 부근의 돌기 끝부분에서 미약한 방전이 일어나는 현상

나. (②) : 대전량이 큰 물체와 비교적 평활한 접지도체 사이에서 나타나는 방전으로 강한 파괴음과 발광을 동반하는 현상

다. (③) : 대전물체와 접지도체의 형태가 비교적 평활하고 그 간격이 좁은 경우 그 공간에서 갑자기 발생하는 강한 발광이나 파괴를 동반하는 현상

답안
① 코로나 방전
② 브러시 방전
③ 불꽃방전

2020년 7월 25일 화재감식평가기사

본 기출문제는 수험생들의 기억을 바탕으로 작성한 것으로 내용 및 그림, 문제수(배점) 등에서 실제 문제와 다소 차이가 있을 수 있습니다.

01
인체보호용 누전차단기의 성능에 대해 답하시오. [배점 5]
가. 정격감도전류
나. 동작시간

답안
(가) 30mA 이하
(나) 0.03초 이하

02
V패턴 형성에 영향을 주는 변수 5가지를 쓰시오. [배점 5]

답안
① 열방출률
② 가연물의 형상
③ 환기효과
④ 화재패턴이 나타나는 표면의 가연성
⑤ 천장, 선반, 테이블 상판 등과 같은 수평 표면의 존재

03
과산화칼륨에 화재가 발생하여 주수소화 및 이산화탄소 소화기로 소화를 시도했으나 화재가 더 확산되었다. 다음 물음에 대해 답하시오. [배점 10]
가. 각 소화방법으로 인해 화재가 확산된 화학반응식을 쓰시오.
나. 붉은색 리트머스지를 상기 현장에서 사용할 경우 변하는 색을 쓰시오.

답안 (가) ① 물과 반응식 : $2K_2O_2 + 2H_2O \rightarrow 4KOH + O_2$
② CO_2 반응식 : $2K_2O_2 + 2CO_2 \rightarrow 2K_2CO_3 + O_2$
(나) 청색(푸른색)

해설 (가) 과산화칼륨이 물과 반응하면 발열하면서 폭발위험성이 있다. 또한 과산화칼륨 내부에 산소를 함유하고 있어 이산화탄소 소화기를 사용할 경우 질식소화 할 수 없다.
(나) 붉은색 리트머스 시험지는 염기성 용액을 판단하는 데 사용된다. 종이에 용액을 떨어 뜨리면 붉은색 리트머스 시험지를 푸른색으로 변화시킨다.

04
비닐코드(0.75mm²/30본) 1.8mm 한 가닥의 용단전류(I)는 얼마인가? (단, 재료정수는 80으로 한다.)

답안
$I_s = ad^{\frac{3}{2}}$ (A)

여기서, I_s : 용단전류(A), a : 재료에 의한 정수(80), d : 선의 직경(mm)

∴ $I_s = 80 \times 1.8^{\frac{3}{2}} ≒ 193.2$A

05
화재조사 및 보고규정에 따른 화재출동 시의 상황파악 중 괄호 안에 알맞은 내용을 쓰시오.

조사관은 출동 중 또는 현장에서 관계자 등에게 질문을 하거나 현장의 상황으로부터 (①), (②), (③), (④), (⑤), (⑥), (⑦), (⑧) 등 화재개요를 파악하여 현장조사의 원활한 진행에 노력하여야 한다.

답안
① 화기관리
② 화재 발견
③ 신고
④ 초기소화
⑤ 피난상황
⑥ 인명피해상황
⑦ 재산피해상황
⑧ 소방시설 사용 및 작동상황

06
소방기본법 시행규칙에 의한 전담부서에서 갖추어야 할 장비 및 시설 중 추가 권장장비 5가지를 쓰시오.

답안
① 가스크로마토그래피
② 고속카메라 세트
③ 화재모의실험체계(화재시뮬레이션시스템)
④ X선 촬영기
⑤ 금속현미경

해설 추가 권장장비(20종)
가스크로마토그래피, 고속카메라 세트, 화재시뮬레이션시스템, X선 촬영기, 금속현미경, 시편(試片)절단기, 시편성형기, 시편연마기, 접점저항계, 직류전압전류계, 교류전압전류계, 오실로스코프, 주사전자현미경, 인화점측정기, 발화점측정기, 미량융점측정기, 온도기록계, 폭발압력측정기 세트, 전압조정기(직류, 교류), 적외선 분광광도계

07

그림을 보고 물음에 답하시오.

배점 10

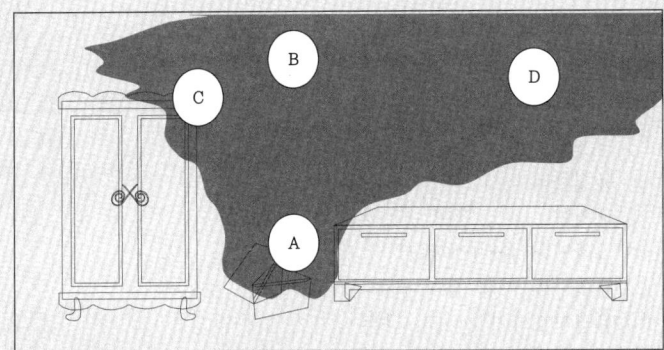

가. 그림에서 나타난 화재패턴은 무엇인가?
나. '가'의 화재형태를 설명하시오.
다. 발화지점은 어디인가?
라. 연소확대된 순서를 쓰시오.
마. 외부에서 다른 요인이 작용하지 않았을 경우 방향별 연소속도 비율을 쓰시오.

답안
(가) V패턴
(나) 밑면의 뾰족한 부분은 발화지점을 의미하고 위로 올라갈수록 수평으로 넓어지는 연소형태
(다) A
(라) A → B → C → D 또는 A → C → B → D
(마) ① 상방향 20
② 하방향 0.3
③ 수평방향 1

08

그림에 나타난 유리파손 형태의 특징은?

배점 5

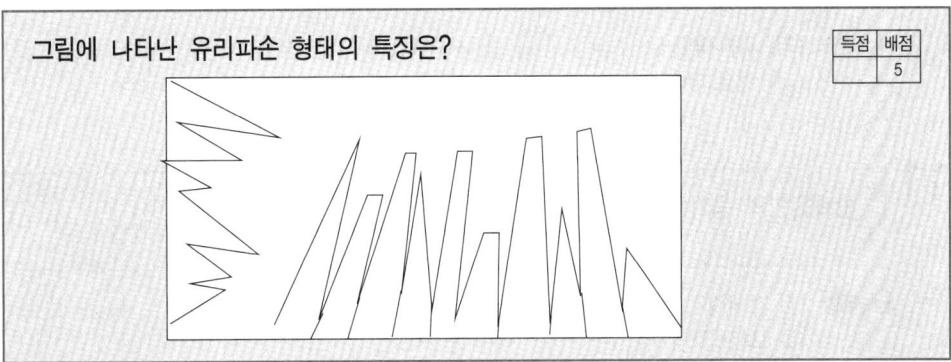

답안 폭발로 인한 유리의 파손(유리 표면적이 전면적으로 압력을 받아 평행선에 가까운 형태로 깨짐)

09
무염화원에 대한 물음에 답하시오.
가. 무염화원의 종류 4가지를 쓰시오.
나. 무염화원에 의한 연소특징 6가지를 쓰시오.

답안
(가) ① 담뱃불
② 용접불티
③ 모기향
④ 그라인더 불티(스파크)

(나) ① 발화부를 향해 깊게 타들어가는 형태를 보인다.
② 유염연소하기 전까지 타는 냄새가 확산된다.
③ 두꺼운 나무판자에 구멍이 발생할 수 있다.
④ 대부분 유기물로 가연성 기체가 발생하고 강한 다공탄구조가 생긴다.
⑤ 산화반응은 고체 표면에서 발생한다.
⑥ 산소체적이 낮은 환경에서 전파되면 불완전연소하기도 한다.

10
NFPA 921에서 규정한 용어의 정의이다. 알맞은 용어를 쓰시오.
가. 화학, 화재과학 그리고 유체역학 및 열전달 상호작용에 공학분야가 화재에 미치는 영향을 연구하는 학문이다.
나. 화재로 인해 발생한 화재효과로써 보거나 측정할 수 있는 물리적 변화 또는 식별 가능한 모양이나 형태
다. 열방출속도가 연료의 특성, 연료의 양 등에 의해 지배되는 화재로 연소에 필요한 공기가 존재한다.
라. 발화지점을 규명하기 위해 전기적 요인을 이용한 기법이다. 건물의 구조와 아크가 발견된 위치, 전선의 분기상태 등을 조사하여 발화지점을 밝히기 위한 방식이다.

답안
(가) 화재역학   (나) 화재패턴
(다) 연료지배형 화재   (라) 아크매핑

11
방화원인의 동기유형 5가지를 쓰시오.

답안
① 경제적 이익 및 보험사기
② 보복방화
③ 범죄은폐
④ 선전, 선동
⑤ 스릴 또는 장난

12

그림에서 개구부의 위쪽으로 소손되었다. 물음에 답하시오.

득점	배점
	10

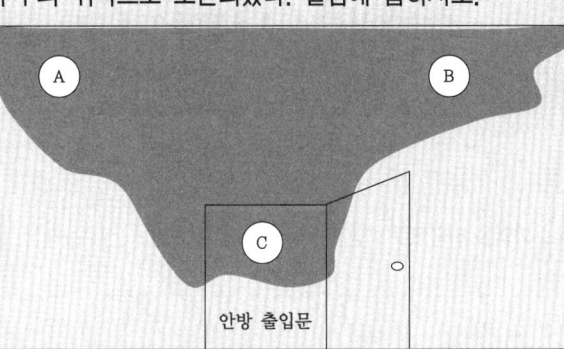

안방 출입문

가. 발화지점은 어디인가?
나. 연소의 진행방향은 어디인가?
다. '나'와 같이 연소가 진행된 이유는 무엇인가?

답안
(가) C
(나) C → A → B 또는 C → B → A
(다) 화염은 부력상승작용에 의해 안방 천장에 천장열기층이 형성된 후 천장면을 따라 출화한 것이다.

13

플래시오버에 영향을 미치는 요인 5가지를 쓰시오.

득점	배점
	5

답안
① 개구율
② 내장재료
③ 화원의 크기
④ 구획실의 크기
⑤ 천장의 높이

14

자동차화재의 발생원인에 대한 설명이다. 내용에 바르게 답하시오.

득점	배점
	5

가. 연소실에서 연소되어야 할 연료 중 미연소가스가 흡기관쪽으로 역류한 후 폭발하여 생긴 화염이 다시 기화기 쪽으로 전파되는 현상
나. 연소실 안에서 혼합기가 제대로 연소하지 못하고 불완전연소된 혼합가스가 배기파이프나 소음기 내로 들어가서 고온의 배기가스와 혼합, 착화되는 현상

답안
(가) 역화
(나) 후화

화재감식평가기사

2020년 11월 14일

본 기출문제는 수험생들의 기억을 바탕으로 작성한 것으로 내용 및 그림, 문제수(배점) 등에서 실제 문제와 다소 차이가 있을 수 있습니다.

01 다음 그림을 보고 누전의 3요소와 각각의 장소를 쓰시오.

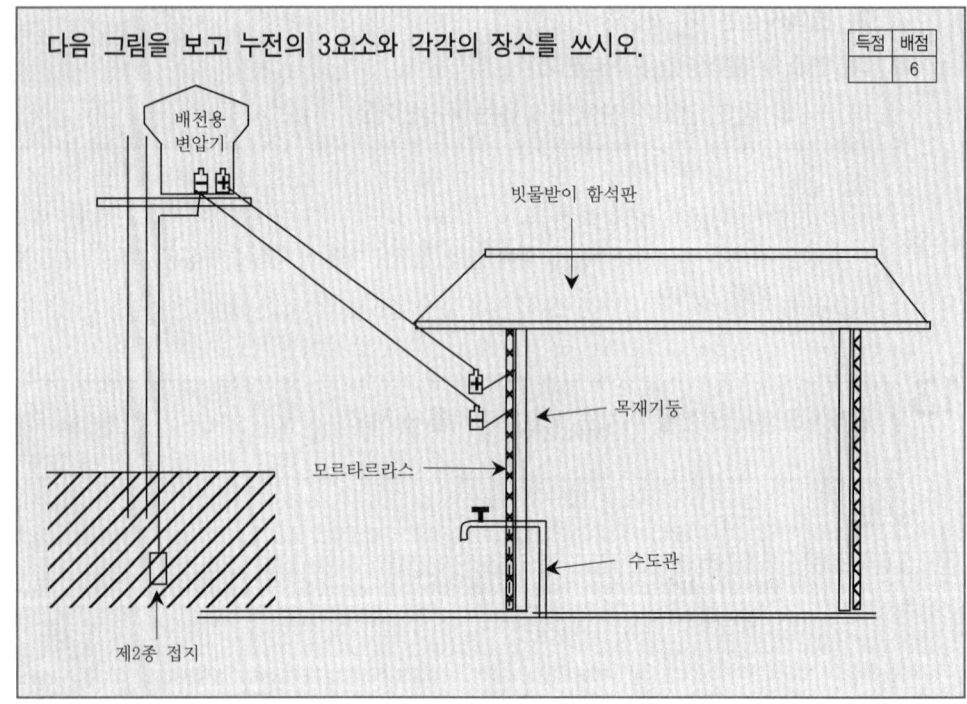

👉 **답안**
① 누전점 : 빗물받이 함석판
② 출화점 : 모르타르라스
③ 접지점 : 수도관

02 화재조사 및 보고규정에 따른 건물 동수를 같은 동으로 산정하는 경우 5가지를 쓰시오.

답안 ① 주요구조부가 하나로 연결되어 있는 것
② 건물의 외벽을 이용하여 실을 만들어 헛간, 목욕탕, 작업실, 사무실 및 기타 건물 용도로 사용하고 있는 것
③ 구조에 관계없이 지붕 및 실이 하나로 연결되어 있는 것
④ 목조 또는 내화조 건물의 경우 격벽으로 방화구획이 되어 있는 경우
⑤ 내화조 건물의 옥상에 목조 또는 방화구조 건물이 별도 설치되어 있으나 이들 건물의 기능상 하나인 경우(옥내계단이 있는 경우)

03

자동차화재의 발생원인에 대한 설명이다. 내용에 바르게 답하시오.

가. 연소기에서 혼합가스가 폭발하여 생긴 화염이 다시 기화기 쪽으로 전파되는 현상
나. 실린더 안에서 불완전연소된 혼합가스가 배기파이프나 소음기 내로 들어가서 고온의 배기가스와 혼합, 착화되는 현상

답안 (가) 역화
(나) 후화

04

2극 플러그를 콘센트에 접속시켜 사용하다가 아래와 같은 현상이 발견되었다. 다음을 보고 물음에 답하라.

- 플러그의 한쪽이 용융되었다.
- 용융된 부분과 용융되지 않은 부분의 경계가 뚜렷이 식별되었다.
- 전원 통전 중으로 부하와 연결시켜 사용 중이었다.

가. 원인
나. '가'의 원인이 된 선행요인 2가지를 쓰시오.

답안 (가) 접촉불량
(나) 접속부의 헐거움, 불완전접속

05

다음 빈칸을 완성하시오.

화재란 사람의 의도에 반하거나 고의에 의해 발생하는 (①)현상으로서 소화설비 등을 사용하여 소화할 필요가 있거나 또는 사람의 의도에 반해 발생하거나 확대된 (②) 폭발현상을 말한다.

📝 **답안** ① 연소 ② 화학적인

06

밀집되어 있는 주거지역에서 화재가 발생하여 인접한 건물까지 전소되고 그림과 같은 합선흔적(단락흔)이 존재하였다. 그림에서 발화건물과 근거를 설명하시오. (단, 전기배선은 모든 방에 설치되어 있고 전선배치는 A와 B건물이 모두 동일하고, 어느 지점에서 합선이 일어나자마자 분전반에 있는 메인차단기가 차단되어 전기가 통전되지 않는다.)

득점 / 배점 10

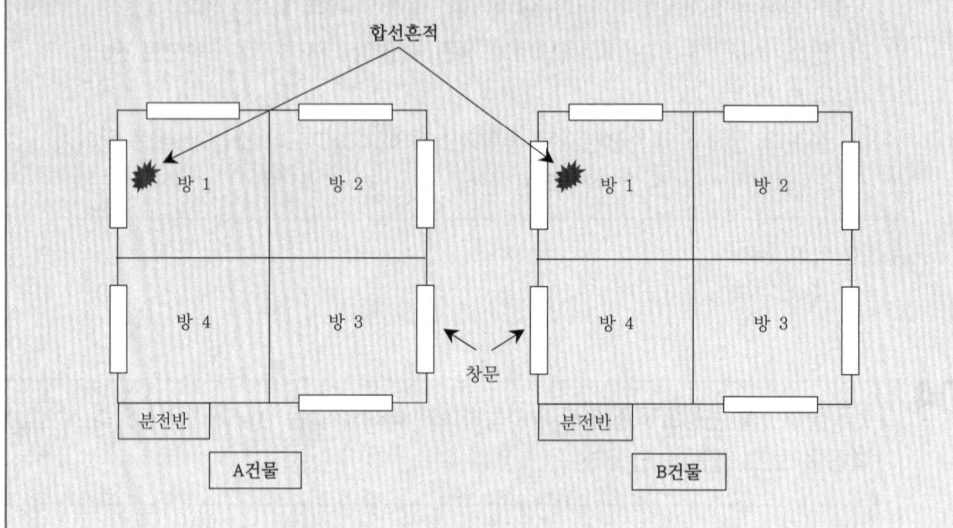

📝 **답안** ① 발화건물 : A건물 1번 방
② 근거 : A건물 방 1에서 전기합선이 일어나자 분전반의 메인차단기가 동작(off)하여 A건물에 있는 다른 방에서는 전기합선이 일어날 수 없으며 화재가 A건물 방 2를 통해 B건물로 연소확대되면서 B건물의 방 1에서 전기합선이 발생하자 B건물의 메인차단기가 동작(off)함에 따라 다른 방에서는 합선흔적이 발생할 수 없으므로 A건물 방 1에서 화재가 발생한 것이다.

07

단상 220V, 정격전류 12A 2구형 멀티탭에 전기난로(2,000W)와 에어컨(1,200W)이 연결된 상태에서 화재가 발생하였다. 화재가 발생한 이유를 설명하시오.

득점 / 배점 5

📝 **답안** 정격전류 12A의 멀티탭에 14.5A의 전류가 인가되어 과부하로 화재발생

📝 **해설** $P = VI$
여기서, P : 전력(W)
V : 전압(V)
I : 전류(A)

$I = \dfrac{P}{V}$ 이므로 $\dfrac{3,200}{220} = 14.5\,\text{A}$

∴ 2.5A 초과

08

비 오는 날 소먹이용 건초와 생석회(산화칼슘)를 저장하는 농촌의 비닐하우스에서 화재가 발생하였다. 다음의 조건을 참고하여 물음에 답하시오.

> 비닐하우스 내부에는 전기시설이 없으며 방화의 가능성도 없는 것으로 식별되었고 생석회에 빗물이 침투된 흔적이 발견되었다.

가. 생석회와 빗물과의 화학반응식을 쓰고 설명하시오.
나. 감식요령을 쓰시오.

답안
(가) $CaO + H_2O \rightarrow Ca(OH)_2$, 물과 반응해서 수산화칼슘이 되며 발열한다.
(나) 생석회가 물과 반응하여 생성된 수산화칼슘(소석회)의 잔해를 확인한다. 소석회는 백색분말로 물과 접촉하면 고체상태가 되고 강알칼리성이기 때문에 리트머스시험지로 시험했을 때 푸른색을 띤다.

09

화재증거물수집관리규칙에 의한 현장기록에 대한 설명이다. 괄호 안을 채우시오.

> "현장기록"이란 화재조사현장과 관련된 (①), (②), (③), (④), (⑤), 현장에서 작성된 정보 등을 말한다.

답안
① 사람
② 물건
③ 기타 주변상황
④ 증거물 등을 촬영한 사진
⑤ 영상물 및 녹음자료

10

과부하의 대표적인 원인 3가지를 쓰시오.

답안
① 과전류에 의한 모터 코일의 층간단락
② 전기배선의 허용전류를 초과한 문어발식 사용
③ 지락에 의한 허용전류 초과

11

화재현장에서 연소형태 작도에서 다음 기호가 의미하는 내용을 쓰시오. [배점 6]

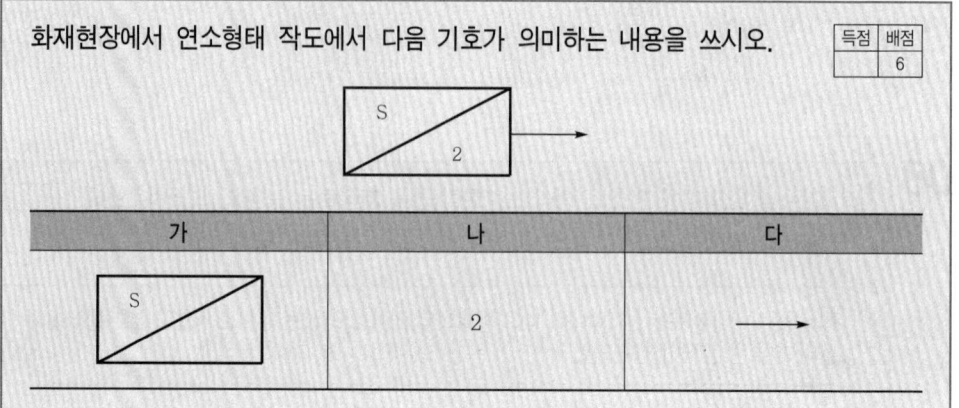

가	나	다
(S 도형)	2	→

답안
(가) 샘플 도시기호
(나) 샘플 위치번호
(다) 샘플방향

12

NFPA 921에 의한 용어의 정의를 쓰시오. [배점 10]

가. 비교적 얇은 층의 고온 유동가스로 수평으로 움직이게 된 유동가스와 플룸 충돌의 결과 평평한(예 천장) 표면 아래에서 발달하는 화재형태
나. 소실된 목재구조물의 단면에 나타나는 화재패턴
다. 열복사에 의해 노출된 표면이 발화점에 도달하면서 화재가 전체 공간에 빠른 속도로 전이되는 단계
라. 열방출률이나 성장이 화재에 사용되는 공기의 양으로 제어되는 화재
마. 불에 타거나 열분해로 인해 검게 탄소화된 물질

답안
(가) 천장 분출(ceiling jet)
(나) 화살표패턴
(다) 플래시오버
(라) 환기지배형 화재
(마) 탄화물

13

폭굉 유도거리가 짧아질 수 있는 조건 4가지를 쓰시오. [배점 10]

답안
① 정상적인 연소속도가 빠른 혼합가스일수록 짧아진다.
② 압력이 높을수록 짧아진다.
③ 점화원의 에너지가 강할수록 짧아진다.
④ 관 속에 방해물이 있거나 관경이 작을수록 짧아진다.

14 4층 건물에 위치한 나이트클럽(철골슬래브)에서 화재가 발생하여 전체 면적 중 일부가 소실되었다. 다음 조건에서 화재피해 추정액은? (단, 잔존물제거비는 없다.)

〈피해 정도 조사〉
- 건물 m²당 신축단가 : 708,000원
  - 내용연수 : 60년
  - 경과연수 : 3년
  - 피해 정도 : 600m² 손상 정도가 다소 심하여 상당부분 교체 내지 수리 요함(손해율 60%)
- 시설 m²당 표준단가 : 700,000원
  - 내용연수 : 6년
  - 경과연수 : 3년
  - 피해 정도 : 300m² 손상 정도가 다소 심하여 상당부분 교체 내지 수리 요함(손해율 60%)

답안 ① 건물 피해액 산정

$$신축단가 \times 소실면적 \times \left[1 - \left(0.8 \times \frac{경과연수}{내용연수}\right)\right] \times 손해율$$

$$= 708,000원 \times 600\text{m}^2 \times \left[1 - \left(0.8 \times \frac{3}{60}\right)\right] \times 60\%$$

$$= 244,684,800원$$

② 영업시설 피해액 산정

$$\text{m}^2당 \ 표준단가 \times 소실면적 \times \left[1 - \left(0.9 \times \frac{경과연수}{내용연수}\right)\right] \times 손해율$$

$$= 700,000원 \times 300\text{m}^2 \times \left[1 - \left(0.9 \times \frac{3}{6}\right)\right] \times 60\%$$

$$= 69,300,000원$$

∴ 244,684,800원 + 69,300,000원 = 313,984,800원

2020년 11월 14일 화재감식평가산업기사

본 기출문제는 수험생들의 기억을 바탕으로 작성한 것으로 내용 및 그림, 문제수(배점) 등에서 실제 문제와 다소 차이가 있을 수 있습니다.

01 비 오는 날 소먹이용 건초와 생석회(산화칼슘)를 저장하는 농촌의 비닐하우스에서 화재가 발생하였다. 다음의 조건을 참고하여 물음에 답하시오.

> 비닐하우스 내부에는 전기시설이 없으며 방화의 가능성도 없는 것으로 식별되었고 생석회에 빗물이 침투된 흔적이 발견되었다.

가. 생석회와 빗물과의 화학반응식을 쓰고 설명하시오.
나. 감식요령을 쓰시오.

답안 (가) $CaO + H_2O \rightarrow Ca(OH)_2$, 물과 반응해서 수산화칼슘이 되며 발열한다.
(나) 생석회가 물과 반응하여 생성된 수산화칼슘(소석회)의 잔해를 확인한다. 소석회는 백색분말로 물과 접촉하면 고체상태가 되고 강알칼리성이기 때문에 리트머스시험지로 시험했을 때 푸른색을 띤다.

02 화재현장에서 연소형태 작도에서 다음 기호가 의미하는 내용을 쓰시오.

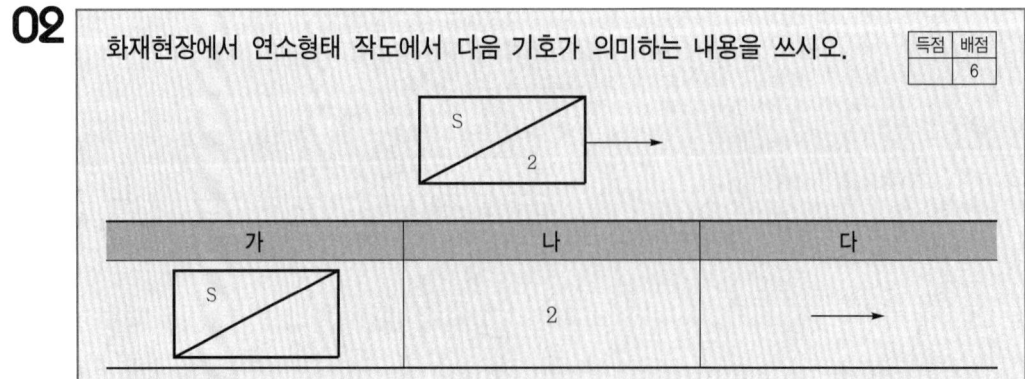

답안 (가) 샘플 도시기호
(나) 샘플 위치번호
(다) 샘플방향

03 탄화심도 측정 시 유의사항 5가지를 쓰시오.

답안
① 동일한 측정점에서 동일한 압력으로 수회 측정한다.
② 탄화심도 측정기의 계침을 기둥중심선에서 직각으로 삽입한다.
③ 탄화 및 균열이 발생한 철부를 측정한다.
④ 가늘어져 측정이 곤란할 때는 연소되지 않은 부분의 지름을 측정하여 소잔부분의 지름과 대비차를 산출한다.
⑤ 중심부까지 탄화된 것은 원형이 남아 있어도 완전연소된 것으로 본다.

04 NFPA 921에 따른 화재패턴(fire patterns)의 정의를 쓰시오.

답안 화재로 인해 발생한 효과로서 보거나 측정할 수 있는 물리적 변화 또는 식별 가능한 모양 및 형태이다.

05 소방법 시행규칙에 따른 전담부서에서 갖추어야 할 장비 및 시설에 대하여 괄호 안을 채우시오.

가. 소방서의 화재조사분석실이란 화재조사분석실의 구성장비를 유효하게 보존·사용할 수 있고, 환기 및 수도·배관시설이 있는 (①) 이상의 실(室)을 말한다.
나. (②)란 증거물 등을 올려놓고 사진을 촬영하기 위한 격자표시형 고무매트를 말한다.
다. 소방서에서 갖추어야 할 보조장비란 노트북컴퓨터, 소화기, (③), (④), (⑤), 화재조사 전용 의복, 화재조사용 가방이다.

답안
① 20m²
② 촬영용 고무매트
③ 전선 릴
④ 이동용 에어컴프레서
⑤ 접이식 사다리

06 전기화재 원인 중 단락의 원인 5가지를 쓰시오.

답안
① 헐겁게 조여진 배선의 접촉불량
② 금속도체와의 접촉
③ 압착, 손상 등 하중에 의한 짓눌림

④ 코일의 층간단락
⑤ 절연열화에 의한 선간 접촉

07 가스기구에서 리프팅의 원인 5가지를 쓰시오.

답안
① 버너의 염공에 먼지 등이 부착하여 염공이 작아졌을 경우
② 가스의 공급압력이 지나치게 높을 경우
③ 노즐구경이 지나치게 클 경우
④ 가스의 공급량이 버너에 비해 과대할 경우
⑤ 공기조절기를 지나치게 열었을 경우

08 다음 직렬회로와 병렬회로의 합성저항값을 구하시오.

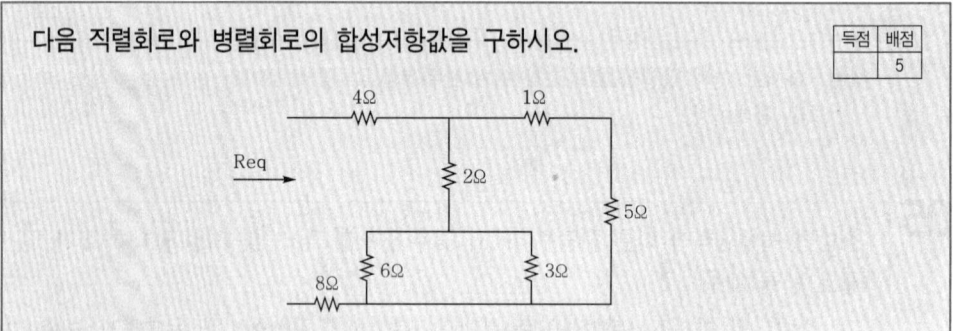

답안 14.4Ω

해설 병렬부분부터 풀이해보면 다음과 같다.
① 6Ω과 3Ω의 병렬저항값 : $\dfrac{3 \times 6}{3+6} = 2\,\Omega$
② ①의 2Ω은 위의 2Ω과 직렬이므로 합성저항값 : $2+2 = 4\,\Omega$
③ 우측의 1Ω과 5Ω은 직렬 연결되었으므로 합성저항값 : $6\,\Omega$
④ ③의 6Ω과 ②의 4Ω은 병렬이므로 합성저항값 : $\dfrac{6 \times 4}{6+4} = 2.4\,\Omega$
⑤ 2.4Ω에 4Ω과 8Ω은 직렬이므로 전체 합성저항값 : $2.4+4+8 = 14.4\,\Omega$

09 화재조사 및 보고규정에 따른 소방시설 등 활용조사서에서 옥내소화전 또는 옥외소화전 미사용·효과미비 조사사항 5가지를 쓰시오.

답안
① 전원차단
② 방수압력 미달
③ 기구 미비치
④ 설비불량
⑤ 사용법 미숙지

10

펄프공장에서 화재로 인해 바닥면적 50m²에 쌓아놓은 종이펄프 100톤이 완전연소하였다. 다음 물음에 답하시오. (단, 종이의 단위발열량은 4,000kcal/kg으로 한다.)

가. 화재하중 기본계산식을 쓰시오.
나. 화재하중을 계산하시오.

답안

(가) 화재하중(Q) = $\dfrac{\sum GH_1}{HA}$

여기서, Q : 화재하중(kg/m²)
H : 목재의 단위발열량(4,500kcal/kg)
A : 바닥면적(m²)
G : 모든 가연물의 양(kg)
H_1 : 가연물의 단위발열량(kcal/kg)

(나) 종이 100톤(100,000kg) × 종이 단위발열량(4,000kcal/kg) = 400,000,000kcal/kg

이므로 $\dfrac{400,000,000}{4,500 \times 50}$ = 1777.78kg/m²

11

증거물을 통해 발화지점을 감식하고자 한다. 다음 물음에 답하시오.

가. 다음에 설명하는 전기적 특이점에 대한 발화지점 조사방법 명칭을 쓰시오.

> 전기배선에서 아크(arc) 수 개소가 발견된 경우 손상된 부분을 순차적으로 조사하여 발화지점 및 연소확산 경위 등을 조사하는 방법

나. 전기배선 2번 지점에서 아크가 발견된 경우 나머지 번호 중에서 아크가 발생하지 않는 곳은 어디이며 그 이유를 쓰시오. (단, 전기배선 2번 지점에서 아크로 인해 단락이 발생한 조건이다.)

답안 (가) 아크매핑
(나) 3번(2번에서 아크가 발생하면 그 이후로 부하측으로 통전되지 않으므로 3번 지점에서 아크가 발생할 수 없다.)

12
괄호 안에 알맞은 용어를 쓰시오.

( )란 타는 냄새가 확산되고 물체의 표면으로부터 불꽃 없이 깊게 타들어가는 현상이다.

답안 무염연소

13
전기화재 중 아래에 있는 현상을 설명하시오.
가. 반단선
나. 트래킹

답안 (가) 전선이 절연피복 내에서 일부가 단선되고 그 부분에서 단선과 이어짐이 반복되는 것으로 완전히 단선되지 않을 정도로 심선의 일부가 남아있는 상태를 말한다.
(나) 전압이 인가된 유기절연재료 표면에 먼지, 습기 등이 부착하여 도전로가 형성되면 미소한 불꽃방전이 일어나 표면에서 탄화가 진행되는 현상이다.

2021년 4월 24일 화재감식평가기사

본 기출문제는 수험생들의 기억을 바탕으로 작성한 것으로 내용 및 그림, 문제수(배점) 등에서 실제 문제와 다소 차이가 있을 수 있습니다.

01
다음 내용에 따라 발생할 수 있는 화재패턴을 모두 쓰시오. [배점 5]

> 벽이나 천장에 2차원 표면에 의해 3차원 불기둥이 생긴다. 불기둥 표면을 가로지를 때 화재패턴으로 나타나는 효과가 만들어진다.

답안 V패턴, U패턴, 원형 패턴, 역원뿔형 패턴, 끝이 잘린 원추패턴, 모래시계패턴

02
화상 관련 9의 법칙에 대하여 전면기준으로 각 부위별 화상면적을 쓰시오. [배점 5]
가. 머리 :
나. 가슴 :
다. 오른팔 :
라. 오른쪽 다리 :

답안 (가) 4.5% (나) 18% (다) 4.5% (라) 9%

해설 신체의 체표면적 환산은 앞면과 뒷면으로 나누어져 있다. 전면기준으로 체표면적을 구하라고 했으므로 머리와 팔의 경우 4.5%가 된다.

03
건축한 지 15년이 경과한 내용연수가 30년인 일반공장의 잔가율(%)은 얼마인가? [배점 10]

답안 잔가율=[1−(0.8×경과연수/내용연수)]
[1−(0.8×15/30)]=60%

04
화재피해액 산정 관련 다음 물음에 답하시오.
가. 화재피해액 산정대상 중 물가지수를 반영하는 대상물을 쓰시오.
나. 예술품의 피해액 산정기준을 쓰시오.

답안 (가) 구축물
(나) 감정서의 감정가액 또는 전문가의 감정가액

05
세탁기의 주요 발화원인 3가지를 쓰시오.

답안
① 배수밸브의 배수 마그넷 전환스위치 접점이 채터링을 일으켜 출화
② 잡음방지 콘덴서의 절연열화로 인한 출화
③ 모터 구동용 콘덴서가 단자판 접속불량에 의해 절연열화

06
아파트 실내에 검은 연기가 가득하고 화염이 위층 반절까지 상승한 경우 화재는 어느 시기에 해당하는가?

답안 최성기

해설 성장기에는 실 내부에 연기가 가득 차면서 화염이 확산되지만 실 내부에 국한되는 경우가 많다. 화염이 위층 반절까지 상승했다면 이미 발화된 실 내부의 가연물은 스스로 잠재된 열에너지가 최고점에 이르러 왕성해진 화염이 옥외로 출화하여 위층까지 확대되는 최성기가 된다.

07
화재현장에서 발견된 시즈히터(sheath heater)를 확인한 결과 아래 주어진 조건을 참고하여 물음에 답하시오.

- 시즈히터의 지속적인 사용으로 플라스틱 통 내부에 물이 모두 증발한 상태
- 시즈히터의 발열부분에 플라스틱 잔존물이 용융되어 일부 부착되어 있는 상태
- 발화지점 주변에는 다른 발화원으로 작용할 만한 요인이 식별되지 않음
- 시즈히터의 잔해물은 내부 코일이 절단된 상태로 발굴됨

가. 시즈히터의 보호관과 발열체 사이의 백색 절연분말의 성분을 쓰시오.
나. 시즈히터의 백색 절연물이 식별되는 이유를 쓰시오.

답안 (가) 산화마그네슘(MgO)
(나) 시즈히터가 적열상태로 공기 중에 노출되면 과열로 인해 금속제가 파괴되어 백색 절연분말이 식별된다.

08

다음은 화재증거물수집관리규칙이다. ( ) 안에 알맞은 말을 쓰시오.

- 증거물을 수집할 때에는 휘발성이 (①) 것에서 (②) 순서로 진행해야 한다.
- 증거물의 소손 또는 소실 정도가 심하여 증거물의 일부분 또는 전체가 유실될 우려가 있는 경우는 증거물을 (③)하여야 한다.

답안 ① 높은   ② 낮은   ③ 밀봉

09

증거물의 보관 및 이동은 장소 및 방법, 책임자 등이 지정된 상태에서 행해져야 되며, 책임자는 전 과정에 대하여 이를 입증할 수 있도록 작성하여야 한다. 입증을 위하여 작성할 내용 중 다음 ( ) 안을 쓰시오.

- 증거물 최초상태, (①), 개봉자
- 증거물 (②), (③)
- 증거물 (④), (⑤)

답안 ① 개봉일자   ② 발신일자   ③ 발신자   ④ 수신일자   ⑤ 수신자

10

다음 그림을 보고 물음에 답하시오.

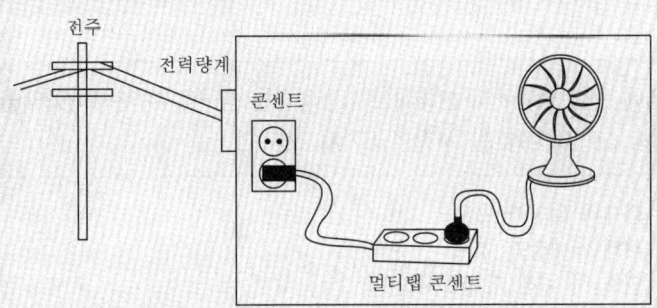

가. 다음을 설명하시오.
  ① 전원측
  ② 부하측

나. 그림에서 다음에 해당하는 장소는?
  ① 최종 전원측
  ② 최종 부하측

답안 (가) ① 전원측 : 전력량계 및 전주가 해당되며 전기를 공급해 주는 방향을 말한다.
② 부하측 : 멀티탭 콘센트와 선풍기가 해당되며 전원을 공급받는 방향을 말한다.
(나) ① 최종 전원측 : 전력량계
② 최종 부하측 : 선풍기

해설 전기의 공급은 기본적으로 송전선로(154kV, 345kV, 765kV)에서 송전을 하고 전봇대, 즉 배전선로는 22.9kV를 공급한다. 주택가 전신주의 주상변압기를 통해 다시 220V 또는 380V로 다운시켜 수용가측으로 공급하는 구조로 되어 있다. 따라서 전력량계 2차측부터 수용가의 책임이 되며 최종 전원측이 된다. 선풍기 및 콘센트에서 사고전류가 발생하면 전력량계의 차단기가 트립되고 전원은 차단되므로 최종 전원은 전력량계가 된다. 사고전류가 주택 내부에서 발생한 것으로 전주와는 관계가 없다.

11

소방기본법 시행규칙에서 규정하고 있는 화재피해조사 내용을 인명피해(2가지)와 재산피해(3가지)로 구분하여 쓰시오.
가. 인명피해조사
나. 재산피해조사

답안 (가) 인명피해조사
① 소방활동 중 발생한 사망자 및 부상자
② 그 밖에 화재로 인한 사망자 및 부상자
(나) 재산피해조사
① 열에 의한 탄화, 용융, 파손 등의 피해
② 소화활동 중 사용된 물로 인한 피해
③ 그 밖에 연기, 물품반출, 화재로 인한 폭발 등에 의한 피해

12

실화책임에 관한 법률에서 손해배상액의 경감을 청구할 때 손해배상액을 경감하기 위해 고려하여야 할 사항을 5가지 쓰시오.

답안 ① 화재의 원인과 규모
② 피해의 대상과 정도
③ 연소 및 피해 확대의 원인
④ 피해확대를 방지하기 위한 실화자의 노력
⑤ 배상의무자 및 피해자의 경제상태

13

NFPA 921 관점에서 초기현장평가를 실시하는 목적을 쓰시오.

답안 화재현장 안전평가 및 조사범위의 확정

해설 화재조사관은 초기에 화재현장 출입 여부에 대해 현장안전평가를 결정해야 한다. 출입이 안전하지 않은 경우 안전을 위해 필요한 조치를 취해야 한다. 안전조치가 취해진 이후에는 조사범위를 정하고 이에 따른 필요한 장비와 인원을 확인하며 추가 조사가 필요한 지역도 결정하여야 한다.

14 유리 표면의 파손형태에 대한 다음 물음에 답하시오.

가. 충격에 의해 깨졌을 때 특징을 쓰시오.
나. 폭발에 의해 깨졌을 때 특징을 쓰시오.
다. 열에 의해 깨졌을 때 특징을 쓰시오.

답안 (가) 방사상형태로 깨진다.
(나) 유리 전체가 압력을 받아 평행선에 가까운 형태로 깨진다.
(다) 불규칙한 곡선형태로 깨진다.

화재감식평가기사

2021년 7월 10일

본 기출문제는 수험생들의 기억을 바탕으로 작성한 것으로 내용 및 그림, 문제수(배점) 등에서 실제 문제와 다소 차이가 있을 수 있습니다.

01 소방기본법 시행령에 의해 소방활동구역에 출입할 수 있는 사람 5가지를 쓰시오. [배점 10]

답안
① 소방활동구역 안에 있는 소방대상물의 소유자·관리자 또는 점유자
② 전기·가스·수도·통신·교통의 업무에 종사하는 사람으로서 원활한 소방활동을 위하여 필요한 사람
③ 의사·간호사, 그 밖의 구조·구급 업무에 종사하는 사람
④ 취재인력 등 보도업무에 종사하는 사람
⑤ 수사업무에 종사하는 사람

02 박리흔이 발생할 수 있는 조건 3가지를 쓰시오. [배점 5]

답안
① 경화되지 않은 콘크리트에 있는 수분
② 철근 또는 철망 및 주변 콘크리트 간에 차등팽창
③ 콘크리트 혼합물과 골재 간의 차등팽창

03 다음 그림을 보고 물음에 답하시오. [배점 10]
가. 다음 도구의 명칭은 무엇인가?

나. 다음 그림을 보고 어미자와 아들자 값을 합산한 측정치가 몇 mm인지 쓰시오.

답안 (가) 버니어캘리퍼스
(나) 12+0.4=12.4mm

해설 버니어캘리퍼스의 측정치 구하는 법
① 어미자와 아들자의 위치를 먼저 알아야 한다. 일반적으로 어미자는 위쪽에, 아들자는 아래쪽에 위치한다.
② 아들자의 0(영점) 위치가 어미자의 어디에 있는지 파악한다. 문제의 그림에서 아들자의 0점 위치가 12보다 크고 13보다 작으므로 12로 읽는다.
③ 두 번째 숫자, 즉 소수점 이하의 숫자는 어미자와 아들자의 숫자가 일치하는 곳을 찾는다. 문제의 그림에서는 4가 일치하는 눈금이다.
④ 첫 번째 숫자인 12에 소수점을 붙이고 바로 뒤에 아들자 숫자를 붙여 읽는다.

04

다음은 증거물 수집에 대한 유의사항이다. (   ) 안을 알맞게 쓰시오.

- 화재증거물은 기술적, 절차적인 수단을 통해 (①), (②)이 보존되어야 한다.
- 화재증거물을 획득할 때에는 증거물의 오염, 훼손, 변형되지 않도록 적절한 장비를 사용하여야 하며, 방법의 (③)이 유지되어야 한다.
- 최종적으로 법정에 제출되는 화재증거물의 (④)이 보장되어야 한다.

답안 ① 진정성   ② 무결성   ③ 신뢰성   ④ 원본성

05

탄화심도를 측정하고자 할 때 포함하여야 할 부분을 계산식으로 쓰시오.

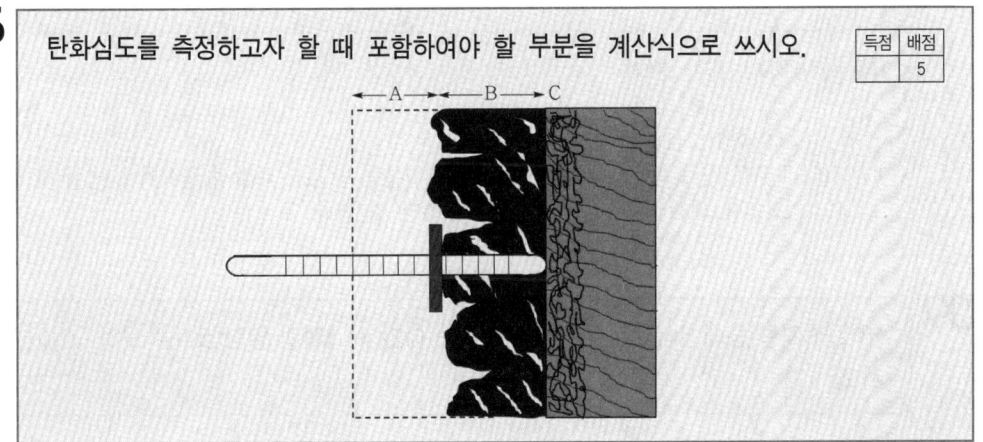

답안 A+B

06
가연성 액체에 의한 화재패턴 3가지를 쓰시오.

답안 ① 포어 패턴 ② 스플래시 패턴 ③ 트레일러 패턴

07
영업시설의 화재로 인한 피해 정도에 따른 손해율을 쓰시오.

화재로 인한 피해 정도	손해율(%)
불에 타거나 변형되고 그을음과 수침 정도가 심한 경우	①
손상 정도가 다소 심하여 상당부분 교체 내지 수리가 필요한 경우	②
시설의 일부를 교체 또는 수리하거나 도장 내지 도배가 필요한 경우	③
부분적인 소손 및 오염의 경우	④
세척 내지 청소만 필요한 경우	⑤

답안 ① 100 ② 60 ③ 40 ④ 20 ⑤ 10

08
분진폭발에 대해 다음 물음에 답하시오.

가. 다음 ( ) 안을 알맞게 채우시오.

> 분진입자가 공기 중에 (①)상태로 떠 있다가 그 농도가 (②) 안에 있을 때 (③)에 의해 에너지가 공급되면 격심한 폭발이 일어나는 경우로 가스폭발과 화약폭발의 중간형태이다.

나. 분진폭발의 메커니즘을 단계별로 기술하시오.

답안 (가) ① 미세한 분말
② 적당한 범위
③ 화염, 섬광 등 열원(점화원)
(나) 분진입자 표면온도 상승 → 입자표면 열분해 방출 → 폭발성 혼합기체 생성 및 발화 → 화염에 의해 다른 분말입자의 분해촉진 및 전파

09
18Ω의 저항 중에 4A의 전류가 15초간 흘렀다면 에너지의 열량(cal)을 구하시오.

답안 $H = 0.24 I^2 Rt = 0.24 \times 4^2 \times 18 \times 15 = 1036.8 \text{cal}$

10

화재로 인해 다음과 같이 피해가 발생하였다. 다음 물음에 답하시오.

가. 화재로 바닥 30m²와 한쪽 벽 5m²가 소실되었다. 소실면적은 몇 m²인가?

나. "가"의 소실면적을 바탕으로 건물피해액(천원)을 산정하시오. (단, 신축단가 760천원, 건물 내용연수 50년, 경과연수 20년, 손해율 70%)

답안
(가) $(30+5) \times 1/5 = 7\,m^2$

(나) 건물피해액 = 신축단가 × 소실면적 × [1 − (0.8 × 경과연수/내용연수)] × 손해율
= 760천원 × 7m² × [1 − (0.8 × 20/50)] × 70%
= 2,532천원

11

굴뚝효과에 대해 쓰시오.

답안 화재 시 연기는 주위온도보다 높고 밀도감소에 따른 부력이 발생하여 위로 상승하며 이동하는 현상을 말한다.

12

플래시오버의 정의를 쓰시오.

답안 실내에 있는 가연성 재료의 전표면적이 순간적으로 연소확대되는 현상이다.

2021년 7월 10일 화재감식평가산업기사

본 기출문제는 수험생들의 기억을 바탕으로 작성한 것으로 내용 및 그림, 문제수(배점) 등에서 실제 문제와 다소 차이가 있을 수 있습니다.

01
화재조사 및 보고규정에 따른 화재의 유형 5가지를 쓰시오. (단, 기타화재는 제외)

답안
① 건축·구조물 화재
② 자동차·철도차량 화재
③ 위험물·가스제조소 등 화재
④ 선박·항공기 화재
⑤ 임야화재

02
메탄과 프로판으로 이루어진 혼합가스이다. 각 물음에 답하시오. (단, 메탄가스 하한계 5vol%, 상한계 15vol%, 프로판가스 하한계 2vol%, 상한계 9vol%)

가. 혼합가스의 폭발한계를 구하기 위해 사용되는 법칙을 쓰시오.
나. 혼합가스가 메탄 25%와 프로판 75%로 구성될 때 폭발하한계와 폭발상한계를 구하시오.

답안 (가) 르 샤틀리에 법칙
(나) ① 폭발하한계 : 100/(25/5)+(75/2)=2.35
② 폭발상한계 : 100/(25/15)+(75/9)=10

03
다음 내용에 해당하는 연소현상을 쓰시오.

> 화재 초기단계에 가연성 가스와 산소가 혼합된 상태로 천장부분에 쌓였을 때 연소한계에 도달하여 점화되면 화염이 천장면을 따라 굴러가듯이 연소하는 현상

답안 롤오버(rollover)현상

04
도넛 패턴과 틈새 패턴을 설명하시오.
가. 도넛 패턴
나. 틈새 패턴

답안 (가) 도넛 패턴 : 가연성 액체가 웅덩이처럼 고여 있을 경우 고리처럼 보이는 주변부는 화염에 의해 바닥재를 연소시키지만 비교적 깊은 중심부는 가연성 액체가 증발하면서 증발잠열에 의해 미연소구역으로 남아 도넛처럼 보이는 연소형태

(나) 틈새 패턴 : 벽과 바닥 틈새에 가연성 액체가 뿌려진 경우 다른 곳보다 강하고 오래 연소하여 나타나는 형태

05
화재현장에서 2명이 사망을 했고 96시간 경과 후 1명이 또 사망을 하였다. 사상자 중에는 5주 이상 입원을 한 사람이 9명, 연기흡입으로 통원치료를 한 사람이 9명이었다. 사상자 수를 구하시오.
가. 사망자 수
나. 중상자 수
다. 경상자 수

답안 (가) 2명 (나) 10명 (다) 9명

06
전담부서에서 갖추어야 할 장비 중 소방본부에서 갖추어야 할 감식·감정용 기기 종류 5가지를 쓰시오.

답안
① 절연저항계(절연저항측정기)
② 회로계(멀티미터)
③ 클램프미터
④ 정전기측정장치
⑤ 누설전류계

07
가스사용시설에서 퓨즈콕의 기능에 대해 쓰시오.

답안 가스사용 도중에 규정량 이상의 가스가 흐르면 콕에 내장된 볼이 떠올라 가스유로를 자동으로 차단하는 장치

08

다음은 화재증거물수집관리규칙이다. (   ) 안에 알맞은 용어의 정의를 쓰시오.

- (①)이란 화재와 관련이 있는 물건 및 개연성이 있는 모든 개체를 말한다.
- (②)이란 화재증거물을 획득하고 해당 물건을 분석하여 사건과 관련된 화재증거를 추출하는 과정을 말한다.
- (③)이란 화재현장에서 증거물 수집에서부터 폐기까지 증거물 원본성 보장을 위한 증거물 관리 및 이송과 관련된 과정을 말한다.
- (④)이란 화재조사현장과 관련된 사람, 물건, 기타 주변상황, 증거물 등을 촬영한 사진, 영상물 및 녹음자료, 현장에서 작성된 정보 등을 말한다.
- (⑤)이란 화재조사현장과 관련된 사람, 물건, 기타 상황, 증거물 등을 촬영한 사진을 말한다.

답안 ① 증거물 ② 증거물 수집 ③ 증거물의 보관·이동
④ 현장기록 ⑤ 현장사진

09

전기적 요인으로 국부적인 저항 증가요인 3가지를 쓰시오.

답안 ① 아산화동 증식 ② 접촉저항 증가 ③ 반단선

10

증거물 시료용기 공통사항 3가지를 쓰시오.

답안 ① 장비와 용기를 포함한 모든 장치는 원래의 목적과 채취할 시료에 적합하여야 한다.
② 시료용기는 시료의 저장과 이동에 사용되는 용기로 적당한 마개를 가지고 있어야 한다.
③ 시료용기는 취급할 제품에 의한 용매의 작용에 투과성이 없고 내성을 갖는 재질로 되어 있어야 하며, 정상적인 내부 압력에 견딜 수 있고, 시료채취에 필요한 충분한 강도를 가져야 한다.

11

다음은 냉장고 화재감식에 대한 내용이다. 각 물음에 답하시오.

가. 냉장고 압축기에 과전류가 흘렀는지 확인하려고 한다. 압축기가 고온이 되었을 때 자동으로 작동하여 컴프레서를 보호하는 장치의 명칭을 쓰시오.

나. 냉각기에서 빼앗은 열과 압축기에서 만들어진 열을 방출하는 곳으로 고온, 고압의 냉매를 공기 또는 물로 냉각하여 고압의 액체로 변환시키는 장치를 쓰시오.

답안 (가) 과부하계전기(과부하릴레이)
(나) 콘덴서(응축기)

2021년 11월 13일 화재감식평가기사

본 기출문제는 수험생들의 기억을 바탕으로 작성한 것으로 내용 및 그림, 문제수(배점) 등에서 실제 문제와 다소 차이가 있을 수 있습니다.

01
트래킹 발생과정에 대해 쓰시오.
가. 1단계 나. 2단계 다. 3단계

답안
- (가) 1단계 : 유기절연물의 표면에 먼지·습기 등 오염원이 부착되어 도전로가 형성될 것
- (나) 2단계 : 미소한 불꽃방전이 발생할 것
- (다) 3단계 : 방전에 의한 표면의 탄화가 진행될 것

02
화재의 소실 정도를 구분하여 쓰시오.
가. 건물의 50%가 소손되었고 잔존부분을 보수하여도 재사용이 불가한 것은?
나. 차량 50%가 소손된 것은?

답안
- (가) 전소
- (나) 반소

해설
전소는 건물의 70% 이상(입체면적에 대한 비율을 말함)이 소실되었거나 또는 그 미만이라도 잔존부분을 보수하여도 재사용이 불가능한 것을 말한다. 자동차·철도차량, 선박 및 항공기 등의 소실 정도는 건축·구조물 화재의 소실 정도를 준용한다.

03
다음은 화재증거물수집관리규칙에 대한 내용이다. 다음 ( ) 안을 채우시오.

증거물의 보관 및 이동은 장소 및 방법, 책임자 등이 지정된 상태에서 행해져야 되며, 책임자는 전 과정에 대하여 이를 입증할 수 있도록 다음 사항을 작성해야 한다.
- (①), 개봉일자, 개봉자
- (②), 발신자
- (③), 수신자
- (④) 기타사항 기재

📌 **답안**
① 증거물 최초상태
② 증거물 발신일자
③ 증거물 수신일자
④ 증거관리가 변경되었을 때

04 소방시설 등 활용조사서의 소화시설 4가지를 쓰시오.

득점 / 배점 5

📌 **답안**
① 소화기구
② 옥내소화전
③ 스프링클러설비, 간이스프링클러설비, 물분무 등 소화설비
④ 옥외소화전

05 다음은 전기적 요인에 관한 설명이다. 다음 각 물음에 답하시오.

득점 / 배점 5

가. 전원코드가 꽂혀 있고 사용하지 않던 선풍기 목조절부(회전부) 배선이 전기적인 원인에 의해 화재가 발생하였다. 선풍기가 회전하면서 계속해서 배선이 반복적인 구부림에 의해 스트레스를 받았다고 가정한다면 화재원인은 무엇으로 추정할 수 있는가?

나. "가"에서 답한 원인의 화재발생 메커니즘에 대해 쓰시오.

📌 **답안**
(가) 반단선
(나) 반단선이 발생하면 그곳에서 끊어짐과 이어짐이 반복되고, 국부적으로 스파크가 발생하여 반단선 개소의 저항치가 커져서 줄열에 의한 발열량의 증가로 전선의 피복 등 주위 가연물이 타기 시작한다. 소선의 1선에서 발생한 스파크로 인해 결국 다른 한쪽의 피복까지도 소손되면서 단락이 발생한다.

06 분진폭발의 성립조건 3가지를 쓰시오.

득점 / 배점 5

📌 **답안**
① 가연성 분진이 공기 중 부유하고 있을 것
② 폭발범위 내에 분진농도가 형성되어 있을 것
③ 점화원이 있을 것

07

다음 그림을 보고 물음에 답하시오. [배점 10]

ⒶⒷ ⒸⒹ → → →

가. 화염의 위치는 어디인가?
나. 그림과 같이 도괴된 현상을 기술하시오.

답안 (가) Ⓓ
(나) 화염과 가까운 기둥이 먼저 연화되면 지붕의 하중에 의해 만곡이 일어나 구조물 전체가 화염방향으로 도괴된다.

08

화재현장에서 발견되는 소사체에 대한 설명이다. ( ) 안을 알맞게 쓰시오. [배점 6]

- 화재현장에서 발견되는 사체는 (①) 자세로 발견된다.
- 비만인 사람은 비만이 아닌 사람에 비해 (②)으로 인해 더 심하게 훼손된 채로 발견된다.
- 사인이 화재에 의한 것인지 아닌지 판단하기 위해 혈중의 (③) 포화도를 측정해 보면 알 수 있다.

답안 ① 권투선수, 투사형   ② 지방   ③ 일산화탄소 헤모글로빈(COHb)

09

다음 그림을 보고 물음에 답하시오. [배점 5]

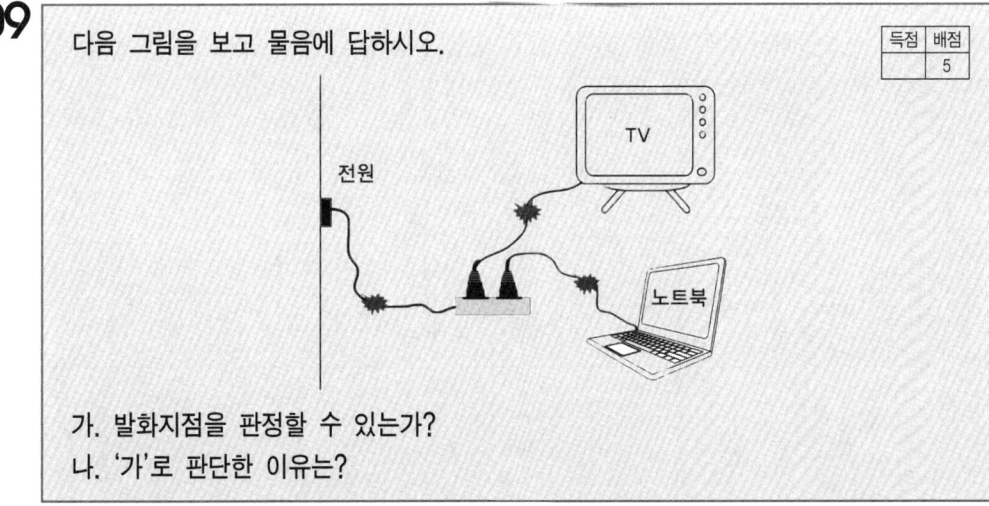

가. 발화지점을 판정할 수 있는가?
나. '가'로 판단한 이유는?

답안 (가) 판정 불가
(나) 병렬회로로 구성된 회로에서는 TV와 노트북 중 어느 것이 먼저 단락이 일어난 것인지 논하기 어렵기 때문이다.

10 증거물 시료용기에 대한 설명이다. 다음 ( ) 안을 알맞게 쓰시오.

- 코르크 마개는 (①)에 사용해서는 안 된다. 만일 제품이 빛에 민감하다면 짙은 색깔의 시료병을 사용한다.
- 주석도금캔(can)은 (②) 사용하고 반드시 폐기한다.

득점 배점 5

답안 ① 휘발성 액체
② 1회

11 전담부서에서 갖추어야 할 기자재를 5가지씩 쓰시오.

가. 기록용 기기
나. 감식기기

득점 배점 10

답안 (가) 기록용 기기 : 디지털카메라 세트, 비디오카메라 세트, 디지털온도 · 습도측정시스템, 정밀저울, TV
(나) 감식기기 : 절연저항계, 멀티테스터기, 클램프미터, 정전기측정장치, 누설전류계

2022년 5월 7일 화재감식평가기사

본 기출문제는 수험생들의 기억을 바탕으로 작성한 것으로 내용 및 그림, 문제수(배점) 등에서 실제 문제와 다소 차이가 있을 수 있습니다.

01 다음 그림을 보고 물음에 답하시오.   득점 / 배점 8

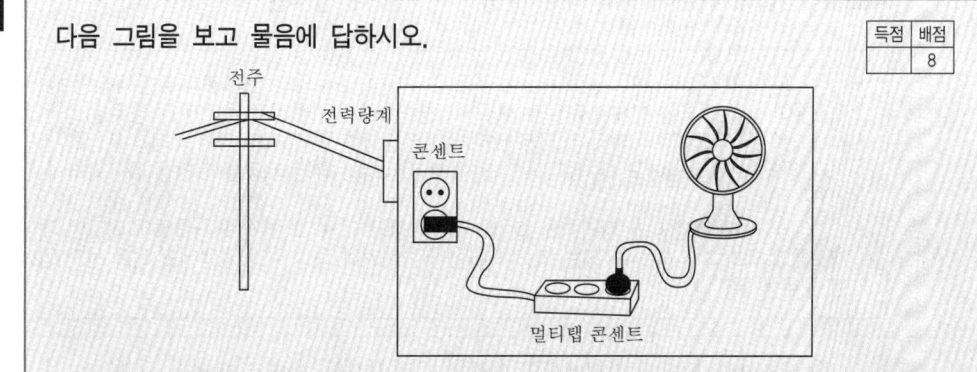

가. 다음을 설명하시오.
  ① 전원측
  ② 부하측

나. 그림에서 다음에 해당하는 장소는 무엇인지 쓰시오.
  ① 최종 전원측
  ② 최종 부하측

답안 (가) ① 전원측 : 전력량계 및 전주가 해당되며 전기를 공급해 주는 방향을 말한다.
       ② 부하측 : 멀티탭 콘센트와 선풍기가 해당되며 전원을 공급받는 방향을 말한다.
  (나) ① 최종 전원측 : 전력량계
      ② 최종 부하측 : 선풍기

해설 선풍기 및 콘센트에서 단락 등 사고전류가 발생하면 전력량계의 차단기가 트립되어 전원공급이 차단된다. 사고전류가 주택 내부에서 발생한 것으로 전주와는 관계가 없다. 전주와 전력량계에 공급되는 전압도 다르다.

02

화재증거물수집관리규칙에 대한 설명이다. 괄호 안에 바르게 쓰시오.

- 최초 도착하였을 때의 (①)를 그대로 촬영하고, 화재조사의 (②)에 따라 촬영
- 화재현장의 특정한 증거물 등을 촬영함에 있어서는 그 길이, 폭 등을 명백히 하기 위하여 (③) 또는 (④)를 사용하여 촬영
- 화재상황을 추정할 수 있는 다음 대상물의 형상은 면밀히 관찰한 후 자세히 촬영
  - 사람, 물건, 장소에 부착되어 있는 (⑤) 및 혈흔
  - 화재와 연관성이 크다고 판단되는 (⑥), (⑦), 유류

답안 ① 원상태 ② 진행순서 ③ 측정용 자 ④ 대조도구 ⑤ 연소흔적 ⑥ 증거물 ⑦ 피해물품

03

제조물책임법에 따른 결함에 대한 설명이다. 빈칸에 알맞은 답을 쓰시오.

- (①)이란 제조업자가 제조물에 대하여 제조상·가공상의 주의의무를 이행하였는지에 관계없이 제조물이 원래 의도한 설계와 다르게 제조·가공됨으로써 안전하지 못하게 된 경우를 말한다.
- (②)이란 제조업자가 합리적인 대체설계(代替設計)를 채용하였더라면 피해나 위험을 줄이거나 피할 수 있었음에도 대체설계를 채용하지 아니하여 해당 제조물이 안전하지 못하게 된 경우를 말한다.
- (③)이란 제조업자가 합리적인 설명·지시·경고 또는 그 밖의 표시를 하였더라면 해당 제조물에 의하여 발생할 수 있는 피해나 위험을 줄이거나 피할 수 있었음에도 이를 하지 아니한 경우를 말한다.

답안 ① 제조상의 결함 ② 설계상의 결함 ③ 표시상의 결함

04

다음 그림을 보고 물음에 답하시오.

가. 다음 그림을 보고 도구의 명칭은 무엇인지 쓰시오.

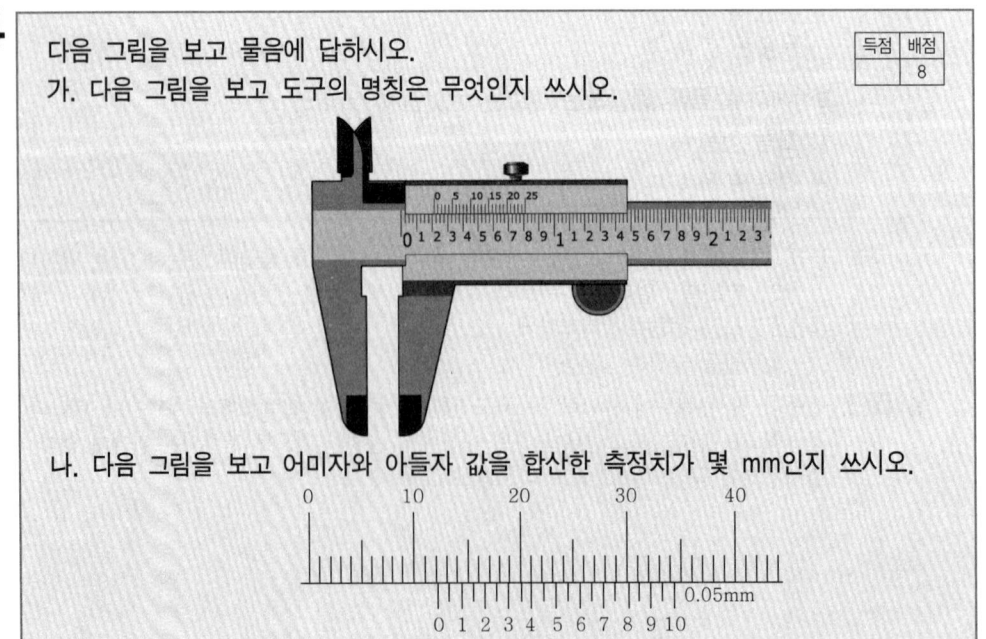

나. 다음 그림을 보고 어미자와 아들자 값을 합산한 측정치가 몇 mm인지 쓰시오.

답안 (가) 버니어캘리퍼스, (나) 12+0.4=12.4mm

해설 버니어캘리퍼스의 측정치 구하는 법
① 어미자와 아들자의 위치를 먼저 알아야 한다. 일반적으로 어미자는 위쪽에, 아들자는 아래쪽에 위치한다.
② 아들자의 0(영점) 위치가 어미자의 어디에 있는지 파악한다. 위의 그림에서 아들자의 0점 위치가 12보다 크고 13보다 작으므로 12로 읽는다.
③ 두 번째 숫자, 즉 소수점 이하의 숫자는 어미자와 아들자의 숫자가 일치하는 곳을 찾는다. 위의 그림에서는 4가 일치하는 눈금이다.
④ 첫 번째 숫자인 12에 소수점을 붙이고 바로 뒤에 아들자 숫자를 붙여 읽는다.

05 다음 그림을 보고 누전의 3요소와 각각의 장소를 쓰시오.

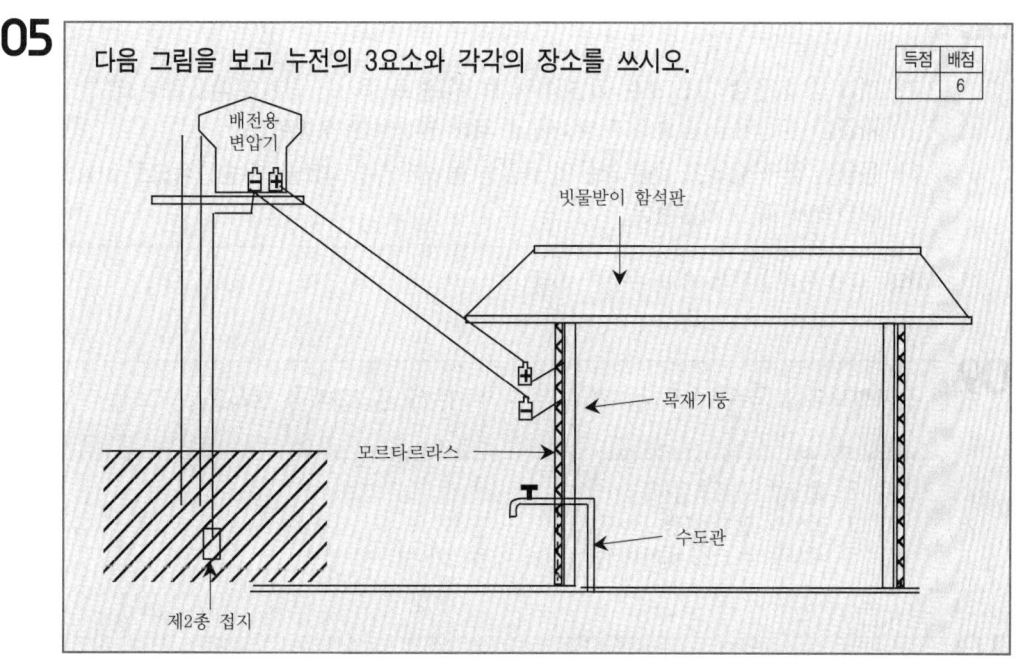

답안 ① 누전점 : 빗물받이 함석판 ② 출화점 : 모르타르라스 ③ 접지점 : 수도관

06 그림에 나타난 유리파손 형태의 특징은?

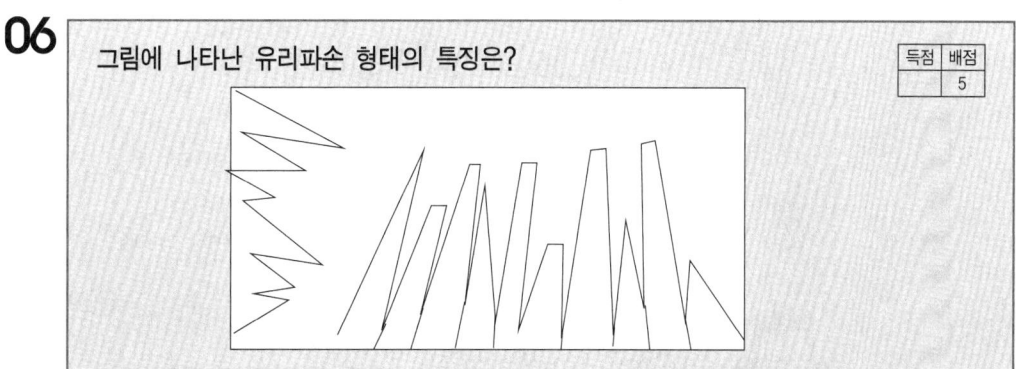

답안 폭발로 인한 유리의 파손(유리 표면적이 전면적으로 압력을 받아 평행선에 가까운 형태로 깨짐)

07
증거물 시료용기에 대한 설명이다. 다음 (   ) 안을 알맞게 쓰시오.

- 코르크 마개는 (①)에 사용해서는 안 된다. 만일 제품이 빛에 민감하다면 짙은 색깔의 시료병을 사용한다.
- 주석도금캔(can)은 (②) 사용하고 반드시 폐기한다.

답안 ① 휘발성 액체 ② 1회

08
다음 내용을 읽고 폭발의 종류를 쓰시오.

가. 대기 중 가연성 가스 또는 가연성 액체의 유출로 증기가 공기와 혼합하여 가연성 혼합기를 형성하고 발화원에 의해 발생하는 폭발현상

나. 용융된 금속 슬러그 같은 고온의 물질이 물속에 투입되었을 때 순간적으로 비등하여 상변화에 따른 폭발현상

답안 (가) 증기운폭발, (나) 수증기 폭발

09
전기화재에서 국부적으로 접촉저항이 증가하는 요인 3가지를 쓰시오.

답안
① 접속부 나사조임 불량
② 전선의 압착 불량
③ 배선을 손으로 비틀어 연결시켜 이음부의 헐거움 발생

10
다음은 화재상황을 나타낸 것이다. 연소단계를 쓰시오.

답안 최성기

11 화재조사의 과학적 방법에 대한 절차이다. 빈칸을 채우시오.

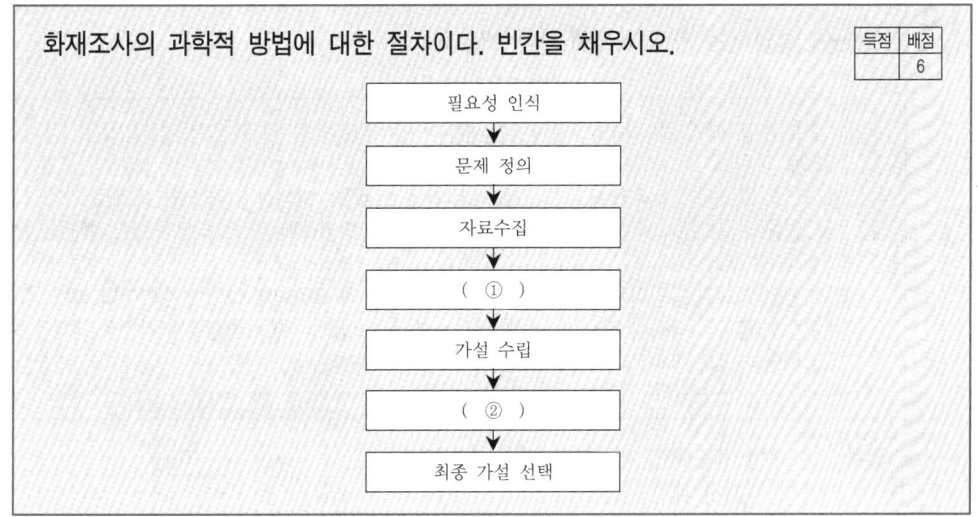

☞ 답안
① 자료분석
② 가설검증

12 실화책임에 관한 법률에서 실화가 중대한 과실로 인한 것이 아닌 경우 손해배상의무자가 법원에 손해배상액의 경감을 청구할 수 있는 5가지의 경우를 쓰시오.

☞ 답안
① 화재의 원인과 규모
② 피해의 대상과 정도
③ 연소 및 피해확대의 원인
④ 피해확대 방지를 위한 실화자의 노력
⑤ 배상의무자 및 피해자의 경제상태

13 다음 물음에 답하시오.
가. 최종잔가율에 대한 정의는 무엇인가?
나. 건물, 부대설비, 구축물, 가재도구의 최종잔가율은 얼마인가?
다. 차량의 최종잔가율은 얼마인가?

☞ 답안
(가) 피해물의 경제적 내용연수가 다한 경우 잔존하는 가치의 재구입비에 대한 비율
(나) 20%
(다) 10%

14

다음에 설명하는 화재 패턴에 대해 쓰시오.

① 인화성 액체가연물이 바닥에 쏟아졌을 때 쏟아진 부분과 쏟아지지 않은 부분의 탄화 경계흔적을 말한다.
② 가연성 액체가 쏟아지면서 주변으로 튀거나 연소되면서 발생한 열에 의해 스스로 가열되어 액면에서 끓으면서 주변으로 튄 액체가 포어 패턴의 미연소부분으로 국부적으로 점처럼 연소된 흔적이다.
③ 가연성 액체가 웅덩이처럼 고여 있을 경우 발생하는데 고리처럼 보이는 주변부나 얕은 곳에서는 화염이 바닥이나 바닥재를 탄화시키는 반면에 비교적 깊은 중심부는 가연성 액체가 증발하면서 기화열에 의해 냉각시키는 현상 때문에 발생한다.

답안
① 포어 패턴(퍼붓기 패턴)
② 스플래시 패턴
③ 도넛 패턴

15

화재의 소실 정도에 따라 다음을 구분하여 쓰시오.

가. (①) : 건물의 70% 이상(입체면적에 대한 비율을 말한다)이 소실되었거나 또는 그 미만이라도 잔존부분을 보수하여도 재사용이 불가능한 것
나. (②) : 건물의 30% 이상 70% 미만이 소실된 것
다. (③) : 전소, 반소 화재에 해당되지 아니하는 것

답안
① 전소
② 반소
③ 부분소

16

자동차화재의 발생원인에 대한 설명이다. 내용에 바르게 답하시오.

가. 연소기에서 혼합가스가 폭발하여 생긴 화염이 다시 기화기 쪽으로 전파되는 현상
나. 실린더 안에서 불완전연소된 혼합가스가 배기파이프나 소음기 내로 들어가서 고온의 배기가스와 혼합, 착화되는 현상

답안
(가) 역화
(나) 후화

2022년 5월 7일 화재감식평가산업기사

> 본 기출문제는 수험생들의 기억을 바탕으로 작성한 것으로 내용 및 그림, 문제수(배점) 등에서 실제 문제와 다소 차이가 있을 수 있습니다.

01
다음 그림을 보고 물음에 답하시오. (단, 차단기가 설치되지 않았다.) [배점 6]

가. 단락이 최초로 일어난 지점의 판정이 가능한지 쓰시오.
나. '가'의 물음에 답한 이유를 쓰시오.

답안 (가) 판정 불가능
(나) 병렬로 연결된 회로에서 단락만 가지고 전후관계를 밝히는 것은 불가능하기 때문이다(TV와 연결된 배선이 먼저 단락되더라도 노트북에 연결된 전원에는 영향을 주지 않는다. 노트북에서 발생한 단락은 화염이 확산되는 과정에서 만들어질 수 있고 결국 A배선과 B배선 2개소에서 단락흔이 발생한다면 어느 것이 선행된 원인인지 밝히기 어렵기 때문이다).

02
화재증거물 수집관리규칙에 관한 내용이다. ( ) 안에 알맞은 단어를 기술하시오. [배점 5]

- 증거물을 수집할 때에는 휘발성이 (①) 것에서 (②) 순서로 수집한다.
- 증거물이 파손될 우려가 있는 경우에 (③) 및 (④)에 대한 주의사항을 증거물의 포장 외측에 적절하게 표기하여야 한다.
- 증거물의 소손 또는 소실 정도가 심하여 증거물의 일부분 또는 전체가 유실될 우려가 있는 경우는 증거물을 (⑤)하여야 한다.

> **답안** ① 높은 ② 낮은 ③ 충격금지
> ④ 취급방법 ⑤ 밀봉

03 제조물책임법상 결함 3가지를 쓰시오.

득점	배점
	6

> **답안** ① 제조상 결함
> ② 설계상 결함
> ③ 표시상 결함

04 자연발화의 종류 5가지를 원인별로 쓰시오.

득점	배점
	5

> **답안** ① 산화열 ② 분해열 ③ 흡착열 ④ 발효열 ⑤ 중합열

05 사무실(40m²)에서 화재가 발생하여 다음과 같이 가연물이 소실되었다. 물음에 답하시오.

득점	배점
	8

구 분	수 량	중량(kg)	단위 발열량(kcal/kg)	가연물 발열량(kcal)
식탁	1	15	4,500	65,500
냉장고	1	40	9,500	456,000

가. 화재하중을 기본계산식을 쓰시오.

나. 화재하중을 계산하시오.

> **답안** (가) 화재하중$(Q) = \dfrac{\sum GH_1}{HA}$
>
> 여기서, Q : 화재하중(kg/m²)
> H : 목재의 단위발열량(4,500kcal/kg)
> A : 바닥면적(m²)
> G : 모든 가연물의 양(kg)
> H_1 : 가연물의 단위 발열량(kcal/kg)
>
> (나) ① 식탁 : 15kg×4,500kcal/kg=67,500kcal/kg
> ② 냉장고 : 40kg×9,500kcal/kg=380,000kcal/kg
> ∴ 67,500+380,000=447,500kcal/kg
> $\dfrac{447{,}500\text{kcal/kg}}{4{,}500 \times 40\text{m}^2} = 2.48\text{kg/m}^2$

06

다음 그림을 보고 답하시오.

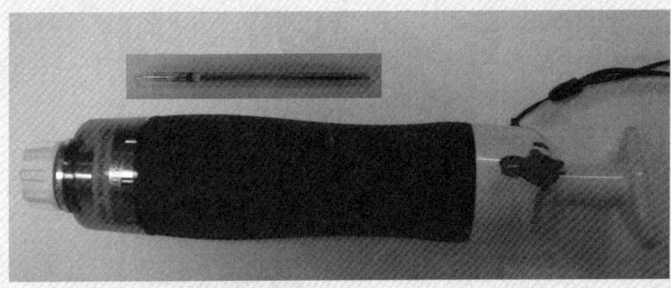

가. 명칭을 쓰시오.
나. 용도를 쓰시오.

답안 (가) 가스채취기(가스측정기, 가스검지기, 가스누출시험기)
(나) 유류 및 잔류가스를 채취하여 성분분석

07

유리파손형태에 대해 각 물음에 답하시오.
가. 유리가 열에 의해 깨졌을 때 표면에 나타나는 특징을 쓰시오.
나. 유리가 열에 의해 깨졌을 때 단면에 나타나는 특징을 쓰시오.
다. 유리가 충격에 의해 깨졌을 때 표면에 나타는 특징을 쓰시오.
라. 유리가 충격에 의해 깨졌을 때 단면에 나타나는 특징을 쓰시오.

답안 (가) 불규칙한 곡선형태이다.
(나) 월러라인이 없고 매끄럽다.
(다) 방사상형태로 깨진다.
(라) 곡선모양의 월러라인이 보인다.

08

증거물수집관리규칙에 의한 시료용기의 마개기준 4가지를 쓰시오.

답안 ① 코르크마개, 고무(클로로프렌고무는 제외), 마분지, 합성 코르크마개 또는 플라스틱물질(PTFE는 제외)은 시료와 직접 접촉되어서는 안 된다.
② 만일 이러한 물질들을 시료용기의 밀폐에 사용할 때에는 알루미늄이나 주석포일로 감싸야 한다.
③ 양철용기는 돌려막는 스크루뚜껑만 아니라 밀어 막는 금속마개를 갖추어야 한다.
④ 유리마개는 병의 목부분에 공기가 새지 않도록 단단히 막아야 한다.

09

탄화심도를 측정하고자 할 때 포함하여야 할 부분을 계산식으로 쓰시오. [득점/배점 3]

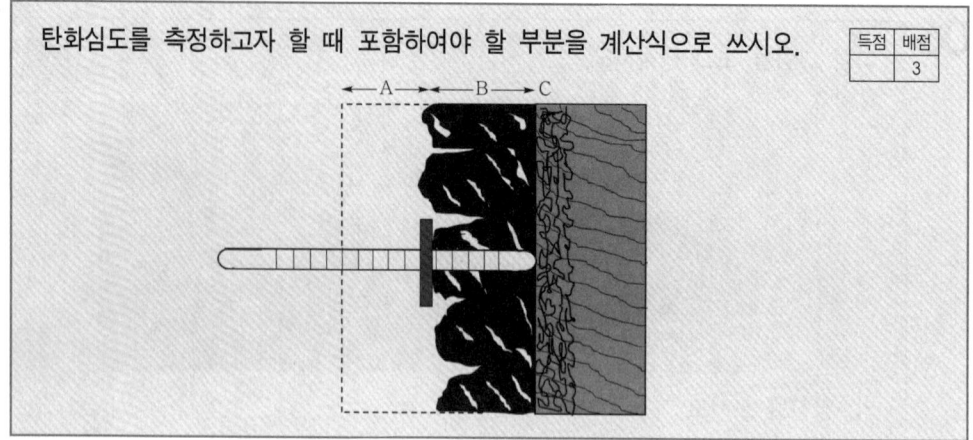

답안 A+B

10

소방시설 등 활용조사서에 있는 소화시설 종류 4가지를 쓰시오. [득점/배점 4]

답안
① 소화기구
② 옥내소화전
③ 스프링클러설비, 간이스프링클러설비, 물분무 등 소화설비
④ 옥외소화전

11

반단선에 대한 설명이다. ○, ×로 표시하시오. [득점/배점 5]

① 단선측 소선의 일부에 붙고 떨어지는 사이에 생긴 조그만 용융흔이 발생한다.
② 단선된 전원측 단선에는 반드시 단락흔이 발생한다.
③ 단선이 10%를 넘으면 급격하게 단선율이 증가한다.
④ 반단선은 외력 등 기계적 원인으로 발생한다.
⑤ 반단선에 의한 용융흔은 전체적으로 단락이 발생하지 않는다.

답안
① ○
② ×
③ ○
④ ○
⑤ ×

12 밀집되어 있는 주거지역에서 화재가 발생하여 인접한 건물까지 전소되고 그림과 같은 합선흔적(단락흔)이 존재하였다. 그림에서 발화건물과 그 근거를 설명하시오. (단, 전기배선은 모든 방에 설치되어 있고 전선배치는 A와 B건물이 모두 동일하고, 어느 지점에서 합선이 일어나면 분전반에 있는 메인차단기가 차단되어 전기가 통전되지 않는다.)

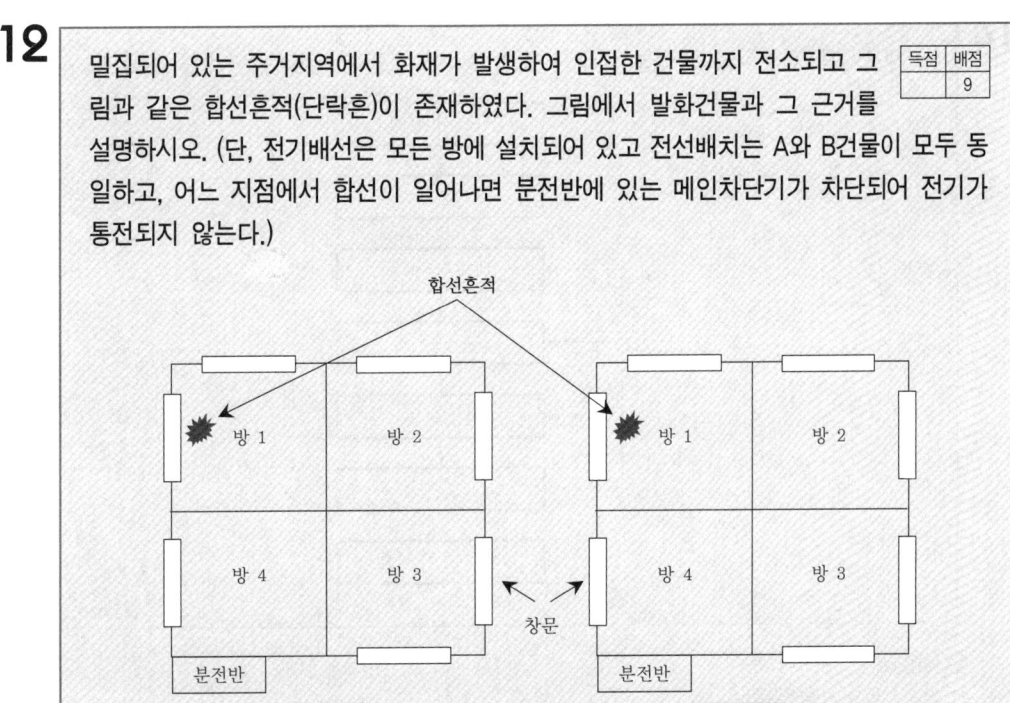

답안
① 발화건물 : A건물 1번 방
② 근거 : A건물 1번 방에서 전기합선이 일어나자 분전반의 메인차단기가 동작(OFF)하여 A건물에 있는 다른 방에서는 전기합선이 일어날 수 없다. 화재가 A건물 2번 방을 통해 B건물로 연소확대되면서 B건물의 1번 방에서 전기합선이 발생하고 B건물의 메인차단기가 동작(OFF)함에 따라 다른 방에서는 합선흔적이 발생될 수 없으므로 A건물 1번 방에서 화재가 발생한 것이다.
만약 B건물 1번 방에서 최초 발화되어 A건물로 연소확산되었다면 A건물의 2번 방이 가장 먼저 단락이 발생할 수밖에 없다.

13 괄호 안에 알맞은 용어를 쓰시오.

- (①) : 충격파의 반응전파속도가 음속보다 느린 것
- (②) : 충격파의 반응전파속도가 음속보다 빠른 것

답안
① 폭연
② 폭굉

14 화재조사의 과학적인 방법을 나타낸 것이다. ( ) 안에 알맞은 단계를 쓰시오.

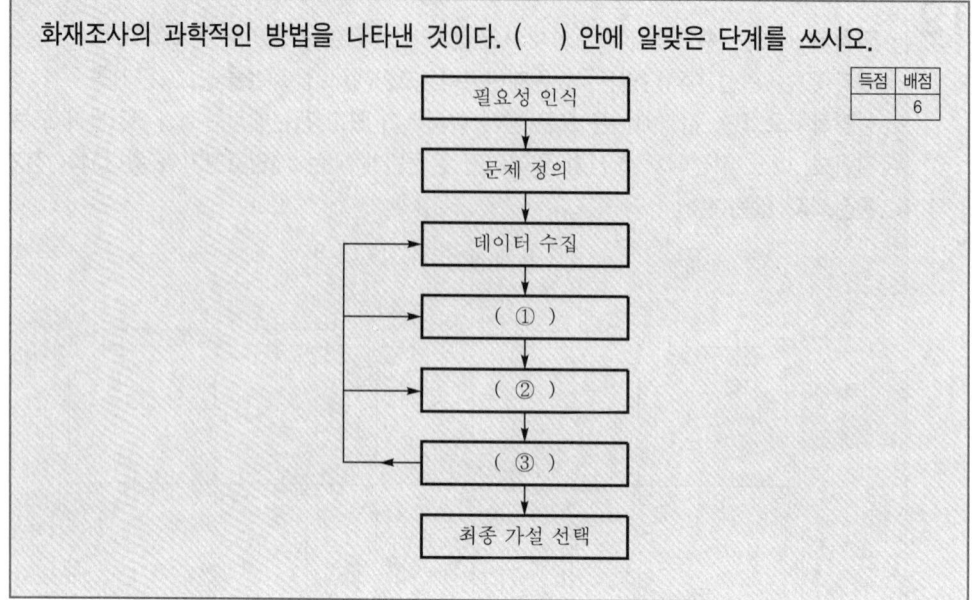

> **답안** ① 데이터 분석
> ② 가설 수립
> ③ 가설 검증

15 대류에 대해 설명하시오.

> **답안** 유체의 실질적인 흐름에 의해 열에너지가 전달되는 현상이다. 유체의 특정부분에 온도가 높을 경우 이 부분의 유체는 열에 의해 팽창되어 밀도가 낮아지므로 가벼워져서 상승하게 되고 주위의 낮은 온도의 유체가 그 구역으로 흘러 들어오는 순환과정이 연속된다.

16 화재패턴에 대한 설명이다. 다음 물음에 답하시오.

가. 물질이 가열되면 용융되기 전에 열팽창과 연화가 일어나는데 금속 자체가 중력방향으로 휘어지거나 금속으로 만들어진 구조물이 쓰러지기도 한다. 이러한 현상을 무엇이라고 하는가?

나. '가'의 현상을 식별함으로써 알 수 있는 것을 쓰시오.

> **답안** (가) 만곡
> (나) 발화지역 또는 화염의 연소방향성을 판단할 수 있다.

17 화재의 소실정도에 따라 다음을 구분하여 쓰시오.

가. 건물의 70% 이상(입체면적에 대한 비율을 말한다.)이 소실되었거나 또는 그 미만이라도 잔존부분을 보수하여도 재사용이 불가능한 것
나. 건물의 30% 이상 70% 미만이 소실된 것

답안 (가) 전소
(나) 반소

화재감식평가기사

본 기출문제는 수험생들의 기억을 바탕으로 작성한 것으로 내용 및 그림, 문제수(배점) 등에서 실제 문제와 다소 차이가 있을 수 있습니다.

01 밀집되어 있는 주거지역에서 화재가 발생하여 인접한 건물까지 전소되고 그 림과 같은 합선흔적(단락흔)이 존재하였다. 그림에서 발화건물과 근거를 설명 하시오. (단, 전기배선은 모든 방에 설치되어 있고 전선배치는 A와 B건물이 모두 동일하고, 어느 지점에서 합선이 일어나자마자 분전반에 있는 메인차단기가 차단되어 전기가 통전되지 않는다.)

득점	배점
	5

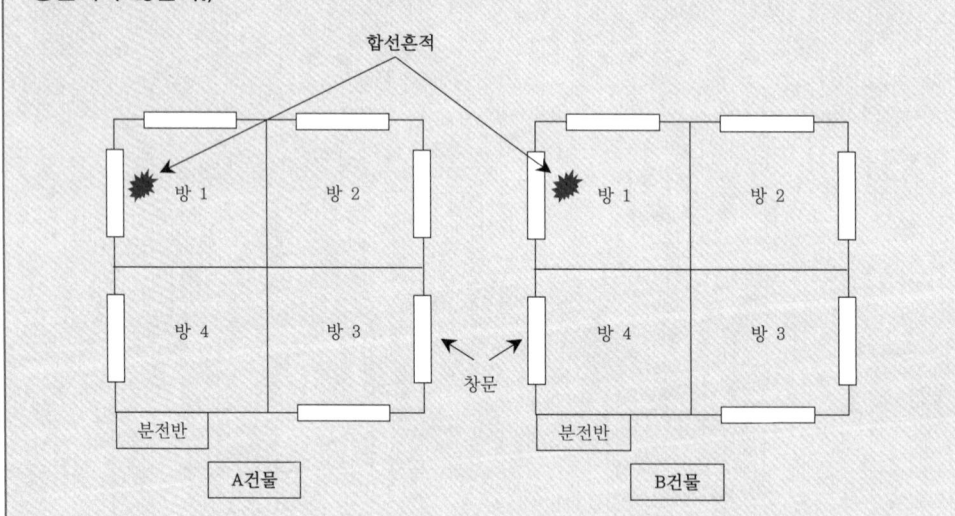

답안
① 발화건물 : A건물 1번방
② 근거 : A건물 방 1에서 전기합선이 일어나자 분전반의 메인차단기가 동작(off)하여 A건물에 있는 다른 방에서는 전기합선이 일어날 수 없으며 화재가 A건물 방 2를 통해 B건물로 연소가 확대되면서 B건물의 방 1에서 전기합선이 발생하자 B건물의 메인차단기가 동작(off)함에 따라 다른 방에서는 합선흔적이 발생할 수 없으므로 A건물 방 1에서 화재가 발생한 것이다.

02
박리흔이 발생할 수 있는 조건 3가지를 쓰시오.

답안
① 경화되지 않은 콘크리트에 있는 수분
② 철근 또는 철망 및 주변 콘크리트 간에 차등팽창
③ 콘크리트혼합물과 골재 간의 차등팽창

03
화재증거물수집관리규칙에 대한 내용이다. 괄호 안에 알맞은 용어를 쓰시오.
가. (①) : 화재와 관련이 있는 물건 및 개연성이 있는 모든 개체를 말한다.
나. (②) : 화재조사현장과 관련된 사람, 물건, 기타 주변상황, 증거물 등을 촬영한 사진, 영상물 및 녹음자료, 현장에서 작성된 정보 등을 말한다.

답안 ① 증거물 ② 현장기록

04
제조물책임법에 대한 괄호 안을 채우시오.

- 손해배상청구권은 피해자가 손해배상책임을 지는 자를 안 날로부터 (①)간 행사하지 아니하면 시효의 완성으로 소멸된다.
- 손해배상청구권은 제조업자가 손해를 발생시킨 제조물을 공급한 날부터 (②) 이내에 행사하여야 한다.
- 손해배상청구권은 신체에 누적되어 사람의 건강을 해치는 물질에 의하여 발생한 손해 또는 일정한 잠복기간이 지난 후에 증상이 나타나는 손해에 대하여는 (③)부터 기산한다.

답안 ① 3년 ② 10년 ③ 그 손해가 발생한 날

05
다음 그림은 가스연소기구인 주물레인지이다. 물음에 답하시오.

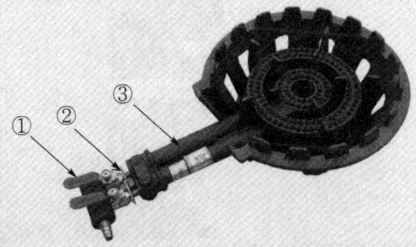

가. ①, ②, ③의 명칭을 쓰시오.
나. 이동식 부탄연소기에는 있지만 식당에서 사용하는 가스연소기에는 없는 안전장치는 무엇인지 쓰시오.

☞ 답안 (가) ① 콕개폐핸들
② 노즐
③ 혼합관
(나) 소화안전장치, 자동점화장치

06
인체보호용 누전차단기의 성능에 대해 답하시오.
가. 정격감도전류
나. 동작시간

배점 5

☞ 답안 (가) 30mA 이하
(나) 0.03초 이하

07
유리 표면의 파손형태에 대한 다음 물음에 답하시오.
가. 충격에 의해 깨졌을 때 특징을 쓰시오.
나. 폭발에 의해 깨졌을 때 특징을 쓰시오.
다. 열에 의해 깨졌을 때 특징을 쓰시오.

배점 10

☞ 답안 (가) 방사상형태로 깨진다.
(나) 유리 전체가 압력을 받아 평행선에 가까운 형태로 깨진다.
(다) 불규칙한 곡선형태로 깨진다.

08
탄화심도를 측정하고자 할 때 포함하여야 할 부분을 계산식으로 쓰시오.

배점 5

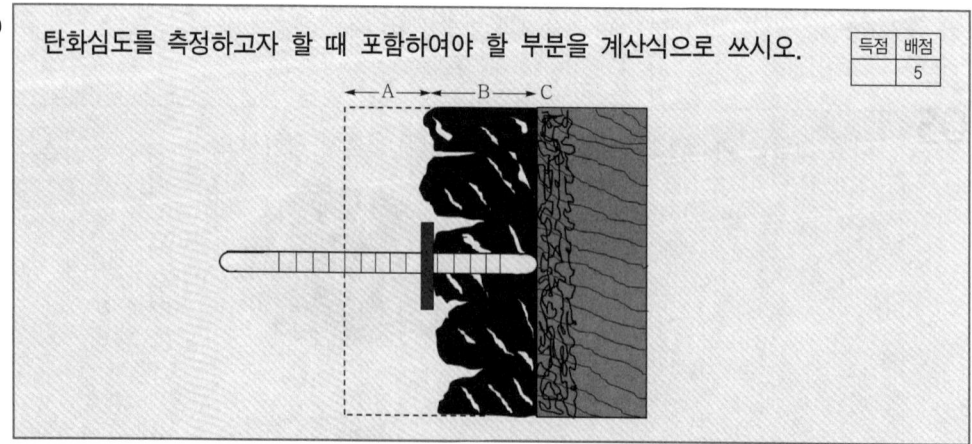

☞ 답안 A+B

09

분진폭발에 대해 다음 물음에 답하시오.

가. 다음 (　) 안을 알맞게 채우시오.

> 분진입자가 공기 중에 (①)상태로 떠 있다가 그 농도가 (②) 안에 있을 때 (③)에 의해 에너지가 공급되면 격심한 폭발이 일어나는 경우로 가스폭발과 화약폭발의 중간형태이다.

나. 분진폭발의 메커니즘을 단계별로 기술하시오.

답안
(가) ① 미세한 분말
② 적당한 범위
③ 화염, 섬광 등 열원(점화원)
(나) 분진입자 표면온도 상승 → 입자표면 열분해 방출 → 폭발성 혼합기체 생성 및 발화 → 화염에 의해 다른 분말입자의 분해촉진 및 전파

10

트래킹의 발생과정에 대해 쓰시오.

가. 1단계
나. 2단계
다. 3단계

답안
(가) 1단계 : 유기절연물 표면에 먼지, 습기 등에 의한 오염으로 도전로가 형성될 것
(나) 2단계 : 미소한 불꽃방전이 발생할 것
(다) 3단계 : 방전에 의한 표면의 탄화가 진행될 것

11

다음 물음에 답하시오.

가. 유리에 충격을 가하면 측면에 나타나는 물결모양으로 리플마크라고도 한다. 이를 무엇이라고 하는가?

나. 유리의 파단면이다. 충격방향을 쓰시오.

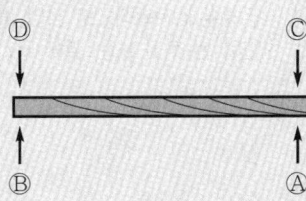

답안 (가) 월러라인
(나) Ⓐ

12
연소의 4요소를 쓰시오.

답안
① 가연물
② 점화원
③ 산소공급원
④ 연쇄반응

13
다음 물음에 답하시오.

가. 실화자에게 중대한 과실이 없는 경우 그 손해배상액의 경감에 관한 민법 제765조의 특례를 정함을 목적으로 하는 법률을 쓰시오.

나. 실화가 중대한 과실로 인한 것이 아닌 경우 그로 인한 손해배상의무자가 법원에 손해배상액의 경감을 청구할 수 있는 경우 4가지를 쓰시오.

답안
(가) 실화책임에 관한 법률
(나) ① 화재의 원인과 규모
② 피해의 대상과 정도
③ 연소 및 피해확대의 원인
④ 피해확대를 방지하기 위한 실화자의 노력

14
화재조사 및 보고규정에서 정한 용어의 정의이다. ( ) 안에 알맞은 단어를 기술하시오.

- (①)란 화재원인을 규명하고 화재로 인한 피해를 산정하기 위하여 자료의 수집, 관계자 등에 대한 질문, 현장확인, 감식, 감정 및 실험 등을 하는 일련의 행동을 말한다.
- (②)이란 화재원인의 판정을 위하여 전문적인 지식, 기술 및 경험을 활용하여 주로 시각에 의한 종합적인 판단으로 구체적인 사실관계를 명확하게 규명하는 것을 말한다.
- (③)이란 화재와 관계되는 물건의 형상, 구조, 재질, 성분, 성질 등 이와 관련된 모든 현상에 대하여 과학적 방법에 의한 필요한 실험을 행하고 그 결과를 근거로 화재원인을 밝히는 자료를 얻는 것을 말한다.
- (④)란 열원에 의하여 가연물질에 지속적으로 불이 붙는 현상을 말한다.
- (⑤)이란 발화의 최초 원인이 된 불꽃 또는 열을 말한다.

답안
① 조사
② 감식
③ 감정
④ 발화
⑤ 발화열원

15. 도넛패턴의 발생원인을 쓰시오.

답안 가연성 액체가 살포된 지역의 중심부는 액체가연물이 증발하면서 증발잠열의 냉각효과에 의해 보호되기 때문에 바깥쪽 부분이 탄화되더라도 안쪽은 연소되지 않고 고리모양의 패턴이 생성된다.

16. 화재의 소실 정도를 구분하여 쓰시오.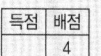
가. 건물의 50%가 소손되었고 잔존부분을 보수하여도 재사용이 불가한 것은?
나. 차량 50%가 소손된 것은?

답안 (가) 전소
(나) 반소

해설 전소는 건물의 70% 이상(입체면적에 대한 비율을 말함)이 소실되었거나 또는 그 미만이라도 잔존부분을 보수하여도 재사용이 불가능한 것을 말한다. 자동차·철도차량, 선박 및 항공기 등의 소실 정도는 건축·구조물 화재의 소실 정도를 준용한다.

17. 전담부서에서 갖추어야 할 장비와 시설 중 감식기기 종류 5가지를 쓰시오.

답안
① 절연저항계
② 멀티테스터기
③ 클램프미터
④ 정전기측정장치
⑤ 누설전류계

2022년 7월 24일 화재감식평가산업기사

본 기출문제는 수험생들의 기억을 바탕으로 작성한 것으로 내용 및 그림, 문제수(배점) 등에서 실제 문제와 다소 차이가 있을 수 있습니다.

01 다음 그림을 보고 물음에 답하시오.

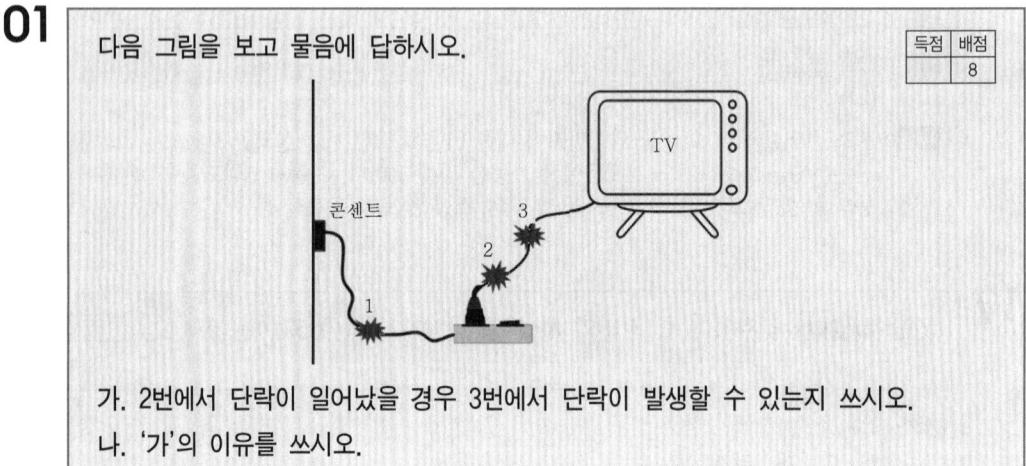

가. 2번에서 단락이 일어났을 경우 3번에서 단락이 발생할 수 있는지 쓰시오.
나. '가'의 이유를 쓰시오.

답안 (가) 단락이 발생할 수 없다.
(나) 2번에서 단락이 되면 그 이후로는 전류가 흐르지 않아 3번에서 단락이 발생할 수 없다.

02 화재증거물수집관리규칙이다. 용어의 정의를 쓰시오.

- (①)이란 화재와 관련이 있는 물건 및 개연성이 있는 모든 개체를 말한다.
- (②)이란 화재증거물을 획득하고 해당 물건을 분석하여 사건과 관련된 화재증거를 추출하는 과정을 말한다.
- (③)이란 화재조사현장과 관련된 사람, 물건, 기타 주변 상황, 증거물 등을 촬영한 사진, 영상물 및 녹음자료, 현장에서 작성된 정보 등을 말한다.
- (④)이란 화재조사현장과 관련된 사람, 물건, 기타 상황, 증거물 등을 촬영한 사진을 말한다.
- (⑤)란 화재현장에서 화재조사현장과 관련된 사람, 물건, 그 밖의 주변 상황, 증거물을 촬영하거나 조사의 과정을 촬영한 것을 말한다.

☞ 답안 ① 증거물
② 증거물수집
③ 현장기록
④ 현장사진
⑤ 현장비디오

03

제조물책임법의 용어의 정의이다. 빈칸에 들어갈 알맞은 답을 쓰시오. [배점 5]

- "제조업자"란 다음의 자를 말한다.
- 제조물의 (①)·(②) 또는 (③)을 업(業)으로 하는 자
- 제조물에 (④)·(⑤)·상표 또는 그 밖에 식별(識別) 가능한 기호 등을 사용하여 자신을 ①의 자로 표시한 자 또는 ①의 자로 오인하게 할 수 있는 표시를 한 자

☞ 답안 ① 제조 ② 가공 ③ 수입 ④ 성명 ⑤ 상호

04

자연발화의 원인별 형태이다. 해당하는 물질을 1가지 이상 쓰시오. [배점 5]

① 산화열   ② 분해열   ③ 발효열   ④ 흡착열   ⑤ 중합열

☞ 답안 ① 동식물유
② 셀룰로이드
③ 퇴비
④ 활성탄
⑤ 초산비닐

05

가스검지기의 그림이다. 번호에 알맞은 명칭을 쓰시오. [배점 6]

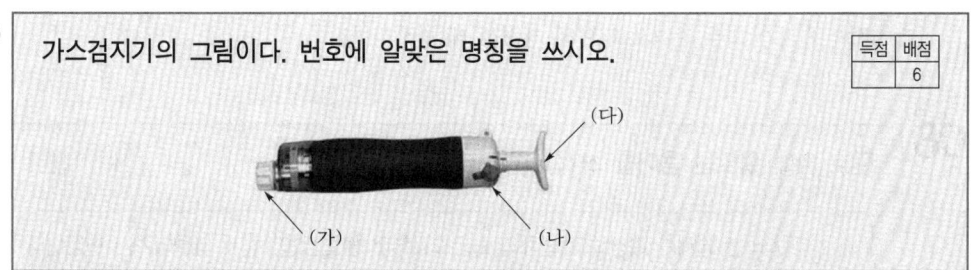

☞ 답안 (가) 연결구(접속부)
(나) 팁 커터
(다) 손잡이

06

다음 그림을 보고 물음에 답하시오.

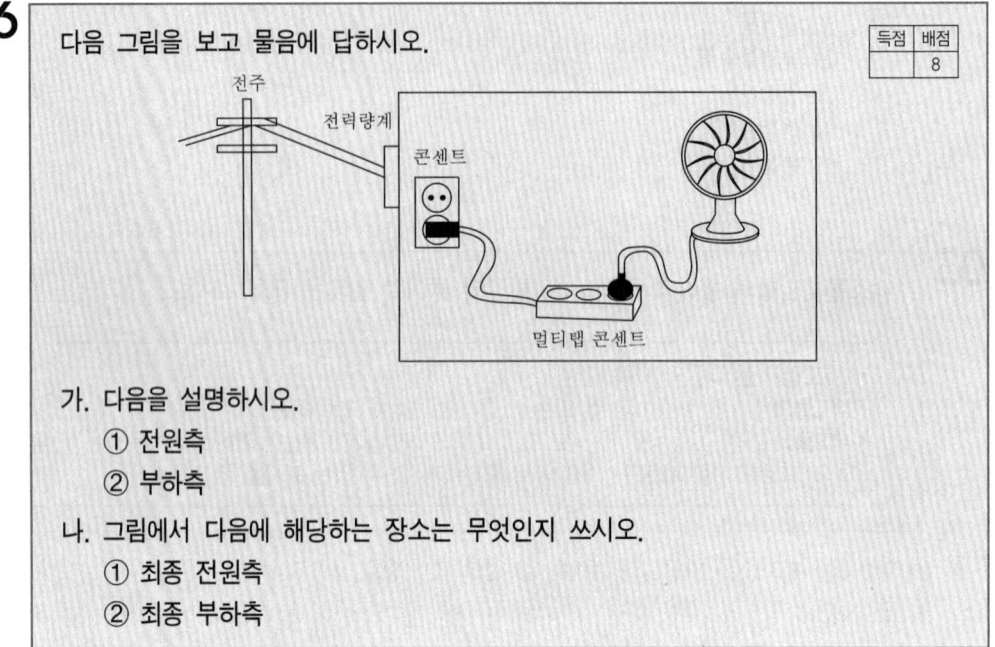

가. 다음을 설명하시오.
  ① 전원측
  ② 부하측
나. 그림에서 다음에 해당하는 장소는 무엇인지 쓰시오.
  ① 최종 전원측
  ② 최종 부하측

답안 (가) ① 전원측 : 전력량계 및 전주가 해당되며 전기를 공급해 주는 방향을 말한다.
  ② 부하측 : 멀티탭 콘센트와 선풍기가 해당되며 전원을 공급받는 방향을 말한다.
(나) ① 최종 전원측 : 전력량계
  ② 최종 부하측 : 선풍기

해설 선풍기 및 콘센트에서 단락 등 사고전류가 발생하면 전력량계의 차단기가 트립되어 전원 공급이 차단된다. 사고전류가 주택 내부에서 발생한 것으로 전주와는 관계가 없다. 전주와 전력량계에 공급되는 전압도 다르다.

07

유리의 측면에 리플마크가 나타나는 원인을 쓰시오.

답안 유리가 외부 충격으로 인해 깨졌을 때 발생한다.

08

괄호 안에 알맞은 용어를 쓰시오.

( )란 타는 냄새가 확산되고 물체의 표면으로부터 불꽃 없이 깊게 타들어가는 현상이다.

답안 무염연소

09
화재현황조사서 작성 시 발화요인에 해당하는 내용 6가지를 쓰시오. [득점/배점 6]

답안
① 전기적 요인
② 기계적 요인
③ 가스누출(폭발)
④ 화학적 요인
⑤ 교통사고
⑥ 부주의

10
다음 용어에 대해 설명하시오. [득점/배점 6]

가. 트래킹 나. 반단선

답안
(가) 전압이 인가된 이극 도체 간의 절연물 표면에 수분, 먼지, 금속분 등이 부착되면 오염된 곳의 표면을 따라 전류가 흘러 소규모 불꽃방전이 일어나고 이것이 지속적으로 반복되면 절연물 표면 일부가 탄화되어 도전성 통로가 형성되는 현상
(나) 전선이 절연피복 내에서 단선되고 그 부분에서 단선과 이어짐이 반복되는 상태 및 단선된 후 일부가 접촉상태로 남아 있는 상태

11
다음 설명에 해당하는 열전달방법을 쓰시오. [득점/배점 6]

① 물체 내의 온도차로 인해 온도가 높은 분자와 인접한 온도가 낮은 분자 간에 직접적인 충돌로 열에너지가 전달되는 것
② 유체(fluid)입자의 움직임에 의해 열에너지가 전달되는 것
③ 전자파의 형태로 열이 옮겨지는 것

답안 ① 전도 ② 대류 ③ 복사

12
실화책임에 관한 법률에서 화재피해액을 감경할 수 있는 사유 3가지를 쓰시오. [득점/배점 6]

답안
① 화재의 원인과 규모
② 피해의 대상과 정도
③ 연소 및 피해확대의 원인

13
화재조사 및 보고규정에 따른 화재의 유형 5가지를 쓰시오. (단, 기타화재는 제외)

답안
① 건축·구조물 화재
② 자동차·철도차량 화재
③ 위험물·가스제조소 등 화재
④ 선박·항공기 화재
⑤ 임야화재

14
다음 빈칸을 완성하시오.

- 금속이 화재로 열을 받아 용융하기 전에 자중 등으로 인해 좌굴하면 (①)이라는 형상을 남긴다.
- 지붕이 하중을 받고 있을 때 화염이 기둥 우측에 있을 때에는 기둥은 (②) 방향으로 휜다.

답안 ① 만곡 ② 우측

해설 금속기둥이 지붕을 받쳐 하중을 받는 구조라면 화염을 먼저 받는 방향으로 연화되고 하중을 이기지 못해 화염방향으로 도괴된다.

15
인화성 액체 가연물이 바닥에 뿌려졌을 때 쏟아진 부분과 쏟아지지 않은 부분의 탄화경계흔적을 나타내는 화재 패턴은?

답안 포어 패턴(퍼붓기 패턴)

16
화재조사 및 보고규정에 따른 건물 동수를 같은 동으로 산정하는 경우 5가지를 쓰시오.

답안
① 주요구조부가 하나로 연결되어 있는 것
② 건물의 외벽을 이용하여 실을 만들어 헛간, 목욕탕, 작업실, 사무실 및 기타 건물 용도로 사용하고 있는 것
③ 구조에 관계없이 지붕 및 실이 하나로 연결되어 있는 것
④ 목조 또는 내화조 건물의 경우 격벽으로 방화구획이 되어 있는 경우
⑤ 내화조 건물의 옥상에 목조 또는 방화구조 건물이 별도 설치되어 있으나 이들 건물의 기능상 하나인 경우(옥내계단이 있는 경우)

17 탄화심도를 측정하고자 할 때 포함하여야 할 부분을 계산식으로 쓰시오.

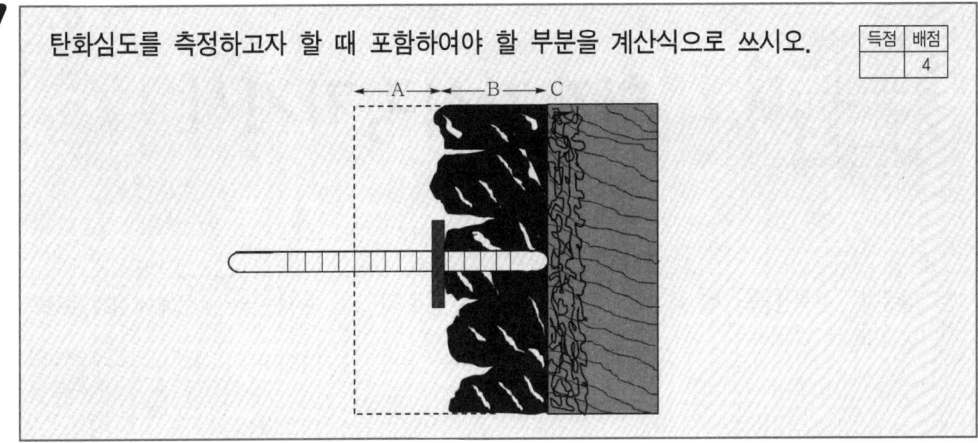

답안 A+B

화재감식평가기사

본 기출문제는 수험생들의 기억을 바탕으로 작성한 것으로 내용 및 그림, 문제수(배점) 등에서 실제 문제와 다소 차이가 있을 수 있습니다.

01
그림을 보고 단락이 발생한 순서를 쓰시오.

답안 C → B → A

02
화재증거물 수집관리규칙상 증거물에 대한 유의사항에 따르면 증거물의 수집, 보관, 이동 등에 대한 취급방법은 증거물이 법정에 제출되는 경우에 증거로서의 가치를 상실하지 않도록 적법한 절차와 수단에 의해 획득할 수 있도록 준수해야 하는 3가지 사항을 쓰시오.

답안
① 관련법규 및 지침에 규정된 일반적인 원칙과 절차를 준수한다.
② 화재조사에 필요한 증거수집은 화재피해자의 피해를 최소화하도록 하여야 한다.
③ 화재증거물은 기술적, 절차적인 수단을 통해 진정성, 무결성이 보존되어야 한다.
④ 화재증거물을 획득할 때에는 증거물의 오염, 훼손, 변형되지 않도록 적절한 장비를 사용하여야 하며, 방법의 신뢰성이 유지되어야 한다.
⑤ 최종적으로 법정에 제출되는 화재증거물의 원본성이 보장되어야 한다.

03

제조물책임법에 대한 내용이다. 괄호 안을 쓰시오.

- 결함이란 해당 제조물에 (①)상·설계상 또는 (②)상의 결함이 있거나 그 밖에 통상적으로 기대할 수 있는 (③)이 결여되어 있는 것을 말한다.
- 제조물책임법은 제조물의 결함으로 발생한 손해에 대한 제조업자 등의 (④)을 규정함
- 손해배상청구권은 피해자 또는 그 법정대리인이 그 손해 및 손해배상책임을 지는 자를 안 날로부터 (⑤)년간 행사하지 않으면 소멸된다.

답안 ① 제조 ② 표시 ③ 안전성
④ 손해배상책임 ⑤ 3

04

자연발화를 다음 조건에 맞게 설명하시오.
가. 주변 온도
나. 표면적
다. 산소

답안 (가) 주변 온도가 높을 것
(나) 표면적이 넓을 것
(다) 산소의 공급이 적당할 것

05

공장에서 화재로 인해 창고(660m²)에 있던 종이 10톤(ton)이 완전 연소하였다. 다음 물음에 답하시오. (단, 종이의 단위발열량은 4,000kcal/kg으로 한다.)
가. 화재하중 기본계산식을 쓰시오.
나. 화재하중을 계산하시오.

답안 (가) 화재하중$(Q) = \dfrac{\sum GH_1}{HA}$

여기서, Q : 화재하중(kg/m²)
H : 목재의 단위발열량(4,500kcal/kg)
A : 바닥면적(m²)
G : 모든 가연물의 양(kg)
H_1 : 가연물의 단위발열량(kcal/kg)

(나) 종이 10톤(10,000kg) × 종이의 단위발열량(4,000kcal/kg) = 40,000,000kcal/kg이므로 40,000,000/4,500 × 660 = 13.468kg/m²
∴ 13.47kg/m²

06
화재조사분석 장비에 관한 것이다. 각 물음에 답하시오.

가. 화재현장에서 석유류에 의해 탄화된 것으로 추정되는 증거물을 수거하여 디클로로메탄이 들어 있는 비커에 넣어 여과과정을 통해 액체를 추출한 후 가열한 시료를 분석하는 방식의 장비는?

나. 과전류차단기와 같이 내부의 동작여부를 볼 수 없거나 플라스틱 케이스가 용융되어 내부 스위치의 동작여부를 알 수 없을 때 사용하는 장비는?

답안
(가) 가스크로마토그래피(GC)
(나) X선촬영기(X선투과기, X선투과장치), 비파괴촬영기

07
다음 물음에 답하시오.
가. 누전에 대하여 설명하시오.
나. 누전에 의한 화재로 판정할 수 있는 조건 3가지를 쓰시오.
다. 누전차단기에서 누설전류를 감지하는 장치는 무엇인지 쓰시오.

답안
(가) 절연이 불량하여 전기의 일부가 전선 밖으로 누설되어 주변의 도체에 접촉하여 흐르는 현상
(나) 누전점, 접지점, 출화점
(다) 영상변류기(ZCT)

08
폭발 및 화재열로 인한 유리의 파손형태를 각각 도식하고 특징을 기술하시오.

답안
① 폭발로 인한 유리 파손형태 특징 : 유리의 표면적 전체가 압력을 받아 파손되며 파손형태는 평행선에 가까운 형태로 깨지며 충격에 의해 생성되는 동심원형태의 파단은 발생하지 않는다.

② 화재열로 인한 유리 파손형태 특징 : 길고 불규칙한 형태로 금이 가면서 파손되며 유리의 단면에는 월러라인이 발생하지 않는다.

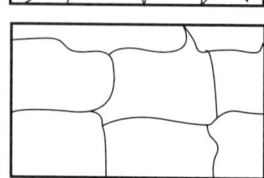

09
훈소(무염연소)에서 유염연소로 전환되기 위한 조건 2가지를 쓰시오.

답안 ① 충분한 산소공급 ② 온도상승

10
목재의 탄화심도를 측정하고자 한다. 각 물음에 답하시오.
가. 압력은 어떻게 가해야 하는가?
나. 탐침의 삽입방향은?
다. 측정부분은 어디인가?

답안
(가) 동일한 측정점에서 동일한 압력으로 측정한다.
(나) 목재의 중심선에서 직각으로 삽입한다.
(다) 탄화 및 균열이 발생한 철(凸) 부분을 측정한다.

11
소방시설 등 활용조사서의 소화활동설비 6가지를 쓰시오.

답안
① 제연설비 ② 연결송수관설비
③ 연결살수설비 ④ 비상콘센트설비
⑤ 무선통신보조설비 ⑥ 연소방지설비

12
가스폭발과 비교하여 분진폭발의 특징 3가지를 쓰시오.

답안
① 연소속도나 폭발압력은 가스폭발보다 작다.
② 가스폭발에 비해 연소시간이 길다.
③ 가스폭발은 1차폭발이지만 분진폭발은 2차, 3차폭발로 피해범위가 크다.

13
전기적 요인에 관한 설명이다. 각 물음에 답하시오.
가. 전원코드가 꽂혀 있고 사용하지 않던 선풍기 목조절부(회전부) 배선이 전기적 원인이 되어 화재가 발생하였다. 선풍기가 회전하면서 배선이 계속 반복적인 구부림에 의해 스트레스를 받았다고 가정한다면 화재원인은 무엇으로 추정할 수 있는가?
나. '가'에서 답한 원인의 화재발생 메커니즘은?

답안
(가) 반단선
(나) 반단선 상태에서 통전을 하면 소선의 1선이 끊어짐과 이어짐을 반복하게 되면서 국부적으로 스파크가 발생하고 도체의 저항은 단면적에 반비례하므로 반단선 개소의 저항치가 커져 줄열에 의한 발열량이 증가하여 전선의 피복 등 주위 가연물이 타기 시작한다. 소선의 1선에서 발생한 스파크로 인해 결국 다른 한쪽의 피복까지도 소손되면서 단락이 발생하는데 반단선은 통전하는 단면적의 감소를 뜻하며 이는 곧 과부하상태를 의미한다.

14
화상관련 9의 법칙에 대하여 각 부위별 화상 %를 쓰시오.
가. 머리 나. 상반신 앞면 다. 생식기
라. 오른팔 마. 왼쪽다리 앞면

답안
(가) 머리 : 9%
(나) 상반신 앞면 : 18%
(다) 생식기 : 1%
(라) 오른팔 : 9%
(마) 왼쪽다리 앞면 : 9%

15
그림과 같이 화재가 진행되었을 때 벽면 (A)에 생성되는 화재패턴을 쓰시오.

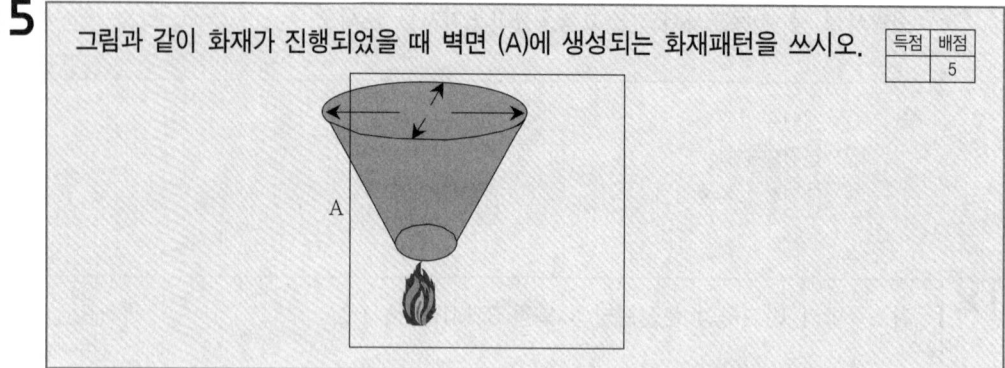

답안 U 패턴
※ 화염이 천장방면으로 원추형의 상태로 성장할 때 벽면에는 복사열의 영향을 받아 완만한 곡선형태의 U 패턴이 생성된다. 일반적으로 U 패턴은 V 패턴보다 높은 지점에서 발생한다.

16
폭연에 대한 설명이다. ( ) 안에 알맞은 용어 또는 수치를 쓰시오.

폭연현상은 (가), (나), (다)을(를) 발생시키는 매우 빠른 산화반응으로 연소속도는 (라)m/s 이하이다.

답안
(가) 열
(나) 빛
(다) 압력파
(라) 10

17 과학적 방법의 메커니즘으로 다음 각 빈칸을 채워 넣으시오.

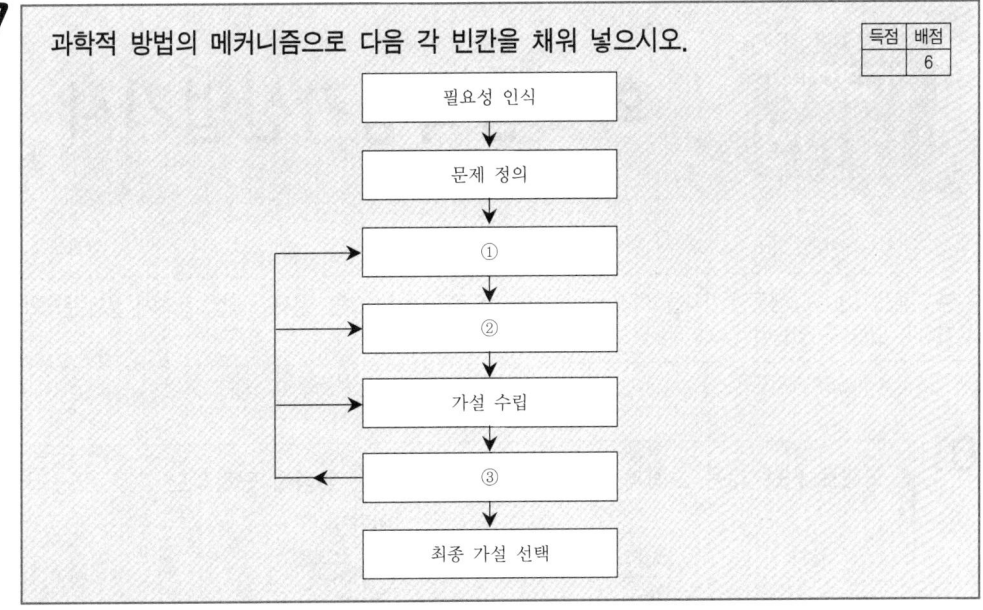

답안
① 자료수집
② 자료분석
③ 가설검증

18 자연발화의 원인별 형태이다. 해당하는 물질을 1가지 이상 쓰시오.

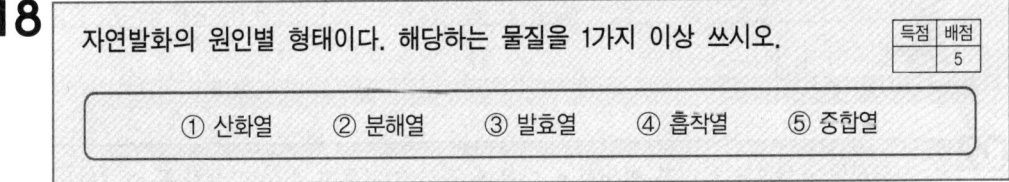

답안
① 동식물유
② 셀룰로이드
③ 퇴비
④ 활성탄
⑤ 초산비닐

화재감식평가산업기사

본 기출문제는 수험생들의 기억을 바탕으로 작성한 것으로 내용 및 그림, 문제수(배점) 등에서 실제 문제와 다소 차이가 있을 수 있습니다.

01
화재로 인해 다음 그림과 같이 단락이 발생하였다. 물음에 답하시오.

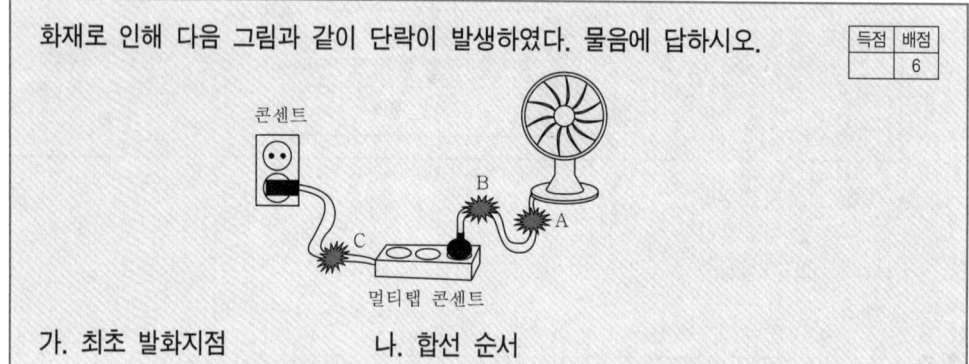

가. 최초 발화지점   나. 합선 순서

답안 (가) A, (나) A → B → C

02
사무실(40m²)에서 화재가 발생하여 다음과 같이 가연물이 소실되었다. 물음에 답하시오.

구 분	수 량	중량(kg)	단위 발열량(kcal/kg)	가연물 발열량(kcal)
식탁	1	15	4,500	65,500
냉장고	1	40	9,500	456,000

가. 화재하중 기본계산식을 쓰시오.
나. 화재하중을 계산하시오.

답안 (가) 화재하중$(Q) = \dfrac{\sum GH_1}{HA}$

여기서, Q : 화재하중(kg/m²)
H : 목재의 단위발열량(4,500kcal/kg)
A : 바닥면적(m²)
G : 모든 가연물의 양(kg)
H_1 : 가연물의 단위 발열량(kcal/kg)

(나) ① 식탁 : 15kg×4,500kcal/kg=67,500kcal/kg
② 냉장고 : 40kg×9,500kcal/kg=380,000kcal/kg
∴ 67,500+380,000=447,500kcal/kg
$$\frac{447,500\text{kcal/kg}}{4,500\times 40\text{m}^2}=2.48\text{kg/m}^2$$

03

화재증거물수집관리규칙에 대한 내용이다. 괄호 안을 채우시오.

증거물의 보관 및 이동은 장소 및 방법, 책임자 등이 지정된 상태에서 행해져야 되며, 책임자는 전 과정에 대하여 이를 입증할 수 있도록 다음 사항을 작성하여야 한다.
- (①) 개봉일자, 개봉자
- (②), 발신자
- (③), 수신자
- (④) 기타사항 기재

답안 ① 증거물 최초 상태 ② 증거물 발신일자
③ 증거물 수신일자 ④ 증거관리가 변경되었을 때

04

제조물책임법상 배상의무자의 배상책임이 면책되는 사유 3가지를 쓰시오.

답안 ① 제조업자가 해당 제조물을 공급하지 아니하였다는 사실
② 제조업자가 해당 제조물을 공급할 당시의 과학·기술수준으로는 결함의 존재를 발견할 수 없었다는 사실
③ 제조물의 결함이 제조업자가 해당 제조물을 공급한 당시의 법령에서 정하는 기준을 준수함으로써 발생하였다는 사실

05

다음 그림은 전선의 단면이다. 물음에 답하시오.

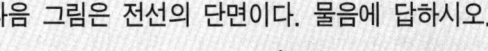

가. 원인이 무엇인지 쓰시오.
나. 선행원인이 무엇인지 쓰시오.

답안 (가) 반단선, (나) 전선에 반복적인 굽힘력이 작용할 때 발생

06. 모래시계패턴, U패턴, 끝이 잘린 원추패턴, 역 V패턴을 설명하고 그림을 그리시오.

답안

① 모래시계패턴

화염이 수직벽면과 가까이 있을 때 형성되고 화염구역에는 거꾸로 된 V형태가 나타나고 고온가스구역에는 V형태가 형성된다.

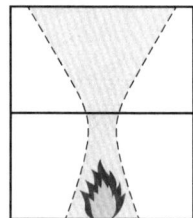

② U패턴

V패턴과 유사하지만 복사열의 영향을 더욱 크게 받고 U패턴의 아래에 있는 경계선은 일반적으로 V패턴의 경계선보다 높다.

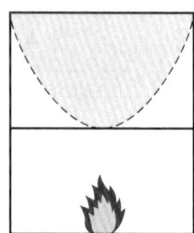

③ 끝이 잘린 원추패턴

수직면과 수평면에 모두 나타나는 3차원패턴으로 천장에는 원형 패턴이 나타나고 벽면에는 U패턴형태가 나타난다.

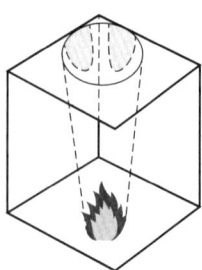

④ 역 V패턴

바닥에서 천장까지 화염이 닿지 않거나 낮은 열방출률 또는 짧은 시간에 불완전하게 연소한 결과로 나타난다.

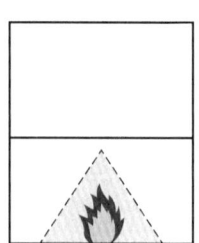

07. 폭발 및 화재열로 인한 유리의 파손형태를 각각 도식하고 특징을 기술하시오.

답안

① 폭발로 인한 유리 파손형태 특징 : 유리의 표면적 전체가 압력을 받아 파손되며 파손형태는 평행선에 가까운 형태로 깨지며 충격에 의해 생성되는 동심원형태의 파단은 발생하지 않는다.

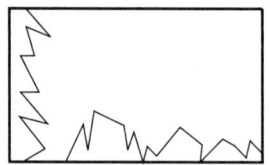

② 화재열로 인한 유리 파손형태 특징 : 길고 불규칙한 형태로 금이 가면서 파손되며 유리의 단면에는 월러라인이 발생하지 않는다.

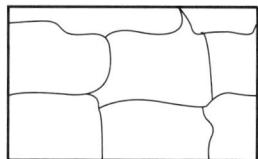

08

다음 그림을 보고 물음에 답하시오.

가. ①, ②, ③의 명칭을 쓰시오.
나. 사용용도를 쓰시오.

답안 (가) ① : 검지부(센서)
② : 발광부(LED램프)
③ : 발음부(음향부)
(나) 전로의 정전 또는 통전 여부를 확인

해설 주어진 문제의 그림은 저압용 검전기(비접촉식)로 검지부를 통전 중인 전선이나 콘센트 등에 깃다 대면 발광과 함께 음향이 울러 통전 중임을 확인할 수 있다. 테스트버튼은 검전기 자체의 이상 유무를 확인하는 버튼이다.

09

자연발화를 다음 조건에 맞게 설명하시오.
가. 주변 온도
나. 표면적
다. 산소

답안 (가) 주변 온도가 높을 것
(나) 표면적이 넓을 것
(다) 산소의 공급이 적당할 것

10
제조물책임법에 대한 설명이다. 괄호 안에 알맞은 내용을 채우시오.

가. 손해배상 청구권은 피해자가 (①)을 지는 자를 안 날로부터 3년간 행사하지 아니하면 시효의 완성으로 소멸된다.
나. (②)이란 제조업자가 합리적인 대체설계를 채용하였더라면 피해나 위험을 줄이거나 피할 수 있었음에도 대체설계를 채용하지 아니하여 해당 제조물이 안전하지 못하게 된 경우를 말한다.
다. 제조물책임법은 제조물의 결함으로 발생한 손해에 대한 (③) 등의 손해배상책임을 규정한다.
라. 손해배상의 청구권은 제조업자가 손해를 발생시킨 제조물을 공급한 날부터 (④)년 이내에 행사하여야 한다.

답안
① 손해배상책임
② 설계상의 결함
③ 제조업자
④ 10

11
누전화재의 3요소를 쓰시오.

답안 ① 누전점 ② 접지점 ③ 출화점

12
훈소(무염연소)에서 유염연소로 전환되기 위한 조건 2가지를 쓰시오.

답안 ① 충분한 산소공급 ② 온도상승

13
다음 괄호 안에 용어를 바르게 쓰시오.

- (①)란 사람의 의도에 반하거나 고의에 의해 발생하는 연소 현상으로서 소화설비 등을 사용하여 소화할 필요가 있거나 또는 사람의 의도에 반해 발생하거나 확대된 화학적인 폭발현상을 말한다.
- (②)란 화재 당시의 피해물과 같거나 비슷한 것을 재건축(설계감리비 포함) 또는 재취득하는 데 필요한 금액을 말한다.
- (③)란 화재 당시에 피해물의 재구입비에 대한 현재가의 비율을 말한다.

답안 ① 화재 ② 재구입비 ③ 잔가율

14. 롤오버(rollover)현상의 정의를 쓰시오.

답안 화재 초기단계에 가연성 가스와 산소가 혼합된 상태로 천장부분에 쌓였을 때 연소한계에 도달하여 점화되면 화염이 천장면을 따라 굴러가듯이 연소하는 현상이다.

15. 다음 그림을 보고 누전의 3요소와 각각의 장소를 쓰시오.

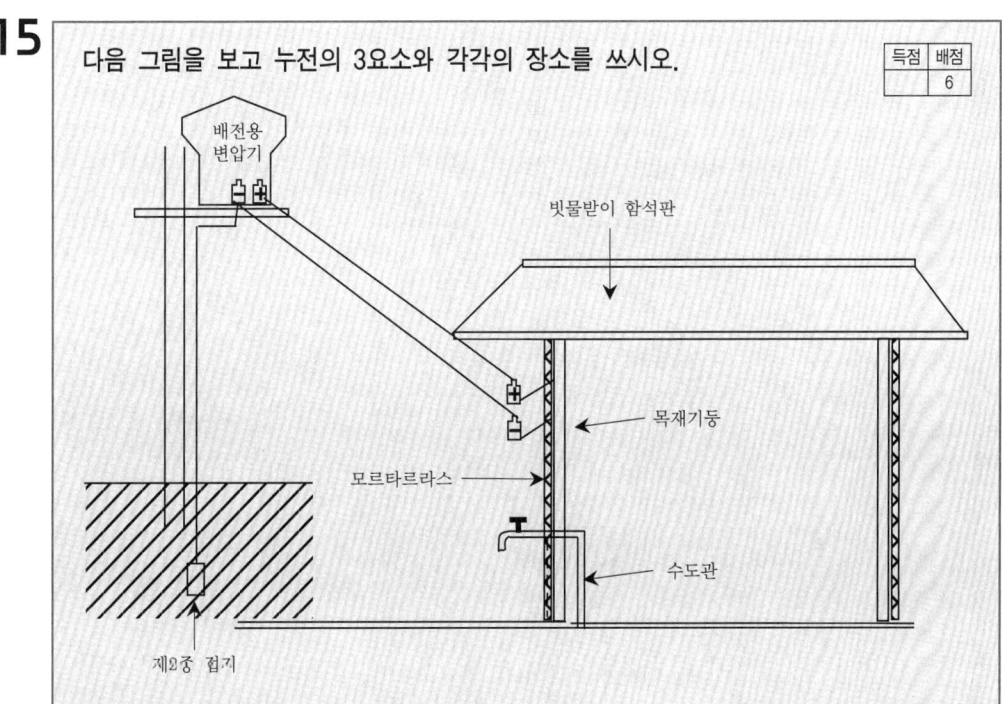

답안
① 누전점 : 빗물받이 함석판
② 출화점 : 모르타르라스
③ 접지점 : 수도관

● MEMO ●

2023년 4월 22일 화재감식평가기사

본 기출문제는 수험생들의 기억을 바탕으로 작성한 것으로 내용 및 그림, 문제수(배점) 등에서 실제 문제와 다소 차이가 있을 수 있습니다.

01
다음의 종류에 대해 2가지 이상 쓰시오.
가. 직렬아크
나. 병렬아크

답안 (가) 직렬아크 : 반단선, 접촉불량
(나) 병렬아크 : 단락, 지락

02
통전 중인 콘센트와 플러그가 접속된 상태로 출화하였다. 연소 특징을 쓰시오.

답안 ① 콘센트 : 콘센트의 칼받이가 열린 상태로 남아 있고 복구되지 않으며 부분적으로 용융될 수 있다.
② 플러그 : 플러그핀이 용융되어 파여나가거나 잘려나가기도 하며 외부에서 유입된 연기 등의 오염원이 적다.

03
중성대에 대한 물음에 답하시오.
가. 정의를 쓰시오.
나. 중성대가 건물 내부에 높이 있다면 화재의 성장기와 최성기 중 어느 단계에 해당하는가?

답안 (가) 구획실 화재 시 온도가 높아지면 부력이 발생하여 천장쪽 고온가스는 밖으로 밀려나고 바닥쪽으로 새로운 공기가 유입되어 천장과 바닥 사이의 어딘가에 실내정압과 실외정압이 같아지는 면을 중성대라고 한다.
(나) 성장기

04

누전차단기 화재에서 트래킹현상이 식별되었다. 감식사항 2가지를 쓰시오.

답안 ① 절연체에 전류가 흘러 국부적으로 탄화되거나 균열된 흔적 생성 여부를 확인한다.
② 전극 상호간 금속단자의 용융 여부를 확인한다.

해설 트래킹으로 인해 전류가 절연체로 흐르게 되면 국부적으로 탄화 또는 균열된 흔적이 보이며, 절연체가 소실되더라도 전극 상호간 금속단자에 용융된 흔적이 발견된다.

05

다음 물음에 답하시오.

〈보기〉
① 시동모터   ② 점화코일   ③ 배전기   ④ 고압케이블

가. 다음 그림을 보고 보기의 명칭을 선택하여 쓰시오.

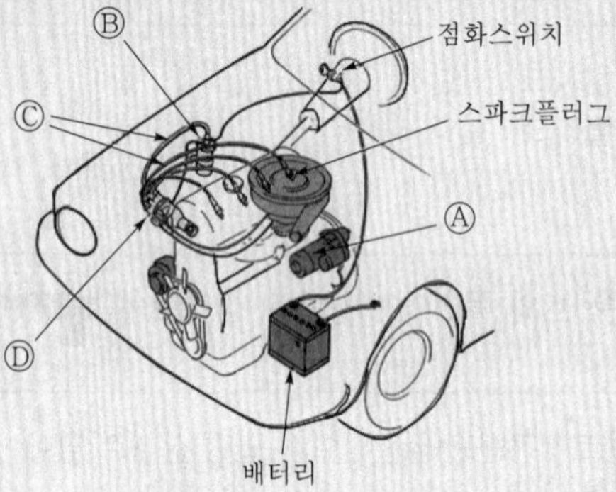

나. 가솔린자동차의 점화장치 전류의 흐름을 보기의 번호를 선택하여 (   ) 안에 쓰시오.

점화스위치 – 배터리 – (   ) – (   ) – (   ) – (   ) – 스파크플러그

답안 (가) Ⓐ 시동모터
Ⓑ 점화코일
Ⓒ 고압케이블
Ⓓ 배전기
(나) 점화스위치 – 배터리 – (①) – (②) – (③) – (④) – 스파크플러그

06

다음 그림은 전선의 단면이다. 물음에 답하시오.

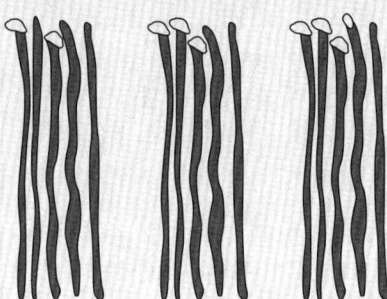

가. 원인이 무엇인지 쓰시오.
나. 선행원인이 무엇인지 쓰시오.

답안 (가) 반단선
(나) 전선에 반복적인 굽힘력이 작용할 때 발생한다.

07

증거물수집관리규칙에 의한 시료용기의 마개기준 4가지를 쓰시오.

답안
① 코르크마개, 고무(클로로프렌고무는 제외), 마분지, 합성 코르크마개 또는 플라스틱물질(PTFE는 제외)은 시료와 직접 접촉되어서는 안 된다.
② 만일 이러한 물질들을 시료용기의 밀폐에 사용할 때에는 알루미늄이나 주석포일로 감싸야 한다.
③ 양철용기는 돌려막는 스크루뚜껑만 아니라 밀어 막는 금속마개를 갖추어야 한다.
④ 유리마개는 병의 목부분에 공기가 새지 않도록 단단히 막아야 한다.

08

목재의 탄화심도를 측정하고자 한다. 다음 각 물음에 답하시오.
가. 압력은 어떻게 가해야 하는지 쓰시오.
나. 탐침의 삽입방향을 쓰시오.
다. 측정 부분이 어디인지 쓰시오.

답안 (가) 동일한 측정점에서 동일한 압력으로 측정한다.
(나) 목재의 중심선에서 직각으로 삽입한다.
(다) 탄화 및 균열이 발생한 철(凸)부분을 측정한다.

09
폭발 및 화재열로 인한 유리의 파손형태를 각각 도식하고 특징을 기술하시오. (배점 8)

답안
① 폭발로 인한 유리 파손형태 특징 : 유리의 표면적 전체가 압력을 받아 파손되며 파손형태는 평행선에 가까운 형태로 깨지며 충격에 의해 생성되는 동심원형태의 파단은 발생하지 않는다.

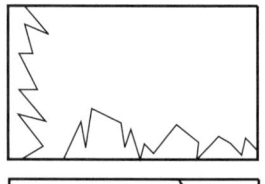

② 화재열로 인한 유리 파손형태 특징 : 길고 불규칙한 형태로 금이 가면서 파손되며 유리의 단면에는 월러라인이 발생하지 않는다.

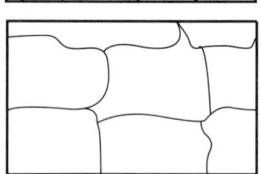

10
이산화탄소의 증기비중을 구하시오. (공기분자량 29) (배점 5)

답안 증기비중=증기분자량/공기분자량이므로 44/29=1.52

11
석유류의 화재로 추정되는 화재현장으로부터 수집된 시료를 기기분석(GC, IR)을 통하여 판별하는 절차 순으로 쓰시오. (배점 10)

- 감식물 습득
- 침지
- 가스크로마토그래피법
- 여과
- 정제
- 적외선흡수 스펙트럼분석

답안 시료 채취(감식물 습득) → 침지 → 여과 → 정제 → 적외선흡수 스펙트럼분석 → 가스크로마토그래피법

12
NFPA 921에서 규정한 용어의 정의이다. 알맞은 용어를 쓰시오. (배점 8)

가. 화학, 화재과학 그리고 유체역학 및 열전달 상호작용에 공학분야가 화재에 미치는 영향을 연구하는 학문이다.
나. 화재로 인해 발생한 화재효과로써 보거나 측정할 수 있는 물리적 변화 또는 식별 가능한 모양이나 형태
다. 열방출속도가 연료의 특성, 연료의 양 등에 의해 지배되는 화재로 연소에 필요한 공기가 존재한다.
라. 발화지점을 규명하기 위해 전기적 요인을 이용한 기법이다. 건물의 구조와 아크가 발견된 위치, 전선의 분기상태 등을 조사하여 발화지점을 밝히기 위한 방식이다.

답안 (가) 화재역학 (나) 화재패턴
(다) 연료지배형 화재 (라) 아크매핑

13 연소속도에 영향을 주는 요인 5가지를 쓰시오.

답안
① 가연물의 온도
② 산소농도에 따라 가연물질과 접촉하는 속도
③ 산화반응을 일으키는 속도
④ 촉매(정촉매는 반응속도가 빠르며, 부촉매는 반응속도가 느리다)
⑤ 압력

해설 연소속도
① 가연물질에 산소가 공급되어 연소반응으로 연소생성물을 생성할 때 반응속도로 순수하게 화염이 전파해 가는 속도를 말한다.
② 실제로 화염이 전파해 가는 속도는 미연소된 가연성 혼합기의 표면에 대하여 직각으로 이동하는 속도인데 이동하고 있는 미연소 가연성 혼합기에 대한 화염의 상대적인 속도를 연소속도라고 한다.
③ 연소속도는 온도와 압력이 상승하면 증가하며, 가연성 혼합기의 화학양론 조성(완전연소 조성=당량비=1)일 때 최고값을 나타내고 이 조성보다 하한계 및 상한계로 향함에 따라 작아진다.

14 폭발효과 4가지를 쓰시오.

답안
① 압력효과 ② 비산효과
③ 열효과 ④ 지진효과

해설 폭발효과
① 압력효과
폭발로 인해 정압(+)과 부압(-)의 압력이 발생한다. 정압은 폭심부로부터 팽창된 가스가 멀리 날아가는 압력으로 부압보다 강력하고 대부분의 압력손상은 정압에 의한 것이다. 부압은 정압이 흩어진 자리에 압력평형을 맞추기 위해 폭심부 주변으로 생성된다.
② 비산효과
유리창, 출입문 등이 폭발로 인해 멀리 비산하여 2차적인 손상을 줄 수 있다.

③ 열효과
  폭발에너지는 큰 에너지의 방출로 열을 생성하여 화재를 동반할 수 있다. 폭굉은 매우 짧은 시간에 높은 온도를 발생시키지만 폭연은 상대적으로 낮은 온도로 오랜 시간 지속될 수 있다.
④ 지진효과
  구조물이 폭발하면 진동이 지면으로 전달되어 지하에 설치된 배관이나 탱크, 케이블 등에 손상을 줄 수 있다.

15 20℃ 프로판 가스의 증기압을 압력계로 측정하였더니 7.4kgf/cm²이었다. 이 압력을 절대압력으로 환산하면 약 몇 kPa인가? [득점 배점 4]

▶ 답안 827kPa

▶ 해설 $7.4 kgf/cm^2 = 725.692 kPa$
절대압력 = 게이지 압력 + 대기압이므로
$725.6921 + 101.325 = 827 kPa$

2023년 4월 22일 화재감식평가산업기사

본 기출문제는 수험생들의 기억을 바탕으로 작성한 것으로 내용 및 그림, 문제수(배점) 등에서 실제 문제와 다소 차이가 있을 수 있습니다.

01 사무실(40m²)에서 화재가 발생하여 다음과 같이 가연물이 소실되었다. 물음에 답하시오.

구 분	수 량	중량(kg)	단위 발열량(kcal/kg)	가연물 발열량(kcal)
식탁	1	15	4,500	65,500
냉장고	1	40	9,500	456,000

가. 화재하중 기본계산식을 쓰시오.
나. 화재하중을 계산하시오.

답안

(가) 화재하중$(Q) = \dfrac{\sum GH_1}{HA}$

여기서, Q : 화재하중(kg/m²)
H : 목재의 단위발열량(4,500kcal/kg)
A : 바닥면적(m²)
G : 모든 가연물의 양(kg)
H_1 : 가연물의 단위 발열량(kcal/kg)

(나) ① 식탁 : 15kg×4,500kcal/kg=67,500kcal/kg
② 냉장고 : 40kg×9,500kcal/kg=380,000kcal/kg
∴ 67,500+380,000=447,500kcal/kg
$\dfrac{447,500\text{kcal/kg}}{4,500 \times 40\text{m}^2} = 2.48\text{kg/m}^2$

02 아세톤을 취급하는 공장에서 화재가 발생하였다. 다음 물음에 답하시오.
가. 아세톤의 완전연소반응식을 쓰시오.
나. 아세톤의 증기비중을 계산식과 답을 쓰시오. (단, 공기의 분자량은 29로 한다.)

답안 (가) $CH_3COCH_3 + 4O_2 \rightarrow 3CO_2 + 3H_2O$

(나) $\dfrac{58}{29} = 2$

03. 백드래프트 현상을 쓰시오.

답안 실내가 충분히 가열된 상태에서 가연성 가스가 축적되고 산소가 부족한 상태에서 산소가 유입되면 순간적으로 역류성 폭발이 발생하는 현상

04. 화재조사 보고규정에서 건물 동수를 1동으로 산정하는 경우 4가지를 쓰시오.

답안
① 주요 구조부가 하나로 연결되어 있는 것
② 건물 외벽을 이용하여 실을 만들어 헛간, 목욕탕, 작업실, 기타 건물용도로 사용하고 있는 것
③ 구조에 관계없이 지붕 및 실이 하나로 연결되어 있는 것
④ 목조, 내화조건물의 경우 격벽으로 방화구획이 되어 있는 것

05. 화재증거물 수집관리규칙에 관한 내용이다. ( ) 안에 알맞은 단어를 기술하시오.

- 증거물을 수집할 때에는 휘발성이 (①) 것에서 (②) 순서로 수집한다.
- 증거물이 파손될 우려가 있는 경우에 (③) 및 (④)에 대한 주의사항을 증거물의 포장 외측에 적절하게 표기하여야 한다.
- 증거물의 소손 또는 소실 정도가 심하여 증거물의 일부분 또는 전체가 유실될 우려가 있는 경우는 증거물을 (⑤)하여야 한다.

답안 ① 높은 ② 낮은 ③ 충격금지 ④ 취급방법 ⑤ 밀봉

06. 소방시설 등 활용조사서의 경보시설 5가지를 쓰시오.

답안
① 비상경보설비 ② 비상방송설비 ③ 누전경보기 ④ 자동화재탐지설비
⑤ 단독경보형감지기 ⑥ 가스누설경보기

해설
① **소화시설** : 소화기구, 옥내소화전, 스프링클러, 간이스프링클러, 물분무등, 소화설비, 옥외소화전
② **경보설비** : 비상경보설비, 비상방송설비, 누전경보기, 자동화재탐지설비, 단독경보형 감지기, 가스누설경보기,
③ **피난설비** : 피난기구, 유도등, 비상조명등
④ **소화용수설비** : 소화수조, 저수조, 급수탑
⑤ **소화활동설비** : 연결송수관설비, 연결살수설비, 연소방지설비, 제연설비, 비상콘센트설비, 무선통신설비

07
정전기대전의 종류 6가지를 쓰시오.

답안
① 마찰대전
② 박리대전
③ 유동대전
④ 분출대전
⑤ 침강대전
⑥ 유도대전

08
다음 그림은 가스연소기구인 주물레인지이다. 물음에 답하시오.

가. ①, ②, ③의 명칭을 쓰시오.
나. 이동식 부탄연소기에는 있지만 식당에서 사용하는 가스연소기에는 없는 안전장치는 무엇인지 쓰시오.

답안 (가) ① 콕개폐핸들 ② 노즐 ③ 혼합관
(나) 소화안전장치, 자동점화장치

09
그림을 보고 단락이 발생한 순서를 쓰시오.

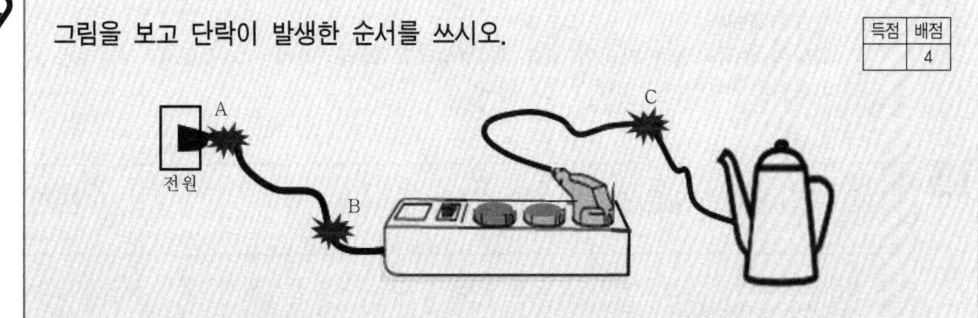

답안 C → B → A

10

화재의 소실 정도에 따라 다음을 구분하여 쓰시오.

가. (①) : 건물의 70% 이상(입체면적에 대한 비율을 말한다)이 소실되었거나 또는 그 미만이라도 잔존부분을 보수하여도 재사용이 불가능한 것
나. (②) : 건물의 30% 이상 70% 미만이 소실된 것
다. (③) : 전소, 반소 화재에 해당되지 아니하는 것

답안 ① 전소 ② 반소 ③ 부분소

11

고압가스 연소성에 대한 분류표이다. 종류를 쓰시오.

① ( ) : 수소, 암모니아, 액화석유가스, 아세틸렌 등
② ( ) : 산소, 공기, 염소 등
③ ( ) : 질소, 이산화탄소, 아르곤, 헬륨 등

답안 ① 가연성 가스 ② 조연성 가스 ③ 불연성 가스

12

그림에 해당하는 화재패턴을 쓰시오.

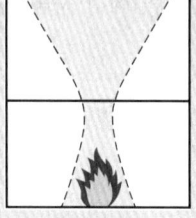

답안 모래시계패턴
화염이 수직벽면과 가까이 있을 때 형성되고 화염구역에는 거꾸로 된 V형태가 나타나고 고온가스구역에는 V형태가 형성된다.

13

다음 ( ) 안에 알맞은 단어를 기술하시오.

• 금속에 따라 (①)온도 등이 다르므로 화재현장에서 금속의 종류를 파악할 수 있으면 대략적인 온도를 확인할 수 있다.
• 금속이 화재 열을 받으면 용융하기 전에 하중으로 인해 굴곡되는 (②)이라는 형상을 남긴다. 이것으로 연소의 강약을 알 수 있다.

답안 ① 용융 ② 만곡

14

폭발 및 화재열로 인한 유리의 파손형태를 각각 도식하고 특징을 기술하시오.

답안

① 폭발로 인한 유리 파손형태 특징 : 유리의 표면적 전체가 압력을 받아 파손되며 파손형태는 평행선에 가까운 형태로 깨지며 충격에 의해 생성되는 동심원형태의 파단은 발생하지 않는다.

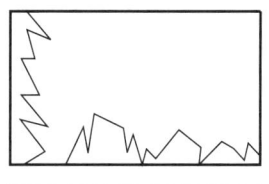

② 화재열로 인한 유리 파손형태 특징 : 길고 불규칙한 형태로 금이 가면서 파손되며 유리의 단면에는 월러라인이 발생하지 않는다.

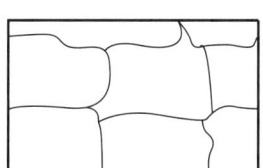

15

전자레인지 950W, 전기밥솥 1,200W, 다리미 1,500W, 커피포트 750W를 4구형 멀티탭(220V, 15A)에 꽂아 사용하였다면 몇 A가 초과되었는가?

답안

$I = W/V$
$= (950W + 1,200W + 1,500W + 750W)/220V$
$= 20A$
∴ 20A이므로 5A 초과

16

화재증거물수집관리규칙이다. 빈칸을 바르게 쓰시오.

가. (①)이란 화재와 관련이 있는 물건 및 개연성이 있는 모든 개체를 말한다.
나. (②)이란 화재증거물을 획득하고 해당 물건을 분석하여 사건과 관련된 화재증거를 추출하는 과정을 말한다.
다. (③)이란 화재현장에서 증거물 수집에서부터 폐기까지 증거물 원본성 보장을 위한 증거물 관리 및 이송과 관련된 과정을 말한다.
라. (④)이란 화재조사현장과 관련된 사람, 물건, 기타 주변상황, 증거물 등을 촬영한 사진, 영상물 및 녹음자료, 현장에서 작성된 정보 등을 말한다.
마. (⑤)이란 화재조사현장과 관련된 사람, 물건, 기타 상황, 증거물 등을 촬영한 사진을 말한다.

답안
① 증거물
② 증거물 수집
③ 증거물의 보관·이동
④ 현장기록
⑤ 현장사진

17

제조물책임법의 용어의 정의이다. 빈칸에 들어갈 알맞은 답을 쓰시오.

'제조업자'란 다음의 자를 말한다.

가. 제조물의 (①)·(②) 또는 (③)을 업(業)으로 하는 자

나. 제조물에 (④)·(⑤)·상표 또는 그 밖에 식별(識別) 가능한 기호 등을 사용하여 자신을 '가'의 자로 표시한 자 또는 '가'의 자로 오인하게 할 수 있는 표시를 한 자

답안
① 제조
② 가공
③ 수입
④ 성명
⑤ 상호

18

다음 물음에 답하시오.

가. 가연성 액체 등 탄화수소계열의 복합성분으로 된 물질을 검지관을 통해 시료를 흡입시켜 변색 유무로 가스의 농도 등 유기물질의 성분을 밝혀내는 기기는 무엇인지 쓰시오.

나. 위의 기기에 휘발유가 통과되었을 때 나타나는 색은 무엇인지 쓰시오.

답안
(가) 가스채취기(가스측정기, 가스검지기)
(나) 노란색

2023년 7월 22일 화재감식평가기사

본 기출문제는 수험생들의 기억을 바탕으로 작성한 것으로 내용 및 그림, 문제수(배점) 등에서 실제 문제와 다소 차이가 있을 수 있습니다.

01

다음 그림을 보고 물음에 답하시오.

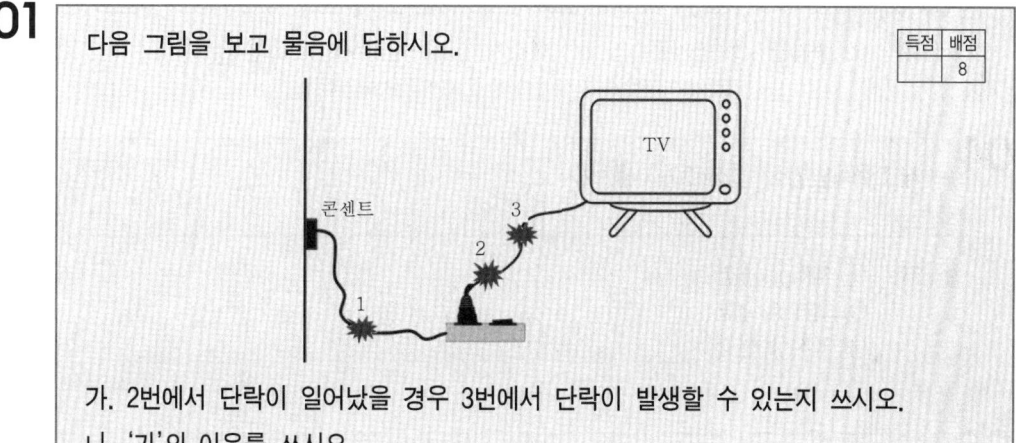

가. 2번에서 단락이 일어났을 경우 3번에서 단락이 발생할 수 있는지 쓰시오.
나. '가'의 이유를 쓰시오.

답안
(가) 단락이 발생할 수 없다.
(나) 2번에서 단락이 되면 그 이후로는 전류가 흐르지 않아 3번에서 단락이 발생할 수 없다.

02

하소에 대한 물음에 답하시오.
가. 하소의 정의를 쓰시오.
나. 하소의 깊이를 측정하는 기구는 무엇인가?

답안
(가) 석고벽면 등이 열에 의해 탈수됨으로써 수축 및 균열이 발생하고 부서지기 쉬운 상태에 이르러 회화되는 현상이다.
(나) 탐촉자, 다이얼 캘리퍼스

03

화재증거물수집관리규칙이다. 용어의 정의를 쓰시오.

- (①)이란 화재와 관련이 있는 물건 및 개연성이 있는 모든 개체를 말한다.
- (②)이란 화재증거물을 획득하고 해당 물건을 분석하여 사건과 관련된 화재증거를 추출하는 과정을 말한다.
- (③)이란 화재조사현장과 관련된 사람, 물건, 기타 주변 상황, 증거물 등을 촬영한 사진, 영상물 및 녹음자료, 현장에서 작성된 정보 등을 말한다.
- (④)이란 화재조사현장과 관련된 사람, 물건, 기타 상황, 증거물 등을 촬영한 사진을 말한다.
- (⑤)란 화재현장에서 화재조사현장과 관련된 사람, 물건, 그 밖의 주변상황, 증거물을 촬영하거나 조사의 과정을 촬영한 것을 말한다.

답안 ① 증거물 ② 증거물수집 ③ 현장기록 ④ 현장사진 ⑤ 현장비디오

04

제조물책임법상 결함 3가지를 쓰시오.

답안
① 제조상 결함
② 설계상 결함
③ 표시상 결함

05

자연발화를 다음 조건에 맞게 설명하시오.

가. 주변 온도
나. 표면적
다. 산소

답안
(가) 주변 온도가 높을 것
(나) 표면적이 넓을 것
(다) 산소의 공급이 적당할 것

06

공장에서 화재로 인해 창고($660m^2$)에 있던 종이 10톤(ton)이 완전 연소하였다. 다음 물음에 답하시오. (단, 종이의 단위발열량은 4,000kcal/kg으로 한다.)

가. 화재하중 기본계산식을 쓰시오.
나. 화재하중을 계산하시오.

답안 (가) 화재하중(Q) = $\dfrac{\sum GH_1}{HA}$

여기서, Q : 화재하중(kg/m²)
H : 목재의 단위발열량(4,500kcal/kg)
A : 바닥면적(m²)
G : 모든 가연물의 양(kg)
H_1 : 가연물의 단위발열량(kcal/kg)

(나) 종이 10톤(10,000kg)×종이의 단위발열량(4,000kcal/kg)=40,000,000kcal/kg이므로 40,000,000/4,500×660=13.468kg/m²
∴ 13.47kg/m²

07
가스검지기의 그림이다. 번호에 알맞은 명칭을 쓰시오.

득점	배점
	6

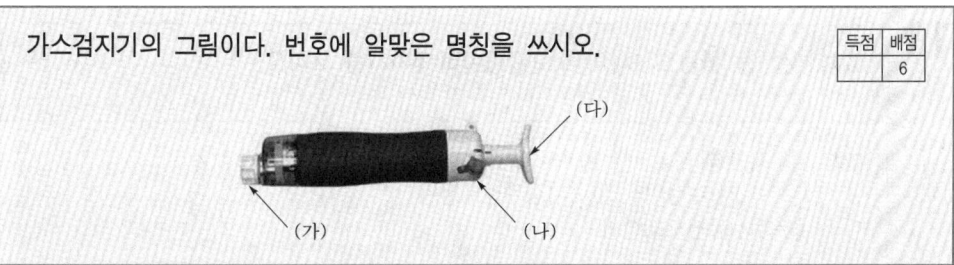

답안 (가) 연결구(접속부) (나) 팁 커터 (다) 손잡이

08
다음 물음에 답하시오.
가. 누전에 대하여 설명하시오.
나. 누전에 의한 화재로 판정할 수 있는 조건 3가지를 쓰시오.
다. 누전차단기에서 누설전류를 감지하는 장치는 무엇인지 쓰시오.

득점	배점
	6

답안 (가) 절연이 불량하여 전기의 일부가 전선 밖으로 누설되어 주변의 도체에 접촉하여 흐르는 현상
(나) 누전점, 접지점, 출화점
(다) 영상변류기(ZCT)

09
유리 표면의 파손형태에 대한 다음 물음에 답하시오.
가. 충격에 의해 깨졌을 때 특징을 쓰시오.
나. 폭발에 의해 깨졌을 때 특징을 쓰시오.
다. 열에 의해 깨졌을 때 특징을 쓰시오.

득점	배점
	10

답안 (가) 방사상형태로 깨진다.
(나) 유리 전체가 압력을 받아 평행선에 가까운 형태로 깨진다.
(다) 불규칙한 곡선형태로 깨진다.

10
목재의 탄화심도를 측정하고자 한다. 다음 각 물음에 답하시오.
가. 압력은 어떻게 가해야 하는지 쓰시오.
나. 탐침의 삽입방향을 쓰시오.
다. 측정 부분이 어디인지 쓰시오.

답안 (가) 동일한 측정점에서 동일한 압력으로 측정한다.
(나) 목재의 중심선에서 직각으로 삽입한다.
(다) 탄화 및 균열이 발생한 철(凸)부분을 측정한다.

11
소방시설 등 활용조사서의 소화활동설비 5가지를 쓰시오.

답안
① 제연설비 ② 연결송수관설비
③ 연결살수설비 ④ 비상콘센트설비
⑤ 무선통신보조설비

12
분진폭발에 대해 다음 물음에 답하시오.
가. 괄호 안을 채우시오.

> 분진입자가 공기 중에 (①)상태로 떠 있다가 그 농도가 (②) 안에 있을 때 (③)에 의해 에너지가 공급되면 격심한 폭발이 일어나는 경우로 가스폭발과 화약폭발의 중간 형태이다.

나. 분진폭발의 메커니즘을 단계별로 기술하시오.

답안 (가) ① 미세한 분말 ② 적당한 범위 ③ 화염, 섬광 등 열원(점화원)
(나) 분진입자 표면온도 상승 → 입자표면 열분해 방출 → 폭발성 혼합기체 생성 및 발화 → 화염에 의해 다른 입자 분해촉진 및 전파

13
다음 용어에 대해 설명하시오.
가. 트래킹   나. 반단선

답안 (가) 전압이 인가된 이극 도체 간의 절연물 표면에 수분, 먼지, 금속분 등이 부착되면 오염된 곳의 표면을 따라 전류가 흘러 소규모 불꽃방전이 일어나고 이것이 지속적으로 반복되면 절연물 표면 일부가 탄화되어 도전성 통로가 형성되는 현상
(나) 전선이 절연피복 내에서 단선되고 그 부분에서 단선과 이어짐이 반복되는 상태 및 단선된 후 일부가 접촉상태로 남아 있는 상태

14 화상 관련 9의 법칙에 대하여 전면기준으로 각 부위별 화상면적을 쓰시오.

가. 머리 :
나. 가슴 :
다. 오른팔 :
라. 오른쪽 다리 :

답안 (가) 4.5% (나) 18% (다) 4.5% (라) 9%

해설 신체의 체표면적 환산은 앞면과 뒷면으로 나누어져 있다. 전면기준으로 체표면적을 구하라고 했으므로 머리와 팔의 경우 4.5%가 된다.

15 괄호 안에 알맞은 용어를 쓰시오.

- (①) : 충격파의 반응전파속도가 음속보다 느린 것
- (②) : 충격파의 반응전파속도가 음속보다 빠른 것

답안 ① 폭연 ② 폭굉

16 과학적 방법의 메커니즘으로 다음 각 빈칸을 채워 넣으시오.

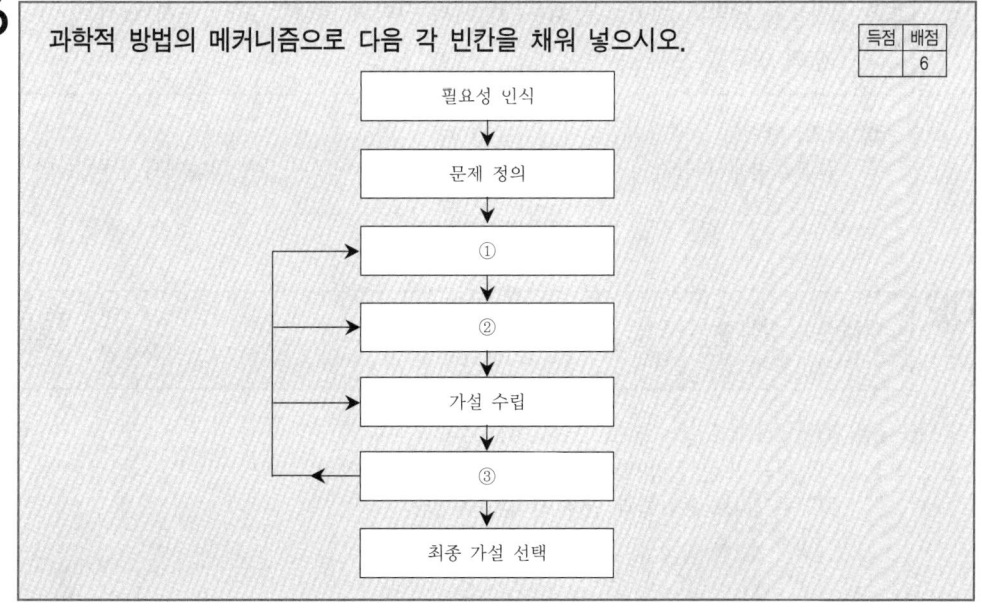

답안 ① 자료수집 ② 자료분석 ③ 가설검증

2023년 7월 22일 화재감식평가산업기사

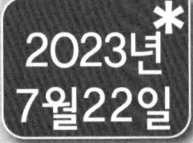

본 기출문제는 수험생들의 기억을 바탕으로 작성한 것으로 내용 및 그림, 문제수(배점) 등에서 실제 문제와 다소 차이가 있을 수 있습니다.

01 다음 그림을 보고 물음에 답하시오.

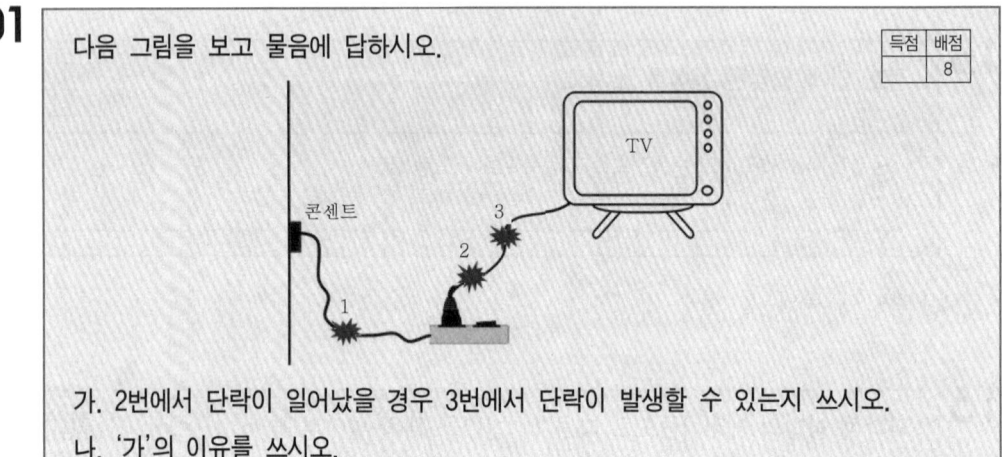

가. 2번에서 단락이 일어났을 경우 3번에서 단락이 발생할 수 있는지 쓰시오.
나. '가'의 이유를 쓰시오.

답안 (가) 단락이 발생할 수 없다.
(나) 2번에서 단락이 되면 그 이후로는 전류가 흐르지 않아 3번에서 단락이 발생할 수 없다.

02 박리흔이 발생할 수 있는 조건 3가지를 쓰시오.

답안 ① 경화되지 않은 콘크리트에 있는 수분
② 철근 또는 철망 및 주변 콘크리트 간에 차등팽창
③ 콘크리트 혼합물과 골재 간의 차등팽창

03
화재증거물수집관리규칙에 대한 설명이다. 괄호 안에 바르게 쓰시오.

- 최초 도착하였을 때의 (①)를 그대로 촬영하고, 화재조사의 (②)에 따라 촬영
- 화재현장의 특정한 증거물 등을 촬영함에 있어서는 그 길이, 폭 등을 명백히 하기 위하여 (③) 또는 (④)를 사용하여 촬영
- 화재상황을 추정할 수 있는 다음 대상물의 형상은 면밀히 관찰한 후 자세히 촬영
  - 사람, 물건, 장소에 부착되어 있는 (⑤) 및 혈흔
  - 화재와 연관성이 크다고 판단되는 (⑥), (⑦), 유류

답안 ① 원상태 ② 진행순서 ③ 측정용 자 ④ 대조도구
⑤ 연소흔적 ⑥ 증거물 ⑦ 피해물품

04
제조물책임법상 결함 3가지를 쓰시오.

답안 ① 제조상 결함 ② 설계상 결함 ③ 표시상 결함

05
자연발화의 종류 5가지를 원인별로 쓰시오.

답안 ① 산화열 ② 분해열 ③ 흡착열 ④ 발효열 ⑤ 중합열

06
펄프공장에서 화재로 인해 바닥면적 50m²에 쌓아놓은 종이펄프 100톤이 완전 연소하였다. 다음 물음에 답하시오. (단, 종이의 단위발열량은 4,000kcal/kg으로 한다.)
가. 화재하중 기본계산식을 쓰시오.
나. 화재하중을 계산하시오.

답안 (가) 화재하중$(Q) = \dfrac{\sum GH_1}{HA}$

여기서, Q : 화재하중(kg/m^2)
H : 목재의 단위발열량(4,500kcal/kg)
A : 바닥면적(m^2)
G : 모든 가연물의 양(kg)
H_1 : 가연물의 단위발열량(kcal/kg)

(나) 종이 100톤(100,000kg) × 종이 단위발열량(4,000kcal/kg) = 400,000,000kcal/kg

이므로 $\dfrac{400,000,000}{4,500 \times 50} = 1777.78 kg/m^2$

07 다음 그림은 가스연소기구인 주물레인지이다. 물음에 답하시오.

득점	배점
	8

가. ①, ②, ③의 명칭을 쓰시오.
나. 이동식 부탄연소기에는 있지만 식당에서 사용하는 가스연소기에는 없는 안전장치는 무엇인지 쓰시오.

답안 (가) ① 콕개폐핸들 ② 노즐 ③ 혼합관
(나) 소화안전장치, 자동점화장치

08 다음 그림을 보고 물음에 답하시오.

득점	배점
	8

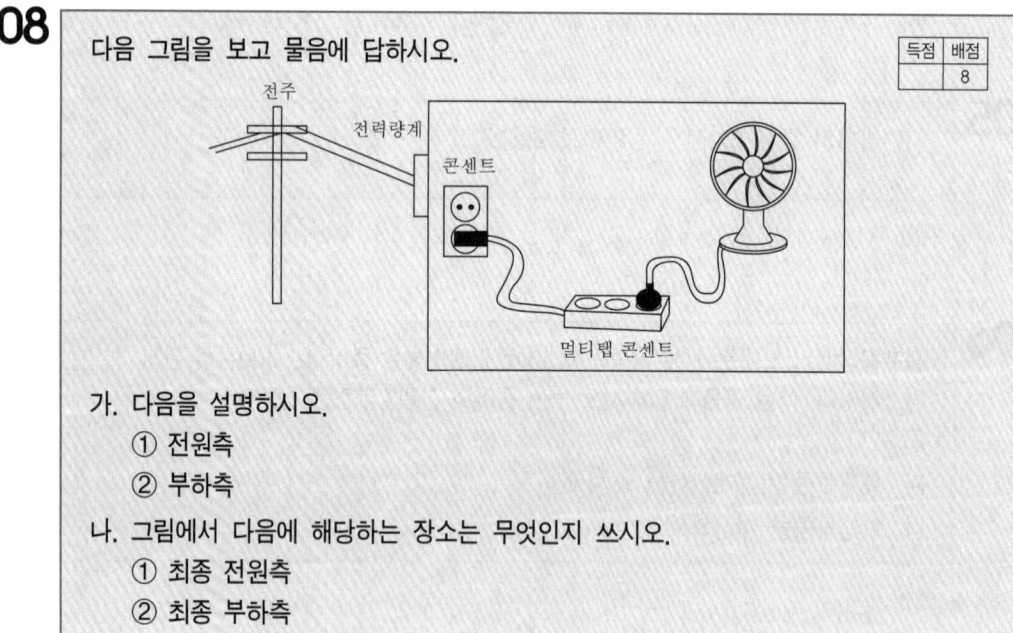

가. 다음을 설명하시오.
 ① 전원측
 ② 부하측
나. 그림에서 다음에 해당하는 장소는 무엇인지 쓰시오.
 ① 최종 전원측
 ② 최종 부하측

답안 (가) ① 전원측 : 전력량계 및 전주가 해당되며 전기를 공급해 주는 방향을 말한다.
② 부하측 : 멀티탭 콘센트와 선풍기가 해당되며 전원을 공급받는 방향을 말한다.
(나) ① 최종 전원측 : 전력량계
② 최종 부하측 : 선풍기

해설 선풍기 및 콘센트에서 단락 등 사고전류가 발생하면 전력량계의 차단기가 트립되어 전원 공급이 차단된다. 사고전류가 주택 내부에서 발생한 것으로 전주와는 관계가 없다. 전주와 전력량계에 공급되는 전압도 다르다.

09

인체보호용 누전차단기의 성능에 대해 답하시오.

가. 정격감도전류

나. 동작시간

답안 (가) 30mA 이하
(나) 0.03초 이하

10

폭발 및 화재열로 인한 유리의 파손형태를 각각 도식하고 특징을 기술하시오.

답안 ① 폭발로 인한 유리 파손형태 특징 : 유리의 표면적 전체가 압력을 받아 파손되며 파손형태는 평행선에 가까운 형태로 깨지며 충격에 의해 생성되는 동심원형태의 파단은 발생하지 않는다.

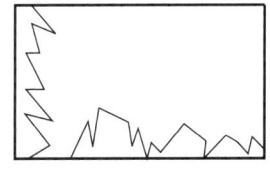

② 화재열로 인한 유리 파손형태 특징 : 길고 불규칙한 형태로 금이 가면서 파손되며 유리의 단면에는 월러라인이 발생하지 않는다.

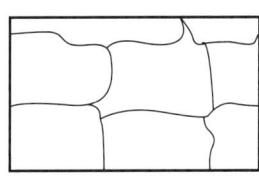

11

증거물수집관리규칙에 의한 시료용기의 마개기준 4가지를 쓰시오.

답안 ① 코르크마개, 고무(클로로프렌고무는 제외), 마분지, 합성 코르크마개 또는 플라스틱물질(PTFE는 제외)은 시료와 직접 접촉되어서는 안 된다.
② 만일 이러한 물질들을 시료용기의 밀폐에 사용할 때에는 알루미늄이나 주석포일로 감싸야 한다.
③ 양철용기는 돌려막는 스크루뚜껑만 아니라 밀어 막는 금속마개를 갖추어야 한다.
④ 유리마개는 병의 목부분에 공기가 새지 않도록 단단히 막아야 한다.

12

훈소(무염연소)에서 유염연소로 전환되기 위한 조건 2가지를 쓰시오.

답안 ① 충분한 산소공급
② 온도상승

13

탄화심도를 측정하고자 할 때 포함하여야 할 부분을 계산식으로 쓰시오.

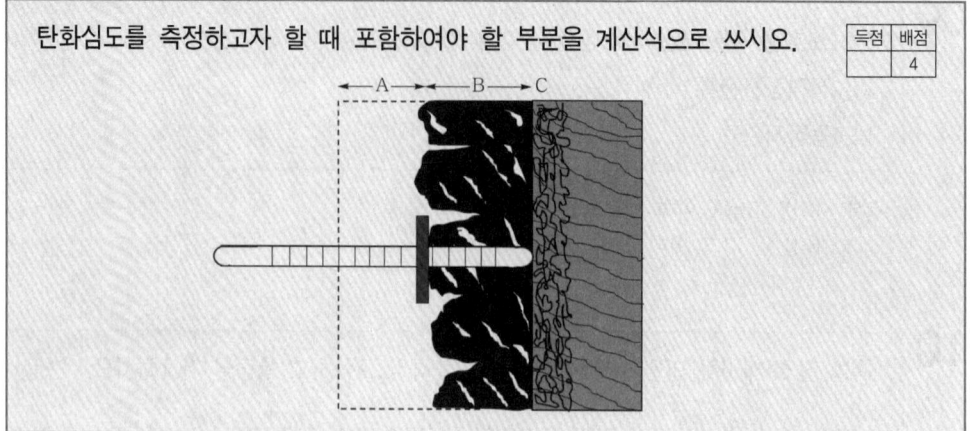

👉 **답안** A+B

14

가스폭발과 비교하여 분진폭발의 특징 3가지를 쓰시오.

👉 **답안**
① 연소속도나 폭발압력은 가스폭발보다 작다.
② 가스폭발에 비해 연소시간이 길다.
③ 가스폭발은 1차폭발이지만 분진폭발은 2차, 3차폭발로 피해범위가 크다.

15

트래킹의 발생과정에 대해 쓰시오.
가. 1단계
나. 2단계
다. 3단계

👉 **답안**
(가) 1단계 : 유기절연물 표면에 먼지, 습기 등에 의한 오염으로 도전로가 형성될 것
(나) 2단계 : 미소한 불꽃방전이 발생할 것
(다) 3단계 : 방전에 의한 표면의 탄화가 진행될 것

2024년 4월 27일 화재감식평가기사

본 기출문제는 수험생들의 기억을 바탕으로 작성한 것으로 내용 및 그림, 문제수(배점) 등에서 실제 문제와 다소 차이가 있을 수 있습니다.

01
다음 내용에 알맞은 차량용 축전지의 명칭을 쓰시오.

① 양극에는 과산화납(PbO_2)을, 음극에는 납(Pb)을 사용하고 황산(H_2SO_4)을 넣은 축전지
② 전해액은 수산화나트륨을 사용하고 주로 선박용으로 사용되는 축전지로 수명이 긴 축전지
③ 극판이 납 칼슘으로 되어 있고 가스발생이 적으며 전해액이 불필요해 자기방전이 적은 축전지

답안
① 납축전지
② 알칼리축전지
③ MF축전지

02
220V/15A 용량의 멀티탭에 각 소비전력 1,500W, 950W, 1,200W, 750W의 기기가 연결되어 있다. 다음 물음에 답하시오.
가. 총 소비전류를 구하시오.
나. 화재가 발생하였을 경우 그 원인을 쓰시오.

답안 (가) $I = P/V$
여기서, I : 전류(A)
P : 전력(W)
V : 전압(V)
∴ $\dfrac{1,500 + 950 + 1,200 + 750}{220} = \dfrac{4,400}{220} = 20\text{A}$

(나) 과부하(15A인 멀티탭에 20A가 인가되어 5A를 초과함으로써 과부하 발생)

03

사진 등 기록의 정리 · 보관 중 (   ) 안에 알맞은 내용을 쓰시오.

가. 현장사진과 현장비디오를 촬영하였을 때는 (①)순으로 정리 · 보관하며, 보안 디지털 저장 매체에 정리하여 보관하여야 한다. 다만, 디지털 증거는 법정에서 원본과의 동일성을 재현하거나 검증하는 데 지장이 초래되지 않도록 수집 · 분석 및 관리되어야 한다.

나. 현장사진파일과 동영상파일 등은 (②)에 등록하여야 하며 조회, 분석, 활용 가능하여야 한다.

답안 ① 화재발생 연월일 또는 화재접수 연월일
② 국가화재정보시스템

04

가연성 액체에 의한 화재패턴 3가지를 쓰시오.

답안 ① 포어 패턴
② 스플래시 패턴
③ 트레일러 패턴

05

복사열을 구하는 산식을 쓰시오.

답안 $Q = \varepsilon \sigma T^4$

여기서, Q : 복사열(W/cm^2)
ε : 복사율
σ : 슈테판-볼츠만 상수($5.67 \times 10^{-12} W/cm^2 \cdot K^4$)
T : 절대온도(K)

해설 (1) 슈테판-볼츠만(Stefan-Boltzmann)의 법칙
복사로 전달되는 열에너지의 양은 고온체와 저온체의 온도차의 4승에 비례한다. 만일 복사체의 절대온도가 두 배 높아지면 해당 물질의 복사는 16배 증가한다.
① 열전달요인 : 전도, 대류, 복사
② 연소확대요인 : 비화, 접염(접촉), 복사
③ 복사는 열전달요인이면서 화재확대요인이다.

(2) 복사(radiation)
① 복사는 전도, 대류와 같이 물질을 매개체로 하여 열에너지가 전달되는 것이 아니라 서로 떨어져 있는 두 물체 사이에 열에너지가 전자파 형태로 물체에 복사되며 이것이 다른 물체에 전파되어 흡수되면 열로 변하는 현상을 말한다.
② 화재 시 열의 이동에 가장 크게 작용하는 열 이동방식이다.

③ 스테판-볼츠만 법칙에 의해 복사에너지는 열전달면적에 비례하고, 절대온도 4승에 비례한다.
④ 태양이 지구를 따뜻하게 해주는 현상이다.
⑤ 물체에 복사열이 접촉되면 관통하지 않고 흡수되어 그 물체를 따뜻하게 한다.
⑥ 진공상태에서는 손실이 없으며, 공기 중에서도 거의 손실이 없다.
⑦ 복사열은 일직선으로 이동을 한다.

06 차량고유번호의 기록사항을 쓰시오.

답안 제작사, 생산국가, 보디형태, 엔진형태, 생산연도, 조립공장, 제작 일련번호

해설 차량 확인
① 제작사, 모델, 생산연도 등 차량에 대해 확인하고 정보를 기록한다.
② 차량고유번호(Vehicle Identification Number, VIN)에는 제작사, 생산국가, 보디형태, 엔진형태, 생산연도, 조립공장, 제작 일련번호가 있어 확인이 가능하며 보통 운전석 대시 쪽에 리벳으로 부착되어 있다.
③ VIN 플레이트는 화재가 발생하더라도 잔존해 있어 금속 브러시로 닦아내면 식별이 가능하다.

07 백열전구에 대한 그림이다. 물음에 답하시오.

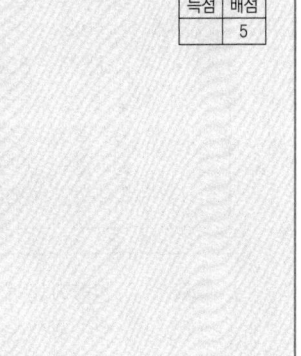

가. Ⓐ의 명칭은?
나. 백열전구 유리구 안에 넣을 수 있는 봉입가스를 쓰시오.
다. 화염이 전구의 오른쪽에 위치할 때 나타나는 현상을 기술하시오.

답안 (가) Ⓐ : 필라멘트
(나) 질소, 아르곤
(다) 오른쪽 화염방향으로 유리구가 연화되어 부풀어 오르고 구멍이 발생한다.

08

연소 및 폭발현상에 대한 설명이다. (   ) 안에 알맞은 용어를 쓰시오.

- 온도가 상승하면 반응속도가 빨라져 (①)계는 낮아지고 (②)계는 높아지므로 폭발범위는 (③)진다.
- 압력이 높아지면 반응속도가 빨라져 (④)계는 약간 낮아지고 (⑤)계는 크게 높아진다.

답안
① 폭발하한
② 폭발상한
③ 넓어
④ 폭발하한
⑤ 폭발상한

09

4층 건물에 위치한 나이트클럽(철골슬래브)에서 화재가 발생하여 전체 면적 중 일부가 소실되었다. 다음 조건에서 화재피해추정액을 쓰시오. (단, 잔존물 제거비는 없다.)

〈피해정도 조사〉
- 건물 m^2당 신축단가 : 708,000원
  - 내용연수 : 60년
  - 경과연수 : 3년
  - 피해정도 : 600m^2 손상정도가 다소 심하여 상당부분 교체 내지 수리 요함(손해율 60%)
- 시설 m^2당 표준단가 : 700,000원
  - 내용연수 : 6년
  - 경과연수 : 3년
  - 피해정도 : 300m^2 손상정도가 다소 심하여 상당부분 교체 내지 수리 요함(손해율 60%)

답안
① 건물피해액 산정
신축단가×소실면적×[1−(0.8×경과연수/내용연수)]×손해율
=708,000원×600m^2×[1−(0.8×3/60)]×60%=244,684,800원
② 영업시설피해액 산정
m^2당 표준단가×소실면적×[1−(0.9×경과연수/내용연수)]×손해율
=700,000원×300m^2×[1−(0.9×3/6)]×60%=69,300,000원
∴ 244,684,800원+69,300,000원=313,984,800원

10 트래킹과 보이드의 절연파괴 공통점과 차이점을 쓰시오.

득점	배점
	10

답안 트래킹과 보이드는 절연재의 도체화로 절연파괴가 발생한다는 공통점이 있는 반면, 트래킹은 절연물의 표면에서, 보이드는 절연물의 내부에서 절연파괴가 발생한다는 차이점이 있다.

해설 절연물의 도체화, 절연물 표면에 도체 부착

① 트래킹 현상
  ㉠ 플러그나 배선용 차단기 등에 습기나 먼지 등이 부착한 후 유기 절연재 표면으로 미약한 전류가 장시간 흐르게 되면 절연파괴가 진행되어 결국 단락상태에 이르러 발화하는 현상으로 전압이 인가되어 있다면 무부하상태에서도 발생할 수 있다.
  ㉡ 화재감식을 할 경우 트래킹이 일어난 부분을 테스터로 측정하면 대략 100Ω 이하로 나타나지만 저항측정만으로 트래킹의 발생여부를 단정하지 않아야 한다.
  ㉢ 트래킹 현상은 절연물 표면에 도체가 부착된 경우와 절연물이 도체로 변질된 경우(흑연화) 2가지로 구분되고 있다.
  ㉣ 흑연화(graphite) 현상은 목재나 고무 등 유기절연물이 누전회로에서 발생한 스파크, 전기회로 스위치, 릴레이 등의 접점 개폐 시 발생하는 전기불꽃 등에 장시간 노출되면 절연물이 도체로 변해 절연체 표면에 작은 탄화도전로가 생성되고 그 부분을 통해 전류가 흘러 고온이 되고 인접부분을 흑연화시켜 전류를 통과시키는 현상이다. 트래킹과 흑연화를 구분 짓는 특징이 없어 양자를 일괄하여 트래킹이라고도 한다.

② 보이드에 의한 절연파괴
  ㉠ 고전압이 인가된 이극도체 간에 유기성 절연물이 있을 때 그 절연물 내부에 보이드(공극)가 있으면 양극측에서 방전이 발생하고 시간이 지나면서 전극을 향해 방전로가 연장됨에 따라 절연파괴가 진행되어 발화하는 현상이다.
  ㉡ 보이드에 의한 절연파괴는 고전압이 인가된 절연물의 내부에서 출화하는 것이 특징으로 트래킹과 은 마이그레이션이 절연물의 표면에서 용융되거나 발화하는 반면 보이드에 의한 절연파괴는 내부에서 발생한다.

③ 은 마이그레이션(silver migration) : 직류전압이 인가된 은(은도금 포함)으로 된 이극도체 간에 절연물의 표면 위에 수분이 부착되면 은의 양이온이 음극측으로 이동하며 그곳에 전류가 흘러 발열하는 현상이다.
  ㉠ 마이그레이션의 발생 조건
    • 은(도금 포함)이 존재할 것
    • 흡습성이 높은 절연물이 존재할 것
    • 장시간 직류전압이 인가될 것
    • 고온, 다습한 환경에서 사용할 것
  ㉡ 마이그레이션을 촉진시키는 요인
    • 인가된 전압이 높고, 절연거리가 짧을 경우
    • 절연재료의 흡수율이 높을 경우
    • 산화, 환원성 가스(아황산가스, 황화수소, 암모니아가스 등) 등이 존재하는 경우

11. 복합건물에서 화재가 발생하여 2층과 3층 내부마감재 등이 소실되었고 4층과 5층은 외벽 및 내부가 소실되었다. 주어진 조건을 보고 화재피해액(천원)을 구하시오.

득점	배점
	10

- 2층 및 3층 : 신축단가 834천원, 소실면적 900m^2, 경과연수 15년, 내용연수 75년, 손해율 40%
- 4층 및 5층 : 신축단가 834천원, 소실면적 900m^2, 경과연수 15년, 내용연수 75년, 손해율 20%
- P형 자동화재탐지설비 : 단위당 표준단가 9천원, 수손 및 그을음 피해(100%)
- 옥내소화전 : 단위당 표준단가 3,000천원, 3개소 파손, 손해율(10%)
- 집기비품
  - 2층 및 3층 : 책상, 의자 등 180천원 피해, 손해율(100%)
  - 4층 및 5층 : 컴퓨터 등 180천원 피해, 손해율(10%)
  - 집기비품은 일괄하여 잔가율 50% 적용

가. 건물피해액을 계산하시오.
나. 부대설비피해액을 계산하시오.
다. 집기비품피해액을 계산하시오.
라. 잔존물제거비를 계산하시오.
마. 총 피해액을 계산하시오.

답안 (가) 건물피해액
  2층 및 3층 : 834천원×900m^2×[1−(0.8×15/75)]×40%=252,202천원
  4층 및 5층 : 834천원×900m^2×[1−(0.8×15/75)]×20%=126,101천원
  합계 : 378,303천원

(나) 부대설비피해액
  P형 자동화재탐지설비 : 1,800m^2×9천원×[1−(0.8×15/75)]×100%=13,608천원
  옥내소화전 : 3×3,000천원×[1−(0.8×15/75)]×10%=756천원
  합계 : 14,364천원

(다) 집기비품피해액
  2층 및 3층 : 900m^2×180천원×50%×100%=81,000천원
  4층 및 5층 : 900m^2×180천원×50%×10%=8,100천원
  합계 : 89,100천원

(라) 잔존물제거비
  378,303천원+14,364천원+89,100천원=481,767천원
  잔존물제거비는 10%이므로 48,177천원

(마) 총 피해액
  부동산 : 431,934천원
  동산 : 98,010천원
  합계 : 529,944천원

12
표면적이 0.5m²이고 표면온도가 300℃인 고온금속이 30℃의 공기 중에 노출되어 있다. 금속 표면에서 주위로의 대류열전달계수가 30kcal/m² · hr · ℃일 경우 금속의 발열량을 구하시오.

답안 $Q = hA(T_W - T_\infty) = 30 \times 0.5(300 - 30) = 4{,}050 \text{kcal/hr}$

여기서, Q : 열전달율(kcal/hr)
h : 열전달계수(kcal/m² · hr · ℃)
A : 고체표면적(m²)
T_W : 고체의 표면온도(℃)
T_∞ : 유체의 온도(℃)

13
다음 설명에 알맞은 화재조사 장비의 명칭을 쓰시오.
가. 물체의 대전 유무를 확인할 수 있는 장비는 무엇인가?
나. 전자제품이나 전기부품 등 전기의 절연상태를 측정하는 장비는 무엇인가?
다. 선로에 흐르는 전류를 차단하지 않고 전류를 측정하는 장비는?

답안 (가) 검전기
(나) 절연저항계(절연저항측정기)
(다) 후크메타

14
잔존물의 제거비 산정 이유와 구하는 식을 쓰시오.

답안
① 잔존물의 제거비 산정 이유
화재로 건물, 부대설비, 구축물, 영업시설물 등이 소손되거나 훼손되어 그 잔존물(잔해 등) 또는 유해물이나 폐기물이 발생된 경우 이를 제거하는 비용은 재건축비 내지 재취득비용에 포함되지 아니하므로 별도로 피해액을 산정
② 잔존물 제거비 = 화재피해액 × 10%

해설 잔존물의 제거비 산정
(1) 잔존물의 제거비 산정기준
잔존물 제거비 = 화재피해액 × 10%로 산정한다.
화재로 건물, 부대설비, 구축물, 영업시설물 등이 소손되거나 훼손되어 그 잔존물(잔해 등) 또는 유해물이나 폐기물이 발생된 경우 이를 제거하는 비용은 재건축비 내지 재취득비용에 포함되지 아니하므로 별도로 피해액을 산정해야 하는데, 잔존물 내지 유해물 또는 폐기물 등은 그 종류별, 성상별로 구분하여 소각 또는 매립여부를 결정한 후, 그 발생량을 적산하여 처리비용과 수집 및 운반비용을 산정하는 것이 원칙이나 이는 고도의 전문성이 요구되므로, 여기서는 간이추정방식에 의해 산정하기로 한다.

화재로 인한 건물, 구축물, 부대설비, 영업시설, 기계장치, 공구·기구, 집기비품, 가재도구 등의 잔존물 내지 유해물 또는 폐기물을 제거하거나 처리하는 비용은 화재피해액의 10% 범위 내에서 인정된 금액으로 산정한다.

(2) 잔존물의 제거비 산정방법
① 잔존물의 제거비용 : 잔존물 제거비＝화재피해액×10%로 산정한다. 천원단위로 기재하며 소수 첫째자리에서 반올림한다.
② 총 피해액 : 부동산 및 동산으로 구분한다.
㉠ 부동산 : 잔존물 제거비용 중 부동산부분(건물, 부대설비, 구축물, 영업시설)에 관한 비용의 총액×1.1(피해액+잔존물 제거비)을 기재한다.
㉡ 동산 : 잔존물 제거비용 중 동산부분(가재도구, 집기비품, 기계장치 등)에 관한 비용의 총액×1.1(피해액+잔존물 제거비)을 기재한다.
㉢ 총 피해액 : 부동산과 동산의 비용을 합하여 기재한다. 천원단위로 기재하며 소수 첫째자리에서 반올림한다.

15 「소방의 화재조사에 관한 법률」 등에 의한 설명에 해당하는 용어를 쓰시오. | 득점 | 배점 |
|---|---|
| | 5 |

가. 화재조사에 전문성을 인정받아 화재조사를 수행하는 소방공무원
나. 화재와 관계되는 물건의 형상, 구조, 재질, 성분, 성질 등 이와 관련된 모든 현상에 대하여 과학적 방법에 의한 필요한 실험을 행하고 그 결과를 근거로 화재원인을 밝히는 자료를 얻는 것
다. 화재가 발생한 장소를 말한다.

답안 (가) 화재조사관
(나) 감정
(다) 발화장소

해설 정의(소방의 화재조사에 관한 법률 제2조)
① 화재 : 사람의 의도에 반하거나 고의 또는 과실에 의하여 발생하는 연소현상으로서 소화할 필요가 있는 현상 또는 사람의 의도에 반하여 발생하거나 확대된 화학적 폭발현상을 말한다.
② 화재조사 : 소방청장, 소방본부장 또는 소방서장이 화재원인, 피해상황, 대응활동 등을 파악하기 위하여 자료의 수집, 관계인 등에 대한 질문, 현장확인, 감식, 감정 및 실험 등을 하는 일련의 행위를 말한다.
③ 화재조사관 : 화재조사에 전문성을 인정받아 화재조사를 수행하는 소방공무원을 말한다.
④ 관계인 등 : 화재가 발생한 소방대상물의 소유자·관리자 또는 점유자 및 다음의 사람을 말한다.
㉠ 화재현장을 발견하고 신고한 사람
㉡ 화재현장을 목격한 사람
㉢ 소화활동을 행하거나 인명구조활동(유도대피 포함)에 관계된 사람
㉣ 화재를 발생시키거나 화재발생과 관계된 사람

2024년 4월 27일 화재감식평가산업기사

본 기출문제는 수험생들의 기억을 바탕으로 작성한 것으로 내용 및 그림, 문제수(배점) 등에서 실제 문제와 다소 차이가 있을 수 있습니다.

01

건물에서 화재가 발생하여 500m²가 소실되었다. 피해액을 산정하시오. (신축단가 450천원, 내용연수 50년, 경과연수 30년, 손해율 70%로 한다. 단, 잔존물제거비는 제외한다.)

답안 건물피해액 산정 : 신축단가×소실면적×[1-(0.8×경과연수)/내용연수]×손해율
450천원×500m²×[1-(0.8×30년)/50년]×70%=81,900천원

02

백열전구에 대한 그림이다. 물음에 답하시오.

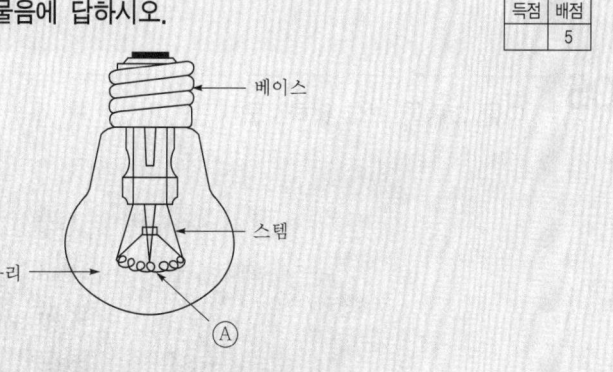

가. Ⓐ의 명칭은?
나. 백열전구 유리구 안에 넣을 수 있는 봉입가스를 쓰시오.
다. 화염이 전구의 오른쪽에 위치할 때 나타나는 현상을 기술하시오.

답안 (가) Ⓐ : 필라멘트
(나) 질소, 아르곤
(다) 오른쪽 화염방향으로 유리구가 연화되어 부풀어 오르고 구멍이 발생한다.

03. 1차 단락흔과 2차 단락흔의 특징을 각각 3가지 이상 기술하시오.

답안
(1) 1차 단락흔의 특징
   ① 화재원인이 된 단락
   ② 형상이 둥글고 광택이 있음
   ③ 일반적으로 탄소는 검출되지 않음
(2) 2차 단락흔의 특징
   ① 통전상태에서 화재의 열로 인해 절연피복이 소실되어 생긴 단락
   ② 광택이 없고 용적상태를 보이는 경우가 많음
   ③ 탄소가 검출되는 경우가 많음

04. 냉온수기에 대한 설명이다. 다음 물음에 답하시오.
가. 자동온도 조절장치의 명칭을 쓰시오.
나. 자동온도 조절장치에서 화재가 발생한 경우 감식요령을 쓰시오.

답안
(가) 서모스탯
(나) 서모스탯 노출단자 간 절연체의 오염 등에 의한 트래킹 및 절연파괴 여부를 확인한다.

05. 다음 그림을 보고 답하시오.

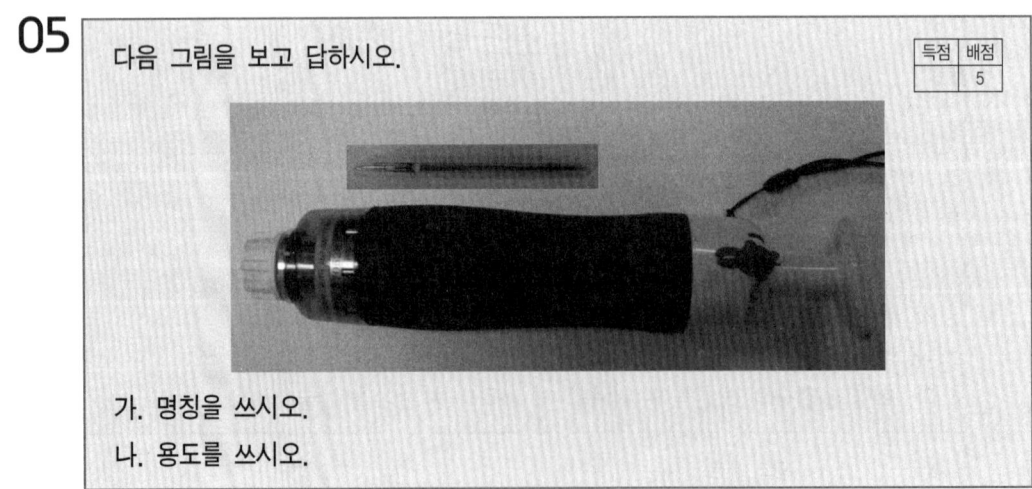

가. 명칭을 쓰시오.
나. 용도를 쓰시오.

답안
(가) 가스채취기(가스측정기, 가스검지기, 가스누출시험기)
(나) 유류 및 잔류가스를 채취하여 성분분석

06
가스사용시설에서 퓨즈콕의 기능에 대해 쓰시오.

답안 가스사용 도중에 규정량 이상의 가스가 흐르면 콕에 내장된 볼이 떠올라 가스유로를 자동으로 차단하는 장치

07
지하실에 있는 LNG 고압가스보일러의 열교환기가 폭발하였으나 화재로 확산되지 않았을 때 다음 물음에 답하시오.
가. 물리적 폭발의 흔적을 쓰시오.
나. 화학적 폭발이 아니라는 이유를 쓰시오.

답안 (가) 가스보일러 몸체의 파열, 배관을 감싸고 있는 보온재 및 단열재 또는 비닐 등의 찢어짐, 주변 물체의 파손 등
(나) 열변형 흔적이 없다.

해설 화학적 폭발은 연소반응으로서 화재를 동반하므로 종이, 플라스틱, 비닐 등 주변 가연물에 탄화된 흔적이 남거나 그을음 등이 남지만 단순히 물리적 폭발은 이러한 현상 없이 물체가 파손되거나 찢어지는 등의 잔해를 볼 수 있다.

08
화재현장 발굴절차를 나타낸 것이다. 괄호 안을 바르게 쓰시오.

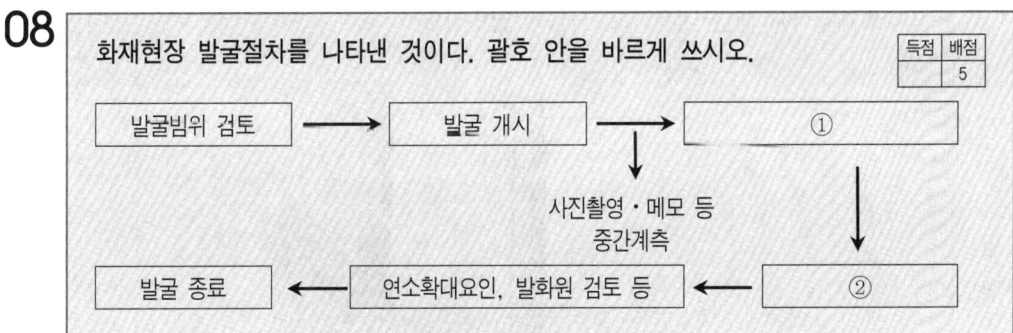

답안 ① 발화원 등 탄화물 확보
② 복원

09
정전기 관련 다음 괄호 안에 알맞은 용어를 쓰시오.
가. ( ) : 어떤 물질이 갖고 있는 정전기의 양
나. ( ) : 마찰이나 충격에 의해서 전자들이 다른 물체를 움직여 전기적 성질을 갖는 것
다. ( ) : 전자의 이동으로 전기적으로 (+)나 (−)전기를 띤 물체

답안 (가) 전하 (나) 대전 (다) 대전체

10

화재조사 및 보고규정에서 정한 용어의 정의이다. ( ) 안에 알맞은 단어를 기술하시오.

- (①)란 화재원인을 규명하고 화재로 인한 피해를 산정하기 위하여 자료의 수집, 관계자 등에 대한 질문, 현장확인, 감식, 감정 및 실험 등을 하는 일련의 행동을 말한다.
- (②)이란 화재원인의 판정을 위하여 전문적인 지식, 기술 및 경험을 활용하여 주로 시각에 의한 종합적인 판단으로 구체적인 사실관계를 명확하게 규명하는 것을 말한다.
- (③)이란 화재와 관계되는 물건의 형상, 구조, 재질, 성분, 성질 등 이와 관련된 모든 현상에 대하여 과학적 방법에 의한 필요한 실험을 행하고 그 결과를 근거로 화재원인을 밝히는 자료를 얻는 것을 말한다.
- (④)란 열원에 의하여 가연물질에 지속적으로 불이 붙는 현상을 말한다.
- (⑤)이란 발화의 최초 원인이 된 불꽃 또는 열을 말한다.

답안
① 조사
② 감식
③ 감정
④ 발화
⑤ 발화열원

11

임야화재감식에 대한 내용이다. 물음에 답하시오.

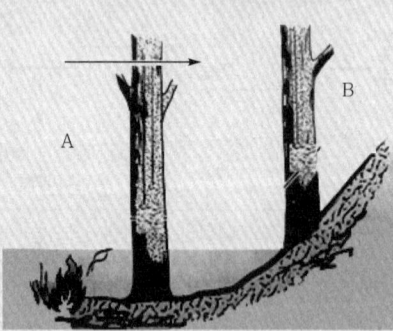

가. 풍향의 방향을 쓰시오.
나. 화염의 진행방향을 쓰시오.

답안 (가) A → B
(나) B → A

12

비 오는 날 소먹이용 건초와 생석회(산화칼슘)를 저장하는 농촌의 비닐하우스에서 화재가 발생하였다. 다음의 조건을 참고하여 물음에 답하시오.

> 비닐하우스 내부에는 전기시설이 없으며 방화의 가능성도 없는 것으로 식별되었고 생석회에 빗물이 침투된 흔적이 발견되었다.

가. 생석회와 빗물과의 화학반응식을 쓰고 설명하시오.
나. 감식요령을 쓰시오.

답안 (가) $CaO + H_2O \rightarrow Ca(OH)_2$, 물과 반응해서 수산화칼슘이 되며 발열한다.
(나) 생석회가 물과 반응하여 생성된 수산화칼슘(소석회)의 잔해를 확인한다. 소석회는 백색분말로 물과 접촉하면 고체상태가 되고 강알칼리성이기 때문에 리트머스시험지로 시험했을 때 푸른색을 띤다.

13

증거물을 통해 발화지점을 감식하고자 한다. 다음 물음에 답하시오.
가. 다음에 설명하는 전기적 특이점에 대한 발화지점 조사방법 명칭을 쓰시오.

> 전기배선에서 아크(arc) 수 개소가 발견된 경우 손상된 부분을 순차적으로 조사하여 발화지점 및 연소확산 경위 등을 조사하는 방법

나. 전기배선 2번 지점에서 아크가 발견된 경우 나머지 번호 중에서 아크가 발생하지 않는 곳은 어디이며 그 이유를 쓰시오. (단, 전기배선 2번 지점에서 아크로 인해 단락이 발생한 조건이다.)

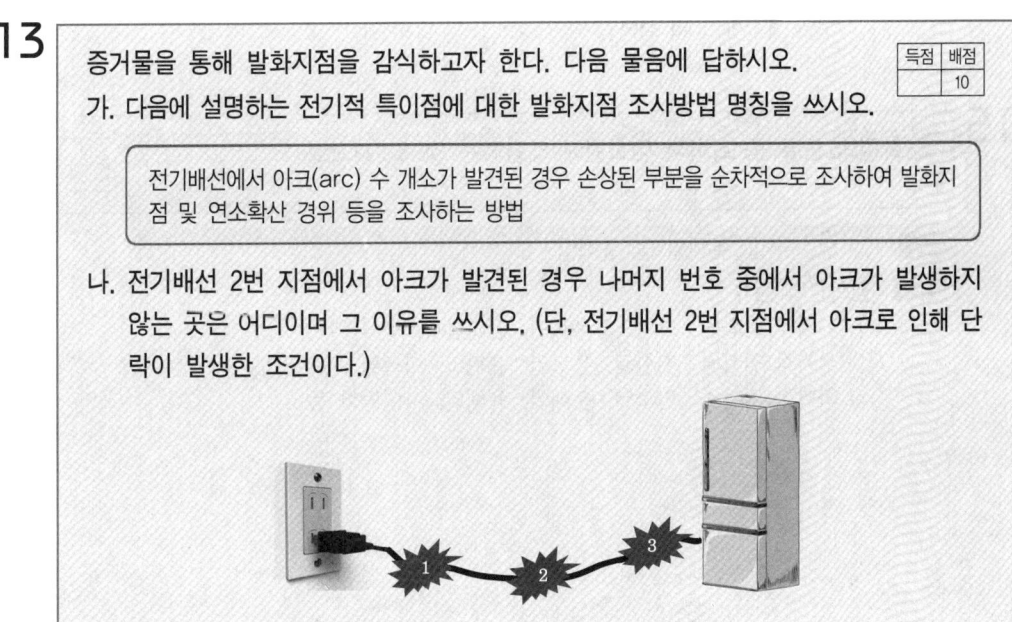

답안 (가) 아크매핑
(나) 3번(2번에서 아크가 발생하면 그 이후로 부하측으로 통전되지 않으므로 3번 지점에서 아크가 발생할 수 없다.)

14

다음에서 설명하는 낙뢰의 종류를 쓰시오.

가. 직접 건조물 등에 떨어지는 방전으로 낙뢰라고도 한다.
나. 낙뢰의 주방전에서 분기된 방전이 건조물 등에 방전하는 경우와 수목 등이 직격뢰에 의해 전위가 높아져 인근 건조물 등으로 방전하는 경우이다.

답안 (가) 직격뢰
(나) 측격뢰

해설 낙뢰의 종류
① 직격뢰 : 직접 건조물 등에 떨어지는 방전으로 낙뢰라고도 한다.
② 측격뢰 : 낙뢰의 주방전에서 분기된 방전이 건조물 등에 방전하는 경우와 수목 등이 직격뢰에 의해 전위가 높아져 인근 건조물 등으로 방전하는 경우이다.
③ 유도뢰 : 낙뢰에 의해 주위 물건이 유기된 고압에 의한 경우와 운간방전에 의해 주위 물건이 유기된 고압에 의한 경우를 말한다.
④ 침입뢰 : 송배전선에 낙뢰가 일어나 뇌전류가 건물 또는 발전소나 변전소 등의 기기를 통해 방전하는 현상이다.

15

점화원의 종류 중 화학적 점화원에 해당하는 것 3가지 쓰시오.

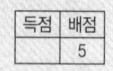

답안 ① 연소열 ② 분해열 ③ 용해열

해설 점화원의 종류
① 기계적 점화원 : 나화, 고온표면, 단열압축, 충격, 마찰 등
② 전기적 점화원 : 저항열, 유도열, 유전열, 아크열, 정전기 등
③ 화학적 점화원 : 연소열, 분해열, 용해열, 자연발화 등

2024년 7월 28일 화재감식평가기사

본 기출문제는 수험생들의 기억을 바탕으로 작성한 것으로 내용 및 그림, 문제수(배점) 등에서 실제 문제와 다소 차이가 있을 수 있습니다.

01
다음 그림을 보고 연소방향성을 A→B 또는 B→A로 나타내시오. [배점 5]

답안
① A → B
② A → B
③ A → B

02
( ) 안에 들어갈 내용을 쓰시오. [배점 5]

유동현상은 팬(fan)과 같이 기계적인 힘 또는 화재로 인한 가스흐름과 온도 차이로 발생하는 부력 때문에 일어난다. 부력유동은 뜨거운 가스가 차가운 가스보다 (   )가 낮기 때문에 발생한다.

답안 밀도

해설 유체유동
유동현상은 팬(fan)과 같이 기계적인 힘 또는 화재로 인한 가스흐름과 온도 차이로 발생하는 부력 때문에 일어난다. 부력유동은 뜨거운 가스가 차가운 가스보다 밀도가 낮기 때문에 발생한다. 이로 인해 뜨거운 가스는 위쪽으로 상승하게 되는데 화염은 곧 뜨거워진 유체의 움직임을 말한다.

03

다음 물음에 답하시오.

가. 다음 괄호 안에 용어를 바르게 쓰시오.

- (①)란 사람의 의도에 반하거나 고의에 의해 발생하는 연소 현상으로서 소화설비 등을 사용하여 소화할 필요가 있거나 또는 사람의 의도에 반해 발생하거나 확대된 화학적인 폭발현상을 말한다.
- (②)란 화재 당시의 피해물과 같거나 비슷한 것을 재건축(설계감리비 포함) 또는 재취득하는 데 필요한 금액을 말한다.
- (③)란 화재 당시에 피해물의 재구입비에 대한 현재가의 비율을 말한다.

나. 건축한 지 15년이 경과한 내용연수가 30년인 일반공장의 잔가율(%)은 얼마인가?

답안
(가) ① 화재 ② 재구입비 ③ 잔가율
(나) 잔가율 = [1 − (0.8 × 경과연수/내용연수)]
[1 − (0.8 × 15/30)] = 60%

04

자동차부품에서 ( ) 안에 해당하는 알맞은 내용을 쓰시오.
(①) : 피스톤의 수직 운동을 차량을 움직이는 데 필요한 회전 운동으로 변환하는 엔진 구성 요소
(②) : 회전하는 물체의 회전 속도를 고르게 하기 위하여 회전축에 달아 놓은 바퀴

답안
① 크랭크축
② 플라이휠

해설
① 크랭크축 : 피스톤의 수직 운동을 차량을 움직이는 데 필요한 회전 운동으로 변환하는 엔진 구성 요소. 회전하는 크랭크축의 에너지는 플라이휠과 변속기 시스템을 통과한 다음 구동축(후륜구동 차량의 경우) 또는 트랜스액슬(전륜구동 차량의 경우)을 거쳐 자동차를 움직이는 구동륜으로 전달된다.
② 플라이휠 : 회전하는 물체의 회전 속도를 고르게 하기 위하여 회전축에 달아 놓은 바퀴이다.

05

다음 중 용융점이 높은 순서대로 쓰시오.

- 철
- 구리
- 텅스텐
- 알루미늄

답안 텅스텐(3,400℃) → 철(1,530℃) → 구리(1,084℃) → 알루미늄(660℃)

06
산불 종류에 대한 설명이다. 번호에 알맞은 용어를 쓰시오.

가. (①) : 땅속에 퇴적된 유기물과 낙엽층이 연소하는 것으로 느리게 연소하는 특징이 있다.

나. (②) : 나무의 가지와 잎 등 무성한 상층부가 연소하는 것으로 연소진행이 빠르다.

다. (③) : 낙엽, 초본류 등이 연소하는 것으로 산불 초기단계에 원형으로 넓게 퍼지며 연소한다.

답안
① 지중화
② 수관화
③ 지표화

07
방화·방화의심조사서에 기재하여야 할 방화의심사유 5가지를 쓰시오. (단, 과다보험, 기타사유 제외)

답안
① 외부 침입흔적 존재
② 유류 사용흔적
③ 범죄은폐
④ 2지점 이상의 발화점
⑤ 연소현상 특이(급격연소)

08
다음 보기의 가스용기에 알맞은 안전밸브를 ( ) 안에 기호로 쓰시오.

〈보기〉
가. LPG용기
나. 염소, 아세틸렌, 산화에틸렌의 용기
다. 산소, 수소, 질소 등 압축가스용기
라. 초저온용기

ㄱ. 파열판식 안전밸브
ㄴ. 스프링식 안전밸브
ㄷ. 가용전 안전밸브
ㄹ. 스프링식과 파열판식의 2중 안전밸브

가. LPG용기 – ( )
나. 염소, 아세틸렌, 산화에틸렌의 용기 – ( )
다. 산소, 수소, 질소 등 압축가스용기 – ( )
라. 초저온용기 – ( )

답안 (가) ㄴ   (나) ㄷ   (다) ㄱ   (라) ㄹ

09 화재피해액 산정방법에서 손해액 및 피해액을 산정하는 방법 3가지를 쓰시오. [배점 5]

답안
① 복성식 평가법
② 매매사례 비교법
③ 수익환원법

해설 화재피해액 산정방법

(1) 대상별 현재시가를 정하는 방법

구 분	대 상
구입 시의 가격	재고자산 즉 원재료, 부재료, 제품, 반제품, 저장품, 부산물 등
구입 시의 가격에서 사용기간 감가액을 뺀 가격	항공기 및 선박 등
재구입 가격	상품 등
재구입 가격에서 사용기간 감가액을 뺀 가격	건물, 구축물, 영업시설, 기계장치, 공구, 기구, 차량 및 운반구, 집기비품, 가재도구 등

(2) 손해액 또는 피해액을 산정하는 방법

복성식 평가법	• 사고로 인한 피해액을 산정하는 방법 • 재건축 또는 재취득하는 데 소요되는 비용에서 사용기간의 감가수정액을 공제하는 방법으로 부분적인 물적 피해액 산정에 널리 사용
매매사례 비교법	당해 피해물의 시중매매사례가 충분하여 유사매매사례를 비교하여 산정하는 방법으로서 차량, 예술품, 귀중품, 귀금속 등의 피해액 산정에 사용
수익환원법	• 피해물로 인해 장래에 얻을 수익액에서 당해 수익을 얻기 위해 지출되는 제반비용을 공제하는 방법에 의하는 방법 • 유실수 등에 있어 수확기간에 있는 경우에 사용 • 단, 유실수의 육성기간에 있는 경우에는 복성식 평가법을 사용

① 화재피해액 산정은 복성식 평가법 사용을 원칙으로 한다. 복성식 평가법이 불합리하거나 매매사례 비교법 또는 수익환원법이 오히려 합리적이고 타당하다고 판단된 경우에는 예외적으로 매매사례 비교법 및 수익환원법을 사용하기로 한다.
② 현재시가 산정은 재구입(재건축 및 재취득) 가액에서 사용기간의 감가액을 공제하는 방식을 원칙으로 하되, 이 방법이 불합리하거나 다른 방법이 오히려 합리적이고 타당한 경우에는 예외적으로 구입 시 가격 또는 재구입 가격을 현재시가로 인정하기로 한다.

10

다음 용어에 대해 설명하시오.

가. 트래킹 나. 반단선

답안 (가) 전압이 인가된 이극 도체 간의 절연물 표면에 수분, 먼지, 금속분 등이 부착되면 오염된 곳의 표면을 따라 전류가 흘러 소규모 불꽃방전이 일어나고 이것이 지속적으로 반복되면 절연물 표면 일부가 탄화되어 도전성 통로가 형성되는 현상

(나) 전선이 절연피복 내에서 단선되고 그 부분에서 단선과 이어짐이 반복되는 상태 및 단선된 후 일부가 접촉상태로 남아 있는 상태

11

화재증거물수집관리규칙이다. 용어의 정의를 쓰시오.

- (①)이란 화재와 관련이 있는 물건 및 개연성이 있는 모든 개체를 말한다.
- (②)이란 화재증거물을 획득하고 해당 물건을 분석하여 사건과 관련된 화재증거를 추출하는 과정을 말한다.
- (③)이란 화재현장에서 증거물수집에서부터 폐기까지 증거물 원본성 보장을 위한 증거물 관리 및 이송과 관련된 과정을 말한다.
- (④)이란 화재조사현장과 관련된 사람, 물건, 기타 주변 상황, 증거물 등을 촬영한 사진, 영상물 및 녹음자료, 현장에서 작성된 정보 등을 말한다.
- (⑤)이란 화재조사현장과 관련된 사람, 물건, 기타 상황, 증거물 등을 촬영한 사진을 말한다.

답안
① 증거물
② 증거물수집
③ 증거물의 보관·이동
④ 현장기록
⑤ 현장사진

12

고압가스 연소성에 대한 분류표이다. 종류를 쓰시오.

① ( ) : 수소, 암모니아, 액화석유가스, 아세틸렌 등
② ( ) : 산소, 공기, 염소 등
③ ( ) : 질소, 이산화탄소, 아르곤, 헬륨 등

답안
① 가연성 가스
② 조연성 가스
③ 불연성 가스

13 냉온수기에 대한 설명이다. 다음 물음에 답하시오.

가. 자동온도 조절장치의 명칭을 쓰시오.

나. 자동온도 조절장치에서 화재가 발생한 경우 감식요령을 쓰시오.

▶ 답안 (가) 서모스탯

(나) 서모스탯 노출단자 간 절연체의 오염 등에 의한 트래킹 및 절연파괴 여부를 확인한다.

14 메인 누전차단기의 용량이 50A/30mA이고 각 배선용 분기차단기의 사용전류가 30A/30mA라고 할 때, 전기화재가 발생하였으나 분기차단기는 트립·off되지 않고 메인 누전차단기만 트립된 경우 원인을 쓰시오.

▶ 답안 사고전류가 분기차단기의 허용전류(30A/30mA) 이하인 경우 분기차단기는 트립되지 않고 메인 누전차단기만 트립된다.

▶ 해설 분기차단기가 3개인 경우 각각 20A, 20A, 18A가 걸렸다면 30A의 용량을 초과하지 않아 3개의 분기차단기는 트립되지 않지만 각 차단기의 전류합이 50A를 초과하므로 메인 누전차단기만 트립된다.

15 18Ω의 저항 중에 4A의 전류가 15초간 흘렀다면 에너지의 열량(cal)을 구하시오.

▶ 답안 $H = 0.24 I^2 R t = 0.24 \times 4^2 \times 18 \times 15 = 1036.8 \text{cal}$

2024년 7월 28일 화재감식평가산업기사

본 기출문제는 수험생들의 기억을 바탕으로 작성한 것으로 내용 및 그림, 문제수(배점) 등에서 실제 문제와 다소 차이가 있을 수 있습니다.

01 「소방의 화재조사에 관한 법률 시행령」상 소방관서장이 대형화재 등이 발생한 경우 종합적이고 정밀한 화재조사를 위하여 유관기관 및 관계 전문가를 포함한 화재합동조사단을 구성·운영할 수 있는 화재를 쓰시오.

답안
① 사망자가 5명 이상 발생한 화재
② 화재로 인한 사회적·경제적 영향이 광범위하다고 소방관서장이 인정하는 화재

02 화재현장에서 2명이 사망했고 96시간 경과 후 1명이 또 사망하였다. 사상자 중에는 5주 이상 입원을 한 사람이 9명, 연기흡입으로 통원치료를 한 사람이 9명이었다. 사상자 수를 구하시오.
가. 사망자 수
나. 중상자 수
다. 경상자 수

답안
(가) 2명(72시간 이후 사망한 경우에는 당해 화재로 인한 사망에서 제외한다.)
(나) 10명(96시간 경과 후 사망자 1명은 중상자로 분류한다.)
(다) 9명

03 자연발화의 원인별 형태이다. 해당하는 물질을 1가지 이상 쓰시오.

① 산화열 ② 분해열 ③ 발효열 ④ 흡착열 ⑤ 중합열

답안 ① 동식물유 ② 셀룰로이드 ③ 퇴비 ④ 활성탄 ⑤ 초산비닐

04 메탄가스가 누설되어 폭발사고가 발생하였다. 각 물음에 답하시오.
   가. 완전연소반응식을 쓰시오.
   나. 반응 전과 반응 후 생성물의 몰(mol)수를 쓰시오.

> **답안** (가) $CH_4 + 2O_2 \rightarrow CO_2 + 2H_2O$
> (나) 반응 전 : 3몰, 반응 후 : 3몰

05 물질의 위험도가 높은 순에서 낮은 순으로 쓰시오.

> 수소, 아세톤, 에틸렌, 암모니아

> **답안** 수소 − 에틸렌 − 암모니아 − 아세톤
> **해설** 수소(71) − 에틸렌(30.5) − 암모니아(13) − 아세톤(11)
> (1) 가연성 가스의 연소범위
>
> | 구 분 | 연소범위(vol%) | 구 분 | 연소범위(vol%) |
> |---|---|---|---|
> | 수소 | 4~75 | 에틸렌 | 3~33.5 |
> | 일산화탄소 | 12.5~74 | 시안화수소 | 6~41 |
> | 프로판 | 2.1~9.5 | 암모니아 | 15~28 |
> | 아세틸렌 | 2.5~81 | 메틸알코올 | 7~37 |
> | 에테르 | 1.7~48 | 에틸알코올 | 3.5~20 |
> | 메탄 | 5~15 | 아세톤 | 2~13 |
> | 에탄 | 3~12.5 | 가솔린 | 1.4~7.6 |
>
> (2) 위험도
>   ① 어떤 가연성 가스가 화재 또는 폭발을 일으키는 위험성을 나타내는 척도이다.
>   ② 연소하한이 낮을수록 위험도가 크다.
>   ③ 연소상한과 연소하한의 차이가 클수록 위험도가 크다.
>   ④ 연소상한이 높을수록 위험도가 크다.
>
> $$H = \frac{U - L}{L}$$
>   여기서, H : 위험도, U : 연소상한계, L : 연소하한계

06
다음은 화재증거물수집관리규칙이다. ( ) 안에 알맞은 말을 쓰시오.

- 증거물을 수집할 때에는 휘발성이 (①) 것에서 (②) 순서로 진행해야 한다.
- 증거물의 소손 또는 소실 정도가 심하여 증거물의 일부분 또는 전체가 유실될 우려가 있는 경우는 증거물을 (③)하여야 한다.

답안 ① 높은 ② 낮은 ③ 밀봉

07
가스기구에서 리프팅의 발생원인 5가지를 쓰시오.

답안
① 버너의 염공에 먼지 등이 부착하여 염공이 작아졌을 때
② 가스의 공급압력이 지나치게 높을 경우
③ 노즐구경이 지나치게 클 경우
④ 가스의 공급량이 버너에 비해 과대할 경우
⑤ 공기조절기를 지나치게 열었을 경우

08
화재증거물수집관리규칙에 의거한 증거물 시료용기 3가지를 쓰시오.

답안 유리병, 주석도금캔, 양철캔

09
다음에 설명하는 화재 패턴에 대해 쓰시오.

① 인화성 액체가연물이 바닥에 쏟아졌을 때 쏟아진 부분과 쏟아지지 않은 부분의 탄화 경계흔적을 말한다.
② 가연성 액체가 쏟아지면서 주변으로 튀거나 연소되면서 발생한 열에 의해 스스로 가열되어 액면에서 끓으면서 주변으로 튄 액체가 포어 패턴의 미연소부분으로 국부적으로 점처럼 연소된 흔적이다.
③ 가연성 액체가 웅덩이처럼 고여 있을 경우 발생하는데 고리처럼 보이는 주변부나 얕은 곳에서는 화염이 바닥이나 바닥재를 탄화시키는 반면에 비교적 깊은 중심부는 가연성 액체가 증발하면서 기화열에 의해 냉각시키는 현상 때문에 발생한다.

답안
① 포어 패턴(퍼붓기 패턴)
② 스플래시 패턴
③ 도넛 패턴

10

다음 물음에 답하시오.

<보기>
① 시동모터   ② 점화코일   ③ 배전기   ④ 고압케이블

가. 다음 그림을 보고 보기의 명칭을 선택하여 쓰시오.

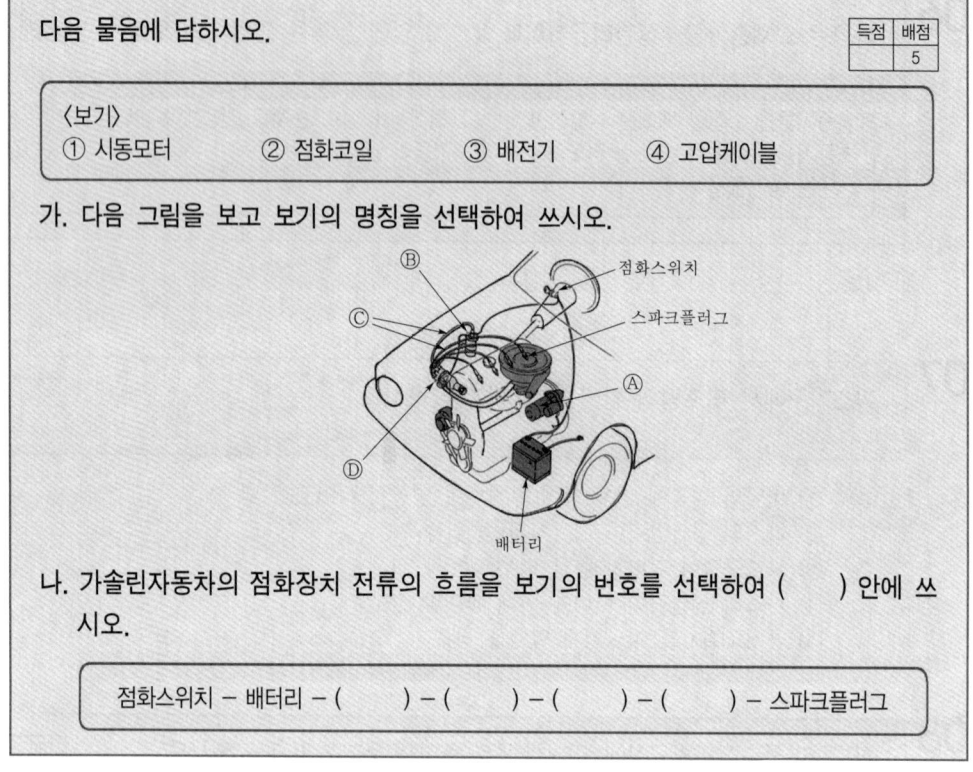

나. 가솔린자동차의 점화장치 전류의 흐름을 보기의 번호를 선택하여 (   ) 안에 쓰시오.

점화스위치 − 배터리 − (   ) − (   ) − (   ) − (   ) − 스파크플러그

답안 (가) Ⓐ 시동모터
　　　　 Ⓑ 점화코일
　　　　 Ⓒ 고압케이블
　　　　 Ⓓ 배전기
　　　(나) 점화스위치 − 배터리 − (①) − (②) − (③) − (④) − 스파크플러그

11

건물에서 화재가 발생하여 500m²가 소실되었다. 피해액을 산정하시오. (단, 내용연수 50년, 경과연수 30년, 손해율 70%, 신축단가 450천원으로 한다.)

답안 건물피해액 산정 : 신축단가×소실면적×[1−(0.8×경과연수/내용연수)]×손해율
450천원×500m²×[1−(0.8×30년/50년)]×70%=81,900천원

12 밀집되어 있는 주거지역에서 화재가 발생하여 인접한 건물까지 전소되고 그림과 같은 합선흔적(단락흔)이 존재하였다. 그림에서 발화건물과 근거를 설명하시오. (단, 전기배선은 모든 방에 설치되어 있고 전선배치는 A와 B건물이 모두 동일하고, 어느 지점에서 합선이 일어나자마자 분전반에 있는 메인차단기가 차단되어 전기가 통전되지 않는다.)

득점	배점
	5

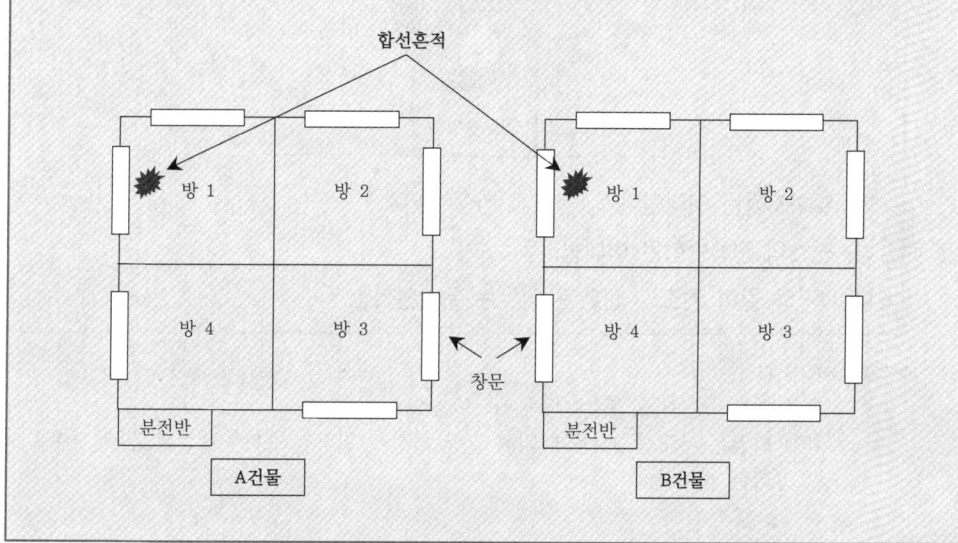

답안
① 발화건물 : A건물 1번 방
② 근거 : A건물 방 1에서 전기합선이 일어나자 분전반의 메인차단기가 동작(off)하여 A건물에 있는 다른 방에서는 전기합선이 일어날 수 없으며 화재가 A건물 방 2를 통해 B건물로 연소확대되면서 B건물의 방 1에서 전기합선이 발생하자 B건물의 메인차단기가 동작(off)함에 따라 다른 방에서는 합선흔적이 발생할 수 없으므로 A건물 방 1에서 화재가 발생한 것이다.

13 전기화재 원인 중 단락의 원인 5가지를 쓰시오.

득점	배점
	10

답안
① 헐겁게 조여진 배선의 접촉불량
② 금속도체와의 접촉
③ 압착, 손상 등 하중에 의한 짓눌림
④ 코일의 층간단락
⑤ 절연열화에 의한 선간 접촉

14

그림에서 개구부의 위쪽으로 소손되었다. 물음에 답하시오.

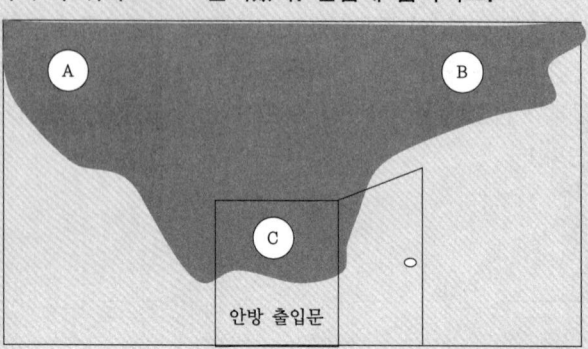

가. 발화지점은 어디인가?
나. 연소의 진행방향은 어디인가?
다. '나'와 같이 연소가 진행된 이유는 무엇인가?

답안
(가) C
(나) C → A → B 또는 C → B → A
(다) 화염은 부력상승작용에 의해 안방 천장에 천장열기층이 형성된 후 천장면을 따라 출화한 것이다.

15

성심리학적 방화범의 종류를 5가지 쓰시오.

답안
① 구강기 방화범
② 항문기 방화범
③ 남근기 방화범
④ 잠복기 방화범
⑤ 외음부기 방화범

해설
(1) 구강기 방화범(~생후 18개월)
불을 지르고 싶다는 견딜 수 없는 충동을 느끼기도 한다.
(2) 항문기 방화범(18개월~3세)
항문기 방화범의 특징은 충동성, 격정성이며, 불을 지르고 싶다는 참을 수 없는 충동을 느끼지는 않는다.
(3) 남근기 방화범
남근기 방화범의 특징은 불을 바라보면서 성적 충동을 느끼는 것이다. 불을 지르고 싶다는 참을 수 없는 충동을 느끼기도 한다. 불을 놓음으로써 쾌감을 느낀다.
(4) 잠복기 방화범
방화범 중 가장 무서운 부류이다. 혼란, 흥분, 무질서 등 목표달성을 위해 무차별적으로 방화를 한다.
(5) 외음부기 방화범
외음부기 방화범은 가장 발달된 성격의 소유자이다. 불을 붙이고 진화노력을 하거나 소방관을 돕는다는 흥분감을 느끼기 위해 방화를 하기도 한다.

2024년 10월 19일 화재감식평가기사

> 본 기출문제는 수험생들의 기억을 바탕으로 작성한 것으로 내용 및 그림, 문제수(배점) 등에서 실제 문제와 다소 차이가 있을 수 있습니다.

01
목재의 탄화심도를 측정하고자 한다. 다음 각 물음에 답하시오.

가. 압력은 어떻게 가해야 하는지 쓰시오.
나. 탐침의 삽입방향을 쓰시오.
다. 측정 부분이 어디인지 쓰시오.

득점	배점
	5

답안
(가) 동일한 측정점에서 동일한 압력으로 측정한다.
(나) 목재의 중심선에서 직각으로 삽입한다.
(다) 탄화 및 균열이 발생한 철(凸)부분을 측정한다.

02
복합건물에서 화재가 발생하여 2층과 3층 내부마감재 등이 소실되었고 4층과 5층은 외벽 및 내부가 소실되었다. 주어진 조건을 보고 화재피해액(천원)을 구하시오.

득점	배점
	10

- 2층 및 3층 : 신축단가 834천원, 소실면적 900m², 경과연수 15년, 내용연수 75년, 손해율 40%
- 4층 및 5층 : 신축단가 834천원, 소실면적 900m², 경과연수 15년, 내용연수 75년, 손해율 20%
- P형 자동화재탐지설비 : 단위당 표준단가 9천원, 수손 및 그을음 피해(100%)
- 옥내소화전 : 단위당 표준단가 3,000천원, 3개소 파손, 손해율(10%)
- 집기비품
  - 2층 및 3층 : 책상, 의자 등 180천원 피해, 손해율(100%)
  - 4층 및 5층 : 컴퓨터 등 180천원 피해, 손해율(10%)
  - 집기비품은 일괄하여 잔가율 50% 적용

가. 건물피해액을 계산하시오.
나. 부대설비 피해액을 계산하시오.
다. 집기비품 피해액을 계산하시오.
라. 잔존물제거비를 계산하시오.
마. 총 피해액을 계산하시오.

▶답안 (가) 건물피해액
2층 및 3층 : 834천원×900m²×[1−(0.8×15/75)]×40%=252,202천원
4층 및 5층 : 834천원×900m²×[1−(0.8×15/75)]×20%=126,101천원
합계 : 378,303천원
(나) 부대설비 피해액
P형 자동화재탐지설비 : 1,800m²×9천원×[1−(0.8×15/75)]×100%=13,608천원
옥내소화전 : 3×3,000천원×[1−(0.8×15/75)]×10%=756천원
합계 : 14,364천원
(다) 집기비품 피해액
2층 및 3층 : 900m²×180천원×50%×100%=81,000천원
4층 및 5층 : 900m²×180천원×50%×10%=8,100천원
합계 : 89,100천원
(라) 잔존물제거비
378,303천원+14,364천원+89,100천원=481,767천원
잔존물제거비는 10%이므로 48,177천원
(마) 총 피해액
부동산 : 431,934천원
동산 : 98,010천원
합계 : 529,944천원

03

다음 설명에 해당하는 LNG와 LPG를 구분하여 쓰시오. [배점 5]

① 주성분인 메탄은 다른 지방족 탄화수소에 비해 연소속도가 느리고 최소발화에너지, 발화점 및 폭발하한계 농도가 높다. 그러나 누출될 경우 인화폭발의 위험이 있다.
② 프로판의 폭발범위가 공기 중에서 2.1~9.5vol%, 부탄은 1.8~8.4vol%로 폭발하한이 낮고 상온·상압하에서는 기체상태로 인화점이 낮아 소량 누출할 경우에도 즉시 착화하여 화재 및 폭발의 위험이 있다.

▶답안 ① 액화천연가스(LNG)
② 액화석유가스(LPG)

▶해설 (1) 액화천연가스(LNG, Liquefied Natural Gas)의 폭발성 및 인화성
① 기화된 가스가 공기 또는 산소와 혼합할 경우 폭발위험이 증대된다.
② 액화천연가스의 주성분인 메탄은 다른 지방족 탄화수소에 비해 연소속도가 느리고 최소발화에너지, 발화점 및 폭발하한계 농도가 높다. 그러나 누출될 경우 인화폭발의 위험이 있다.
③ 액화천연가스가 공기 중으로 누출될 경우 일반적으로 온도가 낮은 상태이기 때문에 공기 중의 수분과 접촉하면 수분의 온도가 낮아져 응축현상으로 인해 안개가 발생하므로 가스 및 액의 누출을 눈으로 쉽게 확인할 수 있다.

(2) 액화석유가스(LPG, Liquefied Petroleum Gas)의 폭발성 및 인화성
① 폭발성 : 프로판의 폭발범위가 공기 중에서 2.1~9.5vol%, 부탄은 1.8~8.4vol%로 폭발하한이 낮고 상온·상압하에서는 기체상태로 인화점이 낮아 소량 누출할 경우에도 즉시 착화하여 화재 및 폭발의 위험이 있다.
② 인화성 : 액화석유가스는 전기절연성이 높고 유동, 여과, 분무 시에 정전기를 발생하는 성질이 있으며, 정전기가 축적될 경우 방전 스파크에 의해 인화되어 폭발의 위험이 있다.

04

다음 괄호 안에 용어를 바르게 쓰시오.

가. (①)(이)란 사람의 의도에 반하거나 고의에 의해 발생하는 연소 현상으로서 소화설비 등을 사용하여 소화할 필요가 있거나 또는 사람의 의도에 반해 발생하거나 확대된 화학적인 폭발현상을 말한다.
나. (②)(이)란 화재원인을 규명하고 화재로 인한 피해를 산정하기 위하여 자료의 수집, 관계자 등에 대한 질문, 현장확인, 감식, 감정 및 실험 등을 하는 일련의 행동을 말한다.
다. (③)(이)란 발화의 최초원인이 된 불꽃 또는 열을 말한다.
라. (④)(이)란 발화열원에 의해 불이 붙고 이물질을 통해 제어하기 힘든 화세로 발전한 가연물을 말한다.
마. (⑤)(이)란 피해물의 경제적 내용연수가 다한 경우 잔존하는 가치의 재구입비에 대한 비율을 말한다.

답안
① 화재
② 조사
③ 발화열원
④ 최초착화물
⑤ 최종잔가율

05

소방시설 등 활용조사서의 소화활동설비 5가지를 쓰시오.

답안
① 제연설비
② 연결송수관설비
③ 연결살수설비
④ 비상콘센트설비
⑤ 무선통신보조설비

06

회로계로 측정했을 때 다음 그림과 같이 나왔을 때 저항과 전압을 구하시오.

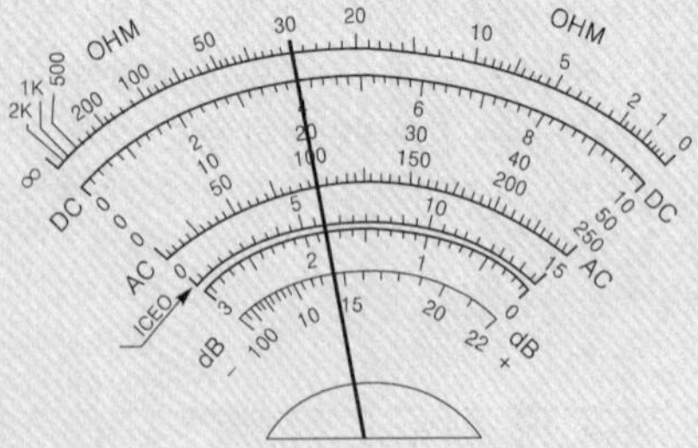

가. $1 \times R(\Omega)$일 때 저항값을 쓰시오.
나. 직류전압(DC)을 500에 놓았을 때 전압의 값을 쓰시오.

답안
(가) 레인지를 $1 \times R$에 놓았으므로 맨 위의 저항눈금을 읽는다. ∴ 30Ω
(나) 직류전압(DC) 눈금을 500에 놓았으나 500눈금이 없으니 50눈금을 읽고 10배를 곱해준다. 50눈금이 20을 가리키고 있으므로 20×10=200V ∴ 200V

07

( ) 안에 알맞은 내용을 쓰시오.

화재건수의 결정에서 동일범이 아닌 각기 다른 사람에 의한 ( ), ( )은 동일 대상물에서 발화했더라도 각각 별건의 화재로 한다.

답안 방화, 불장난

해설 화재건수 결정(화재조사 및 보고규정 제10조)
1건의 화재란 1개의 발화지점에서 확대된 것으로 발화부터 진화까지를 말한다. 다만, 다음 경우는 규정에 따른다.
① 동일범이 아닌 각기 다른 사람에 의한 방화, 불장난은 동일 대상물에서 발화했더라도 각각 별건의 화재로 한다.
② 동일 소방대상물의 발화점이 2개소 이상 있는 다음의 화재는 1건의 화재로 한다.
  ㉠ 누전점이 동일한 누전에 의한 화재
  ㉡ 지진, 낙뢰 등 자연현상에 의한 다발화재
③ 발화지점이 한 곳인 화재현장이 둘 이상의 관할구역에 걸친 화재는 발화지점이 속한 소방서에서 1건의 화재로 산정한다. 다만, 발화지점 확인이 어려운 경우에는 화재피해금액이 큰 관할구역 소방서의 화재 건수로 산정한다.

08

액화가스용기의 최대저장능력(충전량) 산정하는 방법을 쓰시오.

답안 액화가스용기의 최대저장능력(충전량) 계산은 용기의 내용적을 가스 종류별로 정해 놓은 충전상수로 나누어 산정한다.

해설 액화가스용기의 저장량
① 액화가스용기의 최대저장능력(충전량) 계산은 용기의 내용적을 가스 종류별로 정해놓은 충전상수로 나누어 산정한다.
② 용기 안의 가스온도가 48℃ 이상 되었을 경우 용기 내부가 액체가스로 가득 차지 않도록 안전공간(15%)을 고려한 것으로 계산식에서 산정된 양 이상의 가스가 충전되지 않도록 하여야 한다.
③ $W = \dfrac{V_2}{C}$

여기서, W : 저장능력(kg)
V_2 : 용기 내용적(L)
C : 가스 충전정수(프로판 2.35, 부탄 2.05, 암모니아 1.86)

09

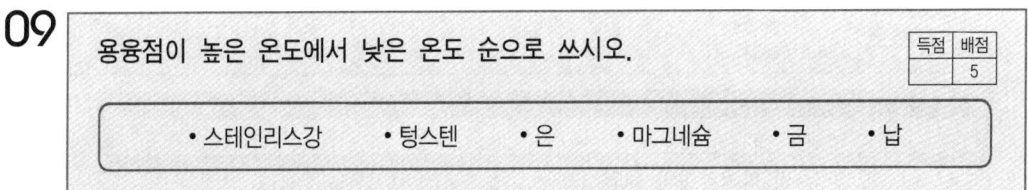

용융점이 높은 온도에서 낮은 온도 순으로 쓰시오.

• 스테인리스강　• 텅스텐　• 은　• 마그네슘　• 금　• 납

답안 텅스텐 → 스테인리스강 → 금 → 은 → 마그네슘 → 납

10

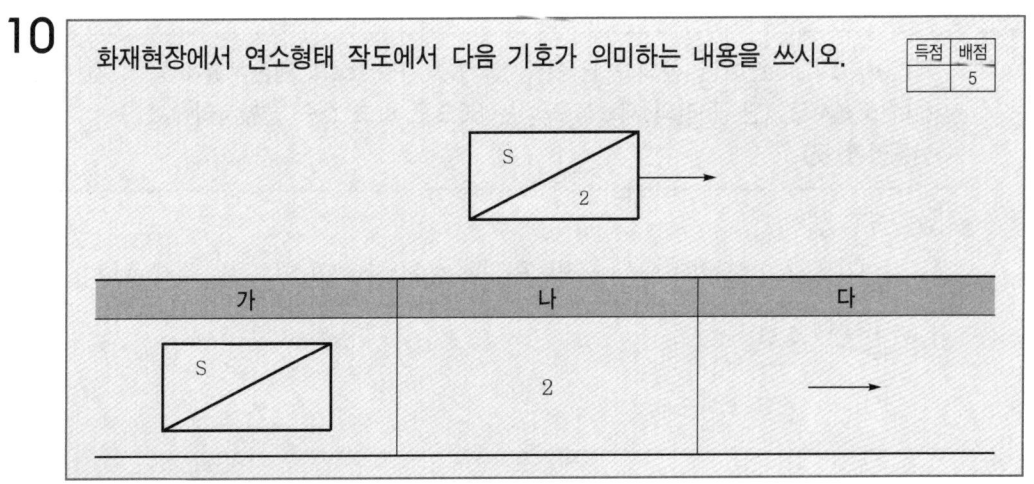

화재현장에서 연소형태 작도에서 다음 기호가 의미하는 내용을 쓰시오.

가	나	다
S⟋	2	→

답안 (가) 샘플 도시기호
(나) 샘플 위치번호
(다) 샘플방향

11 전기회로 도중에 접속이 불완전하여 접속부에서 국부적으로 저항치가 증가하며 그곳으로 전류가 흘러 국부과열이 될 때 산화구리가 생성되는 현상에 대하여 다음 물음에 답하시오.
가. 어떤 현상에 대한 설명인지 쓰시오.
나. 산화구리가 식별되는 현상과 화학식을 쓰시오.

답안 (가) 아산화동 증식발열
(나) ① 현상 : 아산화동이 발생한 부분은 은회색 금속광택이 있다.
② 화학식 : Cu_2O

12 실화책임에 관한 법률에서 실화가 중대한 과실로 인한 것이 아닌 경우 손해배상의무자가 법원에 손해배상액의 경감을 청구할 수 있는 5가지의 경우를 쓰시오.

답안 ① 화재의 원인과 규모
② 피해의 대상과 정도
③ 연소 및 피해확대의 원인
④ 피해확대 방지를 위한 실화자의 노력
⑤ 배상의무자 및 피해자의 경제상태

13 지름(d) 0.32mm인 구리선의 용단전류(I)를 W.H. Preece의 계산식을 이용하여 구하시오. (단, 구리의 재료정수(a)는 80으로 하고 소수 둘째자리에서 반올림할 것)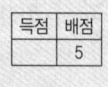

답안 $I_s = ad^{3/2}$(A)
여기서, I_s : 용단전류(A), a : 재료에 의한 정수(구리 80), d : 선의 직경(mm)
∴ $I_s = 80 \times 0.32^{3/2} ≒ 14.5$(A)

14

2극 플러그를 콘센트에 접속시켜 사용하다가 다음과 같은 현상이 발견되었다. 조건을 보고 다음 물음에 답하시오.

- 플러그의 한쪽이 용융되었다.
- 용융된 부분과 용융되지 않은 부분의 경계가 뚜렷이 식별되었다.
- 전원 통전 중으로 부하와 연결시켜 사용 중이었다.

가. 원인을 쓰시오.
나. '가'의 원인이 된 선행요인 2가지를 쓰시오.

답안 (가) 접촉불량
(나) ① 접속부의 헐거움
② 불완전접속

15

화재증거물 수집관리규칙에 관한 내용이다. ( ) 안에 알맞은 단어를 기술하시오.

- 증거물을 수집할 때에는 휘발성이 (①) 것에서 (②) 순서로 수집한다.
- 증거물이 파손될 우려가 있는 경우에 (③) 및 (④)에 대한 주의사항을 증거물의 포장 외측에 적절하게 표기하여야 한다.
- 증거물의 소손 또는 소실 정도가 심하여 증거물의 일부분 또는 전체가 유실될 우려가 있는 경우는 증거물을 (⑤)하여야 한다.

답안 ① 높은
② 낮은
③ 충격금지
④ 취급방법
⑤ 밀봉

화재감식평가기사・산업기사 실기

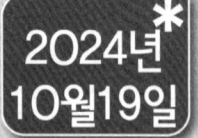
화재감식평가산업기사

> 본 기출문제는 수험생들의 기억을 바탕으로 작성한 것으로 내용 및 그림, 문제수(배점) 등에서 실제 문제와 다소 차이가 있을 수 있습니다.

01 성심리학적 방화범의 종류를 5가지 쓰시오. [배점 10]

답안
① 구강기 방화범
② 항문기 방화범
③ 남근기 방화범
④ 잠복기 방화범
⑤ 외음부기 방화범

해설
(1) 구강기 방화범(~생후 18개월)
   불을 지르고 싶다는 견딜 수 없는 충동을 느끼기도 한다.
(2) 항문기 방화범(18개월~3세)
   항문기 방화범의 특징은 충동성, 격정성이며, 불을 지르고 싶다는 참을 수 없는 충동을 느끼지는 않는다.
(3) 남근기 방화범
   남근기 방화범의 특징은 불을 바라보면서 성적 충동을 느끼는 것이다. 불을 지르고 싶다는 참을 수 없는 충동을 느끼기도 한다. 불을 놓음으로써 쾌감을 느낀다.
   잠복기 방화범
   방화범 중 가장 무서운 부류이다. 혼란, 흥분, 무질서 등 목표달성을 위해 무차별적으로 방화를 한다.
(4) 외음부기 방화범
   외음부기 방화범은 가장 발달된 성격의 소유자이다. 불을 붙이고 진화노력을 하거나 소방관을 돕는다는 흥분감을 느끼기 위해 방화를 하기도 한다.

02 전기화재 원인 중 단락의 원인 5가지를 쓰시오. [배점 10]

답안
① 헐겁게 조여진 배선의 접촉불량
② 금속도체와의 접촉
③ 압착, 손상 등 하중에 의한 짓눌림
④ 코일의 층간단락
⑤ 절연열화에 의한 선간 접촉

03

다음 그림을 보고 답하시오.

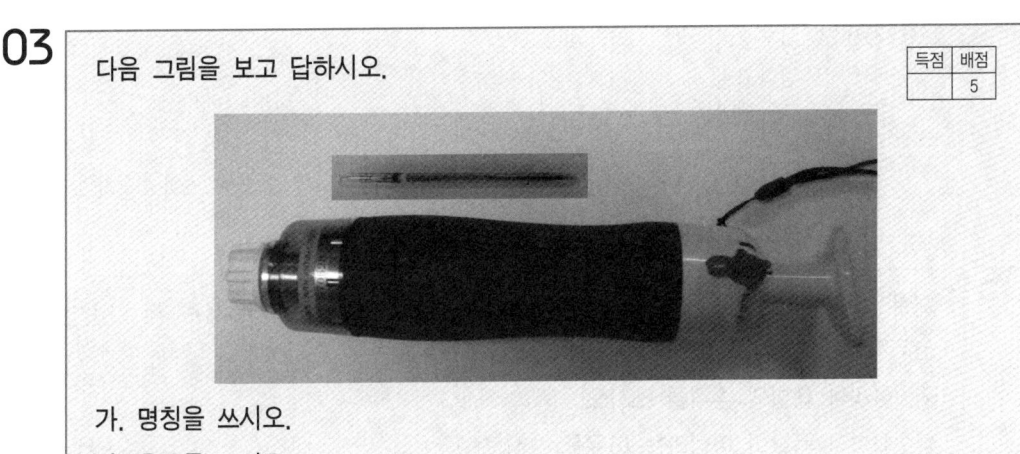

가. 명칭을 쓰시오.
나. 용도를 쓰시오.

답안 (가) 가스채취기(가스측정기, 가스검지기, 가스누출시험기)
(나) 유류 및 잔류가스를 채취하여 성분분석

04

다음 물음에 답하시오.

〈보기〉
① 시동모터 ② 점화코일 ③ 배전기 ④ 고압케이블

가. 다음 그림을 보고 보기의 명칭을 선택하여 쓰시오.

나. 가솔린자동차의 점화장치 전류의 흐름을 보기의 번호를 선택하여 (   ) 안에 쓰시오.

점화스위치 – 배터리 – (   ) – (   ) – (   ) – (   ) – 스파크플러그

(가) Ⓐ 시동모터
　　　Ⓑ 점화코일
　　　Ⓒ 고압케이블
　　　Ⓓ 배전기
(나) 점화스위치 - 배터리 - (①) - (②) - (③) - (④) - 스파크플러그

05
지하실에 있는 LNG 고압가스보일러의 열교환기가 폭발하였으나 화재로 확산되지 않았을 때 다음 물음에 답하시오.
가. 물리적 폭발의 흔적을 쓰시오.
나. 화학적 폭발이 아니라는 이유를 쓰시오.

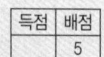 (가) 가스보일러 몸체의 파열, 배관을 감싸고 있는 보온재 및 단열재 또는 비닐 등의 찢어짐, 주변 물체의 파손 등
(나) 열변형 흔적이 없다.

■ 해설 화학적 폭발은 연소반응으로서 화재를 동반하므로 종이, 플라스틱, 비닐 등 주변 가연물에 탄화된 흔적이 남거나 그을음 등이 남지만 단순히 물리적 폭발은 이러한 현상 없이 물체가 파손되거나 찢어지는 등의 잔해를 볼 수 있다.

06
메탄가스가 누설되어 폭발사고가 발생하였다. 각 물음에 답하시오.
가. 완전연소반응식을 쓰시오.
나. 반응 전과 반응 후 생성물의 몰(mol)수를 쓰시오.

■ 답안 (가) $CH_4 + 2O_2 \rightarrow CO_2 + 2H_2O$
(나) 반응 전 : 3몰, 반응 후 : 3몰

07
건물에서 화재가 발생하여 500m²가 소실되었다. 피해액을 산정하시오. (신축단가 450천원, 내용연수 50년, 경과연수 30년, 손해율 70%로 한다. 단, 잔존물제거비는 제외한다.)

■ 답안 건물피해액 산정 : 신축단가×소실면적×[1-(0.8×경과연수)/내용연수]×손해율
450천원×500m²×[1-(0.8×30년)/50년]×70%=81,900천원

08 임야화재감식에 대한 내용이다. 물음에 답하시오.

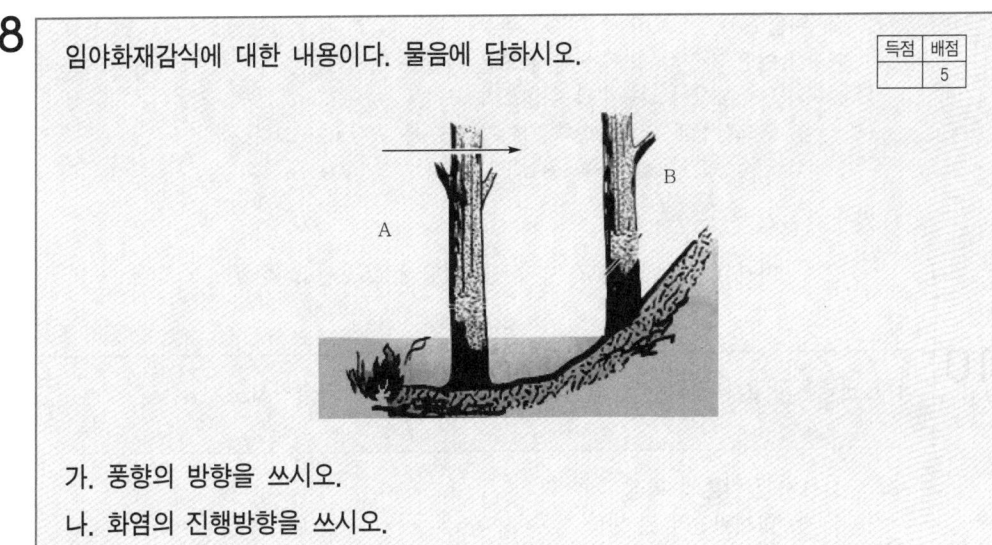

가. 풍향의 방향을 쓰시오.
나. 화염의 진행방향을 쓰시오.

답안 (가) A → B
(나) B → A

09 물질의 위험도가 높은 순에서 낮은 순으로 쓰시오.

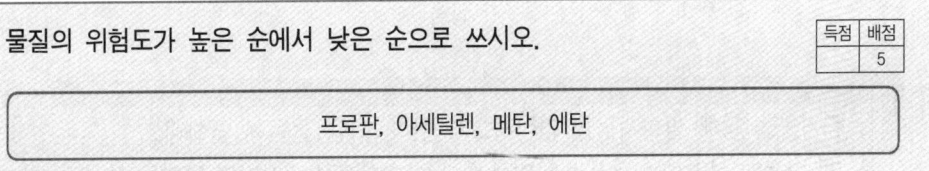

답안 아세틸렌 – 메탄 – 에탄 – 프로판

해설 아세틸렌(78.5) – 메탄(10) – 에탄(9.5) – 프로판(7.4)
(1) 가연성 가스의 연소범위

구 분	연소범위(vol%)	구 분	연소범위(vol%)
수소	4~75	에틸렌	3~33.5
일산화탄소	12.5~74	시안화수소	6~41
프로판	2.1~9.5	암모니아	15~28
아세틸렌	2.5~81	메틸알코올	7~37
에테르	1.7~48	에틸알코올	3.5~20
메탄	5~15	아세톤	2~13
에탄	3~12.5	가솔린	1.4~7.6

(2) 위험도
① 어떤 가연성 가스가 화재 또는 폭발을 일으키는 위험성을 나타내는 척도이다.
② 연소하한이 낮을수록 위험도가 크다.
③ 연소상한과 연소하한의 차이가 클수록 위험도가 크다.
④ 연소상한이 높을수록 위험도가 크다.

$$H = \frac{U-L}{L}$$

여기서, H : 위험도, U : 연소상한계, L : 연소하한계

10

1차 단락흔과 2차 단락흔의 특징을 각각 3가지 이상 기술하시오.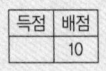

답안 (1) 1차 단락흔의 특징
① 화재원인이 된 단락
② 형상이 둥글고 광택이 있음
③ 일반적으로 탄소는 검출되지 않음
(2) 2차 단락흔의 특징
① 통전상태에서 화재의 열로 인해 절연피복이 소실되어 생긴 단락
② 광택이 없고 용적상태를 보이는 경우가 많음
③ 탄소가 검출되는 경우가 많음

11

증거물을 통해 발화지점을 감식하고자 한다. 다음 물음에 답하시오.
가. 다음에 설명하는 전기적 특이점에 대한 발화지점 조사방법 명칭을 쓰시오.

> 전기배선에서 아크(arc) 수 개소가 발견된 경우 손상된 부분을 순차적으로 조사하여 발화지점 및 연소확산 경위 등을 조사하는 방법

나. 전기배선 2번 지점에서 아크가 발견된 경우 나머지 번호 중에서 아크가 발생하지 않는 곳은 어디이며 그 이유를 쓰시오. (단, 전기배선 2번 지점에서 아크로 인해 단락이 발생한 조건이다.)

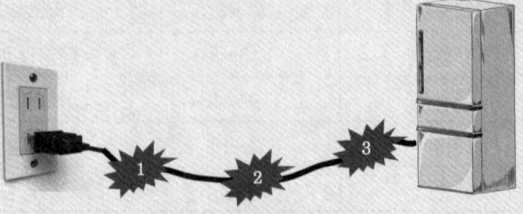

답안 (가) 아크매핑
(나) 3번(2번에서 아크가 발생하면 그 이후로 부하측으로 통전되지 않으므로 3번 지점에서 아크가 발생할 수 없다.)

12 화재증거물수집관리규칙에 의거한 증거물 시료용기 3가지를 쓰시오.

> **답안** 유리병, 주석도금캔, 양철캔

13 점화원의 종류 중 화학적 점화원에 해당하는 것 3가지 쓰시오.

> **답안** ① 연소열 ② 분해열 ③ 용해열
>
> **해설** 점화원의 종류
> ① 기계적 점화원 : 나화, 고온표면, 단열압축, 충격, 마찰 등
> ② 전기적 점화원 : 저항열, 유도열, 유전열, 아크열, 정전기 등
> ③ 화학적 점화원 : 연소열, 분해열, 용해열, 자연발화 등

14 「소방의 화재조사에 관한 법률 시행령」상, 소방관서장이 대형화재 등이 발생한 경우 종합적이고 정밀한 화재조사를 위하여 유관기관 및 관계 전문가를 포함한 화재합동조사단을 구성·운영할 수 있는 화재를 쓰시오.

> **답안** ① 사망자가 5명 이상 발생한 화재
> ② 화재로 인한 사회적·경제적 영향이 광범위하다고 소방관서장이 인정하는 화재

15 화재현장에서 2명이 사망했고 96시간 경과 후 1명이 또 사망하였다. 사상자 중에는 5주 이상 입원을 한 사람이 9명, 연기흡입으로 통원치료를 한 사람이 9명이었다. 사상자 수를 구하시오.
가. 사망자 수
나. 중상자 수
다. 경상자 수

> **답안** (가) 2명(72시간 이후 사망한 경우에는 당해 화재로 인한 사망에서 제외한다.)
> (나) 10명(96시간 경과 후 사망자 1명은 중상자로 분류한다.)
> (다) 9명

MEMO

화재감식평가
기사/산업기사 필답형 실기

2013. 9. 30. 초 판 1쇄 발행
2025. 4. 23. 11차 개정증보 11판 1쇄 발행

검인
생략

지은이 | 화재감식평가수험연구회
펴낸이 | 이종춘
펴낸곳 | BM ㈜도서출판 성안당

주소 | 04032 서울시 마포구 양화로 127 첨단빌딩 3층(출판기획 R&D 센터)
     | 10881 경기도 파주시 문발로 112 파주 출판 문화도시(제작 및 물류)
전화 | 02) 3142-0036
     | 031) 950-6300
팩스 | 031) 955-0510
등록 | 1973. 2. 1. 제406-2005-000046호
출판사 홈페이지 | www.cyber.co.kr
ISBN | 978-89-315-1326-4(13530)
정가 | 38,000원

이 책을 만든 사람들
기획 | 최옥현
진행 | 박경희
교정·교열 | 최주연
전산편집 | 이지연
표지 디자인 | 박현정
홍보 | 김계향, 임진성, 김주승, 최정민
국제부 | 이선민, 조혜란
마케팅 | 구본철, 차정욱, 오영일, 나진호, 강호묵
마케팅 지원 | 장상범
제작 | 김유석

성안당 Web 사이트

이 책의 어느 부분도 저작권자나 BM ㈜도서출판 성안당 발행인의 승인 문서 없이 일부 또는 전부를 사진 복사나 디스크 복사 및 기타 정보 재생 시스템을 비롯하여 현재 알려지거나 향후 발명될 어떤 전기적, 기계적 또는 다른 수단을 통해 복사하거나 재생하거나 이용할 수 없음.

※ 잘못된 책은 바꾸어 드립니다.